"十三五"国家重点出版物出版规划项目

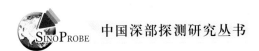

中国深部探测研究丛书

中国大陆中—新生代构造演化
与动力学分析

董树文　张岳桥　赵　越　张福勤　杨振宇　陈宣华 等/著

科学出版社
北　京

内 容 简 介

本书为深部探测技术与实验研究专项（SinoProbe）第八项目"大陆地壳的结构框架与演化探讨"课题研究的成果总结。作者以我国华南、华北、东北和西部地区为例，通过野外地表地质调查与精细构造解析、古地磁分析、地球化学测试分析、同位素年代学、高温高压实验，结合深部探测技术与实验研究专项（SinoProbe）采集的最新探测数据和研究成果，重新处理已有的深部探测资料，特别是重要造山带和关键构造部位的深地震反射剖面数据，进行数据融合与结构再造，构建中国大陆地壳与岩石圈三维结构框架，赋予深部地壳和岩石圈探测成果以地质构造含义，建立我国大陆主要地质构造单元中—新生代演化及其动力学过程，东亚主要构造域转换、复合与东亚汇聚及"燕山运动"的构造动力学模型，探讨我国大陆中—新生代大陆构造过程的全球构造意义。

本书可供地学科研人员和相关院校师生参考。

图书在版编目（CIP）数据

中国大陆中—新生代构造演化与动力学分析／董树文等著．—北京：科学出版社，2016

（中国深部探测研究丛书）

ISBN 978-7-03-051466-0

Ⅰ.①中… Ⅱ.①董… Ⅲ.①中新生代–大陆–构造演化–研究–中国②中新生代–大陆–地球动力学–研究–中国 Ⅳ.①P534.62

中国版本图书馆 CIP 数据核字（2016）第 317332 号

责任编辑：韦 沁 韩 鹏／责任校对：贾娜娜 高明虎
责任印制：肖 兴／封面设计：黄华斌

科学出版社 出版

北京东黄城根北街 16 号
邮政编码：100717
http://www.sciencep.com

北京中科印刷有限公司印刷
科学出版社发行 各地新华书店经销

＊

2016 年 12 月第 一 版 开本：787×1092 1/16
2016 年 12 月第一次印刷 印张：45 1/2
字数：1 080 000

定价：558.00 元
（如有印装质量问题，我社负责调换）

编辑委员会

主 编 董树文 李廷栋

编 委 (以姓氏汉语拼音为序)

白星碧 常印佛 陈群策 陈毓川 董树文

高 平 高 锐 黄大年 姜建军 李廷栋

李 勇 廖椿庭 刘嘉麒 龙长兴 吕庆田

石耀霖 汤中立 滕吉文 王学求 魏文博

吴珍汉 谢学锦 许志琴 杨经绥 杨文采

张本仁

著 者 名 单

董树文　张岳桥　赵　越　张福勤　杨振宇
陈宣华　尹　安　金振民　张拴宏　苗来成
崔建军　施　炜　李建华　李振宏　黄始琪
吴　耀　吴　晨　李　勇　刘　健　裴军令
苏金宝　王雁宾　仝亚博　袁　伟　杨天水
李军鹏　胡修棉　叶　浩　吴　飞　张艳飞
王　艳　等

丛 书 序

　　地球深部探测关系到地球认知、资源开发利用、自然灾害防治、国土安全和地球科学创新的诸多方面，是一项有利于国计民生和国土资源环境可持续发展的系统科学工程，是实现我国从地质大国向地质强国跨越的重大战略举措。"空间、海洋和地球深部，是人类远远没有进行有效开发利用的巨大资源宝库，是关系可持续发展和国家安全的战略领域"（温家宝，2009）。"国务院关于加强地质工作的决定"（国发〔2006〕4 号文）明确提出，"实施地壳探测工程，提高地球认知、资源勘查和灾害预警水平"。

　　世界各国近百年地球科学实践表明，要想揭开大陆地壳演化奥秘，更加有效的寻找资源、保护环境、减轻灾害，必须进行深部探测。自 20 世纪 70 年代以来，很多发达国家陆续启动了深部探测和超深钻探计划，通过"揭开"地表覆盖层，把视线延伸到地壳深部，获得了重大成果：相继揭示了板块碰撞带的双莫霍结构，发现造山带山根，提出岩石圈拆沉模式和大陆深俯冲理论；美国在造山带下找到了大型油田，澳大利亚在覆盖层下发现奥林匹克坝超大型矿床；苏联在超深钻中发现了极端条件下的生物、深部油气和矿化显示，突破了传统油气成藏理论，拓展了人类获取资源的空间，加深了对生命演化的认识。目前，世界主要发达国家都已经将深部探测作为实现可持续发展的国家科技发展战略。

　　我国地处世界上三大构造-成矿域交汇带，成矿条件优越，现金属矿床勘探深度平均不足 500 m，油气勘探不足 4000 m，深部资源潜力巨大。我国也是世界上最活动的大陆地块，具有现今最活动的青藏高原和大陆边缘海域，地震较为频繁，地质灾害众多。我国能源、矿产资源短缺、自然灾害频发成为阻碍经济、社会发展的首要瓶颈，对我国工业化、城镇化建设，甚至人类基本生存条件构成严峻挑战。

　　2008 年，在财政部、科技部支持下，国土资源部联合教育部、中国科学院、中国地震局和国家自然科学基金委员会组织实施了我国"地壳探测工程"培育性启动计划——"深部探测技术与实验研究专项（SinoProbe）"。在科学发展观指导下，专项引领地球深部探测，服务于资源环境领域。围绕深部探测实验和示范，专项在全国部署"两网、两区、四带、多点"的深部探测技术与实验研究工作，旨在：自主研发深部探测关键仪器装备，全面提升国产化水平；为实现能源与重要矿产资源重大突破提供全新科学背景依据和基础信息；揭示成藏成矿控制因素，突破深层找矿瓶颈，开辟找矿"新空间"；把握地壳活动脉博，提升地质灾害监测预警能力；深化认识岩石圈结构与组成，全面提升地球科学发展水平；为国防安全的需要了解地壳深部物性参数；为地壳探测工程的全面实施进行关键技术与实验准备。国土资源部、教育部、中国科学院和中国地震局，以及中国石化、中国石油等企业和地方约 2000 名科学家和技术人员参与了深部探测实验研究。

　　经过多年来的实验研究，深部探测技术与实验研究专项取得重要进展：①完成了总长度超过 6000 km 的深反射地震剖面，使得我国跻身世界深部探测大国行列；②自主研制和引进了关键仪器装备，我国深部探测能力大幅度提升；③建立了适应我国大陆复杂岩石圈、地壳的探测技术体系；④首次建立了覆盖全国大陆的地球化学基准网（160 km×160 km）和地球电磁物性（4°×4°）标准网；⑤在我国东部建立了大型矿集区立体探测技术方法体系和示范区；⑥探索并实验了地壳现今活动性监测技术并取得重要进展；⑦大陆科学钻探和深部异常查证发现了一批战略性找矿突破线索；⑧深部探测取得了一批重大科学发现，将推动我国地球科学理论创新与发展；⑨探索并实践了"大科学计划"的管理运行模式；⑩专项在国际地球科学界产生巨大的反响，中国入地计划得到全球地学界的关注。

为了较为全面、系统地反映深部探测技术与实验研究专项（SinoProbe）的成果，专项各项目组在各课题探测研究工作的基础上进行了综合集成，形成了《中国深部探测研究丛书》。

我们期望，《中国深部探测研究丛书》的出版，能够推动我国地球深部探测事业的迅速发展，开创地学研究向深部进军的新时代。

2015 年 4 月 10 日

前　　言

　　上天、入地、下海是人类探索自然、认识自然的三大壮举，在人类发展与地球管理方面起着关键的作用。过去十多年，国际地球科学一个重要的进展，是认识到深部地球动力学过程与地表-近地表地质过程之间紧密关系的重要性。越来越多的证据表明，地球表层看到的现象，根子在深部；缺了深部，地球系统就无法理解。越是大范围、长尺度，越是如此。深部物质与能量交换的地球动力学过程，引起了地球表面的地貌变化、剥蚀和沉积作用以及地震、滑坡等自然灾害，控制了化石能源和地热等自然资源的分布，是理解成山、成盆、成岩、成矿、成藏和成灾等过程成因的核心。深部探测揭开地球深部结构与物质组成的奥秘、深浅耦合的地质过程与四维演化，为解决能源、矿产资源可持续供应、提升灾害预警能力提供深部数据基础，已成为地球科学发展的前沿之一。

　　2006年，"国务院关于加强地质工作的决定"（国发〔2006〕4号文）明确提出"实施地壳探测工程，提高地球认知、资源勘查和灾害预警水平"。2008年，在财政部、科技部支持下，国土资源部联合教育部、中国科学院、中国地震局和国家自然科学基金委员会，组织实施了地壳探测工程的培育性启动计划——"深部探测技术与实验研究专项（简称'深部专项'，英文简写：SinoProbe）"，成为我国历史上在深部探测研究领域实施的规模最大的地学计划。深部专项的核心任务是，为"地壳探测工程"做好关键技术准备，围绕"地壳探测工程"的全面实施，研制深部探测关键仪器装备，解决关键探测技术难点与核心技术集成，形成对固体地球层圈的立体探测技术体系；在不同自然景观、复杂矿集区、含油气盆地深层、重大地质灾害区等关键地带进行实验、示范，形成若干深部探测实验基地；解决急迫的重大地质科学难题热点，部署实验任务；实现深部数据融合与共享，建立深部数据管理系统；积聚、培养优秀人才，形成若干技术体系的研究团队；完善"地壳探测工程"设计方案，推动国家立项。

　　围绕总体目标与核心任务，深部专项设置了九大项目49个课题，在全国部署了"两网、两区、四带、多点"的探测实验，建立了全国大地电磁参数网和地球化学基准网，完成了约6160 km长的深地震反射剖面，矿集区立体探测、大陆科学钻探和异常验证孔钻探实验获得重要发现，地应力监测、岩石圈动力学模拟和大陆构造演化研究取得长足进展，深部探测关键仪器装备研制取得了重要突破。深部专项广泛汲取了其他许多国家和国际地球物理探测计划的经验，应用了大尺度、多学科、系统性的岩石圈深部探测的先进技术，指引了未来地球物理探测的发展方向。深部探测为研究大陆地震活动、火山喷发、岩浆作用和流体成矿作用等深部过程提供了关键地球物理信息。

　　"大陆地壳的结构框架与演化探讨"课题是深部专项第八项目的第一课题（编号：SinoProbe-08-01），旨在揭开我国大陆地壳结构与构造演化的奥秘，推动大陆构造研究的新思维和理论创新。本课题针对我国中生代以来的大地构造关键科学问题，开展了华南、华北、东北和西部地区中、新生代构造演化与动力学分析；结合深部专项最新探测数据和成果，重新处理已有深部探测资料，特别是深地震反射剖面数据，在综合分析集成地表地质调查和测试分析数据的基础上，进行了深浅联合的数据融合与结构再造，构建了我国大陆地壳/岩石圈的结构框架；通过地壳演化的时间–深度转换，赋予了深部地壳/岩石圈探测成果的地质构造含义；建立了我国大陆主要地质构造单元中生代以来构造演化及其动力学过程、东亚主要构造域转换、复合的构造动力学模型；确定了主要造山带的时间–深度剖面，初步揭示东亚大陆构造过程的四维结构模型，同时探讨中生代以来东亚大陆构造变动的全球意义。

中生代是我国大陆地壳/岩石圈深部结构发生重大变化、逐步定型并形成统一陆体的重要地质变革时期，也是重要的成矿大爆发时期，导致了重要生物群落、构造地貌和气候、环境的重大演替。根据岩石圈结构性质，我国大陆具有较稳定地块和褶皱变形带相间的镶嵌地块群特征。在东亚多板块汇聚的地球动力学背景下，大陆地壳经历了古亚洲洋、古特提斯洋、新特提斯洋的演化与闭合消亡，古亚洲、特提斯构造域与太平洋构造域的构造复合与动力学机制转换，以及由此引发的一系列大陆碰撞造山、陆内挤压造山、伸展构造与盆地形成过程，构成了完整的构造–岩浆–沉积–成矿–成藏演化序列和建造与改造（破坏）的循环。中生代以来、特别是新生代以来发生在东亚地区的多块体拼贴及后续构造过程，造成了世界屋脊青藏高原的崛起和我国独特的地质地貌特征，极大地影响了全球大气循环系统和气候、环境变化，为地球系统科学研究提供了一个极佳的"天然实验室"，从而使得中国大陆成为当代地球科学前沿的热点研究地区和国际地球科学研究的中心之一。

本书是"大陆地壳的结构框架与演化探讨"课题组五年多来科研成果的系统总结。其中，前言、第一章和第六章由董树文、陈宣华、黄始琪、崔建军、李振宏等著；第二章由张岳桥、李建华、崔建军、施炜、李勇、苏金宝等著；第三章由赵越、张拴宏、刘健、裴军令、叶浩、吴飞、李振宏等著；第四章由张福勤、苗来成、金振民、吴耀、王雁宾、张艳飞等著；第五章由杨振宇、全亚博、袁伟、杨天水、李军鹏、胡修棉、王艳、尹安、吴晨等著，全书由董树文、陈宣华统稿。围绕我国大陆中生代以来大地构造研究的关键科学问题，课题组全体同仁团结一致、精诚合作、勤奋工作、潜心研究，开展了一系列野外地质调查、室内测试分析和深入研究，圆满完成了深部专项设置的课题目标任务和实物工作量，取得了一系列研究成果与新的认识（详见本书正文）。但由于我国地域广大、结构复杂，加之时间仓促、我们的研究水平有限，新资料及新数据较多，与地球物理资料、特别是深部专项近年来所取得的深部地球物理探测资料的结合方面还显不足，书中错误与不当之处在所难免，敬请批评指正。

深部专项在实施过程中得到了财政部、科技部的大力支持和资助；受到国土资源部徐绍史部长、姜大明部长、贠小苏副部长、汪民副部长、徐德明副部长、张少农副部长的关怀和扶植；他们多次听取汇报，亲临年会会场和野外现场，视察深部专项办公室，给广大科技人员以极大的鼓励和鞭策。国土资源部原总工程师张洪涛和中国地质调查局局长、国土资源部原总工程师钟自然为组长的两届专项领导小组（含办公室），李廷栋、孙枢、马宗晋院士为主任的专项专家委员会，有效指导了深部专项的探测实验，确保了专项顶层设计与高端综合。由多部门两千多名科技人员组成的强有力深部探测研究团队，为深部专项的成功运行和探测研究成果的取得做出了巨大努力。课题执行过程中得到了国土资源部、中国科学院、中国工程院、教育部、中国地震局、国家自然科学基金委员会等多部门的关心和支持，以及国土资源部财务司、科技与国际合作司、中国地质调查局、中国地质科学院、中国地质科学院地质力学研究所、中国科学院地质与地球物理研究所、中国地质科学院地质研究所、中国地质大学（北京）、中国地质大学（武汉）、南京大学、中南大学、中国煤炭地质总局地球物理勘探研究院、中国地震局地球物理研究所、华东师范大学、东北大学秦皇岛分校、中国石油吉林油田公司等单位的领导和同仁的大力支持和帮助。同时开展了与美国洛杉矶加利福尼亚大学、密苏里哥伦比亚大学、南加州大学、俄罗斯全俄地质研究所、德国地学研究中心、韩国地质矿产研究院、蒙古科技大学等的国际合作与学术交流。在此一并表示衷心的感谢！

目　　录

第一章　中国大陆的定型构造

第一节　印支运动与中国大陆主体的形成

中国大陆（或东亚大陆）是一个年轻的大陆，是由多个微陆块自中生代以来拼贴、生长而形成的。

一、古大洋的闭合与陆-陆碰撞

（一）古亚洲洋的闭合与中亚造山带的形成

中亚造山带（也即乌拉尔-蒙古褶皱带），自欧亚交界的乌拉尔山脉，向东经哈萨克斯坦、乌兹别克斯坦、吉尔吉斯斯坦，延伸至我国新疆、甘肃北部、内蒙古西部，俄罗斯南部和蒙古国，东西延伸超过 5000 km，主要发育天山、阿尔泰山等山脉和蒙古高原等，是世界上最大、也是最活动的陆内造山带系统（De Grave et al.，2007）。华北与西伯利亚之间古亚洲洋的闭合（P—T₁），导致了我国西北和中亚地区一系列晚古生代—早中生代大型走滑断裂的形成，以及华北克拉通北部早中生代后碰撞碱性岩浆岩带的发育。

晚古生代末（约 290~280 Ma B. P.），在新疆北部的阿尔泰山发育了 NW-SE 走向的左行走滑断裂（剪切）带，在西准噶尔地区发育了 NE-SW 走向的左行走滑断裂带。晚二叠世，西太平洋板块开始了向欧亚大陆东缘之下的俯冲作用，与布列亚-佳木斯-兴凯地块东缘发育的二叠纪以来岩浆弧相一致；同时形成华北东北缘晚古生代—早中生代松江河蛇绿岩（260~245 Ma B. P.）。在东天山及整个中亚地区，大型右行走滑断裂开始形成的时间可能在距今 250~245 Ma（Laurent-Charvet et al.，2002）。

河西走廊-阿拉善地块东部早石炭世、晚二叠世和中三叠世视极移曲线（以 44°N，84°E 为参考欧拉极）与华北地块的对比结果表明，中三叠世之后，特别是印支运动使得阿拉善地块相对华北地块发生了 32°逆时针旋转并最终与华北地块拼合形成统一地块（拼合边界可能位于贺兰山与桌子山之间）。

在华北地区，早中生代构造变形主要分布在华北克拉通边缘。以盘山复背斜和马兰峪复背斜为代表的近 EW 向褶皱和逆冲断裂变形形成于 214~210 Ma B. P.。燕山褶断带冀北下板城盆地清楚地记录了内蒙古隆起晚三叠世—早侏罗世的逆冲及快速剥露，下板城盆地杏石口组的沉积时代为早侏罗世（198 Ma B. P. 之后）；在距今约 198~180 Ma 期间发生了区域弱伸展和基性岩脉侵入。

地球化学和 Sr- Nd- Hf 同位素分析表明，华北克拉通北部碱性岩主要来自于一个被交代的富集岩石圈地幔，部分来源于亏损的上涌软流圈地幔。软流圈与岩石圈的相互作用，导致了俯冲增厚岩石圈地幔根部的拆沉、岩石圈减薄与破坏。其中，几个碱性杂岩的锆石和斜锆石 U-Pb 定年，给出该碱性岩带的形成时代为距今约 235～220 Ma（晚三叠世），说明该地区岩石圈减薄与破坏的时间较华北克拉通其他地区为早（Zhang S. H. et al. , 2012）。

在东北地区，古亚洲洋是在二叠纪—三叠纪沿大兴安岭中、南部 NE 向延伸的索伦主缝合线消亡的；主缝合线的主体位于蒙古-鄂霍次克构造带，沿缝合线分布有二叠纪残留海盆地黑色页岩建造和 230～205 Ma B. P. 同造山花岗岩（Chen et al. , 2000；石玉若等，2007；Miao et al. , 2008），中生代残留的古俯冲带形成直达核幔边界的"冷地幔柱"（van der Voo et al. , 1999）。蒙古-鄂霍次克构造带的艾伦达瓦变质带东南侧青格勒地块之上发育大规模的二叠纪—三叠纪岛弧火山岩，表明蒙古-鄂霍次克板块在二叠纪—三叠纪时期存在 SE 向（现今方位）的俯冲作用。此外，松辽盆地内部也可能存在二叠纪—三叠纪残留盆地，其沉积建造包括洋壳残片（蛇绿岩）、硅质岩、含碳粉砂岩等，代表古亚洲洋最后封闭的场所。

由于蒙古-鄂霍次克洋板块在洋盆闭合前存在 SE 向的俯冲作用，使得我国大兴安岭北部地区发育了三叠纪斑岩型铜（钼）矿成矿带。例如，大兴安岭北部西坡的乌努格吐大型斑岩铜（钼）矿床和额尔古纳地块的太平川斑岩型铜钼矿床，其成矿时代均为三叠纪（230～202 Ma B. P. ；陈志广等，2010）。此外，处于蒙古-鄂霍次克碰撞带马蹄形转弯部位的蒙古国额尔登特大型斑岩型铜钼矿床，其形成时代为 240～215 Ma B. P. （江思宏等，2010），也同属三叠纪。这些矿床的容矿斑岩具有岛弧型及埃达克岩的地球化学特征（陈志广等，2010）；因此，它们的形成与蒙古-鄂霍次克洋板块的俯冲作用有关。

（二）古特提斯洋的闭合与华北-华南地块的拼合

古特提斯洋盆的闭合导致华北克拉通与扬子（华南）地块的碰撞（T_2—J_1）、诸多微块体的碰撞（T_3—J_2）、全球最大规模的大别-苏鲁高压超高压变质带和东亚南部巨型印支造山系的形成（Dong et al. , 2008a；许志琴等，2012），形成新的中国大陆。华南向华北地块俯冲碰撞过程中依次经历了进变质作用、超高压变质作用和退变质作用三个阶段。红安-大别地区进变质作用年代主要为 257～242 Ma B. P. ，超高压变质作用年代为 244～226 Ma B. P. ，造山后剥蚀抬升与退变质作用年代为 220～214 Ma B. P. ；苏鲁地区进变质作用发生在 247～244 Ma B. P. ，超高压变质年龄集中在 225～243 Ma，退变质作用发生在 219～202 Ma B. P. （Liu et al. , 2004a，2004b，2005，2006，2007，2008；Liou et al. , 2009；Liu and Liou，2011；Mary et al. , 2012）。

华北克拉通三叠纪—早侏罗世（T—J_1）变形主要出现在克拉通的边缘；在华北北缘，早—中三叠世为挤压变形，晚三叠世—早侏罗世发育伸展构造（Zhang et al. , 2014b）。在华北克拉通，三叠纪—早白垩世岩浆岩只分布在华北北缘、南缘和东缘（Zhang et al. , 2014b）。

在华南（扬子）地块，中—晚三叠世碰撞造山形成近 EW 向褶皱构造，扬子地块西缘伴随着松潘-甘孜褶皱造山带的形成，发育了龙门山-锦屏山逆冲-推覆构造带及川滇前陆盆地，奠定了川-渝-黔-滇大型沉积盆地，构成四川盆地的原形（T_3—J_{1-2}）。在晚三叠世—早侏罗世（T_3—J_1），作为秦岭—大别造山带的前陆，大巴山表现为近 SN 向至 NNE-SSW 的挤压缩短，形成 EW 向延伸的褶皱构造（Shi *et al.*，2012）；扬子克拉通中北部的当阳盆地表现为近 SN 向的挤压缩短（Shi *et al.*，2013b）。$^{40}Ar/^{39}Ar$ 年代学给出南秦岭（北大巴山）与华北和扬子地块碰撞有关的逆冲推覆作用时间为 245~189 Ma B. P.，上层向 SW 逆冲（Li *et al.*，2013a）。在华南地块中部的衡山地区，晚三叠世有岩浆作用（232~228 Ma B. P.；Li *et al.*，2013b）。

在朝鲜半岛，前寒武纪正片麻岩基底在中-高级变质温压条件下发生强烈的糜棱岩化变形和变质作用，时代可能为中—晚三叠世（约 239~229 Ma B. P.；Kim *et al.*，2011）。

（三）华南地块与印支地块的碰撞

华南地块与印支地块（Indochina）的构造边界可能在金沙江缝合线、松麻（Song Ma）构造带和松查（Song Chay）蛇绿混杂岩带。越南北部的松麻和松查构造带均具有向北逆冲推覆（仰冲）的特征，它们可能是被红河断裂左行错断（约 600~700 km）的同一个构造带，是华南与印支地块之间的缝合线，反映了华南地块向 SW 的俯冲；同构造变质作用发生在 250~230 Ma B. P.，说明华南与印支地块的陆-陆碰撞是古特提斯洋的一个分支在中三叠世关闭的结果。这之后，出现了华南地块在印支-羌塘地块之下的南向俯冲。晚三叠世—早侏罗世，中缅马苏（Sibumasu）与印支地块之间完成最终的碰撞。

印支半岛是由多个小块体拼贴组成的弧形板块，主要块体有滇缅泰马（或中缅马苏，Sibumasu）、素可泰（Sukhothai）和印支地块（Indochina），它们之间由不同的缝合带连接，由西向东分别是长宁-孟连-清迈（Changning-Menglian-Chiangmai）、景洪（Jinghong）、哀牢山-松麻（Ailaoshan-Song Ma）缝合带，它们在晚二叠世至早—中三叠世陆续向 NE 聚合拼贴在一起，与华南地块组成新的大陆（Carter *et al.*，2001；Metcalfe，2006，2011，2013；Carter and Clift，2008；Masatoshi and Metcalfe，2008；Shu *et al.*，2008，2009a，2009b，2012）。哀牢山-松麻缝合带将华南与印支地块连接在一起，走向 NW-SE，具有高应变韧性变形和变质的特点，发育糜棱岩，主要发生在早—中三叠世（Lepvrier *et al.*，2004；Roger *et al.*，2007）。受构造热事件影响，越南中北部结晶基底 Kon tum 地块变质相达到麻粒岩相，发生了地壳增厚（Carter *et al.*，2001；Tich *et al.*，2012）。印支早期，印支地块松麻缝合带西南的 Truong Son 构造带存在两期俯冲挤压环境下的岩浆活动，分别是 280~270 Ma B. P. 和 250~245 Ma B. P.（Liu *et al.*，2012）。

二、华南地区印支造山作用

经典印支运动的提出始于 Deprat（1914）和 Fromaget（1932），原指发生于越南北部上三叠统 Pre-Norian 与下伏 Pre-Rhaetian 之间的构造不整合及区域韧性剪切和高温变质事件（Carter *et al.*，2001），其形成与印支地块和华南地块之间的陆-陆碰撞有关。华南内部也普遍存在这个不整合面。华南地区的印支运动主要受华南–华北碰撞和印支–华南碰撞等南北边缘碰撞造山事件的制约（张岳桥、董树文，2008；He et al.，2010）。印支地块与华南地块的碰撞形成印支造山带（Lepvrier et al.，1997，2004；Carter et al.，2001）。羌塘地块与华南地块的碰撞形成松潘–甘孜褶皱逆冲带（Chen and Wilson，1996；Jia et al.，2006）。华南地块与华北克拉通的碰撞形成秦岭–大别造山带（Li and Zheng，1993；Hacker et al.，1998；Meng and Zhang，2000）。

印支运动使华南地区普遍发育褶皱和断裂作用，不仅发育在盖层之中，而且也卷入基底（任纪舜，1984）。华南地块内部，特别是雪峰山以东的华夏地块内，三叠纪变形和岩浆岩呈面状广泛分布。褶皱构造形态相对宽缓，三叠纪花岗岩类岩体沿其轴向分布，褶皱轴为近 EW 向（万天丰，1989；王清晨，2009；张岳桥等，2009；Li et al.，2010）。从北向南，可分为五个近 EW 向褶皱带，分别为扬子前陆褶皱带、江南褶皱带、南岭褶皱带、十万大山–云开大山褶皱逆冲带以及南盘江盆地褶皱带。同时发育雪峰山、云开和武夷山等一系列韧性剪切带，十万大山–云开大山–武夷山一带发育强烈的由南向北的逆冲作用（Zhou et al.，2006；Wang et al.，2007a，2007b；徐先兵等，2009a；张岳桥等，2009；Chu et al.，2012）。

（一）扬子前陆褶皱构造带与江南褶皱构造带

1. 扬子前陆褶皱构造带

发育于江南隆起以北和大别–苏鲁超高压变质带之间的地区，以郯庐断裂南端为界，划分成东西两段。东段即为著名的下扬子前陆地区，褶皱轴向为 NE 至 NEE 向，卷入地层主要为古生界到三叠系，且早、中侏罗世陆相地层也卷入其中。最近的研究表明下扬子地区印支期褶皱轴为近 EW 向，并在燕山早期受到了 NE 向褶皱的横跨叠加（Li et al.，2010）。研究表明，下扬子前陆褶皱带受南北两侧对冲作用控制，南部江南隆起北缘向北逆冲，北部的张八岭隆起向南逆冲，晚三叠世—早侏罗世的黄马青组构成了前陆磨拉石盆地沉积。西段为中扬子褶皱带，由一系列近 EW 向线性褶皱构造组成，卷入的地层为古生界至三叠系，在江汉盆地隐伏于晚中生代—新生代地层之下。在江汉盆地的西部地区，近 EW 向褶皱构造较易识别，但到上扬子地区，受到后期 NE 向褶皱构造的叠加作用，早期近 EW 向褶皱构造形迹基本被改造。总体来说，扬子前陆褶皱带的构造样式属于薄皮构造，主要受基底–盖层间主滑脱界面和盖层内部次级滑脱界面的控制（Yan et al.，2003）。在大别山以南地区，滑脱面向北缓倾，其形成演化与大别–苏鲁造山带演化密切相关；而在下扬子地区，前陆褶皱构造则受南北方向上对冲作用的控制。与之同时的郯庐陆内转换断层的大规模走滑运动控制了侧向斜列分布的黄马青群沉积盆地和同期构造的发育。弧形的下扬子褶皱冲断系的框架也形成于这个时期。

2. 江南褶皱构造带

为沿江南隆起南缘发育的近 EW 向褶皱构造带，主体沿江–绍断裂带北侧发育，由东、中、西三段组成。

江南褶皱构造带东段称为浙西北褶皱带，主体走向 NE，卷入的地层主要为古生界至三叠系。该褶皱带受到倾向 SE 的滑脱面控制，南部华夏地块向北逆冲，或北部江南隆起带向 SSE 俯冲，形成滑脱型褶皱带（Xiao and He，2005）。主体形成于中—晚三叠世的印支运动，晚三叠世类磨拉石沉积地层超覆在不同时代的地层之上。燕山早期，印支期褶皱带发生同轴叠加复活，早—中侏罗世地层发生同轴褶皱。

江南褶皱构造带中段对应于萍乡-乐平褶皱带，通常称为萍乡-乐平凹陷，张岳桥等（2009）认为这是一个残留的褶皱凹陷，不是真正意义上的沉积凹陷。与浙西北褶皱带相比，该褶皱带走向更偏东（NEE 向），卷入的地层主要为晚古生代海相地层。褶皱呈线状展布，为幅度中等的对称褶皱。褶皱带北缘发育向南逆冲的断裂带，南缘发育向北倾的正断拆离带，该拆离带构成了南部武功山变质核杂岩构造的北界（Faure et al.，1996）。研究表明，萍乡-乐平褶皱带主体形成于中—晚三叠世的印支运动时期，晚三叠世—早侏罗世陆相地层不整合超覆在晚古生代海相地层之上。

江南褶皱构造带西段沿雪峰山北段发育。在江南隆起带上，近 EW 向褶皱构造非常明显，很少受到 NNE 向褶皱构造的叠加。但在靠近南部"湘中凹陷区"的晚古生代和早中生代地层中，早期 NWW 向褶皱构造受到晚期 NNE 向褶皱构造叠加改造，使褶皱轴发育沿EW 向波状舒缓状。湘中地区早晚两个世代的褶皱叠加形成典型的盆-穹构造型式。南岭褶皱构造带，并不是指广义的南岭构造带（舒良树等，2006），而是特指发育在晚古生代至早—中三叠世构造层中的近 EW 向褶皱构造迹线（张岳桥等，2009）。总体上说，大致以东经 111° 和 115° 为界，将南岭褶皱构造带划分为东、西两段。南岭褶皱带西段 EW 向褶皱构造表现为特征的弧形弯曲型式，线性特征清楚，没有后期岩浆侵入。位于东经 111° 和115° 之间的南岭褶皱带东段，表现为复式背斜和复式向斜构造，形态宽缓，但受到后期NNE 至 NS 向褶皱和燕山期岩浆侵入活动的强烈改造。

（二）四川盆地的原型

四川盆地是在扬子克拉通台地基础上形成和发展起来的复合型或叠合型盆地。受到中特提斯洋扩张的影响，晚二叠世在扬子地块西部地带发生强烈的伸展裂解，诱发了广泛的玄武岩喷发，可能与地幔柱活动有关（徐义刚，2002）。早—中三叠世的扬子地块古地貌格局表现为中部为陆、四周为洋（刘宝珺、许效松，1994；Wang and Mo，1995）。

中三叠世晚期，扬子地块顺时针旋转，导致中特提斯洋（秦岭洋）的剪刀式闭合、华北地块的碰撞和陆-陆深俯冲作用（Lin et al.，1985；Zhao and Coe，1987；Huang and Opdyke，1991；Yang et al.，1992；Enkin et al.，1992；Yokoyama et al.，2001；Meng et al.，2007），造成中央造山带的形成和大别-苏鲁超高压变质带的快速折返（Li S. G. et al.，1993，1997；Hacker et al.，1998）。受金沙江洋向东俯冲和增生造山作用的影响，松潘-甘孜"地槽"褶皱造山，增生到扬子地块的西部边缘。同时，位于印支半岛的中缅马苏地块与印支地块碰撞，一同增生到扬子地块的南缘（Andrew et al.，2001）。印支期造山作用使得扬子地块从古生代的台地相沉积演化为晚三叠世—侏罗纪的陆相盆地沉积，成为现今四川盆地的原型，其展布范围比现今的大很多（张渝昌，1997）。

四川盆地西部的川西前陆褶皱带和龙门山山前带是一个复合型前陆带，其雏形形成于中—晚三叠世印支期碰撞造山事件，发育与印支运动有关的沉积和构造记录。扬子地块西部大陆边缘增生造山使龙门山-锦屏山逆冲构造带形成，导致了川-滇前陆盆地沿四川盆地西缘和"川滇地轴"一带发育，充填了晚三叠世含煤的类磨拉石沉积，最大沉积厚度超过3 km（郭正吾等，1996）；早—中侏罗世沉积范围进一步扩大，覆盖了整个扬子地区，但沉积-沉降中心可能位于现今四川盆地的西北和东北地区。川-渝-黔-滇盆地构成了四川盆地的原型（张渝昌，1997）。

米仓山-大巴山构造带主体形成于中—晚三叠世，是秦岭碰撞造山带的前陆构造带。在大巴山弧形构造带，是晚侏罗世陆内造山作用导致后大巴山推覆构造带的形成，同时使前陆地区的基底拆离带发生错脱。从构造变形样式上看，后大巴山逆冲构造带出露基底韧性剪切带，拉伸线理和运动学指向指示上盘向 SW 逆冲（董树文等，2006；Dong et al.，2013）。

（三）华南内部其他地区印支期构造变形

十万大山-云开大山褶皱逆冲带：主要是变质基底出露地区，印支期褶皱作用表现不明显。早中生代构造变形主要表现为 NNE 向的逆冲作用和沿 NE 向韧性剪切带发育的逆冲和走滑变形（Wang et al.，2007a；Lin et al.，2008a；Zhang and Cai，2009）。逆冲作用的方向较复杂，近 EW 向断裂表现为 NNE 向的逆冲，而 NE 走向断裂则是 SE-NW 向的逆冲；且早中生代 NE 向韧性剪切带作用也存在左旋和右旋走滑运动之争。

南盘江盆地褶皱带：褶皱轴向在空间上变化较大，在盆地西缘表现为 NE 向褶皱和 SW 向的逆冲剪切；在盆地南缘与北缘则表现为近 EW 向褶皱和向北的逆冲作用；在盆地东缘以 NW 向逆冲作用为主。总体来说，南盘江褶皱带内印支期褶皱以近 EW 向为主，盆地东西缘的褶皱轴向是受盆地基底和后期构造作用的改造形成的。在盆地内部，可以清楚地见到上三叠统含煤磨拉石角度不整合覆盖于下三叠统之上（秦建华等，1996）。南盘江盆地褶皱作用发生在百仙关群沉积之后，平垌组沉积之前，是由晚三叠世印支运动形成的（任纪舜，1984）。

（四）印支造山作用的启动时间与动力学机制

印支运动主造山期的挤压作用发生于早—中三叠世（245～226 Ma B.P.），造成华南大陆中—上三叠统之间广泛的角度不整合（Lin et al.，2008a；Shu et al.，2008），并使华南从海相沉积转变为陆相，基底发生强烈的韧性剪切（Wang et al.，2005；Zhang and Cai，2009），沉积盖层发生强烈褶皱和冲断变形，最终导致地壳发生不同程度的增厚。

浙西南古元古代片麻岩、云开地块片麻岩、武夷山基底片麻岩记录了三叠纪高温变质事件，大部分变质锆石 U-Pb 年龄为 230～250 Ma（Li and Li，2007；Wang et al.，2007a，2007b；Yu et al.，2009），少量在 220～230 Ma（Yu et al.，2009；Yang et al.，2010）；指示华南东部基底剪切变形和混合岩化作用的起始时间可能在距今 230 Ma 之前。$^{40}Ar/^{39}Ar$ 测年表明，张八岭蓝片岩带形成于三叠纪（244～209 Ma B.P.），反映了印支期郯庐断裂带的启动时间；三叠纪（244～209 Ma B.P.）是郯庐断裂带巨大平移的主要时期，郯庐断裂带在早期可能为一个俯冲带（陈宣华等，2000）。武夷山韧性剪切带为右旋，^{40}Ar/^{39}Ar 冷却年龄为（235.3±2.8）Ma 和（238.5±2.8）Ma（徐先兵，2011）。在浙西南地区，基底剪切带白云母^{40}Ar/^{39}Ar 年龄为 237 Ma（朱炳泉等，1997）。右旋剪切的江西武平剪切带白云母^{40}Ar/^{39}Ar 冷却年龄大于 230 Ma（Xu et al.，2010）。

雪峰山构造带印支期陆内变形以基底左旋走滑剪切和幕式挤压引起的盖层褶皱为特征，构成不对称正花状构造；早期以上盘 NW 向逆冲剪切为主，中期以上盘 SE 向反向褶皱和逆冲为主，晚期以 NE-SW 向褶皱和构造置换为主，其动力学机制可能与沿中、下地壳基底拆离带的陆内斜向俯冲作用有关；其^{40}Ar/^{39}Ar 冷却年龄为 208~217 Ma（Wang et al.，2005，2007b；Chu et al.，2012）。

云开地区的合浦-博白剪切带为一条走向 NE-SW 的右旋剪切带，可能为印支与华南碰撞造山形成的转换边界断层，两个地块的连接处应在滇-琼缝合带，黑云母冷却年龄为 195~213 Ma（Zhang and Cai，2009；Cai and Zhang，2009）。

华南大陆印支造山时期的侵入岩体以过铝质片麻状 S 型花岗岩为主，侵位深度大、温度较低，为加厚的富泥质地壳在挤压构造背景下发生部分熔融的产物，锆石 SHRIMP U-Pb 测年集中在 240~230 Ma B. P. 。大洋板块平俯冲模型（Li and Li，2007；Li et al.，2012）认为，西太平洋板块的俯冲作用起始于晚二叠世，并一直持续至白垩纪，以此来解释华南大陆中生代 1300 km 宽褶皱冲断带的形成和岩浆演化过程；印支运动和燕山运动可能为同一动力学机制作用下不同演化阶段的产物。

三叠纪华南大陆 NE-SW 向挤压的动力主要来自印支地块的推挤和碰撞。距今 230 Ma 以来，华南大陆处于斜张应力状态，导致地壳松弛和岩浆底侵；由于缺乏同期火山活动，这个时期华南东缘可能仍然是被动陆缘。

三、华北地区印支造山作用

早—中三叠世挤压构造变形主要发生在华北北缘阴山-燕山构造带，以 SN 向挤压形成的韧性剪切和基底卷入的褶皱作用为主。糜棱岩^{40}Ar/^{39}Ar 数据表明华北克拉通北缘 EW 向的尚义-赤城、丰宁-隆化、黑里河-宋三家和法库韧性剪切带在早—中三叠世经历了挤压构造变形（王瑜，1996；刘伟等，2003；张晓东，2008；万加亮，2012）。阴山-燕山构造带近 EW 向褶皱以及晚三叠世地层与下伏地层之间的角度不整合表明晚三叠世之前该地区经历了近 SN 向的挤压作用（刘正宏、徐仲元，2003）。燕山东段辽西太阳沟地区发现有 NW-W 向逆冲断裂，断裂活动早于锆石 U-Pb 年龄为（230±3）Ma 的水泉沟组火山岩（胡健民等，2004；Hu et al.，2010）。燕山中部马兰峪复背斜和蓟县逆冲断裂可能形成于早—中三叠世（马寅生等，2007；李海龙等，2008）。在华北东部的辽东半岛和胶东地区，新元古代—二叠纪地层卷入变形的近 EW 向大型褶皱构造形成于 250~219 Ma B. P. 期间，反映了近 SN 向收缩变形体制，其形成可能与华北地块与扬子地块之间中三叠世—晚三叠世早期的陆-陆碰撞作用有关（许志琴等，1991；杨天南等，2002；邸志波、王宗秀，2004；Yang et al.，2011）。

四、东北地区印支造山作用

(一) 华北地块北缘西段西拉木伦缝合带

西拉木伦缝合带发育于华北地块北缘西段（松辽盆地以西），大体沿西拉木伦河流向呈近 EW 向展布。原先认为西拉木伦缝合带是早古生代缝合带，但对该带中蛇绿岩的研究表明，蛇绿岩形成时代主要为二叠纪（约 250 Ma B. P.；Miao et al.，2007b），表明它是一条晚古生代建造带。此外，该带双井变质杂岩的原岩时代为 217 Ma B. P.（未发表资料），说明西拉木伦缝合带的造山作用应在其之后，很可能是一条印支期碰撞带。

西拉木伦缝合带现今主要表现为以走滑剪切变形为主（片理以近直立的高角度产出），目前测得变形事件年龄主要集中在 110～130 Ma（李锦轶，1999）。这可能是由于西拉木伦碰撞带受到更晚期走滑剪切作用叠加改造的结果。

(二) 松辽盆地基底印支期花岗岩类

钻井岩心和测年数据揭示松辽盆地基底存在印支期花岗岩类侵入岩体，如松辽盆地西部斜坡的洮 5 井黑云母花岗岩 [(243±4) Ma]、洮 14 井黑云母花岗 [(236±4) Ma]、洮 6 井石英闪长岩 [(236±3) Ma；高福红等，2007] 和平 4 井钾长花岗岩 [(201±4) Ma]，中央凹陷的扶深 4 井二长花岗岩 [(232±4) Ma] 和长深 3 井粗面质英安斑岩 [(222±6) Ma]。松辽盆地基底可能存在印支期洋壳残片，如西部斜坡的洮 5 井钻遇蛇纹片岩和强糜棱岩化辉长岩 [(231±3) Ma]。

(三) 牡丹江碰撞带的构造活化

牡丹江碰撞带位于佳木斯地块的西缘，大体上沿牡丹江呈近 SN 向展布，被认为是佳木斯地块与西侧张广才岭地块之间的拼贴碰撞带（张兴洲，1992；张贻侠等，1998；Wu et al.，2007b，2007c；李锦轶等，2009；Zhou et al.，2009）。其主体是佳木斯地块西缘原被划归为太古宙或古元古代的"黑龙江群"，为一套混杂岩，不仅包括蓝片岩等高压变质建造，也包括变质的增生杂岩和洋壳残片，更有大量的变复理石建造和大理岩。牡丹江碰撞带自早古生代形成之后，经历了多期次强烈的构造"活化"。在中生代时期，牡丹江碰撞带的构造演化属陆内变形范畴，中生代构造"活化"的动力学背景可能是那丹哈达增生杂岩所记录的西太平洋大陆边缘的俯冲–增生造山作用。

(四) 华北地块东北缘东段松江河蛇绿混杂岩与逆冲推覆构造

松江河蛇绿混杂岩带位于吉林省松江河镇附近，属于华北地块东北缘的一部分，整体呈 NW 走向，主要由强烈变质变形的橄榄岩、辉长岩、基性熔岩及变质硅泥质岩组成，同时发育斜长岩-斜长花岗岩岩脉。变质橄榄岩主要为二辉橄榄岩,发育强烈的蛇纹石化和菱镁矿化,以及强烈的褶曲变形,为大洋岩石圈地幔岩残片;辉长岩主要为细粒,多已糜棱岩化,代表下部洋壳;基性熔岩大多已斜长角闪岩化;硅泥质岩已变质为硅质片岩或云母石英片岩。基性熔岩和硅泥质岩代表上部洋壳。松江河蛇绿岩可能形成于初始、不成熟的洋盆环境(类似现代的红海),代表弧后盆地或裂谷。

松江河蛇绿混杂岩带呈岩片状,与下伏岩片之间为构造接触。蛇绿混杂岩中发育的不对称褶皱,指示了上盘为向 SW 的逆冲,拆离面产状为 40°∠25°～30°。蛇绿混杂岩带一个花岗闪长质糜棱岩中的角闪石给出一致的 Ar-Ar 坪年龄〔(192±1)Ma〕和等时线年龄〔(191±2.6)Ma〕,与相邻夹皮沟地区的剪切带型金矿化年龄为 203 Ma (Miao et al., 2005)基本一致,反映了印支末期 203～191 Ma B.P. 期间发生的一次强烈构造变形与金矿化事件,导致松江河蛇绿岩的构造侵位。

(五)古太平洋西缘弧后盆地的闭合与印支末期造山作用

辽宁开原东南的四合顺基性-超基性岩中的堆晶辉长岩 CL 图像显示,该辉长岩发育两组锆石:一组已发生退晶质化,表现为发光较弱或基本不发光,环带不可见;另一组未发生退晶质化,表现为强发光,发育岩浆生长环带。其中,第一组锆石占绝大多数,第二组数量很少。第一组 16 个锆石得到年龄为 (204±2)Ma (MSWD = 1.19),第二组四个锆石得到年龄为 (224±5)Ma (MSWD = 0.38)。第二组未退晶质化锆石的年龄(约 224 Ma)解释为四合顺辉长岩岩体的形成年龄,而第一组退晶质化锆石的年龄(约 204 Ma)可能为发生退晶质化时的年龄。由此说明,四合顺辉长岩形成于印支期,并在印支期末发生强烈退晶质化;而不是前人认识的形成于早古生代。就四合顺辉长岩而论,锆石退晶质化的年龄(约 204 Ma)代表了本区大规模推覆构造作用的时间。

辽宁草市的糜棱岩化花岗闪长岩,其中的锆石绝大多数为自形柱状,发育典型的岩浆生长环带;少数锆石发育暗化边(在 CL 图像上表现为不发光)。分析得到该岩体侵位年龄为 (211±3)Ma (N = 12,MSWD = 1.4),属晚印支期岩体;同时受到印支末期构造-热事件改造。

华北地块东北缘构造带可能是古太平洋(伊泽纳畸)构造系统内裂谷或弧后盆地闭合的产物。其中的基性-超基性岩可能是裂谷或弧后盆地打开时地幔岩浆作用的产物,有的具有初始洋壳化(蛇绿岩)的特征。根据吉林哈达推覆构造前锋带糜棱岩化花岗岩与辉长岩年龄,如辽宁草市的糜棱岩化花岗闪长岩以及辽宁开原东南的四合顺基性-超基性岩中的堆晶辉长岩的年龄,推断华北地块东北缘裂谷带的闭合时间为印支末期 204～194 Ma B.P.。松江河构造带(蛇绿混杂岩带)早期韧性剪切变形事件(约 190 Ma)及伴随的剪切带型金矿成矿事件(约 205 Ma)和草市糜棱岩化花岗闪长岩受后期改造的锆石暗化边(约 195 Ma)、四合顺岩体锆石退晶质化事件(约 205 Ma),均可能是三叠纪末—侏罗纪初华北地块东北缘弧后裂谷带闭合与碰撞造山作用的具体反映。

五、印支末期后造山伸展作用

(一) 华南地区晚三叠世—早侏罗世后造山伸展

主造山期地壳挤压增厚与造山后期地壳伸展减薄构成了陆内造山过程的一个完整构造旋回。中—晚三叠世至早侏罗世，华南处于印支期造山后伸展松弛阶段，导致了大量伸展构造和走滑断裂的形成。晚三叠世（230～225 Ma B. P.），武功山变质核杂岩（或称之为"伸展穹窿"）的北部和南部分别发生上盘向北和上盘向南的伸展剪切运动（Faure *et al.*，1996）。郯庐断裂带基底岩石发育韧性变形，形成一条 NE 走向、延伸达 540 km 的大型韧性剪切带，其走滑剪切的主要时期为 221～210 Ma B. P.，晚期走滑剪切在 210～180 Ma B. P.（Zhu *et al.*，2004，2005，2009；张岳桥、董树文，2008；Mary *et al.*，2012）。

除变质核杂岩和走滑断裂之外，晚三叠世伸展作用诱发了大规模的岩浆活动，并导致一系列造山后花岗岩的形成。华南大陆印支晚期侵入岩体为准铝质似 I 型花岗岩，其源区以富泥质和玄武质岩石为主，并有明显的新生地幔来源岩浆加入，年龄集中在 200～230 Ma（Zhou *et al.*，2006；Wang *et al.*，2007b）。通常认为，造山晚期花岗岩可能是后碰撞伸展构造背景下底侵岩浆热对流的产物，其动力学机制与加厚地壳的伸展垮塌和岩浆底辟作用相关（徐先兵等，2009a）。Truong Son 构造带存在 230～202 Ma B. P. 后碰撞伸展环境下的岩浆活动（Liu *et al.*，2012a），大面积的晚三叠世—中侏罗世的伸展盆地发育，并以中厚层的煤系地层为特征。

(二) 华北地区晚三叠世—早侏罗世后造山伸展

华北克拉通北缘构造样式从早—中三叠世近 SN 向或 NE-SW 向收缩构造样式变成晚三叠世末期伸展构造样式。晚三叠世—早侏罗世变形主要集中在华北克拉通北部和东南部，其中阴山-燕山构造带以 NEE-NE 向正断层为主，显示 SEE-SE 向伸展。在鄂尔多斯盆地西北缘，晚三叠世伸展构造控制了贺兰山和桌子山晚三叠世沉积地层（Liu，1998；Ritts *et al.*，2004）。此外，在索伦缝合带附近的内蒙古苏尼特左旗有晚三叠世变质核杂岩的报道（Davis *et al.*，2004），赤峰地区有 NE-SW 向拉伸线理构造，同构造闪长岩和糜棱岩年代学研究表明伸展构造作用发生在 228～219 Ma B. P.。华北东部徐淮-蚌埠地区晚三叠世—早侏罗世弧形逆冲推覆体的形成可能与华北、扬子两大板块之间的碰撞有关（舒良树等，1994；王桂梁等，1998）。华北东部郯庐断裂南段晚三叠世—早侏罗世的左行平移可能也与该时期华北、扬子的碰撞有关（Xu *et al.*，1987；Okay and Sengor，1992；Yin and Nie，1993；万天丰、朱鸿，1996；王小凤等，2000；陈宣华等，2000；张岳桥、董树文，2008；Zhu *et al.*，2009）。然而，中—晚三叠世期间华北南缘则经历了挤压构造作用，以 EW 向到 NWW-SEE 向逆冲断层和褶皱为代表（徐汉林等，2003；孙晓猛等，2004）。

早侏罗世变形是三叠纪构造变形的延续，仅在华北北部和东部局部地区有所报道。虽然有少数早侏罗世逆冲断裂的报道（徐刚等，2003；Davis *et al.*，2009；Liu *et al.*，

2012），但华北北部该时期主要以伸展型构造为主（Zhang et al.，2008；Davis et al.，2009）。在辽西地区也发现了与晚三叠世—早侏罗世伸展构造作用相关的大规模重力崩滑流沉积，形成晚三叠世—早侏罗世邓杖子组，其沉积盆地性质可能为半地堑型盆地（胡健民等，2004；Davis et al.，2009；Hu et al.，2010）。北京西山晚三叠世—早侏罗世 NNE 向沉积盆地可能为裂谷型沉积盆地，即发育了南大岭玄武岩。同样的，华北北缘中段内蒙古大青山地区也发现了近 EW 向展布的早侏罗世裂陷盆地（Meng，2003）。构造分析和年代学结果表明辽东半岛大连地区 EW 向韧性剪切带变形发生在早侏罗世（王宗秀等，2000；Li et al.，2007）。

（三）　中国西部晚三叠世—早侏罗世后造山伸展

在中国西部，印支末期（晚三叠世—早侏罗世）总体处在古特提斯洋的弧后伸展构造环境，广泛发育后造山的伸展作用，形成侏罗纪大型含油气盆地。在青藏高原腹地，羌塘地块含蓝片岩的变质核杂岩构造形成于晚三叠世—早侏罗世（Kapp et al.，2000）。在青藏高原北缘的阿尔金山东段，拉配泉拆离断层（约 220～187 Ma B. P.）控制了早侏罗世盆地的形成，与柴达木地区在晚三叠世进入断陷盆地发育期相一致，为我国西部中生代大型陆相含油气盆地的形成提供了伸展构造背景（Chen et al.，2003）。

第二节　"燕山运动"与东亚板块汇聚构造体系

中国大陆在晚中生代（J—K）发生过深刻的构造变革，经历过不同方向的造山、后造山伸展和多期岩浆作用（任纪舜，1984；董树文等，2000）。其中，侏罗纪晚期和白垩纪早期的变形奠定了中国中东部、甚至东亚大陆的基本构造面貌，这一时期的岩浆-火山作用影响了东亚几乎所有构造单元（Dong et al.，2015；图1.1）。

在晚中生代，我国大陆经历过两种不同的构造过程：

其一，侏罗纪晚期—白垩纪初期广泛的造山作用（"燕山运动"；Wong，1927，1929；赵越等，1994；Dong et al.，2008）。主要证据包括：①形成北部蒙古-鄂霍次克海造山带、西部班公湖-怒江造山带等陆缘造山带，东部古太平洋陆缘造山带以及广泛的晚中生代（J_2—K_1）陆缘增生杂岩；②在远离板块边界的中国腹地形成不同方向的陆内造山带、褶皱-逆冲-推覆构造带、变质带和构造-岩浆岩带；③晚侏罗世—早白垩世（J_3—K_1）类磨拉石沉积层（Zhang et al.，2008）；和④侏罗系与白垩系之间的区域性角度不整合（赵越等，2004a）。

其二，早白垩世大陆岩石圈的大规模伸展和减薄作用（Zhai M. G. et al.，2007a）。主要证据包括：①伸展背景下的大规模火山-岩浆活动（135～120 Ma B. P.）；②覆盖东亚的伸展-拉分盆地；③数量众多的变质核杂岩（Wang et al.，2011）；④与大规模岩浆有关的巨量成矿作用（Mao et al.，2010）。

围绕晚中生代（170～120 Ma B. P.）构造和岩浆作用还存在一些重要的科学问题需要

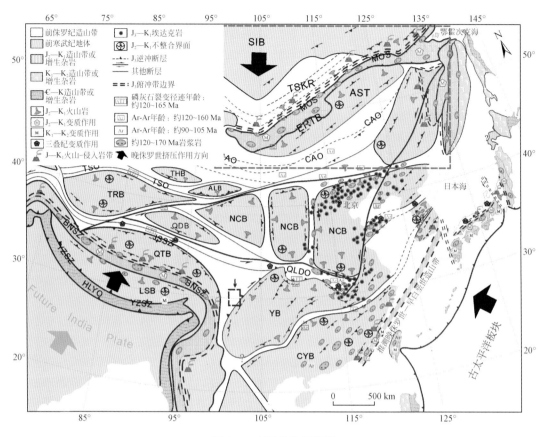

图 1.1　东亚构造纲要图

深入探讨，如①晚中生代（J_2—K_1）三条陆缘造山带的形成过程是否具有同步性；②侏罗纪晚期不同方向陆内造山作用的机制、时间和动力学过程；③从造山到伸展转换的时间节点和深部动力学机制；④早白垩世伸展和克拉通破坏的关联、诱因、峰期和机制（Dong *et al.*，2008a，2008c，2015）。

第三节　侏罗纪晚期和早白垩世早期的多板块会聚造山与变形

一、侏罗纪晚期的东亚陆缘造山事件

（一）北部的蒙古-鄂霍次克碰撞造山带

蒙古-鄂霍次克造山带位于蒙古北部和俄罗斯外贝加尔地区，是中亚造山带最年轻的一部分，其成因与蒙古-鄂霍次克洋关闭和两侧陆块（西伯利亚克拉通、蒙古地块和华北克拉通）的碰撞有关（Tomurtogoo et al.，2005）。该造山带的蛇绿岩带横穿蒙古中部，经俄罗斯外贝加尔（Transbaikalia），一直延伸到鄂霍次克海。侏罗纪—早白垩世的岩浆岩沿该造山带呈带状分布，其中，与大洋板块俯冲有关的岩浆岩带的空间分布特征暗示，蒙古-鄂霍次克洋关闭过程中主要向北俯冲，消亡于西伯利亚板块之下（van der Voo et al.，1999）。对蒙古-鄂霍次克洋关闭的时间形成过多种不同的认识：①二叠纪（Gordienko et al.，2010）；②三叠纪（Maruyama，1997）；③中侏罗世（Tomurtogoo et al.，2005）；④晚侏罗世（Zonenshain et al.，1990）；⑤晚侏罗世—早白垩世（Metelkin et al.，2010）。目前，尽管对鄂霍次克洋的存在时限存在认识分歧，但多数研究者认为该洋盆（Mongol-Okhotsk）自西向东呈"剪刀状"递进式关闭（Xiao et al.，2009a，2009b）。也就是说，沿蒙古-鄂霍次克缝合带的形成过程具有穿时性。

一般认为，蒙古-鄂霍次克构造带西部的碰撞可以追溯到侏罗纪中期，东部的碰撞一直持续到侏罗纪末期或白垩纪初期。该造山带形成过程导致了晚中生代（J_2—K_1）广泛的岩浆作用（Daoudene et al.，2013）。其中，与陆-陆碰撞有关的钙碱性和亚碱性岩浆作用主要发生在侏罗纪中、晚期（Berzina et al.，2014），与后造山陆内伸展有关的碱性、过碱性岩浆作用和加厚地壳伸展过程集中在早白垩世中期（135~120 Ma B. P.；Donskaya et al.，2008）。

岩石学、年代学和地球化学研究结果显示，蒙古中部和俄罗斯外贝加尔地区发育侏罗纪早期（195~178 Ma B. P.）伸展背景下的双峰式火山岩、碱性岩浆岩和 A 型花岗岩（Yarmolyuk et al.，2000，2002）。部分来自侏罗纪砂岩的碎屑锆石的峰期年龄集中在 176 Ma 和 229 Ma，说明：①物源区为俄罗斯外贝加尔地区的火山-岩浆岩带；②沿蒙古-鄂霍次克造山带的陆-陆碰撞发生在 176 Ma B. P. 以后（Prokopiev et al.，2008）。同时，沿该造山带分布的同构造花岗岩的锆石 U-Pb 年龄为 153~173 Ma，早白垩世变质核杂岩的发育过程集中在 135~120 Ma B. P.（Donskaya et al.，2008）。这些研究结果把蒙古-鄂霍次克洋的最终关闭、两侧陆块碰撞和造山的时间限定在距今 175 Ma 和 135 Ma 之间。

同时，古地磁与年代学研究结果显示，蒙古-鄂霍次克构造带两侧的陆块在晚侏罗世迅速（15 cm/a）靠近，并且在侏罗纪末或白垩纪初关闭（Metelkin et al.，2010；Pei et al.，2011）。例如，Metelkin 等（2010）认为蒙古-鄂霍次克洋的宽度从中侏罗世的 3000 km 迅速变为晚侏罗世（155 Ma B. P.）的 1500 km。已有的多数古地磁研究结果显示，西伯利亚地块在早白垩世的极移曲线与欧亚大陆其他地区基本一致，说明蒙古-鄂霍次克洋两侧的陆块那时已经稳定地"焊接"到一起（Besse and Courtillot，2002）。但是，Pei 等（2011）认为，蒙古-鄂霍次克洋在晚侏罗世（155 Ma B. P.）的宽度约为 3000 km，随后的关闭过程导致了两侧陆块的碰撞和中-蒙边界地区广泛的地壳变形。

最近，在俄罗斯-蒙古边界的东部艾伦达瓦（Ereendavaa）地区的研究发现，那里的变质岩形成时代不是前人认为的前寒武纪里菲期，而是晚中生代。就其属性而言，不是一个简单的变质地体，而是一个与推覆作用有关的构造带。该构造带可进一步划分为三个基本构造单元。

（二）东亚大陆东缘的安第斯型造山带

亚洲大陆的东、南缘是揭示古太平洋板块与欧亚大陆相互作用的一条关键性构造带。多数研究者认为这里在中生代经历过安第斯型造山（或太平洋型造山）(Jahn et al.，1976；Isozaki，1997；Maruyama，1997；Cui et al.，2013；Safonova and Santosh，2014）。在造山时间、过程和动力学机制等方面仍有认识分歧。有些学者认为，古太平洋板块平俯冲造山发生在早中生代（265～190 Ma B. P.；Li and Li，2007），由于晚中生代的改造，早中生代的沉积作用、岩浆作用、变质作用和变形在沿海地区的记录很少。因此，亚洲大陆东缘的早中生代地质过程仍需深入探讨。但下述更多证据支持晚中生代造山：①陆缘增生杂岩发育于中—晚侏罗世和早白垩世；②东亚陆缘的多数（>80%）岩浆岩形成于晚中生代（170～120 Ma B. P.）；③下白垩统之下发育区域性不整合（Li J. et al.，2014）；④中—下侏罗统有时以角闪岩相包体的形式赋存同构造岩浆岩内（147～136 Ma B. P.；Cui et al.，2013），这些具有透入性混合岩化特征的副变质岩包体与围岩发生过同变形，并且被未变形岩体、脉（132～118 Ma B. P.）侵入（崔建军等，2013）；⑤一般认为，晚中生代造山与古太平洋板块（Izanagi Plate）向东亚陆缘俯冲挤压有关；⑥中—下侏罗统受区域挤压作用发生褶皱、深埋和变质，在早白垩世早期发生构造折返，造山晚期的减压熔融作用形成了同构造岩浆岩（145～135 Ma B. P.）和混合岩（崔建军等，2013），Ar- Ar同位素体系记录的地壳冷却和抬升过程（135～120 Ma B. P. 和100～90 Ma B. P.）与岩浆作用峰期（135～120 Ma B. P. 和100～90 Ma B. P.）一致，伴随着碱性–过碱性岩浆岩侵位。

华南侏罗纪晚期的陆缘造山事件应该是古太平洋板块（或伊泽纳崎板块）与亚洲大陆相互作用的直接证据。根据已有的研究结果，华南陆缘的构造演化完全可以与西南日本进行对比。主要表现在以下几个方面：其一，华南陆缘和西南日本在侏罗纪中晚期和白垩纪早期都经历过多阶段构造和岩浆作用，而且这些岩浆和构造事件的时间大体一致。例如，这两个地区都发现的侏罗纪中晚期和白垩纪中期的区域性角度不整合。其二，这两个地区在晚中生代都经历过变质作用，时间也基本一致。其三，它们当时都处于东亚大陆的边缘，构造环境相似（Dong et al.，2015）。

东亚东缘的增生造山带是晚侏罗世板块汇聚过程的重要依据，我国东北的那丹哈达地块是最典型的中侏罗世增生造山带。同时，这一造山事件在东亚内陆引发了广泛的挤压、逆冲和陆壳增厚过程。早白垩世广泛的岩浆–火山作用可能是造山晚期和后造山期地壳减压熔融的结果，或与岩石圈减薄有关。

（三）西部的班公湖–怒江造山带

在青藏高原的多阶段碰撞和造山过程中，有两期造山事件备受地质学家关注：其一，是早中生代古特提斯洋关闭过程中的造山事件，其二，是新生代印度板块和欧亚大陆之间的碰撞造山事件（Yin and Harrison，2000）。此外，青藏高原在晚中生代也经历过造山事件，即拉萨地体和羌塘地体之间的碰撞。

青藏高原是多阶段碰撞和造山的产物，通常被划分为四个呈近 EW 向的前寒武纪地体（地块），它们从北到南依次为松潘甘孜、羌塘、拉萨和喜马拉雅。这四个构造单元被金沙江、班公湖-怒江和雅鲁藏布江三条缝合带所分割。这三条缝合带依次代表古特提斯洋、中特提斯洋和新特提斯洋的遗迹（Zhu et al.，2011）。

其中，晚侏罗世班公湖-怒江缝合带是青藏高原中部分割北部羌塘地体和南部拉萨地体的一条板块边界线，总体呈 SEE-NWW 向横穿西藏中部（Shi et al.，2008；Wang et al.，2008），最大出露宽度大于 100 km（Shi et al.，2008），延伸超过 2500 km（Wang et al.，2008）。该缝合带由西向东可进一步分为三段：班公湖-改则（Gertse）、东巧（Dongqiao）-安多（Amdo）和丁青（Dingqing）-怒江（Nujiang）（西藏自治区区域地质志，1993；Wang et al.，2008）。西藏西北部的侏罗纪班公湖蛇绿岩是该缝合带中目前发现的最西端蛇绿岩，主要沿班公湖两岸分布，如龙泉山、麦克尔、喀纳、拉木吉雄、查拉木、巴尔穷、斯潘古尔、班公山、日土、茶罗、界哥拉、热邦错一线（Shi et al.，2008）。

拉萨地体经历过多期变质，晚中生代两期变质事件分别发生在中侏罗世晚期（170 Ma B. P.）和晚白垩世初期（90 Ma B. P.；Zhang et al.，2010a，2010b）。其中，侏罗纪变质事件记录在班公湖-怒江缝合带中部（如安多微陆块，呈 EW 向分布），主要岩性包括：二长片麻岩、斜长片麻岩、石英岩和混合岩，局部夹斜长角闪岩和镁铁质高压麻粒岩布丁（Guynn et al.，2006）。其中，镁铁质高压麻粒岩的峰期矿物组合为单斜辉石+石榴子石+石英+金红石，峰期变质的温-压条件为 860～920℃ 和 1.5～1.6 GPa，变质时间为 170 Ma B. P.（Guynn et al.，2006；Zhang et al.，2014）。变质 P-T-t 轨迹指示，安多地体可能在中、晚侏罗世经历过深（≥50 km）俯冲，随后发生了快速折返（Zhang et al.，2014）。拉萨地体南缘记录的晚白垩世早期（约 90 Ma）的变质事件可能与另一期造山事件有关（Zhang et al.，2010a，2014）。

在拉萨地体北部，白垩纪岩浆岩的出露宽度大于 50 km，长度大于 500 km，形成时间可分为 140～120 Ma B. P. 和 110～80 Ma B. P. 两个时段，岩性包括过铝质淡色花岗岩在内的各类花岗岩（Harris et al.，1990；Zhang et al.，2014）。Harris 等（1990）通过地球化学和同位素研究认为，拉萨地体北缘的两期早白垩世岩浆岩具有不同的特征。早期主要发育中-酸性岩浆岩，具有钙碱性特征，但不同于岛弧岩浆岩；晚期发育淡色花岗岩，可能是含泥质的变沉积物在高温条件下（大于 850℃）发生深熔的产物。在拉萨地体南缘，白垩纪岩浆岩的锆石 $\varepsilon_{Hf}(t)$ 常为正值，而侏罗纪岩浆岩的锆石 $\varepsilon_{Hf}(t)$ 值介于 -13.7 和 17.7 之间，暗示不同的成岩构造背景（Zhu et al.，2011）。拉萨地体中部和北部发育早白垩世过铝质和强过铝质（S 型）花岗岩（Zhu et al.，2011），与拉萨地体和羌塘地体的碰撞（J_3—K_1）引起地壳增厚，以及随后的减压熔融有关。同时，拉萨地体上的早白垩世 A 型花岗岩（Demulha batholith：125 Ma）（Lin et al.，2012）和阿普特期（125～115 Ma B. P.）晚期的海侵事件（Leeder et al.，1988）说明，此时（125～115 Ma B. P.）已经处于后碰撞伸展阶段。

拉萨地体和羌塘地体之间的碰撞（J_3—K_1）引发强烈的地壳缩短和变形。拉萨地体上的白垩系及其下伏地层变形较强，而新生代林子宗火山岩的变形较弱，说明地壳在晚中生代造山过程中发生过强烈（50%）缩短（Kapp et al.，2007）。挤压应力向北呈远距离传播，形成中国中西部的区域性挤压构造。在四川和鄂尔多斯盆地内也产生了构造变形，包括造山带隆升与盆地向西倾斜，并在塔里木、准噶尔、柴达木等盆地形成构造雏形（贾承造等，2005）。De Grave 等（2007）甚至在西天山和阿尔泰用磷灰石裂变径迹定年和热历史模拟揭示出了晚中生代变形事件。

二、陆内造山和变形响应

（一）陆内造山和变形的影响范围

东亚的晚中生代造山（J_2—K_1）不仅形成了三条陆缘造山带（总长度>10000 km），也引发了广泛的陆内变形，主要表现为：①远离板块边缘的侏罗纪陆内造山带；②中侏罗统及其下伏地层的褶皱、逆冲和变质；③下白垩统之下的区域性角度不整合。这些规模宏伟的陆内造山带多数是古老造山带复活的结果，具有多向性特征，分布遍及东亚，甚至中亚，奠定了侏罗纪晚期以来东亚大地构造的基本格局（Dong et al.，2008）。这些著名的造山带包括：华北北部呈 EW 向展布的阴山－大青山－燕山造山带（Davis et al.，2001；Zhao et al.，2004；Zhang et al.，2013），中国中－东部呈 NE-SW 向展布的太行山、雪峰山、武陵山和武夷山（Yan D. P. et al.，2003；Zhang et al.，2009；Lu et al.，2013）；呈 NWW-SEE 向展布的秦岭－桐柏－大别造山带（Dong et al.，2011）；呈 NNE-SSW 向展布的贺兰山以及鄂尔多斯、四川盆地周缘的环形造山带（张岳桥等，2012）。晚中生代造山的构造形迹也常见于天山及其南北（Dumitru et al.，2001；Robinson et al.，2003）、蒙古（Tomurtogoo et al.，2005）、朝鲜半岛（Lim and Cho，2011）、日本（Osozawa et al.，2012）和俄罗斯远东地区（Sorokin et al.，2009）。大致以大兴安岭、太行山和武陵山重力梯度带为界，其以东地域的岩石圈发生过减薄，伴有大范围岩浆－火山作用；而其西地域的岩石圈比较稳定，岩浆－火山作用比较微弱。东亚的晚中生代陆内变形强度也存在地区差异，可能与下述因素有关：①岩石圈结构存在差异，特别是岩石圈是否减薄起到关键性控制作用；②与陆缘的距离不同，陆缘造山的远程效应不同；③大陆内部基底的刚性程度存在差异，如鄂尔多斯和四川克拉通的刚性强，围绕其周边形成环形造山带；④多个构造应力之间的叠加，如四川盆地周缘的侏罗纪变形显示来自不同方向的挤压应力相互叠加的特征，而且变形强度具有朝盆地内部逐渐减弱的变化趋势（Shi et al.，2012；Dong et al.，2013）。华南陆缘的变质和变形强度也具有朝陆内减弱的变化趋势（崔建军等，2013）。对华北白垩纪岩浆岩的时－空迁移特征的研究结果证明，岩石圈破坏具有从边缘向内部演化的趋势（Zhang et al.，2013）。

（二）大规模逆冲构造和褶皱变形

褶皱和逆冲构造是晚中生代陆内变形的重要现象。在蒙古－鄂霍次克缝合带及其两侧，侏罗系地层中形成了许多逆冲和褶皱构造（Donskaya et al.，2008）。例如，在俄罗斯东北部（西伯利亚克拉通东缘），石炭纪—中侏罗世沉积岩（厚度≥15 km）发生褶皱，形成

Verkhoyansk 褶皱-逆冲带，可能与侏罗纪晚期的造山事件有关（Parfenov *et al.*，1995；Toro *et al.*，2007；Prokopiev *et al.*，2008）。部分地区（Onon）的泥盆纪—石炭纪岛弧杂岩以构造岩片（飞来峰）的形式由北向南推覆于上二叠统—下侏罗统（P_3—J_1）沉积岩之上，水平向移动距离达 200 km（Zorin，1999；Donskaya *et al.*，2008）。在蒙古-鄂霍次克缝合带以北约 600 km 的伊尔库茨克（Irkutsk），前寒纪基底杂岩被推覆于上侏罗统（J_3）含煤岩系之上，水平移动距离达数百米（Zorin，1999）。中-蒙边界地区，侏罗纪晚期的推覆体的运动方向由北向南，推覆距离达 180 km（Zheng *et al.*，1996）；中国东北也发现大型推覆构造，例如，原来被认为是变质基底的"黑龙江群"其实是一些无根的推覆体，变形时代为中—晚侏罗世（165 Ma B. P. 前后；黄始琪等，2014）；在蒙古与中国的边界地区（北山），侏罗纪"亚东"大型推覆构造和逆冲岩片呈 EW 向展布，断续延伸约 1200 km（东经 93°~108°），卷入了从元古宙至早—中侏罗世的多个时代的地层，变形时代为中侏罗世晚期（Zheng *et al.*，1996）。

在华北北部的阴山-燕山造山带，褶皱构造的总体走向 EW，东部走向转为 NE-SW，变形主要发生在侏罗纪中、晚期（Davis *et al.*，2001）。Davis 等（2001）在河北承德和内蒙古南部发现两个指向 N-NW 的低角度逆冲构造，并且认为地壳收缩主要发生在中、晚侏罗世。在大青山，逆冲-褶皱构造卷入的最新地层为中侏罗统，同时被早白垩世岩体［锆石 U-Pb 年龄为（119±2）Ma］侵入或被下白垩统不整合覆盖，说明褶皱-逆冲的时间大约在侏罗纪晚期或白垩纪初期。在华北东部，侏罗纪地层普遍发育褶皱构造，走向为 NNE-SSW（Ren *et al.*，1998）。例如，鲁西地区的"侏罗山式"褶皱（Li *et al.*，2012）。

在华北徐淮地区，逆冲-推覆构造（图 1.1）的形成时代曾被认为是三叠纪，但由于这些构造卷入了侏罗纪地层，因此，至少有一部分变形发生在晚中生代。在太行山北部，侏罗纪褶皱-逆冲构造的走向为 NNE-SSW，发育时间被限定在 175~150 Ma B. P.，侵入其中的岩浆岩年龄为 142~146 Ma，抬升（冷却）时间为 142~120 Ma B. P.（Wang and Li，2008）。

在秦岭-桐柏-大别-苏鲁造山带，华北和扬子克拉通在晚中生代（J_2—K_1）分别从两侧朝造山带之下俯冲，导致大规模陆内造山，主要表现为陆内俯冲、挤出构造、正花状构造、岩浆活动以及沿造山带两侧发育的前陆盆地和类磨拉石沉积（Liu *et al.*，2010；Li S. Z. *et al.*，2012）。

在华南，武陵山-雪峰山构造带发育 NE-SW 走向的构造，主要出露于恩施-浠水以东，卷入的最新地层为上侏罗统，褶皱发育时间可能为晚侏罗世（Yan D. P. *et al.*，2003；Lu *et al.*，2013）。对地震剖面的研究结果显示，华南大陆岩石圈具有以下几个基本特征：①扬子克拉通（YC）的岩石圈比华夏地块（CaB）的岩石圈厚度大；②雪峰山（WXB）的岩石圈比扬子克拉通（YC）的岩石圈厚度大（Zhao *et al.*，2012；Lu *et al.*，2013）；③武陵山-雪峰山（WXB）下的岩石圈具有明显的各向异性，指示构造带走向为 NE-SW 向。这种现象在四川地块之下并不明显（Lu *et al.*，2013），说明陆内造山虽然可以导致岩石圈地幔变形，却很难造成稳定克拉通地块变形。造山带大陆岩石圈加厚（Lu *et al.*，2013）和地表的大规模晚侏罗世褶皱和逆冲构造（Liu *et al.*，2012）说明雪峰构造带的造山特征至少有一部分形成于晚中生代（J_3—K_1）。

位于鄂尔多斯盆地西北缘的贺兰山是中生代崛起的陆内逆冲-褶皱带（Darby and Ritts，2002）。在晚侏罗世，由于阿拉善地块向东的有限挤出，贺兰山的中生代盆地发生反转，形成鄂尔多斯盆地西北缘的逆冲褶皱带（Liu，1998；Darby and Ritts，2002）。根据地层发育特征、接触关系和褶皱逆冲构造卷入的最新地层推断，鄂尔多斯盆地西北缘的冲断带主要形成于中侏罗世晚期—晚侏罗世（Zhang et al.，2008）。在青藏高原西北部，晚中生代逆冲构造（Kuzisay Thrust）具有区域规模，断裂面南倾，上盘为前寒武纪变质岩，下盘为晚侏罗世沉积岩（West Tula Unit；Robinson et al.，2003）。

在新疆维吾尔自治区（天山南、北），中生代盆地中的中—下侏罗统（J_1—J_2）陆相含煤岩系普遍发生褶皱和逆冲构造，并且被上侏罗统—下白垩统（类）磨拉石或白垩系覆盖（Dumitru et al.，2001；Robinson et al.，2003）。

在朝鲜半岛，晚中生代大宝造山（Daebo Orogeny）几乎影响了所有构造单元，例如，忠清南道盆地（Chungnam Basin）、太白盆地（Taebaeksan Basin）、京畿地块（Gyeonggi massif）、沃川构造带（Ogcheon Belt）、全罗南道（Cheongsan）、京畿地块东部（Ree et al.，2001）。侏罗纪构造表现为 NE 走向的逆冲-褶皱带，指示 NW-SE 向挤压（Egawa and Lee，2009），挤压作用起始于中—下侏罗统南浦群和斑松群（Nampo Group and Bansong Group）沉积之后，终止于南浦群（Nampo Group）形成之后（Lim and Cho，2011）。高精度年代学研究证明：卷入大宝造山（Daebo Orogeny）的侏罗纪地层包含早—中侏罗世岩浆锆石（U-Pb SHRIMP 年龄为 172～187 Ma）和火山凝灰岩夹层（172 Ma；Han et al.，2006；Jeon et al.，2007）。考虑到上侏罗统 Myogog 组与下白垩统之间的角度不整合，Lim 和 Cho（2011）认为朝鲜半岛中—下侏罗统（Nampo Group and Bansong Group）中的褶皱-逆冲构造（Daebo Orogeny）形成于中—晚侏罗世，可以和中国东部的早燕山期造山带（Early Yanshan Orogeny）对比。

在日本的北上市（Kitakami），早白垩世阿普特期（Aptian）以前（大于 125 Ma B. P.）发生过一期大规模褶皱变形过程，卷入了志留系、侏罗系和少量下白垩统地层、"早地峰"蛇绿岩（Hayachine ophiolite）、增生杂岩（含外来地块、燧石、玄武岩和砂泥岩碎块）和火山岩层（Osozawa et al.，2012）。斐多（Hida belt）构造带在侏罗纪晚期经历了一次向南的逆冲，被推覆到古生代和早中生代增生杂岩之上（Maruyama，1997）。

（三）走滑剪切构造

大陆受到压缩时，不仅会发生增厚、陆内俯冲、古造山带复活，发育逆冲-推覆构造，形成区域性角度不整合，而且还会发生陆块逃逸（Shang et al. 1997；董树文等，2005），形成大型陆缘走滑剪切带。例如，中国东部的郯庐断裂（Zhu et al.，2010a）沿秦岭-桐柏-大别-苏鲁造山带走向发育的一系列大型走滑断裂（Ratschbacher et al.，2000），中国西部的阿尔金断裂（Chen et al.，2003）和西大滩断裂（Mock et al.，1999）以及朝鲜半岛的沃川（Ocheon）断裂带（Lim and Cho，2011）。这些构造带都在晚侏罗世—早白垩世（J_3—K_1）发生过明显的走滑。例如，Wang Y. 等（2005）对柴北缘和东昆仑地区的阿尔金断裂带中的各类岩石（糜棱岩、花岗岩、伟晶岩和各种变质岩）进行了系统的 $^{40}Ar/^{39}Ar$ 热年代学和构造地质学研究。其结果显示，这一地区普遍记录了三期左行走滑过程（250～230 Ma B. P. 、165～160 Ma B. P. 和 100～90 Ma B. P. ）。其中，侏罗纪的走滑（165～160 Ma B. P. ）被解释为与拉萨地体的拼贴和碰撞有关（Wang Y. *et al.* ，2005；Liu *et al.* ，2007），并与鲜水河断裂有关（李海龙，2014）。

（四）区域性地层不整合

东亚的侏罗系与下白垩统之间发育区域性角度不整合（图 1.2）。例如，在华北燕山地区，翁文灏（1927，1929）指出中侏罗统火山岩系（含底砾岩）与中—下侏罗统含煤岩系之间的角度不整合是燕山运动启动的标志。在下白垩统张家口组底部火山岩（136 Ma B. P. ）之下是另一个区域性角度不整合（Zhao *et al.* ，2002）；在华南，下白垩统南园组火山岩与下伏侏罗系含煤岩系之间为一个区域性角度不整合（Cui *et al.* ，2013；Li J. H. *et al.* ，2014a）；在朝鲜半岛，上侏罗统 Myogog 组砂岩和页岩发生过强烈变形，与上覆弱变形的下白垩统地层之间为不整合接触（Lim and Cho，2011）。在日本，下白垩统宫古岛群角度不整合覆盖于高角度产出的侏罗系砂岩之上（Osozawa *et al.* ，2012）。在青藏高原的西北缘和新疆维吾尔自治区，侏罗系含煤岩系与白垩系之间发育角度不整合，表明侏罗系地层的抬升、褶皱和侵蚀作用发生在白垩系沉积之前（Dumitru *et al.* ，2001；Robinson *et al.* ，2003）。

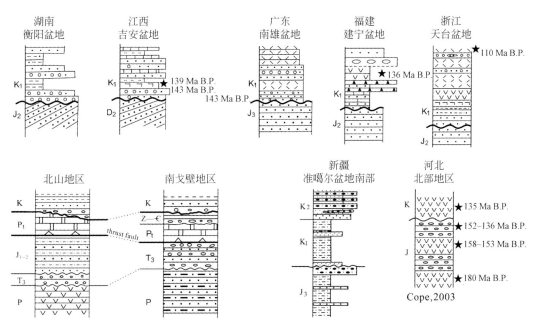

图 1.2　亚洲东部下白垩统之下的区域性不整合

（据 Zheng *et al.* ，1998；Cope *et al.* ，2007；Wang and Wan，2014；Li *et al.* ，2014）

（五）陆内造山带前陆盆地

晚中生代（J_3—K_1）强烈的陆内挤压造成许多陆块向造山带之下发生陆内俯冲。在中国中、东部地区，许多盆地都在晚中生代（J_3—K_1）演变为前陆盆地（Dong et al.，2008a，2008b，2008c；Zhang et al.，2008），如合肥盆地在晚中生代经历过前陆盆地演化，沉降中心由大别山北麓附近逐渐向北迁移，形成了北向逆冲构造和 WNW-ESE 走向的褶皱-逆冲带，时间为侏罗纪晚期—早白垩世早期（Liu et al.，2010）。在扬子克拉通的西北缘，晚三叠世和侏罗纪早期沉积的陆相含煤岩系普遍发生褶皱，并且被早白垩世粗碎屑沉积层不整合覆盖，大巴山弧形构造带向扬子克拉通北缘的逆冲构造带卷入了中—下侏罗统（Dong et al.，2013）。在随后的 100 Ma，汉南地区和秦岭造山带在区域挤压应力的作用下，共同经历了多个阶段的收缩变形，这种变形过程向南，波及四川盆地的内部，大巴山弧形构造带的发育与侏罗纪的挤压密切相关（Shi et al.，2012）。

在拉萨地体上，下白垩统碎屑岩特征显示前陆盆地的沉积特征，可能与拉萨地体北缘与亚洲大陆南缘（羌塘地体南缘）之间的碰撞有关（Leier et al.，2007）。在中国西北地区，在晚中生代（J_3—K_1）经历过前陆盆地演化的地区还包括：准噶尔盆地南部、塔里木盆地北部和吐-哈盆地等（Dumitru et al.，2001）。

（六）变质作用

晚中生代造山在东亚大陆留下了广泛的变质作用记录。例如，在华北北部、北京西山的下侏罗统普遍经历过低温-高压变质作用，变质矿物组合为绿泥石、十字石、蓝晶石（BBGMR，1991）。晚中生代岩浆岩（159～141 Ma B. P.）经历过同构造变形和角闪岩相变质，形成眼球状片麻岩（Davis et al.，2001；Deng et al.，2004，2007）。一般认为，这些侏罗纪岩石的变质和变形是晚中生代造山的岩石学和构造地质学记录（Davis et al.，2001；Deng et al.，2007）。例如，Deng 等（2007）把华北北部的晚中生代（178～135 Ma B. P.）变质作用划分为三期，并且与侏罗-白垩系内部发育的区域性角度不整合相联系。

在华南沿海地区，侏罗系地层经历过区域变质和混合岩化，是亚洲东部滨太平洋中生代褶皱系的一部分（Jahn et al.，1976；Cui et al.，2013）。陈斌（1997）在长乐-南澳带识别出两期变质事件。第一期变质作用的温压条件为 $P = 0.55～0.62$ GPa，$T = 692～717℃$，达高角闪岩相；第二期为 $P = 0.2～0.5$ GPa，$T = 400～560℃$，属于绿片岩相-低角闪岩相变质。

在朝鲜半岛，侏罗系普遍发生过不同程度变质。一些变质的地层中包含中侏罗世（187～172 Ma B. P.）岩浆岩锆石（Han et al.，2006；Jeon et al.，2007），暗示变质作用时代为中—晚侏罗世（Lim and Cho，2011）。

晚中生代变质作用（J_3—K_1）还记录在俄罗斯东北部的上扬斯克-科累马造山带（Verkhoyansk-Kolyma Orogenic Belt）、科累马-欧姆龙地块（Kolyma-Omolon Block）（Oxman，2003）、锡霍特造山带（Wu et al.，2007c）、日本（Isozaki et al.，2010）、拉萨

地体北缘（Zhang Z. et al.，2014）。

（七）同造山期岩浆作用

侏罗纪晚期的岩浆岩在东亚的分布十分广泛，包括：我国辽东半岛（Wu et al.，2005b）、辽南（Lin and Wang，2006）、松辽盆地（Wu et al.，2001）、大兴安岭东部（Wu et al.，2007a）、华北北部（Davis et al.，2001）、华北中部（Zhang et al.，2013）、东秦岭（Mao et al.，2010）、华南（Zhou and Li，2000）和班公湖-怒江缝合带两侧（Zhu et al.，2011）、朝鲜半岛（Ree et al.，2001）、中亚造山带东部（170～160 Ma B. P.）（Sun et al.，2013）、俄罗斯外贝加尔地区（Transbaikalia）和远东地区（Reichow et al.，2010）、蒙古中部（170～153 Ma B. P.；Berzina et al.，2012）、东北部（Ereendavaa Range）（Daoudene et al.，2013）。

侏罗纪晚期—白垩纪初期的岩浆岩包括许多埃达克质岩浆岩（165～135 Ma B. P.）和 S 型花岗岩（Wang et al.，2006）。在蒙古-鄂霍次克造山带及其两侧，侏罗纪岩浆岩的 Sr、Nd 和 Pb 同位素研究结果表明，岩浆源区包括前寒武纪陆壳和显生宙新生地壳，部分岩体（Shakhtama）可能源于加厚下地壳的部分熔融（Berzina et al.，2014）。在辽东半岛，侏罗纪岩浆岩的锆石 U-Pb 年龄为 156～179 Ma，岩性以 I 型花岗岩为主（Wu et al.，2005b）。辽西地区兴隆沟组中的火山岩年龄为 159～177 Ma（Gao et al.，2004）。在朝鲜半岛的京畿地块（Gyeonggi Massif）和沃川构造带（Okcheon Belt），侏罗纪岩浆岩主要为高钾钙碱性，岩浆作用时间为 184～165 Ma B. P.，峰期为 175 Ma B. P.（Park et al.，2009；Kim J. et al.，2011；Kim S. W. et al.，2011）。

在华南，侏罗纪（200～145 Ma B. P.）岩浆作用具有多阶段特征，主峰值期出现在中-晚侏罗世（165～150 Ma B. P.）。侏罗纪早期（200～170 Ma B. P.）的岩浆岩主要为板内玄武岩和双峰式岩浆岩，指示印支运动晚期的陆内伸展背景（He Z. Y. et al.，2010；Zhu W. G. et al.，2010）。中-晚侏罗世（165～150 Ma B. P.）岩浆岩以地壳重熔型（I 型）花岗岩为主，主要出露在内陆，在沿海地区出露较少（Li，2000）。目前，针对侏罗纪岩浆岩的分布特征有两种不同的解释：①华南晚中生代岩浆活动中心随时间迁移，沿海地区缺少侏罗纪岩浆活动（Zhou and Li，2000）；②华南中生代岩浆作用具有多旋回特征（Ren et al.，1984；Cui et al.，2013b），沿海地区经历过侏罗纪岩浆作用，侏罗纪岩浆岩出露较少的原因是：大面积白垩纪火山-沉积岩的覆盖和白垩纪构造-岩浆作用的改造（Cui et al.，2013a，2013b）。值得注意的是，这一时期（165～150 Ma B. P.）的岩浆作用与亚洲东部许多超大型矿床的成因密切相关（Hart et al.，2002；Mao et al.，2008）。

同时，一些学者在亚洲东部识别出少量中-晚侏罗世（165～160 Ma B. P.）的碱性花岗岩和玄武岩。这些岩石出露在俄罗斯外贝加尔地区（Donskaya et al.，2008）、我国华北北部（Zhang et al.，2013）、华南南部（Li et al.，2007）、朝鲜半岛南部（Park et al.，2009）。目前，对这些岩石的成因还有不同认识，笔者认为这些岩石的出现可能与以下因素有关：①在晚中生代（J₂—K₁）造山过程中，加厚岩石圈发生局部拆沉和伸展；②地壳收缩和增厚具有多阶段性特征；③地壳结构的复杂性；④多个陆块汇聚过程中构造应力场的复杂性和多变性。因此，要精细划分晚中生代造山过程（J_2—K_1），仍需进一步的深入研究。

三、地壳抬升和剥蚀导致沉积间断、基底杂岩出露和磨拉石沉积

（一）区域性构造抬升

亚洲大陆东部在晚中生代（J_2—K_1）经历过强烈的构造抬升和剥蚀。主要证据包括：①广泛发育陆缘增生杂岩（J_2—K_1）（Maruyama，1997）。②下白垩统不整合覆盖于不同时代的地层之上（Li et al.，2014）。③Ar-Ar 热年代学研究结果显示，地壳在在白垩纪普遍经历过两期（135 ~ 120 Ma B. P. 和 100 ~ 90 Ma B. P.）构造抬升和冷却（Cui et al.，2012）。例如，张华锋等（2006）通过对胶东半岛中生代岩体的侵位和抬升历史研究认为，晚中生代地壳的抬升和剥蚀主要发生在 110 Ma 以前，剥蚀量大于 7 km。110 Ma 以后的剥蚀量小于 4 km。④同位素年代学和沉积盆地研究（Robinson et al.，2003）显示，天山在中生代经历过多阶段隆升。其中，侏罗纪晚期—白垩纪初期（J_3—K_1）是地壳隆升和盆地充填的一个最主要时期（165 ~ 140 Ma B. P.）。青藏高原的北缘（Jolivet et al.，2001）和天山（Sobel and Arnaud，1996）都在 165 ~ 130 Ma B. P. 经历过快速隆升过程。⑤侏罗纪和白垩纪之交的构造事件也影响到河西走廊（Vincent and Allen，1999），形成了厚层的上侏罗统—下白垩统砾岩层。此次构造事件通常和拉萨地体与欧亚大陆南缘之间的碰撞相联系（Matte et al.，1996）。

（二）沉积响应

侏罗纪晚期造山的沉积响应主要表现为中、上侏罗统和下白垩统的厚层砾岩（类复理石建造）。例如，在华北北部，宁武-静乐盆地的云岗组（J_2yg）底部砾岩是中侏罗统沉积碎屑粒径增大的标志。同时，锆石 U-Pb 年代学研究结果表明，云岗组（J_2yg）顶部的凝灰岩的年龄为 161 Ma，下侏罗统永定庄组的火山碎屑岩年龄为 179 Ma。因此，华北侏罗纪造山的起始时间介于 179 ~ 161 Ma B. P.（Li Z. H. et al.，2013）。在华北南部，合肥盆地的上侏罗统（J_3）凤凰台组的砾岩层厚度大于 1000 ~ 2400 m（Liu et al.，2010）。野外观察发现，该组的少数砾石直径可达 50 ~ 100 cm。在四川盆地和鄂尔多斯盆地周围，上侏罗统—下白垩统也发育厚层状砾岩（Dong et al.，2008a，2008b，2008c；Zhang et al.，2008；Shi et al.，2012）。在中国西北地区，上侏罗统—下白垩统（J_3—K_1）是中生代盆地充填最快的时期之一。例如，在塔里木盆地西北部，上侏罗统（J_3）厚层砾岩和随后的盆地快速沉降过程被认为是拉萨地块与亚洲南缘碰撞的远程效应（Robinson et al.，2003）。在日本，下白垩统宫古岛群的底部发育一层陆相砾岩，含磨圆度较高的鹅卵石和巨砾，局部覆盖于侏罗纪增生杂岩之上（Osozawa et al.，2012）。在朝鲜半岛西部（Chungnam Basin），中-上侏罗统陆相沉积层（Seongjuri Formation）中夹厚层砾岩，可能是侏罗纪大宝造山（Daebo Orogeny）的沉积响应（Egawa and Lee，2009）。

四、古地理、古地貌、古环境、古气候和古生物群落的更替

东亚的晚侏罗世造山和早白垩世造山带垮塌过程不仅导致了古地理和古地貌发生剧烈变化，还伴随着频繁的火山-岩浆活动，喷出了大量挥发性物质，对古气候和古环境产生了重要影响。在中国辽西，下白垩统义县组下部湖相地层中夹多层中-酸性火山凝灰岩，同时也是大量脊椎动物化石密集产出的层位。这种现象表明，早白垩世大规模火山活动与脊椎动物的群体灭绝事件之间有直接联系（Guo et al., 2003）。著名的热河生物群（Jehol Biota）就产于这些火山岩层中。晚中生代气候和环境的巨变对生物种类、组合和生境产生了明显的影响，生物群发生快速演化和更替。例如，在华北东北部先后出现多个陆地生物群：分别是中-晚侏罗世（165～152 Ma B.P.）的燕-辽生物群（Gao and Shubin, 2001；季强等，2006）、早白垩世早期（140～120 Ma B.P.）的热河生物群（Zhou et al., 2003）以及在白垩纪中期（约120 Ma B.P.）逐渐兴起的阜新生物群（Liu et al., 2009）。

同时，盆地演化过程也记录了东亚侏罗纪造山对古地理、古地貌、古气候、古环境和古生物的重要影响：①早侏罗世普遍发育潮湿气候下的辫状河、三角洲平原、湿地与沼泽相沉积层，中-下侏罗统包含煤层和丰富的湖沼相生物化石；②在中侏罗世中晚期，开始出现深湖相沉积，古气候逐渐趋于干热化；③在中侏罗世晚期，古气候干热，湖水变浅、生物减少；④上侏罗统缺失，或为干热古气候背景下的棕红色碎屑岩，或出现厚层砾岩。上述侏罗纪陆相盆地的特征不仅见于中国中东部地区（渠洪杰等，2009；Li Z.H. et al., 2013），也出现在中国西北地区的柴达木盆地（Yang P. et al., 2007）、塔里木盆地、准噶尔盆地和吐-哈盆地（Eberth et al., 2001；Hendrix et al., 2003）。新疆中部的中-下侏罗统陆相含煤岩系记录的季风特征开始逐渐消失的时间为晚侏罗世。

第四节　早白垩世岩石圈垮塌与伸展盆地的发育

一、造山晚期（145～135 Ma B.P.）的构造转换

在晚中生代造山（J_2—K_1）晚期，构造应力开始由挤压向后造山伸展转换，主要表现为地壳的收缩增厚过程向伸展减薄过程转变。地壳因减压发生部分熔融（混合岩化）、同构造岩浆作用和变形。以亚洲大陆"东缘"异常宽阔（宽度大于1500 km，长度大于5000 km）晚中生代岩浆岩带为例，多数岩浆岩形成于170～120 Ma B.P.（Zhou and Li, 2000）其中，部分花岗质闪长岩（165～130 Ma B.P.）具有低镁（low-Mg）和高硅（high-Si）等埃达克质岩浆岩特征。部分早白垩世岩体还包含幔源岩浆岩包体（MME），可能是加厚大陆地壳下部发生部分熔融的产物（Gao et al., 2004；Xu et al., 2012）。

构造地质学和高精度锆石U-Pb年代学研究结果显示：早白垩世的岩浆岩可以划分为变形片麻状花岗岩（145～135 Ma B.P.）和未变形花岗岩（130～120 Ma B.P.）（Zheng, 2008；Cui et al., 2012, 2013）。其中，变形岩浆岩（145～135 Ma B.P.）具有混合岩化

和变形记录，发育于华北的北缘（Davis et al.，2001）、桐柏-大别-苏鲁造山带（Zheng，2008）、长江中下游安庆（邱瑞龙、董树文，1993）和华南沿海地区的长乐-南澳构造带。同时，早期岩浆岩（145～135 Ma B. P.）具有地壳重熔型和类似埃达克岩的地球化学特征（Wang et al.，2007a）；晚期的岩浆岩（130～120 Ma B. P.）包括碱性-过碱性（A 型）花岗岩和基性-超基性岩，暗示大别山加厚岩石圈下部在 135 Ma 前后发生过减薄（Jahn et al.，1999；Chen et al.，2009）。形成于挤压、伸展转换阶段（145～135 Ma B. P.）的岩浆岩往往伴有成矿作用（董树文等，2011；周涛发等，2011）。

二、后造山岩浆作用（135～120 Ma B. P.）与成矿作用

（一）早白垩世宽阔的岩浆岩带（135～120 Ma B. P.）

1. 空间分布

早白垩世火山-岩浆岩广泛出露在俄罗斯西伯利亚南部（Zorin，1999）和远东地区（Sorokin et al.，2009），蒙古-鄂霍次克造山带（Daoudene et al.，2013），我国东北大兴安岭（Zhang et al.，2008）、华北（Zhang et al.，2013）、华东（Wu et al.，2005a；Wang et al.，2006）、东秦岭-桐柏-大别-苏鲁造山带（Ratschbacher et al.，2000）、华南（Li et al.，2014）和西部班公湖-怒江缝合带及其两侧（Zhu et al.，2011），朝鲜半岛（Chough and Sohn，2010），日本（Osozawa et al.，2012；Charvet，2013）。例如，华南的早白垩世火成岩总体上沿 NE-SW 陆缘构造带（大于 1000 km）分布（Li and Li，2007）。

2. 岩石组合和地球化学特征

东亚早白垩世岩浆岩包括大量碱性-过碱性花岗岩和基性-超基性岩脉（墙）群（Li，2000）。现有的年代学研究认为，早白垩世的岩浆作用是东亚中生代岩浆作用最猛烈的一期。例如，中国东部的早白垩世岩浆作用的峰期为（130±5）Ma B. P. （Wu et al.，2005a）。

大兴安岭早白垩世岩浆作用（145～111 Ma B. P.）峰期为 125 Ma B. P.，主要岩石包括：玄武岩，玄武质安山岩、安山岩、英安岩、流纹岩、粗面安山岩、粗面岩和碱性花岗岩（Zhang et al.，2008）。这一时期岩浆岩的地化特征为：①具有相似的稀土元素配分模式（REE），重稀土（HREE）发生不同程度亏损和变化，显示负 Eu 异常；②微量元素蛛网图显示亏损 Nb、Ta、P 和 Ti，Rb、Ba 和 Sr 变化范围较大；③部分岩石具有较高的 Ba、Sr 和较低的 Y 含量，属于典型的埃达克质岩石；④Sr-Nd 同位素组成显示相对均一化特征，与花岗岩相似，具有较低的 $^{87}Sr/^{86}Sr$ 值和 $\varepsilon_{Nd}(t)$ 常为正值（邵济安等，2001；Zhang J. H. et al.，2008）。在太行山和燕山，早白垩世（140～125 Ma B. P.）岩浆岩（Wang and Li，2008）包括：二长岩、石英二长岩、二长辉长岩、闪长岩、淡色花岗岩、玄武质安山岩、粗安岩和流纹岩，矿物组合为：斜长石、角闪石、辉石、石英、钾长石、磁铁矿、榍石、锆石和磷灰石，偶见少量橄榄石，总体显示高钾钙碱性和钾玄质岩石学特征（SiO_2: 51%～76%，K_2O+NaO: 5%～9%），Sr-Nd 同位素研究结果显示富集岩石圈地幔特征，可能与华北克拉通太古宙岩石圈地幔减薄有关（Chen et al.，2003）。

在长江中下游，早白垩世（140～125 Ma B. P.）的岩浆岩包括：A 型花岗岩、二长

岩、正长岩、埃达克质花岗岩、石英闪长岩、安山岩、流纹岩、橄榄玄粗岩、粗面岩、粗面玄武岩、玄武安山岩、熔结角砾岩、凝灰岩等（Wang et al.，2006）。华南沿海地区的早白垩世的火成岩以中-酸性岩为主，夹有少量基性岩、超基性岩和碱性岩。其中，花岗岩包括：I 型花岗岩和 A 型花岗岩（Wang et al.，2011）。华北南缘的早白垩世岩浆岩包括 A 型花岗岩和碱性-过碱性粗面玄武岩（Mao et al.，2010；Wang et al.，2011）。

（二）巨量金属成矿作用

东亚的晚侏罗世造山及随后的造山带垮塌（早白垩世）过程中形成了丰富的金属矿床。因此，亚洲大陆东缘在晚中生代（165～135 Ma B. P.）不仅是环太平洋造山带的重要组成部分，也是重要的岩浆岩带和成矿带（Schweickert et al.，1984；Maruyama et al.，1997）。长江中-下游盛产各类金属矿床（Cu、Fe、Au、Mo、Zn、Pb、Ag）是中国境内一条重要的金属成矿带（Mao et al.，2008）。其中，多数矿床都与早白垩世（140～120 Ma B. P.）岩浆作用有成因联系（Mao et al.，2008）。一些学者认为，中国东部的埃达克质岩浆岩说明晚中生代的金属成矿作用与加厚大陆岩石圈发生部分熔融有关（Wang et al.，2006），另一些学者认为，高氧逸度特征暗示有幔源成分加入（Hou et al.，2007）。再如，中亚造山带的矿床成矿时代和空间分布特征（如西拉木伦和元宝山）显示，晚中生代成矿与造山密切相关（Zhang L. C. et al.，2009；Liu J. M. et al.，2010）。一般认为，蒙古-鄂霍次克造山带及其两侧的侏罗纪（170～153 Ma B. P.）金属（Cu-Au-Ag-Mo）矿床形成于陆-陆碰撞环境（Berzina et al.，2014）。

由于东亚的晚侏罗世—早白垩世造山不仅发生在陆缘，而且波及内陆的许多构造带。因此，晚中生代陆内变形、岩浆作用和成矿作用通常被认为是东亚陆内造山的重要表现（Dong et al.，2008a，2008b，2008c）。例如，在 165～135 Ma B. P. 造山前后，Mo-Cu- Au 等多金属成矿作用广泛出现在我国华北（Sun et al.，2010；Li et al.，2012）、东秦岭-桐柏-大别造山带（Mao et al.，2010）、山东半岛、华南内陆、朝鲜半岛。成矿时间集中在 165～120 Ma B. P.（Li et al.，2012b）。这些晚中生代的成矿作用与岩浆事件的构造背景通常被解释为燕山期陆内造山和后造山伸展。

三、后造山伸展盆地和变质核杂岩构成的东亚大陆盆-山系统

（一）早白垩世（135～120 Ma B. P.）变质核杂岩

后造山伸展过程在东亚形成了数量众多的变质核杂岩（MCCs；图 1.3），导致前寒武纪变质基底出露（Davis et al.，1996；Wang et al.，2010；Daoudene et al.，2013）。例如，俄罗斯外贝加尔地区，蒙古的北部（Donskaya et al.，2008）、中-蒙边境附近（Wang et al.，2012），我国桐柏-大别造山带（Ratschbacher et al.，2000）和华南（Zhu Z. et al.，2010b；Li et al.，2012）及华北克拉通的中部、北部和东北部（Yang J. H. et al.，2007b）。白垩纪变质核杂岩与亚洲东部的晚中生代岩浆岩（170～120 Ma）共同构成一条呈 NE-SW 向展布的构

造-岩浆岩带（宽度大于 1500 km，长度大于 5000 km），总面积大于 7.5×10^6 km²（图 1.3）。构造地质学和同位素年代学研究表明：伸展极性为 NW-SE 向，绝大多数伸展变形的时间为早白垩世 135 Ma B. P.，幔源岩浆岩的多数锆石 U-Pb 年龄集中在 120～135 Ma，峰期为 130～125 Ma B. P.（Wu et al.，2005a），与区域性地壳抬升和冷却过程（135～120 Ma B. P.）基本一致（Webb et al.，1999；Daoudene et al.，2013）。

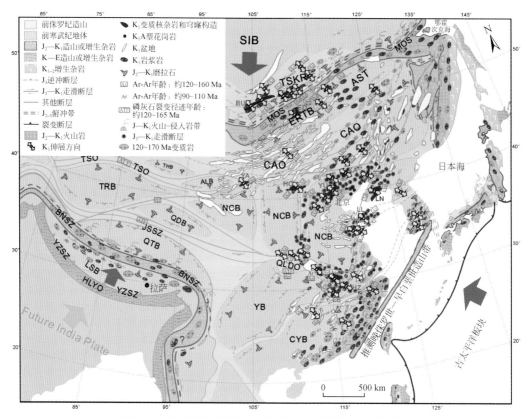

图 1.3　东亚大陆白垩纪变质核杂岩和伸展盆地分布简图

目前，虽然对东亚的早白垩世变质核杂岩的成因还有不同的认识，例如，①中-蒙边界地区的变质核杂岩（Davis et al.，2002）形成于后碰撞构造背景下，是侏罗纪造山后的区域性地壳伸展的结果（Daoudene et al.，2013）；②华北的变质核杂岩成因与大陆岩石圈下部的大规模拆沉作用有关（Zhai et al.，2007）；③外贝加尔-蒙古北部的变质核杂岩形成于蒙古-鄂霍次克洋关闭和陆-陆碰撞造山之后的区域性伸展（Donskaya et al.，2008）。不难看出，这些白垩纪变质核杂岩具有如下共同特征：①空间展布（NE-SW 向）范围一致；②形成时间（135～120 Ma B. P.）基本一致；③伸展极性大体相同（NW-SE 向）；④发生在晚侏罗世造山之后；⑤与大陆地壳普遍加厚和随后的区域性伸展有关；⑥表现为地壳大幅抬升、强烈剥蚀、中-下地壳的变质杂岩出露；⑦与岩石圈减薄（拆沉）、软流圈上涌、幔源岩浆侵位有关（Wu et al.，2003）。多矿物 ^{40}Ar/^{39}Ar 测年结果集中 135～120 Ma B. P.（图 1.4）。对变质核杂岩的抬升时间也形成过不同认识：①发生在侏罗纪晚期—白垩纪早期，持续时间约 30 Ma（Daoudene et al.，2009）；②发生在侏罗纪末—早白垩世

（145～110 Ma B. P.），持续时间约 30～40 Ma（Yang J. H. *et al.*，2007b；Wang *et al.*，2012）；③发生在早白垩世中期（135～120 Ma B. P.），持续时间 10～15 Ma（Cui *et al.*，2012；Daoudene *et al.*，2013；Li J. H. *et al.*，2013b）。其中，第三种认识与世界经典的变质核杂岩的抬升过程持续的时间（15～10 Ma B. P.）基本一致（Vanderhaeghe *et al.*，2003；Tirel *et al.*，2004；Gautier *et al.*，2008）。

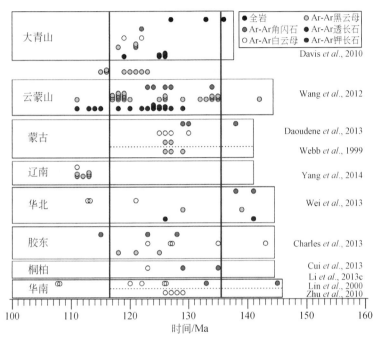

图 1.4　早白垩世变质核杂岩的 Ar-Ar 热年代学研究结果统计图

　　Wang 等（2012）系统总结了我国华北至蒙古的变质核杂岩的年代学和构造地质资料，提出最早的伸展时代大致在 140 Ma B. P.，伸展的方向稳定为 NW-SE 向，但是大致在松辽盆地中线—太行山一线分为两种不同方向的下滑伸展类型。其北西的蒙古到我国华北地域，变质核杂岩为南东下滑伸展；而其南东的华北–大别山一带为西北侧下滑伸展，形成沿 NNE 向轴线的对称下滑伸展。这与东亚 NNE 向的松辽盆地、华北盆地和江汉盆地的凹陷带展布相一致，可能表达了伸展的中心轴向位置。

（二）早白垩世沉积盆地

　　亚洲东部的早白垩世伸展盆地分布十分广泛（Chough *et al.*，2000；Ren *et al.*，2002；Meng，2003）。这些盆地的伸展方向以 NE-SW 向为主（Meng，2003）。许多盆地的充填碎屑物包括下白垩统火山岩（Graham *et al.*，2001）。部分早白垩世伸展盆地（裂谷）的两侧伴随着变质核杂岩同步发育。例如，在俄罗斯外贝加尔地区（Transbaikalia）、蒙古东北部以及我国华北东部和北部，早白垩世伸展盆地与变质核杂岩的时–空分布密切相关（Daoudene *et al.*，2009）。两者共同构成 NE-SW 走向的"盆"和"岭"相间的构造体系。

在华南，白垩纪伸展背景下形成了 NE 走向的盆-岭相间分布的基本构造格局。白垩纪发育的盆地群以及这些盆地之间的所谓"山岭"的走向与太平洋板块的边缘平行（Li J. H. *et al.*，2014）。一般情况下，白垩纪盆地与前寒武纪基底出露区相伴而生。这些相对抬升的山岭成为相对沉降的白垩纪盆地的直接物源区。盆地两侧的"山岭"在区域性伸展的背景下发生快速构造抬升，并遭受剥蚀。这些近源堆积的碎屑物充填到白垩纪红层盆地中。值得注意的是，下白垩统沉积岩发生了挤压变形，暗示白垩纪中期的陆缘挤压应力向陆内发生传递，甚至可以达到 1000 km。

四、构造模型

针对东亚的早白垩世地壳伸展，研究者们提出了多种不同的构造模型。其中，典型的模型包括：①古太平洋板块俯冲作用下的弧后伸展模型（Ratschbacher *et al.*，2000）。②造山末期，岩石圈根部垮塌模型（post-orogenic collapse；Meng，2003；Dong *et al.*，2008）。这种模型认为，在晚中生代造山末期，加厚岩石圈下部拆沉导致岩石圈伸展。例如，蒙古-鄂霍次克造山带及其两侧的晚中生代岩浆作用可能形成于大洋板块俯冲、陆-陆碰撞造山（J_3—K_1）和后造山伸展等不同的构造阶段（Donskaya *et al.*，2008）。其中，与早白垩世伸展相关的岩浆作用通常也被认为是造山带垮塌的标志（Donskaya *et al.*，2008）。③岩石圈拆沉（减薄）模型（lithospheric delamination；Lin and Wang，2006；Zhang J. H. *et al.*，2008）。亚洲东部的岩石圈减薄是一种用来解释早白垩世伸展和岩浆作用的常见模式。例如，华北在早白垩世经历过伸展背景下的岩浆作用（Wu *et al.*，2005a）。这一时期的伸展可能还造成了华北克拉通东部的岩石圈厚度发生大幅（大于 100 km）减薄（Menzies *et al.*，1993；Gao *et al.*，1998）。例如，Wu 等（2005a，2005c）认为，古太平洋在侏罗纪的俯冲作用导致了亚洲大陆东部的岩石圈加厚，加厚岩石圈下部拆沉（K_1）诱发了软流圈上涌和区域性地壳伸展。④太平洋板块俯冲带位置后撤模式（Li and Li，2007；Wang *et al.*，2011）。这一模型认为白垩纪地壳伸展是古太平洋板块的俯冲位置发生朝大洋方向后撤的结果。⑤大洋板块的俯冲角度变化模型（Zhou and Li，2000）。该模型认为早白垩世伸展是俯冲大洋板块的俯冲角度增大的结果。⑥地幔柱有关的构造模型。认为东亚晚中生代岩浆作用与地幔柱活动有关（Wilde *et al.*，2003）。

第五节 小 结

（1）中生代是中国大陆重要的地质构造变革时期，现今所见的地表地质构造现象和大陆岩石圈深部结构主要定型于这个时期。古亚洲洋的闭合形成了中国北方的中亚造山带，使得华北地块与西伯利亚地块焊接在一起；古特提斯洋北部洋盆的闭合导致华北地块与华南地块的拼合与陆-陆碰撞，造就了中国大陆的脊梁——中央造山带，形成了中国大陆的主体框架；古特提斯洋南部洋盆的闭合使得华南地块与印支地块发生碰撞，印支半岛拼贴到中国大陆之上。印支运动造就了东亚地区泛中国大陆的主体。印支运动末期，在华南、华北和我国西部等广大地区发生了后造山的伸展作用。

（2）东亚大陆大致在晚侏罗世［（165±5）Ma B. P.］发动了围绕南部蒙古–中朝陆块的多板块汇聚，持续到早白垩世（135 Ma B. P.）形成了北部蒙古–鄂霍次克海、东部古太平洋边缘增生带和西部班公湖–怒江碰撞带三条陆缘造山带。这些陆缘造山作用的起始时间可能有早有晚，但是在晚侏罗世［（165±5）Ma B. P.］同时作用，产生了板块会聚的效应。这是东亚大陆演化过程的一次深刻变革。

（3）三个陆缘造山形成挤压应力传递到内陆，引起广泛的多方向陆内造山和变形，奠定了盆山体系的基本格局。在陆缘增生、陆–陆碰撞造山（170～135 Ma B. P.）和后造山伸展（135～120 Ma B. P.）过程中，伴随着强烈的洋–陆相互作用、壳–幔相互作用，对东亚的大陆表层系统和生物圈演化产生了广泛而深刻的影响。

（4）东亚汇聚具有阶段性，大致从165（±5）～135 Ma B. P. 以板块汇聚陆缘增生、多个陆块之间的碰撞和广泛的造山伴有同构造的埃达克质岩浆岩等挤压变形为特征。从135～120 Ma B. P. 以加厚岩石圈的垮塌造成大规模伸展为特征，发育大量变质核杂岩、伸展–拉分盆地和宽阔的岩浆岩–火山岩带。

（5）东亚汇聚由挤压向伸展转换的时间节点为135 Ma B. P.，相对来说，135～120 Ma B. P. 时期的岩浆作用更强烈、数量更大，种类更复杂，分布范围更广，而且火山作用剧烈。转换过渡阶段，主要表现为造山带的部分熔融，混合岩和同构造岩浆岩的锆石U-Pb年龄（135～145 Ma），伴有相关的铜金成矿作用（如长江中下游）；后造山期，碱性、过碱性岩浆岩和幔源岩浆集中在135～120 Ma，伴随中–下地壳岩石（变质核杂岩）的抬升和变形，对应形成热液成矿特别是火山矿床。东亚地域的内生金属矿床约80%形成于160～120 Ma B. P.。

（6）在中生代Pangea裂解的背景下（200～80 Ma B. P.），东亚的多板块汇聚、碰撞和广泛的造山，与冈瓦纳古陆的裂解过程此消彼长，以及与大洋的扩张相呼应。北半球的陆块汇聚和南半球的古陆裂解可能是不同位置的板块对地幔活动的不同反应。在地幔柱上涌区域（热幔柱），大陆发生裂解和离散；在地幔沉流区域（冷幔柱），大洋岩石圈遭到破坏，陆块发生增生与碰撞。因此，东亚的侏罗纪造山可能是新一轮超大陆建造过程启动的标志。

（7）东亚晚侏罗世—早白垩世的构造变革具有明确的动力学含义，波及范围广泛，其对应的变形作用、岩浆作用和成矿作用的深部响应强烈，表层记录深刻明显，具有全球对比的标志，是地球构造演化史中的一个重要事件。

第二章　华南地区中生代构造演化与动力学过程

第一节　概　　述

华南大陆主要由西北部的扬子地块和东南部的华夏地块组成（图 2.1）。其北部以秦岭–大别–苏鲁造山带及郯庐断裂与华北地块为界，西部以龙门山断裂带与松潘甘孜地块为界，西南部以哀牢山–松麻缝合带与印支地块为界，东南部以东南沿海岩浆变质带与太平洋板块为界。

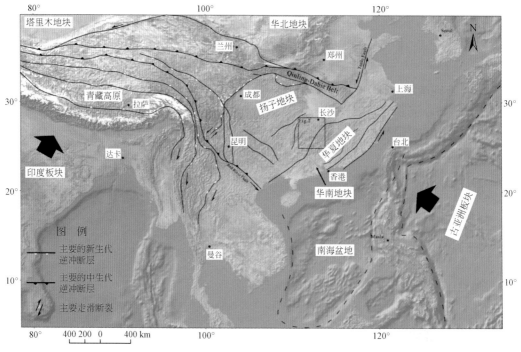

图 2.1　东亚构造纲要图

一、华南大陆结晶基底

华南大陆由扬子和华夏两个地块组成。扬子地块是典型的克拉通，基底可分为始太古代（3.8 Ga）、新太古代—古元古代结晶基底（2.0～1.8 Ga）和中元古代—新元古代（1.3～0.76 Ga）褶皱基底组成。结晶基底主要由太古宙—古元古代高级变质的英云闪长片麻岩、奥长花岗片麻岩和花岗闪长（TTG）片麻岩组成，锆石 U-Pb 年龄为 3.3～2.9 Ga，Hf 模式年龄大于 3.5 Ga（Gao *et al.*，1999；Qiu *et al.*，2000；Zhang *et al.*，2006），出露在黄陵隆起北部；褶皱基底由新元古代的低、中级变质沉积岩和变质火山岩组成，例如，崆岭群（Li Z. X. *et al.*，2003）；中元古代的地层主要出露在扬子地块的北部、西部周缘，例如，北部的神农架群、西部的会理群（东乡群）和昆阳群等，以碳酸盐台地相沉积为特征。

华夏地块的基底分为结晶基底和褶皱基底双层结构。结晶基底主要由古元古代（2.0～1.8 Ga）片麻岩、角闪岩相变质混合岩和变质火山岩组成（Wang X. L. *et al.*，2007；Yu J. H. *et al.*，2007，2009，2010），新的碎屑锆石发现太古宙年龄，但是基底未出露。褶皱基底主要由新元古代巨厚的复理石沉积岩系组成，变质程度较浅，多为绿片岩相，伴有强烈褶皱变形。原来认定的中元古代岩系，例如，安徽的上溪群、江西的双桥山群、湖南的冷家溪群、广西的四堡群、贵州的梵净山群等，曾经被认为是中元古代沉积，近年全部重新厘定为新元古代（张世红等，2008；高林志等，2010，2011）。这些巨厚的复理石沉积被认为是罗迪尼亚大陆裂解的海槽和有限洋盆的沉积物。其上被南华系的板溪群底砾岩不整合覆盖，作为新元古代扬子与华夏地块碰撞造山的记录。

二、盖层构造层

1. 加里东构造层（Pt₃—D₂）

南华系不整合沉积面之上，至早古生代连续沉积到晚泥盆世的角度不整合［图 2.2（a）］，代表了加里东运动的构造层，普遍发育在华夏地块内，而在扬子地块内部仅表现为上泥盆与中下泥盆统之间的平行不整合关系。指示了加里东造山运动在华南的差异。

华南加里东期陆内造山运动后进入稳定的海相、浅海相地台沉积阶段，沉积了巨厚的晚古生代—中生代（D₂—K₂）地层（图 2.4；徐先兵等，2009a；张岳桥等，2009）。根据不整合接触关系（图 2.2、图 2.3），可进一步划分为印支构造层（D₃—T₂）和燕山构造层（T₃—J₂）。

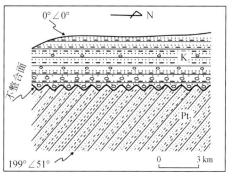

(a)

图 2.2 华南中部地区地层接触关系

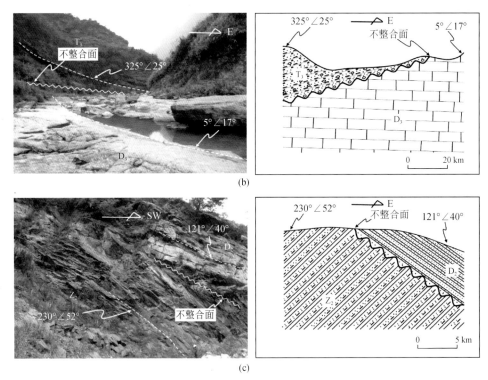

图 2.2　华南中部地区地层接触关系（续）

（a）白垩纪未变形地层与中元古代地层成角度不整合；（b）晚三叠世砂岩与晚泥盆世灰岩成角度不整合；

（c）中泥盆世石英砂岩与新元古代浅变质板岩成角度不整合

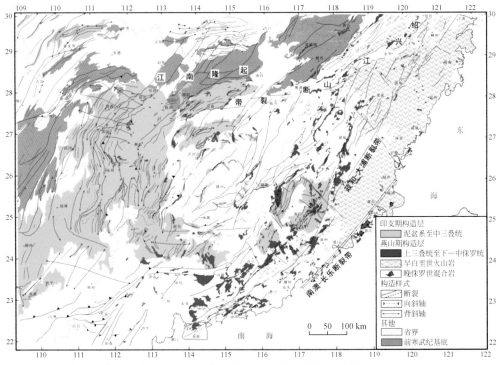

图 2.3　华南晚古生代—中生代地层分布简图（据徐先兵等，2009a，修改）

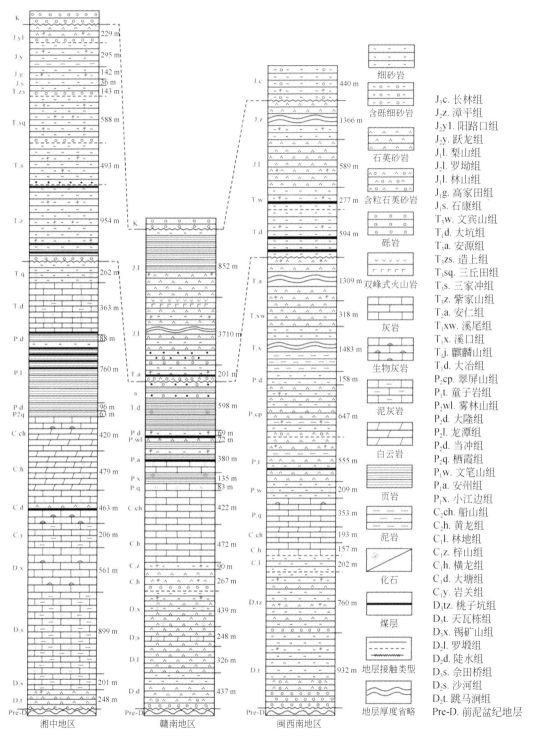

图 2.4　华南晚中生代—古生代地层柱状图（据徐先兵等，2009a）

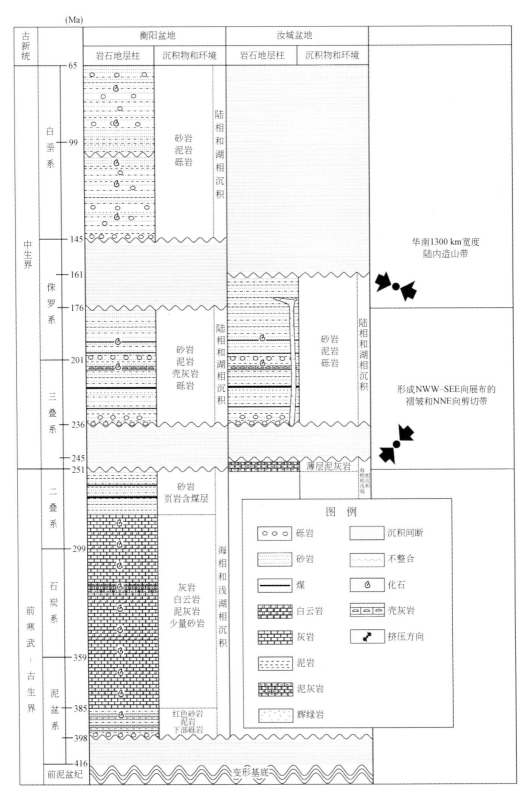

图 2.5 华南中部地区地层柱

2. 印支构造层（D_2—J_2）

D_2—T_2以稳定的浅海相沉积为主，广泛分布在政和-大浦断裂带以西的湘、赣、桂、粤、闽等地区（徐先兵等，2009a）。下泥盆统在华南大陆普遍缺失，中泥盆统以陆相至滨海相沉积为主，其普遍角度不整合覆盖在中志留统之上，底部为石英砂砾岩，中部和上部以石英砂岩、砂质页岩和白云质灰岩为主（龚一鸣等，1997）。上泥盆统以海陆交互相碎屑岩至浅海相碳酸盐沉积为主，由灰岩、白云岩和泥灰岩等组成（徐先兵等，2009a），华南石炭系与泥盆系为连续沉积，其主要由较稳定的浅海相灰岩、生物碎屑灰岩、白云岩及煤层组成。二叠系与石炭系呈整合接触（图2.6），上二叠统以陆架开阔浅海相、滨海沼泽相沉积为主，包括黑色薄层硅质岩、碳质页岩、白云岩、灰岩等，含煤；下二叠统以浅海碳酸盐岩台地相沉积为主，包括灰岩、白云岩、含燧石团块或条带的生物碎屑灰岩等，上、下二叠统之间为连续沉积，局部如湘中或粤中地区表现为平行不整合，反映了区域的隆升剥蚀作用，其形成时限与峨眉山玄武岩喷发年龄接近（冯少南，1991；何斌等，2005）。下三叠统与上二叠统之间为连续沉积。早三叠世的全球性海侵（杨遵仪，1991），

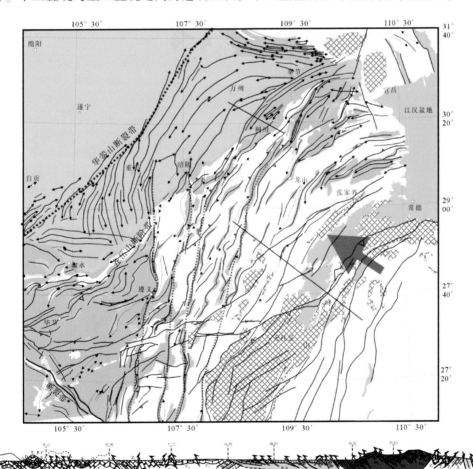

图2.6　川东地区褶皱构造与雪峰山弧形构造

导致华南形成浅海相碳酸盐岩台地，在闽、粤、湘、桂等地区尤为明显，形成大面积灰岩、泥灰岩、白云岩和白云质灰岩；中二叠统在湘中、湘南、赣北和赣中地区最为发育，以浅海至滨海相碳酸盐岩及碎屑岩为主，包括灰岩、泥灰岩、白云岩、生物碎屑灰岩及钙质粉砂岩、细砂岩等（徐先兵等，2009a）。

T_3—J_2 代表了印支褶皱运动后的沉积记录，以含煤系地层为特征，局部夹有基性火山岩，表现为弱伸展环境。在政和-大浦断裂带以西，主要以陆相碎屑沉积为主，含少量火山岩夹层。上三叠统零星分布在湘东、湘中、赣南、闽西和闽北等地区（徐先兵等，2009a），主要由石英细砂岩、粉砂岩、砾岩、泥岩及煤层等组成，平行或微角度不整合覆盖在古生代—中生代海相地层之上。下侏罗统与上三叠统之间为连续沉积，中—下侏罗统之间无明显界线，二者岩性相近，均为陆相或海陆交互相沉积，由长石石英砂岩、粉砂岩、泥岩、石英砂岩和含砾砂岩等组成，底部含煤层（王彬等，2006）。

中—晚侏罗世之后华南大陆进入陆内造山阶段，即燕山运动，前中侏罗世地层卷入褶皱和逆冲变形，造成晚侏罗世沉积的普遍缺失，后文专述。早白垩世后期（135 Ma B. P.）转为伸展环境，形成地堑、半地堑白垩系沉积盆地，成 NE-SW 向展布。白垩系主要由紫红色泥岩、粉砂岩和粉砂质泥岩组成，局部可见复理石韵律，为一套深湖相细碎屑岩建造，普遍高角度不整合覆盖于前白垩纪地层之上。

三、华南大陆区域构造演化史

华南大陆由扬子地块和华夏地块构成（图 2.7）。新元古代早期 Rodinian 造山时期（晋宁运动、四堡运动），扬子和华夏地块沿 NE、NEE 走向的绍兴-江山缝合带（江绍断裂带）碰撞拼合，导致江南造山带和统一的华南大陆的形成（Li Z. X. *et al.*，2007，2008；Li X. H. *et al.*，2009；Zhao *et al.*，2011；Xu Y. J. *et al.*，2012）。沿江绍断裂带北部分布着大量 900 Ma 的蛇绿混杂岩，被认为是两个地块聚合的主要证据（Li X. H. *et al.*，2009，2010；舒良树，2012；Charvet，2013）。

1. 华南加里东运动

华南加里东期可分为奥陶纪—志留纪挤压造山和泥盆纪造山后伸展两个阶段。挤压造山运动体现在泥盆系普遍呈不整合覆盖在下古生界及其他老地层的不同层位之上（图 2.8）。挤压作用导致南华裂谷发生夭折并关闭，华南大陆强烈隆升和剥蚀，志留系沉积缺失，前泥盆系普遍褶皱和韧性剪切、并伴随地壳熔融和高级变质作用（440 ~ 430 Ma B. P.），上泥盆统砾岩的底部形成区域性角度不整合面（Faure *et al.*，2009；Charvet *et al.*，2010）。早古生代华夏地块内部强烈的活化和板内变形，形成了华南加里东褶皱带（Ting *et al.*，1929；谢家荣，1961；任纪舜，1964）或造山带（李继亮，1993；舒良树，2006），以及广泛发育的花岗岩和同造山混合岩化作用（王鹤年、周丽娅，2006；舒良树，2006，2012；徐先兵等，2009b；胡召齐等，2010；杜远生、徐亚军，2012）。

加里东晚期伸展作用导致加厚地壳的伸展垮塌和拆沉，大量岩浆底侵，形成造山后花岗岩（430 ~ 400 Ma B. P.；Wang Y. Z. *et al.*，2007c；Shu *et al.*，2008；Xu *et al.*，2011）。

2. 华南印支运动

经典的"印支运动"要追溯到 Deprat（1914）和 Fromaget（1932）的定义，他们在越

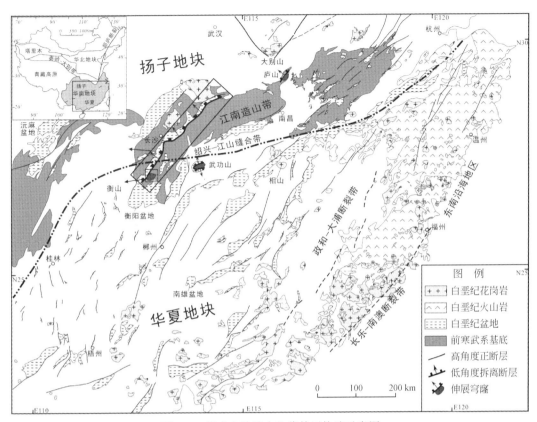

图 2.7 华南大陆晚中生代伸展构造示意图

南北部观测到上三叠统与下伏地层的不整合接触。华南内部也普遍存在这个不整合面（图2.5）。华南印支运动主要受华南-华北碰撞和印支-华南碰撞等碰撞造山事件的制约。印支运动主要分为早—中三叠世挤压作用和中—晚三叠世造山后伸展松弛两个阶段。

　　古特提斯洋的关闭导致华南地块在早中生代与华北地块碰撞，形成全球迄今为止发现的最大规模超高压变质带。华南向华北地块俯冲碰撞过程中依次经历了进变质作用、超高压变质作用和退变质作用三个阶段。红安-大别地区进变质作用年代主要为 257 ~ 242 Ma B. P.，超高压变质作用年代为 244 ~ 226 Ma B. P.，造山后剥蚀抬升与退变质作用年代为 220 ~ 214 Ma B. P.；苏鲁地区进变质作用发生在 247 ~ 244 Ma B. P.，超高压变质年龄集中在 225 ~ 243 Ma，退变质作用发生在 202 ~ 219 Ma（Liu F. Z. *et al.*，2004a，2004b，2005，2006，2008；Liou *et al.*，2009；Liu and Liou，2011；Mary *et al.*，2012）。

　　早—中三叠世（245 ~ 226 Ma B. P.）挤压作用导致华南大陆基底强烈韧性剪切，盖层发生褶皱和冲断变形。特别是在华南与华北碰撞过程中，郯庐断裂带基底岩石发育韧性变形，构成一条 NE 走向长 540 km 的大型韧性剪切带。^{40}Ar/^{39}Ar 低温热年代数据统计，得到郯庐基底韧性剪切带四期剪切运动年龄：①同碰撞（221 ~ 210 Ma B. P.）走滑运动；②碰撞造山晚期（210 ~ 180 Ma B. P.）走滑剪切；③晚侏罗世（165 ~ 155 Ma B. P.）走滑运动；④早白垩世早期（约 140 Ma B. P.）走滑运动（Zhu *et al.*，2004，2005；张岳桥等，

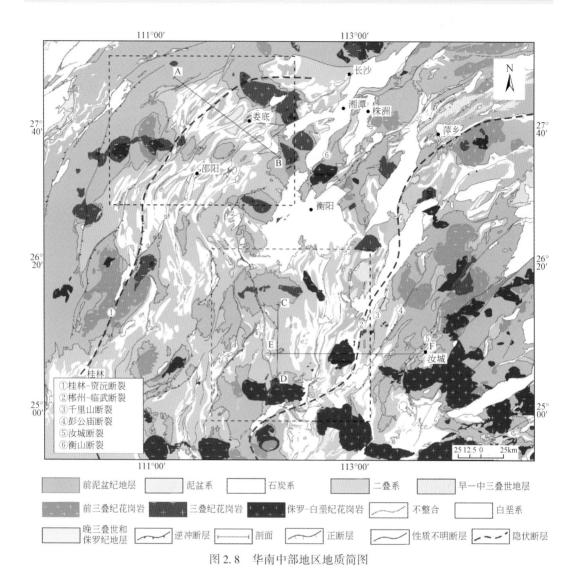

图 2.8 华南中部地区地质简图

2008；Zhu G. et al.，2009；Mary et al.，2012）。郯庐断裂带两侧，形成合肥盆地、胶莱盆地、苏北盆地、千山盆地等。

华南大陆印支早期岩浆活动以过铝质片麻状花岗岩为主，是同构造地壳深熔作用的产物，年龄集中在 230～240 Ma。发育雪峰山、云开和武夷山等一系列韧性剪切带，十万大山-云开大山-武夷山一带发育强烈的由南向北的逆冲作用（Zhou et al.，2006；Wang et al.，2007b；徐先兵等，2009a；张岳桥等，2009；Chu et al.，2012）。雪峰山地区发育有一系列倾向 NW-WNW 和 SE-ESE 的断层、韧性剪切带组成的不对称正花状构造，韧性剪切带具有左旋剪切指向，可能受陆内斜向俯冲模式控制，^{40}Ar/^{39}Ar 冷却年龄为 195～244 Ma（Wang Y. J. et al.，2005）。云开地区的合浦-博白剪切带为一条走向 NE-SW 的右旋剪切带，可能为印支与华南碰撞造山形成的转换边界断层，两个地块的连接处应在滇-琼缝合带，冷却年龄为 195～213 Ma（Cai and Zhang，2009；Zhang and Cai，2009；Cai，2013）。武夷山韧性剪切带为右旋，$^{40}Ar/^{39}Ar$ 冷却年龄为（235.3±2.8）Ma 和（238.5±2.8）Ma（Xu，2012）。

印支半岛是由多个小块体拼贴组成的弧形板块，主要块体有滇缅泰马（Sibumasu）、素可泰（Sukhothai）和印支地块（Indochina），它们之间由不同的缝合带连接，由西向东分别是长宁–孟连–清迈（Changning-Menglian-Chiangmai）、景洪（Jinghong）、哀牢山–松麻（Ailaoshan - Song Ma）缝合带，它们在晚二叠世至早—中三叠世陆续向北东聚合拼贴在一起，与华南地块组成新的大陆（Carter *et al.*，2001；Metcalfe，2006，2011，2013；Carter and Clift，2008；Masatoshi and Metcalfe，2008；Shu *et al.*，2008，2009a，2009b，2012）。Ailaoshan-Song Ma 缝合带将华南与印支地块连接在一起，走向 NW–SE 向，具有高应变韧性变形和变质的特点，发育糜棱岩，主要发生在早—中三叠世（Lepvrier *et al.*，2004；Roger *et al.*，2007）。受构造热事件影响，越南中北部结晶基底 Kon tum 地块变质相达到麻粒岩相，发生了地壳增厚（Carter *et al.*，2001；Tích *et al.*，2012）。印支早期，印支地块松麻缝合带西南的 Truong Son 构造带存在两期俯冲挤压环境下的岩浆活动，分别是 280 ~ 270 Ma B. P. 和 250 ~ 245 Ma B. P.（Liu J. L. *et al.*，2012a）。

中—晚三叠世造山后伸展松弛阶段。中三叠世（230 ~ 225 Ma B. P.），武功山伸展穹窿的北部和南部分别发生上盘向北和上盘向南的伸展剪切运动（Faure *et al.*，1996）。晚三叠世伸展作用（235 ~ 200 Ma B. P.）诱发了大规模的岩浆活动，并导致一系列造山晚期花岗岩的形成，通常认为其动力学机制与加厚地壳的伸展垮塌和岩浆底辟作用相关（Wang Y. J. *et al.*，2002；徐先兵等，2009a）。Truong Son 构造带（230 ~ 202 Ma B. P.）存在后碰撞伸展环境下的岩浆活动（Liu J. L. *et al.*，2012a）。

3. 华南燕山运动

中侏罗统与上侏罗统—白垩系之间的不整合代表了早燕山运动 [图 2.2（a）、图 2.5]。燕山早期华南由古特提斯域转换到太平洋域，太平洋板块开始向华南大陆俯冲（徐先兵等，2009a；张岳桥等，2009）。挤压作用造成地壳缩短加厚与高温变质作用，华南内陆形成 1300 km 大规模的 N-NE 走向褶皱、逆冲推覆构造和变质（重熔）岩石（Jahn *et al.*，1976；Chen *et al.*，1993）；与大洋俯冲有关的火山活动开始于晚侏罗世（约 160 Ma B. P.）。东南沿海平潭–东山高温低压变质岩带发育片麻状花岗岩和混合花岗岩，其侵位时代为中—晚侏罗世（Jahn *et al.*，1976），它们与晚侏罗世深熔岩浆活动一起，指示了古太平洋俯冲板片从海沟向大陆腹地的角度变化（张岳桥等，2009）。华南燕山期最重要的地壳重熔事件出现在 165 Ma B. P. 以来，呈面状展布。古太平洋板块初始低角度俯冲和俯冲板块逐渐后退变陡的模式，较好地解释了华南中—晚侏罗世以来岩浆活动由陆地向海沟方向迁移的规律（Zhou and Li，2000）。

燕山晚期白垩纪伸展作用导致大规模断陷盆地（如沅麻、衡阳和南雄盆地等）和伸展穹窿构造或低角度伸展拆离带（如庐山、衡山和大云山等）的形成（Gilder *et al.*，1991；喻爱南等，1998；Lin *et al.*，2000；Shu *et al.*，2008，2009a，2009b；沈晓明等，2008；Shu，2012；Li *et al.*，2012，2013），并诱发了大规模的 A 型花岗岩岩浆侵入和早白垩世早期（140 Ma B. P.）双峰式火山作用（图 2.7；Zhou and Li，2000；Zhou *et al.*，2006；Wong *et al.*，2009；Liu J. L. *et al.*，2012a）。伸展穹窿构造主要沿华南中部的江南造山带发育（Faure *et al.*，1996；喻爱南等，1998；Lin *et al.*，2000；沈晓明等，2008）。其中，庐山

伸展穹窿在早白垩世早期（133～127 Ma B. P.）发生 NE-SW 向拉伸，并在早白垩世末期（110～100 Ma B. P.）发生 WNW-ESE 向伸展剪切和淡色花岗岩体的侵位（Lin *et al.*，2000）；武功山伸展穹窿在早白垩世（130 Ma B. P.）发育同构造期花岗岩闪长岩体的侵位和岩体周缘的伸展剪切作用（Faure *et al.*，1996）。华南巨大的伸展盆地与火成岩省（面积达262920 km^2；Zhou *et al.*，2006；Shu *et al.*，2009a，2009b），其规模与美国西部的盆岭省可比（Wernicke，1981；Eaton，1982）。白垩纪岩浆岩具有岛弧地球化学特征（Zhou and Li，2000），TC_{DM} 和 $\varepsilon_{Nd}(t)$ 值从内陆向沿海分别呈明显递减和递增趋势（Jahn *et al.*，1976；Gilder *et al.*，1996；Chen and Jahn，1998），反映了燕山晚期的地壳伸展形成于弧后构造背景，可能与太平洋板块 NW 向的高角度俯冲作用相关（Jahn *et al.*，1976；Charvet *et al.*，1994；Lapierre *et al.*，1997；Xu *et al.*，1999；Zhou *et al.*，2006）。

4. 喜马拉雅运动

印度-亚洲大陆碰撞和喜马拉雅运动对于雪峰山以东的华南地区影响较小，尤其是华南中部地区，白垩系基本未发生变形。

四、存在的问题

华南大地构造演化历史极其复杂，争议很大，其中争议的焦点之一是关于早中生代大地构造性质和动力学过程。Hsu 等（1988）提出的华南三叠纪阿尔卑斯碰撞造山模式，影响很大，但是颇具争议。Li 和 Li（2007）提出晚二叠世—早侏罗世的大洋板块平俯冲模型，来统一解释华南大陆 1300 km 宽的逆冲-褶皱构造带的形成和岩浆演化过程。关于华南白垩纪伸展的一些关键科学问题，如地壳伸展的起始时代，也未得到解决。此外，华南地区中生代演化及其伴随的多期火山-岩浆活动的时空规律也一直是地质学界激烈争论的重大科学问题（Jahn *et al.*，1976，1990；Holloway，1982；Charvet *et al.*，1994；Mardin *et al.*，1994；Lapierre *et al.*，1997；Sewell and Campbell，1997；Zhou and Li，2000；Li and Li，2007；张岳桥等，2009）。

本章在前人资料总结分析的基础上，基于大量野外考察、断层滑动矢量分析，结合岩浆岩年代学测试数据，对华南广泛发育的叠加褶皱构造进行详尽的解析，从而揭示华南大陆中生代时期陆内构造变形过程及其动力作用方式，是华南中生代大地构造历史研究的重要内容，为深入探讨中生代东亚多板块挤压汇聚过程提供了依据。

第二节　三叠纪特提斯洋关闭与变形

一、印支造山作用

印支运动的提出始于 20 世纪初（Deprat，1914），原指发生于越南三叠纪 Pre-Norian 和 Pre-Rhaetian 间的构造不整合及区域韧性剪切和高温变质事件（Carter *et al.*，2001），其形成与印支和华南板块之间的陆陆碰撞作用有关。主造山期的挤压作用发生于早—中三叠世，其造成华南大陆中、上三叠统之间广泛的角度不整合（Lin *et al.*，2008b；Shu *et al.*，2008），并使华南从海相沉积转变为陆相（Tong and Yin，2002），基底韧性剪切（Wang *et al.*，2005；Zhang and Cai，2009），沉积盖层强烈褶皱和冲断变形，最终导致地壳发生不同程度的增厚。印支造山作用的几何学、运动学及年代学成为国内外地质学家关注的热点，先后提出了多种不同的动力学模型（图2.9）。

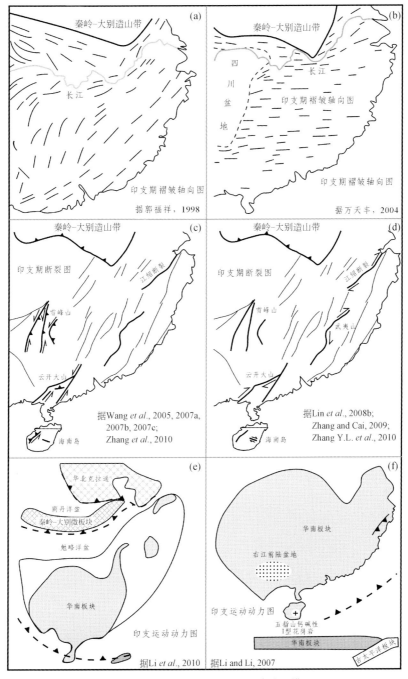

图2.9　华南印支期构造样式及其动力模型

Wang Y. L. 等（2005）通过对雪峰山构造带的构造变形及年代学研究，认为雪峰山构造带陆内变形以基底左旋走滑剪切和盖层褶皱为主，变形时代为244～195 Ma B. P.，其动力学机制与沿中下地壳基底拆离带的陆内斜向俯冲作用有关。Chu 等（2012）证实雪峰山印支期陆内变形以幕式挤压作用为典型特征，早期（D₁）以"top-to-the-NW"的逆冲剪切为主；中期（D₂）以"top-to-the-SE"的反向褶皱和反向–逆冲为主；晚期（D₃）以NE–SW 向褶皱和构造置换为主。他们提出这些陆内变形式样与中三叠世（243～226 Ma B. P.）深部基底韧性剪切带的滑脱作用有关。Zhang 和 Cai（2009）对云开地块的印支期Hepu-Hetai 韧性剪切带调查和研究表明，Hepu- Hetai 剪切带印支期陆内变形以213～195 Ma B. P. 右旋走滑韧性剪切为主，其动力学机制与印支地块和华南大陆的碰撞作用有关。徐先兵（2011）对武夷山中部多条韧性剪切带的研究表明，武夷山地区印支期陆内变形以右旋走滑韧性剪切为主，变形时代为239～230 Ma B. P.，其动力学机制与印支地块和华南大陆碰撞的远程作用有关。

综合大量的构造地质学、同位素年代学及沉积学等方面资料，Li 和 Li（2007）提出了一个大洋板块平俯冲（flat subduction）模型（图 2.10），来统一解释华南大陆中生代1300 km 宽的褶皱冲断带的形成和岩浆演化过程。据他们的最新成果，俯冲作用起始于晚

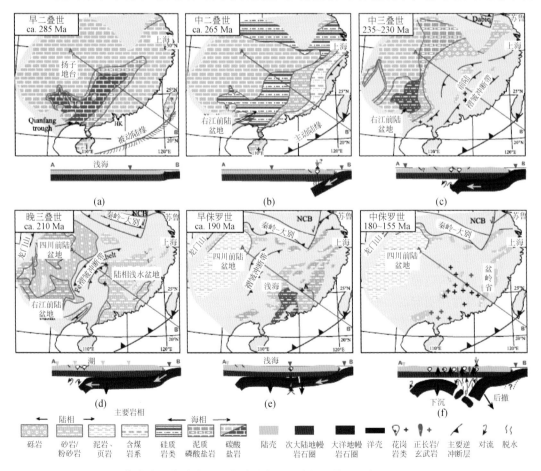

图 2.10 华南中生代陆内造山大洋洋壳平俯冲构造模型（据 Li and Li, 2007）

二叠世，并一直可持续至白垩纪（Li et al.，2012）。按照这个观点，印支运动和燕山运动为同一动力学机制作用的不同演化阶段的产物，与前人将印支运动和燕山运动分为两个独立构造旋回的观点截然不同。张岳桥等（2009）通过系统编图和野外叠加褶皱构造分析，认为印支期陆内变形以近 EW 向宽缓褶皱为主，是对华南地块南北边缘碰撞造山和俯冲增生事件的远程效应。这一认识与郭福祥（1998）认为印支期褶皱变形轻微的观点一致，并日益得到地质学家的认可（He Z. Y. et al.，2010）。

主造山期地壳挤压增厚与造山后期地壳伸展减薄构成了陆内造山过程的一个完整构造旋回。华南印支晚期地壳伸展作用导致了大量伸展构造的形成，其中，最典型的为武功山变质核杂岩。基于详细地质调查和年代学研究，Faure 等（1996）证实：武功山几何学形态为一个不对称的椭球，长轴走向 EW，构造变形以北部"top-to-the-N"伸展剪切为主，南部以上层向南的伸展剪切为主，剪切变形年代为 259~225 Ma B. P.。Faure 等（1996）认为，剪切变形与造山晚期加厚地壳重力失稳导致的伸展垮塌作用有关。

除变质核杂岩外，印支晚期的地壳伸展作用还诱发了大规模的岩浆活动。印支期岩浆岩以花岗岩为主，其分布较分散，整体呈面状分布，且缺乏共生的火山岩的特征，暗示其成因应与俯冲消减作用无直接关联（周新民，2003）。关于花岗岩的成因，存在两种不同的解释：王岳军等（2002）认为印支期花岗岩为早期陆壳叠置加厚作用的产物；周新民（2003）提出，印支早期花岗岩与陆块碰撞引发的地壳叠置熔融作用有关，印支晚期花岗岩与碰撞峰期后应力松弛阶段的减压熔融有关，这一观点也在南岭和雪峰山地区得到了进一步证实（孙涛等，2003；陈卫峰等，2007；李建华等，2013）。

二、印支构造-热事件及其动力学

已有研究所取得的共识是，早中生代华南地区不存在碰撞造山作用，而是以陆内变形占主导地位，早中生代造山带主要发育于华南板块周缘。其中，印支陆块与华南陆块的西南缘发生碰撞形成印支造山带（Lepvrier et al.，1997，2004；Carter et al.，2001）；羌塘地块与华南陆块的碰撞形成了松潘-甘孜褶皱逆冲带（Chen and Wilson，1996；Harrowfield and Wilson，2005；Jia et al.，2006）；华南地块北缘与华北克拉通碰撞形成秦岭-大别造山带（Li S. G. et al.，1993；Hacker et al.，1998；Meng and Zhang，2000）。Li 和 Li（2007）提出平板俯冲构造模型，认为华南东部地区早中生代构造-岩浆事件是太平洋板块向华南大陆平俯冲作用引起的，俯冲时代可以追溯到晚二叠世。

华南地块周缘三叠纪碰撞造山作用引起了华南地块内部的构造活动，表现为地块强烈的差异性隆升和地层角度不整合、岩浆与变质作用以及广泛的构造剪切变形（表 2.1）。发育于上三叠统与中—下三叠统以及前三叠系之间的角度不整合面，南部大，向北逐渐变小，指示由南向北递减的趋势。三叠纪岩浆作用主要分布在云开大山、湘南、赣南、粤北和闽西地区，总体上呈面状分布。三叠纪岩浆作用表现为花岗岩侵位，缺少同期的火山岩活动。90% 印支期花岗岩为过铝质花岗岩，其余为钙碱性 I 型花岗岩。高精度年代学结果表明，印支期岩体形成于两个亚阶段，即印支早期和印支晚期（Zhou et al.，2006；Wang et al.，2007b）。印支早期岩体以过铝质片麻状 S 型花岗岩为主，其侵位深度大、形成温度较低，是加厚的富泥质地壳在挤压构造背景下发生部分熔融的产物，该期岩浆活动数量少，高精度 SHRIMP U-Pb 锆石年龄测试结果集中在 230～240 Ma；而印支晚期岩体则为准铝质似 I 型花岗岩，其源区以富泥质和玄武质岩石为主，并有明显的新生地幔来源岩浆加入，是后碰撞伸展构造背景下底侵岩浆热对流的产物，年龄集中在 200～230 Ma（Zhou et al.，2006；Wang et al.，2007b）。

表 2.1 中国东南部早中生代构造–热事件可靠的年龄数据表

岩石单元	样品	岩石类型	年龄/Ma	测试方法	数据来源
韧性变形或冷却年龄					
武平韧性剪切带	Jx–66	糜棱岩	238.5±2.8	^{40}Ar/^{39}Ar 白云母	本书
武平韧性剪切带	Jx–63	糜棱岩	235.3±2.8	^{40}Ar/^{39}Ar 黑云母	本书
浙西南基底剪切带	LV–156	糜棱岩	237.6±1.3	^{40}Ar/^{39}Ar 白云母	朱炳泉等，1997
浙西南基底剪切带	LV–135	糜棱岩	221±10	^{40}Ar/^{39}Ar 钾长石	朱炳泉等，1997
云开地块剪切带	02YK27	糜棱岩	229.9±0.5	^{40}Ar/^{39}Ar 黑云母	Wang et al.，2007a
云开地块剪切带	02YK74	糜棱岩	227.9±0.3	^{40}Ar/^{39}Ar 黑云母	Wang et al.，2007a
云开地块剪切带	02YK30	糜棱岩	225.4±0.3	^{40}Ar/^{39}Ar 黑云母	Wang et al.，2007a
云开地块剪切带	02YK39	糜棱岩	224.7±0.4	^{40}Ar/^{39}Ar 黑云母	Wang et al.，2007a
云开地块剪切带	02YK38	糜棱岩	221.8±0.4	^{40}Ar/^{39}Ar 黑云母	Wang et al.，2007a
云开地块剪切带	02YK56	糜棱岩	218.4±0.3	^{40}Ar/^{39}Ar 黑云母	Wang et al.，2007a
云开地块剪切带	02YK31	糜棱岩	216.9±0.3	^{40}Ar/^{39}Ar 黑云母	Wang et al.，2007a
云开地块剪切带	02YK26	糜棱岩	214.2±0.4	^{40}Ar/^{39}Ar 黑云母	Wang et al.，2007a
雪峰山基底剪切带	01HH-31	糜棱岩	216.9±0.3	^{40}Ar/^{39}Ar 黑云母	Wang Y. J. et al.，2005
雪峰山基底剪切带	01XH-38	糜棱岩	215.3±0.8	^{40}Ar/^{39}Ar 白云母	Wang Y. J. et al.，2005
雪峰山基底剪切带	01XH-36	糜棱岩	213.5±0.2	^{40}Ar/^{39}Ar 绢云母	Wang Y. J. et al.，2005
雪峰山基底剪切带	01HH-45	糜棱岩	207.2±0.2	^{40}Ar/^{39}Ar 绢云母	Wang Y. J. et al.，2005
雪峰山基底剪切带	01HH-2	糜棱岩	194.7±0.3	^{40}Ar/^{39}Ar 全岩	Wang Y. J. et al.，2005
云开地块剪切带	02YK15	糜棱岩	211.5±0.5	^{40}Ar/^{39}Ar 黑云母	Wang et al.，2007a
云开地块剪切带	02YK64	糜棱岩	211.1±0.2	^{40}Ar/^{39}Ar 黑云母	Wang et al.，2007a
云开地块剪切带	02YK12	糜棱岩	209±0.2	^{40}Ar/^{39}Ar 绢云母	Wang et al.，2007a
云开地块剪切带	02YK80	糜棱岩	208.9±1.4	^{40}Ar/^{39}Ar 绢云母	Wang et al.，2007a
云开地块剪切带	02YK09	糜棱岩	207.8±0.2	^{40}Ar/^{39}Ar 黑云母	Wang et al.，2007a
合浦–河台剪切带	Datong1	糜棱岩	213±4	^{40}Ar/^{39}Ar 白云母	Zhang and Cai，2009
合浦–河台剪切带	Datong2	糜棱岩	211.6±3.4	^{40}Ar/^{39}Ar 白云母	Zhang and Cai.，2009
合浦–河台剪切带	Hetai2	糜棱岩	198.9±1.2	^{40}Ar/^{39}Ar 白云母	Zhang and Cai，2009
合浦–河台剪切带	Hetai1	糜棱岩	195.2±1.3	^{40}Ar/^{39}Ar 白云母	Zhang and Cai，2009
高级变质年龄					
八都群	88–13	Amphibolites	251.1±1.9	LA-ICP-MS	Xiang et al.，2008
片麻状花岗岩	02SC35	花岗岩	243±5	SHRIMP	Li and Li，2007

岩石单元	样品	岩石类型	年龄/Ma	测试方法	数据来源
高州杂岩	L114	gneiss	242±8	SHRIMP	Wan et al.，2010
八都群	86-5	Amphibolites	240±2.8	LA-ICP-MS	Xiang et al.，2008
云开地块	YK-42	orthogneiss	236±3.1	SHRIMP	Wang et al.，2007c
八都群	112-1	Amphibolites	233.8±2.8	LA-ICP-MS	Xiang et al.，2008
片麻状花岗岩	zj06-39	花岗岩	233±8	LA-ICP-MS	Yu J. H. et al.，2009
片麻状花岗岩	zj06-31	花岗岩	232±5	LA-ICP-MS	Yu J. H. et al.，2009
片麻状花岗岩	zj06-23	gneiss	230±6	LA-ICP-MS	Yu J. H. et al.，2009
片麻状花岗岩	zj06-21	花岗岩	229±12	LA-ICP-MS	Yu J. H. et al.，2009
浙西南基底片麻岩	zj06-15	gneiss	226±11	LA-ICP-MS	Yu J. H. et al.，2009
云开地块	BY004-1	gneiss	212±12	SHRIMP	Yang et al.，2010
花岗岩年龄					
铁山正长岩	99FJ024	正长岩	254±4	SHRIMP	Wang et al.，2005
隘高黑云母花岗岩	2KGN32-1	花岗岩	249±6	SHRIMP	Li and Li，2007
三标黑云母花岗岩	2KGN50-1	花岗岩	247±3	SHRIMP	Li and Li，2007
香子口花岗岩	02LSH05	花岗岩	243±4	LA-ICP-MS	Wang et al.，2007b
塘石花岗岩	02QSH06	花岗岩	243±4	SHRIMP	Wang et al.，2007b
洋坊正长岩	99FJ031	正长岩	242±4	SHRIMP	Wang et al.，2005
白马山花岗岩	02JSH03	花岗岩	241±3	SHRIMP	Wang et al.，2007b
富城-红山花岗杂岩	Fch-1-1	花岗岩	239±17	LA-ICP-MS	于津海等，2007
鲁溪花岗岩		花岗岩	239±5	LA-ICP-MS	Xu et al.，2003
关帝庙花岗岩	01GD09	花岗岩	239±3	SHRIMP	Wang et al.，2007b
阳明山花岗岩	01YM03	花岗岩	237±5	SHRIMP	Wang et al.，2007b
五峰仙花岗岩	01WF09	花岗岩	236±6	SHRIMP	Wang et al.，2007b
台马花岗岩	2KD-171	花岗岩	236±4	SHRIMP	邓希光等，2004
下庄花岗岩		花岗岩	235.8±7.6	LA-ICP-MS	Xu et al.，2003
湾五塘花岗岩	01DM05	花岗岩	234±4	SHRIMP	Wang et al.，2007e
大容山花岗岩	2KD-110a	花岗岩	233±5	SHRIMP	邓希光等，2004
富城-红山花岗杂岩	Fch-8-1	花岗岩	231±16	LA-ICP-MS	于津海等，2007
旧州花岗岩	2KD-158a	花岗岩	230±4	SHRIMP	邓希光等，2004
富城-红山花岗杂岩	Fch-9	花岗岩	229±6.8	LA-ICP-MS	于津海等，2007
未变形花岗岩	Jx-64	花岗岩	229.8±2.2	LA-ICP-MS	本书
富城-红山花岗杂岩	TX-121	花岗岩	224.6±2.3	LA-ICP-MS	Yu et al.，2007
歇马花岗岩	01XM01	花岗岩	218±3	LA-ICP-MS	Wang et al.，2007b
歇马花岗岩	02XM-01	花岗岩	214.1±5.9	LA-ICP-MS	Peng et al.，2006
香子口花岗岩	02LSH-05	花岗岩	210.3±4.7	LA-ICP-MS	Peng et al.，2006
拿朋花岗岩	02YK-83	花岗岩	205.3±1.6	LA-ICP-MS	Peng et al.，2006

注：LA-ICP-MS. LA-ICP-MS 锆石 U-Pb 定年；SHRIMP. SHRIMP 锆石 U-Pb 定年。

早中生代构造变形表现为褶皱和断裂作用，不仅发育在盖层之中，而且也卷入基底（任纪舜，1984）。华南地区印支期 NNE 向基底韧性走滑剪切带的构造变形运动学，目前存在两种截然不同的认识：一种观点认为表现为左旋剪切，如雪峰山、云开大山和海南岛等地（Wang Y. J. *et al.*，2005，2007a；张进等，2010）；另一种观点认为具有右旋剪切特征，典型的例子包括江西武平剪切带、广西合浦剪切带等（Lin *et al.*，2008b；Zhang and Cai，2009；Xu *et al.*，2010）。^{40}Ar/^{39}Ar 年代学研究表明，剪切带冷却时代为 239～195 Ma B. P.：浙西南基底剪切带白云母为 237 Ma B. P.（朱炳泉等，1997）、雪峰山剪切带云母为 217～214 Ma B. P.（Wang Y. J. *et al.*，2005）、云开大山剪切带黑云母为 211～208 Ma B. P.（Wang Y. J. *et al.*，2007a）、合浦剪切带黑云母为 213～195 Ma B. P.（Zhang and Cai，2009；张进等，2010）、江西武平剪切带白云母在 230 Ma B. P. 之前（Xu *et al.*，2010）。云母^{40}Ar/^{39}Ar 年龄记录了剪切带冷却时代，限定了剪切变形时代的上限。基底高温变质事件进一步约束了剪切带变形时代。在浙西南古元古代片麻岩、云开地块片麻岩、武夷山地区基底片麻岩中记录了一期三叠纪高温变质事件，高精度锆石 U-Pb 年代学指示，大部分变质锆石 U-Pb 年龄在 230～250 Ma（Li and Li，2007；Wang Y. J. *et al.*，2007a，2007c；Xiang *et al.*，2008；Yu J. H. *et al.*，2009），少量在 230～220 Ma B. P.（Yu J. H. *et al.*，2009；Yang D. S. *et al.*，2010）；指示了华南东部基底剪切变形和混合岩化作用的起始时间可能在 230 Ma B. P. 之前。由于华南地块的顺时针旋转运动，早期形成的 WE 向褶皱转变为现今的 NWW-SEE 轴向褶皱，而 NE-NNE 向剪切带具有了右旋剪切指向。三叠纪华南大陆 NE-SW 向挤压的动力主要来自印支地块的推挤和碰撞。230 Ma B. P. 以来，华南大陆处于斜张应力状态，导致地壳松弛和岩浆底侵（图 2.11）；由于缺乏同期火山活动，这个时期华南东缘可能仍然是被动陆缘。

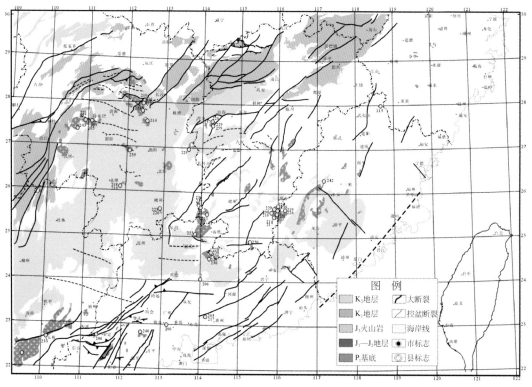

图 2.11　华南大陆东部地区印支期（三叠纪）岩浆岩分布与同位素年龄

关于褶皱的形态，目前有两种不同的观点，一种观点认为印支运动使华南地区普遍褶皱，褶皱轴向近 EW（万天丰，1989；王清晨，2009；张岳桥等，2009；Li *et al.*，2010）；另一种观点认为，印支期褶皱作用微弱，并且是局部性的，华南东部地区褶皱轴向为 NE-SW 向（郭福祥，1998）。

叠加褶皱构造研究表明，三叠纪印支期褶皱构造形态相对宽缓，三叠纪岩体沿其轴向分布。印支期褶皱带呈近 EW 向带状分布（图 2.12），从北向南，可以分出五个近 EW 向褶皱带，分别为扬子前陆褶皱带、江南褶皱带、南岭褶皱带、十万大山-云开大山褶皱逆冲带以及南盘江盆地褶皱带。

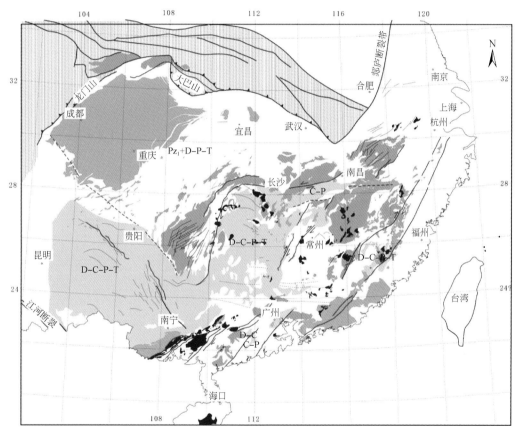

图 2.12　华南大陆三叠纪印支运动构造刚要图和岩浆岩分布图

扬子前陆褶皱构造带。发育于江南隆起以北和大别-苏鲁超高压变质带之间的地区，以郯庐断裂南端为界，划分成东西两段。东段即为著名的下扬子前陆地区，褶皱轴向为NE-NEE 向，卷入地层主要为古生界到三叠系，且早—中侏罗世陆相地层也卷入其中。最近的研究表明下扬子地区印支期褶皱轴为近 EW 走向，并在燕山早期受到了 NE 向褶皱的横跨叠加（Li *et al.*，2010）。研究表明，下扬子前陆褶皱带受南北两侧对冲作用控制，南部江南隆起北缘向北逆冲，北部的张八岭隆起向南逆冲（朱光等，2006），晚三叠世—早侏罗世的黄马青组构成了前陆磨拉石盆地沉积。西段为中扬子褶皱带，由一系列近 EW 向线性褶皱构造组成，卷入的地层为古生界至三叠系，在江汉盆地隐伏于晚中生代—新生代地层之下。在江汉盆地的西部地区,近 EW 向褶皱构造较易识别,但到上扬子地区,受到后期 NE 向褶皱构造的叠加作用,早期近 EW 向褶皱构造形迹基本被改造。总体来说,扬子前陆褶皱带的构造样式属于薄皮构造,主要受基底–盖层之间主滑脱界面和盖层内部次级滑脱界面的控制(Yan D. P. et al., 2003)。在大别山以南地区,滑脱面向北缓倾,其形成演化与大别–苏鲁造山带演化密切相关;而在下扬子地区,前陆褶皱构造则受 SN 向上对冲作用的控制。

江南褶皱构造带。为沿江南隆起南缘发育的近 EW 向褶皱构造带,主体沿江–绍断裂带北侧发育,由东、中、西三段组成。

江南褶皱构造带东段称为浙西北褶皱带,主体走向 NE,卷入的地层主要为古生界至三叠系。该褶皱带受到倾向 SE 的滑脱面控制,南部华夏地块向北逆冲,或北部江南隆起带向 SSE 俯冲,形成滑脱型褶皱带(Xiao and He, 2005)。主体形成于中—晚三叠世的印支运动,晚三叠世类磨拉石沉积地层超覆在不同时代的地层之上。燕山早期,印支期褶皱带发生同轴叠加复活,早—中侏罗世地层发生同轴褶皱。

江南褶皱构造带中段对应于萍乡–乐平褶皱带,通常称为萍乡–乐平凹陷,张岳桥等(2009)认为这是一个残留的褶皱凹陷,不是真正意义上的沉积凹陷。与浙西北褶皱带相比,该褶皱带走向更偏东(NEE 向),卷入的地层主要为晚古生代海相地层。褶皱呈线状展布,为幅度中等的对称褶皱。褶皱带北缘发育向南逆冲的断裂带,南缘发育向北倾的正断拆离带,该拆离带构成了南部武功山变质核杂岩构造的北界(Faure et al., 1996)。研究表明,萍乡–乐平褶皱带主体形成于中—晚三叠世的印支运动时期,晚三叠世—早侏罗世陆相地层不整合超覆在晚古生代海相地层之上。

江南褶皱构造带西段沿雪峰山北段发育。在江南隆起带上,近 EW 向褶皱构造非常明显,很少受到 NNE 向褶皱构造的叠加。但在靠近南部"湘中凹陷区"的晚古生代和早中生代地层中,早期 NWW 向褶皱构造受到晚期 NNE 向褶皱构造叠加改造,使褶皱轴发育沿 EW 向波状舒缓状。湘中地区早晚两个世代的褶皱叠加形成典型的盆–穹构造型式。南岭褶皱构造带,并不是指广义的南岭构造带(舒良树等,2006),而是特指发育在晚古生代至早—中三叠世构造层中的近 EW 向褶皱构造迹线(张岳桥等,2009)。总体上说,大致以东经 111°和 115°为界,将南岭褶皱构造带划分为东、西两段。南岭褶皱带西段 EW 向褶皱构造表现为特征的弧形弯曲型式,线性特征清楚,没有后期岩浆侵入。位于东经 111°和 115°之间的南岭褶皱带东段,表现为复式背斜和复式向斜构造,形态宽缓,但受到后期 NNE 至 NS 向褶皱和燕山期岩浆侵入活动的强烈改造。

十万大山–云开大山褶皱逆冲带。主要是变质基底出露地区,印支期褶皱作用表现不明显。早中生代构造变形主要表现为 NNE 向的逆冲作用和沿 NE 向韧性剪切带发育的逆冲和走滑变形(Wang et al., 2007a; Lin et al., 2008b; Zhang and Cai, 2009)。逆冲作用的方向较复杂,近 EW 向断裂表现为 NNE 向的逆冲,而 NE 走向断裂则是向 SE 与 NW 向的逆冲;且早中生代 NE 向韧性剪切带作用也存在左旋和右旋走滑运动之争。

南盘江盆地褶皱带。褶皱轴向在空间上变化较大,在盆地西缘表现为 NE 向褶皱和 SW 向的逆冲剪切;在盆地南缘与北缘则表现为近 EW 向褶皱和向北的逆冲作用;在盆地东缘表现为向 NW 的逆冲作用为主。总体来说,南盘江褶皱带内印支期褶皱以近 EW 向为主,盆地东西缘的褶皱轴向是受盆地基底和后期构造作用的改造形成的。在盆地内部,可以清楚地见到上三叠统含梅磨拉石角度不整合覆盖于下三叠统之上（秦建华等，1996）。南盘江盆地褶皱作用发生在平而关群沉积之后，平峒组沉积之前，是由晚三叠世印支运动形成的（任纪舜，1984）。

三、四川盆地原型的形成

四川盆地是在扬子克拉通台地基础上形成和发展起来的复合型或叠合型盆地。盆地基底由前震旦系变质地层组成，经历了中元古代（1.8 ~ 1.0 Ga B. P.）多次地壳增生作用，最终于晋宁运动（1000 ~ 830 Ma B. P.）固结（Chen and Jahn，1998；Qiu et al.，2000；陆松年、袁桂邦，2004；Zheng J. P. et al.，2006）。新元古代扬子地块周缘发生裂解，在裂谷地带堆积了一套含火山岩的碎屑沉积和花岗岩的侵位（同位素年龄 820 ~ 830 Ma；Li Z. X. et al.，2003；Li X. et al.，2003），扬子地块西缘、西北缘和北缘发育了一套 800 ~ 820 Ma 双峰式火山岩和 A 型花岗岩（Li X. H. et al.，2003b；李献华等，2005），被动陆缘由此形成。震旦纪至早—中三叠世，扬子地块以升降运动占主导，记录了一套巨厚的、以碳酸盐岩、泥岩、砂岩、蒸发岩等为主的台地相和大陆边缘相沉积。加里东运动深刻影响了扬子地块古构造和古地貌格局，盆地中央大型古隆起由此形成。泥盆–石炭系主要发育在扬子地块的周缘地区，在中部隆起地区缺失。受到中特提斯洋扩张的影响，晚二叠世在扬子地块西部地带发生强烈的伸展裂解，诱发了广泛的玄武岩喷发，可能与地幔柱活动有关（徐义刚，2002）。早—中三叠世的扬子地块古地貌格局表现为中部为陆、四周为洋（刘宝珺、许效松，1994；Wang and Mo，1995）。

中三叠世晚期印支运动时期，扬子地块顺时针旋转导致中特提斯洋（秦岭洋）的剪刀状闭合（Lin et al.，1985；Zhao and Coe，1987；Huang and Opdyke，1991；Yang et al.，1992；Enkin et al.，1992；Gilder and Corutillot，1997；Yokoyama et al.，2001；Meng et al.，2005），并与华北地块的碰撞和陆–陆深俯冲作用，导致中央造山带的形成和大别–苏鲁超高压变质带的快速折返（Li S. G. et al.，1993，1997；Hacker et al.，1998）。受金沙江洋向东俯冲和增生造山作用的影响，松潘–甘孜"地槽"褶皱造山，增生到扬子地块的西部边缘（许志琴等，1992）。同时，位于印支半岛的 Sibumasu 地块与印支地块碰撞，一同增生到扬子地块的南缘（Andrew et al.，2001）。印支期造山作用使得扬子地块从古生代的台地相沉积演化为晚三叠世—侏罗纪的陆相盆地沉积，成为现今四川盆地的原型，其展布范围比现今的大很多（张渝昌，1997）。

米仓山构造带主体形成于中—晚三叠世印支运动时期，是秦岭碰撞造山带的前陆构造带。在大巴山弧形构造带，中—晚三叠期印支期碰撞造山作用导致后大巴山推覆构造带的形成（许志琴等，1987）。从构造变形样式上看，后大巴山逆冲构造带出露基底韧性剪切带，拉伸线理和运动学指向指示上盘 SW 向逆冲。从弧形构造带时间发展角度看，中—晚三叠世的碰撞造山导致了后大巴山逆冲构造带的形成，同时使前陆地区的基底拆离带具备了雏形。

沿龙门山前山带，发育与印支运动有关的良好沉积和构造记录。扬子地块西部大陆边缘增生造山使龙门山–锦屏山逆冲构造带形成，导致了川–滇前陆盆地沿四川盆地西缘和

"川滇地轴"一带发育，充填了晚三叠世含煤的类磨拉石沉积，最大沉积厚度超过 3 km（郭正吾等，1996）；早—中侏罗世沉积范围进一步扩大，覆盖了整个扬子地区，但沉积-沉降中心可能位于现今四川盆地的西北和东北地区。川-渝-黔-滇盆地构成了四川盆地的原型（张渝昌，1997）。米仓山-大巴山构造带作为秦岭碰撞造山带前陆而初具雏形。

第三节　晚侏罗世—早白垩世陆内造山作用与变形

一、陆内造山作用的幕次划分

"燕山运动"是 1926 年翁文灏先生在日本东京第三届泛太平洋科学大会上提出的，并于 1927 年以华北燕山为标准地区创名发表文章（Wong，1926，1927）。燕山运动在不同构造部位的强度和表现形式有明显差别，在华南地区，其构造变形和岩浆活动具有自西向东愈加强烈的演变规律，地壳运动与构造变动具有长期性与多幕性相统一、渐进与激化相交替的特点，岩浆喷发和侵入活动具有多期性（图 2.13）。由于地层记录的不完整性，使

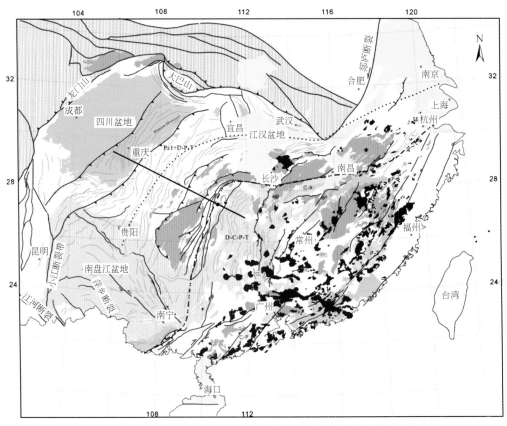

图 2.13　华南大陆中—晚侏罗世至早白垩世（燕山事件）构造纲要图

得对燕山事件的幕次划分存在不同的认识。基于华南地区岩浆活动、构造变形和沉积地层
不整合关系，本书将华南地区"燕山构造－热事件"分为早、中间、晚三幕，分别发生在
169～161 Ma B. P.、160～150 Ma B. P.、149～138 Ma B. P.。这个构造序列可与华北燕山
地区的 A、B、C 幕对比。各幕的特征如下。

（1）早幕（169～160 Ma B. P.）：该幕暨燕山运动的起始时间，是一个有争议的问
题。构造变形和同位素年代学测试数据统计分析（图2.14），显示燕山事件起始于中－晚
侏罗世之交，对应于华南东部岩浆活动低谷期（175～165 Ma B. P.；图2.15）。在华南东
部，燕山事件早幕最重要的表现是在闽西地区发育大量的逆冲推覆构造（形成于晚侏罗
世；Chen，1999），伴随少量的地壳重熔型片麻状花岗闪长岩（结晶年龄为165～167.2
Ma）。闽西长汀县濯田 N30°E 走向断裂中发育的向 NW 逆冲的云母片岩 ^{40}Ar/^{39}Ar 年代学分
析，获得逆冲剪切成因白云母的坪年龄为（162±2）Ma（徐先兵等，2010），可作为武夷山
地区燕山早期构造挤压的上限年龄（图2.16）。

燕山早幕的挤压变形最强烈，导致了华南大陆 1300 km 宽褶皱构造带的形成。褶皱构
造卷入最新地层为早—中侏罗世陆相地层，大多数侏罗纪断陷盆地边缘发生强烈的挤压逆
冲、地层陡立。典型的例子如湘东南汝城盆地，其西缘逆冲作用导致盆地底部砾岩层近直
立，盆地内部基性岩脉发生同步褶皱。侵入岩体的年龄可用来确定褶皱变形的上限年龄。
例如，骑田岭岩体锆石 U-Pb 年龄为 160～161 Ma，指示褶皱变形发生在 160 Ma 之前。

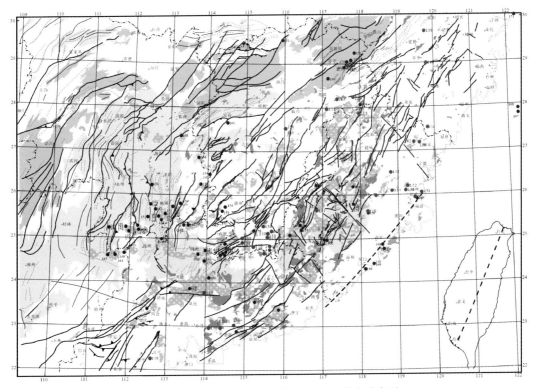

图2.14　华南大陆东部地区燕山事件岩浆岩分布图

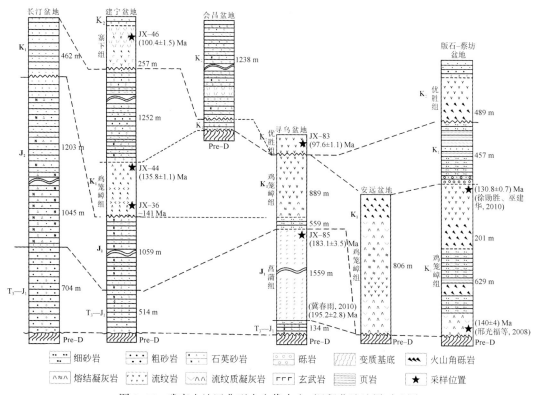

图 2.15　武夷山地区典型中生代火山-沉积盆地地层对比图

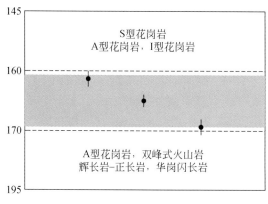

图 2.16　武夷山地区燕山运动的年龄分布图

（2）中间幕（160～150 Ma B. P.）：锆石 U-Pb 数据统计显示，160～150 Ma B. P. 是岩浆活动高峰期，也是大规模 W、Sn 成矿作用集中时期。该时期沿华南沿海地带还出现了火山活动，但很局限，表明燕山早幕强烈挤压缩短之后地壳出现短暂的松弛现象。

晚侏罗世花岗岩主要分布在南岭地区，发育三条近 EW 向相互平行的花岗岩带，结晶年龄为 150～163 Ma。Zhou 等（2006）认为绝大多数晚侏罗世花岗岩的 ACNK 小于 1.1，属于钙碱性 I 型花岗岩。李献华（1993）认为，晚侏罗世花岗岩在 Sr-Nd 相关图上主要落

在大的负 $\varepsilon_{Nd}(t)$ 值，高 $^{87}Sr/^{86}Sr$ 初始值的第四象限内，长石 Pb-Pb 体系也与加里东期的壳型花岗岩一致，是区域挤压环境下地壳重熔形成的大面积 S 型花岗岩。广东中部的晚侏罗世花岗岩以 I 型为主（Li X. H. et al.，2007）。I 型和 S 型花岗岩都属于钙碱性花岗岩，在一定条件下可以构成复式岩体（王德滋，2004）。此外，晚侏罗世还发育为数不少的 A 型花岗岩（Li X. H. et al.，2007；Li and Li，2007；朱金初等，2008）。由此可见，华南晚侏罗世花岗岩以 I 型为主，部分为 A 型，少部分为 S 型；以钙碱性为主，与陆缘造山作用有关。总之，燕山中幕以发育大量花岗岩为特征，指示了陆内挤压构造背景下，大陆岩石圈壳幔相互作用和地壳深融作用的共同产物。

（3）晚幕（149～138 Ma B.P.）：该幕岩浆活动主要分布在长江中下游和东南沿海地区。

长江中下游地区，该幕岩浆岩有含角闪石 I 型闪长岩、花岗闪长岩和二长花岗岩，锆石 U-Pb 年龄集中在 137～145 Ma（Wang et al.，2003；Xu X. S. et al.，2004，2008；Li et al.，2009；Ling M. X. et al.，2009；瞿泓滢等，2010；Li X. H. et al.，2010；Su H. M. et al.，2010；Yang and Zhang，2012；Wu et al.，2012）；它们均具有高 Al_2O_3、MgO、TiO_2、Ba 和 Sr 含量，低 Y 和 Yb 含量，及高 Sr/Y 值（Wang Q. et al.，2006，2007；Xie et al.，2012），与典型的埃达克岩地化特征一致（Defant and Drummond，1990；Kay et al.，1993）。因此，可将它们统称为埃达克质岩。除相似的地化特征外，它们均与 Cu-Mo-Au 等多金属成矿作用（145～136 Ma B.P.）密切相关（Sun W. D. et al.，2003；Mao et al.，2006；Xie et al.，2006；Li J. W. et al.，2007，2008；Ling M. X. et al.，2009；Li X. H. et al.，2010；Zhou et al.，2011；Liu et al.，2012）；这一特性与环太平洋构造带的埃达克岩极其类似（Liu S. A. et al.，2010；Ling et al.，2011；Sun et al.，2012b）。目前，关于长江中下游埃达克质岩的岩石学成因尚存争议，主要存在两种观点：①与洋中脊俯冲过程中俯冲洋壳的部分熔融作用有关（Ling et al.，2009；Sun W. D. et al.，2010，2012b）；②与加厚陆壳的部分熔融作用有关（Zhang et al.，2001；Wang et al.，2004a，2004b，2006，2007）。

在东南沿海，该幕岩浆岩分布在长乐-南澳断裂带的南部和香港地区，主要由粗粒片麻状花岗岩和混合岩组成，锆石 U-Pb 年龄为 136～147 Ma（Cui et al.，2012；张岳桥等，2012）；可能与新元古代古老陆壳的部分熔融及洋壳物质的混染作用有关（Cui et al.，2012）。

埃达克质岩和片麻状花岗岩的广泛出现，反映了华南大陆早白垩世（145～137 Ma B.P.）处于强烈挤压的大地构造环境。与同期大面积分布的花岗岩相比，早白垩世火山活动不强烈，零星分布在香港和部分火山岩盆地中（Davis et al.，1997；Campbell et al.，2007；邢光福等，2008），反映了区域挤压构造背景下的局部伸展。

二、四川盆地周缘多向挤压造山

1. 区域性断裂与褶皱构造分区

与其他克拉通盆地相比，四川盆地的最大特点是盆地周缘受到不同方向构造挤压变形的改造，形成以薄皮构造样式著称的、复杂的弧形褶皱构造带（图2.17）。中—晚侏罗世以来，四川盆地的原形受到强烈改造，盆地四周发生不同程度的逆冲和褶皱变形，现今的四川盆地格局逐渐形成，成为东亚陆内汇聚构造体系的重要组成部分。

现今四川盆地的轮廓可以通过晚三叠世—早侏罗世地层分布范围来大致圈定，盆地四周被造山带和深大断裂所围绕（图2.17）。盆地西侧为龙门山–锦屏山断裂带，将四川盆地与松潘–甘孜褶皱造山带分隔；北缘为米仓山–大巴山前陆构造带，由NEE向的米仓山隆起带和向SW凸出的大巴山弧形构造带组成，它们将四川盆地与秦岭造山带分隔，其中汉中–安康断裂可能是南秦岭造山带和扬子地块的边界断裂；盆地东南地区为宽阔展布的逆冲–褶皱构造带，扬子地块的东南边界位于武陵山–雪峰山基底隆起带，它分隔了扬子地块和华夏地块（华南加里东褶皱造山带）；盆地南部边界显示弥散特征，形态不规则，构造组成复杂，走向延伸不连续；西南地区发育大凉山逆冲–褶断带，其西南边界为安宁河–则木河–小江断裂带。

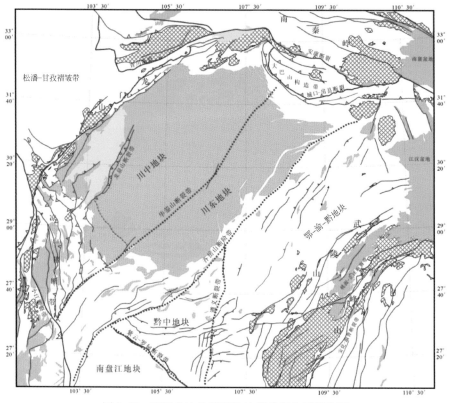

图2.17　四川盆地及其周缘地带基底分区简化图

盆地具有"一盖多底"的突出特点，由多个不同性质的基底块体拼合而成，之间为断裂带所分割。其中，两条重要的NNE向区域性大断裂，即华蓥山断裂带和齐岳山断阶带，将扬子地块分割成NE向条块，每个条块的褶皱构造样式截然不同，从西到东分别为川中褶皱构造带、川东褶皱构造带、川–鄂–渝–黔褶皱构造带。

位于齐乐山断阶带以东的川–鄂–渝–黔褶皱构造带，又以NS向的遵义断裂和NW–SE向的紫云–罗甸断裂为界，将该带进一步划分为鄂–渝–黔褶皱构造带和黔中褶皱带。

2. 褶皱构造样式与定型时代

（1）川东褶皱构造带：夹于华蓥山断裂带和齐岳山断阶带之间的褶皱构造带是中国大陆上典型的隔档式褶皱，南北段褶皱样式存在很大差异（图2.18）。北段重庆-万州地区，典型的隔档式褶皱，深部存在多个滑脱面，主要位于寒武系底部泥岩层、志留系泥页岩层和下—中三叠统膏盐层（Yan *et al.*，2009）。该段是川东北弧形构造的组成部分，弧顶由NE向背斜组成，西翼由近NS向褶皱组成，向NE收敛于秭归盆地。

重庆以南，沿华蓥山断裂带发育的NE向褶皱转为NS向，向南发散，组成帚状型构造，这种构造型式指示华蓥山断裂右旋走滑运动。这组褶皱向南延伸被一组WE向褶皱所叠加。目前对这两组褶皱的叠加关系和深部构造形态，文献上报道很少。笔者注意到，WE向褶皱西延至华蓥山断裂带时，发生转弯，与断裂带平行，表明WE向褶皱构造形成时，华蓥山断裂带显示左旋走滑。另外，WE向褶皱向东受到NE向齐岳山断阶带的限制，因此，卷入白垩系的WE向褶皱发育局部。

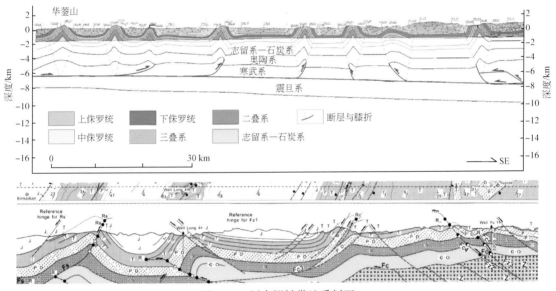

图2.18　川东褶皱带地质剖面

再往南进入盆地南缘隆起区，以隔槽式褶皱为特征，由三排NE-NNE向斜带组成，西排沿华蓥山断裂带南段发育，中排沿彝良、叙永发育，东排沿齐岳山断阶带发育，向SW被小江断裂所切。该段叠加有WE向褶皱构造。

（2）川-黔-渝-鄂褶皱构造带：该褶皱带位于齐岳山断阶带以东、雪峰山基底隆起（石门-慈利-保靖断裂，即大庸断裂）以西地区，走向NEE-NE，宽约220 km，是中扬子褶皱构造带的组成部分。与川东褶皱带相反，该褶皱带表现为宽阔的箱式背斜与尖角状向斜，即隔槽式向斜为主要特征，向斜核部残留晚三叠世至早—中侏罗世陆相地层，其上被早白垩世砾岩层不整合覆盖，指示褶皱构造主要定型于中—晚侏罗世的燕山运动早期。背斜核部主要出露寒武-奥陶系，最老核部露头出现元古宙地层，如梵净山背斜。梵净山背斜同样表现为箱式背斜特点，即顶部平缓，向两端变陡，区别在于核部古生界地层完全剥失。构造平衡剖面分析推测该带存在多个滑脱面，主要滑脱面发育在寒武系和志留系泥岩层中，底部滑脱面位于中地壳的变质基底中（蔡立国、刘和甫，1997；颜丹平等，2000；Yan D. P. *et al.*，2003，2009）。

从构造组合特征看，该区褶皱构造构成一个不对称的弧形（图2.19），弧顶位于川东褶皱带，由 NE-SW 向展布的隔档式褶皱构造组成，呈扁平状突向 NW；弧的西翼由四条 NNE-NS 向隔槽式褶皱组成，这些构造向南终止在 NW-SE 向紫云-罗甸断裂带，向北转为 NE 向；弧的东北翼发育不全，由 NEE-WE 向褶皱组成，向东隐伏在江汉盆地新生代沉积物之下，向北与大巴弧联合；弧的内核部分处于武陵山、雪峰山一带，出露前泥盆纪变质基底。为了叙述方便起见，笔者将这个弧形构造命名为雪峰山弧形构造。

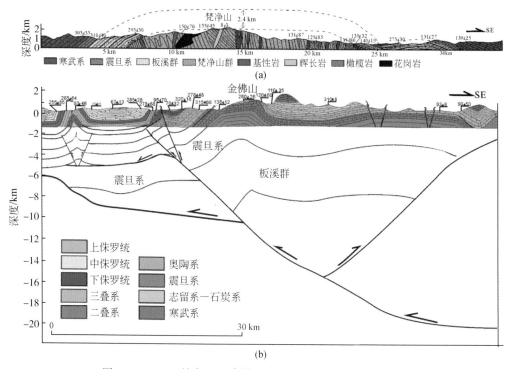

图 2.19　（a）梵净山地质剖面图和（b）金佛山地质剖面图

与大巴前陆弧形构造带不同，雪峰山弧总体形态不规则，其形成受基底构造的制约，因而属于限制型弧形构造。川-黔-渝-鄂褶皱区的 NS 向隔槽式褶皱受制于基底一组 SN 向破裂带，早期 EW 向伸展控制了晚二叠世—三叠纪的沉积，于中—晚三叠世发生挤压褶皱，形成隔槽式褶皱构造。该组褶皱向北延伸或转为 NE 向，或与川东隔档式褶皱相连，构成弧形构造。褶皱卷入的最新地层为侏罗系，其上被白垩系不整合覆盖，指示弧形构造定型于晚侏罗世。按照弓箭原理，雪峰山弧形构造指示了自 SE 向 NW 的挤压作用，动力来自东部。

（3）川中低缓褶皱构造区：介于龙泉山和华蓥山断裂之间的川中隆起区，地层平缓，变形很弱，以低幅的褶皱构造为主，方向散乱，断层较少（秦起荣等，2005）。靠近南北两端的前陆带发育几组褶皱构造。南部自贡地区，发育一组 NE-SW 向褶皱，平行华蓥山断裂带，以短轴褶皱为主，卷入的最新地层包括侏罗系和下白垩统陆相地层，推测褶皱形成的时代在早-晚白垩世之交。中部地区发育一组 NWW-SEE 向褶皱，褶皱幅度较小，受到东侧华蓥山断裂的限制，底部滑脱面位于早—中三叠世的膏盐层。

北部地区沿米仓山-大巴山前陆凹陷带，发育两组三组叠加褶皱，一组走向 NE-NNE，以黄金口背斜为代表，是华蓥山基底断裂的地表表现；另一组 NWW-SEE 向褶皱，以涪阳坝背斜为典型，卷入最新地层为下白垩统，地震剖面揭示其底部滑脱面位于早—中三叠世的膏盐层，该组褶皱明显受到了东侧华蓥山断裂的限制；还有一组走向 NE-SW，以通南坝背斜为典型，发育在米仓山前陆凹陷区，褶皱构造相对宽缓，整个盖层和震旦系地层卷入了褶皱，推测底部滑脱面位于前震旦变质基底中。根据褶皱叠加关系和深部协调性分析，NWW-SEE 向褶皱早于 NE-SW 向褶皱，但晚于 NE-NNE 向褶皱。

综上可以看出，川中地区发育白垩纪—早新生代三个世代的褶皱构造，从老到新分别为：NE-NNE、NWW-SEE、NE-SW 向。

（4）川西前陆褶皱带和前陆凹陷带：川西前陆褶皱带对应于龙门山逆冲构造带，主体由三条断裂及其所夹的逆冲块体组成，这三条断裂分别为：后山断裂带（茂-汶断裂带）、中央断裂带（映秀-北川断裂带）、山前断裂带（或安县-灌县断裂带）。龙门山构造带的基底和盖层发生多层次的拆离，形成推覆体、逆冲断片和飞来峰构造，最著名的推覆体构造发育在龙门山北段，可见由古生界碳酸盐岩地层组成的仰天窝-唐王寨向斜，在其南西端叠置在由中生代地层组成的向斜构造之上，推覆距离至少在 20~30 km。在其前陆地带，形成典型的叠瓦状构造，其上被晚中生代陆相地层所超覆。沿龙门山中南段，中央断裂带的逆冲作用使扬子地块基底被拆离，并逆冲在晚三叠世陆相地层之上，形成了彭灌和宝兴两个杂岩体。在前陆地带，发育飞来峰群构造，由古生代和早中生代的海相地层组成，漂在强烈褶皱的晚三叠世和侏罗纪地层之上。大多数飞来峰底部滑脱面可能随下部地层发生了褶皱作用，倾角变得很陡，只有靠近盆地部分，底滑脱面较平缓。许多研究者认为，飞来峰的根带可能位于中央断裂带，也有部分认为这些飞来锋实际上是从两个逆冲的杂岩体上滑动下来的，是重力滑动的结果（Meng et al.，2006）。

在前陆凹陷带，发育一组 NE-NNE 向褶皱构造，在成都平原发育最好，卷入的地层包括白垩系和古近系，底部滑脱面位于三叠系的膏盐层（贾东等，2003；陈竹新等，2005），其上被上新世—早更新世的大邑砾岩所超覆，中更新世的雅安砾岩没有褶皱变形，指示前陆凹陷带的褶皱构造形成于中新世晚期至上新世期间的挤压构造事件。

从沉积和构造变形记录可以看出，川西前陆构造带是一个复合型前陆带，诞生于晚三叠世碰撞造山事件，并受到侏罗纪—白垩纪陆内构造事件和晚新生代喜马拉雅构造事件的强烈改造（许志琴等，1992；Burchfiel et al.，1995；刘树根等，2001）。

（5）川西南褶断带：位于四川盆地西南缘，呈 NW-SE 至 NS 向展布，形成向东凸出的弧，由一系列西倾的逆冲断裂及其相关褶皱组成，主要逆冲断裂有：石棉-昭觉断裂、兴龙-汉源断裂、荣县-峨边断裂、建为-宜宾断裂四条（图 2.20）。西界位于安宁河-则木河-小江断裂，南界被华蓥山断裂所限制。该褶皱带卷入的最新地层为晚白垩世—古新世，主要残留在菱形的西昌盆地，表明该断褶带主要遭受晚新生代构造作用（王二七、尹纪云，2009）。在其前陆地带，残留一套晚白垩世—古新世砂砾层，沿四川盆地西南缘分布，可能与该褶断带的发育有关。

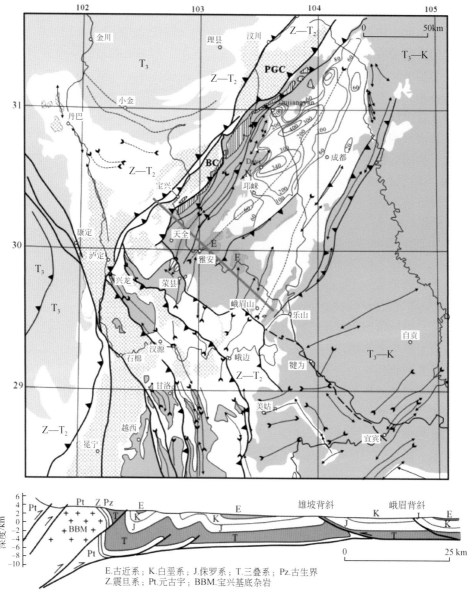

图 2.20 四川盆地西南地区构造纲要图

叠加褶皱发育于靠近前陆的断阶带，夹于荣县-峨边断裂和犍为-宜宾断裂之间的亚带中，该带中发育三组鼻状褶皱构造：一组走向 NE-SW，平行于华蓥山断裂带，被 NW-SE 向犍为-宜宾断裂切割；一组走向 NW-SE，以大渡河鼻状褶皱为典型（王二七、尹纪云，2009），平行于犍为-宜宾断裂；还有一组走向 NE-NNE，与龙泉山断裂带平行。按照叠加和切割关系，这三组褶皱构造的形成次序从早到晚分别为：NE-SW、NW-SE、NE-NNE 向。这个序列发展与区域断裂带之间的形成序列是一致的。

该褶断带向 WN 被 NE 向龙门山断裂带所截切，说明其形成发生在龙门山断裂带之前。在前陆地带，白垩系—古新系已卷入 NE-NNE 向褶皱构造，上新世大邑砾岩层也卷入

NE-NNE 向构造带中，表明川西前陆带的定型时代在晚新生代，即中新世晚期至早更新世时期。笔者推测，川西南弧型褶断带主要定型于古近纪-新近纪之交的构造事件。这次事件使鲜水河断裂带发生强烈的斜向逆冲，在其东端转折端发生地壳重熔和岩浆侵入（刘树文等，2006）。

（6）川北前陆构造带：由 NEE-WE 向的米仓山构造带和弧顶向 SW 凸出的大巴山前陆弧形构造带组成（图 2.21），这两个前陆构造带在交汇处发生叠加，形成大陆构造典型的横跨叠加褶皱构造（董树文等，2005，2006；刘树根等，2006）。

米仓山构造带整体上是一个卷入基底的复式背斜，核部出露新元古界变质岩系，其上被震旦系海相地层不整合覆盖，其中缺失泥盆系和石炭系。背斜北翼卷入的最新地层为三叠系，由一系列背斜和向斜组成，通过 NEE 向的白沔峡断裂与汉南地块相连；背斜南翼中生代地层连续沉积，其中上三叠统和下侏罗统是一套砾岩层，构成了米仓山前陆盆地。米仓山复背斜与前陆拗陷之间为一逆冲断阶带和反冲三角带，受一组向南逆冲的断层控制（Xu H. M. et al.，2009）。在中—晚侏罗世时期，米仓山构造带受强烈挤压复活和快速隆升。

大巴山前陆带是一个大型的弧形构造带，由一系列褶皱和逆冲断裂组成，主体围绕城口-房县弧型断裂带分布。以镇巴-徐家坝-阳日断裂带为界，将前陆弧形构造带分为基底拆离带和盖层滑脱带两个亚带。基底拆离带西窄东宽，卷入的最老地层为新元古代碳酸盐岩，最新为三叠系海相地层，在城口附近残留有晚三叠世—早侏罗世陆相地层。该带由一系列相互穿插的逆冲断层和断层相关褶皱组成，平面分布上总体平行于城口-房县断裂带或与之小角度斜交，构造样式以逆冲断片的堆叠为主，断层主体向 NE 陡倾，将震旦系白云岩逆冲在二叠系灰岩之上，单条断距可达千米。推测底部拆离面位于新元古代变质岩中。盖层滑脱带由一系列紧闭的线性褶皱构造组成，卷入的最老地层为寒武系，最新地层为下—中侏罗统。该带横向分布较稳定，宽度在 40 km 左右。褶皱构造样式总体呈隔档式，即背斜紧闭，向斜宽缓，但在中段和东段，这种特征不明显。推测底部滑脱层位于寒武系泥页岩中。

大巴山弧形构造带是一个复合型前陆构造带（许志琴等，1987）。中—晚侏罗世陆内造山作用使后大巴山逆冲推覆带向前陆方向运动，最终导致大巴山前陆弧形构造带的形成，前陆盖层滑脱带相继形成。早—中侏罗统碎屑磷灰石裂变径迹测年和热历史模拟结果显示，大巴山前陆弧形构造带在 155～95 Ma B. P. 期间经历了快速抬升冷却（1.0～1.9℃/Ma）过程（许长海等，2009），指示前陆带褶皱隆升起始于晚侏罗世，并持续到早白垩世。

（7）雪峰山构造带：雪峰山构造带以出露前寒武纪地层为特点，作为江南造山带的西南段，其成因一直以来受到地质学家的关注。雪峰山构造带变形复杂，经历多期构造事件，部分出露地层已发生构造置换。

雪峰山构造带同样以 NE 向为主，复式褶皱组合雁列或近似雁行排列，例如，由东向西依次有坪下-石桥铺复背斜、淘金坪-龙鼻桥复背斜、溆浦-大坪复背斜等平行斜列，近似雁行排列。区内发育多条 NE 向断层，断裂多为压扭性，平面展布亦显示雁列状平行斜列，且密集成带分布。受 NE 向断裂控制的中生代白垩盆地也显示雁行排列特征。NE 向冲断层也均具有平行斜列特征，密集成带分布（图 2.22），例如，由东向西大的松柏洞-大水田断裂带、双坪-小金厂断列带、黄狮洞-油洋桥断裂带、黄岩-溆浦断裂带、潭湾-吕

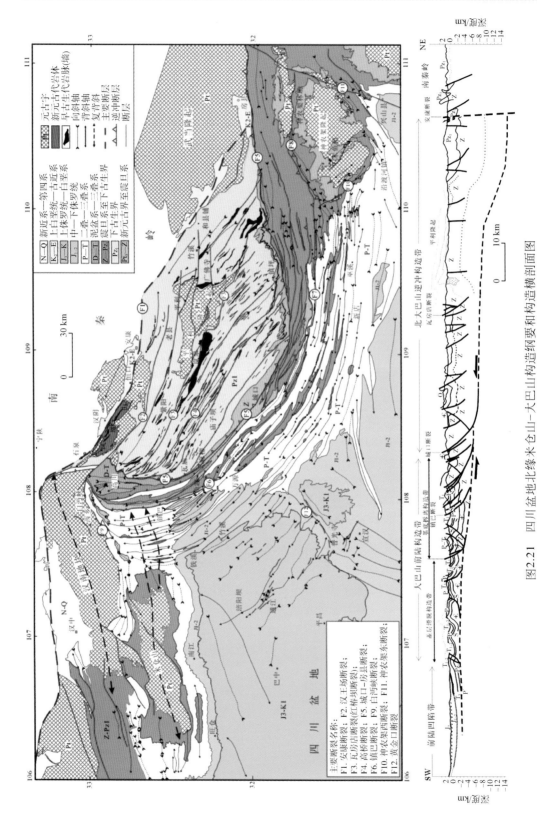

图2.21 四川盆地北缘米仓山-大巴山构造纲要和构造横剖面图

J₂. 中侏罗统；J₁₋₂. 下—中侏罗统；T₃. 上三叠统；T₁₋₂. 下—中三叠统；T₁. 下三叠统；P. 二叠系；C. 寒武系；Z. 震旦系；O. 奥陶系；S. 志留系；P₂. 二叠统；Z. 晨旦系；Pz₁. 下古生界

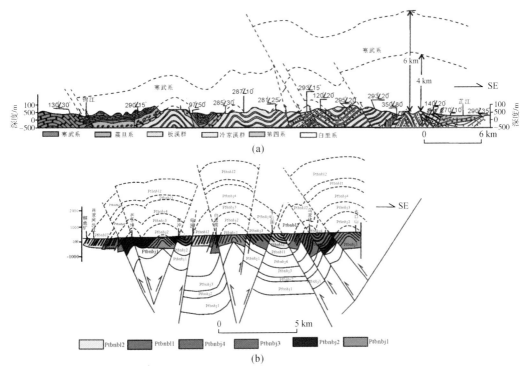

图2.22　（a）怀化锦江–芷江和（b）黔阳县北黄狮洞–水口山板溪群构造剖面

（修改自溆浦1：20万地质图说明）

家坪断裂带等。除 NE 向断裂外还发育 NNE 向断裂，如黄茅园–溆浦断裂、燕子滩–黄化坪断裂带。这些断裂倾角都较大，一般都在60°以上，最高者近直立，造山挤压的垂向隆升加大，而水平断距相对变小。图2.19为老基底出露构造剖面，区内发育多条逆冲断层，相邻水平距离较小但都有较大的垂向断距。雪峰山基底向西与川黔褶皱带的接触表现为连续的褶皱变形，有逆冲但水平断距不大。区内雁列式褶皱与断裂分布，多条逆冲断层且较陡，地层发生倒转。恢复新元古代板溪群剥失与深部结构［图2.19（b）］，板溪群的构造组合上变形也较强，其下部结构似为花状的样式。雪峰山基底向川黔褶皱带的逆冲较小［图2.19（a）］，两者之间可能存在更深部位的转换而不仅是地表上的逆冲结构。

　　区内地层间角度不整合主要是中泥盆统或中—上石炭统与下伏地层、上三叠统—下侏罗统与下伏地层以及白垩系与下伏地层。从地层接触关系看，区内经多期的构造活动，第一期在下古生代末，第二期晚三叠世前，第三期在侏罗纪后，白垩纪陆相碎屑岩类沉积显著的受 NE 向构造控制，且与下伏地层高角度不整合，说明区内 NE 向构造在白垩纪前已成熟。

　　3. 挤压事件对原型盆地的改造

　　晚侏罗世—早白垩世早期构造挤压。四川原形盆地在早—中侏罗世沉积了一套河湖相沉积地层。自中侏罗世晚期以来，四川盆地进入多向挤压变形和盆地改造阶段。这个时期最重要的陆内造山作用发生在盆地北缘的南秦岭地区，北大巴山逆冲构造带 SW 向推挤，导致了大巴山前陆弧形构造带的定型（董树文等，2006）。同时，受到来自东部的俯冲大陆边缘动力作用的远程影响，雪蜂山基底隆起强烈逆冲复活，并向扬子地块腹地推挤，形成了川东和川渝–黔–桂地区的隔槽式–隔档式弧形构造带，该弧形构造带与大巴山弧形构造带在川东北发生联合作用，形成了向西开口的喇叭形–弧形构造（乐光禹、杜思清，1986）。四川盆地西缘在这个时期也可能逆冲复活，在前陆地带沉积了一套巨厚的晚侏罗世—早白垩世砾岩层。这期多向挤压变形基本奠定了现今四川盆地构造–地貌轮廓，盆地中基底断裂均发生不同程度复活，并控制了褶皱构造样式。

对这期多向挤压变形发生的时限，由于缺乏年代学数据而难以精确确定，同时，由于四川盆地周缘陆内挤压变形均表现为薄皮构造样式，前陆凹陷不发育。因此只能根据地层时代和地层接触关系来大致推断。根据褶皱构造带卷入的地层推断，褶皱作用发生在中侏罗世沉积晚期，早白垩世砂砾岩层不整合在褶皱地层之上。由此推测这期多向挤压变形起始于中–晚侏罗世之交，主要变形时期发生在晚侏罗世，并持续到早白垩世早期。造山带中基底剪切带 Ar-Ar 同位素和磷灰石裂变径迹测年和热历史模拟结果支持这个推断（沈传波等，2007；胡健民等，2009；李建华等，2010）。

早–晚白垩世之交的构造挤压。在中国东部，早–晚白垩世之交发生一期构造挤压事件，使华南地区早白垩世断陷盆地普遍发生构造反转，尤其在盆地的边缘，地层发生挠曲变形。这次挤压事件对四川盆地影响相对较小，白垩纪地层变形相对较弱，但也出产生了几组方向的褶皱构造。根据叠加关系分析，笔者认为川南 EW 向褶皱和川中 NE 向褶皱可能形成于这次构造事件，沿华蓥山断裂带发育的褶皱构造可能主要形成于这次构造事件。这次挤压事件的作用力可能来自不同方向，川南地区近 NS 向挤压可能主要受到来自南盘江褶皱构造区的影响，而其他大部分地区受到 NW–SE 向挤压。

三、中生代叠加褶皱构造

1. 叠加褶皱构造特征及构造样式分析

（1）区域褶皱构造带：华南在 400 ~ 245 Ma B. P. 即从晚古生代开始到中三叠世（D_{2-3}—T_2）处在一个稳定浅海相的沉积环境，华南板块在这一时期经历了伸展拉张作用成为一个洋盆，古地壳基底减薄，通常将这一时期的海相地层称为印支构造层，其底部不整合超覆于前泥盆地层之上，泥盆系底部为一套河流相砂砾岩沉积，向上主体为浅海相碳酸盐沉积，其中有海–陆交互相沉积夹层，晚三叠世至早—中侏罗世地层（T_3—J_{1-2}）构成了早燕山构造层，主体为陆相沉积，仅在华南东南部沿海地区分布海相地层，整个华南地区的沉积地层已发生强烈挤压变形，形成构造样式复杂、东西宽大于 1300 km 的褶皱构造带（Li and Li，2007；徐先兵等，2009a；张岳桥等，2009；Wang et al.，2013），两套构造层之间成角度不整合接触。在两套构造层中大量分布着叠加构造，例如，广西柳州山字形叠加构造、南岭中段叠加构造、鄂西南湘北地区叠加褶皱构造、赣中地区叠加褶皱构造、尤其是湘中南地区叠加构造最为典型（图 2.8），其特点是早期褶皱构造轴呈近 EW 或 NWW–SEE 向展布，晚期呈 NE–NNE 向展布，局部地区为 SN 向（张岳桥等，2009）。

在不同地区的叠加构造具有不同的变形特征。鄂西南湘北地区叠加褶皱，该区位于江汉盆地的西部，构造上属于扬子地台，出露古生界至早中生代海相地层，缺失石炭系。叠加褶皱发育于扬子前陆褶皱构造带与湘、鄂、川、黔褶皱构造带的交接复合部位；早期

NEE 向褶皱构造仍然清晰可辨，但向西延伸已被晚期 NNE 向褶皱构造强烈叠加改造。这种褶皱横跨叠加型式沿走向上的变化受控于后期褶皱作用的强度。在赣中的吉安地区，受到白垩纪伸展断陷盆地的叠加深埋改造，晚古生代—早中生代海相地层出露不全，残留的地层呈 EW 向断续分布，其中发育两组叠加褶皱；在 D—C 组成的构造层中，褶皱轴从西向东发生规律的变化：西部地区以 NEE 向为主，中部地区以 EW 向为主，再向东转为 NWW 向，总体构造轴线呈弧形展布。而早燕山构造层（以 J$_{1-2}$ 为主）的褶皱轴线主体为 NNE 至 NS 向，横跨叠加在近 EW 向褶皱构造上。这种叠加作用也导致早期褶皱轴线的弯曲或改造。广西柳州地区，晚古生代—早中生代海相地层发育两组叠加褶皱，其横跨叠加产生的型式不同于雪峰山地区的盆-穹样式，而是形成了该区特征的弧形弯曲叠加构造型式；沿河池—宜州—柳城一线，早期形成的近 EW 向褶皱受到了晚期近 NS 向褶皱构造叠加，褶皱轴面发生弧型弯曲或再褶皱，与褶皱轴平行的断层面也随之发生弯曲或褶皱，此型式在卫星遥感影像图上非常清楚；早期地质学家将这种弧型叠加褶皱构造样式定义为"山"字型构造，认为是在同一应力场作用下形成的，这种褶皱构造的弧形弯曲起因于后期近 EW 向挤压产生的再褶皱，是叠加构造的表现型式。位于湘粤交界的乐昌、韶关地区，是南岭构造带中段的重要组成部分，晚古生代—早中生代地层中的叠加褶皱也很清楚。近 EW 向的复背斜和复向斜被后期近 SN 向褶皱构造所叠加，早期褶皱形态宽缓，晚期褶皱形态紧闭，有的褶皱轴线发生弧型弯曲，形成复杂的叠加褶皱型式。这种叠加构造样式又被后期的岩浆侵入所复杂化；近 SN 向褶皱构造被晚侏罗世岩体所侵入，表明这期褶皱形成于晚侏罗世之前；在区域上，早期近 EW 向褶皱构造属于南岭构造带组成部分，卷入晚古生代地层的近 EW 向褶皱构造沿该带断续出现，被晚期近 SN 向褶皱构造所叠加。大部分晚中生代花岗岩体长轴呈 EW 向分布，明显受到早期近 EW 向褶皱构造的控制（张岳桥等，2009）。

（2）叠加褶皱展布特征：华南地区分布的横跨叠加中以湘中南地区最为典型，所以选择这一地区作为重点进行分析。湘中南地区的西北部由江南造山带围绕，东南边以郴州-临武断裂为界，向 ES 逐渐增多的多期次热事件强烈改造了沉积地层，而区内受后期岩浆热事件影响较小，并且地层出露齐全。出露的地层以边缘海槽盆相砂泥质岩石为主的震旦系—志留系和以浅海台地相碳酸盐岩为主的泥盆系—中三叠统，在一些受深断裂控制的断陷盆地中，发育着上三叠统—侏罗系和白垩系—新近系的陆相沉积岩（郭锋等，1997；赵振华等，1998；赵振华等，2000；王岳军等，2001）。整个地区出露岩体有白马山、望云山、白马寺、骑田岭、九疑山、九峰山、彭公庙、明阳山、塔山、大义山和千里山等岩体，除了彭公庙、九嶷山复式超单元中雪花顶花岗岩体外，都属于中生代岩体（Sun *et al.*，2011；Mao *et al.*，2013），印支期岩体分布大至成 EW 向，而燕山期岩体有沿构造线走向分布的特点（图 2.8）。

（3）褶皱构造样式：在华南中南部晚古生代至中生代地层中发育了大量的褶皱构造，这些褶皱构造可分为两套，一套是褶皱轴成 EW 向褶皱，主要发育在湘南地区，在涟源-娄底表现为 NNW-SEE 向；另一套则是褶皱轴近 SN 向，在涟源-娄底为 NNE-SSW 向延伸的褶皱（图 2.23、图 2.24）。近 EW 或 NNW-SEE 向褶皱在露头尺度上很难识别，主要特点是褶皱两翼跨度大，地层变化平缓，而且在褶皱核部出露 EW 走向的岩体，如明阳山、

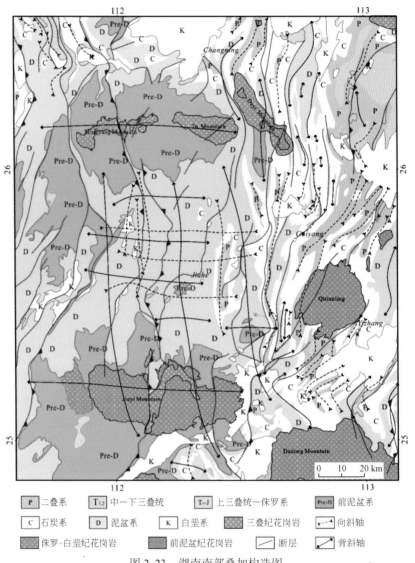

图 2.23 湖南南部叠加构造图

塔山岩、白马山、望云山和白马寺等岩体，褶皱两翼跨幅达到 30~50 km。而形成反差的是，在野外可看到大量近 SN 或 NNE-SSW 向褶皱，地层变形强烈，而且样式多样，两翼宽度明显小于第一套 EW 向褶皱。在涟源娄底地区两套褶皱构造使该地区形成了典型的盆-穹状构造型式，在 NNW-SEE 向褶皱背斜部形成了穹窿构造，泥盆纪海相碳酸盐岩地层环绕前泥盆纪基底，前泥盆纪基底也卷入其中，变形并出露在穹窿中心核部，在向斜核部形成了石炭纪—早三叠世盆地构造。在湘南地区两套褶皱直交，自嘉禾向东到宜章形成了挤压变形带，EW 向褶皱被 SN 向完全改造。在挤压变形带内从泥盆纪—早三叠世地层都发育了各种样式的褶皱，这些褶皱都受近 EW 向挤压，如图 2.25~图 2.27 所示石炭系灰岩受近 EW 向挤压形成紧闭褶皱，早三叠世薄层灰岩发育尖顶褶皱，上二叠统砂岩发育尖顶褶皱，除了紧闭尖顶褶皱外还发育有箱式褶皱及断层逆冲过程中形成的褶皱。通过分

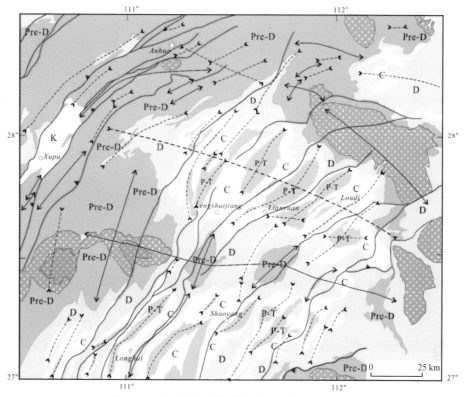

图 2.24　湖南中部叠加构造图（图例同图 2.23）

析可以看到这两套褶皱构造形成的相对时间可以分出早晚，第一套褶皱早于第二套褶皱生成，并且第二套褶皱横跨叠加第一套褶皱构造。

（4）主要断层构造：扬子与华夏板块缝合带通过研究区域，但对于具体位置还存在不同的认识（图 2.23）。郴州-临武断裂被认为是扬子与华夏板块的缝合带，向南通过广西东部曾皙、博白进入印支板块，但是也有学者认为缝合带的位置过萍乡后向西延伸沿江南造山带东部边缘到达桂林，然后连接到印支板块（Wang *et al.*，2003；Shu，2012；Charvet，2013），根据野外观察自嘉禾向东到宜章形成了挤压变形带，地层受 EW 向强烈挤压，这条变形带覆盖在郴州-临武断裂之上，地表延伸方法与断裂带走向一致，郴州-临武断裂同时还是一条重要的花岗岩分界线，自断裂带向东到东南沿海，花岗岩成逐渐增多趋势。除了板块缝合带外，区域内其他断层构造都以 NE 走向为主，晚期褶皱构造伴随平行于褶皱轴的断层而发育，并斜切早期褶皱。在骑田岭以东发育着一组逆冲断层（图 2.23），分别是千里山断层、彭公庙断层和汝城断层，这些断层近平行于 NE、NNE 向褶皱，组成一套叠瓦状逆冲断层，上盘逆冲在 T_3—J_1 地层之上，将前泥盆纪基底抬升出地表。在衡山花岗岩岩体西缘发育一条 NE 向延伸 150 km 的低角度正断层，NW-SE 向拆离，断层倾斜角度为 20°~30°，在断层以西为湘潭白垩纪沉积盆地（Li J. H. *et al.*，2013）。对研究区域内逆冲和伸展断层构造分析后，发现 NE、NNE 向逆冲断层与褶皱构造相伴而生，并切割早期 EW 向褶皱，伸展断层构造控制了晚中生代白垩纪盆地形成。

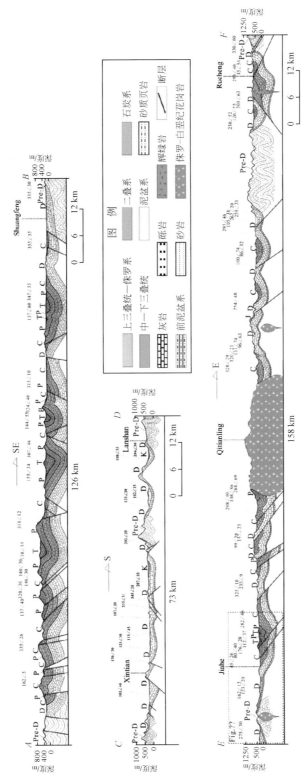

图2.25 华南中部地区地质剖面图

图 2.26　湖南南部骑田岭地区中二叠世砂岩（下）和早三叠世灰岩（上）紧闭褶皱

图 2.27　湖南中南部海相地层发育的构造样式

2. 构造古应力场反演

（1）分析方法：地壳在演化过程中的不同阶段古应力场的方向是稳定的，区域上也可以显示出很好的一致性，所以通过古构造应力场的反演可以重现某一特定区域的构造变形和演化历史（Delvaux and Sperner，2003；Sperner et al.，2003；Zhang et al.，2003）。在野外可以看到很多脆性断层，测量断层面上构造矢量，主要是新生的石英和方解石生长矿物，结合阶步、羽列节理等其他指向标志，就可以判定断层运动方向，可以得到三个应力主轴方位：σ_1、σ_2 和 σ_3（$\sigma_1 < \sigma_2 < \sigma_3$），对研究区域内不同地层中断层矢量数据进行系统测量，就可以反演该地区的构造变形历史（Angelier，1979，1989；Angelier and Huchon，1987；Delvaux et al.，2012）。本书研究统计模型采用的是 PBT 模型，数据分类采用 Huang 和 Charlesworth（1989）提倡的方法，具体的计算方法和软件计算可参考（Delvaux et al.，2003；Sperner et al.，2003；Sperner and Zweigel，2010）。在野外，露头的好坏直接关系到测量数据的质量，有时并不容易很好的判断，为了表现断层面的指向标志的客观真实性，将数据分为 A—E（最好—最差）五个等级（Sperner et al.，2003）。

对湘中南地区中泥盆世至中—晚侏罗世（D—J_{1-2}）地层中的逆断层和具有走滑性质的断层滑动矢量（即挤压）进行了系统的测量，在 52 个野外测量点测量擦痕矢量 724 条，这些数据主要为挤压走滑类型脆性断层形成，得到了两期挤压应力场，NE–SW 向挤压（图 2.28、图 2.29），NWW–SEE 向挤压（图 2.28、图 2.30）。在观测点可以测量到两期应力场数据（图 2.31），如 Xn230 点，通过羽列节理可看到两期应力场作用方向 [图 2.32（a）]，并在同一断层面上形成了两期擦痕矢量，擦痕矿物主要是石英，断层面产状近垂直，拉升线理侧俯角小于 15°（图 2.31）。R' 指数（Delvaux et al.，1997）可以反映古应力场数据类型，当 σ_1 垂直（伸展应力场）时，$R' = R$（$0 < R' < 1$）；σ_2 垂直（走滑挤压应力场）时，$R' = 2-R$（$1 < R' < 2$）；σ_3 垂直（纯挤压应力场）时，$R' = 2+R$（$2 < R' < 3$）。如

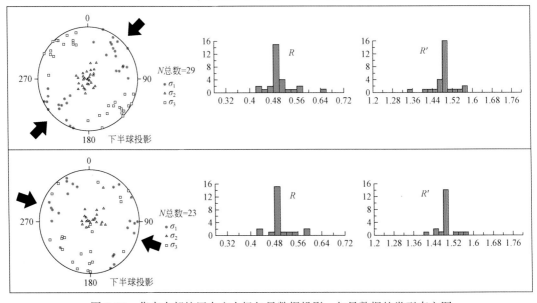

图 2.28　华南中部挤压古应力场矢量数据投影，矢量数据的类型直方图

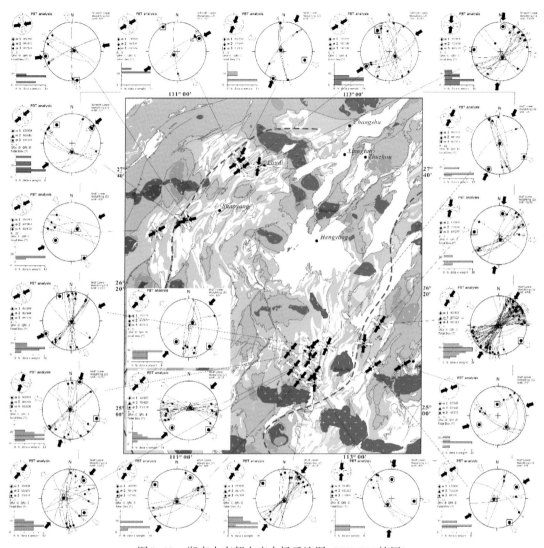

图 2.29　湖南中南部古应力场反演图（NE-SW 挤压）

图 2.28 所示，测量数据 R' 指数主要集中在 1.5，说明数据反映的都是走滑挤压类型的应力场。为了更好的反演古应力场的方向极性，在野外采集矢量数据时将数据进行了分类，第一类是擦痕矢量滑移方向与地层平行，即生长矿物（通常为石英和方解石）生长方向与地层层面 s_0 成零度夹角，第二类数据为擦痕矢量滑移方向与地层不平行，生长矿物生长方向与地层层面 s_0 夹角不等于零。当未变形的地层受到挤压发生破裂，在断层面上形成擦痕，这些擦痕的生长矿物必定是与地层层面 s_0 成零度夹角，这些擦痕矢量属于第一种类型［图 2.33（a）、(b)］，它代表了最初始时的应力场性质；而之后持续的挤压作用导致地层变形倾斜，在这个过程中地层发生破裂，在断层面上形成擦痕属于第二种类型［图 2.33（c）］，生长矿物生长方向与地层层面 s_0 夹角不等于零，并且在地层变形过程中早先形成的第一种类型的擦痕也随着地层的变形而变形［图 2.33（a）、(b)］。对于判断地质历史中某一时期古应力场方向最关键的是确定它初始方向，通过野外对数据的分类，就将初始应

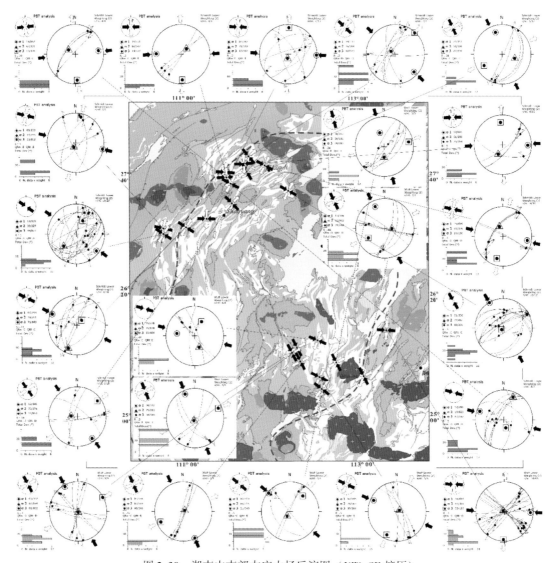

图 2.30 湖南中南部古应力场反演图（NW-SE 挤压）

力场和后续作用的应力场分离开来，把已经发生变形的第一类数据旋转置于水平，将得到初始应力场。在表 2.2 中，野外记录点号后面有" $=s_0$ "的代表第一种类型的数据，没有的" $=s_0$ "的代表了第二种类型的数据，通过比对发现，在湘中南地区古应力场在作用过程中非常稳定，两种类型的数据反演的结果是一致的，说明这一地区挤压初始应力场和后续挤压方向都是相同的。

（2）构造应力场反演结果：古应力场反演的精确定年一直是一个难点，现有测年手段主要依靠可定年的矿物，所以古应力场很难确定精确年代，但可以通过沉积地层接触关系及构造变形特征并结合侵入变形地层的岩体年龄等来确定年代（Zhang *et al.*，2003；张岳桥等，2009；Sperner and Zweigel，2010；Delvaux *et al.*，2012）。显生宙以来在华南地区大范围的地层不整合主要发生在泥盆纪与前泥盆纪地层、中三叠世与晚三叠世地层和中侏罗

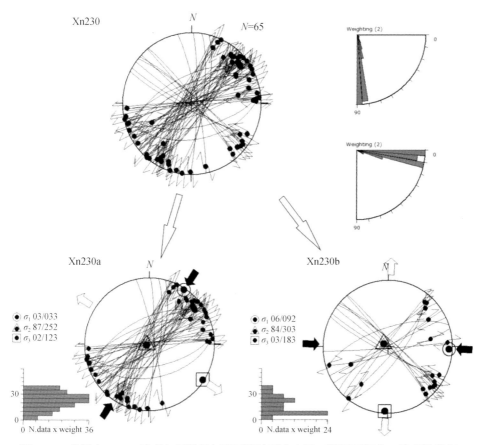

图 2.31 观测点 Xn230 擦痕矢量数据记录两期挤压应力场（断层面倾角，擦痕侧俯角）

世与早白垩世地层之间，早中生代卷入变形最年轻地层为侏罗纪沉积地层，白垩纪地层变形较弱，尤其是在华南中部（图 2.30），约束了古应力场的上限年代早于白垩纪，本次古应力场数据采集自泥盆纪至侏罗纪沉积地层，下限年代晚于泥盆纪；上下限年代约束了本次测量数据主要反应泥盆纪至侏罗纪古应力场。褶皱与断层之间的剪切关系也可以应征古应力场的时代，如果断层切割褶皱在断面上形成擦痕，那么地层褶皱变形时代就早于擦痕形成时代 [图 2.33（c）]，所反演的古应力场就晚于卷入变形地层的时代；如果擦痕形成于褶皱变形之前，在之后褶皱变形时擦痕就会与地层同时发生变形 [图 2.33（a）、（b）]。还可以利用侵入岩的年龄来约束地层变形的上限年龄，而岩体并未发生变形，这样也就限定了与之对应的古应力场年代，在湘中南地区骑田岭岩体侵入 NE 向褶皱变形地层，骑田岭岩体年龄峰值主要集中在 161 Ma（朱金初等，2009），这说明导致这套地层变形的古应力场年龄也早于这一年龄。最大主应力轴方向与褶皱轴向关系显示了两期挤压应力场先后次序，NE-SW 向挤压方向非常一致，NWW-SEE 向挤压显示出与走向 NE-SW 褶皱轴垂直的特点，NE-SW 向挤压形成了早期 NWW-SEE 向宽缓褶皱，而 NWW-SEE 向挤压形成了晚期相对较紧闭的 NE、NNE 向褶皱，如前文所述湖南中部与南部早期宽缓褶皱构造在走向上有不同，但古应力场反演得到的最大主应力方向是一致的，说明经历了相同方向的构造挤压过程。

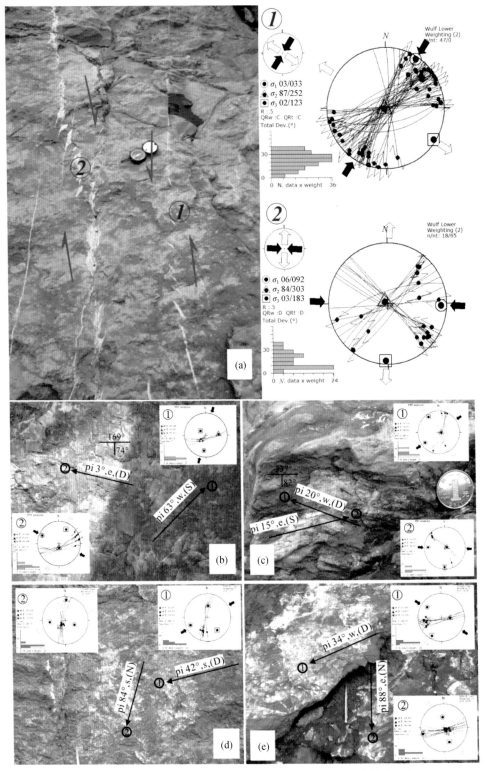

图 2.32　（a）湖南中南部野外观测点 Xn230 雁列脉显示挤压方向
及（b）~（e）野外观测点擦痕矢量交切关系

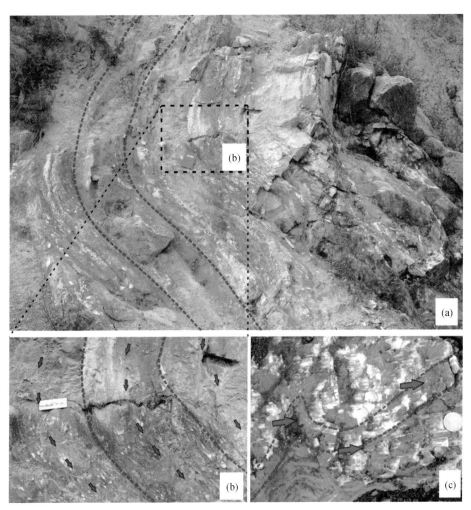

图 2.33 褶皱与擦痕交切关系

表 2.2 擦痕矢量反演古应力场数据表

点号	数据		σ_1		σ_2		σ_3		R	S_{Hmax}	Regime		QR
	N	N_t	pl	az	pl	az	pl	az			R'	Reg.	
NE-SW 向挤压													
Ym307 = s_0	15	16	0	234	79	142	11	324	0.5	54	1.5	SS	B
Ym304 = s_0	8	9	15	46	62	285	23	142	0.45	49	1.55	SS	D
Ym303	6	21	14	230	76	57	2	320	0.43	50	1.57	SS	E
Ym157	10	26	4	40	82	279	7	131	0.5	40	1.5	SS	C
Ym153	8	11	24	77	66	245	5	345	0.5	76	1.5	SS	D
Ym152 = s_0	5	5	1	202	77	295	13	112	0.5	22	1.5	SS	E
Ym141 = s_0	4	7	17	72	67	207	16	337	0.5	70	1.5	SS	E

续表

点号	数据		σ_1		σ_2		σ_3		R	S_{Hmax}	Regime		QR
	N	N_t	pl	az	pl	az	pl	az			R'	Reg.	
Ym137	7	15	17	226	73	47	0	316	0.57	46	1.43	SS	D
Ym124	7	7	11	74	79	262	1	164	0.52	74	1.48	SS	D
Xx190	5	9	11	257	70	18	17	163	0.48	75	1.52	SS	E
Xx170	6	7	29	75	58	226	13	338	0.5	71	1.5	SS	D
Xx169	13	22	8	247	68	137	20	340	0.51	68	1.49	SS	C
Xx161	7	13	27	231	56	9	20	130	0.43	46	1.57	UF	D
Xx159	14	14	5	209	85	29	0	119	0.65	29	1.35	SS	D
Xx132h$=s_0$	5	6	16	71	66	199	18	336	0.47	68	1.53	SS	E
Xx124	7	8	38	228	51	28	10	131	0.58	43	1.42	SS	D
Xx123	8	19	19	52	70	223	3	321	0.53	51	1.47	SS	D
Xx122	22	36	29	39	58	193	12	302	0.52	35	1.48	SS	B
Xn61$=s_0$	11	16	11	36	78	192	5	306	0.5	36	1.5	SS	C
Xn58$=s_0$	8	8	10	33	78	178	7	302	0.5	32	1.5	SS	D
Xn46$=s_0$	13	13	11	225	79	27	3	134	0.5	45	1.5	SS	C
Xn37$=s_0$	11	12	14	41	67	275	18	136	0.5	43	1.5	SS	C
Xn30$=s_0$	6	6	25	223	65	34	3	131	0.5	42	1.5	SS	D
Xn267$=s_0$	9	11	19	9	67	151	13	275	0.52	7	1.48	SS	D
Xn25$=s_0$	12	12	0	18	88	284	2	108	0.5	18	1.5	SS	C
Xn24$=s_0$	14	14	1	244	86	144	4	334	0.5	64	1.5	SS	C
Xn232$=s_0$	4	4	4	242	74	349	15	151	0.5	62	1.5	SS	E
Xn230$=s_{0-2}$	47	65	3	33	87	252	2	123	0.5	33	1.5	SS	A
Ym304$=s_0$	8	9	15	46	62	285	23	142	0.45	49	1.55	SS	D
Ym303	6	21	14	230	76	57	2	320	0.43	50	1.57	SS	E
Ym157	10	26	4	40	82	279	7	131	0.5	40	1.5	SS	C
Ym153	8	11	24	77	66	245	5	345	0.5	76	1.5	SS	D
Ym152$=s_0$	5	5	1	202	77	295	13	112	0.5	22	1.5	SS	E
Ym141$=s_0$	4	7	17	72	67	207	16	337	0.5	70	1.5	SS	E
Ym137	7	15	17	226	73	47	0	316	0.57	46	1.43	SS	D
Ym124	7	7	11	74	79	262	1	164	0.52	74	1.48	SS	D
Xx190	5	9	11	257	70	18	17	163	0.48	75	1.52	SS	E
NWW–SEE 向挤压													
Xn114$=s_0$	7	7	13	336	62	92	24	240	0.44	154	1.56	SS	D
Xn230$=s_{0-2}$	18	65	6	92	84	303	3	183	0.5	92	1.5	SS	D
Xn238$=s_0$	5	5	7	295	79	63	9	204	0.5	114	1.5	SS	E
Xn281$=s_0$	4	4	1	156	82	59	8	246	0.47	156	1.53	SS	E
Xn283$=s_0$	9	9	3	332	87	169	1	62	0.5	152	1.5	SS	D
Xn61$=s_0$	11	16	11	36	78	192	5	306	0.5	36	1.5	SS	C
Xx164$=s_0$	5	9	2	90	88	318	2	180	0.5	90	1.5	SS	E

续表

点号	数据		σ_1		σ_2		σ_3		R	S_{Hmax}	Regime		QR
	N	N_t	pl	az	pl	az	pl	az			R'	Reg.	
Xx170 = s_0	9	9	12	89	73	315	12	181	0.55	90	1.45	SS	D
Xx188	4	8	14	287	75	94	3	196	0.52	107	1.48	SS	E
Xx201	8	24	13	146	60	32	26	242	0.5	149	1.5	SS	E
Ym138 = s_0	3	5	5	104	75	213	14	13	0.5	103	1.5	SS	E
Ym147	6	10	12	146	72	274	14	53	0.59	144	1.41	SS	D
Ym149	11	17	21	321	64	103	15	226	0.5	138	1.5	SS	C
Ym152	6	7	13	143	77	317	1	53	0.5	143	1.5	SS	D
Ym154	8	12	12	289	19	23	67	167	0.5	105	2.5	TF	D
Ym155 = s_0	3	3	16	271	68	47	14	177	0.5	89	1.5	SS	E
Ym157	10	26	4	40	82	279	7	131	0.5	40	1.5	SS	C
Ym158	7	11	25	285	49	47	30	179	0.5	98	1.5	UF	D
Ym159	6	6	3	150	72	251	17	59	0.54	150	1.46	SS	D

注: N. 使用数据数量; N_t. 测量数据总量 a; σ_1, σ_2, σ_3. 分别代表最大、中间、最小主应力轴; pl. 倾伏向; az. 倾伏角; $R = (\sigma_2 - \sigma_3)/(\sigma_1 - \sigma_3)$; S_{Hmax}. 水平最大挤压轴; R'. 应力场指数; Reg. 应力场; QR. 质量参数。

　　一次完整的构造造山事件除了挤压外，还包括挤压后的伸展。野外测量的数据中还包括两期伸展古应力场，这两期伸展古应力场是对应于挤压增厚后的伸展减薄（图 2.34）。

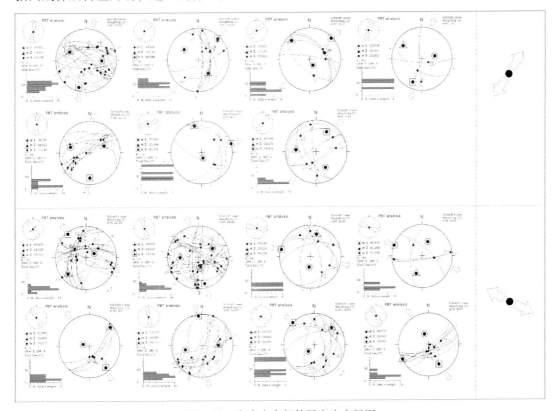

图 2.34　湖南中南部伸展古应力场图

3. 华南地块中生代陆内构造变形

（1）中生代陆内造山作用：华南中生代大地构造过程异常复杂，不同的学者提出了不同的模式来解释这一过程，目前主要有阿尔卑斯型陆-陆碰撞模式、古大洋板块平俯冲模式和多向汇聚模式等。Hsü 等（1988，1990）等用华南三叠纪扬子与华夏板块之间的大洋闭合造成的阿尔卑斯型陆-陆碰撞来解释华南中生代构造过程，认为华南大面积出露的"板溪群"是一种构造混杂岩，是早中生代造山带推覆构造残留体。然而，随着华南野外地质及地球化学等学科研究的深入，华南并不存在中生代碰撞造山作用，而以陆内变形为主（Yan D. P. et al.，2003；Wang Y. J. et al.，2005；Li S. Z. et al.，2007；Shu et al.，2008），板溪群由砾岩、砂岩及板岩构成的正常沉积地层，在区域上具有明显的可对比性，且地层接触关系清楚，而非蛇绿混杂岩（Yu X. Q. et al.，2005），野外地质研究显示在整个江南地区也没有阿尔卑斯型巨大推覆构造。阿尔卑斯型陆-陆碰撞模式认为覆在扬子沉积地层之上的板溪混杂岩逆冲到代表刚性基底的前寒武纪花岗岩之上，而野外考察表明前寒武纪花岗岩侵入了板溪岩体（Chen et al.，1991），华南不存在中生代碰撞造山作用，主要特点是陆内变形，但到目前为止对于陆内变形的动力学机制和过程等还不清楚。古大洋板块俯冲模式认为大洋板块向 NW 俯冲对华南中生代强烈的构造运动起着决定性的作用，但对于古太平洋板块的俯冲时间、俯冲方式等关键问题存在不同认识：一类观点认为古大洋板块向欧亚大陆之下俯冲始于三叠纪或晚二叠世，是印支造山构造事件的动力来源，例如，Li. X. H. 等（2007）提出的平俯冲模型来统一解释华南中生代陆内变形过程和岩浆活动，该模型认为从晚二叠世末—早侏罗世古太平洋板块中直径约 1000 km 的大洋高原的俯冲造成俯冲角度的变缓，平板片俯冲模型很好的解释陆内造山带前缘和前陆盆地从沿海地区向华南内部迁移了 1000 km 以上，形成大规模的褶皱和推覆构造，且这些褶皱和推覆构造强度由 SE 向 NW 减弱，并伴随着大量岩浆热事件，年龄从华南中部向沿岸逐渐过渡；但是这一模式也受到其他学者的质疑，例如，板块平俯冲很难实现，因为华南的埃达克岩是下地壳熔融而成非板片熔融形成的，若下地壳底部已达榴辉岩相，则比下地壳更深的板片也应变成榴辉岩而可能下沉到地幔中，他由此认为即使存在平俯冲也只能维持很短的一段时间和距离，不可能俯冲达上千千米；华南地区与大洋俯冲有关的火山活动开始于晚侏罗世，迄今没有报道过印支期华南中东部与俯冲有关的火山岩；地球物理研究结果显示古太平洋板块向东亚俯冲的时间不会早于中侏罗世；该模式也无法解释华南三叠纪形成的地壳尺度的大规模正花状构造和湘中南叠加褶皱（Wang Y. J. et al.，2005；Wang et al.，2007b，2007c；徐先兵等，2009a；张岳桥等，2009）。另一类观点则认为古太平洋板块开始向华南之下俯冲始于燕山运动早期，早期的低角度俯冲，形成了大规模 NE-NNE 向陆内褶皱和推覆构造（Zhou and Li，2000；徐先兵等，2009a；张岳桥等，2009）。多板块多向汇聚模式逐渐得到不同学者的认可，中生代陆内变形的动力来自华南陆块西南的特提斯大地构造域、北部的秦岭-大别大地构造域、东南的太平洋大地构造域多向汇聚的远程效应，多期次继承性造山运动累积叠加造就了褶皱，形成了华南陆块以西部的 NW 向、东部的 NE 向和北部边缘的 WNW 向为主的多向造山带，该模式认为华南早中生代构造体制经历了从特提斯构造域陆-陆碰撞向滨太平洋构造域大洋板块俯冲转换，构造体制转换的时代在早—中侏罗世，即华南印支构造事件的动力来自早三叠世华南-华北陆块沿秦岭-大别造山带的陆−陆碰撞和早二叠世—中三叠世华南地块西南缘古特提斯洋闭合，华南块体与印支板块沿松麻−孟连缝合带的碰撞，是近 SN 向构造挤压，形成近 EW 向褶皱和冲断−推覆构造，早—中三叠世，Sibumasu 块体与印支板块碰撞的远场效应也为华南印支期陆内变形提供了动力，在燕山早期古太平洋板块向华南大陆之下低角度俯冲，形成 NE−NNE 向褶皱，叠加、改造了前期的近 EW 向褶皱（图 2.35）（董树文等，2007b；Dong et al.，2008b；徐先兵等，2009a；张岳桥等，2009；Wang et al.，2013）。

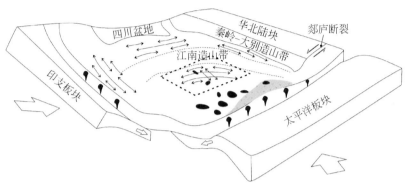

图 2.35　华南褶皱构造形成示意图

（修改自 Dong et al.，2008b；王清晨，2009；Wang et al.，2013）

（2）叠加褶皱构造的记录：叠加褶皱构造形成于不同方向构造应力场作用，很好地记录了当时的大地构造动力作用方式。晚二叠世至早—中三叠世是现代东亚板块成形的一个重要聚合时期，这一时期的各种地质作用过程地质学家统称为"印支运动"，这一概念被广泛的用在描述华南、泰国、老挝等块体的构造变形，岩浆侵入，剥蚀沉积等事件，尤其是华北与华南板块、华南与印支板块俯冲碰撞及所产生的各种地质事件（Carter et al.，2001；Li X. H. et al.，2004；Zhou et al.，2006；Carter and Clift，2008；Dong et al.，2008b；Cai and Zhang，2009；Li et al.，2010；Metcalfe，2011，2013；Chen et al.，2011；Morley et al.，2012；Wu et al.，2012；Wang et al.，2013）。华南地块在早中生代与华北地块碰撞形成了全球迄今为止发现的最大超高压变质带，变质带由郯−庐断裂分为大别和苏鲁两段。印支板块与华南板块碰撞与大别−苏鲁超高压变质带形成时限上在同一时期，同时华南陆内也发生了变形并伴有大量岩浆热事件。这些事件的发生不是孤立的，而是具有相同的驱动力和大地构造背景（Carter et al.，2001；Dong et al.，2008b；Metcalfe，2013）。印支运动时期又是华南地块大地构造发展的一个重要转折时期，沉积相发生了明显变化，由海相环境进入到陆相环境，大陆地壳增厚形成广泛的褶皱构造，局部小的凹陷地区沉积 T_3—J_1 陆相地层，形成了造山型盆地，盆地物源主要是来自秦岭−大别造山带剥蚀的碎屑岩（赵越等，1994，2004a，2004b；董树文等，2008；张岳桥等，2009；Shu et al.，2009a，2009b）。在这一时期江南造山带已经隆升或者开始隆升，在印支板块和华北板块共同挤压作用下华南板块地壳增厚，产生了大量 S、I 型花岗岩，主要分布在华南中部及南岭中段，同期的 A 型花岗岩只是在浙江西南部及福建西部和北部有分布，华南中南部挤压增厚而东部处在伸展环境中，并且在中部和东部地区伴随着大量的走滑断裂运动，郯庐断裂在这一时期也开始活动了，在这一时期华南内陆地区主要的构造系统是受 NE- SW 向或者近 SN 向挤压控制，来自 WS 向的印支板块和 NE 向华北板块的共同挤压作用导致华南内陆发生变形，形成了近 EW 或 NWW-SEE 走向的宽缓褶皱（图2.35）（Wang et al.，2005；Zhu et al.，2009；Cai and Zhang，2009；Sun et al.，2011；Zhao et al.，2013）。东亚板块自中侏罗世开始进入燕山运动，在华南内部中生代岩浆活动异常活跃，但90%以上都集中在华南东南部，向西北内陆地区逐渐减少直至消失，在 205~180 Ma B. P. 存在着一个明显的平静期，将中生代华南岩浆系列分开，251~205 Ma B. P. （T_1— T_3）称为印支期，180~67 Ma B. P.（J_2—K_2）称为燕山期。来自古太平洋板块俯冲作用导致华南板块出现了宽约 1300 km 褶皱带（图2.35），并且以江绍断裂为界，华南东部成为一个大的岩浆省，大量逆冲断层在俯冲作用下也相继形成，下地壳基底增厚上地壳地层发生了强烈变形，之后华南大陆在晚中生代出现大范围的地壳伸展减薄的环境，深部逆冲大断裂转换成拆离正断层，断层面成为岩浆作用的通道，大量岩浆上涌侵入上地壳（图2.36），地表离大断裂较近的早期逆断层也转变成正断层，这些断层沿 NE-SW 向展布，受这些正断层伸展拆离运动量的差异形成了大大小小的白垩纪盆地，这些盆地受正断层拆离作用控制，并可能伴随有喷出岩溢出（Li S. Z. et al.，2007；Li X. H. et al.，2007；Li J. H. et al.，2013b）。印支（D—T_2）和早燕山（T_3—J_{1-2}）这两套构造层之间成角度不整合接触，从大地构造发展角度看，这两套构造层中两期叠加褶皱构造分别代表了两期地壳挤压和增厚事件：印支早期近 SN 向挤压而燕山早期近 EW 向挤压，这两期横跨叠加的褶皱构造记录了两个不同构造体制在华南地区的表现和转换，即从印支期以 EW 向构造为主的特提斯构造域向早燕山开始的以 NNE 向构造为主的滨太平洋构造域的转换（图2.37）。

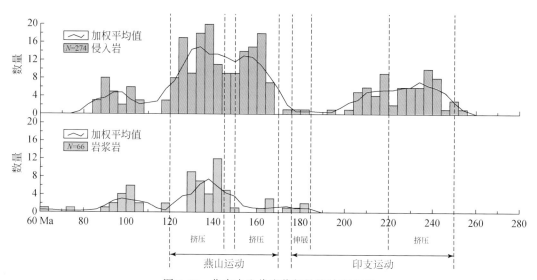

图 2.36　华南中生代岩浆年龄统计直方图

年龄数据据 Zhou et al.，2006；Li X. H. et al.，2007；Li Z. X. et al.，2012；Li J. H. et al.，2013b；Mao et al.，2013；Wang et al.，2013

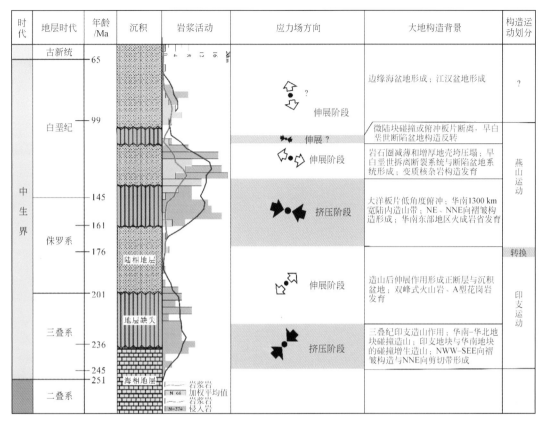

图 2.37　华南中南部主要构造事件及与之相关的沉积、岩浆活动、应力场等之间关系

第四节　白垩纪区域伸展作用与构造隆升

一、区域伸展构造

　　为建立华南大陆白垩纪构造应力场演化序列，本研究进行了大量的野外地质调查和构造要素产状测量工作，包括①系统测量沉麻盆地不同地层单元中断层和线理的产状要素，建立了该盆地晚侏罗世—古近纪五个阶段的构造应力场演化序列（Li et al.，2012）；②系统分析和测量衡山低角度拆离带中脆性和韧性组构的产状要素，复原了衡山地区早白垩世的古构造应力场（Li et al.，2013）；③分析和测量沿海花岗岩和内陆红盆（衡阳盆地、会昌盆地和广昌盆地）中断层和线理的产状要素，复原了各研究区白垩纪的古构造应力场演化序列。同时，结合前人在庐山、长乐–南澳带、吉安盆地、赣州盆地等地区发表的高质量构造测量资料（Tong and Tobisch，1996；Wang and Lu，2000；Lin et al.，2000；Xu，2011），建立了华南大陆白垩纪五阶段的构造应力场演化序列（图 2.38），总结如下：早白垩世 NW–SE 向伸展和 NW–SE 向挤压，中—晚白垩世 WNW–ESE 向伸展和 WNW–ESE

向挤压，晚白垩世 NS 向伸展。

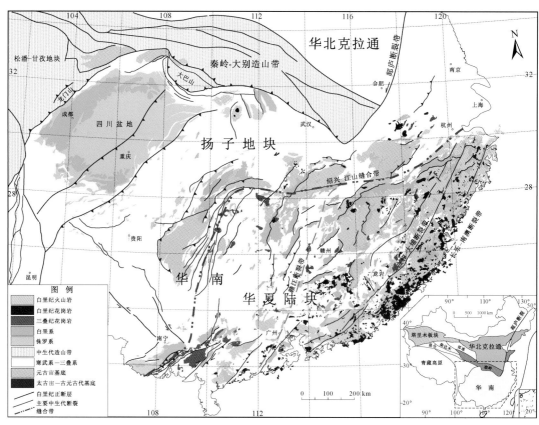

图 2.38　华南大陆白垩纪伸展大地构造纲要图

1. 早白垩世 NW-SE 向伸展和 NW-SE 向挤压

NW-SE 向伸展应力场的三轴应力分配特征：最小主应力轴（σ_3）近水平，其极密区位于 SE 或 NW 区间（136°∠0°，309°∠4°，294°∠3°，128°∠9°，129°∠8°，121°∠8°）；中间主应力轴（σ_2）水平，走向 NE；最大主应力轴（σ_1）近垂直[图 2.39（a1）～（a8）]。这期应力场导致华南大陆发生区域性伸展断陷，形成大规模 NE-SW 走向伸展盆地群，并诱发了强烈的岩浆活动（Li *et al.*，2012）。在江南造山带的西部，NW-SE 向伸展导致沉麻盆地内部形成一系列 NE-SW 走向正断层，这些断层倾角陡或中等，其上的擦痕向 NW 或 SE 倾伏 [图 2.39（a1）]，它们控制了沉麻盆地的初始张开和伸展断陷作用。在沉麻盆地以东约 200 km，这期伸展导致衡山低角度（20°～30°）主拆离断裂的形成。这条断裂沿 NNE-NE 走向延伸大于 150 km 并横穿江南造山带，断裂面倾向 W-WNW，其上的擦痕向西倾伏 [图 2.39（a2）]，沿断裂的伸展拆离运动导致上盘盆地发生伸展断陷，下盘新元古代基底发生韧性剪切和隆升剥蚀。在拆离断裂上盘的断陷盆地中，发育一系列的 N-NNE 走向高角度正断裂，其上的擦痕向 WNW 或 ESE 倾伏 [图 2.39（a3）]，指示了 NW-SE 向伸展应力场，这些断裂的正向活动造成盆地地层发生向东倾掀（Li *et al.*，2013）。在拆离断裂以东的华夏地块，NW-SE 向伸展应力场被 NE-SW 走向正断层广泛记录[图 2.39（a4）～

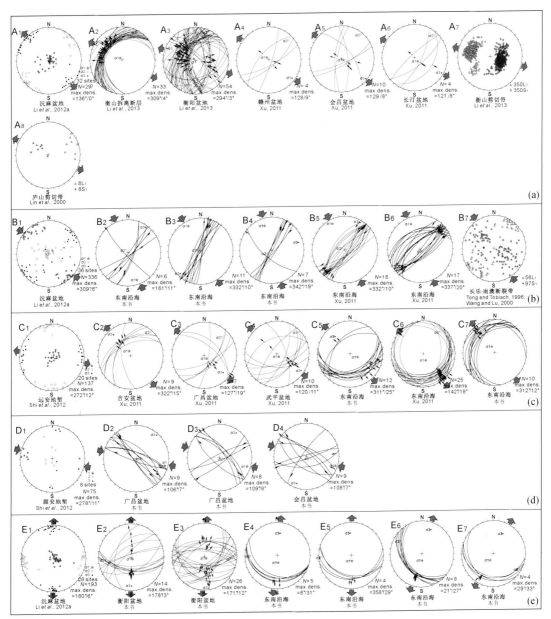

图 2.39 华南白垩纪五个阶段古构造应力场反演结果

（a6）］，其控制着赣州、会昌和广昌等白垩纪盆地的初始张开和沉积物充填（徐先兵，2011）。

除伸展断陷盆地和脆性高角度正断层外，NW-SE 向伸展还导致江南造山带中部形成衡山和庐山低角度韧性剪切带。衡山韧性剪切带形成时代为早白垩世（136～97 Ma B. P.），其北部糜棱面理走向 NE-SW，拉伸线理走向 NW-SE，运动方向以 "top-to-NW" 伸展剪切为主；南部糜棱面理走向 NW-SE，拉伸线理走向 NE-SW，运动方向以由 NW 向 SE 的伸展剪切为主 ［图 2.39（a7）］。庐山韧性剪切带形成时代为早白垩世（110～100

Ma B. P.），其糜棱面理走向 NE-SW，拉伸线理走向 E-ENE，以由 NW 向 SE 的伸展剪切并伴随着同构造花岗岩体的侵位为典型特征（Lin et al.，2000）。同时，这期伸展还诱发了武功山地区的构造隆升和同构造岩浆活动（~130 Ma B. P.；Faure et al.，1996；Shu et al.，1998）。值得注意的是，无论脆性还是韧性变形，NW-SE 向伸展卷入变形的最新地层均为下白垩统。这套地层具同沉积生长地层的典型特征，其厚度从盆地边缘向中心明显减薄（Zhang et al.，2003b；Li et al.，2012）。据此可粗略估计，NW-SE 向伸展应力场形成于早白垩世。

NW-SE 向挤压应力场的三轴应力分配特征：最大主应力轴（σ_1）近水平，其极密区位于 NW 或 SE 区间（309°∠6°，161°∠11°，332°∠10°，342°∠19°，332°∠10°，337°∠20°）；中间主应力轴（σ_2）近垂直；最小主应力轴（σ_3）为 NE 走向，近水平［图 2.39（b1）~（b6）］。这期挤压应力场主要被由 NS 走向左行走滑断裂和 WNW-ESE 走向右行走滑断裂组成的共轭断裂系所记录［图 2.39(b1)~(b6)］。野外可见，这些走滑断裂明显切割 NE-SW 走向正断裂，表明 NW-SE 向挤压的形成时代比 NW-SE 伸展晚（Zhang et al.，2003b；Li et al.，2012）。除脆性走滑外，NW-SE 向挤压还引发了长乐-南澳断裂带的左行韧性剪切（117~108 Ma B. P.），形成 NW-SE 向高角度糜棱面理和小角度侧伏的拉伸线理（Tong and Tobisch，1996；Wang and Lu，2000）。这期挤压导致华南大陆发生区域性构造反转，早白垩世地层发生褶皱和隆升剥蚀（Charvet et al.，1994；Lapierre et al.，1997；Shu et al.，2009b；Li et al.，2012a），并被下白垩统砾岩角度不整合覆盖。上述构造变形和地层接触关系资料表明，NW-SE 向挤压的形成时代可能为早白垩世末期。

2. 中—晚白垩世 WNW-ESE 向伸展和 WNW-ESE 向挤压

WNW-ESE 向伸展应力场控制着华南大陆晚白垩世盆地的伸展断陷作用，其三轴应力分配特征：最小主应力轴（σ_3）近水平，其极密区位于 WNW 或 ESE 区间（272°∠12°，322°∠15°，127°∠19°，120°∠11°，311°∠25°，142°∠18°，312°∠12°）；中间主应力轴（σ_2）水平，走向 NNE 或 SSW；最大主应力轴（σ_1）近垂直［图 2.39（c1）~（c7）］。在扬子板块北缘的远安地堑，这期伸展导致一系列 NS 走向高角度正断层的形成，其控制着地堑的初始张开和晚白垩世砂砾岩等沉积物的充填（Shi et al.，2013b）。在华夏地块，这期伸展导致部分早期 NE-SW 走向正断裂的复活，其引发了一些早白垩世盆地的二次断陷作用，如吉安、会昌、广昌和武平盆地［图 2.39（c4）］等。在这些盆地以东，WNW-ESE 向伸展造成政和-大浦断裂带发生强烈伸展裂陷，沿断裂带北缘形成众多 NE-SW 走向裂陷盆地。另外，这期伸展在沿海地区也有记录，以 NE-E 走向正断层及其上的 NW-SE 走向擦痕为典型代表［图 2.39（c5）~（c7）］，这些断层切割早白垩世花岗岩和地层，并引发了沿海地区的第二次重要的伸展断陷作用。

WNW-ESE 向挤压应力场的三轴应力分配特征：最大主应力轴（σ_1）近水平，其极密区位于 WNW 或 ESE 区间（278°∠11°，106°∠7°，109°∠8°，108°∠7°）；中间主应力轴（σ_2）近垂直；最小主应力轴（σ_3）为 NNE 走向，近水平［图 2.39（d1）~（d4）］。这期挤压导致远安地堑、会昌和广昌盆地晚白垩世地层发生褶皱变形，并形成以 NW-SE 走向左行走滑断裂和 NE-SW 走向右行走滑断裂为代表的共轭断裂系。在远安地堑可见，这些断裂切割早期 NS 走向正断裂，表明 WNW-ESE 向挤压的形成时代比 WNW-ESE 向伸展晚

(Shi et al., 2013b)。这期挤压应力场将晚白垩世早期 WNW-ESE 向伸展终止，并引发了华南大陆白垩纪的第二次构造反转，形成广泛的晚白垩世褶皱和断裂构造。目前，这期挤压的持续时间仍未能确定，据其卷入变形的地层及上述断裂切割关系粗略估计，它的形成年代可能为晚白垩世中期。

3. 晚白垩世 NS 向伸展

NS 向伸展应力场的三轴应力分配特征：最小主应力轴（σ_3）近水平，其极密区位于 NNE 或 SSW 区间（180°∠6°，178°∠3°，171°∠12°，8°∠31°，358°∠29°，21°∠27°，29°∠33°）；中间主应力轴（σ_2）水平，走向 EW；最大主应力轴（σ_1）近垂直［图2.39 (e1) ~ (e7)］。这期伸展导致漆河地堑南缘形成 EW 走向边界正断裂（漆河断裂），该断裂倾向北，其上的擦痕走向 NS ［图2.39 (e1)］，它控制着漆河地堑的伸展断陷作用及沉积物的充填作用。这些沉积物倾向南，沉积厚度垂直断层走向呈明显减薄趋势，显示了同沉积生长地层的特征。因此，它们的沉积时代（晚白垩世）可大致作为断裂活动及 NS 向伸展应力场的发育时代。在衡阳、广昌、丽水和永康盆地，NS 向伸展导致一系列 ENE-E 走向正断裂的形成 ［图2.39 (e2) ~ (e3)］，这些断裂明显切割盆地中的 NE-NNE 向正断裂，证实 NS 向伸展的形成时代比 WNW-ESE 向伸展晚。在沿海地区，NS 向伸展应力场主要被 E-SE 走向正断裂所记录 ［图2.39 (e4) ~ (e7)］，这些断裂切割的最年轻花岗岩的年龄为 87 Ma（Shizhen 闪长岩；董传万等，2006），暗示 NS 向伸展的形成时代应晚于 87 Ma B.P.。由于目前同位素测年手段的局限性，目前仍无法确定这期伸展的结束时代。值得注意的是，大量沉积证据（化石、沉积韵律等）证实华南上白垩统与古近系之间为整合接触（吴萍、杨振强，1980；林宗满，1992；张师本等，1992），其暗示 NS 向伸展可持续至古近纪早期。古近纪末期，NE-SW 向挤压应力场将这期伸展终止，其引发了华南古近系的广泛褶皱和隆升剥蚀（刘景彦等，2009；Shinn et al.，2010），并导致区域性古近系、新近系之间角度不整合面的形成。

二、衡山低角度拆离构造

通过野外地质调查，在华南中部识别出一条大尺度的低角度拆离断裂，将其命名为衡山主拆离断裂。这条断裂沿 NNE-NE 走向延伸大于 150 km 并横穿江南造山带，它的规模与北美科迪勒拉造山带壮观的 Whipple 主拆离断裂可比（Lister and Davis，1989）。在断裂的南部，沿下盘发育一条低角度的韧性剪切带（张志强、朱志澄，1989），与衡山复式花岗岩体的西缘相接（图2.40）。韧性剪切带中广泛出露的韧性变形组构不仅是解决上述问题的关键突破口，更能为理解华南大陆白垩纪伸展的动力学过程提供重要信息。然而，它们的构造意义一直未能引起地质学家的注意，导致这条韧性剪切带研究程度较薄弱，目前，只有很少的构造地质学和年代学资料被记载（王京彬，1990；张进业，1994a，1994b；徐汉林等，1998）。张志强和朱志澄（1989）最早将这条韧性剪切带定义为一条非共轴变形的简单剪切为主的构造带。徐汉林等（1998）根据剪切带内的矿物组合和变形样式，提出剪切带的变质程度达高绿片岩相-低角闪岩相变质作用。其他作者根据少量的野外观测和 K-Ar 年代学结果，指出剪切带的变形作用发生于 110 ~ 85 Ma B.P.，以主体向

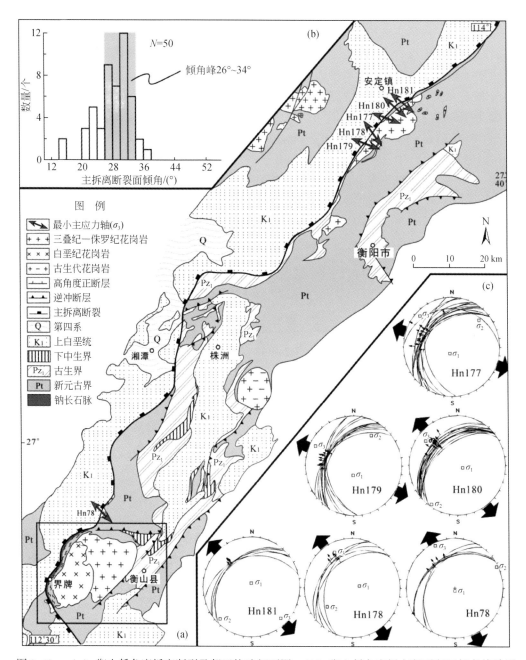

图2.40 （a）衡山低角度拆离断裂及邻区构造纲要图、（b）衡山低角度拆离断裂断层倾角统计图
以及（c）主拆离断裂面上断层滑动矢量的古构造应力场反演图

西的伸展剪切为主，并推测其可能与下伏衡山复式花岗岩体的侵位同步（张志强、朱志澄，1989；张志强，1992；张进业，1994a，1994b；徐汉林等，1998）。衡山杂岩因此被模糊的定义为一个科迪勒拉式的变质核杂岩构造（张进业，1994a，1994b）。为重建衡山地区主要的构造-岩浆演化阶段，确定伸展剪切与岩体侵位的时空耦合关系，本研究对低

角度韧性剪切带和衡山复式花岗岩体展开了详细的构造地质学和同位素年代学研究，证实衡山杂岩为一个伸展穹窿，而非变质核杂岩构造。同时，这些新的地质资料为理解华南大陆伸展过程中的上、中地壳的变形样式提供了有力证据，并将华南白垩纪大规模地壳伸展的起始年代确定为 136 Ma B. P.。

华南大陆地壳伸展作用主要受控于两种具不同几何学特征的断层，即高角度和低角度正断层。前者通常为同沉积生长断层，位于盆地的单侧或双侧（图 2.7），它们控制着盆地的初始张开和沉积物的充填（Shu *et al.*，2009b）。后者通常为主拆离断层（图 2.7），断层下盘变形以低角度韧性伸展剪切作用为主，其控制着上盘盆地的伸展断陷作用。这些构造组成了典型的低角度拆离断裂系或伸展穹窿，如大云山和庐山伸展穹窿（喻爱南等，1998；Lin *et al.*，2000）。衡山低角度拆离断裂系（或伸展穹窿），位于江南造山带中部，其形成和演化过程反映了对华南白垩纪地壳伸展作用的直接地质响应。它的主要构造单元包括：衡山低角度拆离断裂，上盘白垩纪伸展断陷盆地，和下盘微角砾岩、低角度韧性剪切带和复式花岗岩体（图 2.41）。

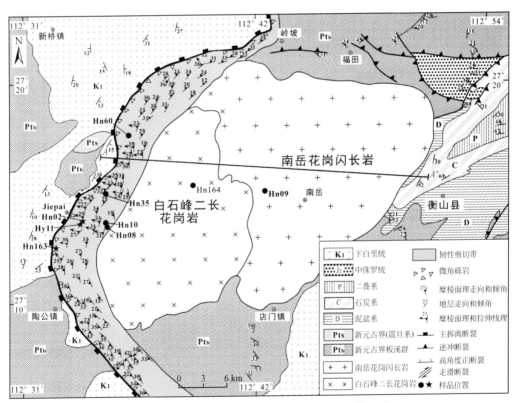

图 2.41　衡山低角度拆离带构造纲要及样品位置图

1. 衡山低角度拆离断裂变形特征

1）衡山低角度主拆离断裂

衡山低角度主拆离断裂，代表了江南造山带中部最醒目和壮观的构造［图 2.7、图 2.40（a）］。这条断裂走向 NE – NNE，倾向 W，倾角在 14°至 38°之间变化［图 2.40

(b)]。断裂面上发育大量具正向滑动性质的擦痕，它们的统计分析结果表明，控制断裂形成的古构造应力场为 WNW-ESE 向伸展［图 2.40（c）］。沿该断裂南部的下盘，发育一条低角度的韧性剪切带，其位于衡山复式花岗岩体之上，并被微角砾岩覆盖。断裂上盘发育伸展断陷盆地（图 2.41），盆地沉积物中的化石及磁性地层学研究指示它们的沉积时代为早白垩世（葛同明等，1994）。野外可见，这些沉积物沿衡山主拆离断裂相向堆积，并与下盘微角砾岩或弱面理化的断层泥直接接触［图 2.42(a)~(c)］，暗示衡山主拆离断裂为一条脆性断裂。

图 2.42 衡山主拆离断裂野外照片

（a）、（b）衡山低角度拆离断裂的上盘为白垩纪砾岩，下盘为微角砾岩，界牌镇南；（c）衡山
低角度拆离断裂的上盘为白垩纪砾岩，下盘为弱面理化的断层泥和角砾岩

2）下盘岩石构造单元构造及其变形特征

衡山复式花岗岩体：主拆离断裂下盘最底部构造单元为衡山复式花岗岩体，其由东部的南岳花岗闪长岩和西部的白石峰二长花岗岩组成（图 2.41、图 2.43）。这两个花岗岩体均表现为穹窿状几何学特征，面积分别为约 210 km² 和 150 km²（湖南省地质矿产局，1988）。南岳岩体沿南缘和北缘侵入至弱变质的新元古代板溪群杂砂岩，沿东缘侵入至强褶皱变形的上古生界碳酸盐岩（图 2.43）。从成分组成上看，这个岩体表现出明显的各向同性结构［图 2.44(a)］，其主要由花岗闪长岩组成，并含少量的花岗岩和闪长岩。白石峰岩体沿北缘和东缘侵入至南岳花岗闪长岩，沿南缘侵入至新元古代地层（图 2.41），主要由二长花岗岩组成，并含少量的花岗岩（湖南省地质矿产局，1988）。该岩体的西部发生强烈糜棱岩化作用，形成透入性的糜棱面理和矿物拉伸线理［图 2.44（b）］。早期的独居石和黑云母同位素定年结果证实，南岳和白石峰岩体的结晶年龄分别为 174 Ma 和 149 Ma（张建业，

1994b）。然而，关于早期的同位素测年，无论在方法上还是在精度上均存在较多问题，因此，本研究运用高精度的 SHRIMP 锆石 U-Pb 方法对岩体的结晶时代进行了重新定年。

韧性剪切带糜棱岩和韧性剪切组构分析：在南岳和白石峰岩体之上，发育一条约 3 km 厚的低角度韧性剪切带（图 2.43）。这条剪切带平行衡山主拆离断裂展布，卷入变形的主要岩石为花岗岩和新元古代变质岩［图 2.44（b）~（c）］。晚期侵入的钠长石流体局部渗透至这些岩石中［图 2.44（d）］，并在它们上部形成一条品味较高的约 80 m 厚的钠长岩矿脉（图 2.43）。这些岩石与钠长岩均发生强烈糜棱岩化，形成透入性的糜棱面理和矿物拉伸线理［图 2.44（b）~（f）］。糜棱面理（S1）由定向相间排列的白云母、黑云母和石英等矿物组成。在剪切带的北部，糜棱面理（S1）走向 NE，倾向 NW；在剪切带的南部，糜棱面理（S1）走向 NW，倾向 SW［图 2.45（a）］。矿物拉伸线理（L1）主要为发生强烈塑性拉伸和定向的石英和云母类矿物形成。在剪切带的北部和南部，拉伸线理（L1）分别向 NW 和 SW 倾伏，倾伏角约 20°~30°［图 2.45（a）］。在平行于矿物拉伸线理且垂直于糜棱面理的 XZ 面上，可见各种显微尺度和宏观尺度的运动学指向标志，包括 SC 组构、不对称的长石旋斑［图 2.44（f）~（h）］、云母鱼、Z 型不对称褶皱 ［图 2.44（I）］ 等。它们指示该剪切带在北部以由 SE 向 NW 的伸展剪切运动为主，在南部以由 NW 向 SE 的伸展剪切运动为主［图 2.44（f）~（i）］。显微镜下可见，石英和云母发生完全波状消光并以塑性拉伸变形为主，而钾长石则发生不连续波状消光并以脆性旋转变形为主［图 2.44（f）~（h）］，这些矿物变形特征反映的温度–压力条件与绿片岩相变质作用相符。

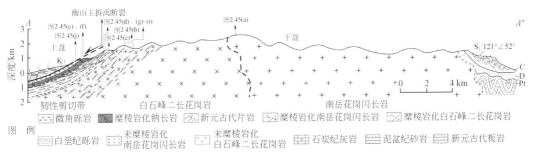

图 2.43　衡山地区地质构造横剖面图

剖面位置见图 2.41

为精确限定衡山韧性剪切变形的温度，本书运用费氏台光学方法，对剪切带九个定向样品（XZ 面）的石英变形结晶学优选方位（石英 C 轴）进行了测量和统计分析（Tullis，1977；Faure et al.，1996；Stipp et al.，2002），并利用 Kutty 和 Joy（1997）研发的软件对测量的数据进行下半球等面积投影。投影结果可见，所有石英颗粒的光轴均表现为不对称形态，并与糜棱面理（S1）之间夹角大于 70°（图 2.46），这一现象通常与简单剪切作用导致的高度剪切应变有关（Lister and Williams，1979；Bouchez et al.，1983；Davis et al.，1987）。同时，石英 C 轴组构的型式主要表现为不对称的单环带或 I 型交叉环带（图 2.46；Lister，1977），进一步证实韧性剪切带变形的方式以非共轴的简单剪切作用为主（Lister and Hobbs，1980；Mancktelow，1987；Etchecopar and Vasseur 1987）。这些环带通常沿顺时针方向与 Y 轴夹角约 10°~20°（图 2.46），表明了 "top-to-W-WNW" 剪切运动学特征，

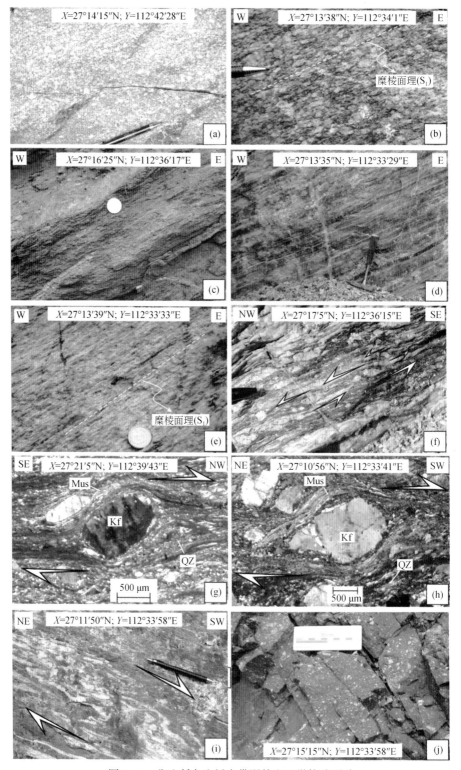

图2.44　衡山低角度拆离带野外和显微构造照片

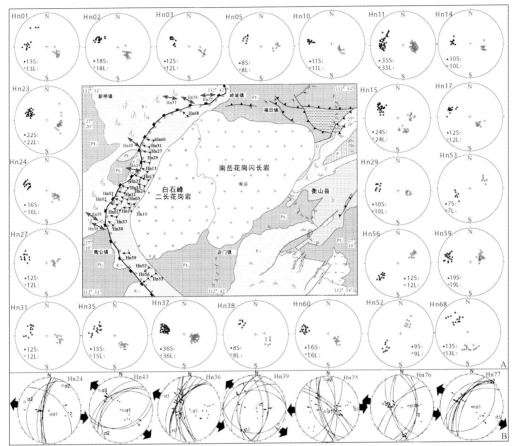

图2.45　（a）衡山低角度拆离带糜棱面理和拉伸线理观测结果（吴氏网，下半球赤平投影）

及（b）断层上盘白垩纪伸展断陷盆地断层滑动矢量统计结果图

指示WNW-ESE向伸展

与上文述及的野外观测结果相符。所有石英C轴组构统计的直方图显示，主要极密区位于Y轴附近（图2.46），暗示其形成与石英柱面<a>滑移系的作用有关（Schmid and Casey，1986）；次级极密区位于边缘地区，与Z轴夹角约10°~20°（图2.46），暗示其形成与石英底面<a>滑移系的作用相关（Starkey，1979；Law，1990；夏浩然、刘俊来，2011）。因此，剪切带石英C轴组构型式应为底面<a>滑移系和柱面<a>滑移系共同作用的结果（Lister and Dornsiepen，1982；Fueten et al.，1991；Fueten，1992），其反映的变形温度约为400~550℃（Tullis et al.，1973；Okudaira et al.，1995），与高绿片岩相-低角闪岩相变质条件下对应的中温变形温度相符（Lister and Dornsiepen，1982；Wang et al.，2007）。

微角砾岩和绿泥石化角砾岩：沿衡山主拆离断裂的伸展拆离作用，导致下盘的糜棱岩被抬升经脆-韧性过渡带，并在近地表层位冷却。这些岩石经历了明显的退变质作用，在近地表层发生角砾岩化，形成约5 m厚的微角砾岩带［图2.42（b）、图2.44（j）］。同时，因伸展剪切过程中流体的介入，微角砾岩中的铁镁质矿物发生绿泥石化，局部形成绿泥石化角砾岩。它的主要造岩矿物为绿泥石和方解石，分别置换了剪切带中同构造期形成的云母和方解石等矿物。总的来看，在衡山低角度主拆离断裂下盘，矿物变形特征自下而

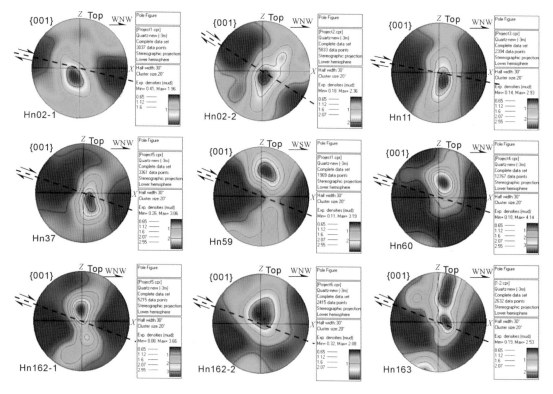

图 2.46 低角度韧性剪切带中糜棱岩石英变形结晶学优选方位（石英 C 轴）测量分析结果

上表现出明显的退变质趋势，韧性变形渐弱，脆性变形渐强，与美国西部科迪勒拉造山带中变质核杂岩构造的下盘变形特征类似（Lister and Davis，1989）。

3）上盘伸展断陷盆地构造变形分析

衡山主拆离断裂上盘发育一个狭长的伸展断陷盆地，其覆盖面积大于 800 km² [图 2.40（a）、图 2.41]。盆地内部沉积物主要由砖红色河流相和湖泊相碎屑砂岩和砾岩组成，厚度为 1549 ~ 3300 m（湖南省地质矿产局，1988）。磁性地层学及 ^{40}Ar/^{39}Ar 同位素年代学资料指示，这些沉积物的形成时代为早白垩世（葛同明等，1994）。值得注意的是，盆地内部发育一系列高角度（大于 50°）正断裂，沿断裂发生的正向滑动作用导致盆地地层普遍向东微倾（倾角 20° ~ 30°；图 2.41、图 2.42）。这些断裂大多走向 N–NNE，其上的擦痕向 W–WNW 或 E–ESE 高角度倾伏（图 2.42）。本书研究详细测量了这些断裂及擦痕的各种产状要素，并利用 Carey（1979）开发的软件进行了古构造应力场的反演（Carey，1979；Angelier，1984；Gapais et al.，2000）。结果显示 [图 2.45（b），吴氏网下半球赤平投影]，这些断裂形成的最大主应力轴（σ_1）近垂直，中间（σ_2）和最小（σ_3）主应力轴近水平，分别走向 NNE 和 WNW，指示了 WNW–ESE 向伸展应力场 [图 2.45（b）]，与下覆韧性剪切带糜棱面理和拉伸线理反映的应力场一致 [图 2.45（a）]。

2. 同位素年代学分析

为精确限定衡山低角度韧性剪切带伸展变形的时代，并确定伸展变形与衡山复式花岗岩体侵位的时间耦合关系，本书研究运用 SHRIMP 锆石 U-Pb 和白云母^{40}Ar/^{39}Ar 阶段性加热分析两种测年方法，对剪切带和复式岩体中的锆石和白云母进行了系统的同位素年代学定年分析。

1）样品描述和测试结果

SHRIMP 锆石 U-Pb 定年结果：本次研究分别在南岳和白石峰岩体各采集了一个花岗岩样品（Hn09 和 Hn164），并在韧性剪切带采集了三个糜棱岩化花岗岩样品（Hn35、Hn10 和 Hn08）和一个钠长岩样品（Hn60），进行 SHRIMP 锆石 U-Pb 年代学研究（图 2.41）。测试结果见表 2.3，其对应的锆石 U-Pb 谐和年龄图见图 2.47。

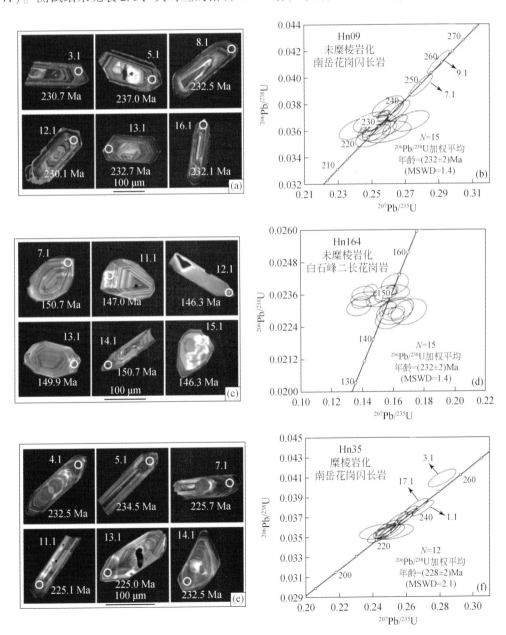

图 2.47　衡山低角度韧性剪切带和复式花岗岩体 SHRIMP 锆石 U-Pb 定年结果

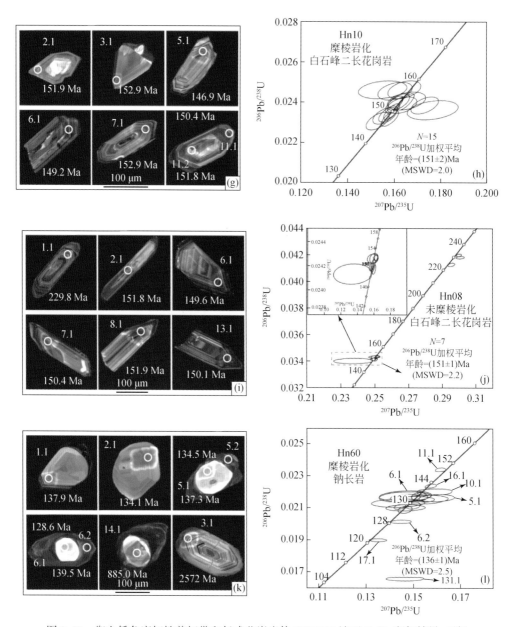

图 2.47　衡山低角度韧性剪切带和复式花岗岩体 SHRIMP 锆石 U-Pb 定年结果（续）

　　样品 Hn09 采于南岳岩体，岩性为花岗闪长岩，粒度中等，其并未发生糜棱岩化变形，花岗岩结构保留完整，主要矿物包括钾长石、斜长石、石英、白云母和角闪石，副矿物包括锆石和磷灰石。样品中的锆石为浅黄色或无色，透明–半透明，柱状或长柱状，自形程度较好，长度多为 $100 \sim 300~\mu m$，长宽比大于 $3:1$。阴极发光电子（CL）图像显示，样品中锆石多为无核具韵律震荡环带结构［图 2.47（a）］，反映被测锆石为典型的岩浆结晶锆石。17 个锆石颗粒共 17 个点的分析结果显示，所测锆石的 Th 含量变化于 $674 \sim 4408ppm$，Th/U 值变化于 $0.18 \sim 0.44$（表 2.3）。其中，15 个数据点的 $^{206}Pb/^{238}U$ 年龄投影至谐和线上或附近，对它们进行加权平均值计算，获得加权平均年龄为（232±2）Ma（MSWD=1.4）［图2.47（b）］，代表岩体的结晶年龄。另外两个数据点（7.1和9.1）$^{206}Pb/^{238}U$年龄值明显偏大，分别为（249±3）Ma和（259±4）Ma，为不谐和年龄。

样品Hn164为采于白石峰岩体的二长花岗岩，其粒度较细，淡色，未发生糜棱岩化作用，主要矿物包括钾长石、斜长石、石英和云母，副矿物包括锆石和磷灰石。样品中的锆石为透明-半透明，自形程度较好，长度多为100~400 μm，长宽比为2∶1~5∶1，CL图像均显示岩浆锆石典型的韵律震荡环带特征［图2.47（c）］。16个锆石颗粒18个点的测试结果表明，锆石表现明显高U（533~4326ppm）、低Th（12~308ppm）特征，Th/U值小于0.01~0.43（表2.3）。所有测试点的$^{206}Pb/^{238}U$年龄表现出较好的谐和性，对它们进行加权平均值计算，获得加权平均年龄为（150±1）Ma（MSWD=2.0）［图2.47（d）］，可代表岩体的结晶年龄。

表2.3　衡山低角度韧性剪切带和复式花岗岩体SHRIMP锆石U-Pb定年数据

点号	U /ppm	Th /ppm	Th /U	Pb* /ppm	$^{206}Pb_c$ /%	$^{207}Pb*/^{235}U$ (±1σ)	$^{206}Pb*/^{238}U$ (±1σ)	$^{207}Pb*/^{206}Pb*$ (±1σ)	$^{206}Pb/^{238}U$ 年龄/Ma (±1σ)	$^{207}Pb/^{206}Pb$ 年龄/Ma (±1σ)
						Hn09 *Non-mylonitic Nanyue grano* 闪长岩 （N27°14′15.48″，E112°42′28.47″）				
1.1	674	288	0.44	20.7	0.20	0.2509±2.7	0.03564±1.6	0.0510±2.2	225.8±3.5	243±51
2.1	1749	522	0.31	54.9	0.22	0.2541±2.7	0.03645±1.4	0.0506±2.3	230.8±3.2	221±54
3.1	2310	645	0.29	72.3	0.05	0.2639±1.8	0.03643±1.4	0.05254±1.2	230.7±3.1	309±28
4.1	1064	180	0.18	33.0	0.11	0.2534±3.0	0.03602±1.4	0.0510±2.6	228.1±3.2	242±61
5.1	1708	587	0.35	55.0	0.12	0.2614±1.9	0.03744±1.4	0.05063±1.4	237.0±3.2	224±31
6.1	2926	986	0.35	90.7	0.19	0.2548±1.7	0.03600±1.4	0.05132±1.1	228.0±3.1	255±25
7.1	2990	1097	0.38	101	0.03	0.2795±1.6	0.03939±1.4	0.05147±0.82	249.1±3.4	262±19
8.1	2573	708	0.28	81.7	0.70	0.2735±2.6	0.03672±1.4	0.0540±2.2	232.5±3.1	372±50
9.1	4408	1875	0.44	156	0.04	0.2899±1.5	0.04114±1.4	0.05111±0.62	259.9±3.5	246±14
10.1	2554	741	0.30	82.2	--	0.2659±1.7	0.03749±1.4	0.05144±1.0	237.3±3.2	261±24
11.1	1674	652	0.40	54.5	0.17	0.2598±2.4	0.03781±1.4	0.04984±1.9	239.2±3.3	187±45
12.1	1774	473	0.28	55.4	0.11	0.2521±2.0	0.03634±1.5	0.05031±1.3	230.1±3.3	209±30
13.1	2107	639	0.31	66.5	0.00	0.2544±1.7	0.03676±1.4	0.05021±0.94	232.7±3.2	205±22
14.1	2733	768	0.29	86.4	0.05	0.2534±1.8	0.03676±1.4	0.05000±1.1	232.7±3.1	195±25
15.1	1371	583	0.44	42.4	0.24	0.2590±3.7	0.03592±1.5	0.0523±3.4	227.5±3.3	299±78
16.1	2155	813	0.30	68.4	0.77	0.2496±2.8	0.03665±1.4	0.0494±2.4	232.1±3.2	167±56
17.1	1825	625	0.35	56.9	0.41	0.2400±2.5	0.03613±1.4	0.0482±2.1	228.8±3.2	108±50
						Hn164 *Non-mylonitic Baishifeng monzo* 花岗岩 （N27°15′38.12″，E112°39′23.52″）				
1.1	1999	109	0.06	39.4	0.00	0.1628±2.7	0.02294±0.83	0.0515±2.6	146.2±1.2	263±59
2.1	3614	14	0.00	74.0	0.26	0.1459±2.5	0.02376±0.74	0.0445±2.4	151.4±1.1	-81±59
2.2	758	146	0.20	15.6	0.00	0.1620±4.4	0.02398±1.3	0.0490±4.2	152.7±1.9	148±99

续表

点号	U /ppm	Th /ppm	Th /U	Pb* /ppm	$^{206}Pb_c$ /%	$^{207}Pb^*/^{235}U$ (±1 σ)	$^{206}Pb^*/^{238}U$ (±1 σ)	$^{207}Pb^*/^{206}Pb^*$ (±1 σ)	$^{206}Pb/^{238}U$ 年龄/Ma (±1 σ)	$^{207}Pb/^{206}Pb$ 年龄/Ma (±1 σ)
3.1	4049	17	0.00	81.6	0.24	0.1540±2.4	0.02340±0.64	0.0477±2.3	149.11±0.94	85±54
4.1	3850	14	0.00	78.6	0.09	0.1597±2.3	0.02375±0.64	0.0488±2.2	151.31±0.96	137±51
5.1	4326	18	0.00	88.4	0.12	0.1590±2.1	0.02374±0.62	0.04857±2.0	151.27±0.93	127±48
6.1	1062	308	0.30	21.2	0.66	0.1384±4.6	0.02313±1.1	0.0434±4.5	147.4±1.6	−145±110
7.1	1159	286	0.25	23.6	0.00	0.1598±6.0	0.02365±1.1	0.0490±5.9	150.7±1.6	148±140
8.1	3011	12	0.00	60.7	0.39	0.1504±4.1	0.02336±0.76	0.0467±4.0	148.9±1.1	34±96
9.1	3022	17	0.01	60.0	0.00	0.1582±2.4	0.02310±0.81	0.0497±2.2	147.2±1.2	180±52
10.1	1699	573	0.35	34.3	0.30	0.1436±6.0	0.02343±0.96	0.0444±5.9	149.3±1.4	−87±150
10.2	3721	14	0.00	75.0	0.58	0.1397±3.4	0.02331±0.76	0.0435±3.3	148.5±1.1	−141±82
11.1	588	247	0.43	11.6	0.00	0.1631±5.6	0.02306±1.5	0.0513±5.4	147.0±2.2	254±120
12.1	618	166	0.28	12.2	0.00	0.1710±5.6	0.02295±1.7	0.0540±5.3	146.3±2.5	373±120
13.1	4146	18	0.00	83.9	0.09	0.1531±2.3	0.02353±0.72	0.0472±2.2	149.9±1.1	60±52
14.1	1777	263	0.15	36.3	0.51	0.1411±4.2	0.02365±0.93	0.0433±4.1	150.7±1.4	−152±100
15.1	533	124	0.24	10.5	0.00	0.1616±5.9	0.02296±1.7	0.0511±5.7	146.3±2.4	243±130
16.1	4185	16	0.00	85.2	0.24	0.1579±2.8	0.02365±0.68	0.0484±2.7	150.7±1.0	120±63
Hn35 *Mylonitic Nanyue grano* 闪长岩 （N27°14′41.07″，E112°34′9.01″）										
1.1	3920	863	0.23	128	0.04	0.2660±1.7	0.03802±1.4	0.05073±0.99	240.6±3.2	229±23
2.1	2077	617	0.31	64.1	0.07	0.2482±1.8	0.03591±1.4	0.05012±1.1	227.5±3.1	201±25
3.1	1453	420	0.30	51.0	0.11	0.2810±1.9	0.04085±1.4	0.04990±1.3	258.1±3.6	190±31
4.1	3172	495	0.16	100.0	--	0.2576±1.6	0.03672±1.4	0.05087±0.79	232.5±3.2	235±18
5.1	4140	927	0.23	132	0.00	0.2603±1.5	0.03704±1.4	0.05096±0.69	234.5±3.1	239±16
6.1	2795	422	0.16	85.6	0.14	0.2502±1.7	0.03558±1.4	0.05100±0.95	225.4±3.0	241±22
7.1	3158	594	0.19	96.7	0.05	0.2491±1.6	0.03563±1.4	0.05072±0.79	225.7±3.0	228±18
8.1	4315	707	0.17	133	0.94	0.2530±2.9	0.03550±1.4	0.0517±2.5	224.9±3.0	272±58
9.1	1461	438	0.31	44.2	0.15	0.2438±1.9	0.03518±1.4	0.05025±1.4	222.9±3.1	207±32
10.1	1347	271	0.21	41.2	0.00	0.2480±1.8	0.03562±1.4	0.05050±1.2	225.6±3.1	218±27
11.1	2460	513	0.22	75.8	0.94	0.2424±2.9	0.03553±1.4	0.0495±2.6	225.1±3.1	171±60
12.1	4138	957	0.24	133	0.01	0.2601±1.5	0.03733±1.4	0.05053±0.68	236.2±3.2	219±16
13.1	1569	466	0.31	48.1	0.39	0.2494±2.5	0.03552±1.4	0.0509±2.0	225.0±3.1	238±47
14.1	3023	552	0.19	95.4	0.05	0.2544±1.6	0.03672±1.4	0.05024±0.91	232.5±3.1	206±21
15.1	3032	526	0.18	98.6	0.00	0.2696±1.6	0.03784±1.4	0.05167±0.79	239.4±3.2	271±18
Hn10 *Mylonitic Baishifeng monzo* 花岗岩 （N27°13′17.55″，E112°34′47.59″）										
1.1	3436	229	0.07	69.4	--	0.1589±1.8	0.02353±1.4	0.04898±1.2	149.9±2.0	147±27

点号	U /ppm	Th /ppm	Th /U	Pb* /ppm	$^{206}Pb_c$ /%	$^{207}Pb^*/^{235}U$ ($\pm1\sigma$)	$^{206}Pb^*/^{238}U$ ($\pm1\sigma$)	$^{207}Pb^*/^{206}Pb^*$ ($\pm1\sigma$)	$^{206}Pb/^{238}U$ 年龄/Ma ($\pm1\sigma$)	$^{207}Pb/^{206}Pb$ 年龄/Ma ($\pm1\sigma$)
2.1	2436	183	0.08	50.3	0.82	0.1634±3.2	0.02384±1.4	0.0497±2.9	151.9±2.1	180±67
3.1	2433	289	0.12	50.1	—	0.1651±1.7	0.02401±1.4	0.04986±1.1	152.9±2.1	189±25
3.2	5259	8	0.00	106	0.25	0.1558±2.7	0.02331±1.5	0.0485±2.2	148.6±2.1	123±53
4.1	2876	249	0.09	57.3	0.04	0.1581±1.9	0.02319±1.4	0.04946±1.4	147.8±2.0	170±32
5.1	989	186	0.19	19.6	0.21	0.1528±2.7	0.02305±1.5	0.0481±2.2	146.9±2.2	104±51
6.1	3062	225	0.08	61.6	0.02	0.1573±2.1	0.02341±1.4	0.04873±1.6	149.2±2.0	135±36
7.1	2903	191	0.07	60.0	0.25	0.1619±2.4	0.02400±1.4	0.04891±1.9	152.9±2.1	144±46
8.1	12001	88	0.01	246	0.06	0.1600±2.0	0.02389±1.4	0.04857±1.4	152.2±2.1	127±33
9.1	5119	14	0.00	106	0.54	0.1653±4.1	0.02405±1.5	0.0499±3.8	153.2±2.3	188±88
10.1	5302	26	0.01	112	0.50	0.1604±3.8	0.02454±1.5	0.0474±3.5	156.3±2.3	69±83
11.1	3560	108	0.03	72.2	0.00	0.1766±5.1	0.02360±1.6	0.0543±4.8	150.4±2.4	383±110
11.2	5252	343	0.07	108	0.00	0.1731±2.8	0.02383±1.5	0.0527±2.4	151.8±2.2	315±55
12.1	6519	42	0.01	140	1.50	0.1550±5.5	0.02460±1.5	0.0457±5.3	156.7±2.3	−18±130
13.1	4563	26	0.01	96.8	0.41	0.1643±3.6	0.02461±1.5	0.0484±3.2	156.7±2.3	121±76
Hn08 *Mylonitic Baishifeng monzo* 花岗岩 （N27°13′17.22″，E112°34′55.50″）										
1.1	2884	927	0.33	90.2	0.32	0.2623±1.6	0.03629±0.35	0.05243±1.5	229.78±0.79	304±35
2.1	1128	589	0.54	23.1	0.23	0.1597±3.2	0.02383±0.51	0.0486±3.2	151.82±0.77	128±75
3.1	415	169	0.42	48.6	0.75	1.432±3.4	0.13498±0.65	0.0770±3.3	816.2±4.9	1120±67
4.1	1125	235	0.22	34.2	—	0.2516±1.3	0.03539±0.50	0.05156±1.2	224.2±1.1	266±28
5.1	1985	423	0.22	62.5	0.18	0.2605±1.0	0.03658±0.36	0.05166±0.97	231.57±0.81	270±22
6.1	3902	266	0.07	78.7	0.04	0.1615±1.2	0.02348±0.55	0.04989±1.0	149.60±0.82	190±24
7.1	2813	202	0.07	57.2	0.11	0.1603±1.4	0.02360±0.77	0.04927±1.1	150.4±1.1	161±26
8.1	2680	563	0.22	55.2	0.57	0.1616±2.7	0.02384±0.56	0.0492±2.6	151.88±0.84	155±61
9.1	3428	459	0.14	112	0.04	0.2659±0.73	0.038059±0.23	0.05068±0.70	240.79±0.56	226±16
10.1	251	518	2.14	5.11	1.72	0.136±14	0.02333±1.2	0.0421±14	148.7±1.7	−218±350
11.1	185	59	0.33	75.0	0.01	11.71±1.5	0.4719±1.5	0.17991±0.49	2492±30	2652±8.1
12.1	2988	543	0.19	61.3	0.06	0.1638±1.0	0.023861±0.33	0.04978±0.99	152.01±0.49	185±23
13.1	4176	283	0.07	84.7	0.22	0.1584±1.4	0.02355±0.44	0.04878±1.4	150.07±0.66	137±32
Hn60 *Mylonitic albitite* （N27°18′10.36″，E112°36′1.67″）										
1.1	549	141	0.27	10.2	0.40	0.1413±3.7	0.02162±0.81	0.0474±3.6	137.9±1.1	71±85
2.1	633	112	0.18	11.5	0.57	0.1414±4.8	0.02102±0.71	0.0488±4.7	134.10±0.95	138±110
3.1	144	88	0.63	61.0	0.00	11.69±0.99	0.4947±0.81	0.17145±0.56	2591±17	2572±9.4
4.1	339	92	0.28	6.22	0.39	0.1384±6.6	0.02130±0.95	0.0471±6.5	135.8±1.3	56±160

续表

点号	U /ppm	Th /ppm	Th /U	Pb* /ppm	$^{206}Pb_c$ /%	$^{207}Pb^*/^{235}U$ ($\pm1\,\sigma$)	$^{206}Pb^*/^{238}U$ ($\pm1\,\sigma$)	$^{207}Pb^*/^{206}Pb^*$ ($\pm1\,\sigma$)	$^{206}Pb/^{238}U$ 年龄/Ma ($\pm1\,\sigma$)	$^{207}Pb/^{206}Pb$ 年龄/Ma ($\pm1\,\sigma$)
5.1	356	70	0.20	6.62	0.63	0.1418±7.0	0.02152±0.96	0.0478±6.9	137.3±1.3	89±160
5.2	4941	36	0.01	89.6	0.17	0.1392±1.4	0.02108±0.58	0.04787±1.3	134.51±0.77	93±31
6.1	374	75	0.21	7.06	0.42	0.1412±5.4	0.02188±0.87	0.0468±5.3	139.5±1.2	39±130
6.2	6456	76	0.01	112	0.56	0.1397±2.6	0.020152±0.32	0.0503±2.6	128.61±0.41	207±60
7.1	211	114	0.56	3.96	0.68	0.1415±6.4	0.02172±1.2	0.0473±6.3	138.5±1.6	63±150
8.1	296	147	0.51	5.49	0.37	0.1493±5.6	0.02151±0.99	0.0503±5.5	137.2±1.4	210±130
9.1	476	196	0.43	8.85	0.10	0.1547±4.0	0.02160±0.78	0.0519±3.9	137.8±1.1	283±90
10.1	544	252	0.48	10.3	0.11	0.1538±4.1	0.02203±0.78	0.0506±4.0	140.5±1.0	224±94
11.1	2426	553	0.24	48.9	0.07	0.1565±1.2	0.023432±0.37	0.04845±1.2	149.31±0.55	122±27
12.1	4942	70	0.01	92.2	0.19	0.1474±1.9	0.021666±0.29	0.04935±1.9	138.18±1.40	164±43
13.1	9474	2627	0.29	140	3.72	0.1413±4.7	0.016574±0.45	0.0618±4.6	105.97±0.48	668±100
14.1	1149	728	0.65	145	0.08	1.599±1.2	0.1472±1.0	0.07881±0.58	885.0±8.4	1167±12
15.1	1195	592	0.51	130	0.06	1.1457±0.73	0.12614±0.36	0.06588±0.63	765.8±2.6	802±13
16.1	3288	487	0.15	63.3	0.12	0.1524±1.3	0.02239±0.47	0.04935±1.2	142.77±0.66	165±29
17.1	6445	291	0.05	106	0.66	0.1301±2.5	0.018999±0.32	0.0497±2.5	121.33±0.39	179±57
18.1	5302	58	0.01	95.3	0.04	0.1413±1.7	0.020913±0.78	0.04900±1.1	133.43±1.37	148±26
19.1	6757	152	0.02	123	0.08	0.1447±1.8	0.021157±0.81	0.04960±1.2	134.96±1.41	176±28

注：Pb* 为放射 Pb；$^{206}Pb_c$（%）= 普通 ^{206}Pb/总 ^{206}Pb；普通 Pb 由测的 ^{204}Pb 矫正。

样品 Hn35 为剪切带中的糜棱岩化花岗闪长岩，中-粗粒，主要由斜长石、石英、黑云母、角闪石、钾长石等主要矿物组成。其中，白云母、黑云母和石英等低温矿物发生强烈拉伸并定向排列，形成糜棱面理（S1）。样品中锆石均为无色或透明，自形、半自形，并具清楚的岩浆韵律环带，长度为 100～300 μm，长宽比大于 2∶1 [图 2.47（e）]。锆石的 U 含量为 1347～4315ppm，Th 含量为 271～957ppm，Th/U 值 0.16～0.31（表 3.3）。12 个数据点的 $^{206}Pb/^{238}U$ 加权平均年龄为（228±2）Ma（MSWD=2.1）[图 2.47（f）]，代表岩体的结晶年龄。

样品 Hn10 为剪切带中的糜棱岩化二长花岗岩，细粒，主要由钾长石、斜长石、石英和云母等矿物组成，与 Hn164 岩性类似。糜棱面理（S1）由定向排列的白云母、黑云母及强烈拉伸的石英组成。样品中锆石多为自形、半自形结构，并具岩浆韵律环带，长宽比 2∶1～3∶1 [图 2.47（g）]。对 13 个锆石颗粒的 15 个数据点测试分析表明，锆石具高 U（989～12001ppm）、低 Th（8～343ppm）特征，Th/U 值小于 0.01～0.19（表 2.3）。所有测试点的 $^{206}Pb/^{238}U$ 年龄具较好的谐和性，加权平均年龄为（151±2）Ma（MSWD=2.0）[图 2.47（h）]，代表岩体的结晶年龄。

样品 Hn08 为剪切带中糜棱岩化二长花岗岩，与样品 Hn10 岩性类似。样品中锆石多为自形结构，透明，岩浆韵律环带清楚，长度为 100～400 μm，长宽比为 2:1～4:1 [图 2.47 (i)]。对 13 个锆石颗粒的 13 个数据点测试分析表明，锆石 U 含量 185～4146ppm，Th 含量 59～927ppm，Th/U 值 0.07～2.14（表 2.3）。七个锆石的 $^{206}Pb/^{238}U$ 年龄谐和一致，加权平均年龄为（151±1）Ma（MSWD=2.2）[图 2.47 (j)]，代表岩体的结晶年龄。四个锆石的 $^{206}Pb/^{238}U$ 年龄变化于 224～241 Ma [图 2.47 (j)]，与南岳岩体的结晶年龄一致，推测为捕获锆石年龄。另外两个锆石核获得的 $^{206}Pb/^{238}U$ 年龄为（816±5）Ma 和（2652±8）Ma，显示了明显的不协调性，为继承锆石年龄（表 2.3）。

样品 Hn60 为剪切带中的糜棱岩化钠长岩，细粒，其糜棱面理（S1）与剪切带中围岩一致，主要矿物包括钠长石、白云母、钾长石和石英，副矿物包括锆石和榍石。样品中锆石多为自形，透明，长度 100～300 μm，长宽比小于 3 [图 2.47 (k)]。锆石中 U 含量为 144～9474ppm，Th 含量 36～2627ppm，Th/U 值为 0.01～0.65（表 2.3）。部分锆石具明显的环带结构，获得的 $^{206}Pb/^{238}U$ 年龄为 133～137 Ma [图 2.47 (k)；点 1.1，2.1]。其他锆石具清晰的核-边结构，边部比核部具更高的 U 含量及更低的 Th/U 值（表 3.3）。两个锆石的核部分别获得 $^{206}Pb/^{238}U$ 年龄 137.3 Ma 和 139.5 Ma，其对应的边部环带则分别获得了较为年轻的 $^{206}Pb/^{238}U$ 年龄 134.5 Ma 和 128.6 Ma [图 2.47 (k)]；另外三个锆石核（3.1，14.1，15.1）获得非常老的结晶年龄（2572±9）Ma（$^{207}Pb/^{206}Pb$ 年龄），（885±8）Ma 和（763±3）Ma（表 2.3）。21 个数据点定年分析，其中十个数据点 $^{206}Pb/^{238}U$ 年龄投影至谐和线上或附近，其加权平均年龄为（136±1）Ma（MSWD=2.5）[图 2.47 (l)]，代表了钠长岩的结晶年龄。

综上所述，除样品 Hn60 外，其余五个样品的锆石均具类似的岩浆成因环带、阴极发光特征和 Th、U 含量及值。它们的锆石 $^{206}Pb/^{238}U$ 年龄集中在两个区间，证实衡山地区存在两期岩浆活动，导致了衡山复式花岗岩体的形成，东部为三叠纪花岗闪长岩（228～232 Ma）和西部为侏罗纪二长花岗岩（150～151 Ma），这一组合类型在华南大陆普遍存在（Faure et al.，1996）。另外，糜棱岩化与未糜棱岩化的花岗岩 $^{206}Pb/^{238}U$ 年龄相同（Hn09/Hn35、Hn164/Hn10；图 2.47），说明晚期的糜棱岩化作用并未破坏岩浆锆石早期的 U-Pb 同位素体系。值得注意的是，锆石 U 含量普遍较高，导致较低的 Th/U 值，个别甚至低于 0.01（表 2.3）。尽管这样的 Th，U 含量及比值在岩浆锆石中比较罕见，但它们清晰的韵律环带表明了可靠的岩浆锆石成因。这些结果也进一步证实 Th/U 值并非判断锆石成因的唯一可信标准（Gebauer，1996；Wu and Zheng，2004）。锆石的高 U 特性可能与地壳伸展诱发研究区深部高 K、高 U 流体上涌，导致研究区普遍的铀矿化作用相关（张建业，1994b）。

所有样品的锆石 $^{206}Pb/^{238}U$ 年龄与 U 含量对比关系见图 2.48。图中可见，同一样品锆石相同的 $^{206}Pb/^{238}U$ 年龄所对应的 U 含量值变化很大，证实 U 含量变化对所获年龄的可靠性并无影响。因此，本书研究所获得的锆石 $^{206}Pb/^{238}U$ 年龄均具较高的可信度，可代表花岗岩体和钠长岩的结晶年龄。

白云母 $^{40}Ar/^{39}Ar$ 定年结果：为确定衡山地区韧性伸展剪切变形的时代，本次研究共从剪切带中采集了三个糜棱岩样品，从中挑选出同变形的白云母进行 $^{40}Ar/^{39}Ar$ 阶段性加热分析研究。测试结果见表 2.4，对应的 $^{40}Ar/^{39}Ar$ 年龄谱见图 2.49。

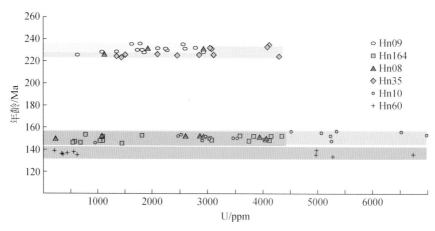

图 2.48　样品 SHRIMP 锆石 U-Pb 年龄与 U 含量对比分析

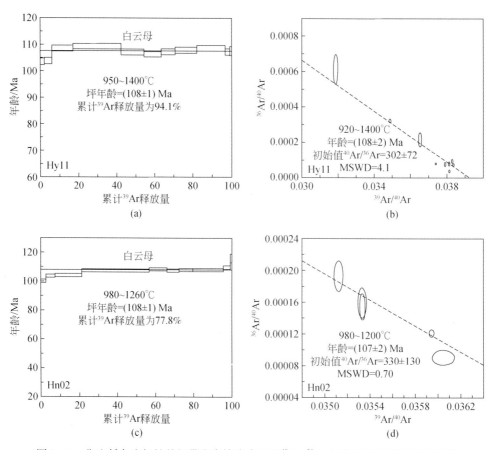

图 2.49　衡山低角度韧性剪切带中糜棱岩白云母^{40}Ar/^{39}Ar 坪年龄和反等时线年龄谱

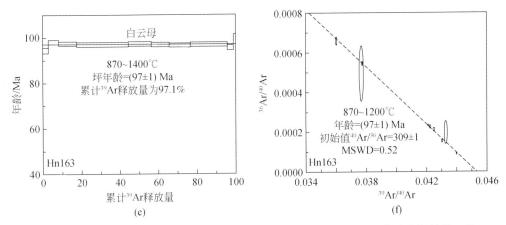

图 2.49　衡山低角度韧性剪切带中糜棱岩白云母^{40}Ar/^{39}Ar 坪年龄和反等时线年龄谱（续）

（a）、（b）Hy11；（c）、（d）Hn02；（e）、（f）Hn163

样品 Hy11 为糜棱岩化花岗岩，其内部的白云母强烈拉伸形成矿物拉伸线理（L1）。这些白云母 12 个阶段加热升温过程（700～1400℃）获得的坪年龄为（108±1）Ma，累计^{39}Ar 释放量为 94.1%［图 2.49（a）］。^{40}Ar/^{36}Ar 初始值为 302［图 2.49（b）］，接近于大气标准尼尔值（295.5±5），表明无过剩 Ar 的存在。样品的反等时线年龄［（108±2）Ma］与坪年龄基本一致，MSWD 值为 4.1［图 2.49（b），表 2.4］，证实测试结果具有较高的可靠性，可代表剪切带抬升冷却至白云母^{40}Ar/^{39}Ar 同位素封闭体系温度（约 350～450℃）的冷却年龄。

样品 Hn02 为糜棱岩化钠长岩，由定向排列的白云母和塑性拉伸的钠长石、石英组成。对这些白云母进行了 11 个阶段的加热升温（700～1400℃），获得的^{40}Ar/^{39}Ar 坪年龄为（108±1）Ma，累计^{39}Ar 释放量为 77.8%［图 2.49（c）］。这一坪年龄与反等时线年龄（107±2）Ma（MSWD=0.70）基本一致，反映测试结果可信度较高。样品的^{40}Ar/^{36}Ar 初始值为 330［图 2.49（d），表 2.4］，略高于大气标准尼尔值（295.5±5），表明无过剩 Ar 的存在。

样品 Hn163 为糜棱岩化花岗岩闪长岩，由白云母、角闪石、钾长石和黑云母等主要矿物组成。对样品中的白云母进行了 11 个阶段的加热升温（700～1400℃），获得的^{40}Ar/^{39}Ar 坪年龄为（97±1）Ma，与反等时线年龄（97±1）Ma（MSWD=0.52）一致，累计^{39}Ar 释放量为 97.1%［图 2.49（e）］。样品的^{40}Ar/^{36}Ar 初始值为 309［图 2.49(f)，表 2.4］，接近于大气标准尼尔值（295.5±5），表明无过剩 Ar 的存在。

前人研究表明，在主拆离断裂的下盘，单矿物冷却年龄的大小与其距断层的距离呈正相关性，即：距断裂越近，同一矿物的冷却年龄越年轻（Robinson *et al.*，2004，2007，2010）。这个年龄-距离的时空关系不仅可以解释 Hn02 和 Hy11 之间的相同年龄，而且可以解释 Hn163 与 Hn02 之间 11 Ma 的年龄差。样品 Hn163 距主拆离断裂最近，因此它最晚抬升冷却至白云母^{40}Ar/^{39}Ar 体系封闭温度，导致最小的坪年龄。Hy11 和 Hn02 采于距主拆离断裂较远（大约 2 km）的相同构造位置（表 2.4），故二者获得了一致但比 Hn163 偏大的坪年龄。

表 2.4 角度韧性剪切带中糜棱岩白云母^{40}Ar/^{39}Ar 阶段性加热分析数据

$T/℃$	$(^{40}Ar/^{39}Ar)_m$	$(^{36}Ar/^{39}Ar)_m$	$(^{37}Ar/^{39}Ar)_m$	$(^{38}Ar/^{39}Ar)_m$	$^{40}Ar/\%$	$^{40}Ar^*/^{39}Ar$	$^{39}Ar/10^{-14}mol$	$^{39}Ar/\%$	表面年龄 $/\pm1\sigma$ Ma
Hy11 白云母	样重=29.57 mg		J=0.002393		坪年龄=（108±1）Ma（N27°13′41.33″, E112°33′59.39″)				
700	79.3043	0.2076	0.0000	0.0551	22.63	17.9496	0.04	0.23	75.9±8.5
800	33.9746	0.0315	0.0504	0.0200	72.63	24.6757	0.31	2.14	103.5±1.2
860	33.3516	0.0291	0.2325	0.0199	74.21	24.7559	0.59	5.86	103.8±1.1
920	28.6814	0.0093	0.0000	0.0145	90.40	25.9272	1.83	17.27	108.6±1.1
960	26.7518	0.0022	0.0219	0.0133	97.54	26.0943	4.03	42.46	109.3±1.1
1000	26.0802	0.0019	0.0000	0.0132	97.77	25.4992	1.93	54.53	106.9±1.0
1050	26.1230	0.0025	0.0000	0.0136	97.11	25.3685	1.44	63.52	106.3±1.0
1100	26.2378	0.0022	0.0000	0.0125	97.55	25.5938	1.17	70.81	107.2±1.1
1160	26.3888	0.0021	0.0073	0.0133	97.64	25.7673	1.80	82.06	107.9±1.1
1220	26.2320	0.0010	0.0000	0.0130	98.80	25.9181	2.32	96.59	108.6±1.1
1280	27.3808	0.0059	0.0000	0.0135	93.56	25.6183	0.38	98.98	107.3±1.2
1400	31.3889	0.0193	0.0000	0.0164	81.86	25.6935	0.16	100.00	107.6±1.7
Hn02 白云母	样重=29.47 mg		J=0.002288		坪年龄=（108±1）Ma（N27°13′41.68″, E112°33′59.88″)				
700	43.4075	0.1114	0.0000	0.0349	24.19	10.4982	0.06	0.37	42.8±4.5
800	36.0088	0.0375	0.0000	0.0207	69.23	24.9292	0.35	2.65	100.1±1.1
860	33.8320	0.0269	0.0000	0.0177	76.52	25.8873	0.71	7.27	103.8±1.1
920	30.4438	0.0151	0.0144	0.0155	85.34	25.9809	2.17	21.31	104.2±1.0
980	27.8243	0.0034	0.0000	0.0135	96.39	26.8198	5.48	56.75	107.4±1.0
1020	28.3035	0.0044	0.0000	0.0137	95.41	27.0040	1.44	66.08	108.2±1.1
1070	28.4734	0.0055	0.0194	0.0137	94.24	26.8346	1.02	72.66	107.5±1.1
1130	28.3055	0.0045	0.0000	0.0139	95.25	26.9624	1.11	79.82	108.0±1.1
1200	27.7451	0.0025	0.0002	0.0131	97.28	26.9915	2.43	95.51	108.1±1.1
1260	28.0573	0.0020	0.0000	0.0121	97.83	27.4474	0.55	99.06	109.9±1.2
1400	32.5616	0.0120	0.0000	0.0131	89.12	29.0196	0.14	100.00	116.0±2.9
Hn163 白云母	样重=29.94 mg		J=0.002496		坪年龄=（97±1）Ma（N27°12′33.18″, E112°32′33.31″)				
700	49.5578	0.1232	0.0000	0.0350	26.55	13.1551	0.05	0.31	58.3±5.4
800	28.2535	0.0228	0.0000	0.0186	76.14	21.5127	0.44	2.86	94.4±1.2
870	27.7693	0.0182	0.0012	0.0165	80.58	22.3755	0.91	8.18	98.0±1.0
920	26.4945	0.0144	0.0449	0.0155	83.88	22.2244	1.58	17.40	97.39±1.0
970	23.7765	0.0056	0.0052	0.0138	93.06	22.1260	4.61	44.28	96.97±1.0
1010	23.2591	0.0036	0.0000	0.0136	95.37	22.1824	2.05	56.21	97.22±1.0
1070	23.7027	0.0053	0.0000	0.0137	93.31	22.1171	1.59	65.52	96.94±1.0
1140	23.5501	0.0050	0.0000	0.0138	93.68	22.0609	1.88	76.48	96.70±1.0
1200	22.7494	0.0021	0.0000	0.0132	97.28	22.1297	3.30	95.74	96.99±1.0
1250	23.1277	0.0045	0.0072	0.0141	94.18	21.7821	0.56	98.99	95.5±1.2
1400	26.5521	0.0131	0.0120	0.0174	85.42	22.6814	0.17	100.00	99.3±2.1

3. 大地构造意义

1）衡山韧性剪切带伸展变形与下伏花岗岩体侵位的时空关系

石英 C 轴组构测量结果表明，韧性剪切带伸展剪切变形过程中，石英以底面<a>和柱面<a>滑移系的共同作用为主，表明剪切变形的温度应为 400～550℃，略高于白云母 $^{40}Ar/^{39}Ar$ 体系的封闭温度（McDougall and Harrison，1988；Hubbard and Harrison，1989；Hacker and Wang，1995）。本研究获得的白云母 $^{40}Ar/^{39}Ar$ 坪年龄为 97～108 Ma，代表了韧性剪切带抬升冷却至白云母 $^{40}Ar/^{39}Ar$ 体系封闭温度（350～450℃）的冷却年龄，为剪切带伸展变形的时代提供了上限约束（Wang et al.，2007a）。另外，值得注意的是，钠长岩脉体的分布仅限于韧性剪切带中（图 2.40、图 2.43），其内部的钠长石遭受了强烈的韧性拉伸并形成拉伸线理 [图 2.44（e）、（f）]，线理的方向 [点位 Hn02、Hn03、Hn11、Hn24 和 Hn38；图 2.45（a）] 与围岩中石英、云母等矿物韧性拉伸的方向完全一致。这些特征表明钠长岩脉体为同构造期流体，即该流体的侵入应与韧性剪切变形同期相伴发生，与大型伸展拆离带或变质核杂岩中同构造期花岗岩体的性质类似（Paterson et al.，1989；Faure and Pons，1991；Charles et al.，2011；Wang et al.，2012）。因此，钠长岩的侵位年龄（136 Ma）可代表衡山地区伸展剪切变形的起始时代。综合上述所有年代学资料，认为衡山地区伸展剪切变形的持续时间为 136～97 Ma B. P.。

关于衡山杂岩是否为变质核杂岩构造（张进业，1994a）仍需进一步讨论。通常而言，变质核杂岩有其严格的定义，即低角度主拆离断裂滑动过程中，下盘剪切带的伸展剪切、花岗岩体的侵位（或基底隆升）和上盘盆地的断陷沉积作用必须同时发生，缺一不可（Davis and Coney，1979；Armstrong，1982）。年代学测试结果证实，衡山地壳伸展剪切变形的起始年代（136 Ma B. P.）比最年轻的白石峰岩体侵位时代（151～150 Ma B. P.）晚约 15 Ma，表明衡山不存在同构造期侵位的花岗岩体。因此，本书研究将衡山杂岩定义为低角度断裂带或伸展穹窿构造，不同于华南中部典型的三叠纪武功山变质核杂岩构造（Faure et al.，1996）。值得注意的是，衡山同构造期钠长岩流体的侵入在地壳伸展过程中起到了关键的"润滑"作用，加剧了地壳的热松弛和重力不稳定性，并促进了低角度伸展拆离作用的发生。

另一个关键科学问题为衡山低角度主拆离断裂形成的地球动力学机制。这条断裂呈 NE-NNE 走向线性展布于衡山复式花岗岩体的西侧，以单向的伸展剪切运动方向（自东向西的伸展剪切）为主 [图 2.40（a）]，与变质核杂岩构造中常见的穹状展布、多向剪切运动的主拆离断裂明显不同（Dinter et al.，1995；Hetzel et al.，1995）。因此，Lister 和 Davis（1989）提出的经典的"花岗质岩浆侵位诱发多期低角度断裂向上弯曲（bowing-up）"模式不适合用于解释它的成因。我们注意到，主拆离断裂的上盘，下白垩统沉积物直接不整合覆盖在新元古代杂砂岩之上 [图 2.40（a）]。如果将沉积物移除可发现，这些新元古代杂砂岩沿此断裂逆冲至年轻的古生代地层或中生代花岗岩之上 [图 2.40（a）]。这个被遮掩的接触关系表明，衡山主拆离断裂的形成与早期大型逆冲断裂的复活和负反转作用有关，与地中海中部爱琴海地区"North Cycladic Detachment System"的主拆离断裂形成机制类似（Jolivet et al.，2010）。逆冲断裂的形成可能与华南大陆中—晚侏罗世强烈的陆内造山作用有关（张岳桥等，2008），前已述及，这期造山事件导致地壳强烈冲断变形，在华南大陆形成了一系列类似的 N-NNE 走向的大型逆冲推覆构造, 如怀化–辰溪地区的飞来峰和构造窗 (任纪舜, 1990; 陈海泓等, 1993; 杨绍祥、余沛然, 1995; 丁道桂等, 2007)。因此, 衡山主拆离断裂的形成, 为研究构造地质学中的负反转构造 (即早期逆冲断裂复活反转并控制晚期地壳伸展) 提供了一个重要的参照。当然, 由于资料有限, 本书研究对衡山主拆离断裂的解释仍是初步的, 这个问题的解决亟待进一步详细地质调查和研究。

2) 大地构造意义

构造变形研究不仅对了解衡山低角度拆离断裂带的几何学和运动学有重要意义, 而且为认识大陆伸展过程中不同地壳层位的变形样式提供了很好的参照。衡山韧性剪切带中普遍发育的糜棱面理、拉伸线理等剪切组构表明中地壳层次以透入韧性流动变形为主。剪切组构的低角度几何学和运动学表明韧性流动沿着近水平构造带发生, 以非共轴变形为典型特征。这些特征在科迪勒拉造山带大部分低角度断裂带或变质核杂岩中均有记录 (Vanderhaeghe and Teyssier, 2001; Jolivet et al., 2010; Collettini, 2011), 为大陆伸展环境下中地壳层次变形的普遍特征。与中地壳的韧性流动变形不同, 上地壳以典型的脆性变形为主。衡山主拆离断裂上盘以高角度正断层活动为典型特征, 这些断层及其上擦痕的反演结果指示了 W-NW 向伸展应力场 [图 2.45 (b)], 与中地壳层次韧性组构反映的应力场一致 [图 2.45 (a)]。这些高角度脆性断层的形成通常与盆地的初始张开及伸展断陷作用有关, 其引发的脆性变形的时代应与盆地沉积物年龄一致 (K_1; 葛同明等, 1994), 与中地壳韧性流动变形的时代 (136~97 Ma B. P.) 相同。由此可见, 大陆伸展过程中, 中地壳的低角度韧性流动与上地壳的高角度脆性断裂活动存在明显的时空耦合关系, 这两种不同地壳层次的变形被二者之间的低角度主拆离断裂协调。

此外, 大量资料证实华南大陆晚中生代进入地壳伸展阶段, 强烈的伸展作用导致大规模断陷盆地的形成, 并诱发了巨量的岩浆侵入和火山喷发 (Gilder et al., 1991; Xu et al., 1999; Li, 2000; Zhou and Li, 2000; Zhou et al., 2006; Shu et al., 2009)。如何确定地壳伸展的起始年代, 是华南晚中生代大地构造过程研究面临的关键科学问题。大部分断陷盆地中的化石及火山夹层的同位素年代学将地壳伸展的起始年代模糊的限定在早白垩世 (Wang et al., 1990; Zhou and Li, 2000; Zhou et al., 2006)。在衡山地区, 地壳伸展以低角度韧性剪切变形为典型特征, 初始剪切变形过程中伴随着同构造期钠长岩脉体的侵位。因此, 钠长岩脉体的侵位时代可代表衡山地区地壳伸展的起始年代。结合钠长岩的 SHRIMP 锆石 U-Pb 年龄可推测, 衡山地区地壳伸展起始于 136 Ma B. P.。这一时间节点与东南沿海地区两期岩浆事件的同位素年代学结果吻合 (Cui et al., 2012; 张岳桥等, 2012): 早期岩浆岩以片麻状花岗岩和混合花岗岩为主, 其形成于 147~136 Ma B. P., 与地壳挤压重熔相关; 晚期岩浆岩以 A 型花岗岩为主, 其形成于 135~115 Ma B. P., 与地壳伸展减薄相关。年代学信息说明, 东南沿海地区的大地构造环境从挤压到伸展的转换发生于 135 Ma B. P.。另外, 华南白垩纪花岗岩的锆石 U-Pb 年代学统计结果可知, 华南大面积分布的、与伸展相关的 A 型花岗岩普遍侵位于 136~120 Ma B. P. (图 2.50)。综合上述资料可推测, 华南晚中生代地壳伸展作用几乎同步发生于 136 Ma B. P.。

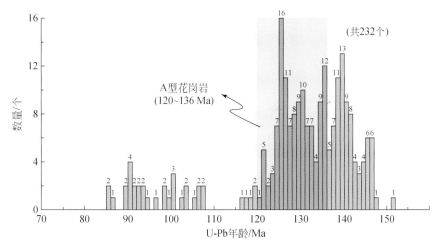

图 2.50　华南晚中生代花岗岩高精度锆石 U-Pb 年龄统计直方图

三、江南–雪峰山构造带沅麻盆地构造演化历史

白垩纪早期，随着燕山运动主挤压造山幕的结束，华南大陆进入了造山后的伸展垮塌阶段，强烈的陆壳伸展诱发了巨量的岩浆侵入和火山喷发活动（Zhou and Li，2000；Li，2000），并导致地壳断陷，形成大规模 NE-SW 走向的伸展断陷盆地，这些盆地完整记录了华南大陆白垩纪以来的构造演化过程（Shu *et al.*，2007，2009b）。位于华南大陆中部的沅麻盆地就是其中之一，该盆地位于古太平洋板块和印度板块的中间位置，距两侧活动板块边界均大于 800 km（图 2.51）。由于沅麻盆地的特殊地理位置，它的形成演化必然受到东侧古太平洋板块俯冲和西南侧印度–亚洲大陆俯冲–碰撞作用的联合影响。这两大构造域

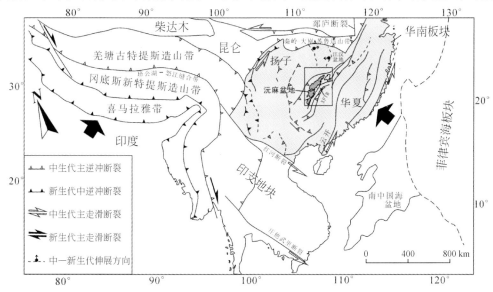

图 2.51　华南及周缘大地构造纲要图
图中方格指示沅麻盆地位置

的远程作用在沅麻盆地引发的沉积-构造响应，正是约束华南大陆晚中生代以来构造演化过程的关键。因此，复原沅麻盆地晚中生代以来的沉积-变形序列显得尤为重要。

1. 区域地质背景

1）盆地构造格架

沅麻盆地是一个 NE-SW 走向的白垩纪断陷盆地，长 250 km，宽 30~65 km［图 2.52（a）］，位于江南造山带西部，构造位置上处于扬子地块与华夏地块的结合部位（图 2.52）。主要正断层位于盆地中央，走向 NE-SW 或 EW，它们控制着盆地的伸展断陷和沉积物的充填［图 2.52（a）、（b）］。在盆地的东缘和西缘，下白垩统陆相碎屑岩分别角度不整合覆盖在强烈褶皱变形的侏罗系砂岩和寒武系灰岩之上［图 2.52（a）、（b）］。这一"中断边超"的几何形态与其他白垩纪盆地常见的"东断西超"或"西断东超"（Shu et al.，2009b）的几何形态不同。

2）区域沉积与地层

新元古代—早中生代地层：新元古代地层主要由板溪群组成，其主要出露在沅麻盆地东缘和南缘，为一套成层性较好的杂砂岩-板岩-片岩组合（图 2.53），沉积年龄 760~820 Ma（Wang and Li，2003；Yin et al.，2003），强烈褶皱但变质程度较低（Liu et al.，1996）。传统观点认为，板溪群为组成扬子地块褶皱基底的主要岩石单元（Yan D. P. et al.，2003；Wang Y. J. et al.，2005）。早古生代地层广泛出露在沅麻盆地的周缘，以海相碳酸盐岩为主，包括震旦纪冰碛岩、灰岩和白云岩，寒武纪白云岩、灰岩和碳质页岩，奥陶纪灰岩、白云岩和粉砂岩，志留纪砂岩和页岩等（图 2.53）。这些地层均发生强烈褶皱变形，形成隔槽式褶皱式样（Yan D. P. et al.，2003）。其中，前寒武纪和早志留世碳质页岩为主要滑脱层（图 2.53），协调着上地壳的褶皱、冲断和下地壳的剪切拆离等变形作用。晚古生代—早中生代地层包括泥盆纪砾岩、砂岩和灰岩，石炭-二叠纪灰岩、白云岩和泥灰岩，早—中三叠世灰岩等（图 2.53），出露在盆地的东缘［图 2.52（a）］，它们均以褶皱冲断变形为主。

晚中生代—新生代地层：新生代地层在沅麻盆地及华南大部分地区均是缺失的，而在江汉盆地保存完好（徐杰等，1991）。江汉盆地的沉积-变形资料对理解华南大陆新生代构造演化至关重要（王必金等，2006）。因此，本研究在整理沅麻盆地地层资料的同时，还结合其他文献和区域地质志的资料建立了江汉盆地区域地层柱状图，并将其与沅麻盆地进行对比分析。参考盆地内主要角度不整合面的位置，本书将这两个盆地的晚中生代—早新生代地层划分为三个岩石地层序列：上三叠统—中侏罗统（Ⅰ）、下白垩统（Ⅱ）和上白垩统—古近系（Ⅲ）（图 2.53）。

沅麻盆地的上三叠统—中侏罗统地层序列（T_3—J_2）主要为一套河流-湖泊相岩石单元，由砾岩、粗砂岩、长石砂岩、石英砂岩和煤线夹层等组成（图 2.53；张进等，2010），总厚度约 1200 m（湖南省地质矿产局，1988）。这套岩石单元主要出露在盆地的东缘［图 2.52（a）］，其角度不整合沉积在褶皱的下三叠统碳酸盐岩之上（张进等，2010）。这个接触关系反映华南大陆早—中三叠世发生了强烈的构造-隆升剥蚀，并暗示华南沉积环境也经历了由海相向陆相的剧烈转变，其形成可能与印支地块与华南大陆沿 Songma-Menglian 缝合带的陆-陆碰撞作用有关（任纪舜，1990；Lepvrier et al.，2004；Shu et al.，2008）。

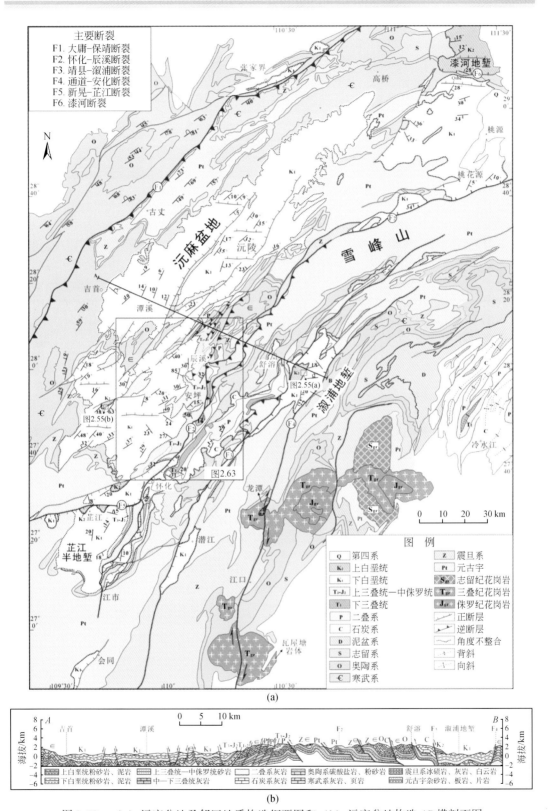

图 2.52　（a）沅麻盆地及邻区地质构造纲要图和（b）沅麻盆地构造 AB 横剖面图

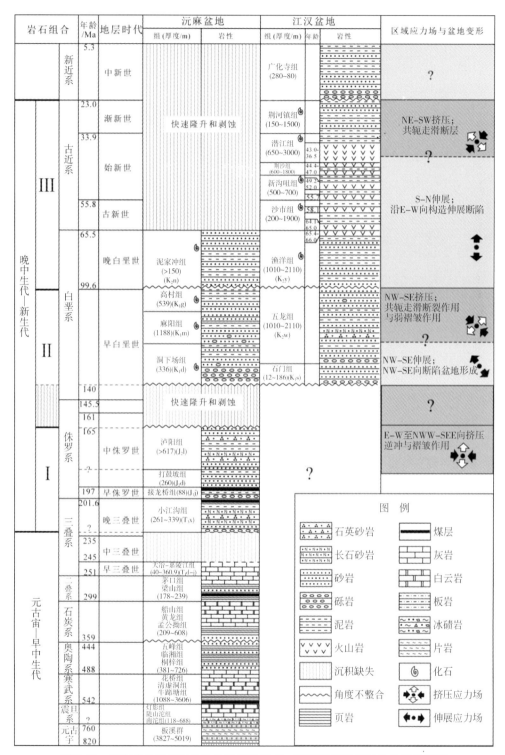

图 2.53 沅麻盆地和江汉盆地地层岩性组成、厚度和年龄等对比分析柱状图

(据赵别全，1982；黄宗和，1986；湖南省地质矿产局，1988；湖北省地质矿产局，1990；林宗满，1992；
徐沧勋等，1995；彭头平等，2006；王必金等，2006；刘景彦等，2009，改编)

沅麻盆地的下白垩统（K_1）主要包括洞下场组、麻阳组和高村组，由暗红色砂岩、粉砂岩、泥岩和砾岩等组成（图 2.53；郑贵州，1998），总厚度约 2000 m（湖南省地质矿产局，1988），其角度不整合覆盖在褶皱的前白垩纪地层之上（张进等，2010）。江汉盆地的下白垩统（K_1）主要由砾岩、长石砂岩、石英砂岩和泥岩组成（李群等，2006；田蜜等，2010），总厚度约 1022~2296 m（湖南省地质矿产局，1988）。这两套岩石单元中均广泛发育早白垩世的典型生物化石，如 *Eucypris-Quadracypris Cypridea* 和 *Plicatounio*（*P.*）*multiplicatus* 等（湖南省地质矿产局，1988）。

沅麻盆地的上白垩统（K_2）出露面积较少，其零散地分布在盆地中部的芷江和麻阳、西部的溆浦和北部的漆河等地区［图 2.52（a）］。这套岩石单元主要由砖红色砂岩、粉砂岩、泥岩和砾岩组成，局部含钙质结核，总厚度仅 150 m（图 2.53）。在麻阳地区，有恐龙足迹和蛋类化石的报道（曾德敏、张金鉴，1979；赵别全，1982）。野外观测证实，上白垩统砾岩在溆浦和麻阳地区均角度不整合覆盖在弱褶皱变形的下白垩统砂岩之上（图 2.54）。这个角度不整合接触关系在华南大陆广泛发育（吴萍、杨振强，1980；黄宗和，1986；Shu *et al.*，2009b），暗示华南大陆可能在早白垩世晚期发生了一次以区域性挤压剥蚀为主的构造反转事件。上白垩统（K_2）在江汉盆地保存较好，钻孔资料表明，江汉盆地上白垩统主要由细粒砂岩、泥岩和粉砂岩组成，含化石 *Quadracypris jiadianensis*，*Cyprois jiadiaensis*，*Porochara anluensis*，*P. jingshanensis* 和 *Maedlerisphaera jiadianensis* 等，总厚度 1010~2110 m（图 2.53；湖北省地质矿产局，1990；刘琼等，2007）。值得注意的是，江汉盆地上白垩统上部砂岩中含玄武岩夹层，全岩 K-Ar 定年结果证实它们形成于 66.0~65.35 Ma B. P.（徐论勋等，1995）。

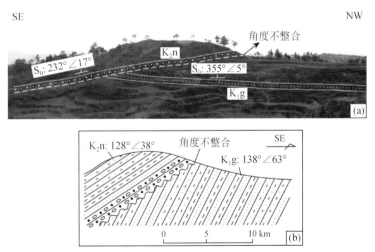

图 2.54 沅麻盆地上白垩统与下白垩统之间角度不整合野外照片

（a）溆浦地堑以西；（b）麻阳县以西

古近系（E）仅在江汉盆地发育，而在沅麻盆地缺失。钻井资料证实，这套地层主要由红色碎屑岩和火山岩夹层组成，总厚度达 2100~8900 m（湖北省地质矿产局，1990），含化石 *Asiocoryphodon conicus* Xu，*Manteodon youngi* Xu 和 *Coryphodon zhichengensis* Lei 等

（湖北省地质矿产局，1990）。火山岩夹层主要由玄武岩和玄武质安山岩组成，全岩 K-Ar 和 $^{40}Ar/^{39}Ar$ 年代学证实它们的形成年代为 65.0 ~ 36.5 Ma B. P.（图 2.53；徐论勋等，1995；彭头平等，2006）。另外，江汉盆地的古近系和上白垩统表现为过渡的沉积韵律，且二者存在较为一致的古生物化石种类，暗示它们在沉积上应是连续的（戴贤忠、李玲琍，1990；林宗满，1992）。由此可推测，古近系和上白垩统之间为整合接触关系，这一推测在深地震反射剖面和钻井资料中得到了进一步验证（吴萍、杨振强，1980；张师本等，1992）。新近系主要由红色泥岩和棕黄色细砂岩组成，总厚度约 280 ~ 890 m（湖北省地质矿产局，1990），其角度不整合沉积在褶皱变形的古近纪地层之上（刘景彦等，2009），表明江汉盆地在古近纪晚期发生了重要的构造反转（郑天发、傅宜兴，1996，1997；王必金等，2006）。

3）断裂分析

盆地内部断裂：野外观测资料证实，沅麻盆地的伸展断陷主要受两组正断裂的控制 [图 2.52 （a）]。一组走向 NE-SW，代表盆地最主要的伸展构造，它们控制了早白垩世时期盆地的初始张开和沉积物充填作用；另一组走向 EW，它们控制了晚白垩世时期盆地的伸展断陷作用，导致盆地北部的漆河地堑和南部的芷江地堑形成 [图 2.52 （a）]。另外，盆地内部还发育一系列共轭走滑断层。与上述正断层相比，这些走滑断层是小尺度的，仅在露头可见，它们为盆地遭受挤压变形并发生构造反转的重要证据。

盆地周缘区域断裂：沅麻盆地周缘共存在四条区域尺度断裂，从西到东依次为：大庸-保靖断裂（F1）、怀化-辰溪断裂（F2）、靖县-溆浦断裂（F3）和通道-安化断裂（F4），它们对盆地的形成和演化起着至关重要的影响。

大庸-保靖断裂（F1）走向 NE-SW，倾向 SE，倾角较缓（Yan D. P. et al.，2003），其将古老的新元古代—古生代地层逆冲至年轻的古生界之上，并导致一系列断层相关褶皱的形成。褶皱轴面向 NW 倾伏，表明逆冲作用的运动学方向为由 SE 向 NW（梅廉夫等，2010）。这条断裂为扬子板块薄皮和厚皮冲断褶皱带的界线（Yan et al.，2009），其向下延伸到约 15 ~ 20 km 深部基底拆离面，与川东北的华蓥山断裂组成一个双重逆冲推覆系统，协调地壳总缩短量约 88 km（Yan D. P. et al.，2003）。

怀化-辰溪断裂（F2）走向 N-ENW，倾向东，倾角中等（40° ~ 50°）。这条断裂侏罗纪晚期表现出明显的逆冲推覆性质，将古老的二叠系灰岩逆冲至年轻的上三叠统—下侏罗统砂岩之上 [图 2.52 （a）]，沿断裂南部的安坪地区形成飞来峰和构造窗等大型逆冲推覆构造（任纪舜，1990；杨绍祥、余沛然，1995）。

靖县-溆浦断裂（F3）与通道-安化断裂（F4）均走向 NE-SW，倾角陡，分别倾向 SE 和 NW，这两条面对面的断裂被认为初始形成于早古生代，以逆冲运动为主；于晚三叠世（216 ~ 207 Ma B. P.）构造复活，以左行走滑运动为主（Wang Y. J. et al.，2005）。这两条断裂于早白垩世再次复活并发生负反转，它们作为主要边界正断裂，控制着溆浦地堑的裂陷和沉积物充填作用 [图 2.52 （b）]。值得注意的是，靖县-溆浦断裂（F3）明显切割了断裂南部的瓦屋塘和龙潭花岗岩体，并造成约 2 km 的位移量，断层两侧标志层或岩体的错断指示右行走滑的运动学方向 [图 2.52 （a）]。目前，这期右行走滑运动的年代尚难确定，可以肯定的是，它应比瓦屋塘和龙潭花岗岩体的侵位时代（217 ~ 212 Ma B. P.）

更晚（Li and Li，2007；陈卫峰等，2007；罗志高等，2010；李建华等，2013），最有可能为晚中生代或新生代（张进等，2010）。

2. 断层运动学分析和古构造应力场的反演

地壳在某一特定演化阶段，古构造应力场的方向是稳定的，且具有区域一致性；因此，可通过古构造应力场的反演来约束某一特定区域的构造变形和演化历史（Mercier *et al.*，1987a，1987b；Zhang *et al.*，2003b）。目前，常用的古构造应力场反演的方法是测量断层面及其上的滑动矢量（Carey，1979；Angelier，1984；Gapais *et al.*，2000）。为了建立沅麻盆地古构造应力场演化序列，本次研究在对野外露头点断裂变形几何学和运动学特征的观察的基础上，系统测量了不同时代地层中发育的断层面及其上的擦痕，并利用各种构造指向标志，如新生的石英和方解石生长矿物、阶步、羽列剪节理和吕德尔面等，判断断层的运动方向。由于露头原因可能会导致断层运动方向判别的不确定性（Ratschbacher *et al.*，2000），为保证测量数据的真实客观性，本研究采用不同形态的箭头对测量数据进行了可信度分类：实心箭头，可信度较高；空心箭头，可信度较低。同时，借助断层或擦痕的切割关系，梳理了古构造应力场的活动期次，进一步约束区域构造变形事件的演化序列。更详细的断层滑动矢量分析及古构造应力场反演的原理介绍请参阅 Ratschbacher 等（2003）或 Sperner 和 Zweigel（2010）。本次研究中，我们采用了法国南巴黎大学开发的反演软件 FAULT 来计算各观测点的三轴主应力方向（Carey，1979；Angelier，1984）。基于野外观测和软件反演结果，本研究建立了沅麻盆地五个阶段的古构造应力场演化历史（表2.5～表2.9），并利用吴氏网下半球投影方法将断层滑动矢量投影在图2.54～图2.58（弧线，代表断层面；箭头，代表擦痕，其指示了断层上盘的运动方向）。

1）上白垩统断层动力学分析与古构造应力场

野外调查和盆地分析结果表明，沅麻盆地上白垩统的沉积和变形主要受控于两类断层：一类为共轭走滑断层；另一类为 EW 走向正断层。这些断层及其上擦痕的反演结果指示，沅麻盆地晚白垩世以来共经历了两期古构造应力场的交替和演化，分别为：① NE-SW 向挤压应力场和② NS 向伸展应力场。

NE-SW 挤压应力场主要被具共轭关系的两类走滑断层所记录。其中，一类为 NS 走向的右行走滑断层；另一类为 ENE-WSW 向的左行走滑断层。这些断层大部分倾角较陡（大于60°），断层面上擦痕侧伏角较低（小于30°）［图2.55（a）］。除上白垩统外，这期应力场还被广泛记录在盆地东缘的前白垩纪地层中［图2.55（a），表2.5］。断层滑动矢量测量点共计40个，具体位置见图2.55（a），各观测点估算的三轴应力参数见图2.55（b）和表2.5。统计结果显示，所有观测点的最大主应力轴（σ_1）近水平，其极密区位于 $37°\angle12°$；中间主应力轴（σ_2）近垂直；最小主应力轴（σ_3）为 NE 走向，近水平。上述主应力轴分布规律与走滑断层的三轴应力状态完全相符，且与前人通过镜质体光性异常和共轭剪节理所获的结果一致（钟建华、易改危，1997）。

NS 伸展应力场主要被古生界—上白垩统中 ENE-E 走向正断层所记录。这些正断层主要位于盆地边界（如 F5 和 F6），它们控制着芷江和漆河半地堑晚白垩世的伸展断陷作用［图2.52（a）］。野外观测表明，大多数正断层倾向 N 或 S，倾角中等或陡（约40°～70°），擦痕方向与断层走向近垂直［图2.56（a）］。在麻阳北部，这些正断层切割上白垩

表 2.5　沅麻盆地 NE–SW 挤压应力场断层滑动矢量资料统计

点号	经度 （E）	纬度 （N）	岩性	测量数 量/条	σ_1（az/pl）	σ_2（az/pl）	σ_3（az/pl）	R	构造应力场
09b	110.413°	28.429°	K_1d 砂岩	7	232°/9°	3°/76°	141°/11°	0.804	
13a	110.406°	28.392°	K_1d 砂岩	7	29°/3°	124°/60°	297°/30°	0.323	
39a	109.823°	27.889°	K_1g 砂岩	7	19°/34°	207°/56°	112°/4°	0.802	
43b	109.950°	27.990°	K_1m 砂岩	7	13°/8°	268°/61°	107°/28°	0.717	
45	109.963°	28.001°	K_1g 砂岩	8	200°/22°	40°/67°	293°/7°	0.428	
48	110.015°	28.030°	K_1g 砂岩	11	21°/16°	187°/73°	289°/4°	0.931	
73	109.672°	27.461°	K_2n 砂岩	9	57°/16°	198°/70°	323°/12°	0.562	
79	109.731°	27.457°	K_1m 砂岩	9	42°/11°	254°/77°	133°/7°	0.818	
84a	109.774°	27.319°	K_1d 泥岩	18	235°/6°	122°/75°	327°/13°	0.823	
85	109.786°	27.314°	K_1d 砂岩	12	216°/13°	81°/71°	309°/13°	0.849	
116	110.590°	27.949°	K_2n 砂岩	9	32°/22°	245°/64°	127°/13°	0.733	
174	111.318°	29.088°	K_1d 砂岩	7	42°/14°	159°/62°	306°/24°	0.859	
176	111.217°	29.103°	K_1d 砂岩	9	45°/19°	205°/70°	313°/7°	0.631	
180	111.138°	28.954°	K_1d 砂岩	26	242°/0°	144°/88°	332°/2°	0.657	
181	111.101°	28.913°	K_1d 砂岩	12	52°/6°	193°/82°	322°/5°	0.698	
193b	110.413°	28.424°	K_1d 砂岩	9	25°/8°	274°/68°	118°/21°	0.193	
208	110.412°	28.472°	K_1d 砂岩	4	216°/10°	324°/60°	120°/28°	0.821	
209	110.403°	28.492°	K_1d 泥岩	10	64°/2°	176°/84°	334°/6°	0.792	
210	110.406°	28.505°	K_1d 泥岩	23	56°/12°	189°/74°	323°/12°	0.793	NE–SW 向 挤压，NW– SE 向伸展
212b	110.467°	28.541°	K_1d 砂岩	14	39°/3°	137°/67°	308°/23°	0.975	
230	109.625°	27.948°	K_1d 砂岩	6	205°/18°	310°/39°	96°/46°	0.841	
232a	109.635°	27.936°	K_1d 砂岩	13	36°/19°	202°/70°	304°/4°	0.859	
247a	109.800°	27.799°	K_1m 砂岩	20	46°/8°	236°/82°	136°/1°	0.853	
248	109.806°	27.875°	K_1m 砂岩	16	32°/17°	267°/61°	129°/23°	0.597	
251	109.932°	27.886°	K_1m 砂岩	12	27°/7°	174°/82°	296°/4°	0.682	
236	109.780°	27.851°	K_1m 砂岩	5	239°/30°	89°/57°	337°/14°	0.722	
303d	109°56.5′	27°25′50″	P 灰岩	15	213°/9°	5°/79°	128°/3°	0.815	
304c	109°56.6′	27°25′27″	P 灰岩	11	242°/14°	62°/76°	332°/0°	0.443	
307	109°56.6′	27°26′32″	P 灰岩	20	245°/19°	91°/69°	338°/8°	0.492	
308c	110°0′15″	27°32′14″	P 灰岩	4	35°/11°	178°/77°	303°/8°	0.467	
309	110°0′25″	27°32′24″	T 灰岩	27	239°/12°	119°/66°	333°/20°	0.644	
310a	110°0′46″	27°32′35″	P 灰岩	9	44°/12°	164°/67°	309°/19°	0.847	
312	110°4′3″	27°35′7″	P 白云岩	6	234°/31°	102°/48°	340°/25°	0.174	
315	110°9′34″	27°42′55″	J_2 砂岩	9	248°/45°	66°/45°	157°/1°	0.389	
316	110°9′27″	27°45′40″	P 灰岩	6	30°/26°	284°/30°	153°/48°	0.975	
317a	110°9′53″	27°46′55″	T 灰岩	8	45°/25°	247°/63°	139°/9°	0.604	
319e	110°12.95′	27°55′12″	J_2 砂岩	5	238°/19°	344°/38°	128°/45°	0.92	
322b	110°11′32″	27°56′41″	J_2 砂岩	8	30°/10°	259°/74°	122°/12°	0.949	
334	110°33.33′	28°27′43″	P 灰岩	6	60°/29°	239°/60°	345°/9°	0.318	
348	109°27.5′	27°55′39″	∈ 灰岩	23	203°/31°	358°/70°	121°/20°	0.788	

注：σ_1，σ_2，σ_3 最大、中间和最小主应力轴；az. 倾向；pl. 倾角；$R=(\sigma_2-\sigma_1)/(\sigma_3-\sigma_1)$；∈. 寒武系；P. 二叠系；T. 三叠系；$J_2$. 中侏罗统；$K_1$. 下白垩统；$K_2$. 上白垩统。

表 2.6　沅麻盆地 NS 伸展应力场断层滑动矢量资料统计

点号	经度 (E)	纬度 (N)	岩性	测量数量/条	σ_1 (az/pl)	σ_2 (az/pl)	σ_3 (az/pl)	R	构造应力场
40	109.847°	27.913°	K_1g 砂岩	9	13°/84°	256°/2°	166°/15°	0.739	
72b	109.654°	27.485°	K_2n 砂岩	4			S-N	0.706	
168	111.376°	29.149°	K_1d 泥岩	6	180°/79°	271°/0°	1°/11°	0.564	
174b	111.318°	29.088°	K_1d 砂岩	4			S-N	0.681	
194	110.417°	28.420°	K_1d 砂岩	4	16°/85°	269°/2°	179°/5°	0.757	
200	110.358°	28.615°	K_1d 砂岩	6	28°/80°	277°/3°	187°/9°	0.8	
209b	110.403°	28.492°	K_1d 泥岩	7	97°/79°	260°/11°	351°/3°	0.691	
227	109.591°	27.960°	K_1m 砂岩	16	137°/65°	261°/14°	356°/19°	0.448	
240	109.695°	27.810°	K_1m 砂岩	9	94°/73°	268°/17°	358°/2°	0.608	
303b2	109°56′36″	27°25′50″	P 灰岩	8	113°/76°	274°/13°	5°/4°	0.495	
305c	109°56′25″	27°24′44″	P 灰岩	8	109°/73°	249°/13°	342°/10°	0.626	
306b	109°56′20″	27°26′20″	J_2 砂岩	12	331°/69°	112°/17°	206°/12°	0.796	
307b	109°56′35″	27°26′32″	P 灰岩	8	88°/87°	265°/3°	355°/0°	0.679	
308b	110°0′15″	27°32′14″	P 灰岩	9				0.728	
311a	110°3′6″	27°35′3″	P 灰岩	12	107°/84°	241°/4°	332°/4°	0.719	NS 向伸展
312a	110°4′3″	27°35′7″	P 白云岩	9	256°/81°	87°/9°	357°/2°	0.779	
315a	110°9′34″	27°42′55″	J_2 砂岩	9	342°/73°	90°/6°	182°/16°	0.409	
316a	110°9′27″	27°45′40″	P 灰岩	4	243°/73°	105°/13°	12°/11°	0.501	
318a	110°11′37″	27°49′23″	J_2 砂岩	7	352°/81°	87°/1°	177°/9°	0.465	
319b	110°12′54″	27°55′12″	J_2 砂岩	5				0.292	
325d	110°11′44″	27°49′22″	P 灰岩	4	173°/70°	269°/2°	360°/20°	0.187	
327	110°15′7″	28°7′19″	P 灰岩	5	102°/35°	233°/43°	352°/27°	0.095	
328a	110°16′33″	28°12′28″	Є 灰岩	7	43°/77°	271°/8°	180°/9°	0.669	
329b	110°18′16″	28°14′16″	Є 灰岩	5	118°/76°	253°/10°	344°/10°	0.516	
336	110°19′31″	28°16′53″	K_1d 砂岩	12	145°/82°	260°/3°	351°/7°	0.344	
340a	110°8′20″	27°57′26″	J_2 砂岩	7	293°/81°	86°/8°	176°/4°	0.64	
343b	109°56′14″	27°53′8″	K_1d 泥岩	7	104°/71°	261°/18°	353°/7°	0.693	
348a	109°27′29″	27°55′39″	Є 灰岩	7			S-N	0.864	

注：σ_1，σ_2，σ_3 最大、中间和最小主应力轴；az. 倾向；pl. 倾角；$R = (\sigma_2 - \sigma_1) / (\sigma_3 - \sigma_1)$；Є. 寒武；P. 二叠系；T. 三叠系；$J_2$. 中侏罗统；$K_1$. 下白垩统；$K_2$. 上白垩统。

表 2.7　沅麻盆地 NW–SE 挤压应力场断层滑动矢量资料统计

点号	经度（E）	纬度（N）	岩性	测量数量/条	σ_1（az/pl）	σ_2（az/pl）	σ_3（az/pl）	R	构造应力场
08	110.412°	28.432°	K_1d 砂岩	7	139°/14°	303°/75°	48°/4°	0.358	
13b	110.406°	28.392°	K_1d 砂岩	4	113°/15°	337°/70°	206°/14°	0.475	
36	110.007°	27.803°′	K_1g 砂岩	13	151°/5°	249°/57°	58°/33°	0.847	
39b	109.823°	27.889°	K_1g 砂岩	4	320°/16°	217°/37°	69°/48°	0.711	
45b	109.963°	28.001°	K_1g 砂岩	4	331°/3°	206°/85°	61°/4°	0.503	
84b	109.774°	27.319°	K_1d 泥岩	4	NW–SE			0.715	
87	109.836°	27.370°	K_1d 砂岩	7	NW–SE			0.993	
180b	111.136°	28.953°	K_1d 砂岩	10	157°/34°	289°/44°	48°/26°	0.199	
193	110.413°	28.424°	K_1d 砂岩	13	134°/27°	293°/62°	40°/9°	0.51	
207	110.380°	28.468°	K_1d 泥岩	9	126°/14°	216°/1°	312°/76°	0.493	
211	110.456°	28.520°	K_1d 砂岩	14	149°/7°	351°/83°	239°/3°	0.84	
212a	110.467°	28.541°	K_1d 砂岩	24	NW–SE			0.755	
225	109.781°	28.273°	K_1g 砂岩	4	NW–SE			0.608	
232b	109.635°	327.936°	K_1d 砂岩	8	350°/24°	232°/46°	98°/34°	0.772	
247b	109.800°	27.799°	K_1m 砂岩	6	141°/9°	347°/80°	231°/4°	0.77	
303c	109°56.6′	27°25′50″	P 灰岩	8	302°/7°	49°/67°	209°/21°	0.355	
305d	109°56.45′	27°24′44″	P 灰岩	12	328°/5°	82°/78°	237°/11°	0.724	NW–SE 向挤压，NE–SW 向伸展
306	109°56.33′	27°26′20″	J_2 砂岩	18	343°/29°	120°/53°	241°/21°	0.922	
307a	109°56.6′	27°26′32″	P 灰岩	11	335°/5°	73°/57°	242°/33°	0.914	
309c	110°0′25″	27°32′24″	T 灰岩	19	349°/20°	247°/29°	108°/53°	0.928	
311	110°3′6″	27°35′3″	P 灰岩	4	317°/11°	53°/29°	208°/59°	0.83	
312c	110°4′3″	27°35′7″	P 白云岩	6	306°/21°	54°/39°	195°/43°	0.831	
313	110°9′34″	27°41′27″	T 灰岩	11	300°/11°	90°/78°	209°/6°	0.91	
314	110°11′31″	27°41′5″	C 灰岩	8	158°/23°	281°/52°	55°/28°	0.554	
316d	110°9′27″	27°45′40″	P 灰岩	7	131°/0°	40°/78°	221°/12°	0.543	
318d	110°11′37″	27°49′23″	J_2 砂岩	6	318°/19°	50°/7°	160°/69°	0.948	
319c	110°12.9′″	27°55′12″	J_2 砂岩	7				0.55	
322a	110°11′32″	27°56′41″	J_2 砂岩	23	161°/33°	312°/53°	62°/14°	0.481	
325	110°11′44″	27°49′22″	P 灰岩	9	156°/3°	50°/78°	247°/11°	0.604	
329c	110°18.3′	28°14′16″	Є 灰岩	14	309°/11°	46°/78°	218°/12°	0.422	
332	110°30.2′	28°26′32″	K_1d 砂岩	6	143°/4°	259°/82°	53°/8°	0.742	
333	110°30.6′	28°26′39″	K_1d 砂岩	9				0.509	
335	110°32.6′	28°27′17″	K_1d 砂岩	6	305°/4°	193°/79°	35°/10°	0.69	
337	110°16.9′	28°13′4″	Є 灰岩	4	338°/6°	214°/80°	69°/8°	0.579	
346	109°46.8′	27°51′42″	K_1d 泥岩	10	329°/21°	110°/63°	233°/16°	0.805	
351a	109°36.5′	28°06′10″	Є 灰岩	7	328°/30°	75°/27°	199°/48°	0.793	

注：σ_1，σ_2，σ_3 最大、中间和最小主应力轴；az. 倾向；pl. 倾角；$R = (\sigma_2 - \sigma_1)/(\sigma_3 - \sigma_1)$；Є. 寒武系；P. 二叠系；T. 三叠系；$J_2$. 中侏罗统；$K_1$. 下白垩统；$K_2$. 上白垩统。

表 2.8　沅麻盆地 NW–SE 伸展应力场断层滑动矢量资料统计

点号	经度(E)	纬度(N)	岩性	测量数量/条	σ_1 (az/pl)	σ_2 (az/pl)	σ_3 (az/pl)	R	构造应力场
9a	110.413°	28.429°	K_1d 砂岩	8	51°/77°	225°/13°	315°/1°	0.66	
34	110.043°	27.804°	K_1d 砂岩	5	22°/54°	241°/30°	139°/19°	0.729	
44b	110.003°	28.010°	K_1g 泥岩	4	81°/73°	237°/16°	329°/7°	0.583	
168b	111.376°	29.149°	K_1d 泥岩	4	219°/64°	56°/25°	323°/7°	0.152	
207b	110.380°	28.468°	K_1d 泥岩	4	22°/84°	222°/5°	132°/2°	0.183	
234	109.708°	27.894°	K_1m 砂岩	4			NW–SE	0.782	
241	109.656°	27.786°	K_1d 砂岩	13	277°/69°	39°/12°	133°/17°	0.774	
243	109.619°	27.742°	K_1d 砂岩	8	248°/66°	34°/20°	128°/13°	0.195	
255	110.106°	27.941°	K_1d 砂岩	9	49°/84°	226°/6°	316°/0°	0.686	
303b1	109°56′36″	27°25′50″	P 灰岩	21	10°/79°	243°/7°	152°/9°	0.963	
305b	109°56′25″	27°24′44″	P 灰岩	6	221°/51°	78°/33°	335°/18°	0.284	
307c	109°56′35″	27°26′32″	P 灰岩	17	338°/83°	228°/2°	138°/7°	0.762	
309a	110°0′25″	27°32′24″	T 灰岩	16	112°/71°	223°/7°	316°/17°	0.999	
310	110°0′46″	27°32′35″	P 灰岩	16	181°/71°	59°/10°	326°/16°	0.331	
313b	110°9′34″	27°41′27″	T 灰岩	6	35°/67°	243°/21°	150°/10°	0.51	
315b	110°9′34″	27°42′55″	J_2 砂岩	12	288°/60°	38°/11°	134°/28°	0.077	NW–SE 向伸展
317	110°9′53″	27°46′55″	T 灰岩	7	336°/76°	229°/4°	138°/13°	0.58	
326a	110°13′49″	28°5′1″	J_1 砂岩	6	118°/80°	15°/2°	284°/10°	0.816	
329	110°18′16″	28°14′16″	Є 灰岩	8	95°/77°	247°/12°	338°/6°	0.82	
330a	110°20′20″	28°17′40″	P 灰岩	4	201°/63°	54°/23°	318°/13°	0.289	
333a	110°30′35″	28°26′39″	K_1d 砂岩	5	29°/80°	207°/10°	297°/0°	0.379	
336	110°19′31″	28°16′53″	K_1d 砂岩	5	168°/83°	65°/1°	335°/7°	0.638	
339	110°12′43″	28°12′43″	K_1d 砂岩	11	20°/83°	199°/7°	289°/0°	0.837	
340	110°8′20″	27°57′26″	J_2 砂岩	15	78°/86°	195°/2°	285°/0°	0.521	
341	110°6′21″	27°56′27″	K_1d 砂岩	10	143°/71°	45°/3°	314°/19°	0.385	
343	109°56′14″	27°53′8″	K_1d 泥岩	5	126°/84°	226°/1°	316°/6°	0.709	
345	109°48′20″	27°52′48″	K_1d 砂岩	9	228°/51°	61°/38°	326°/6°	0.294	
349	109°35′25″	27°57′56″	Є 灰岩	8	267°/55°	359°/2°	90°/35°	0.48	
351	109°36′28″	28°06′10″	Є 灰岩	22	161°/87°	26°/2°	296°/2°	0.799	
352a	109°39′10″	28°11′14″	Є 灰岩	5	82°/83°	231°/6°	322°/3°	0.715	
353	109°40′2″	28°12′43″	Є 灰岩	8			NW–SE	0.608	
354	109°40′34″	28°13′26″	Є 灰岩	17	194°/88°	40°/2°	310°/1°	0.862	

注：σ_1、σ_2、σ_3 最大、中间和最小主应力轴；az. 倾向；pl. 倾角；$R = (\sigma_2 - \sigma_1)/(\sigma_3 - \sigma_1)$；Є. 寒武系；P. 二叠系；T. 三叠系；$J_2$. 中侏罗统；$K_1$. 下白垩统；$K_2$. 上白垩统。

表 2.9 沅麻盆地 EW 挤压应力场断层滑动矢量资料统计

点号	经度（E）	纬度（N）	岩性	测量数量/条	σ_1（az/pl）	σ_2（az/pl）	σ_3（az/pl）	R	构造应力场
30	110.095°	27.858°	J_2d 砂岩	7	107°/8°	17°/10°	232°/78°	0.786	
63	110.142°	27.963°	J_1j 砂岩	10	285°/12°	194°/11°	18°/83°	0.867	
68	110.195°	27.823°	J_1j 砂岩	8	92°/21°	338°/20°	182°/71°	0.876	
69	110.305°	28.603°	J_1j 砂岩	11	263°/5°	79°/85°	166°/4°	0.783	
303	109°56′36″	27°25′50″	P 灰岩	22	90°/14°	207°/62°	354°/24°	0.64	
304	109°56′37″	27°25′27″	P 灰岩	9				0.369	
305	109°56′25″	27°24′44″	P 灰岩	17	247°/25°	79°/64°	340°/4°	0.139	
307d	109°56′35″	27°26′32″	P 灰岩	16	265°/11°	36°/74°	172°/12°	0.972	
308	110°0′15″	27°32′14″	P 灰岩	8	90°/15°	276°/74°	180°/2°	0.993	
311b	110°3′6″	27°35′3″	P 灰岩	4	269°/2°	1°/52°	178°/38°	0.806	
312b	110°4′3″	27°35′7″	P 白云岩	9	262°/2°	158°/82°	352°/8°	0.967	
313c	110°9′34″	27°41′27″	T 灰岩	6	263°/22°	134°/58°	3°/23°	0.882	
314	110°11′31″	27°41′5″	C 灰岩	9	293°/21°	39°/36°	179°/46°	0.418	
315	110°9′34″	27°42′55″	J_2 砂岩	10	266°/9°	152°/71°	1°/17°	0.702	
316c	110°9′27″	27°45′40″	P 灰岩	12	95°/10°	346°/61°	190°/27°	0.984	EW
318	110°11′37″	27°49′23″	J_2 砂岩	16	266°/23°	350°/3°	85°/79°	0.905	向挤压，
319	110°12′54″	27°55′12″	J_2 砂岩	4	286°/4°	187°/64°	18°/26°	0.743	NS
322c	110°11′32″	27°56′41″	J_2 砂岩	8	259°/4°	10°/80°	168°/10°	0.704	向伸展
323	110°11′4″	27°44′24″	P 灰岩	4	113°/38°	271°/50°	14°/11°	0.652	
325e	110°11′44″	27°49′22″	P 灰岩	9	253°/10°	352°/44°	153°/44°	0.862	
326	110°13′49″	28°5′1″	J_1 砂岩	5	275°/3°	185°/4°	43°/85°	0.968	
327a	110°15′7″	28°7′19″	P 灰岩	8	259°/20°	117°/65°	354°/14°	0.301	
329	110°18′16″	28°14′16″	∈灰岩	16	92°/1°	342°/88°	182°/2°	0.797	
330	110°20′20″	28°17′40″	P 灰岩	5	95°/31°	359°/9°	256°/58°	0.165	
331	110°29′28″	28°26′7″	P 灰岩	6	276°/33°	105°/57°	9°/4°	0.608	
334a	110°33′19″	28°27′43″	P 灰岩	5	72°/3°	330°/79°	163°/11°	0.544	
338	110°14′49″	28°13′23″	∈灰岩	5	250°/36°	121°/41°	4°/28°	0.655	
347	109°33′7″	27°55′34″	∈灰岩	5	261°/37°	354°/3°	88°/52°	0.495	
348b	109°27′29″	27°55′39″	∈灰岩	6	88°/9°	320°/76°	180°/11°	0.806	
349	109°35′25″	27°58′1″	∈灰岩	5	285°/3°	85°/86°	351°/4°	0.901	
351c	109°36′28″	28°06′10″	∈灰岩	5	97°/20°	222°/58°	357°/24°	0.363	
354a	109°40′34″	28°13′26″	∈灰岩	7	268°/10°	15°/8°	172°/81°	0.898	

注：σ_1、σ_2、σ_3 最大、中间和最小主应力轴；az. 倾向；pl. 倾角；$R=(\sigma_2-\sigma_1)/(\sigma_3-\sigma_1)$；∈. 寒武系；P. 二叠系；T. 三叠系；$J_2$. 中侏罗统；$K_1$. 下白垩统；$K_2$. 上白垩统。

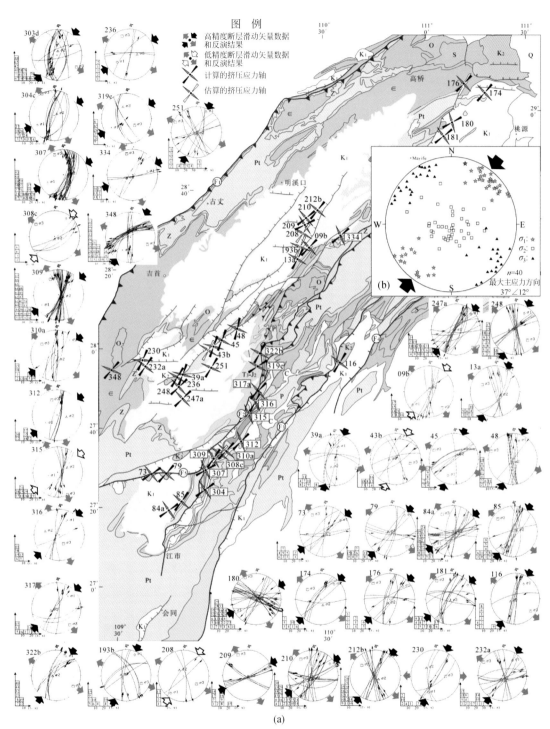

(a)

图 2.55　（a）沅麻盆地 NE-SW 向挤压应力场的断层滑动矢量统计资料和

（b）所有分析点的三轴主应力方向赤平投影结果

σ_1，σ_2，σ_3 分别代表最大、中间和最小主挤压应力

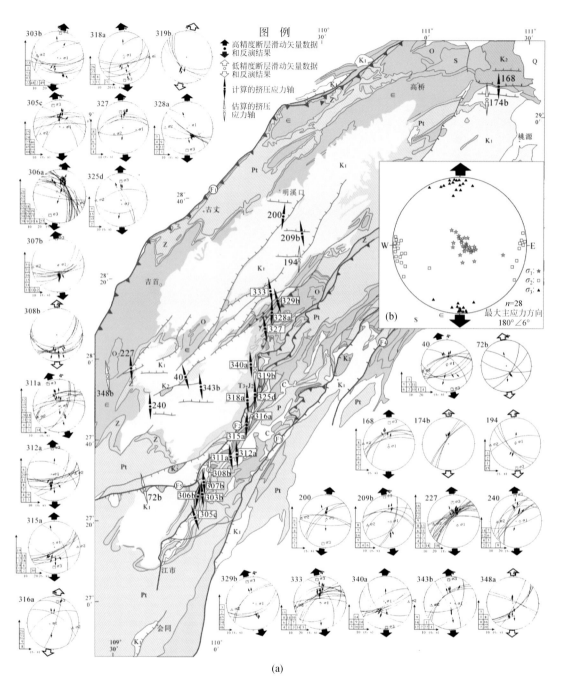

(a)

图 2.56　（a）沅麻盆地 NS 伸展应力场的断层滑动矢量统计资料

（b）所有分析点的三轴主应力方向赤平投影结果

σ_1，σ_2，σ_3 分别代表最大、中间和最小主挤压应力

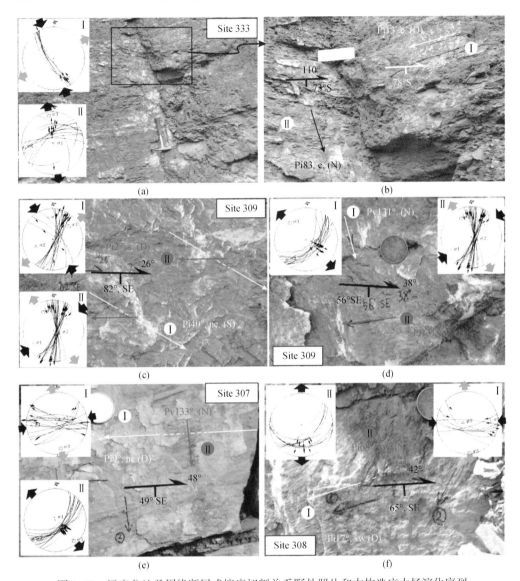

图 2.57 沅麻盆地及周缘断层或擦痕切割关系野外照片和古构造应力场演化序列

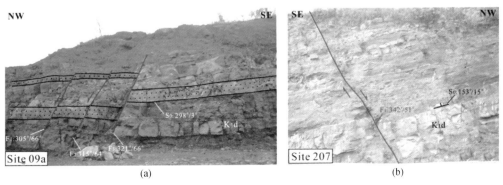

图 2.58 沅麻盆地下白垩统 NE-SW 走向正断层野外照片

断层上擦痕指示 NW-SE 向伸展

统砂岩，导致地层错断，引发最大断距约 7 m，形成一系列露头尺度的小型地垒和地堑构造（图 2.59）。断层滑动矢量测量点共计 28 个（表 2.6），具体位置见图 2.56（a）。统计结果显示，所有观测点的最小主应力轴（σ_3）近水平，其极密区位于 180°∠6°；中间主应力轴（σ_2）近水平，走向 EW；最大主应力轴（σ_1）近垂直。

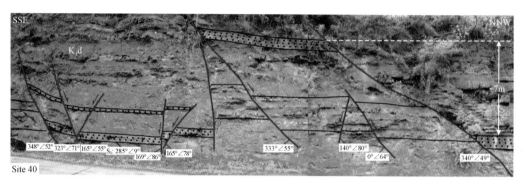

图 2.59　下白垩统 NEE-E 走向正断层及擦痕指示 NS 向伸展（麻阳县北）

2）下白垩统断层动力学分析与古构造应力场

前文研究已证实，上述两期应力场被广泛记录在下白垩统砂岩和泥岩中（表 2.5、表 2.6）。野外调查发现，其他一些断层仅影响下白垩统的变形或沉积作用，而并未在上白垩统发现，如 NE-SW 走向正断层，NS 走向左行断层和 WNW-ESE 走向右行断层。这些断层及其上的擦痕的反演结果指示了另外两期应力场的存在：①NW-SE 向挤压应力场②NW-SE 向伸展应力场。

NW-SE 向挤压应力场主要被 NS 走向左行断层和 WNW-ESE 向右行断层所记录，它们互成共轭，往往相伴存在。这些断层大部分倾角较陡（大于 60°），断层面上擦痕的侧伏角较缓（小于 30°）。它们影响的主要地层为寒武系—下白垩统（表 2.7），本次野外共观测到 36 个露头点。这些观测点的反演结果一致指示 NW-SE 向挤压应力场［图 2.60（a）］，其三轴应力分布特征为：最大主应力轴（σ_1）近水平，其极密区位于 309°∠9°；中间主应力轴（σ_2）近垂直；最小主应力轴（σ_3）近水平，走向 NE［图 2.60（b）］。野外可见上述断层与其他性质断层间的切割关系，如沅陵东部，NW 走向右行走滑断裂被另一条正断层切割［图 2.57（a）、（b）］，表明 NW-SE 向挤压应力场早于 NS 向伸展应力场。在怀化东部二叠系灰岩中可见断层面上两组擦痕的切割关系［图 2.57（c）］，早期擦痕与 NW-SE 向挤压应力场有关，晚期擦痕与 NE-SW 向挤压应力场有关，暗示 NW-SE 向挤压应力场早于 NE-SW 向挤压应力场。

NW-SE 向伸展应力场主要被 NE-NNE 走向正断层或同沉积生长断层所记录，它们大部分倾角中等（40°~60°），断层面上擦痕的侧伏角较大（大于 70°）［图 2.61（a）］。断层滑动矢量测量点共计 28 个，卷入变形地层为寒武系—下白垩统［图 2.61（a），表 2.8］。反演结果表明，所有测量点的最小主应力轴（σ_3）近水平，其极密区位于 136°∠0°；中间主应力轴（σ_2）近水平，走向 NE-SW；最大主应力轴（σ_1）近垂直，指示 NW-SE 向伸展应力场［图 2.61（b）］。在沅陵东部和南部可见，上述正断层切割早白垩世砖红色砂岩，导致明显地层错断和约 0.2~0.5 m 垂向断距［图 2.58（a）、（b）］。二叠系灰岩中 NE 走向断层面上擦痕切割关系表明，NW-SE 向伸展应力场比 NE-SW 向挤压应力场早［图 2.57（d）］。

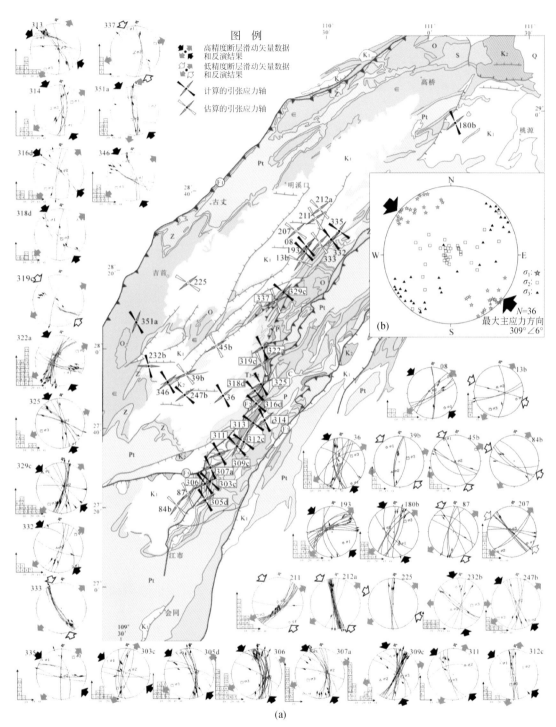

(a)

图 2.60 （a）沅麻盆地 NW-SE 挤压应力场的断层滑动矢量统计资料和

（b）所有分析点的三轴主应力方向赤平投影结果

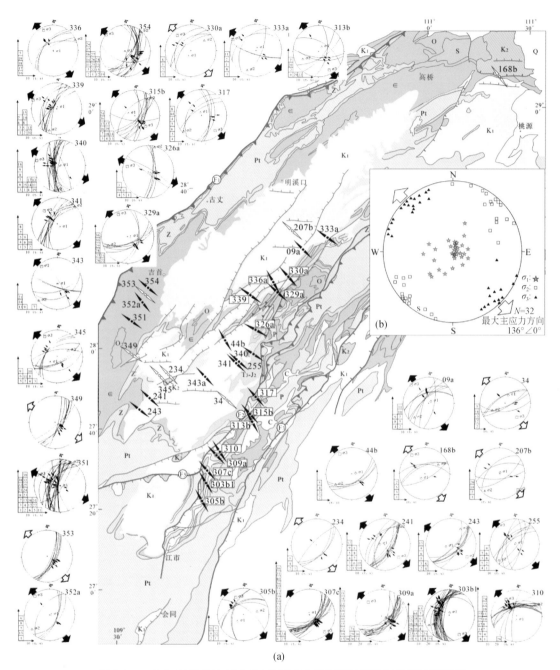

图2.61　（a）沅麻盆地 NW-SE 伸展应力场的断层滑动矢量统计资料和

（b）所有分析点的三轴主应力方向赤平投影结果

3）上三叠统—中侏罗统断层动力学分析与古构造应力场

沅麻盆地东缘侏罗系砂岩中广泛发育 NNE 走向逆冲和走滑断裂［图2.62（a）］。其中，最具规模的为怀化-辰溪断裂带，它由一系列 NNE 走向次级逆冲断层构成，将二叠系碳酸盐岩逆冲至上三叠统—下侏罗统砂岩之上［图2.62（b）～（e）］。这些断层倾向 E，倾

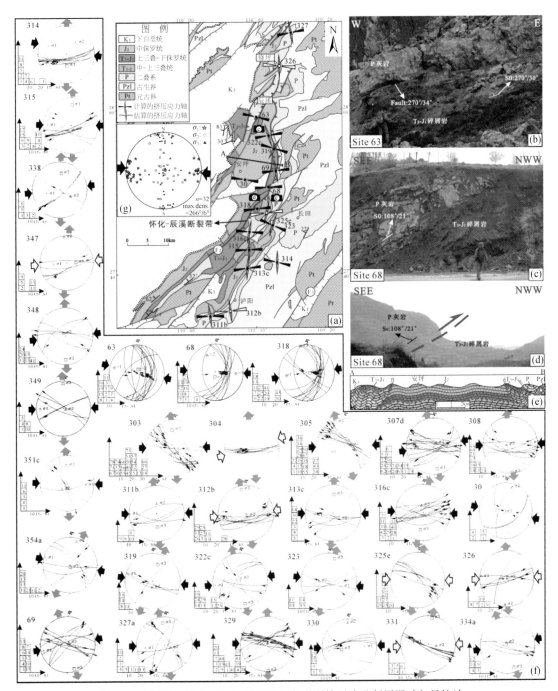

图 2.62　沅麻盆地中—晚侏罗世挤压变形野外照片及断层滑动矢量统计

（a）沅麻盆地东缘辰溪地区地质简图；（b）和（c）二叠系灰岩逆冲至 T_3—J_1 碎屑岩之上；
（d）"top-to-the-west"逆冲断裂地形地貌照片；（e）辰溪地区构造横剖面图；（f）断层滑动矢量资料证实挤压应力场
方向为 EW；（g）各观测点的三轴主应力统计分析

角中等或陡（约40°~60°），以向西逆冲运动为主，断层及擦痕反演结果指示近 EW 挤压应力场［图2.62（f），点63，68和318］。这期挤压应力场不仅仅被记录在上三叠统—中侏罗统（T_3—J_2），其广泛影响古生代地层，导致寒武纪和石炭纪—二叠纪碳酸盐岩中形成一系列共轭走滑断裂（表2.9）。断层滑动矢量测量点共计32个（表2.9），它们的古构造应力场反演结果显示：最大主应力轴（σ_1）近水平，其极密区位于266°∠6°；中间主应力轴（σ_2）近垂直；最小主应力轴（σ_3）近水平，走向 SN［图2.62（f）］。野外可见上述断层或擦痕间的切割关系，如怀化西部二叠系灰岩 NE 走向断层面上右行走滑擦痕被正断层擦痕切割，表明 EW 向挤压应力场形成早于 NW-SE 向伸展应力场［图2.57（e）］。类似地，图2.57(f)中断层切割关系表明 EW 向挤压应力场形成早于 NS 向伸展应力场。

3. 构造意义

1）沅麻盆地古构造应力场的年代学

由于缺乏可以直接定年的矿物，现有手段很难确定古构造应力场的精确年代。本研究主要借助已知时代地层的沉积-变形特征，约束各期古构造应力场的上、下限年代，即卷入变形最年轻地层的时代可为古构造应力场提供下限年代约束，而角度不整合面上覆地层的时代则可代表古构造应力场的上限年代（Zhang *et al.*，2003b）。由此确定的沅麻盆地晚中生代—新生代古构造应力场的演化序列见图2.53。

NE-SW 向挤压应力场卷入变形的最新地层为上白垩统［溆浦和芷江；图2.55（a），表3.5］，暗示这期应力场的形成时代应晚于晚白垩世。值得注意的是，这期应力场导致江汉盆地古近系发生冲断褶皱变形，形成 NW-SE 走向断裂和褶皱，并被新近系砾岩角度不整合覆盖（刘景彦等，2009）。这个接触关系进一步表明，NE-SW 向挤压应力场的形成年代应比新近纪早，最可能为古近纪末期。

NS 向伸展应力场导致了一系列 ENE-E 走向正断层或生长断层的形成，其控制了晚白垩世芷江和漆河半地堑的伸展断陷和沉积物的充填。因此，这期伸展应该发生在晚白垩世，与盆地断陷沉积作用同步，然而，它的结束时间尚不清楚。上文已提及，江汉盆地晚白垩世至古近纪的沉积是连续的（吴萍、杨振强，1980；戴贤忠、李玲俐，1990；林宗满，1992；张师本等，1992），其可能暗示这期伸展可延续至古近纪早期。如果这个推测是正确的，那么 NS 向伸展应力场的持续时间应为晚白垩世—古近纪早期。

NW-SE 向挤压应力场卷入变形的最新地层为下白垩统（表2.7）。这期挤压造成沅麻盆地的构造反转，其导致下白垩统普遍褶皱并被上白垩统角度不整合覆盖［图2.54（a）、（b）］，这些变形、沉积证据表明 NW-SE 向挤压应力场应晚于早白垩世，但早于晚白垩世。因此，本研究将其时代限定为早白垩世晚期。

NW-SE 向伸展应力场卷入变形的最新地层为下白垩统（表2.8）。这期伸展导致一系列 NE-SW 走向正断层或同沉积生长断层的形成，其控制了沅麻盆地初始张开和断陷沉积作用。因此，NW-SE 向伸展应形成于早白垩世早期。

EW 向挤压应力场卷入变形的最新地层为中侏罗世泸阳组［图2.62（a），表2.9］，其导致沅麻盆地东缘中侏罗统普遍褶皱，并被下白垩统角度不整合覆盖。因此，这期挤压应力场的形成年代应介于中侏罗世和早白垩世之间。结合区域大地背景，本研究将其时代限定为中—晚侏罗世。

2）沅麻盆地晚中生代—早新生代构造演化历史

本研究利用不同地层单元发育的断层及其上的滑动矢量进行古构造应力场的反演，结果表明，沅麻盆地晚中生代—新生代共经历五期古构造应力场的交替和演化（图 2.63）。中—晚侏罗世 EW 向挤压应力场导致盆地东缘广泛冲断-褶皱变形，形成 NE-NNE 走向褶皱和共轭走滑断裂 ［图 2.63（a）］；另外，这期挤压将怀化-辰溪断裂带（F2）复活，沿断裂将二叠系碳酸盐岩逆冲至侏罗系碎屑岩之上［图 2.62（b）~（e）］，并导致飞来峰和构造窗等大型逆冲推覆构造的形成（任纪舜，1990；陈海泓等，1993；杨绍祥、余沛然，1995；丁道桂等，2007）。早白垩世早期 NW-SE 向伸展应力场导致盆地内部一系列 NE 走向正断层的形成 ［图 2.63（b）］，其控制着盆地的初始张开和断陷沉积（郑贵州，1998；丘元禧等，1998；张进等，2010），这期伸展作用被早白垩世晚期 NW-SE 向挤压应力场终止。NW-SE 向挤压造成沅麻盆地乃至整个华南大陆构造反转 ［图 2.63（c）］，形成区域性上、下白垩统间的角度不整合（黄宗和，1986；Shu *et al.*，2009b）。晚白垩世早期，构造应力场转变为 NS 向伸展，其诱发盆地沿 EW 走向正断裂广泛伸展断陷，导致芷江和漆河半地堑的形成 ［图 2.63（d）］。这期伸展可能持续至古近纪早期，并最终被古近纪末期 NE-SW 向挤压应力场所终止。NE-SW 向挤压引发华南大陆发生区域性构造反转 ［图 2.63（e）］，造成沅麻盆地整体抬升和隆升剥蚀，新生代地层缺失；并导致江汉盆地古近系强烈褶皱，最终被新近系砾岩角度不整合覆盖。

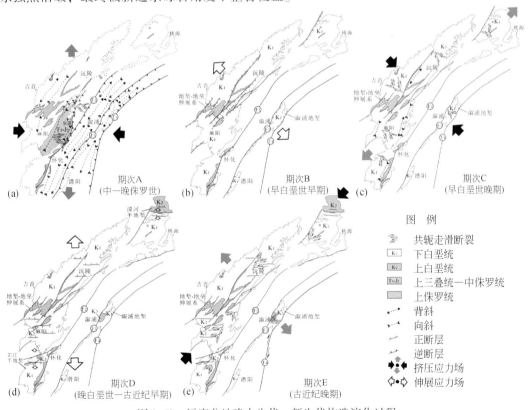

图 2.63　沅麻盆地晚中生代—新生代构造演化过程

3）大地构造意义

沅麻盆地白垩纪红色砂岩地层的古地磁研究表明，该盆地自白垩纪以来，地壳一直处于稳定状态，没有发生过任何旋转（Zhu Z. M. *et al.* ，2006）。因此，沅麻盆地古构造应力场方位的变化应与华南大陆区域地球动力学作用的变化有关，而非地块旋转导致。总的来看，中—晚侏罗世至早白垩世，沅麻盆地挤压或伸展的主应力轴方向为 NW–SE 或 WE，与古太平洋板块俯冲的方向基本一致；晚白垩世—古近纪，区域挤压或伸展主应力轴的方向转变为 NS 或 NE–SW，与印度–亚洲板块间俯冲–碰撞方向基本一致。这种主应力轴方向的变化可能反映了太平洋构造域板块俯冲和特提斯–喜马拉雅构造域陆块间俯冲–碰撞这两种不同地球动力学过程的交替影响。图 2.64 为华南大陆晚中生代岩浆活动与沅麻盆地构造变形序列的综合对比图，据图可见，岩浆活动与古构造应力场的演化存在密切联系和较好的协调一致性。

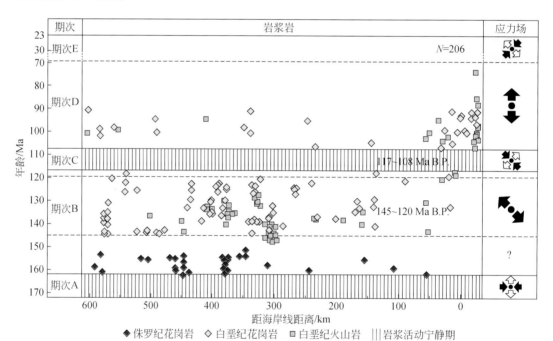

图 2.64　华南晚中生代岩浆活动与沅麻盆地变形序列对比图

117～108 Ma B. P. 为岩浆活动宁静期

沅麻盆地 EW 向挤压应力场与华南大陆燕山期陆内造山作用密切相关，导致华南内陆至沿海 1300 km 宽的陆内褶皱冲断带的形成（Lin *et al.* ，2008b）。前人对这期陆内造山事件的动力学机制基本已达成共识，普遍认为其形成与古太平洋板块向亚洲大陆的俯冲作用有关（Li S. Z. *et al.* ，2007；Li and Li，2007；张岳桥等，2009）。然而，关于这期事件的起始和结束时代尚存明显争议（Yan D. P. *et al.* ，2003；Li and Li，2007；Lin *et al.* ，2008b；徐先兵等，2009a）。怀化–辰溪断裂带（F2）附近的变形–沉积特征表明，华南燕山期陆内造山作用应发生在中侏罗世之后、早白垩世之前。这一结果进一步暗示古太平洋板块向华南大陆的俯冲作用可能起始于中侏罗世。研究证实，1300 km 宽陆内褶皱冲断带被大量晚侏罗世后造山花岗岩体切割，这些岩体的侵位年龄（150~160 Ma）可代表陆内造山作用的上限年代（张岳桥等，2009；徐先兵等，2009a）。综合这些资料，本书研究将华南大陆燕山期陆内造山作用的时代限定为中—晚侏罗世（约170~160 Ma B. P.）。

沅麻盆地 NW-SE 向伸展应力场与华南大陆早白垩世早期地壳伸展作用有关。这期地壳伸展作用波及整个华南大陆，其诱发了大规模的岩浆侵入和火山作用（约139920 km²；Xu et al.，1999；Li，2000；Lin et al.，2000；Zhou and Li，2000；Zhou and Chen，2006；Shu et al.，2009b；Li J. W. et al.，2009，2010），并导致一系列断陷盆地（约85490 km²）和伸展穹窿构造的形成（Zhou et al.，2006；Shu et al.，2007，2009b）。岩浆岩的高精度锆石 U-Pb 年龄统计结果表明，华南大规模岩浆活动的时代集中在145~120 Ma B. P.，峰期为140~130 Ma B. P.（图2.64），这些年代学资料为沅麻盆地早白垩世 NW-SE 向伸展事件提供了精确的年代学约束。伸展作用的地球动力学成因可能与俯冲板片的后撤（Zhou and Li，2000；Zhou et al.，2006）有关。野外变形资料证实，沅麻盆地 NW-SE 向伸展被早白垩世末期 NW-SE 向挤压应力场终止。这期 NW-SE 向挤压事件具有区域意义，除被记录在沅麻盆地外，还广泛影响到中下扬子、东南沿海和大别山甚至整个华南地区（Schmid et al.，1999；Ratschbacher et al.，2000；Zhang et al.，2003b），造成华南早白垩世断陷盆地的普遍构造反转，并诱发长乐-南澳和郯城-庐江断裂带发生左行走滑（Charvet et al.，1990；Shu et al.，2000；Zhang et al.，2003b）。除此之外，它还导致华南白垩纪岩浆活动出现了117~108 Ma B. P. 的宁静期（图2.64）。上述资料证实，沅麻盆地白垩纪古构造应力场经历了由伸展向挤压的转换，这一转换可能与早白垩世末期古太平洋板块俯冲角度由陡向缓变化和菲律宾微板块与亚洲大陆的碰撞作用有关（Minato and Hunahashi，1985；Faure et al.，1989；Ichikawa et al.，1990；Charvet et al.，1994，1999；Lapierre et al.，1997）。

晚白垩世初期，华南大陆周缘的板块动力学过程发生了剧烈变化。一方面，古太平洋板块的俯冲方向由 NWN 变为 WNW，俯冲速度减慢、俯冲角度增大（Engebretson et al.，1985；Maruyama et al.，1997），这个板块运动学可一直持续至古近纪初期（约50 Ma B. P.；Sharp and Clague，2006）。另一方面，在特提斯喜马拉雅构造带，由于印度板块的向北俯冲，Kohistan-Dras 弧（现位于 Pakistan）于晚白垩世与亚洲大陆发生碰撞（Coward et al.，1987）。因此，华南大陆晚白垩世以来的构造演化，主要受古太平洋和特提斯这两大构造域板块动力学的联合影响（Ren et al.，2002）。随着板块周缘动力学过程的调整，沅麻盆地也由中侏罗世—早白垩世的(N)W-(S)E 挤压、伸展转变为晚白垩世—古近纪的 NS 向伸展和 NE-SW 向挤压。值得注意的是，这两期构造应力场在华北的胶莱盆地和郯城-庐江断裂带也有记录（Zhang et al.，2003b），表明它们具有区域普遍意义。从古构造应力场的方位来看，晚白垩世伸展的方向与印度板块俯冲方向一致，暗示二者可能存在必然联系。另外，华南晚白垩世盆地广泛出露的铁镁-超铁镁质火山岩暗示伸展作用已影响至岩石圈地幔（Yu，1994；Yu et al.，2005；Shu et al.，2009b），与古太平洋板块的高角度俯冲作用相关（Uyeda，1983；Zhou et al.，2006）。因此，我们认为沅麻盆地及华南大陆晚白垩世 NS 向伸展应力场为古太平洋板块和印度板块向亚洲大陆联合俯冲作用的结果。

古近纪末期 NE-SW 向挤压应力场导致华南大陆构造反转，地层普遍褶皱变形，并伴随着强烈的隆升与剥蚀（马杏垣等，1983）。深地震反射剖面资料证实，除江汉盆地外（刘景彦等，2009），珠江三角洲盆地古近系也发生强烈冲断、褶皱，形成各种反转构造，并被新近系角度不整合覆盖（Shinn et al.，2010）。从古构造应力场的方位来看，NE-SW向挤压与古太平洋板块的俯冲无关，这期挤压变形可能与印度板块和亚洲大陆古近纪末期的碰撞作用相关（Yin，2010）。然而，这个源自新特斯提域的碰撞作用对华南大陆的新生代构造演化如何影响及产生的其他地质效应，尚不清楚。这个科学问题是解决华南新生代构造变形及演化过程的关键，有待进一步详细研究。

四、雪峰山构造带中生代构造隆升历史

雪峰山构造带属于江南造山带西段（舒良树，2012），位于扬子地块东南缘，总体上呈 NE-SW 向展布，向南东与华夏地块相接，向北西与川东褶皱带相邻。雪峰山构造带为夹于安化-溆浦断裂与绍兴-江山断裂带之间的部分。该带出露大面积中—新元古界冷家溪群、板溪群千枚岩、板岩，因此前人将其作为"江南古陆"组成部分（黄汲清，1945）。在平面上总体表现为向 NW 突出的弧形构造，因此又称雪峰弧（丘元禧等，1998），向 NE 延伸归并到大巴山-大别山前陆弧形构造带，在秦岭-大别山前缘形成向西开口的巨型双弧构造系统（Shi et al.，2012，2013a，2013b）。由于祁阳镇位于该弧形带构造中心部位，因此也称其为祁阳弧（黄汲清，1945），或祁阳山字形构造（吴磊伯等，1959；李四光，1973；邱之俊等，1980）。

雪峰山构造带处于大兴安岭-太行山-雪峰山重力梯度带上，该带不仅是莫霍面陡变带、岩石圈厚度梯度带，也是中生代岩浆岩分界线（Shi et al.，2012），是中国大陆东西构造域交汇带（Huang and Zhao，2006；Xu，2007；Zhao，2009）。雪峰山构造带由一系列 NE-NNE 向延伸的古生界—中生界紧闭褶皱及其相关断裂构成，总体上，向 NW-NW 向突出的弧形构成了本区主要构造格架（图 2.65）。其东西两侧分别发育晚中生代沉麻盆地与衡阳盆地（Yan et al.，2011；Li J. H. et al.，2012）。

雪峰山构造带表现为除向西突出的弧形构造系统外，其地层包络面特征表明弧形褶皱内部发育一系列 WNW 向褶皱，这组构造被 NE 向褶皱强烈改造，形成叠加褶皱（张岳桥等，2009；Shi et al.，2013c），是华南大陆最为经典的叠加构造之一（图 2.65；张岳桥等，2010），是解析华南构造格架与构造演化的关键地区。该叠加褶皱，主要展布于湖南邵阳、涟源、衡阳和零陵地区，其东西两侧分别发育中生代沉麻盆地与衡阳盆地（Yan et al.，2011；Li J. H. et al.，2012）。平面上由一系列 NE-NNE 向延伸的古生界—中生界紧闭褶皱及其相关断裂构成，总体上向 NW-NWW 向突出的弧形形态，构成本区的主要构造格架（图 2.65）。祁阳弧地层包络面特征表明，弧形褶皱内部发育一系列 WNW 向褶皱，这组构造被 NE 向褶皱强烈改造，形成叠加褶皱（张岳桥等，2009）。

雪峰山构造带自加里东运动以来，经历多期强烈的岩浆活动，中生代花岗岩大面积出露地表（张岳桥等，2009；徐先兵等，2009b），表明其自中生代以来遭受了大规模的隆升剥露，但其隆升剥露过程和机制如何仍不清楚。U-Pb、^{40}Ar/^{39}Ar 热年代学，特别是低温热年代学为解决这一问题提供了有效的技术方法。

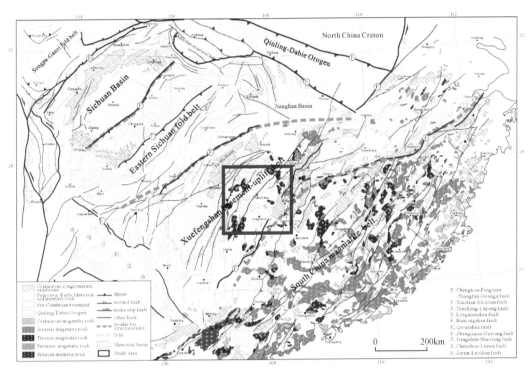

图 2.65　华南大陆构造格架（据 Shi *et al.*，2015）

1. 白马山岩体磷灰石裂变径迹热年代学

1) 白马山地区地质背景

在雪峰山构造带中部的叠加褶皱区，其核部发育复式岩体。岩体主要出露或隐伏于复背斜核部，表现为一系列 WEW 向展布的串珠状穹窿构成（陈廷愚等，1986；Chen *et al.*，2007）。岩体由加里东、印支、燕山等多期岩浆侵入所形成，如叠加褶皱核部的白马山、大乘山、龙山、关帝庙岩体等，北部复背斜发育印支期—燕山期岩体伪山岩体，南部复背斜主要发育加里东期越城岭岩体与瓦屋塘岩体（图 2.66）。地球化学特征显示这些岩体均要来源于地壳部分熔融物质，属于典型的 S 型花岗岩，不存在俯冲有关的弧火山岩，应为陆内构造-岩浆作用的产物（Chen *et al.*，2007；沈渭洲等，2008；舒良树，2008，2012；张苑等，2011）。其余岩体主要为印支期—燕山期岩体（湖南省地质矿产局，1988；Wang *et al.*，2002，2005a；王岳军等，2005；Ding *et al.*，2006；舒良树，2006；Peng *et al*，2006；陈卫锋等，2006，2007；罗志高等，2010；李建华等，2013）。

该区出露地层主要为前震旦系基底、震旦系、古生代—早中生代褶皱盖层与白垩系陆相盆地沉积。前震旦系基底与震旦系主要出露于 WNW 向排列的叠加褶皱核部，或者复式岩体周缘，呈环带状分布。主要为中—新元古界冷家溪群和板溪群。冷家溪群为一套陆源碎屑岩夹火山岩建造，属陆缘裂陷环境产物。板溪群主要为一套巨厚浅变质复理石和类复理石沉积岩、火山碎屑沉积岩建造，沉积时代为 760～820 Ma B. P.（Wang and Li，2003；Yin *et al.*，2003；舒良树，2012）。与下伏地层冷家溪群呈角度不整合（湖南省地质矿产局，1988）。其上为震旦系白云岩和冰碛岩。古生界主要为浅海相碳酸盐岩，包括寒武系

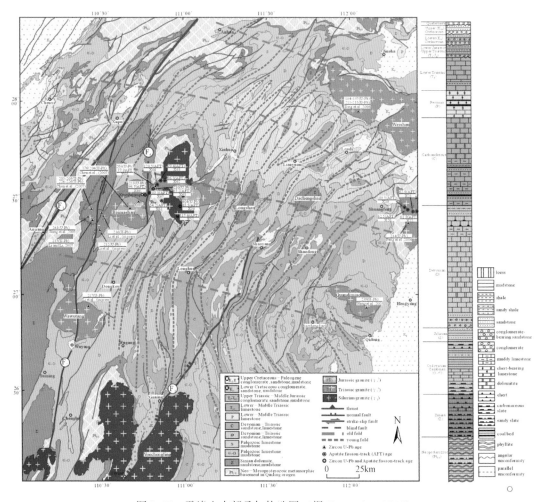

图 2.66　雪峰山中部叠加构造图（据 Shi *et al.* , 2015）

板状页岩、砂岩和灰岩，奥陶系灰岩，志留系砂页岩，泥盆系—石炭–二叠系砂砾岩、灰岩和白云岩。中生界主要由浅海相碳酸盐岩和陆相碎屑岩组成（湖南省地质矿产局，1988），其中，下三叠统是一套灰岩、泥灰岩和页岩组合，反映滨海–浅海沉积环境。中三叠世属于区域隆升期，多数地区缺失。晚三叠世—早侏罗世期间下部以灰紫–灰白色粗碎屑岩为主体，向上变为灰白–深灰色砂砾岩、长石石英砂岩、砂岩、含煤粉砂岩，为河流相与湖泊相沉积。中侏罗统主要由浅灰–灰红色泥岩、粉砂岩、砂岩、杂砂岩、砂砾岩组成，下细上粗，反映由湖泊沉积环境向河泛平原、河流环境的转变。在闽西–赣南–粤东地区，中侏罗统以偏碱性玄武岩和双峰式火山岩为特征，具有大陆裂谷特征（邓平等，2004）。上侏罗统为泥质砂岩，零星分布。下白垩统主要由紫红色流纹岩、熔接凝灰岩、晶屑岩屑凝灰岩夹玄武岩组成，厚 650 ~ 3000 m，全区广泛分布。大量高精度年代学测试结果和古生物新成果表明早期大范围出露的晚侏罗世流纹岩和花岗岩，其时限应为早白垩世（王德滋等，1994；Zhou and Li，2000；Li，2000；Yu *et al*，2006）。晚白垩世—古近纪华南大陆进入陆相断陷盆地沉积阶段（舒良树等，2004），其上白垩统主要沉积红色粉砂岩、泥岩，夹碱性玄武岩和石盐、石膏层，富含腹足类、介形虫、双壳类。古近系由灰紫色砂砾岩、粗砂岩、粉砂岩、泥岩组成，夹石膏与油页岩。新近系棕-橘红色粉砂岩和泥岩，仅零星出露。

区域地质调查显示，中泥盆统围绕穹窿出露，且不整合覆于前泥盆系之上，上三叠统—下侏罗统与前晚三叠世地层不整合接触，白垩系与前白垩系同样呈角度不整合接触，共同构成本区的三个主要区域性不整合接触关系（湖南省地质矿产局，1988）。地层岩性与构造变形特征分析表明，本区基底与盖层均发育滑脱层，主要有板溪群内部和顶部、下寒武统牛蹄塘组和金顶山组、上志留统龙马溪组、下石炭统（石膏泥灰岩）、上二叠统吴家坪组和龙潭组、下三叠统的大冶组及夜郎组地层（颜丹平等，2000；舒良树，2006；李三忠等，2011）。

白马山岩体位于雪峰山东缘的湘西地区。岩体周缘出露地层主要为新元古界—中生界。新元古界主要为板溪群，由一套层次分明的杂砂岩-板岩-片岩组成，沉积时代为820～760 Ma B. P.（Wang and Li，2003；Yin *et al.*，2003）。古生界主要为浅海相碳酸盐岩，包括震旦系白云岩和冰碛岩，寒武系板状页岩、砂岩和灰岩，奥陶系灰岩，志留系砂页岩，泥盆系-石炭系-二叠系灰岩和白云岩。中生界主要由浅海相碳酸盐岩和陆相碎屑岩组成，包括中—下三叠统灰岩，上三叠统—侏罗系砂岩和砾岩，白垩系红色砂砾岩和泥岩（湖南省地质矿产局，1988）。靖县-溆浦断裂和城步-安化断裂为研究区内重要的区域性一级断裂，具有多期复杂的活动历史（郭令智等，1980；贾宝华，1992；杨奎峰等，2004）。中三叠世—早侏罗世，这两条断裂均以左行走滑剪切变形为主，$^{40}Ar/^{39}Ar$ 定年结果证实剪切变形发生于244～195 Ma B. P.（Wang *et al.*，2005）。早白垩世，均转变为伸展断陷机制，共同控制溆浦地堑白垩纪的沉积及断陷作用。另外，城步-安化断裂还表现出明显的右行走滑特征，其切割白马山和瓦屋塘岩体，并导致岩体发生右行错断（图2.66），这期活动可能与新生代印度-欧亚板块碰撞作用有关（张进等，2010）。

白马山岩体呈 EW 向串珠状展布，由黑云母二长花岗岩和花岗闪长岩组成，侵位于新元古代—早古生代地层中（图2.66）。结合岩石的矿物组合特征及年代学资料，其可分为水车、龙潭、小沙江和龙藏湾四个超单元（郑基俭，1995）。其中，龙潭、小沙江超单元形成于印支期，其长轴沿近 EW 向复背斜褶皱轴展布，证实其形成受到早期褶皱构造的控制（图2.66）。水车、龙藏湾超单元则分别形成于海西-加里东期、燕山期。为精确确定该岩体年龄，前人对其进行了锆石同位素年代学测试，表明白马山岩体为多期岩浆侵入形成的复式岩体（图2.67；湖南省地质矿产局，1988），目前已获得的花岗岩及包体 LA-ICP-MS 锆石 U-Pb 年龄集中在以下区间：230～240 Ma，200～221 Ma，170～190 Ma（湖南省地质矿产局，1988；贾宝华，1998；王岳军等，2005；陈卫锋等，2006，2007；Ding *et al.*，2006；Li and Li，2007；罗志高等，2010；李建华等，2013）。

2）复式岩体 SHRIMP U-Pb 年代学

本书相关研究在白马山岩体采集了 X58、X65、X66、X68-1 和 X69 共五个花岗岩样品（图2.68）。其中，X58 采集于复式岩体中南部，主要岩性为巨斑状花岗岩；X69 采集于小沙江南龙藏湾超单元北缘，为细粒黑云母二长花岗岩；其余三个样品均取自小沙江超单元北缘，岩性为黑云母二长花岗岩与花岗闪长岩。采集的样品经破碎、常规重力和磁选后分

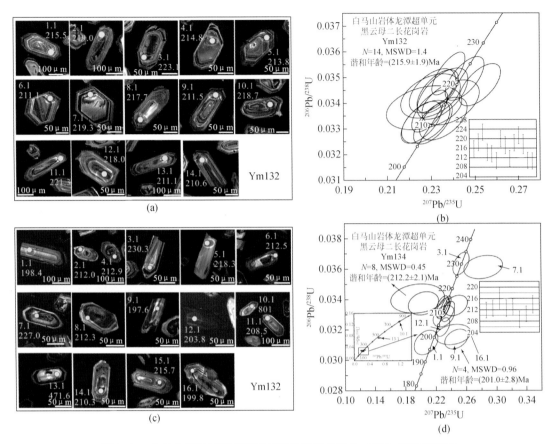

图 2.67 白马山和瓦屋塘花岗岩被测锆石阴极发光 (CL) 图像和锆石
SHRIMP U-Pb 年龄谐和图 (据李建华等，2013)

选出锆石，并在中国地质科学院矿产资源研究所电子探针室完成锆石阴极发光图像。锆石
SHRIMP U－Pb 测试分析在北京离子探针中心 SHRIMP－Ⅱ 上，采用标准流程进行
(Compston *et al.*，1984；Williams and Claesson，1987；宋彪等，2002)。

其中，X69 由于锆石的 U 含量太高，导致测试过程中的高 U 效应而未获得可靠年龄。
其余四个样品均获得可靠年龄，样品 X58 获得加权平均年龄为 (404±4) Ma (MSWD =
1.5)，表明该岩体侵位时间为加里东晚期。X65、X66 和 X68 分别 (210±2) Ma (MSWD =
1.7)、(208±3) Ma (MSWD = 1.2) 与 (213±3) Ma (MSWD = 2.1)，属于印支晚期 (图
2.69，表 2.10)。锆石年龄表明，其岩浆活动主要集中于中—晚三叠世，为印支期陆-陆
碰撞造山后导致加厚的地壳减压熔融的产物 (陈卫锋等，2007)，基本限定了印支期构造
挤压作用的时间上限为晚三叠世。

3) 磷灰石裂变径迹年代学

在上述白马山岩体侵位年龄分析的基础上，本书研究在其不同高程位置采集 X61、
X63、X64、X65、X66 和 X68 共六个样品 (图 2.68)，用于磷灰石裂变径迹测试分析。其
中除 X61 采自穹窿核部板溪群板岩 (Pt₃) 外，其余样品均采集于小沙江超单元北缘，岩
性为黑云母二长花岗岩。

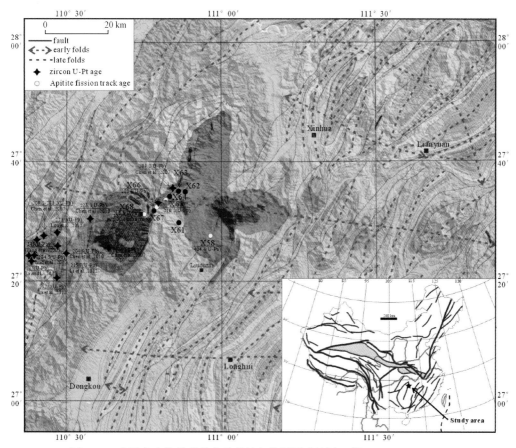

图 2.68　白马山岩体样品分布及其热年代学测试结果（据 Shi *et al*.，2012）

样品经过碎样、分选，均获得足够量的磷灰石颗粒。磷灰石裂变径迹（AFT）测试分析在德国佛来贝格工程技术大学（TU Freiberg）裂变径迹实验室完成。样品采用外探测器法（Gleadow and Duddy *et al*.，1981；Jonckheere *et al*.，2000）及 Zeta（ζ）校正法（Hurford and Green，1983）测试分析，年龄样品在慕尼黑工业大学 FRM-II 研究中心进行照射，以增强裂变径迹；长度样品的辐照在阿姆斯特丹进行（GSI Darmstadt），以增加径迹数量（Grimmer *et al*.，2002；Enkelmann *et al*.，2006；Jonckheere *et al*.，2007）。Zeta标定选用国际标准样 Durango 磷灰石及 IRMM540R 铀标准玻璃探测器，磷灰石 Zeta(ζ) 常数为 257.6±8.5。选取池年龄（pool age；Sobel *et al*.，2010）分别为（54.19±4.80）Ma、（78.35±3.39）Ma、（128.47±6.12）Ma、（87.19±4.12）Ma、（77.91±4.83）Ma 和（84.72±3.08）Ma（表 2.11），所有样品年龄均小于其成岩时代。样品 X61 径迹平均长度为 8.8±1.98 μm，其余五个样品由于相对高差较小，且采自中三叠世同一个超单元，而只完成X63 样品的长度测试，其径迹平均长度为 10.9±1.6 μm。

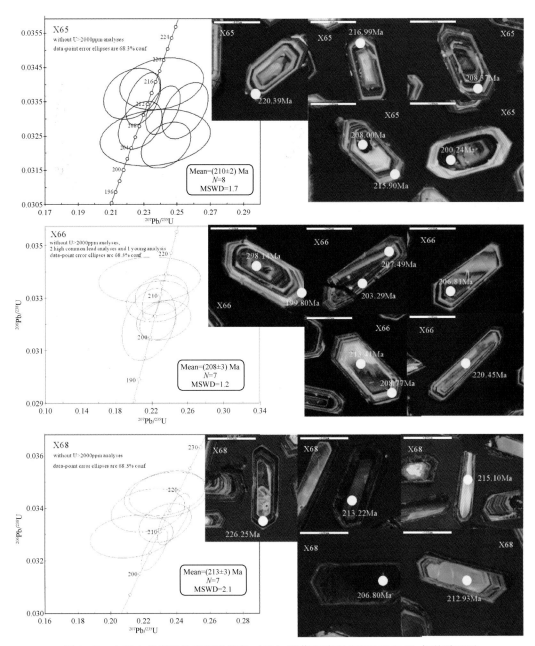

图 2.69　白马山花岗岩锆石阴极发光（CL）图像和锆石 SHRIMP U-Pb 年龄谐和图

表 2.10　白马山锆石 SHRIMP U-Pb 年龄测定结果

样品号	U /ppm	Th /ppm	$^{232}Th/^{238}U$	$^{206}Pb^*/^{238}U$ ppm	$^{238}U/^{206}Pb$	±%	总 $^{207}Pb/^{206}Pb$	±%	$^{207}Pb^*/^{235}U$	±%	$^{206}Pb^*/^{238}U$	±%	Dis-cordant/%	$^{206}Pb/^{238}U$ 年龄/Ma	±	$^{208}Pb/^{232}Th$ 年龄/Ma	±	$^{207}Pb/^{206}Pb$ 年龄/Ma	±
X65																			
X65-1-1.1	1271	314	0.26	36.5	30.09	1.6	0.06003	1.6	0.2549	3.6	0.03323	1.6	52	210.8	±3.4	240	±12	437	±71
X65-1-2.1	4398	1699	0.40	118	32.02	1.3	0.05221	1.3	0.2203	1.8	0.03123	1.3	20	198.3	±2.6	200.8	±3.5	248	±27
X65-1-3.1	908	307	0.35	26.5	29.65	1.5	0.0527	1.5	0.223	5.1	0.03373	1.5	-126	213.9	±3.1	191	±10	95	±110
X65-1-4.1	2237	1194	0.55	60.6	31.83	1.3	0.05520	1.3	0.2271	2.5	0.03141	1.3	35	199.4	±2.6	204.0	±4.3	305	±47
X65-1-5.1	1564	560	0.37	44.2	30.48	1.4	0.0519	1.4	0.2279	3.8	0.03281	1.4	2	208.1	±2.9	201.2	±5.8	212	±82
X65-1-6.1	3461	2134	0.64	94.1	32.20	1.4	0.0657	1.4	0.220	6.0	0.03106	1.4	23	197.2	±2.7	188.5	±8.1	256	±130
X65-1-7.1	1931	888	0.47	54.3	31.03	1.4	0.06692	1.3	0.2433	4.0	0.03223	1.4	49	204.5	±2.8	218.1	±8.6	402	±85
X65-1-8.1	1199	442	0.38	34.3	30.08	1.4	0.0544	2.2	0.2416	2.9	0.03325	1.4	33	210.9	±2.9	220.6	±5.3	316	±57
X65-1-9.1	586	235	0.41	16.8	30.82	1.7	0.0752	2.1	0.237	9.3	0.03245	1.7	37	205.9	±3.4	209	±21	325	±210
X65-1-10.1	2462	976	0.41	68.9	30.95	1.3	0.0595	2.5	0.2367	3.7	0.03231	1.3	39	205.0	±2.7	209.3	±6.4	335	±79
X-65-1-11.1	1020	324	0.33	30.5	29.39	1.5	0.0682	2.4	0.241	6.9	0.03402	1.5	16	215.7	±3.1	216	±20	256	±150
X-65-1-12.1	787	263	0.34	22.8	29.78	1.5	0.0519	2.2	0.2298	3.0	0.03358	1.5	-20	212.9	±3.1	207.5	±6.4	177	±61
X-65-1-13.1	2587	904	0.36	70.5	31.81	1.4	0.0547	2.0	0.2063	4.3	0.03143	1.4	-150	199.5	±2.7	189.2	±8.3	80	±96
X66																			
X66-1-1.1	565	206	0.38	16.3	35.9	4.2	0.084	4.2	0.32	39	0.0278	4.2	86	177.0	±7.3	311	±130	1,294	±750
X66-1-2.1	997	265	0.27	28.0	31.09	1.5	0.0526	1.5	0.233	8.6	0.03216	1.5	35	204.1	±3.1	222	±28	313	±190
X66-1-3.1	2176	722	0.34	59.7	31.64	1.7	0.0522	1.7	0.2274	3.6	0.03160	1.7	32	200.6	±3.3	223.8	±8.8	293	±74
X66-1-4.1	308	115	0.38	8.57	31.26	2.8	0.0491	2.8	0.217	9.1	0.03199	2.8	-31	203.0	±5.6	183	±19	155	±200
X66-1-5.1	872	285	0.34	24.2	31.15	1.5	0.0513	1.5	0.227	5.9	0.03210	1.5	20	203.7	±3.0	199	±14	254	±130
X66-1-6.1	3935	1754	0.46	107	31.80	1.3	0.05183	1.5	0.2247	2.0	0.03145	1.3	28	199.6	±2.6	198.9	±3.8	278	±34
X66-1-7.1	2716	814	0.31	78.7	29.97	1.4	0.0545	1.4	0.250	6.4	0.03336	1.4	46	211.6	±2.9	226	±20	390	±140
X66-1-8.1	852	342	0.42	25.0	30.42	1.6	0.0500	1.6	0.227	10	0.03287	1.6	-6	208.5	±3.2	182	±23	196	±230
X66-1-9.1	970	274	0.29	29.3	29.69	1.7	0.0468	1.7	0.217	17	0.03368	1.7	-481	213.6	±3.6	196	±49	37	±410

续表

样品号	U /ppm	Th /ppm	$^{232}Th/^{238}U$	$^{206}Pb^*/$ ppm	$^{238}U/^{206}Pb$	±%	总$^{207}Pb/^{206}Pb$	±%	$^{207}Pb^*/^{235}U$	±%	$^{206}Pb^*/^{238}U$	±%	Dis-cordant/%	$^{206}Pb/^{238}U$ 年龄/Ma	±	$^{208}Pb/^{232}Th$ 年龄/Ma	±	$^{207}Pb/^{206}Pb$ 年龄/Ma	±
X66-1-10.1	1660	442	0.28	47.2	30.35	1.6	0.0485	2.8	0.2201	3.2	0.03295	1.6	-72	209.0	3.2	189.1	8.2	122	67
X66-1-11.1	3313	1042	0.32	90.5	31.68	1.3	0.0541	2.0	0.2355	2.4	0.03157	1.3	47	200.4	2.6	220.5	6.3	376	45
X66-1-12.1	1680	279	0.17	42.4	34.16	1.4	0.0501	4.0	0.2024	4.2	0.02927	1.4	8	186.0	2.6	201	21	202	93
X66-1-13.1	2697	279	0.11	72.7	32.01	1.4	0.0474	9.4	0.204	9.5	0.03124	1.4	-196	198.3	2.7	234	51	67	220
X66-1-14.1	1152	541	0.48	54.3	30.4	4.5	0.080	43	0.36	44	0.0329	4.5	83	208.8	9.3	311	200	1,204	860
X66-1-15.1	2002	493	0.25	57.5	29.96	1.4	0.04966	2.0	0.2285	2.4	0.03337	1.4	-18	211.6	2.9	214.4	6	179	47
X66-1-16.1	979	384	0.40	28.3	30.20	1.5	0.0506	8.2	0.231	8.4	0.03311	1.5	5	210.0	3.2	200	18	221	190
X66-1-1.1	565	206	0.38	16.3	35.9	4.2	0.084	39	0.32	39	0.0278	4.2	86	177.0	7.3	311	130	1,294	750
X66-1-2.1	997	265	0.27	28.0	31.09	1.5	0.0526	8.5	0.233	8.6	0.03216	1.5	35	204.1	3.1	222	28	313	190
X66-1-3.1	2176	722	0.34	59.7	31.64	1.7	0.0522	3.2	0.2274	3.6	0.03160	1.7	32	200.6	3.3	223.8	8.8	293	74
X66-1-4.1	308	115	0.38	8.57	31.26	2.8	0.0491	8.7	0.217	9.1	0.03199	2.8	-31	203.0	5.6	183	19	155	200
X66-1-5.1	872	285	0.34	24.2	31.15	1.5	0.0513	5.7	0.227	5.9	0.03210	1.5	20	203.7	3.0	199	14	254	130
X66-1-6.1	3935	1754	0.46	107	31.80	1.3	0.05183	1.5	0.2247	2.0	0.03145	1.3	28	199.6	2.6	198.9	3.8	278	34
X66-1-7.1	2716	814	0.31	78.7	29.97	1.4	0.0545	6.3	0.250	6.4	0.03336	1.4	46	211.6	2.9	226	20	390	140
X68																			
X68-1-1.1	1603	358	0.23	46.3	29.78	1.9	0.0514	2.0	0.2381	2.7	0.03358	1.9	18	212.9	4.0	210.5	5.7	260	45
X68-1-2.1	1939	305	0.16	54.1	30.84	1.6	0.05067	1.7	0.2265	2.3	0.03242	1.6	9	205.7	3.2	212.3	6.7	226	39
X68-1-3.1	2266	576	0.26	62.8	31.03	1.4	0.05025	1.5	0.2233	2.0	0.03223	1.4	1	204.5	2.8	199.5	4.5	207	35
X68-1-4.1	2319	299	0.13	66.0	30.27	1.7	0.0489	2.7	0.2228	3.2	0.03304	1.7	-46	209.5	3.5	184	12	143	64
X68-1-5.1	2021	465	0.24	56.4	30.88	1.6	0.0491	2.2	0.2194	2.7	0.03238	1.6	-34	205.5	3.2	195.5	7.3	154	52
X68-1-6.1	573	212	0.38	16.8	29.48	1.6	0.0476	6.4	0.223	6.6	0.03392	1.6	-171	215.0	3.4	197	14	79	150
X68-1-7.1	427	193	0.47	12.8	28.99	1.7	0.0491	7.0	0.234	7.2	0.03450	1.7	-44	218.6	3.6	215	12	152	160
X68-1-8.1	559	182	0.34	16.0	30.37	1.6	0.0468	7.7	0.213	7.9	0.03293	1.6	-424	208.8	3.4	202	19	40	180
X68-1-9.1	503	119	0.25	15.1	28.93	1.6	0.0491	6.2	0.234	6.4	0.03457	1.6	-43	219.1	3.5	206	23	153	150
X68-1-10.1	2684	725	0.28	73.1	31.58	1.5	0.05077	1.8	0.2217	2.3	0.03167	1.5	13	201.0	2.9	190.2	5.4	230	41
X68-1-11.1	3645	675	0.19	101	30.91	1.3	0.05022	1.5	0.2240	2.0	0.03235	1.3	0	205.2	2.7	197.2	5.8	205	34

续表

样品号	U/ppm	Th/ppm	$^{232}Th/^{238}U$	$^{206}Pb^*/^{238}U$ ppm	±	$^{238}U/^{206}Pb$	±%	总$^{207}Pb/^{206}Pb$	±%	$^{207}Pb^*/^{235}U$	±%	$^{206}Pb^*/^{238}U$	±%	Dis-cordant/%	$^{206}Pb/^{238}U$ 年龄/Ma	$^{208}Pb/^{232}Th$ 年龄/Ma	$^{207}Pb/^{206}Pb$ 年龄/Ma
X68-1-12.1	3073	757	0.25	83.0		31.86	1.4	0.05024	1.6	0.2174	2.1	0.03139	1.4	3	199.2 ±2.7	197.4 ±6.5	206 ±37
X68-1-13.1	1122	175	0.16	32.4		29.91	1.5	0.0505	4.2	0.233	4.5	0.03344	1.5	3	212.0 ±3.0	204 ±20	219 ±98
X68-1-14.1	2505	792	0.33	72.2		29.83	1.4	0.04957	1.8	0.2291	2.2	0.03352	1.4	-22	212.5 ±2.9	208.4 ±5.4	175 ±42
X69																	
X69-1-1.1	136	208	13.7	708	±12	8.61	1.4	0.0651	1.8	1.042	3.5	0.1161	1.8	9	708 ±12	697 ±21	777 ±62
X69-1-2.1	194	43	34.9	1230	±17	4.757	1.5	0.0876	1.5	2.538	2.1	0.2102	1.5	10	1230 ±17	1443 ±50	1373 ±29
X69-1-3.1	417	22	53.3	895	±12	6.715	1.3	0.07110	1.4	1.460	1.9	0.1489	1.4	7	895 ±12	876 ±42	960 ±26
X69-1-4.1	755	22	39.9	384.2	±5.4	16.28	2.5	0.0559	1.4	0.473	2.9	0.06142	1.4	14	384.2 ±5.4	377 ±110	448 ±55
X69-1-5.1	307	143	50.4	1125	±15	5.245	1.3	0.0969	1.5	2.547	1.9	0.1907	1.5	28	1125 ±15	1461 ±29	1565 ±24
X69-1-6.1	192	187	15.8	585.5	±9.9	10.52	4.0	0.0621	1.8	0.813	4.4	0.0951	1.8	13	585.5 ±9.9	853 ±27	676 ±85
X69-1-7.1	148	99	62.3	2569	±33	2.042	1.5	0.1769	1.6	11.94	2.1	0.4897	1.6	2	2569 ±33	2701 ±53	2624 ±24
SX69-1-8.1	1032	42	130	879	±11	6.848	0.85	0.06923	1.4	1.394	1.6	0.1460	1.4	3	879 ±11	741 ±35	906 ±18
X69-1-9.1	152	159	47.0	1987	±28	2.770	1.0	0.1655	1.6	8.24	1.9	0.3610	1.6	21	1987 ±28	2768 ±53	2513 ±18
X69-1-10.1	394	401	58.7	1026	±14	5.797	1.9	0.0754	1.4	1.794	2.4	0.1725	1.4	5	1026 ±14	1061 ±23	1080 ±39
X69-1-11.1	285	166	25.0	626	±11	9.80	2.4	0.0592	1.9	0.832	3.1	0.1020	1.9	-9	626 ±11	640 ±22	573 ±53
X69-1-12.1	220	135	24.0	769	±11	7.90	2.5	0.0643	1.6	1.122	3.0	0.1266	1.6	-2	769 ±11	749 ±20	750 ±53
X69-1-13.1	405	171	151	2321	±30	2.308	0.60	0.15597	1.5	9.32	1.7	0.4334	1.5	4	2321 ±30	2317 ±40	2412 ±10
X69-1-14.1	253	195	26.2	732	±11	8.32	2.4	0.0629	1.6	1.043	2.9	0.1202	1.6	-4	732 ±11	776 ±18	705 ±51
X69-1-15.1	175	133	71.0	2488	±32	2.123	0.93	0.1617	1.6	10.50	1.8	0.4711	1.6	-1	2488 ±32	2468 ±46	2474 ±16
X69-1-16.1	309	411	128	2534	±31	2.077	0.63	0.1641	1.5	10.90	1.6	0.4816	1.5	-1	2534 ±31	2583 ±42	2499 ±11
X69-1-17.5	102	57	15.8	1065	±19	5.57	2.8	0.0769	1.9	1.904	3.4	0.1796	1.9	5	1065 ±19	1014 ±40	1118 ±56

表 2.11 白马山岩体磷灰石裂变径迹测试结果

样品号	经度	纬度	海拔 /m	岩性	颗粒数 /个	N_s	N_i	ρ_d /$10^6 cm^{-2}$	ζ /$(a \cdot cm^{-2})$	$P(\chi^2)$ /%	P 年龄/Ma
X61	1105147	272946	403	Pt$_3$ slate	30	377	302	0.338	257.6±8.5	7.019	54.19±4.80
X63	1105146	273506	633	T$_2$ 花岗岩	27	1960	1420	0.4056	281.6±2.9	0.055	78.35±3.39
X64	1105004	273414	779	T$_2$ 花岗岩	45	2056	894	0.4007	281.6±2.9	49.77	128.47±6.12
X65	1104921	273338	877	T$_2$ 花岗岩	30	1640	1047	0.398	281.6±2.9	0	87.19±4.12
X66	1104736	273226	1145	T$_2$ 花岗岩	42	1723	848	0.230	257.6±8.5	56.95	77.91±4.83
X68	1104513	273113	1317	T$_3$ 花岗岩	15	3752	2511	0.405	281.6±2.9	23.78	84.72±3.08

注：N_s. 自发径迹数；N_i. 诱发径迹数；ρ_d. 标准径迹密度；ζ. 校准系数；$P(\chi^2)$. χ^2检验概率；Pt$_3$. 晚元古代；S. 志留纪；T$_3$. 三叠纪。

磷灰石裂变径迹分析，可以获得相应封闭温度下山体构造抬升过程。样品热历史模拟采用 HeFTy 软件（version 1.6.7；Ketcham et al.，2009）和 Ketcham 退火模型（Ketcham et al.，2005）进行。参照磷灰石裂变径迹测年体系的封闭温度为 60～125℃（Gleadow and Duddy，1981），采用蒙特卡罗（Monte Carlo）逼近法拟合曲线数，选取 10000 条路径，进行磷灰石时间-温度的历史模拟。模拟结果采用三种颜色的线条显示热隆升路径，其中黄色线指示可接受的路径（GOF>0.05），蓝色表示好的路径（GOF>0.5），红色代表最佳路径（图 2.70）。通过样品的磷灰石裂变径迹热模拟分析，观测点 X64 中三叠世花岗岩样品热模拟结果指示岩体于约 215～180 Ma B. P. 处于快速隆升阶段，其余样品热模拟结果表明白马山地区约 160～120 Ma B. P.。这表明雪峰山叠加褶皱核部的白马山在中生代主要经历两个快速隆升冷却阶段（图 2.70）：①约 215～180 Ma B. P.，即晚三叠世期到早侏罗世，可能为印支期陆-陆碰撞造山的具体响应；②约 160～120 Ma B. P.，即中侏罗世末期或者晚侏罗世至早白垩世，可能与华南大陆中生代陆内造山有关。这次构造隆升与川东北及大巴山磷灰石裂变径迹热历史模拟结果基本一致（沈传波等，2009；许长海等，2010；梅廉夫等，2010；Shi et al.，2012；Yang et al.，2013）。湖南沉积盆地的沉积速率与碎屑粒度的分析表明，雪峰山隆升从晚三叠世或侏罗纪开始，白垩纪达到最大强度（王伏泉，1999）。由此可见，白马山磷灰石裂变径迹热模拟指示晚侏罗世—早白垩世雪峰山构造带处于强烈构造变动时期。

2. 衡山岩体热年代学

衡山复式岩体位于雪峰山构造带中段东缘侧，侵入于元古宙浅变质细碎屑岩和上古生界（湖南省地质矿产局，1988）。其西缘为区域性的深断裂-郴州-灵武断裂带，断裂带在衡山岩体西缘形成一大型拆离带宽约 1～3 km，具有强烈韧性剪切变形的构造-混合岩带特征（Li J. H. et al.，2013），控制了白垩纪红色碎屑岩沉积，形成断陷衡阳盆地。

衡山复式花岗岩由南岳岩体和白石峰岩体组成。南岳岩体岩性为黑云母二长花岗岩，侵入在板溪群和泥盆-石炭纪地层中，锆石 SHRIMP U-Pb 测年表明（表 2.12），其侵位时代为（232±2）Ma B. P.（图 2.71；Li J. H. et al.，2013）。白石峰岩体主要岩性为细粒二云二长花岗岩，其形成时代为 151 Ma B. P.（图 2.71；Li J. H. et al.，2013）。

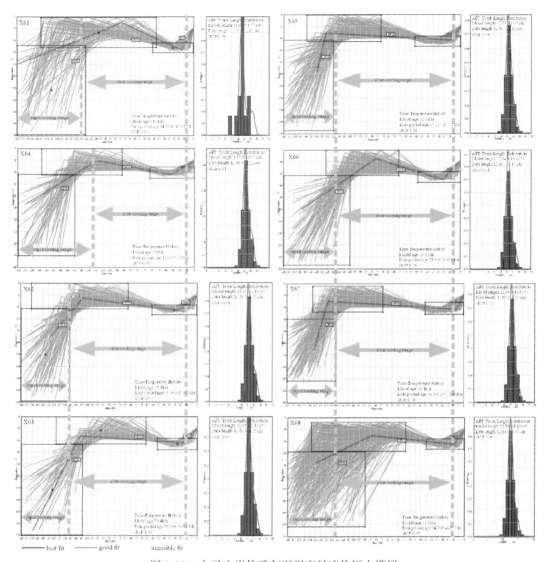

图 2.70 白马山岩体磷灰石裂变径迹热历史模拟

表 2.12 衡山岩体锆石 SHRIMP U-Pb 年龄

点号	U /ppm	Th /ppm	Th/U	Pb* /ppm	206Pbc /%	207Pb*/235U (±1σ)	206Pb*/238U (±1σ)	207Pb*/206Pb* (±1σ)	206Pb/238U 年龄/Ma (±1σ)	207Pb/206Pb 年龄/Ma (±1σ)
Hn09 南岳花岗闪长岩（N27°14′15.48″，E112°42′28.47″）										
1.1	674	288	0.44	20.7	0.20	0.2509±2.7	0.03564±1.6	0.0510±2.2	225.8±3.5	243±51
2.1	1749	522	0.31	54.9	0.22	0.2541±2.7	0.03645±1.4	0.0506±2.3	230.8±3.2	221±54
3.1	2310	645	0.29	72.3	0.05	0.2639±1.8	0.03643±1.4	0.05254±1.2	230.7±3.1	309±28
4.1	1064	180	0.18	33.0	0.11	0.2534±3.0	0.03602±1.4	0.0510±2.6	228.1±3.2	242±61

续表

点号	U /ppm	Th /ppm	Th/U	Pb* /ppm	$^{206}Pb_c$ /%	$^{207}Pb^*/^{235}U$ (±1 σ)	$^{206}Pb^*/^{238}U$ (±1 σ)	$^{207}Pb^*/^{206}Pb^*$ (±1 σ)	$^{206}Pb/^{238}U$ 年龄/Ma (±1 σ)	$^{207}Pb/^{206}Pb$ 年龄/ Ma (±1 σ)
5.1	1708	587	0.35	55.0	0.12	0.2614±1.9	0.03744±1.4	0.05063±1.4	237.0±3.2	224±31
6.1	2926	986	0.35	90.7	0.19	0.2548±1.7	0.03600±1.4	0.05132±1.1	228.0±3.1	255±25
7.1	2990	1097	0.38	101	0.03	0.2795±1.6	0.03939±1.4	0.05147±0.82	249.1±3.4	262±19
8.1	2573	708	0.28	81.7	0.70	0.2735±2.6	0.03672±1.4	0.0540±2.2	232.5±3.1	372±50
9.1	4408	1875	0.44	156	0.04	0.2899±1.5	0.04114±1.4	0.05111±0.62	259.9±3.5	246±14
10.1	2554	741	0.30	82.2	—	0.2659±1.7	0.03749±1.4	0.05144±1.0	237.3±3.2	261±24
11.1	1674	652	0.40	54.5	0.17	0.2598±2.4	0.03781±1.4	0.04984±1.9	239.2±3.3	187±45
12.1	1774	473	0.28	55.4	0.11	0.2521±2.0	0.03634±1.5	0.05031±1.3	230.1±3.3	209±30
13.1	2107	639	0.31	66.5	0.00	0.2544±1.7	0.03676±1.4	0.05021±0.94	232.7±3.2	205±22
14.1	2733	768	0.29	86.4	0.05	0.2534±1.8	0.03676±1.4	0.05000±1.1	232.7±3.1	195±25
15.1	1371	583	0.44	42.4	0.24	0.2590±3.7	0.03592±1.5	0.0523±3.4	227.5±3.3	299±78
16.1	2155	813	0.39	68.4	0.77	0.2496±2.8	0.03665±1.4	0.0494±2.4	232.1±3.2	167±56
17.1	1825	625	0.35	56.9	0.41	0.2400±2.5	0.03613±1.4	0.0482±2.1	228.8±3.2	108±50
Hn164 白石峰二长花岗岩（N27°15′38.12″，E112°39′23.52″）										
1.1	1999	109	0.06	39.4	0.00	0.1628±2.7	0.02294±0.83	0.0515±2.6	146.2±1.2	263±59
2.1	3614	14	0.00	74.0	0.26	0.1459±2.5	0.02376±0.74	0.0445±2.4	151.4±1.1	−81±59
2.2	758	146	0.20	15.6	0.00	0.1620±4.4	0.02398±1.3	0.0490±4.2	152.7±1.9	148±99
3.1	4049	17	0.00	81.6	0.24	0.1540±2.4	0.02340±0.64	0.0477±2.3	149.11±0.94	85±54
4.1	3850	14	0.00	78.6	0.09	0.1597±2.3	0.02375±0.64	0.0488±2.2	151.31±0.96	137±51
5.1	4326	18	0.00	88.4	0.12	0.1590±2.1	0.02374±0.62	0.04857±2.0	151.27±0.93	127±48
6.1	1062	308	0.30	21.2	0.66	0.1384±4.6	0.02313±1.1	0.0434±4.5	147.4±1.6	−145±110
7.1	1159	286	0.25	23.6	0.00	0.1598±6.0	0.02365±1.1	0.0490±5.9	150.7±1.6	148±140
8.1	3011	12	0.00	60.7	0.39	0.1504±4.1	0.02336±0.76	0.0467±4.0	148.9±1.1	34±96
9.1	3022	17	0.01	60.0	0.00	0.1582±2.4	0.02310±0.81	0.0497±2.2	147.2±1.2	180±52
10.1	1699	573	0.35	34.3	0.30	0.1436±6.0	0.02343±0.96	0.0444±5.9	149.3±1.4	−87±150
10.2	3721	14	0.00	75.0	0.58	0.1397±3.4	0.02331±0.76	0.0435±3.3	148.5±1.1	−141±82
11.1	588	247	0.43	11.6	0.00	0.1631±5.6	0.02306±1.5	0.0513±5.4	147.0±2.2	254±120
12.1	618	166	0.28	12.2	0.00	0.1710±5.6	0.02295±1.7	0.0540±5.3	146.3±2.5	373±120
13.1	4146	18	0.00	83.9	0.09	0.1531±2.3	0.02353±0.72	0.0472±2.2	149.9±1.1	60±52
14.1	1777	263	0.15	36.3	0.51	0.1411±4.2	0.02365±0.93	0.0433±4.1	150.7±1.4	−152±100
15.1	533	124	0.24	10.5	0.00	0.1616±5.9	0.02296±1.7	0.0511±5.7	146.3±2.4	243±130
16.1	4185	16	0.00	85.2	0.24	0.1579±2.8	0.02365±0.68	0.0484±2.7	150.7±1.0	120±63

注：Pb^* 为放射 Pb；$^{206}Pb_c$（%）= 普通 ^{206}Pb/总 ^{206}Pb；普通 Pb 由测的 ^{204}Pb 矫正。

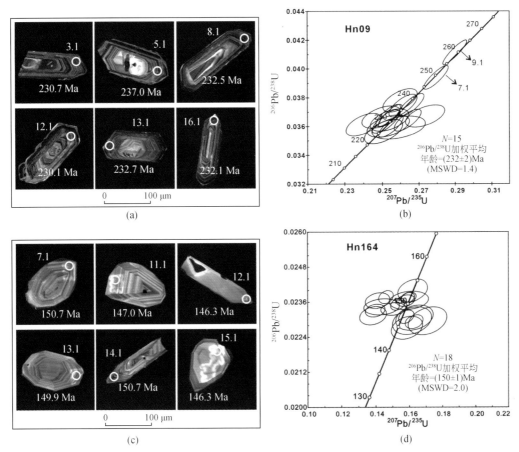

图2.71　衡山复式岩体锆石 SHRIMP U-Pb 年龄（据 Li *et al.*，2013）

本次在衡山岩体以及其西缘拆离带采集了六个样品（图2.72），其中拆离带样品三个，未变形岩体样品三个。经过选样后，获得白云母、黑云母、磷灰石与锆石，分别完成磷灰石裂变径迹测试六个，锆石（U-Th）/He 测试两个，$^{40}Ar/^{39}Ar$ 测试四个（表2.13、表2.14）。

磷灰石裂变径迹（AFT）测试分析同样在德国佛来贝格工程技术大学（TU Freiberg）裂变径迹实验室完成，样品测试分析条件与前文一致，得到年龄分别为（96.83±6.43）Ma、（71.31±4.69）Ma、（122.19±5.35）Ma、（56.30±3.20）Ma、（105.16±5.15）Ma 与（74.99±4.29）Ma（表2.13）。所有样品年龄均小于其成岩时代，表明样品经历了完全退火过程。

磷灰石裂变径迹热历史模拟条件同前文，六个样品的结果见图2.73。模拟结果与白马山一致，显示出两个快速隆升阶段，即约 215～180 Ma B.P. 与约 160～120 Ma B.P.。前者对应印支期陆-陆碰撞造山后效，后者与雪峰山陆内变形一致。

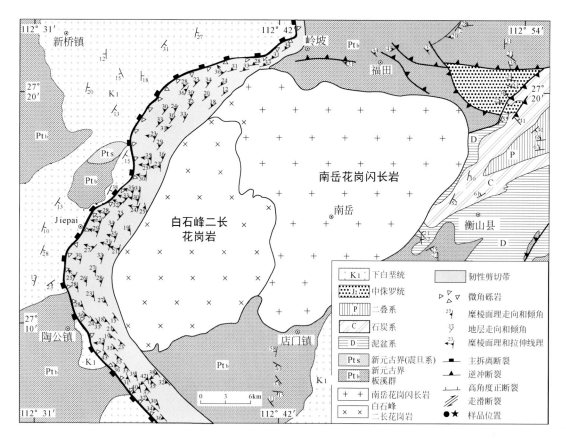

图 2.72　衡山地区地质构造图及其采样位置

表 2.13　白马山岩体磷灰石裂变径迹测试结果

样品号	经度	纬度	海拔/m	岩性	颗粒数/个	N_s	N_i	$\rho_d/10^6\,cm^{-2}$	ζ /(a·cm^{-2})	$P(\chi^2)$ /%	P 年龄/Ma
Sx24	1123555	271835	114	摩棱岩	28	1481	595	0.304	257.6	78	96.83±6.43
Sx25	1123558	271644	98	花岗岩	32	1208	674	0.311	257.6±8.5	98.11	71.31±4.69
Sx26	1123631	271628	218	花岗岩	23	2640	1181	0.3919	281.6±2.9	0	122.19±5.35
Sx29	1124016	271538	622	J$_3$ 花岗岩	26	1918	1379	0.3156	257.6±8.5	1.898	56.30±3.20
Sx30	1124119	271518	608	J$_3$ 花岗岩	11	6018	2533	0.3465	257.6±8.5	0	105.16±5.15
Sx31	1124317	271358	608	J$_2$ 花岗岩	34	2163	1179	0.3192	257.6±8.5	0.019	74.99±4.29

注：N_s. 自发径迹数；N_i. 诱发径迹数；ρ_d. 标准径迹密度；ζ. 校准系数；$P(\chi^2)$. χ^2 检验概率。

本书相关研究完成了两个锆石(U-Th)/He 和四个 ^{40}Ar/^{39}Ar 测试分析。锆石（U-Th）/He 测试给出 X29 和 X31 的年龄值分别为（84.5±8.71）Ma 与（60.5±7.34）Ma。^{40}Ar/^{39}Ar 测年给出，X24 白云母为（90.94±0.14）Ma，X25 白云母为（91.94±0.15）Ma，X26 黑云母为（91.47±0.17）Ma，X29 黑云母为（93.65±0.14）Ma。

表 2.14　衡山岩体 ^{40}Ar/^{39}Ar 年代学测年数据

X24 白云母

	%	^{36}Ar	^{36}Ar_err	^{37}Ar	^{37}Ar_err	^{38}Ar	^{38}Ar_err	^{39}Ar	^{39}Ar_err	^{40}Ar	^{40}Ar_err	^{40}Ar*	^{40}Ar*/^{39}Ar(K)　(90.94±0.14)Ma
1	2%	1.39×10^{-3}	4.08×10^{-5}	0	4.81×10^{-5}	2.56×10^{-4}	4.37×10^{-5}	1.08×10^{-3}	5.08×10^{-5}	4.45×10^{-1}	1.59×10^{-3}	3.6	14.62
2	2.50%	7.84×10^{-4}	4.76×10^{-5}	0	4.73×10^{-5}	3.28×10^{-4}	4.14×10^{-5}	1.38×10^{-2}	6.52×10^{-5}	3.76×10^{-1}	1.20×10^{-3}	35.7	9.56
3	3%	8.24×10^{-4}	4.55×10^{-5}	0	4.58×10^{-5}	7.57×10^{-4}	5.12×10^{-5}	5.22×10^{-2}	9.22×10^{-5}	8.49×10^{-1}	1.21×10^{-3}	70.1	11.26
4	3.80%	8.80×10^{-4}	4.58×10^{-5}	0	5.34×10^{-5}	1.15×10^{-3}	4.27×10^{-5}	9.70×10^{-2}	1.14×10^{-4}	1.43	1.77×10^{-3}	81.0	11.77
5	4.60%	1.20×10^{-3}	3.97×10^{-5}	0	4.95×10^{-5}	2.21×10^{-3}	4.17×10^{-5}	1.96×10^{-1}	1.62×10^{-4}	2.74	1.77×10^{-3}	86.5	11.96
6	5.40%	1.20×10^{-3}	4.37×10^{-5}	3.93×10^{-5}	5.24×10^{-5}	3.16×10^{-3}	5.17×10^{-5}	2.96×10^{-1}	2.33×10^{-4}	3.97	3.37×10^{-3}	90.7	12.01
7	6.10%	9.24×10^{-4}	3.97×10^{-5}	5.86×10^{-5}	4.79×10^{-5}	4.04×10^{-3}	4.71×10^{-5}	3.84×10^{-1}	3.08×10^{-4}	4.95	1.69×10^{-3}	94.2	12.00
8	6.80%	8.21×10^{-4}	4.03×10^{-5}	4.95×10^{-5}	6.34×10^{-5}	3.78×10^{-3}	4.31×10^{-5}	3.67×10^{-1}	3.32×10^{-4}	4.69	2.97×10^{-3}	94.6	11.94
9	7.50%	9.12×10^{-4}	4.83×10^{-5}	5.62×10^{-5}	5.72×10^{-5}	3.98×10^{-3}	5.01×10^{-5}	3.77×10^{-1}	3.04×10^{-4}	4.86	2.27×10^{-3}	94.2	11.99
10	8.20%	1.06×10^{-3}	4.26×10^{-5}	4.05×10^{-5}	6.05×10^{-5}	5.14×10^{-3}	4.83×10^{-5}	4.95×10^{-1}	4.18×10^{-4}	6.35	2.72×10^{-3}	94.8	12.02
11	8.90%	6.39×10^{-4}	4.76×10^{-5}	7.06×10^{-5}	5.19×10^{-5}	5.97×10^{-3}	4.53×10^{-5}	5.85×10^{-1}	4.87×10^{-4}	7.35	4.85×10^{-3}	97.3	12.08
12	9.60%	6.84×10^{-4}	4.50×10^{-5}	8.05×10^{-5}	4.93×10^{-5}	5.77×10^{-3}	5.07×10^{-5}	5.67×10^{-1}	3.21×10^{-4}	7.12	3.41×10^{-3}	97.0	12.04
13	10.30%	4.37×10^{-4}	3.86×10^{-5}	1.07×10^{-4}	4.99×10^{-5}	5.13×10^{-3}	4.80×10^{-5}	5.09×10^{-1}	1.33×10^{-4}	6.35	1.48×10^{-3}	97.9	12.06
14	11%	1.65×10^{-4}	4.22×10^{-5}	2.15×10^{-4}	4.98×10^{-5}	2.88×10^{-3}	4.61×10^{-5}	2.86×10^{-1}	1.57×10^{-4}	3.54	1.59×10^{-3}	98.6	12.03
15	12%	1.02×10^{-4}	3.83×10^{-5}	0.00	5.01×10^{-5}	1.82×10^{-3}	3.67×10^{-5}	1.82×10^{-1}	1.01×10^{-4}	2.24	9.35×10^{-4}	98.6	12.03
16	13.50%	3.62×10^{-5}	3.60×10^{-5}	0.00	5.32×10^{-5}	1.37×10^{-3}	4.81×10^{-5}	1.36×10^{-1}	9.92×10^{-5}	1.67	1.27×10^{-3}	99.3	12.12
17	16%	5.43×10^{-5}	3.33×10^{-5}	0.00	5.29×10^{-5}	1.79×10^{-3}	4.67×10^{-5}	1.78×10^{-1}	9.83×10^{-5}	2.19	1.44×10^{-3}	99.2	12.08
18	20%	6.15×10^{-5}	4.04×10^{-5}	0.00	5.47×10^{-5}	4.57×10^{-4}	4.42×10^{-5}	4.55×10^{-2}	8.37×10^{-5}	5.66×10^{-1}	1.40×10^{-3}	96.6	11.87

续表

	X25 白云母	^{36}Ar	$^{36}Ar\_err$	^{37}Ar	$^{37}Ar\_err$	^{38}Ar	$^{38}Ar\_err$	^{39}Ar	$^{39}Ar\_err$	^{40}Ar	$^{40}Ar\_err$	$^{40}Ar^*$	$^{40}Ar^*/$ $^{39}Ar(K)$ (91.94±0.15)Ma
1	2%	$3.09×10^{-3}$	$4.14×10^{-5}$	$1.54×10^{-5}$	$5.75×10^{-5}$	$5.95×10^{-4}$	$4.80×10^{-5}$	$2.91×10^{-4}$	$5.26×10^{-5}$	$9.52×10^{-1}$	$1.95×10^{-3}$	1.4	46.73
2	2.50%	$3.07×10^{-3}$	$5.09×10^{-5}$	0	$5.38×10^{-5}$	$6.52×10^{-4}$	$4.14×10^{-5}$	$4.79×10^{-3}$	$5.23×10^{-5}$	$9.87×10^{-1}$	$2.37×10^{-3}$	5.4	11.03
3	3%	$2.98×10^{-3}$	$4.64×10^{-5}$	0	$6.03×10^{-5}$	$8.26×10^{-4}$	$4.48×10^{-5}$	$2.24×10^{-2}$	$6.96×10^{-5}$	1.17	$1.92×10^{-3}$	22.9	11.94
4	3.70%	$7.16×10^{-3}$	$4.95×10^{-5}$	$5.51×10^{-6}$	$5.83×10^{-5}$	$2.47×10^{-3}$	$5.05×10^{-5}$	$1.07×10^{-1}$	$3.08×10^{-4}$	3.51	$9.79×10^{-3}$	38.0	12.35
5	4.40%	$5.70×10^{-3}$	$5.30×10^{-5}$	0	$5.59×10^{-5}$	$2.89×10^{-3}$	$5.70×10^{-5}$	$1.78×10^{-1}$	$2.63×10^{-4}$	3.91	$5.90×10^{-3}$	55.6	12.08
6	5.10%	$3.18×10^{-3}$	$4.59×10^{-5}$	$1.24×10^{-5}$	$5.02×10^{-5}$	$2.83×10^{-3}$	$6.16×10^{-5}$	$2.23×10^{-1}$	$7.20×10^{-4}$	3.69	$1.14×10^{-2}$	73.8	12.12
7	5.80%	$3.27×10^{-3}$	$5.23×10^{-5}$	$3.15×10^{-5}$	$5.67×10^{-5}$	$2.83×10^{-3}$	$4.77×10^{-5}$	$2.22×10^{-1}$	$5.32×10^{-4}$	3.71	$8.03×10^{-3}$	73.3	12.13
8	6.50%	$2.61×10^{-3}$	$5.79×10^{-5}$	$1.17×10^{-5}$	$6.40×10^{-5}$	$2.74×10^{-3}$	$6.48×10^{-5}$	$2.24×10^{-1}$	$5.42×10^{-4}$	3.55	$8.07×10^{-3}$	77.7	12.21
9	7.20%	$1.72×10^{-3}$	$4.38×10^{-5}$	$2.04×10^{-5}$	$6.73×10^{-5}$	$2.95×10^{-3}$	$4.49×10^{-5}$	$2.65×10^{-1}$	$5.37×10^{-5}$	3.76	$6.88×10^{-3}$	86.1	12.13
10	7.90%	$2.40×10^{-3}$	$4.43×10^{-5}$	$2.77×10^{-5}$	$6.09×10^{-5}$	$3.90×10^{-3}$	$4.65×10^{-5}$	$3.45×10^{-1}$	$6.44×10^{-4}$	4.97	$1.01×10^{-2}$	85.3	12.17
11	8.50%	$1.84×10^{-3}$	$4.22×10^{-5}$	0	$6.45×10^{-5}$	$4.19×10^{-3}$	$5.42×10^{-5}$	$3.89×10^{-1}$	$7.88×10^{-4}$	5.30	$1.09×10^{-2}$	89.5	12.09
12	9%	$2.09×10^{-3}$	$4.62×10^{-5}$	$2.88×10^{-5}$	$5.63×10^{-5}$	$4.22×10^{-3}$	$4.94×10^{-5}$	$3.91×10^{-1}$	$7.22×10^{-4}$	5.44	$1.05×10^{-2}$	88.3	12.19
13	9.40%	$2.84×10^{-3}$	$4.84×10^{-5}$	$2.59×10^{-5}$	$5.47×10^{-5}$	$4.52×10^{-3}$	$4.96×10^{-5}$	$3.99×10^{-1}$	$8.93×10^{-4}$	5.76	$1.35×10^{-2}$	85.1	12.18
14	9.80%	$1.34×10^{-3}$	$4.19×10^{-5}$	$2.77×10^{-5}$	$5.59×10^{-5}$	$4.59×10^{-3}$	$4.52×10^{-5}$	$4.35×10^{-1}$	$9.12×10^{-4}$	5.73	$1.10×10^{-2}$	92.9	12.14
15	10.10%	$7.05×10^{-4}$	$4.94×10^{-5}$	$9.09×10^{-6}$	$5.08×10^{-5}$	$4.50×10^{-3}$	$5.61×10^{-5}$	$4.39×10^{-1}$	$7.76×10^{-4}$	5.60	$1.05×10^{-2}$	96.2	12.17
16	10.40%	$5.17×10^{-4}$	$4.90×10^{-5}$	$1.62×10^{-5}$	$6.11×10^{-5}$	$4.32×10^{-3}$	$5.71×10^{-5}$	$4.21×10^{-1}$	$7.21×10^{-4}$	5.29	$9.17×10^{-3}$	97.0	12.09
17	10.70%	$3.34×10^{-4}$	$4.56×10^{-5}$	$2.32×10^{-5}$	$5.41×10^{-5}$	$3.86×10^{-3}$	$5.33×10^{-5}$	$3.80×10^{-1}$	$7.69×10^{-4}$	4.74	$9.77×10^{-3}$	97.9	12.10
18	11.10%	$2.69×10^{-4}$	$4.45×10^{-5}$	$1.03×10^{-5}$	$6.05×10^{-5}$	$3.41×10^{-3}$	$5.14×10^{-5}$	$3.38×10^{-1}$	$6.66×10^{-4}$	4.20	$9.28×10^{-3}$	98.0	12.08
19	11.70%	$2.45×10^{-4}$	$4.68×10^{-5}$	0	$5.82×10^{-5}$	$2.59×10^{-3}$	$4.69×10^{-5}$	$2.57×10^{-1}$	$3.67×10^{-4}$	3.22	$4.80×10^{-3}$	97.7	12.14
20	12.70%	$2.71×10^{-4}$	$4.35×10^{-5}$	$3.12×10^{-5}$	$5.75×10^{-5}$	$2.92×10^{-3}$	$4.61×10^{-5}$	$2.85×10^{-1}$	$4.26×10^{-4}$	3.57	$5.27×10^{-3}$	97.7	12.13
21	14.20%	$1.42×10^{-4}$	$4.21×10^{-5}$	$3.73×10^{-5}$	$4.85×10^{-5}$	$1.95×10^{-3}$	$5.72×10^{-5}$	$1.94×10^{-1}$	$2.59×10^{-4}$	2.43	$3.56×10^{-3}$	98.2	12.21
22	17%	$1.23×10^{-4}$	$4.80×10^{-5}$	$5.04×10^{-5}$	$5.24×10^{-5}$	$1.71×10^{-3}$	$4.60×10^{-5}$	$1.71×10^{-1}$	$2.21×10^{-4}$	2.13	$3.18×10^{-3}$	98.3	12.12
23	21%	$4.37×10^{-5}$	$4.09×10^{-5}$	0	$5.14×10^{-5}$	$7.55×10^{-4}$	$4.59×10^{-5}$	$7.29×10^{-2}$	$1.21×10^{-4}$	$9.04×10^{-1}$	$1.38×10^{-3}$	98.5	12.12

续表

X26 黑云母

		^{36}Ar	$^{36}Ar\_err$	^{37}Ar	$^{37}Ar\_err$	^{38}Ar	$^{38}Ar\_err$	^{39}Ar	$^{39}Ar\_err$	^{40}Ar	$^{40}Ar\_err$	$^{40}Ar^*$	$^{40}Ar^*/^{39}Ar(K)$ (91.47±0.17) Ma
1	2.0%	9.84×10^{-4}	4.93×10^{-5}	4.81×10^{-5}	6.30×10^{-5}	2.04×10^{-4}	6.11×10^{-5}	3.47×10^{-4}	6.41×10^{-5}	2.91×10^{-1}	6.28×10^{-4}	-2.6	-21.97
2	2.5%	1.99×10^{-3}	4.87×10^{-5}	3.22×10^{-5}	6.48×10^{-5}	4.98×10^{-4}	5.88×10^{-5}	4.95×10^{-5}	6.50×10^{-5}	6.20×10^{-1}	1.35×10^{-3}	2.7	3.30
3	3.0%	2.80×10^{-3}	4.74×10^{-5}	7.43×10^{-6}	6.38×10^{-5}	9.81×10^{-4}	6.17×10^{-5}	2.89×10^{-2}	9.94×10^{-5}	1.14	1.74×10^{-3}	25.2	9.82
4	3.7%	4.55×10^{-3}	5.14×10^{-5}	2.84×10^{-5}	6.23×10^{-5}	3.69×10^{-3}	5.67×10^{-5}	1.88×10^{-1}	5.17×10^{-4}	3.63	6.54×10^{-3}	62.0	11.86
5	4.4%	2.47×10^{-3}	5.06×10^{-5}	0	5.76×10^{-5}	7.20×10^{-3}	6.02×10^{-5}	4.51×10^{-1}	8.90×10^{-4}	6.24	7.55×10^{-3}	87.9	12.07
6	5.0%	1.40×10^{-3}	5.05×10^{-5}	6.62×10^{-5}	5.96×10^{-5}	7.72×10^{-3}	6.17×10^{-5}	5.01×10^{-1}	1.05×10^{-3}	6.55	7.94×10^{-3}	93.5	12.12
7	5.5%	7.67×10^{-4}	5.23×10^{-5}	3.87×10^{-5}	6.50×10^{-5}	6.88×10^{-3}	6.03×10^{-5}	4.54×10^{-1}	1.05×10^{-3}	5.78	8.40×10^{-3}	96.0	12.10
8	6.0%	5.16×10^{-4}	4.75×10^{-5}	5.48×10^{-5}	5.97×10^{-5}	5.16×10^{-3}	5.94×10^{-5}	3.42×10^{-1}	7.62×10^{-4}	4.33	5.59×10^{-3}	96.4	12.10
9	6.6%	3.35×10^{-4}	5.10×10^{-5}	3.82×10^{-5}	5.69×10^{-5}	4.12×10^{-3}	5.99×10^{-5}	2.75×10^{-1}	6.36×10^{-4}	3.46	4.99×10^{-3}	97.1	12.12
10	7.2%	3.84×10^{-4}	5.19×10^{-5}	2.88×10^{-5}	6.10×10^{-5}	3.51×10^{-3}	6.56×10^{-5}	2.32×10^{-1}	5.49×10^{-4}	2.94	4.42×10^{-3}	96.0	12.09
11	7.9%	3.59×10^{-4}	5.02×10^{-5}	0	6.41×10^{-5}	3.64×10^{-3}	6.08×10^{-5}	2.43×10^{-1}	6.67×10^{-4}	3.09	5.29×10^{-3}	96.5	12.15
12	8.6%	4.54×10^{-4}	4.57×10^{-5}	3.65×10^{-5}	6.49×10^{-5}	3.64×10^{-3}	5.45×10^{-5}	2.43×10^{-1}	7.17×10^{-4}	3.12	7.12×10^{-3}	95.6	12.18
13	9.3%	5.33×10^{-4}	4.96×10^{-5}	0	5.77×10^{-5}	4.03×10^{-3}	6.23×10^{-5}	2.68×10^{-1}	6.47×10^{-4}	3.45	5.31×10^{-3}	95.3	12.16
14	10.0%	5.54×10^{-4}	4.89×10^{-5}	9.65×10^{-6}	6.38×10^{-5}	4.36×10^{-3}	5.79×10^{-5}	2.86×10^{-1}	7.26×10^{-4}	3.67	6.14×10^{-3}	95.4	12.14
15	10.7%	8.30×10^{-4}	5.63×10^{-5}	3.35×10^{-5}	6.48×10^{-5}	4.44×10^{-3}	5.89×10^{-5}	2.88×10^{-1}	3.69×10^{-4}	3.76	4.09×10^{-3}	93.3	12.08
16	11.4%	3.74×10^{-4}	5.18×10^{-5}	1.29×10^{-5}	6.55×10^{-5}	3.71×10^{-3}	5.69×10^{-5}	2.46×10^{-1}	5.40×10^{-4}	3.13	3.92×10^{-3}	96.4	12.12
17	12.2%	4.09×10^{-4}	4.54×10^{-5}	3.45×10^{-5}	6.36×10^{-5}	4.02×10^{-3}	6.05×10^{-5}	2.67×10^{-1}	5.74×10^{-4}	3.39	3.92×10^{-3}	96.3	12.11
18	13.2%	3.58×10^{-4}	5.49×10^{-5}	3.55×10^{-5}	5.99×10^{-5}	3.14×10^{-3}	5.99×10^{-5}	2.08×10^{-1}	4.30×10^{-4}	2.64	2.94×10^{-3}	95.9	12.10
19	14.5%	2.19×10^{-4}	5.68×10^{-5}	4.35×10^{-6}	6.22×10^{-5}	1.77×10^{-3}	6.31×10^{-5}	1.19×10^{-1}	3.05×10^{-4}	1.52	2.50×10^{-3}	95.6	12.07
20	20.0%	1.91×10^{-4}	5.12×10^{-5}	0	6.24×10^{-5}	2.33×10^{-3}	6.20×10^{-5}	1.56×10^{-1}	3.84×10^{-4}	1.97	2.92×10^{-3}	97.0	12.09

续表

X29 黑云母

		^{36}Ar	$^{36}Ar\_err$	^{37}Ar	$^{37}Ar\_err$	^{38}Ar	$^{38}Ar\_err$	^{39}Ar	$^{39}Ar\_err$	^{40}Ar	$^{40}Ar\_err$	$^{40}Ar^*$	$^{40}Ar^*/$ $^{39}Ar(K)$ (93.65±0.14)Ma
1	2%	4.69×10^{-4}	4.91×10^{-5}	3.65×10^{-5}	5.32×10^{-5}	1.11×10^{-4}	5.34×10^{-3}	1.24×10^{-3}	5.41×10^{-5}	1.59×10^{-1}	2.89×10^{-4}	10.6	13.50
2	2.50%	3.76×10^{-4}	4.08×10^{-5}	0	4.85×10^{-5}	1.58×10^{-4}	4.89×10^{-5}	3.44×10^{-3}	6.20×10^{-5}	1.55×10^{-1}	2.86×10^{-4}	26.4	11.78
3	3%	1.18×10^{-3}	4.21×10^{-5}	0	5.36×10^{-5}	6.64×10^{-4}	4.90×10^{-5}	4.00×10^{-2}	6.40×10^{-5}	8.18×10^{-1}	5.51×10^{-4}	56.2	11.40
4	3.70%	2.13×10^{-3}	4.24×10^{-5}	4.15×10^{-6}	6.36×10^{-5}	2.74×10^{-3}	4.85×10^{-5}	2.18×10^{-1}	3.89×10^{-4}	3.35	5.87×10^{-3}	80.6	12.28
5	4.40%	1.50×10^{-3}	4.70×10^{-5}	1.52×10^{-5}	5.37×10^{-5}	4.88×10^{-3}	5.31×10^{-5}	4.39×10^{-1}	2.53×10^{-4}	5.93	4.65×10^{-3}	92.3	12.36
6	5%	8.90×10^{-4}	5.00×10^{-5}	3.36×10^{-5}	5.35×10^{-5}	5.78×10^{-3}	5.81×10^{-5}	5.41×10^{-1}	4.27×10^{-4}	7.02	7.00×10^{-3}	96.1	12.37
7	5.50%	3.57×10^{-4}	4.65×10^{-5}	0	5.16×10^{-5}	4.09×10^{-3}	4.79×10^{-5}	3.87×10^{-1}	3.55×10^{-4}	4.94	4.90×10^{-3}	97.8	12.36
8	6%	2.40×10^{-4}	5.03×10^{-5}	1.05×10^{-5}	5.82×10^{-5}	3.24×10^{-3}	5.42×10^{-5}	3.11×10^{-1}	3.41×10^{-4}	3.97	4.68×10^{-3}	98.2	12.41
9	6.60%	1.97×10^{-4}	4.21×10^{-5}	1.48×10^{-5}	6.10×10^{-5}	2.36×10^{-3}	5.31×10^{-5}	2.24×10^{-1}	2.32×10^{-4}	2.85	2.35×10^{-3}	97.9	12.34
10	7.20%	1.16×10^{-4}	3.68×10^{-5}	5.16×10^{-6}	5.31×10^{-5}	2.03×10^{-3}	5.22×10^{-5}	1.93×10^{-1}	1.57×10^{-4}	2.45	2.39×10^{-3}	98.5	12.44
11	7.90%	1.31×10^{-4}	4.49×10^{-5}	0	4.95×10^{-5}	1.83×10^{-3}	5.28×10^{-5}	1.74×10^{-1}	1.70×10^{-4}	2.23	2.45×10^{-3}	98.2	12.44
12	8.60%	1.51×10^{-4}	3.97×10^{-5}	0	5.17×10^{-5}	1.78×10^{-3}	4.95×10^{-5}	1.64×10^{-1}	2.06×10^{-4}	2.10	3.06×10^{-3}	97.8	12.39
13	9.30%	2.66×10^{-4}	4.10×10^{-5}	6.05E-06	6.06×10^{-5}	1.83×10^{-3}	4.99×10^{-5}	1.68×10^{-1}	2.21×10^{-4}	2.17	3.14×10^{-3}	96.3	12.32
14	10%	2.03×10^{-4}	4.26×10^{-5}	4.22E-06	5.92×10^{-5}	2.10×10^{-3}	5.41×10^{-5}	2.01×10^{-1}	2.35×10^{-4}	2.57	3.28×10^{-3}	97.6	12.37
15	10.70%	2.36×10^{-4}	4.66×10^{-5}	2.00×10^{-5}	6.10×10^{-5}	2.91×10^{-3}	5.06×10^{-5}	2.69×10^{-1}	4.89×10^{-4}	3.45	5.36×10^{-3}	97.9	12.44
16	11.40%	2.54×10^{-4}	3.92×10^{-5}	4.44×10^{-5}	4.71×10^{-5}	3.72×10^{-3}	5.02×10^{-5}	3.55×10^{-1}	2.52×10^{-4}	4.51	3.81×10^{-3}	98.3	12.38
17	12.20%	2.43×10^{-4}	4.42×10^{-5}	7.48×10^{-5}	5.37×10^{-5}	3.50×10^{-3}	5.06×10^{-5}	3.34×10^{-1}	3.43×10^{-4}	4.25	5.18×10^{-3}	98.3	12.39
18	13.20%	1.85×10^{-4}	4.47×10^{-5}	1.34×10^{-4}	6.12×10^{-5}	2.57×10^{-3}	6.25×10^{-5}	2.41×10^{-1}	2.19×10^{-4}	3.07	2.49×10^{-3}	98.2	12.41
19	14.50%	1.36×10^{-4}	4.21×10^{-5}	9.96×10^{-5}	6.13×10^{-5}	2.44×10^{-3}	5.80×10^{-5}	2.30×10^{-1}	1.91×10^{-4}	2.92	2.39×10^{-3}	98.6	12.41
20	20%	1.91×10^{-4}	4.23×10^{-5}	2.27×10^{-4}	5.80×10^{-5}	2.98×10^{-3}	5.21×10^{-5}	2.85×10^{-1}	3.08×10^{-4}	3.61	4.31×10^{-3}	98.5	12.37

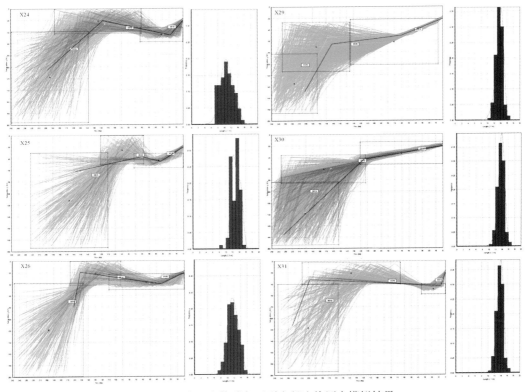

图 2.73 衡山岩体磷灰石裂变径迹热历史模拟结果

综合衡山岩体岩体侵位年龄、磷灰石裂变径迹、锆石（U-Th）/He 与 $^{40}Ar/^{39}Ar$ 年龄测试分析表明（图 2.74、图 2.75），约 100~60 Ma B. P. 经历一次快速隆升，表明雪峰山构造带在早期伸展拆离活动之后（Li *et al.*，2013），在晚白垩世—古近纪又经历一次强烈构造伸展活动。前人早期对衡山拆离带下盘韧性剪切带中采集了 16 个变形样品，其 K-Ar 主

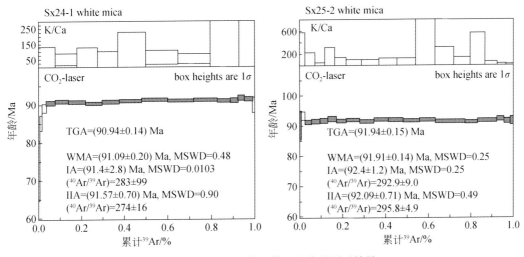

图 2.74 衡山岩体 $^{40}Ar/^{39}Ar$ 年代学测试结果

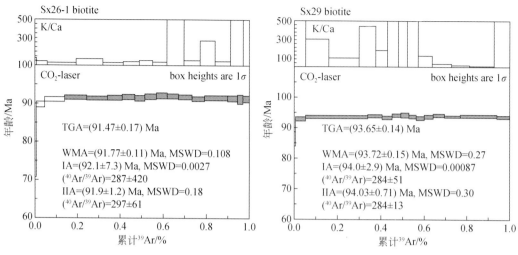

图 2.74　衡山岩体 $^{40}Ar/^{39}Ar$ 年代学测试结果（续）

要集中于 110～85 Ma B.P.，同样表明强烈的韧性拆离活动出现于晚白垩世（张进业，1994a，1994b）。这也与下扬子地区晚白垩世以来的构造–热历史一致（张沛等，2009）。伴随这期构造隆升，在雪峰山构造带，乃至华南大陆广泛发育 NE 走向白垩纪断陷盆地。

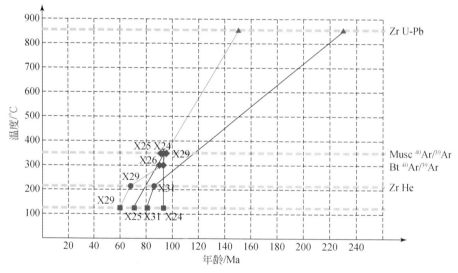

图 2.75　衡山岩体矿物对封闭温度年龄曲线

五、华南东部浙江白垩纪火山岩盆地构造演化及动力学

1. 华南东部火山岩盆地构造格架

华南东部广泛发育白垩纪火山岩盆地（图 2.76），覆盖面积超过 250000 km^2。相比于陆内盆地，这些盆地沉积物中玄武质和流纹质火山组分显著增加（Li J. H. et al.，2014）。这些伸展盆地记录了白垩纪以来地壳幕式伸展减薄的动力学过程（Zhou et al.，2006；Shu *et al.*，2007，2009b），是重建华南白垩纪构造演化的重要突破口。本书研究重点对这些伸展盆地的地质特征进行了分类总结和论述。区域主要发育两条地壳尺度的一级断裂，即政和-大埔断裂带和赣-杭裂谷带。前者为重要的构造边界，将内陆早古生代褶皱冲断带和沿海中生代岩浆带分隔开（Liu Q. *et al.*，2012），该断裂带宽大于 20 km，由多条平行展布的二级 NE-SW 走向断裂组成，这些断裂多为控制白垩纪火山岩盆地沉积和断陷作用的边界断裂（图 2.76）。后者代表了扬子和华夏地块的界线——江绍缝合带的向西延伸（汪建国等，2014）。该断裂带在浙江地区走向 NNE-SSW，其控制了金衢盆地晚白垩世的伸展断陷（图 2.76）。区域发育的二级断裂可分为两类，分别走向 NE 和 W-NW，长度约几至数十公里，它们共同控制并调节白垩纪火山岩盆地群的形成和发展（图 2.76）。

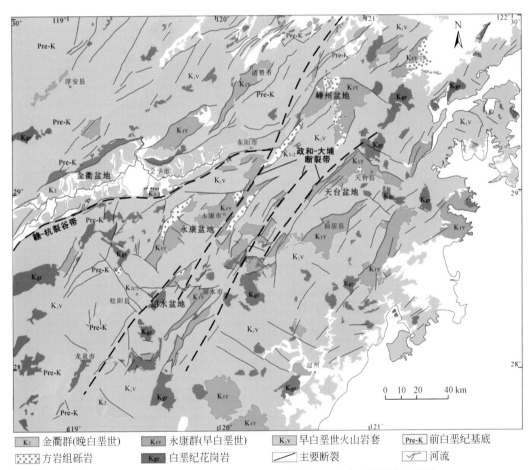

图 2.76　华南东部浙江省白垩纪火山岩盆地、岩浆和断裂分布简图

　　根据盆地边界断裂的几何学，可将火山岩盆地划分为三种类型。第一类盆地受 NE 走向正断裂控制，尤其沿政和-大埔断裂带发育，为区内最显著的构造-地貌单元，如丽水盆地、永康-武义盆地等；第二类盆地受 EW 走向正断裂控制，它们构成了 EW 走向赣-杭裂谷带，如金衢盆地，其记录了该裂谷带的白垩纪活化（Jiang *et al.*，2011）；第三类盆地由 NE-SW 和 NW-SE 走向正断裂联合控制，盆地形态呈扇形，典型的有嵊州盆地、天台盆地

（图 2.77）。前人对这些盆地展开的沉积学和地层学研究（马武平，1994，1997；蔡正全、俞云文，2001；罗来等，2010；He *et al.*，2013），主要局限于单个盆地的岩石地层单元，而缺乏盆地间对比，故所获得的地层序列和划分模式很难在区域上适用。因此，关于盆地的成因，一直缺乏系统认知。结合最新的沉积和同位素年代学结果，本研究对地层的划分和对比进行了重新阐述，证实了第一和第二类盆地分别形成于早白垩世 NW–SE 向伸展事件和晚白垩世 NS 向伸展事件，第三类盆地则是这两期事件的构造叠加。

2. 盆地岩石地层单元

华南东部发育齐全的中元古界至第四系，中生代火山岩出露广泛。由于大地构造单元的属性不同，地层呈明显的分区特点。以江山–绍兴缝合带为界，浙西北和浙东南分属江南地层区和华南地层区。二者在岩性、岩相以及变质程度等方面都存在明显差异。根据野外地质观测资料以及相关地质图、化石和文献的解释，并结合最新的地质年代学数据，本书将浙江白垩纪火山岩盆地内的地层划分为三个序列，自下而上，依次为：早白垩世火山岩套（K_1v）、永康群（$K_{1-2}Y$）和金衢群（K_2J）（图 2.77）。

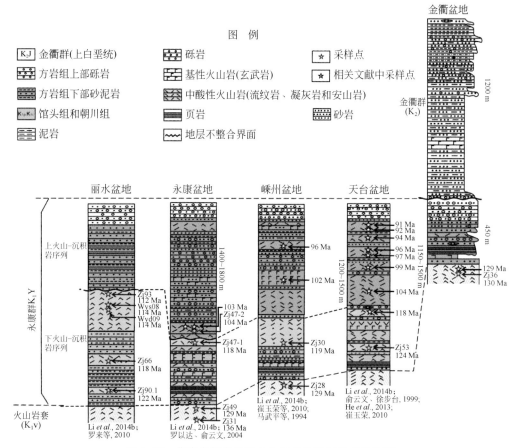

图 2.77　华南东部白垩纪火山岩盆地地层柱状对比图

早白垩世火山岩套（K_1v）：位于研究区各盆地底部，在整个东南沿海分布极其广泛，厚度极大，区域上称之为"磨石山群"，系浙江省石油地质大队 1959 年所创，建组剖面在永康、缙云两县交界处的磨石山。后泛指浙东南地区上侏罗统的火山沉积岩系，与浙西北地区"建德群"相当（浙江省地质矿产局，1989）。其被白垩纪盆地沉积物直接覆盖，主要为一套以酸性–中酸性为主的火山岩（图2.77）。主要由灰色熔结凝灰岩和紫色流纹岩组成，局部保留有气孔构造。由下至上可细分为大爽组、高坞组、西山头组、茶湾组、九里坪组和祝村组。所含生物化石丰富，包括孢粉、轮藻、介形类、叶肢介、双壳类、腹足类、昆虫、鱼类、爬行类等，被称作"建德生物群"（刘季辰、赵亚曾，1927；汪庆华，2001）。早期由于传统同位素测年方法误差较大，古生物时代对比又不够精确，多数研究者将"磨石山群"时代定为晚侏罗世（顾知微，1982）。随着锆石U–Pb和黑云母Ar–Ar等高精度同位素测年技术的发展，不同学者对这套岩石单元重新进行了年龄测定（李坤英等，1989；邢光福等，2008；崔玉荣等，2010；王非等，2010；张国全等，2012；Li et al.，2014），证实这套火山岩喷发的时代应为早白垩世。

永康群（$K_{1-2}Y$）：该命名源于浙江石油地质队1959年命名的永康组，岩层厚度在各盆地中变化很大，为一套内陆河湖相沉积岩夹火山岩（浙江省地质矿产局，1989）。在浙江各盆地内广泛分布，为盆地地层主要组成部分（图2.77）。可细分为馆头组、朝川组和方岩组三个岩石地层单元。馆头组（K_1g）分布广泛，其岩性主要是一套杂色砂岩、泥岩夹少量火山岩（图2.77）。厚度一般为500~800 m，最大可达2300 m，与下伏早白垩世火山岩套常呈超覆不整合接触。建组剖面在永康盆地南部的馆头村。前人曾做过该组中玄武岩的锆石SHRIMP年龄为102.1~109.4 Ma（崔玉荣等，2010），但由于年龄分散，年轻样品数量较少，故该组年龄还需进一步证实。朝川组（K_1c）为一套河湖相的"红层"，反映该组沉积时期为氧化环境。其岩性主要为紫红色沉积岩夹火山岩（图2.77）。该组建组剖面在永康盆地南部的朝川村，与馆头组之间为整合接触。方岩组（K_1f）是浙江省石油地质队于1959年在永康市方岩一带命名的一套山麓相磨拉石建造。上未见顶，下与朝川组呈平行不整合接触（图2.77）。其岩性主要为紫红色厚层至块状砾岩夹砂砾岩、砂岩。常形成丹霞地貌，以世章–石柱剖面作为其标准剖面，厚达1860 m。因"方岩组砾岩"特点鲜明，广泛发育于各盆地之中，因而可将其作为标志层，用于盆地间地层的互相对比。

金衢群（K_2J）：源自刘季辰、赵亚曾1927年所创的"衢江群"，原称衢江红砂岩（刘季辰、赵亚曾，1927）。指分布于金衢盆地的红层，由红色砂岩、砾岩以及少量玄武岩组成（图2.77）。厚度可达5000 m。主要分布于金衢盆地中，可细分为金华组和衢县组。金衢群生物化石丰富，被称作"衢江生物群"。

1）永康–武义盆地

永康–武义盆地位于浙江省中部，由一套NE向的地堑组成，为上述方案中典型的第一类盆地，由两个次一级单元组成：永康地堑和武义地堑（图2.78）。

武义地堑位于武义县，呈箕状，长约40 km，宽6~12 km（图2.78）。受西缘NE–SW走向桃溪断裂控制，东缘超覆在早白垩世火山岩之上，为典型的"西断东超"的半地堑。向南延伸至NWW走向的柳城断裂，向北最远至WE走向的青溪断裂。地层微向西倾，下部为馆头组杂色粉砂岩、泥岩及页岩互层夹流纹质凝灰岩及安山岩，主要分布于地堑东南边缘；地层中部为朝川组紫红色粉砂岩、钙质砂岩；上部为方岩组砾岩，主要分布于桃溪断裂上盘凹陷，超覆于朝川组紫红色砂岩之上。

　　永康地堑位于永康市，沿 NE40°方向展布，长约 60 km，宽 10～15 km（图 2.78）。受一系列的 NE-SW 走向的断裂控制，向北延伸可至东阳断裂，中部被青溪断裂所截。该地堑盆地下部出露馆头组，主要为灰绿-紫红色粉砂质泥岩、粉砂岩夹灰黑色泥岩、页岩、凝灰岩及安山玄武岩，底部为粉砂岩、砂岩夹砾岩。由 SE 向 NW 逐渐变薄，碎屑粒度南粗北细。朝川组主要分布在盆地的中西部，以紫红色砂岩、粉砂岩、泥岩为主，夹少量流纹质凝灰岩。岩层厚约 380 m，其中火山岩占比为 13%（张国全等，2012）。其与下伏的馆头组为整合接触，并于盆地北东部直接超覆于早白垩世火山岩（K_1v）之上。方岩组砾岩则主要沿东南缘方岩断裂分布。

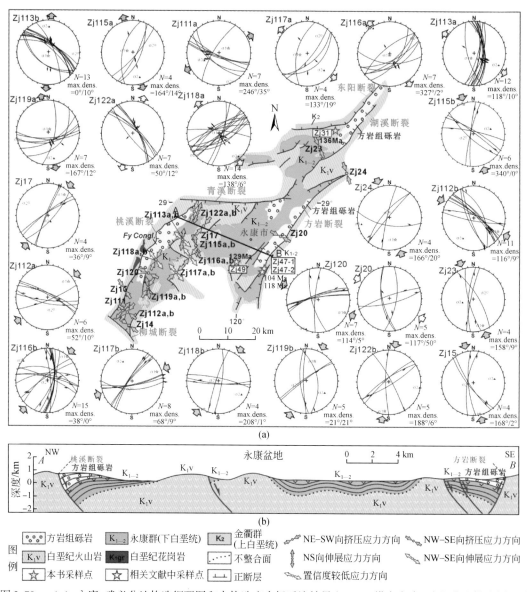

图 2.78　（a）永康-武义盆地构造纲要图和古构造应力场反演结果和（b）横穿永康-武义盆地构造剖面图

max. dens. 最大主应力轴极密区

2）丽水盆地

丽水盆地位于浙江省南部，为上述划分方案中典型的第一类盆地，由三个次一级单元组成：老竹、碧湖和岩寨地堑（图 2.79）。

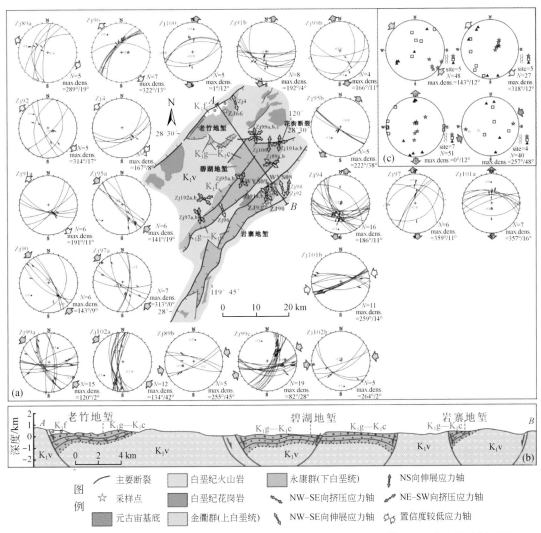

图 2.79　（a）丽水盆地构造刚要图和古构造应力场反演结果、（b）横穿丽水盆地构造剖面图以及（c）四期构造应力场主应力轴极密值统计图

老竹地堑位于丽水西北地区，其西缘受 NE-SW 走向正断层控制，东缘超覆在早白垩世火山岩之上，与武义地堑一样也是"西断东超"的半地堑，地堑内地层普遍向 NW 微倾。该地堑由三套地层组成，下部为一套暗紫、灰绿色含细砾砂岩夹灰紫色薄层泥岩，局部发育大型斜层理，含大量的虫迹化石，超覆在下部早白垩世火山岩套（K_1v）之上，相当于馆头组；中部为一套酸性火山岩，局部见球泡流纹岩，厚约 320 m（罗来等，2010），相当于朝川组；上部为一套砾岩，即方岩组砾岩，主要出露于老竹地堑盆地西北缘，沿着边界断裂走向带状分布，厚度约 360 m。砾石成分以火山岩为主，分选中、差，磨圆一般

至较好，超覆不整合在朝川组火山岩之上［图 2.79 (b)］。

碧湖地堑位于丽水南部地区，受到三条平行的 NE-SW 向正断层控制，北宽南窄，北端被 EW 走向花街断裂截切。中间碧湖断裂是一条西倾的正断层，它构成了西部碧湖凹地和东部丘陵山区的地貌边界［图 2.79 (a)］。该地堑主体由两套地层组成。下部为一套暗色、灰绿色和紫色砂砾岩，含砾砂岩，局部夹暗色泥岩，主要出露于碧湖断层下盘的丘陵地带，已发生明显的挤压褶皱变形，其可与永康-武义盆地的馆头组和朝川组对比。上部为一套紫红色砂质砾岩层夹粗砂岩，相当于方岩组下部，主要出露于碧湖断裂上盘的凹陷地区，地层相对平缓［图 2.79 (b)］。

岩寨地堑位于丽水东部地区，受两条平行的 NE-SW 向正断裂控制，地形地貌上表现为丘陵，该地区火山岩夹层开始增多，主要岩石地层单元为一套紫红色砂砾岩和砂岩组成，并夹多层流纹质火山岩，该套地层相当于馆头组和朝川组，可与老竹地堑方岩组下覆的流纹质砂砾岩相比（图 2.79）。地层向 NW 陡倾，倾角大于 40°［图 2.79 (b)］，表明已遭受较强的挤压变形。

3）金衢盆地

金衢盆地为省内最大的中—新生代陆相盆地，面积 2980 km²，沿着赣杭裂谷带东部呈 NEE 向发育，盆地细长（图 2.80），其南部和北部边界为走向 W-WSW 的犁式正断层。盆地主要出露地层为金衢群，下段为咖啡色粉砂质泥岩和泥质粉砂岩，上段为棕褐色中厚层的泥质粉砂岩、细砂岩夹砾岩。盆地边缘局部有方岩组砾岩出露。地层厚度较大，且向盆地内部逐渐减薄，具有同沉积生长地层特点。本书研究在金衢盆地中部，金华市南 5 km 处，观察到金衢群与永康群之间存在一个明显的角度不整合界面（图 2.80），表明在两套地层沉积的间隔，存在一次重要的构造挤压反转事件。

4）嵊州盆地

嵊州盆地位于浙江东部嵊州-新昌一带，呈三角几何学样式，为第三类盆地（图 2.81）。关于盆地沉积，一方面受北西缘和南东缘发育的 NE 向正断裂控制，分别形成了"西断东超"的嵊州半地堑和"东断西超"的新昌半地堑盆地；另一方面还受到北东缘 NWW 向正断裂的叠加影响控制。盆地地层可划分为三套岩石单元，下部为馆头组紫色含细砾砂岩、泥岩、粉砂质泥岩夹安山岩。中部为朝川组紫红色砂岩、砂砾岩，夹流纹质凝灰岩，新昌镜岭一带还出露有安山玄武岩。上部为方岩组的砾岩、砂砾岩，夹有紫红色、灰色粉砂岩，厚 363 m。局部可见其上被新近系嵊县组超覆。

5）天台盆地

天台盆地位于浙江省东部天台县，和嵊州盆地类似，呈扇形展布，为上述第三类盆地（图 2.81）。盆地受其北西部 NE 走向和北东部 NW 走向的正断裂联合控制，南缘则超覆于早白垩世火山岩之上。地层产状平缓，下部主要以紫红色泥质砂岩、粉砂岩为主，夹玻屑凝灰岩。上部为一套紫红色块状砂砾岩、砾岩。以上两套地层前人分别称作"塘上组"和"赖家组"，系浙江省区域地质调查队 1978 年所建。卢成忠等（2006）通过古生物与年代学的归纳研究，将其分别与永康群的"馆头组"和"朝川组"对比。本书沿用了此分法。天台盆地中大量出产恐龙蛋化石种类及数量都极其丰富，是世界上含恐龙蛋化石最丰富的地层之一（姜杨等，2011）。

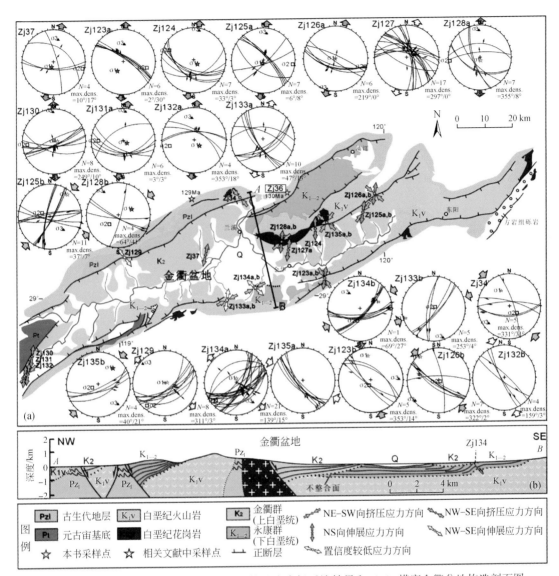

图 2.80 （a）金衢盆地构造纲要图和古构造应力场反演结果和（b）横穿金衢盆地构造剖面图

3. 盆地地层时代及区域对比

1）同位素年代学分析

锆石是岩浆岩、变质岩以及沉积岩中最重要的副矿物。其对化学作用及机械作用都具有较高的稳定性，同时富含 U、Th 而普通铅的含量低，因而锆石 U-Pb 法一直是地质年代学中的重要方法之一。研究区早白垩世火山岩套（K_1v）和永康群（$K_{1-2}Y$）中大量发育火山岩夹层，可对其进行锆石 U-Pb 年代学分析用以限定地层沉积的上限或下限年龄。本书采用 SHRIMP 和 LA-MC-ICPMS 两种常见的锆石 U-Pb 定年手段，对盆地内火山岩进行了测试分析。共采火山岩样品 13 个，其中八个用于 SHRIMP 锆石 U-Pb 年代学分析（Zj47-1、Zj47-2、Zj30、Zj53、Zj31、Zj49、Zj28、Zj36），五个用于 LA-MC-ICPMS 锆石 U-Pb 年代学

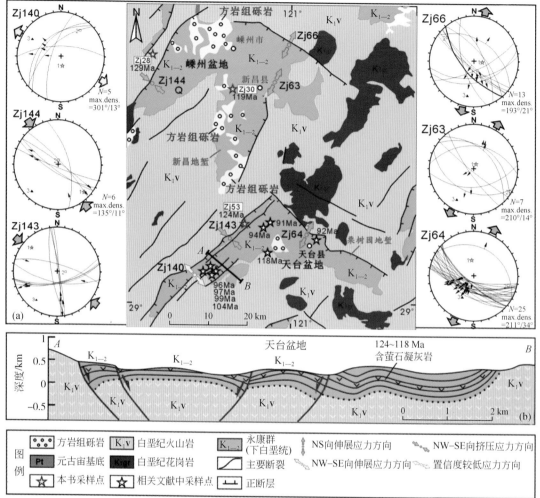

图 2.81　（a）嵊州、天台盆地构造纲要图和古构造应力场反演结果和（b）横穿天台盆地构造剖面图

分析（WyS08-1、WyS09-1、Zj66、Zj90、Zj93）。

2）SHRIMP 锆石 U-Pb 年代学测试结果

盆地中火山岩 SHRIMP 锆石 U-Pb 测年结果列于图 2.82 和表 2.15 中，年龄误差为 1σ；

样品 Zj47-1 为浅色夹层凝灰岩，采样位置为永康盆地南部永康群（图 2.77、图 2.78）。其锆石自形程度较好，透明，长度为 100~200 μm，长宽比小于 3:1，显示出清晰的震荡环带特征［图 2.82（a）］。共对 11 颗锆石进行了 11 个点的定年分析，结果显示，锆石的 U、Th 含量分别为 54~133ppm 和 48~209ppm（表 2.15），Th/U 为 0.84~1.62，证实所测锆石为典型岩浆结晶锆石。所有测试点都投影在谐和线上或附近，通过加权平均值计算，得出 $^{206}Pb/^{238}U$ 的加权平均年龄为（118±2）Ma［图 2.82（b）］，其代表了永康群火山岩的喷发年龄。

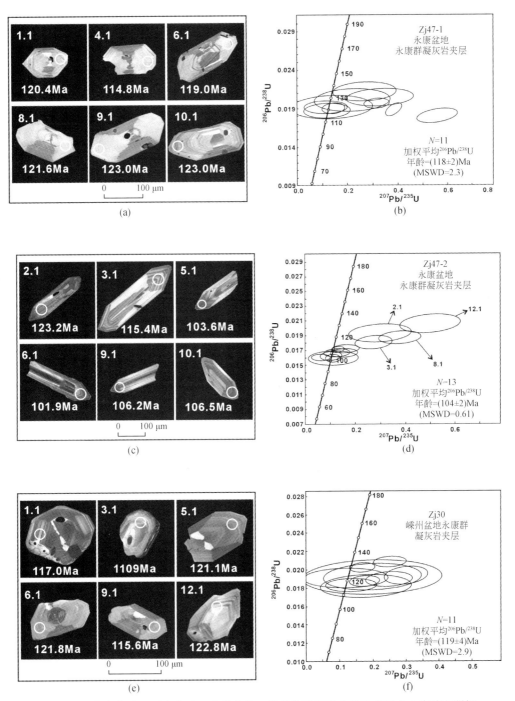

图 2.82 永康盆地、丽水盆地、金衢盆地、嵊州盆地和天台盆地夹层火山岩锆石阴极
发光图像和 SHRIMP 锆石 U–Pb 年龄谐和图

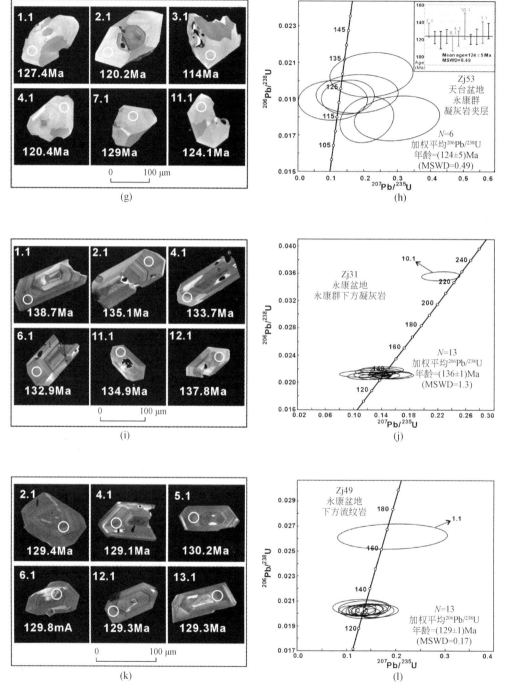

图 2.82 永康盆地、丽水盆地、金衢盆地、嵊州盆地和天台盆地夹层火山岩锆石阴极
发光图像和 SHRIMP 锆石 U-Pb 年龄谐和图（续）

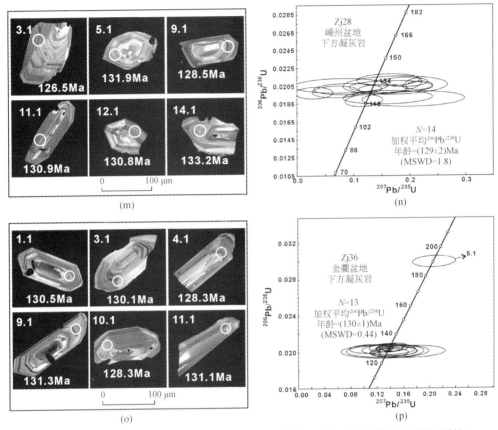

图 2.82　永康盆地、丽水盆地、金衢盆地、嵊州盆地和天台盆地夹层火山岩锆石阴极
发光图像和 SHRIMP 锆石 U–Pb 年龄谐和图（续）

MSWD 为加权平均方差

表 2.15　华南东部浙江火山岩盆地 SHRIMP 锆石 U–Pb 测年结果

数据点	U /ppm	Th /ppm	Th/U	Pb* /ppm	$^{206}Pb_c$ /%	$^{207}Pb^*/^{235}U$ (±1 σ)	$^{206}Pb^*/^{238}U$ (±1 σ)	$^{207}Pb^*/^{206}Pb^*$ (±1 σ)	$^{206}Pb/^{238}U$ 年龄/Ma (±1 σ)	$^{207}Pb/^{206}Pb$ 年龄/Ma (±1 σ)
Zj47-1 *Interbedded tuff within the Yongkang Basin*（N28°47′17.62″，E120°05′50.93″）										
1.1	133	209	1.62	2.14	8.92	0.385±6.8	0.01885±3.6	0.1479±5.8	120.4±4.3	2322±100
2.1	74	64	0.90	1.24	5.69	0.317±13	0.01967±2.6	0.117±13	115.7±4.7	1912±230
3.1	80	75	0.97	1.51	8.29	0.27±38	0.0212±4.8	0.093±38	123.0±4.7	1485±720
4.1	66	56	0.87	1.20	10.11	0.33±33	0.02045±4.5	0.119±33	114.8±3.8	1934±590
5.1	54	52	0.99	0.985	10.13	0.14±94	0.0192±6.5	0.054±94	127.6±4.5	370±2100
6.1	54	49	0.95	0.974	8.04	0.22±56	0.0201±6.0	0.081±55	119.0±5.7	1210±1100
7.1	105	98	0.96	1.83	2.85	0.115±61	0.01917±3.5	0.043±61	119.6±4.1	−140±1500

续表

数据点	U /ppm	Th /ppm	Th/U	Pb* /ppm	$^{206}Pb_c$ /%	$^{207}Pb^*/^{235}U$ (±1σ)	$^{206}Pb^*/^{238}U$ (±1σ)	$^{207}Pb^*/^{206}Pb^*$ (±1σ)	$^{206}Pb/^{238}U$ 年龄/Ma (±1σ)	$^{207}Pb/^{206}Pb$ 年龄/Ma (±1σ)
8.1	87	128	1.51	1.44	14.99	0.559±12	0.01802±4.3	0.225±11	121.6±4.4	3015±170
9.1	87	77	0.91	1.48	2.07	0.119±64	0.01873±4.1	0.046±64	123.0±4.4	10±1500
10.1	59	48	0.84	0.936	6.19		0.0176±8.9		123.0±3.5	400±2800
11.1	65	63	1.01	1.10	4.19	0.145±26	0.01902±3.0	0.055±26	110.5±4.8	424±590
Zj47-2 Interbedded tuff within the Yongkang Basin（N28°47′17.62″，E120°05′50.93″）										
1.1	348	1071	3.18	5.04	--	0.063±50	0.01601±2.2	0.029±50	102.4±2.3	−1300±160
2.1	60	71	1.21	1.06	10.15	0.30±34	0.01930±5.1	0.112±33	123.2±6.4	1828±610
3.1	110	160	1.51	1.72	6.20	0.275±22	0.01806±4.1	0.110±21	115.4±4.8	1806±390
4.1	429	775	1.87	6.36	0.71	0.134±14	0.01711±1.8	0.0568±14	109.4±2.0	485±300
5.1	180	338	1.94	2.62	1.84	0.104±34	0.01621±3.0	0.047±34	103.6±3.1	34±810
6.1	159	201	1.30	2.31	5.61	0.112±72	0.01593±4.9	0.051±72	101.9±5.0	230±1700
7.1	136	149	1.14	1.93	3.67	0.111±22	0.01590±2.7	0.050±22	101.7±2.7	217±500
8.1	72	127	1.82	1.11	6.35	0.378±18	0.01870±3.8	0.146±18	119.5±4.6	2307±300
9.1	247	441	1.84	3.57	4.28	0.156±28	0.01661±2.9	0.068±28	106.2±3.1	869±580
10.1	178	272	1.58	2.64	2.17	0.128±33	0.01665±2.7	0.056±32	106.5±2.9	437±720
11.1	224	366	1.69	3.37	0.63	0.164±26	0.01719±2.7	0.069±26	109.8±3.0	906±530
12.1	69	67	1.01	1.15	11.37	0.50±20	0.0206±5.0	0.176±19	131.5±6.6	2619±320
Zj30 Interbedded tuff within the Shengzhou Basin（N29°29′58.65″，E120°48′18.35″）										
1.1	213	367	1.78	3.62	0.85	0.135±46	0.01831±3.3	0.053±46	117.0±3.9	340±1000
2.1	82	102	1.28	1.36	3.52	0.301±18	0.01937±4.1	0.113±1	123.6±5.1	1845±320
3.1	201	92	0.47	34.2	--	2.080±2.9	0.1971±1.6	0.0765±2.4	1160±17	1109±48
4.1	83	96	1.19	1.47	9.23	0.20±85	0.0192±8.0	0.076±84	122.6±10.0	1090±170
5.1	139	229	1.70	2.27	5.04	0.248±23	0.01896±3.4	0.095±23	121.1±4.1	1529±440
6.1	90	111	1.27	1.66	10.44	0.12±86	0.01908±4.5	0.046±86	121.8±5.6	20±2100
7.1	162	188	1.20	2.94	4.63	0.252±16	0.02083±2.2	0.088±16	132.9±3.0	1375±300
8.1	73	94	1.32	1.28	11.74		0.0182±7.4		116.1±8.8	330±27
9.1	100	129	1.34	1.75	5.36		0.0181±6.3		115.6±7.3	
10.1	132	181	1.41	2.23	5.14	0.176±21	0.01877±2.5	0.068±21	119.9±2.9	863±440
11.1	109	164	1.55	1.80	5.35	0.18±62	0.0182±5.7	0.071±62	116.2±6.7	950±1300
12.1	80	94	1.22	1.42	10.86	0.20±60	0.0192±6.2	0.077±60	122.8±7.8	1130±1200
13.1	273	262	0.99	4.81	1.62	0.169±18	0.02024±2.1	0.060±18	129.2±2.7	621±380

续表

数据点	U /ppm	Th /ppm	Th/U	Pb* /ppm	$^{206}Pb_c$ /%	$^{207}Pb^*/^{235}U$ (±1 σ)	$^{206}Pb^*/^{238}U$ (±1 σ)	$^{207}Pb^*/^{206}Pb^*$ (±1 σ)	$^{206}Pb/^{238}U$ 年龄/Ma (±1 σ)	$^{207}Pb/^{206}Pb$ 年龄/ Ma (±1 σ)
Zj53 *Interbedded tuff within the Tiantai Basin* （N29°09′10.65″，E120°48′48.60″）										
1.1	23	32	1.40	0.465	9.90		0.0201±17		127.4±7.0	270±6300
2.1	29	45	1.62	0.518	9.22	0.65±21	0.0232±6.5	0.201±20	120.2±5.0	2840±330
3.1	15	22	1.56	0.326	31.02	0.95±40	0.0234±18	0.29±35	114±6.7	3439±550
4.1	28	37	1.37	0.516	11.42		0.0179±9.0		120.4±4.5	
5.1	14	17	1.28	0.250	16.06	0.842±12	0.0232±5.8	0.263±10.0	108.4±5.9	3267±160
6.1	20	26	1.37	0.381	15.81	0.40±57	0.0214±11	0.137±56	121.4±6.1	2190±980
7.1	9	10	1.24	0.206	24.01		0.0153±32		129±10	
8.1	32	47	1.50	0.544	5.14		0.0174±7.3		113.6±4.9	
9.1	24	35	1.51	0.418	5.12	0.303±27	0.02031±3.6	0.108±27	120.0±6.4	1769±490
10.1	27	64	2.40	0.672	26.61		0.0173±16		104.7±5.7	
11.1	20	23	1.20	0.408	14.25	0.38±35	0.0216±6.1	0.127±34	124.1±6.9	2058±610
Zj31 *Tuff beneath the Jinqu Basin* （N29°14′06.83″，E120°21′56.35″）										
1.1	967	855	0.91	18.2	0.89	0.1347±5.2	0.02175±1.1	0.0449±5.1	138.7±1.5	−60±120
2.1	574	370	0.67	10.5	0.56	0.1477±3.6	0.02118±1.1	0.0506±3.4	135.1±1.5	221±79
3.1	216	210	1.01	3.95	1.26	0.157±12	0.02104±1.6	0.0540±12	134.2±2.1	372±270
4.1	273	247	0.93	5.03	2.53	0.122±17	0.02095±1.6	0.0424±17	133.7±2.1	−203±420
5.1	475	243	0.53	8.74	1.63	0.117±9.6	0.02110±1.2	0.0403±9.6	134.6±1.7	−333±250
6.1	508	309	0.63	9.24	1.60	0.129±11	0.02083±1.3	0.0449±11	132.9±1.7	−59±280
7.1	676	459	0.70	12.5	1.29	0.138±8.1	0.02122±1.2	0.0471±8.0	135.4±1.6	56±190
8.1	469	336	0.74	8.73	1.05	0.142±8.4	0.02143±1.3	0.0481±8.3	136.7±1.7	103±200
9.1	518	252	0.50	9.89	1.75	0.140±15	0.02185±1.4	0.0466±15	139.3±1.9	27±350
10.1	348	556	1.65	10.8	1.57	0.224±8.2	0.03560±1.2	0.0457±8.1	225.5±2.8	−18±200
11.1	217	156	0.74	4.02	1.87	0.155±12	0.02114±1.6	0.0532±12	134.9±2.2	339±270
12.1	309	248	0.83	5.87	2.19	0.135±16	0.02160±1.5	0.0454±16	137.8±2.1	−36±390
13.1	288	235	0.84	5.27	1.44	0.143±10	0.02097±1.5	0.0495±10	133.8±1.9	169±240
14.1	284	214	0.78	5.31	2.16	0.118±21	0.02126±1.5	0.0402±21	135.6±2.1	−340±550
Zj49 *Rhyolite beneath the Yongkang Basin* （N29°48′21.03″，E119°59′30.01″）										
1.1	251	156	0.64	6.08	7.32	0.193±38	0.02621±2.5	0.053±38	166.8±4.2	348±860
2.1	448	369	0.85	7.90	1.24	0.161±9.1	0.02028±1.3	0.0577±9.0	129.4±1.7	517±200
3.1	575	529	0.95	10.4	3.99	0.143±15	0.02032±1.4	0.0511±15	129.7±1.9	247±340
4.1	373	438	1.21	7.01	7.76	0.144±24	0.02023±1.9	0.052±24	129.1±2.5	267±560
5.1	476	367	0.80	8.44	1.06	0.140±9.7	0.02041±1.3	0.0496±9.6	130.2±1.7	177±220

续表

数据点	U /ppm	Th /ppm	Th/U	Pb* /ppm	$^{206}Pb_c$ /%	$^{207}Pb^*/^{235}U$ (±1 σ)	$^{206}Pb^*/^{238}U$ (±1 σ)	$^{207}Pb^*/^{206}Pb^*$ (±1 σ)	$^{206}Pb/^{238}U$ 年龄/Ma (±1 σ)	$^{207}Pb/^{206}Pb$ 年龄/ Ma (±1 σ)
6. 1	534	481	0.93	9.68	3.79	0.138±17	0.02034±1.5	0.0493±17	129. 8±1.9	162±390
7. 1	331	254	0.79	5.87	2.16	0.134±12	0.02021±1.5	0.0482±12	129. 0±1.9	109±290
8. 1	492	370	0.78	8.66	1.59	0.124±10	0.02017±1.3	0.0445±10	128. 8±1.6	−81±250
9. 1	516	517	1.04	9.02	1.60	0.149±8.9	0.02002±1.3	0.0539±8.8	127. 8±1.6	365±200
10. 1	390	324	0.86	7.54	8.86	0.129±29	0.02055±2.0	0.045±29	131. 1±2.6	−31±700
11. 1	631	664	1.09	12.0	8.51	0.162±18	0.02025±1.7	0.058±18	129. 2±2.2	537±390
12. 1	707	838	1.23	12.6	2.33	0.105±14	0.02025±1.2	0.0375±13	129. 3±1.6	−518±360
13. 1	499	463	0.96	8.84	1.82	0.118±11	0.02026±1.3	0.0423±11	129. 3±1.7	−208±270
14. 1	470	360	0.79	8.93	7.68	0.137±26	0.02048±1.9	0.048±25	130. 7±2.5	123±600
Zj28 Tuff beneath the Shengzhou Basin（N29°35′30.66″，E120°35′58.62″）										
1. 1	222	193	0.90	4.12	5.16	0.168±36	0.02037±2.6	0.060±35	130. 0±3.4	597±770
2. 1	168	166	1.02	3.05	--	0.030±95	0.01971±2.6	0.011±95	125. 8±3.3	−7000±120
3. 1	263	346	1.36	4.71	1.38	0.070±50	0.01982±2.6	0.025±50	126. 5±3.2	−1690±170
4. 1	86	72	0.86	1.44	1.30	0.119±23	0.01882±2.8	0.046±23	120. 2±3.3	−16±550
5. 1	364	449	1.27	6.41	1.68	0.205±6.6	0.02067±2.4	0.0719±6.1	131. 9±3.1	984±120
6. 1	297	270	0.94	5.24	1.57	0.153±23	0.02010±2.1	0.055±22	128. 3±2.7	417±500
7. 1	141	63	0.46	2.53	3.50	0.174±44	0.02053±4.0	0.062±43	131. 0±5.3	662±930
8. 1	271	320	1.22	5.18	3.33	0.162±28	0.02112±2.5	0.056±28	134. 7±3.4	435±620
9. 1	298	239	0.83	5.46	2.62	0.090±55	0.02014±2.5	0.032±56	128. 5±3.2	−940±1600
10. 1	129	162	1.29	2.24	7.80	0.207±36	0.01900±3.7	0.079±36	121. 3±4.6	1174±710
11. 1	196	213	1.12	3.71	3.37	0.080±84	0.02051±3.2	0.028±84	130. 9±4.2	−1340±2700
12. 1	313	277	0.92	5.54	2.36	0.216±9.0	0.02050±1.8	0.0765±8.8	130. 8±2.4	1107±180
13. 1	208	258	1.28	3.59	6.36	0.162±40	0.01919±3.2	0.061±40	122. 5±3.9	652±850
14. 1	360	293	0.84	6.60	3.40	0.192±17	0.02088±2.1	0.067±17	133. 2±2.8	828±360
Zj36 Tuff beneath the Jinqu Basin（N29°19′9.28″，E119°39′59.66″）										
1. 1	337	243	0.75	5.95	0.66	0.137±9.8	0.02045±1.4	0.0487±9.7	130. 5±1.8	135±230
2. 1	359	702	2.02	6.39	1. 13	0.133±13	0.02050±1.5	0.0472±13	130. 8±1.9	57±310
3. 1	296	156	0.55	5.31	2.42	0.108±19	0.02038±1.5	0.0383±19	130. 1±2.0	−466±500
4. 1	354	173	0.51	6.23	2.03	0.151±13	0.02010±1.5	0.0545±13	128. 3±1.9	391±300
5. 1	361	246	0.70	9.44	1.51	0.208±11	0.02996±1.4	0.0503±11	190. 3±2.5	210±250
6. 1	441	553	1.30	7.66	1.37	0.138±14	0.01995±1.5	0.0502±14	127. 3±1.9	204±330
7. 1	284	246	0.90	5.10	3.59	0.128±33	0.02015±2.5	0.046±33	128. 6±3.2	3±790
8. 1	900	701	0.81	15.9	0.83	0.1301±6.5	0.02037±1.1	0.0463±6.4	130. 0±1.4	15±150

续表

数据点	U /ppm	Th /ppm	Th/U	Pb* /ppm	$^{206}Pb_c$ /%	$^{207}Pb^*/^{235}U$ (±1σ)	$^{206}Pb^*/^{238}U$ (±1σ)	$^{207}Pb^*/^{206}Pb^*$ (±1σ)	$^{206}Pb/^{238}U$ 年龄/Ma (±1σ)	$^{207}Pb/^{206}Pb$ 年龄/Ma (±1σ)
9.1	434	205	0.49	7.77	1.19	0.1351±4.3	0.02057±1.2	0.0476±4.1	131.3±1.6	81±97
10.1	106	154	1.50	1.88	2.72	0.169±22	0.02010±2.2	0.061±22	128.3±2.8	642±470
11.1	380	271	0.74	6.83	1.84	0.145±10	0.02055±1.5	0.0513±10	131.1±1.9	256±230
12.1	175	123	0.73	3.05	0.85	0.154±19	0.02010±2.0	0.055±19	128.3±2.6	430±430
13.1	240	202	0.87	4.25	1.56	0.137±20	0.02029±1.7	0.0491±20	129.5±2.3	152±460
14.1	175	148	0.87	3.17	4.19	0.126±28	0.02014±2.1	0.046±28	128.6±2.7	−27±680

样品 Zj47-2 为夹层浅橙色凝灰岩，采自与 Zj47-1 相同剖面的顶部（图 2.77、图 2.78）。样品中锆石透明，为长柱状，自形程度较好，长度为 300~500 μm，长宽比大于 4:1。阴极发光图像显示出清晰的环带结构，表明为典型的岩浆结晶锆石［图 2.82 (c)］。对 12 颗锆石进行了 12 个点的定年分析，结果显示，U 含量为 60~429ppm，Th 含量为 67~1071ppm，Th/U 值较高（1.06~5.04）。其中，八个数据点的 $^{206}Pb/^{238}U$ 年龄投影于谐和线上或附近，获得加权平均年龄为（104±2）Ma（MSWD=0.61），代表了火山岩喷发的年龄。另外四个数据点的 $^{206}Pb/^{238}U$ 年龄分别为（123.2±6.4）Ma、（115.4±4.8）Ma、（119.5±4.6）Ma 和（131.5±6.6）Ma，明显偏大，为不谐和年龄［图 2.82 (d)］。

样品 Zj30 采于嵊州盆地南部永康群下部的凝灰岩（图 2.77、图 2.81）。锆石透明，长度 100~200 μm，自形程度较好，长宽比小于 3:1。对 13 颗锆石进行了 13 个数据点测试，结果表明，U 和 Th 含量分别变化在 73~273ppm 和 92~367ppm 之间，Th/U 为 0.47~1.78。锆石具明显的震荡环带特征，表明为典型的岩浆锆石［图 2.82 (e)］。其中 11 个数据点投影于谐和线上或附近，获得 $^{206}Pb/^{238}U$ 加权平均年龄（119±2）Ma（MSWD=1.5）［图 2.82 (f)］，代表了火山喷发的年龄。另有一个锆石的 $^{206}Pb/^{238}U$ 年龄为（1109±48）Ma，显示出明显的不协调性，为继承锆石年龄。

样品 Zj53 为夹层凝灰岩，采自天台盆地东部永康群下部（图 2.77、图 2.81）。锆石自形程度较好，透明，直径长度在 150~200 μm，长宽比介于 1:2 和 1:1 之间。锆石阴极发光图像均展现出弱震荡环带特征，表明为岩浆结晶锆石［图 2.82 (g)］。11 颗锆石都显示出较低的 U（9~32ppm）和 Th（10~64ppm）含量。其中六个数据点获得的 $^{206}Pb/^{238}U$ 加权平均年龄为（124±5）Ma（MSWD=0.61）［图 2.82 (h)］，投影在谐和线上或附近，代表了火山喷发的年龄，其余五个数据点因 ^{207}Pb 值太低而不能计算 $^{206}Pb/^{238}U$ 年龄，但它们的平均年龄与前六个谐和数据点非常接近，表明这些年龄是可靠的，并具有相应的地质意义。样品 Zj31 采自永康盆地北部永康群下的火山岩套（图 2.77、图 2.78），岩性为凝灰岩。样品锆石为自形、透明、长柱状，长度为 100~180 μm，长宽比大于 2:1 ［图 2.82 (i)］。14 个不同锆石颗粒的 14 个数据点显示出中等的 U（217~967ppm）和 Th（156~855ppm）含量，Th/U 值较高（0.50~1.65），在阴极发光照片中锆石具有清晰的环带结构，反映了锆石为岩浆成因锆石。13 个谐和数据点获得了加权平均 $^{206}Pb/^{238}U$ 年龄为（136±1）Ma（MSWD=1.3）[图 2.82（j）]，代表了火山喷发年龄。一个不谐和数据点的 $^{206}Pb/^{238}U$ 年龄为（225.5±2.8）Ma。

样品 Zj49 岩性为流纹岩，出露于永康盆地南部下方的火山岩套中（图 2.78、图 2.79），样品中锆石自型程度较好、透明，长度为 100～150 μm，长宽比介于 2∶1 和 3∶1 之间。阴极发光照片中锆石具有同心环带，表明其为岩浆成因锆石 [图 2.82（k）]。14 个颗粒的分析结果显示出中等的 U 含量（251～707ppm）和 Th 含量（156～838ppm），Th/U 值为 0.64～1.23。其中 13 个年龄分布在谐和线附近，$^{206}Pb/^{238}U$ 加权平均年龄为（129±1）Ma（MSWD=0.17）[图 2.82（l）]，指示了火山喷发年龄。另外一点（1.1）的 $^{206}Pb/^{238}U$ 年龄不谐和，为（167±4）Ma。

样品 Zj28 岩性为凝灰岩，采自嵊州盆地中永康群下部的火山岩套中（图 2.77、图 2.81）。锆石自形程度较好、透明、长柱状，长度为 80～150 μm，长宽比介于 1∶1～2∶1 之间 [图 2.82（m）]。阴极发光照片中锆石显示出清晰的环带结构，表明其为岩浆成因锆石。14 个不同颗粒的 14 个分析结果显示出较宽的 U 含量（86～360ppm）和 Th 含量（63～449ppm）以及较高的 Th/U 值（0.83～1.36）。14 个分析结果都投在谐和线附近，$^{206}Pb/^{238}U$ 加权平均年龄为（129±2）Ma（MSWD=1.8）[图 2.82（n）]，指示出火山喷发的年龄。

样品 Zj36 岩性为凝灰岩，采自金衢盆地中永康群下部火山岩套（图 2.77、图 2.80）。锆石自形程度较好、透明、长度为 150～200 μm，长宽比大于 2 [图 2.82（o）]。阴极发光照片下锆石的同心环带普遍存在，14 个锆石的 14 份分析结果显示 U 含量为 106～900 ppm，Th 含量为 123～702ppm。Th/U 值为 0.55～2.02。13 点的年龄结果投在谐和线附近，$^{206}Pb/^{238}U$ 加权平均年龄为（130±1）Ma（MSWD=2.1）[图 2.82（p）]，代表了火山的喷发年龄。另外一个不谐和的 $^{206}Pb/^{238}U$ 年龄为（190.3±2.5）Ma。

3）LA-MC-ICPMS 锆石 U-Pb 年代学分析结果

LA-MC-ICPMS 锆石 U-Pb 测年结果列于图 2.83 和表 2.16 中，年龄误差为 2σ。每个样品的测年结果分析如下：

样品 Wys08-1：采自丽水岩寨地堑北东部，永康群朝川组中的凝灰岩夹层（图 2.77、图 2.79）。锆石为无色柱状，自形程度较好，透明–半透明 [图 2.83（a）]。长度为 100～200 μm，宽度为 50～100 μm，长宽比为 1∶1～3∶1。样品中大多数锆石在阴极发光照片中呈现出典型的韵律震荡环带，反映被测锆石均为岩浆成因。本书共对 18 颗锆石进行了 18 个点的定年分析，这些点 $\omega(Th)$ 为（83～410）×10^{-6}，$\omega(U)$ 为（104～383）×10^{-6}，Th/U 值为 0.787～1.9。所有数据点都位于谐和线上或附近，$^{206}Pb/^{238}U$ 的加权平均年龄为（114±1）Ma（MSWD=2.7）[图 2.83（b）]。其代表了火山喷发的年龄。

样品 Wys09-1：采自丽水岩寨地堑永康群朝川组凝灰岩夹层中（图 2.77、图 2.79），锆石为无色透明柱状、长柱状，自形或半自形。长度为 100～250 μm，宽度为 60～100 μm，长宽比为 1∶1～4∶1 [图 2.83（c）]。锆石显示出韵律震荡环带特征，且具有较高的 Th/U 值（0.71～1.36），为典型的岩浆结晶成因锆石。本书共对 12 颗锆石进行了 12 个点的定年分析，得出 $\omega(Th)$ 为（79～329）×10^{-6}，$\omega(U)$ 为（86～265）×10^{-6}，除锆石点 10.1 外，11

个点的^{206}Pb/^{238}U加权平均年龄为（114±2）Ma（MSWD=）[图2.83（d）]，代表了火山岩喷发的年龄。锆石10.1的^{206}Pb/^{238}U年龄偏离协和线较远，这可能与放射性成因铅丢失有关，故未参与计算。

样品Zj66：采自丽水老竹地堑中永康群朝川组的凝灰岩夹层（图2.77、图2.79），锆石为柱状，透明-半透明，自形-半自形。长度为80～150 μm，宽度为60～100 μm，长宽比为1:1～2.5:1。所有锆石显示出弱震荡环带特征，表明锆石为岩浆成因[图2.83（e）]。本书共对22颗锆石进行了22个点的定年分析，这些点的ω(Th)为（28～111）×10^{-6}，ω(U)为（86～265）×10^{-6}，Th/U值为0.51～1.12。所有测试点都位于谐和线上或附近，获得^{206}Pb/^{238}U的加权平均年龄为（118±1）Ma（MSWD=1.8）[图2.83（f）]，其代表了火山喷发的年龄。

样品Zj90：采自丽水岩寨地堑朝川组上部凝灰岩夹层中（图2.77、图2.79），锆石多为柱状或长柱状，无色、透明、自形。长度为90～150 μm，宽度为60～100 μm，长宽比为1:1～2.5:1。在阴极发光照片（CL）中，锆石可见清晰的韵律震荡环带结构，表明为典型的岩浆成因[图2.83（g）]。本书共对30颗锆石进行了30个点的定年分析，这些点的ω(Th)为（51～657）×10^{-6}，ω(U)为（46～255）×10^{-6}，Th/U值为0.47～2.58。所有分析结果都投影在谐和线上或附近，^{206}Pb/^{238}U加权平均年龄为（122±1）Ma（MSWD=3.3）[图2.83（h）]，其代表了火山喷发的年龄。

样品Zj93：采自丽水岩寨地堑馆头组凝灰岩夹层中（图2.77、图2.79），锆石颗粒无色透明，晶型呈自形-半自形的柱状或长柱状。长度为100～200 μm，宽度为60～120 μm，长宽比为1:1～3:1。在阴极发光照片（CL）中，锆石具典型的韵律震荡环带结构，表明为岩浆成因[图2.83（i）]。本次共对17颗锆石进行了17个点的定年分析，ω(Th)为（50～1133）×10^{-6}，ω(U)为（56～716）×10^{-6}，Th/U值为0.85～2.51。所有点的分析结果位于谐和线上或附近，^{206}Pb/^{238}U加权平均年龄为（112±1）Ma（MSWD=1.9）[图2.83（j）]，代表了火山喷发的年龄（表2.16）。

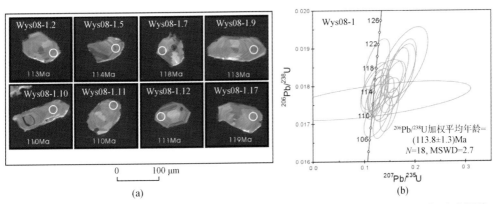

图2.83　永康盆地、丽水盆地、金衢盆地、嵊州盆地和天台盆地夹层火山岩锆石阴极发光图像和LA-MC-ICPMS U-Pb锆石年龄谐和图

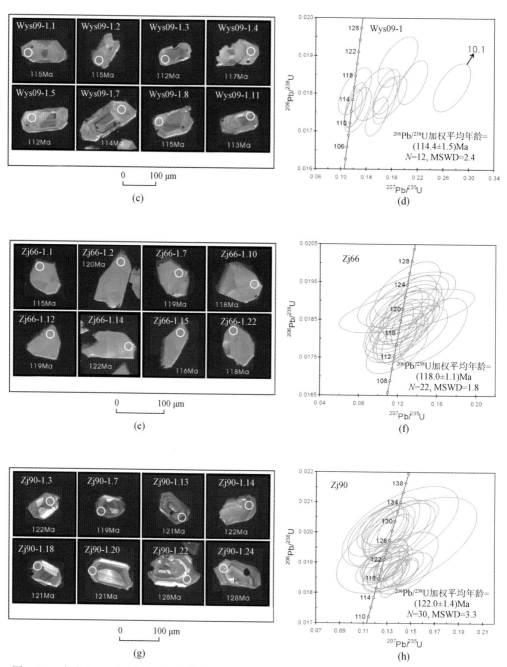

图 2.83　永康盆地、丽水盆地、金衢盆地、嵊州盆地和天台盆地夹层火山岩锆石阴极发光图像
和 LA-MC-ICPMS U-Pb 锆石年龄谐和图（续）

MSWD 为加权平均方差

表 2.16　丽水盆地火山岩锆石 LA-MC-ICPMS 分析数据

点号	Th /ppm	U /ppm	Pb* /ppm	Th/U	$^{207}\text{Pb}*/^{206}\text{Pb}*$	1σ	$^{207}\text{Pb}*/^{235}\text{U}$	1σ	$^{206}\text{Pb}*/^{238}\text{U}$	1σ	$^{206}\text{Pb}/^{238}\text{U}$ 年龄/Ma
Wys08. 1	403	211	4.2	1.909	0.0508	0.0383	0.1235	0.0764	0.0176	0.0002	113±1.3
Wys08. 2	126	151	2.4	0.835	0.0593	0.0042	0.1442	0.0104	0.0176	0.0002	113±1.5
Wys08. 3	102	130	2.3	0.787	0.0488	0.0040	0.1251	0.0103	0.0186	0.0003	119±1.8
Wys08. 4	159	142	2.5	1.120	0.0485	0.0045	0.1202	0.0113	0.0180	0.0003	115±1.7
Wys08. 5	225	174	2.9	1.287	0.0497	0.0024	0.1225	0.0061	0.0179	0.0002	114±1.5
Wys08. 6	235	170	2.9	1.382	0.0516	0.0036	0.1273	0.0088	0.0179	0.0002	114±1.5
Wys08. 7	162	144	2.4	1.130	0.0647	0.0037	0.1643	0.0095	0.0184	0.0002	118±1.6
Wys08. 8	83	104	1.8	0.793	0.0545	0.0068	0.1354	0.0168	0.0180	0.0003	115±1.7
Wys08. 9	190	149	2.4	1.272	0.0566	0.0034	0.1379	0.0085	0.0177	0.0002	113±1.5
Wys08. 10	244	199	3.2	1.222	0.0575	0.0033	0.1362	0.0079	0.0172	0.0002	110±1.4
Wys08. 11	172	178	3.0	0.969	0.0525	0.0045	0.1246	0.0105	0.0172	0.0002	110±1.4
Wys08. 12	212	188	3.0	1.127	0.0623	0.0029	0.1493	0.0075	0.0174	0.0002	111±1.5
Wys08. 13	129	135	2.2	0.953	0.0629	0.0042	0.1559	0.0106	0.0180	0.0003	115±1.8
Wys08. 14	133	125	2.1	1.067	0.0675	0.0047	0.1704	0.0126	0.0183	0.0003	117±2.1
Wys08. 15	189	181	3.1	1.047	0.0509	0.0038	0.1243	0.0094	0.0177	0.0002	113±1.5
Wys08. 16	127	126	2.2	1.009	0.0682	0.0044	0.1739	0.0118	0.0185	0.0003	118±2.0
Wys08. 17	193	159	2.7	1.216	0.0696	0.0074	0.1789	0.0192	0.0186	0.0004	119±2.5
Wys08. 18	410	383	6.2	1.069	0.0500	0.0019	0.1222	0.0048	0.0177	0.0002	113±1.3
Wys09. 1	102	132	2.2	0.775	0.0689	0.0033	0.1715	0.0086	0.0180	0.0002	115±1.6
Wys09. 2	85	110	1.8	0.771	0.0616	0.0052	0.1528	0.0127	0.0180	0.0003	115±1.8
Wys09. 3	329	265	4.5	1.243	0.0495	0.0022	0.1201	0.0056	0.0176	0.0002	112±1.3
Wys09. 4	136	157	2.7	0.866	0.0842	0.0036	0.2125	0.0095	0.0183	0.0002	117±1.5
Wys09. 5	114	132	2.1	0.863	0.0522	0.0035	0.1265	0.0087	0.0176	0.0002	112±1.5
Wys09. 6	119	141	2.5	0.842	0.1093	0.0050	0.2738	0.0121	0.0182	0.0003	116±1.7
Wys09. 7	129	146	2.4	0.886	0.0689	0.0030	0.1693	0.0077	0.0178	0.0003	114±1.6
Wys09. 8	104	126	2.1	0.826	0.0491	0.0042	0.1222	0.0105	0.0181	0.0003	115±1.6
Wys09. 9	164	144	2.4	1.139	0.0716	0.0042	0.1768	0.0109	0.0179	0.0002	114±1.5
Wys09. 10	126	124	2.2	1.013	0.0728	0.0047	0.1890	0.0127	0.0188	0.0003	120±1.7
Wys09. 11	171	151	2.4	1.134	0.0503	0.0028	0.1228	0.0069	0.0177	0.0002	113±1.5
Wys09. 12	207	166	2.7	1.243	0.0653	0.0029	0.1566	0.0073	0.0174	0.0002	111±1.3
Zj66. 1	57	66	1.2	0.859	0.0490	0.0029	0.1215	0.0073	0.0180	0.0003	115±1.7
Zj66. 2	51	73	1.5	0.697	0.0485	0.0069	0.1263	0.0158	0.0189	0.0003	120±1.8
Zj66. 3	44	65	1.4	0.675	0.0502	0.0064	0.1313	0.0164	0.0190	0.0003	121±1.9

点号	Th/ppm	U/ppm	Pb*/ppm	Th/U	$^{207}Pb*/^{206}Pb*$	1σ	$^{207}Pb*/^{235}U$	1σ	$^{206}Pb*/^{238}U$	1σ	$^{206}Pb/^{238}U$ 年龄/Ma
Zj66.4	46	84	1.6	0.543	0.0491	0.0046	0.1227	0.0115	0.0181	0.0002	116±1.5
Zj66.5	46	58	1.2	0.795	0.0509	0.0044	0.1322	0.0112	0.0188	0.0003	120±2.2
Zj66.6	65	81	1.5	0.797	0.0492	0.0018	0.1248	0.0046	0.0184	0.0002	117±1.5
Zj66.7	40	63	1.2	0.633	0.0503	0.0048	0.1286	0.0117	0.0186	0.0003	119±1.8
Zj66.8	37	62	1.1	0.588	0.0517	0.0069	0.1292	0.0171	0.0181	0.0003	116±2.0
Zj66.9	62	84	1.6	0.734	0.0484	0.0057	0.1216	0.0141	0.0182	0.0003	116±1.6
Zj66.10	44	78	1.5	0.567	0.0498	0.0059	0.1267	0.0147	0.0185	0.0002	118±1.6
Zj66.11	76	91	1.8	0.834	0.0492	0.0040	0.1268	0.0102	0.0187	0.0002	119±1.5
Zj66.12	28	52	0.9	0.540	0.0493	0.0030	0.1265	0.0075	0.0186	0.0003	119±2.1
Zj66.13	31	61	1.2	0.514	0.0488	0.0053	0.1298	0.0136	0.0193	0.0003	123±2.0
Zj66.14	37	63	1.2	0.596	0.0491	0.0080	0.1288	0.0204	0.0190	0.0003	122±1.9
Zj66.15	47	67	1.1	0.704	0.0484	0.0037	0.1216	0.0096	0.0182	0.0003	116±2.2
Zj66.16	50	66	1.2	0.768	0.0494	0.0055	0.1272	0.0141	0.0187	0.0003	119±2.0
Zj66.17	69	80	1.4	0.862	0.0486	0.0043	0.1212	0.0106	0.0181	0.0003	115±1.9
Zj66.18	62	73	1.4	0.851	0.0494	0.0055	0.1251	0.0135	0.0183	0.0003	117±1.6
Zj66.19	42	60	1.0	0.706	0.0622	0.0055	0.1564	0.0140	0.0182	0.0004	117±2.2
Zj66.20	51	64	1.1	0.791	0.0487	0.0053	0.1192	0.0128	0.0177	0.0003	113±1.7
Zj66.21	82	95	1.9	0.866	0.0499	0.0114	0.1290	0.0283	0.0187	0.0002	120±1.5
Zj66.22	61	64	1.2	0.942	0.0497	0.0068	0.1261	0.0167	0.0184	0.0004	118±2.5
Zj90.1	51	46	1.3	1.1154	0.0541	0.0075	0.1462	0.0240	0.0196	0.0007	125±4.2
Zj90.2	173	190	4.5	0.9059	0.0530	0.0036	0.1373	0.0098	0.0188	0.0003	120±1.7
Zj90.3	158	142	3.6	1.1122	0.0489	0.0026	0.1285	0.0080	0.0191	0.0003	122±1.9
Zj90.4	146	148	4.1	0.9827	0.0488	0.0023	0.1337	0.0077	0.0199	0.0003	127±2.0
Zj90.5	181	162	3.9	1.1185	0.0554	0.0019	0.1427	0.0056	0.0187	0.0002	119±1.2
Zj90.6	208	223	5.2	0.9330	0.0527	0.0013	0.1340	0.0038	0.0184	0.0002	118±1.5
Zj90.7	196	238	5.5	0.8244	0.0537	0.0015	0.1381	0.0045	0.0186	0.0002	119±1.2
Zj90.8	144	118	3.5	1.2283	0.0503	0.0038	0.1410	0.0132	0.0203	0.0003	130±1.9
Zj90.9	165	161	4.2	1.0248	0.0510	0.0017	0.1347	0.0050	0.0191	0.0003	122±1.8
Zj90.10	340	150	4.7	2.2688	0.0564	0.0033	0.1450	0.0095	0.0187	0.0003	119±1.8
Zj90.11	239	237	6.7	1.0063	0.0441	0.0014	0.1221	0.0055	0.0201	0.0003	128±1.9
Zj90.12	244	191	4.9	1.2776	0.0500	0.0026	0.1284	0.0076	0.0186	0.0002	119±1.5
Zj90.13	329	132	3.9	2.4927	0.0487	0.0023	0.1277	0.0069	0.0190	0.0002	121±1.6
Zj90.14	111	69	2.1	1.6055	0.0538	0.0044	0.1413	0.0130	0.0190	0.0004	122±2.6

续表

点号	Th /ppm	U /ppm	Pb* /ppm	Th/U	$^{207}Pb*/^{206}Pb*$	1σ	$^{207}Pb*/^{235}U$	1σ	$^{206}Pb*/^{238}U$	1σ	$^{206}Pb/^{238}U$ 年龄/Ma
Zj90.15	287	248	6.9	1.1551	0.0448	0.0030	0.1229	0.0104	0.0199	0.0004	127±2.6
Zj90.16	52	110	2.6	0.4710	0.0481	0.0031	0.1336	0.0097	0.0202	0.0004	129±2.7
Zj90.17	207	197	4.8	1.0509	0.0564	0.0015	0.1457	0.0044	0.0187	0.0002	120±1.1
Zj90.18	234	203	5.2	1.1555	0.0462	0.0018	0.1207	0.0054	0.0189	0.0002	121±1.2
Zj90.19	139	130	3.2	1.0691	0.0483	0.0031	0.1258	0.0091	0.0189	0.0003	121±1.7
Zj90.20	107	128	2.9	0.8395	0.0518	0.0023	0.1357	0.0065	0.0190	0.0002	121±1.6
Zj90.21	658	255	8.0	2.5841	0.0527	0.0015	0.1356	0.0045	0.0187	0.0002	119±1.2
Zj90.22	261	224	6.4	1.1667	0.0511	0.0026	0.1409	0.0121	0.0200	0.0004	128±2.5
Zj90.23	178	194	4.8	0.9183	0.0513	0.0020	0.1339	0.0061	0.0189	0.0002	121±1.2
Zj90.24	171	145	4.2	1.1803	0.0472	0.0022	0.1305	0.0071	0.0200	0.0002	128±1.3
Zj90.25	256	229	5.3	1.1179	0.0501	0.0014	0.1310	0.0040	0.0190	0.0002	121±1.5
Zj90.26	91	66	2.5	1.3748	0.0506	0.0049	0.1408	0.0199	0.0202	0.0006	129±3.5
Zj90.27	101	101	2.9	0.9952	0.0499	0.0033	0.1382	0.0117	0.0201	0.0004	128±2.7
Zj90.28	241	99	3.3	2.4450	0.0452	0.0036	0.1251	0.0116	0.0201	0.0004	128±2.3
Zj90.29	323	226	6.7	1.4320	0.0483	0.0013	0.1343	0.0050	0.0202	0.0003	129±1.7
Zj90.30	131	132	3.7	0.9927	0.0447	0.0024	0.1244	0.0081	0.0202	0.0003	129±1.9
Zj93.1	1093	506	8.9	2.162	0.0496	0.0011	0.1175	0.0028	0.0172	0.0002	110±1.1
Zj93.2	443	376	6.6	1.179	0.0498	0.0020	0.1214	0.0051	0.0177	0.0002	113±1.1
Zj93.3	791	426	7.8	1.857	0.0489	0.0015	0.1158	0.0036	0.0172	0.0002	110±1.1
Zj93.4	560	360	6.2	1.556	0.0497	0.0017	0.1176	0.0043	0.0172	0.0002	110±1.1
Zj93.5	503	424	7.5	1.184	0.0485	0.0020	0.1156	0.0052	0.0173	0.0002	110±1.1
Zj93.6	430	310	5.7	1.386	0.0493	0.0026	0.1190	0.0065	0.0175	0.0002	112±1.1
Zj93.7	383	333	6.2	1.150	0.0489	0.0033	0.1199	0.0080	0.0178	0.0002	114±1.1
Zj93.8	536	523	9.4	1.025	0.0498	0.0016	0.1213	0.0041	0.0177	0.0002	113±1.1
Zj93.9	470	415	7.1	1.132	0.0486	0.0017	0.1187	0.0044	0.0177	0.0002	113±1.1
Zj93.10	517	440	7.4	1.177	0.0495	0.0016	0.1197	0.0043	0.0175	0.0002	112±1.1
Zj93.11	469	395	7.1	1.189	0.0494	0.0020	0.1207	0.0050	0.0177	0.0002	113±1.1
Zj93.12	410	356	5.7	1.151	0.0532	0.0018	0.1283	0.0050	0.0175	0.0002	112±1.2
Zj93.13	287	336	6.2	0.855	0.0494	0.0039	0.1219	0.0097	0.0179	0.0002	114±1.2
Zj93.14	555	467	8.8	1.188	0.0491	0.0019	0.1189	0.0047	0.0176	0.0002	112±1.1
Zj93.15	1133	552	11.0	2.054	0.0509	0.0017	0.1209	0.0041	0.0172	0.0002	110±1.1
Zj93.16	313	203	3.9	1.540	0.0494	0.0031	0.1222	0.0076	0.0179	0.0002	115±1.4
Zj93.17	323	292	4.9	1.107	0.0495	0.0015	0.1189	0.0038	0.0174	0.0002	111±1.1

4）盆地沉积序列

盆地内地层时代的精确限定为建立华南东部沉积序列框架奠定了基础，同时也是区域大地构造演化过程的关键。综合本研究和前人的同位素年代学资料，我们重新建立了华南东部浙江火山岩盆地的地层时代格架。如下：

早白垩世火山岩套（K_1v）：本研究在该组采得的四块火山岩样品年龄集中在 129～136 Ma（Zj28、Zj31、Zj36、Zj49）。关于这套火山岩的时代，前人也曾有类似年龄的报道。沿政和–大埔断裂带南部，此火山岩套中的三个熔结凝灰岩的锆石 U–Pb 年龄分别为 132 Ma、133 Ma 和 136 Ma。这套火山岩广泛分布于整个华南大陆，形成了规模庞大的呈 NE–SW 向展布的岩浆弧。综上所述，我们将这套火山岩的喷发年龄限定在 129～136 Ma，其代表了区域地壳伸展作用的开始。

永康群：本套地层中共采得九块火山岩样品（Wys08、Wys09、Zj93、Zj66、Zj90、Zj47–1、Zj47–2、Zj30、Zj53），年龄在 104～124 Ma，其中馆头组和朝川组中的火山岩年龄较为集中，为 112～124 Ma，仅一块采于永康盆地顶部的凝灰岩（ZJ47–2）年龄为 104 Ma。综合区域资料可知，各盆地永康群的年龄主要集中在上、下两年龄段：下部凝灰岩分别形成于 118 Ma，119 Ma、118～124 Ma 和 112～122 Ma，上部的凝灰岩和玄武岩分别形成于 103～104 Ma，96～102 Ma 和 91～104 Ma（崔玉荣等，2010；He et al.，2013；Li J. H. et al.，2014）（丽水盆地未采得上部地层火山岩）。因此可将永康群进一步划分为上、下两个火山沉积岩序列：下火山沉积岩序列相当于原先馆头组和朝川组（K_1g—K_1c），其形成时代为 129～112 Ma B. P.；上火山沉积岩序列相当于原先的方岩组（K_1f），时代为 104～91 Ma B. P.。

金衢群：因未在金衢群中采集到完整的火山岩夹层样品，故无法对其进行同位素定年。然而在沿着金衢盆地南部边界观察到金衢群角度不整合覆盖于褶皱的永康群之上（图 2.84），表明于永康群沉积之后很可能发生了一次重要的构造挤压变形事件。金衢群的沉积晚于这期变形，时代为 91 Ma B. P. 之后。

图 2.84　金衢盆地南部金衢群（K_2）和永康群（K_{1-2}）之间的角度不整合接触界面

4. 构造分析和构造应力场反演

1）古构造应力场反演方法和原理

地壳在某一特定演化阶段，古构造应力场的方向是稳定的，且具有区域一致性；因此，可通过古构造应力场的反演来约束某一特定区域的构造变形和演化历史（Mercier *et al.*，1987a，1987b）。常用的古构造应力场反演的方法是测量断层面及其上的滑动矢量（Carey，1979；Angelier，1984；Gapais *et al.*，2000）。为建立浙江火山岩盆地群古构造应力场演化序列，本书在对野外露头点断裂变形几何学和运动学观察的基础上，系统测量了不同地层单元中发育的断层面及擦痕，并利用构造指向标志，如新生的石英和方解石生长矿物、阶步、羽列剪节理和吕德尔面等，判断断层的运动方向。为保证反演结果的真实客观，采用不同形态的箭头进行了可信度分类：实心箭头，可信度较高；空心箭头，可信度较低。同时，借助断层或擦痕的切割关系，梳理了古构造应力场的活动期次，进一步约束区域构造变形事件的演化序列。本次研究采用了法国南巴黎大学开发的反演软件 FAULT 来计算各观测点的三轴主应力方向（Carey，1979；Angelier，1984）。利用吴氏网下半球投影方法将断层滑动矢量投影在图中（弧线，代表断层面；箭头，代表擦痕，其指示了断层上盘的运动方向；图 2.78 ~ 图 2.81）。详细的断层滑动矢量分析过程及古构造应力场反演原理请参阅文献（Sperner and Zweigel，2010）。

2）盆地断层运动学分析和构造应力场反演结果

基于野外观测和分析软件的反演，本书在浙江火山岩盆地中，共识别出了四期主要的古构造应力场，分别为 NW–SE 向伸展、NW–SE 向挤压和 NS 向伸展、NE–SW 向挤压。

永康盆地：

永康盆地 NW–SE 向伸展主要被 NE 走向正断层所记录，这些正断层倾角中等（40° ~ 60°）[图 2.78（a）、图 2.85（a）]，具有正向滑动擦痕。这期伸展作用导致了永康–武义地区发生伸展断陷，诱使盆地张开并控制永康群的沉积。断层滑动矢量测量点共计四个（Zj113a、Zj116a、Zj117a、Zj118a），测量擦痕 37 组。NS 向的伸展应力场主要记录在一系列的东到 SE 走向的正断层上，断层倾角较陡（大于 70°），擦痕侧伏角较大（大于 65°），局部错开上下盘地层，错距 1 ~ 2 m。共测量擦痕数据点五个，共 38 组。盆地中还发育一组共轭的 NNW–SSE 向的左行走滑和 EW 向右行走滑断层，断层倾角较陡（大于 70°）[图 2.85（b）]，擦痕侧伏角较小（小于 25°），断层滑动矢量测量点共八个（Zj14、Zj15、Zj20、Zj23、Zj24、Zj112b、Zj115b、Zj120），测量擦痕 45 组，反映的古构造应力场为 NW

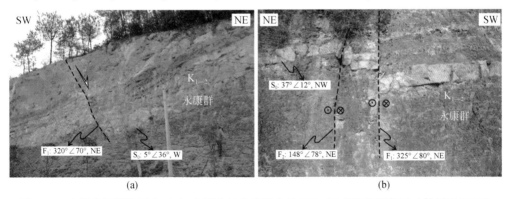

图 2.85　永康盆地野外照片（a）永康盆地永康群中呈 NW–SE 走向的正断层（拍摄于 Zj122）
（b）永康盆地永康群中呈 NW–SE 走向的走滑断层（拍摄于 Zj23）

–SE 向挤压。这期挤压作用导致永康盆地构造反转，永康群发生平缓褶皱。NE-SW 向挤压作用与金衢群中表现类似，记录在共轭的 NS 向右行走滑和 EW 向的左行走滑断层中。断层滑动矢量测量点七个（Zj17、Zj112a、Zj116b、Zj117b、Zj118b、Zj119b 和 Zj122b），测量擦痕 47 组。以上所有四期应力场不仅在永康群（K_{1-2}）中有记录，同时也记录在早白垩世的火山岩套（$K_1 v$）中。

金衢盆地：

金衢盆地中的断层滑动矢量数据共记录了两期与盆地形成演化相关的应力场：NS 向伸展和 NE-SW 向挤压 [图 2.80（a）]。NS 向伸展主要记录于 EW 向的正断层上 [图 2.86（a）~（c）]，它们控制了盆地的初始张开和金衢群的沉积充填。这些断层倾角中-陡（45°~80°），含正向滑动擦痕，在断层两侧可明显观察到断距。断层滑动矢量测量点共计 11 个（Zj37、Zj123a、Zj124、Zj125a、Zj126a、Zj127、Zj128a、Zj130、Zj131a、Zj132a、Zj133a），测得擦痕 82 组。计算得出最小主应力轴（σ_3）近水平，方向向北，中间主应力轴（σ_2）向东，最大主应力轴（σ_1）近垂直。NE-SW 向挤压则主要记录在共轭的 NS 向右行走滑和 EW 向左行走滑断层上。它们大多倾角较陡（大于 70°），擦痕侧伏角较小（小于 20°）。断层滑动矢量测量点共计四个（Zj125b、Zj128b、Zj133b、Zj135b），测得擦痕 24 组。这次挤压事件导致金衢盆地整体沿着北西轴发生褶皱，形成不对称背斜，其北东翼地层出露于东阳市附近，倾角中等 [图 2.86（d）]。

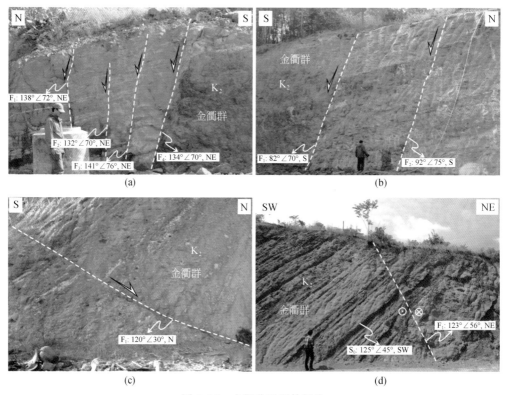

图 2.86　金衢盆地野外照片

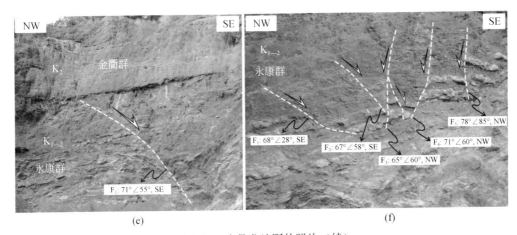

图 2.86　金衢盆地野外照片（续）

（a）～（c）金衢盆地金衢群中正断层

呈 EW 或 SEE-NWW 走向（分别拍摄于 Zj125、Zj130、Zj37）；（d）受 NE-SW 挤压，金衢群

发生倾斜；（e）、（f）金衢群下伏永康群中发育同沉积断层（拍摄于 Zj134）

NW-SE 向伸展和 NW-SE 向挤压主要记录于盆地周围早白垩世火山岩套（K_1v）和永康群（$K_{1-2}Y$）中 [图 2.80（a）]，而在金衢群中未见记录。NW-SE 向伸展主要表现为 NE-SW 向走以软沉积变形为特征的同伸展期生长断层 [图 2.86（e）、（f）]。断层滑动矢量测量点共计两个（Zj129、Zj134a），测量擦痕 30 组。NW-SE 向挤压应力场则主要被一系列的 NNW-SSE 向左行走滑和 EW 向右行走滑的共轭断层所记录，其导致了早、晚白垩世之间的一次构造反转事件，并使永康群地层发生倾斜。断层滑动矢量测量点共计六个（Zj34、Zj123b、Zj126b、Zj132b、Zj134b、Zj135a），测量擦痕 38 组。

丽水盆地：

NW-SE 向伸展应力场主要被 NE-NNE 走向正断层所记录，这些断层控制了盆地的初始张开和永康群的充填，它们大部分倾角中等（40°～60°），断层面上擦痕的侧伏角较大（大于 70°）[图 2.79（a）]。断层滑动矢量测量点共计五个（Zj89a、Zj96、Zj92、Zj4、Zj91a），测得擦痕 27 组，获得三轴主应力分布为：最小主应力轴（σ_3）近水平，其极密区位于 318°∠12° [图 2.79（c）]；中间主应力轴（σ_2）近水平，走向 NE-SW；最大主应力轴（σ_1）近垂直。

NW-SE 向挤压应力场主要被共轭的 NS 向左行断层和 NWW-SEE 向右行断层所记录，断层大部分倾角较陡（大于 60°），擦痕侧伏角较小（小于 20°）[图 2.79（a）]。断层滑动矢量测量点共计五个（Zj95a、Zj90、Zj97a、Zj99a、Zj102a），测得擦痕 46 组，获得三轴主应力分布为：最大主应力轴（σ_1）近水平，其极密区位于 143°∠12° [图 2.79（c）]；中间主应力轴（σ_2）近垂直；最小主应力轴（σ_3）为 NE 走向，近水平。

NS 向伸展应力场主要被 EW 走向正断层记录，如碧湖地堑北缘的花街断裂，这些断层大部分倾角中等-陡（约 50°～80°），断层面上擦痕的侧伏角较大（大于 70°）[图 2.79（a）]。断层滑动矢量测量点共计七个（Zj100、Zj91b、Zj94、Zj99b、Zj95b、Zj97、Zj101a），测得擦痕 51 组，获得三轴主应力分布为：最小主应力轴（σ_3）近水平，其极密

区位于 $0°\angle12°$［图 2.79（c）］；中间主应力轴（σ_2）近水平，走向 EW；最大主应力轴（σ_1）近垂直。

NE-SW 向挤压应力场主要被共轭的 NS 向右行断层和 EW 向左行断层所记录，断层大部分倾角较陡（大于 $60°$），擦痕侧伏角较小（小于 $20°$）［图 2.79（a）］。断层滑动矢量测量点共计四个（Zj101b、Zj99c、Zj89b、Zj102b），测得擦痕 40 组，获得三轴主应力分布为：最大主应力轴（σ_1）近水平，其极密区位于 $257°\angle48°$［图 2.79（c）］；中间主应力轴（σ_2）近垂直；最小主应力轴（σ_3）近水平，为 NW-SE 走向。

嵊州和天台盆地：

由于第四系覆盖严重，露头状况不佳，这两个盆地的断层滑动数据较少，只有零星几个断层滑动矢量分析点［图 2.81（a）］。NNE-SSW 向的伸展应力场主要记录于盆地 NW 走向的边界断层附近。这些断层倾角中-陡（$45°\sim80°$）［图 2.87（b）］，具正向滑动擦痕［图 2.87（a）］。断层滑动矢量测量点三个，共测量擦痕 51 组。NW-SE 向伸展应力场记录于天台盆地 NE-SW 走向的正断层中。NW-SE 向挤压应力场主要记录在嵊州盆地和天台盆地 NS 向左行走滑和 EW 向右行走滑断层中。

图 2.87   （a）天台盆地野外照片，（呈 NWW-SEE 走向的边界断裂上发育沿倾向滑动擦痕，拍摄于 Zj64）和（b）嵊州盆地野外照片（永康群中发育呈 NW-SE 走向正断层，拍摄于 ZJ63）

3）白垩纪古构造应力场演化和盆地变形分析

本书研究断层滑动矢量测量点共计 74 处，测量擦痕数据 573 组，识别出了四期伴随盆地形成和演化的古构造应力场。分别为：NW-SE 向伸展、NW-SE 向挤压、NS 向伸展和 NE-SW 向挤压。借助断层或擦痕的切割关系，可梳理出古构造应力场的活动期次，进一步约束区域构造变形事件的演化序列。

NW-SE 向伸展和 NW-SE 向挤压应力场在早白垩世永康群中记录较好，但却未在晚白垩世金衢群发现，表明这两期应力场先于金衢群沉积。永康群的早白垩世火山-沉积序列可分为上、下两个岩石组合，即馆头-朝川组和方岩组，区分这两套岩石组合的沉积-构造接触关系是理解区内各盆地早白垩世构造演化的基础。在丽水盆地碧湖地堑西部，馆头-朝川组与方岩组沿碧湖断裂呈正断层接触关系；在老竹地堑、永康地堑、武义地堑及嵊州盆地内，方岩组砾岩都不整合超覆在馆头-朝川组之上（图 2.78、图 2.79、图 2.81）；这些接触关系表明，这两套火山-沉积岩石组合的形成与两期独立的伸展事件相关，而两个岩石组合之间对应一个重要的地层界面，代表构造事件转换界面。在地层对比分析的基础上，根据本书获得的火山岩年龄和古构造应力场数据，结合各个盆地的沉积和变形资料（蔡正全、俞云文，2001；罗以达、俞云文，2004；Li J. H. *et al.*，2014），笔者认为区域内盆地早白垩世共经历了两个伸展-挤压旋回的构造演化过程。I 期伸展-挤压构造旋回发生于 124～112 Ma B. P.，古构造应力场以 NW-SE 向伸展和相继出现的 NW-SE 向挤压为主。前者导致火山岩盆地沿 NE 向断裂初始张开，控制了馆头组和朝川组的沉积，奠定了火山岩盆地的雏形格局；后者导致盆地构造反转，下白垩统普遍倾掀和褶皱。II 期伸展-挤压构造旋回发生 104～91 Ma B. P.，其古构造应力场方向与 I 期很难区分，仍以 NW-SE 向伸展和 NW-SE 向挤压为主。前者导致已经张开的盆地沿断裂再次发生伸展断陷，并控制了方岩组的沉积，在丽水碧湖地堑形成断裂上盘方岩组和下盘朝川组的正断层接触关系，在老竹地堑、永康地堑、武义地堑及嵊州盆地内则形成了馆头-朝川组和方岩组之间的不整合接触界面。后者导致区域再次发生构造反转，下白垩统广泛褶皱，并在金衢盆地形成了方岩组与晚白垩世金衢群的角度不整合接触关系（Li J. H. *et al.*，2014）。

晚白垩世以后，区内盆地经历了另一个伸展-挤压旋回的构造演化过程。古构造应力场以 NS 向伸展和 NE-SW 向挤压为主。这两期应力场不仅记录在永康群（$K_{1-2}Y$）及更早的早白垩世火山岩套（K_1v）中，在金衢群（K_2J）中也同样有记录，表明其发生时间应在晚白垩世或之后。鉴于 NS 向伸展与金衢盆地的张开方向一致，本书推测这期伸展开始于晚白垩世，与金衢群的初始沉积同期进行。由于华南大部分盆地的上白垩统到古近系是连续沉积的，因而这期伸展应力体制可能一直持续到早古近纪。而后，NE-SW 向挤压导致了金衢盆地发生轻微反转。由于缺乏完整的新生代沉积，这期挤压应力环境持续时间仍无法确定。通过对比华南中部江汉盆地的应力场年代学资料，本书推测这期挤压事件可能出现在晚古近纪，其导致了古近系顶部的区域不整合。

5. 华南东部白垩纪火山岩盆地构造演化和地球动力学起源

1）华南东部白垩纪火山岩盆地构造演化历史

断层动力学的分析结果表明，从白垩纪到早古近纪，控制火山岩盆地发育的古构造应力场具伸展-挤压幕式交替演化的特点。古地磁研究数据表明，华南大陆从白垩纪开始，一直为稳定的状态，并没有发生显著的旋转（Zhu Z. M. *et al.*，2006）。因此，研究区内古构造应力场的变化与区域地球动力学作用的变化有关，而非地块旋转导致。结合区域资料，本研究将华南东部白垩纪火山岩盆地的构造变形历史分为三个伸展-挤压旋回，共六个期次（图2.88）。

I 期伸展-挤压旋回发生于早白垩世早期，时代为 124～112 Ma B. P.，以先后出现的 NW-SE 向伸展和挤压应力场为主。NW-SE 向伸展导致一系列的 NE 走向正断层形成，并控制了区域内大量断陷盆地的初步张开和馆头-朝川组的沉积。随后 NW-SE 向挤压作用导致盆地发生构造反转，已沉积的馆头-朝川组发生倾斜、褶皱。

II 期伸展-挤压旋回发生于早白垩世晚期至晚白垩世早期，时代为 104～91 Ma B. P.，其应力场方向与第 I 期类似，仍然以 NW-SE 向伸展和 NW-SE 向挤压为主。前者导致区内盆地沿 NE 走向断裂再次发生伸展断陷，造成方岩组角度不整合沉积于褶皱的馆头-朝川组之上。后者导致盆地再次发生构造反转，沉积间断，下白垩统广泛褶皱，形成大量的以平缓褶皱和走滑断层为特征的反转构造。

III 期伸展–挤压旋回的时代为晚白垩世至古近纪早期，包括 NS 向伸展和 NE–SW 向挤压。晚白垩世早期，NS 向伸展导致区域沿一系列 E–SE 走向的正断层广泛发生伸展裂陷，形成狭长条状的断陷盆地，并伴随金衢群的沉积充填。此后，一直到古近纪晚期，NE–SW 向挤压引发了盆地再一次的构造反转，造成区内盆地的整体抬升和新生代地层的缺失。

2）早白垩世 NW–SE 向伸展和挤压的动力学机制：古太平洋板块俯冲和后撤的远程效应

早白垩世的 NW–SE 伸展事件影响波及了整个华南大陆，其导致了大规模断陷盆地（约 85490 km^2）和伸展穹窿构造的形成（Engebretson et al.，1985；Shu et al.，2009b；Li J. H. et al.，2012），并诱发了巨量的岩浆侵入和火山活动（约 139920 km^2）（Zhou and Li，2000；Zhou et al.，2006）。华南东部广泛分布的早白垩世火山岩套（$K_1 v$）表明这次伸展事件在 136 ~ 129 Ma B. P. 达到峰期。这期伸展的应力场方向与古太平洋板块早白垩世的 NW 俯冲方向一致（Engebretson et al.，1985；Maruyama and Seno，1986），暗示二者之间存在必然联系。因此，本研究认为这期伸展作用可能与古太平洋板块俯冲过程中因俯冲板片后撤（roll-back）诱发的弧后扩张作用有关。这一解释与华南白垩纪岩浆岩省的时空展布规律和地球化学特征相符：①岩浆岩带呈 NE 走向展布，且岩浆岩年龄从内陆至沿海逐渐变年轻（Zhou et al.，2006）；②岩浆岩具明显岛弧特征（Zhou and Li，2000）；③从内陆至沿海，岩浆岩的 T_{DM} 模式年龄逐渐变年轻，而 $\varepsilon_{Nd}(t)$ 值逐渐增高（Jahn et al.，1976；Gilder et al.，1996；Chen and Jahn，1998）。

伸展–挤压事件的幕式交替反映了弧后扩张过程中复杂的深部动力学背景。早白垩世 NW–SE 向挤压事件不仅影响了华南东部的白垩纪盆地，其在中下扬子、东南沿海和大别山等地区也均有记录，因而这期挤压事件也具有区域意义。其造成华南下白垩统普遍倾斜，形成上、下白垩统之间角度不整合面（Li J. H. et al.，2012，2014），并诱发长乐–南澳带发生左行走滑（Charvet et al.，1990；崔建军等，2013）。同时，挤压作用终止了与伸展相关的岩浆活动，导致约 110 ~ 100 Ma B. P. 岩浆活动宁静期的出现（Li J. H. et al.，2014）。这期挤压事件的动力学机制可能与古太平洋板块俯冲角度由陡向缓变化、菲律宾微板块与亚洲大陆的碰撞作用（Charvet et al.，1994；Li J. H. et al.，2014）以及晚白垩世到古近纪与新特提斯俯冲碰撞有关的盆地裂陷和反转有关。

晚白垩世初期，华南大陆周缘的板块动力学过程发生了剧烈变化（图 2.88）。古太平洋板块的俯冲方向由 NWN 变为 WNW，俯冲速度减慢，俯冲角度增大（Engebretson et al.，1985；Maruyama et al.，1997），这个板块运动学可一直持续至古近纪初期（约 50 Ma B. P.；Sharp and Clague，2006）。另一方面，在特提斯喜马拉雅构造带，由于印度板块的向北俯冲，Kohistan-Dras 弧（现位于 Pakistan）于晚白垩世与亚洲大陆发生碰撞（Coward et al.，1987）。因此，华南大陆晚白垩世以来的构造演化，主要受古太平洋和特提斯这两大构造域板块动力学的联合影响（Ren et al.，2002）。随着板块周缘动力学过程的调整，浙江火山岩盆地的应力场方向变为 NS 向伸展和 NE–SW 向挤压。从古构造应力场的方位来看，晚白垩世伸展的方向与印度板块俯冲方向一致，暗示二者可能存在必然联系。据此，我们推测，NS 向伸展可能反映了晚白垩世印度板块向亚洲大陆俯冲过程中的弧后扩张变形；而 NE-SW 向挤压变形则可能与印度板块和亚洲大陆古近纪末期的碰撞作用相关。

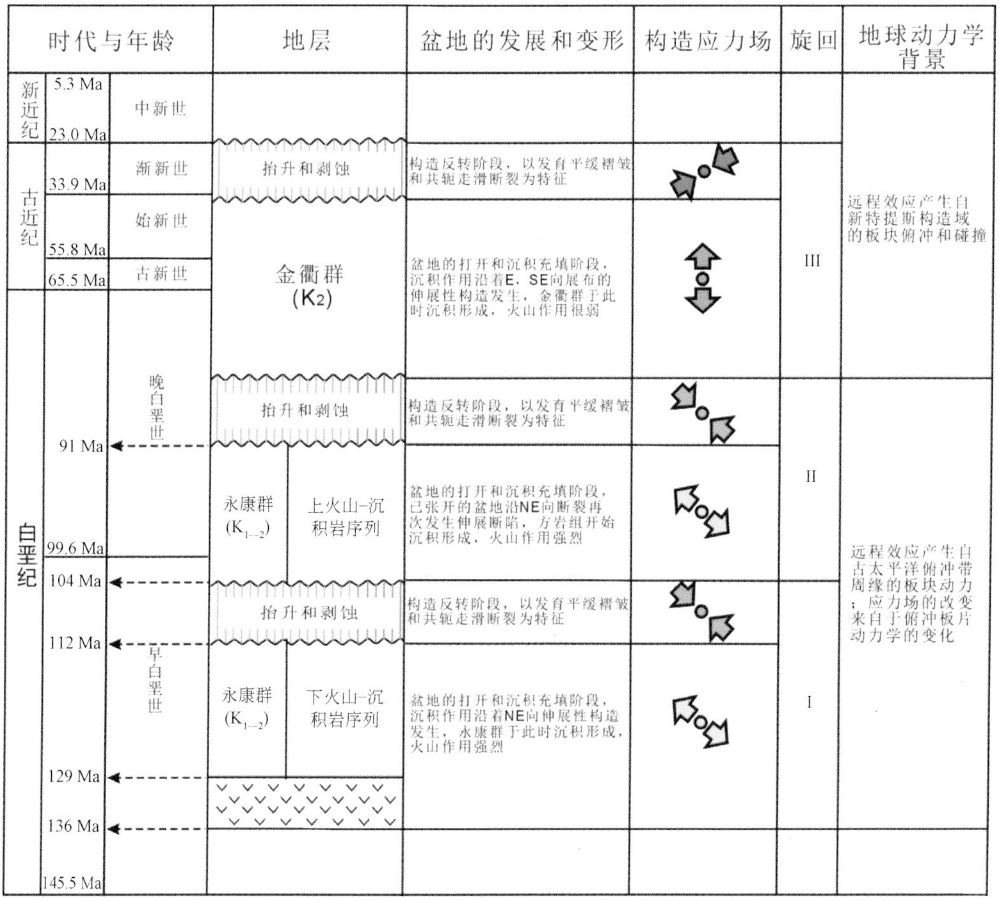

时代与年龄			地层		盆地的发展和变形	构造应力场	旋回	地球动力学背景
新近纪	5.3 Ma	中新世						远程效应产生自新特提斯构造域的板块俯冲和碰撞
	23.0 Ma							
古近纪	33.9 Ma	渐新世	抬升和剥蚀		构造反转阶段，以发育平缓褶皱和其轭走滑断裂为特征		III	
	55.8 Ma	始新世	金衢群 (K₂)		盆地的打开和沉积充填阶段，沉积作用沿着E、SE向展布的伸展性构造发生，金衢群于此时沉积形成，火山作用很弱			
	65.5 Ma	古新世						
白垩纪	91 Ma	晚白垩世	抬升和剥蚀		构造反转阶段，以发育平缓褶皱和其轭走滑断裂为特征		II	
	99.6 Ma		永康群 (K₁₋₂)	上火山-沉积岩序列	盆地的打开和沉积充填阶段，已张开的盆地沿NE向断裂再次发生伸展断陷，方岩组开始沉积形成，火山作用强烈			远程效应产生自古太平洋俯冲带周缘的板块动力；应力场的改变来自于俯冲板片动力学的变化
	104 Ma		抬升和剥蚀		构造反转阶段，以发育平缓褶皱和其轭走滑断裂为特征			
	112 Ma	早白垩世	永康群 (K₁₋₂)	下火山-沉积岩序列	盆地的打开和沉积充填阶段，沉积作用沿着NE向伸展性构造发生，永康群于此时沉积形成，火山作用强烈		I	
	129 Ma							
	136 Ma							
	145.5 Ma							

图 2.88　华南东部白垩纪—古近纪火山岩盆地构造应力场演化序列

第五节　东南沿海晚中生代陆缘造山带构造演化

一、区域地质概况

长乐-南澳构造带是我国东南沿海一条 NE-SW 走向的陆缘造山带（图 2.89），长逾 400 km，宽约 40~60 km，ES 方向与台湾海峡相邻，WN 方向与华南大陆相连接（福建省地质矿产局，1985）。长乐-南澳构造带向 NE 延伸可能经过朝鲜半岛的南部和日本，并与俄罗斯远东的锡霍特造山带相连，共同构成一条长度大于 6000 km 的中生代陆缘构造带（Jahn et al.，1976，1990；Isozaki，1997；Maruyama et al.，1997；Ren et al.，2002；Wu et al.，2005b，2007c；Li et al.，2006，Li and Li，2007；Park et al.，2009；Kee et al.，2010）。由于造山后火山-岩浆和区域伸展作用的影响，构造带受到严重改造，其中相当一部分已经沉入海底。前人对其变质变形与岩浆演化过程和动力学机理尚存争议（任纪舜等，1984；郭令智等，1984；福建省地质矿产局，1985；Ma，1987；Xu *et al.*，1987；Tong and Tobisch，1996；Chen W. S. *et al.*，2002）。

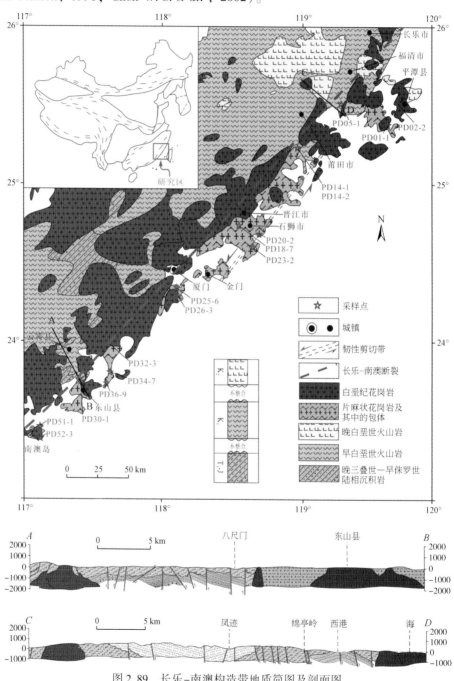

图 2.89　长乐-南澳构造带地质简图及剖面图

　　长乐-南澳构造带由福清-云霄变质带和平潭-东山变质带组成，是揭示晚中生代洋-陆相互作用及内陆构造演化过程的关键地区。带内地层主要有晚三叠世—侏罗纪早期（T₃—J）陆相含煤地层（图 2.89），早白垩世浅变质火山-沉积地层和晚白垩世火山-沉积层（Tong and Tobisch，1996）。朝内陆方向，T_3—J 变质地层渐变为正常沉积地层；朝大洋方向，T_3—J 地层的变质和变形强度不断增加（福建省地质矿产局，1985），发生明显的褶皱变形（图 2.90）。在滨海地带，强烈变形的 T_3—J 地层以蜕变角闪岩相包体的形式赋存于侏罗纪晚期到早白垩世早期的片麻状花岗岩［图 2.90（c）、（d）］和早白垩世早期的花岗岩内［图 2.91（c）］。侏罗纪晚期地层发生褶皱和逆冲变形［图 2.92（a）、（c）、（d）］。早白垩世浅变质火山-沉积地层为陆相火山岩，形成于 145～115 Ma B. P.（邢光福等，2008；He and Xu，2011），主要沿福清-云霄变质带分布，发育劈理化带，与下伏 T_3—J 地层为区域角度不整合接触（Tong and Tobisch，1996）。晚白垩世陆相未变质的火山-沉积地层主要分布于福清-云霄变质带的西北部，与下伏地层呈区域角度不整合，局部被晚白垩世花岗岩体或基性岩脉侵入，它们的形成时间为 100～80 Ma B. P.（邢光福等，2008，2010；He and Xu，2011）。

图 2.90　长乐-南澳构造带晚三叠世—早侏罗世地层中的变形与变质现象

（a）晚三叠世—早侏罗世浅变质地层中的火山岩夹层；（b）晚三叠世—早侏罗世陆相沉积地层的中-高角度层理；（c）东山岛副片麻岩（原岩为晚三叠世—早侏罗世沉积岩）；（d）东山岛混合片麻岩；（e）平潭岛泥质副片麻岩（原岩为晚三叠世—早侏罗世沉积岩）；（f）平潭岛泥质副片麻岩

图 2.91　长乐–南澳构造带晚中生代变质和混合岩化现象

（a）南澳岛石榴斜长角闪岩；（b）基性岩包体中的混合岩化现象；（c）东山岛泥质混合岩；（d）深沪镇花岗质混合岩；
（e）东山县礁头村混合岩化片麻状花岗岩；（f）南澳岛花岗质混合岩

图 2.92　长乐–南澳构造带晚侏罗世—早白垩世地层中的构造变形现象

(c)　　　　　　　　　　　　　　　(d)

图 2.92　长乐–南澳构造带晚侏罗世—早白垩世地层中的构造变形现象（续）

（a）渔溪镇晚侏罗世长林组中的褶皱变形；（b）渔溪镇晚侏罗世长林组与早白垩世南缘组之间的砂砾岩层；

（c）萩芦镇晚侏罗世长林组中的褶皱变形；（d）萩芦镇晚侏罗世长林组中的褶皱变形

平潭–东山变质带：是长乐–南澳带的东南部分，总体呈 NE 45°±5°方向条带状断续出露于福建平潭–广东南澳岛之间。主要由三个部分组成：①侏罗纪晚期—早白垩世早期片麻状花岗岩，占平潭–东山带基岩总面积的 40% 左右，是变形岩石的主体；②片麻状花岗岩中的变质岩包体，主要为含夕线石或石榴子石的云母片岩、副片麻岩、正片麻岩、斜长角闪岩、石榴角闪岩、石英岩等，为层状、似层状和透镜状，大小从数百米至几厘米不等；③白垩纪未变形或弱变形岩体，占平潭–东山带总面积的 45% 以上。

平潭–东山带在 NW 向与福清–云霄变质带相邻，其余三向（NE、SW 和 SE）均延伸潜没于海域之中。前人把带中强烈变形的变质岩称为"东山群"或"澳角群"，认为是一套以挤压片理化乃至超变质强混合交代的动力变质岩，变质时代介于早侏罗世和早白垩世之间（福建省地质矿产局，1985；冯艳芳等，2011）。Jahn 等（1976）Rb–Sr 等时线定年获得与燕山期陆缘造山有关的两期热事件[（165±13）Ma B. P. 和（120～90）Ma B. P.]。Tong 和 Tobisch（1996）根据单颗粒锆石 U–Pb 定年推断，东山群至少包含一部分白垩纪岩体。最近的研究发现，平潭–东山带是一个以早白垩世花岗岩为主体的陆缘杂岩带，包含了多期侏罗纪—白垩纪岩浆岩和变质岩，可能是晚中生代陆缘造山的产物。

二、岩浆活动与构造变形特征

长乐–南澳带内岩浆岩出露广泛，主要为变形的早白垩世花岗岩。在平潭–东山杂岩带中，早白垩世早期的同构造片麻状花岗岩与其中的变质包体普遍发生塑性形变，呈现连续过渡和相互交叠的复杂图像，显示不同地壳岩石在较高温度下的部分熔融和深熔作用。由于混合岩化程度较高，变质岩中的构造要素遭受不同程度的破坏，而且多数矿物发生了重结晶。花岗岩中的低角度剪切流变构造在滨海地带更发育。长石呈眼球状、透镜状定向排列的变形斑晶；石英呈条带状、拔丝状、网状定向，显示高度塑性条件下的流变特征，可能是各种变形岩石从地壳中–深层次出露过程中发生大规模壳内剪切变形的记录（图 2.93）。晚期白垩纪花岗岩没有变形，被晚期中–基性岩脉切过。

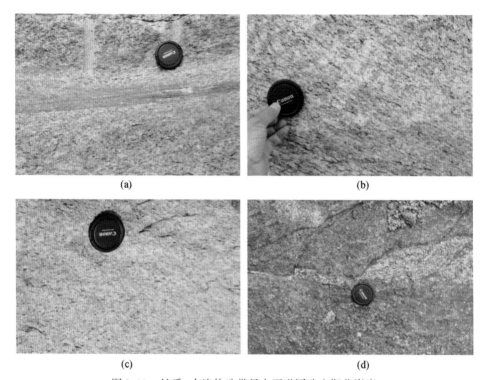

(a)　　　　　　　　　　　　　　　(b)

(c)　　　　　　　　　　　　　　　(d)

图 2.93　长乐–南澳构造带早白垩世同造山期花岗岩

（a）港尾片麻状花岗岩中的剪切构造；（b）港尾片麻状花岗岩；（c）古雷半岛上的同造山期花岗岩；
（d）古雷半岛上发育的低角度剪切构造（远景）

　　构造带在晚中生代可能经历了多期变形：①早白垩世中–低角度（≤60°）韧性剪切构造，在古雷半岛和南澳岛等地有较好的露头［图 2.94（c）、（d）］；运动学标志分别指示顶部朝 SSE 和 SSW 向的剪切，具有透入性特征。它们切过早白垩世火山–岩浆岩，同时又被白垩纪未变形岩体侵入。沿剪切面理侵入有许多淡色长英质脉或伟晶岩脉体。②早白垩世早期高角度左行韧性剪切构造，主要发育在平潭–东山杂岩带，切过了早白垩世火山岩，同时又被白垩纪岩浆侵入。在莆田市滨海地区（如文甲、山柄和山亭）。

(a)　　　　　　　　　　　　　　　(b)

图 2.94　长乐–南澳构造带早白垩世低角度剪切构造

(c)　　　　　　　　　　　　　　　　(d)

图2.94　长乐–南澳构造带早白垩世低角度剪切构造（续）

（a）港尾片麻状花岗岩中的变质岩包体；（b）南澳岛片麻状花岗岩中的低角度剪切构造；（c）古雷半岛上发育的
低角度剪切构造（近景）；（d）古雷半岛上发育的低角度剪切构造（远景）

可见由长英质糜棱岩形成的韧性剪切带。剪切面理的走向变化于 NE45°～55°，倾角变化于75°～90°。XY 剪切面上的线理倾伏向为225°～235°或反转为45°～55°，倾伏角介于0°～12°，不对称构造在露头尺度和显微尺度均指示左行剪切（图2.95）。由于剪切带的最大出露宽度超过了50 m，而且两侧边界全部隐伏于新近纪盖层或海平面以下，因此估

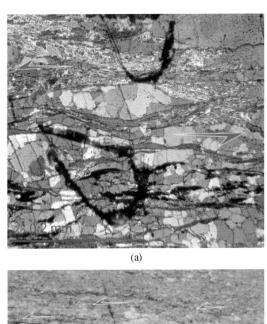

(a)

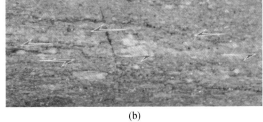

(b)

图2.95　长乐–南澳构造带中的走滑剪切构造

（a）山亭走滑剪切构造显微照片，显示左行剪切；（b）山亭走滑剪切构造，旋转碎斑显示左行剪切特征

计该剪切带的宽度在 100 m 以上。③早白垩世火山岩层的褶皱变形和局部变质（图 2.96），早白垩世同造山期剪切构造（图 2.97）。④晚白垩世后造山伸展构造，生成 100 ~ 80 Ma B. P. 基性岩墙群 ［图 2.98（a）、（b）］ 和 A 型花岗岩。

(a)　　　　　　　　　　(b)

(c)　　　　　　　　　　(d)

图 2.96　长乐–南澳构造带早白垩世火山岩中的变形与变质现象

（a）渔溪镇南园组火山岩地层；（b）南园组火山岩地层中的中–高角度片理面；（c）早白垩世浅变质岩地层（远景）；
（d）早白垩世南园组中的千枚岩（近景）

(a)　　　　　　　　　　(b)

图 2.97　长乐–南澳构造带早白垩世同造山期花岗岩中发育的低角度剪切

（a）早白垩世同构造花岗岩中的 S–C 组构，指示顶部朝 SE 向剪切；（b）早白垩世同构造花岗岩中的低角度剪切构造

(a)

(b)

图 2.98　长乐-南澳构造带晚白垩世基性岩脉

（a）晚白垩世基性岩脉群；（b）白垩纪基性岩脉中的球形风化现象

三、同位素年代学

1. 锆石 U-Pb 定年

1）样品采集与制备：用于 SHRIMP 锆石 U-Pb 定年的样品见表 2.17，包括混合岩化片麻状花岗岩（样品 PD30-1）、片麻状花岗岩（样品 PD26-3、PD34-7）和细粒花岗岩（样品 PD32-3），主要采自长乐-南澳带的东南部。其中，样品 PD30-1 来自东山县礁头村较大的混合岩化片麻状花岗岩岩体［图 2.99（c）］。花岗质片麻岩（样品 PD26-3、PD34-7）岩体中的矿物发生过明显的同构造变形［图 2.99（c）、（d）］，其内常含有大量的花岗质和伟晶质脉体。细粒花岗岩（样品 PD32-3）侵入于片麻状花岗岩中，没有明显的变形［图 2.99（e）］。

表 2.17　长乐-南澳带不同岩石类型定年样品的位置、矿物组合和定年结果

样品	位置	经纬度	岩性	矿物组合	测年方法	年龄/Ma U-Pb 法	年龄解释
	片麻状花岗岩						
PD30-1	礁头	23°43.23′ 117°24.49′	混合演化的片麻状花岗岩	Hbl + Bt + Pl + Qtz + Kfs + Ttn	SHRIMP SHRIMP	145 ~ 160 146±1	原岩年龄 变质年龄
PD26-3	白坑	24°18.70′ 118°06.99′	片麻状花岗岩	Hbl + Bt + Pl + Qtz + Kfs + Ttn	SHRIMP	141±1	岩浆结晶
PD34-7	古雷山	23°46.38′ 117°36.45′	片麻状二云母花岗岩	Ms + Bt + Pl + Qtz + Kfs + Ttn	SHRIMP	150 ~ 165 141±1	继承锆石 岩浆结晶
	花岗岩						
PD14-2	柳厝	25°10.72′ 118°58.48′	含榴细粒花岗岩	Ms + Grt + Kfs + Pl + Qtz	SHRIMP	132±1	岩浆结晶

续表

样品	位置	经纬度	岩性	矿物组合	测年方法	年龄/Ma U-Pb 法	年龄解释
PD51-1	南澳岛	23°24.83′ 117°08.58′	花岗岩	Bt + Pl + Kfs + Qtz + Oq	SHRIMP	124±1	岩浆结晶
PD32-3	杜浔	23°56.83′ 117°38.40′ 119°05.71′	花岗岩	Bt + Pl + Kfs + Qtz + Oq	SHRIMP	120±1	岩浆结晶

注：矿物代号：Bt. 黑云母；Grt. 石榴子石；Hbl. 普通角闪石；Kfs. 钾长石；Pl. 斜长石；Qtz. 石英；Ttn. 榍石；Ms. 白云母。

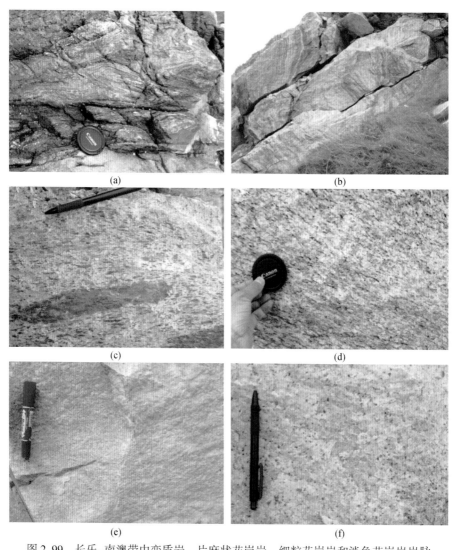

图 2.99　长乐-南澳带中变质岩、片麻状花岗岩、细粒花岗岩和淡色花岗岩岩脉

（a）平潭县南务里副片麻岩（样品 PD02-2）；（b）深沪混合片麻状捕掳体（样品 PD23-2）；（c）东山县混合岩化花岗岩（样品 PD30-1）；（d）片麻状花岗岩（样品 PD25-6）；（e）东山县混合岩化花岗岩（样品 PD32-1）；（f）片麻状花岗岩（样品 PD14-1）

用于 LA-ICP MS 锆石 U-Pb 定年的样品包括副片麻岩（样品 PD02-2）、混合片麻岩（样品 PD23-2）、片麻状花岗岩（样品 PD34-7、PD25-6 和 PD52-3）、含榴淡色花岗岩脉（样品 PD14-1）和花岗质细晶岩脉（样品 PD05-1）见表 2.19。

锆石分选由河北省区域地质矿产调查研究所实验室完成，主要经过了常规粉碎、分选、磁选和重液等流程，最后经双目镜下挑选。备样时将待测锆石和标样（TEM）用环氧树脂固定做成薄圆饼状，用不同型号砂纸和磨料将锆石磨去三分之一然后抛光。样品进行了反射、透射光下观察和阴极发光照相，以便了解单个锆石内部的结构和包体分布特征，进而确定其成因，为测年结果的地质解释打下基础。

2）SHRIMP 锆石 U-Pb 定年：在北京离子探针中心 SHRIMP II 上完成。在反复对比反射、透射、阴极发光图像的基础上选取锆石分析点，力求避开内部裂隙和包裹体，并尽量少跨越环带。详细分析流程和原理参考 Williams 和 Claesson（1987）和 Compston 等（1992）有关描述。分析时采用跳峰扫描，记录 Zr_2O^+、$^{204}Pb^+$、背景值、$^{207}Pb^+$、$^{208}Pb^+$、U^+、Th^+、ThO^+ 和 UO^+ 共九个离子束峰，每五次扫描记录一次平均值。一次离子约为 4.5 nA，10 kV 的 O^{2-}，靶径约 25 ~ 30 μm。质量分辨率约 5400（1% 峰高）。应用 RSES 参考锆石进行元素间的分馏校正（interelement fractionation），即用 SL13（572 Ma B. P.，238ppm）做初步校正，Temrra（417 Ma B. P.）做二次校正。测定的 TEM 标准重现性为 2%。每分析一次标样，测定 2 ~ 3 个待测锆石点。数据处理采用 Ludwig SQUID1.0 及 ISOPLT 程序。普通铅的校正采用锆石样品中实际测得的 ^{204}Pb 进行，部分样品因具有极低的 U 和 Th 含量而采用 ^{208}Pb 校正。单个数据的误差为 1σ，加权平均年龄误差为 2σ。

片麻状花岗岩：样品 PD30-1 中锆石具浅褐色，自形柱状，柱长 90 ~ 200 μm，长宽比为 1:1 ~ 3:1。所有锆石均具有简单的环带图案为特征[图 2.100(a) ~ (d)]。在 21 颗锆石上分析 25 个点（表 2.18）。韵律环带的 U 和 Th 含量变化较大，其 U = 145 ~ 1239ppm，Th = 61 ~ 808ppm，Th/U 值为 0.29 ~ 1.01；其中五个较老的锆石（分析点 6.1、6.2、12.1、19.1 和 20.1），给出了五个较老的 $^{206}Pb/^{238}U$ 年龄分别为（161±2）Ma、（153±2）Ma、（148±4）Ma、（154±2）Ma 和（151±2）Ma。这些较老的锆石均为岩浆锆石，可能是从早期的岩浆岩中继承的。其中 15 个谐和分析的 $^{206}Pb/^{238}U$ 加权平均年龄为（146±1）Ma（MSWD = 1.2）[图 2.101（a）]，另五个分析点产生五个年轻年龄，为 137 ~ 140 Ma，可能是 Pb 丢失造成的。

样品 PD26-3 中锆石为无色，自形柱状，柱长 80 ~ 200 μm，长宽比为 1:1 ~ 3:1。与样品 PD30-1 相似，多数锆石具有典型岩浆锆石所具有的韵律环带[图 2.100(e) ~ (h)]。在 12 颗锆石上分析 12 个点（表 2.18）。韵律环带的 U 和 Th 含量变化较小，其 U = 102 ~ 478ppm，Th = 51 ~ 294ppm，Th/U 值为 0.46 ~ 0.89；其中 11 个谐和分析的 $^{206}Pb/^{238}U$ 加权平均年龄为（141±1）Ma（MSWD = 0.76）[图 2.101（b）]。样品 PD34-7 中锆石具浅褐色或浅黄色，自形柱状，柱长 100 ~ 280 μm，长宽比为 3:2 ~ 3:1。所有锆石均具有简单的环带图案，属于典型的岩浆锆石[图 2.100(i) ~ (l)]。在 18 颗锆石上分析 20 个点（表 2.18）。除去一个点（分析点 17.1），其余点的 U 和 Th 含量中等，变化较小，其 U = 109 ~ 755ppm，Th = 103 ~ 715ppm，Th/U 值为 0.34 ~ 1.34。其中 19 个谐和分析的 $^{206}Pb/^{238}U$ 加权平均年龄为（137±1）Ma（MSWD = 0.97）[图 2.101（c）]，另一个分析点（10.1）产生一个年轻年龄，为（125±2）Ma，可能是 Pb 丢失造成的。

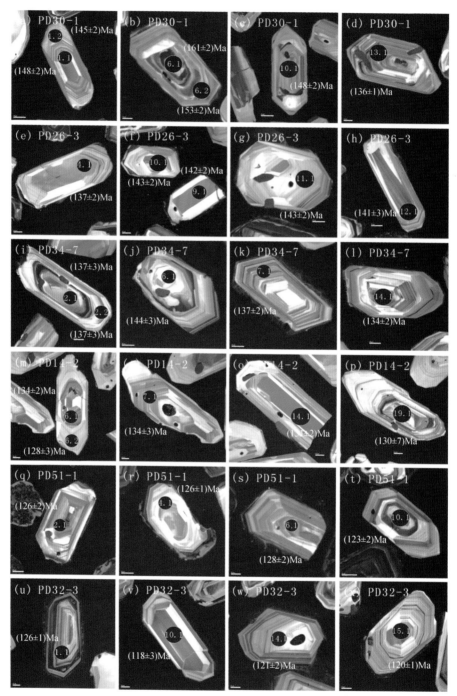

图 2.100　长乐-南澳带中花岗质侵入岩中锆石的阴极发光图像

（a）～（d）样品 PD30-1 中锆石示典型的岩浆锆石生长环带；（e）～（h）样品 PD26-3 中锆石示韵律环带；（i）～（l）样品 PD34-7 中锆石示韵律环带；（m）～（p）样品 PD14-2 中锆石示韵律环带，部分颗粒具有深色的核和浅色的边；（q）～（t）样品 PD51-1 中锆石示韵律环带；（u）～（x）样品 PD32-3 中锆石示韵律环带；年龄误差为 1 σ，比例棒为 20 μm

表 2.18　长乐-南澳带中花岗质侵入岩锆石 SHRIMP U-Pb 同位素分析

分析点	U/ppm	Th/ppm	Th/U	f_{206}/%	同位素比值						年龄/Ma					
					$\frac{^{206}Pb}{^{238}U}$	±σ/%	$\frac{^{207}Pb}{^{235}U}$	±σ/%	$\frac{^{207}Pb}{^{206}Pb}$	±σ/%	$\frac{^{206}Pb}{^{238}U}$	±σ/%	$\frac{^{208}Pb}{^{232}Th}$	±σ/%	$\frac{^{207}Pb}{^{206}Pb}$	±σ/%
样品 PD30-1（片麻状花岗岩）韵律环带核																
1.1	420	286	0.70	0.00	0.0232	1.1	0.1769	2.8	0.0552	2.6	148	2	155	4	421	57
1.2	472	197	0.43	0.00	0.0227	1.1	0.1610	2.6	0.0514	2.8	145	2	148	4	261	54
2.1	673	364	0.56	0.12	0.0227	1.1	0.1607	3.5	0.0512	2.8	145	2	145	4	252	76
2.2	454	239	0.54	0.00	0.0229	1.1	0.1715	3.1	0.0544	2.6	146	2	155	4	386	66
3.1	717	268	0.39	0.18	0.0228	1.1	0.1602	4.3	0.0509	2.8	146	2	144	7	235	96
4.1	881	566	0.66	0.02	0.0229	1.0	0.1653	3.2	0.0525	2.7	146	2	145	3	306	69
5.1	1016	435	0.44	0.00	0.0227	1.0	0.1631	4.6	0.0521	2.8	145	2	147	7	289	100
6.1	2236	1210	0.56	0.00	0.0252	1.0	0.1798	1.7	0.0517	2.8	161	2	159	3	271	31
6.2	1152	359	0.32	0.00	0.0240	1.0	0.1695	2.0	0.0512	2.8	153	2	157	4	248	40
7.1	1196	520	0.45	0.09	0.0224	1.0	0.1550	2.1	0.0502	2.9	143	1	145	3	204	42
7.2	2817	783	0.29	0.04	0.0232	0.9	0.1596	1.5	0.0500	2.9	148	1	150	3	194	27
8.1	594	288	0.50	0.23	0.0220	1.2	0.1830	10.0	0.0605	2.4	140	2	157	6	620	220
9.1	609	252	0.43	0.26	0.0225	1.2	0.1523	5.4	0.0492	2.9	143	2	139	7	157	120
10.1	521	196	0.39	0.00	0.0232	1.1	0.1705	2.5	0.0532	2.7	148	2	159	4	338	50
11.1	577	291	0.52	0.00	0.0228	1.1	0.1810	3.6	0.0575	2.5	145	2	157	5	512	76
12.1	145	61	0.44	4.98	0.0233	2.6	0.2040	28.0	0.0640	2.2	148	4	198	50	727	600
13.1	747	553	0.77	0.09	0.0214	1.0	0.1495	2.7	0.0507	2.8	136	1	136	3	226	58
14.1	465	251	0.56	0.43	0.0221	1.2	0.1483	6.5	0.0487	2.9	141	2	135	7	134	150
15.1	294	162	0.57	1.19	0.0215	1.3	0.1380	9.3	0.0466	3.1	137	2	138	9	28	220
16.1	325	205	0.65	0.83	0.0215	1.3	0.1484	4.1	0.0501	2.9	137	2	134	4	201	92

续表

分析点	U/ppm	Th/ppm	Th/U	f_{206}/%	同位素比值						年龄/Ma					
					$\frac{206\text{Pb}}{238\text{U}}$	±σ/%	$\frac{207\text{Pb}}{235\text{U}}$	±σ/%	$\frac{207\text{Pb}}{206\text{Pb}}$	±σ/%	$\frac{206\text{Pb}}{238\text{U}}$	±σ/%	$\frac{208\text{Pb}}{232\text{Th}}$	±σ/%	$\frac{207\text{Pb}}{206\text{Pb}}$	±σ/%
17.1	322	316	1.01	0.00	0.0229	1.2	0.1801	5.0	0.0571	2.5	146	2	154	5	494	110
18.1	958	808	0.87	0.00	0.0231	1.0	0.1707	1.8	0.0535	2.7	147	2	144	2	350	34
19.1	1239	585	0.49	0.00	0.0242	1.0	0.1687	2.4	0.0507	2.8	154	2	161	4	226	51
20.1	238	81	0.35	0.00	0.0238	1.3	0.1863	4.5	0.0569	2.5	151	2	173	9	487	95
21.1	197	70	0.37	0.00	0.0225	1.5	0.1769	3.3	0.0628	2.3	144	2	194	8	700	63
样品 PD26-3（片麻状花岗岩）韵律环带核																
1.1	179	138	0.80	0.45	0.0214	2.1	0.1410	11.0	0.0476	10.0	137	3	132	8	81	240
3.1	411	196	0.49	0.24	0.0220	1.6	0.1509	2.7	0.0498	9.6	140	2	134	4	188	51
4.1	288	134	0.48	0.27	0.0215	1.6	0.1544	5.5	0.0521	9.1	137	2	146	6	288	120
5.1	208	162	0.81	0.73	0.0224	2.0	0.1362	6.1	0.0440	10.8	143	3	133	5	(110)	140
6.1	208	172	0.85	0.95	0.0221	1.7	0.1357	5.8	0.0445	10.7	141	2	133	5	(84)	140
7.1	102	51	0.52	1.26	0.0224	1.9	0.1320	9.4	0.0428	11.1	143	3	115	7	(178)	230
8.1	312	161	0.53	0.63	0.0221	1.7	0.1350	9.0	0.0444	10.7	141	2	132	9	(89)	220
9.1	217	187	0.89	0.18	0.0222	1.7	0.1524	5.6	0.0498	9.6	142	2	141	5	185	130
10.1	478	294	0.64	0.13	0.0224	1.6	0.1509	3.1	0.0489	9.7	143	2	142	4	145	64
11.1	242	108	0.46	0.15	0.0224	1.7	0.1540	8.5	0.0500	9.5	143	2	144	11	196	190
12.1	179	110	0.63	1.33	0.0221	1.8	0.1180	12.0	0.0387	12.3	141	3	123	9	(436)	320
样品 PD34-7（片麻状二云母花岗岩）韵律环带核																
1.1	109	103	0.97	0.00	0.0217	2.9	0.2230	21.0	0.0750	21.0	138	4	167	21	1062	420
2.1	131	112	0.89	1.48	0.0215	2.1	0.1300	14.0	0.0438	36.0	137	3	125	9	(123)	330
2.2	225	233	1.07	0.48	0.0214	1.9	0.1710	7.2	0.0580	27.2	137	3	140	6	529	150

续表

分析点	U/ppm	Th/ppm	Th/U	f_{206}/%	同位素比值						年龄/Ma					
					$\frac{^{206}Pb}{^{238}U}$	±σ/%	$\frac{^{207}Pb}{^{235}U}$	±σ/%	$\frac{^{207}Pb}{^{206}Pb}$	±σ/%	$\frac{^{206}Pb}{^{238}U}$	±σ/%	$\frac{^{208}Pb}{^{232}Th}$	±σ/%	$\frac{^{207}Pb}{^{206}Pb}$	±σ/%
3.1	305	140	0.47	0.52	0.0212	1.7	0.1424	4.4	0.0487	32.3	135	2	132	5	131	95
4.1	226	197	0.90	0.30	0.0219	2.0	0.1570	14.0	0.0521	30.2	140	3	140	10	290	320
5.1	244	135	0.57	0.00	0.0213	1.8	0.1705	3.9	0.0580	27.2	136	2	143	6	529	75
6.1	183	60	0.34	0.00	0.0225	2.1	0.1990	10.0	0.0640	24.6	144	3	196	24	742	210
7.1	465	260	0.58	0.00	0.0214	1.6	0.1633	3.0	0.0553	28.5	137	2	148	5	423	56
8.1	492	295	0.62	0.91	0.0206	1.7	0.1200	9.0	0.0421	37.4	132	2	117	7	(221)	220
9.1	277	158	0.59	0.00	0.0209	1.8	0.1452	4.0	0.0503	31.3	134	2	132	5	208	82
10.1	462	182	0.41	2.30	0.0196	1.8	0.1560	11.0	0.0579	27.2	125	2	162	17	527	250
11.1	152	139	0.94	0.00	0.0219	2.0	0.1822	4.6	0.0604	26.1	140	3	148	6	619	89
12.1	307	149	0.50	0.00	0.0215	1.7	0.1426	3.6	0.0481	32.7	137	2	139	5	104	76
13.1	755	381	0.52	0.04	0.0213	1.6	0.1391	3.6	0.0473	33.3	136	2	132	4	67	78
14.1	280	267	0.98	0.00	0.0210	1.8	0.1640	8.0	0.0567	27.8	134	2	140	6	479	170
15.1	266	278	1.08	0.00	0.0213	1.7	0.1469	4.0	0.0499	31.6	136	2	130	4	191	84
16.1	550	715	1.34	0.08	0.0214	1.6	0.1425	5.2	0.0482	32.7	137	2	134	3	111	120
17.1	1960	1024	0.54	0.01	0.0216	1.5	0.1494	2.2	0.0502	31.4	138	2	133	3	203	37
17.2	358	245	0.71	0.11	0.0216	1.7	0.1482	4.6	0.0497	31.7	138	2	136	5	181	100
18.2	538	278	0.53	0.43	0.0211	1.6	0.1342	4.7	0.0461	34.2	135	2	126	5	2	110
Sample PD14-2 (Fine-grained 花岗岩) Oscillatory-zoned grain																
1.1	121	73	0.62	1.37	0.0203	2.2	0.1420	15	0.0507	15.0	129	3	128	14	226	350
2.1	77	44	0.58	3.81	0.0206	3.6	0.1020	45	0.0360	21.1	131	5	109	30	(640)	1200
3.1	630	329	0.54	0.08	0.0220	1.7	0.1518	3.8	0.0501	15.2	140	2	135	7	198	80
4.1	452	250	0.57	0.71	0.0214	1.7	0.1288	4.4	0.0436	17.4	137	2	122	4	(131)	100
5.1	403	226	0.58	0.00	0.0212	1.6	0.1568	4.1	0.0536	14.2	135	2	141	5	354	85
6.1	194	89	0.47	0.00	0.0210	1.8	0.1582	4.1	0.0547	13.9	134	2	145	6	398	83

分析点	U/ppm	Th/ppm	Th/U	f_{206}/%	同位素比值						年龄/Ma					
					$^{206}Pb/^{238}U$	±σ/%	$^{207}Pb/^{235}U$	±σ/%	$^{207}Pb/^{206}Pb$	±σ/%	$^{206}Pb/^{238}U$	±σ/%	$^{208}Pb/^{232}Th$	±σ/%	$^{207}Pb/^{206}Pb$	±σ/%
6.2	82	46	0.57	2.15	0.0201	2.3	0.1190	14	0.0431	17.6	128	3	122	11	(163)	340
7.1	150	74	0.51	0.00	0.0210	2.1	0.1850	12	0.0639	11.9	134	3	158	17	740	240
8.1	190	138	0.75	1.28	0.0211	1.8	0.1380	9.3	0.0475	16.0	135	2	124	8	76	220
8.2	65	35	0.55	0.00	0.0218	2.6	0.2000	15	0.0670	11.4	139	4	176	23	830	320
9.1	63	45	0.75	1.21	0.0205	2.6	0.1370	16	0.0487	15.6	131	3	136	13	132	360
10.1	198	180	0.94	0.00	0.0205	2	0.1690	13	0.0598	12.7	131	3	137	10	597	270
11.1	704	225	0.33	0.18	0.0206	1.6	0.1362	4.4	0.0479	15.9	132	2	128	7	96	97
12.1	96	78	0.84	0.00	0.0216	3.3	0.1870	31	0.0630	12.1	138	5	157	27	701	650
13.1	145	130	0.92	1.08	0.0208	2.2	0.1340	17	0.0466	16.3	133	3	124	10	28	400
14.1	229	161	0.72	0.35	0.0205	1.9	0.1340	9.9	0.0473	16.1	131	2	132	8	65	230
15.1	144	132	0.95	0.00	0.0202	2	0.1628	4.9	0.0584	13.0	129	3	142	8	547	97
16.1	155	81	0.54	2.96	0.0199	2.2	0.0770	26	0.0282	27.0	127	3	88	14	(1349)	830
17.1	150	130	0.89	1.10	0.0209	2	0.1740	5.9	0.0601	12.7	134	3	138	6	608	120
18.1	218	165	0.78	0.00	0.0204	1.9	0.1608	4.4	0.0571	13.3	130	3	135	5	497	86
19.1	254	96	0.39	25.87	0.0204	5.5	0.1500	79	0.0530	14.3	130	7	131	130	320	1800
Sample PD51-1 (Weakly deformed 花岗岩) Oscillatory-zoned core																
1.1	72	70	1.02	3.68	0.0192	2.3	0.0860	40.0	0.0320	40.0	125	2	102	13	(930)	1200
2.1	93	98	1.09	3.55	0.0192	2.5	0.0780	53.0	0.0290	44.1	126	2	106	15	(1220)	1600
3.1	431	250	0.60	0.34	0.0194	1.0	0.1308	7.4	0.0489	26.2	124	1	123	6	143	170
4.1	786	152	0.20	0.00	0.0198	0.9	0.1448	4.2	0.0529	24.2	126	1	137	11	326	94
5.1	816	239	0.30	0.14	0.0190	1.0	0.1380	6.2	0.0526	24.3	121	1	129	9	310	140
6.1	203	196	1.00	0.00	0.0203	1.3	0.1730	8.8	0.0616	20.8	128	2	142	7	662	190
7.1	368	419	1.18	0.00	0.0196	1.0	0.1550	6.1	0.0575	22.3	124	1	130	4	510	130
8.1	468	216	0.48	0.00	0.0196	1.4	0.1440	8.9	0.0533	24.0	124	2	131	10	340	200

续表

分析点	U/ppm	Th/ppm	Th/U	f_{206}/%	同位素比值						年龄/Ma					
					$\frac{206\text{Pb}}{238\text{U}}$	$\pm\sigma$/%	$\frac{207\text{Pb}}{235\text{U}}$	$\pm\sigma$/%	$\frac{207\text{Pb}}{206\text{Pb}}$	$\pm\sigma$/%	$\frac{206\text{Pb}}{238\text{U}}$	$\pm\sigma$/%	$\frac{208\text{Pb}}{232\text{Th}}$	$\pm\sigma$/%	$\frac{207\text{Pb}}{206\text{Pb}}$	$\pm\sigma$/%
9.1	623	288	0.48	0.00	0.0188	0.9	0.1511	6.0	0.0583	22.0	119	1	134	8	541	130
10.1	267	228	0.88	0.00	0.0195	1.5	0.1483	4.1	0.0552	23.2	123	2	136	4	420	84
11.1	753	340	0.47	0.41	0.0193	0.9	0.1250	5.9	0.0471	27.2	123	1	119	6	55	140
13.1	266	178	0.69	0.00	0.0194	1.2	0.1580	7.0	0.0591	21.7	122	1	139	7	571	150
14.1	310	394	1.31	0.00	0.0199	1.1	0.1698	2.6	0.0618	20.7	125	1	126	3	666	51
15.1	449	453	1.04	0.00	0.0198	1.3	0.1473	4.2	0.0539	23.7	126	2	131	3	366	91
Sample PD32-3（Weakly deformed 花岗岩）Oscillatory-zoned grain																
1.1	1152	1319	1.18	0.38	0.0197	1.1	0.1292	5.2	0.0476	5.1	126	1	123	3	80	120
2.1	112	79	0.73	0.00	0.0197	3.8	0.2260	16.0	0.083	2.9	126	5	166	21	1275	300
3.1	357	226	0.65	0.31	0.0189	1.1	0.1310	9.0	0.0503	4.8	121	1	124	7	209	210
4.1	867	1174	1.40	0.08	0.0194	0.8	0.1355	2.4	0.0506	4.8	124	1	121	2	222	52
5.1	221	293	1.37	0.00	0.0189	1.2	0.1717	3.1	0.0658	3.7	121	1	129	3	801	60
6.1	835	983	1.22	0.15	0.0196	0.8	0.1370	2.2	0.0508	4.8	125	1	124	2	230	47
7.1	221	295	1.38	0.69	0.0189	2.0	0.1291	5.0	0.0496	4.9	121	2	118	4	175	110
8.1	166	206	1.28	0.48	0.0185	1.5	0.1370	12.0	0.0536	4.5	118	2	122	6	354	260
9.1	241	283	1.21	0.22	0.0191	1.9	0.1362	5.8	0.0518	4.7	122	2	124	4	275	120
10.1	116	133	1.19	3.50	0.0185	2.3	0.0760	45.0	0.0003	8.1	118	3	104	11	(1180)	1400
11.1	237	351	1.53	1.50	0.0187	1.2	0.1145	6.2	0.0443	5.5	120	1	111	3	(92)	150
12.1	140	155	1.14	0.00	0.0191	1.5	0.1670	7.6	0.0632	3.8	122	2	131	5	716	160
13.1	558	499	0.92	0.00	0.0182	0.9	0.1357	2.8	0.0054	4.5	117	1	120	2	370	60
14.1	173	123	0.73	0.00	0.0189	1.3	0.1551	3.7	0.0596	4.1	121	2	138	7	587	76
15.1	289	339	1.21	0.00	0.0187	1.2	0.1590	8.3	0.0617	3.9	120	1	127	5	663	180
16.1	711	850	1.24	0.59	0.0182	1.8	0.1159	6.1	0.0461	5.3	116	2	110	4	4	140
17.1	327	412	1.30	0.61	0.0182	5.0	0.1220	10.0	0.0485	5.0	116	1	120	4	121	240

注：f_{206}（%）为普通 ^{206}Pb 在总 ^{206}Pb 中所占的百分比，年龄误差为 1σ。

表 2.19 长乐–南澳带不同岩石类型定年样品的位置、矿物组合和定年结果

样品	位置	经纬度	岩性	矿物组合	年龄/Ma	年龄解释
			副片麻岩和正片麻岩			U-Pb 法
PD02-2	南务里	25°29.75′ 119°43.91′	副片麻岩	Grt + Ms + Bt + Hbl + Pl + Kfs + Qtz	1827±32 730～764 410～461 285±2 196～202 <196	继承锆石 继承锆石 继承锆石 继承锆石 继承锆石 沉积时间
PD23-2	深沪	24°36.78′ 118°40.75′	混合片麻岩	Hbl + Bt + Pl + Qtz + Kfs + Ttn	145～160 140±1	继承锆石 岩浆结晶
			片麻状花岗岩			
PD34-7	古雷山	23°46.38′ 117°36.45′	片麻状二云母花岗岩	Ms + Bt + Pl + Qtz + Kfs + Ttn	150～165 141±1	继承锆石 岩浆结晶
PD25-6	岛美	24°20.58′ 118°05.03′	片麻状花岗岩	Bt + Pl + Qtz + Kfs + Ttn	147±1	岩浆结晶
PD52-3	南澳岛花岗岩	23°24.06′ 117°07.07′ 117°38.40′	片麻状花岗岩	Bt + Pl + Kfs + Qtz + Oq	136±1	岩浆结晶
			淡色花岗岩岩脉和花岗质细晶岩脉			
PD14-1	柳厝	25°10.72′ 118°58.48′	含榴淡色花岗岩脉	Grt + Kfs + Pl + Qtz	135±1	变质年龄
PD05-1	萩芦	25°31.00′ 119°05.71′	花岗质细晶岩脉	Pl + Qtz + Kfs + Py	117±2	岩浆结晶

注：矿物代号：Bt. 黑云母，Grt. 石榴子石，Hbl. 普通角闪石，Kfs. 钾长石，Py. 黄铁矿，Pl. 斜长石，Qtz. 石英，Ttn. 榍石，Ms. 白云母。

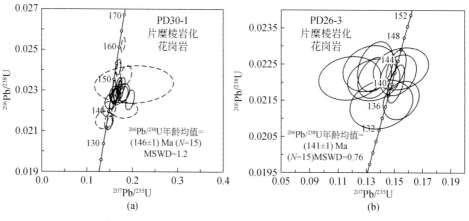

图 2.101 花岗质岩石中锆石的 U–Pb 年龄谐和图

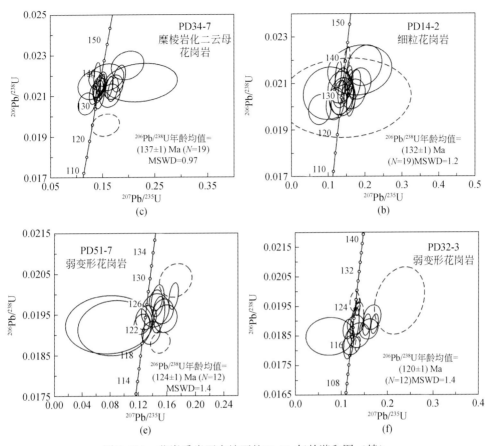

图2.101　花岗质岩石中锆石的U-Pb年龄谐和图（续）

含榴细粒花岗岩：样品PD14-2中锆石为无色，多数为自形柱状晶体，柱长150～300μm，长宽比为2:1～4:1。多数锆石都具有一个深色的韵律环带核和一个浅色的韵律环带核[图2.100(m)～(p)]。在19颗锆石上分析21个点（表2.18）。这些分析点的U和Th含量中等，变化较小，其U=63～704ppm，Th=35～329ppm，Th/U值为0.33～0.95。其中19个谐和分析的 ^{206}Pb/^{238}U加权平均年龄为（132±1）Ma（MSWD = 1.2）[图2.101（d）]，另一个分析点（3.1）产生一个较老的年龄，为（140±2）Ma，可能是继承锆石。

细粒花岗岩样品：PD51-1中锆石也具淡黄色，自形柱状，柱长100～200μm，长宽比为3:1～3:1。多数锆石都具有一个韵律环带核[图2.100(q)～(t)]少数锆石有一个很窄的面状环带边。在15颗锆石上分析15个点。这些分析点的U和Th含量中等，变化较小，其U = 72～816ppm，Th =70～453ppm，Th/U值为0.2～1.31。其中12个谐和分析的 ^{206}Pb/^{238}U加权平均年龄为（124±1）Ma（MSWD = 1.4）[图2.101（e）]，另一个分析点（6.1）产生一个较老的年龄，为（128±2）Ma，可能是继承锆石。另一个分析点（9.1）产生一个较年轻的年龄，为（119±1）Ma，可能是Pb丢失造成的。

花岗质细晶岩脉：样品PD32-3中锆石为无色，自形柱状，柱长80～180μm，长宽比为3:2～2:1。多数锆石颗粒都具有一个韵律环带核[图2.100(u)～(x)]在17颗锆石上分析 17 个点。除去三个点（分析点 1.1、4.1 和 6.1），其余点的 U 和 Th 含量中等，变化较小，其 U = 112～711ppm，Th = 79～850ppm，Th/U 值为 0.65～1.53。其中 12 个谐和分析的 $^{206}Pb/^{238}U$ 加权平均年龄为（120±1）Ma（MSWD = 1.4）[图 2.101（f）]，另一个分析点（6.1）产生一个较老的年龄，为（128±2）Ma，可能是继承锆石。另四个分析点（1.1、2.1、4.1 和 6.1）产生四个较年轻的年龄为（126±1）Ma，（126±5）Ma，（124±1）Ma 和（125±1）Ma 可能是 Pb 丢失造成的。

3）LA-ICP MS 锆石 U-Pb 定年：锆石原位微区 U-Pb 同位素分析在中国地质大学（武汉）地质过程与矿产资源国家重点实验室激光剥蚀电感耦合等离子体质谱仪（LA-ICP-MS）上完成。激光剥蚀系统为配备有 193 nm 激光器的 GeoLas 2005。分析采用的激光剥蚀孔径为 32 μm，激光脉冲为 10 Hz，能量 50 MJ。ICP-MS 为美国安捷伦公司生产的 Agilent7500a，实验中采用氦气作为剥蚀物质的载气，同位素组成用锆石 91500 作为外标进行校正，具体分析方法及仪器参数见袁洪林等（2003）。锆石测定点的 Pb 同位素比值、U-Pb 表面年龄和 U-Th-Pb 含量采用 ICP-MS DataCal 程序计算，普通 Pb 校正采用 Andersen（2002）的方法。锆石加权平均年龄的计算及谐和图的绘制采用 Isoplot/Ex v.3.00。详细分析方法及仪器参数见 Liu 等（2008，2010）文献。

副片麻岩：样品 PD02-2 中的锆石具淡黄色，透明至半透明，柱状至不规则状，粒径从 60 μm 变化到 280 μm。在 CL 图像中，多数锆石颗粒具有一个韵律环带核和一个面状、扇状环带或均匀边 [图 2.102（a）、（b）]，但也有个别颗粒未见生长边。在 30 颗锆石上分析 30 个点。韵律环带核 U 和 Th 含量中等，分别为 114～1094ppm 和 66～1216ppm，其 Th/U 为 0.19～2.04（表 2.20）。它们产生的年龄范围在 196～1839 Ma，去除稍微偏离的六个分析点（1.1、5.1、8.1、12.1、19.1 和 26.1），其中 20 个较年轻的锆石给出的 $^{206}Pb/^{238}U$ 年龄为：764～730 Ma（N = 4）、637 Ma（N = 1）、461～410 Ma（N = 4）、347～313 Ma（N = 2）、285 Ma（N = 1）、251～207 Ma（N = 4）、202～196 Ma（N = 4）[图 2.103（a）、图 2.104]。四个较老的锆石 $^{207}Pb/^{206}Pb$ 年龄介于 1772～1839 Ma。在这四个 $^{207}Pb/^{206}Pb$ 年龄中，有三个谐和度较高的年龄的加权平均值为（1827±23）Ma（MSWD = 0.74）。

混合片麻岩：样品 PD23-2 中锆石具浅褐色，自形柱状，柱长 120～320 μm，长宽比为 3∶2～3∶1。所有锆石均具有简单的环带图案，以一个浅色的韵律环带核和一个暗色韵律环带边为特征 [图 2.102（c）、（d）]。在 13 颗锆石上分析 13 个点（表 2.20）。韵律环带边的 U 和 Th 含量变化较大，其 U = 192～1036ppm，Th = 31～545ppm，Th/U 值为 0.27～0.92（不含点 9.1）。韵律环带核的 U 和 Th 的含量相似，分别为 699～1187ppm 和 301～636ppm，其 Th/U 值为 0.39～0.54。除了五个较老的锆石核（分析点 1.1、2.1、3.1、5.1 和 10.1），其中七个谐和分析的 $^{206}Pb/^{238}U$ 加权平均年龄为（140±1）Ma（MSWD = 0.087）[图 2.103（b）]，另一个分析点（9.1）产生一个年轻年龄，为（120±1）Ma，可能是 Pb 丢失造成的。五个较老核部年龄分别为（161±1）Ma、（152±1）Ma、（149±1）Ma、（145±1）Ma 和（145±1）Ma。

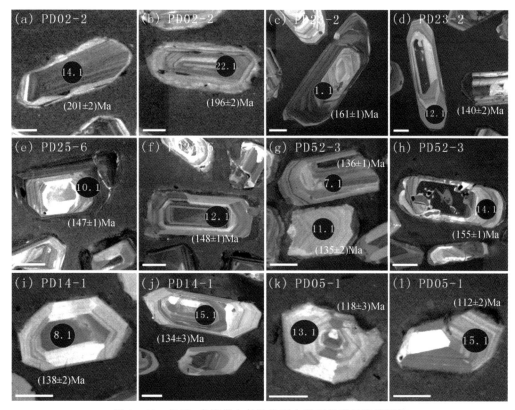

图 2.102　长乐-南澳带中各种岩石中锆石的阴极发光图像

（a）、（b）样品 PD02-2 中锆石示岩浆锆石核与灰白色面状生长边；（c）、（d）样品 PD23-2 中锆石示浅色韵律环带核和深色韵律环带边；（e）、（f）样品 PD25-6 中锆石示韵律环带；（g）、（h）样品 PD52-3 中锆石示韵律环带，部分颗粒具有不连续暗色边；（i）、（j）样品 PD14-1 中锆石示韵律环带；（k）、（l）样品 PD05-1 中锆石示韵律环带；年龄误差为 1σ，比例棒为 50 μm

表 2.20　长乐-南澳构造带中变质岩和岩浆岩锆石的 LA-ICPMS U-Pb 同位素分析

分析点	U /ppm	Th /ppm	Th/U	同位素比值						年龄/Ma					
				$^{206}Pb/^{238}U$	±σ/%	$^{207}Pb/^{235}U$	±σ/%	$^{207}Pb/^{206}Pb$	±σ/%	$^{206}Pb/^{238}U$	±σ/%	$^{207}Pb/^{235}U$	±σ/%	$^{207}Pb/^{206}Pb$	±σ/%
Sample PD02-2（副片麻岩）具有韵律环带的核															
1.1	56.8	43.1	0.76	0.2647	1.0	4.0348	2.4	0.1111	2.5	1514	14	1641	20	1818	45
2.1	463	410	0.89	0.0677	0.8	0.5446	2.3	0.0584	2.4	422	3	441	8	543	47
3.1	2551	4214	1.65	0.0371	0.8	0.2716	1.9	0.0528	1.7	235	2	244	4	320	42
4.1	558	157	0.28	0.0397	1.1	0.2939	3.8	0.0533	3.4	251	3	262	9	343	76
5.1	221	41.1	0.19	0.2708	0.8	4.1559	1.8	0.1111	1.8	1545	12	1665	15	1817	33
6.1	361	86.9	0.24	0.1258	2.1	1.1500	2.7	0.0663	2.0	764	15	777	15	817	41
7.1	265	95.6	0.36	0.3159	0.8	4.7288	1.5	0.1083	1.4	1769	12	1772	13	1772	25
8.1	604	369	0.61	0.3770	1.1	7.5783	1.6	0.1453	1.2	2062	19	2182	14	2291	26

| 分析点 | U /ppm | Th /ppm | Th/U | 同位素比值 | | | | | | | | 年龄/Ma | | | | | |
				$^{206}Pb/^{238}U$	±σ/%	$^{207}Pb/^{235}U$	±σ/%	$^{207}Pb/^{206}Pb$	±σ/%			$^{206}Pb/^{238}U$	±σ/%	$^{207}Pb/^{235}U$	±σ/%	$^{207}Pb/^{206}Pb$	±σ/%
9.1	1405	596	0.42	0.0553	0.6	0.4006	1.8	0.0524	1.8			347	2	342	5	302	41
10.1	435	54.8	0.13	0.2964	0.7	4.5770	1.6	0.1116	1.5			1673	11	1745	13	1826	28
11.1	341	140	0.41	0.2964	0.6	4.5996	1.4	0.1123	1.4			1674	8	1749	12	1839	25
12.1	95.6	86.4	0.90	0.3975	2.3	8.9174	2.9	0.1609	1.7			2157	42	2330	26	2465	29
13.1	129	167	1.29	0.3111	0.7	4.7281	1.9	0.1103	1.9			1746	11	1772	16	1806	35
14.1	381	331	0.87	0.0317	1.0	0.2228	3.7	0.0510	3.7			201	2	204	7	239	85
15.1	727	418	0.57	0.0313	0.8	0.2169	2.8	0.0502	2.8			199	2	199	5	211	97
16.1	122	248	2.04	0.1039	1.0	0.8963	3.1	0.0626	3.1			637	6	650	15	694	69
17.1	1094	1216	1.11	0.0453	0.7	0.3239	2.1	0.0518	2.2			285	2	285	5	276	47
18.1	114	204	1.79	0.1199	0.9	1.0844	3.0	0.0655	3.1			730	6	746	16	791	66
19.1	989	525	0.53	0.3731	0.6	7.9666	1.3	0.1539	1.4			2044	11	2227	12	2390	23
20.1	427	227	0.53	0.0657	0.7	0.4987	2.7	0.0548	2.6			410	3	411	9	467	59
21.1	750	501	0.67	0.0345	0.7	0.2524	2.5	0.0528	2.5			218	2	229	5	320	57
22.1	496	191	0.38	0.0309	0.9	0.2164	3.4	0.0505	3.2			196	2	199	6	217	81
23.1	1011	920	0.91	0.0326	0.8	0.2315	2.4	0.0514	2.4			207	2	211	5	257	56
24.1	187	176	0.94	0.1254	0.7	1.1115	2.4	0.0640	2.4			761	5	759	13	743	47
25.1	64.3	24.2	0.38	0.1254	3.0	1.1889	4.9	0.0692	4.1			762	22	795	27	906	85
26.1	891	48.4	0.05	0.0407	1.3	0.3087	2.8	0.0545	2.3			257	3	273	7	391	52
27.1	165	66.3	0.40	0.0741	1.1	0.5792	3.2	0.0570	3.3			461	5	464	12	500	72
28.1	167	49.3	0.29	0.0703	1.9	0.5699	4.4	0.0580	3.6			438	8	458	16	528	78
29.1	393	329	0.84	0.0497	0.7	0.3532	2.8	0.0514	2.8			313	2	307	7	257	65
30.1	517	185	0.36	0.0319	0.9	0.2284	3.2	0.0521	3.3			202	2	209	6	287	76
Sample PD23-2 （Compound gneiss）（有韵律环带的锆石核部）																	
1.1	931	364	0.39	0.0253	0.8	0.1681	2.6	0.0483	2.6			161	1	158	4	122	58
2.1	1170	568	0.49	0.0239	0.8	0.1587	2.4	0.0479	2.3			152	1	150	3	95	56
3.1	1187	636	0.54	0.0234	0.8	0.1597	2.3	0.0492	2.2			149	1	150	3	167	52
5.1	845	341	0.40	0.0228	0.8	0.1549	3.0	0.0493	3.0			145	1	146	4	167	70
10.1	699	301	0.43	0.0227	0.9	0.1537	2.7	0.0493	2.8			145	1	145	4	167	69
4.1	528	268	0.51	0.0219	0.9	0.1414	3.6	0.0469	3.7			140	1	134	5	43	85
6.1	616	283	0.46	0.0219	0.9	0.1555	3.6	0.0515	3.7			140	1	147	5	265	85
7.1	299	169	0.57	0.0221	1.2	0.1441	4.4	0.0475	4.5			141	2	137	6	76	113
8.1	593	545	0.92	0.0221	0.9	0.1506	3.6	0.0495	3.6			141	1	142	5	172	83
9.1	1036	31	0.03	0.0188	0.8	0.1198	3.1	0.0462	3.1			120	1	115	3	9	74

续表

| 分析点 | U/ppm | Th/ppm | Th/U | 同位素比值 | | | | | | 年龄/Ma | | | | | |
				$^{206}Pb/^{238}U$	$\pm\sigma/\%$	$^{207}Pb/^{235}U$	$\pm\sigma/\%$	$^{207}Pb/^{206}Pb$	$\pm\sigma/\%$	$^{206}Pb/^{238}U$	$\pm\sigma/\%$	$^{207}Pb/^{235}U$	$\pm\sigma/\%$	$^{207}Pb/^{206}Pb$	$\pm\sigma/\%$
11.1	192	103	0.54	0.0221	1.4	0.1562	5.3	0.0527	5.8	141	2	147	7	317	127
12.1	210	152	0.73	0.0220	1.2	0.1525	5.0	0.0513	5.4	140	2	144	7	254	126
13.1	724	194	0.27	0.0220	0.9	0.1529	3.0	0.0506	3.1	140	1	144	4	233	72
Sample PD25-6 （Gneissic 花岗岩）（具有韵律环带的锆石核部）															
1.1	441	212	0.48	0.0229	0.7	0.1601	1.5	0.0507	1.4	146	1	151	2	228	33
2.1	397	240	0.60	0.0231	0.5	0.1582	0.8	0.0497	0.7	147	1	149	1	189	17
3.1	494	309	0.63	0.0232	0.7	0.1590	0.8	0.0498	0.7	148	1	150	1	187	19
4.1	193	86	0.45	0.0232	0.8	0.1581	1.3	0.0496	1.1	148	1	149	2	176	31
5.1	467	215	0.46	0.0232	0.7	0.1564	1.0	0.0489	0.7	148	1	148	1	143	19
6.1	160	129	0.81	0.0231	0.8	0.1577	1.5	0.0496	1.3	147	1	149	2	176	34
7.1	336	175	0.52	0.0232	0.7	0.1647	0.9	0.0518	1.0	148	1	155	1	276	22
8.1	432	167	0.39	0.0232	1.0	0.1579	1.0	0.0495	0.7	148	1	149	1	169	17
9.1	368	195	0.53	0.0232	0.8	0.1588	1.1	0.0498	0.8	148	1	150	1	183	23
10.1	556	192	0.34	0.0231	0.9	0.1562	0.9	0.0491	0.7	147	1	147	1	154	15
11.1	664	351	0.53	0.0231	0.6	0.1567	0.9	0.0492	0.6	147	1	148	1	167	17
12.1	1029	411	0.40	0.0232	0.8	0.1587	0.9	0.0497	0.5	148	1	150	1	189	11
13.1	286	103	0.36	0.0231	0.7	0.1588	1.2	0.0499	1.2	147	1	150	2	187	28
14.1	1299	478	0.37	0.0231	0.7	0.1588	0.7	0.0498	0.5	147	1	150	1	183	11
15.1	583	257	0.44	0.0232	0.6	0.1591	0.9	0.0498	0.7	148	1	150	1	183	21
16.1	604	269	0.45	0.0231	0.8	0.1610	1.0	0.0506	0.7	147	1	152	1	233	17
17.1	202	104	0.51	0.0231	1.0	0.1630	1.4	0.0513	1.2	147	1	153	2	257	28
18.1	107	42	0.39	0.0231	0.9	0.1710	2.0	0.0538	1.9	147	1	160	3	361	73
19.1	374	135	0.36	0.0231	0.7	0.1589	1.2	0.0499	1.0	147	1	150	2	191	22
Sample PD52-3 （Gneissic 花岗岩）（具有韵律环带的锆石核部）															
1.1	278	184	0.66	0.0209	0.8	0.1432	2.8	0.0498	3.0	133	1	136	4	187	69
2.1	174	56	0.32	0.0201	1.5	0.1314	6.6	0.0474	6.8	128	2	125	8	68	155
3.1	136	98	0.72	0.0215	1.3	0.1457	4.9	0.0492	5.1	137	2	138	6	158	115
4.1	126	91	0.73	0.0213	1.4	0.1418	5.6	0.0484	5.8	136	2	135	7	118	132
5.1	155	116	0.75	0.0244	1.0	0.1651	3.6	0.0490	3.8	156	2	155	5	148	86
6.1	159	138	0.87	0.0194	1.1	0.1347	4.5	0.0504	4.6	124	1	128	5	213	104
7.1	537	319	0.59	0.0212	0.8	0.1412	2.4	0.0482	2.6	136	1	134	3	109	61
8.1	262	133	0.51	0.0249	0.9	0.1703	3.0	0.0495	3.1	159	1	160	4	173	72
9.1	517	494	0.96	0.0193	0.8	0.1342	2.5	0.0506	2.7	123	1	128	3	221	60

续表

分析点	U /ppm	Th /ppm	Th/U	同位素比值						年龄/Ma					
				$^{206}Pb/^{238}U$	$\pm\sigma/\%$	$^{207}Pb/^{235}U$	$\pm\sigma/\%$	$^{207}Pb/^{206}Pb$	$\pm\sigma/\%$	$^{206}Pb/^{238}U$	$\pm\sigma/\%$	$^{207}Pb/^{235}U$	$\pm\sigma/\%$	$^{207}Pb/^{206}Pb$	$\pm\sigma/\%$
10.1	139	97	0.70	0.0214	1.1	0.1447	4.4	0.0490	4.5	137	2	137	6	150	103
11.1	121	68	0.56	0.0212	1.2	0.1364	4.8	0.0468	5.0	135	2	130	6	36	116
12.1	222	130	0.59	0.0218	1.1	0.1451	4.5	0.0484	4.7	139	2	138	6	118	107
13.1	310	260	0.84	0.0207	1.8	0.1375	8.6	0.0482	8.8	132	2	131	11	108	196
14.1	226	116	0.52	0.0244	0.9	0.1617	3.0	0.0480	3.2	155	1	152	4	101	73
15.1	623	474	0.76	0.0200	0.7	0.1306	2.0	0.0474	2.2	127	1	125	2	70	51
Sample PD14-1 （淡色花岗岩岩脉）															
1.1	187	154	0.82	0.0210	2.4	0.1419	7.9	0.0491	8.5	134	3	135	10	153	187
2.1	92	36	0.39	0.0216	2.4	0.1446	7.9	0.0485	8.4	138	3	137	10	125	188
3.1	159	103	0.64	0.0211	1.9	0.1416	4.4	0.0489	5.2	134	3	135	6	141	117
4.1	170	100	0.59	0.0191	1.9	0.1278	5.2	0.0486	5.9	122	2	122	6	126	133
5.1	85	47	0.55	0.0211	2.2	0.1421	7.1	0.0489	7.7	134	3	135	9	145	171
6.1	242	102	0.42	0.0205	1.9	0.1371	4.8	0.0485	5.5	131	2	131	6	123	125
7.1	339	169	0.50	0.0208	1.9	0.1391	4.4	0.0484	5.2	133	2	132	5	120	117
8.1	293	191	0.65	0.0216	1.8	0.1448	3.6	0.0487	4.4	138	2	137	4	133	101
9.1	166	160	0.97	0.0201	2.1	0.1354	6.3	0.0489	7.0	128	3	129	8	143	155
10.1	105	52	0.49	0.0204	3.1	0.1366	12.1	0.0485	12.6	130	4	130	15	125	273
11.1	725	439	0.61	0.0210	1.7	0.1452	2.8	0.0502	3.8	134	2	138	4	205	86
12.1	94	62	0.65	0.0207	2.3	0.1396	7.4	0.0488	7.9	132	3	133	9	140	177
13.1	96	53	0.56	0.0212	2.2	0.1426	6.7	0.0488	7.3	135	3	135	8	137	162
14.1	75	44	0.59	0.0214	2.5	0.1440	8.6	0.0489	9.1	136	3	137	11	142	201
15.1	158	87	0.55	0.0210	2.1	0.1400	6.2	0.0485	6.8	134	3	133	8	122	153
16.1	160	103	0.65	0.0219	2.0	0.1507	5.3	0.0499	5.9	140	3	143	7	191	133
17.1	65	38	0.58	0.0205	3.7	0.1366	15.5	0.0484	16.0	131	5	130	19	118	339
18.1	88	52	0.59	0.0211	2.5	0.1449	8.0	0.0498	8.5	135	3	137	10	186	187
19.1	112	74	0.66	0.0211	2.3	0.1405	7.4	0.0484	7.9	135	3	134	9	116	177
20.1	238	153	0.64	0.0199	1.9	0.1352	4.2	0.0492	4.9	127	2	129	5	159	112
21.1	87	54	0.62	0.0214	2.8	0.1438	10.2	0.0488	10.7	137	4	136	13	136	234
22.1	285	138	0.48	0.0228	1.9	0.1550	4.9	0.0495	5.6	145	3	146	7	171	125
Sample PD05-1 （花岗岩岩脉） Oscillatory-zoned grain （有韵律环带的锆石颗粒）															
1.1	148	132	0.89	0.0175	2.3	0.1188	7.0	0.0493	7.6	112	3	114	8	160	168
2.1	119	111	0.93	0.0190	2.3	0.1275	7.8	0.0487	8.3	121	3	122	9	135	184
3.1	115	105	0.91	0.0185	2.2	0.1215	6.9	0.0475	7.5	118	3	116	8	76	170

续表

分析点	U /ppm	Th /ppm	Th/U	同位素比值						年龄/Ma					
				$^{206}Pb/^{238}U$	±σ/%	$^{207}Pb/^{235}U$	±σ/%	$^{207}Pb/^{206}Pb$	±σ/%	$^{206}Pb/^{238}U$	±σ/%	$^{207}Pb/^{235}U$	±σ/%	$^{207}Pb/^{206}Pb$	±σ/%
4.1	82	83	1.01	0.0184	2.5	0.1237	8.7	0.0487	9.2	118	3	118	10	132	204
5.1	167	87	0.52	0.0217	2.2	0.1445	6.5	0.0483	7.1	138	3	137	8	114	159
6.1	85	70	0.82	0.0176	2.4	0.1167	8.4	0.0481	9.0	112	3	112	9	106	199
7.1	134	109	0.82	0.0176	2.1	0.1173	6.3	0.0484	6.9	112	2	113	7	119	154
8.1	98	84	0.86	0.0193	2.4	0.1261	8.0	0.0473	8.6	124	3	121	8	63	193
9.1	75	56	0.74	0.0182	2.7	0.1184	9.3	0.0471	10.2	116	3	114	10	54	226
10.1	125	133	1.06	0.0191	2.8	0.1271	10.5	0.0483	11.0	122	3	122	12	115	241
11.1	132	149	1.13	0.0189	2.3	0.1312	7.5	0.0503	8.0	121	3	125	9	211	176
12.1	106	94	0.89	0.0191	2.7	0.1278	9.6	0.0485	10.1	122	3	122	11	124	221
13.1	113	116	1.03	0.0185	2.2	0.1247	6.9	0.0488	7.5	118	3	119	8	139	167
14.1	102	123	1.21	0.0181	3.0	0.1207	11.6	0.0484	12.1	116	3	116	13	117	263
15.1	182	201	1.10	0.0174	2.5	0.1165	7.3	0.0485	7.9	112	2	112	8	122	176
16.1	72	58	0.80	0.0189	3.1	0.1213	12.7	0.0466	13.2	121	4	116	14	28	289
17.1	127	142	1.12	0.0182	2.6	0.1225	9.2	0.0489	9.7	116	3	117	10	141	214
18.1	125	114	0.91	0.0179	2.3	0.1191	8.1	0.0482	8.6	114	3	114	9	111	191
19.1	74	54	0.74			0.1228	8.2	0.0506	8.8	113	3	118	9	220	191

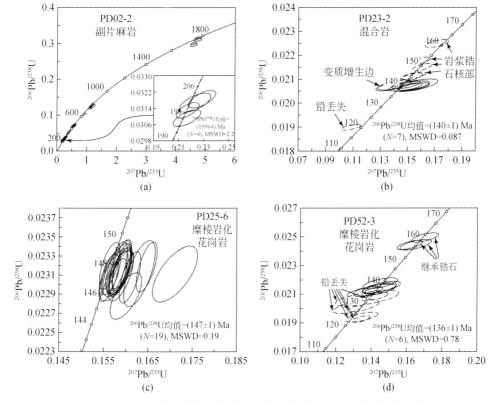

图 2.103　长乐-南澳带中变质岩和花岗岩中锆石的 U-Pb 年龄谐和图

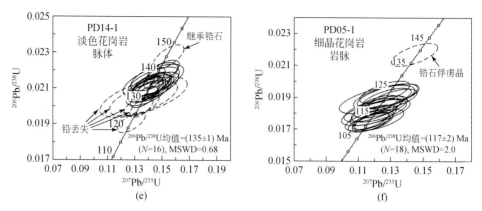

图 2.103　长乐-南澳带中变质岩和花岗岩中锆石的 U-Pb 年龄谐和图（续）

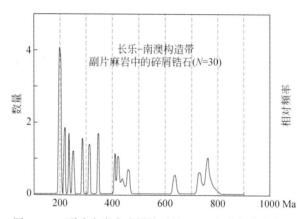

图 2.104　副片麻岩中碎屑锆石的 U-Pb 年龄概率分布图

片麻状花岗岩：样品 PD25-6 中锆石多数无色，自形柱状，柱长 100～240 μm，长宽比为 2：1～3：1。所有锆石均具有简单的环带图案，以一个韵律环带核和一个较窄（≤5 μm）暗色不连续面状边为特征[图 2.102(e)、(f)]。在 19 颗锆石上分析 19 个点（表 2.20）。韵律环其 U = 107～1299ppm，Th = 42～478ppm，Th/U 值为 0.34～0.81。全部 19 个谐和分析的 $^{206}Pb/^{238}U$ 加权平均年龄为（147±1）Ma（MSWD = 0.19）[图 2.103（c）]。

片麻状花岗岩：样品 PD52-3 中锆石呈卵形至柱状，粒长 80～220 μm，长宽比为 1.5：1～2.5：1。一般具有深色的不连续生长边[图 2.102(g)、(h)]，核部显示韵律环带，暗化边较窄，小于 5 μm，指示了岩浆成因。在 15 颗锆石上分析 15 个点。15 个韵律环带或均匀核中 U = 121～623ppm，Th = 56～474ppm，Th/U 值为 0.32～0.96，它们给出的两个 $^{206}Pb/^{238}U$ 加权平均年龄分别是（157±5）Ma（N=3，MSWD = 1.9）和（136±1）Ma（N= 6，MSWD = 0.78）[图 2.103（d）]。其余个点均有不同程度的铅丢失现象，可能与后来的火山-岩浆的改造有关。测试后的 CL 图像分析表明，这些较老的年龄是可能是一些继承的岩浆锆石。

淡色体: 样品 PD14-1 中锆石均呈柱状, 柱长 70~240 μm, 长宽比为 1.5:1~2.5:1。所有锆石颗粒都具有简单的环带图案, 显示典型的岩浆锆石特征 [图 2.102 (i)、(j)]。在 22 颗锆石上分析 22 个点。弱韵律环带核具有中-低等含量的 U (65~725ppm) 和 Th (36~439ppm), Th/U 值相对较高, 为 0.39~0.97。其中 16 个谐和分析的 $^{206}Pb/^{238}U$ 加权平均年龄为 (135±1) Ma (MSWD = 0.68) [图 2.103 (e)]。其他六个分析点是谐和的, 或是继承锆石, 或是由于晚期铅丢失而被舍弃。

细、微晶花岗岩脉样品 PD05-1 锆石为无色、淡黄色, 自形柱状, 柱长 60~150 μm, 长宽比为 1:1~2:1。所有锆石均具有简单的环带图案, 显示典型的岩浆岩锆石特征 [图 2.102 (k)、(l)]。在 19 颗锆石上分析 19 个点 (表 2.20)。韵律环带核的 U 和 Th 含量变化较小, 其 U=72~182ppm, Th = 54~201ppm, Th/U 值为 0.52~1.12。除了一个较老的锆石核 (分析点 5.1), 其余 18 个谐和分析的 $^{206}Pb/^{238}U$ 加权平均年龄为 (117±2) Ma (MSWD = 2.0) [图 2.103 (f)], 另一个分析点 (5.1) 产生一个较老的年龄, 为 (137±8) Ma。

2. $^{40}Ar/^{39}Ar$ 年代学

(1) 样品采集和定年方法: 样品包括斜长角闪岩 (样品 PD26-4) 中的角闪石, 花岗质片麻岩 (样品 PD11-14) 中的白云母和片麻状花岗岩 (样品 PD20-2、PD26-4、PD30-1 和 PD52-2)、黑云母片岩 (样品 PD28-5) 和花岗岩 (样品 PD32-3) 中的黑云母。单矿物分选由河北省区域地质矿产调查研究所实验室完成, 经常规粉碎、分选、磁选等流程后, 在双目镜下仔细挑选, 纯度大于 99%。

样品测试由中国地质科学院地质研究所 $^{40}Ar/^{39}Ar$ 同位素实验室完成。选纯的矿物先用超声波清洗, 清洗后的样品被封进石英瓶中送核反应堆中接受中子照射。照射工作是在中国原子能科学研究院的 "游泳池堆" 中进行的, 使用 B4 孔道, 中子流密度约为 $2.60×10^{13}$ n/(cm²·s)。照射总时间为 2878 分钟, 积分中子通量为 $4.49×10^{18}$ n/cm²; 同期接受中子照射的还有用做监控样的标准样: ZBH-25 黑云母标样标准年龄为 (132.7±1.2) Ma, K 含量为 7.6%。

样品的阶段升温加热使用石墨炉, 每一个阶段加热 30 分钟, 净化 30 分钟。质谱分析是在多接收稀有气体质谱仪 Helix MC 上进行的, 每个峰值均采集 20 组数据。所有的数据在回归到时间零点值后再进行质量歧视校正、大气氩校正、空白校正和干扰元素同位素校正。中子照射过程中所产生的干扰同位素校正系数通过分析照射过的 K_2SO_4 和 CaF_2 来获得, 其值为: $(^{36}Ar/^{37}Ar_o)_{Ca}$ = 0.0002389, $(^{40}Ar/^{39}Ar)_K$ = 0.004782, $(^{39}Ar/^{37}Ar_o)_{Ca}$ = 0.000806。^{37}Ar 经过放射性衰变校正; ^{40}K 衰变常数 λ = $5.543×10^{-10}$ a^{-1}; 用 ISOPLOT 程序计算坪年龄及正、反等时线, 坪年龄误差以 2σ 给出。详细的实验流程参见陈文等 (2006) 和张彦等 (2006)。

(2) 样品的年代学测试结果见表 2.21。

角闪石定年结果: 石榴角闪岩样品 PD26-4 中的角闪石细粒, 粒径一般小于 1.0 mm, 具有明显的定向排列 [图 2.105 (b)]。角闪石的阶段加热在前两个阶段产生了相对较老的表面年龄, 但其总的 ^{39}Ar 释放仅为 0.35%; 其余九个阶段 (阶段 3~11) 产生的表面年龄是谐和的, 计算出的加权平均年龄为 (99.8±0.8) Ma, 包含 99.7% 的 ^{39}Ar 释放 [图 2.106(a)]。

表 2.21　长乐–南澳构造带中角闪石、白云母和黑云母的 $^{40}Ar/^{39}Ar$ 同位素分析

加热阶段	$T/℃$	$(^{40}Ar/^{39}Ar)_m$	$(^{36}Ar/^{39}Ar)_m$	$(^{37}Ar/^{39}Ar)_m$	$(^{38}Ar/^{39}Ar)_m$	$^{40}Ar/\%$	$^{40}Ar*/^{39}Ar$	$^{39}Ar/10^{-14}mol$	$^{39}Ar(Cum)/\%$	年龄/Ma	$\pm1\sigma$
样品 PD11–14（白云母，样品重量 $W = 30.25$ mg，照射参数 $J = 0.005580$）											
1	700	34.7726	0.0901	0.0000	0.0360	23.45	8.1527	0.31	0.87	80.3	3.0
2	800	12.9595	0.0088	0.0318	0.0149	79.83	10.3464	2.43	7.61	101.3	1.0
3	860	12.1643	0.0058	0.0000	0.0138	85.85	10.4428	5.14	21.85	102.2	1.0
4	920	11.6317	0.0044	0.0000	0.0134	88.85	10.3342	12.07	55.32	101.14	0.99
5	960	11.5006	0.0040	0.0000	0.0134	89.77	10.3243	4.08	66.63	101.04	0.99
6	1000	13.1344	0.0090	0.0000	0.0143	79.72	10.4705	2.04	72.28	102.4	1.0
7	1050	15.3667	0.0166	0.0311	0.0162	68.13	10.4700	1.65	76.85	102.4	1.0
8	1100	15.2423	0.0163	0.0000	0.0158	68.45	10.4337	2.07	82.60	102.1	1.0
9	1150	12.8497	0.0084	0.0000	0.0143	80.75	10.3767	4.47	95.00	101.5	1.0
10	1200	10.8645	0.0017	0.0000	0.0127	95.47	10.3720	1.76	99.88	101.5	1.1
11	1270	24.4026	0.0318	0.0000	0.0110	61.45	14.9947	0.02	99.94	145	25
12	1400	27.8037	0.0545	0.0000	0.0185	42.04	11.6895	0.02	100.00	114	31
样品 PD26–4（角闪石，样品重量 $W = 145.94$ mg，照射参数 $J = 0.005826$）											
1	700	260.5309	0.7839	0.0000	0.1698	11.09	28.8916	0.01	0.03	281	83
2	800	56.3628	0.1327	2.6905	0.0559	30.77	17.3793	0.15	0.35	174.0	6.0
3	900	18.6529	0.0297	0.8129	0.0243	53.26	9.9404	0.34	1.10	101.6	2.6
4	1000	11.7766	0.0071	2.6037	0.0346	83.81	9.8901	1.00	3.25	101.1	1.2
5	1080	10.3390	0.0031	3.8399	0.0413	93.64	9.7116	4.70	13.39	99.29	0.98
6	1120	10.0389	0.0020	3.9777	0.0431	97.00	9.7690	20.18	56.90	99.86	0.97
7	1150	9.9632	0.0019	3.9880	0.0438	97.01	9.6961	9.05	76.40	99.13	0.97
8	1180	10.3021	0.0029	4.5166	0.0433	94.73	9.7944	3.98	84.98	100.11	0.98
9	1240	10.1579	0.0023	4.2697	0.0439	96.23	9.8088	6.61	99.25	100.25	0.98
10	1280	14.2010	0.0200	4.1628	0.0469	60.34	8.5974	0.16	99.60	88.2	3.9
11	1400	15.7376	0.0198	3.7065	0.0465	64.37	10.1613	0.19	100.00	103.8	4.7
样品 PD20–2（黑云母，样品重量 $W = 30.04$ mg，照射参数 $J = 0.005669$）											
1	700	40.8042	0.1187	0.0000	0.0394	13.99	5.7093	0.21	0.67	57.5	3.5
2	800	12.2574	0.0093	0.0039	0.0146	77.57	9.5075	8.81	28.17	94.70	0.93
3	840	9.8392	0.0013	0.0000	0.0130	96.19	9.4640	6.75	49.24	94.28	0.93
4	880	9.9380	0.0018	0.0088	0.0130	94.68	9.4089	2.24	56.22	93.74	0.95
5	930	10.1623	0.0028	0.0326	0.0133	91.75	9.3243	1.53	61.01	92.9	1.0
6	990	10.1577	0.0025	0.0000	0.0130	92.83	9.4290	2.59	69.10	93.94	0.96

续表

加热阶段	$T/℃$	$(^{40}\text{Ar}/^{39}\text{Ar})_m$	$(^{36}\text{Ar}/^{39}\text{Ar})_m$	$(^{37}\text{Ar}/^{39}\text{Ar})_m$	$(^{38}\text{Ar}/^{39}\text{Ar})_m$	$^{40}\text{Ar}/\%$	$^{40}\text{Ar}*/^{39}\text{Ar}$	$^{39}\text{Ar}/10^{-14}\text{mol}$	^{39}Ar(Cum)/%	年龄/Ma	±1σ
7	1050	10.0121	0.0018	0.0000	0.0130	94.53	9.4645	6.32	88.84	94.29	0.92
8	1100	10.4328	0.0033	0.0000	0.0133	90.69	9.4618	2.45	96.49	94.26	0.98
9	1150	10.4090	0.0028	0.0000	0.0133	92.08	9.5845	1.00	99.61	95.4	1.1
10	1250	12.8184	0.0183	0.4746	0.0141	57.95	7.4316	0.10	99.93	74.4	7.2
11	1400	26.6959	0.0789	1.5192	0.0220	13.04	3.4859	0.02	100.00	35	32
样品 PD26-4（黑云母，样品重量 $W = 29.89$ mg，照射参数 $J = 0.005752$）											
1	700	110.1973	0.3528	1.0697	0.0904	5.47	6.0345	0.17	0.49	61.6	4.4
2	780	24.5865	0.0522	0.0536	0.0268	37.23	9.1534	2.00	6.39	92.6	1.0
3	830	10.9209	0.0052	0.0110	0.0172	85.83	9.3734	4.17	18.69	94.73	0.94
4	880	10.1164	0.0025	0.0168	0.0167	92.72	9.3800	3.73	29.67	94.80	0.94
5	930	9.9381	0.0018	0.0000	0.0165	94.66	9.4079	2.62	37.39	95.07	0.94
6	980	9.9482	0.0016	0.0354	0.0166	95.36	9.4867	2.91	45.96	95.85	0.94
7	1030	9.8936	0.0019	0.0290	0.0167	94.42	9.3420	4.20	58.34	94.42	0.93
8	1080	9.7763	0.0013	0.0263	0.0166	96.02	9.3876	5.33	74.06	94.87	0.93
9	1130	9.8029	0.0013	0.0075	0.0167	96.14	9.4246	5.24	89.49	95.24	0.93
10	1180	9.8566	0.0014	0.0755	0.0166	95.76	9.4391	3.05	98.47	95.38	0.95
11	1260	10.2293	0.0024	0.0000	0.0178	92.88	9.5012	0.49	99.91	96.0	1.5
12	1400	19.8390	0.0291	0.0000	0.0126	56.68	11.2449	0.03	100.00	113	16
样品 PD28-5（黑云母，样品重量 $W = 29.98$ mg，照射参数 $J = 0.006111$）											
1	30.6579	0.0898	0.1296	0.0376	13.47	4.1305	0.18	0.48	45.0	3.6	30.6579
2	12.1995	0.0117	0.0082	0.0155	71.71	8.7481	4.90	13.78	93.95	0.94	12.1995
3	9.1406	0.0014	0.0078	0.0134	95.27	8.7082	7.59	34.39	93.53	0.92	9.1406
4	8.9879	0.0008	0.0008	0.0133	97.24	8.7402	4.59	46.86	93.87	0.92	8.9879
5	9.0579	0.0010	0.0207	0.0134	96.66	8.7553	2.68	54.14	94.03	0.93	9.0579
6	9.1818	0.0015	0.0529	0.0134	95.09	8.7312	1.97	59.50	93.77	0.96	9.1818
7	9.1334	0.0013	0.0010	0.0132	95.73	8.7431	4.10	70.62	93.90	0.93	9.1334
8	9.0644	0.0010	0.0008	0.0132	96.58	8.7544	7.34	90.56	94.02	0.92	9.0644
9	9.1913	0.0014	0.0000	0.0133	95.38	8.7669	2.73	97.97	94.15	0.95	9.1913
10	9.4206	0.0024	0.0000	0.0130	92.37	8.7023	0.67	99.80	93.5	1.1	9.4206
11	11.6295	0.0104	0.3376	0.0145	73.65	8.5679	0.07	100.00	92	11	11.6295
样品 PD30-1（黑云母，样品重量 $W = 29.83$ mg，照射参数 $J = 0.00603$）											
1	700	27.0582	0.0716	0.1707	0.0389	21.78	5.8953	0.20	0.62	63.0	4.4
2	780	18.0857	0.0302	0.0332	0.0302	50.56	9.1452	1.87	6.33	96.8	1.0

续表

加热阶段	$T/℃$	$(^{40}Ar/^{39}Ar)_m$	$(^{36}Ar/^{39}Ar)_m$	$(^{37}Ar/^{39}Ar)_m$	$(^{38}Ar/^{39}Ar)_m$	$^{40}Ar/\%$	$^{40}Ar*/^{39}Ar$	$^{39}Ar/10^{-14}mol$	$^{39}Ar(Cum)/\%$	年龄/Ma	$\pm 1\sigma$
3	830	9.8360	0.0028	0.0059	0.0248	91.65	9.0144	6.83	27.15	95.49	0.94
4	880	9.3656	0.0012	0.0000	0.0248	96.13	9.0029	5.27	43.22	95.37	0.94
5	930	9.5256	0.0014	0.0000	0.0245	95.61	9.1074	2.45	50.69	96.45	0.97
6	980	9.5670	0.0017	0.0400	0.0245	94.69	9.0591	2.92	59.60	95.95	0.98
7	1030	9.5371	0.0017	0.0014	0.0243	94.54	9.0160	5.59	76.65	95.50	0.94
8	1080	9.7079	0.0021	0.0000	0.0250	93.59	9.0858	6.20	95.55	96.22	0.95
9	1130	10.2272	0.0042	0.0367	0.0250	87.99	8.9989	1.23	99.31	95.3	1.1
10	1200	11.0962	0.0063	0.0271	0.0259	83.18	9.2296	0.23	100.00	97.7	3.4
样品 PD32-3（黑云母，样品重量 $W=29.94$ mg，照射参数 $J=0.005949$）											
1	700	156.5496	0.5115	1.4615	0.1202	3.51	5.5045	0.14	0.42	58.1	7.5
2	780	20.5605	0.0392	0.0000	0.0215	43.67	8.9781	2.07	6.54	93.87	0.96
3	830	10.3362	0.0045	0.0000	0.0147	87.16	9.0086	3.97	18.30	94.18	0.94
4	880	9.9028	0.0027	0.0202	0.0145	91.85	9.0961	3.69	29.23	95.07	0.95
5	930	10.0609	0.0032	0.0075	0.0147	90.54	9.1094	2.35	36.18	95.21	0.97
6	980	10.1325	0.0032	0.0000	0.0145	90.62	9.1816	1.90	41.82	95.94	0.98
7	1030	10.0437	0.0034	0.0000	0.0144	89.92	9.0310	3.22	51.34	94.41	0.94
8	1080	9.4901	0.0013	0.0020	0.0141	95.81	9.0923	5.87	68.73	95.03	0.93
9	1130	9.3878	0.0009	0.0009	0.0141	97.01	9.1066	7.18	89.98	95.18	0.94
10	1180	9.4123	0.0007	0.0302	0.0140	97.80	9.2058	2.70	97.99	96.19	0.96
11	1260	9.7741	0.0020	0.0695	0.0147	94.08	9.1961	0.59	99.74	96.1	1.4
12	1400	12.7568	0.0094	0.2602	0.0131	78.36	9.9977	0.09	100.00	104.2	7.7
样品 PD52-2（黑云母，样品重量 $W=29.49$ mg，照射参数 $J=0.006190$）											
1	700	137.0371	0.4490	0.8050	0.1152	3.21	4.4022	0.16	0.50	48.5	6.4
2	780	26.7289	0.0634	0.0000	0.0326	29.88	7.9872	3.37	10.85	87.06	0.98
3	830	11.1054	0.0073	0.0000	0.0212	80.65	8.9560	3.96	23.02	97.34	0.97
4	880	11.2584	0.0078	0.0000	0.0213	79.49	8.9498	2.46	30.58	97.27	0.98
5	930	13.1148	0.0140	0.0112	0.0227	68.37	8.9671	2.04	36.85	97.5	1.0
6	980	13.2069	0.0141	0.0000	0.0227	68.39	9.0322	2.61	44.89	98.1	1.0
7	1030	10.9959	0.0068	0.0000	0.0210	81.71	8.9851	5.55	61.94	97.64	0.96
8	1080	9.9175	0.0034	0.0217	0.0202	89.92	8.9184	5.86	79.96	96.94	0.95
9	1130	9.6954	0.0024	0.0079	0.0200	92.56	8.9737	4.57	94.02	97.52	0.96
10	1180	9.6698	0.0023	0.1013	0.0200	92.89	8.9834	1.53	98.73	97.6	1.1
11	1260	10.2959	0.0019	0.0000	0.0197	94.40	9.7198	0.33	99.74	105.4	2.6
12	1400	13.4554	0.0182	0.0000	0.0224	60.05	8.0800	0.09	100.00	88	12

注：$^{40}Ar*/^{39}Ar$ 代表放射性成因 $^{40}Ar/^{39}Ar$ 值。

白云母定年结果：花岗质片麻岩样品 PD11-14 中的白云母叶片较大，且新鲜，定向排列形成岩石的片麻理 [图 2.105(a)]。白云母的阶段加热在第一个阶段产生了年轻的表面年龄，其 ^{39}Ar 释放为 0.87%；在最后二个阶段产生了较老的表面年龄，其 ^{39}Ar 释放为 0.12%。其余阶段实验（阶段 2~10）是谐和的，给出的坪年龄为（101.7±0.7）Ma，包含约 99% 的 ^{39}Ar 释放 [图 2.106(b)]。由这些阶段获得的等时线年龄为（101.2±1.2）Ma，在误差范围内与坪年龄相等。

图 2.105 岩石中角闪石和白云母的产状

（a）花岗质片麻岩样品 PD11-14；（b）斜长角闪岩样品 PD26-4。矿物代号：Hbl. 普通角闪石；Ms. 白云母

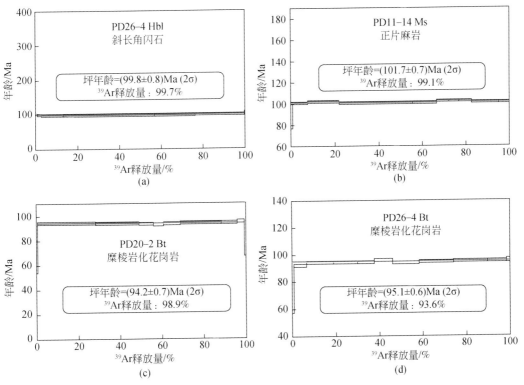

图 2.106 长乐-南澳构造带中角闪石、白云母和黑云母的 $^{40}Ar/^{39}Ar$ 年龄

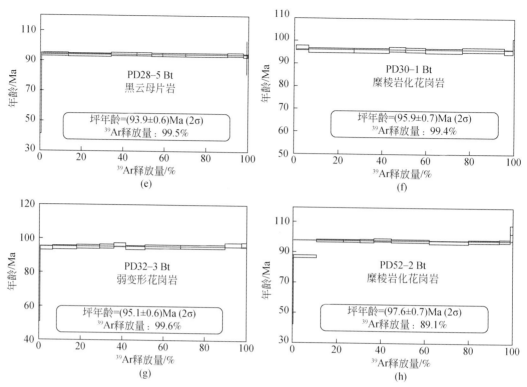

图 2.106   长乐–南澳构造带中角闪石、白云母和黑云母的 $^{40}Ar/^{39}Ar$ 年龄（续）

矿物代号：Bt. 黑云母；Hbl. 普通角闪石；Ms. 白云母

黑云母定年结果：黑云母片岩样品 PD20-2 中的黑云母呈条带状定向分布，保存完好。黑云母的阶段加热在第一个和最后两个阶段产生了年轻的表面年龄，其 ^{39}Ar 释放为 1%；其他八个阶段的表面年龄集中在 92.9~95.4 Ma，计算出的坪年龄为（94.2±0.7）Ma，包含 99% 的 ^{39}Ar 释放［图 2.106（c）］。由这些阶段获得的等时线年龄为（94.0±1.0）Ma，在误差范围内与坪年龄相等。值得提及的是，在同一块样品中分离的锆石的 U–Pb 年龄为（100±1）Ma（N=8，MSWD = 0.27）。

片麻状花岗岩样品 PD26-4 中的黑云母明显定向而形成岩石的片麻理［图 2.105（a）］，黑云母的年龄范围主要介于（92.6±1.6）Ma 和（96.0±1.5）Ma 之间。去除第一和第十二两个阶段，中间十个阶段所限定的坪年龄为（95.1±0.6）Ma，包含大于 99% 的 ^{39}Ar 释放［图 2.106（d）］。

黑云母片岩样品 PD28-5 中的黑云母呈条带状或集合体状，定向排列而形成岩石的片麻理。黑云母的阶段加热产生了谐和的年龄谱，其中高温阶段（阶段 2~11）给出的坪年龄为（93.9±0.6）Ma，包含 99.5% 的 ^{39}Ar 释放［图 2.106（e）］。这十个阶段限制的等时线年龄为（93.9±1.0）Ma，与坪年龄在误差范围内一致。

糜棱岩化花岗岩样品 PD30-1 中的黑云母一般产在斜长石和石英粒间，且明显定向排列。阶段加热分析在低温阶段（阶段 1）产生了从（63.0±4.4）Ma 相对较年轻的表面年龄，而在高温阶段（阶段 2~10）产生了从（97.7±3.4）Ma 到（95.3±1.0）Ma 相对老的表面年龄。由后者限定的坪年龄为 (95.9 ± 0.7) Ma，包含 99.4% 的 ^{40}Ar 释放 ［图 2.106 (f)］，这一年龄与 (95.7 ± 1.0) Ma 的等时线年龄在误差范围内完全一致。

花岗岩样品 PD32-3 中的黑云母不显示定向，部分黑云母叶片已绿泥石化。黑云母的分析以较谐和的年龄谱为特征，产生了较平坦的年龄谱，坪年龄为 (95.1 ± 0.6) Ma，等时线年龄为 (95.0 ± 1.0) Ma，^{39}Ar 的释放达 99.6% ［图 2.106 (g)］。

片麻状花岗岩样品 PD52-2 中的黑云母含量很多，且明显发生定向。黑云母的阶段加热在中高温阶段 （阶段 3~10） 产生了较平坦的年龄谱，其坪年龄为 (97.6 ± 0.7) Ma，包含 89.1% 的 ^{39}Ar 释放 ［图 2.106 (h)］。等时线年龄为 (97.6 ± 0.7) Ma，与坪年龄在误差范围内一致。

四、花岗岩类地球化学与构造环境分析

1. 常量、微量和稀土元素地球化学

不同类型和不同成因的火成岩具有不同常量、微量和稀土元素配分特征。例如，稀土元素配分对了解岩石成因有重要意义。多数花岗岩类岩石可能是地壳岩石部分熔融的产物。原岩性质及其稀土元素含量不同，原岩部分熔融程度不同以及熔体形成后不同程度的分离结晶作用是导致形成不同类型花岗岩及不同稀土元素配分的主要原因。花岗岩类岩石的稀土元素含量大多高于玄武岩，通常表现为轻稀土元素含量大于重稀土元素，有较明显的负铕异常。华南陆缘地区是我国花岗岩类岩石发育的地区，在这类岩石中随着岩石酸度和碱度的增高，按花岗闪长岩→英云闪长岩→二长花岗岩→钾长花岗岩→碱长花岗岩→碱性花岗岩的顺序，岩石稀土元素总量及重稀土元素含量相对增大，岩石负铕异常也逐渐增大。在矿石稀土元素球粒陨石标准化曲线图上，常见有明显的海鸥形曲线。微量元素在不同地质体中的浓度和分配随介质条件的变化往往发生较大的变动，它们的地球化学行为受有关性质相近的常量元素支配。因此，微量元素的含量和分配以及与相近似元素的比值，可作为各种成岩成矿物理化学条件的灵敏指示剂。指示剂除了常用来确定作用的演化过程和形成阶段之外，主要可定量推算成岩成矿作用的温度、压力、物质浓度、酸碱度和氧化-还原条件。其中以矿物微量元素温度计和压力计研究较多。经常使用和效果较好的元素有钒、钛、铬、钴、镍、铳、锶、钡、锂、铷、铯、铀、钍、氟、氯、铱、锇、稀土等，常用的元素对比值有钾/铷、钾/铯、锶/钡、镓/铝、锂/镁、镍/钴、铬/钒、锌/镉、锆/铪、铌/钽、氟/氯、金/银、硫/硒、硒/碲等和稀土比值。

（1） 样品采集：选取长乐-南澳构造带九件岩石样品 （见表 2.22），经人工破碎、清水淘洗后，再把全岩样品经无污染碎样磨至粒度小于 200 目。

表 2.22　长乐-南澳构造带内花岗质岩石的常量和微量元素分析

	PD14-3	PD14-6	PD16-1	PD16-2	PD28-3	PD32-3	PD34-7	PD48-2	PD53-2
SiO_2	72.8	72.84	71.21	73.91	72.44	73.3	75.11	75.28	74.23
TiO_2	0.26	0.29	0.27	0.14	0.23	0.21	0.22	0.18	0.2
Al_2O_3	13.84	14	13.82	13.38	14.4	13.89	13.26	12.75	12.81

	PD14-3	PD14-6	PD16-1	PD16-2	PD28-3	PD32-3	PD34-7	PD48-2	PD53-2
Fe_2O_3	0.92	1.17	1.16	0.78	0.72	0.89	0.76	1.12	1.58
MnO	0.23	0.18	0.08	0.06	0.08	0.05	0.09	0.04	0.04
MgO	0.59	0.65	0.83	0.48	0.52	0.38	0.43	0.52	0.25
CaO	2.14	2.01	2.52	1.76	2.11	1.69	2	1.28	0.72
FeO	1.29	1.13	1.45	0.88	1.24	0.52	1	0.66	0.74
Na_2O	2.83	2.81	2.79	3.03	3.22	3.11	2.22	2.97	2.92
K_2O	3.98	4.29	4.42	4.81	3.6	4.9	4.44	4.53	5.48
P_2O_5	0.07	0.08	0.05	0.03	0.12	0.04	0.05	0.05	0.04
LOI	0.43	0.39	0.7	0.53	0.52	0.28	0.52	0.35	0.56
H_2O	0.46	0.48	0.78	0.46	0.72	0.3	0.5	0.32	0.54
CO_2	0.12	0.14	0.1	0.14	0.1	0.12	0.09	0.09	0.12
La	43	45.8	27.7	30.4	45.6	41.9	44.3	41.8	56.9
Ce	80.4	86.4	50.7	51	84.6	67.7	64.2	76.5	109
Pr	9.14	9.74	5.6	5	9.78	7.41	9.52	8.42	12.6
Nd	32	34.4	19.4	16	33.7	23.2	32.7	27.3	43.4
Sm	5.75	6.27	4.24	3.17	5.97	3.66	6.26	5.18	8.09
Eu	1.24	1.24	0.66	0.51	1.21	0.69	1.35	0.58	0.72
Gd	5.09	5.45	4.55	3.06	5.05	3.14	5.58	4.45	7.03
Tb	0.79	0.88	0.8	0.56	0.69	0.5	0.88	0.73	1.09
Dy	4.48	5.01	5.11	3.57	3.16	2.64	4.78	4.26	6.07
Ho	0.93	0.9	1.11	0.79	0.52	0.57	0.96	0.9	1.27
Er	2.92	2.54	3.63	2.55	1.36	1.78	2.73	2.92	3.81
Tm	0.45	0.34	0.56	0.41	0.17	0.29	0.4	0.47	0.59
Yb	3.09	2.22	3.93	2.84	1.18	1.81	2.65	3.25	3.85
Y	24.4	25.6	32.2	22.3	13.4	16.1	26.8	23.8	31.4
Lu	0.45	0.32	0.61	0.47	0.19	0.3	0.39	0.5	0.57
Sc	9.41	8.74	9.05	4.96	6.52	3.99	5.71	4.16	3.32
V	19.8	22.3	45.5	18.6	17.2	18.3	21.5	11.4	4.49
Cr	23.9	1.7	4.27	1.95	1.87	1.47	3.36	11.6	3.1
Co	2.82	2.17	6.1	2.73	1.99	1.82	2.24	1.64	1.59
Ni	4.42	1.57	2.14	1.27	1.39	1.73	1.35	5.12	1.18
Ga	16.1	17.3	14.6	13.4	17.8	14	14.8	13.9	15.8
Rb	98.9	114	182	205	110	135	153	171	143
Sr	249	255	209	164	295	211	201	183	140
Hf	5.09	5.49	4.39	4.37	5.26	4.27	4.28	5.09	6.72

续表

	PD14-3	PD14-6	PD16-1	PD16-2	PD28-3	PD32-3	PD34-7	PD48-2	PD53-2
Ta	0.64	0.72	2.38	1.9	0.75	1.06	1	1.68	0.79
Pb	311	318	27.7	34.2	51.2	17.9	43.9	14.3	37.1
Th	11	11.7	34.3	45	14.3	22.7	16.3	24.7	23.8
U	3.32	2.38	11.8	13.8	1.87	2.64	3.43	7.85	3.62
Ba	1372	1466	399	404	1368	1325	958	500	411
Zr	185	202	122	113	183	130	137	172	216
Nb	10.5	11.8	16	13.5	15.4	12.6	10.9	18.5	17.1
Cu	3.99	4.38	3.49	1.72	6.94	4.18	4.72	2.71	5.74
Cs	3.01	4.11	7.45	4.76	2.11	1.41	2.48	3.88	1.04

（2）测试方法：将新鲜岩石碎成 200 目以下的 粉末，主量、微量、稀土元素在国家地质实验测试中心完成。除 FeO 以外的其他主量元素测试称取样品 0.5000 g，用无水四硼酸锂和硝酸铵为氧化剂，于 1200℃左右熔融制成玻璃片，使用 X 荧光光谱仪（XRF）测定，选用不同基体和不同含量的国家一级地球化学标准物质进行测定，此方法精密度 RSD<2% ~8%，检测下限为 0.01%。测定 FeO 时，称取试样 0.1000 ~0.5000 g（称样量视样品的氧化亚铁含量定）于聚四氟坩埚中，加入氢氟酸和硫酸分解样品，重铬酸钾标准溶液滴定 FeO 含量，此方法精密度 RSD<10%，检测下限为 0.05%。用所测 TFe_2O_3 和 FeO 含量计算 Fe_2O_3 含量，公式为 $w(Fe_2O_3)=w(TFe_2O_3)-w(FeO)\times1.11134$。测定含稀土元素在内的微量元素时，称取试样 0.0250 g 于封闭溶样器的 Teflon 内罐中，加入 HF、HNO_3 装入钢套中，于 190℃保温 24 h，取出冷却后，在电热板上蒸干，加入 HNO_3 再次封闭溶样 3 h，溶液转入洁净塑料瓶中，使用热电公司电感耦合等离子质谱（ICP-MS）测定。选用不同基体和不同含量的国家一级地球化学标准物质进行测定，其方法精密度 RSD<2% ~10%，检测下限为 0105×10^{-6}。

（3）测试结果：长乐-南澳构造带花岗岩具有较高二氧化硅含量（SiO_2 = 71% ~77%）。多数样品为过铝质，少数样品为强过铝质花岗岩。A/CNK = 1.08 ~1.17（表3.20，图2.107），并且具有较高的钾含量，K_2O 多数氧化钾含量介于 4.3% ~5.5%，少量样品的氧化钾含量较低，其值介于 3.6% ~4.0%（表2.22），K_2O/Na_2O = 1.1 ~2.0，Rb 含量为 99 ~205ppm，Rb/Sr = 0.4 ~1.3。Al_2O_3 含量介于 12% ~14%，MgO 含量为 0.17% ~0.83%，TiO_2+FeO_T+ MgO（小于 4%），Sr 含量为 140 ~295ppm，Ba 含量为 399 ~1466ppm，Zr 含量为 113 ~216ppm。稀土元素总量为 143 ~286ppm。

稀土元素球粒陨石标准化图解显示（图2.108），多数样品具有轻稀土中等程度富集，向右倾斜的海鸥型特征；具弱、中等负铕异常（δEu 多数在 0.4 ~0.7）。同时，部分样品显示重稀土含量升高的特征，可能与其中含有较多的继承性石榴子石有关。在微量元素蛛网图上（图2.109），花岗岩样品相对富集 Rb、Th、La、Ce、Nd、Hf、Zr 和 Sm；同时相对亏损 Ba、Ta、Nb、Sr、P、Ti。

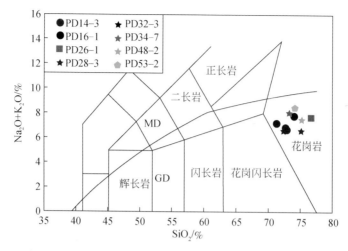

图 2.107　长乐–南澳构造带早白垩世花岗质岩石的 SiO_2–Alk 分类命名图解（据 Cox，1979）

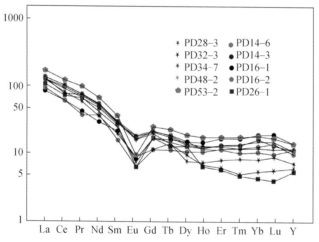

图 2.108　长乐–南澳构造带花岗岩稀土元素球粒陨石标准化图解

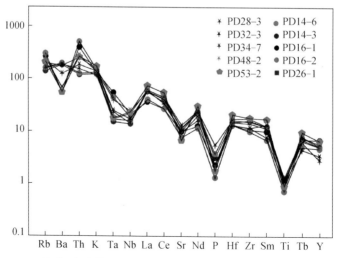

图 2.109　长乐–南澳带早白垩世花岗岩微量元素原始地幔标准化蛛网图

　　K_2O 对 SiO_2 造山带岩石系列判别图（图 2.110）表明，长乐–南澳构造带晚中生代花岗质侵人岩总体上属于造山带高钾钙碱性岩系，与我国东南沿海地区大范围分布的白垩纪火成岩基本特征相一致。

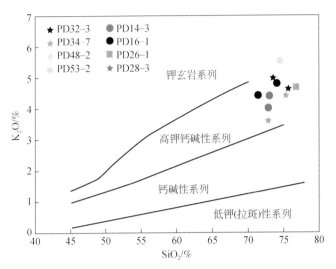

图 2.110　长乐–南澳构造带早白垩世花岗质岩石的 SiO_2–K_2O 图解（据 Morrison，1980）

　　多数花岗岩样品具有过铝质和或强过铝质特征，它们的 A/CNK 质落入一个较窄的范围：1.05 ~ 1.18（图 2.111）。由于多数花岗岩中含有结晶较好的角闪石，少数样品含有白云母、黑云母、石榴子石等矿物，所以可能是以 I 型花岗岩为主，同时包含少量似 S 型花岗岩。部分早白垩花岗岩包含较多的继承性锆石，其中一组年龄集中在 150 ~ 165 Ma。由此说明，长乐–南澳可能经历过多期同构造和后构造地壳熔融过程。

　　在 Y+Nb 对 Rb 图解中（图 2.112），花岗岩样品落入"后碰撞"花岗岩区。在 Rb–Hf–Ta三角图解中（图 2.113），少数样品落入晚造山–后造山范围内，多数样品落入弧花岗岩范围。

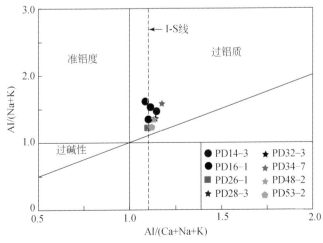

图 2.111　长乐–南澳构造带早白垩世花岗质岩石的 A/NK–A/CNK 图解（据 Peccerillo and Taylor，1976）

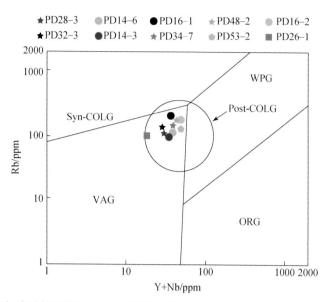

图 2.112　长乐–南澳构造带早白垩世花岗质岩石的 Y+Nb–Rb 图解（据 Pearce *et al*.，1984）

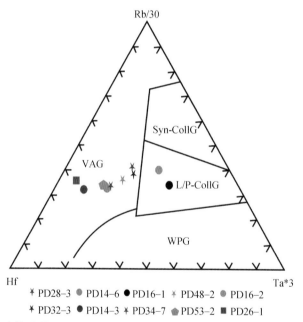

图 2.113　长乐–南澳构造带早白垩世花岗质岩石的 Rb–Hf–Ta 构造图解（据 Harris *et al*.，1986）
VAG. 火山弧花岗岩；WPG. 板内花岗岩；L/P-CollG. 造山晚期–后造山花岗岩；Syn-CollG. 同碰撞花岗岩

2. 铅同位素地球化学

Pb 同位素因为三个不同的放射性成因同位素是由具宽半衰期的母体产生的，其中两个母体为同一元素，因此在研究地幔与地壳演化中是强有力的工具。在相关事件中通过使用不同的同位素，不仅有可能甄别分异事件的性质，而且也有可能限制它们的时间。

（1）样品采集：尽量选择在新鲜露头上采样，保持样品干净无污染。尽力保持不同样品来源的统一性，便于进行对比研究。岩石经人工破碎、清水淘洗富集后，全岩样品经无污染碎，并磨至粒度小于 200 目。

（2）Pb 同位素测试：样品测试由中国地质科学院地质研究所同位素地质实验室完成，分析流程见何学贤等（2007）。铅同位素比值用多接收器等离子体质谱法（MC-ICPMS）测定，所用仪器为英国 Nu Plasma HR，仪器的质量分馏以 Tl 同位素外标校正。样品中 Tl 的加入量约为铅含量的 1/2。NBS 981 长期测定的统计结果：$^{208}Pb/^{206}Pb$ = 2.16736 ± 0.00066，$^{207}Pb/^{206}Pb$ = 0.91488 ± 0.00028，$^{206}Pb/^{204}Pb$ = 16.9386 ± 0.0131，$^{207}Pb/^{204}Pb$ = 15.4968 ± 0.0107，$^{208}Pb/^{204}Pb$ = 36.7119 ± 0.0331（±2σ）。利用 AG1-X8 阴离子树脂分离提纯 Pb。

（3）测试结果：20 件花岗岩类样品 Pb 同位素分析结果列于表 2.23。其中有两件样品（PD32-3、PD26-11）数据质量不高，进行了舍弃处理。其余 18 件样品 $^{208}Pb/^{204}Pb$ 值为 39.2089 ~ 38.6489，$^{207}Pb/^{204}Pb$ 值为 15.6703 ~ 15.5351，$^{206}Pb/^{204}Pb$ 值为 19.0947 ~ 18.5785，$^{208}Pb/^{206}Pb$ 值为 2.09606 ~ 2.04863，$^{207}Pb/^{206}Pb$ 值为 0.84150 ~ 0.82040。

表 2.23 长乐-南澳构造带岩浆岩铅同位素分析结果

比值 样品号	$^{208}Pb/^{204}Pb$	2σ	$^{207}Pb/^{204}Pb$	2σ	$^{206}Pb/^{204}Pb$	2σ	$^{208}Pb/^{206}Pb$	2σ	$^{207}Pb/^{206}Pb$	2σ
PD14-3	38.8295	0.0044	15.6703	0.0018	18.6245	0.0020	2.08486	0.00004	0.84138	0.00002
PD14-6	38.8294	0.0040	15.6697	0.0015	18.6211	0.0020	2.08523	0.00005	0.84150	0.00002
PD16-1	39.1179	0.0936	15.6653	0.0374	19.0947	0.0448	2.04863	0.00028	0.82040	0.00017
PD16-2	39.1492	0.0073	15.6671	0.0030	18.8862	0.0036	2.07290	0.00005	0.82955	0.00003
PD23-8	38.7549	0.0054	15.6519	0.0022	18.8789	0.0027	2.05282	0.00006	0.82906	0.00002
PD26-1	38.9652	0.0286	15.6000	0.0112	18.6451	0.0136	2.08983	0.00012	0.83668	0.00009
PD26-2	39.2071	0.0220	15.6183	0.0086	18.7055	0.0104	2.09606	0.00010	0.83496	0.00006
PD28-2	38.7642	0.0095	15.6501	0.0037	18.6485	0.0045	2.07867	0.00008	0.83921	0.00004
PD34-7	38.8545	0.0100	15.6486	0.0040	18.7505	0.0045	2.07219	0.00008	0.83457	0.00003
PD48-2	39.0598	0.0191	15.6497	0.0074	18.9428	0.0092	2.06290	0.00010	0.82616	0.00006
PD48-3	38.8597	0.0425	15.5766	0.0169	18.8827	0.0195	2.05796	0.00022	0.82491	0.00009
PD53-2	38.6816	0.0201	15.5966	0.0083	18.6401	0.0099	2.07518	0.00010	0.83673	0.00005
PD53-3	38.7373	0.0210	15.6179	0.0082	18.6679	0.0101	2.07508	0.00014	0.83662	0.00006
PD15-11	38.6489	0.0464	15.5351	0.0189	18.6746	0.0226	2.06959	0.00023	0.83188	0.00016
PD21-13	39.2089	0.0607	15.5847	0.0241	18.7292	0.0295	2.09347	0.00030	0.83211	0.00014
PD28-3	38.6848	0.0274	15.5961	0.0114	18.5785	0.0137	2.08223	0.00014	0.83947	0.00008
PD37-5	38.9824	0.0631	15.6609	0.0248	18.8038	0.0301	2.07311	0.00022	0.83286	0.00011
PD40-4	38.7959	0.0185	15.6466	0.0076	18.7565	0.0076	2.06870	0.00013	0.83432	0.00006
下面为信号较低的样品										
PD32-3	38.8757	0.1025	15.5893	0.0400	18.7568	0.0439	2.07351	0.00039	0.83149	0.00016
PD26-11	38.5565	0.1443	15.5544	0.0570	18.7033	0.0694	2.06143	0.00061	0.83162	0.00031

3. 氧同位素地球化学

全岩氧同位素同位素方法被广泛地应用于花岗岩的物源成因及后期水岩反应的研究。自然界中火成岩氧同位素组成因岩石类型不同而异，总的变化是 $\delta^{18}O = +5‰ \sim +13‰$。中酸性岩石的 $\delta^{18}O$ 值一般介于 $0 \sim 13‰$。岩浆岩的 $\delta^{18}O$ 值受以下因素影响：①岩浆的 $\delta^{18}O$ 值；②分离结晶作用效应；③结晶作用的温度；④与水溶液及围岩的混染作用；⑤在固体线以下的温度条件下矿物重新平衡所产生的退化效应。一般认为，低氧同位素组成的岩浆岩是由于大气降水参与岩石形成过程作用所致。因此，构造带中岩浆岩的氧含量不仅是岩石物源和演化的指示剂，同时也是岩石构造变形程度的一个重要指标。

（1）样品选择和制备：选取新鲜的片麻状花岗岩、花岗岩和其中的变质岩包体，测试样品总数量为 38 件，包括晚三叠世—早侏罗世片麻状花岗岩一件、早白垩世片麻状花岗岩 17 件、早白垩世未变形花岗岩 10 件、晚白垩世片麻状花岗岩五件、早白垩世片麻状花岗闪长岩包体两件、不明时代的斜长角闪岩包体三件。岩石经人工破碎、清水淘洗，再经研磨制备成无污染的全岩粉末样（200 目）。

（2）氧同位素测试：由国土资源部同位素地质重点实验室完成。采用碳还原法。先将待测样品与石墨粉按一定比例混合后置于玛瑙研钵内研磨，使测试样品与石墨粉充分混匀。然后将混合物装入石英小管内，置于石英炉底部，并接到真空系统中。此时，整个制样系统用旋片式机械泵抽低真空，在抽低真空的同时，将加热到 300℃ 左右的加热炉套在石英炉上，以便样品去气更快，同时，将可控硅控制的加热炉升温到 900℃ 备用。待低真空抽好后，再采用以机械泵为前级的玻璃油扩散泵对制样系统抽高真空。等到整个制样系统的高真空达到 2.0×10^{-3} Pa 后，关闭活塞 V1、V2、V4、V7，以隔离抽真空系统与反应系统。撤下石英炉上 300℃ 左右的加热炉，换上已升温到 900℃ 的用可控硅控制的加热炉，同时，在样品管上套上液氮杯，收集主反应所生成的 CO_2 气体。这时，反应炉中副反应所产生的 CO 在铂金丝的催化下即可全部转化为 CO_2。15 分钟后，真空回升至 $119 \sim 714$ Pa，30 分钟后反应完毕。关闭样品管活塞 V10，撤掉加热炉，取下样品管。将制备的 CO_2 气体在 MAT-253EM 质谱计上进行同位素分析。由 $\delta^{14}CO_2$ 值直接计算出 $\delta^{18}O$ 值。测量时所使用的质谱参考气为高纯的钢瓶 CO_2 气体。质谱计测得的 $\delta^{14}CO_2$ 值的测量精度为 $\pm 0.02‰$。

（3）测试结果：全岩氧同位素分析结果列于表 2.24。其中一个晚三叠世—早侏罗世花岗岩全岩 $\delta^{18}O$ 值为 3.3‰。17 个早白垩世（$147 \sim 135$ Ma B. P.）花岗岩全岩 $\delta^{18}O$ 值的变化范围为 $2.7‰ \sim 6.8‰$，平均值为 4.96‰；五个晚白垩世（100 Ma B. P.）花岗岩的全岩 $\delta^{18}O$ 值的变化范围为 $6.7‰ \sim 8.0‰$，平均值为 7.24‰；九个早白垩世（$132 \sim 120$ Ma B. P.）未变形花岗岩的全岩 $\delta^{18}O$ 值的变化范围为 $6.1‰ \sim 7.5‰$，平均值为 6.9‰；其中一个晚三叠世—早侏罗世花岗岩的全岩 $\delta^{18}O$ 值较低，为 3.6‰。三个时代不明的斜长角闪岩包体的全岩 $\delta^{18}O$ 值的变化范围为 $9.9‰ \sim 10.4‰$，平均值为 10.2‰；两个早白垩世（120 Ma B. P.）的糜棱岩化花岗闪长岩包体的全岩 $\delta^{18}O$ 值的变化范围为 $4.3‰ \sim 6.1‰$，平均值为 5.2‰。

表 2.24 长乐-南澳构造带氧同位素分析结果

序号	样品号	岩性	U-Pb 年龄/Ma	$\delta^{18}O_{V-SMOW}$/‰
1	PD01-1	糜棱岩化花岗岩	200	3.3
2	PD16-1	糜棱岩化花岗岩	147-135	6.8
3	PD16-4	糜棱岩化花岗岩	147-135	6.7
4	PD17-4	糜棱岩化花岗岩	147-135	6.1
5	PD17-5	糜棱岩化花岗岩	147-135	6.5
6	PD17-6	糜棱岩化花岗岩	147-135	5.4
7	PD18-1	糜棱岩化花岗岩	147-135	3.8
8	PD25-4	糜棱岩化花岗岩	147-135	3.9
9	PD25-5	糜棱岩化花岗岩	147-135	2.7
10	PD25-6	糜棱岩化花岗岩	147-135	4.9
11	PD26-1	糜棱岩化花岗岩	147-135	6.3
12	PD27-2	糜棱岩化花岗岩	147-135	4.8
13	PD27-3	糜棱岩化花岗岩	147-135	4.7
14	PD30-1	糜棱岩化花岗岩	147-135	5.2
15	PD30-4	糜棱岩化花岗岩	147-135	4.3
16	PD34-8	糜棱岩化花岗岩	147-135	3.7
17	PD14-3	含榴花岗岩	147-135	4.6
18	PD14-5	含榴花岗岩	147-135	4.0
19	PD21-3	糜棱岩化细粒花岗岩	100	7.4
20	PD21-7	糜棱岩化细粒花岗岩	100	8.0
21	PD22-2	糜棱岩化花岗岩	100	7.2
22	PD22-4	糜棱岩化花岗岩	100	6.7
23	PD22-5	糜棱岩化花岗岩	100	6.9
24	PD23-8	花岗岩	132-120	6.3
25	PD41-2	花岗岩	132-120	6.4
26	PD48-2	花岗岩	132-120	6.7
27	PD48-4	花岗岩	132-120	7.3
28	PD28-3	花岗岩	132-120	3.6
29	PD32-2	花岗岩	132-120	7.1
30	PD39-1	花岗岩	132-120	7.5
31	PD39-3	花岗岩	132-120	7.0
32	PD53-1	花岗岩	132-120	6.1
33	PD51-4	花岗岩	132-120	7.2
34	PD26-5	包体		10.4
35	PD26-6	包体		9.9
36	PD26-7	包体		10.3
37	PD40-3	糜棱岩化花岗闪长岩包体	120	6.3
38	PD40-4	糜棱岩化花岗闪长岩包体	120	4.1

测试结果显示以下规律（图 2.114）：①花岗岩 $\delta^{18}O$ 值总体偏低，而且变化幅度较大；

②花岗岩 $\delta^{18}O$ 值似乎具有随年龄减小而升高的规律；③花岗岩 $\delta^{18}O$ 值有随变形程度增强而减小的规律；④基性变质岩包体的 $\delta^{18}O$ 值比花岗质包体的 $\delta^{18}O$ 值高。由此说明，长乐-南澳构造带中花岗质岩石的 $\delta^{18}O$ 值可能与岩浆结晶后的构造及水岩反应有关。侵位早的岩浆岩一般情况下比晚期侵位的岩石变形程度高，水岩反应时间也相对较长。其结果是这些明显受过区域构造过程影响的岩浆岩具有较低的 $\delta^{18}O$ 值。换言之，在长乐南澳构造带中的这些中生代岩浆岩中的 $\delta^{18}O$ 值具有随时间推移，不断与地表水中的 $\delta^{18}O$ 值进行交换的基本规律。

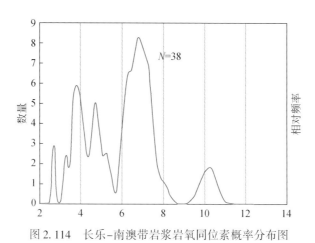

图 2.114　长乐-南澳带岩浆岩氧同位素概率分布图

4. 全岩 Sm-Nd 同位素

已有的研究表明，岩浆一般都能继承其源岩的同位素成分，并且在岩浆形成后封闭体系内发生分异作用过程中保持不变，尤其是现在利用的各种同位素衰变对中，Sm-Nd 同位素对包括高级变质作用和地表风化作用在内的各种后期叠加过程表现得最为稳定，因此大陆火成岩可以记录下深部地壳同位素成分的精确信息，经过一定的技术处理在一定条件下就可能转化为深部地壳化学成分的信息。

（1）样品选择：尽量选择未风化的样品，在实验室经人工破碎、清水淘洗和破碎后制备成全岩粉末样品，粒度小于 200 目。

（2）Sm-Nd 定年方法：40 件样品的测试由中国地质科学院地质研究所同位素地质实验室完成，分析流程已有文章详细报道（多接收器等离子体质谱高精度测定 Nd 同位素方法；地球学报，2007，28：405～410）。质谱测定时 $^{143}Nd/^{144}Nd$ 值采用 $^{146}Nd/^{144}Nd = 0.7219$ 进行标准化，标样 JMC Nd_2O_3 的 $^{143}Nd/^{144}Nd = 0.511126\pm10(2\sigma)$。

（3）Sm-Nd 同位素测试：60 件花岗岩类样品 Sm-Nd 同位素分析结果列于表 2.25。样品 Nd 模式年龄 T_{DM} 介于 762～2251 Ma，大致可分为五个阶段：2060～2251 Ma（三个），1388～1575 Ma（五个），1279～1288 Ma（两个），879～1195 Ma（27 个）和 823～762 Ma（三个）；平均值为 1160 Ma。二阶段模式年龄说明，华南陆缘地区的花岗岩是多阶段地壳生长的产物，或者不同时期古老地壳原岩重熔的产物。其中，1195～879 Ma B.P. 是长乐-南澳构造带地壳生长的一个重要时期，这一时期经壳幔分异产生的火成岩是后来白垩纪岩浆活动中熔融的主要对象（图 2.115）。

表 2.25　长乐–南澳带火成岩 Sm–Nd 同位素测试结果

序号	样品号	Sm/(μg/g)	Nd/(μg/g)	$^{147}Sm/^{144}Nd$	$^{143}Nd/^{144}Nd$	±2σ	T_{DM}/Ma
1	PD01–3	3.744	15.245	0.1486	0.512556	1388	7
2	PD01–8	4.8	21.437	0.1354	0.512536	1195	5
3	PD05–1	8.025	42.283	0.1148	0.512419	1126	6
4	PD14–7	5.791	33.185	0.1056	0.512424	1023	15
5	PD14–3	5.642	34.251	0.09964	0.512436	954	8
6	PD14–6	5.923	34.291	0.1045	0.512425	1012	6
7	PD15–11	2.307	11.026	0.1265	0.512513	1113	10
8	PD16–1	3.797	17.819	0.1289	0.512562	1056	9
9	PD16–2	3.333	16.828	0.1198	0.51255	974	5
10	PD16–2	2.817	14.684	0.116	0.512458	1080	7
11	PD17–5	5.002	28.072	0.1078	0.512448	1010	5
12	PD17–6	6.384	36.821	0.1049	0.512443	990	5
13	PD18–1	4.791	24.144	0.12	0.512424	1180	9
14	PD18–2	4.27	23.277	0.111	0.512423	1078	5
15	PD18–19	3.779	20.127	0.1136	0.512547	918	6
16	PD20–2	3.031	16.628	0.1103	0.512458	1020	10
17	PD21–6	3.628	21.277	0.1032	0.512455	958	5
18	PD21–7	1.802	10.166	0.1072	0.512465	980	12
19	PD21–13	3.182	16.811	0.1145	0.512496	1005	5
20	PD22–2	2.84	17.518	0.09807	0.512478	886	7
21	PD22–5	2.341	14.424	0.09817	0.512484	879	12
22	PD23–2	6.504	41.269	0.09533	0.512406	958	8
23	PD23–3	5.245	32.182	0.09859	0.51237	1033	10
24	PD23–7	2.738	19.51	0.08488	0.512455	823	15
25	PD23–8	2.833	20.365	0.08415	0.512459	813	5
26	PD23–8	1.652	9.643	0.1036	0.512459	957	10
27	PD25–4	7.375	33.703	0.1324	0.512308	1575	7
28	PD25–5	6.098	27.858	0.1324	0.512323	1548	9
29	PD25–6	5.651	27.236	0.1255	0.512304	1460	9
30	PD26–1	5.724	29.937	0.1157	0.512462	1069	10
31	PD26–2	8.13	43.601	0.1128	0.512486	1003	8
32	PD26–11	6.913	33.576	0.1245	0.512516	1083	12
33	PD27–2	3.362	12.279	0.1656	0.512498	2060	9
34	PD27–3	4.126	14.639	0.1705	0.5125	2284	10
35	PD28–2	5.261	29.859	0.1066	0.512427	1029	5

续表

序号	样品号	Sm/(μg/g)	Nd/(μg/g)	^{147}Sm/^{144}Nd	^{143}Nd/^{144}Nd	±2σ	T_{DM}/Ma
36	PD28-3	5.756	33.698	0.1033	0.51244	980	5
37	PD28-2	4.3	23.794	0.1093	0.512465	1000	5
38	PD30-1	6.414	33.255	0.1167	0.512329	1288	10
39	PD30-4	7.509	38.964	0.1166	0.512334	1279	6
40	PD32-3	3.284	20.155	0.09856	0.512575	762	6
41	PD32-3	3.167	21.698	0.08829	0.512562	715	5
42	PD34-7	6.128	33.697	0.11	0.512452	1026	10
43	PD34-8	4.837	26.606	0.11	0.512374	1140	7
44	PD37-5	4.361	24.602	0.1072	0.512474	968	10
45	PD37-5	4.902	29.014	0.1022	0.512417	1002	15
46	PD39-1	3.388	18.597	0.1102	0.51248	987	6
47	PD39-3	3.681	20.547	0.1084	0.512485	962	9
48	PD40-4	4.274	20.778	0.1244	0.512497	1114	8
49	PD40-3	4.265	20.38	0.1266	0.512504	1130	5
50	PD40-4	4.177	20.157	0.1254	0.512496	1128	8
51	PD41-2	3.137	18.926	0.1002	0.512436	959	9
52	PD45	5.942	28.423	0.1265	0.512347	1401	10
53	PD47-11	9.034	32.889	0.1662	0.512445	2251	7
54	PD48-4	3.158	17.326	0.1102	0.512548	887	10
55	PD48-2	3.814	21.957	0.1051	0.512591	785	5
56	PD48-3	4.534	24.653	0.1113	0.512651	743	12
57	PD51-1	17.492	84.491	0.1252	0.512639	881	6
58	PD51-2	5.39	22.502	0.1449	0.512667	1070	6
59	PD53-2	7.051	39.431	0.1082	0.51262	766	12
60	PD53-3	8.191	47.07	0.1053	0.512632	729	8

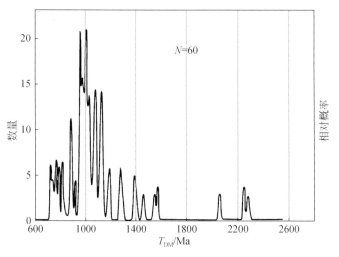

图 2.115　长乐–南澳构造带全岩 Sm-Nd 模式年龄分布图

五、构造-岩浆事件及其动力学过程

华南陆缘构造带是理解华南大陆晚中生代构造演化的一把钥匙。华南陆缘的长乐-南澳构造带经历过自新元古代以来的多期构造-岩浆事件,与华南内陆的多期火山-岩浆活动时间均可对比,暗示着长乐-南澳构造带在新元古代初期就已经并入华南大陆并共同演化。前人的地质年代学研究表明,长乐-南澳构造带主要经历了三期侏罗纪火山-岩浆事件(200~190 Ma B. P.,185~180 Ma B. P.,165~150 Ma B. P.;Davis et al.,1997;陈荣等,2007;Li et al.,2007;Wu et al.,2007a,2007b;邢光福等,2008;Kee et al.,2010;Feng and Xu,2011)和两期白垩纪火山-岩浆事件(145~115 Ma B. P.,105~80 Ma B. P.;Wu et al.,2005;He,2011)。其中,白垩纪火山-岩浆活动占主导地位。

本课题通过系统的野外地质调查、构造解析、锆石 U-Pb 定年和区域热年代学分析、岩石地球化学和同位素示踪研究,得到以下认识。

(1)长乐-南澳构造带记录了燕山期华南陆缘造山带两期造山事件。第一期造山事件分为早期(165~150 Ma B. P.)和晚期(145~135 Ma B. P.)两个阶段。早期阶段以晚三叠世—早侏罗世地层强烈的挤压变形(D_1)、进变质(M_1)和地壳增厚为主要特征,引发了侏罗纪晚期(165~150 Ma B. P.)主要岩浆事件,主要记录为混合岩和混合岩化花岗岩中含有的大量同时期岩浆锆石,包括在东海瓯江凹陷发现的 173 Ma 过铝质的花岗岩(袁伟,2014,内部交流)、东海明月峰 1 井发现的 167 Ma 花岗闪长岩(邢光富通信,2009)以及朝鲜半岛南部分布的(175±3)Ma 花岗岩和火山碎屑岩,被认为是古太平洋向欧亚大陆俯冲的结果(Ree et al.,2001;Han et al.,2006;Kim et al.,2009)。晚期阶段挤压减弱,引发早白垩世岩浆活动(145~135 Ma B. P.),其中的蜕变角闪岩相包体记录了早白垩世构造变形(D_2)、同造山退变质作用(M_2)和区域混合岩化作用。

第二期造山事件(115~90 Ma B. P.)也可分为两个阶段。早期为陆壳收缩阶段(115~105 Ma B. P.),时间介于早白垩世后造山伸展(135~117 Ma B. P.)和晚白垩世石帽山群(100~85 Ma B. P.)形成之前,主要表现为早白垩世南园组火山-沉积地层明显的挤压变形(D_3)和变质作用(M_3)。晚期为剪切变形、火山活动与地壳冷却阶段(100~90 Ma B. P.;Cui et al.,2012),火山-岩浆活动范围比早燕山期的明显要小。晚白垩世后造山岩浆活动可持续至 80 Ma B. P. 前后。

华南晚侏罗世陆缘造山作用的认识和鉴别,是追踪到古太平洋板块或伊扎纳吉板块与亚洲板块相互作用直接证据,这对建立东亚板块汇聚动力学过程至关重要。晚侏罗世沿海造山带引发华南内陆的广泛挤压、逆冲与岩浆活动,造就了华南大量的复式岩体,造成了华南大陆的挤压增厚、下地壳部分熔融和岩石圈减薄。

(2)长乐-南澳构造带内保留了 147~135 Ma B. P. 陆缘造山带。其中的平潭-东山杂岩带是以早白垩世同构造片麻状花岗岩(侵位年龄为 135~147 Ma)为主体的岩浆杂岩带,带中发育的少量正、副片麻岩、石榴斜长角闪岩、斜长角闪岩、石英岩等是被捕获的围岩。多数副片麻岩包体的原岩可能是晚三叠世至侏罗纪早期的沉积地层,相当于大坑组(T_3)和梨山组(J_1)。片麻状花岗岩的形成与侵位很可能与平潭-东山杂岩带变质岩中普遍的混合岩化及低角度韧性剪切构造（主要发育时间为早白垩早期147～135 Ma B. P. ，糜棱岩年龄为131 Ma）一起，组成了中-上地壳构造热事件组合。

（3）有待解决的问题：华南陆缘造山带是否发生过麻粒岩相变质？那些可能的峰期变质矿物是否还有所保留？华南晚中生代陆缘造山的动力学过程也是需要进一步探讨的问题。

第六节　华南中生代构造-岩浆-沉积序列与动力学过程

一、中生代岩浆活动序列

中生代岩浆岩在华南大陆广泛分布，总出露面积达218090 km^2（Zhou et al. ，2006），岩性以花岗岩、玄武岩、流纹岩等双峰式火山岩为主。20世纪70年代以来，随着高精度锆石U-Pb（SHRIMP，SIMS，TIMS，LA-ICP-MS）测年技术的成熟和广泛应用，前人获得了大批高质量的年龄数据，这些资料为理解华南中生代岩浆及区域大地构造演化提供了关键证据。在阅读大量国内外文献的基础上，参考岩浆岩的年代学、岩石学和地球化学等资料，本书建立了华南中生代岩浆活动序列（图2.116）。结果显示，华南中生代岩浆活动可分为印支期（259～200 Ma B. P. ）和燕山期（190～86 Ma B. P. ）两个主要阶段（图2.116）。其中，燕山期岩浆活动又可细分为（190～175）Ma B. P. 、（165～145）Ma B. P. 和（145～86）Ma B. P. 三个亚阶段（图2.116）。这些岩浆岩的分布位置、岩性、测试方法、年龄及参考文献见图2.118和表2.26～表2.31。以下将对每期岩浆活动的基本特征进行逐一简要介绍。

1. 印支期岩浆岩

印支期岩浆岩以花岗岩为主，它们呈面状广泛展布于华南大陆的广大地区，夹于政和-大浦断裂带和靖县-溆浦断裂带之间（图2.117），出露面积约14300 km^2。地球化学和同位素年代学资料证实（周新民，2003），印支期花岗岩具有早、晚两期，无论从岩性，还是从形成的大地构造背景来看，二者均存在明显的差异。统计结果显示，这两类花岗岩可以共生，也可独立产出，它们呈面状广泛分布在湘、桂、粤、赣、琼等省区（表2.26，图2.117），如江西大富足（张万良，2006）、大吉山（张文兰等，2004；邱检生等，2004）、龙源坝（张敏等，2006）、富城（于津海等，2007）、隘高（Li and Li，2007）、三标（Li and Li，2007）和柯树岭（郭春丽等，2011）花岗岩；湖南歇马（彭头平等，2006）、沩山（王岳军等，2005；丁兴等，2005）、锡田（马铁球等，2005）、关帝庙（王岳军等，2005）、白马山（王岳军等，2005；Li and Li，2007；陈卫峰等，2007；罗志高等，2010）、阳明山（陈卫峰等，2006；Li and Li，2007）、淋阳花岗岩和道县辉长岩包体（范蔚铭等，2003）；广东那蓬（彭头平等，2006）、下庄（孙涛等，2003；徐夕生等，2003）、西淋（庄文明等，2000）、共和（庄文明等，2000）、长沙（孙涛等，2003）、河台（翟伟等，2006）、贵东和孟冬花岗岩（Li and Li，2007）；广西大容山、浦北和旧州花岗岩（邓希光等，2006）；福建洋纺、铁山（王强等，2003）和小陶花岗岩（王丽娟等，

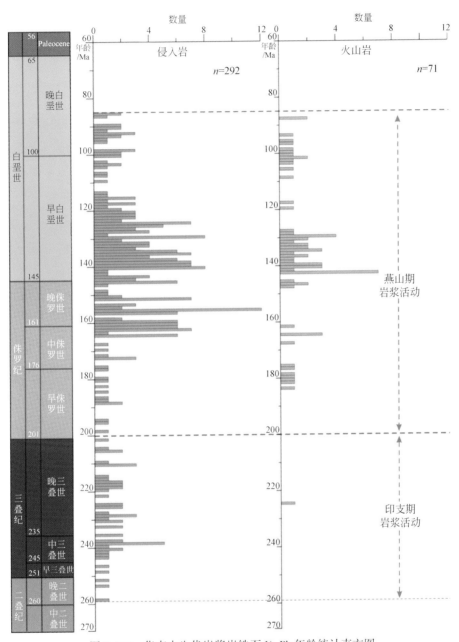

图 2.116　华南中生代岩浆岩锆石 U-Pb 年龄统计直方图

2007）。同时，从绘制的华南大陆印支期岩体锆石 U-Pb 年龄分布直方图可见，早期花岗岩形成于约 259～230 Ma B. P. ，主要为强过铝质浅色花岗岩，含白云母、石榴子石、电气石等高铝矿物，属 S 型花岗岩，以发育片麻理为主要特征，显微镜下可见明显的挤压变形构造，其形成与华南大陆陆缘俯冲、碰撞造山作用引发的陆内地壳物质叠置加厚作用有关（周新民，2003；王岳军等，2005；Zhou et al. ，2006）。晚期花岗岩形成于约 230～200 Ma B. P. ，约占印支期花岗岩的 90%（Zhou et al. ，2006；徐先兵等，2009a），岩体主要为弱过铝或准铝花岗岩，包含泥质、玄武质岩石以及明显的幔源岩浆组分，以中粒结构、块状构造为特征，其形成与碰撞造山结束后地壳伸展、减薄背景下引发的减压熔融作用有关（周新民，2003；丁兴等，2005；陈卫峰等，2006，2007）。

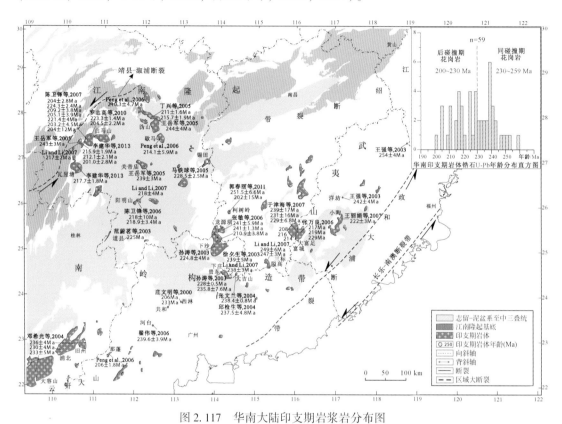

图2.117　华南大陆印支期岩浆岩分布图

2. 燕山期岩浆岩

（1）早–中侏罗世岩浆岩（190～175 Ma B. P.）：早—中侏罗世岩浆岩以A型花岗岩、碱性正长岩、辉长岩、流纹岩、碱性和拉斑玄武岩等为主（表3.25），大部分沿南岭构造带呈东西向展布，集中分布在桂东、湘南、赣南和闽西南等地区；小部分零散分布在湘中和赣中地区（图2.118）。其中，A型花岗岩与碱性正长岩主要发育于赣南地区，包括柯树北A型花岗岩（Li and Li，2007）、寨背A型花岗岩（陈培荣等，1998）、塔背A型花岗岩和正长岩（Chen et al.，2004）、黄埔正长岩（贺振宇等，2007）等。辉长岩主要分布在赣南和粤北地区，通常与正长岩共生（贺振宇等，2007），包括车步辉长岩（Li et al.，2003a）、梅州辉长岩（刑光福等，2001）等。玄武岩和流纹岩在区域内通常共生且近于等量，构成双峰式火山岩组合（周新民，2003），指示快速张裂环境，主要分布于赣南和湘南地区、包括白面石玄武岩（陈培荣等，1999）、宁远玄武岩（Li et al.，2003a）、寻乌菖蒲组流纹岩（徐先兵，2011）等。这些A型花岗岩、正长岩及双峰式火山岩的广泛出露暗示华南早–中侏罗世处于伸展构造环境，它们的形成与陆壳减压熔融和软流圈物质上涌有关。

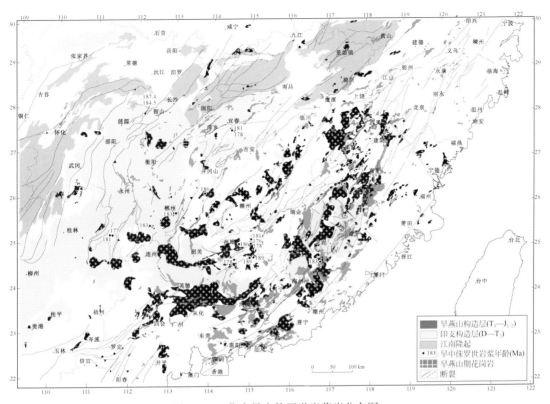

图 2.118 华南早中侏罗世岩浆岩分布图

（2）晚侏罗世岩浆岩（165～145 Ma B. P.）：晚侏罗世岩浆岩主要以花岗岩为主，局部发育火山岩（表 2.26）。这些花岗岩广泛分布在闽、粤、赣、湘、桂等地区（图 2.119），包括武平（于津海等，2005）、贵东（徐夕生等，2003；孙涛等，2003）、河台（翟伟等，2005）、新丰江-佛冈-热水-南昆山-河东（Li et al.，2007）、九峰山、大吉山（张文兰等，2006）、天门山（刘善宝等，2007；丰成友等，2007）、黄埔（Li et al.，2003a）、宝山（伍光英等，2005）、大东山（张敏等，2003）、九嶷山（付建明等，2004）、骑田岭（柏道远等，2005）、花山和姑婆山（朱金初等，2005）等。关于这些花岗岩的地球化学性质，仍存较大争议。李献华（1993）认为它们大部分具 S 型花岗岩的地球化学特征，为区域挤压环境下地壳重熔作用的产物；Zhou 等（2006）证实部分花岗岩的 ACNK 值小于 1.1，具钙碱性 I 型花岗岩的特征。最近研究证实，这些花岗岩中还在少量的 A 型花岗岩（Li et al.，2007；朱金初等，2008）。晚侏罗世火山岩以玄武岩和安山岩为主，与花岗岩相比，它们的出露面积明显少得多，主要零散地分布在湖南道县（Li et al.，2003a）、福安社口（邢光福等，2008）和香港（Campbell et al.，2007）等地区（图 2.119）。前人一致认为，这些花岗岩和火山岩形成的大地构造背景与太平洋板块向华南大陆的俯冲作用相关，它们的出现表明华南晚侏罗世具安第斯型活动大陆边缘性质（Jahn et al.，1976；Zhou et al.，2006）。华南地区侏罗纪花岗岩年龄 80% 以上集中在 150～165 Ma，属于高度演化的 I 型花岗岩（Li，2000）。

表 2.26 华南大陆印支期岩浆岩锆石 U–Pb 年龄统计

	岩体名称	岩性	年龄/Ma	测试方法	资料来源
江西					
1	大富足岩体（土凹桥）	黑云钾长花岗岩	217	锆石 U–Pb	张万良，2006
2	大富足岩体（荷树崇）	黑云二长花岗岩	219	锆石 U–Pb	张万良，2006
3	大富足岩体（荷树崇）	黑云二长花岗岩	226	锆石 U–Pb	张万良，2006
4	大吉山岩体（五里亭）	花岗岩	238.4±1	锆石 U–Pb	张文兰等，2006
5	龙源坝岩体	花岗岩	241±5.9	锆石 LA–ICPMS U–Pb	张敏等，2006
6	龙源坝岩体	花岗岩	241±1.3	锆石 LA–ICPMS U–Pb	张敏等，2006
7	龙源坝岩体	花岗岩	210.9±3.8	锆石 LA–ICPMS U–Pb	张敏等，2006
8	大吉山岩体（五里亭）	花岗岩	238.9±1.5	锆石 U–Pb	张文兰，2004
9	大吉山岩体（五里亭）	花岗岩	237.5±4.8	锆石 LA–ICPMS U–Pb	邱检生等，2004
10	富城岩体	黑云钾长花岗岩	239±17	锆石 LA–ICPMS U–Pb	于津海等，2007
11	富城岩体（粗石坝）	黑云钾长花岗岩	231±16	锆石 LA–ICPMS U–Pb	于津海等，2007
12	富城岩体（珠长洞）	黑云钾长花岗岩	229±6.8	锆石 LA–ICPMS U–Pb	于津海等，2007
13	隘高岩体	黑云母花岗岩	249±6	锆石 SHRIMP U–Pb	Li and Li，2007
14	三标岩体	黑云母花岗岩	247±3	锆石 SHRIMP U–Pb	Li and Li，2007
15	柯树岭岩体	花岗岩	251.5±6.6	锆石 SHRIMP U–Pb	郭春丽等，2011
16	柯树岭岩体	花岗岩	202±15	锆石 SHRIMP U–Pb	郭春丽等，2011
湖南					
17	白马山岩体（龙潭）	黑云二长花岗岩	215±2	锆石 SHRIMP U–Pb	李建华等，2013
18	白马山岩体（龙潭）	黑云二长花岗岩	212±2	锆石 SHRIMP U–Pb	李建华等，2013
19	瓦屋塘掩体	黑云二长花岗岩	218±2	锆石 SHRIMP U–Pb	李建华等，2013
20	歇马岩体	角闪黑云花岗岩	214.1±5.9	锆石 LA–ICPMS U–Pb	彭头平等，2006
21	沩山岩体	黑云二长花岗岩	210.3±4.7	锆石 LA–ICPMS U–Pb	彭头平等，2006
22	沩山岩体	花岗岩	211±1.6	锆石 LA–ICPMS U–Pb	丁兴等，2005
23	沩山岩体	花岗岩	215.7±1.9	锆石 LA–ICPMS U–Pb	丁兴等，2005
24	锡田岩体	黑云二长花岗岩	228.5±2.5	锆石 SHRIMP U–Pb	马铁球等，2005
25	沩山岩体	黑云二长花岗岩	244±4	锆石 SHRIMP U–Pb	王岳军等，2005
26	关帝庙岩体	黑云二长花岗岩	239±3	锆石 SHRIMP U–Pb	王岳军等，2005
27	白马山岩体	黑云二长花岗岩	243±3	锆石 SHRIMP U–Pb	王岳军等，2005
28	阳明山岩体	二云母二长花岗岩	218±10	锆石 LA–ICPMS U–Pb	陈卫锋等，2006
29	阳明山岩体	二云母二长花岗岩	218.9±3.4	锆石 LA–ICPMS U–Pb	陈卫锋等，2006
30	白马山岩体	黑云母花岗闪长岩	209.2±3.8	锆石 LA–ICPMS U–Pb	陈卫锋等，2007
31	白马山岩体	黑云二长花岗岩	204.5±2.8	锆石 LA–ICPMS U–Pb	陈卫锋等，2007
32	白马山岩体	黑云二长花岗岩	223.3±1.4	锆石 LA–ICPMS U–Pb	罗志高等，2010
33	白马山岩体	黑云母花岗闪长岩	204.5±2.2	锆石 LA–ICPMS U–Pb	罗志高等，2010
34	阳明山岩体	二云母二长花岗岩	218±4	锆石 SHRIMP U–P	Li and Li，2007
	白马山岩体	角闪黑云二长花岗岩	217±2	锆石 SHRIMP U–P	Li and Li，2007
	道县	辉长岩包体	225Ma	锆石 SHRIMP U–Pb	范蔚茗等，2003
广东					
35	那蓬岩体	花岗岩	206±1.8	锆石 LA–ICPMS U–Pb	彭头平等，2006

续表

	岩体名称	岩性	年龄/Ma	测试方法	资料来源
36	下庄岩体	二云母花岗岩	228±0.5	锆石 U–Pb	孙涛等，2003
37	长沙岩体	白云母花岗岩	224.8±4	锆石 U–Pb	孙涛等，2003
38	下庄岩体	二云母花岗岩	235.8±7.6	锆石 LA–ICPMS U–Pb	徐夕生等，2003
39	西淋岩体	黑云二长花岗岩	206	锆石 U–Pb	庄文明等，2000
40	共和岩体	黑云二长花岗岩	233	全岩 Rb–Sr 等时线	庄文明等，2000
41	河台岩体	含矿脉体	239.6±3.9	锆石 SHRIMP U–Pb	翟伟等，2006
42	贵东（鲁溪）岩体	花岗岩	239±5	锆石 LA–ICPMS U–Pb	徐夕生等，2003
43	贵东岩体	二长花岗岩	238±3	锆石 SHRIMP U–Pb	Li and Li，2007
44	孟冬岩体	花岗闪长岩	231±3	锆石 SHRIMP U–Pb	Li and Li，2007
广西					
45	大容山岩体	黑云母花岗岩	233±5	锆石 SHRIMP U–Pb	邓希光等，2004
46	浦北岩体	黑云母花岗岩	230±4	锆石 SHRIMP U–Pb	邓希光等，2004
47	旧州岩体	二云母花岗岩	236±4	锆石 SHRIMP U–Pb	邓希光等，2004
福建					
48	洋坊岩体	正长岩	242±4	锆石 SHRIMP U–Pb	王强等，2003
49	小陶岩体	花岗岩	222±3	锆石 LA–ICPMS U–Pb	王丽娟等，2007
50	铁山岩体	正长岩	254±4	锆石 SHRIMP U–Pb	王强等，2003

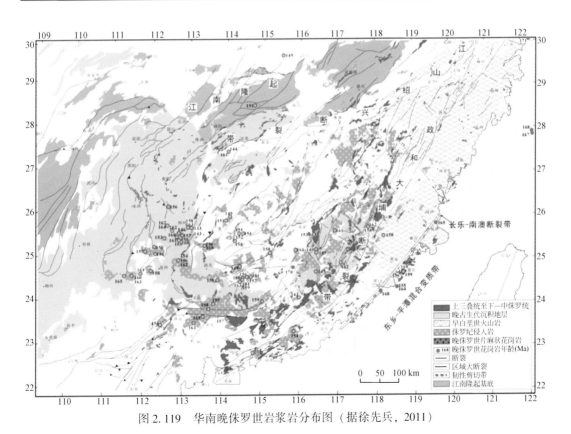

图 2.119　华南晚侏罗世岩浆岩分布图（据徐先兵，2011）

表 2.27 华南大陆早中侏罗世岩浆岩锆石 U–Pb 年龄统计

	岩体名称	岩性	年龄/Ma	测试方法	资料来源
			侵入岩		
			福建		
1	汤泉	花岗闪长岩	182.9±3.6	锆石 U–Pb	毛建仁等，2002
2	Jincheng	orthogneiss	199±2	锆石 LA–ICPMS U–Pb	崔建军等，2013
3	Pingtan Island	migmatic paragneiss	<199±4	锆石 LA–ICPMS U–Pb	崔建军等，2013
			广东		
4	霞岚杂岩	花岗岩	196±2	锆石 SHRIMP U–Pb	余心起等，2009
5	霞岚杂岩	辉长岩	195±1	锆石 SHRIMP U–Pb	余心起等，2009
			江西		
6	柯树北岩体	碱性花岗岩	189±3	锆石 SHRIMP U–Pb	Li et al.，2007
7	陂头	钾长花岗岩	186.3±1.1	锆石 U–Pb	Chen et al.，2004
8	黄埠岩体	正长岩	179.3±1.0	锆石 LA–ICPMS U–Pb	贺振宇等，2007
9	车步岩体	辉长岩	172.9±4.3	锆石 SHRIMP U–Pb	Li et al.，2003a
10	车步岩体	辉长岩	175.5±1.9	锆石 LA–ICPMS U–Pb	贺振宇等，2007
11	塔背	正长岩	188.6±2.2	锆石 U–Pb	Chen et al.，2004
			湖南		
12	宝山	花岗闪长岩	172.3±1.9	锆石 U–Pb	王岳军等，2001
13	江华	花岗闪长（斑）岩	177	锆石 U–Pb	王岳军等，2001
14	江永	花岗闪长（斑）岩	181	锆石 U–Pb	王岳军等，2001
15	水口山	花岗闪长岩	172.3±1.6	锆石 U–Pb	王岳军等，2001
16	沩山	二云母二长花岗岩	187.4±3.5	锆石 LA–ICPMS U–Pb	丁兴等，2005
17	沩山	二云母二长花岗岩	184.5±5.1	锆石 LA–ICPMS U–Pb	丁兴等，2005
			火山岩		
			江西		
1	寻乌菖蒲组	流纹岩	183.1±3.5	锆石 LA–ICPMS U–Pb	徐先兵，2011
2	会昌	粗面玄武岩	181±1	锆石 LA–ICPMS U–Pb	贺振宇等，2008
			福建		
3	永定藩坑组	玄武岩	175.4±3.1	Re–Os	Zhou et al.，2005
			浙江		
4	松阳毛弄组	英安质火山岩	180±5	锆石 SHRIMP U–Pb	陈荣等，2007
			湖南		
5	宁远	碱性玄武岩	174.3±0.8	Ar–Ar 坪年龄	Li et al.，2004
6	宁远	碱性玄武岩	176.2±0.9	Ar–Ar 坪年龄	Li et al.，2004
7	宜章	拉斑玄武岩	178.03±3.57	Ar–Ar 坪年龄	赵振华等，1998
8	宜章	拉斑玄武岩	181.53±3.6	Ar–Ar 等时线年龄	赵振华等，1998

表 2.28 华南大陆晚侏罗世岩浆岩锆石 U−Pb 年龄统计

位置	岩体名称	岩性	年龄/Ma	测试方法	资料来源
			侵入岩		
			福建		
1	武平岩体	黑云母花岗岩	161.4	锆石 LA-ICPMS U-Pb	于津海等，2005
2	明月峰1井	花岗闪长岩	167.2	锆石 SHRIMP U-Pb	陈荣等，2005
			广东		
3	贵东（隘子）	黑云母花岗岩	160.1±6.1	锆石 LA-ICPMS U-Pb	徐夕生等，2003
4	贵东（司前）	白云母花岗岩	161.8±7.8	锆石 U-Pb	孙涛等，2003
5	贵东（司前）	二云母花岗岩	151±11	锆石 LA-ICPMS U-Pb	徐夕生等，2003
6	河台	黑云二长花岗岩	153.6±2.1	锆石 U-Pb	翟伟等，2005
7	新丰江	黑云母花岗岩	159±3	锆石 SHRIMP U-Pb	Li et al.，2007
8	佛冈	黑云母花岗岩	159±2	锆石 SHRIMP U-Pb	Li et al.，2007
9	佛冈	黑云母花岗岩	163±3	锆石 SHRIMP U-Pb	Li et al.，2007
10	佛冈	黑云母花岗岩	165±2	锆石 SHRIMP U-Pb	Li et al.，2007
11	南昆山	碱性花岗岩	157±5	锆石 SHRIMP U-Pb	Li et al.，2007
12	热水	黑云母花岗岩	156±3	锆石 SHRIMP U-Pb	Li et al.，2007
13	河东	黑云母花岗岩	156±4	锆石 SHRIMP U-Pb	Li et al.，2007
14	九峰山	黑云二长花岗岩	156±2	锆石 TIMS U-Pb	
15	白石冈	黑云母花岗岩	148.5±1.6	锆石 U-Pb	邱检生等，2005
			江西		
16	大吉山（补体）	白云母花岗岩	151.7±1.6	锆石 U-Pb	张文兰等，2006
17	贵东（张天堂）	二云母花岗岩	155.9±3.6	锆石 U-Pb	孙涛等，2003
18	武功山温汤	二长花岗岩	143.8±1.6	锆石 U-Pb	楼法生等，2005
19	武功山雅山	黑云花岗闪长岩	161.0±1.0	锆石 U-Pb	楼法生等，2005
20	武山铜矿	花岗质岩	145±3.9	锆石 U-Pb	丁昕等，2005
21	南岭天门山	黑云母花岗岩	152±2	锆石 SHRIMP U-Pb	刘善宝等，2007
22	南岭天门山	黑云母花岗岩	152±2.6	锆石 SHRIMP U-Pb	刘善宝等，2007
23	南岭天门山	花岗斑岩脉	150.8±1.8	锆石 SHRIMP U-Pb	刘善宝等，2007
24	南岭天门山	二长花岗岩	151.8±2.9	锆石 SHRIMP U-Pb	丰成友等，2007
25	南岭红桃岭	黑云母花岗岩	151.4±3.1	锆石 SHRIMP U-Pb	丰成友等，2007
26	摇篮寨钨矿	云母花岗岩	156.9±1.7	锆石 SHRIMP U-Pb	丰成友等，2007
27	永平铜矿	花岗质侵入体	160±2.3	锆石 U-Pb	丁昕等，2005
28	漂塘岩体	黑云母花岗岩	161.8±1	锆石 U-Pb	张文兰等，2009
29	木梓园岩体	白云母花岗岩	153.3±1.9	锆石 U-Pb	张文兰等，2009
30	浒坑花岗岩	白云母花岗岩	151.6±2.6	锆石 LA-ICPMS U-Pb	刘珺等，2008
31	黄埔	石英正长岩	161±4	锆石 SHRIMP U-Pb	陈志刚等，2003

位置	岩体名称	岩性	年龄/Ma	测试方法	资料来源
32	黄埠岩体	正长岩	164.6±2.8	锆石 SHRIMP U-Pb	Li *et al.*，2003a
33	龙源坝	正长岩	149.4±1.2	锆石 LA-ICPMS U-Pb	张敏等，2006
			湖南		
34	宝峰仙	黑云二长花岗岩	156	锆石 U-Pb	
35	宝山	花岗闪长斑岩	162.2±1.6	锆石 SHRIMP U-Pb	柏道远等，2005
36	宝山	花岗闪长斑岩	164.1±1.9	锆石 SHRIMP U-Pb	柏道远等，2005
37	宝山	花岗闪长斑岩	164.1±1.9	锆石 SHRIMP U-Pb	伍光英等，2005
38	宝山	花岗闪长斑岩	162.2±1.6	锆石 SHRIMP U-Pb	伍光英等，2005
39	大东山	黑云二长花岗岩	154.3±3.7	锆石 U-Pb	张敏等，2003
40	大东山	黑云二长花岗岩	155.9±1.1	锆石 U-Pb	张敏等，2003
41	黄沙坪	花岗斑岩	161.6±1.1	锆石 LA-ICPMS U-Pb	姚军明等，2005
42	九嶷山	黑云二长花岗岩	156±2	锆石 SHRIMP U-Pb	付建明等，2004
43	九嶷山	二长花岗岩	157±1	锆石 SHRIMP U-Pb	付建明等，2004
44	九嶷山	二长花岗岩	156±2	锆石 SHRIMP U-Pb	付建明等，2004
45	骑田岭	黑云二长花岗岩	156.7±1.7	锆石 SHRIMP U-Pb	柏道远等，2005
46	骑田岭	黑云二长花岗岩	161±2	锆石 U-Pb	朱金初等，2003
47	骑田岭	角闪黑云花岗岩	163±2	锆石 SHRIMP U-Pb	朱金初等，2009
48	骑田岭	黑云二长花岗岩	160±2	锆石 SHRIMP U-Pb	付建明等，2004
49	骑田岭	黑云二长花岗岩	161±2	锆石 U-Pb	朱金初等，2003
50	骑田岭	花岗岩	155±6	锆石 SHRIMP U-Pb	李华芹等，2006
51	骑田岭	花岗斑岩	156±5	锆石 SHRIMP U-Pb	李华芹等，2006
52	骑田岭	花岗斑岩	146±5	锆石 SHRIMP U-Pb	李华芹等，2006
53	骑田岭	黑云二长花岗岩	156.7±1.7	锆石 SHRIMP U-Pb	李金冬等，2005
54	骑田岭	花岗岩	160±2	锆石 U-Pb	朱金初等，2005
55	水口山	花岗闪长岩	163±2	锆石 SHRIMP U-Pb	马艳丽等，2006
56	水口山	花岗闪长岩	172.3±1.6	锆石 U-Pb	王岳军等，2001
57	西山	花岗岩	156±2	锆石 SHRIMP U-Pb	付建明等，2004
58	锡田	二长花岗岩	155.5±1.7	锆石 SHRIMP U-Pb	马铁球等，2005
59	九峰山	黑云母花岗岩	160±1	锆石 LA-ICPMS U-Pb	Xu *et al.*，2005
60	铜山岭岩体	花岗岩	163.6±2.1	锆石 SHRIMP U-Pb	Jiang *et al.*，2009
61	铜山岭岩体		162.5±2.1	锆石 SHRIMP U-Pb	Jiang *et al.*，2009
			广西		
62	Qinghu	正长岩	156±6	锆石 LA-ICPMS U-Pb	Li *et al.*，2004
63	花山	二云母花岗岩	160±2	锆石 SHRIMP U-Pb	朱金初等，2005
64	姑婆山	黑云母花岗岩	163±2	锆石 SHRIMP U-Pb	朱金初等，2005

续表

位置	岩体名称	岩性	年龄/Ma	测试方法	资料来源
			香港		
65	Tai Po	花岗闪长斑岩	164.6±0.2	锆石 U-Pb	Davis et al.，1997
66	Lantau	二长花岗岩	161.5±0.2	锆石 U-Pb	Davis et al.，1997
67	Chek Lap Kok	浅色花岗岩	160.4±0.3	锆石 U-Pb	Davis et al.，1997
68	Tai Lam	黑云二长花岗岩	159.3±0.3	锆石 U-Pb	Davis et al.，1997
69	Needle Hill	斑状浅色花岗岩	146.4±0.2	锆石 U-Pb	Davis et al.，1997
70	Sha Tin	黑云二长花岗岩	146.2±0.2	锆石 U-Pb	Davis et al.，1997
			火山岩		
			福建		
71	福安南园组	安山岩	162±4	锆石 SHRIMP U-Pb	邢光福等，2008
			江西		
72	安塘	玄武岩	168.0±0.3	Ar-Ar 坪年龄	王岳军等，2004
			香港		
73	Sham Wat	凝灰岩	164.2±0.3	锆石 U-Pb	Campbell et al，2007
74	Lai Chi Chong	凝灰岩	164.7±0.3	锆石 U-Pb	Campbell et al，2007
75	Yim Tin Tsai	凝灰岩	164.5±0.2	锆石 U-Pb	Davis et al.，1997

（3）白垩纪岩浆岩（145～86 Ma B. P.）：华南白垩纪地壳伸展作用除导致一系列伸展断陷盆地的形成，还诱发了大规模的岩浆侵入和火山活动（Li，2000；Zhou and Li，2000；Guo et al.，2012），形成了一条 NE-SW 走向宽大于 600 km 的岩浆岩带，横跨半个华南大陆，总出露面积达 139920 km^2（Zhou et al.，2006）（图 2.120）。其中，侵入岩以花岗岩为主，其在长江中下游、江南造山带和华夏地块广泛分布；喷出岩以玄武岩、安山岩和流纹岩为主，其集中分布在赣江断裂带以东的沿海地区（图 2.120）（Zhou and Li，2000；Shu et al.，2009）。为精确确定岩浆活动的期次，本研究对所有已发表岩浆岩的高精度锆石 U-Pb 年龄进行了详细统计，并结合岩石学和地球化学特征对它们进行了分期，这些岩浆岩的具体位置及年龄见图 2.120 和图 2.121。这个数据庞大的年龄库为梳理华南白垩纪岩浆活动序列提供了客观和精确的年代学依据。据岩浆岩的年龄-空间分布关系可见，华南白垩纪岩浆岩从内陆至沿海呈逐渐年轻的趋势（图 2.120、图 2.121），表明岩浆活动随时间从内陆向沿海逐渐迁徙（Li，2000；Zhou and Li，2000；Wang F. Y. et al.，2011）。结合岩浆岩的年龄分布，岩石学和地球化学特征（图 2.109、图 2.122），本研究将华南白垩纪岩浆活动分为早、中、晚三期，它们对应的岩浆组成分别为：早白垩世（145～137 Ma B. P.）埃达克岩和片麻状花岗岩、早白垩世（136～118 Ma B. P.）A 型花岗岩和钙碱性火山岩和晚白垩世（107～90 Ma B. P.）A 型花岗岩和双峰式火山岩。

早白垩世（145～137 Ma B. P.）埃达克岩和片麻状花岗岩：早白垩世（145～137 Ma B. P.）岩浆活动主要分布在长江中下游和东南沿海地区（图 2.120）。在长江中下游地区，这个时期的岩浆岩包括含角闪石 I 型闪长岩、花岗闪长岩和二长花岗岩，它们的锆石 U-

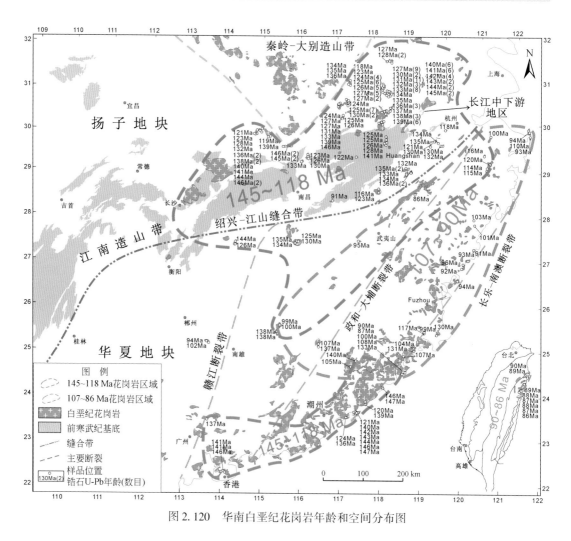

图 2.120　华南白垩纪花岗岩年龄和空间分布图

Pb 年龄集中在 137～145 Ma（表 2.27；Wang et al.，2003；Xu X. S. et al.，2004，2008；Ling et al.，2009；Li et al.，2009；Li X. H. et al.，2010；Su H. M. et al.，2010；瞿泓滢等，2010；Wu et al.，2012；Yang and Zhang，2012）。这些岩浆岩地球化学特征的共同点是，均具高 Al_2O_3、MgO、TiO_2、Ba 和 Sr 含量，低 Y 和 Yb 含量及高 Sr/Y 值[图 2.123（a）~（d）；Wang Q. et al.，2006，2007；Xie et al.，2012]，与埃达克岩典型的地球化学特征一致（Defant and Drummond，1990；Kay et al.，1993）。因此，我们将这些岩浆岩统称为埃达克质岩。除相似的地球化学特征外，这些埃达克质岩的另一个共同特征为，它们均与 Cu-Mo-Au 等多金属成矿作用（145～136 Ma B. P.）密切相关（Sun et al.，2003；Mao et al.，2006；Xie et al.，2006；Li J. W. et al.，2007，2008；Ling M. X. et al.，2009；Li X. H. et al.，2010；Zhou et al.，2011；Liu Q. et al.，2012），这一特性与环太平洋构造带的埃达克岩极其类似（Liu S. A. et al.，2010；Ling et al.，2011；Sun et al.，2012b）。目前，关于长江中下游埃达克质岩的岩石学成因尚存争议，主要存在两种观点：一种观点认为，它们与洋中脊俯冲过程中俯冲洋壳的部分熔融作用有关（Ling M. X. et al.，2009；Sun

W. D. *et al.*，2010；Sun *et al.*，2012b）；另一种观点则认为，它们与加厚陆壳的部分熔融作用有关（Zhang Q. *et al.*，2001；Wang Q. *et al.*，2004a，2004b，2006，2007）。在东南沿海，早白垩世岩浆岩分布在长乐-南澳断裂带的南部和香港地区（图2.120），主要由粗粒的片麻状花岗岩和混合岩组成（Davis *et al.*，1997；Xing *et al.*，2008；Li J. W. *et al.*，2009；张岳桥等，2012；Liu *et al.*，2012），它们的锆石U-Pb年龄为136～147 Ma（表2.29；Cui *et al.*，2012；张岳桥等，2012）。这些岩浆岩的形成可能与新元古代古老陆壳的部分熔融及洋壳物质的混染作用有关（Cui *et al.*，2012）。值得一提的是，这些埃达克质岩和片麻状花岗岩的广泛出现反映华南大陆早白垩世（145～137 Ma B. P.）处于强烈挤压的大地构造环境。与同期大面积分布的花岗岩相比，早白垩世火山岩的分布明显减少，其零星出露在香港和部分火山岩盆地中（图2.121，表2.27；Davis *et al.*，1997；Campbell *et al.*，2007；邢光福等，2008），反映了区域挤压构造背景下，局部地区仍存在伸展，究其原因，尚需进一步调查和研究。

表2.29　华南大陆早白垩世（145～137 Ma B. P.）岩浆岩岩性、位置及年龄统计

位置	名称	岩井	年龄/Ma	测试方法	资料来源
			第一阶段侵入岩		
			江西		
高州	铜坑墇	花岗斑岩	138±1	LA-ICPMS 锆石 U-Pb	苏慧敏等，2010
高州	铜坑墇	花岗斑岩	138±1	LA-ICPMS 锆石 U-Pb	苏慧敏等，2010
瑞昌	Chengmenshan	花岗斑岩	144.5±1.2	SIMS 锆石 U-Pb	苏慧敏等，2010
瑞昌	Wushan	花岗斑岩	146.1±1.0	SIMS 锆石 U-Pb	Li X. H. *et al.*，2010b
瑞昌	Wushan	花岗斑岩	146.0±1.0	SIMS 锆石 U-Pb	Li X. H. *et al.*，2010b
瑞昌	Dongleiwan	花岗斑岩	146.0±1.0	SIMS 锆石 U-Pb	Li X. H. *et al.*，2010b
瑞昌	Dengjiashan	花岗斑岩	145.4±1.0	SIMS 锆石 U-Pb	Li X. H. *et al.*，2010b
Edong	Yangxin	石英二长闪长岩	139.0±1.0	SIMS 锆石 U-Pb	Li X. H. *et al.*，2010b
Edong	Yangxin	闪长岩	141.0±1.0	SIMS 锆石 U-Pb	Li X. H. *et al.*，2010b
Edong	Tong 庐山	石英二长岩	139.8±1.0	SIMS 锆石 U-Pb	Li X. H. *et al.*，2010b
Edong	Lingxiang	闪长岩	145.5±1.1	SIMS 锆石 U-Pb	Li X. H. *et al.*，2010b
Edong	Tongshankou	花岗斑岩	144.0±1.3	SIMS 锆石 U-Pb	Li X. H. *et al.*，2010b
Edong	Yinzhu	闪长岩	146.0±1.1	SIMS 锆石 U-Pb	Li X. H. *et al.*，2010b
瑞昌	Dengjiashan	花岗斑岩	138.2±1.8	SHRIMP 锆石 U-Pb	Li and Jiang，2009
Edong	Yangxin	石英闪长岩	138.5±2.5	SHRIMP 锆石 U-Pb	Li J. W. *et al.*，2009
Edong	Lingxiang	闪长岩	141.1±0.7	LA-ICPMS 锆石 U-Pb	Li J. W. *et al.*，2009
Edong	Yinzhu	闪长岩	151.8±2.8	SHRIMP 锆石 U-Pb	Li J. W. *et al.*，2009
铜陵	Fenghuanshan	花岗闪长岩	144.2±2.3	SHRIMP 锆石 U-Pb	张达等，2006
武功山	Wentang	花岗斑岩	143.8±1.6	TIMS 锆石 U-Pb	楼法生等，2005

位置	名称	岩井	年龄/Ma	测试方法	资料来源
			安徽		
Qingyang	Qingyang	花岗闪长岩	139.4±1.8	LA–ICPMS 锆石 U–Pb	Wu et al.，2012
Qingyang	Qingyang	花岗闪长岩	142.0±1.1	SIMS 锆石 U–Pb	Wu et al.，2012
Qingyang	Qingyang	花岗闪长岩	141.6±1.1	LA–ICPMS 锆石 U–Pb	Wu et al.，2012
Qingyang	Qingyang	白岗岩	141.2±1.5	LA–ICPMS 锆石 U–Pb	Wu et al.，2012
Matou	Matou	白岗岩	146.8±1.3	SIMS 锆石 U–Pb	Wu et al.，2012
Qingyang	Qingyang	花岗闪长岩	140.8±2.2	LA–ICPMS 锆石 U–Pb	Wu et al.，2012
Qingyang	Qingyang	花岗闪长岩	140.4±1.7	LA–ICPMS 锆石 U–Pb	Wu et al.，2012
Zongpu	Zongpu	闪长岩	137.5±2.2	LA–ICPMS 锆石 U–Pb	Wu et al.，2012
Yingkeng	Yingkeng	花岗闪长岩	141.0±2.1	LA–ICPMS 锆石 U–Pb	Wu et al.，2012
Wushilong	Wushilong	二长花岗岩	138.6±1.8	LA–ICPMS 锆石 U–Pb	Wu et al.，2012
Yixian	Yixian	二长花岗岩	138.5±1.9	LA–ICPMS 锆石 U–Pb	Wu et al.，2012
Taiping	Taiping	花岗闪长岩	138.7±1.4	LA–ICPMS 锆石 U–Pb	Wu et al.，2012
Taiping	Taiping	花岗闪长岩	142.9±1.7	LA–ICPMS 锆石 U–Pb	Wu et al.，2012
Taiping	Taiping	Aplite	140.0±2.1	LA–ICPMS 锆石 U–Pb	Wu et al.，2012
Taiping	Taiping	花岗闪长岩	142.4±1.1	SIMS 锆石 U–Pb	Wu et al.，2012
Maolin	Maolin	Porphyry	140.7±2.3	LA–ICPMS 锆石 U–Pb	Wu et al.，2012
Maolin	Maolin	花岗闪长岩	139.8±1.1	SIMS 锆石 U–Pb	Wu et al.，2012
Tingxi	Tingxi	二长花岗岩	139.7±2.2	LA–ICPMS 锆石 U–Pb	Wu et al.，2012
Langqiao	Langqiao	二长花岗岩	137.7±1.9	LA–ICPMS 锆石 U–Pb	Wu et al.，2012
Jingde	Jingde	花岗闪长岩	141.0±1.0	SIMS 锆石 U–Pb	Wu et al.，2012
Jingde	Jingde	花岗闪长岩	144.6±1.2	SIMS 锆石 U–Pb	Wu et al.，2012
Yangxi	Yangxi	二长花岗岩	136.0±2.0	LA–ICPMS 锆石 U–Pb	Wu et al.，2012
Chishi	Chishi	二长花岗岩	147.2±1.0	SIMS 锆石 U–Pb	Wu et al.，2012
Huanghu	Huanghu	花岗闪长岩	139.9±2.3	LA–ICPMS 锆石 U–Pb	Wu et al.，2012
Xuechuan	Xuechuan	二长花岗岩	136.8±1.9	LA–ICPMS 锆石 U–Pb	Wu et al.，2012
Chizhou	Chizhou	花岗斑岩	146.5±1.5	SIMS 锆石 U–Pb	Yang and Zhang，2012
Chizhou	Chizhou	花岗斑岩	146.2±1.1	SIMS 锆石 U–Pb	Yang and Zhang，2012
铜陵	凤凰山	石英二长闪长岩	139.4±1.2	SHRIMP 锆石 U–Pb	瞿泓滢等，2010
铜陵	凤凰山	花岗闪长岩	141.0±1.1	SHRIMP 锆石 U–Pb	瞿泓滢等，2010
黄山	太平	花岗闪长岩	140.6±1.2	SHRIMP 锆石 U–Pb	薛怀民等，2009
安庆	月山	闪长岩	138.7±0.5	LA–ICPMS 锆石 U–Pb	张乐骏等，2008
铜陵	狮子山	花岗闪长岩	141.2±1.6	LA–ICPMS 锆石 U–Pb	杨小男等，2008
铜陵	狮子山	二长闪长岩	139.1±2.3	SHRIMP 锆石 U–Pb	徐晓春等，2008
铜陵	狮子山	花岗闪长岩	140.0±2.6	SHRIMP 锆石 U–Pb	徐晓春等，2008

续表

位置	名称	岩井	年龄/Ma	测试方法	资料来源
铜陵	铜官山	石英二长闪长岩	142.0±1.8	SHRIMP 锆石 U-Pb	吴淦国等，2008
铜陵	凤凰山	花岗闪长岩	144.2±2.3	SHRIMP 锆石 U-Pb	吴淦国等，2008
铜陵	铜官山	石英闪长岩	137.5±1.1	LA-ICPMS 锆石 U-Pb	邱检生等，2004
铜陵	铜官山	石英闪长岩	137.5±2.4	LA-ICPMS 锆石 U-Pb	邱检生等，2004
铜陵	铜陵	铜官山	139.5±2.9	SHRIMP 锆石 U-Pb	楼亚儿、杜杨松，2006
铜陵	Chaoshan	闪长岩	142.9±1.1	SHRIMP 锆石 U-Pb	Wang et al.，2004a
铜陵	铜官山	石英闪长岩	139±3	SHRIMP 锆石 U-Pb	Wang et al.，2004b
铜陵	铜官山	石英闪长岩	133±3	SHRIMP 锆石 U-Pb	Wang et al.，2004b
铜陵	铜官山	石英闪长岩	137.5±1.1	LA-ICPMS 锆石 U-Pb	徐夕生等，2004
福建					
Jiaotou	Jiaotou	片麻状花岗岩	146~135	SHRIMP 锆石 U-Pb	Cui et al.，2012
Shenhu	Shenhu	混合岩	140±1	LA-ICPMS 锆石 U-Pb	Cui et al.，2012
Baikeng	Baikeng	片麻状花岗岩	141±1	SHRIMP 锆石 U-Pb	Cui et al.，2012
Guleishan	Guleishan	片麻状花岗岩	139±1	LA-ICPMS 锆石 U-Pb	Cui et al.，2012
Guleishan	Guleishan	片麻状花岗岩	137±1	SHRIMP 锆石 U-Pb	Cui et al.，2012
Daomei	Daomei	片麻状花岗岩	147±1	LA-ICPMS 锆石 U-Pb	Cui et al.，2012
南澳	南澳	片麻状花岗岩	136±1	LA-ICPMS 锆石 U-Pb	Cui et al.，2012
Liucuo	Liucuo	淡色花岗岩	135±1	LA-ICPMS 锆石 U-P	Cui et al.，2012
上杭	紫金山	二长岩 花岗岩	137	LA-ICPMS 锆石 U-Pb	张德全等，2001
Hua-an	Yangzhujing	钾长花岗岩	140.3±1.2	LA-ICPMS 锆石 U-Pb	Li Z. et al.，2009
东山岛	Yanya	云母片岩	140±2	LA-ICPMS 锆石 U-Pb	Liu Q. et al.，2012
东山岛	Jinshan	片麻状花岗岩	147±2	LA-ICPMS 锆石 U-Pb	Liu Q. et al.，2012
东山岛	Jinshan	云母片岩	142±2	LA-ICPMS 锆石 U-Pb	Liu Q. et al.，2012
东山岛	Aojiao	云母片岩	144±1	LA-ICPMS 锆石 U-Pb	Liu Q. et al.，2012
东山岛	Lingyuan	片麻状花岗岩	146±2	LA-ICPMS 锆石 U-Pb	Liu Q. et al.，2012
东山岛	Chendai	云母片岩	143±2	LA-ICPMS 锆石 U-Pb	Liu Q. et al.，2012
湖北					
桐庐	桐庐	石英闪长岩	136.0±1.5	ICPMS 榍石 U-Pb	Li X. H. et al.，2010b
桐庐	桐庐	Silicon card	135.9±1.3	ICPMS 榍石 U-Pb	Li X. H. et al.，2010b
桐庐	桐庐	Silicon card	138.2±4.5	ICPMS 榍石 U-Pb	Li X. H. et al.，2010b
大冶	Yangxi	石英闪长岩	138.5±2.5	SHRIMP 锆石 U-Pb	Li J. W. et al.，2009
大冶	Tieshan	闪长岩	135.8±2.4	SHRIMP 锆石 U-Pb	Li J. W. et al.，2009
大冶	Lingxiang	闪长岩	141.1±0.7	LA-ICPMS 锆石 U-Pb	Li J. W. et al.，2009

续表

位置	名称	岩井	年龄/Ma	测试方法	资料来源
			Hongkong		
HongKong	Lantau	淡色花岗岩	146.2±0.2	TIMS 锆石–Pb	Davis et al., 1997
HongKong	Clear Water Bay	二长花岗岩	140.7±0.2	TIM 锆石 U–Pb	Davis et al., 1997
HongKong	High Island	二长花岗岩	140.9±0.2	TIMS 锆石 U–Pb	Davis et al., 1997
			第一阶段火山岩		
			Hong Kong		
Hong Kong	Tung Chung	凝灰岩	147.5±0.2	LA–ICPMS 锆石 U–Pb	Campbell et al., 2007
Hong Kong	Lin Fa Shan	凝灰岩	142.8±0.2	LA–ICPMS 锆石 U–Pb	Campbell et al., 2007
Hong Kong	Lantau Peak	凝灰岩	142.7±0.2	LA–ICPMS 锆石 U–Pb	Campbell et al., 2007
Hong Kong	Lantau Peak	凝灰岩	141.1±0.2	LA–ICPMS 锆石 U–Pb	Campbell et al., 2007
Hong Kong	Lai Chi Chong	凝灰岩	146.6±0.2	LA–ICPMS 锆石 U–Pb	Campbell et al., 2007
Hong Kong	Sham Chung	凝灰岩	146.6±0.2	LA–ICPMS 锆石 U–Pb	Campbell et al., 2007
Hong Kong	Long Harbour	凝灰岩	142.8±0.2	TIMS 锆石 U–Pb	Davis et al., 1997
Hong Kong	Sai Kung	凝灰岩	142.7±0.2	TIMS 锆石 U–Pb	Davis et al., 1997
Hong Kong	Ap Lei Chau	凝灰岩	142.7±0.2	TIMS 锆石 U–Pb	Davis et al., 1997
Hong Kong	Che Kwu Shan	凝灰岩	142.5±0.3	TIMS 锆石 U–Pb	Davis et al., 1997
			福建		
仙游	南园群	玄武岩	142.3±7.2	SHRIMP 锆石 U–Pb	邢光福等，2008
			江西		
Shixi	Shixi	粗面岩	137±0.94	SHRIMP 锆石 U–Pb	刘飞宇等，2009
相山	相山	英安岩	136.6±2.7	SHRIMP 锆石 U–Pb	何观生等，2009
蔡坊	Jilongzhang	流纹岩	140±4	SHRIMP 锆石 U–Pb	邢光福等，2008
吉泰	吉泰	玄武岩	139±0.7	LA–ICPMS 锆石 U–Pb	余心起等，2005
吉泰	吉泰	玄武岩	143±1.1	LA–ICPMS 锆石 U–Pb	余心起等，2005
相山	Zoujiashan	流纹英安岩	136.0±2.6	TIMS 锆石 U–Pb	范洪海等，2005
相山	相山	火山熔岩	140.3	LA–ICPMS 锆石 U–Pb	陈小明等，1999
			浙江		
桐庐	桐庐	凝灰岩	134.9	LA–ICPMS 锆石 U–Pb	陈小明等，1999
桐庐	桐庐	火山岩	140.3	LA–ICPMS 锆石 U–Pb	陈小明等，1999

早白垩世（136～118 Ma B. P.）A 型花岗岩和钙碱性火山岩：早白垩世岩浆岩（136～118 Ma B. P.）在华南内陆和沿海地区广泛分布（图 2.120；楼法生等，2005；Xue et al.，2009；曾健年等；2010；Wong et al.，2011；Wu et al.，2012），它们常与早白垩世岩浆岩（145～137 Ma B. P.）共生（图 2.120）。从形成时代来看，这两期岩浆活动并没有明显的时间界限（图 2.122）。对这两期岩浆活动的区分主要依赖于二者截然不同的岩石学和地球化学特征，研究证实，145～137 Ma B. P. 岩浆岩形成于挤压构造环境，而 136～118 Ma

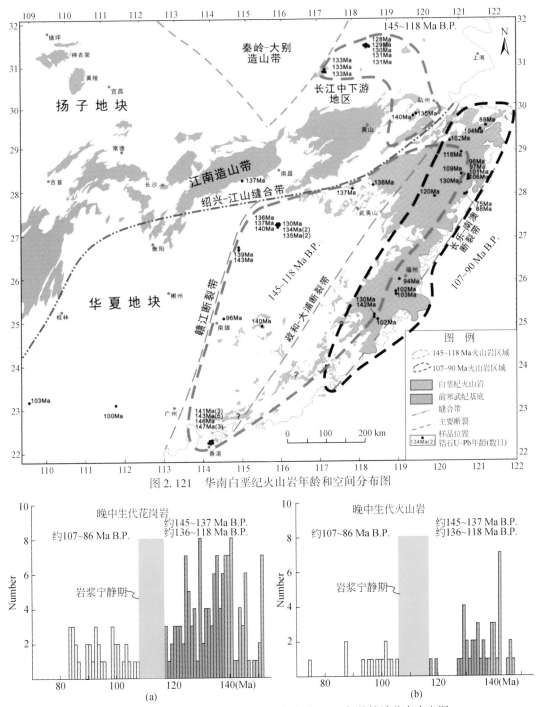

图 2. 121　华南白垩纪火山岩年龄和空间分布图

图 2. 122　华南白垩纪花岗岩和火山岩锆石 U–Pb 年龄统计分布直方图

B. P. 岩浆岩形成于伸展构造环境（张岳桥等，2012；Cui *et al.*，2012）。

早白垩世花岗岩（136 ~ 118 Ma B. P.；表 2. 30）主要沿长江中下游、东南沿海和绍兴–江山缝合带分布（Li *et al.*，2003；Wang Q. *et al.*，2005；何观生等，2009；Hou *et* al.，2010；Wong *et al.*，2010；Yang S. Y. *et al.*，2010，2011，2012；Jiang *et al.*，2011）（图2.120，表2.28）。这些花岗岩大部分为铝质或过铝质，它们具 A 型花岗岩的地球化学特征，即高 Fe／（Fe+Mg）和 $K_2O／Na_2O$ 值，高 K_2O 含量［图2.123（e）、（f）］及高 REE 含量

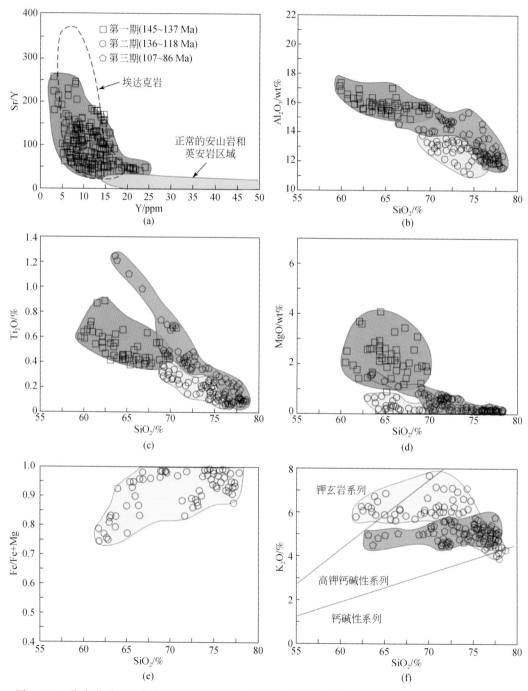

图2.123 华南白垩纪三个阶段岩浆岩地球化学特征对比图（据 Martin *et al.*，1994；Chen *et al.*，2000；Wang *et al.*，2006a，2006b，2006c，2007；Wong *et al.*，2009；Jiang *et al.*，2011；Guo *et al.*，2012；Li *et al.*，2012b；Xie *et al.*，2012；Yang *et al.*，2012 改编）

（Wong *et al.*，2009；Jiang *et al.*，2011；Li *et al.*，2012）。与早白垩世富矿的埃达克质岩相比，早白垩世 A 型花岗岩 Al_2O_3、MgO 和 TiO_2 含量较低[图 2.123（b）~（d）]，且成矿作用稀少（Yang S. Y. *et al.*，2012；Li *et al.*，2012；Guo *et al.*，2012）。它们的全岩 $\varepsilon_{Nd}(t)$ 值变化于 -7.4~-1.4，锆石 $\varepsilon_{Hf}(t)$ 值变化于 -7.8~+4.2，Nd、Hf 同位素的地壳模式年龄多为 $T_{DMC}=1.2~1.8$ Ga（Wong *et al.*，2009；Jiang *et al.*，2011；Yang *et al.*，2012）。详细的主量元素、微量元素和 Sr-Nd-Pr 同位素地球化学研究证实，这些花岗岩的形成与中元古代麻粒岩相变质岩石的部分熔融及幔源物质的介入有关（Wong *et al.*，2009；Yang S. Y. *et al.*，2012）。同期的早白垩世火山岩主要包括英安岩、玄武岩、凝灰岩和流纹岩，它们具高钾钙碱性特征，K_2O、Al_2O_3、SiO_2 和 Na_2O 含量较高，而 MgO 和 TiO_2 含量较低（陈小明等，1999；邢光福等，2008；曾键年等，2010；Guo *et al.*，2012）。这些火山岩的锆石 $\varepsilon_{Hf}(t)$ 值变化于 -20.8~+6.9，证实幔源岩浆上升过程中，可能受到了地壳物质的混染（Guo *et al.*，2012；Yang and Zhang，2012）。值得注意的是，这些钙碱性火山岩常与 A 型花岗岩共生，在东南沿海形成火山-侵入杂岩组合（Zhou *et al.*，2006），它们的广泛分布证实华南大陆早白垩世（136~118 Ma B. P.）经历了强烈的区域性地壳伸展作用（Wu *et al.*，2012；Yang S. Y. *et al.*，2012）。

　　晚白垩世（107~86 Ma B. P.；表 2.31）A 型花岗岩和双峰式火山岩：华南晚白垩世岩浆活动集中在 107~86 Ma B. P.（表 2.31；Jahn *et al.*，1986；Chen *et al.*，2008；邱检生等，2008；Wong *et al.*，2010），其与早白垩世岩浆活动（136~118 Ma B. P.）被二者之间的约 10 Ma 岩浆宁静期（117~108 Ma B. P.）分隔开（图 2.121）。晚白垩世花岗岩在政和-大浦断裂带以东的沿海地区集中分布，在内陆仅有零星出露（图 2.120）（蔡明海等，2006；Chen *et al.*，2008；Geng *et al.*，2006；Tan *et al.*，2008）。其中，最年轻的花岗岩位于台湾东部海岸，其锆石 U-Pb 年龄为 90~86 Ma（图 2.120；Jahn *et al.*，1986；Yui *et al.*，2009；Li *et al.*，2012）。这个时期的花岗岩富含 REE、HFSE，亏损 Ba、Sr，且 SiO_2、Fe_2O_3、K_2O+Na_2O 含量较高，具高 Fe/(Fe+Mg) 和 K_2O/Na_2O 值（Martin *et al.*，1994；Chen *et al.*，2000），符合 A 型花岗岩的地球化学特征（Loiselle and Wones，1979；Douce，1997）。与早白垩世 A 型花岗岩（136~118 Ma B. P.）相比，晚白垩世 A 型花岗岩具较高 Al_2O_3、TiO_2、MgO 含量和较低 K_2O 含量（Chen C. H. *et al.*，2000；Guo *et al.*，2012）。晚白垩世火山岩主要包括流纹岩和玄武岩，它们构成酸性-基性双峰式火山岩系（陶奎元等，2000；Chen *et al.*，2008）。这些火山岩主要在沿海地区分布，常与 A 型花岗岩共生（Yu *et al.*，2006；崔玉荣等，2010）。另外，在内陆的白垩纪碎屑岩盆地中也有零星玄武岩出露（图 2.121；葛同明等，1994；Shu *et al.*，2004）。这期岩浆岩的岩石学成因尚存争议，一种观点认为它们为古老陆壳物质的部分熔融形成（Jahn *et al.*，1990；Chen and Jahn，1998；Chen C. H. *et al.*，2000，2008），另一种观点则强调年轻幔源物质的加入为主导因素（Martin *et al.*，1994；Wong *et al.*，2009）。可以肯定的是，这些广泛分布的 A 型花岗岩和双峰式火山岩暗示华南大陆晚白垩世（107~86 Ma B. P.）经历了强烈的地壳伸展作用（Zhou and Li，2000；Shu *et al.*，2009）。

表 2.30　华南大陆早白垩世（138～118 Ma B. P.）岩浆岩岩性、位置及年龄统计

位置	岩体名称	岩性	年龄/Ma	测试方法	资料来源
			第二阶段侵入岩		
			广东		
Conghua	E'jinao	花岗岩	137±2	SHRIMP 锆石 U-Pb	Wang et al.，2005
			江西		
庐山	Yujingshan	花岗岩	133.0±2.1	LA-ICPMS 锆石 U-Pb	朱清波等，2010
景德镇	E'hu	二长花岗岩	121.7±2.9	SHRIMP 锆石 U-Pb	赵鹏等，2010
上饶	Shizishan	黑云花岗岩	123±2.2	SHRIMP 锆石 U-Pb	张招崇等，2007
武功山	Mingyueshan	花岗斑岩	126.3±6.4	TIMS 锆石 U-Pb	楼法生等，2005
相山	Zhoujiashan	花岗岩	134.2±1.9	TIMS 锆石 U-Pb	楼法生等，2005
相山	Zhoujiashan	二长斑岩	129.5±2.0	TIMS 锆石 U-Pb	楼法生等，2005
相山	Zhoujiashan	煌斑岩	125.1±9.3	TIMS 锆石 U-Pb	楼法生等，2005
庐山	庐山	花岗岩	127	Titanite U-Pb	Lin et al.，2000
相山	相山	花岗斑岩	135.4	TIMS 锆石 U-Pb	陈小明等，1999
			安徽		
铜陵	九华山	正长花岗岩	130.6±1.3	LA-ICPMS 锆石 U-Pb	Wu et al.，2012
铜陵	九华山	正长花岗岩	130.3±1.8	LA-ICPMS 锆石 U-Pb	Wu et al.，2012
铜陵	九华山	正长花岗岩	131.0±2.6	LA-ICPMS 锆石 U-Pb	Wu et al.，2012
Kuniujiang	Kuniujiang	二长花岗岩	131.3±2.4	LA-ICPMS 锆石 U-Pb	Wu et al.，2012
Kuniujiang	Kuniujiang	二长花岗岩	134.3±2.2	LA-ICPMS 锆石 U-Pb	Wu et al.，2012
Tashan	Tashan	正长花岗岩	131.4±2.2	LA-ICPMS 锆石 U-Pb	Wu et al.，2012
Tashan	Tashan	正长花岗岩	129.8±1.8	LA-ICPMS 锆石 U-Pb	Wu et al.，2012
Tashan	Tashan	正长花岗岩	133.3±2.1	LA-ICPMS 锆石 U-Pb	Wu et al.，2012
Huayuangong	Huayuangong	正长花岗岩	131.0±2.0	LA-ICPMS 锆石 U-Pb	Wu et al.，2012
Huayuangong	Huayuangong	正长花岗岩	131.6±1.7	LA-ICPMS 锆石 U-Pb	Wu et al.，2012
Fushan	Fushan	正长岩	126.8±1.0	SIMS 锆石 U-Pb	Wu et al.，2012
Huangmeijian	Huangmeijian	正长岩	125.7±2.3	LA-ICPMS 锆石 U-Pb	Wu et al.，2012
Longwangjian	Longwangjian	正长斑岩	125.8±2.1	LA-ICPMS 锆石 U-Pb	Wu et al.，2012
Batan	Batan	正长岩	124.8±1.5	LA-ICPMS 锆石 U-Pb	Wu et al.，2012
Chengshan	Chengshan	花岗岩	125.0±1.7	LA-ICPMS 锆石 U-Pb	Wu et al.，2012
枞阳	枞阳	花岗岩	125.4±1.5	LA-ICPMS 锆石 U-Pb	Wu et al.，2012
Huashan	Huashan	花岗岩	124.4±2.2	LA-ICPMS 锆石 U-Pb	Wu et al.，2012
Dalongshan	Dalongshan	正长岩	123.8±2.1	LA-ICPMS 锆石 U-Pb	Wu et al.，2012

续表

位置	岩体名称	岩性	年龄/Ma	测试方法	资料来源
Hongzhen	Hongzhen	花岗闪长岩	125.8±1.9	LA-ICPMS 锆石 U-Pb	Wu et al., 2012
Hongzhen	Hongzhen	闪长岩	124.8±2.6	LA-ICPMS 锆石 U-Pb	Wu et al., 2012
Hongzhen	Hongzhen	闪长岩	125.6±2.1	LA-ICPMS 锆石 U-Pb	Wu et al., 2012
Hongzhen	Hongzhen	花岗闪长岩	126.4±1.8	LA-ICPMS 锆石 U-Pb	Wu et al., 2012
铜陵	九华山	二长花岗岩	131.0±2.1	LA-ICPMS 锆石 U-Pb	Wu et al., 2012
黄山	黄山	花岗岩	128.2±0.9	SIMS 锆石 U-Pb	Wu et al., 2012
黄山	黄山	花岗岩	126.2±2.1	LA-ICPMS 锆石 U-Pb	Wu et al., 2012
黄山	黄山	花岗岩	125.8±1.3	LA-ICPMS 锆石 U-Pb	Wu et al., 2012
黄山	黄山	花岗岩	127.7±2.1	LA-ICPMS 锆石 U-Pb	Wu et al., 2012
Yunling	Yunling	二长花岗岩	128.7±1.5	LA-ICPMS 锆石 U-Pb	Wu et al., 2012
Fuling	Fuling	花岗岩	133.0±1.2	LA-ICPMS 锆石 U-Pb	Wu et al., 2012
Fuling	Fuling	正长花岗岩	131.8±1.1	SIMS 锆石 U-Pb	Wu et al., 2012
Fuling	Fuling	花岗岩	130.6±1.5	LA-ICPMS 锆石 U-Pb	Wu et al., 2012
Hengcunbu	Hengcunbu	二长岩	125.5±1.5	LA-ICPMS 锆石 U-Pb	Wu et al., 2012
Hengcunbu	Hengcunbu	二长岩	128.3±1.7	LA-ICPMS 锆石 U-Pb	Wu et al., 2012
Hecun	Hecun	二长花岗岩	129.2±1.4	LA-ICPMS 锆石 U-Pb	Wu et al., 2012
Heqiao	Heqiao	花岗闪长岩	126.8±1.6	LA-ICPMS 锆石 U-Pb	Wu et al., 2012
桐庐	桐庐	二长花岗斑岩	132.6±1.7	LA-ICPMS 锆石 U-Pb	Wu et al., 2012
Huanghu	Huanghu	二长花岗岩	131.0±3.0	LA-ICPMS 锆石 U-Pb	Wu et al., 2012
Huanghu	Huanghu	正长岩	123.8±2.9	LA-ICPMS 锆石 U-Pb	Wu et al., 2012
Tonglizhuang	Tonglizhuang	正长岩	125.3±3.1	LA-ICPMS 锆石 U-Pb	Wu et al., 2012
Tonglizhuang	Tonglizhuang	二长花岗岩	130.6±1.6	LA-ICPMS 锆石 U-Pb	Wu et al., 2012
Xianxia	Xianxia	花岗闪长岩	132.0±1.7	LA-ICPMS 锆石 U-Pb	Wu et al., 2012
Tangshe	Tangshe	二长花岗岩	131.4±2.4	LA-ICPMS 锆石 U-Pb	Wu et al., 2012
Liucun	Liucun	二长岩	127.1±1.6	LA-ICPMS 锆石 U-Pb	Wu et al., 2012
Liucun	Liucun	二长花岗岩	129.0±1.0	SIMS 锆石 U-Pb	Wu et al., 2012
Liucun	Liucun	二长花岗岩	129.7±2.1	LA-ICPMS 锆石 U-Pb	Wu et al., 2012
Miaoxi	Miaoxi	正长岩	126.1±2.2	LA-ICPMS 锆石 U-Pb	Wu et al., 2012
Yaocun	Yaocun	正长斑岩	127.2±1.9	LA-ICPMS 锆石 U-Pb	Wu et al., 2012
Chizhou	Chizhou	花岗岩	125.5±1.3	SIMS 锆石 U-Pb	Yang and Zhang, 2012
Chizhou	Chizhou	花岗岩	126.4±1.5	SIMS 锆石 U-Pb	Yang and Zhang, 2012
Chizhou	Chizhou	花岗岩	126.9±1.1	SIMS 锆石 U-Pb	Yang and Zhang, 2012
铜陵	Jiguanshi	石英闪长岩	135.5±4.4	SHRIMP 锆石 U-Pb	楼亚儿、杜杨松，2006
Fanchang	Banshiling	石英二长岩	125.3±2.9	SHRIMP 锆石 U-Pb	楼亚儿、杜杨松，2006
Fanchang	Binjiang	花岗岩	124.3±2.5	SHRIMP 锆石 U-Pb	楼亚儿、杜杨松，2006

续表

位置	岩体名称	岩性	年龄/Ma	测试方法	资料来源
枞阳	Wolong	正长岩	129.6±0.8	SHRIMP 锆石 U—Pb	曾键年等，2010
枞阳	Bamaoshan	正长岩	129.7±1.4	SHRIMP 锆石 U—Pb	曾键年等，2010
Lujiang	Shaxi	石英闪长岩	134.0±1.5	SHRIMP 锆石 U—Pb	曾键年等，2010
宁芜	Zhumen	花岗斑岩	127.1±1.2	SHRIMP 锆石 U—Pb	侯可军、袁顺达，2010
宁芜	Shishan	斜长花岗岩	128.3±0.6	SHRIMP 锆石 U—Pb	侯可军、袁顺达，2010
宁芜	Tiekuang	闪长岩	128.2±1.0	SHRIMP 锆石 U—Pb	侯可军、袁顺达，2010
黄山	黄山	花岗斑岩	127.7±1.3	SHRIMP 锆石 U—Pb	薛怀民等，2009
黄山	黄山	花岗斑岩	125.7±1.4	SHRIMP 锆石 U—Pb	薛怀民等，2009
黄山	黄山	花岗斑岩	125.1±1.5	SHRIMP 锆石 U—Pb	薛怀民等，2009
黄山	黄山	二长花岗岩	125.2±5.5	SHRIMP 锆石 U—Pb	薛怀民等，2009
枞阳	Chengshan	碱性花岗岩	126.5±2.1	LA—ICPMS 锆石 U—Pb	范裕等，2008
枞阳	Huashan	碱性花岗岩	126.2±0.8	LA—ICPMS 锆石 U—Pb	范裕等，2008
枞阳	Huangmeijian	石英正长岩	125.4±1.7	LA—ICPMS 锆石 U—Pb	范裕等，2008
枞阳	枞阳	碱性花岗岩	124.8±2.2	LA—ICPMS 锆石 U—Pb	范裕等，2008
铜陵	Shizishan	石英二长闪长岩	135.5±2.2	SHRIMP 锆石 U—Pb	徐晓春等，2008
铜陵	Shizishan	石英二长闪长岩	132.7±4.8	SHRIMP 锆石 U—Pb	徐晓春等，2008
Lujiang	Bajiatan	闪长岩	135	SHRIMP 锆石 U—Pb	刘珺等，2007
Lujiang	Shixi	侵入岩	136±3	SHRIMP 锆石 U—Pb	Wang Q. et al.，2006
安庆	Yueshan	闪长岩	133.2±3.7	SHRIMP 锆石 U—Pb	陈江峰等，2005
枞阳	Huashan	花岗岩	125±2	SHRIMP 锆石 U—Pb	Wang et al.，2005
浙江					
Xinlu	Yangmeiwan	花岗岩	134.9±1.0	LA—ICPMS 锆石 U—Pb	Yang S. Y. et al.，2012
Xinlu	Yangmeiwan	花岗岩	135.1±1.7	LA—ICPMS 锆石 U—Pb	Yang S. Y. et al.，2012
Xinlu	Daqiaowu	花岗斑岩	135.9±2.1	SHRIMP 锆石 U—Pb	Yang S. Y. et al.，2012
Xinlu	Daqiaowu	花岗斑岩	136.3±2.4	SHRIMP 锆石 U—Pb	Yang S. Y. et al.，2012
Xinlu	Daqiaowu	花岗斑岩	133.3±1.2	LA—ICPMS 锆石 U—Pb	Yang S. Y. et al.，2012
Xinlu	Daqiaowu	花岗斑岩	134.3±1.2	LA—ICPMS 锆石 U—Pb	Yang S. Y. et al.，2012
浙江	Baijuhuajian	花岗斑岩	125.6±3.2	LA—ICPMS 锆石 U—Pb	Wong et al.，2011
浙江	zhongshan	二长岩	130.1±2.2	LA—ICPMS 锆石 U—Pb	Wong et al.，2011
浙江	Shuangqiao	花岗岩	132.4±2.5	LA—ICPMS 锆石 U—Pb	Wong et al.，2011
浙江	Fungcun	花岗岩	121.2±1.7	LA—ICPMS 锆石 U—Pb	Wong et al.，2011
浙江	Majian	花岗岩	129.7±1.1	LA—ICPMS 锆石 U—Pb	Wong et al.，2011
浙江	Eshan	花岗闪长岩	134.8±1.4	LA—ICPMS 锆石 U—Pb	Wong et al.，2011
浙江	Beizheng	花岗岩	119.9±3.1	LA—ICPMS 锆石 U—Pb	Wong et al.，2011
Fuyang	Shengongcun	二长岩 花岗岩	118±2.7	SHRIMP 锆石 U—Pb	王剑等，2003

续表

位置	岩体名称	岩性	年龄/Ma	测试方法	资料来源
桐庐	桐庐	石英二长岩	134.4	TIMS 锆石 U-Pb	陈小明等, 1999
			福建		
Liucuo	Liucuo	花岗岩	132±1	SHRIMP 锆石 U-Pb	Cui et al., 2012
南澳	南澳	花岗岩	124±1	SHRIMP 锆石 U-Pb	Cui et al., 2012
Duxun	Duxun	花岗岩	120±1	SHRIMP 锆石 U-Pb	Cui et al., 2012
Qiulu	Qiulu	花岗岩	117±2	LA-ICPMS 锆石 U-Pb	Cui et al., 2012
Hui-an	Geshan	花岗岩	131±0.5	LA-ICPMS 锆石 U-Pb	李武显等, 2003
Putian	Futian	闪长岩	129.9±0.8	LA-ICPMS 锆石 U-Pb	李武显等, 2003
Dongshan	Dongshan	花岗闪长岩	121.5±2.8	TIMS 锆石 U-Pb	Tong and Tobisch, 1996
			Hubei		
Fuqing	Niutouwei	花岗岩	130±1	LA-ICPMS 锆石 U-Pb	Liu Q. et al., 2011
桐庐	桐庐	钠长岩	120.6±2.3	LA-ICPMS Titanite U-Pb	Li J. W. et al., 2010
桐庐	桐庐	Silicon card	135.9±1.3	LA-ICPMS Titanite U-Pb	Li J. W. et al., 2010
桐庐	桐庐	Silicon card	121.5±1.3	LA-ICPMS Titanite U-Pb	Li J. W. et al., 2010
大冶	Jinshandian	闪长岩	132.4±1.3	LA-ICPMS 锆石 U-Pb	Li J. W. et al., 2009
大冶	Jinshandian	闪长岩	122.9±1.5	LA-ICPMS 锆石 U-Pb	Li J. W. et al., 2009
大冶	Wangbaoshan	二长岩	127.5±1.6	LA-ICPMS 锆石 U-Pb	Li J. W. et al., 2009
大冶	Wangbaoshan	闪长岩	118.9±2.2	LA-ICPMS 锆石 U-Pb	Li J. W. et al., 2009
大冶	Wangbaoshan	闪长斑岩	121.5±0.6	LA-ICPMS 锆石 U-Pb	Li J. W. et al., 2009
			第二阶段火山岩		
			福建		
仙游	南园群	凝灰岩	130.1±3.6	SHRIMP 锆石 U-Pb	邢光福等, 2008
			江西		
相山	Zoujiashan	流纹英安岩	135.1±1.7	LA-ICPMS 锆石 U-Pb	Yang et al., 2010
相山	Zoujiashan	流纹英安岩	134.8±1.1	SHRIMP 锆石 U-Pb	Yang et al., 2010
相山	相山	流纹英安岩	129.5±7.9	LA-ICPMS 锆石 U-Pb	张万良和李子颖, 2007
			安徽		
Chizhou	Chizhou	英安岩	130.6±0.9	SIMS 锆石 U-Pb	Yang and Zhang, 2012
Chizhou	Chizhou	英安岩	131.7±1.4	SIMS 锆石 U-Pb	Yang and Zhang, 2012
Chizhou	Chizhou	英安岩	127.4±1.0	SIMS 锆石 U-Pb	Yang and Zhang, 2012
Chizhou	Chizhou	英安岩	131.6±0.9	SIMS 锆石 U-Pb	Yang and Zhang, 2012
Chizhou	Chizhou	英安岩	128.8±1.0	SIMS 锆石 U-Pb	Yang and Zhang, 2012
Chizhou	Chizhou	英安岩	127.2±0.9	SIMS 锆石 U-Pb	Yang and Zhang, 2012
Huangjian	Huangjian	流纹岩	133.0±3.5	LA-ICPMS 锆石 U-Pb	Wu et al., 2012
Huangjian	Huangjian	安山岩	134.6±2.4	LA-ICPMS 锆石 U-Pb	Wu et al., 2012

续表

位置	岩体名称	岩性	年龄/Ma	测试方法	资料来源
Huangjian	Huangjian	安山岩	122.8±2.7	LA–ICPMS 锆石 U–Pb	Wu et al.，2012
Huangjian	Huangjian	流纹岩	132.7±2.3	LA–ICPMS 锆石 U–Pb	Wu et al.，2012
宁芜	Dawangshan	安山岩	130.3±0.9	SHRIMP 锆石 U–Pb	侯可军、袁顺达，2010
宁芜	Gushan	安山岩	128.2±1.3	SHRIMP 锆石 U–Pb	侯可军、袁顺达，2010
宁芜	Gushan	安山岩	128.5±1.8	SHRIMP 锆石 U–Pb	侯可军、袁顺达，2010
Lujiang	Luohc	安山岩	133.3±0.6	SHRIMP 锆石 U–Pb	曾键年等，2010
Lujiang	Luohe	安山岩	133.1±1.1	SHRIMP 锆石 U–Pb	曾键年等，2010
Lujiang	Luohe	安山岩	132.8±2.6	SHRIMP 锆石 U–Pb	曾键年等，2010
宁芜	Kedoushan	玄武岩	130.7±1.1	SHRIMP 锆石 U–Pb	闫俊等，2009
宁芜	Niangniangshan	凝灰岩	130.6±1.1	SHRIMP 锆石 U–Pb	闫俊等，2009
浙江					
临海	Dadilin	玄武岩	118.1±2.3	SHRIMP 锆石 U–Pb	崔玉荣等，2010
温州	Wenxi	玄武岩	120.0±1.4	SHRIMP 锆石 U–Pb	崔玉荣等，2010
温州	Julipin	流纹岩	130±5	LA–ICPMS 锆石 U–Pb	Chen et al.，2008b

表 2.31　华南大陆晚白垩世（107~86 Ma B. P.）岩浆岩岩性、位置及年龄统计

位置	岩体名称	岩性	年龄/Ma	测试方法	资料来源
第三阶段侵入岩					
广东					
Yunan	Deqing	二长花岗岩	99±2	LA–ICPMS 锆石 U–Pb	Geng et al.，2006
Yunan	Xinghua	花岗闪长岩	101±7	LAICPMS 锆石 U–Pb	Geng et al.，2006
Yunan	Tiaocun	花岗闪长岩	104±3	LAICPMS 锆石 U–Pb	Geng et al.，2006
江西					
赣州	Hongshan	花岗斑岩	100±1	LA–ICPMS 锆石 U–Pb	苏慧敏等，2010
赣州	Hongshan	花岗斑岩	99±1	LA–ICPMS 锆石 U–Pb	苏慧敏等，2010
Yujiang	Yujiang	辉长岩	91±3	SHRIMP 锆石 U–Pb	李瑞玲、李真真，2010
浙江					
浙江	Lianglong	石英闪长岩	100.1±1.7	LA–ICPMS 锆石 U–Pb	Wong et al.，2011
温州	Shipingchuan	钾长花岗岩	102.5±1.2	LA–ICPMS 锆石 U–Pb	李艳军等，2009
Cangnan	Yaokeng	花岗岩	91.3±2.5	LA–ICPMS 锆石 U–Pb	肖娥等，2007
Xiaoshan	Daheshan	花岗岩	86±3	SHRIMP 锆石 U–Pb	Wang Q. et al.，2005
福建					
Jinjiang	Weitou	花岗岩	108±1	LA–ICPMS 锆石 U–Pb	Liu Q. et al.，2012
Jinjiang	Weitou	花岗岩	108±1	LA–ICPMS 锆石 U–Pb	Liu Q. et al.，2012
Nanjing	Longshan	二长花岗岩	105.1±0.8	LA–ICPMS 锆石 U–Pb	Li Z. et al.，2009

位置	岩体名称	岩性	年龄/Ma	测试方法	资料来源
Fuding	Nanzhen	花岗岩	96.1±2.7	LA-ICPMS 锆石 U-Pb	邱检生等，2008
Fuding	Dacengshan	花岗岩	93.1±2.4	LA-ICPMS 锆石 U-Pb	邱检生等，2008
Fuding	Sansha	花岗岩	91.5±1.5	LA-ICPMS 锆石 U-Pb	邱检生等，2008
Fuding	Dajing	花岗岩	93.8±1.8	LA-ICPMS 锆石 U-Pb	邱检生等，2008
Jinjiang	Shizhen	花岗岩	90±2	SHRIMP 锆石 U-Pb	董传万等，2006
Jinjiang	Shizhen	闪长岩	87±2	SHRIMP 锆石 U-Pb	董传万等，2006
Guangze	Dayuancun	花岗岩	95±2	SHRIMP 锆石 U-Pb	Wang Q. *et al.*，2005
Hui-an	Geshan	闪长岩	104±9	LA-ICPMS 锆石 U-Pb	李武显等，2003
Shanghang	Sifang	花岗闪长岩	107±1.2	LA-ICPMS 锆石 U-Pb	毛建仁等，2002
Quanzhou	Taohuashan	石英闪长岩	106.5±0.2	TIMS 锆石 U-Pb	李惠民等，1995
Tailugo	Tailugo	花岗岩	90	LA-ICPMS 锆石 U-Pb	Jahn *et al.*，1986
南澳	南澳	花岗岩	86	LA-ICPMS 锆石 U-Pb	Jahn *et al.*，1986
广西					
Kunlunguan	Kunlunguan	花岗岩	93±1	LA-ICPMS 锆石 U-Pb	谭俊等，2008
Guixian	Longtoushan	花岗斑岩	100.3±1.4	SHRIMP 锆石 U-Pb	陈富文等，2008
Guixian	Longxianggai	黑云花岗岩	93±1	SHRIMP 锆石 U-Pb	蔡明海等，2006
Guixian	Longxianggai	花岗斑岩	91±1	SHRIMP 锆石 U-Pb	蔡明海等，2006
Guixian	Longxianggai	石英闪长斑岩	91±1	SHRIMP 锆石 U-Pb	蔡明海等，2006
Guixian	Longxianggai	花岗斑岩	91±1	SHRIMP 锆石 U-Pb	蔡明海等，2006
台湾					
Tailugo	Tailugo	花岗岩	90±1	锆石 U-Pb	Jahn *et al.*，1986
南澳	南澳	花岗岩	86±1	锆石 U-Pb	Jahn *et al.*，1986
Hoping	Hoping	花岗岩	89±1	SHRIMP 锆石 U-Pb	Li S. Z. *et al.*，2012
Chipan	Chipan	花岗岩	88±1	SHRIMP 锆石 U-Pb	Li S. Z. *et al.*，2012
Kanagan	Kanagan	花岗岩	87±2	SHRIMP 锆石 U-Pb	Li S. Z. *et al.*，2012
Yuantoushan	Yuantoushan	花岗岩	89±2	SHRIMP 锆石 U-Pb	Li S. Z. *et al.*，2012
Tailuko	Tailuko	花岗岩	88±2	SHRIMP 锆石 U-Pb	Yui *et al.*，2009
Tailuko	Tailuko	花岗岩	87±1	SHRIMP 锆石 U-Pb	Yui *et al.*，2009
第三阶段火山岩					
广西					
Guixian	Longmenshan	流纹斑岩	103.3±2.4	SHRIMP 锆石 U-Pb	陈富文等，2008
广东					
Yunan	Ma-anshan	流纹英安岩	100±1	LAICPMS 锆石 U-Pb	Geng *et al.*，2006
南雄	南雄	玄武岩	95.9±0.8	SHRIMP 锆石 U-Pb	舒良树等，2004

续表

位置	岩体名称	岩性	年龄/Ma	测试方法	资料来源
			福建		
Minhou	南园群	安山岩	102±3	SHRIMP 锆石 U–Pb	邢光福等, 2008
			浙江		
雁荡山	雁荡山	火山岩	97.2±2.3	SHRIMP 锆石 U–Pb	余明刚等, 2006
雁荡山	雁荡山	火山岩	99.3±3.9	SHRIMP 锆石 U–Pb	余明刚等, 2006
雁荡山	雁荡山	火山岩	105.6±4.3	SHRIMP 锆石 U–Pb	余明刚等, 2006
Ningbo	Xuantandi	安山岩	104.1±3.5	SHRIMP 锆石 U–Pb	崔玉荣等, 2010
Linhai	Jingling	玄武岩	102.1±2.2	SHRIMP 锆石 U–Pb	崔玉荣等, 2010
温州	Julipin	流纹岩	101±2	LA–ICPMS 锆石 U–Pb	Chen *et al.*, 2008b
温州	Taozu	流纹岩	88.5±1.2	LA–ICPMS 锆石 U–Pb	Chen *et al.*, 2008b
温州	Taozu	流纹岩	75.8±1.0	LA–ICPMS 锆石 U–Pb	Chen *et al.*, 2008b

二、构造演化与动力学过程

1. 华南大陆构造演化历史

华南大陆中生代强烈的构造和岩浆活动主要与印支期和燕山期造山有关（张岳桥等，2009）。在印支期，经多陆块碰撞和拼合，亚洲大陆基本形成（董树文等，2000）。这次造山过程以晚三叠世—早侏罗世陆相沉积层之下的区域性角度不整合和广泛的三叠纪火山岩浆活动和区域性变质作用为特征（张岳桥等，2009）。印支造山后，亚洲大陆大多数地区脱离海相沉积，转为陆内演化过程（董树文等，2000，2007；张岳桥等，2009）。已有的高精度年代学研究结果表明，印支山事件至少从中二叠世初就已经开始（大于 255 Ma B.P.），其造山早期以强烈的挤压变形、逆冲推覆为特征，造成早期沉积地层的褶皱变形（Li and Li，2007；张岳桥等，2009）。印支造山运动是标志着东亚大陆聚合形成过程的一次重要构造事件（董树文等，2000）。其动力与华南–华北板块沿秦岭–大别造山带的陆–陆碰撞和华南地块南缘古特提斯洋的俯冲增生作用有关（Ratschbacher *et al.*，2000，2003，2006；张岳桥等，2009）。这一构造过程除了造成以秦岭–大别–苏鲁造山带为代表的碰撞造山带以外，还形成了晚三叠世—早侏罗世陆相含煤岩系之下的区域性角度不整合（董树文等，2000，2007；Ratschbacher *et al.*，2003，2006；Li and Li，2007；张岳桥等，2009；Yang *et al.*，2009）。在印支造山晚期，开始发生大规模地壳减薄和同造山部分熔融，引发晚三叠世火山岩浆大爆发，和高压超高压变质岩的快速折返（表 2.32；Ratschbacher *et al.*，2003，2006；Zheng *et al.*，2008；Yang J. H. *et al.*，2009；Liu S. A. *et al.*，2010）。

华南大陆与整个东亚大陆一样，在三叠纪末—侏罗纪初进入印支期后造山伸展阶段。这一阶段以区域性伸展为特征，形成广泛的基性–超基性岩墙群和 A 型花岗岩、双峰式火山岩及碱性玄武岩（Li X. H. *et al.*，2007；朱清波等，2010；He Z. Y. *et al.*，2010）。印支期后造山伸展阶段伴随的火山岩浆活动主要发生在侏罗纪早期（200~170 Ma B.P.；Li

X. H. et al.，2007；朱清波等，2010；He Z. Y. et al.，2010）。这一时期是侏罗纪盆地形成和发育的主要时期，华南同时发生了较大规模的海侵（Li and Li，2007）。

在侏罗纪晚期—晚白垩世早期，以晚三叠世—早白垩世陆相沉积层的强烈褶皱、逆冲和局部变质为特征，燕山运动影响到整个华南大陆（张岳桥等，2009）。而特别是在东南侧的华夏地块内，强烈的晚侏罗世（165～150 Ma B. P.）、早白垩世（145～115 Ma B. P.）和晚白垩世（105～80 Ma B. P.）火山岩浆活动形成了一条 NE 走向的宽达 1500 km 以上的"陆缘"火山岩带。"燕山运动"最早是指发生在华北燕山地区中晚侏罗世的重大构造事件（Wong，1929）。后经我国几代地质工作者的努力，发现燕山运动同时影响到整个东亚大陆（董树文等，2007；Dong et al.，2008a）。但目前对这一重要构造事件的认识还存在一定的分歧。例如，崔盛芹等（2002）将燕山地区的燕山运动分为两个时期，即早—中侏罗世的早燕山期和晚侏罗世—白垩纪的晚燕山期。任纪舜等（1999）将燕山运动分为早、中、晚三个旋回，时限包括整个侏罗纪和白垩纪。对燕山运动的性质目前大多数学者认为，燕山运动的本质是中国东部近 EW 向的特提斯构造域向 NNE 向的滨太平洋构造域的转换，即从大陆碰撞构造体制转为以西太平洋陆缘俯冲构造体制为主导的陆内变形和陆内造山（Dong et al.，2008a）。目前对燕山造山运动的时间框架和动力学机制还存在不同的认识，但多数研究者倾向于将燕山期造山分为早燕山造山和晚燕山造山两个阶段（Jahn et al.，1976；Dong et al.，2008a；He and Xu，2011）。同时，在白垩纪，华南明显经历过两期伸展过程。

因此，华南大陆中生代构造动力体制可能发生多次转换。这些构造转换过程的时间框架、时空过程及动力学机制一直是华南地区地质学研究的热点问题（Jahn et al.，1976，1999；Zhou and Li，2000；Li and Li，2007；张岳桥等，2009）。本研究在总结已有研究成果的基础上，将华南中生代构造演化过程划分为三期造山和三期后造山演化阶段（表2.32）。

2. 燕山运动动力学机制

板块重建及岩浆地球化学资料证实，自中侏罗世以来，古太平洋板块开始了向东亚大陆的俯冲引发了华南大陆广泛的陆内变形和岩浆活动（Jahn et al.，1976；任纪舜，1990），并导致了华南安第斯型活动大陆边缘的形成（Maruyama，1997；Zhou and Li，2000；Li S. Z. et al.，2012）。早期的板块俯冲作用导致华南大陆地壳发生冲断褶皱并加厚熔融，其持续时间主要为中—晚侏罗世（169～160 Ma B. P.；张岳桥等，2008；徐先兵等，2009a）；晚期的板块后撤作用导致华南大陆地壳发生伸展断陷并减薄拆沉，其持续时间主要为早白垩世中期（136～118 Ma B. P.；Cui et al.，2012；Li et al.，2013）。由此可见，区域大地构造经历了从挤压到伸展的转换期，这个过渡期可能代表了中—晚侏罗世陆内挤压造山作用的延续或后效，以弱挤压变形为主，导致：①东南沿海地区中地壳发生加厚重熔，形成 146～137 Ma B. P. 片麻状花岗岩和混合花岗岩（张岳桥等，2012；Cui et al.，2012）；②长江中下游地区地壳或俯冲洋壳发生熔融，形成埃达克质岩，并伴随着Cu-Au 等多金属成矿作用的出现（Wang Q. et al.，2006；Ling et al.，2011；Xie et al.，2012；Sun W. D. et al.，2012）。现有的"太平洋板块俯冲+俯冲角度逐渐增大"模型（Zhou and Li，2000）并不适用于挤压构造背景，其难以对挤压相关的片麻状花岗岩、埃达克质岩和 Cu-Au 矿化的成因和时空分布规律等进行解释。

表 2.32　华南大陆中生代构造阶段划分

构造阶段划分		时间段	基本特征
后造山伸展		90~65 Ma B. P.	晚白垩世双峰式火山岩、A 型花岗岩、基性岩墙群
晚燕山造山	晚期造山	100~90 Ma B. P.	减压熔融，形成晚燕山同造山期火山岩
	早期造山	115~100 Ma B. P.	地壳/岩石圈收缩、增厚。早白垩世火山岩（145~115 Ma B. P.）发生变形，沿海地区还发生绿片岩相变质变质
造山后伸展		132~117 Ma B. P.	后造山伸展背景下发生大规模火山岩浆活动，是华南（东亚）大陆火山岩浆活动最强烈的时期，峰值集中于 132~120 Ma B. P.
早燕山造山	晚期造山	147~135 Ma B. P.	同造山地壳发生减压熔融，诱发同期火山-岩浆活动。同造山岩浆作用和混合岩化作用在桐柏-大别-苏鲁造山带及福建沿海的长乐-南澳构造带有着惊人的一致性
	早期造山	165~150 Ma B. P.	地壳-岩石圈收缩、增厚，地壳在增压加厚过程中发生重熔，形成侏罗纪晚期 165~150 Ma B. P. 的岩浆岩和火山岩，其中包括一部分 S 型花岗岩
造山后伸展		200~165 Ma B. P.	早侏罗碱性玄武岩、双峰式火山岩、A 型花岗岩、基性岩墙群，地壳伸展减薄，出现大范围海侵
印支造山	晚期造山	225~205 Ma B. P.	减压熔融，出现晚三叠世岩浆、火山高峰期 225~210 Ma B. P.。高压、超高压变质岩快速折返，地壳大幅减薄，区域性退变质和混合岩化强烈
	早期造山	大于 255~225 Ma B. P.	地壳-岩石圈收缩、增厚。大量 S 型花岗岩生成，出现高压超高压变质作用大于 260~225 Ma B. P.

　　研究表明，Cu-Au 矿化作用多与大洋中脊的俯冲作用密切相关，典型例子如：智利南部的特恩尼特（El Teniente）铜矿为世界最大的斑岩铜矿（94 Mt），其形成与 Juan Fernandez Ridge 的俯冲作用有关（Hollings et al.，2005）；智利北部 Radomiro Tomic 铜矿（21 Mt）的形成与 Iquique ridge 的俯冲有关（Cooke et al.，2005）；美国阿拉斯加州 Prince William 金矿的形成与 Kula-Farallon ridge 的俯冲有关（Bradley et al.，2003）。值得注意的是，晚中生代以来，沿环太平洋俯冲带，大洋中脊的俯冲活动出现频繁（Thorkelson，1996；Bradley et al.，2003；Kusky et al.，2003；Espurt et al.，2008；Cole and Stewart，2009；Wallace et al.，2009）。更有意义的是，早白垩世（约 140 Ma B. P.），古太平洋板块和伊泽奈崎板块之间的大洋中脊恰位于长江中下游地区（Ling M. X. et al.，2009），此洋中脊很可能沿长江中下游构造带俯冲至华南大陆之下，并诱发洋中脊附近俯冲洋壳的部分熔融，为埃达克质岩的形成提供主要物质组分（Sun W. D. et al.，2010；Li H. et al.，2011，2012b）。因此，长江中下游地区的埃达克质岩代表了洋中脊俯冲过程中的同构造期岩浆岩，与美国 Alaska 州 Sanak-Baranof 构造带的埃达克岩类似（Kusky et al.，2003）。在地球化学成分上，这些埃达克岩均富含 Sr、Nd（Li J. W. et al.，2009），表明岩浆上涌过

程中存在年轻的地幔物质的介入（Xie et al.，2012）。这些地幔物质均为富矿流体，其自身具有很高的 Cu、Au 等元素背景值，为 Cu-Au 成矿提供了物质基础（图 2.124；Wang Q. et al.，2006；Hou et al.，2011；Liu Q. et al.，2012）。另外，受中—晚侏罗世（169 ~ 160 Ma B. P.）陆内挤压造山作用的影响，华南大陆的陆壳一直处于持续加厚状态（张岳桥等，2008；徐先兵等，2009；Li J. H. et al.，2012）。持续增加的压力和温度，可能导致镁铁质下地壳的部分熔融，在地下大于 40 km 深度形成埃达克质岩浆（Rapp and Watson，1995；Rapp et al.，1999，2002，2003），为导致长江中下游埃达克质岩形成的另一重要原因（Xu et al.，2002；Wang et al.，2006a，2006b；Hou et al.，2011）。在长江中下游以南，洋中脊南侧的古太平洋板块发生向华夏地块的俯冲，俯冲产生的挤压作用导致陆壳加厚熔融和变质，形成东南沿海 147 ~ 136 Ma B. P. 的片麻状花岗岩和混合花岗岩（Cui et al.，2012）。

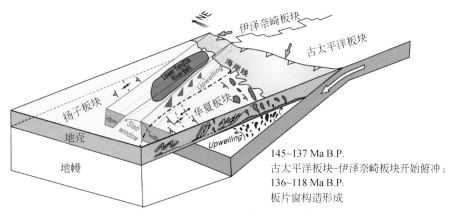

图 2.124　早白垩世古太平洋和伊泽奈崎板块洋中脊俯冲模型（145 ~ 137 Ma B. P.）

　　侏罗纪—白垩纪的燕山期陆内造山作用导致华南大陆乃至整个东亚的构造体制及板块拼贴动力学发生重大调整和构造变革（Dong et al.，2008c）。这期造山旋回在华南大陆表现为幕式挤压和伸展过程的交替进行。

　　燕山早期（侏罗纪）陆内挤压作用导致华南大陆元古宙—中侏罗世普遍发生强烈褶皱和冲断变形（任纪舜，1990；杨绍祥、余沛然，1995），北部大巴-雪峰双弧联合构造和中部雪峰-武陵-武夷山 NE-NNE 向褶皱冲断带形成（Yan D. P. et al.，2003，2009）。然而，关于陆内挤压变形的时代及动力学机制，仍存有争议，Chen 等（1999）提出东南沿海地区 NE-NNE 向褶皱冲断带形成于晚三叠世—中侏罗世；Yan D. P. 等（2003）认为雪峰-武陵山 NE 向褶皱带形成于晚侏罗世—白垩纪，与华北和华南板块碰撞及四川盆地旋转作用有关；张岳桥等（2009）认为华南大陆 1300 km 宽 NE-SW 走向陆内褶皱冲断带形成于中—晚侏罗世（175 ~ 165 Ma B. P.），与古太平洋板块向华南大陆的低角度俯冲作用有关（图 2.125）。

　　燕山晚期（白垩纪）陆内变形及演化过程极其复杂，包括多阶段的地壳伸展和构造反转（Li J. H. et al.，2012，2013），并伴随着大规模的岩浆侵位、火山喷发和成矿作用（Jahn，1974；Jahn et al.，1986，1990；Charvet et al.，1994，1996；Gilder et al.，1996；Lapierre et al.，1997；Li，2000；Lin et al.，2000，2008b；Zhou and Li，2000；Wang Q. et

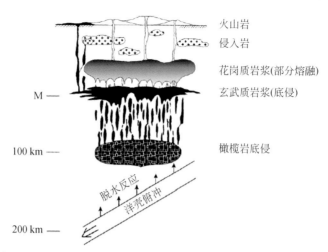

图 2.125 华南大陆燕山期构造岩浆作用的洋壳俯冲–岩浆底侵模式（据 Zhou and Li，2000）

al.，2006；Wong *et al.*，2009，2011；Li J. W. *et al.*，2010；Sun W. D. *et al.*，2010，2012）。地壳伸展导致一系列白垩纪伸展断陷盆地形成，盆地总面积达 123340 km² （Zhou *et al.*，2006），这些盆地多为单断型，常见"东断西超"形态，剖面上呈不对称的半地堑式（Shu *et al.*，2009b）。在江南造山带，盆地的伸展断陷作用常与低角度伸展拆离或岩体热隆作用同时发生，空间相伴，形成伸展穹窿构造，如庐山、衡山等（Lin *et al.*，2000；Li *et al.*，2013）。岩浆活动主要集中在长江中下游和东南沿海地区，形成的岩浆岩带（弧）总面积约 139920 km² （Zhou *et al.*，2006）。这些大面积的盆地和岩浆岩构成了华南特色的"South China Basin and Range Province"，与美国西部"盆–岭省"极其相似（Gilder *et al.*，1991），它们更成为理解华南白垩纪构造演化的关键突破口。然而，关于盆地和岩浆岩形成的动力学机制，一直为争议的焦点。

Gilder 等（1996）强调太平洋板块俯冲引发的张扭作用的影响，并提出"走滑+同裂解（strike-slip activity plus concomitant rifting）"模型来解释华南大陆燕山期构造演化，该模型可以解释华南 NNE 向剪切带、伸展盆地与岩浆侵位的关系（王强等，2005），但很难解释白垩纪岩浆活动的时空迁移规律（Li and Li，2007）。

许多学者注意到白垩纪岩浆岩呈 NE 走向带状展布，沿 NW 向存在显著极性变化规律，即从华南内陆向沿海，岩浆岩逐渐变年轻，且岩石中地幔组分逐渐增多（Jahn，1974；Jahn *et al.*，1976，1990；Charvet *et al.*，1994；Lapierre *et al.*，1997；Chen and Jahn，1998），这些岩浆特征被认为与古太平洋板块向亚洲大陆的俯冲有关。Zhou 和 Li（2000）注意到岩浆岩带的宽度从中侏罗世（J_2）到早白垩世（K_1）逐渐变窄，提出太平洋板块俯冲的角度从 J_2 至 K_1 逐渐变陡。

Li（2000）指出华南中生代岩浆岩带的宽度（1000 km）远大于板块俯冲作用形成的岩浆弧宽度（300~400 km），据此，他认为华南中生代岩浆活动与太平洋板块的俯冲作用无关。根据年代学统计资料，他指出华南白垩纪岩浆活动是多幕式的，可分为 146~136 Ma B. P.、129~122 Ma B. P.、109~101 Ma B. P.、97~87 Ma B. P. 四个阶段，它们的形成与岩石圈幕式伸展作用有关。Ling 等（2009，2011）根据长江中下游地区早白垩世埃达克岩的地球化学特征及其与成矿作用的关系，提出了古太平洋和伊泽奈崎板块之间的洋中脊俯冲模型。这一模型表明，埃达克岩和 Cu-Au 成矿作用是俯冲洋中脊附近洋壳部分熔融作用的结果。Li J. H. 等（2012）根据不同时期岩浆活动强弱的对比，指出华南大陆于 250~90 Ma B. P. 和 90~0 Ma B. P. 分别具安第斯型活动大陆边缘和西太平洋型大陆边缘性质，认为华南白垩纪岩浆活动与平俯冲板片的拆沉作用有关。

尽管大部分学者已认识到华南大陆白垩纪构造演化与古太平洋板块的俯冲和印度–亚洲大陆的俯冲–碰撞作用密切相关（Zhou and Li，2000；Ren et al.，2002；Li J. H. et al.，2012），然而，这两大板块边界构造域的动力学过程如何进行，及二者的远程作用在华南大陆引发怎样的地质响应，一直是未能解决的关键科学问题。目前，根据华南大陆不同地区/时期的构造变形或岩浆岩资料，衍生出许多不同的解释及动力学模型（Li，2000；Zhou X. M. et al.，2006；Ling M. X. et al.，2009），暗示华南白垩纪的构造演化过程十分复杂，其难以用单一演化模式进行解释。本节对白垩纪盆地、岩浆活动和古构造应力场反演等方面资料的总结和梳理，为深入理解华南大陆白垩纪的构造演化过程及动力学机制提供了关键证据和有力约束。研究表明，华南白垩纪的构造演化以幕式交替出现的挤压和伸展变形事件为特征，其诱发了由内陆向沿海逐渐迁徙的阶段性岩浆活动和断陷沉积作用。综合盆地–岩浆–变形等资料，建立了华南大陆白垩纪五个阶段的构造演化过程（图 2.126）。这些构造阶段的更替与华南大陆周缘板块动力学过程的调整有关。

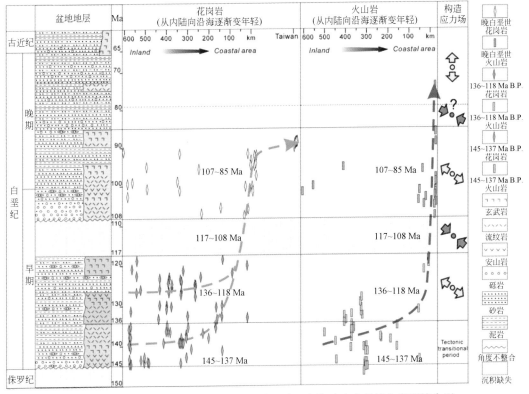

图 2.126　华南白垩纪盆地沉积、岩浆活动和古构造应力场演化序列综合图

3. 早白垩世（136～118 Ma B. P.）伸展作用的动力学机制

华南大地构造发展的巨大转折（136 Ma B. P.）和早白垩世（136～118 Ma B. P.）的地壳伸展，及洋中脊俯冲过程中"板块窗（slab window）"的张开和古太平洋板块的后撤（roll-back）。

在 NW-SE 向伸展构造应力场的作用下，华南大陆早白垩世经发生强烈的地壳伸展，形成了一个宽阔的由岩浆岩、断陷盆地和伸展穹窿等组成的陆内伸展构造-岩浆岩带（Li，2000；Zhou and Li，2000）。综合衡山同伸展构造期流体及区域 A 型花岗岩的年代学资料，Li 等（2013）将这期区域性地壳伸展的持续时代限定为 136～118 Ma B. P.。然而，关于地壳伸展的动力学机制，一直缺乏合理的解释。

早白垩世早中期，在长江中下游地区，大洋中脊的俯冲依然起主导作用（Li et al.，2009）。随着俯冲作用的进行，由于古太平洋板块和伊泽奈崎板块俯冲速率和方向的不一致（Engebretson et al.，1985；Maruyama，1997），造成洋中脊沿中轴发生撕裂，形成"板片窗"。随着板片窗地张开，岩石圈地幔物质上涌，在相对高压、贫水和低氧逸度的环境下形成 136～118 Ma B. P. 的 A 型花岗岩（Sun et al.，2010；Wu et al.，2012）。这些花岗岩反映了洋中脊俯冲过程中岩石圈地幔和下地壳间的首次相互作用。总的来看，长江中下游地区白垩纪岩浆活动序列可用洋中脊俯冲模型进行解释，即洋中脊俯冲过程中洋壳和加厚地壳熔融诱发同构造期埃达克质岩的形成（145～137 Ma B. P.）、板片窗初始张开时岩石圈地幔上涌导致 A 型花岗岩形成（136～118 Ma B. P.）以及板片窗经过时由于缺乏可脱水的俯冲板片熔融导致岩浆活动宁静期的出现（117～90 Ma B. P.）。这个岩浆活动序列与美国 Chile and Alaska Ranges 洋中脊俯冲过程中不同阶段对应的岩浆活动极其类似（Lanphere and Reed，1985；Cande and Leslie，1986；Kay et al.，1993；Bradley et al.，2003；Kusky et al.，2003）。

在长江中下游地区以南的华夏地块，早白垩世古构造应力场为 NW-SE 向伸展，这一伸展方向与古太平洋板块早白垩世的 NW 俯冲方向一致（Engebretson et al.，1985；Maruyama and Seno，1986；Liu et al.，2012），暗示二者之间存在必然联系。因此，华夏地块早白垩世地壳伸展与古太平洋板块俯冲过程中的板片后撤引发的弧后扩张作用有关（图 2.127）。板块后撤过程中，持续的大陆伸展引发地壳和岩石圈地幔减薄（Yang S. Y. et al.，2012），导致软流圈地幔物质的上涌，并造成地壳和地幔物质的部分熔融和混染，形成 A 型花岗岩。同时，这个俯冲相关的板片后撤模型与岩浆岩的岩石学和地球化学资料相符，包括①岩浆岩具明显岛弧特征（Zhou and Li，2000）；②从内陆至沿海，岩浆岩的 T_{CDM} 模式年龄逐渐变年轻，而 $\varepsilon_{Nd}(t)$ 值逐渐增高（Jahn et al.，1976；Gilder et al.，1996；Chen and Jahn，1998）。

4. 早白垩世（117～108 Ma B. P.）构造反转及亚洲大陆和菲律宾板块的碰撞作用

断层滑动矢量反演结果证实，早白垩世，华南古构造应力场以 NW-SE 向挤压为主，其被广泛记录在华南大陆的大部分地区。这期挤压叠加在早期 NW-SE 向伸展之上，其引发了整个华南大陆的构造反转（Li J. H. et al.，2012），并导致上、下白垩统之间形成区域性角度不整合面（Charvet and Faure，1989；Charvet et al.，1994；Lapierre et al.，1997）。除此之外，这期挤压还造成长乐-南澳和郯城-庐江区域性断裂带发生左行走滑剪切

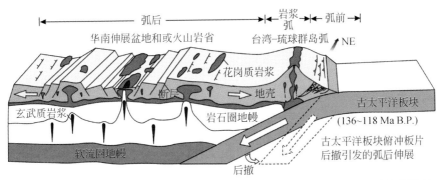

图 2.127　早白垩世（136~118 Ma B. P.）华夏地块地壳伸展示意图及动力学模型
地壳伸展与古太平洋板块俯冲过程中由于板块后撤引发的弧后扩张作用有关

（Charvet *et al.*，1990；Zhang *et al.*，2003b），并导致与伸展相关岩浆活动的终止，形成岩浆活动的宁静期。华南白垩纪岩浆岩锆石 U–Pb 年龄统计资料显示，这个岩浆宁静期的持续时间为 117~110 Ma B. P.，与长乐–南澳断裂带左行剪切变形的时间一致（Tong and Tobisch，1996；Wang and Lu，2000），暗示华南早白垩世挤压变形及构造反转的持续时间为 117~110 Ma B. P.。这期挤压变形事件的地球动力学原因可能与早白垩世亚洲大陆与西菲律宾板块的碰撞作用有关［图 2.128（b）、（c）；Faure *et al.*，1989；Charvet *et al.*，1994］，主要证据为菲律宾板块西缘 NNE–NNW 走向碰撞造山缝合带及 Palawan、Mindoro、Romblon、Tablas 等地区约 110 Ma 蛇绿混杂岩和超高压变质岩的形成（Charvet *et al.*，1994）。

5. 晚白垩世（107~86 Ma B. P.）地壳伸展和构造反转及古太平洋板块俯冲过程中俯冲角度的几何学变化

晚白垩世早期，随着构造反转及挤压变形事件的结束，华南大陆全面进入地壳伸展阶段，在 NW–SE 向伸展应力场的作用下，一系列 NE–SW 走向伸展断陷盆地集中在沿海地区形成，并伴随着大规模的岩浆侵入和火山作用（Jahn *et al.*，1976；Li，2000；Zhou and Li，2000）。这些断陷盆地中的岩浆岩多为镁铁–超镁铁质，表明这期伸展变形是深层次的，其已影响至深部岩石圈地幔（Yu，1994；Shu *et al.*，2004，2009b；Yu X. Q. *et al.*，2005）。另外，晚白垩世 A 型花岗岩和双峰式侵入火山岩等岩浆岩多具岛弧性质，表明它们的形成与古太平洋板块 NW 向的高角度俯冲作用密切相关（Geng，*et al.*，2006；Chen *et al.*，2008b；邱检生等，2008；Yang S. Y. *et al.*，2012）；同时，华南大陆于晚白垩世再次演变为安第斯型活动大陆边缘（Li *et al.*，2012）。在空间分布上，晚白垩世岩浆岩呈 NE–SW 向展布，且年龄较老的岩浆岩（约 107 Ma B. P.）多在内陆发育，而相对年轻的岩浆岩则主要集中在东南沿海和台湾地区（如台湾 90~86 Ma B. P. 的 A 型花岗岩），证实晚白垩世岩浆活动存在从内陆向沿海逐渐迁移的规律（Jahn *et al.*，1986；Yui *et al.*，2009）。岩浆岩锆石 U–Pb 年龄统计结果显示，结晶年龄集中在 86~107 Ma，为华南晚白垩世壳伸展的持续时间提供了有力的年代学约束。如果这个解释正确，那么接下来的 WNW–ESE 向挤压导致的构造反转变形的起始时间应比 87 Ma B. P. 晚。目前，关于这期挤压变形的持续时间仍有待进一步研究。另一个关键科学问题为华南晚白垩世区域大地背

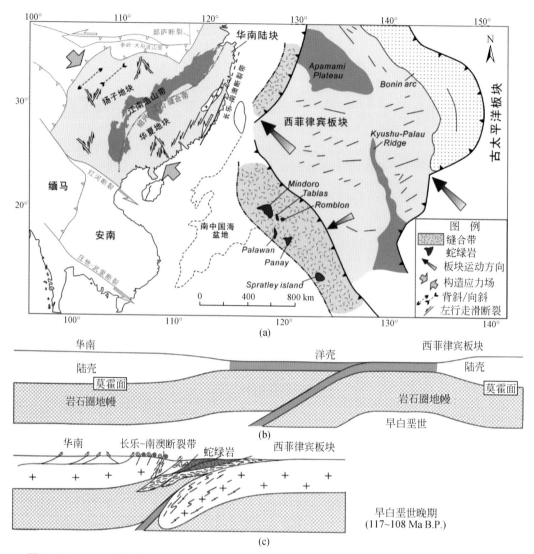

图 2.128 （a）早白垩世（117～108 Ma B. P.）华南陆块与西菲律宾板块大地构造纲要示意图
和（b）、（c）早白垩世华南陆块与西菲律宾板块俯冲–碰撞模型图

景发生从伸展到挤压的剧烈变动的动力学原因？笔者注意到，早期伸展和晚期挤压变形的主应力场方位分别 NW-SE 和 WNW-ESE，与古太平洋板块晚白垩世的俯冲方向基本一致（Sun *et al.* ，2007），暗示这两期变形可能与古太平洋板块的 NW 向俯冲作用相关，二者之间的转换则可能为古太平洋板块的俯冲角度发生从高角度到低角度变化的结果（Zhou *et al.* ，2006）。

6. 晚白垩世 NS 向伸展及新特提斯构造域俯冲作用的远程影响

晚白垩世，华南大陆周缘的古太平洋和新特提斯构造域的板块动力学均发生了重大调整。在古太平洋构造域，板块俯冲方向由 NNW 转化为 WNW，且俯冲速率逐渐减低（Engebretson *et al.* ，1985；Maruyama *et al.* ，1997）。这个板块运动过程持续了约 30～40 Ma

直到古近纪初期（约 50 Ma B. P.），新板块动力学体系形成（Sharp and Clague，2006）。在新特提斯喜马拉雅构造域，印度板块的向北俯冲导致 Kohistan-Dras 弧（现位于 Pakistan）于晚白垩世与亚洲大陆发生碰撞（Coward et al.，1987）。这些板块周缘动力学过程的调整深刻影响和制约着华南大陆晚白垩纪的构造演化，导致华南白垩纪古构造应力场的方位发生了由 WNW-ESE 向到 NS 向的重大转变。晚白垩世末期应力场的伸展方位（NS）与古太平洋板块的俯冲方向（NW 向）斜交，而与印度板块的俯冲方向（N 向）一致，暗示它应与古太平洋板块的俯冲无关，其可能为印度板块向亚洲大陆俯冲诱发的弧后扩张作用的产物；表明新特提斯构造域对华南大陆影响的时代可更早追溯到晚白垩世末期，比前人提出的新生代向前推进了至少 20 Ma（Tapponnier and Molnar，1977；Tapponnier et al.，1986）。另外，古近纪末期印度-亚洲大陆碰撞作用对华南大陆的远程影响也不容忽视，其产生的 NE-SW 向挤压应力终止了晚白垩世的地壳伸展过程（Li et al.，2012），并导致了华南大陆发生广泛褶皱变形和抬升剥蚀，形成古近系和新近系之间的区域性角度不整合面（刘飞宇，2009；Shinn et al.，2010）。

第七节　小　　结

本章紧紧围绕华南大陆中生代大地构造演化和动力学研究中的关键科学问题，通过区域地质构造编图，并选择关键地区和地带开展了详细的野外地质调查、构造测量和构造年代学测试分析工作，在叠加褶皱构造研究、伸展拆离断裂研究、盆地古应力场研究和构造岩浆事件年代学研究方面，取得了诸多新的认识和进展：

（1）深反射剖面解释结合地表地质调查和年代学测试结果，提出了华南大陆中部武陵山-雪峰山基地可能为哥伦比亚造山带的组成部分，发生于新元古代的四堡事件代表了 Rodinia 大陆裂解事件过程中的反转构造事件。这个新的发现为华南大陆前寒武纪基底构造演化提供了新的思路。

（2）中—晚三叠世碰撞造山事件（印支运动），形成近 WE 向至 NWW-SEE 向褶皱构造（D—T_2 地层），控制了三叠纪岩浆岩体的侵入形态。在扬子地块西缘发育了龙门山-锦屏山逆冲-推覆构造带及川滇前陆盆地，奠定了川-渝-黔-滇大型沉积盆地，构成四川盆地的原型。印支期 NE-SW 向挤压作用发生的峰值时间为（230±10）Ma B. P.，其动力来自于华南地块西南边缘的印支地块碰撞作用。

（3）燕山运动起始于中-晚侏罗世之交约 170~165 Ma B. P.，经历了早幕（170~160 Ma B. P.）强挤压和地壳增厚、中幕（160~150 Ma B. P.）大量的地壳重熔型岩浆活动和成矿作用以及晚幕（150~138 Ma B. P.）弱挤压构造-岩浆-成矿作用。华南燕山构造事件的动力主要来自于古太平洋洋壳向华南大陆之下低角度俯冲产生的远程效应，洋中脊俯冲对晚幕岩浆活动起到重要的作用。

（4）中—晚侏罗世燕山构造事件受 NWW-SEE 向挤压控制，挤压开始时间早于 161 Ma B. P.，形成褶皱轴近 NE、NNE 向的褶皱；并强烈改造印支期褶皱。中—晚侏罗世时期（燕山早幕），东亚构造体制发生重大变革，来自北部、东部、西部和南部的板块多向汇聚导致了大陆多向构造体系的形成和发展，其中秦岭造山带的再生活动导致南部米仓山-大巴山前陆构造带的形成和发展。来自太平洋板块向西推挤，导致了川东地区 NW 向突出的弧形构造和川南华蓥山帚状构造的形成；羌塘地块的向东侧向挤出，在扬子地块西北缘发生褶皱逆冲变形（龙门山-锦屏山构造带）。这期多向挤压事件强烈改造了四川 T_3—J_{1-2} 原型盆地，周缘褶皱构造带基本定型。

（5）早白垩世晚期的挤压事件（燕山晚幕）进一步改造了四川盆地，NW-SE 向构造得到加强。四川盆地周缘主要褶皱构造带主体定型于中—晚侏罗世的陆内造山作用阶段，是在周邻板块多向汇聚作用下引发扬子克拉通周边造山带的再生复活，其显著的特点表现为薄皮性和弥散性，成为中国东部陆内汇聚构造体系的重要组成部分。构造事件产生的构造形迹在空间上发生复合和联合，造就了四川盆地及其周缘复杂的构造组合样式。

（6）基于雪峰山地区沅麻盆地断层滑动矢量分析和古构造应力场反演、湖南衡山拆离断裂几何学、运动学和构造年代学分析、东南沿海岩浆-变质带放射性同位素年代学测试分析结果，完整建立了华南中东部地区白垩纪构造应力场演化历史、构造-岩浆演化序列，精确确定了华南地区区域性伸展构造作用的起始时代为 137 Ma B. P.，并将华南白垩纪构造-岩浆演化描述为三个伸展-挤压反转阶段：138~118 Ma B. P. NW-SE 向伸展和随之发生的 118~110 Ma B. P. NW-SE 向挤压、110~87 Ma B. P. 近 WE 向伸展和相继的 WE 向挤压反转、86~50 Ma B. P. NE-SW 向伸展和随之发生的 NE-SW 向构造反转。这个构造-岩浆演化序列为华南地区白垩纪大地构造和动力学研究提供了坚实的构造学基础。

（7）综合雪峰山构造带白马山岩体及其东缘衡山岩体的岩体侵位年龄、磷灰石裂变径迹、锆石（U-Th）/He 与 $^{40}Ar/^{39}Ar$ 定年等分析，获得本区主要经历三期快速冷却抬升阶段：①约 215~180 Ma B. P.，即晚三叠世到早侏罗世，可能为印支期陆-陆碰撞造山作用在雪峰山构造带的具体响应；②约 160~120 Ma B. P.，即中侏罗世末期或者晚侏罗世至早白垩世，可能与华南大陆中生代陆内造山有关；③约 100~60 Ma B. P.，即晚白垩世—古近纪，与华南强烈构造伸展活动一致。

（8）沅麻盆地不同地层单元中断层滑动矢量观测和反演结果统计分析表明，沅麻盆地晚中生代—早新生代共经历了五期古构造应力场的交替和演化：中侏罗世 EW 向挤压，早白垩世早期 NW-SE 向伸展，早白垩世晚期 NW-SE 向挤压，晚白垩世—古近纪早期 SN 向伸展和古近纪末期 NE-SW 向挤压。这些古构造应力场资料证实：沅麻盆地中侏罗世—早白垩世构造演化与古太平洋板块向亚洲大陆俯冲作用有关；晚白垩世—古近纪早期构造演化与古太平洋和印度板块向亚洲大陆的联合俯冲作用有关；古近纪末期构造演化则与印度板块和亚洲大陆的碰撞作用有关。

（9）确定了华南大陆中部衡山低角度断裂带的几何学和运动学特征。衡山主拆离断裂南部下盘发育低角度韧性剪切带，以广泛发育的糜棱面理和矿物拉伸线理为典型特征。在剪切带北部，糜棱面理走向 NE-SW，拉伸线理走向 NW-SE，运动方向为"top-to-NW"伸展剪切；在剪切带南部，糜棱面理走向 NW-SE，拉伸线理走向 NE-SW，运动方向为"top-to-SW"伸展剪切。剪切带内同构造期钠长岩脉体的锆石 U-Pb 年代学及糜棱岩中白云母 $^{40}Ar/^{39}Ar$ 年代学研究证实，衡山低角度伸展剪切变形起始于 136 Ma B. P.，并持续至 97 Ma B. P.。衡山地区初始地壳伸展剪切变形（136 Ma B. P.）比最年轻的白石峰花岗岩体（151～150 Ma B. P.）的侵位晚 15 Ma B. P.，暗示衡山缺少同构造期花岗质岩体的侵位。衡山杂岩为一个典型的伸展穹窿或低角度拆离断裂带，而非变质核杂岩构造。本书研究不仅证实华南晚中生代大规模地壳伸展作用起始于 136 Ma B. P.，更为理解大陆伸展过程中上–中地壳的变形样式提供了很好的参照。

第三章　华北地区中生代构造演化与动力学过程

第一节　概　　述

华北地区是我国现代地质学的发祥地，中生代构造、岩浆作用极为特征和发育。同时中生代内生金属及非金属成矿作用也具有重要的意义，如胶东地区、小秦岭、张家口地区及赤峰地区是我国重要的金属矿床密集区。华北及中国东部中生代岩石圈减薄及构造转制问题是国内外关注的研究热点之一。

中国东部中生代，特别是侏罗纪以来的构造演化、岩石圈减薄、构造转折及其成因机制研究是国内外近期研究的热点问题之一。作为中国东部的主要组成部分，华北东部是开展这一问题的主要研究地区之一。"燕山运动"作为中国东部中生代构造变形的典型，在东北亚的构造格局以及大陆变形机制具有重要的意义，几十年来在我国被广泛应用，并在构造运动波及范围、精细过程与定年和动力学起因等方面不断发展和进步。但目前关于"燕山运动"的性质、成因及时限仍存在有明显的分歧。崔盛芹等（1999，2002）提出印支运动与燕山运动之间连续性的观点，认为自印支运动开始，濒太平洋构造带的活动性加强，到燕山期达到高潮，将印支运动视为燕山运动的前奏。赵越等（1994，2004a）则强调燕山运动是特提斯构造域向太平洋构造域和动力体制转变的产物。董树文等（2000，2007）认为"燕山运动"的实质是围绕华北地块启动的晚侏罗世板块多向会聚体制，以陆内变形和陆内造山为特征，是东亚多板块同时汇聚作用的结果。Davis等（2001）认为燕山运动是北方蒙古–鄂霍次克海关闭、向南推挤缩短和太平洋向西俯冲作用交替影响的结果。翟明国等（2004）强调华北中生代构造转换不是陆内造山结果，而是与周边块体夹击引起华北地幔大规模上隆有关。张宏仁（2000）则提出了中侏罗世天体事件引发燕山运动的观点。关于"燕山运动"的时限，郑亚东（2000）及Davis等（2001）认为燕山地区广泛的伸展变形主要白垩纪中期（120 Ma B. P. 之后），而侏罗纪—早白垩世期间以挤压变形为主。赵越等（2004a）根据中侏罗世日本海沟增生楔和东亚火山弧的出现，认为作为燕山运动主幕构造转换时代为中侏罗世。翟明国等（2004）认为华北东部中生代构造体制转折始于150～140 Ma B. P.，终于110～100 Ma B. P.，峰期是120～110 Ma B. P.，总体上是由挤压构造体制转化为伸展构造体制，由EW向转变为NNE向的盆岭构造格局。董树文等（2007）认为燕山运动起始于约（165±5）Ma B. P. 之前，结束于83 Ma B. P.，并将其划分为三个演化阶段；强挤压–陆内造山期（165～136 Ma B. P.）；主伸展–岩石圈减薄期（135～100 Ma B. P.）；弱挤压变形期（100～83 Ma B. P.）。张岳桥等（2007）通过综合分析对比华北地区侏罗纪地层、岩浆活动序列和构造变形事件，认为华北侏罗纪大地构造发展经历了早、中、晚三阶段演化历史：早侏罗世早期挤压阶段（205～191 Ma B. P.），缺乏侵入岩浆活动，华北地块内部发生区域隆升和剥蚀，其代表性的标志是鄂尔多斯盆地和合肥盆地下侏罗统底部的侵蚀不整合面。早—中侏罗世弱伸展 [190～（165±5）Ma B. P.]，该阶段构造相对比较平静，华北地块岩石圈处于弱伸展状态，表现为：①沿燕–辽构造带和郯庐断裂带两侧，发生幔源岩浆侵入和基性到酸性火山喷发；②沿阴山–燕山构造带，发生强烈的地壳引张和形成伸展盆地；③华北地块整体发生沉降，形成一个统一的含煤拗陷，覆盖了现今的鄂尔多斯盆地、山西高地和华北平原。垂向差异抬升和下降控制着早—中侏罗世地层的沉积。鄂尔多斯盆地及其周缘地区的正断层发育，它们继承了华北地块基底 WE 向构造，引张方向为 NS 向至 NNE–SSW 向。中—晚侏罗世多向挤压阶段 [（165±5）～136 Ma B. P.]，自中侏罗世晚期开始，区域板块运动学发生重大调整，东亚构造体制发生重大转换，华北地块遭受多向挤压变形，早—中侏罗世形成的大型统一含煤盆地发生肢解，华北地块构造发生东西分异，鄂尔多斯盆地由此形成。

近些年众多的岩石学研究结果表明，华北克拉通东部在中生代以来发生了明显的岩石圈减薄及破坏，这种深部的岩石圈减薄过程必然伴随有与地壳表层构造变形。但向对岩石学工作而言，构造地质学研究工作仍然相对薄弱。因此需要从多学科角度（构造地质学、岩石学、同位素年代学、地球化学、沉积学及地球物理学等）来对这一问题进行深入研究。

第二节　三叠纪挤压变形与造山作用

一、早—中三叠世变形

早—中三叠世构造变形主要发生在华北北缘阴山–燕山构造带 [图 3.1（a）]。糜棱岩 $^{40}Ar/^{39}Ar$ 数据表明华北克拉通北缘 EW 向的尚义–赤城、丰宁–隆化、黑里河–宋三家和法库韧性剪切带在早—中三叠世经历了挤压构造变形（王瑜，1996；刘伟等，2003；Zhang X. H. et al.，2005；张晓东，2008；万加亮，2012）。阴山–燕山构造带近 EW 向褶皱以及晚三叠世地层与下伏地层之间的角度不整合表明晚三叠世之前该地区经历了近 SN 向的挤压作用（河北省地质矿产局，1989；刘正宏、徐仲元，2003）。燕山东段辽西太阳沟地区发现有 NW–W 向逆冲断裂，断裂活动早于锆石 U-Pb 年龄为 （230±3）Ma 的水泉沟组火山岩（胡健民等，2005；Hu J. H. et al.，2010）。燕山中部马兰峪复背斜和蓟县逆冲断裂可能形成于早—中三叠世（马寅生等，2007；李海龙等，2008）。在华北东部的辽东半岛，新元古代—二叠纪地层卷入变形的大型褶皱构造形成于 250～219 Ma B. P. 期间，反映了近 SN 向收缩变形体制，其形成可能与华北地块与扬子地块之间的陆–陆碰撞作用有关（许志琴等，1991；杨天南等，2002；邴志波、王宗秀，2004；Yang T. N. et al.，2011）。

二、晚三叠世—早侏罗世变形

华北克拉通北缘构造样式从早—中三叠世近 SN 向或 NE-SW 向收缩构造样式变成晚三叠世末期伸展构造样式。在鄂尔多斯盆地西北缘，晚三叠世伸展构造控制了贺兰山和桌子山晚三叠世沉积地层（Liu，1998；Ritts et al.，2004）。此外，在索伦缝合带附近的内蒙古苏尼特左旗有晚三叠世变质核杂岩的报道（Davis et al.，2004），赤峰地区有 NE-SW 向拉伸线理构造，同构造闪长岩和糜棱岩年代学研究表明伸展构造作用发生在 228～219 Ma B. P.（刘正宏等，2011）。然而中—晚三叠世期间华北南缘则经历了挤压构造作用，以 EW 向到 NWW-SEE 向逆冲断层和褶皱为代表（徐汉林等，2003；孙晓猛等，2004）。

早侏罗世变形是三叠纪构造变形的延续，仅在华北北部和东部局部地区有所报道。虽然有少数早侏罗世逆冲断裂的报道（徐刚等，2003；Davis et al.，2009；Liu et al.，2012），但华北北部该时期主要以伸展型构造为主（Zhang Y. Q. et al.，2008 Y. Q.；Davis et al.，2009）。在辽西地区也发现了与晚三叠世—早侏罗世伸展构造作用相关的大规模重力崩滑流沉积（胡健民等，2005；Davis and Darby，2010；Hu J. M. et al.，2010），形成晚三叠世—早侏罗世邓杖子组，其沉积盆地性质可能为半地堑型盆地（Davis and Darby，2010；Hu J. M. et al.，2010）。马文璞和刘昂昂（1986）提出北京西山晚三叠世—早侏罗世 NNE 向沉积盆地为裂谷型沉积盆地。同样的，在华北北缘中段内蒙古大青山地区也发现了近 EW 向展布的早侏罗世裂陷盆地（Ritts et al.，2001；Darby et al.，2001；Meng，2003）。构造分析和年代学结果表明辽东半岛大连地区 EW 向韧性剪切带变形发生在早侏罗世（王宗秀等，2000；Li et al.，2007b）。晚三叠世—早侏罗世 NWW 向逆冲构造在胶东地区也有报道（Zhang H. Y. et al.，2007）。

第三节　晚侏罗世—早白垩世陆内造山与"燕山运动"

华北地区中—晚侏罗世构造变形是以大规模逆冲和褶皱构造为特征的挤压构造［图3.1（c）、图3.2（a）～（h），表3.1］。中—晚侏罗世逆冲和褶皱构造主要分布在以下几个地区：①华北克拉通北缘阴山-燕山构造带（葛肖虹，1989；赵越，1990；和政军等，1998；Chen，1998；Davis et al.，1998，2001；Zheng Y. D. et al.，1998；马寅生等，2002；崔盛芹等，2002；张长厚等，2002，2011；杜菊民等，2005；和政军等，2007；李刚、刘正宏，2009）；②北京西山和太行山北段（徐志斌、洪流，1996；孙占亮等，2004；张长厚等，2006，2011；赵祯祥、杜晋峰，2007）；③环鄂尔多斯盆地（汤锡元等，1988；陈刚、周鼎武，1994；Liu，1998；Darby and Ritts，2002；张进等，2004；张晓东，2008，张珂等，2009）；④华北克拉通南缘（Liu et al.，2001；高金慧等，2006）；⑤华北克拉通东南缘的徐州-苏州地区（徐树桐等，1987，1993；舒良树等，1994；王桂梁等，1998；陈云棠、舒良树，2000）；⑥辽东半岛和胶东半岛①（杨中柱等，2000；张田、张岳桥，2008）。在华北克拉通大部分地区，该时期的逆冲断层往往切过中—晚侏罗世火山-沉积地层，并被早白垩世火山岩覆盖，或被早白垩世侵入岩侵入。华北东部郯庐断裂在该时期主要以逆冲断裂和左行平移作用为主（葛肖虹，1989；万天丰、朱鸿，1996；张岳桥等，2008；Zhu G. *et al.*，2010）。

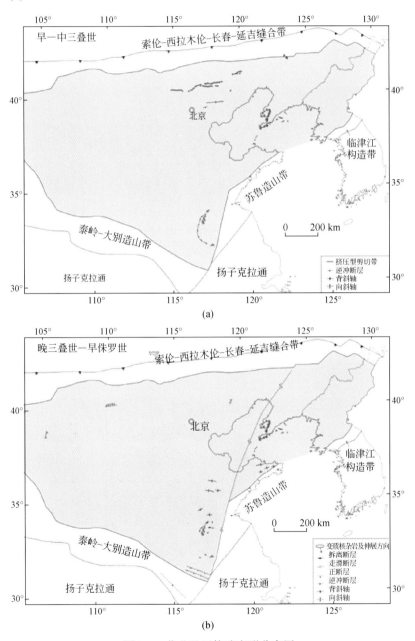

图 3.1　华北地区构造变形分布图

---

① 辽宁省地质调查院，2002，丹东幅及东港幅 1∶25 万地质图（K51C004003、K51C001003）及说明书。

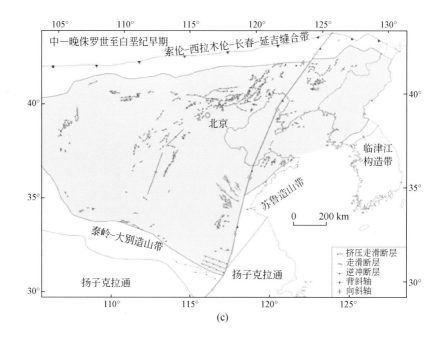

(c)

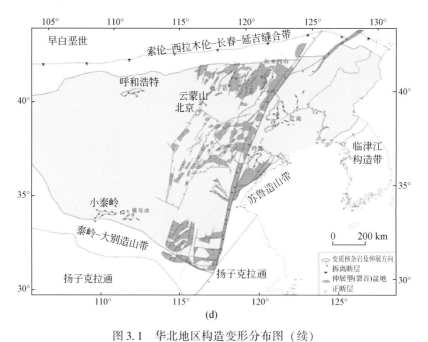

(d)

图 3.1 华北地区构造变形分布图（续）

（a）早—中三叠世；（b）晚三叠世—早侏罗世；（c）中—晚侏罗世至白垩纪早期；

（d）早白垩世变质核杂岩及裂谷盆地

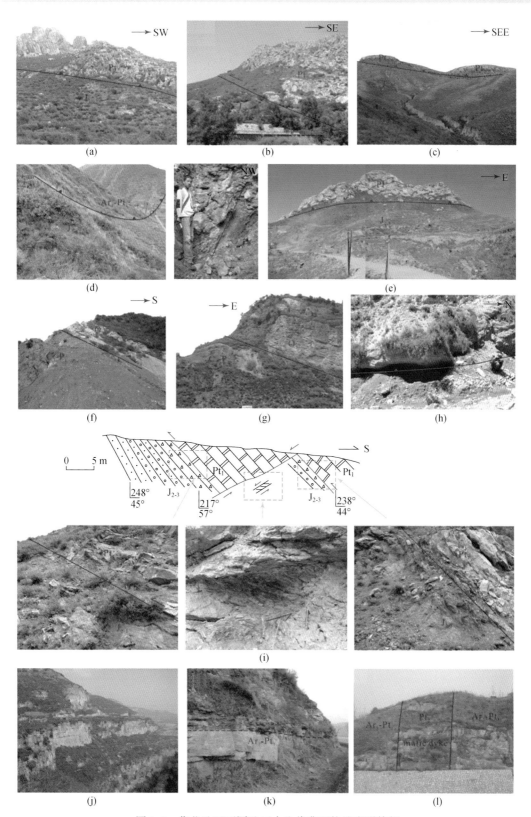

图 3.2　华北地区不同地区中生代典型构造变形特征

表 3.1 华北克拉通中—晚侏罗世至白垩纪早期典型逆冲推覆构造及其特征

断裂带名称	上盘组成	下盘组成	逆冲方向	变形时间	文献来源
阴山:					
温更	三叠纪花岗岩及新元古代沉积岩	中侏罗世沉积岩	SE	晚侏罗世	李刚和刘正宏, 2009
色尔腾山	新太古代变质岩及中元古代沉积岩	早—中侏罗世沉积岩	S 或 N	晚侏罗世	朱绅玉, 1997; 陈志勇等, 2000
大青山东部	古元古代变质岩	中—晚侏罗世沉积岩	NNW	晚侏罗世—白垩纪早期	朱绅玉, 1997; Zheng et al., 1998
大青山西部	新太古代—古元古代变质岩	早—中侏罗世沉积岩	NNW	中侏罗世晚期	杜菊民等, 2005
燕山—辽西:					
鸡鸣山	中元古代及寒武纪沉积岩	早—中侏罗世沉积岩	N—NW	晚侏罗世	葛肖虹, 1989
下花园—麻峪口	中元古代沉积岩	晚侏罗世火山岩及沉积岩	NW	晚侏罗世—白垩纪早期	张长厚等, 2006
尚义	中元古代沉积岩	中—晚侏罗世沉积岩	S	晚侏罗世	
小蒜沟	新太古代—古元古代变质岩	晚侏罗世火山岩及沉积岩	NNW	晚侏罗世	
鹰手营子	奥陶纪灰岩	晚石炭纪—早二叠世沉积岩	N	晚侏罗世	
十三陵	中元古代沉积岩	晚侏罗世火山岩及寒武纪—奥陶纪沉积岩	NNW	晚侏罗世	
古北口	新太古代—古元古代变质岩	晚侏罗世沉积岩	S	晚侏罗世	
千家店	中元古代沉积岩	晚侏罗世沉积岩	SE	晚侏罗世—白垩纪早期	
沙梁子	中元古代沉积岩	晚侏罗世火山岩	SE	晚侏罗世—白垩纪早期	
承德	中元古代及中—晚侏罗世沉积岩	中—晚侏罗世沉积岩	NNW	晚侏罗世—白垩纪早期	Davis et al., 2001
兴隆	新太古代—古元古代变质岩及中元古代沉积岩	中元古代沉积岩	S 或 NWW	晚侏罗世	Davis et al., 2001
凌源—北票	新太古代—古元古代变质岩及中元古代沉积岩	中—晚侏罗世火山岩及沉积岩	SE	晚侏罗世	辽宁省地质调查院, 2004a[①], 2004b[②]
朝阳—瓦房子	中元古代及寒武纪沉积岩	中—晚侏罗世火山岩及沉积岩	SE	晚侏罗世	辽宁省地质调查院, 2004b[②]
牛营子—瓦房店	中元古代及寒武纪沉积岩	中—晚侏罗世火山岩及沉积岩	SE	晚侏罗世	辽宁省地质调查院, 2004a[①]

续表

断裂带名称	上盘组成	下盘组成	逆冲方向	变形时间	文献来源
水泉-平泉	中元古代沉积岩	中—晚侏罗世火山岩及沉积岩	SE	晚侏罗世	中国地质大学（北京）地质调查院，2002③
河坎子-南沟营子	中元古代沉积岩	三叠纪沉积岩及晚侏罗世火山岩	SE	晚侏罗世	中国地质大学（北京）地质调查院，2002③
暖池塘-黄土坎子	中元古代沉积岩	中元古代—三叠纪沉积岩及早侏罗世火山岩	SE	晚侏罗世	辽宁省地质调查院，2004b②；张长厚等，2011
北京西山-太行山北部：					
南大寨-八宝山	中元古代沉积岩	石炭-二叠纪及早—中侏罗世沉积岩	NW	晚侏罗世	
长操-霞云岭	中元古代沉积岩	中元古代沉积岩	NW	晚侏罗世	
教军场-大安山	中元古代、寒武-奥陶纪及石炭-二叠纪沉积岩	寒武-奥陶纪及石炭-二叠纪沉积岩和早-中侏罗世火山岩	NW 或 S	晚侏罗世	
系舟山	新太古代—古元古代变质岩及中元古代和寒武纪—奥陶纪沉积岩	寒武-奥陶纪沉积岩	SE	晚侏罗世	孙占亮等，2004
灵丘	中元古代沉积岩	中—晚侏罗世沉积岩	SE	晚侏罗世	
鄂尔多斯盆地北缘：					
石合拉沟	古元古代变质岩	中三叠世沉积岩	S	晚侏罗世	刘正宏等，2004
鄂尔多斯盆地西缘：					
桌子山东麓-铁克苏庙	新太古代—古元古代变质岩及中元古代寒武纪—奥陶纪沉积岩	石炭-二叠纪及中—晚侏罗世沉积岩	E	晚侏罗世	张进等，2004；赵红格，2003
岗德尔山东麓	中元古代、寒武纪-奥陶纪及石炭纪-二叠纪沉积岩	二叠纪-早三叠世沉积岩	E	晚侏罗世	张进等，2004；赵红格，2003
小松山	奥陶纪灰岩	三叠纪及早-中侏罗世沉积岩	E	晚侏罗世	Liu，1998；孙保平，2007
鄂尔多斯盆地东缘：					
鹅毛口	新太古代-古元古代变质岩	寒武-奥陶纪、石炭-二叠纪及中侏罗世沉积岩	NW	晚侏罗世	

续表

断裂带名称	上盘组成	下盘组成	逆冲方向	变形时间	文献来源
东寨	奥陶纪灰岩	奥陶纪灰岩及石炭—二叠纪沉积岩	NWW	晚侏罗世	
刘家村-汉高山	新太古代—古元古代变质岩及中元古代沉积岩	新太古代—古元古代变质岩及寒武—奥陶纪沉积岩	SEE	晚侏罗世	
鄂尔多斯盆地南缘：					
口镇	奥陶纪及二叠纪沉积岩	二叠纪—三叠纪沉积岩	N	晚侏罗世	陈刚，周鼎武，1994
合肥盆地（隐伏断层）：					
六安	新元古代—早古生代佛子岭岩群	中—晚侏罗世沉积岩	NNE	中—晚侏罗世	孙晓猛等，2004；高金慧等，2006
蜀山	新元古代—早古生代佛子岭岩群	中—晚侏罗世沉积岩	NNE	中—晚侏罗世	孙晓猛等，2004；高金慧等，2006
固始-肥中	新元古代—早古生代佛子岭岩群	中—晚侏罗世沉积岩	NNE	中—晚侏罗世	孙晓猛等，2004；高金慧等，2006
颍上-定远	新元古代—早古生代佛子岭岩群	中—晚侏罗世沉积岩	NNE	中—晚侏罗世	孙晓猛等，2004；高金慧等，2006
徐州-宿州：					
徐州-宿州	古元古代变质岩、新元古代及寒武-奥陶纪沉积岩	新元古代、寒武-奥陶纪及二叠纪沉积岩-早三叠纪沉积岩	NW	中三叠世—中侏罗世	徐树桐等，1987，1993；舒良树等，1994；王桂梁等，1998；陈云棠，舒良树，2000
辽东：					
赛马	古元古代变质岩、新元古代及寒武-奥陶纪沉积岩	新元古代、寒武-奥陶纪及中侏罗世沉积岩	N	晚侏罗世	辽宁省地质调查院，2002
玄羊-暖阳	古元古代变质岩、新元古代沉积岩	早—中侏罗世沉积岩	N	晚侏罗世	辽宁省地质调查院，2002
云台	古元古代变质岩及新元古代沉积岩	寒武纪及早侏罗世沉积岩	N	中—晚侏罗世	杨中柱等，2000
胶东：					
招远-平度	古元古代变质岩及中侏罗世花岗岩	古元古代变质岩及中侏罗世花岗岩	NW—SE	中—晚侏罗世	张田，张岳桥，2007，2008

注：①辽宁省地质调查院，2004a，建平幅1：25万地质图（K51C003004）及说明书；②辽宁省地质调查院，2004b，锦州幅1：25万地质图（K51C003004）及说明书；③中国地质大学（北京）地质调查院，2002，青龙幅1：25万地质图（K50C004004）及说明书。

尽管中—晚侏罗世构造变形在华北克拉通广泛分布，但是该期构造在空间展布上较为分散。尽管变形时间较为一致，但逆冲构造变形的方向却很不一致，该期构造可能受到多重构造体制的制约。大型基底岩石卷入的 NEE-SWW 到 EW 向逆冲构造在阴山-燕山构造带广泛分布（表3.1）。自西向东，逆冲断裂和褶皱走向由仅 EW 向变为 EN-SW 向，逆冲方向也不尽相同。北京西山和太行山北段主要以近 EW 向到 NE-SW 向褶皱和逆冲断裂为主，构造变形的强度具有从北向南减弱的趋势。环鄂尔多斯盘底中—晚侏罗世逆冲断层和褶皱的走向多与盆地边缘近平行，华北南缘中—晚侏罗世逆冲构造和褶皱走向多为 NWW 向并且与秦岭-大别造山带平行（Liu S. F. et al. , 2001；高金慧等，2006）。徐州-蚌埠逆冲推覆构造是华北东南缘大型薄皮构造，虽然起始变形在三叠纪，但在中—晚侏罗世也有明显活动，主要运动方向自 SE 向 NW（舒良树等，1994；王桂梁等，1998；陈云棠、舒良树，2000）。

第四节　白垩纪伸展作用与岩石圈垮塌

华北克拉通早白垩世变形主要以伸展型沉积盆地和变质核杂岩为主 [图3.1（d）]，变质核杂岩在华北克拉通的南缘的熊耳山、小秦岭、东缘的胶东玲珑、辽南、北缘的医巫闾山、赤峰楼子店、云蒙山和呼和浩特等地皆有产出（胡正国、钱壮志，1994；Davis et al. , 1996，2002，2010；杨中柱等，1996；Liu S. W. et al. , 1998；张进江等，2003；Wang X. S. et al. , 2004；王新社、郑亚东，2005；Liu et al. , 2005，2011；Yang. et al. 2007；Lin W. et al. , 2008a，2011；Charles et al. , 2011；Wang et al. , 2011，2012；Zhang B. L. et al. , 2012）。类似的伸展构造变形在东北亚地区非常常见，构成了巨大的东北亚早白垩世伸展构造省（Wang et al. , 2011）。郯庐断裂带在早白垩世期间主要以正断层活动和伸展变形为主（王小凤等，2000；陈宣华等，2000；张岳桥、董树文，2008；Zhu G. et al. , 2010）。早白垩世伸展构造具有较为统一的伸展方向，为 NW-SE 向伸展，与东北亚伸展构造省的伸展方向一致（Wang et al. , 2011）。

华北地区一些晚侏罗世逆冲构造活动一直持续到早白垩世，局部可见逆冲构造与伸展构造近乎同期发展的现象（Qi G. W. et al. , 2007；张进江等，2009），但是更多的证据表明伸展构造主要发生在挤压构造之后（Davis and Darby，2010；Wang et al. , 2011；张长厚等，2011；Lin et al. , 2013a，2013b）。在阴山地区可见晚侏罗世—早白垩世大青山逆冲岩片被低角度正断层切割 [图3.2（i）]，清楚地表明伸展变形发生在逆冲构造变形之后。

从华北克拉通中生代岩浆作用和构造变形的时空分布特征看，华北克拉通岩石圈减薄和去克拉通化过程具有明显的穿时性。岩石圈减薄和克拉通破坏在其北部和东部边缘始于中—晚三叠世，对应于周缘造山带的后碰撞岩石圈拆离作用。岩石圈拆离作用同时伴随着：①华北北缘和东缘出现大量中—晚三叠世 A 型花岗岩、碱性岩和镁铁质-超镁铁质岩石 [图3.1（c）]；②华北克拉通北缘和中亚造山带南部晚三叠世—早侏罗世伸展构造变形 [图3.1（b）]。华北克拉通东部晚三叠世岩石圈减薄可能是扬子、华北两大板块之间陆-陆碰撞导致大陆地壳加厚继而引发岩石圈拆沉（Yang J. H. et al. , 2007，2010；Yang and Wu，2009）。与之类似，华北北缘在中—晚三叠世也发生了岩石圈减薄作用，可能的构造背景是古亚洲洋闭合，蒙古弧陆块与华北克拉通沿索伦缝合带碰撞导致俯冲加厚的岩石圈地幔拆离（Zhang S. H. et al.，2009b，2012b）。华北克拉通北缘早—中生代伸展型断层、伸展型盆地、深部岩石的快速剥露和大规模成矿作用也表明华北北缘在早—中生代经历了岩石圈减薄和去克拉通化过程（Zhang S. H. et al.，2012b）。与克拉通边缘不同的是，华北东部和中部地区破坏过程主要发生在中生代晚期。燕山构造带、辽东和朝鲜半岛北部可能经历了中—晚三叠世和早白垩世两期岩石圈改造事件。

中—晚侏罗世，华北克拉通在多向汇聚构造体制下广泛发育褶皱-逆冲构造以及来源于古老下地壳的埃达克质岩石，表明该时期华北克拉通具有显著地岩石圈加厚（董树文等，2008；张岳桥等，2007a；Zhang Y. Q. et al.，2008），这对中生代晚期的岩石圈减薄和去克拉通化过程提供了条件。至早白垩世，岩石圈减薄达到高峰，主要地质表现包括：①大规模 A 型花岗岩、碱性岩和相关镁铁质-超镁铁质岩石的出现（Wu F. Y. et al.，2005a；Zhu R. Y. et al.，2012；Zhang H. F. et al.，2012；Yang J. H. et al.，2012）；②变质核杂岩形成（Davis et al.，1996，2002；Liu J. L. et al.，2005；Lin W. et al.，2008；Wang T. et al.，2011）；③大规模金属成矿作用（华仁民等，1999；Yang et al.，2003；毛景文等，2003）；④伸展型盆地出现（Ren et al.，2002；Meng，2003；Graham et al.，2012）。从中生代早期到晚期，华北克拉通破坏具有从东部和北部边缘逐渐向克拉通中东部延伸的过程。此外，中生代岩浆作用和构造变形的时空分布存在明显差异，这些地质事实表明华北克拉通岩石圈减薄和去克拉通化过程可能受周缘造山作用的影响比较强烈，其本身规模可能也加速了去克拉通化过程。

白垩纪变质核杂岩构造在华北大陆呈面状广泛分布，暗示华北大陆白垩纪经历了强烈的地壳伸展和隆升剥蚀作用（Liu J. L. et al.，2005；Yang J. H. et al.，2007；Lin W. et al.，2011；Wang T. et al.，2011，2012；Zhang B. L. et al.，2012）。这期地壳伸展事件波及整个华北大陆，其诱发了大规模的岩浆活动，并导致了一系列断陷盆地的形成，所形成的伸展盆地-岩浆岩覆盖总面积累计达 3000000 km^2（Wang T. et al.，2011）。更引人注意的是，这期伸展作用造成华北克拉通岩石圈明显减薄大于 80km（Menzies and Xu，1998；Griffin et al.，1998；Wu F. Y. et al.，2005a；Lin W. et al.，2011）。

第五节　华北中生代构造-岩浆-沉积序列与动力学过程

一、华北地区中生代岩浆作用的时空分布

1. 中生代岩浆岩空间分布

中生代（三叠纪—侏罗纪）岩浆岩在华北地区广泛分布（图3.3）。表3.2～表3.4列出了项目组最新获得的 SHRIMP 和 LA-ICP-MS 锆石 U-Pb 定年结果，结合前人报道的锆石 U-Pb 年龄和 ^{40}Ar/^{39}Ar 年龄，可将华北地区中生代岩浆岩划分为早三叠世、中—晚三叠

表 3.2　华北地区中生代岩浆岩锆石及斜锆石 SHRIMP（SIMS）U-Pb 测年结果

测点	$^{206}Pb_c$ /%	U /ppm	Th /ppm	Th/U	^{204}Pb/^{206}Pb	$^{206}Pb^*$/^{238}U	±1σ /%	$^{207}Pb^*$/^{235}U	±1σ /%	$^{207}Pb^*$/$^{206}Pb^*$	±1σ /%	$^{206}Pb^*$/^{238}U 年龄/Ma	±1σ	$^{207}Pb^*$/^{235}U 年龄/Ma	±1σ	$^{207}Pb^*$/$^{206}Pb^*$ 年龄/Ma	±1σ
样品 07235-1（锆石）																	
1.1	0.54	437	143	0.34	0.00030	0.0528	3.12	0.467	3.53	0.0642	1.66	401	6	389	11	319	50
2.1	2.23	147	127	0.89	0.00121	0.0523	13.3	0.253	13.5	0.0351	2.01	223	4	229	28	300	265
3.1	0.49	468	283	0.62	0.00027	0.0552	3.78	0.549	4.05	0.0722	1.47	449	6	445	15	420	64
4.1	5.92	61	84	1.42	0.00322	0.0490	35.6	0.234	35.7	0.0346	2.97	219	6	213	69	147	562
5.1	0.44	442	412	0.96	0.00024	0.0500	3.52	0.242	3.84	0.0351	1.53	222	3	220	8	197	61
6.1	1.71	97	70	0.74	0.00093	0.0519	12.8	0.268	13.0	0.0375	2.12	237	5	241	28	281	254
6.2	0.44	79	50	0.66	0.00024	0.0491	7.30	0.250	7.59	0.0369	2.09	234	5	227	15	154	132
7.1	0.14	115	92	0.82	0.00011	0.1613	0.79	11.121	1.74	0.5002	1.55	2615	33	2533	16	2469	13
8.1	1.17	246	130	0.55	0.00064	0.0546	7.54	0.293	7.72	0.0390	1.65	247	4	261	18	395	145
9.1	0.26	120	89	0.77	0.00018	0.1143	1.42	5.921	2.10	0.3757	1.55	2056	27	1964	18	1869	18
10.1	2.84	131	121	0.95	0.00155	0.0498	16.0	0.256	16.1	0.0373	2.08	236	5	232	33	186	292
11.1	4.06	1245	459	0.38	0.00219	0.0478	12.5	0.126	12.6	0.0192	1.52	122	2	121	14	87	238
12.1	1.96	463	155	0.35	0.00107	0.0520	10.1	0.276	10.2	0.0384	1.64	243	4	247	22	286	200
13.1	5.11	155	116	0.78	0.00282	0.0516	26.0	0.399	26.2	0.0562	2.48	352	8	341	76	267	437
14.1	0.31	1049	304	0.30	0.00018	0.0588	1.45	0.797	2.02	0.0983	1.40	604	8	595	9	560	22
15.1	0.91	177	110	0.64	0.00050	0.0481	13.5	0.268	13.6	0.0404	1.96	256	5	241	29	103	246
16.1	2.67	48	40	0.87	0.00146	0.0540	30.1	0.323	30.3	0.0434	3.21	274	9	285	75	372	509
17.1	2.49	180	120	0.69	0.00136	0.0536	12.6	0.265	12.7	0.0359	1.92	227	4	239	27	356	252
18.1	0.22	354	52	0.15	0.00013	0.0922	1.04	2.915	1.78	0.2291	1.44	1330	17	1386	13	1473	15
19.1	2.29	75	46	0.64	0.00126	0.0575	13.8	0.475	14.0	0.0600	2.09	376	8	395	46	509	276
20.1	0.69	247	67	0.28	0.00041	0.0778	2.30	2.066	2.75	0.1926	1.50	1135	16	1138	19	1142	31
21.1	0.47	599	186	0.32	0.00026	0.0543	3.30	0.528	3.61	0.0705	1.48	439	6	430	13	385	55
22.1	7.78	454	584	1.33	0.00425	0.0505	26.7	0.258	26.8	0.0371	2.07	235	5	233	56	218	442

续表

测点	$^{206}Pb_c$ /%	U /ppm	Th /ppm	Th/U	$^{204}Pb/^{206}Pb$	$^{206}Pb^*/^{238}U$	±1σ /%	$^{207}Pb^*/^{235}U$	±1σ /%	$^{207}Pb^*/^{206}Pb^*$	±1σ /%	$^{206}Pb^*/^{238}U$ 年龄/Ma	±1σ	$^{207}Pb^*/^{235}U$ 年龄/Ma	±1σ	$^{207}Pb^*/^{206}Pb^*$ 年龄/Ma	±1σ
样品 07245-3（锆石）																	
1.1	1.08	976	1461	1.55	0.00060	0.0507	4.42	0.225	4.60	0.0322	1.27	204	3	206	9	229	83
2.1	1.86	383	113	0.30	0.00103	0.0479	8.63	0.236	8.76	0.0357	1.51	226	3	215	17	95	167
3.1	2.11	177	137	0.80	0.00117	0.0474	13.0	0.247	13.2	0.0379	1.75	240	4	224	27	68	237
4.1	1.69	347	310	0.92	0.00094	0.0518	8.03	0.249	8.17	0.0349	1.50	221	3	226	17	276	158
5.1	4.15	610	605	1.02	0.00230	0.0550	11.9	0.248	12.0	0.0326	1.44	207	3	225	24	414	245
6.1	1.31	375	986	2.72	0.00072	0.0458	7.68	0.223	7.82	0.0353	1.48	223	3	204	14		
7.1	1.15	501	468	0.96	0.00064	0.0517	5.43	0.250	5.61	0.0351	1.37	222	3	227	11	274	104
8.1	0.77	773	3806	5.09	0.00043	0.0483	4.89	0.217	5.06	0.0326	1.30	207	3	199	9	112	90
9.1	0.68	693	5267	7.85	0.00037	0.0518	4.09	0.240	4.31	0.0337	1.38	213	3	219	8	275	73
10.1	1.32	264	94	0.37	0.00073	0.0520	6.89	0.375	7.05	0.0522	1.48	328	5	323	20	287	134
11.1	0.76	691	361	0.54	0.00042	0.0499	3.98	0.242	4.19	0.0352	1.30	223	3	220	8	192	73
12.1	3.93	481	607	1.30	0.00218	0.0473	14.5	0.204	14.5	0.0313	1.52	198	3	188	25	63	263
13.1	0.86	820	175	0.22	0.00048	0.0501	4.56	0.228	4.76	0.0330	1.36	209	3	209	9	200	85
14.1	14.70	117	43	0.38	0.00814	0.0555	56.0	0.290	56.2	0.0379	4.04	240	10	258	128	431	993
15.1	0.30	3500	12388	3.66	0.00017	0.0504	1.97	0.194	2.33	0.0279	1.24	177	2	180	4	213	31
样品 07245-3（斜锆石）																	
1.1	0.00	2107	57	0.03	0.00000	0.0512	0.72	0.259	2.96	0.0367	2.87	233	7	234	6	248	17
2.1	0.13	1123	18	0.02	0.00007	0.0519	1.22	0.282	3.12	0.0394	2.87	249	7	252	7	283	28
3.1	0.00	3696	159	0.04	0.00000	0.0512	0.53	0.287	2.92	0.0407	2.87	257	7	257	7	249	12
4.1	0.00	3238	85	0.03	0.00000	0.0510	0.66	0.265	2.95	0.0377	2.87	238	7	238	6	239	15
5.1	1.68	1245	46	0.04	0.00090	0.0517	15.3	0.265	15.6	0.0372	2.87	235	7	239	34	272	317
6.1	0.00	1107	32	0.03	0.00000	0.0501	0.95	0.269	3.02	0.0390	2.87	247	7	242	7	199	22

续表

测点	$^{206}Pb_c$ /%	U /ppm	Th /ppm	Th/U	^{204}Pb/ ^{206}Pb	$^{206}Pb^*$/ ^{238}U	±1σ /%	$^{207}Pb^*$/ ^{235}U	±1σ /%	$^{207}Pb^*$/ $^{206}Pb^*$	±1σ /%	$^{206}Pb^*$/^{238}U 年龄/Ma	±1σ	$^{207}Pb^*$/^{235}U 年龄/Ma	±1σ	$^{207}Pb^*$/$^{206}Pb^*$ 年龄/Ma	±1σ
样品 07245-3（斜锆石）																	
7.1	0.05	1148	38	0.03	0.00002	0.0503	0.98	0.272	3.05	0.0393	2.89	248	7	245	7	207	23
8.1	0.00	608	5	0.01	0.00000	0.0509	1.27	0.248	3.14	0.0353	2.87	224	6	225	6	236	29
9.1	0.00	1264	51	0.04	0.00000	0.0503	0.99	0.256	3.04	0.0369	2.87	234	7	231	6	207	23
10.1	0.11	711	10	0.01	0.00006	0.0503	1.36	0.260	3.17	0.0374	2.87	237	7	234	7	208	31
11.1	0.00	5946	577	0.10	0.00000	0.0508	0.65	0.302	2.96	0.0430	2.89	272	8	268	7	233	15
12.1	0.00	1528	31	0.02	0.00000	0.0508	0.77	0.265	2.97	0.0378	2.87	239	7	238	6	233	18
13.1	0.00	2238	39	0.02	0.00000	0.0511	0.71	0.262	2.96	0.0372	2.87	235	7	236	6	244	16
14.1	0.27	241	3	0.01	0.00015	0.0490	2.92	0.237	4.09	0.0351	2.87	222	6	216	8	147	67
15.1	0.01	5285	358	0.07	0.00000	0.0508	0.46	0.294	2.91	0.0420	2.87	265	7	262	7	234	11
16.1	0.01	2154	38	0.02	0.00001	0.0511	0.85	0.255	3.00	0.0362	2.87	229	6	231	6	247	19
17.1	0.00	2293	68	0.03	0.00000	0.0508	0.82	0.292	2.99	0.0417	2.87	264	7	260	7	231	19
18.1	0.02	1093	121	0.11	0.00001	0.0519	0.97	0.259	3.04	0.0362	2.88	229	6	234	6	279	22
19.1	0.04	1395	16	0.01	0.00000	0.0500	0.86	0.251	3.00	0.0364	2.87	230	7	227	6	194	20
20.1	0.00	2908	21	0.01	0.00000	0.0507	0.90	0.282	3.01	0.0404	2.87	255	7	253	7	226	21
21.1	0.16	1170	39	0.03	0.00008	0.0507	1.41	0.259	3.28	0.0371	2.96	235	7	234	7	225	32
22.1	0.00	4750	125	0.03	0.00000	0.0511	0.42	0.315	2.90	0.0448	2.87	282	8	278	6	245	10
23.1	0.22	1557	17	0.01	0.00012	0.0510	1.02	0.253	3.05	0.0360	2.87	228	6	229	6	242	23
24.1	0.00	5241	137	0.03	0.00000	0.0510	0.46	0.282	2.91	0.0401	2.87	254	7	252	7	239	11
25.1	0.00	3393	323	0.10	0.00000	0.0505	0.72	0.266	2.96	0.0382	2.87	242	7	239	6	218	17
26.1	0.20	5264	353	0.07	0.00011	0.0512	1.30	0.276	3.15	0.0390	2.87	247	7	247	7	251	30
27.1	0.00	757	11	0.01	0.00000	0.0504	1.17	0.252	3.10	0.0362	2.88	229	6	228	6	216	27
28.1	0.03	790	102	0.13	0.00001	0.0517	1.59	0.261	3.29	0.0366	2.88	232	7	236	7	272	36

续表

测点	$^{206}Pb_c$/%	U/ppm	Th/ppm	Th/U	$^{204}Pb/^{206}Pb$	$^{206}Pb^*/^{238}U$	±1σ/%	$^{207}Pb^*/^{235}U$	±1σ/%	$^{207}Pb^*/^{206}Pb^*$	±1σ/%	$^{206}Pb^*/^{238}U$ 年龄/Ma	±1σ	$^{207}Pb^*/^{235}U$ 年龄/Ma	±1σ	$^{207}Pb^*/^{206}Pb^*$ 年龄/Ma	±1σ
样品07245-3（斜锆石）																	
29.1	0.04	9940	13637	1.37	0.00002	0.0508	0.32	0.342	2.92	0.0488	2.90	307	9	299	8	234	7
30.1	0.00	2275	40	0.02	0.00000	0.0514	0.63	0.298	2.94	0.0421	2.87	266	7	265	7	259	14
样品1021（锆石）																	
1.1	—	398	784	1.97	0.00018	0.0259	3.4	0.179	4.7	0.0501	2.8	165	6	167	6	198	67
2.1	—	61	61	0.99	0.00059	0.0242	3.0	0.158	11.2	0.0475	10.4	154	5	149	16	72	230
3.1	—	50	49	0.97	0.00213	0.0268	1.7	0.164	18.8	0.0443	18.5	170	3	154	27	—	—
3.2	—	341	645	1.89	0.00021	0.0277	4.2	0.235	9.3	0.0616	7.8	176	7	214	18	661	176
4.1	—	420	703	1.67	0.00046	0.0256	4.1	0.196	6.0	0.0557	3.8	163	7	182	10	441	87
5.1	—	185	212	1.15	0.00198	0.0276	3.1	0.386	7.9	0.1012	6.9	176	5	331	23	1646	133
6.1	—	316	488	1.54	0.00035	0.0252	3.7	0.179	6.0	0.0515	4.3	160	6	167	9	263	101
7.1	—	264	417	1.58	0.00024	0.0254	4.4	0.171	7.2	0.0489	5.1	162	7	161	11	145	124
8.1	—	209	296	1.42	0.00026	0.0253	3.6	0.162	6.5	0.0463	5.0	161	6	152	9	13	115
9.1	—	159	186	1.17	0.00002	0.0251	3.8	0.173	5.5	0.0501	3.6	160	6	162	8	198	85
10.1	—	246	364	1.48	0.00016	0.0264	4.8	0.202	6.5	0.0553	3.8	168	8	186	11	426	87
11.1	—	515	1298	2.52	0.00012	0.0025	73.4	0.018	73.7	0.0520	2.6	16	12	18	13	286	61
12.1	—	373	701	1.88	0.00021	0.0260	3.7	0.166	5.2	0.0463	3.2	166	6	156	8	16	73
13.1	—	495	905	1.83	0.00024	0.0257	2.8	0.182	4.1	0.0514	2.7	164	4	170	6	260	64
14.1	—	388	694	1.79	0.00061	0.0240	6.0	0.172	8.7	0.0520	5.5	153	9	161	13	284	131
15.1	—	48	39	0.81	0.00034	0.0243	4.1	0.216	10.5	0.0644	9.2	155	6	198	19	756	208
样品HPQ020817（锆石）																	
1.1	1.18	359	632	1.82	0.00064	0.0256	1.1	0.149	7.7	0.0423	7.7	163	2	141	10	—	—
2.1	2.16	259	393	1.57	0.00117	0.0261	1.3	0.160	13.7	0.0443	13.7	166	2	150	19	—	—
3.1	0.02	306	121	0.41	0.00002	0.4093	0.8	9.711	1.1	0.1721	0.8	2212	15	2408	11	2578	14

续表

测点	$^{206}Pb_c$ /%	U /ppm	Th /ppm	Th/U	$^{204}Pb/^{206}Pb$	$^{206}Pb^*/^{238}U$	±1σ /%	$^{207}Pb^*/^{235}U$	±1σ /%	$^{207}Pb^*/^{206}Pb^*$	±1σ /%	$^{206}Pb^*/^{238}U$ 年龄/Ma	±1σ	$^{207}Pb^*/^{235}U$ 年龄/Ma	±1σ	$^{207}Pb^*/^{206}Pb^*$ 年龄/Ma	±1σ
样品 HPQ020817 (锆石)																	
3.2	0.25	60	30	0.52	0.00018	0.4986	1.3	11.108	1.8	0.1616	1.2	2608	28	2532	16	2472	20
4.1	0.58	356	634	1.84	0.00032	0.0269	1.1	0.242	3.8	0.0654	3.6	171	2	220	7	786	76
5.1	0.30	647	1474	2.35	0.00016	0.0263	0.9	0.188	2.8	0.0518	2.6	167	1	175	4	275	61
6.1	0.83	344	592	1.78	0.00045	0.0272	1.2	0.181	6.2	0.0484	6.1	173	2	169	10	118	144
7.1	0.54	206	318	1.59	0.00029	0.0257	1.4	0.180	10.1	0.0508	10.0	163	2	168	16	234	231
8.1	0.28	527	1149	2.25	0.00015	0.0268	1.0	0.195	3.9	0.0527	3.8	170	2	181	7	318	87
9.1	0.90	479	1293	2.79	0.00049	0.0252	1.0	0.175	6.3	0.0504	6.2	160	2	164	10	214	145
10.1	1.29	404	801	2.05	0.00070	0.0258	1.2	0.154	8.4	0.0434	8.3	164	2	146	11	—	—
11.1	0.43	537	860	1.66	0.00023	0.0252	1.0	0.176	4.4	0.0504	4.3	161	2	164	7	215	100
12.1	0.89	201	273	1.40	0.00048	0.0257	1.4	0.183	8.1	0.0517	7.9	164	2	171	13	271	182
13.1	0.55	317	519	1.69	0.00030	0.0256	1.0	0.180	3.3	0.0511	3.2	163	2	168	5	247	73
14.1	0.45	573	1336	2.41	0.00025	0.0262	0.9	0.205	2.7	0.0567	2.5	167	2	189	5	481	56
15.1	1.18	188	270	1.49	0.00064	0.0272	1.4	0.214	10.1	0.0570	10.0	173	2	197	18	492	220
16.1	2.08	154	212	1.42	0.00113	0.0272	1.5	0.178	13.0	0.0474	12.9	173	3	166	20	72	306
样品 SGD-1 (锆石)																	
1.1	4.14	138	185	1.39	—	0.0231	3.5	0.12	15.2	0.0376	14.8	147	7	115	16	—	—
2.1	0.06	195	361	1.92	0.00250	0.0260	4.4	—	—	0.0260	—	165	11	—	—	—	—
3.1	4.23	161	248	1.59	0.00222	0.0247	3.4	—	—	0.0247	—	157	8	—	—	—	—
4.1	2.85	133	173	1.34	—	0.0253	3.6	0.14	14.5	0.0392	14.0	161	8	130	18	—	—
5.1	5.26	80	91	1.18	—	0.0238	4.2	0.12	21.7	0.0373	21.3	152	9	117	24	—	—
6.1	3.81	69	83	1.25	0.00392	0.0246	4.3	—	—	—	—	157	9	—	—	—	—
7.1	5.09	67	59	0.92	—	0.0255	4.7	—	—	0.0255	—	162	10	—	—	—	—
8.1	2.34	167	244	1.51	0.00197	0.0251	4.4	—	—	—	—	160	10	—	—	—	—

测点	$^{206}Pb_c$/%	U/ppm	Th/ppm	Th/U	$^{204}Pb/^{206}Pb$	$^{206}Pb^*/^{238}U$	±1σ/%	$^{207}Pb^*/^{235}U$	±1σ/%	$^{207}Pb^*/^{206}Pb^*$	±1σ/%	$^{206}Pb^*/^{238}U$ 年龄/Ma	±1σ	$^{207}Pb^*/^{235}U$ 年龄/Ma	±1σ	$^{207}Pb^*/^{206}Pb^*$ 年龄/Ma	±1σ
样品 SGD-1（锆石）																	
9.1	3.29	140	167	1.23	—	0.0240	3.5	0.17	11.3	0.0515	10.7	153	7	160	17	265	189
10.1	1.37	216	344	1.65	—	0.0243	5.5	—	—	—	—	155	12	—	—	—	—
11.1	2.17	149	201	1.39	0.00225	0.0253	3.4	—	—	—	—	161	8	—	—	—	—
12.1	2.99	133	181	1.41	0.00068	0.0263	3.5	—	—	—	—	167	8	—	—	—	—
13.1	1.84	194	320	1.71	0.00152	0.0263	3.2	—	—	—	—	168	8	—	—	—	—
14.1	—	160	256	1.65	0.00088	0.0271	3.6	—	—	—	—	173	8	—	—	—	—
15.1	6.08	174	271	1.62	—	0.0132	4.4	—	—	—	—	85	11	—	—	—	—
样品 LLX020811（锆石）																	
1.1	0.00	1604	2129	1.37	0.00000	0.0260	1.6	0.18	2.9	0.0506	2.4	165	3	169	4	221	55
2.1	1.07	831	978	1.22	0.00058	0.0262	2.5	0.15	10.4	0.0422	10.1	167	4	144	14	—	—
3.1	0.52	1126	1580	1.45	0.00028	0.0250	2.4	0.17	4.8	0.0500	4.2	159	4	161	7	193	97
4.1	0.23	1849	2718	1.52	0.00013	0.0260	1.6	0.17	3.0	0.0469	2.6	165	3	158	4	43	61
5.1	0.23	1452	2258	1.61	0.00013	0.0261	1.7	0.19	3.6	0.0519	3.2	166	3	174	6	279	74
6.1	0.33	1877	3250	1.79	0.00018	0.0262	1.7	0.17	3.3	0.0481	2.9	166	3	162	5	104	68
7.1	0.46	1535	1809	1.22	0.00025	0.0268	1.7	0.19	4.2	0.0523	3.8	171	3	179	7	297	87
8.1	1.13	1169	1483	1.31	0.00061	0.0266	1.8	0.16	9.6	0.0428	9.4	169	3	148	13	—	—
9.1	0.51	1547	2506	1.67	0.00028	0.0249	1.7	0.16	3.4	0.0453	3.0	159	3	147	5	—	—
10.1	0.57	1702	2700	1.64	0.00031	0.0251	1.7	0.17	5.0	0.0500	4.7	160	3	162	7	195	109
11.1	0.19	1491	2437	1.69	0.00010	0.0260	1.6	0.18	3.1	0.0496	2.6	166	3	166	5	176	61
12.1	0.16	1676	2805	1.73	0.00009	0.0264	1.8	0.18	4.7	0.0482	4.3	168	3	164	7	108	102
13.1	0.16	1513	1926	1.32	0.00008	0.0264	1.7	0.19	4.1	0.0528	3.7	168	3	179	7	318	85
14.1	0.41	1789	2969	1.71	0.00022	0.0257	1.7	0.17	3.6	0.0478	3.2	164	3	159	5	88	76
15.1	0.49	1268	1526	1.24	0.00027	0.0261	1.7	0.17	5.5	0.0485	5.2	166	3	163	8	123	122

注：1σ 为误差；Pb_c 和 Pb^* 分别指普通铅和放射成因铅；普通铅用测定的 ^{204}Pb 进行校正。

表 3.3　华北地区中生代岩浆岩中锆石 LA-ICP-MS U-Pb 测年结果

测点	Pb /ppm	232Th /ppm	238U /ppm	232Th/238U	同位素比值						同位素年龄/Ma					
					207Pb/206Pb	±1σ	207Pb/235U	±1σ	206Pb/238U	±1σ	206Pb/238U	±1σ	207Pb/235U	±1σ	207Pb/206Pb	±1σ
样品 07251-1																
01	116.5	2155	1282	0.59	0.0549	0.0012	0.3058	0.0030	0.0404	0.0003	255	2	271	2	409	10
02	11.7	188	172	0.92	0.0789	0.0018	0.4474	0.0057	0.0411	0.0004	254	2	302	8	691	74
03	130.2	2351	1416	0.60	0.0595	0.0012	0.3231	0.0030	0.0394	0.0003	249	2	284	2	585	9
04	114.6	2156	1074	0.50	0.0551	0.0012	0.3046	0.0029	0.0401	0.0003	254	2	270	2	415	10
05	127.5	2446	1119	0.46	0.0551	0.0012	0.3061	0.0030	0.0403	0.0003	255	2	271	2	416	10
06	59.0	967	947	0.98	0.0557	0.0012	0.3056	0.0031	0.0398	0.0003	251	2	271	2	441	10
07	4.0	71	55	0.78	0.0540	0.0014	0.3003	0.0053	0.0403	0.0004	255	2	267	4	371	24
08	125.3	2193	1261	0.58	0.0567	0.0012	0.3106	0.0028	0.0397	0.0003	251	2	268	5	424	50
09	72.8	1351	820	0.61	0.0529	0.0011	0.2926	0.0028	0.0401	0.0003	254	2	261	2	324	10
10	95.0	1385	1034	0.75	0.0701	0.0015	0.4333	0.0041	0.0448	0.0004	283	2	366	3	932	9
11	9.8	104	90	0.86	0.1102	0.0026	0.5995	0.0090	0.0395	0.0004	244	3	416	10	1527	58
12	74.3	1756	1528	0.87	0.0751	0.0016	0.5245	0.0050	0.0506	0.0004	318	3	428	3	1072	9
13	77.5	1337	826	0.62	0.0655	0.0014	0.3943	0.0037	0.0437	0.0004	275	2	338	3	790	9
14	15.3	220	242	1.10	0.0921	0.0020	0.5975	0.0065	0.0470	0.0004	296	3	476	4	1470	11
15	98.0	1723	914	0.53	0.0543	0.0012	0.3003	0.0033	0.0401	0.0004	254	2	267	3	382	44
16	5.1	86	88	1.03	0.0519	0.0017	0.2880	0.0080	0.0402	0.0004	254	3	257	6	281	44
17	102.4	1800	957	0.53	0.0526	0.0011	0.2923	0.0029	0.0403	0.0004	255	2	260	2	312	10
18	104.7	1977	894	0.45	0.0681	0.0014	0.3765	0.0036	0.0401	0.0004	250	2	271	5	456	51
样品 07016-1																
01	27.6	512	561	0.91	0.0516	0.0010	0.2887	0.0064	0.0404	0.0004	255	2	258	5	333	51
02	37.2	864	710	1.22	0.0518	0.0010	0.2828	0.0055	0.0395	0.0003	249	2	253	4	276	43
03	23.37	330	526	0.63	0.0503	0.0012	0.2741	0.0063	0.0394	0.0003	249	2	246	5	209	47
04	21.17	192	485	0.40	0.0524	0.0012	0.2961	0.0065	0.0409	0.0003	258	2	263	5	306	50
05	8.38	105	185	0.57	0.0516	0.0019	0.2922	0.0109	0.0408	0.0004	258	2	260	9	333	83
06	30.5	606	621	0.98	0.0528	0.0012	0.2882	0.0062	0.0395	0.0003	250	2	257	5	320	19
07	24.24	324	544	0.60	0.0493	0.0011	0.2682	0.0059	0.0394	0.0003	249	2	241	5	165	54
08	6.23	68.2	126	0.54	0.0517	0.0018	0.3092	0.0105	0.0438	0.0005	276	3	274	8	272	81
09	20.9	448	423	1.06	0.0514	0.0012	0.2804	0.0068	0.0395	0.0003	250	2	251	5	257	56
10	10.99	159	231	0.69	0.0503	0.0015	0.2826	0.0086	0.0415	0.0010	262	6	253	7	209	40

续表

测点	Pb /ppm	232Th /ppm	238U /ppm	232Th/238U	同位素比值						同位素年龄/Ma					
					207Pb/206Pb	±1σ	207Pb/235U	±1σ	206Pb/238U	±1σ	206Pb/238U	±1σ	207Pb/235U	±1σ	207Pb/206Pb	±1σ
样品 07016-1																
11	29.2	578	586	0.99	0.0518	0.0012	0.2892	0.0069	0.0404	0.0003	255	2	258	5	276	47
12	35.8	543	754	0.72	0.0520	0.0009	0.2948	0.0054	0.0410	0.0003	259	2	262	4	287	36
13	22.84	282	527	0.54	0.0512	0.0012	0.2801	0.0067	0.0397	0.0004	251	2	251	5	250	56
14	6.74	94.4	140	0.68	0.0499	0.0021	0.2949	0.0129	0.0428	0.0004	270	3	262	10	191	100
15	29.1	463	640	0.72	0.0502	0.0011	0.2738	0.0060	0.0395	0.0003	250	2	246	5	206	52
样品 08018-2																
01	83.1	1647	1576	1.04	0.0515	0.0010	0.2937	0.0056	0.0414	0.0004	261	2	262	4	265	44
02	32.6	471	717	0.66	0.0519	0.0010	0.2864	0.0057	0.0399	0.0003	252	2	256	4	280	44
03	50.6	951	982	0.97	0.0565	0.0010	0.3174	0.0056	0.0406	0.0003	257	2	280	4	472	39
04	30.33	417	671	0.62	0.0527	0.0014	0.2878	0.0067	0.0397	0.0003	251	2	257	5	317	59
05	17.10	38.6	24.3	1.59	0.1613	0.0033	10.5112	0.1983	0.4754	0.0051	2507	22	2481	17	2469	34
06	20.1	593	326	1.82	0.0580	0.0016	0.3215	0.0083	0.0403	0.0003	255	2	283	6	528	55
07	14.04	187	179	1.04	0.0591	0.0019	0.4936	0.0154	0.0606	0.0005	379	3	407	10	572	69
08	16.5	368	236	1.56	0.0619	0.0017	0.4067	0.0108	0.0476	0.0004	300	3	346	8	733	59
09	27.02	305	528	0.58	0.0545	0.0013	0.3021	0.0069	0.0402	0.0003	254	2	268	5	391	52
10	194.7	249	323	0.77	0.1641	0.0018	9.6906	0.1117	0.4270	0.0025	2292	11	2406	11	2498	18
11	32.6	396	571	0.69	0.0684	0.0013	0.4000	0.0076	0.0423	0.0003	267	2	342	6	881	39
12	94.5	95	149	0.64	0.1663	0.0019	10.7051	0.1253	0.4654	0.0025	2463	11	2498	11	2521	19
13	21.95	227	428	0.53	0.0577	0.0014	0.3261	0.0083	0.0409	0.0003	258	2	287	6	517	56
14	23.85	264	428	0.62	0.0562	0.0014	0.3387	0.0076	0.0438	0.0004	277	2	296	6	461	58
15	13.97	123	277	0.44	0.0537	0.0015	0.3080	0.0087	0.0415	0.0003	262	2	273	7	367	69
16	32.5	431	611	0.70	0.0554	0.0011	0.3078	0.0058	0.0403	0.0002	255	2	272	5	428	44
17	44.0	536	777	0.69	0.0639	0.0012	0.3736	0.0062	0.0424	0.0003	268	2	322	5	739	39
18	30.2	398	538	0.74	0.0579	0.0013	0.3371	0.0079	0.0420	0.0003	266	2	295	6	524	50
样品 08012-2																
01	14.70	248	306	0.81	0.0561	0.0017	0.3007	0.0086	0.0391	0.0003	247	2	267	7	454	67
02	4.43	109	83.6	1.31	0.0616	0.0032	0.3246	0.0156	0.0397	0.0006	251	4	285	12	661	109
03	11.91	261	202	1.29	0.1009	0.0028	0.5380	0.0143	0.0388	0.0004	245	2	437	9	1640	56
04	31.5	772	598	1.29	0.0635	0.0018	0.3337	0.0097	0.0380	0.0003	241	2	292	7	724	63

续表

测点	Pb/ppm	²³²Th/ppm	²³⁸U/ppm	$\frac{^{232}Th}{^{238}U}$	同位素比值						同位素年龄/Ma					
					$^{207}Pb/^{206}Pb$	±1σ	$^{207}Pb/^{235}U$	±1σ	$^{206}Pb/^{238}U$	±1σ	$^{206}Pb/^{238}U$	±1σ	$^{207}Pb/^{235}U$	±1σ	$^{207}Pb/^{206}Pb$	±1σ
样品 08012-2																
05	13.5	470	204	2.30	0.0656	0.0021	0.3537	0.0113	0.0392	0.0004	248	2	307	9	794	69
06	3.59	47.6	71.9	0.66	0.0574	0.0030	0.3303	0.0168	0.0425	0.0006	268	4	290	13	506	115
07	5.42	96.1	118	0.81	0.0500	0.0021	0.2680	0.0111	0.0389	0.0004	246	3	241	9	198	101
08	18.96	321	390	0.82	0.0543	0.0016	0.2998	0.0085	0.0402	0.0004	254	2	266	7	389	67
09	16.98	308	360	0.86	0.0547	0.0015	0.2924	0.0078	0.0389	0.0003	246	2	260	6	398	58
10	6.91	117	69.4	1.69	0.2028	0.0098	1.4044	0.0787	0.0483	0.0008	304	5	891	33	2849	79
11	16.30	273	233	1.17	0.0625	0.0018	0.4480	0.0126	0.0519	0.0004	326	3	376	9	700	60
12	4.95	122	93.2	1.31	0.0551	0.0026	0.2938	0.0134	0.0391	0.0005	247	3	262	10	417	104
13	8.91	191	141	1.35	0.0956	0.0036	0.5262	0.0213	0.0398	0.0005	251	3	429	14	1540	38
14	23.1	355	397	0.89	0.0853	0.0018	0.4767	0.0103	0.0404	0.0003	255	2	396	7	1322	40
15	8.43	101	121	0.84	0.0671	0.0021	0.4676	0.0139	0.0508	0.0005	319	3	390	10	843	65
16	21.33	365	393	0.93	0.0546	0.0013	0.3008	0.0073	0.0399	0.0003	252	2	267	6	398	54
17	5.42	124	91	1.35	0.0518	0.0026	0.2809	0.0138	0.0395	0.0005	249	3	251	11	276	108
样品 10095-1																
01	28	305	379	0.80	0.0538	0.0008	0.4270	0.0064	0.0575	0.0004	360	2	361	5	361	31
02	48	435	1030	0.42	0.0522	0.0007	0.2835	0.0039	0.0394	0.0003	249	2	253	3	300	30
03	17	368	315	1.17	0.0522	0.0010	0.2838	0.0054	0.0394	0.0003	249	2	254	4	295	45
04	24	479	478	1.00	0.0505	0.0008	0.2659	0.0041	0.0382	0.0002	242	1	239	3	217	32
05	7	99	149	0.66	0.0530	0.0013	0.2929	0.0076	0.0401	0.0003	253	2	261	6	328	25
06	15	137	316	0.43	0.0509	0.0009	0.2772	0.0050	0.0396	0.0003	250	2	248	4	235	41
07	24	280	504	0.56	0.0509	0.0008	0.2731	0.0045	0.0390	0.0002	246	2	245	4	235	39
08	53	455	1182	0.39	0.0511	0.0006	0.2781	0.0036	0.0394	0.0003	249	2	249	3	256	56
09	32	342	682	0.50	0.0522	0.0007	0.2823	0.0040	0.0392	0.0003	248	2	253	3	300	31
10	29	105	681	0.15	0.0507	0.0008	0.2667	0.0041	0.0381	0.0002	241	1	240	3	233	35
11	41	478	848	0.56	0.0516	0.0007	0.2808	0.0038	0.0394	0.0003	249	2	251	3	265	30
12	13	178	273	0.65	0.0511	0.0011	0.2719	0.0059	0.0385	0.0003	244	2	244	5	256	48
13	21	402	407	0.99	0.0522	0.0008	0.2789	0.0045	0.0387	0.0002	245	1	250	4	295	37
14	46	129	288	0.45	0.0718	0.0008	1.3216	0.0167	0.1333	0.0011	807	6	855	7	989	18
15	19	327	393	0.83	0.0512	0.0008	0.2707	0.0045	0.0383	0.0003	243	2	243	4	250	37

续表

测点	Pb /ppm	232Th /ppm	238U /ppm	232Th/ 238U	同位素比值						同位素年龄/Ma					
					207Pb/206Pb	±1σ	207Pb/235U	±1σ	206Pb/238U	±1σ	206Pb/238U	±1σ	207Pb/235U	±1σ	207Pb/206Pb	±1σ
样品 10095-1																
16	39	764	737	1.04	0.0512	0.0007	0.2789	0.0040	0.0395	0.0003	250	2	250	3	256	31
17	24	248	521	0.48	0.0506	0.0009	0.2766	0.0050	0.0396	0.0003	250	2	248	4	220	36
18	30	423	620	0.68	0.0507	0.0009	0.2682	0.0049	0.0383	0.0003	242	2	241	4	228	73
样品 10097-1																
01	99	77	311	0.25	0.1108	0.0010	4.1937	0.0487	0.2738	0.0020	1560	10	1673	10	1813	17
02	5	63	91	0.68	0.0528	0.0020	0.2820	0.0106	0.0388	0.0003	245	2	252	8	320	116
03	28	703	513	1.37	0.0511	0.0009	0.2653	0.0047	0.0376	0.0003	238	2	239	4	256	39
04	14	138	308	0.45	0.0516	0.0010	0.2775	0.0057	0.0391	0.0004	247	2	249	5	333	51
05	32	1326	430	3.09	0.0641	0.0015	0.3249	0.0082	0.0365	0.0003	231	2	286	6	746	50
06	30	158	692	0.23	0.0511	0.0008	0.2785	0.0048	0.0394	0.0003	249	2	249	4	256	37
07	57	439	1205	0.36	0.0517	0.0007	0.2900	0.0041	0.0406	0.0003	257	2	259	3	333	28
08	11	129	241	0.54	0.0568	0.0014	0.3008	0.0074	0.0384	0.0004	243	2	267	6	483	86
09	18	303	357	0.85	0.0570	0.0013	0.3020	0.0068	0.0385	0.0003	243	2	268	5	500	50
10	58	462	1318	0.35	0.0545	0.0008	0.2888	0.0043	0.0384	0.0003	243	2	258	3	391	33
11	25	404	491	0.82	0.0557	0.0014	0.3004	0.0069	0.0392	0.0003	248	2	267	5	439	54
12	24	397	487	0.82	0.0520	0.0014	0.2737	0.0077	0.0382	0.0004	241	3	246	6	283	63
13	5	39	101	0.39	0.0541	0.0018	0.2854	0.0101	0.0384	0.0004	243	3	255	8	376	76
14	24	337	512	0.66	0.0510	0.0008	0.2741	0.0044	0.0390	0.0002	246	1	246	3	239	32
15	31	256	694	0.37	0.0532	0.0011	0.2878	0.0061	0.0392	0.0003	248	2	257	5	345	44
16	13	267	253	1.06	0.0501	0.0012	0.2593	0.0060	0.0375	0.0003	238	2	234	5	211	54
17	21	409	401	1.02	0.0522	0.0009	0.2815	0.0048	0.0392	0.0003	248	2	252	4	300	39
18	9	162	166	0.98	0.0583	0.0015	0.3292	0.0081	0.0412	0.0004	260	3	289	6	543	54
样品 07233-1																
01	31	554	609	0.91	0.0495	0.0011	0.2618	0.0056	0.0384	0.0004	243	2	236	5	172	56
02	21	336	451	0.75	0.0510	0.0012	0.2554	0.0059	0.0363	0.0002	230	1	231	5	243	54
03	8	142	165	0.86	0.0597	0.0022	0.3064	0.0113	0.0373	0.0004	236	2	271	9	594	74
04	25	401	514	0.78	0.0513	0.0011	0.2692	0.0056	0.0380	0.0003	241	2	242	5	254	45
05	6	92	112	0.82	0.0504	0.0023	0.2570	0.0117	0.0373	0.0004	236	3	232	9	213	107
06	26	529	496	1.07	0.0492	0.0011	0.2531	0.0057	0.0373	0.0003	236	2	229	5	167	54

续表

测点	Pb/ppm	232Th/ppm	238U/ppm	232Th/238U	同位素比值 207Pb/206Pb	±1σ	207Pb/235U	±1σ	206Pb/238U	±1σ	同位素年龄/Ma 206Pb/238U	±1σ	207Pb/235U	±1σ	207Pb/206Pb	±1σ
样品 07233-1																
07	26	506	522	0.97	0.0497	0.0010	0.2566	0.0051	0.0374	0.0003	237	2	232	4	189	17
08	20	369	417	0.89	0.0513	0.0014	0.2596	0.0068	0.0367	0.0003	232	2	234	6	254	66
09	20	192	451	0.43	0.0510	0.0013	0.2655	0.0068	0.0378	0.0003	239	2	239	5	243	56
10	24	493	450	1.09	0.0477	0.0010	0.2502	0.0053	0.0380	0.0003	240	2	227	4	83	50
11	27	391	564	0.69	0.0511	0.0010	0.2706	0.0054	0.0384	0.0002	243	2	243	4	256	44
12	16	288	323	0.89	0.0540	0.0014	0.2714	0.0071	0.0365	0.0003	231	2	244	6	372	55
13	16	350	321	1.09	0.0504	0.0015	0.2479	0.0073	0.0359	0.0003	227	2	225	6	213	70
14	15	384	265	1.45	0.0481	0.0015	0.2405	0.0074	0.0363	0.0003	230	2	219	6	106	72
15	20	426	395	1.08	0.0527	0.0019	0.2564	0.0091	0.0354	0.0003	225	2	232	7	322	83
样品 D478																
01	2	47	43	1.09	0.0608	0.0025	0.2950	0.0096	0.0352	0.0006	223	4	263	7	632	88
02	35	477	678	0.70	0.0595	0.0018	0.2935	0.0050	0.0358	0.0005	227	3	261	4	585	66
03	12	145	247	0.59	0.0534	0.0017	0.2761	0.0055	0.0375	0.0006	237	3	248	4	346	72
04	15	177	314	0.56	0.0577	0.0019	0.2915	0.0057	0.0366	0.0006	232	3	260	4	518	70
05	2	13	32	0.39	0.0557	0.0040	0.2877	0.0191	0.0375	0.0008	237	5	257	15	438	155
06	31	397	632	0.63	0.0535	0.0016	0.2764	0.0046	0.0375	0.0006	237	3	248	4	348	68
07	41	727	790	0.92	0.0682	0.0021	0.3418	0.0057	0.0363	0.0005	230	3	299	4	876	62
08	38	878	669	1.31	0.0589	0.0018	0.2857	0.0048	0.0352	0.0005	223	3	255	4	564	66
09	17	211	346	0.61	0.0532	0.0017	0.2640	0.0045	0.0360	0.0005	228	3	238	4	336	69
10	47	878	845	1.04	0.0657	0.0020	0.3398	0.0053	0.0375	0.0006	237	3	297	4	796	62
11	115	140	300	0.47	0.1136	0.0034	4.4548	0.0646	0.2844	0.0041	1613	21	1723	12	1858	53
12	13	142	264	0.54	0.0572	0.0021	0.2739	0.0071	0.0347	0.0005	220	3	246	6	499	80
13	12	138	294	0.47	0.0617	0.0020	0.2829	0.0052	0.0332	0.0005	211	3	253	4	664	67
14	50	1132	855	1.32	0.0798	0.0024	0.3895	0.0062	0.0354	0.0005	224	3	334	5	1191	59
15	35	482	725	0.66	0.0517	0.0016	0.2643	0.0045	0.0370	0.0005	234	3	238	4	274	70
16	8	109	124	0.88	0.0523	0.0017	0.3377	0.0067	0.0468	0.0007	295	4	295	5	298	73
样品 07215-1																
01	30.7	170	625	0.27	0.0723	0.0016	0.3680	0.0038	0.0369	0.0003	234	2	318	3	995	43
02	33.5	286	688	0.42	0.0512	0.0011	0.2666	0.0031	0.0378	0.0003	239	2	240	2	251	50

续表

测点	Pb /ppm	232Th /ppm	238U /ppm	232Th/ 238U	同位素比值						同位素年龄/Ma					
					207Pb/206Pb	±1σ	207Pb/235U	±1σ	206Pb/238U	±1σ	206Pb/238U	±1σ	207Pb/235U	±1σ	207Pb/206Pb	±1σ
样品 07215-1																
03	50.8	808	922	0.88	0.0507	0.0011	0.2621	0.0025	0.0375	0.0003	237	2	236	2	227	47
04	49.3	829	906	0.92	0.0563	0.0012	0.2777	0.0031	0.0358	0.0003	227	2	249	2	462	48
05	55.2	874	993	0.88	0.0612	0.0013	0.3067	0.0028	0.0364	0.0003	230	2	272	2	645	44
06	63.4	685	1136	0.60	0.0829	0.0017	0.4237	0.0038	0.0371	0.0003	235	2	359	3	1267	40
07	39.6	240	813	0.30	0.0592	0.0012	0.3052	0.0030	0.0374	0.0003	237	2	271	2	575	45
08	44.4	668	858	0.78	0.0857	0.0018	0.3827	0.0036	0.0324	0.0003	206	2	329	3	1331	40
09	31.6	327	621	0.53	0.0512	0.0011	0.2655	0.0029	0.0376	0.0003	238	2	239	2	251	49
10	25.7	375	452	0.83	0.0503	0.0011	0.2664	0.0030	0.0384	0.0003	243	2	240	2	211	50
11	17.3	117	355	0.33	0.0522	0.0012	0.2694	0.0036	0.0375	0.0003	237	2	242	3	293	52
12	52.7	756	886	0.85	0.0767	0.0016	0.3921	0.0037	0.0371	0.0003	235	2	336	3	1113	41
13	24.7	343	508	0.68	0.0622	0.0015	0.3151	0.0051	0.0368	0.0003	233	2	278	4	680	52
14	80.6	512	1618	0.32	0.0507	0.0011	0.2638	0.0026	0.0378	0.0003	239	2	238	2	227	48
15	29.3	360	549	0.66	0.0506	0.0013	0.2638	0.0046	0.0378	0.0003	239	2	238	4	222	58
16	98.6	1665	2091	0.80	0.0737	0.0015	0.3109	0.0026	0.0306	0.0002	194	1	275	2	1032	40
样品 07040-1																
01	10.0	236	174	1.36	0.0509	0.0012	0.2294	0.0033	0.0327	0.0003	207	2	210	3	234	18
02	10.6	216	181	1.20	0.0775	0.0017	0.3715	0.0043	0.0347	0.0003	220	2	321	3	1134	11
03	25.1	90	610	0.15	0.0515	0.0011	0.2483	0.0026	0.0349	0.0003	221	2	225	2	264	11
04	7.7	172	132	1.30	0.0524	0.0013	0.2592	0.0040	0.0358	0.0003	227	2	234	3	303	20
05	11.1	269	182	1.48	0.0532	0.0012	0.2642	0.0030	0.0360	0.0003	228	2	238	2	338	13
06	8.4	219	156	1.40	0.0521	0.0013	0.2494	0.0037	0.0347	0.0003	220	2	226	3	288	19
07	10.4	260	175	1.49	0.0504	0.0011	0.2431	0.0031	0.0350	0.0003	222	2	221	3	213	15
08	11.9	236	204	1.16	0.0531	0.0012	0.2600	0.0034	0.0355	0.0003	225	2	235	3	333	16
09	9.9	210	166	1.27	0.0544	0.0013	0.2625	0.0039	0.0350	0.0003	222	2	237	3	388	18
10	21.8	252	407	0.62	0.0671	0.0015	0.3380	0.0038	0.0365	0.0003	231	2	296	3	840	11
11	23.3	163	459	0.36	0.0523	0.0011	0.2623	0.0028	0.0364	0.0003	230	2	237	2	296	11
12	10.0	193	175	1.10	0.0517	0.0012	0.2586	0.0032	0.0362	0.0003	229	2	234	3	273	14
13	10.4	252	158	1.59	0.0534	0.0014	0.2629	0.0045	0.0357	0.0003	226	2	237	4	347	23
14	8.3	154	142	1.09	0.0528	0.0012	0.2650	0.0035	0.0364	0.0003	230	2	239	3	322	16
15	21.9	79	502	0.16	0.0510	0.0011	0.2468	0.0024	0.0351	0.0003	222	2	224	2	239	10

续表

测点	Pb /ppm	232Th /ppm	238U /ppm	232Th/ 238U	同位素比值						同位素年龄/Ma					
					207Pb/ 206Pb	±1σ	207Pb/ 235U	±1σ	206Pb/ 238U	±1σ	206Pb/ 238U	±1σ	207Pb/ 235U	±1σ	207Pb/ 206Pb	±1σ
样品07236-1（永富村）																
01	13.14	206	251	0.82	0.0591	0.0016	0.2734	0.0051	0.0335	0.0003	213	2	245	4	572	25
02	16.01	222	329	0.68	0.0519	0.0012	0.2522	0.0032	0.0352	0.0003	223	2	228	3	282	15
03	3.01	13	62	0.20	0.0504	0.0017	0.2528	0.0071	0.0364	0.0004	230	2	229	6	213	47
04	16.55	326	320	1.02	0.0506	0.0012	0.2388	0.0034	0.0342	0.0003	217	2	217	3	221	18
05	17.13	152	351	0.43	0.0513	0.0011	0.2533	0.0027	0.0358	0.0003	227	2	229	2	254	11
06	11.78	195	280	0.69	0.0582	0.0013	0.2496	0.0028	0.0311	0.0003	197	2	226	2	537	12
07	4.47	36	107	0.33	0.0616	0.0018	0.2800	0.0062	0.0330	0.0003	209	2	251	5	661	31
08	15.65	305	291	1.05	0.0512	0.0012	0.2505	0.0038	0.0355	0.0003	225	2	227	3	248	19
09	12.70	97	150	0.65	0.0510	0.0013	0.2438	0.0043	0.0347	0.0003	220	2	222	3	239	25
10	6.42	42	121	0.35	0.0504	0.0012	0.2502	0.0038	0.0360	0.0003	228	2	227	3	214	20
11	2.94	24	58	0.42	0.0567	0.0013	0.2787	0.0040	0.0356	0.0003	226	2	250	3	481	17
12	5.26	38	110	0.34	0.0550	0.0018	0.2720	0.0071	0.0359	0.0004	227	2	244	6	413	40
13	2.67	17	56	0.30	0.0519	0.0016	0.2529	0.0063	0.0353	0.0003	224	2	229	5	281	40
14	6.13	51	121	0.43	0.0514	0.0015	0.2505	0.0056	0.0353	0.0003	224	2	227	5	261	34
15	4.94	79	88	0.90	0.0509	0.0013	0.2449	0.0042	0.0349	0.0003	221	2	222	3	234	24
样品07245-1（姚家庄）																
01	23.41	823	270	3.04	0.0653	0.0020	0.3215	0.0078	0.0357	0.0004	226	2	283	6	783	34
02	66.91	2890	712	4.06	0.0522	0.0012	0.2554	0.0030	0.0355	0.0003	225	2	231	2	295	13
03	16.54	616	204	3.02	0.0688	0.0019	0.3233	0.0066	0.0341	0.0003	216	2	284	5	892	27
04	26.50	934	347	2.69	0.0507	0.0012	0.2491	0.0037	0.0356	0.0003	226	2	226	3	228	19
05	51.24	1832	533	3.44	0.0707	0.0018	0.3322	0.0055	0.0341	0.0003	216	2	291	4	950	20
06	38.64	1470	430	3.42	0.0765	0.0017	0.3720	0.0044	0.0353	0.0003	223	2	321	3	1108	11
07	42.46	1678	538	3.12	0.0528	0.0012	0.2521	0.0034	0.0347	0.0003	220	2	228	3	318	16
08	22.41	783	286	2.74	0.0635	0.0018	0.3039	0.0063	0.0347	0.0003	220	2	269	5	725	28
09	180.01	6435	2599	2.48	0.0657	0.0014	0.3126	0.0029	0.0345	0.0003	219	2	276	2	797	9
10	35.41	1197	447	2.68	0.0556	0.0015	0.2575	0.0049	0.0336	0.0003	213	2	233	4	435	26
11	26.15	945	354	2.67	0.0602	0.0014	0.2789	0.0040	0.0336	0.0003	213	2	250	3	610	17
12	41.79	1819	468	3.88	0.0792	0.0017	0.3808	0.0044	0.0349	0.0003	221	2	328	3	1178	11
13	30.91	1030	400	2.57	0.0530	0.0014	0.2607	0.0049	0.0357	0.0003	226	2	235	4	330	27
14	27.96	935	358	2.61	0.0603	0.0014	0.2965	0.0044	0.0357	0.0003	226	2	264	3	613	18
15	41.75	1338	394	3.40	0.0666	0.0019	0.2905	0.0059	0.0317	0.0003	201	2	259	5	824	27

续表

测点	Pb/ppm	232Th/ppm	238U/ppm	232Th/238U	同位素比值						同位素年龄/Ma					
					207Pb/206Pb	±1σ	207Pb/235U	±1σ	206Pb/238U	±1σ	206Pb/238U	±1σ	207Pb/235U	±1σ	207Pb/206Pb	±1σ
样品 10002-1（孙各庄）																
01	14.21	300	295	0.98	0.0516	0.0011	0.257	0.006	0.0361	0.0003	229	2	232	5	333	52
02	7.94	164	162	0.99	0.0517	0.0015	0.259	0.007	0.0366	0.0003	232	2	234	6	333	67
03	13.26	273	269	0.99	0.0504	0.0012	0.255	0.006	0.0368	0.0003	233	2	230	5	213	83
04	16.09	322	396	1.23	0.0504	0.0011	0.250	0.005	0.0360	0.0002	228	1	227	4	213	49
05	7.70	167	138	0.83	0.0495	0.0017	0.250	0.008	0.0367	0.0003	232	2	227	7	172	78
06	14.13	296	309	1.04	0.0507	0.0012	0.253	0.006	0.0360	0.0003	228	2	229	5	228	56
07	10.67	216	243	1.12	0.0524	0.0013	0.265	0.007	0.0367	0.0003	232	2	239	5	306	53
08	14.94	300	349	1.16	0.0506	0.0011	0.254	0.005	0.0365	0.0003	231	2	230	4	220	50
09	10.60	223	234	1.05	0.0515	0.0015	0.255	0.007	0.0360	0.0003	228	2	231	6	265	67
10	8.62	185	168	0.91	0.0527	0.0017	0.265	0.008	0.0366	0.0004	232	2	238	7	322	70
11	7.92	162	177	1.10	0.0528	0.0016	0.265	0.008	0.0365	0.0003	231	2	239	6	320	67
12	6.47	137	117	0.85	0.0519	0.0019	0.263	0.009	0.0370	0.0003	234	2	237	8	283	85
13	7.17	160	112	0.70	0.0531	0.0018	0.267	0.009	0.0365	0.0004	231	2	240	7	345	76
14	7.75	162	162	1.00	0.0514	0.0015	0.260	0.008	0.0366	0.0003	232	2	234	6	257	67
15	13.05	255	322	1.26	0.0599	0.0015	0.304	0.008	0.0367	0.0003	233	2	269	6	611	54
16	10.53	210	254	1.21	0.0513	0.0016	0.260	0.008	0.0368	0.0003	233	2	235	6	257	70
17	7.79	160	186	1.16	0.0519	0.0016	0.256	0.008	0.0360	0.0004	228	2	232	6	280	70
18	15.41	322	343	1.06	0.0510	0.0013	0.254	0.007	0.0361	0.0003	229	2	230	6	239	55
样品 10003-1（孙各庄）																
01	11.39	206	250	0.82	0.0508	0.0012	0.254	0.006	0.0362	0.0003	229	2	230	5	235	49
02	11.67	211	248	0.85	0.0504	0.0014	0.255	0.007	0.0369	0.0004	233	2	231	6	217	65
03	8.43	133	189	0.70	0.0530	0.0014	0.261	0.007	0.0358	0.0003	227	2	236	5	332	29
04	8.38	135	191	0.70	0.0518	0.0014	0.254	0.007	0.0358	0.0003	226	2	230	5	276	66
05	21.2	572	405	1.41	0.0529	0.0010	0.265	0.005	0.0363	0.0003	230	2	238	4	324	44
06	13.51	334	266	1.25	0.0538	0.0012	0.270	0.006	0.0363	0.0003	230	2	242	5	365	47
07	18.68	430	369	1.17	0.0492	0.0010	0.251	0.005	0.0370	0.0003	234	2	227	4	167	48
08	9.52	175	203	0.86	0.0523	0.0015	0.269	0.008	0.0371	0.0004	235	2	242	7	298	67
09	18.73	435	366	1.19	0.0533	0.0010	0.273	0.005	0.0371	0.0003	235	2	245	4	343	43
10	31.0	898	586	1.53	0.0514	0.0009	0.256	0.004	0.0360	0.0002	228	1	231	4	257	39

续表

| 测点 | Pb /ppm | ^{232}Th /ppm | ^{238}U /ppm | ^{232}Th/ ^{238}U | 同位素比值 | | | | | | 同位素年龄/Ma | | | | | |
					^{207}Pb/ ^{206}Pb	±1σ	^{207}Pb/ ^{235}U	±1σ	^{206}Pb/ ^{238}U	±1σ	^{206}Pb/ ^{238}U	±1σ	^{207}Pb/ ^{235}U	±1σ	^{207}Pb/ ^{206}Pb	±1σ
样品 10003-1 (孙各庄)																
11	12.47	268	261	1.03	0.0502	0.0011	0.252	0.005	0.0365	0.0003	231	2	228	4	206	52
12	14.10	258	310	0.83	0.0505	0.0010	0.255	0.005	0.0367	0.0003	232	2	231	4	217	48
13	12.67	288	255	1.13	0.0536	0.0014	0.275	0.007	0.0372	0.0003	235	2	246	6	354	56
14	11.26	182	252	0.72	0.0507	0.0012	0.258	0.006	0.0367	0.0003	232	2	233	5	228	56
15	14.92	339	304	1.11	0.0500	0.0010	0.255	0.005	0.0369	0.0003	234	2	231	4	198	46
16	17.56	327	379	0.86	0.0513	0.0011	0.260	0.006	0.0368	0.0003	233	2	235	5	254	47
17	23.00	652	437	1.49	0.0491	0.0009	0.245	0.004	0.0362	0.0002	229	1	223	4	154	43
18	18.83	439	377	1.17	0.0512	0.0009	0.261	0.005	0.0369	0.0003	234	2	235	4	256	41
样品 10013-1 (孙各庄)																
01	17.03	400	327	1.23	0.0622	0.0012	0.315	0.006	0.0368	0.0003	233	2	278	5	683	43
02	9.46	143	214	0.67	0.0477	0.0013	0.238	0.006	0.0363	0.0003	230	2	217	5	83.4	64.8
03	29.8	787	574	1.37	0.0519	0.0010	0.264	0.005	0.0369	0.0003	234	2	238	4	280	43
04	11.60	237	251	0.94	0.0521	0.0012	0.258	0.006	0.0360	0.0002	228	2	233	5	300	52
05	41.3	1093	754	1.45	0.0531	0.0013	0.264	0.007	0.0358	0.0003	227	2	238	6	345	56
06	39.1	1127	739	1.52	0.0521	0.0009	0.259	0.004	0.0360	0.0003	228	2	234	4	300	39
07	15.73	330	319	1.03	0.0522	0.0011	0.269	0.006	0.0375	0.0003	237	2	242	4	300	42
08	43.1	1210	796	1.52	0.0498	0.0007	0.257	0.004	0.0373	0.0003	236	2	232	3	187	35
09	12.50	215	280	0.77	0.0504	0.0011	0.252	0.005	0.0363	0.0003	230	2	228	4	213	50
10	38.5	1057	715	1.48	0.0570	0.0008	0.285	0.004	0.0362	0.0002	229	2	254	3	500	33
11	33.6	878	592	1.48	0.0601	0.0012	0.315	0.006	0.0383	0.0003	242	2	278	4	606	44
12	17.81	346	378	0.92	0.0499	0.0011	0.250	0.005	0.0364	0.0003	231	2	227	4	191	50
13	7.06	152	142	1.07	0.0505	0.0015	0.258	0.008	0.0372	0.0003	235	2	233	6	217	69
14	47.9	1389	869	1.60	0.0566	0.0010	0.285	0.005	0.0365	0.0003	231	2	255	4	476	42
15	42.1	1146	735	1.56	0.0617	0.0009	0.324	0.005	0.0382	0.0003	242	2	285	4	661	31
16	30.1	712	540	1.32	0.0730	0.0013	0.370	0.006	0.0369	0.0003	233	2	319	5	1014	36
17	11.47	220	239	0.92	0.0501	0.0012	0.256	0.007	0.0370	0.0003	234	2	231	5	198	57
18	29.3	746	553	1.35	0.0512	0.0010	0.261	0.005	0.0371	0.0003	235	2	236	4	256	42
样品 07D006-1																
01	11	195	301	0.65	0.0517	0.0017	0.1919	0.0036	0.0269	0.0003	171	2	178	3	271	21

续表

测点	Pb /ppm	232Th /ppm	238U /ppm	232Th/ 238U	同位素比值						同位素年龄/Ma					
					207Pb/206Pb	±1σ	207Pb/235U	±1σ	206Pb/238U	±1σ	206Pb/238U	±1σ	207Pb/235U	±1σ	207Pb/206Pb	±1σ
样品 07D006-1																
02	10	165	288	0.58	0.0512	0.0017	0.1848	0.0029	0.0262	0.0003	167	2	172	3	250	17
03	11	211	297	0.71	0.0514	0.0017	0.1856	0.0030	0.0262	0.0003	167	2	173	3	258	17
04	7	113	165	0.69	0.0543	0.0026	0.2012	0.0091	0.0269	0.0004	171	2	186	8	383	109
05	5	91	145	0.63	0.0520	0.0018	0.1927	0.0037	0.0269	0.0003	171	2	179	3	287	23
06	5	88	140	0.63	0.0499	0.0017	0.1864	0.0038	0.0271	0.0003	172	2	174	3	188	25
07	8	181	217	0.83	0.0525	0.0017	0.1880	0.0033	0.0260	0.0003	165	2	175	3	306	19
08	7	111	189	0.59	0.0506	0.0017	0.1830	0.0034	0.0263	0.0003	167	2	171	3	221	22
09	11	224	265	0.84	0.0630	0.0030	0.2333	0.0106	0.0268	0.0004	171	2	213	9	710	104
10	14	321	378	0.85	0.0590	0.0020	0.2108	0.0038	0.0259	0.0003	165	2	194	3	567	19
11	6	112	179	0.63	0.0511	0.0022	0.1863	0.0075	0.0264	0.0004	168	2	173	6	246	100
12	6	111	180	0.62	0.0500	0.0020	0.1858	0.0068	0.0270	0.0004	172	2	173	6	193	93
13	6	123	171	0.72	0.0506	0.0017	0.1882	0.0034	0.0270	0.0003	171	2	175	3	224	21
14	6	116	174	0.67	0.0516	0.0017	0.1841	0.0034	0.0259	0.0003	165	2	172	3	270	21
15	6	100	177	0.57	0.0506	0.0017	0.1856	0.0033	0.0266	0.0003	169	2	173	3	223	20
16	10	212	290	0.73	0.0519	0.0017	0.1872	0.0033	0.0262	0.0003	166	2	174	3	282	19
样品 07D010-1																
01	11	166	154	1.07	0.0671	0.0026	0.2219	0.0074	0.0240	0.0003	153	2	204	6	841	78
02	7	192	196	0.98	0.0612	0.0019	0.2098	0.0050	0.0249	0.0003	158	2	193	4	646	64
03	6	204	160	1.28	0.0477	0.0014	0.1654	0.0039	0.0251	0.0002	160	2	155	3	85	71
04	6	202	184	1.1	0.0569	0.0016	0.1983	0.0043	0.0253	0.0003	161	2	184	4	485	63
05	3	118	98	1.21	0.0493	0.0019	0.1661	0.0057	0.0244	0.0003	156	2	156	5	162	89
06	6	189	174	1.09	0.0599	0.0017	0.2090	0.0044	0.0253	0.0003	161	2	193	4	600	60
07	4	108	106	1.02	0.0533	0.0020	0.1819	0.0057	0.0248	0.0003	158	2	170	5	342	80
08	4	133	122	1.09	0.0542	0.0017	0.1826	0.0047	0.0244	0.0003	156	2	170	4	379	70
09	4	111	113	0.98	0.0569	0.0017	0.1925	0.0047	0.0245	0.0003	156	2	179	4	487	67
10	10	364	264	1.38	0.0494	0.0012	0.1740	0.0029	0.0256	0.0002	163	2	163	3	166	57
11	5	155	160	0.97	0.0501	0.0016	0.1740	0.0043	0.0252	0.0003	160	2	163	4	199	70
12	4	127	128	0.99	0.0493	0.0016	0.1638	0.0044	0.0241	0.0002	154	2	154	4	161	74
13	5	172	151	1.14	0.0497	0.0017	0.1702	0.0048	0.0249	0.0003	158	2	160	4	180	77

测点	Pb /ppm	^{232}Th /ppm	^{238}U /ppm	$^{232}Th/^{238}U$	同位素比值 $^{207}Pb/^{206}Pb$	±1σ	$^{207}Pb/^{235}U$	±1σ	$^{206}Pb/^{238}U$	±1σ	同位素年龄/Ma $^{206}Pb/^{238}U$	±1σ	$^{207}Pb/^{235}U$	±1σ	$^{207}Pb/^{206}Pb$	±1σ
样品 07D010-1																
14	6	151	180	0.84	0.0496	0.0017	0.1787	0.0050	0.0262	0.0003	166	2	167	4	174	76
15	11	419	283	1.48	0.0506	0.0014	0.1752	0.0034	0.0251	0.0002	160	2	164	3	223	61
16	5	171	141	1.21	0.0497	0.0018	0.1742	0.0052	0.0254	0.0003	162	2	163	5	182	81
样品 07D046-1																
01	6	103	156	0.66	0.0481	0.0012	0.1852	0.0031	0.0280	0.0003	178	2	173	3	102	57
02	8	165	213	0.77	0.0490	0.0011	0.1791	0.0025	0.0266	0.0002	169	1	167	2	146	52
03	5	77	144	0.53	0.0493	0.0012	0.1803	0.0027	0.0265	0.0002	169	1	168	2	162	54
04	6	89	156	0.57	0.0490	0.0013	0.1792	0.0033	0.0266	0.0002	169	2	167	3	147	60
05	12	226	286	0.79	0.0801	0.0017	0.2971	0.0036	0.0269	0.0002	171	1	264	3	1200	42
06	4	50	87	0.57	0.0498	0.0015	0.2559	0.0061	0.0373	0.0004	236	2	231	5	184	69
07	11	185	311	0.60	0.0480	0.0011	0.1753	0.0023	0.0265	0.0002	169	1	164	2	96	53
08	10	131	285	0.46	0.0514	0.0014	0.1870	0.0037	0.0264	0.0002	168	2	174	3	260	61
09	5	93	148	0.63	0.0506	0.0012	0.1882	0.0028	0.0270	0.0002	172	1	175	2	224	53
10	15	281	372	0.75	0.0850	0.0019	0.3117	0.0038	0.0266	0.0002	169	1	276	3	1315	42
11	14	177	270	0.66	0.1473	0.0031	0.6480	0.0066	0.0319	0.0003	202	2	507	4	2315	35
12	7	120	178	0.68	0.0505	0.0012	0.1912	0.0028	0.0274	0.0002	175	1	178	2	220	54
13	7	108	191	0.57	0.0520	0.0013	0.1921	0.0034	0.0268	0.0002	171	1	178	3	284	57
14	6	105	155	0.67	0.0527	0.0013	0.1999	0.0034	0.0275	0.0002	175	2	185	3	317	56
15	5	93	149	0.63	0.0516	0.0014	0.1975	0.0037	0.0277	0.0003	176	2	183	3	269	59
16	9	177	252	0.70	0.0518	0.0015	0.1847	0.0040	0.0259	0.0002	165	2	172	3	278	64
样品 08005-4																
01	5	227	140	1.61	0.0494	0.0014	0.1742	0.0049	0.0257	0.0002	163	1	163	4	165	65
02	10	242	318	0.76	0.0503	0.0011	0.1705	0.0035	0.0247	0.0002	157	1	160	3	209	45
03	5	177	137	1.29	0.0693	0.0019	0.2538	0.0066	0.0268	0.0002	170	1	230	5	909	57
04	7	203	193	1.05	0.0479	0.0013	0.1724	0.0047	0.0262	0.0002	167	2	161	4	94.5	61.1
05	7	215	210	1.02	0.0477	0.0012	0.1636	0.0040	0.0249	0.0002	159	1	154	3	83.4	52.8
06	8	221	252	0.88	0.0486	0.0011	0.1697	0.0039	0.0254	0.0002	162	1	159	3	128	58
07	14	737	340	2.17	0.0535	0.0012	0.1868	0.0043	0.0254	0.0002	161	1	174	4	350	84
08	6	150	192	0.78	0.0496	0.0013	0.1804	0.0048	0.0264	0.0002	168	2	168	4	189	59

续表

测点	Pb /ppm	232Th /ppm	238U /ppm	232Th/ 238U	同位素比值						同位素年龄/Ma					
					207Pb/ 206Pb	±1σ	207Pb/ 235U	±1σ	206Pb/ 238U	±1σ	206Pb/ 238U	±1σ	207Pb/ 235U	±1σ	207Pb/ 206Pb	±1σ
样品 08005-4																
09	8	188	255	0.74	0.0529	0.0012	0.1812	0.0041	0.0250	0.0002	159	1	169	3	324	21
10	8	184	267	0.69	0.0523	0.0011	0.1824	0.0038	0.0253	0.0002	161	1	170	3	298	46
11	12	698	260	2.68	0.0490	0.0012	0.1671	0.0041	0.0248	0.0002	158	1	157	4	146	56
12	5	171	148	1.16	0.0510	0.0014	0.1737	0.0047	0.0249	0.0002	158	1	163	4	239	65
13	5	94	99	0.95	0.1698	0.0054	0.7630	0.0297	0.0315	0.0004	200	3	576	17	2567	54
14	5	165	144	1.15	0.0505	0.0015	0.1795	0.0053	0.0258	0.0002	164	1	168	5	220	69
15	3	52	80	0.64	0.0504	0.0021	0.1739	0.0070	0.0253	0.0002	161	1	163	6	213	92
16	4	79	121	0.66	0.0499	0.0016	0.1789	0.0058	0.0260	0.0003	166	2	167	5	191	69
17	4	95	99	0.96	0.0906	0.0027	0.3217	0.0094	0.0259	0.0002	165	1	283	7	1439	58
18	5	105	148	0.71	0.0516	0.0015	0.1765	0.0050	0.0249	0.0002	159	1	165	4	265	67
样品 08008-1																
01	1	32	23	1.36	0.1416	0.0123	0.4164	0.0316	0.0244	0.0007	155	4	353	23	2247	145
02	4	150	82	1.83	0.0804	0.0048	0.2758	0.0161	0.0253	0.0005	161	3	247	13	1209	117
03	7	385	110	3.49	0.1068	0.0072	0.4036	0.0311	0.0264	0.0004	168	3	344	22	1747	124
04	11	379	299	1.27	0.0504	0.0020	0.1740	0.0069	0.0251	0.0003	160	2	163	6	217	93
05	4	141	124	1.14	0.0517	0.0032	0.1699	0.0097	0.0245	0.0004	156	2	159	8	333	143
06	6	222	153	1.45	0.0610	0.0035	0.2139	0.0126	0.0256	0.0004	163	2	197	11	639	126
07	8	334	202	1.65	0.0522	0.0027	0.1748	0.0086	0.0245	0.0003	156	2	164	7	295	117
08	7	230	201	1.15	0.0493	0.0023	0.1657	0.0078	0.0246	0.0003	157	2	156	7	165	139
09	6	225	149	1.51	0.0608	0.0029	0.2122	0.0098	0.0255	0.0003	162	2	195	8	632	104
10	22	652	597	1.09	0.0597	0.0019	0.2079	0.0064	0.0253	0.0002	161	1	192	5	594	69
11	8	324	200	1.63	0.0528	0.0025	0.1854	0.0092	0.0253	0.0004	161	2	173	8	320	110
12	10	599	218	2.75	0.0562	0.0025	0.1872	0.0081	0.0241	0.0002	154	2	174	7	461	103
13	4	133	92	1.45	0.0629	0.0048	0.2196	0.0155	0.0260	0.0004	165	3	202	13	706	165
14	4	129	129	1.00	0.0563	0.0027	0.1852	0.0086	0.0242	0.0003	154	2	172	7	465	107
15	43	2238	840	2.66	0.0506	0.0012	0.1832	0.0043	0.0262	0.0002	167	1	171	4	233	54
16	19	801	480	1.67	0.0488	0.0015	0.1709	0.0051	0.0255	0.0002	162	1	160	4	139	66
17	4	174	121	1.44	0.0522	0.0029	0.1714	0.0089	0.0243	0.0003	154	2	161	8	295	128
18	5	140	114	1.23	0.0599	0.0029	0.2362	0.0108	0.0290	0.0004	184	2	215	9	598	101

测点	Pb /ppm	^{232}Th /ppm	^{238}U /ppm	^{232}Th/ ^{238}U	同位素比值						同位素年龄/Ma					
					^{207}Pb/ ^{206}Pb	±1σ	^{207}Pb/ ^{235}U	±1σ	^{206}Pb/ ^{238}U	±1σ	^{206}Pb/ ^{238}U	±1σ	^{207}Pb/ ^{235}U	±1σ	^{207}Pb/ ^{206}Pb	±1σ
样品 08008-1																
19	3	88	91	0.97	0.0651	0.0039	0.2282	0.0137	0.0253	0.0004	161	3	209	11	789	124
20	5	136	143	0.95	0.0521	0.0028	0.1742	0.0086	0.0247	0.0004	157	2	163	7	287	119
21	8	313	223	1.40	0.0518	0.0022	0.1705	0.0073	0.0239	0.0002	152	2	160	6	280	92
22	5	170	109	1.57	0.0550	0.0027	0.2124	0.0109	0.0281	0.0004	179	2	196	9	413	111
23	18	817	435	1.88	0.0572	0.0019	0.1894	0.0062	0.0241	0.0002	153	1	176	5	498	69
24	2	57	53	1.07	0.0778	0.0063	0.2633	0.0212	0.0249	0.0006	158	3	237	17	1143	161
25	3	68	81	0.84	0.0725	0.0044	0.2478	0.0145	0.0254	0.0004	162	3	225	12	1000	123
样品 08170-2																
01	5	127	137	0.93	0.1093	0.0073	0.4024	0.0277	0.0265	0.0005	169	3	343	20	1787	122
02	24	619	820	0.75	0.0515	0.0021	0.1790	0.0070	0.0252	0.0003	160	2	167	6	265	93
03	32	992	995	1.00	0.0525	0.0019	0.1878	0.0066	0.0260	0.0002	165	2	175	6	306	77
04	4	100	139	0.72	0.0714	0.0067	0.2401	0.0229	0.0252	0.0005	160	3	218	19	969	194
05	7	186	250	0.74	0.0547	0.0033	0.1900	0.0113	0.0256	0.0004	163	3	177	10	467	133
06	4	71	128	0.55	0.0601	0.0050	0.2014	0.0181	0.0247	0.0005	157	3	186	15	609	186
07	3	59	98	0.61	0.0618	0.0054	0.2095	0.0183	0.0249	0.0005	159	3	193	15	665	182
08	3	51	91	0.56	0.0587	0.0064	0.1970	0.0194	0.0252	0.0006	160	4	183	16	567	238
09	5	129	183	0.70	0.0514	0.0039	0.1819	0.0133	0.0260	0.0005	165	3	170	11	257	179
10	3	93	105	0.88	0.0533	0.0051	0.1803	0.0162	0.0258	0.0006	164	4	168	14	343	217
11	7	158	228	0.69	0.0577	0.0034	0.2076	0.0120	0.0266	0.0004	169	3	192	10	517	127
12	5	141	172	0.82	0.0560	0.0044	0.1946	0.0154	0.0256	0.0004	163	3	181	13	454	172
13	7	120	264	0.45	0.0486	0.0037	0.1710	0.0123	0.0262	0.0004	167	3	160	11	128	167
14	7	161	268	0.60	0.0544	0.0035	0.1785	0.0109	0.0243	0.0003	155	2	167	9	391	144
15	5	104	166	0.63	0.0531	0.0033	0.1814	0.0112	0.0252	0.0004	161	3	169	10	332	147
16	8	186	282	0.66	0.0516	0.0026	0.1813	0.0092	0.0254	0.0003	162	2	169	8	333	119
17	18	642	550	1.17	0.0504	0.0022	0.1766	0.0080	0.0253	0.0003	161	2	165	7	213	106
18	2	40	70	0.58	0.1415	0.0258	0.4026	0.0534	0.0254	0.0006	162	4	344	39	2246	320
样品 09018-1																
01	4	61	130	0.47	0.0494	0.0021	0.1744	0.0074	0.0256	0.0003	163	2	163	6	169	100
02	8	192	223	0.86	0.0502	0.0019	0.1738	0.0064	0.0251	0.0002	160	1	163	6	211	82

续表

测点	Pb /ppm	^{232}Th /ppm	^{238}U /ppm	$^{232}Th/^{238}U$	同位素比值						同位素年龄/Ma					
					$^{207}Pb/^{206}Pb$	±1σ	$^{207}Pb/^{235}U$	±1σ	$^{206}Pb/^{238}U$	±1σ	$^{206}Pb/^{238}U$	±1σ	$^{207}Pb/^{235}U$	±1σ	$^{207}Pb/^{206}Pb$	±1σ
样品 09018-1																
03	8	180	217	0.83	0.0499	0.0016	0.1765	0.0056	0.0257	0.0002	164	1	165	5	191	71
04	12	380	323	1.17	0.0496	0.0016	0.1721	0.0053	0.0252	0.0002	160	1	161	5	176	77
05	9	160	278	0.58	0.0483	0.0016	0.1762	0.0056	0.0266	0.0002	169	1	165	5	122	78
06	8	175	245	0.72	0.0489	0.0017	0.1751	0.0059	0.0261	0.0002	166	1	164	5	143	80
07	7	125	201	0.62	0.0471	0.0017	0.1700	0.0063	0.0262	0.0002	167	1	159	5	54	85
08	9	204	259	0.79	0.0518	0.0017	0.1802	0.0055	0.0254	0.0002	162	1	168	5	276	76
09	11	175	327	0.54	0.0468	0.0019	0.1711	0.0072	0.0266	0.0003	169	1	160	6	39	93
10	3	40	98	0.41	0.0516	0.0026	0.1889	0.0092	0.0270	0.0004	172	2	176	8	265	115
11	3	60	94	0.64	0.0587	0.0029	0.2036	0.0090	0.0261	0.0003	166	2	188	8	567	111
12	13	348	356	0.98	0.0482	0.0013	0.1719	0.0049	0.0258	0.0002	164	1	161	4	109	60
13	23	501	596	0.84	0.0499	0.0011	0.1976	0.0046	0.0287	0.0002	182	1	183	4	191	52
14	3	41	81	0.51	0.0527	0.0027	0.1905	0.0093	0.0267	0.0003	170	2	177	8	322	119
15	11	241	298	0.81	0.0476	0.0015	0.1759	0.0056	0.0268	0.0002	170	1	165	5	83	74
样品 09061-1																
01	3	81	90	0.90	0.0592	0.0044	0.2100	0.0159	0.0256	0.0004	163	3	194	13	576	132
02	3	71	88	0.80	0.0528	0.0033	0.1794	0.0105	0.0254	0.0003	162	2	168	9	320	143
03	2	38	54	0.71	0.0585	0.0067	0.1981	0.0199	0.0258	0.0006	164	4	184	17	550	252
04	3	74	98	0.75	0.0550	0.0026	0.1857	0.0086	0.0253	0.0004	161	3	173	7	409	112
05	4	89	111	0.80	0.0506	0.0030	0.1768	0.0101	0.0259	0.0003	165	2	165	9	220	137
06	3	72	78	0.92	0.0553	0.0037	0.1885	0.0123	0.0252	0.0004	161	2	175	10	433	118
07	3	67	78	0.85	0.0547	0.0041	0.1891	0.0138	0.0254	0.0004	162	3	176	12	398	173
08	2	41	60	0.68	0.0521	0.0058	0.1849	0.0204	0.0265	0.0007	169	4	172	17	300	257
09	3	67	89	0.75	0.0609	0.0042	0.2132	0.0143	0.0258	0.0003	164	2	196	12	635	155
10	3	82	102	0.80	0.0566	0.0039	0.1973	0.0131	0.0254	0.0003	162	2	183	11	476	152
11	2	54	61	0.89	0.0580	0.0043	0.2022	0.0143	0.0262	0.0005	167	3	187	12	528	158
12	3	65	85	0.76	0.0576	0.0049	0.2027	0.0153	0.0265	0.0004	168	3	187	13	522	185
13	3	64	85	0.75	0.0521	0.0029	0.1792	0.0095	0.0259	0.0004	165	2	167	8	287	128
14	3	63	81	0.78	0.0492	0.0032	0.1723	0.0108	0.0261	0.0004	166	3	161	9	167	135
15	3	68	80	0.85	0.0566	0.0037	0.1892	0.0115	0.0254	0.0005	161	3	176	10	472	144

续表

测点	Pb /ppm	^{232}Th /ppm	^{238}U /ppm	^{232}Th/^{238}U	同位素比值						同位素年龄/Ma					
					^{207}Pb/^{206}Pb	±1σ	^{207}Pb/^{235}U	±1σ	^{206}Pb/^{238}U	±1σ	^{206}Pb/^{238}U	±1σ	^{207}Pb/^{235}U	±1σ	^{207}Pb/^{206}Pb	±1σ
样品 09064-1																
01	11	176	345	0.51	0.0580	0.0030	0.2011	0.0107	0.0252	0.0003	160	2	186	9	532	115
02	6	108	169	0.64	0.0566	0.0047	0.1907	0.0150	0.0249	0.0006	159	4	177	13	476	187
03	20	395	594	0.66	0.0496	0.0013	0.1819	0.0048	0.0266	0.0002	169	1	170	4	176	58
04	7	238	186	1.28	0.0479	0.0019	0.1697	0.0073	0.0256	0.0003	163	2	159	6	100	87
05	27	541	789	0.69	0.0484	0.0011	0.1813	0.0039	0.0272	0.0002	173	1	169	3	120	54
06	25	508	751	0.68	0.0499	0.0011	0.1816	0.0039	0.0263	0.0002	168	1	169	3	191	50
07	13	354	366	0.97	0.0470	0.0016	0.1624	0.0056	0.0250	0.0002	159	1	153	5	50	81
08	13	334	356	0.94	0.0529	0.0014	0.1897	0.0050	0.0261	0.0002	166	1	176	4	324	61
09	13	216	414	0.52	0.0516	0.0016	0.1840	0.0059	0.0259	0.0002	165	2	171	5	265	77
10	8	156	197	0.79	0.0513	0.0022	0.2176	0.0095	0.0309	0.0004	196	3	200	8	257	92
11	20	528	602	0.88	0.0488	0.0012	0.1708	0.0043	0.0253	0.0002	161	1	160	4	200	59
12	5	122	136	0.90	0.0536	0.0042	0.1807	0.0137	0.0248	0.0005	158	3	169	12	354	180
13	10	122	295	0.41	0.0596	0.0018	0.2253	0.0069	0.0274	0.0002	174	2	206	6	587	65
14	16	216	321	0.67	0.0506	0.0013	0.2659	0.0071	0.0381	0.0003	241	2	239	6	233	61
15	9	255	267	0.96	0.0539	0.0022	0.1866	0.0074	0.0252	0.0003	160	2	174	6	369	91
样品 09075-1																
01	8	234	229	1.02	0.0513	0.0021	0.1780	0.0072	0.0254	0.0003	162	2	166	6	254	90
02	12	262	360	0.73	0.0509	0.0016	0.1803	0.0056	0.0257	0.0002	163	1	168	5	235	72
03	40	547	1206	0.45	0.0500	0.0009	0.1895	0.0032	0.0274	0.0002	174	1	176	3	198	34
04	12	202	367	0.55	0.0782	0.0030	0.2866	0.0126	0.0258	0.0003	164	2	256	10	1154	77
05	12	197	397	0.50	0.0514	0.0015	0.1828	0.0054	0.0258	0.0002	164	2	171	5	261	67
06	11	447	277	1.61	0.0517	0.0020	0.1856	0.0076	0.0260	0.0003	165	2	173	7	333	89
07	14	437	381	1.15	0.0502	0.0016	0.1725	0.0053	0.0251	0.0002	160	1	162	5	211	74
08	21	608	573	1.06	0.0511	0.0012	0.1817	0.0041	0.0259	0.0002	165	1	170	4	243	56
09	9	248	254	0.98	0.0499	0.0018	0.1782	0.0063	0.0261	0.0002	166	2	167	5	191	87
10	51	87	116	0.75	0.1163	0.0017	5.2118	0.0759	0.3242	0.0022	1810	10	1855	12	1902	25
11	15	541	399	1.36	0.0494	0.0014	0.1705	0.0047	0.0251	0.0002	160	1	160	4	165	67
12	3	57	104	0.55	0.0558	0.0029	0.2022	0.0101	0.0265	0.0003	168	2	187	9	456	113
13	14	323	373	0.87	0.0642	0.0017	0.2382	0.0066	0.0269	0.0003	171	2	217	5	748	53
14	19	453	541	0.84	0.0506	0.0015	0.1820	0.0056	0.0260	0.0002	166	2	170	5	220	75
15	6	108	189	0.57	0.0527	0.0024	0.1821	0.0082	0.0252	0.0003	160	2	170	7	322	104

续表

测点	Pb /ppm	232Th /ppm	238U /ppm	232Th/ 238U	同位素比值						同位素年龄/Ma					
					$^{207}Pb/^{206}Pb$	±1σ	$^{207}Pb/^{235}U$	±1σ	$^{206}Pb/^{238}U$	±1σ	$^{206}Pb/^{238}U$	±1σ	$^{207}Pb/^{235}U$	±1σ	$^{207}Pb/^{206}Pb$	±1σ
样品 09354-1																
01	20	431	621	0.69	0.0502	0.0014	0.1739	0.0046	0.0251	0.0002	160	1	163	4	211	63
02	17	417	499	0.83	0.0517	0.0014	0.1823	0.0051	0.0255	0.0002	162	1	170	4	272	68
03	9	198	290	0.68	0.0502	0.0018	0.1785	0.0066	0.0259	0.0003	165	2	167	6	206	83
04	22	403	618	0.65	0.0663	0.0026	0.2477	0.0098	0.0270	0.0002	172	2	225	8	815	81
05	25	690	709	0.97	0.0515	0.0012	0.1795	0.0040	0.0253	0.0002	161	1	168	3	265	54
06	13	140	363	0.39	0.0501	0.0016	0.1960	0.0062	0.0283	0.0002	180	1	182	5	211	72
07	13	220	387	0.57	0.0503	0.0016	0.1790	0.0054	0.0259	0.0002	165	1	167	5	209	40
08	22	615	579	1.06	0.0503	0.0011	0.1799	0.0040	0.0259	0.0002	165	1	168	3	209	45
09	18	365	537	0.68	0.0504	0.0013	0.1775	0.0045	0.0257	0.0002	163	1	166	4	213	63
10	21	386	625	0.62	0.0533	0.0013	0.1929	0.0046	0.0263	0.0002	167	1	179	4	339	54
11	14	275	423	0.65	0.0494	0.0014	0.1791	0.0050	0.0263	0.0002	167	1	167	4	169	65
12	18	401	553	0.73	0.0525	0.0015	0.1847	0.0053	0.0255	0.0002	162	1	172	5	309	65
13	10	271	290	0.94	0.0555	0.0020	0.2015	0.0077	0.0263	0.0003	167	2	186	7	432	81
14	11	202	329	0.61	0.0502	0.0016	0.1796	0.0057	0.0262	0.0003	167	2	168	5	211	78
15	23	613	606	1.01	0.0491	0.0014	0.1806	0.0049	0.0266	0.0002	169	1	169	4	154	67
样品 09361-1																
01	17	456	438	1.04	0.0543	0.0013	0.2062	0.0050	0.0276	0.0002	175	1	190	4	383	56
02	11	157	353	0.44	0.0521	0.0015	0.1923	0.0057	0.0267	0.0002	170	1	179	5	300	67
03	15	274	440	0.62	0.0523	0.0014	0.1923	0.0051	0.0267	0.0002	170	1	179	4	298	66
04	6	96	171	0.56	0.0515	0.0021	0.1885	0.0075	0.0265	0.0003	169	2	175	6	261	94
05	6	62	201	0.31	0.0545	0.0023	0.2120	0.0092	0.0282	0.0003	179	2	195	8	391	94
06	4	77	109	0.71	0.0541	0.0028	0.2144	0.0112	0.0288	0.0004	183	2	197	9	376	117
07	9	52	280	0.19	0.0501	0.0017	0.1948	0.0068	0.0283	0.0003	180	2	181	6	198	80
08	7	156	178	0.88	0.0500	0.0019	0.1955	0.0075	0.0285	0.0004	181	2	181	6	198	85
09	5	133	136	0.97	0.0497	0.0022	0.1931	0.0083	0.0284	0.0003	181	2	179	7	189	104
10	7	154	196	0.79	0.0518	0.0021	0.1972	0.0079	0.0277	0.0003	176	2	183	7	280	93
11	4	77	108	0.71	0.0540	0.0027	0.2077	0.0103	0.0284	0.0004	180	3	192	9	369	113
12	15	138	475	0.29	0.0489	0.0012	0.1816	0.0046	0.0270	0.0002	171	1	169	4	143	64
13	18	288	512	0.56	0.0505	0.0013	0.1872	0.0047	0.0269	0.0002	171	1	174	4	220	57
14	8	57	251	0.23	0.0506	0.0016	0.1918	0.0060	0.0276	0.0002	176	2	178	5	233	74
15	12	178	352	0.51	0.0506	0.0014	0.1840	0.0050	0.0264	0.0002	168	1	172	4	220	58

续表

测点	Pb/ppm	232Th/ppm	238U/ppm	232Th/238U	同位素比值						同位素年龄/Ma					
					207Pb/206Pb	±1σ	207Pb/235U	±1σ	206Pb/238U	±1σ	206Pb/238U	±1σ	207Pb/235U	±1σ	207Pb/206Pb	±1σ
样品 D078-2																
01	24	362	738	0.49	0.0538	0.0012	0.2003	0.0048	0.0268	0.0002	171	1	185	4	365	54
02	8	100	272	0.37	0.0472	0.0016	0.1554	0.0053	0.0239	0.0002	153	1	147	5	58	81
03	9	171	277	0.62	0.0577	0.0019	0.1897	0.0061	0.0239	0.0002	152	1	176	5	520	74
04	2	33	69	0.48	0.0571	0.0035	0.1904	0.0110	0.0248	0.0004	158	2	177	9	494	142
05	7	85	237	0.36	0.0547	0.0019	0.1914	0.0067	0.0255	0.0003	162	2	178	6	398	78
06	73	116	167	0.70	0.1123	0.0015	5.1647	0.0738	0.3321	0.0023	1849	11	1847	12	1839	25
07	13	181	442	0.41	0.0483	0.0013	0.1647	0.0046	0.0247	0.0002	157	1	155	4	122	60
08	135	52	349	0.15	0.1138	0.0013	5.2151	0.0614	0.3314	0.0020	1845	10	1855	10	1861	21
09	3	67	76	0.88	0.0596	0.0035	0.2066	0.0119	0.0258	0.0004	164	2	191	10	589	134
10	13	317	409	0.78	0.0515	0.0016	0.1743	0.0055	0.0246	0.0002	156	1	163	5	261	70
11	7	79	109	0.72	0.0543	0.0021	0.3757	0.0154	0.0506	0.0007	318	4	324	11	383	89
12	29	42	70	0.61	0.1103	0.0018	4.8263	0.0949	0.3163	0.0040	1772	20	1789	17	1806	29
13	15	103	148	0.69	0.0570	0.0014	0.5960	0.0146	0.0758	0.0005	471	3	475	9	500	56
14	174	104	375	0.28	0.1514	0.0017	7.7527	0.0909	0.3701	0.0021	2030	10	2203	11	2362	21
15	21	145	228	0.64	0.0548	0.0013	0.5556	0.0125	0.0734	0.0005	457	3	449	8	406	52
16	10	66	108	0.61	0.0606	0.0018	0.6416	0.0204	0.0764	0.0009	474	6	503	13	633	64
样品 10036-1																
01	5	103	79	1.30	0.0740	0.0039	0.2633	0.0136	0.0261	0.0004	166	2	237	11	1040	107
02	5	173	132	1.31	0.0484	0.0016	0.1663	0.0056	0.0251	0.0002	160	1	156	5	117	80
03	3	111	85	1.32	0.0485	0.0020	0.1698	0.0069	0.0256	0.0003	163	2	159	6	124	94
04	2	64	72	0.89	0.0501	0.0024	0.1753	0.0081	0.0259	0.0003	165	2	164	7	198	113
05	62	52	128	0.40	0.1618	0.0015	8.8257	0.0808	0.3950	0.0021	2146	10	2320	8	2476	21
06	3	164	87	1.90	0.0510	0.0024	0.1751	0.0082	0.0251	0.0003	160	2	164	7	239	107
07	2	36	46	0.79	0.0595	0.0030	0.2072	0.0099	0.0260	0.0004	165	2	191	8	587	114
08	2	55	56	0.98	0.0564	0.0030	0.1965	0.0103	0.0257	0.0004	164	3	182	9	478	119
09	3	91	75	1.21	0.1116	0.0041	0.4418	0.0170	0.0286	0.0003	182	2	372	12	1828	66
10	23	1209	570	2.12	0.0530	0.0010	0.1813	0.0033	0.0248	0.0001	158	1	169	3	328	43
11	1	10	17	0.60	0.0805	0.0063	0.2612	0.0173	0.0256	0.0006	163	4	236	14	1210	159
12	4	185	86	2.15	0.0540	0.0022	0.1881	0.0076	0.0254	0.0003	162	2	175	7	372	93
13	3	72	86	0.84	0.0598	0.0024	0.2106	0.0084	0.0257	0.0003	163	2	194	7	594	85
14	4	146	100	1.46	0.0488	0.0021	0.1658	0.0069	0.0250	0.0003	159	2	156	6	200	102

续表

测点	Pb /ppm	232Th /ppm	238U /ppm	232Th/238U	同位素比值						同位素年龄/Ma					
					207Pb/206Pb	±1σ	207Pb/235U	±1σ	206Pb/238U	±1σ	206Pb/238U	±1σ	207Pb/235U	±1σ	207Pb/206Pb	±1σ
样品 10036-1																
15	2	49	53	0.92	0.0611	0.0041	0.2108	0.0139	0.0253	0.0004	161	3	194	12	643	142
16	6	319	145	2.21	0.0497	0.0020	0.1807	0.0073	0.0264	0.0003	168	2	169	6	189	123
17	2	36	46	0.78	0.0510	0.0029	0.1761	0.0097	0.0257	0.0004	163	2	165	8	239	131
18	1	24	40	0.60	0.0529	0.0034	0.1794	0.0114	0.0251	0.0004	160	3	168	10	328	144
样品 07D044-1																
01	1	45	38	1.17	0.0481	0.0038	0.1403	0.0106	0.0212	0.0003	135	2	133	9	103	175
02	3	134	81	1.65	0.0527	0.0025	0.1573	0.0067	0.0217	0.0002	138	1	148	6	314	103
03	2	106	52	2.01	0.0516	0.0026	0.1544	0.0072	0.0217	0.0003	139	2	146	6	266	111
04	2	78	49	1.60	0.0498	0.0030	0.1498	0.0086	0.0218	0.0003	139	2	142	8	186	136
05	3	165	95	1.74	0.0604	0.0024	0.1723	0.0058	0.0207	0.0002	132	1	161	5	619	82
06	2	122	66	1.86	0.0525	0.0022	0.1537	0.0057	0.0212	0.0002	136	2	145	5	307	93
07	2	102	58	1.77	0.0537	0.0025	0.1568	0.0068	0.0212	0.0002	135	2	148	6	359	103
08	2	76	51	1.49	0.0572	0.0027	0.1666	0.0070	0.0211	0.0003	135	2	157	6	500	100
09	4	247	103	2.40	0.0510	0.0018	0.1566	0.0046	0.0223	0.0002	142	1	148	4	240	79
10	2	99	53	1.88	0.0579	0.0029	0.1677	0.0078	0.0210	0.0003	134	2	157	7	527	107
11	1	73	42	1.74	0.0473	0.0033	0.1398	0.0093	0.0214	0.0003	137	2	133	8	64	158
12	2	81	48	1.69	0.0487	0.0031	0.1498	0.0090	0.0223	0.0003	142	2	142	8	134	142
13	2	86	46	1.87	0.0482	0.0031	0.1474	0.0091	0.0222	0.0003	141	2	140	8	110	146
14	2	93	59	1.57	0.0488	0.0024	0.1510	0.0068	0.0224	0.0003	143	2	143	6	138	112
15	7	340	176	1.93	0.0484	0.0013	0.1571	0.0032	0.0235	0.0002	150	1	148	3	120	63
16	4	169	101	1.67	0.0497	0.0021	0.1476	0.0054	0.0216	0.0002	137	2	140	5	180	94
样品 09043-1																
01	6	215	206	1.04	0.0577	0.0030	0.1506	0.0076	0.0191	0.0002	122	1	142	7	517	81
02	3	116	112	1.04	0.0621	0.0039	0.1576	0.0099	0.0193	0.0003	123	2	149	9	680	134
03	2	46	70	0.66	0.0749	0.0047	0.2086	0.0123	0.0205	0.0004	131	2	192	10	1133	94
04	4	117	143	0.82	0.0533	0.0031	0.1469	0.0083	0.0201	0.0003	128	2	139	7	343	133
05	5	175	179	0.98	0.0521	0.0027	0.1357	0.0067	0.0192	0.0002	123	2	129	6	287	151
06	4	128	149	0.86	0.0481	0.0028	0.1289	0.0074	0.0199	0.0002	127	2	123	7	106	133
07	3	90	103	0.88	0.0609	0.0040	0.1630	0.0100	0.0200	0.0003	128	2	153	9	635	136
08	4	178	165	1.08	0.0496	0.0028	0.1264	0.0070	0.0188	0.0002	120	1	121	6	176	133
09	2	77	77	1.00	0.0609	0.0050	0.1751	0.0151	0.0204	0.0004	130	2	164	13	639	178

续表

测点	Pb /ppm	232Th /ppm	238U /ppm	232Th/ 238U	同位素比值						同位素年龄/Ma					
					207Pb/206Pb	±1σ	207Pb/235U	±1σ	206Pb/238U	±1σ	206Pb/238U	±1σ	207Pb/235U	±1σ	207Pb/206Pb	±1σ
样品 09043-1																
10	4	152	169	0.90	0.0514	0.0028	0.1311	0.0072	0.0188	0.0002	120	2	125	6	257	132
11	7	241	245	0.98	0.0486	0.0022	0.1338	0.0059	0.0202	0.0002	129	1	128	5	128	107
12	11	373	396	0.94	0.0494	0.0018	0.1313	0.0047	0.0194	0.0002	124	1	125	4	169	85
13	4	126	139	0.90	0.0593	0.0034	0.1689	0.0095	0.0209	0.0003	133	2	158	8	589	124
14	2	84	78	1.08	0.0642	0.0055	0.1558	0.0119	0.0190	0.0004	121	2	147	10	750	178
15	4	124	120	1.04	0.1104	0.0054	0.3177	0.0164	0.0208	0.0003	132	2	280	13	1806	89
样品 10018-1																
01	3	88	97	0.91	0.0474	0.0023	0.1355	0.0065	0.0211	0.0002	134	2	129	6	72	111
02	3	75	95	0.79	0.0525	0.0047	0.1604	0.0142	0.0224	0.0005	143	3	151	12	309	199
03	2	83	90	0.92	0.0544	0.0027	0.1506	0.0070	0.0207	0.0003	132	2	142	6	387	111
04	2	51	62	0.82	0.0559	0.0031	0.1595	0.0083	0.0213	0.0003	136	2	150	7	456	122
05	2	73	80	0.91	0.0514	0.0024	0.1467	0.0066	0.0210	0.0002	134	1	139	6	257	107
06	3	92	102	0.90	0.0516	0.0024	0.1452	0.0065	0.0206	0.0002	132	1	138	6	333	103
07	2	61	79	0.77	0.0549	0.0026	0.1552	0.0074	0.0208	0.0002	132	1	146	6	406	107
08	3	72	95	0.75	0.0527	0.0024	0.1515	0.0067	0.0211	0.0003	135	2	143	6	317	104
09	3	103	109	0.95	0.0644	0.0026	0.1861	0.0082	0.0209	0.0003	134	2	173	7	754	87
10	4	130	140	0.93	0.0513	0.0023	0.1436	0.0062	0.0206	0.0002	131	1	136	5	257	102
11	2	64	80	0.80	0.0529	0.0029	0.1512	0.0081	0.0210	0.0003	134	2	143	7	324	131
12	3	97	105	0.93	0.0521	0.0023	0.1509	0.0063	0.0212	0.0002	136	1	143	6	287	98
13	3	93	112	0.83	0.0582	0.0033	0.1665	0.0090	0.0211	0.0003	135	2	156	8	539	122
14	3	87	98	0.89	0.0662	0.0030	0.1873	0.0085	0.0208	0.0003	133	2	174	7	813	94
15	2	73	90	0.80	0.0470	0.0023	0.1334	0.0065	0.0209	0.0002	134	2	127	6	56	106
16	2	73	84	0.86	0.0520	0.0025	0.1465	0.0069	0.0208	0.0002	133	1	139	6	287	111
17	2	76	87	0.87	0.0521	0.0024	0.1478	0.0064	0.0209	0.0002	133	2	140	6	300	104
18	2	78	95	0.83	0.0516	0.0024	0.1415	0.0062	0.0204	0.0003	130	2	134	5	333	103
样品 10096-1																
01	7	196	263	0.74	0.0493	0.0016	0.1485	0.0049	0.0219	0.0002	139	1	141	4	161	76
02	10	364	348	1.05	0.0483	0.0012	0.1435	0.0035	0.0215	0.0002	137	1	136	3	122	57
03	8	215	281	0.77	0.0544	0.0013	0.1713	0.0038	0.0229	0.0001	146	1	161	3	391	47
04	7	199	264	0.76	0.0516	0.0014	0.1567	0.0041	0.0221	0.0002	141	1	148	4	333	61
05	6	178	221	0.81	0.0491	0.0016	0.1445	0.0046	0.0214	0.0002	137	1	137	4	154	76

续表

测点	Pb /ppm	232Th /ppm	238U /ppm	232Th/238U	同位素比值						同位素年龄/Ma					
					207Pb/206Pb	±1σ	207Pb/235U	±1σ	206Pb/238U	±1σ	206Pb/238U	±1σ	207Pb/235U	±1σ	207Pb/206Pb	±1σ
样品 10096-1																
06	5	178	180	0.99	0.0503	0.0019	0.1522	0.0054	0.0224	0.0003	143	2	144	5	209	89
07	10	329	364	0.90	0.0513	0.0012	0.1520	0.0036	0.0216	0.0002	138	1	144	3	254	54
08	9	306	301	1.02	0.0491	0.0012	0.1485	0.0038	0.0219	0.0002	140	1	141	3	150	55
09	6	157	214	0.73	0.0502	0.0014	0.1520	0.0046	0.0220	0.0002	140	1	144	4	206	67
10	8	316	279	1.13	0.0474	0.0012	0.1435	0.0037	0.0219	0.0002	140	1	136	3	78	61
11	8	290	268	1.08	0.0541	0.0015	0.1597	0.0045	0.0214	0.0002	137	1	150	4	376	56
12	6	148	203	0.73	0.0492	0.0020	0.1481	0.0066	0.0217	0.0002	138	1	140	6	167	98
13	2	60	64	0.93	0.0548	0.0038	0.1579	0.0098	0.0216	0.0004	138	2	149	9	406	157
14	10	334	347	0.96	0.0492	0.0011	0.1437	0.0031	0.0212	0.0001	136	1	136	3	167	52
15	6	185	234	0.79	0.0493	0.0019	0.1443	0.0055	0.0213	0.0002	136	1	137	5	161	86
16	8	288	266	1.08	0.0492	0.0015	0.1446	0.0041	0.0214	0.0002	136	1	137	4	167	73
17	5	132	191	0.69	0.0498	0.0015	0.1498	0.0046	0.0218	0.0002	139	1	142	4	183	66
18	6	272	204	1.33	0.0485	0.0016	0.1439	0.0047	0.0216	0.0002	138	1	137	4	124	71
样品 10107-1																
01	2	118	71	1.66	0.0554	0.0029	0.1622	0.0083	0.0217	0.0003	428	117	153	7	139	2
02	3	76	92	0.82	0.0507	0.0026	0.1488	0.0076	0.0215	0.0003	233	117	141	7	137	2
03	2	78	84	0.92	0.0501	0.0026	0.1450	0.0076	0.0213	0.0003	198	122	138	7	136	2
04	2	78	56	1.39	0.0490	0.0033	0.1464	0.0101	0.0216	0.0003	146	152	139	9	138	2
05	2	105	55	1.91	0.0561	0.0034	0.1609	0.0091	0.0213	0.0003	457	131	152	8	136	2
06	2	50	56	0.89	0.0500	0.0033	0.1457	0.0091	0.0216	0.0004	198	154	138	8	138	3
07	7	188	236	0.80	0.0493	0.0017	0.1478	0.0050	0.0218	0.0002	167	81	140	4	139	1
08	3	121	104	1.17	0.0624	0.0026	0.1825	0.0073	0.0215	0.0002	700	89	170	6	137	1
09	5	166	150	1.11	0.0493	0.0021	0.1511	0.0063	0.0224	0.0002	167	98	143	6	143	2
10	2	92	86	1.07	0.0499	0.0031	0.1441	0.0089	0.0212	0.0003	191	146	137	8	136	2
11	2	31	43	0.72	0.1570	0.0098	0.5638	0.0395	0.0251	0.0005	2433	106	454	26	160	3
12	2	64	61	1.05	0.0810	0.0037	0.2545	0.0119	0.0230	0.0003	1222	89	230	10	146	2
13	1	68	32	2.11	0.1249	0.0075	0.3545	0.0195	0.0218	0.0005	2028	106	308	15	139	3
14	3	87	86	1.02	0.0553	0.0027	0.1625	0.0077	0.0217	0.0003	433	105	153	7	138	2
15	2	81	43	1.91	0.0868	0.0052	0.2456	0.0136	0.0215	0.0003	1367	148	223	11	137	2
16	3	76	100	0.76	0.0494	0.0025	0.1502	0.0073	0.0224	0.0002	169	112	142	6	143	2
17	2	105	82	1.29	0.0489	0.0025	0.1442	0.0072	0.0216	0.0003	143	119	137	6	138	2
18	1	43	31	1.38	0.0701	0.0051	0.2019	0.0147	0.0217	0.0005	931	149	187	12	138	3

续表

测点	Pb /ppm	^{232}Th /ppm	^{238}U /ppm	^{232}Th/ ^{238}U	同位素比值						同位素年龄/Ma					
					^{207}Pb/ ^{206}Pb	±1σ	^{207}Pb/ ^{235}U	±1σ	^{206}Pb/ ^{238}U	±1σ	^{206}Pb/ ^{238}U	±1σ	^{207}Pb/ ^{235}U	±1σ	^{207}Pb/ ^{206}Pb	±1σ
样品 08005-1																
01	7	254	249	1.02	0.0471	0.0023	0.1338	0.0066	0.0208	0.0003	133	2	127	6	54	115
02	7	177	230	0.77	0.0567	0.0025	0.1650	0.0073	0.0212	0.0002	136	1	155	6	480	94
03	6	192	215	0.89	0.0510	0.0027	0.1420	0.0075	0.0204	0.0003	130	2	135	7	239	129
04	18	796	583	1.37	0.0472	0.0015	0.1305	0.0041	0.0202	0.0002	129	1	125	4	58	143
05	13	543	429	1.27	0.0500	0.0020	0.1357	0.0053	0.0198	0.0002	126	1	129	5	195	91
06	12	434	436	0.99	0.0521	0.0022	0.1367	0.0057	0.0192	0.0002	123	1	130	5	287	96
07	12	524	426	1.23	0.0497	0.0019	0.1332	0.0051	0.0194	0.0002	124	1	127	5	183	117
08	7	211	254	0.83	0.0483	0.0022	0.1334	0.0060	0.0203	0.0003	130	2	127	5	122	90
09	8	325	281	1.16	0.0518	0.0022	0.1414	0.0059	0.0200	0.0002	128	1	134	5	276	90
10	8	236	287	0.82	0.0606	0.0024	0.1643	0.0062	0.0198	0.0002	126	1	154	5	628	85
11	6	171	226	0.76	0.0517	0.0024	0.1378	0.0058	0.0196	0.0002	125	1	131	5	272	106
12	9	307	339	0.91	0.0515	0.0031	0.1438	0.0101	0.0201	0.0002	128	1	136	9	261	138
13	8	240	289	0.83	0.0511	0.0023	0.1381	0.0060	0.0198	0.0002	126	1	131	5	256	106
14	9	240	343	0.70	0.0559	0.0036	0.1498	0.0092	0.0199	0.0002	127	2	142	8	450	144
15	8	252	280	0.90	0.0498	0.0025	0.1336	0.0066	0.0196	0.0002	125	1	127	6	187	119
16	10	331	372	0.89	0.0522	0.0021	0.1405	0.0053	0.0197	0.0002	126	1	134	5	295	89
17	9	292	329	0.89	0.0543	0.0022	0.1561	0.0064	0.0208	0.0002	133	1	147	6	387	86
18	7	196	246	0.80	0.0494	0.0020	0.1380	0.0056	0.0202	0.0002	129	1	131	5	169	93
19	6	165	225	0.73	0.0511	0.0021	0.1412	0.0057	0.0203	0.0002	130	2	134	5	243	101
20	7	265	259	1.03	0.0549	0.0022	0.1510	0.0060	0.0201	0.0002	128	1	143	5	406	89
样品 10205-1																
01	3	78	112	0.70	0.0616	0.0025	0.1697	0.0052	0.0200	0.0004	128	2	159	5	660	83
02	12	477	455	1.05	0.0518	0.0017	0.1403	0.0031	0.0196	0.0004	125	2	133	3	278	74
03	6	158	244	0.65	0.0500	0.0018	0.1372	0.0037	0.0199	0.0004	127	2	131	3	194	84
04	4	99	149	0.67	0.0963	0.0034	0.2676	0.0065	0.0202	0.0004	129	2	241	5	1553	64
05	3	79	136	0.58	0.0550	0.0022	0.1470	0.0045	0.0194	0.0004	124	2	139	4	414	86
06	12	477	437	1.09	0.0548	0.0018	0.1480	0.0032	0.0196	0.0004	125	2	140	3	402	72
07	3	100	132	0.75	0.0626	0.0023	0.1719	0.0047	0.0199	0.0004	127	2	161	4	695	77
08	3	64	124	0.51	0.0633	0.0029	0.1708	0.0063	0.0196	0.0004	125	2	160	5	718	93
09	3	73	128	0.57	0.0525	0.0021	0.1454	0.0043	0.0201	0.0004	128	2	138	4	306	87

续表

测点	Pb/ppm	^{232}Th/ppm	^{238}U/ppm	$^{232}Th/^{238}U$	同位素比值						同位素年龄/Ma					
					$^{207}Pb/^{206}Pb$	±1σ	$^{207}Pb/^{235}U$	±1σ	$^{206}Pb/^{238}U$	±1σ	$^{206}Pb/^{238}U$	±1σ	$^{207}Pb/^{235}U$	±1σ	$^{207}Pb/^{206}Pb$	±1σ
样品 10205-1																
10	3	80	133	0.60	0.0522	0.0020	0.1446	0.0042	0.0201	0.0004	128	2	137	4	293	86
11	3	106	133	0.80	0.0533	0.0021	0.1452	0.0043	0.0198	0.0004	126	2	138	4	340	86
12	3	66	128	0.51	0.0490	0.0019	0.1440	0.0044	0.0213	0.0004	136	2	137	4	148	90
13	3	70	123	0.57	0.0494	0.0019	0.1366	0.0041	0.0201	0.0004	128	2	130	4	167	89
14	3	70	109	0.64	0.0506	0.0021	0.1431	0.0045	0.0205	0.0004	131	2	136	4	221	91
15	4	125	168	0.74	0.0601	0.0025	0.1687	0.0054	0.0204	0.0004	130	2	158	5	606	86
16	4	102	135	0.75	0.0572	0.0022	0.1595	0.0047	0.0202	0.0004	129	2	150	4	499	84
17	3	68	127	0.54	0.0523	0.0023	0.1435	0.0052	0.0199	0.0004	127	2	136	5	300	98
18	3	58	103	0.56	0.0530	0.0022	0.1471	0.0049	0.0201	0.0004	128	2	139	4	330	92
样品 10207-1																
01	16	440	637	0.69	0.0491	0.0016	0.1386	0.0028	0.0205	0.0004	131	2	132	3	151	74
02	13	366	522	0.70	0.0482	0.0017	0.1349	0.0035	0.0203	0.0004	130	2	129	3	110	83
03	12	314	499	0.63	0.0519	0.0018	0.1478	0.0036	0.0207	0.0004	132	2	140	3	280	78
04	9	195	360	0.54	0.0536	0.0018	0.1499	0.0035	0.0203	0.0004	130	2	142	3	356	75
05	11	308	458	0.67	0.0503	0.0016	0.1390	0.0030	0.0201	0.0004	128	2	132	3	207	74
06	12	291	486	0.60	0.0490	0.0016	0.1417	0.0030	0.0210	0.0004	134	2	135	3	145	74
07	11	282	456	0.62	0.0496	0.0016	0.1368	0.0029	0.0200	0.0004	128	2	130	3	178	75
08	13	365	519	0.70	0.0504	0.0016	0.1435	0.0030	0.0207	0.0004	132	2	136	3	215	74
09	16	503	626	0.80	0.0530	0.0017	0.1503	0.0030	0.0206	0.0004	131	2	142	3	327	71
10	10	242	388	0.62	0.0528	0.0019	0.1560	0.0039	0.0214	0.0004	137	2	147	3	322	78
11	18	583	722	0.81	0.0543	0.0017	0.1431	0.0028	0.0191	0.0003	122	2	136	2	384	69
12	12	305	517	0.59	0.0552	0.0019	0.1455	0.0034	0.0192	0.0003	122	2	138	3	419	74
13	16	427	609	0.70	0.0509	0.0017	0.1486	0.0034	0.0212	0.0004	135	2	141	3	237	76
14	13	309	497	0.62	0.0511	0.0017	0.1463	0.0030	0.0208	0.0004	133	2	139	3	245	73
15	16	485	635	0.76	0.0582	0.0019	0.1611	0.0032	0.0201	0.0003	128	2	152	3	537	69
16	17	487	629	0.77	0.0548	0.0018	0.1583	0.0032	0.0210	0.0004	134	2	149	3	402	70
17	17	434	630	0.69	0.0551	0.0018	0.1596	0.0033	0.0210	0.0004	134	2	150	3	417	71
18	9	218	341	0.64	0.0517	0.0018	0.1487	0.0035	0.0209	0.0004	133	2	141	3	270	77

注：表中同位素比值及年龄误差均为 1σ，Pb 指总铅含量，Pb* 指放射性成因铅，普通铅采用 Andersen（2002）方法校正

世、早侏罗世—中侏罗世早期、中—晚侏罗世、早白垩世和晚白垩世等几个阶段。图3.3
显示华北克拉通中生代岩浆岩的分布情况，图3.4展示了华北地区不同地区中生代沉积盆
地含火山岩地层的层序，从这些图件可以看出华北克拉通中生代岩浆岩的时空分布的演变
特征。

（1）早三叠世岩浆岩［图3.3（b）］：早三叠世侵入岩在华北地区北缘近 EW 向展布
的阴山-燕山构造带广泛分布。自西向东，典型的岩体包括：商都花岗岩脉［（253±3）Ma
B. P.，样品07016-1；表3.3，图3.5］、赤城海流图花岗岩［（250±11）Ma B. P.；王芳等，
2009］、赤城白花沟石英闪长岩［（252±3）Ma B. P.；王芳等，2009］、丰宁碱房二长花岗
岩［（253±1）Ma B. P.，样品07251-1；表3.3，图3.5］、云雾山花岗岩［（247±2）～
（244±2）Ma B. P.；表3.3］、两家石英正长岩［（246±2）Ma B. P.；Yang J. H. *et al.*，
2012］、丰宁韩家店花岗岩［（250±4）～（247±3）Ma B. P.；毛德宝等2003］、赤峰楼子店
花岗岩［（253±3）Ma B. P.；Davis *et al.*，2001］、辽北法库十间房二长花岗岩［（249±2）～
（248±2）Ma B. P.；Zhang *et al.*，2010a］。其他的早三叠世侵入岩包括华北克拉通东北部吉
林延边地区的达凯和百里坪花岗岩［（249±4）Ma B. P.、（248±2）～（245±6）Ma B. P.；
Zhang *et al.*，2004a］、朝鲜北部 Buryong 花岗闪长岩［（246±1）Ma B. P.；Wu *et al.*，
2007a］。在延边-辽北地区还报道有锆石 SHRIMP U-Pb 年龄为（248±6）Ma 的早三叠世火
山岩（吉林省地质调查研究院，2004a）。燕山地区平泉松树台及承德县晚三叠世—早侏罗
世砾岩中火山岩砾石的锆石 LA-ICP-MS U-Pb 年龄分别为（255±2）Ma 和（248±3）Ma（样
品08012-2、样品08018-2；表3.3，图3.5），表明这些广泛分布的火山岩砾石主要形成于
二叠纪末—早三叠世。从岩石组合特征及形成时代分析，华北地区北缘地区早三叠世岩浆
岩的是晚二叠世岩浆岩的延续（张拴宏等，2010），其形成可能与蒙古弧陆块与华北地块
碰撞拼合的后碰撞岩石圈伸展作用有关（Zhang S. H. *et al.*，2009；张拴宏等，2010）。

表3.4 华北地区中生代岩浆岩锆石 U-Pb 年代学新结果汇总表

样品号	纬度	经度	位置	岩性	年龄/Ma	测年方法
07251-1	41°37.78′	117°11.82′	丰宁碱房	二长花岗岩	253±1	LA-ICP-MS
07016-1	41°49′50″	113°49′37″	内蒙古商都	花岗岩脉	253±3	LA-ICP-MS
08018-2	40°54.39′	118°52.17′	平泉松树台	火山岩砾石	255±2	LA-ICP-MS
08012-2	40°47.00′	118°12.04′	承德县东	火山岩砾石	248±3	LA-ICP-MS
10095-1	41°02.577′	116°38.051′	丰宁云雾山	二长花岗岩	247±2	LA-ICP-MS
10097-1	40°56.902′	116°37.457′	丰宁云雾山	二长花岗岩	244±2	LA-ICP-MS
07215-1	41°20′44″	107°05′14″	赛乌素南	二长花岗岩	239±1	LA-ICP-MS
07040-1	41°24′17″	113°17′26″	察右中旗	花岗闪长岩	225±2	LA-ICP-MS
D478	41°04′06″	116°46′03″	窄岭西	二长花岗岩	229±5	LA-ICP-MS
07233-1	40°48.40′	109°46.04′	包头沙德盖	二长花岗岩	235±3	LA-ICP-MS
07235-1	40°34′15″	110°13′29″	包头永富村	正长岩	233±7	SHRIMP

样品号	纬度	经度	位置	岩性	年龄/Ma	测年方法
07236-1	40°34′11″	110°14′08″	包头永富村	正长岩	224±2	LA-ICP-MS
07245-1	40°18′25″	114°33′32″	阳原姚家庄	辉石正长岩	224±5	LA-ICP-MS
07245-3	40°18′25″	114°33′32″	阳原姚家庄	辉石正长岩	221±5	SHRIMP
07245-3	40°18′25″	114°33′32″	阳原姚家庄	辉石正长岩	234±4	SIMS
10002-1	40°08′38″	117°35′47″	蓟县孙各庄	正长岩	231±1	LA-ICP-MS
10003-1	40°08′32″	117°35′51″	蓟县孙各庄	正长岩	231±1	LA-ICP-MS
10013-1	40°08′49″	117°35′57″	蓟县孙各庄	正长岩	231±2	LA-ICP-MS
07D006-1	42°05.424′	119°03.408′	赤峰张家窝铺	石英粗安岩	169±1	LA-ICP-MS
07D010-1	42°05.937′	119°07.564′	赤峰张家窝铺	石英二长闪长岩	159±2	LA-ICP-MS
07D046-1	42°30.134′	118°47.281′	赤峰碱厂	闪长玢岩	171±3	LA-ICP-MS
1021	—	—	平泉前杖子	正长岩	164±4	SHRIMP
HPQ020817	—	—	平泉前杖子	闪长岩	166±2	SHRIMP
SGD-1	40°28.567′	117°07.280′	密云四十顶	石英二长闪长岩	160±5	SHRIMP
LLX020811	—	—	凌源邢杖子	石英斑岩	165±2	SHRIMP
08005-4	40°33.378′	117°44.936′	兴隆寿王坟	安山岩	161±2	LA-ICP-MS
08008-1	40°44.643′	118°08.775′	承德县	闪长玢岩	159±2	LA-ICP-MS
08170-2	42°18.065′	120°16.396′	赤峰裴家店西	流纹质凝灰岩	162±2	LA-ICP-MS
09018-1	40°26.069′	118°31.066′	宽城碾子峪	闪长岩	165±2	LA-ICP-MS
09061-1	42°01.240′	120°28.797′	北票大黑山	石英二长岩	164±1	LA-ICP-MS
09064-1	42°18.120	120°16.612′	赤峰南塔乡	流纹岩	164±3	LA-ICP-MS
09075-1	42°33.890′	119°39.190′	赤峰老哈河东	流纹质凝灰岩	163±2	LA-ICP-MS
09354-1	43°05.500′	124°43.055′	四平石岭镇	花岗闪长岩	164±2	LA-ICP-MS
09361-1	42°43.649′	124°17.526′	开源威远堡镇	花岗闪长岩	173±3	LA-ICP-MS
D078-2	41°01.502′	117°04.645′	丰宁凌营	英安岩	156±4	LA-ICP-MS
10036-1	40°43.788′	118°07.751′	承德县	闪长玢岩	161±2	LA-ICP-MS
07D044-1	42°33.644′	118°27.861′	赤峰岗子	石英正长斑岩	138±2	LA-ICP-MS
09043-1	41°12.728′	119°39.103′	凌源六官营子	闪长玢岩	124±2	LA-ICP-MS
10018-1	40°35.878′	117°53.586′	兴隆寿王坟	石英闪长岩	133±1	LA-ICP-MS
10096-1	41°01.070′	116°37.952′	丰宁云雾山	花岗闪长岩	138±1	LA-ICP-MS
10107-1	40°04.832′	115°26.638′	涿鹿观音殿	花岗岩	139±2	LA-ICP-MS
08005-1	40°33.447′	117°44.941′	兴隆寿王坟	安山玢岩	128±1	LA-ICP-MS
10205-1	41°25.919′	109°58.535′	白云鄂博南	流纹岩	128±1	LA-ICP-MS
10207-1	41°31.004′	109°54.378′	白云鄂博南	流纹质凝灰岩	131±2	LA-ICP-MS

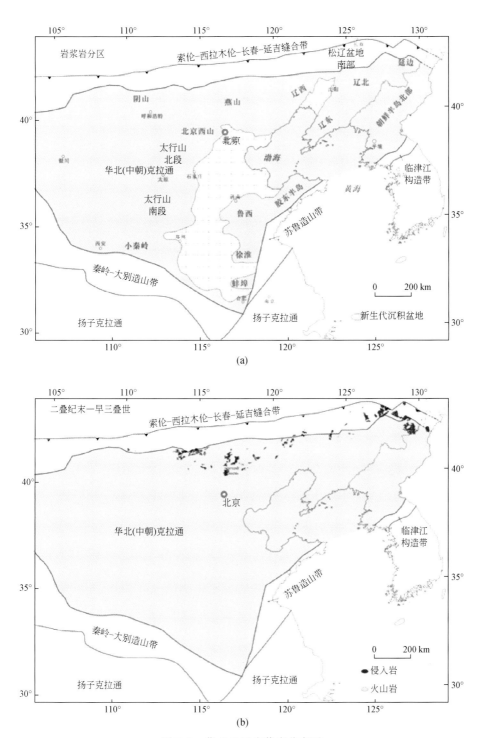

图 3.3 华北地区岩浆岩分布图

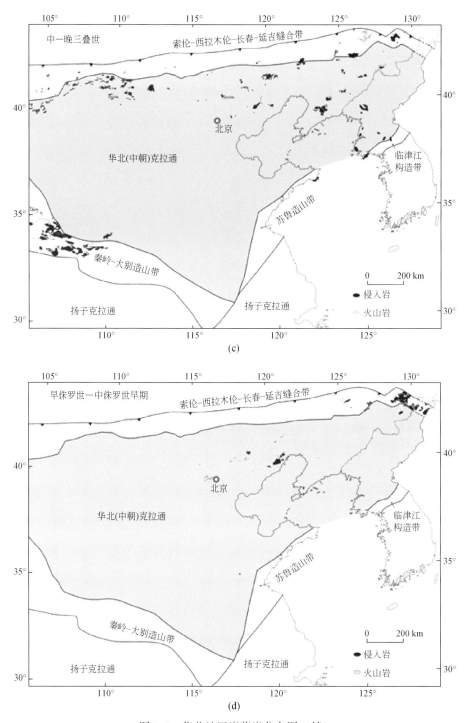

图 3.3 华北地区岩浆岩分布图（续）

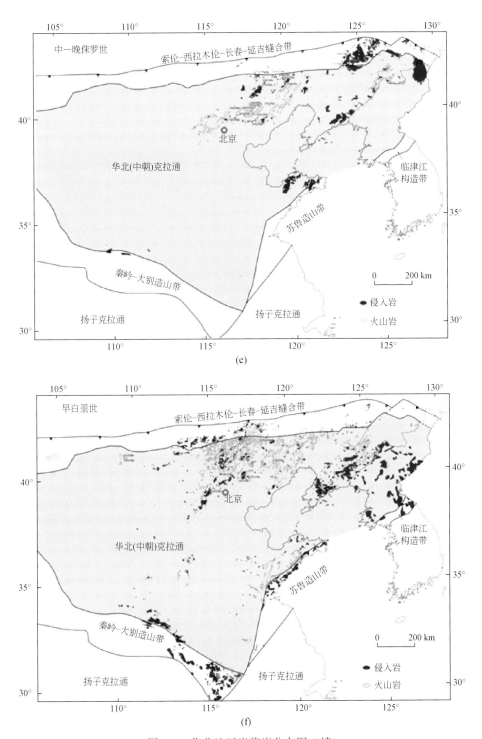

图 3.3　华北地区岩浆岩分布图（续）

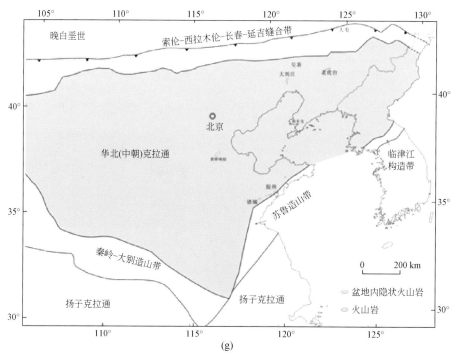

图 3.3 华北地区岩浆岩分布图（续）

（2）中—晚三叠世岩浆岩［图 3.3（c）］：中—晚三叠世岩浆岩在华北地区北缘阴山-燕山构造带、辽东、辽北-延边南部和朝鲜半岛北部广泛分布（吴福元等，2005a；Wu F. W. et al.，2005a，2005c，2007b；Yang and Wu，2009）。阴山-燕山构造带典型的晚三叠世岩体包括：内蒙古乌拉特后旗赛乌素南二长花岗岩［（239±1）Ma B. P.，样品 07215-1；表 3.3，图 3.7］、察右中旗东花岗闪长岩［（225±2）Ma B. P.，样品 07040-1；表 3.3，图 3.7］、包头沙德盖花岗岩［（235±3）Ma B. P.，样品 07233-1；表 3.3，图 3.7］、包头永福村碱性杂岩［（233±7）~（224±2）Ma B. P.，样品 07235-1、样品 07236-1；表 3.3，图 3.6、图 3.5］、河北阳原姚家庄碱性杂岩［（234±4）~（221±5）Ma B. P.，样品 07245-1、样品 07245-3；表 3.2、表 3.2，图 3.6、图 3.5］、河北小张家口镁铁、超镁铁质杂岩［（220±5）Ma B. P.；田伟等，2007］、张家口谷嘴子花岗岩［（236±2）Ma B. P.；Miao et al.，2002］、赤峰红花梁花岗岩［（235±2）Ma B. P.；Jiang et al.，2007］、河北矾山碱性杂岩［（218±2）Ma B. P.；任荣等，2009］、丰宁季栅子花岗岩［（229±5）Ma B. P.，样品 D478；表 3.3，图 3.7］、河北平泉光头山碱性花岗杂岩［（220±1）Ma B. P.；韩宝福等，2004］、天津蓟县孙各庄碱性杂岩［（231±2）Ma B. P.，样品 10002-1、样品 10003-1、样品 10013-1-1；表 3.3，图 3.6、图 3.5］、蓟县盘山二长花岗岩［（203±5）~（208±4）Ma B. P.；马寅生等，2007］、冀东都山花岗岩-花岗闪长岩［（223±2）Ma B. P.；罗镇宽等，2003］、冀东柏杖子花岗岩［（222±3）Ma B. P.；罗镇宽等，2004］、辽西凌源河坎子碱性杂岩［（226±3）~（224±2）Ma B. P.；Yang et al.，2012a］、辽北阜新大少楞和四家子花岗岩（约 220 Ma B. P.；Zhang X. H. et al.，2012）、建平花岗岩［（241±2）~（237±1）Ma B. P.；

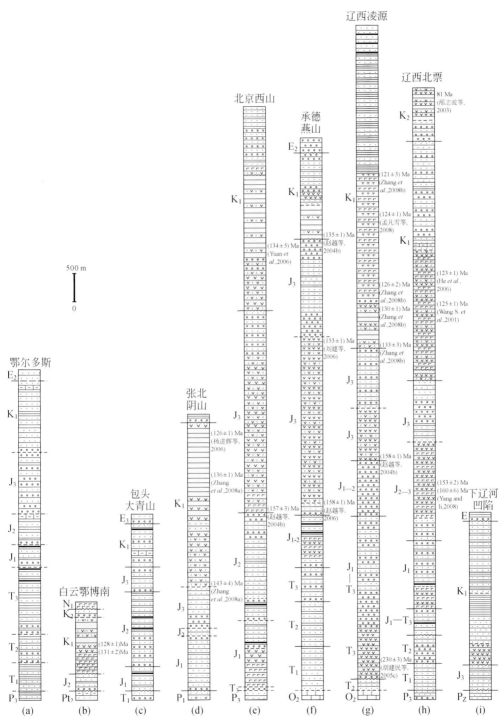

图 3.4 华北地区不同区域沉积柱状图

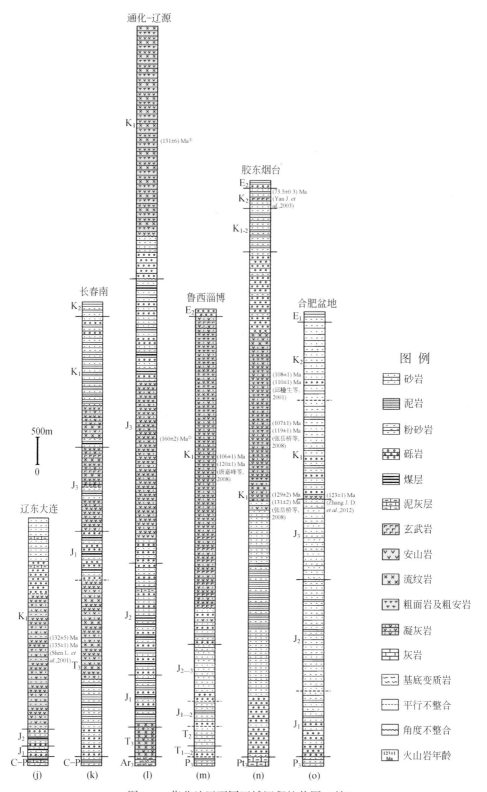

图 3.4 华北地区不同区域沉积柱状图（续）

①吉林省地质调查院，2004，辽源幅 1：25 万地质图（K51C002004）及说明书；②吉林省地质调查院，2004，通化幅 1：25 万地质图（K51C003004）及说明书

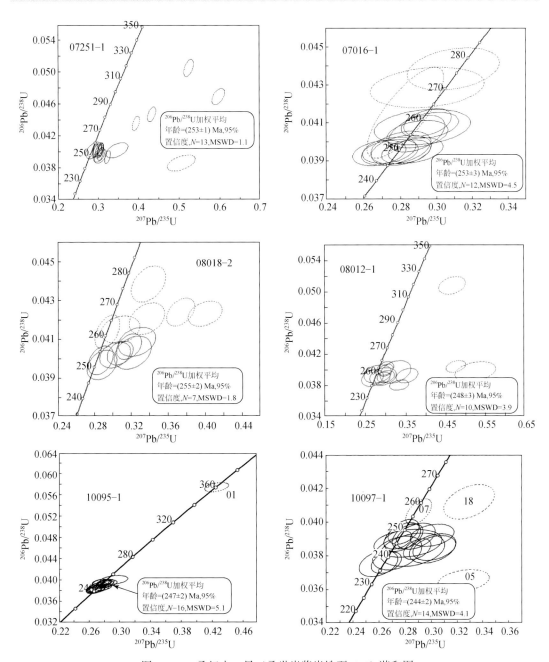

图 3.5　二叠纪末—早三叠世岩浆岩锆石 U-Pb 谐和图

Zhang *et al.* , 2009a]、辽北阜新小房身辉长岩 [（241±6）Ma B. P. ; Zhang X. H. *et al.* , 2009]。辽东地区晚三叠世岩体包括：岫岩花岗岩 [（213±1）~（210±1）Ma B. P. ; 吴福元等，2005a；Yang J. H. *et al.* , 2007c]、佟家铺子闪长岩 [（214±2）Ma B. P. ; 吴福元等，2005a]、双崖山花岗岩 [（224±1）Ma B. P. ; 吴福元等，2005a]、老尖顶子闪长岩 [（220±1）Ma B. P. ; 吴福元等，2005a]、于家村正长岩 [（219±1）Ma B. P. ; 吴福元等，2005]、赛马碱性杂岩 [（233±1）Ma B. P. ; 吴福元等，2005a]、柏林川碱性杂岩 [（231±1）Ma

B. P. ；吴福元等，2005]、双顶沟花岗岩［(224±1)Ma B. P.；段晓侠等，2012]。辽北-延边南部地区中—晚三叠世岩体包括：龙头石英闪长岩-花岗闪长岩-花岗岩［(224±2)~(203±9)Ma B. P.；Lu et al., 2003；Yang J. H. et al., 2012b]、小苇沙河花岗闪长岩［(220±2)~(217±7)Ma B. P.；Lu et al., 2003；Yang J. H. et al., 2012b]、岔新子花岗岩［(222±2)~(216±6)Ma B. P.；Lu et al., 2003；Yang J. H. et al., 2012b]、蚂蚁河闪长岩-花岗岩［(226±3)~(220±2)Ma B. P.；裴福萍等，2008；Yang J. H. et al., 2012b]、西大顶子花岗岩［(221±2)~(220±2)Ma B. P.；Yang J. H. et al., 2012b]和南口前花岗岩［(224±2)~(221±2)Ma B. P.；Yang J. H. et al., 2012b]。朝鲜半岛北部典型的晚三叠世岩体包括：Tokdal碱性杂岩［(224±4)Ma B. P.；Peng et al., 2008]、Unsan正长岩［(234±2)Ma B. P.；Wu F. Y. et al., 2007b]、Taepyeongli花岗岩［(213±1)Ma B. P.；Wu F. Y. et al., 2007b]、Kangseo花岗岩［(215±1)Ma B. P.；Wu F. Y. et al., 2007b]以及朝鲜金伯利岩(223 Ma B. P.，Yang J. H. et al., 2010)。在华北克拉通南缘的小秦岭地区也有少量中—晚三叠世岩体，如老牛山闪长岩-二长闪长岩-花岗岩杂岩体［(228±1)~(208±1)Ma B. P.；Ding et al., 2011；王艳芬等，2012]和寨凹正长花岗岩体［(218±4)Ma B. P.；李厚民等，2012]。此外，在苏鲁造山带中亦有一些晚三叠世正长岩、碱性辉长岩和碱性花岗岩侵入体(Chen et al., 2003；郭敬辉等，2005；Yang et al., 2005；陈竟志、姜能，2011)，但是在胶东地区(华北部分)还没有晚三叠世岩浆岩的报道。

尽管还没有可靠的基岩露头，但是在承德地区晚三叠世—早侏罗世砾岩中有中三叠世火山岩砾石的报道，其黑云母Ar-Ar坪年龄为(241.1±0.8)Ma(Cope et al., 2007)，表明在华北克拉通北缘存在中三叠世火山岩。晚三叠世火山岩主要分布在延边南部-辽北地区［裴福萍等，2004；图3.4(k)、(l)]，但是这些火山岩还没有确切定年数据。在燕山构造带东部的辽西凌源地区也分布有晚三叠世水泉沟组火山岩，其锆石SHRIMP U-Pb年龄为(230±3)Ma［胡健民等，2005c；图3.4(g)]。

(3) 早—中侏罗世早期岩浆岩［图3.4(d)]：华北克拉通早侏罗世侵入岩主要分布在东北延边南部地区(Zhang Y. et al., 2004；Wu F. Y. et al., 2011)、华北北缘的燕山构造带和北京西山地区(Davis et al., 2001；吴福元等，2006；代军治等，2008；Liu et al., 2012)。华北克拉通东部辽东半岛(吴福元等，2005a；Yang J. H. et al., 2007c)、朝鲜半岛(Wu F. Y. et al., 2007b)和鲁西地区(徐义刚等，2007；Lan et al., 2012)亦有少量早侏罗世侵入岩的报道。辽东半岛典型早侏罗世侵入体包括：小黑山闪长岩-花岗闪长岩-花岗岩体［(177±2)~(170±4)Ma B. P.；Wu et al., 2005c；杨进辉等，2007]以及韩家岭南部的花岗闪长岩体［(179±3)Ma B. P.；Wu et al., 2005c]。延边南部地区典型的早侏罗世岩体有：黄泥岭花岗闪长岩-花岗岩［(171±5)~(168±3)Ma B. P.；Zhang Y. et al., 2004]、蒙山花岗闪长岩-花岗岩［(184±2)~(174±3)Ma B. P.；Zhang Y. et al., 2004]、高岭花岗闪长岩-花岗岩［(192±2)~(170±3)Ma B. P.；Zhang Y. et al., 2004]以及百里坪闪长岩-正长花岗岩［(187±3)~(178±2)Ma B. P.；Zhang Y. et al., 2004]。朝鲜半岛北部早侏罗世岩体包括Sonbong花岗闪长岩［(193±1)Ma B. P.；Wu F. Y. et al., 2007b]和Hoesan花岗闪长岩［(182±2)Ma B. P.；Wu F. Y. et al., 2007b]。燕山构造带早侏罗世岩体包括王土房花岗岩体［(191±1)Ma B. P.；Liu et al., 2012]和建昌-杨家杖子-兰家

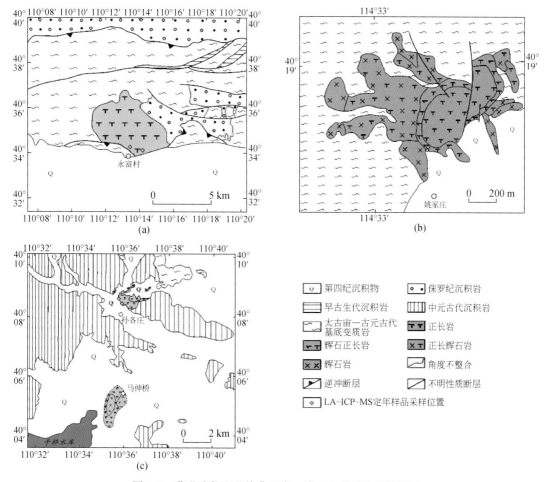

图 3.6　华北克拉通北缘典型中—晚三叠世碱性岩地质图

沟花岗岩［（190±3）～（182±2）Ma B. P.；吴福元等，2006；代军治等，2008］。华北克拉通东部唯一报道的早侏罗世岩体是鲁西地区的铜石二长岩-正长岩-花岗杂岩体［徐义刚等，2007；Lan *et al.*，2012］。早侏罗世火山岩仅在华北克拉通北部有所报道，主要的包括南大岭组火山岩和兴隆沟组火山岩，分布于在北京西山地区和冀北承德地区［黑云母^{40}Ar/^{39}Ar 坪年龄为（180±2）Ma；Davis *et al.*，2001］以及辽西北票和南票地区［^{40}Ar/^{39}Ar 坪年龄为（188±7）Ma；陈义贤，1997；图 3.4（e）、（f）、（h）］。

（4）中—晚侏罗世岩浆岩［图 3.4（e）］：中—晚侏罗世侵入岩在华北克拉通北缘燕山构造带广泛分布（图 3.8），此外在辽东半岛、胶东半岛和延边南部-辽北以及朝鲜半岛北部亦有分布（Wu F. Y. *et al.*，2011）。燕山构造带典型的中—晚侏罗世侵入体包括：石城闪长岩［（159±2）Ma B. P.；Davis *et al.*，2001］、长垣闪长岩［（151±2）Ma B. P.；Davis *et al.*，2001］、四干顶闪长岩-二长岩-花岗岩［（159±4）Ma B. P.，样品 SGD-1；表3.2］、前杖子闪长岩-正长岩［（166±2）～（164±4）Ma B. P.，样品 1021 及 HPQ020817；表.3.2］、碾子峪闪长岩［（165±2）Ma B. P.，样品 09018-1；表 3.3］、邢杖子花岗岩［（165±2）Ma B. P.，样品 LLX020811；表 3.2］、张家窝铺闪长岩［（159±2）Ma B. P.，样

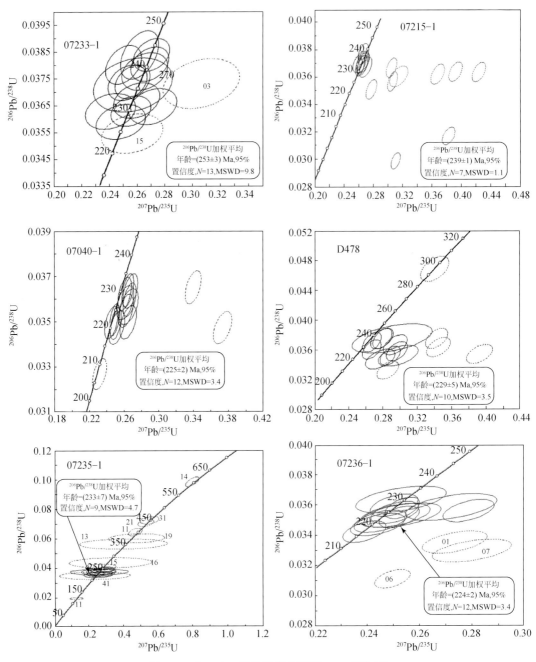

图3.7　中—晚三叠世岩浆岩锆石 U-Pb 谐和图

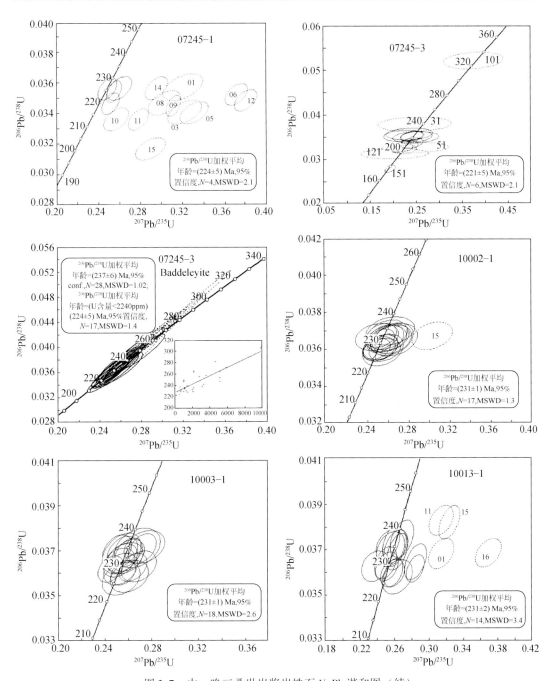

图 3.7　中—晚三叠世岩浆岩锆石 U-Pb 谐和图（续）

品 07D010-1；表 3.3]、北票大黑山二长岩 [（164±1）Ma B. P.，样品 09061-1；表 3.3]、建昌二长闪长岩 [（157±1）Ma B. P.；吴福元等，2006] 和医巫闾山花岗岩 [（163±3）~（153±3）Ma B. P.；吴福元等，2006；杜建军等，2007；Zhang. X. H. *et al*., 2008）。辽东半岛中—晚侏罗世侵入岩体包括：丹东花岗岩 [（157±6）~（156±3）Ma B. P.；Li S. Z. *et al*., 2004；Wu *et al*., 2005c]、高丽墩台花岗岩 [（156±5）Ma B. P.；Li S. Z. *et al*.,

2004]、黑沟花岗岩 [(173±6)Ma B. P.；Wu et al.，2005c]、莲花配花岗岩 [(160±5)Ma B. P.；Wu et al.，2005c]、北韩家岭花岗岩 [(164±4)Ma B. P.；Wu et al.，2005c]、武隆花岗岩 [(163±7)Ma B. P.；Wu et al.，2005c] 和云屯闪长岩 [(157±3)Ma B. P.；Wu et al.，2005c]。胶东半岛典型中—晚侏罗世岩体包括：玲珑花岗岩 [(160±4) ~ (153±4)Ma B. P.；苗来成等，1998；Wang L. G. et al.，1998；Qiu et al.，2002]、栾家河花岗岩 [(154±4) ~ (152±10)Ma B. P.；苗来成等，1998；Wang L. G. et al.，1998；Qiu et al.，2002]、昆嵛山花岗杂岩 [(160±3) ~ (141±3)Ma B. P.；Hu et al.，2004；郭敬辉等，2005；Zhang J. et al.，2010]。华北克拉通南缘小秦岭地区晚侏罗世岩体包括八里坡花岗岩 [(156±2)Ma B. P.；焦建刚等，2009]、五丈山花岗岩 [(157±1)Ma B. P.；毛景文等，2005]、南泥湖斑状花岗岩 [(158±3)Ma B. P.；毛景文等，2005]、上房沟花岗岩 [(158±3)Ma B. P.；毛景文等，2005]、蓝田花岗岩 [(154±1)Ma B. P.；丁丽雪等，2010]、牧护关花岗闪长岩-花岗岩 [(151±2)Ma B. P.；丁丽雪等，2010]、下斜辉石黑云母闪长岩和木龙沟花岗闪长斑岩体 [(154±2) ~ (151±1)Ma B. P.；柯昌辉等，2013]。此外，在华北克拉通东南部蚌埠隆起内也有少量中侏罗世含石榴子石花岗岩的报道 [(166±2) ~ (160±1)Ma B. P.；Xu W. L. et al.，2005；李印等，2010]。中—晚侏罗世髫髻山组和蓝旗组火山岩在华北北缘燕山构造带，北京西山等地广泛分布 [图3.4(e) ~ (h)]，延边南部-辽北地区也分布

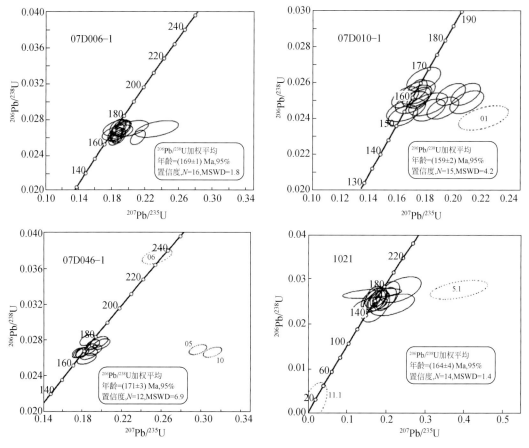

图 3.8　中—晚侏罗世岩浆岩锆石 U-Pb 谐和图

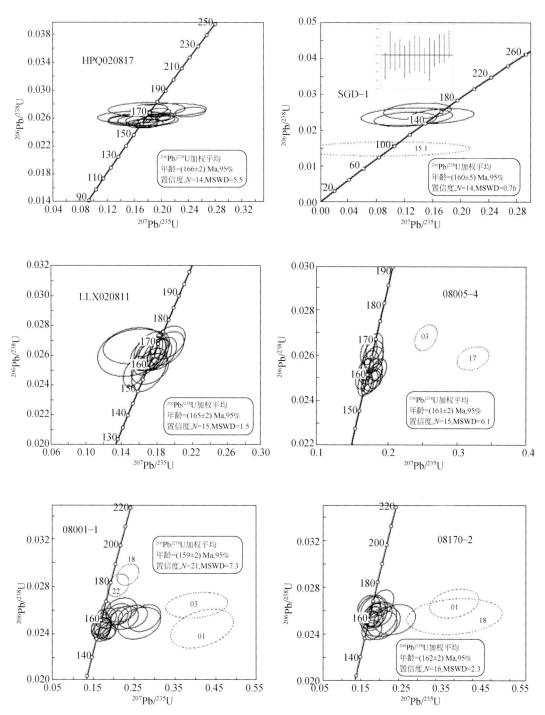

图 3.8　中—晚侏罗世岩浆岩锆石 U-Pb 谐和图（续）

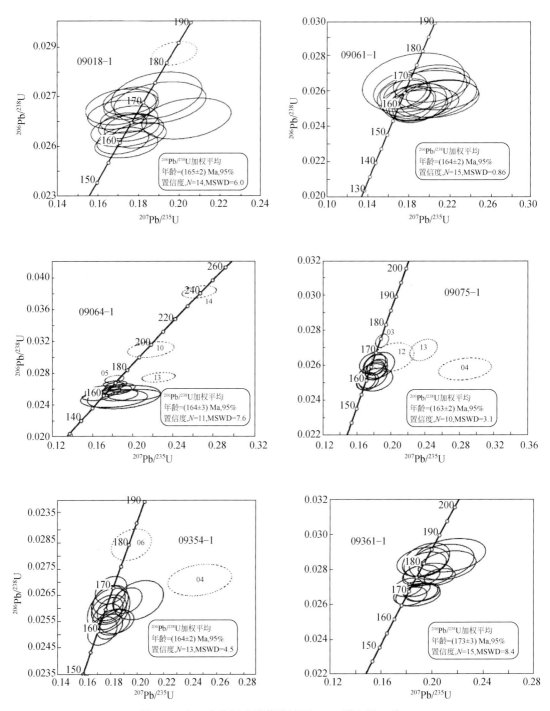

图 3.8　中—晚侏罗世岩浆岩锆石 U-Pb 谐和图（续）

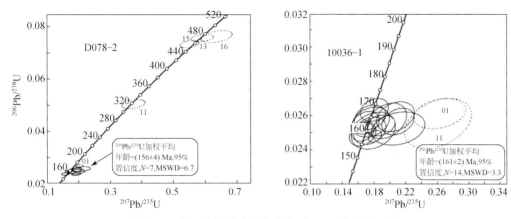

图 3.8　中—晚侏罗世岩浆岩锆石 U-Pb 谐和图（续）

有大量的中—晚侏罗世火山岩。尽管在阴山构造带西段、太行山中部、渤海湾、鲁西、合肥盆地、胶东半岛、辽东半岛、朝鲜半岛和小秦岭等地皆有侏罗系地层的分布，但是在这些地区还没有侏罗纪火山岩的报道［图 3.4（a）～（d）、（i）、（j）、（m）、（o）］。

（5）早白垩世岩浆岩［图 3.3(f)］：三叠纪—侏罗纪岩浆活动主要集中于华北地区边缘，而早白垩世岩浆活动广泛分布于华北地区东部和中部的大片区域，从东部到中部岩浆活动有减弱的趋势。华北地区显生宙侵入岩的 80% 以上形成于早白垩世，该时期的岩浆活动被认为是中国东部一次"大火成事件"（Wu F. Y. et al.，2005a）。与侵入岩类似，早白垩世火山岩在燕山构造带、北京西山、太行山北部、鲁西、辽东半岛和渤海湾盆地的黄骅拗陷等地区广泛分布［图 3.4（b）、（d）～（o）］。项目组在阴山构造带西端的白云鄂博南部合教地区发现有早白垩世火山岩［（131±2）～（128±1）Ma B. P.，样品 10205-1、样品 10207-1；表 3.3，图 3.9］，这是迄今为止报道的华北克拉通早白垩世火山岩向西延伸的最远地点［图 3.4(f)、(b)］。

（6）晚白垩世岩浆岩［图 3.3（g）］：晚白垩世火山岩在华北克拉通分布非常局限，主要出露在其东部的胶东半岛、渤海湾盆地、辽西、辽东半岛、辽北老虎台和吉林长春附近的大屯等地零星分布（许文良等，1999；王冬艳等，2002；闫峻等，2003；王微等，2006；孟繁聪等，2006；花艳秋等，2006；张辉煌等，2006；凌文黎等，2007；唐嘉锋等，2008；Zhang et al.，2011）。辽西晚白垩世大兴庄组火山岩以中酸性熔岩、火山碎屑岩和少量基性熔岩组成，K-Ar 年龄为 81 Ma［邴志波等，2003；李伍平，2011；图 3.2(h)］。辽西阜新北东粗玄岩的 K-Ar 年龄为（92.1±2.1）～（84.8±1.7）Ma（许文良等，1999；王冬艳等，2002）。辽东半岛普兰店曲家屯玄武岩的 K-Ar 年龄为（81.6±2.5）Ma（王微等，2006）。吉林长春大屯和辽宁抚顺老虎台等地玄武岩喷发的时代分别为（92.5±0.5）Ma B. P.（$^{40}Ar/^{39}Ar$ 年龄；张辉煌等，2006）和（70.1±0.9）～（60.1±1.5）Ma B. P.（$^{40}Ar/^{39}Ar$ 年龄；匡永生等，2012）。胶莱盆地中王氏组晚白垩世玄武岩的 $^{40}Ar/^{39}Ar$ 年龄为（73.5±0.3）Ma B. P.［闫峻等，2003，2005；图 3.2(n)］。渤海湾盆地黄骅拗陷钻孔岩心中发现有晚白垩世流纹质火山岩，其锆石 U-Pb 年龄为（72±3）Ma，晚白垩世侵入岩在华北地区鲜有报道。

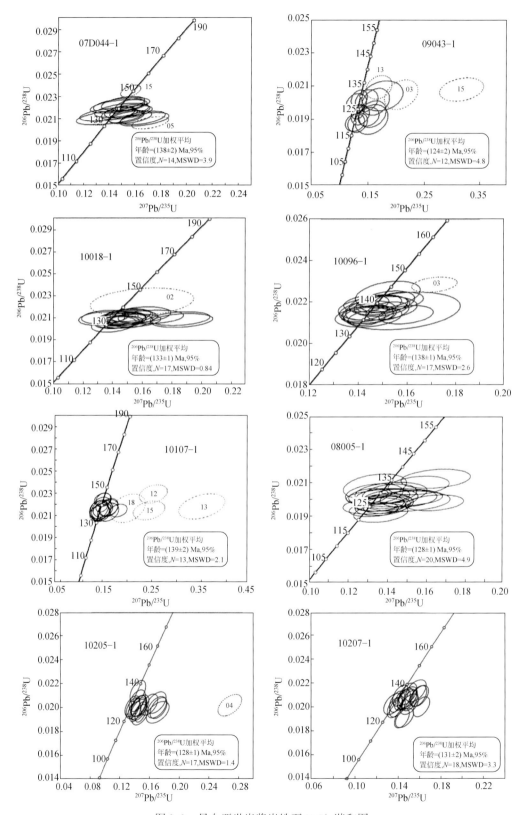

图 3.9　早白垩世岩浆岩锆石 U-Pb 谐和图

2. 中生代岩浆岩年代学新结果及总结

表 3.4 列出了项目组近期获得的华北地区近 45 件华北克拉通中生代岩浆岩 SHRIMP 和 LA-ICP-MS 锆石 U-Pb 年龄数据，图 3.5～图 3.9 为相应的 U-Pb 年龄谐和图。将前人在国内外发表的华北克拉通 918 件中生代岩浆岩样品的年龄数据（侵入岩和长英质火山岩锆石 U-Pb 数据和基性火山岩^{40}Ar/^{39}Ar 数据）与项目组新获得的年龄数据进行汇总，绘制出华北克拉通中生代岩浆岩年龄频次图（图 3.10）。图 3.10 清晰地显示出华北克拉通中生代岩浆活动在早白垩世达到顶峰，而晚白垩世岩浆活动相对匮乏，并且没有确切的年代学数据，因此在下文中不作进一步讨论。从年龄频次图中可区分出早三叠世（247～254 Ma）、晚三叠世（221～231 Ma）、早—中侏罗世早期（174～190 Ma）、中—晚侏罗世（157～165 Ma）、早白垩世（115～136 Ma）等几个峰值年龄。很明显，在华北地区不同区域，中生代岩浆岩的年龄和特征还存在很大的不同，以下将分区域进行总结说明。

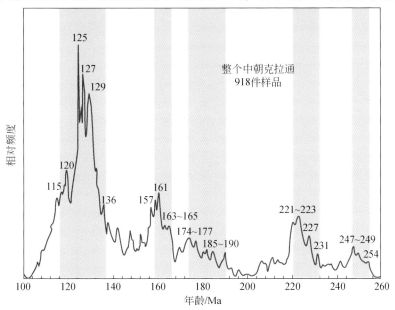

图 3.10　华北克拉通中生代岩浆岩年龄统计图

（1）阴山：三叠纪和白垩纪是华北北缘阴山构造带内岩浆活动的重要时期（图 3.11）。早—中三叠世和晚三叠世岩浆活动分别集中在 248～235 Ma B. P. 和 228～211 Ma B. P. ；白垩纪岩浆活动主要集中在 142 Ma B. P. 到 114 Ma B. P. 之间，并且有 142 Ma B. P. 、131 Ma B. P. 、125 Ma B. P. 、119 Ma B. P. 和 114 Ma B. P. 等几个峰值。侏罗纪岩浆活动十分微弱，仅有一个晚侏罗世末期（约 148 Ma B. P. ）的样品。

（2）燕山-辽西：华北北缘燕山-辽西地区是中生代岩浆作用研究最为深入的地区之一，积累了大量高精度 SHRIMP 和 LA-ICP-MS 锆石 U-Pb 和^{40}Ar/^{39}Ar 年代学数据。早三叠世、晚三叠世、中—晚侏罗世和早白垩世等各个时代的岩浆活动在该地区皆有出现（图 3.12）。早三叠世岩浆活动峰期年龄为 254 Ma、248 Ma；晚三叠世岩浆活动在 231 Ma B. P. 、227 Ma B. P. 、220 Ma B. P. 和 206 Ma B. P. 达到峰值；早侏罗世岩浆活动峰期年龄为 196 Ma、190 Ma、173 Ma；中—晚侏罗世岩浆活动峰期年龄为 166 Ma、159～161 Ma、

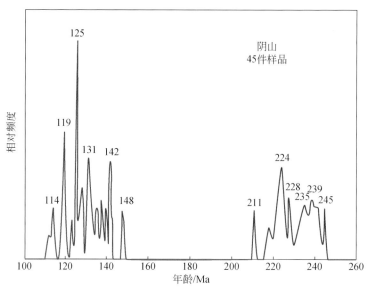

图 3.11　阴山地区中生代岩浆岩年龄统计图

152 Ma；早白垩世岩浆活动存在 138 Ma B. P. 、133 Ma B. P. 、129 Ma B. P. 、125 Ma B. P. 和 120 Ma B. P. 等几个主要峰值，并含有 106 Ma B. P. 的次要峰值。

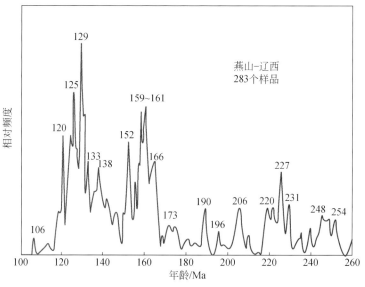

图 3.12　燕山-辽西地区中生代岩浆岩年龄统计图

　　（3）辽东：辽东地区中生代岩浆作用的研究也较为深入。该区早三叠世岩浆活动未见报道，而中—晚三叠世和早白垩世的岩浆活动则非常显著（图 3.13）。中—晚三叠世岩浆作用主要集中在 233～210 Ma B. P. ，存在 222～221 Ma B. P. 和 214～210 Ma B. P. 两个峰期；早白垩世岩浆作用主要集中在 130～115 Ma B. P. ，存在 128 Ma B. P. 、121 Ma B. P. 、115 Ma B. P. 等几个峰值；中—晚侏罗世岩浆作用在 157 Ma B. P. 左右达到顶峰；早侏罗世—中侏罗世早期岩浆作用集中在 185～174 Ma B. P. ，在 174 Ma B. P. 达到顶峰。

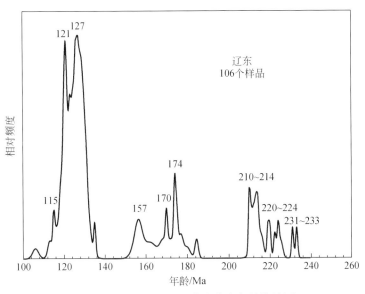

图 3.13　辽东地区中生代岩浆岩年龄统计图

（4）延边南部-辽北：延边南部-辽北地区位于华北克拉通东北边缘，毗邻朝鲜半岛［图 3.3(a)］。延边南部-辽北地区中生代岩浆活动主要集中在早三叠世、侏罗纪和早白垩世等几个时期（图 3.14）。早白垩世岩浆活动集中主要集中在 138 ～ 108 Ma B. P.，存在 130 Ma B. P.、127 ～ 125 Ma B. P.、123 Ma B. P.、119 Ma B. P. 和 108 Ma B. P. 等几个峰期。中—晚侏罗世岩浆活动在 172 ～ 170 Ma B. P.、163 Ma B. P. 和 159 Ma B. P. 达到峰值。早侏罗世岩浆活动集中在 192 ～ 178 Ma B. P.，存在 186 ～ 182 Ma B. P. 和 178 Ma B. P. 两个峰值。晚三叠世岩浆作用主要在 229 ～ 222 Ma B. P.。早三叠世岩浆作用主要集中在 251 ～ 247 Ma B. P.，峰期为 249 Ma B. P. 和 247 Ma B. P.。

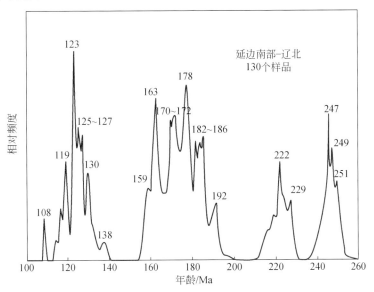

图 3.14　辽北-延边地区中生代岩浆岩年龄统计图

（5）北京西山和太行山北段：北京西山和太行山北段中生代岩浆作用主要集中在侏罗纪和早白垩世（图3.15），三叠纪岩浆岩未见报道。北京西山早侏罗世岩浆岩峰期年龄为177 Ma；中—晚侏罗世岩浆活动主要集中在157～147 Ma B. P.，存在147 Ma的峰期年龄；早白垩世岩浆作用主要集中在142～126 Ma B. P.，存在139 Ma、134 Ma、130 Ma和126 Ma的峰期年龄。

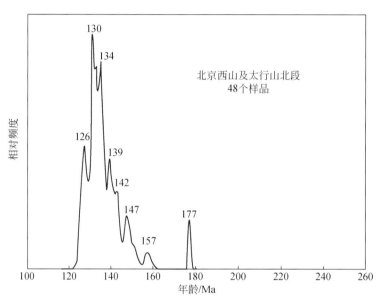

图3.15　北京西山-太行山北段中生代岩浆岩年龄统计图

（6）鲁西：鲁西地区是华北克拉通东部隆起区，该地区中生代岩浆岩年龄主要集中于早白垩世，仅在郯庐断裂带附近的山东临沂存在一个早侏罗世二长岩-正长岩-花岗杂岩体（铜石岩体），其年龄为176～190 Ma（图3.16）。该地区没有三叠纪和中—晚侏罗世岩浆岩的报道。早白垩世岩浆岩年龄介于113～144 Ma，存在133 Ma B. P.、130 Ma B. P.、125 Ma B. P.、115 Ma B. P. 等几个峰值。早侏罗世铜石二长岩-正长岩-花岗岩杂岩体年龄介于176～190 Ma存在190 Ma B. P. 和180 Ma B. P. 两个峰值。

（7）胶东半岛（华北部分）：胶东半岛（华北部分）地区中生代岩浆作用主要集中于早白垩世，与之伴随的是大规模金矿成矿作用（图3.17）。早白垩世岩浆活动介于128～100 Ma B. P.，存在128 Ma、124 Ma、119 Ma、117 Ma、115 Ma、111 Ma、100 Ma等几个峰值年龄。更早一期的岩浆活动集中在161～152 Ma B. P.；三叠纪和早侏罗世岩浆岩在该区还不见报道。

（8）朝鲜半岛北部：中生代岩浆岩在朝鲜半岛分布广泛，但是由于缺乏可靠的高精度年代学数据，对该地区岩浆作用的时代还缺乏有效的制约。近几年，有学者报道了近20个该地区中生代花岗岩类岩体的锆石 LA-ICP-MS U-Pb 年龄数据（Wu F. Y. et al.，2007b）。已发表的数据表明朝鲜半岛北部中生代岩浆作用主要集中在三叠纪、早—中侏罗世和早白垩世等几个时期（图3.18）。早白垩世岩浆活动主要集中于115～106 Ma B. P.，存在113 Ma B. P.、111 Ma B. P. 和109 Ma B. P. 等几个峰值；早—中侏罗世岩浆活动集中于

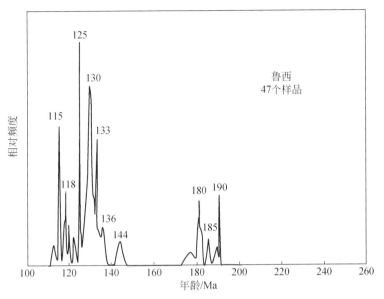

图 3.16　鲁西地区中生代岩浆岩年龄统计图

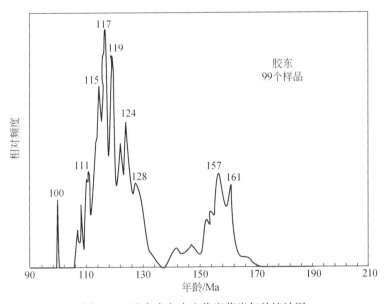

图 3.17　胶东半岛中生代岩浆岩年龄统计图

193～173 Ma B. P. , 存在 193 Ma、182 Ma 和 173 Ma 等几个峰期年龄；三叠纪岩浆活动显示出 246 Ma、234 Ma 和 213～215 Ma 等几个峰期年龄。中—晚侏罗世岩浆作用在朝鲜半岛似乎很不发育。

（9）太行山南段：据现有资料，太行山南段中生代岩浆岩年龄皆为早白垩世。岩浆活动时代介于 139～125 Ma B. P. , 存在 132 Ma、127 Ma 和 125 Ma 等几个主要峰期年龄，139 Ma 和 134 Ma 为次要的峰期年龄（图 3.19）。

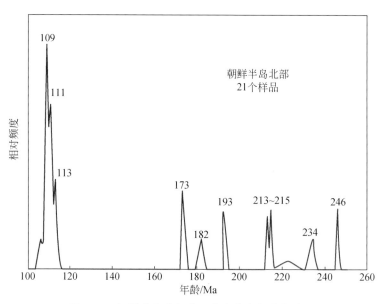

图 3.18 朝鲜半岛北部中生代岩浆岩年龄统计图

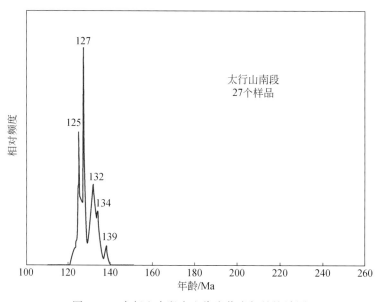

图 3.19 太行山南段中生代岩浆岩年龄统计图

（10）小秦岭：小秦岭地区位于华北克拉通南缘，该地区岩浆活动主要集中于晚三叠世、晚侏罗世和早白垩世（图 3.20）。晚三叠世岩浆活动主要介于 228～205 Ma B. P.，存在 228 Ma B. P.、217 Ma B. P. 和 208 Ma B. P. 等几个峰期；晚侏罗世岩浆活动介于 158～148 Ma B. P.，存在 157 Ma B. P. 和 149 Ma B. P. 两个主要峰值；早白垩世岩浆活动介于 142～112 Ma B. P.，存在 141 Ma、131 Ma、129 Ma 和 117 Ma 等几个峰期年龄。早—中侏罗世岩浆岩在该区没有报道。

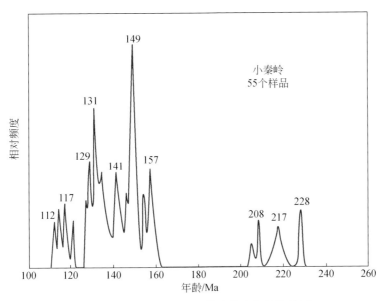

图 3.20　小秦岭地区中生代岩浆岩年龄统计图

（11）徐淮–蚌埠：位于华北克拉通东南缘郯庐断裂带西侧附近，该地区有一系列中生代侵入体的露头。这些岩浆岩的时代主要集中于早白垩世，仅在蚌埠隆起的荆山有一个中侏罗世含石榴子石花岗岩体的报道（图 3.21）。徐淮–蚌埠地区早白垩世岩浆岩年龄介于 112～132 Ma，存在 131 Ma、127 Ma、118 Ma 和 112 Ma 等几个峰期年龄；中侏罗世荆山岩体年龄介于 160～166 Ma。

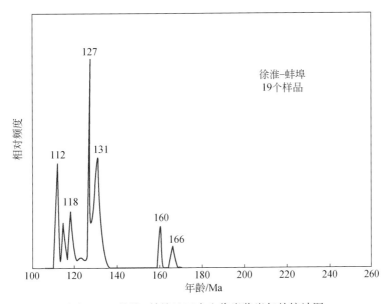

图 3.21　徐淮–蚌埠地区中生代岩浆岩年龄统计图

（12）松辽盆地南部：松辽盆地被巨厚的新生代沉积物覆盖［图 3.3(a)］，该地区中生代岩浆岩年龄主要是通过钻孔岩心获得的。研究表明松辽盆地南部具有华北克拉通型前寒武纪结晶基底（Pei et al., 2007）。该地区中生代岩浆作用主要集中在中—晚侏罗世和早白垩世两个时期（图3.22）。早白垩世岩浆活动主要集中于133～110 Ma B. P.，存在133 Ma、127 Ma、118 Ma、115 Ma和113 Ma等几个峰期年龄；中—晚侏罗世岩浆作用主要介于169～160 Ma B. P.，存在169 Ma和165 Ma两个峰期年龄。此外该地区也有少量中三叠世（约236 Ma B. P.）岩浆活动的报道（表3.5）。

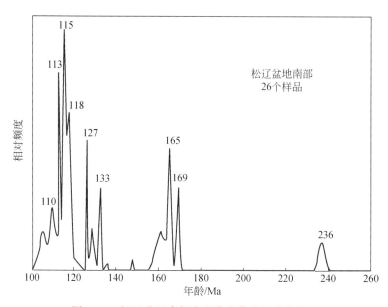

图3.22　松辽盆地南部中生代岩浆岩年龄统计图

3. 中生代岩浆岩岩石学、地球化学特征及成因

（1）早三叠世岩浆岩：华北地区北缘早三叠世侵入岩岩石类型主要包括二长花岗岩、正长花岗岩和二长岩、少量镁铁质、超镁铁质岩石和花岗闪长岩等。早三叠世火山岩主要为英安岩和流纹岩。这些早三叠世岩浆岩与华北北缘晚二叠世末岩浆岩具有相似的岩石学和地球化学特征，因此认为早三叠世岩浆岩是晚二叠世末岩浆作用的延续。早三叠世岩浆岩多具有高 SiO_2、低初始 $^{87}Sr/^{86}Sr$ 值以及负的 $\varepsilon_{Nd}(t)$ 和 $\varepsilon_{Hf}(t)$ 值（表3.6，图3.26、图3.28）。花岗岩类多属于高分异的 I 型、A 型花岗岩（Zhang et al., 2009a）。地球化学和同位素数据表明长英质岩石主要来源于古老下地壳熔融，而镁铁质-超镁铁质岩石主要来源于受交代的富集岩石圈地幔的部分熔融。这些岩浆岩的形成可能与二叠纪末期—早三叠世初期古亚洲洋关闭以及蒙古弧陆块与华北地块沿索伦缝合带碰撞拼合之后的后碰撞伸展体制有关（Zhang et al., 2009a）。

（2）中—晚三叠世岩浆岩：华北地区中—晚三叠世侵入岩岩石类型主要包括闪长岩、花岗闪长岩、二长花岗岩、正长花岗岩、二长岩和正长岩等。此外，中—晚三叠世碱性杂岩体也很常见，如霞石正长岩、霞石霓辉正长岩、辉石正长岩、石英正长岩、正长岩、碱性花岗岩以及相关的镁铁质-超镁铁质岩石（Zhang S. H. et al., 2012b）。华北克拉通中—晚三叠世火山岩主要为流纹岩、安山岩和安山质凝灰岩。中—晚三叠世岩浆岩具有变化较

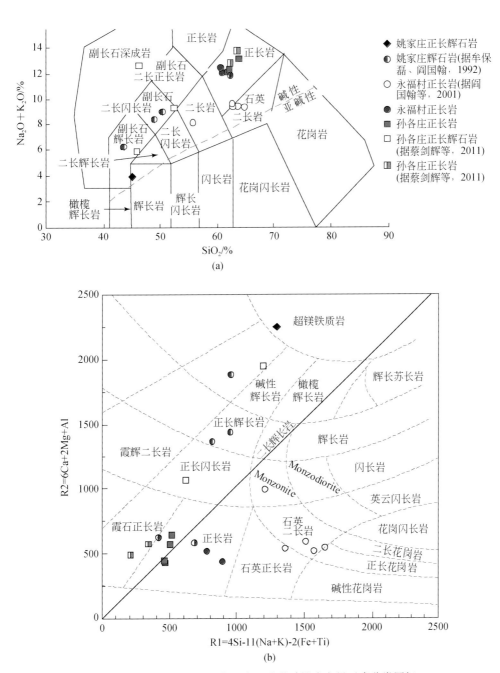

图 3.23 阴山-燕山地区中—晚三叠世碱性岩主量元素分类图解

大的 SiO_2 含量和较高的全碱含量（Na_2O+K_2O），与晚二叠世—早三叠世岩浆岩类似，中—晚三叠世岩浆岩也具有较低的初始 $^{87}Sr/^{86}Sr$ 值以及负的 $\varepsilon_{Nd}(t)$ 和 $\varepsilon_{Hf}(t)$ 值（表 3.6 ~ 3.8，图 3.29、图 3.30）。

尽管阴山-燕山地区中—晚三叠世碱性岩主要由正长岩、辉石正长岩及少量二长岩组成，但基性-超基性岩（主要为辉石岩和正长辉石岩）在一些碱性杂岩体中（如矾山、姚家庄、孙各庄等）非常普遍并与正长岩表现出明显的亲缘关系（Yan G. H. *et al.*，1999；牟保磊等，2001）。碱性岩 SiO_2 含量变化较大，从 44% 到 66%（wt. 重量百分比；图3.23）。尽管碱性岩及碱性花岗岩可以由下地壳部分熔融形成，但共生的基性–超基性岩表明，碱性杂岩是幔源的（图3.27），这一推测也得到了 Sr-Nd-Hf 同位素数据的支持。

中—晚三叠世碱性杂岩中基性岩以低 SiO_2、高 MgO 及 Mg#指数（>46）、富含稀土及明显的轻稀土富集、低的 $^{87}Sr/^{86}Sr$ 初始值（0.70581）及 $\varepsilon_{Nd}(t)$ 值（−8.30）为特征。在微量元素蛛网图上表现出大离子亲石元素及轻稀土元素（Ba、Sr、K、La、Ce）富集和高场强元素（Nb、Ta、Ti、Zr、Hf）亏损（表3.5，图3.24）。上述岩石化学及同位素特征这些基性岩可能起源于被交代的富集岩石圈地幔的局部熔融。正长岩及辉石正长岩则表现出低的 $^{87}Sr/^{86}Sr$ 初始值（0.70575 ~ 0.70660）及负的 $\varepsilon_{Nd}(t)$ 值（−9.22 ~ −9.83）。中—晚三叠世碱性杂岩的 $\varepsilon_{Nd}(t)$ 值随 SiO_2 增长及 MgO 减少无明显变化（图3.25）。碱性杂岩中正长岩、辉石正长岩及基性岩相似的 Sr-Nd 同位素组成表明这些岩石可能具有统一的源区。碱性岩中大量存在的新太古代—古元古代继承锆石表明在碱性岩形成过程中可能有古老地壳物质的混染，但 $\varepsilon_{Nd}(t)$ 值随 SiO_2 增长及 MgO 减少无明显变化（图3.25）的事实则表明这种地壳物质的混染非常有限。

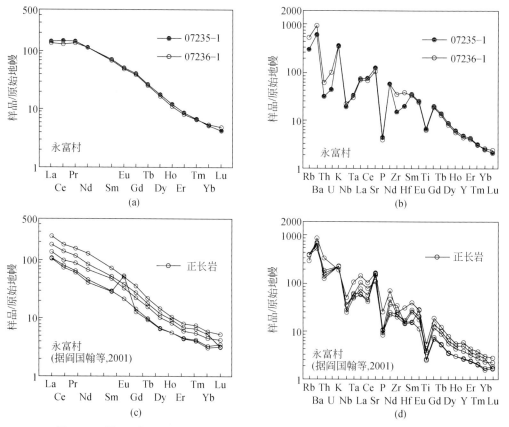

图3.24　阴山–燕山地区中—晚三叠世碱性岩稀土分配曲线及微量元素蛛网图

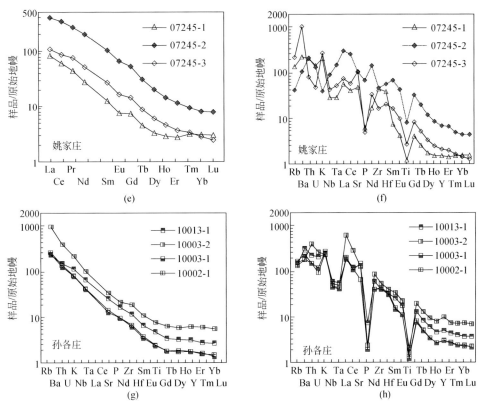

图 3.24 阴山–燕山地区中—晚三叠世碱性岩稀土分配曲线及微量元素蛛网图（续）

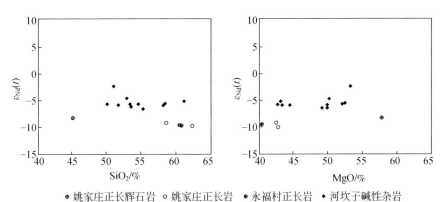

⊕ 姚家庄正长辉石岩 ○ 姚家庄正长岩 ■ 永福村正长岩 ◆ 河坎子碱性杂岩

图 3.25 阴山–燕山地区中—晚三叠世碱性岩 Nd 同位素与 SiO₂ 及 MgO 相关性

　　岩石化学及同位素数据表明阴山–燕山地区中—晚三叠世碱性杂岩主要起源于被交代的富集岩石圈地幔的局部熔融，但新的 Sr-Nd-Hf 同位素数据则表明在这些以碱性杂岩的形成过程中有软流圈地幔物质的加入。尽管大多数学者认为华北地块北缘晚三叠世碱性杂岩及碱性花岗岩起源于富集岩石圈地幔的局部熔融（Yan G. H. *et al.*, 1999；韩宝福等，2004；任康绪等，2004，2005），但与阴山–燕山地区晚石炭世—早二叠世及早三叠世来源于岩石圈地幔局部熔融的基性–超基性岩相比中—晚三叠世碱性杂岩的 $\varepsilon_{Nd}(t)$ 及 $\varepsilon_{Hf}(t)$ 值明显偏高（图3.26、图3.27），表明中—晚三叠世碱性杂岩形成过程中有亏损的软流圈地幔物质的加入。特别是晚三叠世侵位的冀西北小张家口基性、超基性杂岩体内大多数岩石具有较低的 $^{87}Sr/^{86}Sr$ 初始值（0.7045～0.7081）和较高的 $\varepsilon_{Nd}(t)$ 值（-4.7～0.5）与 $\varepsilon_{Hf}(t)$ 值（-2.9～-1.7）（根据陈安国等，1996数据重新计算；田伟等，2007；陈斌等，2008），这一结果比该地区晚石炭世—早三叠世基性-超基性杂岩 Sr- Nd- Hf 同位素组成（Zhang *et al.*, 2009b）相比明显亏损，表明该岩体物源中除富集的岩石圈地幔外，还可能有亏损的软流圈地幔物质的加入。晚三叠世侵位的吉林红旗岭及漂河川基性-超基性杂岩也以较高的 $\varepsilon_{Nd}(t)$ 值（-0.2～4.3）及相对年轻的模式年龄（0.8～2.0 Ga）为特征（Wu F. Y. *et al.*, 2004）。亏损软流圈物质的加入表明阴山-燕山地区中—晚三叠世碱性杂岩形成过程中存在有强烈的软流圈与岩石圈地幔的相互作用。

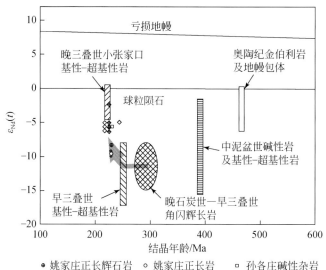

图3.26　阴山-燕山地区中—晚三叠世碱性岩 Nd 同位素组成及其与古生代—早三叠世碱性岩及基性-超基性岩对比

　　虽然前人研究结果依据岩石地球化学研究结果认为水泉沟组火山岩主要起源于古老下地壳物质的部分熔融（邵济安等，2007；Ma *et al.*, 2012），但与华北克拉通典型起源于古老下地壳部分熔融的岩石相比，其全岩的 $\varepsilon_{Nd}(t)$ 值及锆石 $\varepsilon_{Hf}(t)$ 值明显偏高，Nd 及 Hf 同位素模式年龄也明显年轻，说明这些岩石形成过程中可能还有亏损的软流圈地幔物质的加入。但与安山岩辉石内环带结构也表明安山岩形成过程中可能存在有岩浆混合及的壳-幔相互作用。

　　（3）早侏罗世岩浆岩：早侏罗世侵入岩岩石类型主要包括花岗岩、二长花岗岩、二长岩和正长岩。火山岩主要为玄武岩、安山岩、英安岩和少量粗面岩。早侏罗世侵入岩多属于高钾钙碱性或钾玄岩系列。早侏罗世岩浆岩 $\varepsilon_{Nd}(t)$ 和 $\varepsilon_{Hf}(t)$ 值变化范围较大，从低的负值到低的正值（图3.30、图3.31），表明其物质来源于不同深度地壳和地幔物质的混合，包括下地壳-上地壳、岩石圈地幔和软流圈地幔（Lan *et al.*, 2012）。北京西山南大

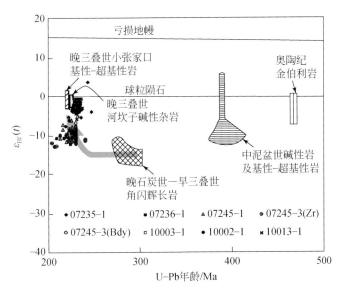

图3.27　阴山-燕山地区中—晚三叠世碱性岩锆石 Hf 同位素组成及其与古生代—
早三叠世碱性岩及基性-超基性岩对比

岭组玄武岩和安山质玄武岩以低 SiO_2 含量、富集 LREE 和 Nd、Ta、Th、U 和 Ti 亏损为特征（表3.6）（李晓勇等，2004；Wang Z. H. *et al.*，2007），并且具有低的初始$^{87}Sr/^{86}Sr$值，$\varepsilon_{Nd}(t)$ 值为-13.8 到-5，因此南大岭组火山岩可能来自上涌软流圈和早期俯冲交代的大陆岩石圈地幔的减压熔融（李晓勇等，2004；Wang Z. H. *et al.*，2007；Guo *et al.*，2007）。辽西兴隆沟组高镁安山岩、埃达克岩和英安岩具有高 MgO、Sr、Cr 和 Ni，高 Mg#（大于50），高 Sr/Y 和 La_N/Yb_N 值，低初始$^{87}Sr/^{86}Sr$ 值，$\varepsilon_{Nd}(t)$ 介于-2.2～2.5，Nd 模式年龄介于0.78～1.06 Ga（Gao *et al.*，2004；李伍平，2006；Yang and Li，2008）。有学者认为兴隆沟组火山岩是拆沉的古老基性下地壳熔体与地幔橄榄岩反应的产物（Gao *et al.*，2004），也有学者认为它形成于俯冲的古亚洲洋洋壳的部分熔融（李伍平，2006；Yang and Li，2008）。然而，高的 $\varepsilon_{Nd}(t)$ 值和年轻的 Nd 模式年龄表明兴隆沟组火山岩形成时（早侏罗世）有软流圈地幔物质的参与。一些学者认为华北地区东部早侏罗世岩浆岩和相关钼矿床的形成与古太平洋板块的俯冲有关（Han *et al.*，2009），而一些学者认为华北克拉通北部和东部早侏罗世岩浆岩可能分别对应于中亚造山带和苏鲁造山带的后造山伸展、垮塌的构造背景（Wang Z. H. *et al.*，2007；Lan *et al.*，2012）。从早侏罗世岩浆岩的分布情况看［图3.3（c）］，华北克拉通北缘早侏罗世岩浆岩与中—晚三叠世岩浆岩密切相关，而在华北克拉通东缘，这种关系这不明显，据此推测华北克拉通早侏罗世岩浆作用可能是中—晚三叠世岩浆作用的延续，对应的大地构造背景是中亚造山带和苏鲁造山带的后造山伸展、垮塌，而不是古太平洋板块的俯冲。

　　（4）中—晚侏罗世岩浆岩：中—晚侏罗世侵入岩岩石类型包括二长闪长岩、正长岩、闪长岩和花岗岩，火山岩岩石类型为安山岩、玄武安山岩、安山质凝灰岩、粗面安山岩及少量玄武岩、流纹岩和流纹质凝灰岩。早侏罗世岩浆岩多属于钙碱性系列，岩石学特征和地球化学特征与安第斯活动陆缘弧和北美西部活动陆缘弧岩浆岩类似（邓晋福等，2000；

Deng et al., 2007）。绝大多数中—晚侏罗世岩浆岩具有埃达克质地球化学特征，如高 Al_2O_3、Na_2O 和 Sr，低 MgO、Y 和 Yb，高 Sr/Y 和 La_N/Yb_N 值，亏损高场强元素（如 Nb、Ta、Ti、Zr、Hf），低–中等程度初始 $^{87}Sr/^{86}Sr$ 值和负的 $\varepsilon_{Nd}(t)$ 值（表 3.6）。因此一些学者认为该期岩浆岩主要形成于加厚镁铁质下地壳的部分熔融（张旗等，2001；李伍平等，2001，2007；Rapp et al., 2002，Davis, 2003）。华北克拉通中—晚侏罗世花岗岩主要为 I 型花岗岩，其次为 A 型花岗岩，在胶东半岛有少数 S 型花岗岩的报道（张田、张岳桥，2007）。地质证据和 Sr- Nd- Pb 同位素数据表明这些中酸性岩浆岩主要为地壳来源（张旗等，2001；李伍平等，2001，2007；杨德斌等，2006；Yang and Li, 2008；李印等，2010），少数玄武质岩石露头可能是镁铁质堆晶岩侵入到地壳深度形成的（Guo et al., 2007）。

三叠纪—早侏罗世岩浆岩仅分布于克拉通边缘，而中—晚侏罗世岩浆作用影响的范围更广，包括华北克拉通东部大部分区域［图 3.3（b）~（f）］。中—晚侏罗世岩浆岩多具有钙碱性成分特征，这一时期的岩浆作用可能代表了古太平洋板块向东亚大陆边缘的俯冲和大陆火山弧的形成（赵越，1990；赵越等，1994，2004a；Deng et al., 2007；李伍平等，2007；董树文等，2008；Dong S. W. et al., 2008c）。佳木斯地块（Wu et al., 2007b）和日本（Isozaki et al., 1990；Isozaki, 1997；Taira, 2001）的侏罗纪俯冲增生杂岩的确立也表明古太平洋板块向东亚大陆的俯冲始于侏罗纪。

（5）早白垩世岩浆岩：早白垩世侵入岩岩石类型主要包括正长岩、花岗岩、花岗闪长岩和闪长岩。同时期火山岩岩石类型主要为玄武岩、流纹岩、流纹质凝灰岩、粗面岩和粗面安山岩。绝大多数早白垩世花岗岩为 A 型花岗岩（Wu et al., 2005b；孙金凤、杨进辉，2009）。镁铁质微晶捕房体在早白垩世花岗岩类侵入体中十分常见，表明早白垩世时壳幔相互作用十分强烈。仅少数早白垩世岩浆岩的地球化学特征与中—晚侏罗世岩浆岩类似［图 3.28、图 3.29（g）、（h）］，绝大多数早白垩世岩浆岩为碱性岩和玄武岩（Zhang et al., 2002b，2004，2005；Guo et al., 2007；Yang et al., 2007b，2008b；Yang and Li, 2008；Ying et al., 2011）。早白垩世岩浆岩具有低 SiO_2 含量，高 MgO 含量和 Mg#，低–中等程度初始 $^{87}Sr/^{86}Sr$ 值，$\varepsilon_{Nd}(t)$ 值从早期低的负值到后来正值（图 3.30），表明早白垩世镁铁质岩早期来源于富集岩石圈地幔，后期有亏损地幔物质的参与（周新华等，2001；Zhang H. F. et al., 2002b，2004；Yang J. H. et al., 2004；邱检生等，2005；Wang Y. et al., 2006；Guo et al., 2007；Yang and Li, 2008；Yang C. H. et al., 2008；刘玲等，2009；Liu A. K. et al., 2010；Zhang X. H. et al., 2010；王春光等，2011；Yang D. B. et al., 2012；Kuang et al., 2012）。早白垩世碱性岩具有低、中等程度初始 $^{87}Sr/^{86}Sr$ 值，$\varepsilon_{Nd}(t)$ 值和 $\varepsilon_{Hf}(t)$ 值从低的负值到低的正值（图 3.30、图 3.31），表明这些碱性岩主要源自富集岩石圈地幔（Zhang H. F. et al., 2005；Yang F. et al., 2007；Ying et al., 2007，2011；阎国翰等，2008）。而一些早白垩世正长岩显示出极亏损的 Sr、Nd 和 Hf 同位素组成，表明这些碱性岩的形成过程中明显有软流圈地幔物质的贡献（Yang F. et al., 2007；Ying et al., 2007）。早白垩世长英质岩石具有不一致的初始 $^{87}Sr/^{86}Sr$ 值，$\varepsilon_{Nd}(t)$ 值和 $\varepsilon_{Hf}(t)$ 值从低的负值到高的负值，因此这些长英质的岩石可能来自壳幔混源，并经过结晶分异和壳内熔融等复杂的过程（Yang et al., 2008b；孙金凤、杨进辉，2009）。

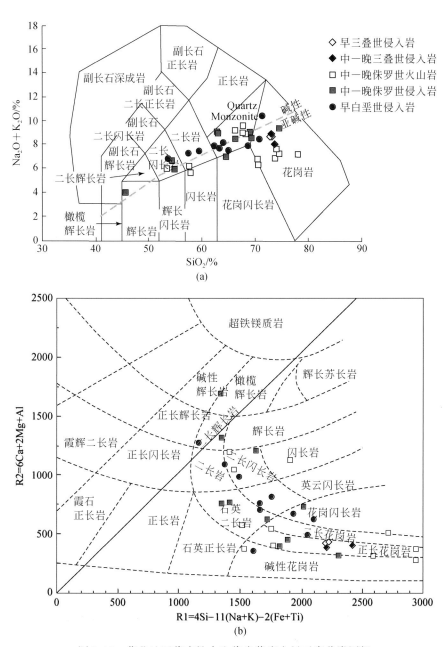

图 3.28 华北地区代表性中生代岩浆岩主量元素分类图解

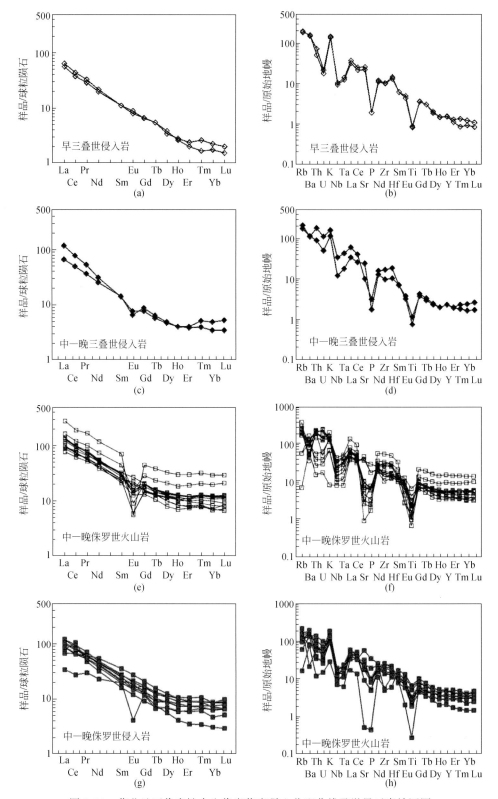

图 3.29　华北地区代表性中生代岩浆岩稀土分配曲线及微量元素蛛网图

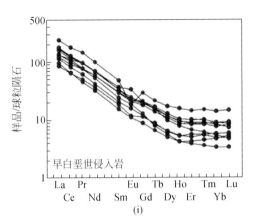
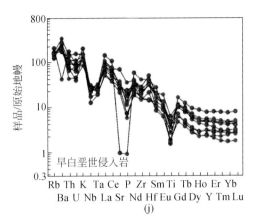

图 3.29　华北地区代表性中生代岩浆岩稀土分配曲线及微量元素蛛网图（续）

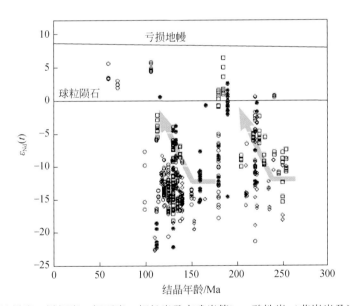

○基性-超基性岩（纯橄岩、橄辉岩、辉石岩、辉长岩及玄武岩等）　◇酸性岩（花岗岩及流纹岩等）

●中性岩（闪长岩、花岗闪长岩及安山岩等）　　　　　　　　　　　□碱性岩（正长岩、二长岩及粗面岩等）

图 3.30　华北地区代表性中生代岩浆岩 Nd 同位素组成及变化（570 样品）

数据来源于陈安国等，1996；Chen B. et al. 2003；陈斌等，2008a；Yan et al.，1999，牟保磊等，2001；Zhang H. F. et al.，2002b，2004，2005；Zhang X. H. et al.，2008，2009，2010a，2012；Zhang S. H. et al.，2009a，2009b，2009c，2012b；Gao et al.，2004；韩宝福等，2004；任康绪等，2004；Xu Y. G. et al.，2004；Xu W. L. et al.，2006；Yang J. H. et al.，2004，2007d，2008b，2010，2012a，2012b；Yang F. Q. et al.，2017；Yang D. B. et al.，2012；李伍平，2006；Wang Y. et al.，(2006)；Jiang N. et al.，2007；Guo et al.，2007；Wang Z. H. et al.，2007；Yang and Li，2008；刘玲，2009；Lan et al.，2011，2012；Ying et al.，2011；王芳，2009；Kuang et al.，2012；Liu S. A. et al.，2012；Niu et al.，2012 和本书研究（表 3.7）

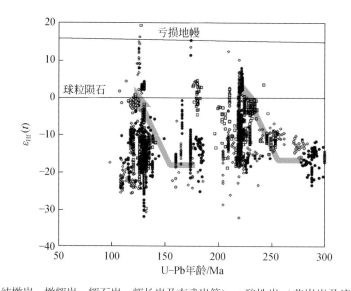

○基性–超基性岩（纯橄岩、橄辉岩、辉石岩、辉长岩及玄武岩等） ◇酸性岩（花岗岩及流纹岩等）

●中性岩（闪长岩、花岗闪长岩及安山岩等）　　　　　　□碱性岩（正长岩、二长岩及粗面岩等）

图 3.31　华北地区-20 华北克拉通代表性中生代岩浆岩锆石 Hf 同位素组成及变化（125 样品的 2410 个分析）

数据来源于 Yang J. H. *et al.*, 2007c, 2007d, 2008a, 2008b, 2012a, 2012b；杨进辉等，2006，2007；杨德彬等，2006，2007；田伟等，2007；徐义刚等，2007；Chen B. *et al.*, 2008；陈智超等，2007；Zhang S. H. *et al.*, 2009a, 2009b, 2009c, 2012b；Zhang X. H. *et al.*, 2009, 2012；王春光等，2011；王永等，2011；Ding *et al.*, 2011；Lan S. *et al.*, 2011, 2012；Liu S. *et al.*, 2012；Hu J. *et al.*, 2012 和本书研究（表 3.8）

多数学者认为华北地区中东部大规模早白垩世岩浆活动可能与华北克拉通岩石圈减薄和去克拉通化作用有关（邓晋福等，2000；钱青等，2002；Chen B. *et al.*, 2003；Qian *et al.*, 2003；Wu *et al.*, 2005b；罗照华等，2006；Xu *et al.*, 2006；Deng *et al.*, 2007；Su *et al.*, 2007；Yang *et al.*, 2008b；孙金凤、杨进辉，2009；Liu S. A. *et al.*, 2012）。一些学者认为华北克拉通东部早白垩世岩浆作用与古太平洋的俯冲作用有关（Wu *et al.*, 2005a；Sun *et al.*, 2007；Zhu R. X. *et al.*, 2011, 2012），另有学者并不赞同这种早白垩世岩浆活动与古太平洋板块俯冲之间的绝对因果关系（邵济安等，2001；肖庆辉等，2010；万天丰、越庆乐，2012）。由于在阿拉善地块北部发现有早白垩世中基性火山岩 [$^{40}Ar/^{39}Ar$ 介于（113.1±1.4）Ma B. P. 到（106.5±1.3）Ma B. P.；钟福平等，2011]，中蒙边界附近也存在早白垩世花岗岩 [锆石 U-Pb 年龄为（135±2）Ma；Wang T. *et al.*, 2004, 2011]，因此早白垩世岩浆活动并不完全与古太平洋的俯冲作用有关，而很可能与加厚大陆地壳的后造山伸展垮塌有关（Meng, 2003；Zheng and Wang, 2005；Xu H. *et al.*, 2007）。

（6）晚白垩世岩浆岩：华北地区晚白垩世岩浆岩主要包括分布于辽西和黄骅拗陷的碱性玄武岩、粗面玄武岩及少量的中酸性和酸性熔岩。碱性玄武岩和粗面岩具有 SiO_2 含量（44.4%～52.3%），高 MgO 和 Mg#，富集大离子亲石元素，无高场强元素的亏损，低的初始 $^{87}Sr/^{86}Sr$ 值，$\varepsilon_{Nd}(t)$ 值介于 −5.1～7.6（Yan J. *et al.*, 2003；闫峻等，2005；Meng *et al.*, 2006；张辉煌等，2006；Kuang *et al.*, 2012）。这些碱性玄武岩和粗面岩的地球化学和同位素组成特征表明其源自亏损软流圈地幔或软流圈地幔与富集岩石圈地幔的混源（Yan J. *et al.*，2003；闫峻等，2005；Meng *et al.*，2006；张辉煌等，2006）。晚白垩世长英质熔岩具有中等初始$^{87}Sr/^{86}Sr$值和低程度负$\varepsilon_{Nd}(t)$值，因此认为其源自古老下地壳的部分熔融（Li，2011；Zhang *et al.*，2011c）。

表 3.5　华北地区北缘典型中—晚三叠世碱性岩常量及微量元素分析结果

样品号	07235-1	07236-1	07245-1	07245-2	07245-3	10002-1	10003-1	10003-2	10013-1
产地	永富村	永富村	姚家庄	姚家庄	姚家庄	孙各庄	孙各庄	孙各庄	孙各庄
主量元素/%									
SiO_2	60.60	60.75	62.36	45.16	58.64	64.22	64.06	62.02	62.33
TiO_2	1.50	1.41	0.51	2.77	1.03	0.27	0.25	0.34	0.43
Al_2O_3	16.34	17.16	17.32	4.76	16.70	19.30	19.14	18.67	18.71
Fe_2O_3	4.83	5.18	2.80	9.57	4.20	—	—	—	—
FeO	0.05	0.07	1.04	6.05	1.71	—	—	—	—
TFe_2O_3	4.89	5.26	3.96	16.29	6.10	1.71	1.60	2.55	2.86
MnO	0.09	0.09	0.08	0.34	0.09	0.04	0.04	0.09	0.09
MgO	0.10	0.08	1.07	7.10	0.98	0.07	0.08	0.26	0.54
CaO	1.83	0.94	1.76	16.86	2.34	0.46	0.66	2.50	1.66
Na_2O	1.53	1.19	4.72	2.39	3.34	5.95	5.65	5.76	5.66
K_2O	10.92	10.97	7.19	1.62	9.10	7.04	7.52	6.38	6.67
P_2O_5	0.10	0.09	0.22	1.91	0.18	0.04	0.04	0.05	0.15
LOI	2.11	1.88	0.50	1.05	0.80	0.72	0.72	0.72	0.46
总计	100.01	99.82	99.69	100.25	99.30	99.82	99.76	99.34	99.56
K_2O+Na_2O	12.45	12.16	11.91	4.01	12.44	12.99	13.17	12.14	12.33
Mg#	3.89	2.93	34.89	46.34	24.14	7.50	9.01	16.83	27.25
微量及稀土元素/ppm									
La	52.53	49.63	51.00	233.42	64.65	129.24	120.47	390.27	115.21
Ce	140.11	123.41	97.33	515.30	136.78	189.02	179.14	472.03	201.65
Pr	19.48	18.59	10.42	59.23	17.47	17.57	17.18	70.74	23.12
Nd	80.54	80.58	34.25	232.06	62.52	51.47	50.49	109.70	75.78
Sm	16.13	15.54	5.25	39.69	10.84	6.67	6.12	14.00	10.93
Eu	4.38	4.19	1.21	9.71	2.57	1.76	1.75	3.54	2.80
Gd	12.35	11.72	4.12	27.23	7.82	4.57	4.29	11.10	7.34
Tb	1.55	1.46	0.49	3.13	0.94	0.53	0.50	1.31	0.86
Dy	6.75	6.26	2.38	13.45	4.27	2.40	2.38	6.46	4.19
Ho	1.04	0.96	0.46	2.20	0.73	0.42	0.42	1.23	0.72
Er	2.18	2.03	1.30	5.20	1.73	1.18	1.24	3.36	1.98
Tm	0.25	0.24	0.21	0.61	0.23	0.17	0.17	0.50	0.28
Yb	1.29	1.34	1.45	3.64	1.33	1.05	1.11	3.41	1.71
Lu	0.16	0.19	0.22	0.55	0.18	0.16	0.15	0.49	0.26
ΣREE	338.75	316.11	210.09	1145.4	312.05	406.20	385.38	1058.2	446.84
La_N/Yb_N	27.43	24.97	23.85	43.35	32.92	82.81	73.57	77.25	45.43
Eu_N/Eu_N^*	0.95	0.95	0.79	0.90	0.85	0.97	1.04	0.87	0.96
Li	2.51	4.57	5.75	10.30	5.18	3.97	4.09	7.18	5.69

续表

样品号	07235-1	07236-1	07245-1	07245-2	07245-3	10002-1	10003-1	10003-2	10013-1
产地	永富村	永富村	姚家庄	姚家庄	姚家庄	孙各庄	孙各庄	孙各庄	孙各庄
Be	1.42	2.58	3.60	5.80	2.70	1.97	1.89	2.46	2.88
Sc	5.98	7.91	5.40	31.53	6.37	1.27	1.31	1.62	2.37
V	160.81	144.70	61.55	355.06	152.37	20.25	21.44	43.54	34.36
Cr	2.29	5.61	615.82	80.23	11.93	1.49	0.56	0.79	8.23
Co	5.08	6.56	5.65	39.89	7.99	0.86	1.04	1.22	2.49
Ni	0.00	2.97	144.26	33.49	5.14	0.72	0.36	0.50	3.48
Cu	7.13	30.52	56.48	234.64	28.21	1.74	3.42	5.10	4.64
Zn	71.10	83.05	58.61	130.01	73.64	28.86	31.83	38.71	60.74
Ga	17.12	19.39	19.40	20.00	18.60	18.75	18.54	20.47	18.92
Rb	193.22	345.54	104.15	35.94	160.40	91.41	97.36	79.63	84.20
Sr	2679.3	2307.8	1339.9	2705.8	2764.1	1301.9	2919.0	2501.6	2620.4
Y	23.03	21.01	13.02	50.76	17.19	13.35	12.94	42.62	21.84
Nb	14.41	16.34	28.39	79.92	41.09	31.94	30.04	34.79	39.70
Ta	1.42	1.26	1.66	7.19	2.86	1.66	1.56	1.90	2.16
Cs	2.24	3.69	2.14	23.26	18.06	1.05	0.65	0.77	1.33
Ba	4383.1	6633.1	1809.3	909.0	7097.5	1200.2	1530.8	1163.6	2062.3
Zr	175.11	414.25	670.48	706.85	273.84	449.58	428.17	562.96	419.71
Hf	6.42	12.23	16.38	23.11	9.17	9.51	8.72	11.49	9.45
Tl	0.85	1.09	0.71	0.23	0.98	0.61	0.64	0.57	0.63
Pb	8.39	19.71	30.20	10.46	23.63	45.10	53.67	52.23	48.13
Th	2.75	5.31	20.08	20.77	8.73	11.75	11.74	31.24	17.88
U	0.95	2.15	3.60	3.40	1.35	1.81	2.31	5.14	4.07

表3.6　中生代典型岩浆岩常量及微量元素组成

样品号	10095-1	10097-1	07233-1	D478	07D002-1	07D006-1	07D007-1	07D008-1	07D010-1
年龄/Ma	247	244	235	229	169	169	169	169	159
岩性	二长花岗岩	二长花岗岩	碱性花岗岩	二长花岗岩	石英粗安岩	石英粗安岩	石英粗安岩	石英粗安岩	石英二长闪长岩
纬度	41°02.58′	40°56.90′	40°48.40′	41°04.10′	42°06.89′	42°05.42′	42°05.41′	42°05.25′	42°05.94′
经度	116°38.05′	116°37.46′	109°37.15′	116°46.04′	119°06.96′	119°03.41′	119°03.22′	119°03.98′	119°07.56′
主量元素/%									
SiO_2	73.11	73.02	72.86	73.63	67.71	67.64	68.27	66.12	54.84
TiO_2	0.18	0.17	0.26	0.17	0.53	0.54	0.55	0.59	1.16
Al_2O_3	14.82	14.80	14.04	14.28	15.55	15.60	16.71	15.90	16.75
Fe_2O_3	—	—	—	—	1.66	2.00	1.93	2.33	—
FeO	—	—	—	—	1.63	1.11	1.45	1.20	—
TFe_2O_3	1.18	1.11	1.66	1.29	3.47	3.23	3.54	3.66	8.65
MnO	0.03	0.03	0.04	0.03	0.09	0.06	0.10	0.09	0.12
MgO	0.25	0.21	0.33	0.21	0.86	0.72	0.77	0.95	3.40
CaO	1.08	1.19	0.88	1.10	1.84	0.36	0.36	2.01	6.63
Na_2O	4.85	4.59	3.98	4.59	4.31	5.04	4.74	4.95	3.11
K_2O	3.92	4.18	5.07	3.53	4.81	4.66	4.25	4.36	2.90
P_2O_5	0.04	0.04	0.07	0.04	0.14	0.15	0.15	0.16	0.21
LOI	0.52	0.32	0.34	0.54	1.03	1.28	1.28	1.05	1.72

续表

样品号	10095-1	10097-1	07233-1	D478	07D002-1	07D006-1	07D007-1	07D008-1	07D010-1
年龄/Ma	247	244	235	229	169	169	169	169	159
岩性	二长花岗岩	二长花岗岩	碱性花岗岩	二长花岗岩	石英粗安岩	石英粗安岩	石英粗安岩	石英粗安岩	石英二长闪长岩
纬度	41°02.58′	40°56.90′	40°48.40′	41°04.10′	42°06.89′	42°05.42′	42°05.41′	42°05.25′	42°05.94′
经度	116°38.05′	116°37.46′	109°37.15′	116°46.04′	119°06.96′	119°03.41′	119°03.22′	119°03.98′	119°07.56′
总计	99.98	99.66	99.53	99.41	100.34	99.28	100.72	99.84	99.49
A/CNK	1.04	1.04	1.03	1.07	0.99	1.12	1.28	0.96	0.82
K_2O+Na_2O	8.77	8.77	9.05	8.12	9.12	9.70	8.99	9.31	6.01
Mg#	29.60	27.24	28.31	24.40	32.95	30.61	30.09	33.92	43.79
微量稀土元素/ppm									
La	23.80	20.80	42.90	24.00	45.05	48.90	51.63	48.27	35.20
Ce	42.40	36.00	74.20	47.60	88.52	93.27	95.64	94.63	72.00
Pr	4.51	4.00	7.23	5.00	9.70	10.65	11.17	10.49	8.13
Nd	15.30	14.00	22.20	18.00	35.60	36.87	40.51	39.51	30.70
Sm	2.57	2.58	3.18	3.31	6.36	7.01	6.90	7.22	5.67
Eu	0.78	0.70	0.66	0.57	1.22	1.34	1.23	1.63	1.31
Gd	1.98	2.05	2.34	2.67	5.56	6.10	6.16	6.17	5.15
Tb	0.31	0.31	0.33	0.37	0.85	0.94	0.90	0.93	0.73
Dy	1.31	1.45	1.79	1.86	4.77	5.41	5.07	5.30	4.26
Ho	0.24	0.23	0.34	0.34	0.98	1.10	1.05	1.08	0.85
Er	0.59	0.50	0.99	0.95	2.73	3.05	2.94	2.93	2.22
Tm	0.09	0.06	0.18	0.14	0.42	0.46	0.44	0.45	0.31
Yb	0.56	0.43	1.22	0.85	2.70	3.02	2.97	2.85	2.04
Lu	0.08	0.06	0.20	0.13	0.43	0.48	0.46	0.44	0.32
∑REE	94.53	83.17	157.76	105.79	204.88	218.59	227.08	221.90	168.89
La_N/Yb_N	28.67	32.46	23.76	19.08	11.28	10.94	11.76	11.43	11.66
Eu_N/Eu_N^*	1.06	0.93	0.74	0.59	0.63	0.62	0.58	0.75	0.74
Li	33.40	24.10	20.00	25.80	12.54	10.60	17.87	10.20	18.90
Be	2.36	1.79	5.18	2.54	2.44	3.24	2.62	2.68	1.51
Sc	2.33	1.96	2.46	2.10	6.34	6.93	7.38	7.70	21.20
V	20.10	20.50	14.00	9.30	19.42	21.64	24.00	27.17	210.00
Cr	7.12	3.86	1.93	1.15	1.97	3.68	0.68	3.21	17.50
Co	1.29	1.15	2.07	1.22	2.82	3.18	3.70	3.64	27.40
Ni	1.03	0.60	1.32	0.81	1.38	2.63	3.62	2.30	11.90
Cu	1.40	1.26	1.94	1.99	4.44	6.06	5.05	5.38	55.50
Zn	43.00	43.20	24.00	32.50	63.93	96.33	84.28	78.53	96.80
Ga	19.60	19.60	17.40	18.70	16.41	19.12	19.91	19.05	19.20
Rb	112.0	121.0	139.0	117.0	141.6	134.3	157.0	142.5	89.1
Sr	508.0	442.0	218.0	529.0	188.5	159.4	143.6	229.8	483.0
Y	6.64	6.50	11.00	10.90	25.51	27.20	25.51	27.42	23.80
Nb	6.97	6.37	24.70	8.76	15.94	18.27	17.60	17.42	9.98
Ta	0.54	0.47	1.82	0.75	1.35	1.56	1.52	1.46	0.63
Cs	1.81	1.58	4.04	3.36	2.81	1.76	4.25	2.47	1.92
Ba	1070	983	808	823	774	952	830	963	602
Zr	109.0	107.0	197.0	112.0	316.6	360.7	370.8	343.5	162.0
Hf	4.25	3.89	5.82	3.28	8.46	9.92	10.01	9.18	4.08
Tl	0.43	0.47	0.76	0.54	0.75	0.83	0.95	0.71	0.49
Pb	27.90	28.60	24.30	24.40	19.78	33.62	25.39	22.61	17.40
Th	3.99	5.78	15.80	7.97	18.22	21.29	22.18	18.65	7.43
U	0.36	0.43	2.40	1.09	3.92	3.18	4.84	3.28	1.12

续表

样品号	07D046-1	HPQ020817	SGD-1	SGD-3	LLX020811	08005-4	08008-1	08170-1	08170-2
年龄/Ma	171	166	160	160	165	161	159	162	162
岩性	闪长玢岩	闪长岩	石英二长闪长岩	石英二长闪长岩	石英斑岩	安山岩	闪长玢岩	流纹质凝灰岩	流纹质凝灰岩
纬度	42°30.13′	—	40°28.57′	40°28.12′	—	40°33.38′	40°44.64′	42°18.07′	42°18.07′
经度	118°47.28′	—	117°07.28′	117°06.96′	—	117°44.94′	118°08.78′	120°16.40′	120°16.40′
主量元素/%									
SiO_2	53.46	54.29	62.93	62.83	74.38	70.33	68.87	70.62	74.42
TiO_2	1.56	1.40	0.75	0.65	0.06	0.36	0.43	0.46	0.23
Al_2O_3	16.18	15.90	16.77	17.80	13.83	14.51	15.59	16.58	13.95
Fe_2O_3	3.91	—	—	—	—	—	—	—	—
FeO	4.67	—	—	—	—	—	—	—	—
TFe_2O_3	9.10	7.99	4.37	3.82	0.33	2.51	2.62	2.06	1.68
MnO	0.14	0.07	0.06	0.06	0.04	0.05	0.06	0.06	0.07
MgO	3.52	3.15	1.78	1.62	0.13	0.58	0.65	0.50	0.31
CaO	6.63	7.92	3.31	3.08	0.39	1.85	0.61	0.21	0.14
Na_2O	3.80	3.79	4.46	4.83	3.58	2.34	4.58	1.66	0.61
K_2O	2.26	2.95	4.57	4.33	5.89	4.55	4.57	4.73	6.72
P_2O_5	0.70	0.44	0.24	0.23	0.01	0.14	0.12	0.08	0.05
LOI	2.16	1.94	0.44	0.68	0.86	3.34	1.42	2.56	1.74
总计	99.51	99.84	99.68	99.93	99.50	100.56	99.52	99.52	99.92
A/CNK	0.78	0.67	0.92	0.98	1.07	1.20	1.15	2.01	1.64
K_2O+Na_2O	6.06	6.74	9.03	9.16	9.47	6.89	9.15	6.39	7.33
Mg#	43.38	43.85	44.68	45.64	43.59	31.39	32.93	32.52	26.79
微量稀土元素/ppm									
La	35.18	31.85	37.70	31.66	12.17	37.80	28.20	61.50	47.90
Ce	78.84	63.67	75.05	61.43	25.29	71.10	97.80	117.00	92.40
Pr	9.24	7.77	8.32	7.18	3.95	8.23	6.39	14.20	10.70
Nd	37.34	32.27	31.74	27.78	15.72	30.20	21.80	53.60	38.30
Sm	7.42	5.99	5.43	4.64	4.41	4.86	3.61	10.40	7.08
Eu	2.34	1.82	1.51	1.65	0.35	1.11	1.01	1.35	0.79
Gd	6.41	5.24	4.19	3.51	3.67	4.05	2.72	8.83	6.14
Tb	0.91	0.68	0.49	0.38	0.52	0.61	0.40	1.36	0.85
Dy	4.88	4.24	3.32	2.60	3.35	3.04	2.52	8.00	4.81
Ho	0.93	0.88	0.66	0.51	0.67	0.60	0.49	1.57	0.87
Er	2.41	2.55	1.78	1.42	1.78	1.84	1.50	4.79	2.54
Tm	0.33	0.37	0.25	0.21	0.25	0.28	0.23	0.74	0.37
Yb	2.05	2.07	1.56	1.12	1.51	1.75	1.59	4.94	2.47
Lu	0.31	0.36	0.24	0.19	0.24	0.26	0.25	0.81	0.35
ΣREE	188.58	159.76	172.20	144.28	73.88	165.72	168.51	289.09	215.57
La_N/Yb_N	11.62	10.40	16.33	19.10	5.45	14.60	11.98	8.41	13.10
Eu_N/Eu_N^*	1.04	0.99	0.97	1.25	0.27	0.76	0.98	0.43	0.37
Li	21.86	17.03	20.25	20.00	19.80	18.70	29.30	11.30	5.32
Be	1.42	1.33	2.05	1.72	3.01	2.16	1.89	3.66	3.62
Sc	21.76	17.46	6.55	5.23	2.57	4.00	4.15	6.15	5.22
V	174.54	182.78	68.81	60.21	3.52	32.10	14.40	29.10	12.50
Cr	22.59	11.22	33.33	25.03	2.56	8.16	1.00	1.14	1.35
Co	19.83	15.28	8.84	7.16	0.27	2.76	2.20	2.70	2.73
Ni	4.99	9.87	52.23	18.89	4.84	2.74	1.66	2.20	2.60
Cu	19.00	6.19	6.95	7.91	0.51	3.29	2.35	3.09	2.83
Zn	105.71	63.98	79.96	96.20	14.81	57.50	43.20	47.60	45.50
Ga	21.03	16.67	19.72	17.68	18.77	17.10	16.70	25.60	16.30
Rb	39.5	40.9	82.8	65.3	146.8	122.0	95.0	267.0	216.0
Sr	866.9	541.8	433.3	499.0	10.9	234.0	198.0	107.0	58.5
Y	22.79	21.56	15.70	12.65	15.50	17.50	14.00	48.40	26.00
Nb	9.07	7.43	9.70	7.04	14.25	10.90	11.30	28.00	13.10
Ta	0.52	0.51	0.78	0.47	0.80	0.80	0.61	2.08	1.02
Cs	1.17	0.55	2.27	3.31	0.82	4.23	0.61	5.29	4.35
Ba	810	1004	1196	1497	156	791	1343	273	776
Zr	167.2	180.4	254.6	175.3	65.9	169.0	292.0	417.0	192.0
Hf	4.32	4.66	6.39	4.09	3.60	4.76	6.68	10.30	5.56
Tl	0.17	—	—	—	—	0.39	0.46	1.09	1.21
Pb	7.94	67.43	17.50	16.09	22.53	19.10	13.00	36.70	41.60
Th	3.72	3.10	5.16	3.62	5.72	5.17	6.87	19.80	13.90
U	0.87	0.69	1.02	0.58	1.37	1.44	1.32	5.48	3.00

样品号	09018-1	09061-1	09064-1	09075-1	09354-1	09361-1	D078-2	10120-1	10121-1
年龄/Ma	165	164	164	163	164	173	156	157	157
岩性	闪长岩	石英二长岩	流纹岩	流纹质凝灰岩	花岗闪长岩	花岗闪长岩	英安岩	安山岩	安山岩
纬度	40°26.07′	42°01.24′	42°18.12′	42°33.89′	43°05.50′	42°43.65′	41°01.50′	39°46.78′	39°46.93′
经度	118°31.07′	120°28.80′	120°16.61′	119°39.19′	124°43.06′	124°17.53′	117°04.65′	115°30.49′	115°31.82′
主量元素/%									
SiO_2	45.63	66.13	73.98	77.97	64.49	69.21	73.62	58.05	57.57
TiO_2	1.49	0.58	0.27	0.16	0.60	0.44	0.32	0.71	0.98
Al_2O_3	18.26	16.23	14.13	11.17	16.43	15.87	11.15	17.76	16.87
Fe_2O_3	—	—	—	—	—	—	—	—	—
FeO	—	—	—	—	—	—	—	—	—
TFe_2O_3	12.55	3.73	1.46	0.94	4.40	2.66	4.16	6.51	6.40
MnO	0.13	0.08	0.05	0.01	0.05	0.06	0.04	0.08	0.07
MgO	5.12	1.00	0.21	0.08	1.32	0.52	0.77	2.24	3.52
CaO	10.07	2.46	0.24	0.38	3.26	1.12	0.27	6.24	5.09
Na_2O	3.20	4.71	3.92	2.22	4.07	5.15	1.86	3.53	6.02
K_2O	0.90	3.89	3.84	5.07	3.06	3.52	5.09	2.25	0.27
P_2O_5	0.80	0.19	0.06	0.18	0.20	0.11	0.04	0.42	0.42
LOI	1.28	0.36	1.30	1.26	1.52	0.88	2.10	1.74	2.76
总计	99.43	99.36	99.46	99.44	99.40	99.54	99.42	99.53	99.97
A/CNK	0.74	0.99	1.28	1.14	1.03	1.11	1.23	0.91	0.87
K_2O+Na_2O	4.10	8.60	7.76	7.29	7.13	8.67	6.95	5.78	6.29
Mg#	44.71	34.67	22.23	14.37	37.28	27.95	26.85	40.53	52.14
微量稀土元素/ppm									
La	24.20	43.40	35.20	35.90	30.80	42.70	105.00	33.20	29.20
Ce	61.50	87.70	71.90	73.50	60.90	79.60	189.00	67.60	60.80
Pr	8.33	9.48	7.81	7.79	7.02	8.38	23.50	8.21	7.17
Nd	37.40	33.80	27.20	27.60	25.90	29.40	85.80	32.40	30.30
Sm	8.03	6.20	5.34	5.49	4.42	4.87	16.50	5.71	5.66
Eu	2.31	1.69	0.52	0.52	1.25	1.29	0.49	1.91	1.78
Gd	6.26	4.77	4.41	4.63	3.57	4.07	13.70	4.80	4.74
Tb	0.88	0.71	0.73	0.75	0.43	0.57	2.25	0.75	0.78
Dy	4.59	3.94	4.29	4.48	2.08	3.27	12.70	3.77	3.80
Ho	0.84	0.74	0.90	0.90	0.34	0.61	2.58	0.70	0.72
Er	2.17	2.15	2.74	2.74	0.85	1.80	7.52	2.02	1.92
Tm	0.30	0.32	0.46	0.44	0.12	0.26	1.15	0.31	0.29
Yb	1.73	2.12	3.05	2.91	0.74	1.80	7.38	1.78	1.69
Lu	0.25	0.33	0.48	0.46	0.11	0.29	1.13	0.32	0.27
∑REE	158.79	197.35	165.03	168.11	138.53	178.91	468.70	163.48	149.12
La_N/Yb_N	9.45	13.83	7.80	8.34	28.13	16.03	9.61	12.60	11.68
Eu_N/Eu_N^*	1.00	0.95	0.33	0.34	0.96	0.89	0.11	1.11	1.05
Li	4.03	15.30	6.80	19.50	21.50	8.57	14.80	6.58	14.00
Be	0.75	1.59	2.52	2.58	1.56	1.70	4.60	1.30	0.65
Sc	24.30	6.46	5.58	3.27	5.50	5.13	4.49	9.51	15.10
V	305.00	29.20	26.00	13.00	65.60	18.70	9.11	104.00	142.00
Cr	18.30	1.08	10.70	2.39	7.52	1.27	3.77	9.42	15.60
Co	32.50	3.95	2.05	0.83	8.62	2.75	1.32	13.10	18.30
Ni	12.10	0.85	3.72	2.02	4.00	0.79	2.82	4.49	9.14
Cu	30.20	2.44	4.39	10.50	6.59	2.55	3.88	11.70	21.30
Zn	76.00	40.70	48.50	35.00	69.40	62.90	128.00	86.70	72.90
Ga	22.70	18.80	19.00	13.10	19.90	17.30	26.70	21.10	17.40
Rb	11.1	111.0	147.0	185.0	72.7	81.8	175.0	39.4	4.8
Sr	1288.0	390.0	76.8	65.5	698.0	202.0	20.5	903.0	1067.0
Y	22.90	22.10	27.60	28.00	9.76	18.40	75.00	19.40	18.50
Nb	5.23	14.50	24.20	22.90	9.61	13.10	34.10	7.57	6.07
Ta	0.26	0.80	2.05	2.07	0.87	1.01	2.32	0.52	0.35
Cs	0.33	1.87	2.90	0.75	2.41	2.34	0.99	0.26	0.36
Ba	566	1370	342	409	1059	1066	604	1307	503
Zr	57.5	226.0	168.0	127.0	159.0	302.0	683.0	239.0	215.0
Hf	1.91	5.45	5.17	4.14	4.17	7.14	17.10	5.62	5.27
Tl	0.06	0.58	0.72	0.86	0.39	0.44	0.51	0.13	0.06
Pb	4.21	12.40	11.10	22.30	16.20	19.70	35.70	7.63	8.76
Th	1.06	7.74	18.00	18.80	9.65	12.60	20.80	2.46	1.41
U	0.33	0.83	5.75	5.60	1.62	2.20	1.14	0.68	0.40

续表

样品号	07D044-1	09043-i	10018-1	10096-1	10107-1	10109-1	10109-2	10110-1	10110-2	08005-1
年龄/Ma	138	124	133	138	139	139	139	139	139	127
岩性	石英正长斑岩	闪长玢岩	石英闪长岩	花岗闪长岩	花岗岩	闪长岩	基性微细粒包体	闪长岩	基性微细粒包体	安山玢岩
纬度	42°33.64′	41°12.73′	40°35.89′	41°01.07′	40°04.83′	40°02.10′	40°02.10′	39°59.32′	40°02.10′	40°33.45′
经度	118°27.86′	119°39.10′	117°53.59′	116°37.95′	115°26.64′	115°24.76′	115°24.76′	115°25.69′	115°24.76′	117°44.94′
主量元素/%										
SiO_2	71.22	65.06	53.56	68.52	70.67	63.38	59.53	64.10	57.45	62.27
TiO_2	0.33	0.58	1.30	0.40	0.36	0.76	0.97	0.76	1.00	0.77
Al_2O_3	14.78	16.15	16.12	15.41	14.99	15.63	15.91	15.96	15.79	14.70
Fe_2O_3	1.66	—	—	—	—	—	—	—	—	—
FeO	0.04	—	—	—	—	—	—	—	—	—
TFe_2O_3	1.70	4.06	8.05	3.10	2.38	5.22	6.53	4.79	7.28	4.19
MnO	0.06	0.05	0.05	0.06	0.06	0.09	0.12	0.10	0.19	0.06
MgO	0.23	1.53	5.65	1.09	0.72	2.12	3.23	1.86	4.29	1.49
CaO	0.58	2.58	6.33	2.55	1.55	3.74	4.79	3.35	5.36	3.20
Na_2O	5.13	4.17	4.57	4.33	4.83	4.19	4.25	4.51	4.34	3.98
K_2O	5.41	3.47	2.32	3.60	3.75	3.56	3.32	3.73	3.01	4.05
P_2O_5	0.02	0.23	0.72	0.15	0.12	0.26	0.38	0.27	0.35	0.48
LOI	0.88	1.56	0.62	0.48	0.58	0.38	0.38	0.32	0.52	4.46
总计	100.34	99.44	99.34	99.69	100.01	99.33	99.41	99.75	99.58	99.65
A/CNK	0.96	1.06	0.75	0.98	1.01	0.89	0.82	0.91	0.78	0.88
K_2O+Na_2O	10.54	7.64	6.89	7.93	8.58	7.75	7.57	8.24	7.35	8.03
Mg#	21.14	42.77	58.18	41.06	37.49	44.57	49.48	43.48	53.87	41.34
微量稀土元素/ppm										
La	88.51	41.90	63.60	35.40	31.40	49.40	58.50	65.40	45.40	49.90
Ce	170.89	79.10	117.00	62.60	62.20	108.00	111.00	123.00	88.60	97.60
Pr	19.90	8.49	13.10	6.24	6.96	10.90	13.10	13.60	10.50	10.50
Nd	70.87	29.90	50.00	23.20	26.10	41.80	48.70	50.30	41.80	37.50
Sm	11.19	4.76	8.47	3.56	4.32	6.78	7.80	7.74	6.96	5.55
Eu	1.60	1.38	2.96	0.97	1.04	1.83	1.99	2.13	1.95	1.65
Gd	9.02	3.75	6.40	2.70	3.46	5.58	6.49	6.06	5.89	3.99
Tb	1.24	0.49	0.92	0.39	0.52	0.80	0.99	0.90	0.95	0.46
Dy	6.60	2.50	3.79	1.96	2.45	4.27	4.95	4.54	4.54	2.18
Ho	1.34	0.46	0.68	0.36	0.45	0.74	0.89	0.80	0.82	0.36
Er	3.58	1.27	1.70	1.07	1.42	2.11	2.52	2.28	2.18	0.97
Tm	0.54	0.20	0.22	0.16	0.20	0.30	0.36	0.33	0.31	0.13
Yb	3.52	1.25	1.39	1.17	1.45	1.95	2.24	2.10	2.23	0.84
Lu	0.57	0.19	0.18	0.21	0.23	0.32	0.33	0.29	0.35	0.13
∑REE	389.36	175.64	270.42	140.00	142.20	234.78	259.87	279.46	212.48	211.76
La_N/Yb_N	16.98	22.65	30.92	20.45	14.63	17.12	17.65	21.04	13.76	40.14
Eu_N/Eu_N^*	0.49	1.00	1.23	0.96	0.82	0.91	0.85	0.95	0.93	1.07
Li	7.89	14.60	16.80	17.10	17.50	18.60	19.10	17.90	14.90	15.40
Be	2.57	1.64	0.95	1.98	2.13	1.71	2.27	2.45	2.94	2.03
Sc	7.22	6.53	14.90	5.02	3.53	8.82	11.50	8.81	15.20	5.77
V	6.81	61.10	143.00	48.40	48.10	88.20	116.00	84.90	139.00	56.80
Cr	0.39	13.20	239.00	14.50	6.50	32.90	67.60	22.30	183.00	19.80
Co	0.21	8.59	28.10	5.50	3.77	11.80	17.20	10.50	22.10	8.64
Ni	0.36	10.20	102.00	3.36	2.29	10.60	21.90	9.65	43.70	13.30
Cu	2.70	11.70	12.80	2.93	1.76	7.67	14.20	5.59	27.60	10.90
Zn	61.56	54.90	112.00	48.20	45.80	79.90	101.00	94.60	130.00	62.30
Ga	21.92	18.00	23.50	19.30	19.50	21.90	22.20	23.20	23.30	18.60
Rb	115.6	84.8	69.8	93.3	76.3	88.7	88.1	88.0	90.1	96.0
Sr	20.5	727.0	1341.0	553.0	411.0	654.0	672.0	621.0	563.0	516.0
Y	33.02	13.50	17.40	10.30	13.70	20.70	24.00	21.60	20.90	10.70
Nb	16.55	16.70	20.30	8.50	11.70	14.30	16.60	16.10	17.30	18.80
Ta	1.10	1.23	0.96	0.73	0.77	1.07	0.89	0.89	0.95	1.21
Cs	3.41	1.21	1.33	1.62	1.12	1.24	1.25	1.43	3.00	2.23
Ba	271	1400	1758	1083	1541	1273	1114	1592	1248	2086
Zr	425.2	167.0	265.0	154.0	206.0	248.0	225.0	292.0	198.0	162.0
Hf	11.65	4.18	9.79	6.17	9.39	10.35	9.07	14.08	8.93	4.09
Tl	0.39	0.40	0.31	0.30	0.21	0.34	0.32	0.32	0.25	0.43
Pb	23.06	19.90	14.40	15.80	13.00	12.40	13.90	18.50	13.60	21.00
Th	13.34	6.99	3.38	10.30	6.00	7.96	5.93	8.72	5.09	11.00
U	1.74	1.68	0.88	1.32	0.77	1.71	1.21	2.07	1.56	2.91

表 3.7　典型中生代岩浆岩 Rb-Sr 及 Sm-Nd 同位素组成

样品号	年龄/Ma	SiO_2/%	Rb	Sr	$^{87}Rb/^{86}Sr$	$^{87}Sr/^{86}Sr$ (2σ)	$(^{87}Sr/^{86}Sr)_i$	Sm	Nd	$^{147}Sm/^{144}Nd$	$^{143}Nd/^{144}Nd$ (2σ)	$(^{143}Nd/^{144}Nd)_i$	$\varepsilon_{Nd}(0)$	$\varepsilon_{Nd}(t)$	$f_{Sm/Nd}$	T_{DM}
07235-1	230	60.60	193.6	2774	0.2019	0.707124 ±11	0.706464	16.72	85.89	0.1179	0.512031 ±12	0.511853	−11.85	−9.54	−0.40	1776
07236-1	230	60.75	336.6	2345	0.4154	0.707958 ±17	0.706599	14.96	74.92	0.1209	0.512029 ±14	0.511847	−11.87	−9.65	−0.39	1836
07245-1	230	62.36	105.4	1396	0.2185	0.706468 ±11	0.705753	6.16	42.53	0.0877	0.511970 ±13	0.511838	−13.02	−9.83	−0.55	1425
07245-2	230	45.16	35.8	2758	0.0375	0.705937 ±14	0.705814	36.73	231.8	0.0959	0.512061 ±21	0.511916	−11.26	−8.30	−0.51	1408
07245-3	230	58.64	167.6	2869	0.1690	0.706302 ±10	0.705749	9.86	61.27	0.0974	0.512016 ±14	0.511869	−12.13	−9.22	−0.50	1484
10003-1	231	64.06	90.9	2769	0.0950	0.705590 ±11	0.705278	6.26	52.8	0.0716	0.512116 ±8	0.512008	−10.18	−6.50	−0.64	1109
10013-1	231	62.33	82.4	2489	0.0958	0.705310 ±9	0.704995	10.4	76.5	0.0821	0.512131 ±9	0.512007	−9.89	−6.51	−0.58	1179
SGD-1	160	62.93	118.8	604.0	0.5690	0.706642 ±11	0.705356	5.88	35.2	0.1011	0.511755 ±13	0.511650	−17.2	−15.3	−0.49	1884
SGD-3	160	62.83	101.3	764.9	0.3834	0.706263 ±14	0.705396	4.65	27.1	0.1037	0.511749 ±10	0.511641	−17.3	−15.5	−0.47	1935
LLX020811	165	54.29	—	—	—	—	—	5.65	20.3	0.1686	0.511843 ±13	0.511661	−15.5	−14.9	−0.14	4368
HPQ020817	166	74.38	45.5	718.8	0.1833	0.706246 ±9	0.705813	6.35	33.1	0.1161	0.511991 ±10	0.511865	−12.6	−10.9	−0.41	1805

注: $f_{Sm/Nd} = (^{147}Sm/^{144}Nd)_{sample}/(^{147}Sm/^{144}Nd)_{CHUR} - 1$; $T_{DM} = 1/\lambda \times \ln\left\{1 + \left[(^{143}Nd/^{144}Nd)_{sample} - (^{143}Nd/^{144}Nd)_{DM}\right] / \left[(^{147}Sm/^{144}Nd)_{sample} - (^{147}Sm/^{144}Nd)_{DM}\right]\right\}$。

表 3.8　华北克拉通中生代岩浆岩锆石及斜锆石 Hf 同位素组成

测点	年龄/Ma	$^{176}Yb/^{177}Hf$	$^{176}Lu/^{177}Hf$	$^{176}Hf/^{177}Hf$	±2σ	$\varepsilon_{Hf}(0)$	$\varepsilon_{Hf}(t)$	T_{DM}/Ma	T_{DM}^{C}/Ma	Hf_i	$f_{Lu/Hf}$
样品 07235-1 (锆石)											
01	237	0.014754	0.000390	0.282533	0.000015	−8.4	−3.3	1001	1477	0.282532	−0.99
02	1330	0.032803	0.000864	0.281752	0.000016	−36.1	−7.4	2096	2585	0.281730	−0.97
03	401	0.037651	0.001051	0.282089	0.000017	−24.2	−15.6	1640	2380	0.282081	−0.97
04	219	0.010750	0.000299	0.282421	0.000015	−12.4	−7.7	1153	1738	0.282420	−0.99
05	449	0.044050	0.001345	0.282346	0.000018	−15.1	−5.6	1291	1788	0.282334	−0.96
06	376	0.025933	0.000999	0.282674	0.000028	−3.5	4.6	818	1086	0.282667	−0.97
07	222	0.016769	0.000743	0.282488	0.000030	−10.0	−5.3	1072	1590	0.282485	−0.98
08	236	0.017666	0.000515	0.282476	0.000019	−10.5	−5.4	1083	1607	0.282474	−0.98
09	223	0.020295	0.000592	0.282462	0.000026	−11.0	−6.2	1105	1647	0.282459	−0.98
10	243	0.026386	0.000832	0.282729	0.000025	−1.5	3.7	738	1038	0.282725	−0.97
11	2469	0.022683	0.000730	0.281296	0.000020	−52.2	2.0	2709	2873	0.281261	−0.98

续表

测点	年龄/Ma	$^{176}Yb/^{177}Hf$	$^{176}Lu/^{177}Hf$	$^{176}Hf/^{177}Hf$	$\pm 2\sigma$	$\varepsilon_{Hf}(0)$	$\varepsilon_{Hf}(t)$	T_{DM}/Ma	T_{DM}^{C}/Ma	Hf_i	$f_{Lu/Hf}$
样品 07235-1（锆石）											
12	247	0.027382	0.000785	0.282509	0.000018	-9.3	-4.0	1045	1531	0.282505	-0.98
13	1869	0.027306	0.000804	0.281565	0.000029	-42.7	-2.0	2348	2664	0.281536	-0.98
14	122	0.077284	0.002284	0.282699	0.000055	-2.6	-0.1	811	1184	0.282694	-0.93
15	439	0.037701	0.001347	0.282588	0.000059	-6.5	2.8	948	1250	0.282577	-0.96
16	1800（?）	0.029783	0.001012	0.281586	0.000045	-41.9	-3.1	2332	2677	0.281551	-0.97
样品 07236-1（锆石）											
01	223	0.011823	0.000319	0.282391	0.000021	-13.5	-8.6	1194	1801	0.282390	-0.99
02	230	0.003779	0.000094	0.282392	0.000016	-13.4	-8.4	1186	1794	0.282392	-1.00
03	213	0.034850	0.001016	0.282361	0.000028	-14.6	-10.0	1259	1882	0.282357	-0.97
04	197	0.004513	0.000150	0.282384	0.000023	-13.7	-9.4	1199	1830	0.282384	-1.00
05	217	0.038169	0.001255	0.282339	0.000026	-15.3	-10.7	1298	1930	0.282334	-0.96
06	227	0.022823	0.000494	0.282380	0.000019	-13.9	-9.0	1215	1826	0.282378	-0.99
07	209	0.012288	0.000281	0.282341	0.000020	-15.2	-10.7	1262	1920	0.282340	-0.99
08	225	0.004820	0.000132	0.282368	0.000019	-14.3	-9.4	1220	1850	0.282368	-1.00
09	228	0.006033	0.000166	0.282348	0.000020	-15.0	-10.0	1249	1893	0.282347	-1.00
10	220	0.006782	0.000178	0.282358	0.000018	-14.6	-9.8	1235	1875	0.282357	-0.99
11	226	0.002641	0.000072	0.282331	0.000017	-15.6	-10.7	1269	1932	0.282330	-1.00
12	227	0.003682	0.000117	0.282368	0.000020	-14.3	-9.3	1221	1850	0.282367	-1.00
13	224	0.006283	0.000187	0.282287	0.000024	-17.1	-12.3	1333	2030	0.282287	-0.99
14	221	0.007480	0.000212	0.282344	0.000021	-15.2	-10.3	1257	1908	0.282343	-0.99
15	224	0.034625	0.001002	0.282551	0.000056	-7.8	-3.1	992	1452	0.282547	-0.97
样品 07245-1（锆石）											
01	220	0.108358	0.002603	0.282318	0.000025	-16.0	-11.6	1376	1986	0.282308	-0.92
02	223	0.092078	0.002614	0.282399	0.000026	-13.2	-8.7	1259	1806	0.282388	-0.92
03	230	0.066669	0.001633	0.282403	0.000022	-13.1	-8.3	1220	1784	0.282396	-0.95
04	216	0.072049	0.001709	0.282439	0.000020	-11.8	-7.3	1171	1712	0.282432	-0.95
05	226	0.126524	0.003191	0.282423	0.000026	-12.4	-7.9	1244	1757	0.282409	-0.90
06	216	0.054301	0.001423	0.282405	0.000020	-13.0	-8.4	1210	1784	0.282400	-0.96

测点	年龄/Ma	$^{176}Yb/^{177}Hf$	$^{176}Lu/^{177}Hf$	$^{176}Hf/^{177}Hf$	$\pm2\sigma$	$\varepsilon_{Hf}(0)$	$\varepsilon_{Hf}(t)$	T_{DM}/Ma	T_{DM}^{C}/Ma	Hf_i	$f_{Lu/Hf}$
样品 07245-1 (锆石)											
07	226	0.078450	0.002107	0.282393	0.000027	-13.3	-8.8	1250	1812	0.282384	-0.94
08	225	0.112682	0.002836	0.282472	0.000023	-10.6	-6.1	1158	1643	0.282461	-0.91
09	220	0.041858	0.001332	0.282356	0.000026	-14.7	-10.1	1276	1890	0.282351	-0.96
10	219	0.056773	0.001319	0.282368	0.000016	-14.3	-9.7	1260	1866	0.282362	-0.96
11	213	0.078948	0.002071	0.282368	0.000023	-14.3	-9.9	1285	1874	0.282360	-0.94
12	221	0.041984	0.001163	0.282376	0.000016	-14.0	-9.3	1242	1843	0.282372	-0.96
13	226	0.050692	0.001515	0.282362	0.000016	-14.5	-9.8	1274	1876	0.282356	-0.95
14	226	0.042873	0.001314	0.282351	0.000015	-14.9	-10.1	1282	1898	0.282346	-0.96
15	213	0.043975	0.001235	0.282340	0.000014	-15.3	-10.8	1295	1928	0.282335	-0.96
样品 07245-3 (锆石)											
01	198	0.048125	0.000881	0.282279	0.000019	-17.4	-13.2	1369	2069	0.282276	-0.97
02	209	0.002561	0.000057	0.282282	0.000017	-17.3	-12.7	1335	2049	0.282282	-1.00
03	240	0.007702	0.000145	0.282313	0.000019	-16.2	-11.0	1296	1963	0.282313	-1.00
04	240	0.008566	0.000194	0.282303	0.000033	-16.6	-11.4	1312	1987	0.282302	-0.99
05	226	0.005955	0.000123	0.282303	0.000023	-16.6	-11.6	1308	1993	0.282303	-1.00
06	204	0.025867	0.000501	0.282310	0.000021	-16.3	-11.9	1312	1994	0.282308	-0.98
07	221	0.014915	0.000337	0.282343	0.000024	-15.2	-10.4	1262	1911	0.282341	-0.99
08	207	0.017190	0.000365	0.282281	0.000025	-17.4	-12.9	1348	2057	0.282279	-0.99
09	223	0.077603	0.001820	0.282405	0.000033	-13.0	-8.4	1224	1785	0.282397	-0.95
10	177	0.080808	0.001653	0.282293	0.000020	-16.9	-13.2	1377	2055	0.282288	-0.95
11	222	0.043904	0.001111	0.282316	0.000049	-16.1	-11.4	1325	1977	0.282311	-0.97
12	328	0.026110	0.000918	0.282145	0.000024	-22.2	-15.2	1556	2294	0.282139	-0.97
13	223	0.009741	0.000245	0.282327	0.000023	-15.7	-10.9	1280	1943	0.282326	-0.99
样品 07245-3 (斜锆石)											
01	230	0.008836	0.000140	0.282287	0.000023	-17.2	-12.1	1332	2027	0.282286	-1.00
02	230	0.012441	0.000221	0.282386	0.000026	-13.6	-8.6	1198	1807	0.282385	-0.99
03	230	0.021463	0.000242	0.282296	0.000020	-16.8	-11.8	1323	2009	0.282294	-0.99
04	230	0.013669	0.000170	0.282314	0.000023	-16.2	-11.2	1296	1968	0.282313	-0.99

续表

测点	年龄/Ma	^{176}Yb/^{177}Hf	^{176}Lu/^{177}Hf	^{176}Hf/^{177}Hf	$\pm 2\sigma$	$\varepsilon_{Hf}(0)$	$\varepsilon_{Hf}(t)$	T_{DM}/Ma	T_{DM}^{C}/Ma	Hf$_i$	$f_{Lu/Hf}$
样品 07245-3（斜锆石）											
05	230	0.009363	0.000116	0.282359	0.000022	-14.6	-9.6	1233	1868	0.282358	-1.00
06	230	0.010655	0.000180	0.282347	0.000024	-15.0	-10.0	1251	1895	0.282346	-0.99
07	230	0.011481	0.000202	0.282327	0.000027	-15.7	-10.7	1279	1940	0.282326	-0.99
08	230	0.007530	0.000099	0.282374	0.000025	-14.1	-9.0	1211	1833	0.282374	-1.00
09	230	0.009399	0.000133	0.282359	0.000025	-14.6	-9.6	1233	1868	0.282358	-1.00
10	230	0.009399	0.000115	0.282438	0.000024	-11.8	-6.8	1124	1690	0.282438	-1.00
11	230	0.022495	0.000254	0.282415	0.000025	-12.6	-7.6	1160	1745	0.282414	-0.99
12	230	0.009539	0.000128	0.282343	0.000027	-15.2	-10.2	1255	1903	0.282342	-1.00
13	230	0.010851	0.000156	0.282339	0.000027	-15.3	-10.3	1261	1912	0.282338	-1.00
14	230	0.003308	0.000035	0.282332	0.000026	-15.6	-10.5	1267	1926	0.282332	-1.00
15	230	0.025617	0.000422	0.282380	0.000023	-13.9	-8.9	1213	1823	0.282378	-0.99
16	230	0.011366	0.000137	0.282289	0.000023	-17.1	-12.1	1329	2022	0.282288	-1.00
17	230	0.014557	0.000175	0.282346	0.000021	-15.1	-10.1	1252	1897	0.282345	-0.99
18	230	0.005890	0.000111	0.282310	0.000024	-16.4	-11.3	1300	1977	0.282309	-1.00
19	230	0.012413	0.000157	0.282384	0.000028	-13.7	-8.7	1199	1812	0.282383	-1.00
20	230	0.018719	0.000266	0.282331	0.000020	-15.6	-10.6	1276	1932	0.282329	-0.99
21	230	0.005394	0.000085	0.282324	0.000028	-15.9	-10.8	1279	1945	0.282323	-1.00
22	230	0.031351	0.000557	0.282287	0.000035	-17.1	-12.2	1345	2030	0.282285	-0.98
23	230	0.007768	0.000142	0.282407	0.000032	-12.9	-7.9	1167	1760	0.282407	-1.00
24	230	0.013510	0.000182	0.282410	0.000027	-12.8	-7.8	1164	1754	0.282409	-0.99
25	230	0.016203	0.000292	0.282366	0.000030	-14.4	-9.4	1229	1854	0.282365	-0.99
26	230	0.020209	0.000272	0.282301	0.000023	-16.6	-11.6	1317	1997	0.282300	-0.99
27	230	0.011759	0.000199	0.282291	0.000026	-17.0	-12.0	1328	2018	0.282290	-0.99
28	230	0.010816	0.000218	0.282304	0.000028	-16.6	-11.5	1311	1990	0.282303	-0.99
29	230	0.020316	0.000247	0.282385	0.000027	-13.7	-8.7	1201	1810	0.282384	-0.99
30	230	0.011702	0.000160	0.282370	0.000030	-14.2	-9.2	1219	1843	0.282369	-1.00
样品 10002-1（锆石）											
01	229	0.051190	0.001130	0.282536	0.000021	-8.3	-3.5	1016	1482	0.282531	-0.97
02	232	0.052062	0.001116	0.282517	0.000023	-9.0	-4.1	1043	1523	0.282512	-0.97
03	233	0.050107	0.001073	0.282553	0.000023	-7.8	-2.8	991	1443	0.282548	-0.97

续表

测点	年龄/Ma	^{176}Yb/^{177}Hf	^{176}Lu/^{177}Hf	^{176}Hf/^{177}Hf	$\pm2\sigma$	$\varepsilon_{Hf}(0)$	$\varepsilon_{Hf}(t)$	T_{DM}/Ma	T_{DM}^{C}/Ma	Hf$_i$	$f_{Lu/Hf}$
样品 10002-1（锆石）											
04	228	0.056529	0.001226	0.282541	0.000022	-8.2	-3.3	1012	1473	0.282536	-0.96
05	232	0.056216	0.001245	0.282485	0.000026	-10.1	-5.2	1092	1596	0.282480	-0.96
06	228	0.062906	0.001369	0.282537	0.000023	-8.3	-3.5	1022	1485	0.282531	-0.96
07	232	0.037736	0.000821	0.282534	0.000027	-8.4	-3.4	1011	1482	0.282531	-0.98
08	231	0.064442	0.001367	0.282523	0.000023	-8.8	-3.9	1041	1513	0.282517	-0.96
09	228	0.055892	0.001295	0.282539	0.000019	-8.3	-3.4	1017	1479	0.282533	-0.96
10	232	0.037912	0.000824	0.282551	0.000020	-7.8	-2.8	987	1444	0.282548	-0.98
11	231	0.029792	0.000646	0.282526	0.000026	-8.7	-3.7	1017	1499	0.282523	-0.98
12	234	0.060360	0.001302	0.282569	0.000025	-7.2	-2.2	974	1407	0.282564	-0.96
13	231	0.055622	0.001224	0.282556	0.000023	-7.6	-2.7	990	1437	0.282551	-0.96
14	232	0.041706	0.000919	0.282576	0.000027	-6.9	-2.0	955	1390	0.282572	-0.97
15	231	0.060543	0.001303	0.282616	0.000024	-5.5	-0.6	907	1304	0.282611	-0.96
16	233	0.069402	0.001711	0.282521	0.000026	-8.9	-4.0	1054	1520	0.282513	-0.95
17	228	0.049523	0.001121	0.282523	0.000026	-8.8	-4.0	1035	1513	0.282518	-0.97
18	229	0.055687	0.001279	0.282549	0.000024	-7.9	-3.0	1002	1455	0.282544	-0.96
样品 10003-1（锆石）											
01	229	0.059949	0.001399	0.282527	0.000023	-8.7	-3.9	1037	1506	0.282521	-0.96
02	233	0.065209	0.001488	0.282596	0.000026	-6.2	-1.3	941	1351	0.282589	-0.96
03	227	0.054575	0.001284	0.282557	0.000019	-7.6	-2.8	991	1438	0.282552	-0.96
04	226	0.078432	0.001759	0.282533	0.000018	-8.5	-3.8	1038	1498	0.282525	-0.95
05	230	0.045063	0.001014	0.282572	0.000021	-7.1	-2.2	963	1401	0.282568	-0.97
06	230	0.084821	0.001872	0.282575	0.000026	-7.0	-2.2	981	1403	0.282566	-0.94
07	234	0.046066	0.001051	0.282525	0.000022	-8.8	-3.8	1030	1505	0.282520	-0.97
08	235	0.066459	0.001475	0.282589	0.000023	-6.5	-1.5	950	1364	0.282583	-0.96
09	235	0.065462	0.001417	0.282573	0.000021	-7.0	-2.1	972	1400	0.282567	-0.96
10	228	0.046862	0.001037	0.282572	0.000023	-7.1	-2.2	963	1401	0.282568	-0.97
11	231	0.070003	0.001490	0.282594	0.000026	-6.3	-1.4	943	1355	0.282588	-0.96
12	232	0.081111	0.001770	0.282557	0.000023	-7.6	-2.8	1004	1441	0.282549	-0.95

续表

测点	年龄/Ma	^{176}Yb/^{177}Hf	^{176}Lu/^{177}Hf	^{176}Hf/^{177}Hf	$\pm2\sigma$	$\varepsilon_{\mathrm{Hf}}(0)$	$\varepsilon_{\mathrm{Hf}}(t)$	T_{DM}/Ma	$T_{\mathrm{DM}}^{\mathrm{C}}$/Ma	Hf$_i$	$f_{\mathrm{Lu/Hf}}$
样品 10003-1（锆石）											
13	235	0.040953	0.000908	0.282546	0.000021	-8.0	-3.0	997	1456	0.282542	-0.97
14	232	0.059695	0.001367	0.282615	0.000022	-5.6	-0.7	911	1308	0.282609	-0.96
15	234	0.088566	0.001876	0.282622	0.000024	-5.3	-0.4	912	1294	0.282614	-0.94
16	233	0.082789	0.001817	0.282558	0.000024	-7.6	-2.7	1004	1439	0.282550	-0.95
17	229	0.050313	0.001096	0.282599	0.000025	-6.1	-1.2	926	1341	0.282595	-0.97
18	234	0.062444	0.001356	0.282595	0.000025	-6.3	-1.3	939	1351	0.282589	-0.96
样品 10013-1（锆石）											
01	231	0.023954	0.000537	0.282509	0.000021	-9.3	-4.3	1038	1536	0.282507	-0.98
02	230	0.043353	0.001014	0.282507	0.000020	-9.4	-4.5	1053	1545	0.282503	-0.97
03	234	0.067836	0.001516	0.282549	0.000023	-7.9	-3.0	1008	1455	0.282542	-0.95
04	228	0.029070	0.000648	0.282532	0.000022	-8.5	-3.6	1009	1488	0.282529	-0.98
05	227	0.101575	0.002354	0.282644	0.000027	-4.5	0.1	893	1254	0.282634	-0.93
06	228	0.133294	0.002933	0.282631	0.000026	-5.0	-0.4	926	1287	0.282619	-0.91
07	237	0.055823	0.001237	0.282546	0.000021	-8.0	-3.0	1005	1457	0.282541	-0.96
08	236	0.102099	0.002295	0.282618	0.000025	-5.5	-0.6	930	1307	0.282608	-0.93
09	230	0.065116	0.001511	0.282533	0.000027	-8.4	-3.6	1031	1492	0.282527	-0.95
10	229	0.088745	0.002025	0.282575	0.000029	-7.0	-2.3	985	1405	0.282566	-0.94
11	231	0.050217	0.001148	0.282468	0.000023	-10.7	-5.8	1112	1633	0.282463	-0.97
12	231	0.087865	0.001972	0.282586	0.000027	-6.6	-1.8	968	1379	0.282577	-0.94
13	235	0.040825	0.000918	0.282533	0.000026	-8.4	-3.4	1014	1483	0.282529	-0.97
14	231	0.134690	0.003004	0.282533	0.000027	-8.4	-3.8	1073	1506	0.282521	-0.91
15	231	0.079365	0.001840	0.282616	0.000027	-5.5	-0.7	920	1309	0.282608	-0.94
16	231	0.112941	0.002559	0.282535	0.000031	-8.4	-3.7	1058	1498	0.282524	-0.92
17	234	0.037745	0.000862	0.282573	0.000029	-7.0	-2.0	957	1394	0.282569	-0.97
18	235	0.050476	0.001178	0.282597	0.000026	-6.2	-1.2	931	1343	0.282592	-0.96
样品 07233-1											
01	235	0.066954	0.001778	0.282413	0.000016	-12.7	-7.8	1210	1760	0.282405	-0.95
02	235	0.062425	0.001401	0.282354	0.000017	-14.8	-9.9	1282	1889	0.282347	-0.96
03	235	0.067319	0.001356	0.282359	0.000021	-14.6	-9.6	1273	1875	0.282353	-0.96
04	235	0.066068	0.001688	0.282440	0.000017	-11.7	-6.8	1169	1699	0.282433	-0.95
05	235	0.065363	0.001328	0.282315	0.000023	-16.1	-11.2	1334	1973	0.282310	-0.96

续表

测点	年龄/Ma	^{176}Yb/^{177}Hf	^{176}Lu/^{177}Hf	^{176}Hf/^{177}Hf	$\pm 2\sigma$	$\varepsilon_{Hf}(0)$	$\varepsilon_{Hf}(t)$	T_{DM}/Ma	T_{DM}^{C}/Ma	Hf_i	$f_{Lu/Hf}$
样品 07233-1											
06	235	0.112981	0.002282	0.282573	0.000023	-7.0	-2.2	995	1409	0.282563	-0.93
07	235	0.080300	0.001838	0.282386	0.000021	-13.6	-8.8	1251	1821	0.282378	-0.94
08	235	0.075676	0.001749	0.282475	0.000019	-10.5	-5.6	1120	1621	0.282468	-0.95
09	235	0.072086	0.001602	0.282312	0.000020	-16.3	-11.4	1348	1983	0.282305	-0.95
10	235	0.050504	0.001356	0.282422	0.000017	-12.4	-7.4	1184	1736	0.282416	-0.96
11	235	0.053307	0.001136	0.282399	0.000019	-13.2	-8.2	1209	1784	0.282394	-0.97
12	235	0.062650	0.001350	0.282397	0.000018	-13.3	-8.3	1219	1791	0.282391	-0.96
13	235	0.071651	0.001505	0.282448	0.000019	-11.5	-6.5	1152	1680	0.282441	-0.95
14	235	0.085833	0.002211	0.282500	0.000032	-9.6	-4.8	1099	1570	0.282490	-0.93
15	235	0.042386	0.000999	0.282431	0.000016	-12.1	-7.1	1160	1713	0.282426	-0.97
样品 HPQ020817											
01	2500（?）	0.008880	0.000370	0.281270	0.000016	-53.1	2.4	2718	2871	0.281253	-0.99
02	166	0.075196	0.002649	0.282577	0.000041	-6.9	-3.5	999	1437	0.282569	-0.92
03	2500（?）	0.017268	0.000705	0.281329	0.000018	-51.0	3.9	2662	2774	0.281295	-0.98
04	166	0.125108	0.004354	0.282472	0.000022	-10.6	-7.5	1210	1684	0.282458	-0.87
05	166	0.171710	0.005901	0.282536	0.000034	-8.3	-5.4	1164	1551	0.282518	-0.82
06	166	0.109222	0.003861	0.282498	0.000022	-9.7	-6.5	1153	1621	0.282487	-0.88
07	166	0.089686	0.003194	0.282483	0.000038	-10.2	-6.9	1155	1652	0.282473	-0.90
08	166	0.134219	0.004699	0.282552	0.000033	-7.8	-4.7	1099	1508	0.282537	-0.86
09	166	0.057574	0.002165	0.282543	0.000031	-8.1	-4.7	1035	1510	0.282536	-0.93
10	166	0.085298	0.003058	0.282526	0.000035	-8.7	-5.4	1086	1553	0.282517	-0.91
11	166	0.215325	0.007285	0.282674	0.000043	-3.5	-0.6	983	1253	0.282651	-0.78
12	166	0.095557	0.003377	0.282413	0.000037	-12.7	-9.4	1265	1807	0.282403	-0.90
13	166	0.066494	0.002525	0.282449	0.000033	-11.4	-8.1	1183	1722	0.282441	-0.92
14	166	0.129595	0.004612	0.282501	0.000044	-9.6	-6.5	1175	1621	0.282487	-0.86
15	166	0.098101	0.003534	0.282593	0.000046	-6.3	-3.1	1000	1408	0.282582	-0.89
16	166	0.116419	0.004069	0.282561	0.000033	-7.5	-4.3	1065	1484	0.282548	-0.88
17	166	0.183034	0.006324	0.282640	0.000045	-4.7	-1.7	1009	1322	0.282620	-0.81
样品 SGD-1											
01	160	0.053847	0.002062	0.282240	0.000018	-18.8	-15.5	1469	2185	0.282233	-0.94
02	160	0.032467	0.001258	0.282256	0.000018	-18.3	-14.9	1415	2145	0.282252	-0.96
03	160	0.031470	0.001223	0.282230	0.000016	-19.2	-15.8	1450	2201	0.282226	-0.96

续表

测点	年龄/Ma	^{176}Yb/^{177}Hf	^{176}Lu/^{177}Hf	^{176}Hf/^{177}Hf	$\pm 2\sigma$	$\varepsilon_{Hf}(0)$	$\varepsilon_{Hf}(t)$	T_{DM}/Ma	T_{DM}^{C}/Ma	Hf$_i$	$f_{Lu/Hf}$
样品 07235-1（锆石）											
04	160	0.049277	0.001882	0.282240	0.000017	-18.8	-15.5	1462	2184	0.282234	-0.94
05	160	0.023093	0.000897	0.282218	0.000016	-19.6	-16.2	1455	2226	0.282215	-0.97
06	160	0.037024	0.001440	0.282220	0.000018	-19.5	-16.2	1472	2224	0.282216	-0.96
07	160	0.017424	0.000688	0.282250	0.000016	-18.5	-15.0	1402	2153	0.282248	-0.98
08	160	0.039314	0.001530	0.282234	0.000016	-19.0	-15.7	1455	2193	0.282230	-0.95
09	160	0.026852	0.001050	0.282209	0.000016	-19.9	-16.5	1473	2247	0.282205	-0.97
10	160	0.042969	0.001675	0.282246	0.000016	-18.6	-15.3	1444	2168	0.282241	-0.95
11	160	0.051923	0.002009	0.282219	0.000017	-19.5	-16.3	1496	2230	0.282213	-0.94
12	160	0.048908	0.001894	0.282236	0.000020	-19.0	-15.7	1468	2192	0.282230	-0.94
13	160	0.044233	0.001723	0.282230	0.000018	-19.2	-15.8	1469	2203	0.282225	-0.95
14	160	0.020791	0.000818	0.282196	0.000015	-20.4	-16.9	1481	2272	0.282194	-0.98
15	160	0.023088	0.000899	0.282220	0.000016	-19.5	-16.1	1451	2221	0.282217	-0.97
样品 LLX020811											
01	165	0.075152	0.002632	0.282307	0.000022	-16.5	-13.1	1394	2038	0.282299	-0.92
02	165	0.102097	0.003562	0.282327	0.000036	-15.7	-12.5	1401	2000	0.282316	-0.89
03	165	0.086477	0.003104	0.282272	0.000016	-17.7	-14.4	1464	2119	0.282262	-0.91
04	165	0.088275	0.003044	0.282263	0.000020	-18.0	-14.7	1475	2138	0.282254	-0.91
05	165	0.077455	0.002647	0.282287	0.000027	-17.1	-13.8	1423	2082	0.282279	-0.92
06	165	0.084060	0.002905	0.282283	0.000017	-17.3	-14.0	1440	2093	0.282274	-0.91
07	165	0.083067	0.002874	0.282223	0.000018	-19.4	-16.1	1526	2225	0.282214	-0.91
08	165	0.082250	0.002821	0.282259	0.000027	-18.1	-14.8	1471	2145	0.282250	-0.92
09	165	0.086360	0.003013	0.282285	0.000024	-17.2	-13.9	1441	2088	0.282276	-0.91
10	165	0.092496	0.003229	0.282340	0.000047	-15.3	-12.0	1368	1969	0.282330	-0.90
11	165	0.070690	0.002428	0.282262	0.000019	-18.0	-14.7	1451	2136	0.282254	-0.93
12	165	0.068629	0.002399	0.282185	0.000016	-20.8	-17.4	1562	2305	0.282178	-0.93
13	165	0.074077	0.002559	0.282181	0.000015	-20.9	-17.6	1575	2316	0.282173	-0.92
14	165	0.088074	0.003096	0.282255	0.000017	-18.3	-15.0	1489	2156	0.282245	-0.91
15	165	0.056595	0.002006	0.282239	0.000016	-18.8	-15.4	1467	2183	0.282233	-0.94

注：^{176}Lu 衰变常数 $\lambda = 1.867 \times 10^{-11}$ a^{-1}（Söderlund *et al.*，2004）；球粒陨石值：$(^{176}$Lu/^{177}Hf$)_{CHUR} = 0.0332 \pm 0.0002$，$(^{176}$Hf/^{177}Hf$)_{CHUR} = 0.282772 \pm 0.000029$（Blichert-Toft and Albarede，1998）；亏损地幔值：$(^{176}$Lu/^{177}Hf$)_{DM} = 0.0384$，$(^{176}$Hf/^{177}Hf$)_{DM} = 0.28325$（Griffin *et al.*，2000）；Hf 同位素初始比值：$f_{Lu/Hf} = (^{176}$Lu/^{177}Hf$)_{sample}/(^{176}$Lu/^{177}Hf$)_{CHUR} - 1$；$T_{DM} = 1/\lambda \times \ln \{1 + [(^{176}$Hf/^{177}Hf$)_{sample} - (^{176}$Hf/^{177}Hf$)_{DM}]/[(^{176}$Lu/^{177}Hf$)_{sample} - (^{176}$Lu/^{177}Hf$)_{DM}]\}$；$T_{DM}^{C} = 1/\lambda \times \ln \{1 + [(^{176}$Hf/^{177}Hf$)_{sample,t} - (^{176}$Hf/^{177}Hf$)_{DM,t}]/[(^{176}$Lu/^{177}Hf$)_{C} - (^{176}$Lu/^{177}Hf$)_{DM}]\} + t$；$(^{176}$Lu/^{177}Hf$)_{C} = 0.015$；$t =$ 锆石结晶年龄。

二、华北北部中生代沉积盆地演化及构造过程

1. 冀北下板城盆地杏石口组沉积特征及其构造意义

1）下板城盆地地质概况

冀北下板城盆地位于燕山褶断带东段（图 3.32）、平泉-古北口断裂以南，是一个不对称盆地（图 3.33、图 3.34）。下板城盆地是在整体隆起的背景下，沿断陷带凹陷部位发育的具有明显的继承性特点的近 EW 向的小型盆地（图 3.33）。由于多期次的构造运动影响，盆地已失去其原有的原型面貌，目前属于燕山褶断带内的残缺性的盆地。盆地的南侧平行不整合覆盖在寒武–奥陶系之上，北侧为中—新元古代地层构成的断块逆冲掩盖，使得三叠系—早侏罗统高角度向北陡倾，甚至局部地区地层发生倒转。盆地内的三叠纪—早侏罗世地层发育良好，保存较完整、连续，主要分布于下板城、武家厂、上谷及大吉口等地（图 3.33、图 3.34）。

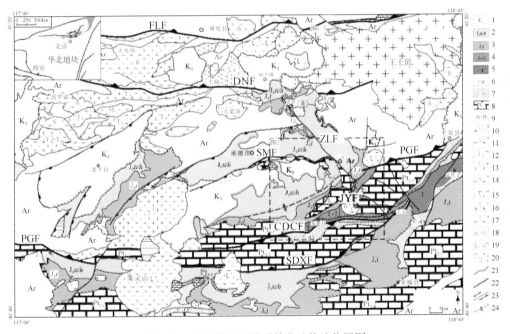

图 3.32　下板城盆地及承德盆地构造位置图

1. 上白垩统；2. 上侏罗统土城子组；3. 上侏罗统髫髻山组；4. 下—中侏罗统；5. 三叠系；6. 石炭系—二叠系；7. 寒武系—奥陶系；8. 中—新元古界；9. 太古宇—古元古界；10. 白垩纪花岗岩；11. 白垩纪闪长岩；12. 白垩纪碱性岩；13. 侏罗纪花岗岩；14. 侏罗纪闪长岩；15. 侏罗纪碱性岩；16. 晚古生代花岗岩；17. 晚古生代闪长岩；18. 中—新元古代花岗岩；19. 中—新元古代碱性岩；20. 中—新元古代基性岩；21. 角度不整合；22. 性质不明断层；23. 正断层及逆冲断层；24. 向斜轴线；FLF. 丰宁-隆化断裂，DNF. 大庙-娘娘庙断裂，PGF. 平泉-古北口断裂，CF. 承德县断裂，SMF. 双庙断裂，JYF. 吉余庆断裂，ZLF. 张营子-六沟断裂。据河北省地质矿产局1974，1：20 万承德幅地质图（K-50-XXVIII）及其说明书；河北省地质矿产局，1976，1：20 万平泉幅地质图（K-50-XXIX）及其说明书

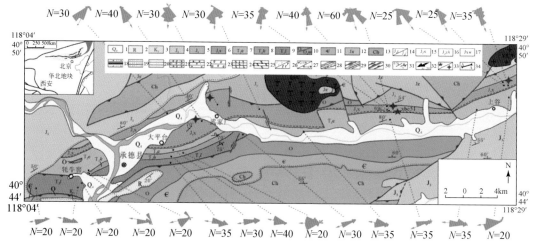

图 3.33　冀北下板城上谷一带地质简图①②

1. 第四系; 2. 古近系、新近系; 3. 下白垩统; 4. 上侏罗统; 5. 中侏罗统; 6. 下侏罗统杏石口组; 7. 中三叠统二
马营组; 8. 下三叠统和尚沟组; 9. 下三叠统刘家沟组; 10. 奥陶系及中奥陶统马家沟组; 11. 寒武系; 12. 蓟县
系; 13. 长城系; 14. 上侏罗统髫髻山组及九龙山组; 15. 中侏罗统南大岭组; 16. 中侏罗统下花园组; 17. 蓟县系
雾迷山组; 18. 粉砂质泥岩及煤线; 19. 粉砂岩; 20. 细砂岩; 21. 含砾岩屑砂岩; 22. 含砾砂岩; 23. 砾岩;
24. 白云质灰岩; 25. 白云岩; 26. 安山岩及玄武岩; 27. 早白垩世石英正长斑岩及早白垩世花岗斑岩; 28. 平行不
整合及角度不整合; 29. 走滑断层、性质不明断层及推测断层; 30. 逆断层及正断层; 31. 正常地层产状及倒转地
层产状; 32. 古流向 (据叠瓦状砾石及斜层理); 33. 碎屑锆石样品和花岗岩、花岗片麻岩砾石样品; 34. 剖面位置

　　盆地内的地层自下向上有下三叠统刘家沟组及和尚沟组、中三叠统二马营组、下侏罗
统杏石口组、中侏罗统南大岭组、下花园组以及上侏罗统九龙山组组成①② (河北省地质
矿产局, 1989; 刘晓文等, 2005; 赵越等, 2006; 徐刚等, 2006; 刘健等, 2006)。下三
叠统刘家沟组在本区出露较少, 多被第四系松散堆积物所覆盖。其岩性主要为紫红色、粉
色砂岩夹薄层泥岩, 底部含砾粗砂岩, 厚度约为 200 ~ 280 m (路线地质调查资料, 下
同)。含砾粗砂岩、砂岩内, 具有正粒序特征, 底部具有滞留沉积的砾石, 砾石具有叠瓦
构造, 并且发育前积交错层理、槽状层理和板状交错层理, 表明它们属于河道相中曲流砂
坝沉积。其中, 所夹泥岩或粉砂质泥岩层中可见水平层理, 为河漫滩沉积。整体上表现为
曲流河相沉积。其与下伏中奥陶统灰岩平行不整合接触。下三叠统和尚沟组岩性为砖红色
泥钙质粉砂岩、粉砂质泥岩与紫红色粉砂岩、砂岩互层, 厚约141 ~ 182 m。为一套干旱气
候条件下的河流相沉积, 与下伏刘家沟组连续沉积。中三叠统二马营组岩性为一套灰、紫
灰色砂砾岩与紫红色页岩互层, 厚约481 m。在一个沉积旋回中自下而上, 细粒物质逐渐
增多。含砾粗砂岩、砂岩内, 具有正粒序特征, 底部具有滞留沉积的砾石, 但砾石具有叠
瓦构造不明显, 并且发育前积交错层理、槽状层理和板状交错层理, 表明它们属于河道相
中曲流砂坝沉积。其中, 所夹透镜状含砾粗砂岩中可见小、中型槽状交错层理和正粒序

① 河北省地质局, 1976, 1:20 万平泉幅地质图 (K-50-XXIX) 及其说明书。
② 河北省地矿局562综合地质队, 1996, 1:5 万上谷幅地质图 (K50E020018) 及说明书。

层，为决口扇河道沉积。整体上表现为曲流河相沉积。与下伏刘家沟组亦为连续沉积。杏

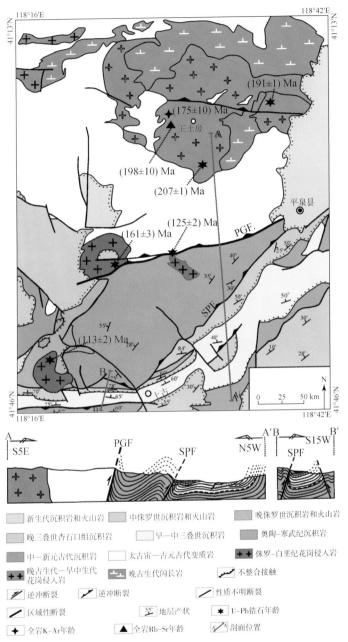

图 3.34　冀北平泉-王土房地区地质构造简图（据 1∶20 万平泉幅地质图）

SDF. 上古-平泉断裂；PGF. 平泉-古北口断裂

石口组为巨厚层砾岩与砂、页岩，夹有局部可采煤层。其与下伏二马营组为微角度不整合或平行不整合接触。南大岭组由一套中基性火山熔岩和沉积岩组成，其岩性主要为杏仁状橄榄玄武岩、杏仁状玄武岩、杏仁状安山玄武岩、辉石安山岩、英安岩和土黄-灰色细、粉砂岩、砂质泥岩、硅化泥岩、页岩以及部分砾岩，厚约 234 m。下花园组在本区岩层厚

度仅为 237 m。其主要岩性：下部主要为灰–灰黑色页岩，含油页岩和砂质泥岩为主，局部夹有可采煤层，根据砂泥岩中发育水平层理及其沉积组合特点，表明其为湖泊沼泽相；上部岩性为灰绿–灰黄色泥质粉砂岩、砂岩、含砾粗砂岩，构成一个向上变粗的层序，表明其具有河流相沉积特征。其上为整合接触九龙山组，其厚度为 206 m。九龙山组则以火山岩砾石为主，砾径一般为 2~15 cm，个别可达 20~30 cm。主要发育一套厚层块状砾岩夹透镜状含砾中–粗粒砂岩、细砂岩。砾岩中砾石具叠瓦状构造，底部具有冲蚀构造。另外，透镜状含砾砂岩中发育槽状交错层理，层理底界面具冲蚀构造，并有砾石分布。其整体上属于辫状河沉积。其上为上侏罗统髫髻山组火山岩角度不整合覆盖。

2）下板城盆地杏石口组充填记录

杏石口组为一套由砾岩、砂岩夹煤层组成的陆相粗碎屑含煤岩系，底部砾岩与下伏中三叠世二马营组紫红色地层具明显的冲刷侵蚀特征，属于微角度不整合或平行不整合接触（图 3.33）。根据岩性结构、垂向序列变化特点进一步划分为三个段：

一段（J_1x^1）：为一套厚层层状的砾岩段。岩性主要紫灰–灰白色由砾岩、中砾岩和部分巨砾岩组成。砾岩中的砾石含量由 50%~70%；砾径一般小于 15 cm，最大可达 30 cm。在露头剖面上可以粗略看出不同粒度的分层特点，显示了一定程度的分选性；砾石成分主要有石英砂岩、灰岩以及变质岩、花岗岩等组成；砾石的磨圆度好，多呈滚圆状或次圆状，砾石形状一般呈椭圆形、扁圆形，少量呈圆形、长条形，发育叠瓦状构造（图 3.35）；颗粒支撑为主，杂基充填物为砂质和泥质，含量 20%~40%，胶结物为方解石，含量 5%~10%。厚层块状砾岩中夹透镜状含砾中–粗粒砂岩、细砂岩。砾岩中砾石具叠瓦状构造。含砾粗砂岩底部具有冲蚀构造。上述特征表明为冲积扇上辫状河相沉积。本段地层厚度约为 400 m。

二段（J_1x^2）：巨厚层砾岩段，岩性主要由灰褐色砾岩或巨砾岩组成，局部夹有砂岩薄层或透镜体。砾岩中的砾石含量由 60%~80%；砾石成分主要有片麻岩和花岗片麻岩、石英岩状砂岩、火山岩；砾石的磨圆度好，多呈滚圆状或次圆状（图 3.35）；叠瓦状构造发育良好；颗粒支撑为主，杂基充填物为砂质和泥质，含量 20%，少量胶结物为方解石，含量 5%。在厚层块状砾岩中亦夹有含砾中–粗粒砂岩、细砂岩透镜体。上述特征表明杏石口组二段亦为冲积扇上的辫状河相沉积特点。本段地层厚度一般在 140 m 左右。

三段（J_1x^3）：碎屑岩含煤段。下部岩性主要为土黄–黄绿色含砾粗砂岩、粗砂岩、中砂岩，含炭化的植物径干（镜煤）化石，发育大型槽状交错层理；粒度上显示为下粗上细；含砾粗砂岩底部具有冲蚀构造，并砾石具有叠瓦状构造。表明其属于河道沉积；上部岩性为灰–灰黄–灰黑色粉砂岩、砂质泥岩夹 1~2 层局部可采煤层，发育水平层理，属于河漫平原和沼泽相沉积。总体上表现为曲流河相沉积。地层厚度 50~150 m（图 3.36）。

3）杏石口组沉积物源与源区剥露过程

研究方法：盆地沉积记录中的物质成分信息是揭示盆缘山脉岩石隆升和剥蚀演化的重要证据（Hendrix et al.，1996；Hendrix，2000）。砂砾岩成分及其碎屑锆石的年龄分布可确定碎屑沉积岩广泛物质来源和沉积时代等。而砾石成分及其同位素年代学的研究，可更有效制约沉积时代、更直观提供蚀源区剥露历史的信息同时亦更有助于了解其形成构造环境等。冀北下板城盆地内的杏石口组主要以砾岩、含砾砂岩等为主。砾石成分统计在野外

图 3.35　杏石口组一段和二段中砾石

An. 安山岩；Car. 碳酸盐岩；Gr. 花岗岩；Gn. 片麻岩；Qs. 石英砂岩；Qz. 石英岩（硅质岩）；（a）～（d）为杏石口组二段的砾石成分相片；（e）、（f）为杏石口组一段砾石成分相片

进行，一般选定 2 m² 的砾岩剖面，统计砾石颗粒一般在 100～150 颗以上。按照其所占总数的百分比编制不同剖面砾石成分含量的垂向变化图（图 3.36）。该图中仅表示了砾石组合的百分比含量。以砾石成分垂向变化图表示在测量剖面的对应位置上。根据盆地沉积物砾石成分种类及盆地源区地层发育特征综合分析，将盆地岩屑组合划分为多种砾石岩性相，如火山岩、花岗岩、碳酸盐岩、硅质岩和变质岩等砾石岩性相。这些砾石岩性相均由多种同类岩石组成，它们集中在盆地源区不同地区发育，因此有利于确定盆地沉积物可能的物源区（刘少峰等，2004a）。火山岩砾石岩性相主要由安山岩、英安岩、粗安岩、流纹岩、凝灰岩、粗安岩和粗面岩等组成；花岗岩砾石岩性相由花岗岩、花岗斑岩等组成；碳酸盐岩砾石岩性相主要包括灰岩、白云岩和少量的方解石脉；硅质岩砾石岩性相主要为硅质岩和石英岩；变质岩砾石岩性相主要包括片麻岩、花岗片麻岩、片岩、板岩和少量的糜棱岩、构造片岩等。古流向的确定主要是通过测量杏石口组中砾岩以及含砾砂岩中具有叠瓦状构造的砾石最大扁平面产状和含砾砂岩和砂岩中发育的板状交错层理的纹层理等沉积构造，进行古流向的恢复工作，每个点测量数至少 20 个以上。将野外测量的数据均进行

了构造校正，并制成玫瑰花图标示在地质图对应位置上（图 3.34）。

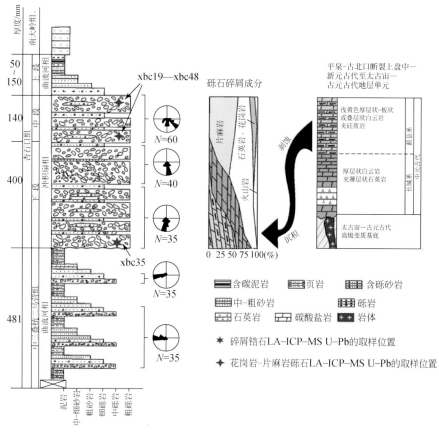

图 3.36　冀北下板城盆地三叠纪—早侏罗世岩相柱状图

沉积物砾石成分变化及物源分析：图 3.36 依次表示了下板城盆地三叠系剖面及下侏罗统杏石口组、中侏罗统下花园组、上侏罗统龙门组和九龙山组剖面砾石统计结果。上谷地区中三叠统二马营组砾石成分主要为碳酸盐岩和石英岩，结合古流向整体向南特点，以及它们对应的地层可能为以碳酸盐岩、石英岩为主的中元古界蓟县系和古元古界长城系地层，表明在此阶段位于其北部物源区的中元古界蓟县系和古元古界长城系地层已开始剥露。下侏罗统杏石口组一段中的砾石成分是以石英砂岩类和碳酸岩类为主，含量分别为 26% ~51% 和 20% ~45%，其次为片麻岩类（0 ~40%），花岗岩类和火山岩类仅占少量，分别为 0 ~4% 和 5% ~10%。杏石口组二段砾岩的砾石成分则以片麻岩和石英砂岩为主，含量分别为 51% ~64% 和 10% ~29%；花岗岩类和火山岩类仍为次要主分，含量分别为 5% ~11% 和 7% ~15%。对比杏石口组一、二段砾岩砾石成分含量变化，可以发现：从一段到二段，石英砂岩类砾石含量逐渐减少，而片麻岩类砾石由较少或不含变为砾岩中的主要部分；碳酸岩类砾石仅出现在杏石口组一段中，在二段中基本没有发现而花岗岩、火山岩由下向上含量略有增加。这种砾石成分在纵向上的变化规律以及结合其古流向整体向 S 及 SE 反映了位于其北部和北西部物源区太古宙结晶基底和长城系大面剥露，晚古生侵入的花岗岩也已经被剥露至地表。另外，火山岩砾石的出现说明晚古生代内蒙古隆起上可能存在火山喷发活动。图 3.36 中下花园组砾石类型主要为石英岩、石英砂岩和花岗岩，其次为火山岩和碳酸盐岩，反映源区地层具多样性，基本保持下侏罗统源区地层分布特征。然而龙门组砾石类型为中–下部以主要为石英砂岩，其次为石英岩。上部除了石英砂岩和石英岩外，砾石成分中开始出现安山岩为主的火山岩并且有明显增多的趋势。九龙山组砾石类型则主要为火山岩类，其次为少量的石英砂岩和石英岩。从龙门组至九龙山组砾石成分变化，结合古流向及沉积特征反映了盆地边缘以石英岩和石英砂岩为源区地层已逐步被剥蚀消失。而火山岩砾石可能是同期的火山岩层已被大量剥蚀。

4）杏石口组底部砂砾岩碎屑锆石 LA-ICP-MS 测年结果

样品的采集、描述及制样：杏石口组一段砾岩中砾石之间的中粗粒砂质充填物样品 xbc35，采自上谷附近，GPS 坐标位置为 N40°47′55.1″，E118°22′58.2″；杏石口组二段出露花岗岩及花岗片麻岩砾石样品 xbc19—xbc48，采自武家长和上谷附近（图 3.34）。锆石由标准的重矿物分离方法挑出。在双目镜下挑选后将锆石单矿物黏在双面胶上，然后用无色透明的环氧树脂固定，待环氧树脂充分固化后抛光至锆石露出一个平面，用于阴极发光（CL）及 LA-ICP-MS 分析，阴极发光图像是在阴极发光是在西北大学大陆动力学实验室的透射电镜下完成。样品 xbc35 中约 1000 颗锆石颜色及形态较为复杂，色泽具有无色透明（45%～50%）、淡黄–浅褐色（35%～40%）、褐色（5%～10%）以及浅粉–粉色等；形态具有自形（20%～25%）、半自形（50%～55%）、次浑圆–浑圆状（20%～30%）；粒度为 0.05～1.5 mm，部分锆石表面遭受强烈磨蚀，表明碎屑物质经历了长距离搬运，其来自广泛的物源区。阴极发光图像显示该样品锆石较为复杂，既有振荡环带发育的锆石，也有无分带或弱分带的锆石（图 3.37）。花岗岩及花岗片麻岩 30 枚砾石样品中，xbc25、xbc30、xbc47 和 xbc48 为花岗片麻岩。其锆石色泽以淡黄色、浅褐色为主，形态为次浑圆、浑圆状，粒度为 0.03～1.5 mm。其余 26 枚花岗岩砾石样品中锆石色泽呈无色透明–浅黄色，晶体呈半自形–自形柱状，粒度为 0.1～1 mm，长短轴之比为 1.3～2。阴极发光图像显示锆石振荡环带发育（图 3.37）。

测年结果：样品 xbc35 中共分析了 120 颗锆石，大多数据点沿谐和线或其附近分布，部分数据点存在明显铅丢失（图 3.38）。30 枚花岗岩及花岗片麻岩砾石样品中，每个样品测试六颗锆石 LA-ICP-MS U-Pb 数据，共计 186 个数据点。按碎屑锆石和花岗岩及花岗片麻岩砾石年龄分布范围，其样品中锆石年龄可划分为三个年龄范围（图 3.39、图 3.40）。

2247～2530 Ma，该年龄范围中有 18 颗碎屑锆石，占全部年龄数据的 30%。它们的 Th/U 值为 0.17～1.73，其阴极发光图像显示本组锆石内部结构复杂，具有弱分带或无分带的特征（图 3.37），表明其为变质成因锆石。除了六颗碎屑锆石 xbc5-16、xbc5-21、xbc5-22、xbc5-31、xbc5-37 和 xbc35-41 外，其余 12 颗碎屑锆石的 ^{206}Pb/^{238}U 和 ^{207}Pb/^{235}U 表面年龄谐和性≥90%。其 ^{207}Pb/^{206}Pb 表面年龄集中在 2496～2516 Ma，它们的 ^{207}Pb/^{206}Pb 加权平均年龄为（2504±5）Ma（2σ；MSWD=0.53）（图 3.39），占全部年龄数据的 20%。

1719～1875 Ma，该年龄范围中有 25 颗碎屑锆石，占全部年龄数据的 42%。它们的 Th/U 值为 0.19～0.97，以及其阴极发光图像中具有较为清楚的振荡环带特征，部分锆石

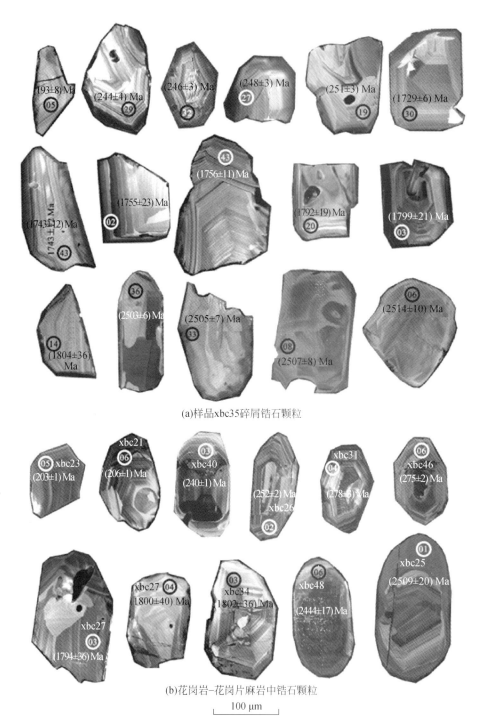

(a)样品xbc35碎屑锆石颗粒

(b)花岗岩-花岗片麻岩中锆石颗粒

100 μm

图3.37 杏石口组二段花岗岩及花岗片麻岩砾石样品中和一段底部样品 xbc35 中碎屑锆石的阴极发光图像及 LA-ICP-MS U-Pb 测点位置

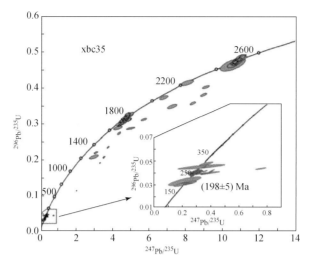

图 3.38 杏石口组底部样品 xbc35 中碎屑锆石锆石 LA-ICP-MS U-Pb 年龄谐和图

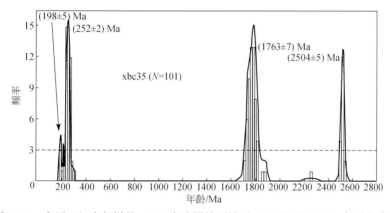

图 3.39 杏石口组底部样品 xbc35 中碎屑锆石锆石 LA-ICP-MS U-Pb 年龄频率图

>1200 Ma 的样品为 $^{207}Pb/^{206}Pb$ 表面年龄；<1200 Ma 的样品为 $^{206}Pb/^{238}U$ 表面年龄，间隔 20 Ma

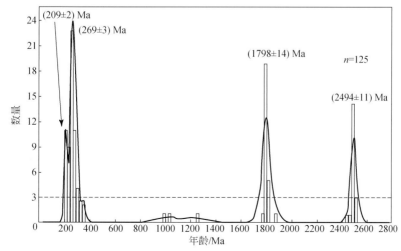

图 3.40 杏石口组二段花岗岩及花岗片麻岩砾石锆石 LA-ICP-MS U-Pb 龄频率图

>1200 Ma 的样品为 $^{207}Pb/^{206}Pb$ 表面年龄；<1200 Ma 的样品为 $^{206}Pb/^{238}U$ 表面年龄，间隔 20 Ma

具有内核（图6），表明其为典型的岩浆成因锆石。除了三颗碎屑锆石 xbc35-28、xbc35-47 和 xbc35-49 外，其余 22 颗碎屑锆石的 $^{206}Pb/^{238}U$ 和 $^{207}Pb/^{235}U$ 表面年龄谐和性≥90%，占全部年龄数据的 37%。其中，有八颗碎屑锆石 $^{207}Pb/^{206}Pb$ 表面年龄集中，分布在 1779~1799Ma，它们的 $^{207}Pb/^{206}Pb$ 加权平均年龄为（1763±7）Ma（2σ；MSWD = 0.26）（图3.39）。该加权平均年龄代表了原始的结晶年龄（Hallsworth et al., 2000），占全部年龄数据的 13%。

193~691 Ma，该年龄范围共有 17 颗碎屑锆石，占全部年龄数据的 28%。其中除了 1 颗碎屑锆石 xbc35-10 的 $^{206}Pb/^{238}U$ 表面年龄为（691±4）Ma，而其 $^{207}Pb/^{235}U$ 表面年龄为（1119±6）Ma 外，其余 16 颗碎屑锆石 $^{206}Pb/^{238}U$ 表面年龄范围在 193~302Ma，它们的 Th/U 值为 0.56~1.07，以及其阴极发光图像中具有较为清楚的振荡环带特征（图3.37），表明其为典型的岩浆成因锆石。该年龄范围中最年轻二颗碎屑锆石 xbc35-05，xbc35-13 的 $^{206}Pb/^{238}U$ 表面年龄范围在 193~198 英钟 Ma，它们的 $^{206}Pb/^{238}U$ 加权平均年龄为（198±5）Ma（2σ；MSWD = 0.34）（图3.38、图3.39），占全部年龄数据的 3%。另外，在 193~302 Ma 的年龄范围中有九颗碎屑锆石 $^{206}Pb/^{238}U$ 表面年龄集中在 244~261 Ma，它们的 $^{206}Pb/^{238}U$ 加权平均年龄为（252±2）Ma（2σ；MSWD = 2.1）（图3.39），占全部年龄数据的 15%。

5）花岗岩及花岗片麻岩砾石的锆石 U-Pb 年龄

2433~2509 Ma，该年龄范围中有 24 个数据点，占全部年龄数据的 13%。它们的 Th/U 值为 0.15~0.90，其阴极发光图像显示该组锆石具有弱分带或无分带的特征（图3.37），表明其为变质成因锆石。其中，有 14 个锆石 $^{207}Pb/^{206}Pb$ 表面年龄集中，分布在 2480~2498 Ma，它们的 $^{207}Pb/^{206}Pb$ 加权平均年龄为（2494±11）Ma（2σ；MSWD = 0.093）（图3.40）。占全部年龄数据的 6%。

1778~1875 Ma，该年龄范围有 56 个数据点，占全部年龄数据的 31%。它们的 Th/U 值为 0.30~1.52，其阴极发光具有清楚的振荡环带特征（图3.37），表明其为典型的岩浆成因锆石。其中，有 43 个锆石 $^{207}Pb/^{206}Pb$ 表面年龄集中，分布在 1793~1810 Ma，它们的 $^{207}Pb/^{206}Pb$ 加权平均年龄为（1798±14）Ma（2σ；MSWD = 0.026）（图3.40）。占全部年龄数据的 24%。

203~356 Ma，该年龄范围有 100 个数据点，占全部年龄数据的 55%。它们的 Th/U 值为 0.30~2.89，其阴极发光具有清楚的振荡环带特征（图3.37），表明其为典型的岩浆成因锆石。其中，有 40 个锆石 $^{206}Pb/^{238}U$ 表面年龄集中，分布在 261~275 Ma，它们的 $^{206}Pb/^{238}U$ 加权平均年龄为（269±3）Ma（2σ；MSWD = 2.7）（图3.40）。占全部年龄数据的 22%。另外，在 203~286 Ma 的年龄范围中有 12 颗碎屑锆石 $^{206}Pb/^{238}U$ 表面年龄集中在 203~209 Ma，它们分别为两枚花岗岩砾石样品（xbc20、xbc21）的锆石 U-Pb 表面年龄，其 $^{206}Pb/^{238}U$ 加权平均年龄分别为（206±1）Ma（2σ；MSWD = 0.51）和（207±2）Ma（2σ；MSWD = 0.24）（图3.41），占全部年龄数据的 6%。

6）讨论

杏石口组沉积时代：燕山地区杏石口组主要呈 NEE 向分布于北京西山盆地、冀北的宣化盆地、滦平盆地、宽城-平泉盆地、下板城盆地以及辽西凌源牛营子盆地、北票盆地（河北省地质矿产局，1989；辽宁省地质矿产局，1989；徐刚等，2005）。这些盆地分布向

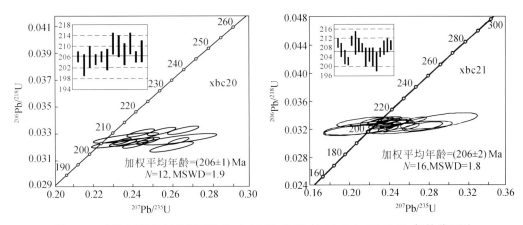

图 3.41 杏石口组花岗岩砾石样品 xbc20 和 xbc21 的 LA-ICP-MS U-Pb 年龄谐和图

北未越过平泉–古北口断裂带。杏石口组主要是一套同造山磨拉石（赵越，1990；刘少峰等，2004a，2004b），其厚度变化较大（31～610 m），不整合或平行不整合于中三叠统地层之上，或超覆于中—新元古界及更老层位之上。由于其层位位于门头沟煤系的底部。20世纪 80 年代开始，门头沟植物群的时代与英国约克郡植物群对比后，时代定为中侏罗世早期。因此，杏石口组早期被推定为早—中侏罗世。后来由于在北京西山地区杏石口组中采集以 Danaeopsos Cladophlebis 为代表的真蕨类植物化石，该植物化石与我国北方以延长植物群为代表的晚三叠世植物群特征相近，其时代被认定为晚三叠世[1][2]（河北省地质矿产局，1989）。Yang J. H. 等（2006）对北京西山杏石口组碎屑锆石的年龄进行了系统测定工作，结果暗示了杏石口组的时代不早于早侏罗世。本书对下板城盆地杏石口组一段底部砾石之间的中粗粒砂质充填物的碎屑锆石测年结果表明杏石口组沉积时代可能晚于（198±5）Ma B. P.。赵越等（2006）对北京西山南大岭组玄武岩中锆石 U-Pb 年龄进行了定年，工作结果显示南大岭组火山岩时代可能为（174±8）Ma B. P.。根据最新公布的"国际地层表"（Gradstein et al.，2004）把侏罗系下限年龄限定为（199.6±0.6）Ma，早侏罗世与中侏罗世界线年龄定为（175.6±2.0）Ma。因此，杏石口组的沉积时代应为早侏罗世。

早侏罗世内蒙古隆起剥露过程探讨：在三叠纪，冀北下板城出现了开阔谷地环境下的曲流河相沉积。总体沿 EW 向展布，受构造线方向所控制［图 3.42（a）］。杏石口早期沉积环境和构造背景明显改变，砾石成分和古水流均发生了显著的变化。随着平泉–古北口断裂向南强烈逆冲，其南侧盆地普遍发育与之相关的扇状砾岩体，呈长条带状，其分布明显与三叠纪 EW 向河流谷地展布一致，但分布范围较小［图 3.42（b）］。值得注意的是杏石口组物质成分研究显示其从一段到二段石英砂岩砾石含量逐渐减少，而片麻岩类（包括花岗片麻岩）砾石由较少或不含逐渐变为砾岩中的主要部分，并且花岗岩类砾石由下向上含量有增加的趋势（图 3.36）。该套砾岩沉积特征及古流向显示为冲积扇相结合，其古流向整体向 SE 反映了平泉–古北口断裂北部和北西部内蒙古隆起被"剥蚀去顶"的构造

---

[1] 河北省地质矿产局，1976，1：20 万平泉幅地质图（K-50-XXIX）及其说明书。

[2] 河北省地矿局 562 综合地质队，1996，1：5 万上谷幅地质图（K50E020018）及说明书。

过程。南大岭期,随着下板城盆地南侧山系的缓慢抬升,盆地逐渐向北迁移,发生了南大岭期多次溢流、喷发的玄武岩和玄武安山岩,其分布在下板城到武家厂一带以北。南大岭组溢流相玄武岩呈指状交互分布,充填受杏石口期的古地形地貌控制 [图 3.42(c)]。中侏罗世南大岭期后,在南大岭组玄武岩层上,发育了冲积平原,并演化成下花园组沉积期的河流-湖泊-沼泽相环境,沉积粒度较细、岩屑成分无明显变化,源区主要为大面积分布古生代和元古宙地层。这说明同沉积期构造活动相对平静,该地区主要表现为削高填底的沉积过程 [图 3.42(d)]。九龙山期,长期孕育的构造变形开始强烈爆发。盆地进一步向北迁移、退缩,其沉积时期非常短暂,九龙山组大量火山岩砾石出现反映出髫髻山组火山岩即将喷发。需要指出的是龙门期—九龙山期,下板城盆地由于受其南缘断裂(可能是承德县断裂)强烈向北逆冲,致使该盆地形成倒转向斜盆地,下板城盆地逐渐消亡,平泉-古北口断裂向南大规模逆冲构造活动基本结束,区域上 EW 向的褶皱-逆冲构造格架已被塑造形成。该时期地势反差加剧,使盆地边缘的粗碎屑向盆地内快速充填,形成了遍及盆地周缘的龙门期冲积扇相砾岩体。厓门子花岗岩侵入及快速抬升及小寺沟地区主要断层构造活动可能属于这一时期 [图 3.42(e)]。

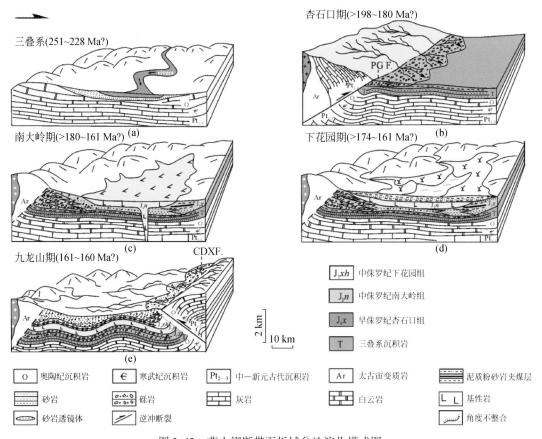

图 3.42　燕山褶断带下板城盆地演化模式图

PGE. 平泉-古北口断裂;CDXE. 承德县断裂

另外，从杏石口组底部砾岩之间中粗粒砂质充填物的碎屑锆石的 U–Pb 年龄以及杏石口组二段花岗岩和少量花岗片麻岩砾石锆石 U–Pb 峰值年龄表明，约 2.5 Ga 峰值年龄说明杏石口组中部分碎屑物质来自于新太古代晚期的陆壳物源区，这与华北克拉通太古宙基底时代组成的有关认识相吻合。除了有太古宙碎屑锆石外，还有峰值约为 1.8 Ga 碎屑锆石存在，这表明物源区存在相应时代的构造热事件。这一构造热事件代表了华北最终克拉通化（Rogers et al.，2002；Zhao et al.，2002）。杏石口组砂砾岩中 1.9 ~ 1.7 Ga 碎屑锆石的存在，进一步说明了这一构造热事件的存在。值得注意的是 193 ~ 302 Ma 年龄范围的碎屑锆石和 203 ~ 286 Ma 年龄范围的花岗岩砾石存在说明物源区晚古生代—早中生代侵位的岩体在早侏罗世已被剥露出地表。近年来，燕山地区早中生代之前构造变形问题已得到国内外研究者的重视（崔盛芹等，2000；Davis et al.，2001；胡玲等，2002；张拴宏等，2004；Zhang S. H. et al.，2007b）。内蒙古隆起发育大量的晚古生代—早中生代构造变形带及岩浆活动（张拴宏等，2004；Zhang S. H. et al.，2007b），其代表了燕山中生代板内变形带是在晚古生代板缘构造变形的基础上发育起来的（Davis et al.，2001）。前人（Davis et al.，2001）将该地区这一时期的构造笼统地确定为前 180 Ma 构造幕。杏石口组中 193 ~ 302 Ma、203 ~ 286 Ma 年龄范围的碎屑锆石和花岗岩砾石的存在，并且杏石口组二段出露的花岗岩砾石含量从下向上有逐渐增加趋势，表明花岗岩砾石的源岩区已被逐渐剥露出地表并为盆地提供物源。这进一步说明内蒙古隆起晚古生代—早中生代发育岩体在早中生代已被快速地剥露出地表，并且为盆地提供物源。内蒙古隆起上发育的晚古生代侵入岩普遍发育片麻状构造，而杏石口组的花岗岩砾石却保持原岩结构构造。这种花岗岩砾石的原岩是否是早中生代侵入岩？笔者曾经对平泉–古北口断裂上盘出露规模最大的早中生代侵入岩体即王土房杂岩体进行了野外调查，该杂岩体呈块状构造，未见有韧性变形的迹象，曾分别对其东北部中粒花岗岩和南部细粒花岗岩进行锆石 LA–ICP–MS U–Pb 定年，结果分别为（190±1）Ma B. P. 和（207±1）Ma B. P.（刘健，2006b；图 3.34），表明该杂岩体中粒花岗岩体侵位时代略晚于细粒花岗岩体。值得注意的是细粒花岗岩体的侵位年龄（207±1）Ma 与杏石口组中最年轻花岗岩砾石的加权平均年龄（206±2）Ma、（207±2）Ma 以及中粒花岗岩体侵位年龄（191±1）Ma 与最年轻的碎屑锆石的加权平均年龄（198±5）Ma 在误差范围内一致。河北省区域地质矿产调查研究所［1998 年，1：5 万平泉幅地质图（K50E018019）及其说明书］获得中粒花岗岩的 K–Ar 全岩等时线年龄为（175±10）Ma 及王季亮等（1994）后来获得花岗岩的 Rb–Sr 全岩等时线年龄约为（198±10）Ma。

上述同位素测年结果表明花岗岩体的冷却年龄值与其侵位年龄在误差范围内非常相近，暗示了该杂岩体可能在早侏罗世发生了快速冷却过程并均被剥露出地表。值得注意是与王土房杂岩体中花岗岩同期的花岗岩砾石和碎屑锆石颗粒的出现，进一步暗示了内蒙古隆起在早侏罗世发生了快速隆升的构造过程。这一构造过程是与平泉–古北口断裂向南逆冲以及杏石口组砾岩快速沉积相伴随。结合前人（Davis et al.，2001；张拴宏，2004）对燕山褶断带前 180 Ma B. P. 构造幕发生时代的认识，进一步确定在 198 ~ 180 Ma B. P.。

7）结论

通过对冀北下板城盆地杏石口组沉积物的成分、古水流及其底部砾岩的砂质充填物中碎屑锆石和砾岩中部花岗岩、花岗片麻岩砾石中锆石 LA–ICP–MS U–Pb 测年结果分析，并结合来源区的构造与岩浆作用的调查，揭示了杏石口组沉积时环境的剧变。三叠纪刘家沟组至二马营组均为河流相沉积，其古流向自东向西，而杏石口组沉积期变为快速堆积的山麓冲积扇相砾岩，古流向自 N—NW 向 S—SW。杏石口组一段至二段的沉积特征记录了该时期内蒙古隆起的构造抬升及剥露过程。杏石口组一段底部砂质充填物中的碎屑锆石和二段中花岗岩、花岗片麻岩砾石中锆石 U-Pb 年龄范围可分为三组：2.2~2.5 Ga、1.7~1.8 Ga 和 193~356 Ma。其中，最年轻的碎屑锆石的加权平均年龄为（198±5）Ma，表明杏石口组的砂砾岩沉积时代应晚于（198±5）Ma B. P.，即其沉积时代应为早侏罗世。碎屑锆石及花岗岩、花岗片麻岩砾石年代学分析进一步表明华北克拉通太古宙基底、元古宙侵位的岩体以及晚古生代—早中生代侵位岩体在早侏罗世已被抬升至地表并为盆地提供物源。项目组曾获得下板城盆地北侧王土房杂岩体中不同单元花岗岩锆石 U-Pb 年龄（191±1）Ma 和（207±1）Ma，其与杏石口组中最年轻碎屑锆石和两枚花岗岩砾石中锆石的加权平均年龄 [（198±5）Ma 和（206±2）Ma、（207±2）Ma] 在误差范围内一致，表明与王土房杂岩体同期侵位的岩体发生了快速剥露。暗示了内蒙古隆起在早侏罗世发生了快速抬升及剥露的构造过程。结合前人研究，燕山褶断带前 180 Ma B. P. 构造幕发生时代应在 198~180 Ma B. P. 期间。

2. 冀北承德盆地晚侏罗世盆地充填记录及其构造含义

1) 承德盆地地质概况

冀北承德盆地位于燕山褶断带中段，属于燕山褶断带带构造走向由 EW 到 NE，向转折的部位（图 3.32）。也是燕山运动研究的典型盆地之一（赵越等，2004a）。冀北承德地区晚侏罗世的推覆构造和褶皱变形比较典型，已引起了国内外学者的关注（Davis et al.，2001；赵越等，2004a，2004b；刘少锋等，2004a；Cope et al.，2007）。由于燕山地区中生代构造变形强烈，火山活动频繁，陆相火山碎屑和冲积湖盆地相互叠加，单纯的构造变形研究很难准确确定构造作用的时限和过程（刘少锋等，2004b）。不同时期盆地的充填记录和原型盆地的特征是受控于区域构造演化（孟庆任等，1997；Alfredo and Jose，1999；Cloetingh et al.，1999；李思田，2000），通过对不同阶段盆地沉积充填精细研究，并与构造分析相结合，可精确探索盆缘控制性构造带变形和剥露过程及构造作用时限。

承德盆地北部边缘主要发育近 EW 向的丰宁-隆化断裂。中部为近 EW 向的双庙断裂（北）和 NEE-NE 向的三道河子断裂（南）所围限的不对称向形构造，这也是 Davis 等（1998，2001）等所确定的"承德推覆体"的主体范围。在向斜东侧是中元古界组成的向斜东南翘起端处，即小范杖子东南侧野猪河一带，出露由太古宙片麻岩为核部的短轴背斜，背斜两翼地层为长城系串岭沟组、团山子组、大红峪组及高于庄组。轴向 SW200°~210°，沿轴向 SW 向褶皱轴转变为 NE60°~70°左右。其东倾伏端被张营子-六沟断层破坏（胡健民等，2005）。盆地南缘控盆断裂主要为承德县断裂，其表现为元古宙地层逆冲于古生界地层、三叠纪地层之上以及古生界逆冲于三叠纪地层之上。在承德县附近该逆冲带北部前缘的三叠系、下侏罗统南大岭和下花园组构成向北倒转的紧闭向斜，承德县断裂主要活动时间为中侏罗世晚期—早白垩世（张长厚等，2004；图 3.32、图 3.33）。

冀北承德盆地中生代地层系统中发育有两个区域性角度不整合界面以及其分割的三个构造层，即上侏罗统髫髻山组火山岩角度不整合覆盖在中—下侏罗统、三叠系、中—新元古代地层之上，下白垩统张家口组火山岩与上侏罗统—下白垩统土城子组之间的角度不整合分割的上下两套构造层（图3.32、图3.33）。

承德盆地髫髻山组火山岩主要分布在盆地南缘兴隆山附近，岩性主要为粗安岩、安山岩、气孔状安山岩、安山质凝灰岩、凝灰岩夹凝灰质砂岩及薄层细砂岩和粉砂岩等。该地区这套火山岩下部的"九龙山组"岩性明显有别于京西典型的九龙山组，并且与其上覆地层紧密伴生（李伍平、李献华，2004）。刘晓文等（2005）认为应将其直接归入髫髻山组。承德盆地北缘六沟、小范杖子附近也有少量分布，岩性主要为安山质沉集块岩、紫红色页岩及少量的凝灰岩等，含 *Coniopter-Phoenicopsis* 晚期植物化石组合，其面貌与京西的髫髻山组、辽西的蓝旗组相近。

土城子组是指整合或平行不整合覆盖于髫髻山组火山岩和火山碎屑岩之上的一套巨厚的粗碎屑岩，其上与张家口组火山岩或火山碎屑岩为不整合接触关系。其地质年代早期被认定为中侏罗世（河北省地质矿产局，1989）。根据全国地层多重划分对比和后人研究成果，将其确定为晚侏罗世中晚期至早白垩世早期，土城子组沉积主体在晚侏罗世（陈晋镳等，1997；刘健等，2006；Xu H. *et al.*，2012）。

本书以承德盆地晚侏罗世至早白垩世早期土城子组沉积时期的充填序列、物源和古水流特征的精细对比研究，恢复盆地原型，并结合构造变形分析，探讨承德地区燕山期盆地构造演化和主要构造事件。深入研究该地区构造变形及中生代盆地演化有助于更好地理解"燕山运动"的构造意义。

2）承德盆地土城子组充填特征

承德地区土城子组主要发育一套冲积体系。虽然陆相地层相变较快，各地地层很难进行较精细的等时地层对比，但同一盆地内的充填序列具有明显的相似或相同特征，对恢复原型盆地格架具有重要意义。

冀北承德盆地内，髫髻山组则集中出现在盆地南部地带，盆地北部出露较少，仅在盆缘周边有少量的分布；土城子组分布面积较大，占据了盆地北部和中南部的大半部分（图3.43）。根据地层分布和沉积特征，本书将冀北承德盆地分为盆地北区和盆地南区两个部分进行描述。

髫髻山组火山岩充填特征：在冀北承德盆地内，髫髻山组比较典型的剖面位于盆地南侧牦牛窖–月牙山一带（图3.43）。该套火山岩主要由粗安岩和粗面岩组成，地球化学特征以高钾钙碱性岩性为主，形成于底侵作用下增厚的地壳下部玄武质岩石的部分熔融（李伍平、李献华，2004）。其岩性组合下部为浅灰褐色块状角砾岩夹含砾砂岩、凝灰质砂岩、粉砂岩及凝灰岩等。中部为灰褐–灰紫色块状粗面岩、粗安岩、粗面质角砾熔岩、安山质沉集块岩夹凝灰质砂岩。上部为灰绿–灰紫色粗面岩、粗面质角砾熔岩、安山质沉集块岩、晶屑凝灰岩夹凝灰质砂岩、粉砂岩等。在盆地东部石灰窑、野猪河地区可见深灰色气孔、杏仁状安山岩底部夹有一套灰色块状砾岩层，该套砾岩的砾石成分全部为安山岩，砾石呈棱角状到次棱角状，无分选，胶结物为细粒的火山灰。其中，最大的砾石的砾径可达2.7 m。另外，在盆地北部如三沟和六沟姚家营等地区其岩性组合主要为一套灰褐–紫褐色安山质沉集块岩、紫红色页岩夹少量的凝灰岩组成，厚约205～500 m。

根据上述火山岩特征及厚度说明盆地南部地区火山岩主要表现为以火山喷发作用为

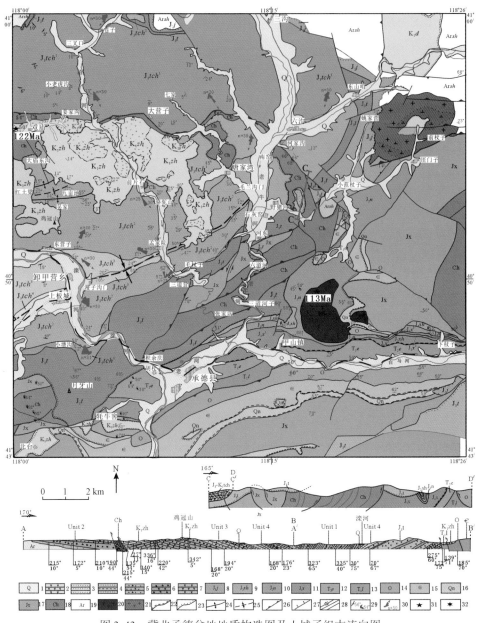

图 3.43　冀北承德盆地地质构造图及土城子组古流向图

1. 第四系；2. 下白垩统大北沟组及张家口组；3. 上侏罗统土城子组四段；4. 上侏罗统土城子组三段；5. 上侏罗统土城子组二段；6. 上侏罗统土城子组一段；7. 上侏罗统世髻髻山组；8. 上侏罗统九龙山组；9. 中侏罗统下花园组；10. 中侏罗统南大岭组；11. 下侏罗统杏石口组；12. 中三叠统二马营组；13. 下三叠统刘家沟组；14. 奥陶系；15. 寒武系；16. 青白口系；1.7 蓟县系；18. 长城系；19. 太古宇；20. 石英正长岩；21. 钾长花岗岩；22. 平行不整合；23. 角度不整合；24. 背斜；25. 向斜；26. 逆冲断层；27. 正断层；28. 走滑断层及性质不明断层；30. 正常产状及倒转产状；31. 古流向及土城子组中叠瓦状砾石最大扁平面测量个数；32. 古流向及土城子组中板状斜层理测量个数

主，并且伴随有火山碎屑流和火山泥石流成因的砂岩和砾岩层。说明牦牛窖–月牙山一带火山活动非常强烈而且有可能是当时盆地的为火山喷溢中心或靠近火山机构部位。盆地东部野猪河地区火山熔岩层中夹有含巨大火山岩砾石的火山碎屑岩，说明后期火山喷发冲破前期已固结的火山岩盖层，破碎的火山岩巨大碎块是就地或经近距离搬运形成的，在这套火山碎屑岩形成后再次火山喷发的溢流相的火山熔岩盖在其上的结果，由此表明髫髻山组火山喷发具有多阶段性。盆地北部三沟、六沟等地区由于没有典型的火山熔岩存在，而是主要表现为以火山碎屑流和火山尘云降落的火山碎屑沉积，表明盆地北部地区火山活动相对南部地区较弱，或者有可能是在后期构造作用下大量的火山熔岩已被剥蚀殆尽。

土城子组充填特征：冀北承德盆地内土城子组主要发育一套冲积体系的粗碎屑沉积物，而且其沉积相分布较明显，这对恢复原型盆地格架具有重要的意义。

自苍子公社至上板城北漫子沟，属于冀北承德盆地北部区域。从北部三岔口、苍子及三沟，以南至大庙东沟、唐家湾和东山咀以北地带，组成盆地北区土城子组一段的沉积体系，以苍子至孟家院柱状图为例（图3.44），一段厚度约为1200 m（但是厚度变化较大）。其主要发育一套灰褐色厚层–块状砾岩夹透镜状含砾粗砂岩。砾岩多为基质支撑，砾径较大，最大可达70~80 cm，平均可达15~20 cm。砾石分选差，多呈次棱角状。表明该砾岩为泥石流沉积。砾岩层所夹的砂砾岩透镜体中砾石砾径相对较小，平均约2~5 cm，砾石分选中等，以次棱角状到次圆状为主；砾石略具叠瓦状构造，为漫流沉积。上述沉积特征

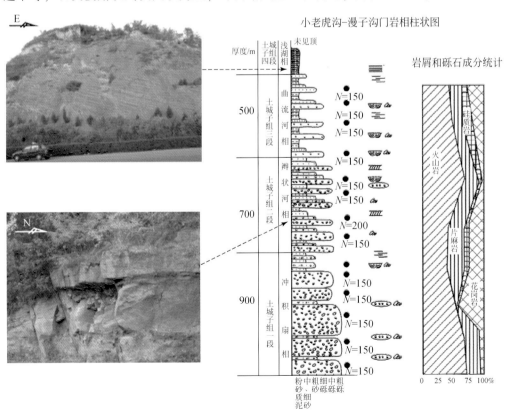

图3.44 晚侏罗世承德盆地北区岩相柱状图

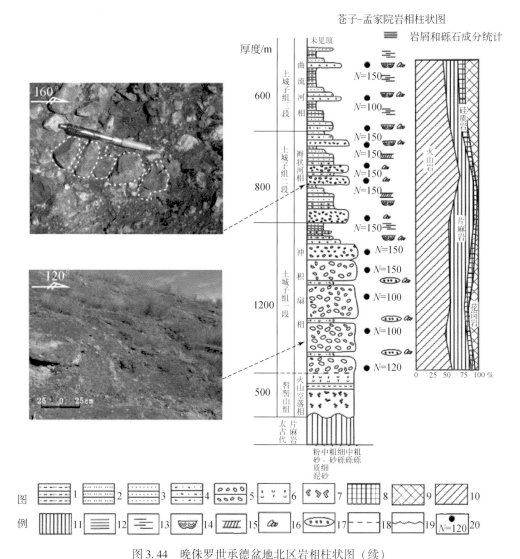

图 3.44 晚侏罗世承德盆地北区岩相柱状图（续）

1. 粉砂质泥岩；2. 泥岩；3. 砂岩；4. 含砾砂岩；5. 砾岩；6. 晶屑凝灰岩；7. 集块岩；8. 硅质岩；9. 花岗岩；
10. 火山岩；11. 片麻岩；12. 水平层理；13. 平行层理；14. 槽状交错层理；15. 板状交错层理；16. 叠瓦状砾石；
17. 砂岩透镜体；18. 平行不整合；19. 角度不整合；20. 观测点及统计砾石数量

表明一段总体表现为近源的冲积扇砾岩沉积。在盆地中部的吴家、骆驼山一带至六沟以南何家沟和孟家院以北地带为土城子组二段，厚度约为 600~700 m，主要发育一套厚层块状砾岩夹透镜状含砾中-粗粒砂岩、细砂岩。透镜状含砾砂岩中具发育良好的大型板状斜层理，底部具有冲刷面并可见冲槽和冲坑构造，该透镜状的含砾砂体应属于心滩沉积。砾岩中砾径多为 1~2 cm；砾石分选较好，多呈次棱角、次圆状，具叠瓦状构造。砾岩单层厚约 0.5~4 m，底部具有冲蚀构造，表明该套砾岩属于河道沉积。另外，沿砾岩层向上，其中所夹的含砾中-粗粒砂岩、细砂岩透镜体出现的频率及规模有逐渐增大趋势，说明沉积期古地势可能越来越平坦，其上小型网状河发育程度逐渐增加。另外，在其上部岩层出现了一套紫褐色中厚层状中细粒砂岩、泥质粉砂岩、粉砂质泥岩夹含砾中-粗粒砂岩层或透镜体,在砂岩中可见小型交错层及平行层理,在粉砂质泥岩中发育铁质结核,该套细碎屑岩应该为洪泛平原沉积。以上特征表明二段属于扇上辫状河相沉积。从孟家院至漫子沟门一带为北区土城子组三段,沉积厚度约为 500 m,其主要为一套浅灰褐-灰白色砾岩、含砾粗砂岩、紫红色砂岩夹透镜状含砾粗砂岩。自下而上,细粒物质逐渐增多。含砾粗砂岩、砂岩内,具有正粒序特征,底部具有滞留沉积的砾石,砾石具有叠瓦构造,并且发育前积交错层理、槽状层理和板状交错层理,表明它们属于河道相中曲流砂坝沉积。其中所夹透镜状含砾粗砂岩中可见小、中型槽状交错层理和正粒序层,为决口扇河道沉积。整体上表现为曲流河相沉积。在上板城一带为北区土城子组四段,主要是紫褐色中厚层状细砂岩、粉砂岩、粉砂质泥岩及泥岩。细、粉砂岩砂和泥岩层中,发育水平层理、小型沙纹交错层理,细砂岩常呈透镜状产出。地层出露不全,未见顶。但是其整体沉积特征表现为氧化环境的浅湖相沉积(图 3.43、图 3.44)。

盆地南区的土城子组可分三段(图 3.43、图 3.45)。一段主要分布在小塘沟南,其主要岩性为厚层状砾岩、含砾粗砂岩夹紫红色透镜状含砾砂岩、粉砂岩。砾岩为块状基质支撑,厚度约 200 m。该段横向上延伸不稳定,常被二段砾岩直接超覆在髻髻山组安山岩及长城系的高于庄组灰岩之上。一段砾岩中砾石分选较差,砾径平均 5~10 cm,最大可达40 cm 以上,以次棱角状到次圆状为主。含砾粗砂岩中砾石分选中等,砾径平均约 5 cm,呈次圆状到次棱角状,具有槽状交错层理、低角度斜层理或平行层理。在含砾粗砂岩底部的砾石具叠瓦状构造,表明其为河道内沉积。透镜状含砾砂岩中发育大型槽状交错层理,层理底界面有明显冲刷面,并有砾石分布,说明其为心滩沉积。根据上述特征认为一段整体上属于辫状河沉积。二段分布在小塘沟以北、毛杖子和野猪河一带,主要岩石组合为块状砾岩夹透镜状含砾粗砂岩。厚约 600~700 m。块状砾岩中砾石分选较差;砾径平均约为1~5 cm,最大可达 50 cm 以上;砾石多呈棱角状到次棱角状,不具层理,表明其为泥石流沉积。透镜状含砾粗砂岩中有低角度斜层理出现,其底部砾石具叠瓦状构造,该特征是碎屑流后期,牵引流沉积的结果。上述特征表明二段属于近源冲积扇沉积。三段出露较少,主要要分布在漫子沟门至毛杖子以北,其岩石组合为厚层状砾岩、含砾粗砂岩夹中厚层状砂岩和粉砂岩、泥岩。厚度为 300~400 m 左右。砾岩中槽状交错层发育,底部砾石颗粒较大,砾石具有叠瓦构造。含砾粗砂岩和砂岩内具低角度交错层或平行层理,表明其为河道沉积。粉砂岩和泥岩多呈紫红色,粉砂岩层内具有上攀沙纹层理,泥岩层中具有水平层理并有结核出现,其属于天然堤沉积。砂泥岩中夹有含砾砂岩透镜体。砾岩与粉砂岩间有较好的侵蚀面,表明其为决口扇河道沉积。上述沉积特征说明三段整体上属于曲流河相沉积(图 3.43、图 3.45)。

3)土城子组沉积物源与源区剥露过程

研究方法:盆地沉积记录中的砾石和砂岩中物质成分信息是揭示盆缘山脉岩石隆升和剥蚀演化的重要证据(Hendrix et al.,1996;Hendrix,2000)。冀北承德盆地内的土城子组,其岩性特征主要以砾岩、含砾砂岩等为主。砾石成分统计在野外进行,一般选定 2 m² 的砾岩剖面,统计砾石颗粒一般在 100~150 个以上。按照其所占总数的百分比编制不同剖面砾石成分含量的垂向变化图(图 3.44、图 3.45)。该图中仅表示了砾石组合的百分比

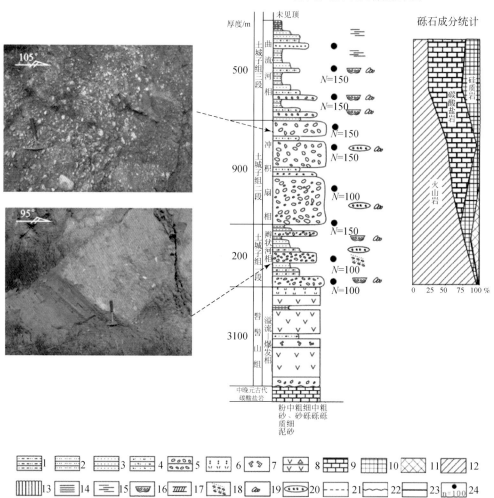

图 3.45 晚侏罗世承德盆地南区岩相柱状图

1. 粉砂质泥岩；2. 泥岩；3. 砂岩；4. 含砾砂岩；5. 砾岩；6. 晶屑凝灰岩；7. 集块岩；8. 火山角砾岩及火山岩；9. 碳酸盐岩；10. 硅质岩；11. 花岗岩；12. 火山岩；13. 片麻岩；14. 水平层理；15. 平行层理；16. 槽状交错层理；17. 板状交错层理；18. 砂砾状斜层理；19. 叠瓦状砾石；20. 砂岩透镜体；21. 平行不整合；22. 角度不整合；23. 断层接触；24. 观测点及统计砾石数量

含量。以岩屑成分垂向变化图表示在测量剖面的对应位置上。

古流向的确定主要是通过测量杏石口组中砾岩以及含砾砂岩中具有叠瓦状构造的砾石最大扁平面产状和含砾砂岩和砂岩中发育的板状交错层理的纹层理等沉积构造，进行古流向的恢复工作，每个点测量数至少 20 个以上。将野外测量的数据均进行了构造校正，并制成玫瑰花图标示在地质图上（图 3.43）。

土城子组沉积物岩屑成分变化及物源分析：图 3.43 中的古流向数据显示冀北承德盆地南北两区的古流向有明显不同。盆地北区冲积扇相沉积、扇上辫状河相及曲流河相沉积古流向总体上是自北向南。盆地南区一段古流向是自 SE 向 NW 的，而二、三段古流向整体上是自南向北的。

由于土城子组主要为粗碎屑岩沉积，所以通过对砾岩中的砾石成分的统计可以有效地揭示盆缘山脉岩石隆升及侵蚀演化的过程。为了进一步详细了解不同碎屑成分及含量垂向变化，编制了不同剖面的柱状碎屑成分垂向变化图（图 3.44、图 3.45）。盆地北区，火山岩、硅质岩、片麻岩及花岗岩，火山岩岩屑成分在两条剖面柱状图上均显示出自下向上构成两个含量向上减少的旋回（图 3.44）。显然，火山岩的源区为下伏的髫髻山组火山岩，而其他岩屑的源区依次为古元古界长城系、太古宙基底变质岩和侵入岩。北区土城子组岩屑旋回反映了被火山岩覆盖源区多次暴露和剥蚀的过程。值得注意的是在承德盆地北区，土城子组底部首先沉积了一套冲积扇相粗碎屑，表明物源区剥蚀速度加快，暗示了当时构造剥蚀作用较强。随后，由于承德北部构造活动减弱，使得盆地沉积相在垂向上依次沉积形成了辫状河相、曲流河相和浅湖相沉积体系，显示出向上逐渐变细的沉积过程。同时也说明了盆地逐渐被稍高填底，地势差异的变化致使水动力条件也发生了由强到弱的变化。另外，在双庙断层以北的姜家沟、大营子及何家沟与该断层以南如大庙东沟、唐家湾等地出露的土城子组一段沉积物在该断裂两边均可良好的对接、其古流向自北向南以及砾石的物源除火山岩外均为片麻岩、花岗岩和少量的硅质岩，表明该断裂在土城子组沉积过程中并没有发生明显的构造活动，否则，在土城子组沉积记录中应有所响应（图 3.43、图 3.44）。

在盆地南区，沿小塘沟至漫子沟门，自下而上砾石成分有较大变化。从最低部的晶屑凝灰岩、安山岩和硅质岩向上逐渐变为以安山岩、碳酸盐岩、石英砂岩和硅质岩等为主；特别是二段的冲积扇沉积体系中，沿小塘沟至漫子沟门剖面向上，碳酸盐岩砾石出现的越来越多，其中包括较多的含生物碎屑灰岩、竹叶状灰岩和含燧石条带的白云岩砾石，这一现象一直延续到上段的曲流河沉积体系中（图 3.45）。根据现有的古流向数据及砾石成分变化，南区一段由于出露很少而且仅有的自 SE 向 NW 的古流向数据以及与北区二段相似的砾石成分，很难判断其物源来自盆地南–东南部。但是，盆地南区二段的古流向这反映了该套主要以冲积扇相粗碎屑来自于盆地南–东南部。其中，在毛杖子一带的沉积特征、砾石成分及整体古水流方向为 NW–NNW 向的晚侏罗世的髫髻山组的火山岩层，根据在六道河及野猪河附近中元古代灰岩之上尚残留髫髻山组火山岩（图 3.43），表明中元古代"三道河子逆冲岩片"形成于髫髻山组之前，可能在土城子组沉积后期再次复活的前髫髻山期的逆冲岩片。然而在小塘沟至漫子沟门一带，古流向数据显示该套沉积物的物源主要来自于盆地南部的中—新元古代、晚古生代地层和晚侏罗世的髫髻山组火山岩。值得注意的是：一段砂砾岩常被二段砾岩超覆，其中在毛杖子至野猪河一带，二段砾岩直接超覆于髫髻山组安山岩及长城系的高于庄组灰岩之上，结合上述二段的沉积特征及物源分析表明在土城子组沉积后期盆地南缘承德县断裂和"三道河子逆冲岩片"发生了强烈的构造活动，致使盆地南区"三道河子逆冲岩片"之上的髫髻山组火山岩被大量剥蚀，承德县断裂上盘除中生代土城子期前的火山岩被剥蚀殆尽外，元古宙及古生代的碳酸盐岩、碎屑岩和硅质岩皆受到不同程度的剥蚀。之后，盆地南缘构造抬升剥蚀作用有所减弱，盆地南区土城子组二段之上开始沉积曲流河相沉积体系。盆地南区土城子组二段至三段沉积记录明显是受控于盆地南缘逆冲断裂的构造活动。

4）承德盆地构造演化

阐明盆地演化首先恢复其原型盆地，这是盆地研究的关键之一（刘少峰等，2004a，2004b）。因为中生代盆地经历了多次构造变形，形成了多个角度不整合界面，解释它们之间的联系有时存在困难。然而，区域大地构造背景对沉积盆地的形貌和充填起影响和控制作用（Cloetingh et al.，1999）。沉积物的充填及形态也反映盆地的形貌和构造动力过程（Alfredo et al.，1999）。盆地沉积的砾石和砂岩中物质成分信息记录了盆地沉积物源与源区剥露过程，为揭示盆缘邻区山脉岩石隆升和侵蚀演化提供了重要证据（Hendrix et al.，1996；Hendrix，2000）。动态地根据中生代盆地沉积记录和盆地变形，将发育的不整合界面归属盆地间或盆地内不同演化阶段的产物，阐述盆地的发生、发展和消亡，才能准确确定燕山板内变形的形成过程。

承德盆地由晚侏罗世早期髫髻山组和晚侏罗世中晚期—早白垩世早期土城子组地层组成。盆地的沉积继承了向北迁移的特点（刘健，2006），最终被土城子组的砾岩层充填，之后被早白垩世张家口组角度不整合覆盖。晚侏罗世髫髻山组（蓝旗组）火山岩代表了燕山期大规模火山喷发的开始［图3.46（a）］，也代表了中国东部乃至东亚环太平洋构造域发展阶段的开始（赵越等，2004a，2004b），也是翁文灏（1927）命名的燕山运动A幕（髫髻山组火山岩之下的不整合）。区域上髫髻山期（蓝旗期）火山岩底部的时代初步限定在（158±1）Ma B. P.，髫髻山组火山岩与土城子组为整合或平行不整合关系，它们的界线年龄为（153±1）Ma（刘健等，2006）。角度不整合覆盖在土城子组之上的张家口组（东岭台组）火山岩底部的时代为（135±1）Ma B. P.（赵越等，2004a）［图3.46（b）］，即燕山运动的B幕（翁文灏，1927）。最新资料显示，冀北围场地区土城子组中下部夹的凝灰岩锆石SHRIMP U-Pb年龄为（153.7±1.1）Ma，辽西朝阳地区土城子组上部夹的凝灰岩锆石SHRIMP U-Pb年龄为（137.4±1.3）Ma（Xu H. et al.，2012）。这进一步表明，土城子组沉积时代为晚侏罗世中晚期至早白垩世早期（153～135 Ma B. P.）。

晚侏罗世随着承德盆地周缘山系的快速抬升，晚侏罗世中期前后，土城子组沉积期长期孕育的构造变形开始强烈爆发，使盆地边缘的粗碎屑向盆地内快速充填。沉积学与沉积物源研究表明，承德盆地沉积相分布清楚（图3.43）。其中，盆地的北侧的小老虎沟-漫子沟门及苍子-孟家院岩相柱状图显示：盆地充填物在垂向上逐渐变细的沉积过程，以及古流向和沉积物源分析表明盆地北区受控于其北部丰宁-隆化逆冲带向南的逆冲作用。另外，分布在双庙断层以北的姜家沟、大营子及何家沟与该断层以南如大庙东沟、唐家湾等地的土城子组一段沉积物在该断裂两边均可良好的对接、其古流向自北向南以及砾石的物源除火山岩外均为片麻岩、花岗岩和少量的硅质岩，表明该断裂在土城子组沉积过程中并没有发生明显的构造活动（图3.43、图3.44）。

盆地南区的牦牛窑-漫子沟门岩相柱状图（图3.45）显示土城子组一段与二段沉积相、充填序列主体上变粗，这说明盆地在水平挤压背景下，早期以岩石圈弹性挠曲为特征，地势相对平坦，沉积物以细碎屑堆积为主，随着逆冲断裂的活动，断层上盘不断隆升，地势高差增大，物理风化增强，粗碎屑开始堆积（孙立新等，2007；和政军等，2007，2008）。由于盆地北区边缘相已遭受后期构造改造，地层出露不完整，这也说明，盆地北缘逆冲断裂向南推进的过程中，北区原有的冲断前缘沉积物被隆升剥蚀（和政军

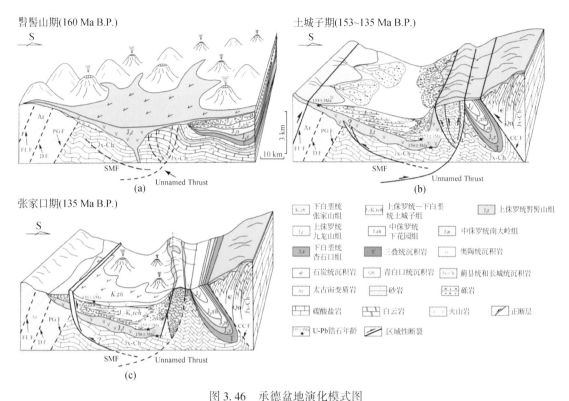

图 3.46 承德盆地演化模式图

PGF. 平泉–古北口断裂；DF. 大庙断裂；FLF. 丰宁–隆化断裂；CCF. 承德县断裂；SMF. 双庙断裂

等，2008）。值得注意的是：盆地南区的砾石成分与北区的明显不同，图 3.44 显示北区砾石成分普遍有来自北部花岗岩和变质岩砾石，然而南区砾石成分以含盆地南侧碳酸盐岩砾石为特点，古水流方向也进一步说明南区物源来自盆地南侧。这进一步说明承德盆地向斜构造是在同沉积过程中形成的，有可能同沉积向斜控制了盆地南区碎屑堆积分布（和政军等，2008）。在盆地充填后期，盆缘断裂构造活动减弱的背景下，在盆地平缓处由于容易汇水，出现了较细的碎屑堆积。总体上，承德盆地是在挤压背景下，盆地边缘分别受丰宁–隆化向南逆冲作用及承德县断裂背向逆冲作用控制的山间挠曲盆地（刘少锋等，2004a）。

Davis 等（1998，2001）对冀北承德地区中生代推覆构造研究认为由近 EW 向的双庙断裂（北）和吉余庆断裂（南）所夹的地块（"三道河子逆冲岩片"）在 161～132 Ma B.P. 期间曾经发生过由 S 或 SE 向 N 或 NE 向大规模的逆冲推覆。近年来国内外地质学者围绕着此处已有一些研究成果陆续发表（和政军、牛宝贵，2004；赵越等，2004a，2004b；刘少锋等，2004a，2004b；胡健民等，2005；Davis，2005），通过这些研究成果显示人们对 Davis 等（1998，2001）提出的"承德逆掩片"长距离推覆问题的质疑。承德地区六道河及野猪河附近中元古代灰岩之上尚残留髫髻山组火山岩，说明"三道河子逆冲岩片"主体形成于前髫髻山期。其是六道河逆冲断层由北向南逆冲过程发生强烈构造变形中形成的原地或半原地的构造岩片，其在土城子沉积期曾经有过明显抬升剥蚀，在土城子沉积期后甚至在早白垩世早期由于逐渐被 NE–NNE 向构造改造的结果（胡健民等，2005）。另外，承德盆地北区土城子组充填的沉积学特征同样印证了双庙断裂在土城子其未曾发生构造活动。由此表明，所谓的"承德逆掩片"在晚侏罗世至早白垩世虽有较强的构造活动，但是并非在该时期发送了大规模的逆冲推覆（和政军、牛宝贵，2004；赵越等，2004a，2004b；胡健民等，2005；Davis，2005）[图3.46（b）]。

在土城子组沉积之后张家口组火山岩爆发之前，盆地边缘土城子组发生较强褶皱变形（如图3.43所示的吴家、九亩地及红土梁地区）以及双庙断裂发生了NNW向的逆冲构造作用[图3.46（c）]。该阶段发生在土城子组沉积期后，这些近EW向的褶皱可能与EW向的双庙断裂活动有关（和政军等，2008）。承德盆地鸡冠山发育的早白垩世张家口组底部火山岩的锆石SHRIMP U-Pb年龄（135±1）Ma（赵越等，2004a，2004b）制约了这一构造事件发生，这一构造事件是燕山期的又一重要的构造运动幕。晚侏罗世前，区域至少经历了强烈的前髫髻山组构造幕和前侏罗纪的变形（赵越等，2002，2004a，2004b）。晚侏罗世—早白垩世早期承德盆地近EW向不对称的褶皱是同沉积过程中形成的（和政军等，2008）（图3.46），其与下伏的中—新元古代老地层的褶皱是不协调的，其褶皱枢纽涉及早前寒武纪变质基底，变形发生于髫髻山组火山岩喷发之前（赵越等，2004a）。承德盆地与下伏中—新元古代地层和早三叠世至晚侏罗世下板城盆地的变形是不协调的（Liu J. *et al.*，2012），应属于两个构造层。

5）结论

冀北承德盆地沉积物源分析和原型盆地再造表明，在晚侏罗世早期，发生了区域性髫髻山组多次中基性火山岩喷发，火山活动的起始时间代表了燕山运动的开始。晚侏罗世至早白垩世盆地北区沉积过程受控于北部的丰宁-隆化断裂带的构造活动，土城子组沉积中期盆地南区开始受其南缘承德县断裂和吉余庆断裂的构造作用控制。晚侏罗世—早白垩世早期（土城子期）承德盆地快速充填过程是该时期区域较强烈的一次板内变形幕的反映。这一陆内变形幕起始于土城子组，结束于土城子组沉积期末，使承德盆地形成了一个不对称向斜褶皱。承德盆地鸡冠山地区发育的下白垩统张家口组底部火山岩同位素年龄[（135±1）Ma]制约了这一时代上限，这一构造事件是燕山期的又一重要的构造运动幕。

3. 山西宁武侏罗纪盆地沉积过程对燕山运动的响应

1）区域地质概况

宁武盆地位于山西省的东北部，呈NE-SW向展布，为自NE向SW掀斜的复向斜，其核部地层较缓，地层倾角小于10°，由侏罗系组成，包括下侏罗统永定庄组（J_1y）、中侏罗统大同组（J_2d）、云岗组（J_2yg）和天池河组（J_2t），缺失中侏罗统髫髻山组（J_2tj）及其以上地层。两翼产状较陡，地层倾角40°~60°，依次由三叠系、二叠系、石炭系、奥陶系、寒武系和太古宇变质岩系组成。盆地NW向和SE向发育逆冲推覆构造，卷入的最新地层为中侏罗统天池河组（图3.47）。根据区域资料对比研究，侏罗纪沉积时期该盆地处于鄂尔多斯原型盆地的东北边缘，物源主要来自于阴山-燕山造山带的中部（张泓等，2008；赵俊峰等，2010）。

下侏罗统永定庄组（J_1y）是指大同煤田大同组之下一套不含煤的杂色河湖相碎屑岩地层，含有丰富的植物化石[图3.48、图3.49（a）、（b）]。下部以灰白色含砾、砂砾岩为主，夹少量粉砂岩，上部以紫、黄、灰、绿等杂色粉砂岩、粉砂质泥岩为主，夹砂岩、

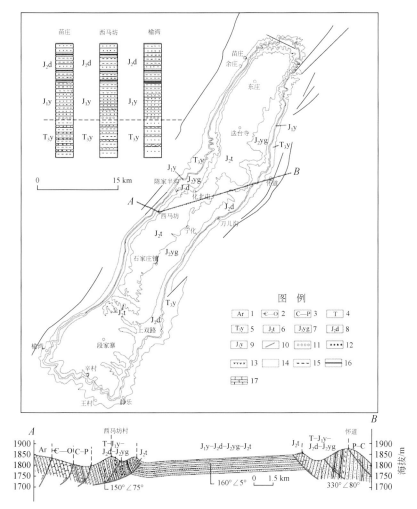

图 3.47 宁武–静乐盆地区域地质图

1. 太古宇；2. 寒武–奥陶系；3. 石炭–二叠系；4. 三叠系；5. 三叠系延长组；6. 中侏罗统天池河组；7. 中侏罗统云岗组；8. 中侏罗统大同组；9. 下侏罗统永定庄组；10. 断层；11. 砾岩；12. 砂岩；13. 玄武岩；14. 流纹岩；15. 泥岩；16. 煤层；17. 灰岩

砂砾岩。其底部以一层砾岩、砂砾岩或含砾砂岩为界，与下伏延长组呈平行不整合接触，在盆地东部下伏三叠系延长组主要以泥岩夹薄层粉砂岩为主，在盆地西部以厚层砂岩夹薄层泥岩为主。砾石成分主要为石英组成，次为片麻岩、砂岩，砾石磨圆中等，砾径 5 ~ 20 cm，泥质胶结，砾石底面不平，局部充填于下伏岩层的剥蚀凹坑内。本组中上部浅黄绿色砂岩中含有蜥脚类恐龙肋骨、腿骨化石，中下部发育 1 ~ 3 层厚度不一的火山碎屑岩，主要集中发育在陈家半沟–怀道以东的地层中，以西没有发现火山碎屑岩（卫彦升、谢飞跃，2007）。岩石呈墨绿–浅黄色，凝灰结构，层状构造，碎屑含量占 50% ~ 80%，成分主要为石英，其次为长石和岩屑，岩屑多为中性安山岩类。地层厚度 20.0 ~ 90.0 m。

中侏罗统大同组（J_2d），主要为一套湖沼相含煤岩系，底部以灰白色石英砂岩、石英杂砂岩与下伏永定庄组整合接触［图 3.49（c）］。该组下部地层粒度较粗，砂岩较发育；

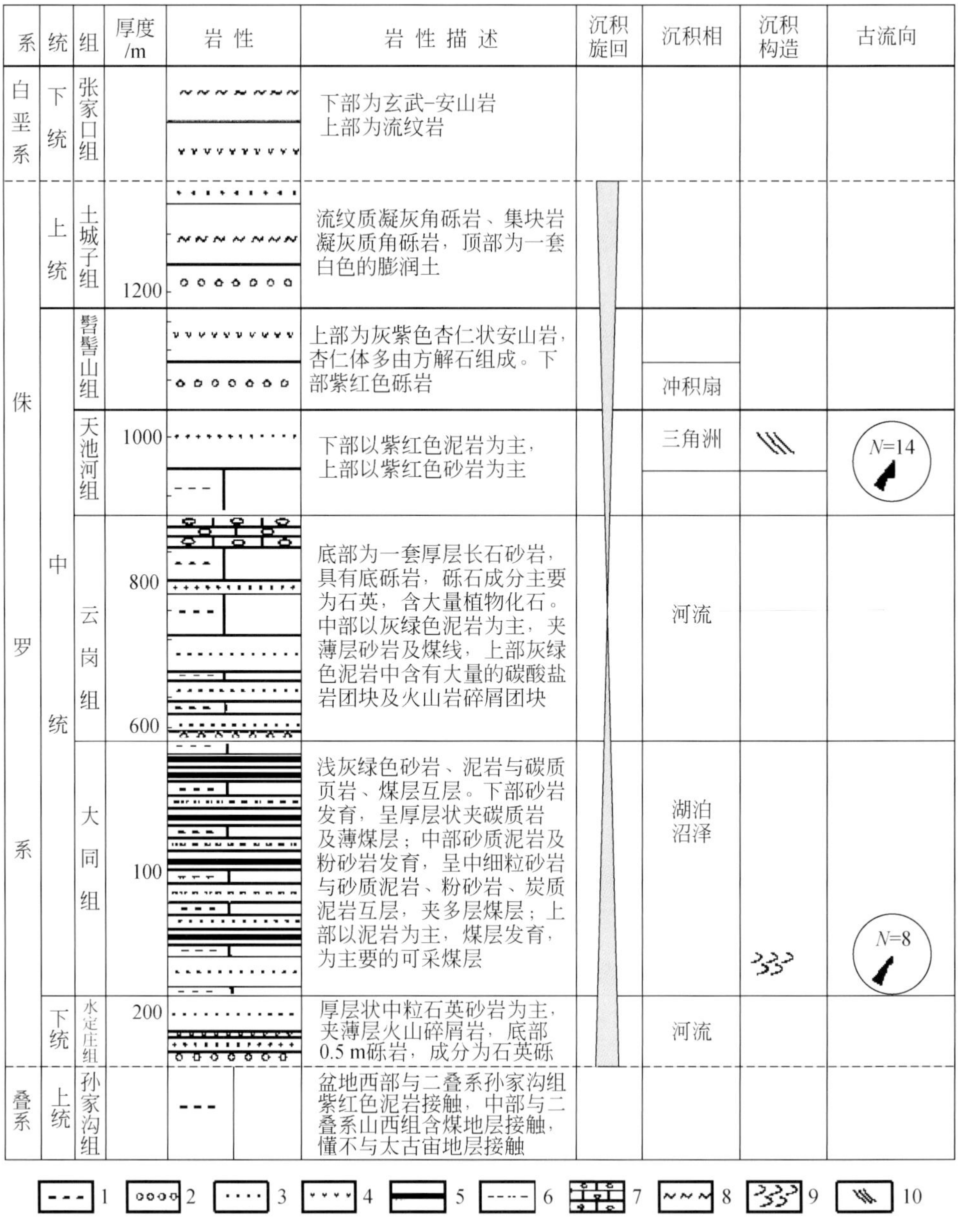

系	统	组	厚度/m	岩性	岩性描述	沉积旋回	沉积相	沉积构造	古流向
白垩系	下统	张家口组			下部为玄武-安山岩 上部为流纹岩				
侏罗系	上统	土城子组	1200		流纹质凝灰角砾岩、集块岩 凝灰质角砾岩，顶部为一套 白色的膨润土				
侏罗系	中统	髻髻山组			上部为灰紫色杏仁状安山岩，杏仁体多由方解石组成。下部紫红色砾岩		冲积扇		
侏罗系	中统	天池河组	1000		下部以紫红色泥岩为主，上部以紫红色砂岩为主		三角洲		N=14
侏罗系	中统	云岗组	800 / 600		底部为一套厚层长石砂岩，具有底砾岩，砾石成分主要为石英，含大量植物化石。中部以灰绿色泥岩为主，夹薄层砂岩及煤线，上部灰绿色泥岩中含有大量的碳酸盐岩团块及火山岩碎屑团块		河流		
侏罗系	中统	大同组	100		浅灰绿色砂岩、泥岩与碳质页岩、煤层互层。下部砂岩发育，呈厚层状夹碳质泥岩及薄煤层；中部砂质泥岩及粉砂岩发育，呈中细粒砂岩与砂质泥岩、粉砂岩、炭质泥岩互层，夹多层煤层；上部以泥岩为主，煤层发育，为主要的可采煤层		湖泊沼泽	3 3 3	N=8
侏罗系	下统	永定庄组	200		厚层状中粒石英砂岩为主，夹薄层火山碎屑岩，底部0.5 m砾岩，成分为石英砾		河流		
叠系	上统	孙家沟组			盆地西部与二叠系孙家沟组紫红色泥岩接触，中部与二叠系山西组含煤地层接触，懂不与太古宙地层接触				

--- 1	o o o o 2	···· 3	v v v 4	▅▅▅ 5	─ ─ 6	▦ 7	~~~ 8	3⅔ 9	◺ 10

图3.48　晋东北地区侏罗系地层柱状图

1. 泥岩；2. 砾岩；3. 砂岩；4. 玄武岩；5. 煤层；6. 粉砂岩；7. 团块状灰岩；8. 流纹岩；9. 槽模；
10. 交错层理

上部则以泥岩、粉砂质泥岩为主夹砂岩、煤层，地层厚度 200～500 m。中侏罗统云岗组（J_2yg）是以灰白色砂泥岩为主的河湖相沉积，底部为一套灰白色砾岩、砂砾岩，含页岩碎块及煤屑，与下伏大同组呈整合接触，砾石成分主要为石英 [图3.49(d)、(e)]。顶部稳定发育一套流纹质及硅质结晶灰岩团块，全区可以追踪对比，是一套明显的区域标志层，为中侏罗统云岗组和天池河组的分界线 [图3.49(f)]。该套灰岩团块之上地层的颜

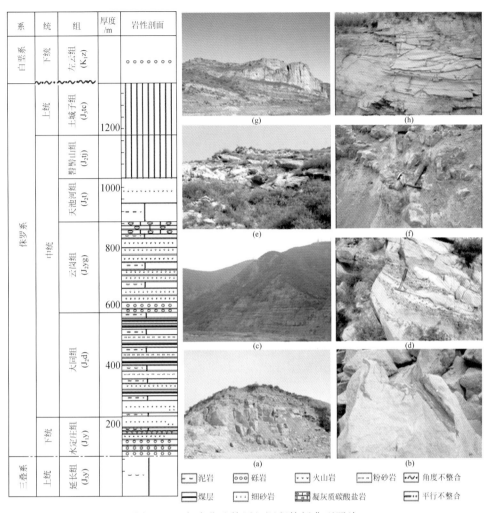

系	统	组	厚度/m	岩性剖面
白垩系	下统	左云组 (K₁z)		
侏罗系	上统	土城子组 (J₃tc)	1200	
	中统	髫髻山组 (J₂tj)		
		天池河组 (J₂t)	1000	
		云岗组 (J₂yg)	800 600	
		大同组 (J₂d)	400 200	
	下统	永定庄组 (J₁y)		
三叠系	上统	延长组 (J₃y)		

图例：泥岩　砾岩　火山岩　粉砂岩　角度不整合　煤层　细砂岩　凝灰质碳酸盐岩　平行不整合

图 3.49　宁武盆地侏罗纪沉积特征典型照片

色由下部的灰绿色突变为紫红色，地层序列也由早期的正旋回变为反旋回，标志着由湖进向湖退的转换，该套碳酸盐岩团块可能为最大湖泛面的标志。云岗组地层厚度一般稳定在 400 m 左右，北东部砂岩比例大、粒度粗，西南部砂岩粒度细，碳酸盐岩夹层相对发育，其顶部的火山碎屑沉积亦有北东部相对发育，西南部明显减少的趋势。中侏罗统天池河组（J₂t）为一套紫红色的碎屑岩地层，下部以泥岩为主，局部夹薄层砂岩，上部以厚层砂岩为主，交错层理发育，为大型三角洲前缘沉积［图 3.49（g）、（h）］。砂岩主要以细粒长石砂岩为主，横向分布稳定，地层厚度 100 ~ 300 m。

　　2）沉积序列横向对比

　　砾岩可以作为沉积序列横向对比的重要标志层，同时可以作为一期构造事件发生的重要证据。通过对鄂尔多斯盆地东部五个典型地区侏罗系剖面的横向对比，整个侏罗系自下而上包括下侏罗统永定庄组（J₁y）底部、中侏罗统云岗组（J₂yg）底部、中侏罗统髫髻山组（J₂tj）底部、上侏罗统土城子组（J₃t）底部四套砾岩（图 3.50）。下侏罗统永定庄

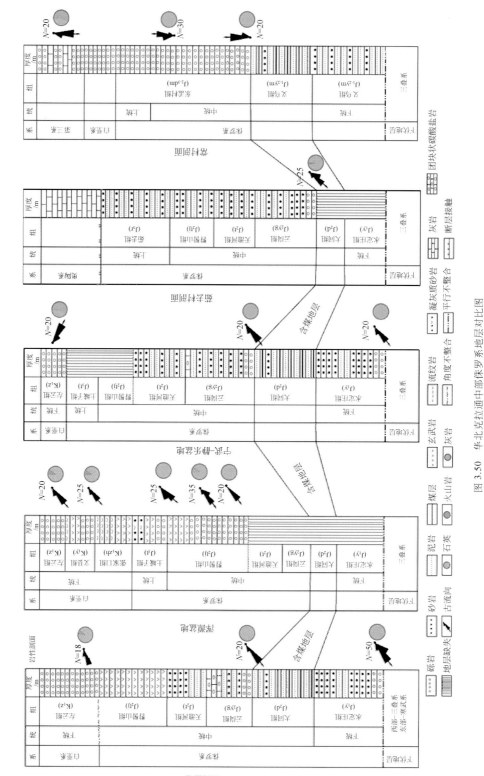

图 3.50 华北克拉通中部侏罗系地层对比图

组（J_1y）底部砾岩仅发育于研究区北部的云岗、宁武–静乐盆地，在研究区南部的常村剖面侏罗系与三叠系整合接触。中侏罗统髫髻山组（J_2tj）底部、上侏罗统土城子组（J_3t）底部砾岩仅发育于浑源盆地，其他剖面都缺失该套地层。中侏罗统云岗组（J_2yg）底部砾岩除了在浑源盆地缺失了中侏罗统地层外，其余剖面上均有分布，该套砾岩下伏中侏罗统大同组（J_2d）含煤地层（茹去村剖面缺失大同组地层，但该套砾岩存在），含煤地层可以作为一个稳定的区域标志层，进行全区等时追踪对比。同时，中侏罗统云岗组（J_2yg）底部砾岩最大扁平面倾伏向的测量及统计结果表明，研究区中北部的云岗盆地、宁武–静乐盆地、茹去村剖面古水流方向均为 NE 向，受控于北部的阴山–燕山造山带，而研究区南部的渑池常村剖面古水流方向来自于南部，受控于秦岭造山带，该套砾岩是整个侏罗纪沉积序列由早期的湖进至晚期湖退转换的关键层位。

除了砾岩外，侏罗纪沉积序列中还存在其他的一些明显的区域对比标志，具体如下：① 下侏罗统永定庄组中存在的火山碎屑岩。该套火山碎屑岩位于中侏罗统含煤地层之下，其下存在着侏罗系与三叠系之间的平行不整合面，在宁武–静乐盆地、云岗盆地以及鄂尔多斯盆地下侏罗统富县组的地层中都有发育，可以与燕山造山带中的南大岭组火山岩具有较好的对比关系，而在研究区南部的渑池常村剖面中没有发现，说明了该套物源与燕山造山带之间存在紧密的关系。② 中侏罗统云岗组顶部的凝灰质碳酸盐岩团块。该套凝灰岩最明显的区域标志为其下的中侏罗统颜色以灰绿色色调为主，其上突变为紫红色。在宁武–静乐盆地、云岗盆地、鄂尔多斯盆地都可以追踪对比；在榆社–太谷地区、洪洞茹去村地区虽然该套地层中没有看到明显的碳酸盐岩团块的存在，但紫红色泥岩夹薄层砂岩的地层的确存在，并且两个地区的地层特征完全一致。该套地层上下地层颜色的变化，可能与当时的古构造、古气候背景之间存在紧密的联系。

3）碎屑岩成分及特征

碎屑岩中的石英、长石、岩屑是主要的碎屑颗粒组分，来源于母岩风化的产物，能有效地反映物源区母岩的性质和沉积物特征（Dickinson，1983，1985）。为了有效地了解物源区构造属性的变化，本次研究引用迪金森（Dickinson，1983）的以砂岩骨架组分为端点的判断物源区和沉积盆地构造环境的三角形判别模式图 Qm–F–Lt 图解来判断物源区的性质。该图明显的划分出了陆地物源区（包括克拉通内部物源区和上升隆起的基底物源区）、岩浆弧物源区（包括未切割岛弧物源区和切割岛弧物源区）以及再造山旋回物源区（包括俯冲带的混杂物源区、碰撞造山带物源区和前陆隆起物源区）。将采集的数据点按照下侏罗统永定庄组（J_1y）和中侏罗统大同组（J_2d），中侏罗统云岗组（J_2yg）和中侏罗统天池河组（J_2t）分别投点在 Qm–F–Lt 图解中，可以探讨自下侏罗统永定庄组（J_1y）至中侏罗统天池河组（J_2t）物源区的构造活动性。从投点结果可以看出，下侏罗统永定庄组（J_1y）和中侏罗统大同组（J_2d）的所有点都投进了基底隆起的区域；侏罗统云岗组（J_2yg）的所有点都投入到了石英再造山旋回区域；中侏罗统天池河组（J_2t）有四个点投入到了切割岛弧区域，其余点都投入到了石英再造山旋回区域（图 3.51）。从以上的投点结果可以看出，下侏罗统永定庄组和中侏罗统大同组源区构造活动性较弱，基本上处于基底隆起剥蚀的区域，而中侏罗统云岗组开始，源于处于再造山旋回的区域，构造活动性明显增强。自下侏罗统永定庄组（J_1y）至中侏罗统天池河组（J_2t）源区火山物质的加入程度逐渐增强，在中侏罗统天池河组（J_2t）沉积时期，大量火山物质的加入预示着源区的构造活动性逐渐加强，新一轮构造运动的开始。

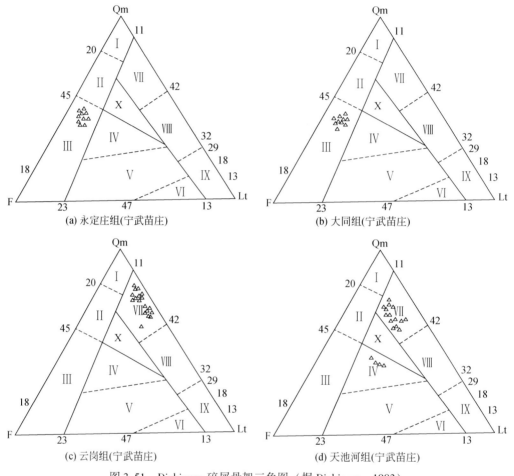

图 3.51　Dickinson 碎屑骨架三角图（据 Dickinson，1983）

Qm. 单晶石英；F. 长石颗粒；Lt. 岩屑总量；Ⅰ. 克拉通内；Ⅱ. 过渡型大陆；Ⅲ. 基底抬升的；Ⅳ. 切割岛弧；Ⅴ. 过渡弧；Ⅵ. 未切割岛弧；Ⅶ. 石英再旋回；Ⅷ. 过渡再旋回；Ⅸ. 岩屑再旋回；Ⅹ. 混合

4）碎屑岩重矿物特征

重矿物是指沉积岩中密度大于 2.68 g/cm³的陆源碎屑物。重矿物作为砂岩碎屑物质的重要组成部分，随着其他碎屑物质一起从物源区剥蚀–搬运–沉积，在搬运过程中，不稳定重矿物的含量随着搬运距离的增大而减小，而稳定重矿物的含量则相对升高。因此，重矿物保留了与沉积环境和构造运动有关的许多信息，通过对重矿物信息的提取和分布规律的研究，可以反演盆地构造–沉积的响应关系（和钟铧等，2001）。本次测试的重矿物样品采集于宁武–静乐盆地陈家半沟剖面（图 3.52）。共分析样品 26 件，其中下侏罗统永定庄组（J_1y）五件、中侏罗统大同组（J_2d）六件、云岗组（J_2yg）九件以及天池河组（J_2t）六件。下侏罗统永定庄组（J_1y）及中侏罗统大同组（J_2d）岩性为中–细粒石英长石砂岩，中侏罗统云岗组（J_2yg）岩性为中–细粒长石岩屑砂岩，中侏罗统天池河组（J_2t）岩性为岩屑砂岩，单个样品的重量一般为 1.0~1.5 kg。

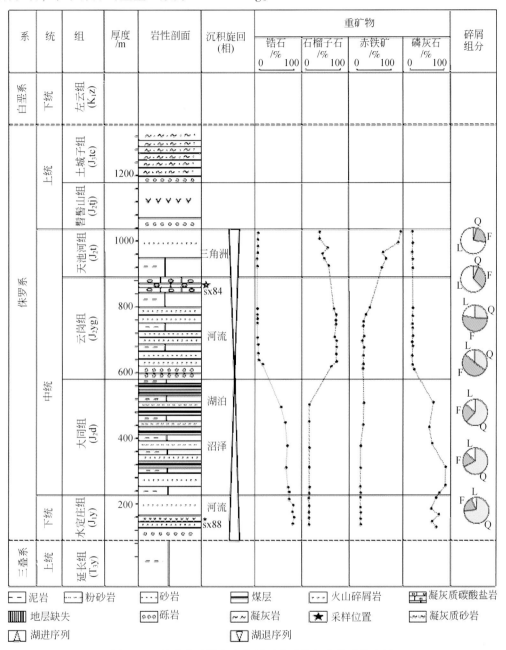

图 3.52　宁武盆地陈家半沟剖面重矿物组合类型及含量

F. 长石；Q. 石英；L. 岩屑

剖面上鉴定出重矿物种类包括锆石、金红石、电气石、磷灰石、石榴子石、锐钛矿、白钛石、赤褐铁矿、尖晶石、褐帘石、绿帘石、辉石、角闪石 13 种。自下侏罗统永定庄组（J_1y）至中侏罗统天池河组（J_2t），在不同的层段，重矿物组合特征及含量存在比较明显的差异（图 3.52，表 3.9）。下侏罗统永定庄组（J_1y）的重矿物类型包括锆石、金红石、

表 3.9 宁武盆地陈家半沟剖面重矿物含量统计表 （%）

样品号	系	统	组	锆石	金红石	电气石	磷灰石	石榴子石	锐钛矿	白钛石	赤褐铁矿	尖晶石	褐帘石	绿帘石	辉石	角闪石
sxl115		下统	永定庄组	83	2.2	0.5	7.5	2.5	0.5	2.5	1.2	0	0	0	0	0
sxl116				85	1.5	0.8	6.5	1.5	0.6	3.0	1.0	0	0	0	0	0
sxl117				80	1.2	1.2	8.5	2.0	0.9	5.0	1.0	0	0	0	0	0
sxl118				82	1.0	1.0	6.5	2.5	0.9	5.0	1.0	0	0	0	0	0
sxl119				77	3.8	1.0	7.8	2.7	0.9	5.4	1.2	0	0	0	0	0
sxl120				78	2.5	0.7	8.4	5.5	1.2	2.5	1.0	0	0	0	0	0
sxl121				75	2.7	0.8	10.6	6.5	0.5	1.5	1.5	0	0	0	0	0
sxl122			大同组	73.5	1.3	0.5	10.7	3.1	1.3	7.3	2.0	0	0	0	0	0
sxl123				77.1	1.4	0.6	6.4	2.5	1.4	8.6	1.2	0	0	0	0	0
sxl124				75	2.5	0.5	5.5	2.5	1.8	5.6	6.3	0	0	0	0	0
sxl125				72	2	0.2	6.5	5.5	1.5	6.0	5.5	0	0	0	0	0
sxl126				15	3	0.1	1.0	70	1.5	2.0	6.5	0	0	0	0	0
sxl127	侏罗系			4.5	3.4	0.2	0.2	85.2	0.01	0.3	5.2	0	0	0	0	0
sxl128				6	2.5	0.1	0.5	81.8	0.14	3.0	5.7	0	0	0	0	0
sxl129		中统		5.5	1.2	0.07	0.9	82.6	0.08	0.6	8.1	0	0	0	0	0
sxl130			云岗组	3.5	2.5	0.03	0.9	83.0	0.06	4.24	5.5	0	0	0	0	0
sxl131				6.5	2.5	0.01	0.4	78.6	0.01	1.0	10.5	0	0	0	0	0
sxl132				4.8	1.8	0.26	0.01	81.7	0.4	1.6	8.5	0	0	0	0	0
sxl133				4.5	2.6	0.08	0.03	82.5	0.05	0.5	9.5	0	0	0	0	0
sxl134				6.5	0.3	0.08	0.8	75.5	0.02	1.2	15.5	0	0	0	0	0
sxl135				5.7	0.2	0.01	0.5	60.4	0.02	0.21	31.5	0.8	0.01	0.01	0.01	0.01
sxl136				2.5	2.5	0.1	0.3	50.7	0.01	0.7	41.4	1.3	0.01	0.01	0.01	0.01
sxl137			天池河组	6	1.2	0.1	0.4	48	0.1	4.4	38.0	1.6	0.01	0.01	0.01	0.01
sxl138				5.2	1.1	0.1	0.4	56.2	0.2	0.9	35.0	0.8	0.01	0.01	0.01	0.01
sxl139				1.8	0.6	0.1	0.5	38.6	0.1	0.9	55.9	0.5	0.01	0.01	0.01	0.01

电气石、磷灰石、石榴子石、锐钛矿、白钛石、赤褐铁矿，以锆石和磷灰石为主，锆石含量介于 77% ~ 85%，平均 81.4%，磷灰石含量介于 6.5% ~ 8.5%，平均 7.4%。中侏罗统大同组（J_2d）的重矿物组合类型与下侏罗统永定庄组（J_1y）基本一致，锆石含量介于 72% ~ 78%，平均 75.1%，磷灰石含量介于 5.5% ~ 10.7%，平均 8.0%。中侏罗统云岗组（J_2yg）的重矿物组合类型与中侏罗统大同组（J_2d）、下侏罗统永定庄组（J_1y）相比，完全一致，但各种重矿物的含量却发生了较大的变化，以石榴子石占主导地位，石榴子石含量介于 70% ~ 85.2%，平均 80.1%，而锆石的含量仅介于 3.5% ~ 15.0%，平均 6.3%。石榴子石均以次棱状、次圆状为主，晶粒完好。中侏罗统天池河组（J_2t）的矿物组合变化较大，除了锆石、金红石、电气石、磷灰石、石榴子石、锐钛矿、白钛石、赤褐铁矿稳定矿物外，还出现了少量尖晶石、褐帘石、绿帘石、辉石、角闪石等不稳定矿物，以石榴子石和赤褐铁矿组合为主，石榴子石含量介于 35% ~ 60.4%，平均 48.15%，赤褐铁矿含量介于 31.5% ~ 58.4%，平均 43.36%。石榴子石几乎全部为棱角状、不规则粒状、贝壳状断口明显，颗粒表面平整光滑，很新鲜，透明度高。

5）碎屑岩地球化学特征

本次测试的 24 件样品中，主量元素 CaO、MgO、CO_2、Fe_2O_3+FeO 含量以及 Fe_2O_3/FeO 值的曲线特征具有相似的规律性（图 3.53，表 3.10）。下侏罗统永定庄组（J_1y）至中侏罗统大同组（J_2d）含量或比值较低，相对比较稳定；中侏罗统云岗组（J_2yg）至天池河组（J_2t）含量或比值突然增加，云岗组（J_2yg）波动较大，天池河组（J_2t）相对比较稳定，各个参数变化的关键点位于中侏罗统云岗组（J_2yg）底部砾岩之上。如 CaO 含量，下侏罗统永定庄组（J_1y）至中侏罗统大同组（J_2d）介于 0.47% ~ 0.83%，平均 0.65%；中侏罗统云岗组（J_2yg）样品中 CaO 含量波动较大，介于 0.84% ~ 25.83%，除去异常值 25.83%，平均值 1.85%；中侏罗统天池河组（J_2t）样品中，CaO 含量相对比较稳定，介于 2.15% ~ 4.01%，平均 3.15%。Fe_2O_3/FeO 值，下侏罗统永定庄组（J_1y）至中侏罗统大同组（J_2d）介于 0.98 ~ 2.59，平均值 2.08；中侏罗统云岗组（J_2yg）介于 0.86 ~ 16.32，平均值 6.4；中侏罗统天池河组（J_2t）介于 11.63 ~ 16.02，平均值 13.2。

稀土元素分析结果表明（表 3.11），稀土总量（不包括 Y）的变化范围在 114.83 ~ 233.92 μg/g，变化范围较大，平均值在 180.25 μg/g，接近于北美页岩稀土总量的平均值 173.2 μg/g（Taylor and Mclennan，1985）。LREE/HREE 值介于 7.38 ~ 17.07，平均 9.53，轻稀土相对富集，重稀土相对亏损。$(La/Yb)_N$ 值是稀土元素球粒陨石标准化图解中分布曲线的斜率，介于 7.51 ~ 25.11，平均 11.2，表明轻重稀土元素分异较大。$(La/Sm)_N$ 值反映轻稀土之间的分异程度，比值介于 3.04 ~ 5.7，平均 4.01，表明轻稀土之间分异中等。$(Gd/Yb)_N$ 值反映重稀土之间的分异程度，比值介于 1.33 ~ 2.47，平均 1.80，表明重稀土之间分异程度不太明显。δEu 介于 0.57 ~ 0.79（sx98 除外，δEu 为 1.06），平均值为 0.70，为明显的负异常，与北美页岩标准值 0.65 较为接近。δCe 在 0.79 ~ 0.98，平均 0.92，轻微亏损。在所有样品中，sx96、sx98 号样品的稀土元素参数异常值较为明显，L/H 值高达 17.07 和 13.16，$(La/Yb)_N$ 值高达 25.11 和 17.39，$(La/Sm)_N$ 值高达 5.70 和 5.04，$(Gd/Yb)_N$ 值高达 2.47 和 2.0，分异程度都比较明显，这两个样品在剖面上的位置位于中侏罗统云岗组（J_2yg）底部砾岩附近（图 3.54）。

6）锆石 U-Pb 同位素测年

为了限定沉积序列转换的关键时限，本次研究对宁武盆地下侏罗统火山碎屑岩（sx88）和中侏罗统云岗组顶部的凝灰质泥晶碳酸盐岩（sx84）分别进行了锆石 U-Pb 同位素测年。

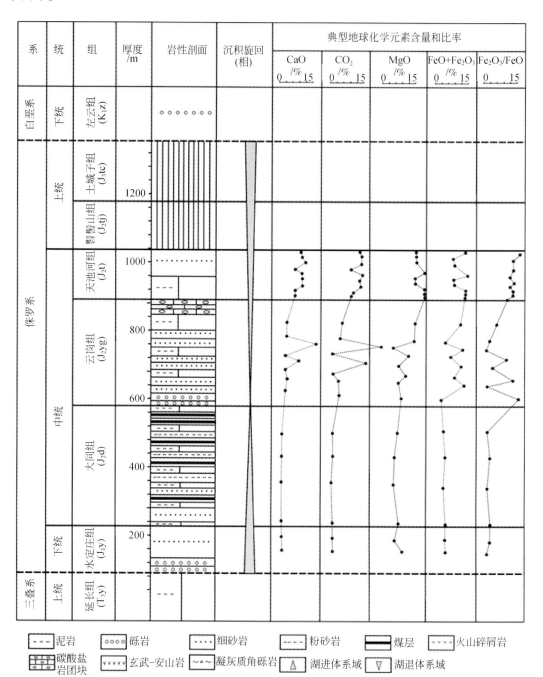

图 3.53　宁武盆地陈家半沟剖面典型元素含量变化特征曲线

表 3.10　宁武盆地陈家半沟剖面碎屑岩样品主量元素分析结果

样品编号	地层系统 系	统	组	岩性	Na$_2$O /%	MgO /%	Al$_2$O$_3$ /%	SiO$_2$ /%	P$_2$O$_5$ /%	K$_2$O /%	CaO /%	TiO$_2$ /%	MnO /%	Fe$_2$O$_3$ /%	FeO /%	H$_2$O$^+$ /%	CO$_2$ /%
sx91	侏罗系	下统	永定庄组	泥岩	2.09	1.29	17.56	67.44	0.18	3.17	0.58	0.83	0.02	1.76	1.06	3.50	0.3
sx92	侏罗系	下统	永定庄组	粉砂岩	2.95	0.86	14.60	72.25	0.13	2.68	0.69	0.62	0.05	1.81	0.70	2.60	0.34
sx93	侏罗系	中统	大同组	泥岩	2.52	1.00	16.46	68.99	0.16	3.06	0.66	0.77	0.03	1.96	0.77	3.04	0.34
sx94	侏罗系	中统	大同组	粉砂岩	2.52	0.75	15.08	72.85	0.13	2.60	0.47	0.54	0.02	1.26	0.68	2.75	0.22
sx95	侏罗系	中统	大同组	泥岩	1.20	0.87	21.17	62.59	0.11	2.95	0.71	1.15	0.02	2.15	0.74	5.72	0.34
sx96	侏罗系	中统	大同组	粉砂岩	2.06	0.50	13.20	76.35	0.05	1.51	0.83	0.52	0.02	0.86	0.88	2.72	0.35
sx97	侏罗系	中统	大同组	泥岩	1.27	1.18	17.91	62.98	0.18	3.30	1.00	0.84	0.05	6.20	0.38	4.68	0.54
sx98	侏罗系	中统	大同组	粉砂岩	2.20	1.10	15.91	68.58	0.04	2.51	1.18	0.41	0.03	3.06	1.38	3.64	0.56
sx99	侏罗系	中统	云冈组	泥岩	0.99	1.31	17.92	63.68	0.13	3.53	0.85	0.78	0.03	5.59	0.41	4.94	0.34
sx100	侏罗系	中统	云冈组	粉砂岩	1.76	1.05	13.65	68.66	0.16	2.72	2.82	0.63	0.10	2.93	0.81	3.36	1.81
sx101	侏罗系	中统	云冈组	泥岩	1.00	1.58	17.97	62.75	0.07	3.78	0.84	0.75	0.03	5.68	0.59	4.80	0.34
sx102	侏罗系	中统	云冈组	粉砂岩	1.43	0.68	11.82	68.97	0.08	1.33	5.71	0.65	0.14	0.97	1.13	3.12	4.05
sx103	侏罗系	中统	云冈组	粉砂岩	1.34	2.00	17.04	63.56	0.12	3.05	1.29	0.72	0.04	3.97	1.49	4.68	0.65
sx105	侏罗系	中统	云冈组	泥岩	0.99	2.21	17.43	62.44	0.12	4.02	1.16	0.73	0.03	5.06	0.84	4.98	0.58
sx106	侏罗系	中统	天池河组	泥岩	1.56	2.87	15.00	62.62	0.27	3.68	2.15	0.63	0.05	6.51	0.56	3.54	1.25
sx107	侏罗系	中统	天池河组	泥岩	1.70	2.89	15.39	60.20	0.12	3.66	2.41	0.58	0.06	6.76	0.49	4.94	1.43
sx108	侏罗系	中统	天池河组	泥岩	1.13	2.82	13.13	62.65	0.47	3.31	3.51	0.56	0.07	6.52	0.49	3.70	1.98
sx109	侏罗系	中统	天池河组	泥岩	2.25	2.10	16.10	62.97	0.13	3.63	3.45	0.41	0.06	3.74	0.31	4.02	1.85
sx110	侏罗系	中统	天池河组	泥岩	2.26	2.12	16.34	62.67	0.12	3.67	3.66	0.43	0.07	3.71	0.27	3.84	1.97
sx111	侏罗系	中统	天池河组	泥岩	1.38	2.95	14.45	61.59	0.34	3.60	2.52	0.61	0.06	6.99	0.59	4.04	1.26
sx112	侏罗系	中统	天池河组	粉砂岩	1.96	2.23	14.84	63.07	0.20	3.35	4.01	0.44	0.08	4.34	0.34	3.82	1.90
sx113	侏罗系	中统	天池河组	粉砂岩	2.18	2.19	16.38	62.60	0.13	3.67	3.26	0.44	0.06	4.02	0.29	4.18	1.95
sx114	侏罗系	中统	天池河组	粉砂岩	1.22	2.74	12.89	63.30	0.41	3.16	3.44	0.54	0.08	6.57	0.41	4.18	1.64

表 3.11 宁武盆地陈家半沟剖面碎屑岩样品稀土元素分析结果 （μg/g）

样品编号	系	统	组	岩性	La	Ce	Pr	Nd	Sm	Eu	Gd	Tb	Dy	Ho	Er	Tm	Yb	Lu	Y
sx91	侏罗系	下统	永定庄组	泥岩	37.4	75.7	8.99	33.8	7.01	1.42	6.13	0.98	5.75	1.15	3.42	0.48	3.19	0.46	32.8
sx92	侏罗系	下统	永定庄组	粉砂岩	28.7	48.0	6.73	24.7	4.97	1.01	4.06	0.65	3.58	0.69	2.36	0.31	2.18	0.32	21.2
sx93	侏罗系	中统	大同组	泥岩	31.9	64.3	7.72	29.2	6.10	1.26	5.13	0.89	4.87	0.98	2.93	0.42	2.87	0.42	28.0
sx94	侏罗系	中统	大同组	粉砂岩	27.0	50.4	6.51	25.5	5.20	1.13	4.93	0.74	4.20	0.77	2.35	0.31	2.08	0.31	22.4
sx95	侏罗系	中统	大同组	泥岩	49.5	86.8	11.3	41.4	7.06	1.71	5.83	0.89	5.08	0.97	3.04	0.42	2.91	0.46	28.3
sx96	侏罗系	中统	大同组	粉砂岩	35.3	61.6	6.96	24.5	3.90	0.91	2.89	0.38	1.91	0.36	1.05	0.13	0.95	0.13	10.0
sx97	侏罗系	中统	大同组	泥岩	46.6	92.5	10.1	36.9	7.21	1.44	5.81	0.95	5.41	1.13	3.51	0.47	3.16	0.48	32.9
sx98	侏罗系	中统	大同组	泥岩	27.8	48.3	5.66	20.4	3.47	1.09	2.66	0.38	2.08	0.40	1.20	0.15	1.08	0.16	10.9
sx99	侏罗系	中统	云岗组	泥岩	45.3	87.9	10.3	38.3	7.44	1.55	6.13	0.96	5.53	1.06	3.41	0.44	2.92	0.44	31.3
sx100	侏罗系	中统	云岗组	粉砂岩	36.5	74.6	8.71	32.6	6.46	1.46	6.03	0.95	5.16	0.96	2.94	0.38	2.49	0.37	28.1
sx101	侏罗系	中统	云岗组	泥岩	44.1	89.6	10.2	36.5	6.80	1.36	5.62	0.88	5.34	1.07	3.36	0.45	3.23	0.45	31.4
sx102	侏罗系	中统	云岗组	粉砂岩	30.6	62.1	6.87	25.6	4.72	1.25	4.14	0.62	3.67	0.72	2.23	0.28	1.88	0.27	22.2
sx103	侏罗系	中统	云岗组	粉砂岩	44.2	87.9	9.80	36.1	6.39	1.25	5.30	0.84	4.84	0.98	3.15	0.42	2.80	0.44	29.5
sx105	侏罗系	中统	云岗组	泥岩	43.2	85.4	9.56	34.8	5.99	1.23	4.77	0.75	4.36	0.84	2.56	0.37	2.41	0.36	24.9
sx106	侏罗系	中统	天池河组	泥岩	42.1	88.0	10.0	37.2	7.36	1.43	6.78	0.96	5.54	1.06	3.19	0.45	3.09	0.44	31.7
sx107	侏罗系	中统	天池河组	泥岩	32.4	62.7	7.07	25.8	4.73	1.05	3.90	0.64	3.80	0.75	2.33	0.35	2.37	0.40	21.3
sx108	侏罗系	中统	天池河组	泥岩	45.1	94.8	11.1	44.1	9.34	1.76	9.33	1.35	7.25	1.38	3.92	0.52	3.42	0.55	45.2
sx109	侏罗系	中统	天池河组	粉砂岩	43.3	86.6	9.57	33.9	5.90	1.24	4.96	0.75	3.95	0.75	2.17	0.29	1.92	0.29	22.1
sx110	侏罗系	中统	天池河组	泥岩	38.1	74.4	8.19	29.6	5.31	1.17	4.51	0.74	4.30	0.83	2.39	0.32	2.00	0.29	23.4
sx111	侏罗系	中统	天池河组	泥岩	43.1	89.5	9.99	39.8	8.28	1.57	8.06	1.11	6.35	1.26	3.67	0.48	3.13	0.49	36.5
sx112	侏罗系	中统	天池河组	粉砂岩	39.8	80.7	8.87	32.9	6.21	1.37	5.42	0.84	4.84	0.97	2.77	0.35	2.46	0.35	27.6
sx113	侏罗系	中统	天池河组	粉砂岩	38.0	75.6	8.36	30.3	5.34	1.11	4.49	0.71	3.95	0.74	2.29	0.29	1.96	0.28	23.1
sx114	侏罗系	中统	天池河组	粉砂岩	43.4	92.1	10.6	41.7	8.63	1.61	8.44	1.23	6.72	1.26	3.68	0.48	3.10	0.49	39.1

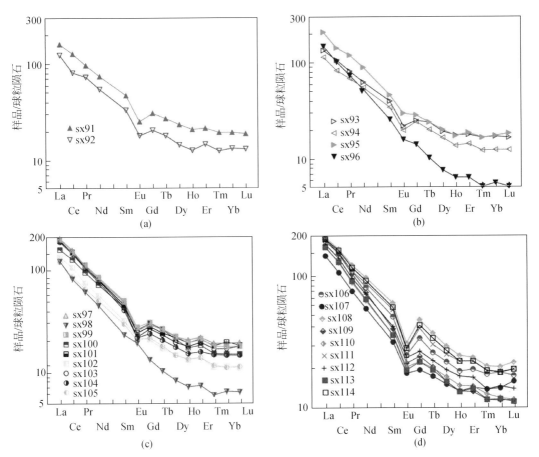

图 3.54　宁武盆地早—中侏罗世碎屑岩稀土元素标准化曲线

(a) 下侏罗统永定庄组（J₁y）；(b) 中侏罗统大同组（J₂d）；

(c) 中侏罗统云岗组（J₂yg）；(d) 中侏罗统天池河组（J₂t）

sx84 号样品采集于中侏罗统云岗组（J₂yg）顶部，岩性为含凝灰质泥晶灰岩 ［图 3.55 (c)、(d)］。共随机测试样品点 120 个，得到有效数据点 96 个（表 3.12）。锆石 U-Pb 年龄值变化介于159.6～2594.1 Ma，有效年龄峰值集中分布于 160 Ma、230 Ma、280 Ma、360 Ma、440 Ma、470 Ma、1260 Ma、1760 Ma、2280 Ma 以及 2480 Ma（图 3.56）。其中，160 Ma 的数据共有 33 个，谐和年龄为（160.6±0.55）Ma（图 3.56）。该组锆石自形程度较好，几乎没有磨圆，长度为 40～120 μm，长宽比一般为 4∶1（图 3.57）。CL 图像强弱不等，部分呈黑色，可能反映了不同锆石颗粒之间 Th、U 含量的差异。锆石 Th/U 值介于 0.47～2.18，具有明显的震荡环带，为岩浆成因（Corfu et al.，2003；Wu and Zheng，2004）。

sx88 号样品采集于宁武-静乐盆地陈家半沟剖面下侏罗统永定庄组（J₁y）中部，岩性为火山碎屑岩。岩石主由砾级碎屑、填隙物组成。砾级碎屑为细粒岩屑砂岩、黏土岩、玄武岩、气孔状玄武岩，棱角-次棱角状，部分次棱状、次圆状，大小一般 2～10 mm，部分 10～20 mm，少部分 20～30 mm，杂乱分布，为岩石之主体部分 ［图 3.55(a)、(b)］。该组锆石自形程度较好,几乎没有磨圆(图3.57)。共测试有效样品点40个,180 Ma 的数据点共有25个,谐和年龄为(179.2±0.79)Ma,代表了该套火山岩的喷发年龄(图3.58,表3.13)。

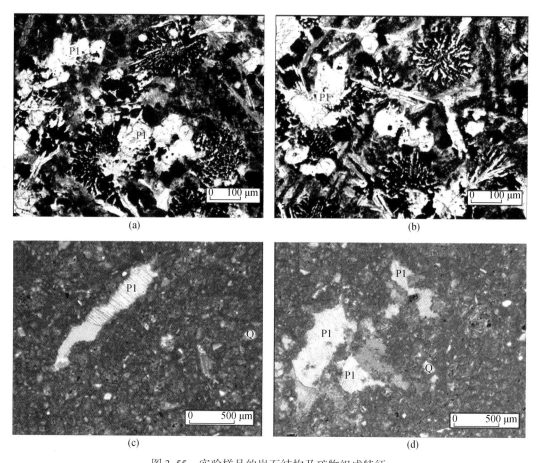

图3.55 实验样品的岩石结构及矿物组成特征

(a)、(b) 下侏罗统永定庄组(J₁y)火山碎屑岩;(c)、(d) 中侏罗统云岗组(J₂yg)顶部凝灰质碳酸盐岩

(正交偏光);Q. 石英;pl. 斜长石

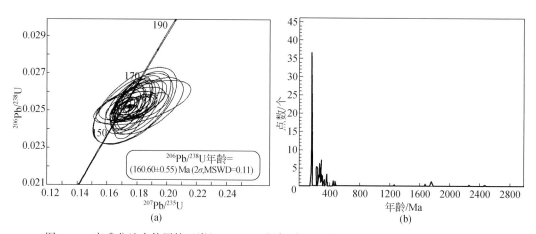

图3.56 宁武盆地中侏罗统云岗组(J₂yg)凝灰质泥晶碳酸盐岩锆石 U-Pb 年龄(sx84)

表 3.12　sx84 样品锆石 U-Pb 同位素测年数据

测点	Th /ppm	U /ppm	$^{207}Pb/^{206}Pb$ 比值	1σ	$^{207}Pb/^{235}U$ 比值	1σ	$^{206}Pb/^{238}U$ 比值	1σ	Th/U 比值	$^{207}Pb/^{206}Pb$ 年龄/Ma	1σ	$^{207}Pb/^{235}U$ 年龄/Ma	1σ	$^{206}Pb/^{238}U$ 年龄/Ma	1σ	谐和度
1	81.1376	57.4440	0.0506	0.0045	0.1767	0.0145	0.0254	0.0006	1.4125	233.4000	10.1850	165.2587	12.5063	161.6709	3.7184	97%
2	51.9560	74.0494	0.0534	0.0007	0.3356	0.0045	0.0456	0.0002	0.7016	346.3500	29.6275	293.8411	3.3831	287.6730	1.3683	97%
3	287.6911	62.6810	0.0557	0.0012	0.2929	0.0069	0.0381	0.0004	4.5898	442.6400	46.2925	260.8164	5.4362	241.0690	2.3028	92%
4	84.0122	79.6743	0.0521	0.0004	0.3252	0.0029	0.0453	0.0002	1.0544	287.1000	-12.0350	285.8663	2.2249	285.7517	1.3635	99%
5	78.6485	116.5711	0.0566	0.0003	0.5596	0.0034	0.0717	0.0002	0.6747	475.9700	17.5900	451.2719	2.2405	446.0937	1.4554	98%
6	115.5363	95.0231	0.0523	0.0004	0.3243	0.0027	0.0450	0.0002	1.2159	298.2100	16.6650	285.2361	2.0339	283.4959	1.0613	99%
7	438.6537	268.7439	0.1135	0.0004	4.6473	0.0209	0.2968	0.0009	1.6322	1857.4100	7.2550	1757.8041	3.7623	1675.3362	4.6468	95%
8	195.8504	305.4485	0.0520	0.0003	0.3025	0.0017	0.0422	0.0001	0.6412	283.3950	11.1100	268.3641	1.3190	266.6246	0.8485	99%
9	105.4340	115.2983	0.0541	0.0004	0.3587	0.0029	0.0481	0.0002	0.9144	375.9800	13.8875	311.2489	2.1645	302.6533	1.0146	97%
10	74.0745	53.2203	0.0524	0.0006	0.3263	0.0038	0.0452	0.0002	1.3918	301.9100	25.9225	286.7506	2.9342	285.0917	1.2014	99%
11	470.1773	353.7695	0.0493	0.0003	0.1713	0.0011	0.0252	0.0001	1.3291	161.1950	14.8150	160.5792	0.9788	160.4746	0.5072	99%
12	69.7971	34.6993	0.1125	0.0004	4.8784	0.0258	0.3146	0.0013	2.0115	1839.2000	11.2650	1798.5353	4.4633	1763.4268	6.5960	98%
13	42.1561	30.6907	0.1119	0.0004	4.8341	0.0271	0.3133	0.0014	1.3736	1831.4850	2.7775	1790.8518	4.7156	1757.0122	6.8820	98%
14	433.0103	145.7087	0.0542	0.0011	0.3561	0.0074	0.0477	0.0002	2.9718	388.9400	50.9200	309.3036	5.5416	300.0873	0.9496	96%
15	245.7636	153.8935	0.0522	0.0003	0.3193	0.0020	0.0444	0.0002	1.5970	294.5050	14.8150	281.3837	1.5427	279.8311	0.9403	99%
16	279.6830	122.1922	0.0528	0.0003	0.3497	0.0023	0.0481	0.0002	2.2889	320.4300	19.4425	304.5146	1.7548	302.7843	1.3331	99%
17	125.3005	55.4397	0.0521	0.0007	0.2692	0.0035	0.0376	0.0002	2.2601	287.1000	31.4800	242.0914	2.8306	237.8374	1.0259	98%
18	773.0648	448.0031	0.0527	0.0002	0.3464	0.0017	0.0477	0.0002	1.7256	322.2800	9.2575	302.0005	1.3029	300.4366	0.9902	99%
19	25.3150	17.1295	0.0542	0.0027	0.1879	0.0088	0.0253	0.0005	1.4779	388.9400	117.5800	174.7984	7.5279	161.1032	2.8480	91%
20	168.4710	77.1565	0.0504	0.0007	0.1743	0.0023	0.0251	0.0001	2.1835	213.0350	36.1025	163.1440	1.9679	159.8893	0.8051	97%
21	831.9789	343.0289	0.0529	0.0002	0.3487	0.0017	0.0478	0.0002	2.4254	324.1300	13.8875	303.7209	1.3100	300.9824	1.1162	99%
22	106.7708	71.8961	0.0543	0.0005	0.3035	0.0029	0.0405	0.0002	1.4851	383.3850	20.3675	269.1250	2.2891	256.0728	1.0521	95%
23	1436.4069	822.7711	0.0565	0.0002	0.3969	0.0023	0.0509	0.0002	1.7458	472.2650	9.2575	339.3926	1.6466	320.2824	1.1144	94%
24	553.1219	144.4845	0.0540	0.0005	0.2843	0.0032	0.0382	0.0002	3.8282	368.5700	22.2200	254.0327	2.5542	241.4162	0.9582	94%
25	285.8695	273.0409	0.0523	0.0002	0.2867	0.0016	0.0398	0.0002	1.0470	298.2100	11.1100	255.9562	1.2540	251.4619	1.0544	98%

续表

测点	Th /ppm	U /ppm	$^{207}Pb/^{206}Pb$ 比值	1σ	$^{207}Pb/^{235}U$ 比值	1σ	$^{206}Pb/^{238}U$ 比值	1σ	Th/U 比值	$^{207}Pb/^{206}Pb$ 年龄/Ma	1σ	$^{207}Pb/^{235}U$ 年龄/Ma	1σ	$^{206}Pb/^{238}U$ 年龄/Ma	1σ	谐和度
26	305.4009	105.2250	0.0555	0.0003	0.4388	0.0032	0.0574	0.0002	2.9024	431.5300	19.4425	369.4348	2.2461	359.4970	1.3805	97%
27	30.3517	13.2882	0.1718	0.0007	11.0882	0.0962	0.4680	0.0037	2.2841	2575.6200	6.7925	2530.5676	8.0849	2474.9460	16.2291	97%
28	282.2537	225.4361	0.0508	0.0020	0.1771	0.0080	0.0253	0.0003	1.2520	231.5500	60.1775	165.5575	6.8619	160.9659	2.0714	97%
29	546.5045	367.2090	0.0579	0.0002	0.5682	0.0040	0.0712	0.0005	1.4883	524.1100	7.4075	456.8189	2.5694	443.5251	2.7814	97%
30	439.0714	172.3015	0.0545	0.0004	0.3644	0.0035	0.0485	0.0003	2.5483	390.7900	14.8125	315.5294	2.6341	305.4160	1.8965	96%
31	63.0443	47.8706	0.0517	0.0035	0.1802	0.0097	0.0256	0.0007	1.3170	272.2850	155.5350	168.2013	8.3297	162.7151	4.4735	96%
32	16.2825	11.2073	0.0522	0.0016	0.2889	0.0091	0.0406	0.0006	1.4529	300.0600	70.3625	257.7263	7.1434	256.8211	3.8016	99%
33	17.1402	71.6952	0.0535	0.0005	0.3323	0.0048	0.0450	0.0005	0.2391	350.0550	22.2200	291.3552	3.6666	283.9381	2.9483	97%
34	257.8900	203.3614	0.0500	0.0016	0.1735	0.0073	0.0252	0.0008	1.2681	194.5250	108.3175	162.4241	6.3020	160.6988	5.3152	98%
35	1806.9150	996.4099	0.0525	0.0002	0.3043	0.0028	0.0420	0.0004	1.8134	309.3200	10.1850	269.7899	2.2113	265.3503	2.2405	98%
36	41.5225	31.6166	0.0505	0.0018	0.1752	0.0068	0.0251	0.0003	1.3133	216.7400	83.3200	163.9072	5.8988	160.0374	2.1241	97%
37	43.2531	80.4444	0.0540	0.0015	0.3190	0.0098	0.0428	0.0004	0.5377	372.2750	62.9575	281.1621	7.5788	269.9845	2.5114	95%
38	115.2788	132.1232	0.0503	0.0005	0.1751	0.0022	0.0253	0.0002	0.8725	205.6300	24.0675	163.8578	1.9152	161.0277	1.3668	98%
39	46.5680	28.3264	0.0539	0.0012	0.3042	0.0071	0.0409	0.0004	1.6440	368.5700	49.9950	269.6916	5.5478	258.4644	2.4515	95%
40	310.3967	220.1972	0.0536	0.0003	0.3061	0.0026	0.0414	0.0003	1.4096	353.7600	12.9625	271.1504	2.0595	261.8138	1.7662	96%
41	83.1684	97.2956	0.0528	0.0004	0.3447	0.0036	0.0474	0.0004	0.8548	316.7250	21.2950	300.7620	2.7020	298.7177	2.3094	99%
42	110.5773	81.6392	0.0560	0.0011	0.4410	0.0083	0.0573	0.0005	1.3545	450.0450	44.4400	370.9299	5.8734	358.9073	2.8426	96%
43	486.7660	458.0185	0.0534	0.0004	0.3544	0.0045	0.0481	0.0004	1.0628	346.3500	18.5175	308.0178	3.3524	302.8541	2.2783	98%
44	83.6162	108.0846	0.0542	0.0012	0.3318	0.0080	0.0444	0.0004	0.7736	375.9800	52.7725	290.9562	6.0897	280.1492	2.2573	96%
45	107.4975	53.9410	0.0519	0.0007	0.2585	0.0042	0.0361	0.0003	0.9929	279.6900	26.8500	233.4320	3.3749	228.8066	2.0237	97%
46	57.1643	41.9759	0.0537	0.0038	0.1872	0.0156	0.0253	0.0010	1.3618	366.7200	165.7200	174.2081	13.3828	160.9485	6.3372	92%
47	40.7675	48.3182	0.0505	0.0009	0.3256	0.0056	0.0470	0.0004	0.8437	216.7400	42.5825	286.1668	4.2678	296.0866	2.6916	96%
48	148.4800	109.6196	0.0511	0.0014	0.1767	0.0080	0.0251	0.0010	1.3545	255.6200	58.3225	165.1861	6.9183	159.7582	6.5958	96%
49	90.1263	129.7423	0.1626	0.0005	9.2245	0.1040	0.4114	0.0047	0.6947	2483.0200	4.1675	2360.5479	10.3306	2221.4902	21.2796	93%
50	39.7261	60.8310	0.0523	0.0007	0.2603	0.0036	0.0362	0.0003	0.6531	298.2100	-2.7775	234.8872	2.8771	229.1010	1.8161	97%

续表

测点	Th /ppm	U /ppm	207Pb/206Pb 比值	1σ	207Pb/235U 比值	1σ	206Pb/238U 比值	1σ	Th/U 比值	207Pb/206Pb 年龄/Ma	1σ	207Pb/235U 年龄/Ma	1σ	206Pb/238U 年龄/Ma	1σ	谐和度
51	37.3855	25.2287	0.1153	0.0006	4.9637	0.0410	0.3123	0.0023	1.4819	1887.0400	9.2550	1813.1555	6.9871	1751.9024	11.1327	96%
52	89.3795	71.8712	0.0515	0.0005	0.2819	0.0037	0.0397	0.0003	1.2436	264.8800	24.0725	252.1840	2.9149	250.8673	1.8104	99%
53	484.1590	269.5765	0.0504	0.0006	0.1754	0.0021	0.0252	0.0001	1.7960	213.0350	25.9175	164.0769	1.8246	160.7198	0.4711	97%
54	188.6319	259.8841	0.0566	0.0003	0.5948	0.0037	0.0762	0.0003	0.7258	475.9700	11.1100	473.9303	2.3662	473.1601	1.7492	99%
55	436.7825	180.5458	0.0519	0.0004	0.3163	0.0023	0.0442	0.0002	2.4192	283.3950	16.6650	279.0318	1.7866	278.8595	1.2503	99%
56	285.2330	263.9551	0.0521	0.0003	0.3076	0.0021	0.0429	0.0002	1.0806	287.1000	12.9600	272.3229	1.6174	270.4960	1.1103	99%
57	586.9001	175.6374	0.0513	0.0004	0.2544	0.0020	0.0360	0.0002	3.3415	253.7700	47.2175	230.1486	1.6387	227.8018	0.9438	98%
58	569.9138	596.2452	0.0514	0.0002	0.2668	0.0015	0.0377	0.0001	0.9558	257.4700	38.8850	240.1521	1.1981	238.4618	0.8989	99%
59	244.6243	254.6656	0.0526	0.0003	0.3375	0.0024	0.0465	0.0002	0.9606	322.2800	12.9600	295.3025	1.8107	293.1912	1.1954	99%
60	364.0568	356.9519	0.1189	0.0003	5.1340	0.0237	0.3131	0.0013	1.0199	1939.2050	4.3225	1841.7432	3.9215	1756.1536	6.4538	95%
61	315.6544	238.3817	0.0524	0.0003	0.3093	0.0032	0.0429	0.0004	1.3242	301.9100	17.5900	273.6200	2.4770	270.5856	2.4197	98%
62	90.2400	86.1646	0.0519	0.0015	0.1825	0.0133	0.0254	0.0011	1.0473	279.6900	66.6575	170.2353	11.4144	161.9433	7.0442	95%
63	176.3098	137.9105	0.0493	0.0013	0.1709	0.0060	0.0251	0.0005	1.2784	164.9000	65.7300	160.1840	5.2150	159.5848	2.8998	99%
64	100.2110	187.7237	0.0845	0.0003	2.4999	0.0179	0.2146	0.0014	0.5338	1303.3900	6.0175	1272.0193	5.1804	1253.1159	7.4692	98%
65	31.0746	24.6468	0.0498	0.0016	0.1719	0.0061	0.0251	0.0004	1.2608	183.4150	75.9125	161.0599	5.2655	160.1079	2.5151	99%
66	75.0193	75.9544	0.0499	0.0017	0.1734	0.0058	0.0253	0.0005	0.9877	190.8200	105.5400	162.4079	5.0501	161.2905	3.3704	99%
67	240.0188	158.7448	0.0495	0.0007	0.1713	0.0031	0.0251	0.0003	1.5120	172.3050	2.7775	160.5150	2.6629	159.9210	1.7964	99%
68	63.5801	126.1697	0.0512	0.0042	0.1773	0.0176	0.0251	0.0013	0.5039	255.6200	186.0875	165.7520	15.1755	159.9747	7.8866	96%
69	105.9016	118.8668	0.0504	0.0026	0.1756	0.0110	0.0253	0.0010	0.8909	213.0350	113.8725	164.2269	9.5229	160.8122	6.1162	97%
70	169.9240	221.1520	0.1738	0.0005	10.0905	0.0633	0.4212	0.0025	0.7684	2594.1400	4.1675	2443.1027	5.7912	2266.1334	11.4767	92%
71	83.5574	61.2256	0.0529	0.0007	0.2639	0.0039	0.0362	0.0003	1.3647	324.1300	33.3300	237.8153	3.1031	229.5400	1.6309	96%
72	226.5010	254.2505	0.0500	0.0019	0.1746	0.0072	0.0253	0.0006	0.8909	198.2300	88.8750	163.4018	6.2066	161.2261	3.8589	98%
73	45.6388	63.4591	0.0543	0.0007	0.3483	0.0048	0.0465	0.0003	0.7192	383.3850	29.6250	303.4724	3.5846	293.1965	1.8114	96%
74	300.7885	410.6186	0.0501	0.0014	0.1747	0.0037	0.0253	0.0003	0.7325	198.2300	66.6550	163.4793	3.2212	161.2000	1.7513	98%
75	101.5260	122.7591	0.0523	0.0043	0.1845	0.0209	0.0255	0.0008	0.8270	298.2100	187.0150	171.9302	17.9197	162.0209	4.9920	94%

续表

测点	Th/ppm	U/ppm	207Pb/206Pb 比值	1σ	207Pb/235U 比值	1σ	206Pb/238U 比值	1σ	Th/U 比值	207Pb/206Pb 年龄/Ma	1σ	207Pb/235U 年龄/Ma	1σ	206Pb/238U 年龄/Ma	1σ	谐和度
76	50.3467	55.4540	0.0528	0.0007	0.3097	0.0042	0.0425	0.0002	0.9079	320.4300	24.9975	273.9317	3.2822	268.4912	1.3560	97%
77	68.6515	146.2337	0.0522	0.0009	0.1832	0.0018	0.0255	0.0003	0.4695	294.5050	45.3650	170.8265	1.5611	162.0283	2.0490	94%
78	79.3639	75.8160	0.0494	0.0033	0.1724	0.0139	0.0252	0.0006	1.0468	168.6000	-41.6625	161.5080	12.0708	160.4119	3.5872	99%
79	360.7658	105.8050	0.0529	0.0005	0.3306	0.0032	0.0454	0.0002	3.4097	324.1300	20.3700	290.0529	2.4431	286.0897	1.4087	98%
80	129.1721	147.5135	0.0516	0.0019	0.1797	0.0081	0.0252	0.0004	0.8757	333.3900	80.5425	167.7967	6.9400	160.6120	2.2941	95%
81	88.1297	79.3932	0.0508	0.0027	0.1774	0.0084	0.0254	0.0010	1.1100	231.5500	122.2050	165.8118	7.2287	161.8247	5.9982	97%
82	149.6708	151.3439	0.0510	0.0033	0.1788	0.0183	0.0253	0.0014	0.9889	238.9550	152.7575	167.0700	15.7712	160.9371	8.6095	96%
83	59.7980	65.8963	0.0503	0.0020	0.1742	0.0079	0.0252	0.0008	0.9075	205.6300	86.0975	163.0514	6.7936	160.4840	4.8629	98%
84	112.9708	102.6028	0.0513	0.0004	0.3124	0.0045	0.0443	0.0006	1.1011	253.7700	18.5175	276.0763	3.5159	279.1312	3.5955	98%
85	132.0441	130.8327	0.0537	0.0004	0.2746	0.0039	0.0372	0.0005	1.0093	366.7200	18.5175	246.3885	3.1457	235.3013	3.0024	95%
86	284.2646	191.9447	0.0520	0.0026	0.1820	0.0100	0.0254	0.0010	1.4810	287.1000	112.9475	169.7527	8.6028	161.9211	6.1322	95%
87	9.7539	25.8823	0.0555	0.0012	0.4141	0.0092	0.0542	0.0004	0.3769	431.5300	45.3650	351.8005	6.5863	340.2911	2.6815	96%
88	31.1789	32.1384	0.0563	0.0007	0.4388	0.0077	0.0565	0.0007	0.9701	464.8600	29.6275	369.3983	5.4593	354.6070	4.3607	95%
89	52.2691	50.8977	0.0532	0.0008	0.3115	0.0060	0.0425	0.0005	1.0269	344.5000	33.3300	275.3768	4.6218	268.2201	2.7969	97%
90	59.9237	82.2969	0.0536	0.0009	0.3000	0.0060	0.0405	0.0002	0.7281	353.7600	34.2550	266.4346	4.6508	256.1968	1.2988	96%
91	10.3036	53.5583	0.0530	0.0006	0.3270	0.0039	0.0448	0.0002	0.1924	327.8350	32.4050	287.2379	2.9535	282.7333	1.2680	98%
92	264.1137	412.2282	0.0525	0.0002	0.3115	0.0015	0.0430	0.0001	0.6407	309.3200	9.2575	275.3298	1.1669	271.3909	0.8286	98%
93	55.8968	63.9835	0.0487	0.0013	0.1820	0.0119	0.0256	0.0007	0.8736	200.0750	61.1050	169.7799	10.2138	162.8796	4.4657	95%
94	77.3154	51.3213	0.0517	0.0027	0.1790	0.0095	0.0252	0.0005	1.5065	272.2850	118.5025	167.1941	8.2194	160.1752	3.0452	95%
95	93.2434	112.0462	0.0507	0.0023	0.1788	0.0079	0.0257	0.0006	0.8322	233.4000	102.7625	167.0292	6.7648	163.3342	3.5982	97%
96	488.5582	273.2976	0.0504	0.0024	0.1758	0.0109	0.0253	0.0005	1.7876	213.0350	112.9475	164.4483	9.3807	160.8372	3.3469	97%

表 3.13　sx88 样品锆石 U-Pb 同位素测年数据

测点	含量/10⁻⁶ Pb	含量/10⁻⁶ U	同位素比值 208Pb/232Th	1σ	err%	232Th/238U	1σ	err%	年龄/Ma 206Pb/238U	1σ	207Pb/235U	1σ	207Pb/206Pb	1σ
1	44	787	0.0217	0.0003	1.58	0.5696	0.0021	0.37	315	4	323	11	380	85
2	16	437	0.0128	0.0001	0.51	1.0079	0.0042	0.42	179	2	181	5	196	68
3	3	80	0.0109	0.0001	1.16	1.2216	0.0073	0.59	184	2	190	9	271	117
4	6	124	0.0136	0.0001	0.49	1.0898	0.0047	0.43	232	2	256	5	483	49
5	16	222	0.0216	0.0002	0.93	1.2137	0.0174	1.43	343	5	346	6	368	31
6	79	1072	0.0269	0.0002	0.88	0.8271	0.0130	1.58	368	4	403	10	607	58
7	11	296	0.0122	0.0004	2.96	0.9372	0.0137	1.46	180	2	180	7	180	92
8	7	239	0.0121	0.0002	1.35	0.5217	0.0023	0.43	181	3	174	6	75	77
9	19	380	0.0162	0.0001	0.68	0.9816	0.0177	1.80	247	2	268	8	447	67
10	32	690	0.0167	0.0003	1.62	0.7527	0.0054	0.71	248	2	260	8	367	75
11	3	104	0.0120	0.0000	0.41	0.7388	0.0012	0.16	179	2	176	3	129	39
12	21	572	0.0121	0.0001	0.41	1.0139	0.0025	0.25	179	2	177	4	150	60
13	39	1313	0.0120	0.0001	0.92	0.4368	0.0017	0.39	176	2	172	3	127	40
14	13	346	0.0150	0.0002	1.19	0.9724	0.0054	0.56	177	2	191	5	370	46
15	43	820	0.0238	0.0005	1.91	0.5266	0.0024	0.46	290	4	303	12	403	95
16	16	478	0.0135	0.0002	1.50	0.6662	0.0013	0.19	180	2	178	6	150	75
17	27	560	0.0167	0.0003	1.63	0.8459	0.0066	0.78	243	4	271	13	518	113
18	24	490	0.0211	0.0004	1.86	0.4438	0.0048	1.09	280	4	301	10	462	77
19	11	287	0.0080	0.0001	1.55	1.9329	0.0386	1.99	178	3	177	6	158	94
20	6	206	0.0130	0.0002	1.37	0.3779	0.0012	0.32	179	2	173	4	84	55
21	13	342	0.0116	0.0001	0.89	1.1342	0.0127	1.12	179	2	169	5	32	73
22	20	574	0.0139	0.0003	1.84	0.6827	0.0038	0.55	182	2	170	10	17	161
23	9	234	0.0097	0.0001	0.64	1.5087	0.0032	0.21	178	2	183	8	243	98
24	8	22	0.1183	0.0006	0.54	0.3322	0.0022	0.66	1946	17	1927	23	1907	21
25	11	249	0.0150	0.0001	0.80	0.8899	0.0089	0.99	224	4	335	5	1198	38
26	6	113	0.0210	0.0001	0.67	0.6377	0.0036	0.57	266	3	285	6	451	49
27	0	13	0.0104	0.0001	1.30	0.1808	0.0018	0.15	178	2	178	9	175	111
28	12	316	0.0096	0.0001	0.67	1.5535	0.0147	0.94	179	2	174	6	112	80
29	11	298	0.0120	0.0001	0.79	1.0216	0.0034	0.33	182	2	176	4	99	63
30	15	395	0.0125	0.0001	0.82	0.1409	0.0121	1.06	180	2	182	5	210	72
31	21	232	0.0309	0.0002	0.77	0.8814	0.0025	0.28	459	5	469	7	518	33
32	9	223	0.0174	0.0003	1.64	0.7389	0.0047	0.64	197	3	293	11	1153	76
33	20	624	0.0128	0.0002	1.64	0.5359	0.0009	0.17	180	2	185	9	242	108
34	293	1054	0.1174	0.0025	2.11	0.0862	0.0018	2.06	1585	24	1712	18	1870	22
35	39	1226	0.0146	0.0002	1.57	0.4630	0.0008	0.18	180	2	179	8	174	104
36	7	166	0.0146	0.0003	2.08	0.1294	0.0039	0.34	180	5	192	20	343	220
37	24	738	0.0132	0.0001	0.78	0.6001	0.0063	1.06	181	2	183	6	206	76
38	2	63	0.0114	0.0001	0.65	0.9437	0.0077	0.82	177	2	178	5	193	75
39	34	890	0.0123	0.0001	0.52	1.2207	0.0059	0.49	179	1	179	5	180	72
40	28	813	0.0152	0.0003	2.03	0.6207	0.0042	0.68	179	2	189	8	313	101

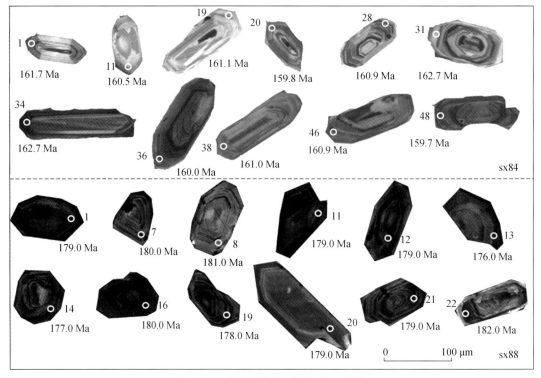

图 3.57　典型岩浆锆石阴极发光图像

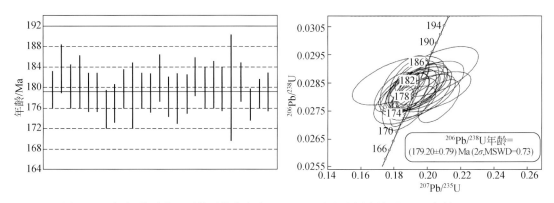

图 3.58　宁武-静乐盆地下侏罗统永定庄组（J_1y）火山碎屑岩锆石 U-Pb 年龄（sx88）

7）燕山运动起始时限

根据沉积旋回的划分、轻矿物分析、重矿物分析、地球化学元素特征分析以及锆石 U-Pb 同位素测年五个方面资料的综合考虑，本次研究将侏罗纪造山运动的启动时间限定为中侏罗统云岗组（J_2yg）底部砾岩沉积时期，具体时限约为 168 Ma B. P.（图 3.59）。主要证据如下：

（1）沉积旋回方面的证据。在侏罗纪的沉积演化序列中，下侏罗统永定庄组（J_1y）为一套河流相沉积，中侏罗统大同组（J_2d）为一套湖泊-沼泽相沉积，中侏罗统云岗组（J_2yg）

至天池河组（J_2t）为一套河流-三角洲相沉积，在纵向上构成了湖进至湖退的完整旋回。湖进序列至湖退序列转换的关键点位于中侏罗统云岗组（J_2yg）底部砾岩附近，暗示着该套砾岩沉积前后区域应力场完成了由早期的拉张应力场向晚期的挤压应力场的转换，孕育着侏罗纪造山运动的开始。中侏罗统云岗组（J_2yg）底部砾岩以其下伏的中侏罗统大同组（J_2d）含煤地层作为一个稳定的区域标志层，可以进行全区等时追踪对比。

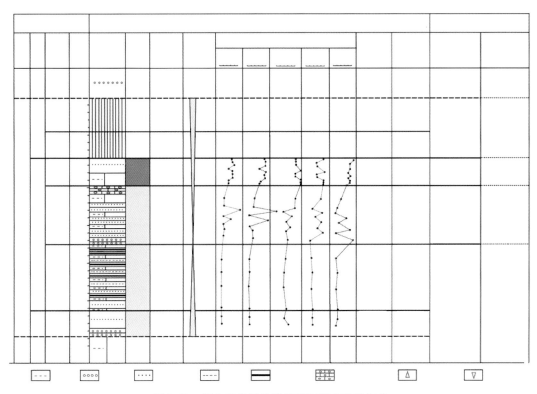

图 3.59　华北克拉通北缘侏罗纪造山阶段划分

（2）轻矿物方面的证据。中侏罗统云岗组（J_2yg）底部砾岩沉积前后，剖面上碎屑岩的成分发生了突变。在碎屑岩 Qm-F-Lt 端元成分三角投影图中，下侏罗统永定庄组（J_1y）和中侏罗统大同组（J_2d）投影点落于基底抬升区域，而中侏罗统云岗组（J_2yg）投影点都落于石英质再旋回造山带之中，预示着源区造山作用的开始。

（3）重矿物方面的证据。中侏罗统云岗组（J_2yg）底部砾岩沉积前后，剖面上碎屑岩的成分及重矿物组合特征发生了突变。下侏罗统永定庄组（J_1y）至中侏罗统大同组（J_2d）以石英长石砂岩为主，中侏罗统云岗组（J_2yg）以长石岩屑砂岩为主，中侏罗统天池河组（J_2t）以岩屑砂岩为主，碎屑成分由粗变细，反映了源区的剥蚀程度突然加强。下侏罗统永定庄组（J_1y）至中侏罗统大同组（J_2d）碎屑岩的重矿物组合以超稳定的锆石含量为主，中侏罗统云岗组（J_2yg）和天池河组（J_2t）碎屑岩重矿物组合以稳定的石榴子石和赤褐铁矿为主，并有少量的不稳定矿物加入，证明自中侏罗统云岗组（J_2yg）底部砾岩沉积时期开始，随着物源区剥蚀强度的突然增加，相对不稳定的重矿物得以快速保存，造山带的构造活动性由平缓期向强烈活动期过渡。

（4）地球化学方面的证据。在整个侏罗纪剖面上，主量元素、稀土元素及微量元素特征值的变化以及相互之间的相关性，可以为物源区构造背景的变化提供相应的证据。样品中 CaO、CO_2 含量在中侏罗统云岗组（J_2yg）底部砾岩附近突然增高，直至中侏罗统天池河组（J_2t）一直呈现快速增大的趋势。所有样品中 CO_2 与 CaO 含量具有良好的线性相关性，相关系数高达 0.97，说明样品中所有的 CaO 都来源于可溶性的碳酸盐岩。除去 CaO 以外的主量元素总量与 CO_2 含量呈明显的负相关关系，相关系数达 0.99，说明这些元素基本上来源于陆源碎屑组分 ［图 3.60（a）、（b）］。这种负相关性还表明，岩石中的碳酸盐岩均来自于源区碳酸盐岩的风化剥蚀作用而非成岩作用过程中的新生（Feng and Kerrich，1990；Gu，1994）。CaO、CO_2 含量的变化说明从中侏罗统云岗组（J_2yg）底部砾岩发育时期开始，华北克拉通中北部寒武-奥陶纪灰岩的剥蚀范围及程度突然加强，代表了强烈造山运动的开始。在沉积序列中，锶元素与碳酸盐岩碎屑物质之间存在紧密的关系，在碳酸盐岩晶格中，Ca 元素可以被 Sr 元素所替代（Taylor，1965；Bathurst，1975；Hammer *et al.*，1990；Dean and Arthur，1998；Dypvik and Harris，2001）。通过 Sr 与 CaO、MgO 之间的相关性分析，除去异常值外，总体上 Sr 含量随 CaO、MgO 含量的增加有明显增大的趋势，进一步说明 CaO、MgO、CO_2 含量的增加与寒武-奥陶系碳酸盐岩（包括白云岩）剥蚀范围、剥蚀强度之间具有密切的关系 ［图 3.60（c）、（d）］。Fe_2O_3+FeO 的含量以及 Fe_2O_3/FeO 的值迅速增加，代表了区域氧化性突然增强，湖盆地形快速抬升，区域构造活动性突然加强。铁总量的增加主要是由于源区太古宇吕梁群袁家村组、五台岩群金刚库岩组中含有大量的磁铁矿，太古宙地层剥蚀范围及剥蚀强度随构造活动性增强。

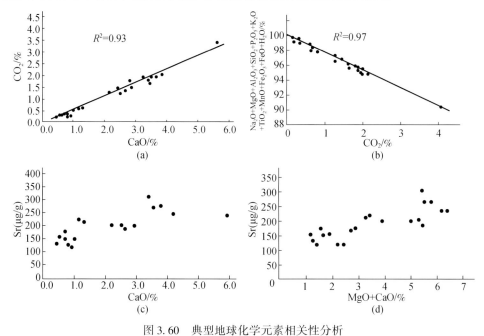

图 3.60　典型地球化学元素相关性分析

（a）CO_2 与 CaO；（b）CO_2 与 Na_2O+MgO+Al_2O_3+SiO_2+P_2O_5+K_2O+TiO_2+MnO+Fe_2O_3+FeO+H_2O^+；

（c）Sr 与 CaO；（d）Sr 与 CaO+MgO

稀土元素经球粒陨石标准化后的特征曲线都表现为基本一致的规律性，反映了在侏罗系沉积期间总体物源的稳定性。sx96、sx98 号样品经球粒陨石标准化后的曲线，表现出与其他 22 条曲线不协调的特征，δEu 具有明显的正异常，特别是 sx98 号样品 δEu 值达 1.06，证明物源中可能有来自于玄武岩碎屑物质的加入。这种玄武岩碎屑物质的来源可能不是同期火山喷发物所致，应该是燕山造山带早侏罗世南大岭期玄武岩剥蚀的产物。sx96、sx98 号样品在剖面中的位置正好位于中侏罗统云岗组（J_2yg）底部砾岩附近，说明了从这一时期物源区已经处于了快速隆升剥蚀的阶段，下侏罗统南大岭组玄武–安山岩地层首先被剥蚀。

（5）起始时限时空效应。中侏罗统云岗组（J_2yg）底部砾岩最大扁平面倾伏向的测量及统计结果表明，鄂尔多斯盆地中北部的云岗盆地、宁武–静乐盆地、茹去村剖面古水流方向均来自于 NE 方向，受控于北部的阴山–燕山造山带，而鄂尔多斯盆地东南部的渑池常村剖面古水流方向来自于南部，受控于秦岭造山带，进而说明在这一时期，华北克拉通北缘与南缘可能具有造山作用的同时性。

（6）起始时限的限定。本次在宁武–静乐盆地陈家半沟剖面测得的中侏罗统云岗组（J_2yg）顶部年龄为（160.6±0.55）Ma，下侏罗统永定庄组（J_1y）火山碎屑岩的年龄为（179.2±0.79）Ma，可以根据中侏罗统大同组（J_2d）和云岗组（J_2yg）的沉积厚度，推测中侏罗统云岗组（J_2yg）底部砾岩附近的年龄。在陈家半沟剖面上，中侏罗统大同组（J_2d）沉积厚度为 427.8 m，云岗组（J_2yg）沉积厚度为 370.5 m，中侏罗统的沉积速率约为 53.0 m/Ma，推测中侏罗统云岗组（J_2yg）底部的年龄大约为 168 Ma，该年龄代表了燕山运动的启动时间。

4. 鄂尔多斯盆地中—晚侏罗世构造事件的沉积响应

1）区域构造背景

侏罗纪是中国中东部乃至东亚构造演化的重要时期（赵越等，2004a；董树文等，2007，2008；张岳桥等，2012），在鄂尔多斯盆地及其周缘可以划分为两个性质完全不同的构造演化阶段，即早侏罗世至中侏罗世早期的弱引张应力环境、中侏罗世晚期至晚侏罗世的多向挤压应力环境（张岳桥等，2007a）。早—中侏罗世鄂尔多斯盆地及其周缘地区整体处于区域弱伸展应力环境之下，在盆地内部形成了一组高角度、走向 EW 向至 NW–SE 向的正断层，盆地周缘基底断裂发生明显的伸展复活，该期构造运动更多的被认为是三叠纪印支运动的后效（Ritts et al.，2001；张岳桥等，2006）。中—晚侏罗世盆地遭受多向挤压应力场作用，挤压方向为 WE、NW–SE 和 NE–SW，在盆地周缘形成展布方向不一、构造样式不同的边界挤压变形带（刘正宏等，2004；白云来等，2006；张岳桥等，2007b；赵帧祥、杜晋峰，2007）。该期构造运动造成了鄂尔多斯盆地及其周缘地区普遍存在下白垩统与下伏不同时代地层之间的角度不整合接触关系（图 3.61）。前人关于侏罗纪构造事件的研究，主要立足于构造变形方面，而对盆地沉积演化方面的研究则相对薄弱。盆地和造山带作为大陆岩石圈表面发育的两个基本构造单元，在空间上相互依存，在物质上相互转换，通过盆地内沉积物序列、碎屑成分等方面的变化，可以演绎物源区的构造演化过程，为造山带演化提供依据（王清晨、李忠，2003；刘少峰、张国伟，2005）。本次研究依据鄂尔多斯盆地侏罗纪岩相古地理演化、碎屑岩成分的变化、古环境的变迁以及构造年代学厘定，来探讨中—晚侏罗世构造事件的发生、发展过程。

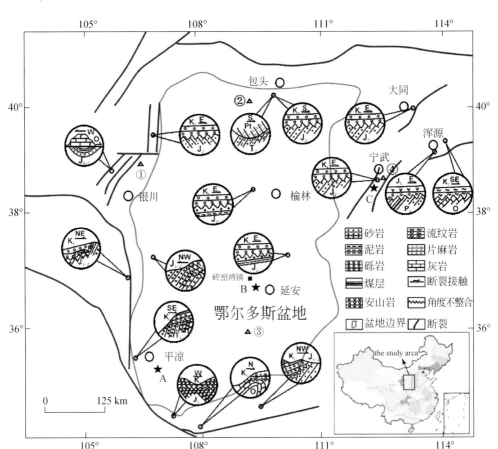

图 3.61　鄂尔多斯盆地及其周缘中生代地层不整合分布图

2）侏罗纪岩相古地理演化

下侏罗统富县组是鄂尔多斯盆地侏罗系最早沉积的地层，其发育在由印支运动所造成的凹凸不平的剥蚀面上，沉积以填平补齐为特点，与下伏三叠系延长组呈平行不整合接触关系。富县组岩性岩相复杂，厚度变化大，在纵向上主要沉积了"粗富县"和"细富县"两套岩相。前者以浅灰色细砾岩、含砾粗砂岩为主，代表了冲积扇沉积及河道滞留沉积，后者以灰黑色泥岩和杂色泥岩为特征，代表了河漫滩、河漫沼泽及洼地沉积，反映了各自不同的沉积环境，为同期不同时的沉积产物（赵俊兴等，1999）。粗富县为富县组沉积早期的产物，受古地貌形态的限制，盆地主要有 EW 向、NW 向、SW 向和 NE 向的河流，早期的冲积扇–河流沉积体系中发育着冲积扇、砂质河道等沉积类型，沉积物颗粒粗、厚度大，具有重力流沉积的特点（图 3.62）。细富县仅为富县组沉积晚期的产物，此时鄂尔多斯盆地由于富县早、中期的填平补齐作用，地形趋缓，东部地区由于古地形差异而成为汇水区，在洪泛平原环境中，水位高低变化频繁，高水位时水体处于还原条件，生成灰黑、灰绿色岩层，在低水位时处于氧化环境，生成紫红色泥岩（时志强等，2001）。

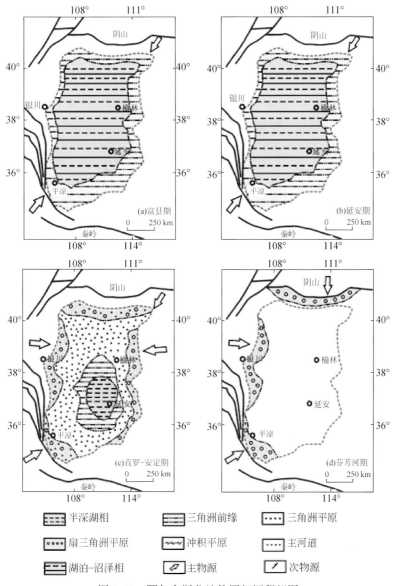

图 3.62　鄂尔多斯盆地侏罗纪沉积相图

中侏罗统延安期，鄂尔多斯盆地发育了一套稳定的湖泊–沼泽相沉积，延安组普遍含煤五组九层，最多达 33 层，单层最大厚度可达 10 m 多（图 3.62）。延安组自下而上可以划分为十个小层（延 1—延 10 段），在延安组较长的演化阶段中，延十—延九阶段继承了富县组沉积的特点；延八—延六段是盆地发育的稳定充填时期，三角洲平原面积明显扩大，河流作用减弱，是主要的成煤时期；进入延四—延五阶段以后，盆地构造明显抬升，河流回春，河流携带大量的沉积物进入湖泊，湖水变浅，湖泊面积大大缩小，形成了网状的残余湖泊。中侏罗统直罗组沉积早期，以辫状河沉积为主，中晚期以曲流河和交织河沉积为主（赵俊峰等，2008），在直罗组底部存在一套全区可以对比的厚层砾岩、含砾砂岩（图 3.63）。该阶段盆地的主物源方向与早期的延安期发生了根本的变化，不仅有来自于

NE、SW 向的物源，而且在盆地的西缘、东缘都分别有物源方向的存在，在鄂尔多斯盆地北缘的大青山、西缘的贺兰山、南缘的秦岭以及东缘 SN 一线都分别存在着扇三角洲沉积的特征（图3.62）。中侏罗统安定组继承了直罗组的沉积特征，以含泥灰岩、白云质泥灰岩为其特征。

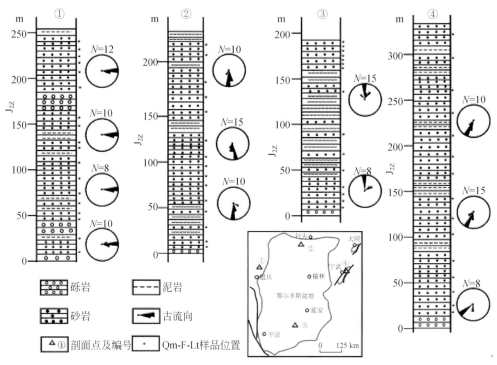

图3.63　鄂尔多斯及周缘盆地中侏罗统直罗组典型剖面
①宁夏汝箕沟剖面；②内蒙古达拉特旗高头窑剖面；③富县葫芦河剖面；④宁武郭家庄剖面

上侏罗统沉积在鄂尔多斯盆地仅发育盆地西缘造山带前缘（芬芳河组）和北缘的大青山前缘（大青山组）（图3.62）。芬芳河组为一套山麓相和山前冲积相沉积，地层厚度100～1200 m。岩性以红色砂砾岩为主，砾石成分以花岗岩、石英岩、灰岩和砂岩团块为主，与下伏安定组呈平行不整合接触，与上覆的白垩系地层呈角度不整合接触。在甘肃环县、宁夏平罗有零星出露，环县甜水堡剖面仍为砾岩，厚度121.0 m，平罗汝箕沟剖面岩性变为钙质粉砂岩、钙质泥岩夹砂岩，富含钙质结核，厚度977.0 m。大青山组岩性特征总体上为巨厚的紫色、灰绿色相间的陆相粗碎屑岩，按照岩性可以分为两段：下段为紫红色砾岩和砂岩互层，由含砾砂岩、浅灰色厚层结晶灰岩、灰紫-紫红色砂岩、粉砂岩夹薄层灰岩、灰绿色砂岩、粉砂岩组成，含植物及鞘翅类昆虫化石，厚度大于2445.0 m；上段为紫-紫灰色厚层砂岩夹砾岩、灰绿色砾岩夹砂岩、粉砂岩和灰-黄绿色砂岩、砂砾岩夹细砂岩、碳质页岩及煤线等，本段厚2464.0 m，两岩段之间为断层接触。

　　3）砂岩碎屑成分及大地构造属性

　　对于轻矿物的分析，室内采用 Dickinson 等（1983）的方法通过普通偏光显微镜进行其碎屑组成分析和统计，为了客观的反映该样品的组成特征，每个岩石样品统计的碎屑颗粒总数不能少于 500 个。由于砂岩在成岩作用和后期各种地质作用的共同影响下，砂岩中岩屑、长石和石英碎屑发生破碎形成假杂基，导致砂岩中的碎屑组成含量发生变化，从而使得代表源区重要信息的碎屑组分含量发生变化，不能客观的反映砂岩源区的特征。因此，在进行砂岩成分含量统计过程中，尽量选取基质小于 10% 的砂岩进行统计。样品分析目的基于两方面：一是中侏罗统延安组与直罗组—安定组砂岩碎屑成分所赋予的大地构造背景是否存在差异；二是中侏罗统直罗组不同区域、不同物源指向其碎屑成分所赋予的大地构造背景之间是否具有统一性。针对样品分析目的在延安市砖窑湾镇延安组采集样品九件、直罗组—安定组采集样品 14 件、宁夏汝箕沟中侏罗统直罗组采集样品 18 件、内蒙古达拉特旗高头窑中侏罗统直罗组采集样品 15 件、富县葫芦河中侏罗统直罗组采集样品 15 件、宁武郭家庄中侏罗统直罗组采集样品 15 件。

Dickinson 等（1983）利用成分三角图对来自世界 88 个已知构造背景的地区的砂岩成分进行了统计投影。结果表明，构造背景相同的地区，砂岩成分在三角图上的投影位置相对集中，构造背景不同的地区，砂岩成分在三角图上的投影位置就完全不同。该图明显的划分出了陆地物源区（包括克拉通内部物源区和上升隆起的基底物源区）、岩浆弧物源区（包括未切割岛弧物源区和切割岛弧物源区）以及再造山旋回物源区（包括俯冲带的混杂物源区、碰撞造山带物源区和前陆隆起物源区）。本次对所采集的砂岩样品进行了系统的镜下分析和测定，以 Qm-F-Lt 为单元成分（Qm 为单晶石英颗粒，F 为长石颗粒，Lt 为岩屑颗粒）做砂岩三角投影图（图 3.64）。延安市砖窑湾镇中侏罗统延安组、直罗–安定组

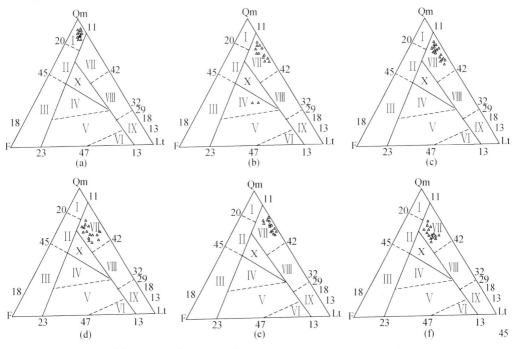

图 3.64 砂岩 Qm-F-Lt 图解（据 Dickinson *et al.*，1983）

（a）延安市砖窑湾镇（J₂y）；（b）延安市砖窑湾镇（J₂z—J₂a）；（c）宁夏汝箕沟（J₂z）；（d）内蒙古达拉特旗高头窑（J₂z）；（e）富县葫芦河（J₂z）；（f）宁武郭家庄（J₂z）；Ⅰ. 克拉通内；Ⅱ. 过渡型大陆；Ⅲ. 基底抬升；Ⅳ. 切割岛弧；Ⅴ. 过渡弧；Ⅵ. 未切割岛弧；Ⅶ. 石英再旋回；Ⅷ. 过渡再旋回；Ⅸ. 岩屑再旋回；Ⅹ. 混合

的投影结果表明：延安组九个样品点全部落入了克拉通内的范围，直罗组—安定组14个样品点中，有12个样品点落入了石英再造山旋回的范围，两个安定组的样品点落入了切割岛弧的范围。中侏罗统直罗组区域样品的分析结果表明：所有样品点均落入了石英再造山旋回的范围内。以上分析结果说明鄂尔多斯盆地在中侏罗统延安组沉积时期，物源区构造稳定，而中侏罗统直罗组沉积时期鄂尔多斯盆地的西部物源区、北部物源区、东北物源区和南部物源区同时进入了构造强烈活动的时期，安定组沉积时期有火山物质的加入，物源区的构造活动性进一步加强。黄岗等（2009）对鄂尔多斯盆地东南部的延安组地层进行了系统采样，利用 Dickinson 等（1983）的 Qm-F-Lt 图解进行了构造环境的判别，所有的样品点落入了大陆块物源区，表明当时的构造环境相对稳定，这一结果与本次对延安组的分析结果所得出的结论完全一致。

4）古气候环境的变迁

以延安市砖窑湾镇侏罗系典型剖面来纵观鄂尔多斯盆地侏罗系整个地层序列，中侏罗统安定组具有独特沉积特征，反映了沉积环境的突变（图3.65）。主要体现在以下两个方面：①地层颜色的变化。下侏罗统富县组至中侏罗统直罗组，地层序列的颜色主色调为灰绿色，而安定组地层的颜色突变为紫红色，反映了整个地层序列由早期的还原环境向氧化环境突变，预示着湖盆底形发生了强烈抬升，可能与盆地周缘造山带构造活动性突然加强密不可分。②安定组中普遍发育一套全区可以对比的泥晶碳酸盐岩（图3.66）。在鄂尔多斯盆地东北部的宁武-静乐盆地，该套泥晶碳酸盐岩具有凝灰质结构，有火山物质参与其中（Li Z. H. *et al.*, 2013）。在鄂尔多斯盆地中部的砖窑湾镇，主要为一套富含生物碎屑的泥晶碳酸盐岩。岩石由碎屑和填隙物组成。碎屑成分为主要为生物碎屑，少量的石英、云母等碎屑，约占岩石总量35%～40%；填隙物，为微晶方解石，约占岩石总量60%～65%。碎屑被钙质胶结；胶结方式为基底式。岩石滴加稀盐酸起泡剧烈，滴加茜素红-铁氰化钾试剂、碳酸盐矿物染为红色，说明碳酸盐矿物为方解石；生物碎屑主要为双壳类、其次为棘皮动物，多被亮晶方解石钙化，约占岩石总量30%～35%（图3.67）。生物的突然死亡，并在地层中得以很好的保存，可能与当时火山喷发，气候环境的突变存在着联系。

关于安定组古环境的变化，邵宏舜和黄第藩（1965）根据相应地层中湖相泥岩的化学分析资料对鄂尔多斯盆地中生代湖盆含盐量的变化进行了系统的研究。以氯离子含量0.02%～0.03%作为淡水和微咸水的分界，可以看出在早侏罗世的延安期到中侏罗世的直罗期氯离子的含量基本上都在0.01%以下，而到中侏罗世的安定期氯离子的含量发生了突变，迅速增加到了0.07%以上。这种变化可能是由于中侏罗世晚期板块的多向汇聚作用而引起东部高原的隆升，进而导致古气候由温暖湿润迅速转变为寒冷干旱的环境（张旗等，2008；王清晨，2009）。同时，对准噶尔盆地的研究也得出了相应的结论，由晚三叠世克拉玛依期至中侏罗世三工河期，氯离子的含量为0.01%～0.014%，反应水质一直处于淡水的范围内，而到中侏罗世齐古期，氯离子的含量迅速增加，甚至可以达到0.066%。曹珂等（2010）利用黏土矿物的特征对四川广元地区中侏罗世至早白垩世黏土矿物与古气候的关系进行了研究，将该区古气候划分为三个阶段：中侏罗世早中期、中侏罗世晚期和晚侏罗世至早白垩世，在中侏罗世晚期气候环境突然变的寒冷干燥，预示着区域古构造背景

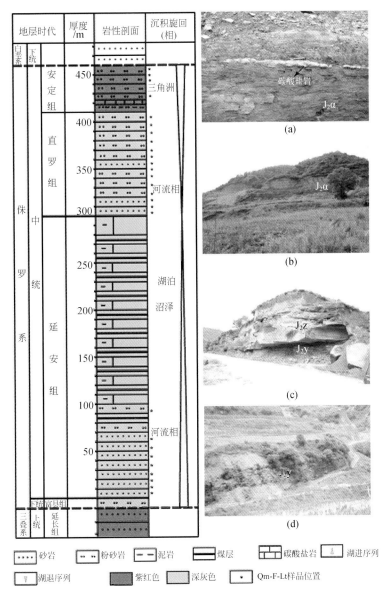

图 3.65　鄂尔多斯盆地侏罗纪典型地层序列（砖窑湾镇剖面）

（a）中侏罗统安定组碳酸盐岩；（b）中侏罗统安定组粉砂岩；（c）中侏罗统直罗组与延安组；
（d）中侏罗统延安组含煤地层

的改变。也就说中侏罗世安定期发生的气候环境的突变，其影响范围不仅仅局限于鄂尔多斯盆地，甚至中国中东部乃至东亚地区。

5）沉积演化关键时间的限定

根据对鄂尔多斯盆地沉积演化序列的建立，结合砂岩碎屑成分的变化及其古气候环境的变迁过程，可以看出中侏罗统直罗组底部砾岩、砂砾岩以及安定组泥晶碳酸盐岩分别代表了两个主要的突变界面，响应了盆地周缘中—晚侏罗世构造事件的两个重要阶段。中侏

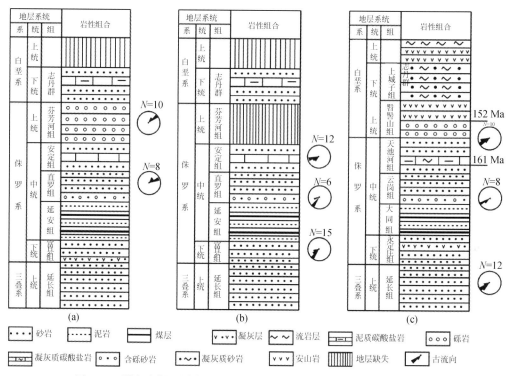

图 3.66　鄂尔多斯及周缘盆地侏罗纪地层对比图（剖面位置见图 3.61）

（a）鄂尔多斯盆地西南缘；（b）鄂尔多斯盆地中部；（c）宁武–静乐–浑源盆地

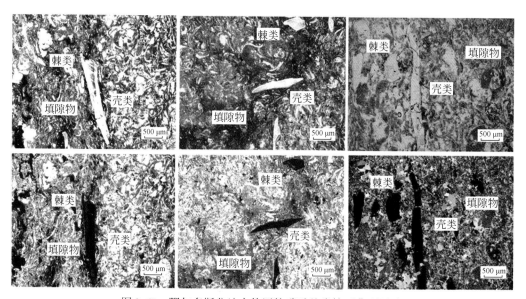

图 3.67　鄂尔多斯盆地中侏罗统碳酸盐岩镜下典型照片

–，单偏光；+正交偏光

罗统直罗组底部砾岩在整个华北克拉通以其下的延安组含煤地层作为等时界面可以全区追踪对比。在宁武–静乐盆地，通过下侏罗统永定庄组火山碎屑岩的年龄〔（179.2±0.79）Ma〕和中侏罗统云岗组顶部凝灰质碳酸盐岩年龄〔（160.6±0.55）Ma〕的制约，推测中侏罗统云岗组（在鄂尔多斯盆地相当于直罗组）底部砾岩沉积时间约为 168 Ma B. P.（Li Z. H. *et al.*，2013）。这个界面是鄂尔多斯盆地侏罗纪沉积序列转换的初始界面，预示着区域构造背景的变化，代表了中—晚侏罗世构造事件的初始阶段。中侏罗统安定组泥晶碳酸盐岩是区域构造背景进一步变化的产物，可能代表了中—晚侏罗世构造事件的强烈活动阶段。关于安定组泥晶碳酸盐岩的时限，根据宁武–静乐盆地的含凝灰质碳酸盐岩锆石 U-Pb 定年，确定为（160.6±0.55）Ma(Li Z. H. *et al.*，2013）。

鄂尔多斯盆地构造热事件的研究成果也为中晚侏罗世构造事件的发生、发展过程提供了重要依据，与目前通过沉积序列演化确定的 168 Ma B. P.、161 Ma B. P. 具有较好的吻合性。赵孟为等（1996）利用伊利石 K–Ar 测年法，结合伊利石结晶度分析，得出了鄂尔多斯盆地存在 170～160 Ma B. P. 构造热事件的年龄时限。陈刚等（2007）利用锆石和磷灰石裂变径迹（FT）分析方法，探讨了鄂尔多斯盆地中生代构造事件的 FT 年龄分布，给出了鄂尔多斯盆地中生代存在 213～194 Ma B. P.、165～141 Ma B. P.、115～113 Ma B. P.、100～81 Ma B. P.、66～59 Ma B. P. 五期构造热事件。其中，165～141 Ma B. P. 的构造热事件，其地质响应主要表现为晚侏罗世至早白垩世鄂尔多斯盆地周缘的逆冲推覆及其造山带前缘的粗碎屑沉积。这期构造热事件可能是中—晚侏罗世盆地遭受多向挤压应力场作用，而引起盆地内部构造热流体的响应，加速了盆地内烃源岩的演化。鄂尔多斯盆地170～160 Ma B. P. 构造热事件可能不是孤立存在的，而是具有广泛的意义。松潘–甘孜地区三叠纪沉积岩的 K–Ar 年龄也在 150～170 Ma（赵孟为等，1996）。

三、华北地区中生代构造演化及动力学过程

1. 以燕山地区为基础的中生代重要构造事件和过程（表 3.14）

表 3.14　华北北缘燕山地区早中生代主要构造事件一览表

时期	时代	重要构造事件
早白垩世之后	135 Ma B. P. 之后	区域性伸展和变质核杂岩的发育
	135 Ma B. P.	"燕山运动"的 B 幕结束
	153 Ma B. P. 开始	土城子组沉积早期，先存断块复活，构造挤出，可见区域性逆冲断裂活动
	162～153 Ma B. P.	区域 NE-NNE 左行走滑断裂的活动时期
燕山期	159 Ma B. P. 前后	区域重要的构造转折期，"燕山运动"的 A 幕完成，在髫髻山组火山岩不整合之下，区域性近 EW 向褶皱和逆冲断裂
	168 Ma B. P.	北京西山侏罗纪盆地逐渐发育
	177 Ma B. P.	北京西山 NWW 向褶皱构造开始
晚三叠世—早侏罗世	180 Ma B. P. 之前	辽西凌源逆冲推覆构造和内蒙古隆起的逆冲及快速剥露
晚三叠世	214～210 Ma B. P.	盘山地区的近 EW 向褶皱和逆冲断裂变形

晚三叠世构造变形：214～210 Ma B. P. 盘山地区的近 EW 向皱褶和逆冲断裂变形。

晚三叠世—早侏罗世：辽西凌源逆冲推覆构造和内蒙古隆起的逆冲及快速剥露。

燕山期（177～135 Ma B. P.）的变形：177 Ma B. P. 以后作为起点，168 Ma B. P. 是北京西山侏罗纪盆地逐渐发育，159 Ma B. P. 前后是区域重要的构造转折期，"燕山运动"的 A 幕完成，在髫髻山组火山岩不整合之下，是区域性近 EW 向褶皱和逆冲断裂；162～153 Ma B. P. 是区域 NE-NNE 向左行走滑断裂的活动时期，153 Ma B. P. 开始的土城子组沉积早期，先存断块复活，构造挤出，可见区域性逆冲断裂活动；至135 Ma B. P.，"燕山运动"的 B 幕结束。

135 Ma B. P. 之后是区域性伸展和变质核杂岩的发育。

2. 东亚构造体制转变的古地磁制约

东亚构造体制转变造就了燕山运动。燕山运动的主要变形幕发生在中侏罗世晚期以前，时代约为 160 Ma B. P.。晚侏罗世已经确定形成的环太平洋活动大陆边缘是证据之一，燕山板内变形带典型盆地的分析及中侏罗世强烈火山活动从区域上也表明古亚洲洋构造体系转向古太平洋构造体系主要发生在中—晚侏罗世。

中—晚侏罗世强烈火山活动在燕山区域保留了发育完好、出露齐全的髫髻山组（兰旗组）地层。近年围绕燕山运动中生代构造演化及华北克拉通破坏主题，针对该套火山岩积累了大量的年龄数据。承德盆地发育的髫髻山组底部年龄为（161±1）Ma，顶部年龄为（153±1）Ma。

本书对这套地层开展的古地磁研究获得了能够通过倒转检验的古地磁极位置240.3°E，59.9°N，$\alpha_{95}=6.8°$（图 3.68～图 3.71）。通过与同时代西伯利亚板块古地磁极对比分析，古地磁结果显示髫髻山组时期华北地块与西伯利亚板块之间存在约 3000km 距离。虽然存在断层滑移等的影响，这一结果也足以说明在此时期 Mongol-Okhotsk 海远未关闭。这可能涉及复杂的构造变位和大型走滑运动。

结合华北地块已有相近时代古地磁数据获得中—晚三叠世至早白垩世视极移曲线（图3.71），髫髻山组的古地磁极揭示了华北地块于该时代运动方向的转变和之前快速的运动过程。华北地块髫髻山组运动轨迹的转折说明华北地块此时已经处于不同之前的动力背景。根据多学科地质证据并从全球构造的角度分析，髫髻山组古地磁结果为古亚洲洋构造体系转向古太平洋构造体系暨东亚构造体系的转变提供了佐证。

3. 中生代岩浆作用的时空演变

前已述及，中生代岩浆岩在华北地区广泛分布，但是其时空分布存在较大变化。早三叠世岩浆岩仅分布于华北克拉通北缘和更靠北的中亚造山带［图 3.3（a）］。中—晚三叠世和早侏罗世岩浆岩主要分布于克拉通边缘造山带内，如北缘的中亚造山带、东缘的苏鲁造山带和南缘的秦岭–大别造山带［图 3.3（b）、（c）］。华北地区中生代岩浆作用具有从克拉通北部和东部（如燕山、胶东、辽东）向克拉通内部（太行山）变年轻的趋势，岩浆作用的强度亦有减弱的趋势。这种变化趋势表明中生代华北克拉通的活化是穿时的，周缘造山作用可能对中生代岩浆作用和克拉通破坏起到关键作用。

遍布华北地区的早白垩世岩浆岩具有从克拉通中部到东部变年轻的趋势，这种变化趋势可能与岩石圈拆沉作用逐渐向东迁移有关，对应的大地构造背景可能是向东亚大陆俯冲的古太平洋板块的构造反转（Wu F. W. et al.，2007b；Zhang J. H. et al.，2010）。

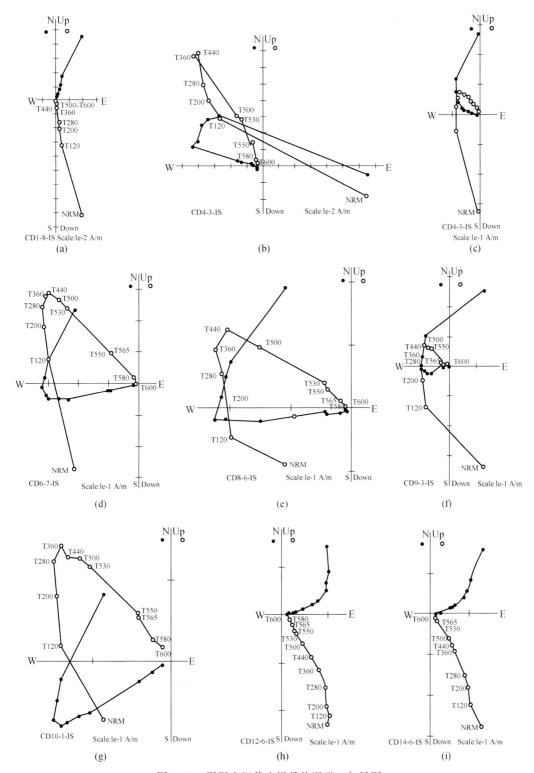

图 3.68　髻髻山组代表样品热退磁 Z 矢量图

多数样品具有双分量特征，高温分量能够完整获得

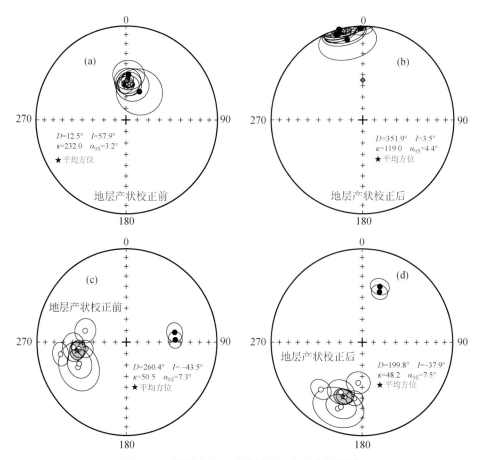

图 3.69　髫髻山组古地磁低温与高温分量结果

4. 中生代构造变形的时空演变

华北克拉通中生代构造变形的时间和空间分布具有明显差异。早—中三叠世构造变形仅出现在华北北缘阴山-燕山构造带，以 SN 向挤压形成的韧性剪切和基底卷入的褶皱作用为主 [图 3.1(a)]。辽东和胶东地区构造变形以新元古代—二叠纪地层卷入的近东西向褶皱为特征，变形时代在中三叠世—晚三叠世早期之间 [图 3.1(a)]。晚三叠世—早侏罗世变形主要集中在华北克拉通北部和东南部 [图 3.1(b)]，其中阴山-燕山构造带以 NEE-NE 向正断层为主，显示 SEE-SE 向伸展。华北东部徐淮-蚌埠地区晚三叠世—早侏罗世弧形逆冲推覆体的形成可能与华北、扬子两大板块之间的碰撞有关（舒良树等，1994；王桂梁等，1998）。华北东部郯庐断裂南段晚三叠世—早侏罗世的左行平移可能也与该时期华北、扬子的碰撞有关（Xu *et al.*，1987；Lin and Fuller，1990；Okay and Sengor，1992；Yin and Nie，1993；Li，1994；万天丰、朱鸿，1996；王小凤等，2000；陈宣华等，2000；张岳桥、董树文，2008；Zhu *et al.*，2009）。

中—晚侏罗世挤压构造变形广泛分布在华北北缘阴山-燕山构造带、北京西山和太行山北段、环鄂尔多斯盆地、华北南缘、徐州-苏州地区和胶东、辽东半岛，这些挤压构造

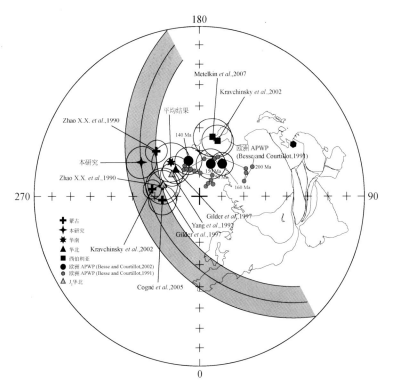

图 3.70 髫髻山组古地磁极与邻近区域同时代古地磁极投影图

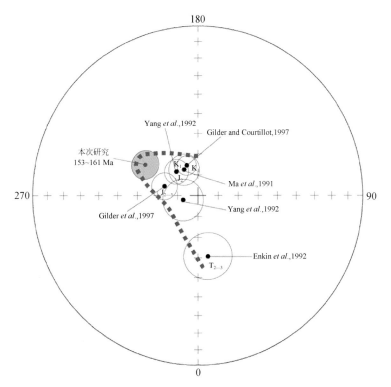

图 3.71 华北地块晚三叠世至早白垩世视极移曲线

变形以大规模逆冲断层和褶皱为特征 [图 3.1(c)]。中—晚侏罗世构造没有统一的挤压方向，多与华北克拉通板块边界和鄂尔多斯盆地边缘近于垂直，表明这些压性构造主要受中—晚侏罗世多个构造体制的影响。郯庐断裂带在中—晚侏罗世主要以逆冲断层和左行平移作用为主，这种变形可能协调了华北东部大部分变形分量。

早白垩世，华北地区东部和中部广泛分布以变质核杂岩和伸展盆地为主的伸展型构造 [图 3.1(d)]。郯庐断裂带在早白垩世期间以伸展作用为主。有学者认为华北克拉通早白垩世伸展作用可能与中—晚侏罗世的挤压变形作用有关（Wang T. et al.，2011；Zhang Y. Q. et al.，2011），但是早期挤压构造与晚期伸展构造在空间分布上没有直接关系，晚期伸展构造在未受挤压变形的地区亦有发育。例如，鲁西和太行山南段早古生代地层保持近于水平的产状，太古宙—古元古代基底岩石内侵入的中元古代镁铁质岩墙还保持近于垂直的产状 [图 3.2(j) ~ (l)]，这些地质现象表明这些地区在中生代未经受强烈的挤压构造变形，然而上述地区却经历了早白垩世强烈的伸展作用（李理等，2008）。

华北克拉通中生代构造变形的时空分特征表明，从三叠纪、中—晚侏罗世到早白垩世，构造变形从克拉通北缘、东缘和南缘向克拉通内部迁移（图 3.1）。这种时空演变特征表明华北克拉通中生代构造活化可能是受周缘造山带的影响而逐步发生的。

第六节 小 结

（1）华北地区中生代经历了多期构造事件。本次研究进一步廓清了中生代主要构造事件的时代和发展阶段。以燕山地区为例，依次经历了晚三叠世近 EW 向皱褶和逆冲断裂的形成，盘山复背斜和马兰峪复背斜为代表的褶皱变形的发生于 214 ~ 210 Ma B. P. ；晚三叠世—早侏罗世辽西凌源太阳沟地区逆冲推覆构造形成于这一时期，冀北下板城盆地清楚地记录了内蒙古隆起晚三叠世—早侏罗世的逆冲及快速剥露；燕山期的开始时限为 170 Ma B. P. ，"燕山运动"A 幕发生在 159 Ma B. P. ，B 幕止于 135 Ma B. P. ；135 Ma B. P. 之后是区域性伸展和变质核杂岩的发育。我们的工作还显示"燕山运动"A 幕很可能与古太平洋板块向亚洲大陆东缘俯冲有关，159 Ma B. P. 前后，燕山地区左行平移断裂发育和强烈的火山喷发指示了这样的运动。

（2）通过对冀北下板城盆地杏石口组沉积物的成分、古水流及其底部砾岩的砂质充填物中碎屑锆石和砾岩中部花岗岩、花岗片麻岩砾石中锆石 LA—ICP—MS U—Pb 测年结果分析，并结合来源区的构造与岩浆作用的调查，揭示了杏石口组沉积时环境的剧变。三叠纪时期刘家沟组至二马营组均为河流相沉积，其古流向自东向西，而杏石口组沉积期变为快速堆积的山麓冲积扇相砾岩，古流向自 N-NW 向 S-SW。杏石口组一段至二段的沉积特征记录了该时期内蒙古隆起的构造抬升及剥露过程。杏石口组一段底部砂质充填物中的碎屑锆石和二段中花岗岩、花岗片麻岩砾石中锆石 U—Pb 年龄范围可分为三组：2.2 ~ 2.5 Ga、1.7 ~ 1.8 Ga 和 193 ~ 356 Ma。其中，最年轻的碎屑锆石的加权平均年龄为（198±5）Ma，表明杏石口组的砂砾岩沉积时代应晚于（198±5）Ma B. P. ，即其沉积时代应为早侏罗世。碎屑锆石及花岗岩、花岗片麻岩砾石年代学分析进一步表明华北克拉通太古宙基底、元古宙侵位的岩体以及晚古生代—早中生代侵位岩体在早侏罗世已被抬升至地表并为盆地提供物源。下板城盆地北侧王土房杂岩体中不同单元花岗岩锆石 U–Pb 年龄（191±1）Ma 和（207±1）Ma，其与杏石口组中最年轻碎屑锆石和两枚花岗岩砾石中锆石的加权平均年龄（198±5）Ma 和（206±2）Ma、（207±2）Ma 在误差范围内一致，表明与王土房杂岩体同期侵位的岩体发生了快速剥露。暗示了内蒙古隆起在早侏罗世发生了快速抬升及剥露的构造过程。结合前人研究，燕山褶断带前 180 Ma B.P. 构造幕发生时代应在 198～180 Ma B.P. 期间。

（3）冀北承德盆地沉积物源分析和原型盆地再造表明，在晚侏罗世早期，发生了区域性髫髻山组多次中–基性火山岩喷发，火山活动的起始时间代表了燕山运动的开始。晚侏罗世至早白垩世盆地北区沉积过程受控于北部的丰宁–隆化断裂带的构造活动，土城子组沉积中期盆地南区开始受其南缘承德县断裂和吉余庆断裂的构造作用控制。晚侏罗世—早白垩世早期（土城子期）承德盆地快速充填过程是该时期区域较强烈的一次板内变形幕的反映。153 Ma B.P. 前后，区域的逆冲断裂活动发育，更早期形成的断裂复活。这一陆内变形幕起始于土城子组，结束于土城子组沉积期末，使承德盆地形成了一个不对称向斜褶皱。承德盆地鸡冠山地区发育的下白垩统张家口组底部火山岩同位素年龄［（135±1）Ma］制约了这一时代上限，这一构造事件是"燕山运动 B 幕"。

（4）鄂尔多斯盆地沉积记录了燕山运动的起始时间：鄂尔多斯中侏罗统直罗组底部厚层砂砾岩为沉积序列转换的关键时期，代表了中—晚侏罗世构造事件的初始阶段，其发育时限大约为 168 Ma B.P.，代表了燕山运动的初始阶段；安定组泥晶碳酸盐岩发育时限大约为 161 Ma B.P.，代表了燕山运动进入强烈活动阶段。鄂尔多斯东北缘的山西宁武盆地，其沉积旋回、轻矿物、重矿物、地球化学元素特征及锆石 U–Pb 同位素测年等证据，限定了燕山运动的启动时限为中侏罗统云岗组（J_2yg）底部砾岩沉积时期，根据沉积厚度和速率推算为 168 Ma B.P. 左右。

（5）华北地区中生代岩浆作用大致分为以下几个时间段：早三叠世（254～247 Ma B.P.）、中—晚三叠世（231～221 Ma B.P.）、早侏罗世（190～174 Ma B.P.）、中—晚侏罗世（165～157 Ma B.P.）、早白垩世（136～115 Ma B.P.）以及晚白垩世（90～70 Ma B.P.）。从克拉通北缘和东缘向克拉通内部，中生代岩浆作用具有由老变新、由强变弱的趋势。

（6）华北地区中生代构造变形同样有从克拉通边缘向内部迁移的趋势。三叠纪—早侏罗世构造变形主要发生在克拉通边缘，其样式也具有从早—中三叠世挤压构造到晚三叠世—早侏罗世伸展构造的转变。中—晚侏罗世压性构造变形没有统一的挤压方向，而与华北地块和鄂尔多斯盆地边缘近于垂直，表明该时期内的构造变形可能受多个构造体制的影响，与东亚板块汇聚有关（董树文等，2007）。早白垩世变形主要以伸展构造为主，与东北亚其他地区较为一致，显示了较为统一的伸展方向。这种应力状态可能与白垩纪时期太平洋板块俯冲的远程效应有关。中—晚侏罗世收缩构造变形及地壳加厚，为白垩纪以来深部岩石圈拆沉过程的发生和浅部强烈伸展变形的发生创造了有利条件。但逆冲断层及褶皱的发育强度在空间上有明显差异（北强南弱），说明地壳加厚在空间上可能是明显不均匀的。

（7）华北克拉通岩石圈减薄和去克拉通化过程具有穿时性和复杂性。中—晚三叠世，受周缘后造山岩石圈拆离作用影响，华北克拉通破坏作用始于其北部和东部边缘，至中生代晚期，逐渐影响到克拉通内部。因此，华北克拉通周缘造山作用及其本身的规模较小可能在其岩石圈减薄和去克拉通化过程中起到了重要作用。

（8）华北地区的早白垩世变质核杂岩是整个东亚伸展构造的一部分；变质核杂岩内变形及未变形岩石的锆石 U–Pb 年龄表明中–下地壳的伸展起始于 150～140 Ma B. P.，一直持续到 130～120 Ma B. P.，峰期为 145～130 Ma B. P.；早期（150～140 Ma B. P.）的深部的韧性伸展可能起始于蒙古及中国北部，逐步向南扩展（140～130 Ma B. P.），最终扩展至整个东亚地区（130～120 Ma B. P.）；角闪石黑云母的 Ar–Ar 年龄为冷却年龄，代表的是最晚期的变形，比锆石 U–Pb 限定的主变形期的时代要晚。

第四章 东北地区中生代构造恢复与大陆动力学背景

第一节 概　述

东北地区处于欧亚大陆东部，既是古亚洲洋构造域中亚造山带的东段，也是太平洋构造域西太平洋活动大陆边缘的组成部分，因此是认识地壳增生与演化的关键地区。从东北亚主要造山带-构造带的分布来看，东北地区南部为华北前寒武纪克拉通的北缘构造带，东侧为西太平洋增生造山带，N–WN 侧为蒙古-鄂霍次克碰撞带。因此，东北地区，特别是在中生代期间具有"三边汇聚"的"东亚型造山带"的特征。

古亚洲洋是在中生代早期沿大兴安岭中、南部 NE 向延伸的索伦主缝合线消亡的。沿缝合线分布有二叠纪的残留海盆地的黑色页岩建造、同造山期花岗岩，花岗岩同位素年龄介于 205 ~ 230 Ma（Chen B. et al.，2000；石玉若等，2007；Miao et al.，2008）。因此，古亚洲洋的封闭时间应在二叠纪—三叠纪，代表海西晚期—印支早期的造山作用。大兴安岭内部构造复杂，演化时间从前寒武纪到中生代早期（苗来成等，2003），构造线延伸方向为 NE 向，与中、新生代 NNE 向延伸的大兴安岭呈大角度相交。其内部组成包括前寒武纪变质基底和多阶段发育的古生代增生杂岩。额尔古纳地块是大兴安岭北部地块，发育早前寒武纪变质基底和元古宙盖层建造，其北缘为蒙古-鄂霍次克碰撞带，南缘发育加格达奇晚前寒武纪蛇绿岩带，可能是克鲁仑蛇绿岩带的东延段。大兴安岭中部和南部应存在两个地块，二者之间的分界线沿海拉尔盆地的南缘分布，以蛇绿岩带、蓝闪石片岩和复理石带为标志。北部地块变质基底零星出露如发育在满洲里东南的元古宙变质杂岩。南部地块的变质岩和早古生代稳定建造沿中蒙界山分布（Zuun Bayan 谷地东侧和海拉尔盆地南侧），其南缘还发育早古生代—晚古生代岛弧。Sengör 等（1993）认为大兴安岭北部属于所谓 Altaids 内部图瓦—蒙古弧的东段。索伦缝合带是大兴安岭与华北北缘大陆边缘（阴山构造带）之间的 I 级分界带。阴山构造带虽然目前还存在争议，但从早古生代—晚古生代发育一个长期的活动大陆边缘是不争的事实。小兴安岭-张广才岭-老爷岭内部构造组成还存在很大争议。近 SN 向延伸的含蓝闪石片岩和镁铁-超镁铁质变质岩团块的"黑龙江杂岩"，构成其"中央构造带"，其性质和时代还未达成共识，但依据古生物和新的锆石 SHRIMP 年龄，显然是前中生代的构造带。以此带为分界带，明显将其分为东、西两条平行的构造带。西带从伊春地块，越过伊兰–伊通断裂到张广才岭，越过敦密断裂到老爷岭地块，前寒武纪变质片岩和片麻岩零星发育。东带从布列亚地块，越过三江盆地到佳木斯地块，越过敦密断裂到兴凯湖地块。在吉林中部的张广才岭西缘沿伊兰–伊通断裂两侧以及小兴安岭西南缘分布有若干镁铁–超镁铁质杂岩，初步证实其具有残留洋壳的岩石–地球化学特征，时代从早古生代—晚古生代（据专题承担者内部资料）。松辽盆地作为区内最大的盆地，是晚中生代—新生代形成的。目前我们首次证实在松辽南部存在前寒武纪变质基底，从钻探岩心获取的角闪斜长片麻岩（正片麻岩）的变质锆石的 SHRIMP U–Pb 年龄达到 18.5 亿年（王颖等，2006）。松辽盆地北部可能主要为造山基底。其中获自大庆长垣隆起片麻状花岗岩的钻探岩心锆石年龄具有晚古生代和中生代的结晶年龄。依据对物探资料的解释，长垣隆起可能具有隐伏的"变质核杂岩的特点"，其露头区的延伸相当于小兴安岭北段新开岭变质岩浆杂岩带。虽然石油部门数十年来积累了大量物探和钻探资料，但有关松辽盆地的基底构造并没有得到解决，也使得松辽盆地东西两侧的大地构造关系长期停留在推测阶段。

中生代构造主缝合线位于境外的蒙古–鄂霍次克构造带应是东北亚规模和强度最大晚中生代大陆碰撞带。根据 Van der Voo 等（1999）研究，中生代残留的古俯冲带形成"冷地幔柱"直达核幔边界。其北侧的外兴安岭主体为中生代变质–岩浆杂岩带，向东北于"阿尔丹地盾"南侧，前寒武纪的变质基底因强烈抬升、剥蚀而广泛出露。碰撞带南侧，从外蒙古东北部、结雅盆地西北侧和中国的漠河地区，为大面积分布的（中）侏罗纪粗碎屑岩盆地所覆盖，明显具有前陆盆地的特征。额尔古纳河两侧的前中生代隆起具有前陆环境的前隆特征，额尔古纳地块的基底杂岩被抬升，平面鳞片状冲断层构成类似叠瓦构造的厚皮构造，应是前隆抬升的重要机制。该碰撞带南侧前陆盆地的结构保存得相对比较完整。因此，大兴安岭北部应是明显受到该碰撞带影响的前陆变形区。

完达山构造带为二叠纪—侏罗纪增生楔，保存有晚古生代洋壳建造（蛇绿岩）。最早的弧火山岩为二叠纪，叠加在泥盆–石炭纪被动大陆边缘复理石建造之上。因此，完达山构造带是古太平洋古俯冲带，其东包括锡霍特阿林以及鞑靼海峡对岸的库页岛（萨哈林）为宽阔的晚中生代增生杂岩带，是前中生代的小兴安岭与鄂霍次克海地块之间的晚中生代汇聚带。完达山构造带作为汇聚带大后缘带，应与三江盆地和下黑龙江（阿穆尔）盆地北侧布列亚地块东侧的巴扎尔（Badzal）带相连。越过左旋性质的敦密断裂带，与西锡霍特构造带相连。"黑龙江杂岩带"标示的"中央构造带"依据同位素年代学的资料，明显叠加了晚中生代的构造事件，伊春太平沟、牡丹江地区蓝闪石片岩的 Ar–Ar 年龄出现 J_1—K_1 阶段的年龄显示（张兴洲，1992）。

大、小兴安岭内部的中生代的构造演化首先表现在中侏罗世—白垩纪大规模花岗岩浆作用，这些花岗岩的成因还有待进一步分别厘定。其中小兴安岭–张广才岭中侏罗世花岗岩是该地区斑岩矿床（钼矿）形成的主要时代，因此，推测具有太平洋活动大陆边缘后弧带的岩浆作用特点。大兴安岭主峰花岗岩带呈 NNE 向，与燕山地区同时代即 J_2—K_1 期间形成的 NNE 向多列平行的变质核杂岩带具有相同的构造几何学格局，可能是在统一的伸展背景下形成的具有盆岭构造区。

根据目前的资料显示，中国东北在侏罗纪早中期开始处于"三边挤压"的动力背景，因此，中生代早中期的中国东北可能归属于区域构造内涵存在横向变化的"东北亚高原（$J_{1\to2}$?）"的一部分。J_3—K_1 出现盆-岭式垮塌。其后出现较大区域的塌缩，类似松辽盆地这样的大盆地在此背景下发育。东北地区的中生代构造与前中生代构造，区域上，在构造继承与叠加方面，横向变化特别明显，也是造成该区域构造复杂性的重要原因。

蒙古-鄂霍次克（Mongol-Okhotsk）碰撞带位于内、外兴安岭之间，从蒙古国的肯特山、大致沿着 Onon 河和 Shilka 河呈 NE 向延伸，其西端终止于杭爱山，东端于 Uda 湾进入鄂霍次克海。

蒙古-鄂霍次克构造带最早被认为是早古生代碰撞带（李春昱等，1982），并认为属于中亚造山带的一部分（Sengör 及其合作者，1984～1987 年）。Zonenshain 等（1990）提出蒙古-鄂霍次克碰撞带是在古太平洋海湾的基础上发展起来的，并通过剪刀式向 EN 逐渐闭合。Sengör 等（1993）提出通过类似马蹄形旋转实现其封闭（Sengör and Natd'in, 1996；Zorin, 1999）。Van der Voo 和 Sparkman（2008）认为近 EW 向的蒙古-鄂霍次克碰撞带与其近 SN 向的俯冲板片的层析成像特征应表明其两侧的板块发生了大幅度的马蹄形旋转。因此，目前对该带的封闭方式基本形成共识，但争议的焦点是其构造演化的历史。多数俄罗斯学者以及 Sengör 及其合作者认为该带经历了长期的演化，从文德期（Vendian）一直演化到中生代，并且将巴彦红格尔（Bayanhongor）构造带及蛇绿岩带作为其边界（Sengör et al., 1993；Sengör and Natal'in, 1996；Zorin, 1999）。其次是俄罗斯学者在其内部鉴别出的 Onon 岛弧（Rutshtein, 1992；Zorin, 1999）。所谓的 Onon 岛弧，区域地质关系还不清晰。俄蒙边境地区的 Onon 河下游发育有三条带：北部是一套三叠系的建造，从西北部位的海相砂岩、粉砂质泥岩、泥质岩和夹凝灰岩层的砾岩向东北部相变为安山岩、玄武安山岩、英安岩及其凝灰岩和砾岩。东南为一套狭窄的晚二叠世—早三叠世凝灰质浊积岩带，位于 Onon 构造带的东南边缘。火山岩被（196±7）Ma（Rb/Sr 年龄）的镁铁质层状侵入体和英云闪长岩侵入。Sorokin 等（2002）认为在额尔古纳北侧存在古生代活动大陆边缘。这就是说，"Onon 岛弧"可能是两条带，北带位于外大兴安岭南缘，南带位于额尔古纳的北缘，其间为缝合带中增生杂岩，即中带。南带与中带（泥盆-石炭纪的浊积岩沉积地体）之间为冲断构造关系。该地区中带与蒙古境内肯特山区的 Adaatsag-Dochgol 地体相连，由浊积岩、硅质岩和蛇绿岩组成，是典型的增生杂岩带。蛇绿岩中辉长岩的锆石 U-Pb 年龄为 325 Ma，并被 172 Ma B.P. 的剪切带切割（Tomurtogoo et al., 2005）。Kurihara 等（2009）通过研究乌兰巴托地区的放射虫硅质岩，认为原先的泥盆纪地层时代应为晚志留世—泥盆纪，进而认为存在中古生代的俯冲-增生作用。对于蒙古-鄂霍次克碰撞带的碰撞时间，多数研究者认为由于该构造带呈剪刀方式自西而东闭合，因此其西端洋盆闭合时间较早，可能在二叠纪，而东端较晚，主要在侏罗纪（Zorin, 1999），但具体时间不清。

蒙古-鄂霍次克碰撞带是中国东北多界围限区的北部边界，研究该碰撞带对全面认识和理解我国东北中生代的构造演化及其发生的动力学背景无疑具有重要意义。因此，我们选取蒙古国境内的艾伦达瓦（Erendavaa）变质带为重点，对其进行初步的年代学研究，以建立该碰撞带演化的年代-构造格架，为认识我国东北，特别是大兴安岭北部的构造演化提供约束。

本章以板块构造理论为指导，以我国东北地区为主要研究区，以周边的主要围限构造边界及内部关键区段为重点，通过详细的野外调查和实验研究，结合已有地球物理资料的地质解释，探寻并恢复东北地区中生代构造与地壳演化及其发生的动力学背景，以解决古亚洲洋与太平洋两大构造域复合与转换过程中构造的继承与叠加和东北亚中生代构造演化与区域主控边界演化的时、空耦合等关键科学问题。

第二节　蒙古-鄂霍次克碰撞带艾伦达瓦变质带构造演化

一、构造组成

艾伦达瓦位于属蒙古东部蒙古-鄂霍次克碰撞带西南段的东南部（图4.1）。在蒙古各种比例尺的地质图上，艾伦达瓦变质带均被视为前寒武纪里菲期（大致相当于中元古代）变质岩。依据我们对该地区两条剖面的考察，初步确认这一构造带属于蒙古-鄂霍次克碰撞带推覆拆离面，推覆方向自WN向ES。由ES向WN大体可分为如下三个基本构造单元（图4.2）。

1. 青格勒-额尔古纳地块

蒙古艾伦达瓦地区的最南侧为青格勒地体，属我国境内的额尔古纳地块的西南延伸，其组成包括前寒武纪基底（?）、早古生代岛弧、二叠纪—三叠纪岛弧、侏罗纪前陆盆地和后构造盖层盆地。对于该地块是否存在前寒武纪基底目前尚无确切证据，其中发育变石英砂岩（被归属里菲期）是其代表。但据我们的观察，这些砂岩的变质程度并不高，变形也不太强，石英仍保存着其砂粒状。因此，不排除其属于蒙古-鄂霍次克洋早期被动陆缘沉积的可能。

青格勒-额尔古纳地体上发育的古生代岛弧是叠加于青格勒地体之上，属安第斯型活动大陆边缘建造。早古生代岛弧建造是依据本次研究结果提出的，以发育的片麻状花岗岩为代表［图4.3(a)、(b)、图4.4(a)］及绿片岩系为代表。这些早古生代岛弧建造，由于在后来的蒙古-鄂霍次克带碰撞、推覆过程中被俯冲改造，变形十分强烈，发育典型的S-C组构及长石残斑［图4.3(b)］，反映其经历过后期的韧性剪切变形。

二叠纪—三叠纪岛弧主要指发育在青格勒地体之上的一套该时期中酸性火山岩带及同时代的花岗岩-花岗闪长岩等。要指出的是，二叠纪—三叠纪火山岩在蒙古杭爱山和肯特山地区也大量发育，它们与本地区的火山岩一起，被认为是蒙古-鄂霍次克洋俯冲的产物，目前的空间展布反映了该构造带马蹄型弯曲与碰撞方式。侏罗纪前陆盆地建造以砾岩、砂砾岩及细碎屑岩为特征［图4.3(c)］，主要分布于该变质带的东南缘，其中的细碎屑建造中发育宽缓褶皱［图4.3(d)］。

青格勒-额尔古纳地块为蒙古-鄂霍次克碰撞带（东南侧）推覆带的下盘，亦即俯冲盘。

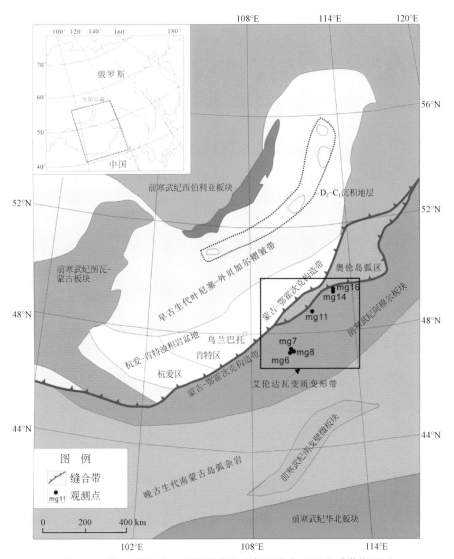

图 4.1　蒙古–鄂霍次克碰撞带构造格架及艾伦达瓦变质带位置图

2. 艾伦达瓦韧性变质变形带

艾伦达瓦韧性变质变形带东南侧为巴音乌拉中新生代盆地北界。整个变形带以中低角度（20°~30°）向 WN 缓倾斜 [图 4.4(a)]，主要由变质变形绿片岩、各类片麻岩 [图 4.4(b)]、仰冲的变质变形洋壳 [图 4.4(c)]、俯冲的变质变形古生代岛弧建造等组成。此外，该带内部可以见到未变形的近直立产出的伟晶岩脉 [图 4.4(d)]，显然属后构造阶段产物。

艾伦达瓦韧性变质变形带系蒙古–鄂霍次克碰撞向 ES 推覆拆离带。野外露头上石英、长石等矿物拔丝拉长现象 [图 4.4(c)] 十分常见，反映其经历了强烈的韧性剪切变形。

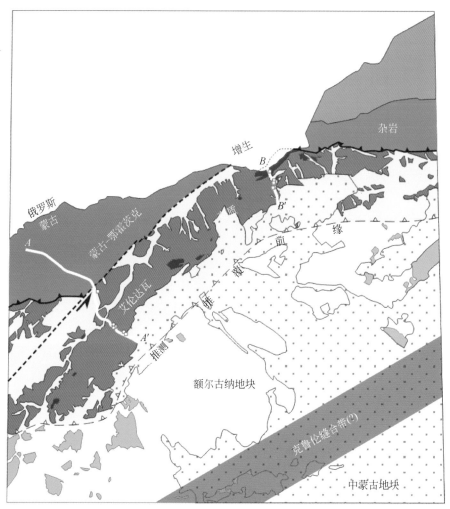

图 4.2　蒙古国艾伦达瓦地区构造单元划分简图

(a)　　　　　　　　　　　　　　　　(b)

图 4.3　艾伦达瓦变质带南侧青格勒地体–额尔古纳地块主要组成野外照片

(c)

(d)

图 4.3 艾伦达瓦变质带南侧青格勒地体–额尔古纳地块主要组成野外照片（续）

(a)

(b)

(c)

(d)

图 4.4 艾伦达瓦变质变形带主要组成与野外产出特征

3. 蒙古–鄂霍次克增生带

该单元以蛇绿岩混杂带和增生杂岩带为主。其中，蛇绿混杂岩以 Adatsag 蛇绿混杂岩（不在本研究区内）为代表。增生杂岩带由大洋板块地层（Oceanic Plate Stratigrapy，OPS）、复理石建造［图 4.5（a）］、硅质岩［图 4.5（b）］及残留海黑色页岩等建造组成。蒙古–鄂霍次克增生带构成推覆构造的上盘（仰冲盘）。

(a)　　　　　　　　　　　　(b)

图 4.5　蒙古-鄂霍次克增生带中复理石与硅质岩

二、韧性变形及动力学特征

由 WS 往 EN，沿着蒙古鄂霍次克构造带中段艾伦达瓦变质变形带，分析了五个重要韧性变形点的形态学和动力学特征。显示明显的 WN-ES 剪切作用。mg7 位于东经 110°12′12″，北纬 47°23′43″，蒙古木伦市西南。岩性为泥盆纪（Bussien *et al.*，2011）灰黑色变泥质岩，绿片岩相，原岩可能为凝灰质砂岩。发生明显的断滑式褶皱，反映 WN-ES 剪切作用（图 4.6）。mg8 与 mg7 相邻，位于东经 110°13′47″，北纬 47°23′39″。该处泥盆纪变泥岩内侵入角闪辉长岩脉，岩脉产状为 345°∠80°，宽约 3 m。岩脉内长石发生强的韧性变形，形成揉皱和"A"型褶皱，指示 WN-ES 剪切（图 4.7）。该点亦见蛇纹岩，岩石片理化明显，且片理发生褶皱变形，指示 ES-WN 剪切作用（图 4.8）。mg11 位于东经 111°45′41″，48°47′11″，蒙古乌兰河东。岩性为泥盆纪（Bussien *et al.*，2011）云母石英片岩，岩内石英脉发生揉皱，石香肠构造，及"A"型褶皱，指示 WN-ES 剪切作用（图 4.9～图 4.11）。mg14 位于 112°53′19″E，49°22′20″巴彦乌拉北，蒙古鄂霍次克带北部，该处为二叠

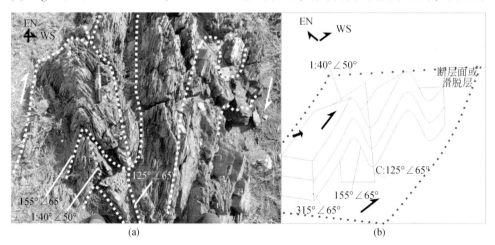

(a)　　　　　　　　　　　　(b)

图 4.6　点 mg7 B 型断滑褶皱（位置见图 4.1）

（a）片岩 B 型断滑褶皱照片；（b）照片动力学解析

纪（*Bussien et al.*，2011）云母石英片岩，片理化明显，暗色矿物形成拉伸线理，片里总体产状为 325°∠19°，线理总体产状为 325°∠20°。S-C 组构反映 NW-SE 剪切作用（表 4.1，图 4.12）。mg16 位于 mg14 北侧，112°52′11″E，49°25′33″N，蒙古与俄罗斯交界处，紧邻蒙古鄂霍次克缝合带。岩性为二叠纪（Bussien *et al.*，2011）黑云斜长角闪片岩，糜棱岩化。面理总体产状为 331°∠24°，线理产状为 321°∠18°。S-C 组构，反映 WN-ES 剪切作用（表 4.2，图 4.13）。

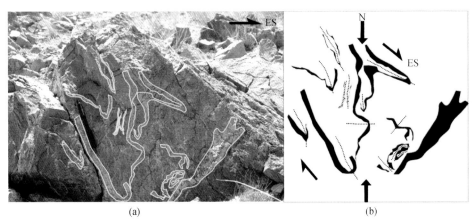

图 4.7　点 mg8 辉长岩脉内长石脉发生柔皱（位置见图 4.1）

（a）长石脉揉皱照片；（b）照片动力学解析

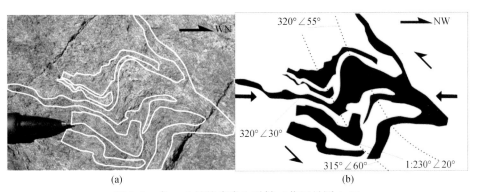

图 4.8　点 mg8 蛇纹岩发生柔皱（位置见图 4.1）

（a）蛇纹岩揉皱照片；（b）照片动力学解析

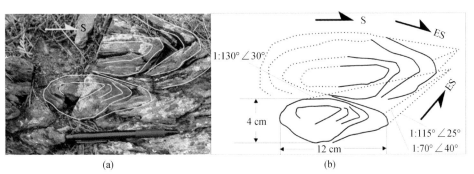

图 4.9　点 mg11 片岩内 A 型褶皱（位置见图 4.1）

（a）片岩内 A 型褶皱照片；（b）照片动力学解析

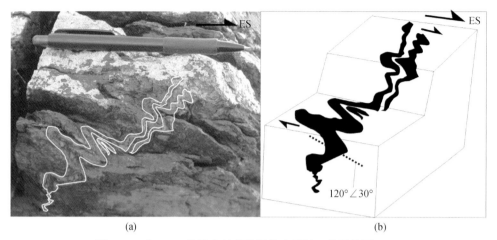

图 4.10　点 mg11 片岩内长英质脉发生柔皱（位置见图 4.1）

（a）片岩内揉皱照片；（b）照片动力学解析

图 4.11　点 mg11 片岩内过渡型 A 型褶皱（位置见图 4.1）

（a）过渡型 A 型褶皱照片；（b）照片动力学解析

图 4.12　点 mg14 韧性变形（位置见图 4.1）

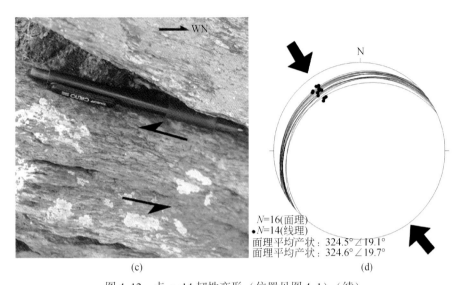

图 4.12 点 mg14 韧性变形（位置见图 4.1）（续）

（a）面理；（b）矿物拉伸线理；（c）S–C 组构；（d）线理面理统计

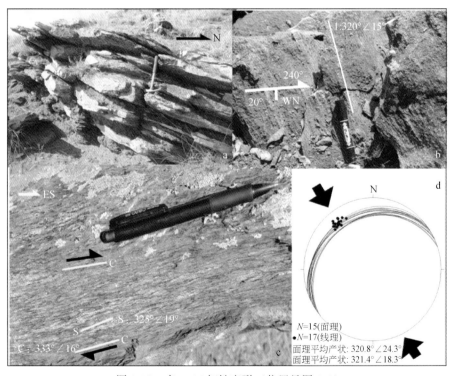

图 4.13 点 mg16 韧性变形（位置见图 4.1）

（a）面理；（b）矿物拉伸线理；（c）S–C 组构；（d）线理面理统计

表 4.1　点 **mg14** 面理及线理统计结果

面理倾向	面理倾角	面里平均产状	线理倾向	线理倾角	线理平均产状
322°	28°	331°∠24°	324°	13°	321°∠18°
342°	26°		318°	22°	
319°	18°		331°	20°	
325°	28°		317°	19°	
323°	21°		328°	16°	
335°	28°		323°	18°	
334°	29°		322°	21°	
326°	23°		319°	12°	
342°	27°		315°	23°	
327°	28°		324°	14°	
336°	22°		323°	24°	
340°	25°		319°	17°	
328°	19°		320°	21°	
330°	22°		325°	19°	
333°	20°		318°	15°	
			321°	19°	
			316°	18°	

表 4.2　**mg16** 面理及线理统计结果

面理倾向	面理倾角	面里平均产状	线理倾向	线理倾角	线理平均产状
331°	21°	325°∠20°	327°	28°	326°∠19°
320°	17°		326°	18°	
319°	25°		325°	12°	
326°	22°		321°	14°	
321°	19°		327°	19°	
328°	23°		326°	16°	
335°	27°		325°	28°	
324°	16°		323°	30°	
312°	22°		326°	16°	
325°	18°		327°	13°	
330°	17°		323°	19°	
325°	15°		325°	18°	
320°	14°		322°	22°	
334°	21°		320°	15°	
318°	16°				
325°	22°				

三、变质带定年

本次主要对一件采自青格勒地体-额尔古纳地块巨斑状花岗岩和十件采自艾伦达瓦变质变形带的样品进行了锆石 SHRIMP 定年。

青格勒斑状花岗岩（2011MO-01）具有明显的片麻状构造，斑状结构，斑晶为斜长石

（风化后似钾长石呈浅粉色）。片麻岩中发育的 S-C 组构、长石残斑的拖尾形成的 σ-构造均指示出上盘向 ES 逆冲的运动学特征。岩石中的锆石以短柱自形晶为主，岩浆环带发育。分析结果表明，该斑状花岗岩的侵位年龄为（481±6）Ma（$N = 13$，MSWD = 1.70；图 4.14），属早古生代岩体。本次分析结果尚不能确定其变形的年龄。

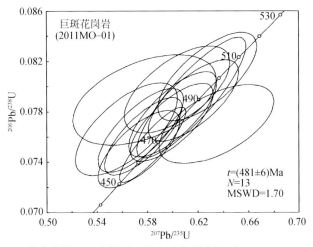

图 4.14　蒙古艾伦达瓦青格勒地体斑状花岗岩锆石 U-Pb SHRIMP 年龄

样品 2011MO-72 和 2011MO-82 分别是取自该变形质东南缘（图 4.2 中剖面 A-A'）同一地点的绿片岩和其中的花岗岩透镜体［图 4.4（a）］。野外可见该花岗岩透镜体本身，特别是其与绿片岩接触部位变形明显，说明它是一个构造透镜体，属构造前阶段形成。绿片岩（2011MO-72）中锆石既有浑圆状的，也有晶形较好的柱状晶体。分析结果显示，晶形较好的锆石给出的年龄为（492±6）Ma［$N=6$，MSWD = 1.12；图 4.15（a）］，而浑圆状颗粒则给出晚元古代的年龄，但年龄不集中，分散于 600～1100 Ma（未示于谐和图上）。该绿片岩的原岩以火山碎屑岩为主，因此 492 Ma B.P. 代表了当时火山作用的年龄，亦即代表该绿片岩原岩形成的年龄，而前寒武纪的年龄则反映了火山岩源区年龄信息，也暗示该区的青格勒地体可能具有前寒武纪基底。

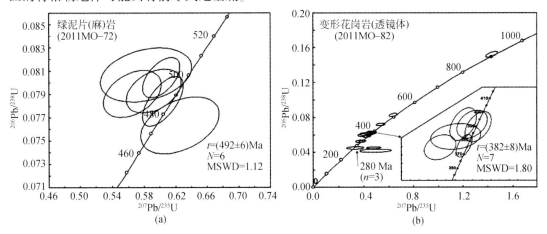

图 4.15　蒙古艾伦达瓦变质带绿泥片岩（a）和其中花岗岩透镜体（b）年龄

绿片岩中的花岗岩透镜体（2011MO-82）得到的分析结果更为复杂，多数在390～280 Ma B. P.［图4.15（b）］，但也有几个锆石得到450～900 Ma的年龄。这些结果表明该花岗岩透镜体形成于晚古生代，其中捕获锆石的年龄与绿片岩中的较老一组年龄相似，同样暗示该地区存在前寒武纪基底。

条带状混合岩（2011MO-76）和伟晶岩脉（2011MO-75）样品采自艾伦达瓦变质带中部（图4.2中剖面A-A'）同一地点。野外可见后者明显侵入前者，而且前者产状平缓（近水平），而后者产状近直立。分析结果表明，条带状混合岩形成年龄为（471±6）Ma［N=13，MSWD=1.50；图4.16（a）］。伟晶岩脉中的锆石在CL图像上明显分为两组，一组发光较强，并可见岩浆生长环带，其年龄为（163±4）Ma［N=6，MSWD=1.70；图4.16（b）］；另一组不发光或局部弱发光，且已发生退晶质化（分析结果也表明其Th、U含量均比较高），给出的年龄较为年轻且分散，为150～120 Ma B. P.［未示于图4.16（b）上］，可能是受退晶质化及放射性铅丢失的结果。因此，（163±4）Ma被解释为伟晶岩的侵位年龄，说明其形成于中晚侏罗世。

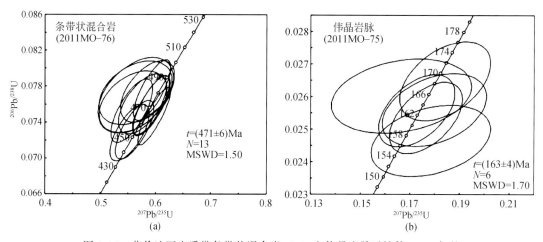

图4.16　艾伦达瓦变质带条带状混合岩（a）和伟晶岩脉透镜体（b）年龄

长英质糜棱岩（2011MO-83）和混合岩（2011MO-77）分别取自该变质带的东南缘（图4.2中B-B'剖面）和中部（图4.2中A-A'剖面）。长英质糜棱岩中锆石特征相对简单，并发育岩浆振荡环带。这指示该长英质糜棱岩的原岩可能是花岗质岩石。对其进行的17个分析点给出相近的表面年龄，加权平均值为（182±4）Ma［MSWD=0.43；图4.17（a）］，该年龄代表该糜棱岩原岩的形成年龄。该年龄给出了本地区变形年龄的下限，即在180 Ma B. P. 之后。

混合岩（2011MO-77）样品采自Onon河东岸，具有弱的片麻理构造，其中浅色体为长英质脉，而基体为黑云斜长质。野外见到该混合岩被一套磨圆度中度但分选极差的砾岩不整合覆盖。砾岩中砾石成分复杂，既有花岗岩，也有变质岩，还有燧石等沉积岩，可能系一套河流相砾岩，应是蒙古-鄂霍次克碰撞带造山后的山间磨拉石沉积。该混合岩中的锆石分析结果比较复杂［图4.17（b）］，其中四个分析点给出最年轻的年龄（174±6）Ma（MSWD=1.70），应代表混合岩化发生的时间。其他分析给出的年龄为195～400 Ma，可

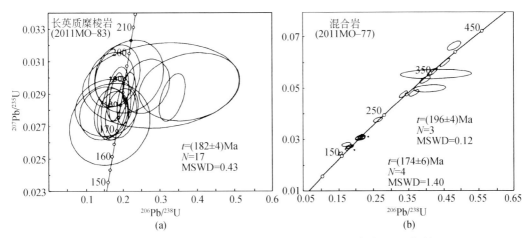

图 4.17　艾伦达瓦变质带长英质糜棱岩（a）和混合岩（b）年龄

能指示混合岩基体原岩的年龄，即其基体为晚古生代—早中生代建造。

　　样品 2011MO-93、2011MO-89 和 2011MO-98 分别为取自变质带中部（图 4.2 中剖面 B-B′）韧性变形的巴音乌拉蛇绿混杂岩中的变斜长花岗岩、变辉长岩和侵入辉长岩的花岗脉。其中，该花岗岩脉与辉长岩与斜长岩一样，也发生韧性变形，其剪切面理和线理与辉长岩和斜长岩的面理与线理协调一致。锆石 SHRIMP 分析结果，变斜长花岗岩、变辉长岩和变花岗岩（脉）给出相同的年龄，分别为（297±7）Ma［N = 9，MSWD = 1.60；图 4.18（a）］、（295±4）Ma［N = 12，MSWD = 0.41；图 4.18（b）］和（294±5）Ma［N = 9，MSWD = 5.1；图 4.18（c）］。结合锆石 CL 图像，我们认为这些年龄代表它们的形成年龄，因此它们是几乎同时形成的，也说明巴音乌拉蛇绿岩是晚石炭世的洋壳残片。

　　另一个辉长岩样品（2011MO-110）采自艾伦达瓦变质带北部跨蒙-俄边境线出露（图 4.2 剖面 B-B′）的基性-超基性岩体。该岩体具有明显的堆晶结构，岩石类型包括辉石岩、含长辉石岩、辉长岩及斜长岩团块。分析表明，该辉长岩形成年龄为（171±5）Ma［N = 12，MSWD = 3.8；图 4.18（d）］，说明该辉长岩形成于中侏罗世。

四、年代-构造格架

　　根据以上锆石 SHRIMP U-Pb 定年结果，可以将艾伦达瓦位变质带的年代框架归纳如下：

　　（1）额尔古纳地块俯冲盘基底花岗片麻岩：490～470 Ma B.P.；

　　（2）俯冲带拆离面内部变形蛇绿岩：295 Ma B.P. 左右；

　　（3）同构造变形花岗片麻岩及混合岩脉体：180～170 Ma B.P.；

　　（4）蒙-俄边境冲断岩片晚期蛇绿岩：170 Ma B.P.；

　　（5）后构造伟晶岩脉：160 Ma B.P. 左右。

　　前述艾伦达瓦变质带的构造组成与结构表明，该变质带实际上是蒙古-鄂霍次克构造带中增生杂岩与青格勒-额尔古纳地块之间的碰撞推覆带；这些变质岩的变质年龄均比较

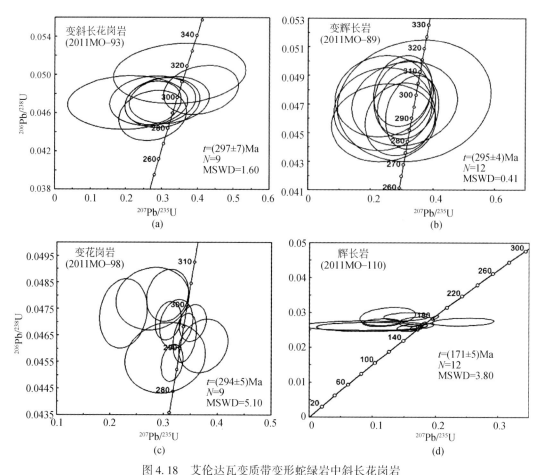

图4.18 艾伦达瓦变质带变形蛇绿岩中斜长花岗岩

（a）变斜长花岗岩；（b）辉长岩；（c）变花岗岩；（d）未变形辉长岩的锆石 SHRIMP U-Pb 谐和图

年轻，而不是前人认识的里菲期变质岩。另一方面，作为该推覆构造带下盘的青格勒-额尔古纳地块的主体应该是早古生代（490~470 Ma B. P.）的岛弧建造，但从绿片岩及其他岩石中存在的中—新元古代继承/捕获锆石的年龄信息看，该地块很可能存在前寒武纪的组分。也就是说，早古生代岛弧是叠加于前寒武纪基底之上，并在艾伦达瓦变质带形成过程中，即推覆构造发生时的被卷入了变质带。但是，目前这些早古生代岛弧建造是否与蒙古-鄂霍次克洋的俯冲有关尚不清楚，因为区域资料表明蒙古-鄂霍次克洋的被动大陆边缘发育时期是志留纪—泥盆纪，目前在蒙古-鄂霍次克构造带内也没发现有早于石炭纪的蛇绿岩。所以，我们初步认为这些早古生代岛弧建造可能与蒙古-鄂霍次克板块的俯冲关系不大。

艾伦达瓦变质带中变质变形的洋壳残片（巴音乌拉蛇绿岩）年龄 295 Ma 稍小于该带西南端的 Adatssag 蛇绿岩（325 Ma），但二者均代表了中—晚石炭世的增生产物。因此，这有可能指示蒙古-鄂霍次克洋的被动与主动陆缘的转换是发生于泥盆纪之后。该变质带东南侧青格勒地块之上大规模的二叠纪—三叠纪岛弧火山岩的发育，则表明蒙古-鄂霍次克板块在二叠纪—三叠纪时期存在 ES 向（现今方位）的俯冲作用。

艾伦达瓦变质带中长英质糜棱岩和混合岩的原岩年龄（170～180 Ma）说明艾伦达瓦变质带的变形变质作用应发生在 170 Ma B. P. 之后，而侵入于条带状片麻岩、未变形的后构造伟晶岩脉的年龄 160 Ma 则说明艾伦达瓦变质带的峰变质-变形作用应发生在 160 Ma B. P. 之前。所以，可以认为艾伦达瓦变质带的主变质变形是发生在 170～160 Ma B. P. ，亦即蒙古-鄂霍次克碰撞带向东南方向作大规模逆掩推覆作用主要发生中晚侏罗世。

蒙-俄边界发育的辉石-辉长岩（2011MO-110）年龄 170 Ma 可能代表了蒙古-鄂霍次克洋中南段最晚期的洋壳残片。但目前存在的问题是：该辉石-辉长岩是否蛇绿岩的组成单元？由于该辉石-辉长岩位于蒙-俄边境线上，公开报道的资料十分匮乏，工作难度也较大。在出版的蒙古 1∶100 万和 1∶50 万地质图上，该岩体被归划为石炭纪辉长岩，而在俄罗斯地质图上则被划归为二叠纪辉长岩。根据俄罗斯地质图，在该岩体的 EN 延伸方向以及其西北侧俄罗斯境内不远处均有超基性岩块发育。因此，我们认为该辉石-辉长岩很可能是被构造肢解的蛇绿岩的组成单元。当然，这需要进一步研究证实。如此，被测的蒙-俄边境地区的蛇绿岩应该是在蒙古-鄂霍次克构造带中南段最年轻的蛇绿岩。如果这一认识是正确的，那么它说明在艾伦达瓦变质带形成时蒙古-鄂霍次克洋尚未最后闭合。

五、对大兴安岭地区中生代构造演化约束

本次对蒙古艾伦达瓦变质带的研究结果证明该变质带代表蒙古-鄂霍次克碰撞带向南逆掩的推覆拆离面，也就是说蒙古-鄂霍次克碰撞带存在向 ES 方向的大规模推覆构造，碰撞和推覆作用的时代为中—晚侏罗世，峰期应为中侏罗世。这一结果对认识和理解我国大兴安岭中北部地区中生代构造演化与动力学背景具有十分重要的价值。

首先，我国大兴安岭北部地区处于蒙古-鄂霍次克碰撞带的南缘，中生代侏罗纪时期应属于其前陆地区。这一点可以由莫河盆地的沉积记录得到印证（和政军、牛宝贵；2005）。

其次，在此构造模式下，可以对我国大兴安岭北部地区许多令人费解现象进行几乎完美解释。例如，对大兴安岭北部地区存在的早侏罗世新林蛇绿岩（187 Ma B. P. ）和加哥达奇蛇绿岩（177 Ma B. P. ）、变质年龄为中—晚侏罗世的落马湖群（159 Ma B. P. ）、新开岭群（158 Ma B. P. ）和凤水沟河群（163 Ma B. P. ）等。这些中生代变质建造，特别是中生代蛇绿岩的出现，与大兴安岭地区的区域地质发展历史格格不入，所以蛇绿岩不可能是原地的，应该是推覆外来体，而中生代变质岩代表推覆拆离面，其中生代变质年龄（～160 Ma）与蒙古-鄂霍次克碰境带发生的时间基本同时。

再次，大兴安岭北部原划为古元古代兴华渡口群变质岩业已证实是不同时代、不同属性的多相变质杂岩（Miao et al. , 2004, 2007a；武广等，2005），应予以解体。大兴安岭最北端的莫河与呼玛地区的兴华渡口群已被证实是寒武纪—新元古代的原岩建造，并在 495 Ma B. P. 左右发生角闪岩相至麻粒岩相的变质作用（Zhou et al. , 2011），而且这些变质岩被～490 Ma B. P. 的花岗岩侵入（蔺文春等，2005），所以大兴安岭北部额尔古纳地块应存在前寒武纪基底，与蒙古艾伦达瓦变质带东南侧的青格勒地体具有相似的特征。所以，我们认为额尔古纳与青格勒地体应是同一个具有前寒武纪基底、并叠加有早古生代岛

弧建造的地块。大兴安岭其他地区所谓的"兴华渡口群"及其他几个变质岩群（如落马湖、新开岭、加疙瘩、凤水沟河等）均不是前寒武纪变质岩，而是晚古生代或中生代原岩或变质岩，其中包含了中生代早期的变形、变质的岛弧岩浆杂岩、洋壳残片、变质浊积岩系以及古亚洲洋碰撞造山后的有关建造。

最后，当前国内学界对蒙古–鄂霍次克洋海板块在洋盆闭合之前是否存在向 ES 额尔古纳地块之下俯冲这一问题的认识是存有分歧的。蒙古境内艾伦达瓦变质带东南侧青格勒地体上发育的二叠纪—三叠纪岛弧火山岩及同时代侵入岩的事实对这一问题给出了清楚、明确和肯定的答案，即蒙古–鄂霍次克洋海板块在洋盆闭合前存在向 ES 的俯冲作用。这一认识对理解我国大兴安岭北部地区三叠纪斑岩型铜（钼）矿成矿的大地构造背景意义重大。如大兴安岭北部西坡的乌努格吐大型斑岩铜（钼）矿床和额尔古纳地块中太平川斑岩型铜钼矿床的成矿时代均在三叠纪（230~202 Ma B. P.；陈志广等，2010）。过去对这一时期斑岩矿床的形成背景认识不清，有研究者认为与陆内斑岩有关，有研究者推测形成于岛弧背景，但缺乏明确证据。此外，位于蒙古国额尔登特大型斑岩型铜钼矿床（处于蒙古–鄂霍次克碰撞带马蹄形转弯部位）的形成时代240~215 Ma B. P.（江思宏等，2010），也同属三叠纪。因此，这些斑岩铜型矿床的形成与蒙古–鄂霍次克洋的俯冲作用有关，这一认识与容矿斑岩具有岛弧型及埃达克岩的地球化学特征相吻合（陈志广等，2010）。

总之，艾伦达瓦变质带不是里菲期变质岩带，而是蒙古–鄂霍次克碰撞带增生杂岩与额尔古纳地块（西）之间的碰撞带，既包括了上盘的增生杂岩和仰冲洋壳，也包括下伏基底（古生代岛弧）；艾伦达瓦变质带应是蒙古–鄂霍次克洋板块在中—晚侏罗世的仰冲带，其逆掩推覆的方向为自 WN 向 ES。蒙俄边境附近可能存在蒙古–鄂霍次克碰撞带最年轻的中侏罗世蛇绿岩岩片，表明艾伦达瓦仰冲带形成时该洋盆还未最后关闭。我国东北大兴安岭地区属于蒙古–鄂霍次克碰撞造山带的前陆环境，大兴安岭北部晚中生代蛇绿岩是来自蒙古–鄂霍次克碰撞带的外来体，而中生代变质岩与中生代的大规模陆内变形与该碰撞带向 ES 大规模的逆掩推覆构造作用有关。艾伦达瓦变质带东南侧额尔古纳地块（西）上叠加有二叠纪—三叠纪岛弧，表明在艾伦达瓦大规模仰冲之前经历了向 ES 的较长俯冲过程；我国大兴安岭北部三叠纪斑岩型铜钼矿床即形成于这一构造动力背景下。

尽管有关蒙古–鄂霍次克碰撞带南侧前陆构造变形格局、外来体的确切范围，还需要进一步厘定，但几乎可以肯定我国东北，特别是大兴安岭北部地区的中生代陆内构造事件的动力学背景就是蒙古–鄂霍次克碰撞带。蒙古–鄂霍次克洋闭合前向额尔古纳地块下的俯冲是我国大兴安岭北部及蒙古相邻地区三叠纪斑岩型矿床形成的大地构造背景。

第三节　华北北缘构造带挤压变形与构造演化

"华北东北缘构造带"是指松辽盆地以东沿华北地块北缘和东缘展布的强变形带。卷入该构造带的岩石–建造既有华北地块太古宙—元古宙变质基底，也包括不同时代的增生杂岩，同时还有大量的基性–超基性岩体（如四合顺、红旗岭和璋项–长仁等）与中生代花岗岩及火山岩等。本专题研究不仅首次在该构造内发现松江河蛇绿岩，而且还甄别出大规模的晚中生代推覆构造。这些新的发现不仅对认识华北东北缘构造带本身性质与演化至关重要，而且对认识和理解整个东北地区中生代地壳与构造演化及其发生的动力学背景也具有重大理论意义。

一、松江河蛇绿混杂岩

1. 组成单元

"松江河蛇绿混杂岩"位于华北克拉通东北缘的吉林省松江河镇附近，属于原厘定的华北克拉通基底组分中元古界"色洛河群"的一部分。松江河蛇绿混岩带整体走向呈 WN 向，与华北克拉通东北缘边界走向一致。松江河蛇绿混杂岩主要的组成单元包括：强烈变质变形的橄榄岩、辉长岩、基性熔岩及变质的硅泥质岩，同时发育有斜长岩–斜长花岗岩脉。野外所见变质橄榄岩单元主要岩石类型为二辉橄榄岩，并发育强烈的蛇纹石化和菱镁矿化［图4.19（a）、（b）］，变质组构明显，同时变质橄榄岩中还发育强烈的褶曲变形现象［图4.19（c）］，应为大洋岩石圈地幔岩残片；辉长岩主要为细粒辉长岩，未见堆晶辉长岩，多已糜棱岩化，应代表下部洋壳；基性熔岩单元大多已斜长角闪岩化；硅泥质岩已变质为硅质片岩或云母石英片岩，后两者代表上部洋壳。以上各单元的野外产出关系表明，松江河蛇绿岩的层序是倒转的。

松江河蛇绿混杂岩岩片与下伏岩片之间为构造接触关系，其中蛇绿混杂岩岩片中发育的不对称褶皱［图4.19（c）］指示上盘向 SW 逆冲，拆离面产状 40°∠25°～30°［图4.19（d）］。

(a)　　　　　　　　　(b)

(c)　　　　　　　　　(d)

图4.19　吉林松江河蛇绿混杂岩野外露头照片

2. 蛇绿岩形成与侵位时代

为了确定松江河蛇绿岩的形成时代，我们对发育于变质橄榄岩中的斜长岩脉进行了锆石 SHRIMP U-Pb 定年，结果得到两组年龄（图 4.20），一组年龄平均为（268±7）Ma（$N=5$，MSWD=1.4），另一组加权平均年龄为（247±6）Ma（$N=5$，MSWD=1.7）。锆石阴极发光图像显示，这两组锆石都发育有较典型的岩浆生长环带，后者似乎 U、Th 含量更高（图像中表现为发光较弱），因此后者年龄稍小有可能受此影响。所以，我们认为前一组锆石加权平均年龄（268±7）Ma 最可能代表松江河蛇绿岩的形成年龄。这一结果表明，松江河蛇绿岩是形成于二叠纪末至三叠纪初。此外，样品中有一组锆石为浑圆状，不发育环带，并给出前寒武纪的年龄（2450～2800 Ma），解释为继承锆石。这与蛇绿岩发育于华北前寒武纪克拉通边缘的特征一致，可能暗示松江河蛇绿岩形于初始-不成熟的洋盆环境（如类似现代的红海），因为初始-不成熟的洋盆中存在有洋盆打开时的陆壳碎块，而成熟洋盆经过俯冲作用后，这些陆壳物质已消减殆尽。

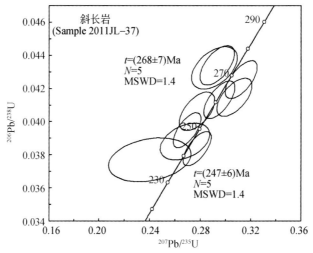

图 4.20　吉林松江河蛇绿岩中斜长岩脉锆石 U-Pb 谐和图
前寒武纪年龄未示于图上

对于蛇绿岩构造侵位时代，从松江河蛇绿岩本身得到的资料目前尚不能确定，但可以通过对该蛇绿混杂变形带内主要构造变形事件发生时间的确定加以限定。根据对该构造带内相关的花岗质糜棱岩中角闪石和黑云母的 Ar-Ar 定年结果（图 4.21），一个花岗闪长质糜棱岩中的角闪石样品给出了一致的坪年龄［（192±1）Ma］和等时线年龄［（191±2.6）Ma］。所以，该构造带早期变形发生于 190 Ma B. P. 左右。这一结果与相邻夹皮沟地区的剪切带型金矿化年龄 203 Ma（Miao *et al.*，2005）也基本一致。这充分说明松江河蛇绿混杂岩带在 203～190 Ma B. P. 时发生了一次强烈的构造变形与金矿化事件。另一个花岗质糜棱岩中的黑云母样品则给出相同的坪年龄和等时线年龄［（161±1）Ma；图 4.21］。这一年龄略小于东北侧以黄泥岭花岗岩基为代表的花岗岩的侵位年龄（165 Ma B. P.；Miao *et al.*，2005）。

以上 Ar-Ar 定年结果表明华北北缘构造带至少经历过两期重要的构造变形，早期变形

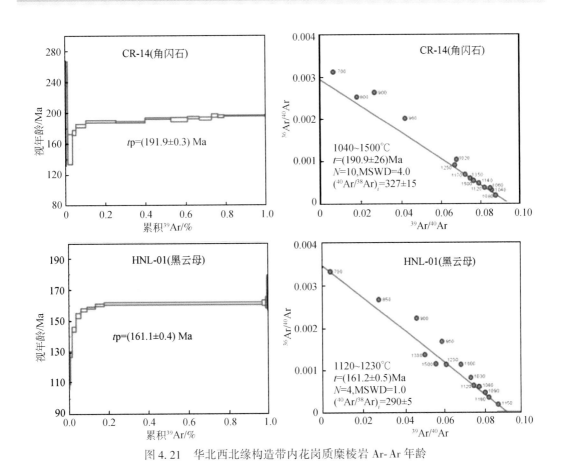

图 4.21　华北西北缘构造带内花岗质糜棱岩 Ar-Ar 年龄

发生在印支期末（200～190 Ma B. P.），另一期发生在燕山期（约 160 Ma B. P.）。结合松江河蛇绿岩的形成年龄（247～268 Ma），可以推测其构造侵位大体发生在中生代印支期末（约 200 Ma B. P.）。这说明华北东北缘是一条晚古生代增生带和早中生代碰撞带。同时，该碰撞带在晚中生代构造事件中再次活化。

　　按照传统认识，华北东北缘华北克拉通一侧主要发育三个岩群：古—中太古代龙岗岩群、新太古代夹皮沟岩群和古元古代色洛河岩群（吉林省地质矿产局，1988）；造山区一侧发育早古生代青龙村群和晚古生代二叠纪地层及大量的中生代花岗岩。我们的研究和已发表的资料（Miao et al.，2005；李承东等，2007）表明，前人厘定的龙岗岩群和夹皮沟岩群的时代及组成是正确的，但色洛河群的时代与组成却存在严重问题。"松江河蛇绿混杂岩" 247～260 Ma 年龄的厘定再次证明它的形成时代为晚古生代，这与李承东等（2007）报道的吉林桦甸红石地区原划色洛河群中的安山质火山岩是二叠纪高镁安山岩的认识是完全吻合的。这些均说明 "色洛河群" 的原岩时代应为晚古生代，其组成上可能既包括晚古生代的活动陆缘–岛弧建造，也包括同时代的洋壳建造，充分说明华北东北缘是一条晚古生代—中生代的活动陆缘和增生带。

　　综上所述，华北东北缘构造带是晚古生代的增生带和早中生代的碰撞带；其形成的动力学背景可能是以松江河蛇绿混杂岩为代表洋盆–裂谷盆地在三叠纪末的闭合。

二、推覆构造

1. 推覆构造组成单元与变形特征

华北东北缘推覆构造发育，除前述华北东北缘东段的松江河蛇绿混杂岩表现为向西南方向逆冲外，在其西段的辽、吉交界草市（辽宁）–山城镇（吉林）地区和辽宁开原、辽源等地区均表现得十分明显。由于华北东北缘西段的推覆构造体系大体以吉林哈达为中心，故我们将其命名为"吉林哈达推覆体"，同时结合区域资料，将这一推覆体系大体划为后缘带、前缘带和推覆体三个组成单元（图 4.22）。

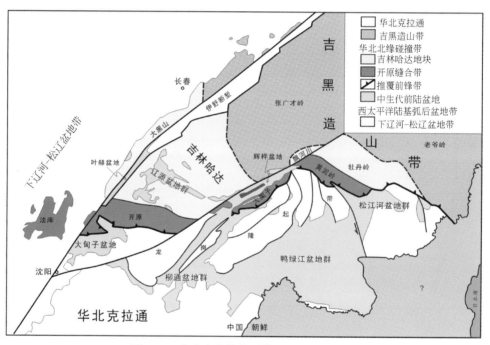

图 4.22 华北东北缘推覆构造平面关系简图

（1）推覆后缘带：吉林哈达推覆体系推覆后缘带由饮马河–红旗岭韧性剪切带和吉中蛇绿岩带组成。这两条带总体均呈 NW 向延伸，并表现为向 SW 凸出的弧形展布（图 4.22）。

饮马河–红旗岭构造带以强烈的韧性变形为特征，糜棱片理产状属中高角度，总体向 NE 或向 E 倾斜，其中发育的 S-C 组造与拉伸线理指示该韧性变形带上盘向 SW 或 W 逆冲，与其前缘带相似（详后）。饮马河–红旗韧性剪切带可能代表弧后盆地闭合的缝合带。

吉中蛇绿岩带包括小绥河、大绥河等蛇绿混绿杂岩体，其中蛇绿岩的年龄 250～485 Ma（专题组未发表资料）。这些蛇绿混杂岩在空间上相邻，但其中不同的蛇绿岩块形成时代差别如此之大，可能暗示吉中蛇绿岩带代表一个长期演化的大洋盆地，即古亚洋的主洋盆。这也说明前述松江蛇绿岩与吉中蛇绿岩可能并不是同一条蛇绿岩带，而前述松江河蛇绿岩及四合顺、红旗岭等基性–超基性岩则是代表着弧后盆地（裂谷）。

（2）推覆前缘带：吉林哈达推覆前缘带包括前缘韧性变形带和破碎的前陆盆地。其中，前缘变形带目前地表表现并不太连续，主要在辽宁开原、辽吉交界处的草市-山城镇、吉林桦甸松江河等地区表现明显。在辽宁开原象牙山可见到以原被划归为古元古代"北辽河群"的变质岩岩片被逆冲推覆于晚中生代花岗岩之上，推覆面总体向 NNW 缓倾［图4.23（a）］。此外，从象牙山向东（沿开原-清源公路），在该前缘带内可见四合顺基性-超基性也同样表现为强烈剪切变形［图4.23（b）］。

（a）　　　　　　　　　　　　　　（b）

图4.23　华北东北缘西段（辽宁象牙山）推覆前缘（a）和推覆带中四合顺岩体的变形（b）

在辽吉交界处的草市-山城镇地区，推覆构造前缘表现为原被划为太古宙鞍山岩群的斜长角闪岩（原岩为玄武质岩石）被逆冲于原认为是太古宙 TTG 灰色片麻岩（实为中生代韧性变形的花岗闪长岩体）之上［图4.24（a）、（b）］。推覆拆离面表现为强烈的韧性变形带，其中拆离面之下的花岗闪长岩强烈糜棱岩化［图4.24（c）］，拆离面之上的斜长角闪岩中脉体发生肠状褶曲和透镜化［图4.24（d）］。推覆拆离面以中低角度（20°~30°）产出。花岗闪长质糜棱岩中发育的拉伸线理（A 型）和变玄武岩中发育的浅色脉体透镜体等剪切指向标志均指示推覆方向（上盘）为自北（稍偏东）向南。

对推覆带前缘前陆盆地特征将在后面与辽源等构造窗盆地一起叙述。

（3）吉林哈达推覆体：吉林哈达推覆体目前地表主要表现为不同时代的花岗岩及"漂浮"其中的时代以晚古生代为主的地质建造，可能包括晚古生代岛弧、增生楔及洋壳建造等。除前述前缘带结构与变形外，吉林哈达推覆构造厘定的另一个重要证据就是目前发育于推覆体内部的以辽源盆地等为代表的"构造窗"的发育。

吉林哈达地区发育大量的中生代盆地，主要包括辽源盆地、渭津盆地、平岗盆地和西丰盆地等（图4.25）。前人曾将这些盆地归为中生代断陷或凹陷盆地，但根据我们对盆地内部建造性质分析和盆地边界构造性质的研究，我们认为这些盆地具有压性盆地与伸展盆地叠合发育的特征，其中早期盆地属压性盆地，与区域推覆构造耦合，后期具后构造盆地特征。以下从盆地建造叠置关系、盆地边界性质两方面加以说明。

由于该地区中生代盆地众多，我们这里将它们统称之为"辽源盆地群"。表4.3归纳了辽源盆地群盆地建造的岩石组合特征。从该表可以看出，该地区盆地中生代建造类型大体相似，均明显分为上、下两大套建造。其中，下部建造以粗碎屑沉积岩和中酸性火山岩建造组合为特征，而上部建造则主体为碎屑岩建造，间夹一套酸性火山岩（金家屯组），

图4.24　华北东北缘吉林哈达推覆体前缘带推覆构造（a）、（b）与下盘花岗闪长质糜棱岩
（c）和上盘变玄武岩（d）的变形特征（辽宁草市）

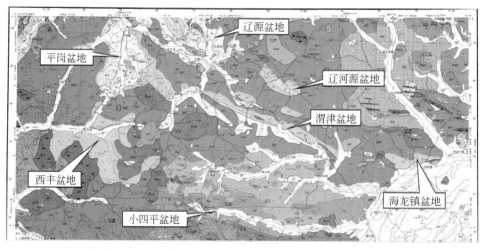

图4.25　华北东北缘西段吉林哈达推覆体内部盆地分布图

两套建造间发育明显的角度不整合。从时代上看，下部建造主要为中—晚侏罗世，而上部
建造则为早白垩世（表4.3）。这种建造发育特征表明，辽源盆地（群）的演化实际上经
历了两个阶段；上、下两套建造之间的角度不整合关系也清晰地表明，它们应具有不同的
形成机制。据此，我们将辽源盆地（群）划分为下辽源与上辽源两个盆地，并认为上辽源

盆地是叠加在下辽源盆地之上，也就是说，辽源盆地（群）是一类叠合盆地。就盆地与推覆构造的关系而言，我们提出下辽源盆地属原地系统，其上被吉林哈达推覆体逆掩，其目前的出露表现为构造窗，而上辽源盆地属构造后的盆地（图4.26）。这一认识得到野外观察和地震剖面结果的进一步证实。

表4.3　吉林辽源盆地群盆地建造叠置关系

地层名称及时代	主要岩性及组合	备注
泉头组（K_1q）	紫色、杂色砂砾岩、砂岩、粉砂岩、页岩	
登楼库组（K_1d）	砾岩、砂岩夹泥岩	
金家屯组（K_1j）	流纹岩	104 Ma B. P.
长安组（K_1c）	砾岩、砂岩、页岩夹煤层	
上辽源盆地/下辽源盆地		
安民组（J_3a）	下部为凝灰质复成分角砾岩、酸性熔岩，局部夹凝灰质砂岩、薄煤层；上部为安山质熔岩。	117 Ma B. P.
九大组（J_3j）	砂岩、粉砂岩、页岩夹煤线（含热河生物群化石）	
德仁组（J_2x）	砾岩、砂岩（下），安山岩（上）	
夏家街组（J_2d）	砾岩、砂岩（下），安山岩（上）	

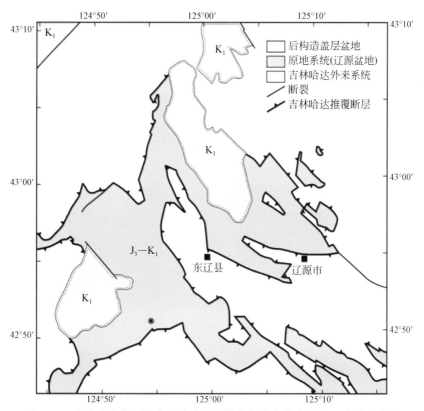

图4.26　华北东北缘西段吉林哈达推覆体内部中生代盆地叠置关系示意图

　　首先，平岗-辽源盆地西缘表现为一大规模的逆掩断层带（图4.27）。在野外露头上，逆掩带及上盘（外来系统）的花岗岩发生强烈片理化，片理产状平缓。野外观测表明，其逆掩推覆方向总体上自 NE 至 SW。这一逆掩推覆构造在二维地震剖面图表明的十分明显（图4.27），而其下伏则主要为下辽源盆地的安山质火山岩建造，说明这些花岗岩是推覆于下辽源盆地之上。此外，在平岗盆地东缘、渭津盆地南缘也见到相似的构造与变形特征。

图4.27　吉林辽源盆地群西缘的逆掩断层带（平岗盆地）及其地震剖面解释

　　其次，在平岗与辽源之间的泉太镇附近，可以见花岗岩作为"飞来峰"叠置于下辽河盆地火山岩建造之上。同样，这一构造叠置关系也被地震剖面资料所揭示。值得指出的是，该处花岗岩同样遭受了强烈的糜棱岩化，形成了"透入性"片理，即形成条纹状长英质片麻岩。因为片理面近水平，这些片麻岩曾被认为是上辽源盆地建造的"流纹岩"。

　　再次，在辽源盆地内部，下辽源盆地下部的粗碎屑岩建造发育尖棱状褶皱，这与地震剖面所提示的盆地内深部构造特征相吻合（图4.28），充分说明，下辽源盆地经历了强烈的挤压变形。相反，在渭建盆地内可见到上辽源盆地细碎屑岩沉积建造覆盖于变形的下辽源盆地火山岩之上，而其本身则未发生明显变形，仍保持近水平的层理构造。

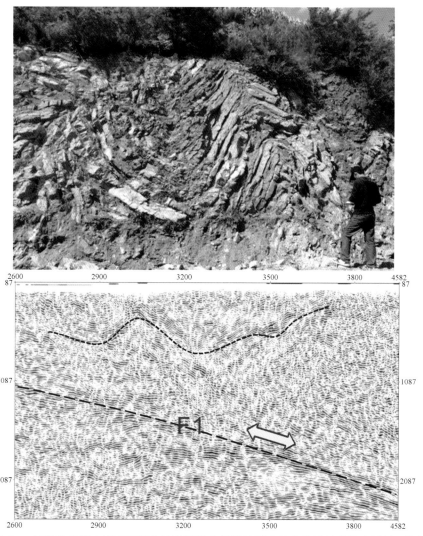

图4.28　辽源盆地群内部下辽源盆地下部造碎屑岩地层中的尖棱褶皱及其地震剖面特征

　　总之，上述特征表明下辽源盆地属吉林哈达推覆构造外来体之下的原地系统，它们目前的出露状态具有"构造窗"性质。另外，处于吉林哈达推覆构造前锋外侧的大甸子盆地、辉–桦盆地等具有与辽源盆地群相似的盆地建造叠置关系，只是由于它处于推覆前锋带外缘，其变形强度稍逊于辽源盆地群而已。所以，我们认为吉林哈达推覆体之下应存在一个统一的"大辽源盆地"。

2. 推覆构造发生的时代

　　为了限定吉林哈达推覆构造发生的时间，我们对该区变形与未变形的花岗岩及火山岩进行了较为系统的锆石 SHIRMP U-Pb 定年研究。以下分三个部分，即推覆前锋带、吉林哈达推覆体（或拆离面）花岗岩和下辽源盆地火山岩分别介绍。

（1）推覆前锋带花岗岩与辉长岩年龄：推覆前锋带用于年龄测试的三件样品分别取自出露于辽宁开原东南的四合顺基性–超基性岩中的堆晶辉长岩（2011LKS-01-1）、辽宁草市的糜棱岩化花岗闪长岩（2010JMC-6）和吉林梅河口市北山城镇东的韧性变形的花岗岩（2010JMHK-2）。

锆石 CL 图像显示，四合顺辉长岩（2011LKS-01-1）中的锆石大体上可分为两组：一组锆石已发生退晶质化，表现为发光较弱或基本不发光，锆石环带不可见，占该样品锆石的绝大多数；另一组锆石则未发生退晶质化，在 CL 图像上表现为强发光，并发育条带状分带的岩浆生长环带。其中，第一组锆石占绝大多数，而第二组锆石数量很少。对这两组锆石的均进行了分析，得到不同的结果。第二组未退晶质化锆石的四个分析得到的加权平均年龄为（224±5）Ma（MSWD = 0.38），而第一组退晶质化锆石的 16 个分析得到的加权平均年龄为（204±2）Ma［MSWD = 1.19；图 4.29（a）］，明显小于第二组未退晶质化锆石的年龄。因此，我们将未退晶质化锆石的年龄（~224 Ma）解释为四合顺岩体的形成年龄，而退质化锆石的年龄（~204 Ma）解释为其发生退晶质化的年龄。这一结果表明，四合顺基性–超基性岩形成于印支期，并在印支期末发生强烈退晶质化，而不是前人认识的形成于早古生代（辽宁省地质矿产局，1989）。

值得指出的是锆石的退晶质化（在 CL 图上表现为不发光）一般受控于两个因素：一是锆石本身异常高的 U、Th 等放射性元素含量，即强烈的放射性衰变导致锆石的晶格破坏、晶体破裂；另一个因素是流体。没有流体参与，锆石本身即使受到破坏，也不会发生退晶质化，而只是发生放射性成因铅丢失，一般会产生不谐和的分散的年轻年龄。相反，在有流体参与情况下，锆石将快速发生退晶质化，退晶质化后的锆石则又组成一相对封闭体系，因此退晶质化的锆石一般能得到谐和一致的年轻年龄。由于在构造–热事件（如本区推覆构造作用）中流体是十分普遍和活跃的，所以可以认为锆石退晶质化的年龄大体代表构造–热事件发生的时间。就四合顺辉长岩而论，我们认为其中锆石退晶质化的年龄（~204 Ma）基本代表本区一次推覆构造作用的时间。

草市糜棱岩化花岗闪长岩体（2010JMC-6）中的锆石绝大多数均为自形柱状晶体，并发育典型的岩浆生长环带，但有少数锆石发育有暗化边（在 CL 图像上表明为不发光）。分析结果表明，该岩体侵位年龄为（211±3）Ma［N = 12，MSWD = 1.4；图 4.29（b）］，属晚印支期岩体。同时，对两颗锆石的暗化边的分析分别得到（194±4）Ma 和（197±4）Ma 的年龄。这些暗化边可能是受流体或构造–热事件影响的结果，因此其年龄大致反映其受到印支期末期一次构造–热事件改造的时间。

山城镇东韧性变形花岗岩（2010JMHK-2 样品）中的锆石特征与草市糜棱岩化花岗闪长岩中的锆石特征大体相似，即大多表现为具岩浆生长环带的柱状晶体，部分发育暗化边。分析结果同样显示，锆石暗化边的年龄为（148±2）Ma（N = 6，MSWD = 0.87），明显小于环带发育锆石或锆石核的年龄（174±3）Ma（N = 9，MSWD = 0.75）（图 4.30）。因此，山城镇花岗岩侵位时代为晚中生代中侏罗世，并在晚侏罗世 ~150 Ma B.P. 时经历过一次构造–热事件的影响。

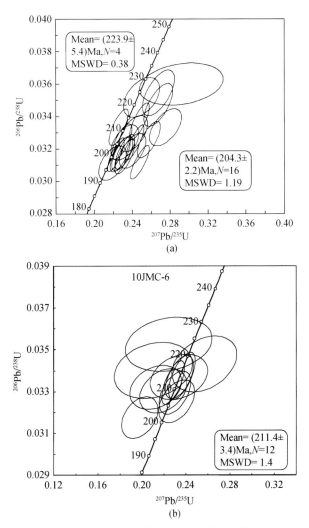

图 4.29　四合顺堆晶辉长岩（a）和草市糜棱岩化花岗闪长岩（b）锆石 U-Pb 谐和图

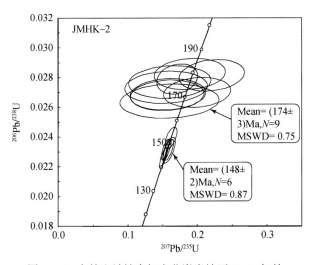

图 4.30　吉林山城镇东韧变花岗岩锆石 U-Pb 年龄

　　由于以上三个被测样品均发生了糜棱岩化变形，因此其中年龄最小的山城镇东花岗岩年龄就限定了该区主要推覆构造作用发生时间的下限，即该区域推覆构造发生在 148 Ma. B. P. 以后。

　　（2）吉林哈达推覆体及拆离面花岗岩类年龄：对采自吉林哈达推覆体或其拆离面上的变形的花岗岩或片麻岩的八件花岗岩样品进行了年龄测定。

　　小城子片麻状花岗岩（2011JLX-02）：该样品采自吉林辽源小城子北安采石场，具片麻状构造，其中的暗色矿物主要为黑云母，具有明显的定向排列。锆石 CL 图显示，样品中锆石多为柱状晶体，均发育完好的生长环带，个别锆石发育核–边结构。对该样品的分析得到近一致的结果，其中 12 个分析点得到的加权平均年龄为（251±3）Ma［$N=12$，MSWD=1.2；图 4.31（a）］；另有三个分析点得到较年轻的不谐和年龄，分别为 180 Ma B. P. 、185 Ma B. P. 和 194 Ma B. P. ，可能是铅丢失的结果。因此，251 Ma B. P. 代表该片麻状花岗岩的侵位年龄，表明其是晚古生代花岗岩。

　　十八家子花岗质片麻岩（2011JLS-1）：该样品采自辽宁省昌图市十八家子水库旁侧，具片麻状构造，片麻理产状200°∠15°～20°，其中的长英质矿物具明显的拔丝拉长现象。该样品中的锆石多为长柱状晶体，岩浆生长振荡环带发育，属岩浆成因锆石。对该样品中的锆石共进行 18 个点的分析，得到的表面年龄范围为 228～258 Ma，加权平均值为（235±5）Ma［MSWD=1.45；图 4.31（b）］。该年龄代表花岗岩侵位年龄，说明其形成于晚—中三叠世。

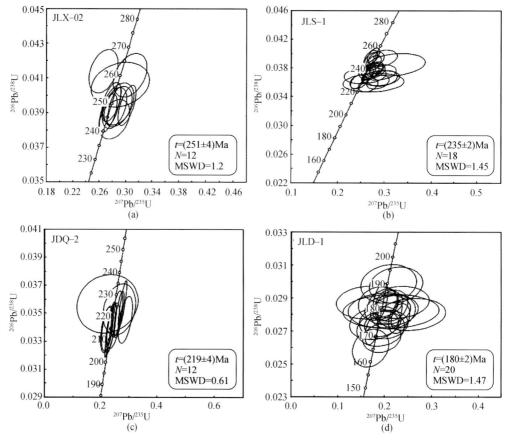

图 4.31　吉林哈达推覆体花岗岩锆石 SHRIMP U-Pb 谐和图

泉太花岗片麻岩（2011JDQ-2 样品）：采自吉林东辽县泉太镇采石场。岩石具片麻状构造，片麻理产状 15°∠20°。样品中的锆石形貌以短柱状晶体为特征，并发育岩浆生长环带，部分锆石发育核-边结构。对该样品共进行了 16 个点的分析，其中有 13 个分析点给出加权平均年龄为（219±4）Ma［MSWD＝0.61；图 4.31（c）］，其他三个分析点给出太古宙（末）的年龄［未示于图 4.31（c）上］，加权平均值为（2465±57）Ma（MSWD＝4.3）。从锆石结构特征看，给出年轻年龄的锆石测点部位均发育岩浆生长环带，而给出古老年龄的锆石环带不清晰，局部显示出变质锆石的多晶面特征，因此我们将较年轻年龄［（219±4）Ma］解释为该花岗片麻岩原岩的形成年龄，即该岩体形成于中三叠世，而前寒武纪的年龄［（2465±57）Ma］解释为继承锆石年龄，说明该花岗岩的源区中含有年龄为太古宙的组分。该花岗片麻岩与十八家子花岗片麻状基本同时形成。

卧牛花岗片麻岩（2011JLD-1）：样品采自吉林辽源大阳镇卧牛采石场，其片麻理以中低角度向北倾。该花岗片麻岩中锆石以短柱晶体为特征，发育完好的岩浆生长环带，表明锆石为岩浆成因。同时，其中锆石形貌特征的一致性也暗示，该片麻岩系花岗岩类侵入体变形变质而来。所有 22 个点的分析得到的表面年龄范围为 175～200 Ma，其加权平均年龄为（180±2）Ma［MSWD＝1.47；图 4.31（d）］。该年龄被解释为花岗片麻岩原岩的侵位年龄，即该花岗片麻岩形成于中生代早侏罗世。

石岭条带状混合片麻岩：该片麻岩具有强烈的混合岩化特征，条带状构造，其基体（暗色）岩性为黑云斜长质片麻岩，脉体（浅色）为富钾质花岗岩（脉），并发生了片麻理化。对该处两个样品进行了测定。被测样品 2011JSS-01 系混合岩中浅色脉体，本身具有变形特征。该浅色脉体的锆石具有长柱状形貌特征，发育完好的岩浆生长环带，指示它们为岩浆成因锆石。16 个分析点中有 15 个给出近一致的结果，加权平均年龄为（166±3）Ma［MSWD＝0.27；图 4.32（a）］。该年龄被解释为片麻岩浅色体的结晶年龄，变即混合岩化作用的年龄。另一个分析（分析点 7.1）则给了较老的年龄（225±8）Ma，应为继承锆石的年龄，可能指示该混合基体的年龄。这一结果表明，四平石岭片麻岩的混合岩化作用发生在中侏罗世。样品 2011JSS-02 为混合片麻岩中的基体，但其中也含有细小的浅色脉体。该样品中锆石多为短柱状或浑圆状，并发育岩浆振荡生长环带。17 个分析点得到较为复杂的年龄结果［图 4.32（b）］，大体可分为三组。第一组有六个分析点得到的结果较为分散，年龄范围为 185～259 Ma；第二组包括九个分析点得到表面年龄范围 160～178 Ma，加权平均年龄为（168±5）Ma（MSWD＝3.4）；剔除两个较大的离群点后，剩下五个更为一致的分析给出的加权平均年龄为（165±3）Ma，MSWD 值降为 1.7；第三组是两个最年轻的年龄（155±3）Ma，但明显不谐和（即明显偏离谐和线）。依据所测锆石的 CL 图像特征和野外地质关系，我们认为第一组年龄可能反映该混合岩基体的形成时代信息，而将第二组锆石平均年龄（165±3）Ma 仍解释为混合岩化的年龄，因为该基体样品含有细的浅色脉体；第三组两个较年轻年龄极不谐和，明显偏离谐和线，是放射性成因铅丢失的结果。以上两个样品的结果表明，石岭混合片麻岩的原岩时代可能为早中生代，而混合岩化作用发生在晚中生代中侏罗世［（165±3）Ma］。

渭津花岗岩（样品 2011JLW-7）：取自辽源东南魏津大桥附近。该花岗岩本身变形并不明显，但野外可见其明显被逆掩于火山岩之上。对该样品进行的 15 个点的分析得出的年龄范围为 154～171 Ma，其加权平均值为（162±3）Ma［MSWD＝0.64；图4.32（c）］。该年龄代表花岗岩的侵位年龄。

辽源花岗岩（2011JLY-01样品）：该样品采自吉林省辽源市西辽源油库附近的露头，岩性为黑云母花岗岩。该花岗内发育一组破劈理，但无明显的韧性变形特征，其中锆石大多为岩浆振荡环带发育的完好柱状晶体，也有部分锆石环带不明显。该样品20个点的分析得到三组不同的年龄［图4.32（d）］。第一组给出较老的加权平均年龄为（244±4）Ma（$N=4$，MSWD＝1.03）；第二组加权平均年龄为（224±3）Ma（$N=6$，MSWD＝1.7）；第三组加权平均年龄为（163±2）Ma（$N=9$，MSWD ＝ 1.7）。结合锆石CL图像和上述结果，我们将第一、二组年龄解释为继承–捕获锆石年龄，指示该花岗岩源岩的年龄信息；第三组年龄解释为花岗岩的侵位–形成年龄，即该花岗岩形成于中侏罗世。

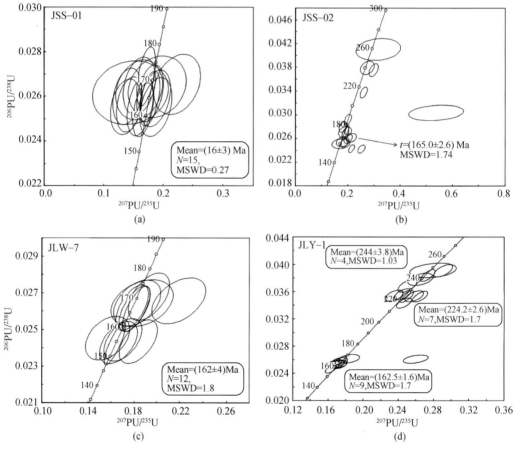

图4.32　吉林哈达推覆体花岗岩锆石SHRIMP U-Pb谐和图

从以上结果可以看出，尽管被测花岗片麻岩或片麻状花岗岩均经历了明显的变形改造，但其变形（变质）作用并未对锆石的U-Pb体系造成影响，或者变形作用是在流体相对缺乏的"干体系"中发生，因此上述年龄结果均难以反映变形作用（片麻理化）的时间，只能给出变形–推覆构造发生时间的下限，即吉林哈达推覆构造是发生在160 Ma B. P.

以后，具体时间还需与火山岩测定结合综合确定。

3. 下辽河盆地火山岩形成时代

对取自不同地点五件火山岩样品开展了锆石定年。包括：

（1）渭津安山玢岩（2011JLW-6）：该样品采自吉林辽源魏津乡渭津盆地内，岩性为安山玢岩。其中锆石多为短柱状，环带有环形和扇形分带两种类型，具有中基性岩浆锆石的特征。对该样品中锆石的16个分析中，有七个得到相近结果，加权平均值为（168±4）Ma［MSWD＝1.53；图4.33（a）］，代表安山质岩浆作用时间，即形成于中侏罗世。另外有八个分析均给出较老的年龄，但很分散，年龄范围为220～2640 Ma，代表继承锆石的年龄。还有一个分析点（4.1）给出较为年轻的年龄（154±3）Ma，该分析点U、Th含量在所有分析中是最高的（1589ppm和1660ppm），因此该分析点年轻化可能是其铅丢失的结果。

（2）渭津粗面岩（2011JLW-1）：样品采自辽源东南魏津大桥附近（属渭津盆地）。粗面岩劈理化强烈。粗面岩的锆石晶形完好，发育完好的岩浆生长环带，指示其岩浆成因。对该样品16个点的分析中，有11个得到一致的结果，其加权平均年龄为（163±4）Ma［MSWD＝2.1；图4.33（b）］。剔除一个最大的离群点后，余下10个分析给出的加权平均年龄为（162±3）Ma，MSWD值降为1.35。该年龄代表魏津粗面岩锆石结晶年龄，即其火山喷发年龄。另外，有四个分析点给出243～334 Ma的较老年龄，为继承-捕获锆石的年龄，还有一个分析给出较年轻的年龄约为147 Ma，这可能是普通铅扣除不当造成的，因为该分析点在谐和图上表现为反向不一致性，但也可能是铅丢失的结果，因其U和Th含量均很高，分别为1418ppm和1278ppm。魏津粗面岩的这一年龄［（163±4）Ma］与前述安山玢岩（2011JLW-6）的年龄［（168±4）Ma］在分析误差范围内是相当的，表明辽源魏津地区粗面质和安山质岩浆活动均发生于中侏罗世。

（3）小城子安山岩（2011JLX-01）：样品采自吉林辽源小城子北安镇附近一个采石场（属辽源盆地）。安山岩中的锆石形貌特征大体一致，多为岩浆生长环带发育的柱状晶体，属岩浆成因锆石。对该样品中的锆石共进行了九个点的分析，其中有六个分析点给出相近的年龄，其加权平均值为（156±3）Ma［MSWD＝1.8；图4.33（c）］。其余三点给出较老的年龄，分别为（211±5）Ma、（266±5）Ma和（822±15）Ma，代表继承-捕获锆石年龄。依据锆石特征，我们将年龄（156±3）Ma解释为小城子安山岩的喷发年龄，属晚侏罗世。

（4）泉太安山岩（2011JDQ-3）：样品采自吉林东辽县泉太镇西面，属平岗盆地。该样品具斑状结构，斑晶为斜长石，基质为隐晶质。在1∶20万地质图中，该套火山岩地层被归属为吐呼鲁组，并认为与安民组相当，时代归为晚侏罗世。该安山岩中的锆石以长柱状为主，发育完好的岩浆生长环带，说明为岩浆成因锆石，但有少数锆石发育核-边结构。该样品13个点的分析均给出近一致的结果，其加权平均年龄为（125±2）Ma［MSWD＝0.45；图4.33（d）］。该年龄代表泉台安山质岩浆的喷发年龄，说明其形成于早白垩世，而不是先前认识的晚侏罗世。除一颗前寒武纪锆石外，其他年龄大于140 Ma的锆石（分析点）均具有相对较高的U含量（443～1027ppm），但具有相对较低的Th/U值（0.23～0.63），而年龄为～125 Ma的锆石/分析点的U含量则相对较低（91～354），但Th/U值则相对较大（0.41～1.20）。因此，尽管最年轻一组锆石的环带不发育，但该组年龄也不可能是前者变质-蚀变作用的结果，而仍代表锆石本身的结晶年龄，即安山质岩浆喷发的年龄，而其他较老的锆石均为继承/捕获锆石。所以，小城子泉太安山岩形成年龄为（125±2）Ma，代表中生代早白垩世岩浆作用产物。

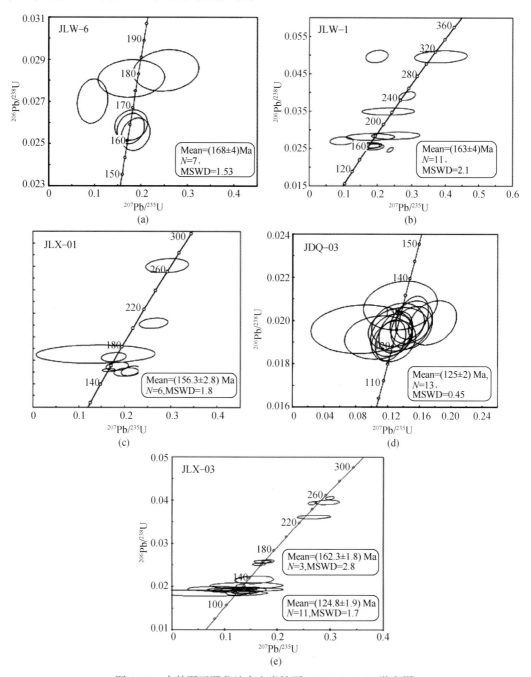

图 4.33　吉林下辽源盆地火山岩锆石 SHRIMP U-Pb 谐和图

（a）渭津盆地安山岩（渭津乡）；（b）渭津盆地粗面岩（渭津大桥）；（c）辽源盆地安山岩
（小城子镇）；（d）平岗盆地安山岩（泉太镇）；（e）辽源盆地安山岩（安恕镇）

（5）安恕安山岩（2011JLX-03）：采自吉林辽源小城子安恕镇先锋采石场新鲜的安山

岩（属辽源盆地）。该安山岩整体未变形，仅发育有破劈理。样品中锆石均为短柱状晶体，但按其 CL 发光特征可明显分为两组：一组为发光较弱（暗色），但具有较好的振荡环带；另一组具强发光特征，但振荡环带相对不发育，少数发育扇形分带，具有中基性火成岩锆石的特征。对该样品 19 个点的分析，结果较为复杂 [图 4.33(e)]。其中，有一个分析点给出前寒武纪年龄 [$^{207}Pb/^{206}Pb$ 年龄为（2155±21）Ma]，四个分析点给出较老年龄228 ~ 256 Ma，三个分析点给出加权平均值为（162±2）Ma（MSWD=2.8）的加权平均年龄，余下的 11 个分析点给出的较为一致的结果，其年龄范围为 119 ~ 137 Ma，加权平均值为（125±2）Ma（MSWD=1.7），代表安恕安山质岩浆作用的时间，即早白垩世。这说明安恕安山岩与泉太安山岩是同时代产物。

如前所述，下辽源盆地火山岩及其下部的碎屑岩建造属于吉林哈达推覆体的下盘，亦即原地系统，并遭受了变形改造。上述结果表明，这些火山岩可能主要形成于侏罗纪和早白垩世两个时期。因此，其中最小的年龄（~125 Ma）应限定了吉林哈达推覆构造发生的下限，即推覆构造发生在 125 Ma B. P. 之后。根据前述盆地建造所反映的盆地上、下两套建造之间存在不整合的事实以及上部流纹质火山岩夹层 114 Ma 的年龄，我们推测吉林哈达推覆构造发生的时间应在 125 ~ 115 Ma B. P.（早白垩世晚期）。

三、讨论

1. 华北东北缘基性-超基性岩带形成的构造环境

华北北缘构造带的显著特征之一，就是带内发育有大量的基性-超基性岩及其共生的铜镍硫化特矿床（包括红旗岭、漂河川、璋项、长仁及四合顺岩体等）。目前，学术界对这些基性-超基性岩形成时代的认识上基本达成共识，即它们并不是先前认识的形成于早古生代或更早，而是形成于早中生代印支期（215 ~ 240 Ma B. P.；Wu F. Y. *et al.*，2004；颉颃强等，2007）。前述四合顺岩体的锆石 SHRIMP 年龄（223 Ma）也进一步证明了这一点。然而，目前对这些"岩体"的成因及形成的构造背景的认识却分歧严重。有研究者认为，它们属造山前（李承东等，2007），是蛇绿混杂岩的组成单元之一（王东方等，1989），另有研究者认为其属碰撞后（Wu F. Y. *et al.*，2004）。本专题松江河蛇绿混杂岩及其形成时代的确定为认识这一问题提供了强有力的约束，即这些基性-超基性岩体是形成于碰撞造山之前，属造山前。无疑，这些岩体的侵位总体上需要一个伸展环境，但伸展环境有多种多样，既可出现于碰撞后，也可出现于碰撞前（如洋中脊、大陆边缘裂谷和弧后裂谷）。对华北东北缘而言，二叠纪—三叠纪松江河蛇绿混杂岩、桦甸红石地区岛弧高镁安山岩和开原地区晚二叠纪岛弧的发育充分说明这些基性-超基性岩不可能形成于碰撞后。因为，一方面，区域上与这些基性-超基性岩体伴生的建造主要海相的碎屑岩及碳酸盐岩；另一方面，如果这些基性-超基性岩体是碰撞后形成的，那么从碰撞造山挤压体制转换为碰撞后伸展体制仅仅只有 5 ~ 10 Ma 的时间是难以让人理解的。所以，我们认为该地区的基性-超基性的形成背景是边缘-弧后裂谷背景。也就是说，华北东北缘构造带是这一裂谷（或弧后盆地）闭合的产物。对于这些"岩体"的成因，我们认为可能不能一概而论。有的可能是裂谷或弧后盆地打开时地幔岩浆作用的产物，有的则可能具有初始洋壳化（蛇绿岩）的特征。

对于这一裂谷带的闭合时间，我们认为它可能主要发生在早中生代印支期末期（205～190 Ma B. P.）。华北东北缘东段松江河构造带（蛇绿混杂岩带）的早期韧性剪切变形事件（～190 Ma B. P.）及与之伴随的剪切带型金矿成矿事件（～205 Ma B. P.）、西段草市糜棱岩化花岗闪长岩受后期改造的锆石暗化边（～195 Ma B. P.）和四合顺岩体中锆石的退晶质化事件（～205 Ma B. P.）均可能是这一弧后裂谷带闭合的具体反映。所以，华北东北缘东段碰撞造山作用主要发生于三叠纪末—侏罗纪初，是一条早中生代的碰撞带。

2. 华北东北缘晚中生代花岗岩构造背景

在华北东北缘，特别是造山带一侧发育有大规模的以黄泥岭花岗岩基为代表的花岗岩。这些花岗岩曾被认为是古生代花岗岩，但越来越多的研究表明，这些花岗岩主体是属晚中生代，其侵位年龄在 160～170 Ma（张艳斌等，2002；Miao et al.，2005）。目前，对这些大规模的晚中生代花岗岩形成的构造背景尚未有明晰的结论。我们认为本专题对华北东北缘松江河早中生代碰撞带的厘定为认识这些花岗岩的形成背景提供了较为明确的约束，即它们是碰撞后（造山晚期）花岗岩。首先，从时间演化上是合理的，即华北东北缘碰撞带在三叠纪末发生碰撞，并发育大规模的推覆构造，导致地壳叠置加厚，至晚中生代中晚期（160～170 Ma B. P.）蒙古-鄂霍次克洋关闭，西伯利亚板块与中国-南蒙古板块进入碰撞后阶段。所以，华北东北缘东段晚中生代花岗岩形成于晚造山构造环境，属碰撞后背景下岩浆作用的产物。

3. 松江河缝合带与西拉木伦缝合带关系

西拉沐伦缝合带发育于华北北缘西段（松辽盆地以西），大体沿西拉木伦河向呈近EW 向展布。原先认为西拉木伦缝合带是早古生代缝合带，但对该带中蛇绿岩的研究表明，蛇绿岩形成时代主要为二叠纪（～250 Ma B. P.；Miao et al.，2007b）表明它是一条晚古生代建造带。此外，研究表明该带中的双井变质杂岩原岩时代 217 Ma B. P.（课题组未发表资料），说明西拉木伦缝合带的造山作用应在其之后。所以，西拉木伦缝合带很可能也是一条印支期碰撞带，在时间上与华北东北缘相似。但是，西拉木伦缝合带现今主要表现为以走滑剪切变形为主（片理以近直立的高角度产出），同时西拉木伦缝合带目前测得变形事件年龄主要集中在 110～130 Ma（李锦轶，1999；韩国卿等，2012），这似乎与华北东北缘碰撞带又存在差别。显然，造成这一差异的主要原因可是西拉木伦碰撞带受到更晚期走滑剪切作用的叠加改造。值得指出的是，西拉木伦缝合带走滑剪切变形作用发生的时间与华北东北缘西段吉林哈达推覆构造发生的时间（115～125 Ma）大体一致。这可能暗示西拉木伦缝合带的走滑作用与吉林哈达推覆作用之间存在某种成因联系。我们认为，它们在 120 Ma B. P. 左右时所处的构造位置不同而表现出不同运动学及动力学行为。无论细节如何，但无疑西拉木伦缝合带本身是一条中生代碰撞带的结论是可以肯定的。

区域上另一个重要问题是西拉木伦碰撞带向东的延伸问题。曾有研究者将其东向延伸置于长春—延吉一线，构成统一的西拉木伦-长春-延吉缝合带（李春昱等，1982；Wu F. Y. et al.，2004）。其依据主要是延吉地区的开山屯蛇绿岩，但我们资料证实延吉开山屯蛇绿岩是中生代侏罗纪形成的（165～155 Ma B. P.），因此它不代表古亚洲洋闭合的缝合线，而是太平洋增生产物。另一方面，暂且不论这种区域连接关系是否正确，但在长春和延吉之间约 700 km 长的区域内并没有明确的物质标志。松江河蛇绿岩存在至少为这探讨这一问题提供了重要的、明确的物质标志。

4. 吉林哈达推覆构造的意义

吉林哈达推覆构造在剖面上反映了典型碰撞造山带的结构特征（图 4.34）。从时间演化上，在这一推覆构造发生之前，该地区的古洋陆格局是在华北克拉通向 N 或 NE（现今方位）依次发育有开原弧后盆地（边缘裂谷）、吉林哈达岛弧和古亚洲洋（主）洋盆。其中开原弧后盆地以前述基性–超基性岩为代表，吉林哈达岛弧以原"北辽河群"（时代并非古元古代，而是晚古生代）及 P—T 花岗岩等为代表，而古亚洲洋则以吉中蛇绿岩为标志。

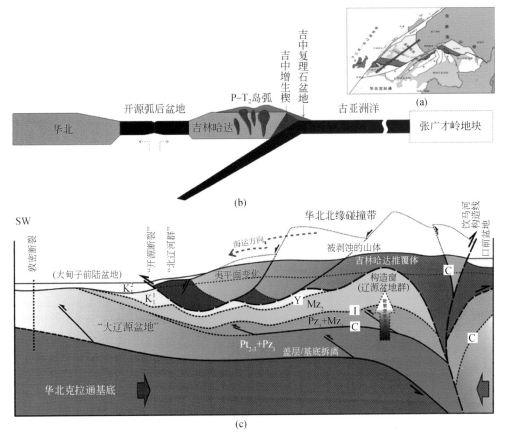

图 4.34　华北东北缘西段吉林哈达推覆体构造剖面模式

（a）吉林哈达推覆构造平面关系（红线是示意剖面方位）；（b）推覆构造发生前可能的洋–陆格局；

（c）吉林哈达推覆体剖面结构模式

前已述及，野外与年代学资料可以将吉林哈达推覆构造发生的时间限定在 125～115 Ma B. P. 。但这一时间似乎与松江河构造带所反映的变形作用发生的时间有矛盾。对此可以有两种解释：一是古亚洲洋主洋盆与开原弧后盆地（包括松江河）是不同时间闭合的，即弧后盆地闭合较早（三叠纪末—侏罗纪初），而主洋盆则更晚，也就是说华北东北缘经历了两期造山事件的影响；二是开原与松江河尽管均属弧后盆地性质，但它们并不是同时闭合的，松江河盆地闭合较早，而开原盆地闭合较晚（与古亚洲主洋盆同时闭合）。具体哪种可能性更大，尚需进一步研究确定。但不论何种情况，华北东北缘西段吉林哈达晚中生代大规模推覆构造的厘定和东段松江河蛇绿岩的发现及其形成时代的确定，均清晰的表明华北克拉通北缘构造带是一条中生代的碰撞造山带，其碰撞造山的时间比原先认识的要晚的多。这些新的发现和认识，对认识和理解华北北缘边界性质及演化具有重要理论意义。本专题最近获得了一批高质量的变形年龄，指示了163 Ma B. P. 前后叠加了强烈的近 SN 向的挤压作用，反映了晚侏罗世鄂霍次克洋关闭产生的远程效应（黄时琪未发表数据）。

第四节　西太平洋活动大陆边缘增生构造恢复

太平洋的演化是个至今并没有完全解决的全球性问题。代表性的观点认为，太平洋是 Rodinia 裂解之后产生的，并从内大洋发展成冈瓦纳大陆的外大洋。在 SWEAT 模型中，Laurentia 与澳大利亚与南极洲之间沿着 Tasman-Rose 造山带放置。换言之，古太平洋就存在于 Tasman-Rose 造山带中。澳大利亚 Lachlan 褶皱带中的早古生代蛇绿岩和北美科迪勒拉山脉中的早古生代岛弧地体和蛇绿岩（Klamath 山区）都应是古太平洋俯冲的产物。然而太平洋的演化显然比 Laurentia 和澳大利亚–南极大陆之间的裂解要复杂得多。事实上，从东西伯利亚的楚科奇到东北亚的环日本海地区，再到东南亚，并没有证实太多古太平洋的遗迹。虽然日本列岛和南锡霍特证实存在少量早古生代的洋壳地体，但从保存在东北亚大陆地区的被动大陆边缘沉积开始于中古生代的事实来看，太平洋的演化显然是后期复合了新的洋盆体系。至于中生代的洋盆扩张，则完全与冈瓦纳大陆的裂解有关。中古生代–晚古生代洋盆的演化则与古特提斯形成时代一致。因此，有关太平洋的演化，关键还是特提斯和太平洋的转换与复合关系，而这种转换与复合历史及过程，目前并没有得到解决。Maruyama 等（1997）重塑了一个自距今 750 Ma 以来日本列岛漫长演化历史，但相关的大量问题显然并不是日本列岛的资料所能够约束的。

东北亚从巴扎尔（Badzal）–那丹哈达–锡霍特（Samarka）发育了一条大型的增生杂岩带，主要包括晚古生代—中生代的浊积岩和蛇绿岩。在布列亚–佳木斯–兴凯地块东缘，被动大陆边缘沉积记录包括有志留系、泥盆系和石炭系，自二叠纪晚期以来叠加有弧岩浆作用。因此，东北亚地区的西太平洋大陆边缘的演化，总体上与 Tasman 造山带不具有可比性，俯冲作用开始于二叠纪—三叠纪。二叠纪—三叠纪的弧岩浆作用，甚至也与中国东南不具有可比性。仅在侏罗纪以来整个东亚的西太平洋大陆边缘才形成统一的活动大陆边缘。因此，晚中生代的"燕山运动"必定与太平洋的演化密切相关。

东北亚地区，除了二叠纪—三叠纪岩浆弧之外，还有三期岩浆弧：J_2—K_1、K_2 和新生代岛弧。新生代岛弧发育于日本列岛及日本海东南的水下；K_2 火山弧发育于塔塔尔海峡西岸的东锡霍特；J_2—K_1 期的火山弧规模最大，但有关其成因的争议也最大。J_2—K_1 时期活动大陆边缘可能存在陆基弧后盆地，也可能与脊俯冲过程有关。在活动大陆边缘地区出现碱性、准双峰、高钾钙碱性与钙碱性（及埃达克质）并存的现象，在东太平洋地区被理解为与东太平洋隆和其他洋脊的脊俯冲有关。Maruyama（1997）提议将太平洋型造山作用

（即增生型造山作用）改称为"都城秋穗型造山作用"，原因是这类造山作用普遍以脊俯冲为特征。尤其是西南日本中央大地构造线（MTL）北侧的领家（Ryoke）高温带的形成，被普遍认为与脊俯冲造成的俯冲垫托机制有关。

前侏罗纪西太平洋大陆边缘这种"分段演化"特点足以说明太平洋不是单一的洋盆，而是复合的多脊洋盆系统，也就是说，"此太平洋非彼太平洋"。因此，对于环太平洋大陆边缘的演化模型的建立，一个基本原则是必须分段对待。

中国东部是西太平洋活动大陆边缘的重要组成部分，但在中国大陆陆地上保留的太平洋增生产物却甚少，但俄罗斯远东地区却大量发育。例如，东北亚从巴扎尔（Badzal）-那丹哈达-锡霍特（Samarka）发育的一条大型的增生杂岩带，主要包括晚古生代—中生代的浊积岩和蛇绿岩，可能记录了西太平洋增生演化的历史。该增生杂岩带主体在俄罗斯境内，仅一小部分在我国境内（图4.35），即那丹哈达增生杂岩。因此，本专题选取该增生杂岩进行解析，力图为认识和恢复西太平洋的大陆边缘的演化历史提供约束。

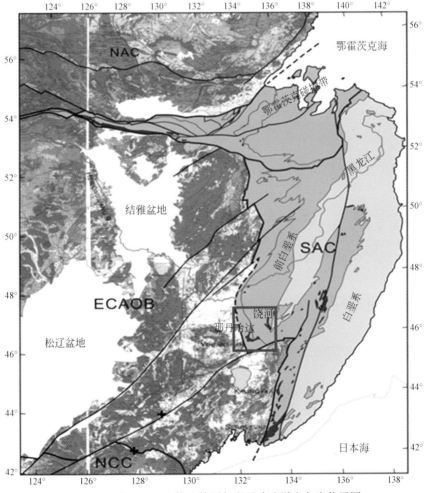

图4.35　东北亚地区构造简图与那丹哈达增生杂岩位置图

ECAOB. 中亚造山带东段；NCC. 华北克拉通；SAC. 锡霍特阿林增生杂岩；NAC. 北亚克拉通

一、那丹哈达地体组成

那丹哈达增生杂岩位于中俄边界的黑龙江省宝清县和饶河县境内。构造位置上，处于北东向敦–密断裂北侧，佳木斯–布里雅地块东侧（图4.35）。在布列亚–佳木斯–兴凯地块东缘，即那丹哈达增生杂岩西侧发育一套中古生代的被动大陆边缘建造，包括志留系、泥盆系和石炭系。在这套被动陆缘建造之上发育二叠纪—三叠纪的岛弧火山岩建造。

那丹哈达增生杂岩大体上可划分为三个岩片，由西至东分别为哈马通岩片、跃进山岩片和饶河岩片（图4.36）。哈马通与跃进山岩片之间为太和镇冲断层；跃进山与饶河岩片之间为大岱南山冲断层。野外观察表明，这些冲断层均向 W 或 SW 倾斜，即冲断方向表现为自大陆向大洋方向。但是，哈马通岩片与西侧被动陆缘建造的浅变质岩系（如虎林北）片理及线理则向东倾斜，指示了哈马通岩片是自东向西的逆掩，可能暗示哈马通岩片具仰冲性质。

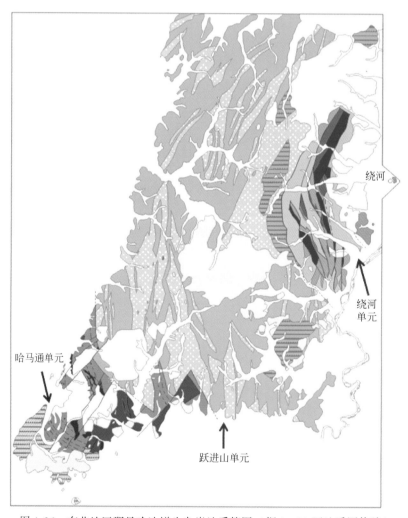

图 4.36　东北地区那丹哈达增生杂岩地质简图（据 1∶20 万地质图修编）

哈马通岩片位于宝清县哈马通地区，在哈马通水库周缘出露最好，主要由浅变质的增生的 OPS 及夹于其间的蛇绿岩块组成。蛇绿岩中各组成单元发育齐全，包括蛇纹石化超基性岩、变玄武岩、辉长岩等，但它们并不是连续产出的。如在哈马通水库大坝北侧可见到辉长岩呈团块状产于 OPS 中［图 4.37（a）］，具有构造混杂的特点。超基性岩蛇纹石化与片理化强烈［图 4.37（b）］，并可见铬尖晶石（铬铁矿）呈条带状或星点状产于其中，应属于地幔橄榄岩。玄武岩已发生变质变形，形成绿片岩。另外，在哈马通岩片西侧，发育一套浅变质的含铁石英砂岩，局部呈铁英岩产出，应代表当时的被动陆缘建造。

跃进山岩片的主体由 OPS 组成，仅局部地区（如在跃进山）发育有蛇绿岩。跃进山 OPS 主要包括各类泥硅质岩、红色硅质岩、碳酸盐岩等，野外可见其中的硅质岩强烈变形，形成尖棱状褶皱［图 4.37（c）、（d）］。跃进山地区的蛇绿岩包括超基性岩、玄武岩、基性岩脉，同样具有构造混杂的特征。另外，在跃进山蛇绿岩中可见到碳酸盐岩发育，可能指示该岩片包括有洋岛或海山组分，这些碳酸盐岩则可能是洋岛或海山的"帽子"。同时，在红旗岭等地，在该岩片 OPS 中可见到基性熔岩夹层。

饶河岩片总体上呈向西凸出的弧形展布，在乌苏里江西岸饶河县城东侧大岱北山、大岱南山、小岱南山、永新村等地出露较好。饶河岩片主体由增生的洋岛-蛇绿岩和 OPS 组成。其中，洋岛主要发育基性玄武岩及基性岩脉，玄武岩枕状构造发育［图 4.37（e）、（f）］。枕状玄武岩岩枕的凸面向上和岩枕间"三角形"尖端向上，均指示饶河岩片或洋岛单元的层序正常，并未发生倒转。

(a)

(b)

(c)

(d)

图 4.37　丹哈达增生杂岩不同岩片代表性照片

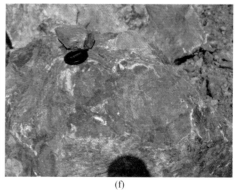

(e)   (f)

图 4.37　丹哈达增生杂岩不同岩片代表性照片（续）

（a）哈马通岩片混杂堆积（浅色团块为辉长岩）；（b）哈马通岩片超基性岩；（c）跃进山岩片增生杂岩中强烈
变形的硅泥质岩；（d）、（c）中尖棱褶皱（局部放大）；（e）饶河岩片枕状玄武岩；（f）饶河岩片玄武岩枕

　　需要说明的是，上述三个岩片的划分仅是粗轮廓的，各岩片内部可能还存在多个层次的增生岩片，但其进行进一步详细划分因受到露头情况的制约而十分困难。

二、那丹哈达地体时代与性质

1. 不同岩片性质

　　为了确定那丹哈达增生杂岩不同岩片的性质，我们对不同岩片中发育的基性岩类（主要是玄武岩、辉绿岩及辉长岩）进行了主量元素和微量元素地球化学分析。在球粒陨石标准化稀土元素配分模式图上，哈马通岩片基性熔岩（玄武岩）表现为左倾的稀土配分模式，即轻稀土元素相对于重稀土元素亏损的特征，这是典型大洋中脊玄武岩（N-MORB）的特征［图 4.38（a）］，但部分样品表现出明显的正 Eu 异常，这可能是样品受蚀变作用（碳酸盐化）影响的结果。在微量元素蛛网图上，哈马通基性岩类总体上与 N-MORB 曲线相似，但与典型 N-MORB 相比，多数样品具有明显的 Nb、Ta 相对亏损和 Sr 相对富集特点［图 4.38（b）］。Nb、Ta 亏损可能说明哈马通基性岩-蛇绿岩可能是形成于陆基弧后盆地背景，或者说其受到了俯冲带的影响。这也是哈马通岩片基性岩 Rb、Ba 等大离子亲石元素强烈富集的重要原因之一。因为大离子亲石元素（Rb、Ba、K）活动性强，在流体-熔体相富集。Sr 的富集则与稀土元素 Eu 的正异常特点相吻合，也主要是受蚀变（特别是碳酸盐化）作用过程中 Ca 的带入有关。总之，以上地球化学特征说明，哈马通岩片基性岩具有 N-MORB 特征，同时受到俯冲作用的影响，因此它们属于 SSZ 型蛇绿岩，形成于弧后或弧间盆地环境。

　　跃进山岩片基性岩类样品按地球化学特征可分为三类。第一类样品与哈马通岩片基性岩特征相似，即具有 N-MORB 特征，同样具有 Nb、Ta 高场强元素的亏损，指示其形成环境与哈马通岩基性相似，属 SSZ 型蛇绿岩。第二类样品具有典型洋岛玄武岩（OIB）特征，表现在轻稀土元素相对重稀土元素富集的右倾稀土配分模式［图 4.38（c）］、无高场强元素的亏损和稀土元素总量高［图 4.38（d）］等特征。第三类样品稀土配分模式总体与

OIB 相似，但稀土总量大大低于 OIB；在其他微量元素方面，该组样品还表明出明显的 Zr、Hf、Th 负异常。这表明这组样品应属于洋岛组成中的更偏基性的组成单元，或者就是超基性岩类。总之，以上地球化学特征表明，跃进山岩片中既包括增生的洋壳残片，也包括增生的洋岛组分（严格而论洋岛也是洋壳残片，只是它与蛇绿岩所代表的洋壳形成的环境不同而已）。

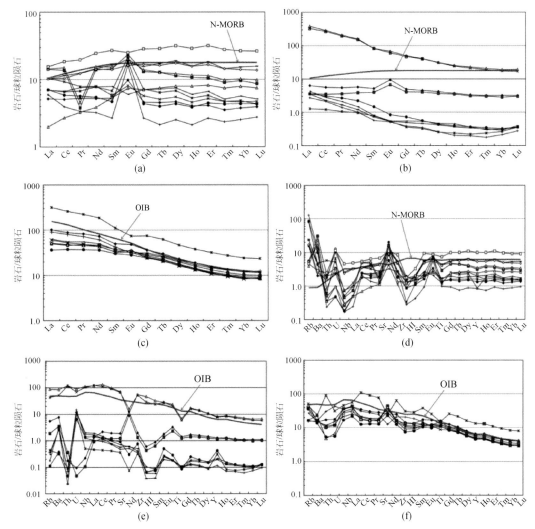

图 4.38　那丹哈达增生杂岩基性岩类稀土元素和微量元素地球化学特征
（a）、（b）哈马通岩片；（c）、（d）跃进山岩片；（e）、（f）饶河岩片。球粒陨石和原始地幔标准化值据
Sun and McDonough, 1989

　　饶河岩片中基性岩类，不论是枕状玄武岩还是辉绿岩（脉）均表现为典型的 OIB 特征［图 4.38（e）、（f）］，如轻稀土元素相对于重稀土元素明显富集稀土配分模式、稀土总量高、元高场强元素亏损等特征。这些特征表明饶河岩片中的基性岩类属洋岛或海山组分。

　　综上，那丹哈达增生杂岩三个岩片中，除均含有 OPS 外，哈马通岩片还包括有增生洋壳（蛇绿岩），饶河岩片则包含增生的洋岛–海山，而跃进山岩则既含有增生的洋壳，又含有增生的洋岛/海山。

2. 那丹哈达增生杂岩时代

目前尚无有关那丹哈达增生杂岩年龄数据的报导，但被推测为是单一的侏罗纪增生杂岩（邵济安、唐克东，1995）。为了精确限定该杂岩的形成时代，本专题对那丹哈达杂岩三个岩片中的基性侵入岩类分别进行锆石 SHRIMP U-Pb 定年，其结果与前人的认识明显不同。

哈马通岩片用于测年的样品为蛇绿混杂岩中的辉长岩（YJS-61 样品）。该辉长岩呈团块状产于 OPS 及蛇纹质基质中，具中细粒结构，除边缘部位外本身变形并不明显。该辉长岩中的锆石多为短柱状晶体，并发育带状振荡生长环带；少数为浑圆状颗粒，发育或不发育环形振荡环带。另外，在第一类锆石中，个别颗粒则发育发光极强的"补丁"（CL 图像上），反映其受到后期流体的改造。对该样品的分析结果也可明显分为三组：第一组年龄为发育带状环带的锆石给出，其加权平均年龄为（283±4）Ma［$N=9$，MSWD=1.7；图 4.39（a）］。第二组年龄由浑圆状颗粒得到，年龄分散于 380～500 Ma。第三组由两个锆石上亮"补丁"分析得到，年龄在 155 Ma 左右。根据锆石的特征与上述结果，我们将（283±4）Ma 解释为辉长岩的结晶年龄，较老的年龄则为捕获锆石年龄，也暗示哈马通岩片蛇绿岩是形成于陆基盆地，而最年轻的年龄（～155 Ma）则反映其构造就位–热事件信息。因此，哈马通岩片中的蛇绿岩是早二叠世形成的。

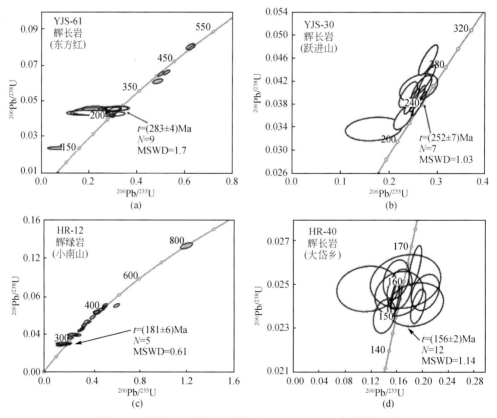

图 4.39　那丹哈达增生杂岩锆石 SHRIMP U–Pb 年龄谐和图

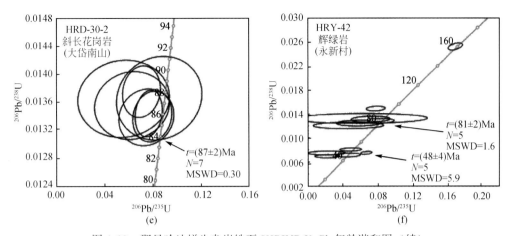

图 4.39 那丹哈达增生杂岩锆石 SHRIMP U–Pb 年龄谐和图（续）

（a）哈马通岩片辉长岩；（b）跃进山岩片辉长岩；（c）饶河岩片辉绿岩脉；（d）饶河岩片辉长岩；

（e）饶河岩片斜长花岗岩；（f）饶河岩片辉绿岩脉

跃进山岩片用于测年的样品是蛇绿岩中的辉长岩（YJS-30）。该辉长岩为堆晶辉长岩，与含长辉石岩等构成堆晶组合。其中的锆石特征基本一致，系短柱–长柱状晶体，发育岩浆振荡环带，其给出的年龄为（252±7）Ma［$N=7$，MSWD=1.03；图 4.39（b）］，属晚二叠世。另有一个分析给出较大的年龄（280 Ma），还有两个分析得到稍年轻的年龄230 Ma和240 Ma，这些年龄均不谐和，但前者与哈马通辉长岩结晶年龄相近。因此，我们将 252 Ma解释为跃进山蛇绿岩的形成年龄，即形成于晚二叠世末期。

饶河岩片被测定的样品较多，共四件，其中两件为分别取自饶河小岱南山（RH-12）和永新村的辉绿岩（RH-42），一件为取自大岱乡的辉长岩（RH-40）和一件取自大岱南山的斜长花岗岩脉（RH-30-2）。这四件样品给出了复杂的年龄谱。小岱南山辉绿岩（RH-12）除五颗锆石给出（181±6）Ma［MSWD=0.61；图 4.39（c）］年龄外，其他分析给出较老的年龄，分散于 800~230 Ma B. P.。结合锆石 CL 图像，我们将 181 Ma 解释为小岱南山辉绿岩结晶–形成年龄，而其他较老的锆石均为捕获–继承锆石，也就是说小岱南山辉绿岩形成于早侏罗世。大岱乡辉长岩（RH-40）为具粗粒堆晶结构的辉长岩，并与枕状熔岩、辉绿岩等共生，属饶河洋岛组成单元，其给出的年龄为（156±2）Ma［$N=12$，MSWD=1.14；图 4.39（d）］，代表形成年龄，说明大岱乡辉长岩形成于晚侏罗世。大岱南山斜长花岗岩脉（RH-30-20）与周围建造具明显的侵入接触关系，其给出的年龄为（87±2）Ma［$N=7$，MSWD=0.30；图 4.39（e）］，表明其侵位于晚白垩世。永兴村辉绿岩脉（RH-42）也明显侵位 OPS 中，其锆石给出三组年龄，分为 160 Ma、81 Ma 和 45 Ma［图 4.39（f）］。我们将最年轻一组年龄 45 Ma 解释为永兴辉绿岩的侵位年龄，而其他较老年龄为捕获锆石年龄，即该辉绿岩脉是新生代形成的。值得注意的是其第二组年龄（~81 Ma）与大岱南山斜长花岗岩的形成年龄（~87 Ma）大体相同，暗示晚白垩世的构造–岩浆事件在饶河岩片表现是较为强烈的。

归纳起来，那丹哈达增生杂岩是由不同时代的增生杂岩组成的，其中的哈马通岩片主要形成于早二叠世（~285 Ma B. P.），跃进山岩片形成于晚二叠世（252 Ma B. P.），而饶河岩片则是侏罗纪（181～156 Ma B. P.）增生的产物，同时，饶河岩片还受到晚白垩世（～85 Ma B. P.）和新生代（～45 Ma B. P.）至少两期构造事件的影响，而且也不排除该岩片本身就含有晚白垩世增生产物的可能性。

三、对西太洋大陆边缘增生演化的约束

前面提到，那丹哈达增生杂岩西侧发育一套时代为中古生代（D—C）浅变质的碎屑岩建造，并含有铁英岩，因此这套建造应代表太平洋（这里称之为"古太平洋"）的被动大陆边缘建造。这表明"古太平洋"可能早在中古生代时期已经形成。古太平洋从被动陆缘向主动陆缘的转换则可能发生在晚古生代—早中生代（P—T），以杂岩西缘被动陆缘建造之上出现叠加的二叠纪—三叠纪岛弧建造为标志。

哈马通岩片以洋壳残片（蛇绿岩）为主体，该岩片含有该地区发现的最古老的洋壳残片（～285 Ma B. P.）。哈马通蛇绿岩的形成时代与其西缘岛弧发育的时间相近，因此它可能代表"古太平洋"洋壳及其增生的记录。跃进山岩片中既有增生的洋壳，也有增生的洋岛，其时代为～252 Ma B. P.，为晚古生代末期，仍应代表"古太平洋"洋壳及其增生的产物，但它与哈马通蛇绿岩之间存在着约30 Ma的时间差，可能暗示"古太平洋"的增生作用并非是连续的，而很可能是"阵发性"断续进行的。

饶河岩片中增生的洋岛年龄为从156～181 Ma，与跃进山蛇绿岩/洋岛之间存在至少70 Ma的年龄差。在这70 Ma间究竟发生了什么故事，目前的资料水平尚不能给出回答。这里我们假设出两种可能性：一是这70 Ma"古太平洋"只有俯冲而没有增生记录保留下来；二是在这期间或在跃进山岩片增生之后不久，"古太平洋"就不存在了或停止了俯冲与增生。结合区域资料，我们认为第一种情况的可能性不大，首先，在70 Ma的时间里，一个活动大陆边缘只俯冲而没有增生或增生记录是难以理解的，因为尽管"古太平洋"的洋底地貌目前无法得知，但可以肯定它不会是"一马平川"平坦如一的，所以只要有俯冲作用存在，就肯定会有增生记录；其次，区域上的岛弧火山岩除前述 P—T 岩浆弧（具体年龄不详）之外，还有三期岩浆弧，分别在 J_2—K_1、K_2 和新生代，也就是说区域上同样缺失 T—J_1 的弧岩浆作用，与那丹哈达增生杂岩记录是大体吻合的。所以，我们认为第二种可能性比较大。

如果是第二种情况，那么"古太平洋"为什么在这70 Ma内会停止俯冲与增生呢？虽然具体原因很难查找，但可以肯定的是在这70 Ma早期，区域的大地构造动力背景一定发生了重大转变（应与当时的超级地幔柱活动有关），使得"古太平洋的"俯冲或增生失去了动力。我们认为这一重大转变很可能就是"古太平洋"向"新太平洋"转换最根本原因。而对于东北亚大陆边缘而言，新形成或转换成的太平洋直到中侏罗世才又开始俯冲作用和增生作用，形成 J_2—K_1 及以后的弧岩浆岩与那丹哈达增生杂岩中的饶河增生岩片。因此，饶河增生洋岛的年龄（156～181 Ma）至少限定了"新太平洋"形成年龄的下限。

饶河增生洋岛的年龄（181 Ma 和 156 Ma）表明，新太平洋从中侏罗世至晚侏罗世又发生过至少两次增生作用，而且这两次增生作用之间也存在约25～30 Ma的时间差，与哈马通和跃进山增生岩片之间的时间差大体相当，也与饶河岩片中大岱南山斜长花岗岩脉

（~85 Ma）和永新村辉绿岩脉（~45 Ma）所反映的两次增生事件之间的时间差（~40 Ma）相近。这种同一个大洋的两次主要增生事件之间存在约 30 Ma 的时间差是否是大陆边缘增生的一般规律呢？这一问题尚有待进一步研究。

值得注意是，从饶河岩片中晚侏罗世的洋岛增生（~156 Ma）与大岱南山斜长花岗岩（~87 Ma）所反映的后续增生事件之间也存在 70 Ma 的时间差。这一时间差是否如前所述又是区域构造动力背景的一次重大变更呢？若如此，那么有可能暗示"新太平洋"与现今太平洋也不属于同一个大洋体系，之间可能还存在着"中太平洋"。由于那丹哈达杂岩在我国部分出露有限，饶河岩片本身可能就跨越了中-俄边境线，俄罗斯境内的比金（Bitin）增生岩片是否保存有早白垩世的增生记录尚不清楚。所以，是否存在"中太平洋"这一问题需要通过对俄罗斯远东地区增生杂岩研究才能回答。

饶河岩片中还存在 ~85 Ma 和 ~45 Ma 的斜长花岗岩脉与辉绿岩脉，它们明显侵入到饶河洋岛增生杂岩中，可能记录了"新太平洋"晚白垩世及以后的增生事件，但这时的俯冲-增生带主体可能已后撤（向洋）迁移至境外（俄罗斯和日本）地区。

从以上的讨论可以看出，那丹哈达增生杂岩包含了二叠纪和侏罗纪不同时代的增生产物，而不是单一的侏罗纪增生杂岩。太平洋在该区演化历史至少从中古生代（被动陆缘）开展，布列亚-佳木斯-兴凯地块东缘发育的二叠纪的岩浆弧标志着从二叠纪开始"古太平洋"从被动陆缘转化为活动陆缘，也就是说其增生历史从二叠纪开始至晚白垩纪（甚至现今）。东亚大陆边缘的增生可能不是连续而是"间歇性"进行的。就大洋体系而言，从二叠纪到中侏罗世之间可能出现过重大变更。因此，东北亚大陆的增生历史远比过去认识的要复杂得多。

四、牡丹江构造带中生代演化的构造背景

牡丹江碰撞带位于佳木斯地块的西缘，大体上沿牡丹江呈近 SN 向展布，被认为是佳木斯地块与西侧张广才岭地块拼贴碰撞带（张兴洲，1992；Wu et al.，2007；李锦轶，2009；Zhou J. B. et al.，2009）。本章中之所以在此对其进行讨论，是因为目前对该构造带的认识存在严重分歧，分歧的焦点在于其碰撞造山作用发生的时间。最早认为牡丹江构造带是早古生代碰撞带（张兴洲，1992；李锦轶，1999），但近年来有研究者提出该构造带是一条中生代（侏罗纪）碰撞带（Wu et al.，2007；Zhou J. B. et al.，2009）。无疑，对这一重要问题的不同认知不仅直接关系到对该构造带本身中生代演化大地构造背景认识，也关系到对整个东北地区中生代大地构造演化及其动力学背景的理解。所以牡丹江构造带成为本专题研究关注的重点之一。

1. 牡丹江碰撞带的组成

牡丹江碰撞带的主体是佳木斯地块西缘原被划归为太古宙或古元古代的"黑龙江群"。近年来的研究表明，"黑龙江群"实际上是一套混杂岩，其中不仅包括蓝片岩等高压建造，又包括变质的增生杂岩和洋壳残片，更有大量的变复理石建造和大理岩。此外，黑龙江杂岩还被不同时代和不同类型花岗岩侵入。在前期研究基础上，本专题主要对牡丹江构造带及两侧发育的强烈变形的黑云片麻岩与未变形的钾质花岗岩、环斑状花岗岩和黑云母花岗

岩进行了定年研究，以限定牡丹江碰撞带的碰撞时代。

2. 锆石 SHRIMP 定年

（1）黑云斜长片麻岩（样品 10HND-5）：样品采自黑龙江省宁安市东京城南约10 km处，露头属修高速公路剖开的人工露头［图4.40（a）］，岩性为黑云斜长片麻岩，条带状片麻理发育［图4.40（b）］，且产状较缓。野外可见花岗质岩脉顺片麻理侵入。该片麻岩强烈的韧性变形，斜长石和石英均有拉长现象，拉伸线理产状 165°∠15°。根据矿物组合判断片麻岩应属副变质岩，其原岩应为富泥砂质碎屑沉积岩。

(a)　　　　　　　　　　　　　　　　　　(b)

图4.40　牡丹江宁安市东京城南黑云母片麻岩（a）及其变形组构造（b）

锆石 CL 图像和分析结果表明，该片麻岩锆石及年龄均较为复杂。多数锆石为浑圆状，但也有部分晶形较好，个别锆石发育暗化边。其分析结果可分为三组，其年龄分别为 633 Ma、710 Ma 和 776 Ma［图4.41（a）］，其中最小的年龄 633 Ma 是从锆石的新生边部获得的，而另外两组年龄则为碎屑锆石，指示其源区年龄信息。所以，该片麻岩原岩的沉积年龄应在 633~710 Ma，即原岩属新元古代或"泛非期"建造。这一结果清楚的说明张广才岭地块存在前寒武纪的基底。这些新元古代的年龄在我国华南和扬子地块上大量发育，但在华北地块上刚基本缺失。该片麻岩样品中未测出任何中生代的年龄信息。

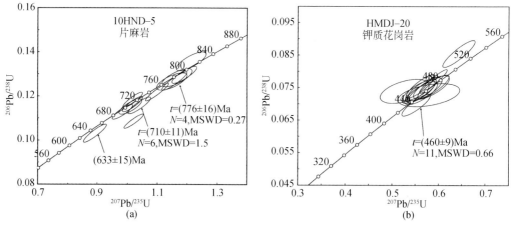

(a)　　　　　　　　　　　　　　　　　　(b)

图4.41　牡丹江碰撞带片麻岩与花岗岩锆石 U-Pb 谐和图

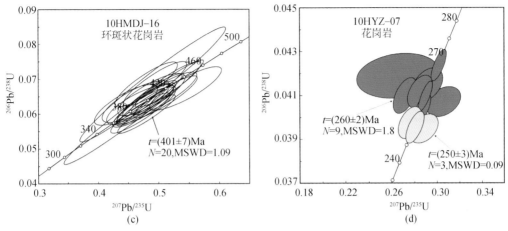

图 4.41　牡丹江碰撞带片麻岩与花岗岩锆石 U-Pb 谐和图（续）

（2）钾质花岗岩（样品 10HMDJ-20）：样品采自宁安市东京城东北约 3 km，岩性为钾长花岗岩，中细粒结构，块状构造，主要矿物为钾长石、石英及少量的黑云母，而不含斜长石。该花岗岩本身没有明显的变形现象，其中的锆石也是明显的岩浆成因锆石。锆石 SHRIMP 分析结果表明，其侵位年龄为（469±9）Ma［$N = 11$，MSWD = 0.66；图 4.41 （b）］，说明它形成于早古生代早期。另外有一颗锆石给出稍大的年龄～520 Ma，可能是捕获-继承锆石。

（3）环斑状花岗岩（10HMDJ-16）：环斑状花岗岩采样地点与钾质花岗岩样品 （10HMDJ-20）相同，但野外未观察到二者的接触关系。环斑状花岗岩中含有"黑龙江群"绿片岩捕房体［图 4.42（a）］。岩石为粗粒似斑状结构，块状构造，主要矿物有钾长石、石英、斜长石和（碱性）角闪石。在手标本尺度上即可观察到斜长石包围钾长石组成的反环带结构［图 4.42（b）］。SHIRMP 分析结果表明，该岩体侵位年龄为（401±7）Ma ［$N = 20$，MSWD = 1.09；图 4.41（c）］，说明其形成于早古生代晚期。

图 4.42　牡丹江碰撞带中环状状花岗岩中捕房体（a）与其中长石之反环带结构（b）

（4）黑云母花岗岩（10HYZ-07 样品）：该样品采自黑龙江伊兰县城东北朱山山顶，岩性为中粗粒黑云母花岗岩，块状构造。该岩体侵入到黑龙江杂岩的黑云斜长角闪岩中，其中含有大量的斜长角岩类捕虏体（图 4.43），且捕虏体又被与主花岗岩成分相同的脉体切割，而花岗岩体本身没有明显的变形现象。对朱山花岗岩分析结果表明，多数锆石年龄（260±2）Ma（$N=9$，MSWD=1.8），但也有少数锆石年龄为（250±3）Ma [$N=3$，MSWD=0.09；图 4.41（d）]。锆石 CL 图像及 SHRIMP 分析结果均显示，年轻的锆石 Th、U 含量均比较高，因此其年龄较小可能是退晶质化或放射性成因铅丢失所造成的。所以，前者 [（260±2）Ma] 被解释为代表花岗岩的侵位年龄，说明它形成于晚二叠世。

图 4.43　黑龙江省伊兰朱山黑云母花岗岩中的斜长角闪岩捕虏体

照片右侧即为该花岗岩主体

3. 对黑龙江碰撞带碰撞时代的约束

本次研究的东京城南黑云斜长片麻岩位于牡丹江碰撞带西缘，属张广才岭地块。该片麻岩为副变质岩，本次研究结果将其原岩的沉积年龄限定在 630～710 Ma，说明它形成于晚元古代，证明张广才岭地块具有"泛非期"的基底。研究业已证明，牡丹江碰撞带东侧的佳木斯地块具有相同或相似时代的基底（Wilde et al.，2000），因此该碰撞带两侧地块的基底基本是同时代的。此外，该片麻岩中还有一组年龄为 770～830 Ma 的锆石，指示该副变质岩原岩的蚀源区年龄是新元古代早期。众所周知，新元古代的年龄记录在我国华南地区、扬子和其他亲冈瓦纳陆块上是普遍的，而在华北克拉通则基本缺失（Miao et al.，2011）。因此，东京城片麻岩的年龄结果说明张广才岭和佳木斯地块均具有亲冈瓦纳性，而与华北克拉通不存在亲缘关系。

一般认为环斑花岗岩形成于非造山的构造环境，高钾钙碱性-偏碱性-碱性花岗岩则是造山带碰撞后（或晚造山）阶段的产物。本次测定的牡丹江碰撞带内的东京城钾质花岗岩与环斑状花岗岩形成年龄分别是 469 Ma 和 401 Ma，表明牡丹江碰撞带碰撞作用发生在 470 Ma B. P. 之前，即早古生代早期，至 400 Ma B. P. 时，碰撞带演化可能已进入非造山期。也就是，牡丹江碰撞带是一条早古生代的碰撞带。此外，侵入黑龙江杂岩中的朱山黑云母花岗岩的年龄 260 Ma，说明黑龙江杂岩时代肯定大于 260 Ma B. P.，也进一步限定了牡丹江碰撞带的碰撞作用不可能发生在三叠纪或侏罗纪。对于前人得到的黑龙江杂岩三叠纪—侏罗纪的年龄应该重新认识和解释。对于前人得到的黑龙江杂岩中生代的年龄，我们认为有如下两种可能：一是中生代的建造卷入了牡丹江碰撞带在中生代陆内构造变形，换言之，其测定的对象可能不是真正的"黑龙江杂岩"；二是说明牡丹江构造带中生代时期的陆内变形之强烈。

　　根据我们先前对黑龙江杂岩的研究结果，黑龙江杂岩的锆石均为浑圆状；在 CL 图像上，可以看到多期变质改造、叠加而形成的"眼球状"（图 4.44），但不论是"眼球"的核心与幔部还是其边缘均未见到任何岩浆生长环带，但可以见到变质锆石特有的"多晶面构造"。对这些锆石的不同部位进行 SHRIMP 分析结果显示，有的锆石核比锆石边或幔部的年龄要大一些，指示这些锆石的 U-Pb 同位素体系尚未达到完全重置（resetting），而有的锆石不管是其核部、幔部还是边部均具有相同的年龄，说明在某次变质事件是中其 U-Pb 同位素体系完全重置。这些锆石给出的年龄范围为 200～800 Ma，主要集中在 260 Ma、300 Ma、400 Ma 及 500 Ma 等（图 4.44）。锆石的这些特征与年龄结果，充分说明黑龙江杂岩经历了长期的、多期次的陆内变形事件的叠加改造，而并不能说明黑龙江杂岩原岩的时代为中生代。此外，在东京城片麻岩中并未测到任何中生代的年龄信息，可能暗示牡丹江碰撞带不同地段在中生代陆内变形过程中存在一定的"区域差异"，但也可能是与该片麻岩处于碰撞带西缘，属相对的弱变形带有关。

　　简言之，本次研究结果再次证明，牡丹江构造带是早古生代碰撞带，而不是中生代碰撞带；牡丹江碰撞带自早古生代形成后，又经历过多期次强烈的构造"活化"，其中生代构造演化属陆内变形的范畴；中生代构造"活化"的动力学背景可能是那丹哈达增生杂岩所记录的西太平洋大陆边缘的俯冲–增生造山作用。

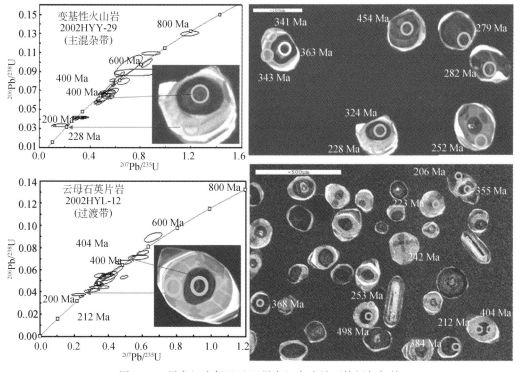

图 4.44　黑龙江省伊兰地区黑龙江杂岩锆石特征与年龄

第五节　白垩纪伸展构造体制恢复

一、前白亚纪松辽盆地基底年代构造格架恢复

松辽盆地呈近 SN 向横跨于中亚造山带东段之上，其前白垩纪基底构造性质和构造轮廓长期未定，制约了对东北地区前白亚纪构造演化的认识与恢复。为解决这一区域难题，本专题通过与产业部门合作，获取了一批钻探岩心、收集了一批盆地地震剖面，并结合重磁位场资料，分析、恢复盆地的前白亚纪基底年代–构造格架。

1. 松辽盆地基底组成与时代

本次研究共对松辽盆地南部（吉林油田探区）的 17 口钻遇基底（T5 以下）的 22 件样品进行了锆石 U-Pb 定年，具体的采样（钻孔）位置见图 4.45，样品的岩性、采样深部和定年结果（包括前人资料）见表 4.4。

松辽盆地基底以现今的形态–构造通常被划分为三个部分，自西而东分别为西部斜坡、中央凹陷和东南隆起（图 4.45）。

图 4.45　松辽盆地南部基底年龄与深钻孔分布图

表 4.4　松辽盆地南部基底年龄表

构造位置	钻井名称	样品编号	岩性	深度/m	年龄/Ma	资料来源
西部斜坡	洮 5 井	10TAO5-1	变辉长岩	534	231±3	本书
西部斜坡	洮 5 井	10TAO5-2	黑云母花岗岩	568	243±4	本书

续表

构造位置	钻井名称	样品编号	岩性	深度/m	年龄/Ma	资料来源
西部斜坡	洮 14 井	10TAO14-1	黑云母花岗岩	684	236±4	本书
西部斜坡	白 86 井	10BAI86-6	片理化玄武岩	1864	321±6	本书
西部斜坡	平 4 井	10PING4-1	钾长花岗岩	1159	201±4	本书
西部斜坡	向 2 井	10XIANG2-1	黑云母花岗岩	571	148±3	本书
西部斜坡	向 9 井	10XIANG9-1	英安斑岩	618	149±3	本书
西部斜坡	洮 6 井	T6-1	石英闪长岩	534	236±3	高福红等，2007
西部斜坡	松南 190 井	G190	流纹质凝灰岩	1847	424±5	裴福萍等，2006
西部斜坡	镇 5 井	2003JZ5	流纹岩	780	122±2	王颖，2005
中央凹陷	扶深 4 井	10FS4-1	二长花岗岩	1589	232±4	本书
中央凹陷	通 1 井	10TONG1-1	韧变辉长岩	2029	269±4	本书
中央凹陷	通 1 井	10TONG1-6	片麻状花岗岩	2159	154±2	本书
中央凹陷	长深 1 井	10CHS1-1	粗安岩	3577	107±2	本书
中央凹陷	长深 3 井	10CHS3-1	流纹斑岩	2670	114±2	本书
中央凹陷	长深 3 井	10CHS3-2	粗面英安斑岩	3020	222±6	本书
中央凹陷	坨深 7 井	10TS7-1	安山岩	2598	111±1	本书
中央凹陷	老深 1 井	10LAOS1-1	安山岩	3651	256±4	本书
东南隆起	榆参 1 井	10YC1-1	淡色花岗岩	1994	302±6	本书
东南隆起	榆参 1 井	10YC1-2	蚀变辉长岩	2127	351±6	本书
东南隆起	杨 6 井	10YANG6-1	蚀变安山岩	1590	254±4	本书
东南隆起	杨 205 井	10YANG205-1	蚀变安山岩	1049	374±4	本书
东南隆起	杨 205 井	10YANG205-2	蚀变酸性岩脉	1049	464±5	本书
东南隆起	万 17 井	10WAN7-2	玄武岩	2965	244±5	本书
东南隆起	四 5 井	10SI5-1	变闪长岩	1511	1805±7	本书
东南隆起	四 5 井	2003JS5	变闪长岩	1511	1839±7	王颖等，2006
东南隆起	杨 202 井	2003JY202	变质岩	2689	1797±9	王立武等，2007
东南隆起	梨 4 井	L44-1	流纹质角砾岩	2983	1873±13	裴福萍等，2006
东南隆起	梨 5 井	L45-3	变辉长岩	1494	1808±21	裴福萍等，2006
东南隆起	史 1 井	2003JS1	石英片岩	1253	521±25	王立武等，2007
东南隆起	农 43 井	2003JN43	石英片岩	2835	281±7	王兴光、王颖，2007
东南隆起	农 103 井	2003JN103	石英片岩	3086	311±10	王立武等，2007
东南隆起	松南 117	L117	斜长角闪岩	1184	274±4	裴福萍等，2006
东南隆起	秦 2 井	Q2-1	花岗岩	2289	161±3	高福红等，2007
东南隆起	松南 121	SN121	二长花岗岩	1851	165±2	高福红等，2007
东南隆起	松南 122	SN122	二长花岗岩	1380	165±1	高福红等，2007
东南隆起	松南 72	SN72	钾长花岗岩	1884	161±5	高福红等，2007

（1）西部斜坡：钻孔岩心样观察表明，松辽盆地西部斜坡基底以发育花岗岩类侵入体大量发育为特征。从测年结果看，西部斜坡侵入体主要形成于两个时期：一为印支期；二为燕山期晚侏罗世。印支期中酸性侵入岩主要有洮 5 井黑云母花岗岩［（243±4）Ma］、洮 14 井黑云母花岗岩［（236±4）Ma］、洮 6 井石英闪长岩［（236±3）Ma；高福红等，2007］

和平4井钾长花岗岩 [（201±4）Ma]。燕山期侵入岩有向2井的黑云母花岗岩 [（148±3）Ma]和向9井的英安（斑）岩 [（149±3）Ma]。

白86井的片理化玄武岩年龄（321±6）Ma，说明西部斜坡基底存在晚古生代火山建造。松南190井流纹质凝灰岩的 LA-ICPMS 年龄（424±5）Ma，指示西部斜坡基底存在早古生代火山岩。镇5井流纹岩年龄（122±2）Ma，说明西部斜坡发育白垩纪火山岩。

需要着重说明的是洮5井。按油田录井描述，该井在 496～564 m 钻遇基性火山岩，之下为花岗岩（图4.46）。但据我们对该岩心的观察，498～564 m 段并不是火山岩，而是蛇纹片岩，并在 534 m 发育有强糜棱岩化辉长岩（图4.47）。因此，我们认为西部斜坡洮5井位置很可能发育洋壳残片，该变形辉长岩（样品10TAO5-1）年龄为（231±3）Ma，说明松辽盆地下存在印支期的洋壳建造。

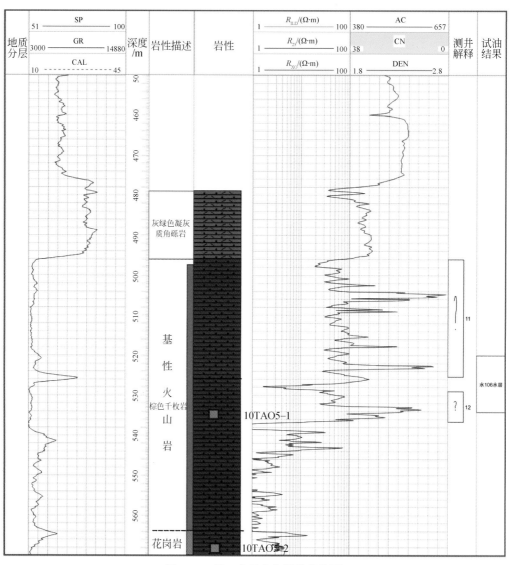

图 4.46　洮 5 井录井与测井柱状图

综上，西部斜坡以古生界—中生界造山基底为主要特征，不但存在晚古生代火山岩，还存在早中生代的洋壳残片。这一造山基底被中生代燕山期早期花岗岩类侵入、改造，又被燕山晚期火山岩覆盖。

（2）中央凹陷：由于中央凹陷沉积物厚度巨大，仅少数钻孔钻遇基底。从本次研究结果看，中央凹陷基底发育有海西晚期、印支期和燕山期侵入岩、海西晚期、燕山晚期火山岩。

海西期侵入岩以基性侵入岩为主，以通1井的辉长岩为代表，其侵位年龄（269±4）Ma。印支期侵入岩以酸性–碱性岩浆活动为主，如扶深4井的二长花岗岩［（232±4）Ma］和长深3井粗面质英安斑岩［（222±6）Ma］，它们形成于印支期早中期。燕山期侵入岩以酸性岩浆作用为主，以通1井（也有研究者将通1井划入西部斜坡，应该说该井处于西部斜坡与中央凹陷的过渡部位）的片麻状花岗岩为代表，形成于燕山早期［（154±2）Ma］。

海西期喷出岩以中基性火山岩为主，如老深1井蚀变安山岩，其喷发年龄（256±4）Ma，与该时期的侵入岩年龄相近。燕山晚期火山岩则以中酸（碱）性岩浆作用为特征，包括长深1井粗安岩［（107±2）Ma］、坨深7井安山岩［（111±1）Ma］和长深3井流纹岩［（114±2）Ma］，它们均形成于白垩纪。

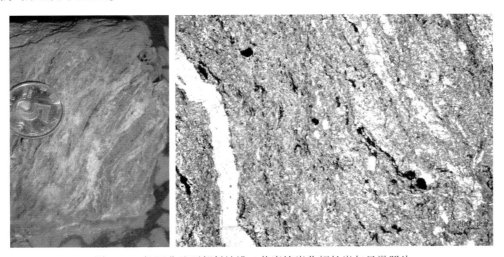

图4.47　松辽盆地西部斜坡洮5井糜棱岩化辉长岩与显微照片

这里需要强调的是通1井。通1井在1952~2150m处见辉长岩和花岗岩（均已强烈变形），辉长岩在上，花岗岩在下（图4.48），且两者均发生了糜棱岩化变形（图4.49），而且上部（2029m）的辉长岩［（269±4）Ma］明显比下部（2158m）的花岗质片麻岩［（154±2）Ma］时代要老，这可能指示该地区存在推覆构造。同时，该变形花岗岩晚侏罗世的年龄表明，推覆构造作用发生的时间应在晚侏罗世或以后。

从以上讨论可以看出，松辽盆地中央凹陷基底总体上也以晚古生代造山基底为特征，盆地之下存在上古生界。

（3）东南隆起：松辽盆地东南隆起积累的年龄数据相对较多表4.4。从这些资料可以看，东南隆起基底组成相对于中央凹陷和西部斜坡而言比较复杂，不仅发育早前寒武纪变质建造，而且也有早、晚古生代建造，同时还发育大量的中生代燕山期花岗岩。

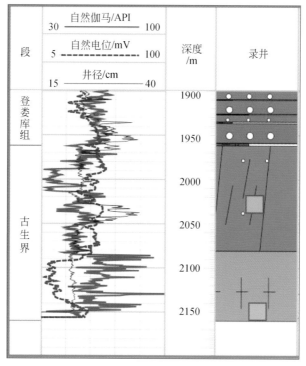

图 4.48 松辽盆地通 1 井录井状及采样位置图

图 4.49 吉林油田通 1 井变形的辉长岩（上）和片麻岩（下）

早前寒武纪建造主要包括四 5 井的变质闪长岩、梨 4 井的变质流纹质火山角砾岩、梨 4 井的变质辉长岩和杨 202 井的变质中酸性火山岩。从本次对四 5 井的研究结果看（图 4.50），该地区变质岩原岩年龄在 ~1.84 Ga，而变质年龄在 ~1.80 Ga。此外，多数变质岩样品还存在 ~2.5 Ga 的继承-捕获或碎屑锆石。这些年龄所代表的构造-岩浆事件完全可以与华北克拉通相符。因此，这一结果不仅进一步证实松辽盆地南部存在早前寒武纪基底，而且它很可能是从华北克拉通分离出来的碎块，或在深部直接与华北克拉通相连。这一前寒武纪基底在航磁异常图上表现为明显的高磁异常带。

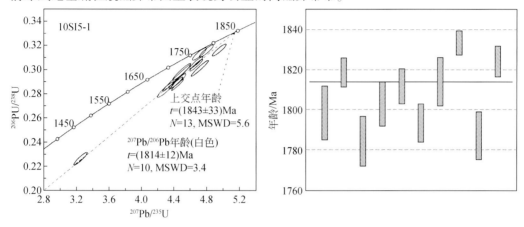

图 4.50　东南隆起四 5 井变闪长岩（样品 10SI5-1）锆石 SHRIMP 年龄

东南隆起早古生代建造主要以浅变质的碎屑岩为主，以史 1 井的绢云石片岩为代表，其中碎屑锆石年龄多数在 ~520 Ma（王颖，2005），同时也含有大量的年龄为早前寒武纪的碎屑锆石，但没有发现晚古生代或更年轻的锆石。因此推测其为早古生代沉积。此外，本次研究所测的杨 205 井火山岩和脉岩均含有大量的早古生代和前寒武纪的继承锆石，也反映东南隆起区可能存在早古生代的岩浆活动，只是我们没能发现这类侵入体而已。

东南隆起晚古生代既发育中基性岩浆岩，也发育酸性岩浆岩，还有碎屑沉积岩等建造等。中基性岩浆岩主要有侵入相［如榆参 1 井蚀变辉长岩，年龄（351±6）Ma］，也有喷出相［如杨 6 井蚀变安山岩（254±4）Ma 和万 17 井玄武岩（244±5）Ma］，均形成于晚古生代期，此外，松南 117 井的斜长角闪岩［（274±4）Ma；裴福萍等，2006］也是该时期基性岩浆作用产物。晚古生代酸性侵入岩以榆参 1 井淡色（钾质）花岗岩［（302±6）Ma］代表，形成于晚石炭世。晚古生代碎屑沉积岩见于农 43 和农 103 井，岩性以（绢云）石英片岩为主，其中除前寒武纪、早古生代碎屑锆石外，大量的是晚古生代锆石，其年龄在280 ~ 310 Ma（表 4.4），这说明这些碎屑岩的蚀源区有部分就属于晚古生代地层。尽管这些碎屑岩沉积时代尚不能确定，但它们不含燕山期和印支期碎屑锆石说明它们是晚古生代晚期沉积，因为本区存在大量的燕山期及印支期的岩浆岩。

东南隆起基底上燕山期岩浆活动发育，并以深成酸性侵入相为主，未测到与之对应的喷出相。据前人研究结果（高福红等，2007），该期岩浆岩岩性主要为花二长花岗岩和钾长花岗岩，主要见于秦 2 井［（161±4）Ma］、松南 121 井［（165±2）Ma］、松南 122 井［（165±1）Ma］和松南 72 井［（161±5）Ma］，它们主要形成于燕山早期。说明东南隆起区的前寒武纪基底在中生代燕山期进一步被活化或改造。

从目前获得的资料分析，东南隆起区基底似乎存在从前寒武纪古老陆块向北具年轻化趋势，表现在早古代沉积建造紧临古陆块西北边缘分布，而晚古生代碎屑岩则更靠北发育。

图 4.51 是根据表 4.4 综合的松辽盆地南部基底岩浆活动时间限框图。

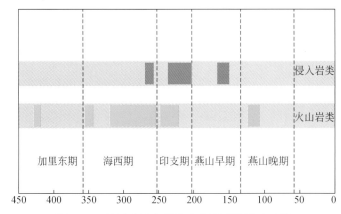

图 4.51　松辽盆地南部基底主要岩浆活动时限

2. 松辽盆地结构与基底构造

（1）盆地结构：对松辽盆地结构的研究具有两个方面的重要意义。一是查明松辽盆地结构对认识区域地质构造演化具有重要启示意义；二是对盆地深层油气勘探及油气资源潜力分析具有现实意义。对松辽盆地结构的认识方面，前人主要将期划分两期盆地，即断陷期和拗陷期，并认为这两期盆地直接覆盖在基底之上。本专题主要通过对油田地震剖面资料的地质解释和钻探岩心观察，并结合盆地周缘相邻露头区的地质特征，综合分析松辽盆地的结构及组成。

通过对盆地二维地震资料进行地质解译（图 4.52），发现松辽盆地大致可分为如下四期或四种类型的盆地：

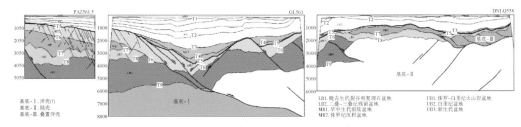

图 4.52　松辽盆地南部二维地震剖面地质解释图

①晚中生代—新生代拗陷盆地：指 T3 之上的或登楼库组之上的沉积建造，是松辽盆地在晚白垩世以来伸展凹陷期沉积充填的结果，其沉积层超覆于以前各期盆地之上，是松辽盆地最重要的储油层系。

②晚中生代断陷火山–沉积盆地：指 T5 以上至 T3 之间的沉积体，是松辽盆地断陷期产物，既包括火山岩，也包括沉积地层，主要分布在松辽盆地中央凹陷内，其中的火山岩包括火石岭组和营城子组，其时代与大兴安岭地区露头区的火山岩大体一致，即 J_3—K_1。

断陷期沉积建造是松辽盆储油层系，而火山岩则是深层气的主要储层。目前吉林油田和大庆油田深层气的主要勘探目的层即为该期盆地的火山岩建造。

③早中生代前陆盆地：指 T5 与 T6 之间的沉积体，主要有磨拉石性质的砾岩、砂砾岩、长石砂岩和远端细碎屑岩沉积建造组成。该期盆地是本专题在岩心观察与地震剖面解释基础上提出的，其沉积体应是较好的油气储层。结合洮 5 井和通 1 井发现早三叠世和晚古生代的蛇绿岩分析，其时代就在早中生代三叠纪到早侏罗世。

④二叠纪—三叠纪残留盆地：指 T6 与 T8 之间的沉积建造，包括洋壳残片（蛇绿岩）、硅质岩、含碳质粉砂岩等，代表古亚洲洋最后封闭场所。这些建造多已发生浅变质和强烈变形。该期残留盆地建造由于富含碳质，有可能成为油气成藏的烃源岩。该期盆地也是本专题首次提出。

（2）盆地基底构造：松辽盆地洮 5 井和通 1 井（处于盆地中西部）蛇绿岩的发现和二叠纪—三叠纪残留盆地的存在，表明松辽盆地中央凹陷与西部斜坡之间的过渡部位应存在一条古缝合带。根据不同剖面对比，认为该缝合带应大致沿松辽盆地中央向北偏东向延伸，并可与新开岭缝合带相连，SW 向可与索伦-西拉木伦缝合带相接。这样，我们可以勾画出一条规模巨大的早中生代缝合带，其西自华北北缘西段沿西拉木伦河延伸，到松辽下沿松辽盆地中央凹陷西缘呈 NNE 向延至盆地北缘，与新开岭缝合带相接，之后继续以 NNE-NE 向延入俄罗斯境内，直至远东被太平洋增生构造带围限。实际上，这条缝合带不仅处于松辽盆地的中央，也处于古亚洲洋构造域东段的中央部位。因此，这里我们暂称之为"中央缝合带"。

目前区域资料支持上述"中央缝合带"的连接方案。首先，正如在第二章已经讨论过的，西拉木伦缝合带是一条早中生代的碰撞缝合带（此不赘述），虽然有研究者认为该缝合进入松辽盆后呈 NE 向延至长春附近，之后又呈 SE 向延至延吉附近（Wu et al., 2007），但这一认识缺乏明确的证据。如前所述，松辽盆通 1 井和洮 5 蛇绿岩的发现，为西拉木伦河缝合带在松辽盆地下如何延伸提供了明确的证据，即它应大致沿中央凹陷西缘呈 NNE 向延伸。根据长春以南存在前寒武纪（1.85 Ma B.P.）地块，所以松辽盆地洮 5 井和通 1 井及残留盆地所代表的松辽盆地中央缝合带不可能向南延伸，而应向 SW 延伸。因此，我们认为松辽盆地中央缝合带是西拉木伦河缝合带在松辽盆地下的自然延伸。其次，在松辽盆地北缘发育的新开岭缝合带也是一条早中生代的缝合带（苗来成等，2003）。根据我们对松辽盆地北缘大、小兴安岭接合部位研究，新开岭缝合带，大体相当于前人所谓的"贺根山-嫩江-黑河"缝合带，是不能向 SW 延伸并与贺根山蛇绿岩带相接的，因为在新开岭缝合带与松辽盆地北部边缘交汇地区，所有的构造面理和线理均指示该构造带应延入松辽盆地下面。如松辽盆地北缘出露的凤水沟可群是中生代变质岩，是其呈 SN 向直接延入盆之下。所以不论从构造标志上还是缝合带的形成时间上，都说明存在"中央缝合带"，因此上述区域连接是正确的。

地震剖面资料和其他地球物理资料清楚的显示，松辽盆地西部和东部边缘在白垩纪之前发育对冲构造的构造样式（图 4.52）。长期以来，一直认为松辽盆地是一个中生代断陷盆地，其东、西边界均为正断层（侯启军等，2009）。这一认识对断陷期和拗陷期盆地（即 T5 以上）而言无疑是正确的，但对 T5 以下盆地而论明显有失偏颇。例如，在盆地西缘，无论是地震剖面 [图 4.53（a）] 还是电法剖面 [图 4.53（b）] 均指示松辽盆地西缘发育冲断层。这一冲断层构造使得中生代的花岗岩和古生代建造推覆晚古生代—早中生代的残留盆地建造及前陆盆地建造之上［图 4.53(a)］。这一认识也得到通 1 井钻探岩心观察和定年结果的支持。在通 1 井，晚古生代的糜棱岩化辉长岩（~270 Ma B. P.）被逆掩推覆于晚中生代花岗质片麻岩（~155 Ma B. P.）之上。

在松辽盆地东部，地震剖面显示较老的基底岩石被逆掩于残留盆地与及前陆盆地建造之上（图 4.52）。松辽盆东、西对冲的前白垩纪构造作用，可能导致盆地中央是当时的最高隆起部位。目前的中央拗陷是白垩纪伸展作用的结果。

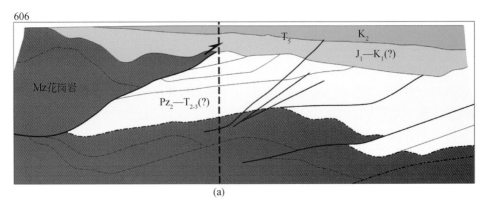

(a)

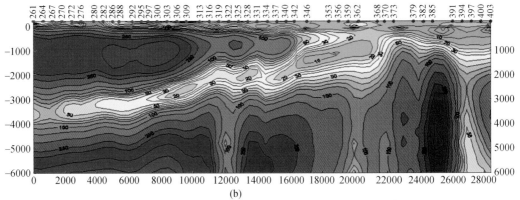

(b)

图 4.53　松辽盆地西部斜坡二维地震剖面地质解释（a）和电法剖面（b）

3. 讨论与认识

（1）松辽盆地基底组成与性质：松辽盆地基底的性质长期来争论不休。有研究者认为整个松辽盆地具有前寒武纪基底（王涛，1997；高瑞祺等，1997），而吴福元等（2000a）依据对松盆地北部大庆探区两年片麻岩分别给出晚古生代（~305 Ma）和晚中生代（~165 Ma）的年龄，认为整个松辽盆地具有显生宙造山基底。王颖等（2006）根据吉林油田探区四 5 井变闪长岩的原岩年龄约 1.84 Ga，并结合吴福元等（2000a）的结果，提出松辽盆地基底是前寒武纪地块和显生宙造山带的复合体。本专题对吉林油田探区四 5 井的变闪长岩重新采样分析，得到与王颖等（2006）相近的结果（1.84 Ga），同时我们还得到了晚太古代的锆石年龄。尽管我们不同意王颖等（2006）对该年龄代表其变质年龄的解释，但松辽盆地南部存在前寒武纪变质基底应该是确信无疑的。根据该样品中存在 ~2.5 Ga 的锆石年龄，并结合松辽盆地航磁异常特征，我们进一步提出松辽盆地南部的前寒武纪基底应是华北前寒武纪克拉通在盆地下的自然延伸。这也说明，华北克拉通北缘边界并不像以前认识的那样平直、规则。就目前已有的资料而论，我们认为除松辽盆地南部存在前寒武纪基底外，其北基底时代主体应为晚古生代—早中生代。

（2）松嫩（松辽）地块构造属性：20世纪90年代初，原长春地质学院开展满-绥地学断面研究中，将东北地区由西（北）至东（南）划分为额尔古纳、兴安、松嫩（也称之为松辽）、张广才和佳木斯等多个地块-地体（叶茂等，1994；张贻侠等，1998），并认为这些地块均属于具有相似或相同的前寒武纪基底，但其主依据就是这些地块上分布的所谓"前寒武纪变质岩"。近来更有研究者提出这些地块不但具有相似的前寒武纪基底，而它们具有相同的构造演化历史（Zhou *et al.*，2013）。就"松嫩地块"而论，目前尚没有任何证据证明该地块具有前寒武纪基底，也没有任何证据证明其经历了~500 Ma B. P. 的变质事件改造。相反，"松嫩地块"上的变质岩，即分布于大、小兴安岭接合部的新开岭、凤水沟河群和科洛杂岩均不是前寒武纪变质岩，其原岩建造是晚古生代或早中生代（Miao *et al.*，2004）形成的，并经历了~215 Ma B. P. 和~160 Ma B. P. 两期次变质事件的改造，因此这些变质岩实际上与早中生代造山作用或造山后陆内构造过程有关。

再有，根据油田探勘资料，松辽盆地北部的大庆长垣隆起位置上向北与大、小大兴安岭结合部的新开岭构造带对应，向南大致呈"S"形与松辽南部的东南隆起相连，并延伸到辽宁法库变质核杂岩。大庆长垣隆起同样具有典型变质核杂岩的特点，它构成松辽盆地北部的中央隆起带。徐家围子和常家围子组成东、西两侧凹陷。该中央隆起带发育片麻状花岗岩年龄为（165±3）Ma（吴福元等，2000a），与蒙古喀喇沁和医巫闾山变质核杂岩中的早期花岗岩形成时代几乎一致。所以，我们认为松辽盆地北部及其北侧露头区并不存在一个具有统一前寒武纪基底的地块，也就是"松嫩地块"是不存在的，这一地区就是一个晚古生代—早中生代的造山区。

（3）对松辽盆地成因和东北地区中生代构造演化的启示：当前学术界对松辽盆地的成因的认识，更是观点纷呈，莫衷一是。主要有裂谷、弧后盆地、走滑拉分盆地和内克拉通盆地之说。一般认为松辽盆地可能缺乏三叠系，但这种认识存在偏差，因为在盆地北缘新开岭地区和东缘九台一带的露头区均发育有具磨拉石性质的"三叠系"碎屑岩沉积，并向盆地内部延伸，因此，盆地内部必定存在三叠系。这也是我们在松辽盆地下划分出早中生代前陆盆地的重要依据之一。松辽盆地断陷期的火山-沉积建造的确切时代应该与周边露头区火山-沉积建造的时代相近，主要在 J_3—K_1，而真正的陆内凹陷沉积发育于晚白垩世。因此，我们认为松辽盆地具有多成因复合叠合盆地的特征。

综观环松辽地区，晚侏罗世—早白垩世早期，中酸性岩浆大规模侵位以及同期断陷盆地的发育，兼岩浆演化从早期的花岗闪长质向晚期的偏碱性过度，显示该地区在燕山主幕（董树文等，2007）之后逐渐向大规模区域性伸展体制转换。另外对凹陷期盆地而论，如果与西太平洋活动大陆边缘建立构造关系，应与白垩纪的火山弧建立关系，即与白垩纪的东锡霍特火山弧构成弧-盆系统。

基于前述地质事实及以上讨论，对松辽盆地的形成与演化得出以下几点认识：

（1）松辽盆地前白垩纪基底具有复合性质，既有前寒武基底，又存在显生宙造山基底，其中前寒武纪基底位于松辽盆地南部长春以南地区，可能是华北克拉通基底的自然延伸；松辽盆地北部前白垩纪基底是显生宙造山带。

（2）松辽盆地下伏可能存在印支期的残留洋壳，也就是说，松辽盆地具有残留盆地的性质；松辽盆地基底中发育中生代的推覆构造，构造作用时间在晚侏罗世或以后，这与地球物理，特别是地震剖面所揭示特征相符。

（3）松辽盆地白垩纪盆地之下（T5以下）还保存有二叠纪—三叠纪残留盆地、早中生代前陆盆地、晚中生代火山-沉积盆地，表现为"盆下有盆"的多层结构特征，属于多成因复合叠合盆地。

（4）前白垩纪时期，松辽盆地东西两侧发育对冲构造，现今的中央凹陷部位可能曾经是最高的隆起部位，可能代表古亚洲洋的主缝合带位置。

（5）先前划分的具有统一前寒武纪基底的"松嫩地块"或"松辽地块"是不存在的，实际上是晚古生代—早中生代的造山区。

（6）东北地区在燕山主幕之后逐渐向大规模区域性伸展体制转换。

二、桦甸盆地晚中生代—早新生代构造演化

中新生代以来，中国东北由主要受古亚洲洋构造域控制逐渐过渡到受西太平洋构造域控制。燕山运动及东亚多向汇聚作用主要影响了中国东北中新生代构造演化（图4.54）。晚中

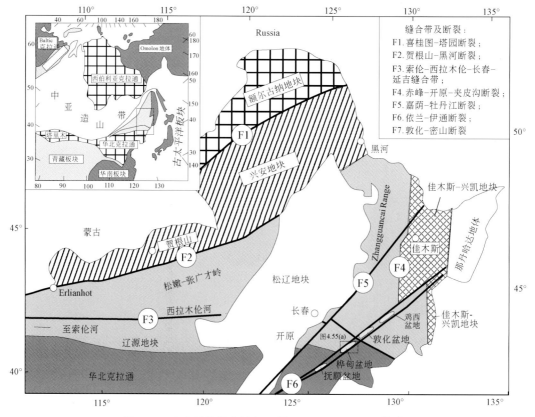

图4.54 东北地块构造格架（据 Wu *et al.*, 2007，修改）

生代到早新生代，随着燕山运动的结束以及蒙古-鄂霍次克洋的关闭，东北地块产生白垩纪强烈的构造伸展和岩浆活动。表现为钙碱性 A 型花岗岩的侵入，和一系列裂陷盆地和变质核杂岩的形成（Faure et al.，1996；Li，2000；Lin et al.，2000；Zhou and Li，2000）。桦甸盆地发育于中国东北东部的一个白垩纪拉张盆地，由于它特殊的地理位置，这个盆地的形成和演化必然受到蒙古-鄂霍次克洋的最终关闭以及古太平洋俯冲和印度欧亚板块碰撞联合作用影响。这些地球动力学过程的在在时空上如何影响桦甸盆地的形成和演化过程对研究东北地区晚中生代到早新生代构造演化是个重要问题。透过桦甸盆地这个窗口，可以窥更多与三大构造域相关的构造信息。由于缺少地质数据，桦甸盆地的动力学特征和演化历史的研究还非常缺乏。本书通过野外工作，来揭示桦甸盆地的构造-地层演化历史。

1. 地质背景

（1）盆地构造框架。

NE 走向的桦甸盆地位于我国东部郯庐断裂带北延分支敦化-密山断裂上。沿着密山敦化断裂带分布着好几个含油气盆地，其中最重要的是桦甸盆地和抚顺盆地（刘招君等，2009）。桦甸盆地是一个白垩纪半地堑断陷盆地，盆地宽 10～25 km，长超过 100 km，是重要的含煤、油页岩资源盆地（王桂梁等，1997；孙平昌等，2011）。桦甸盆主要由白垩纪和早新生代地层组成，这中地层覆盖在各种基底之上，有花岗岩，早古生代和二叠纪到石炭纪的沉积岩（Sun et al.，2013）。盆地中间和两侧的正断层和逆冲断层主要为 NE 走向，控制了盆地的形成和演化。盆地北西侧通过逆冲断层与古生带地层接触，盆地南东侧与前寒武纪变质基底呈不整合接触（图 4.55、图 4.56）。

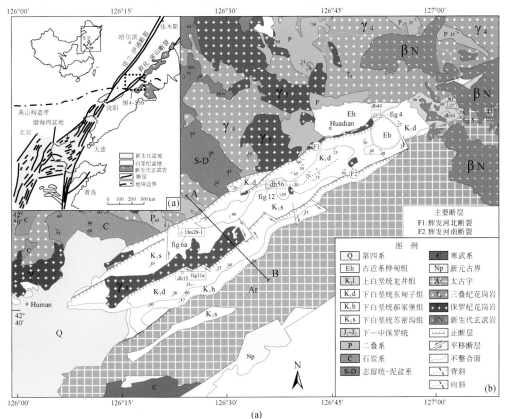

(a)

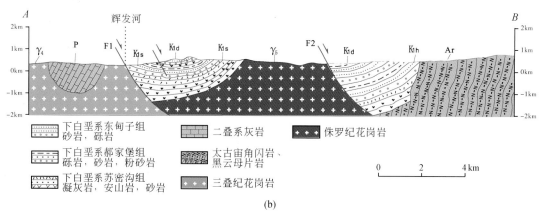

图 4.55 （a）桦甸盆地及其周边地质简图和（b）横切桦甸盆地的地质剖面图（位置见图 4.54）

（2）地层。

元古宙—早中生代地层：盆地南东侧大量出露早太古代鞍山群。华北东北缘的鞍山群是中国东北东南地区广泛存在的变质基底。主要由斜长角闪岩、黑云斜长片麻岩、绿泥片岩、角闪绿泥片岩、磁铁石英岩组成。鞍山群是条带状含铁层的主要赋存地层，而 2475 Ma B. P. 的齐大山花岗岩侵入含铁层意味着鞍山群是新太古代或早元古代地层（Biao *et al.*，1996）。翟明国通过 Sm-Nb 定年，认为鞍山群上部年龄为 2.79 Ga，而，2.83～2.86 Ga 可能代表了鞍山群下部基底年龄（Zhan *et al.*，1990）。主要由含铁层、变质火山岩角闪岩、石英、绿泥片岩和片岩组成。含铁层厚度达 80 m。鞍山群的沉积环境为浅水盆地或靠近岩浆弧，在 2.5 Ga 造山运动增生事件，岛弧火山岩侵入盆地置换上地壳岩石，留下了含铁层。古生代地层下部寒武系为紫色页岩和竹叶状灰岩，中部泥盆–志留系下部部主要为片岩，如角闪片岩、斜长角闪片岩、石英片岩，上部主要为灰岩和大理岩。石炭–二叠系下部和中部主要为灰岩夹有少量板岩页岩，上部为砂岩和流纹岩。中生代早—中侏罗世主要为砾岩、砂岩组成。

晚中生代—早新生代地层：受燕山运动影响，中国东部地区急剧抬升，普遍缺失 J_3 地层，桦甸盆地内亦缺失 J_3 地层。K_1 地层占据了盆地的主要区域，由苏密沟组（K_1s）、郝家堡组（K_1h）以上，东甸子组（K_1d）组成。下部苏密沟在桦甸盆地范围分布广泛，厚度约 1670 m，主要分布在盆地北西侧，地层走向总体走向 NE，受褶皱作用，总体枢纽走向 NE。与其北西侧古生代地层和岩浆岩呈断层接触关系，与 K_1d 呈整合接触关系。王淑英（1988）仔细分析了该套地层内孢粉组合，发现与世界其他许多白垩纪地层内孢粉类似，而且发现了 aequitriradites 这种在地史上存在时间短暂，对划分下白垩统具有重要意义的孢粉，认为苏密沟组时代应该为早白垩世。该套地层下部为安山岩，安山凝灰岩夹流纹岩，凝灰质砂页岩，黑色页岩及薄层煤，产出的化石有：*Czekanowskia. sp.*，*Baiera sp.*，*Podozamites sp.*，*P. lanceolatus*；中部为砾岩、砂岩、页岩夹煤层，产出化石有：*Onychiopsis elongate*，*Podozamites sp.*，*Baiera sp.*，*Czekanowskia sp.*；上部为灰色安山岩和凝灰岩及黑色页岩。苏密沟组很可能代表了晚侏罗世燕山运动后盆地受强烈拉张作用，导致大量中酸性岩浆喷出。郝家堡组（K_1h）分布在盆地的南东侧，厚度约 800 m，总体走向 NE，与盆地南东侧太古宙鞍山群呈不整合接触，与北西侧 K_1d 呈整合接触关系，下部为黄色砾岩、砂岩夹页岩，上部为赤紫色砂岩、

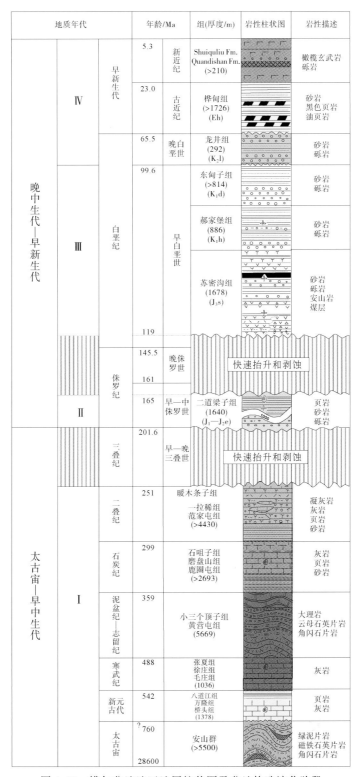

地质年代			年龄/Ma	组(厚度/m)	岩性柱状图	岩性描述
晚中生代—早新生代	Ⅳ	早新生纪	5.3	新近纪	Shuiquliu Fm. Quandishan Fm. (>210)	橄榄玄武岩 砾岩
			23.0	古近纪	桦甸组 (>1726) (Eh)	砂岩 黑色页岩 油页岩
	Ⅲ	白垩纪	65.5	晚白垩世	龙井组 (292) (K₂l)	砂岩 砾岩
			99.6	早白垩世	东甸子组 (>814) (K₁d)	砂岩 砾岩
					郝家堡组 (886) (K₁h)	砂岩 砾岩
					苏密沟组 (1678) (J₃s)	砂岩 砾岩 安山岩 煤层
	Ⅱ	侏罗纪	119	晚侏罗世	快速抬升和剥蚀	
			145.5			
			161	早—中侏罗世	二道梁子组 (1640) (J₁—J₂e)	页岩 砂岩 砾岩
			165			
太古宙—早中生代	Ⅰ	三叠纪	201.6	早—晚三叠世	快速抬升和剥蚀	
		二叠纪	251	暖木条子组 一拉稀组 范家屯组 (>4430)		凝灰岩 灰岩 页岩 砂岩
		石炭纪	299	石咀子组 磨盘山组 鹿圈屯组 (>2693)		灰岩 页岩 砂岩
		泥盆纪—志留纪	359	小三个顶子组 黄营屯组 (5669)		大理岩 云母石英片岩 角闪石片岩
		寒武纪	488	张夏组 徐庄组 毛庄组 (1036)		灰岩
		新元古代	542	八道江组 万隆组 桥头组 (1378)		页岩 灰岩
		太古宙	?760	安山群 (>5500)		绿泥石片岩 磁铁石英片岩 角闪石片岩
			28600			

图 4.56　桦甸盆地地区地层柱状图及盆地构造演化阶段

灰色页岩、粉砂岩夹碳质页岩，产出的化石为 *Sphenolepis*。东甸子组（K_1d）主要分布在盆地中部，厚度约 810 m，总体走向 NE，与北西侧苏密沟组成不整合接触（图 4.57），与南东侧 K_1h 呈整合接触关系，下部为赤紫色砾岩，上部为黄绿色紫色砂岩、粉砂岩、页岩。

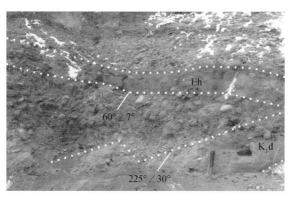

图 4.57　古近纪与早白垩世之间的不整合面［位置见图 4.55（a）］

桦甸盆地北东侧发育晚白垩世地层龙井组（K_2l），厚度约 300 m，地层走向 NEN，与南东太古宙鞍山群及南西早白垩世地层呈不整合接触，地层发生明显褶皱（图 4.58）。其下部砾岩呈紫红色，分布不连续，厚度较小。砾石成分复杂，常可见赤铁矿被膜，粒径一般较小（1～2 cm），具良好的磨圆、分选，扁平面平行排列；中、上部主要为粉砂质泥岩、泥岩，夹三层微层石膏，岩石以紫色、紫红色为主，层理不发育，局部见水平层理，表现为具氧化环境的浅盆广湖相的沉积特征。龙井组时代的归属，长期以来一直存在着分岐，陈跃军（1998）在研究吉林延边汪清县蛤蟆塘盆地白垩纪地层时发现该盆地龙井组内见早白垩世化石，而叶德权（1995）在分析延吉盆地白垩纪地层时，发现龙井组内发育较多的双壳类 *Pseudohyria*，该属植物广泛分布于东亚上白垩统，故龙井组的时代定为晚白垩世。因此，龙进组时代龙井组为一穿时的岩石地层单位，它反映不同白垩纪盆地演化历史

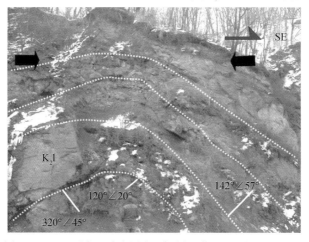

图 4.58　K_2l 砾岩和砂岩层发生褶皱［位置见图 4.55（a）］

的差异。本区龙井组总体类似延吉盆地内该地层特征，时代应为晚白垩世。古近纪桦甸组主要由三套地层组成。由底部到顶部可分为：下部初始沉降阶段沉积为黄铁矿段，中部最大沉降阶段沉积为油页岩段，上部快速充填萎缩阶段沉积为碳质页岩（含煤）段（孙平昌等，2011，2012）。研究人员根据大量动物群化石，油页岩段的年代定为中始新世（张著林等，1986；Beard and Wang，1991；Manchester *et al.*，2005）。含黄铁矿段由扇状三角洲前缘和浅湖环境下沉积的分选好磨圆度高的砂岩和红、绿、灰白色泥岩组成（Sun，2010）。在沉积油页岩段的时候，桦甸湖变宽和加深（孙平昌等，2011）油页岩段由下往上又可分成三部分，下部由扇状三角洲环境下沉积的紫色泥岩和良好至中等磨圆的砂岩组成，中部由浅湖相绿-灰白色泥岩和深湖相深灰色泥岩和油页岩组成，上部为油页岩层。碳质页岩段形成于盆地演化的最后阶段，主要为浅湖相，此时构造活动减弱，而沉积加强。

K_1s 定年：精确的地层年代对约束古构造应力场有着十分重要的作用。K_1s 是一套以安山岩为主的地层，是进行锆石 Shrimp U-Pb 定年比较理想的地层，锆石形态完整［图4.59(a)］。从 K_1s 中采集样品 Dm28-1［位置见图 4.55(a)］进行锆石 Shrimp U-Pb 定年。表 4.5 和图 4.59(b) 为定年结果，其加权平均年龄为（119.17±0.8）Ma，这对恢复桦甸盆地古构造应力场序列具有十分重要的意义，

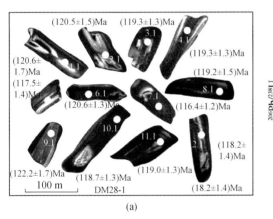

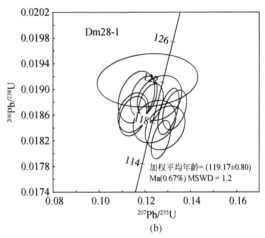

图 4.59 样品 Dm28-1 锆石 SHRIMP U-Pb 定年

(a) 锆石 CL 图；(b) 谐和图

表 4.5 Dm28-1 锆石 Shrimp U-Pb 定年结果

Spot Name	%	ppm	ppm	$^{232}Th/^{238}U$	ppm	$^{207}Pb*/^{206}Pb*$	±%	$^{207}Pb*/^{235}U$	±%	$^{206}Pb*/^{238}U$	±%	corr	$^{206}Pb*$ 年龄/Ma	±%
DM28-1-1.1	0.80	938	1770	1.95	15.3	0.0447	4.4	0.12	4.6	0.0189	1.4	0.308	120.6	1.7
DM28-1-2.1	0.09	452	796	1.82	7.3	0.0486	5.0	0.13	5.1	0.0189	1.2	0.240	120.5	1.5
DM28-1-3.1	0.25	903	1724	1.97	14.5	0.0516	2.4	0.13	2.6	0.0187	1.1	0.417	119.3	1.3
DM28-1-4.1	0.29	1724	3748	2.25	27.9	0.0473	2.7	0.12	2.9	0.0188	1.1	0.367	119.9	1.3
DM28-1-5.1	0.42	430	523	1.26	6.8	0.0508	4.3	0.13	4.5	0.0184	1.2	0.274	117.5	1.4

续表

Spot Name	%	ppm	ppm	$^{232}Th/$ ^{238}U	ppm	$^{207}Pb*/$ $^{206}Pb*$	±%	$^{207}Pb*/$ ^{235}U	±%	$^{206}Pb*/$ ^{238}U	±%	corr	$^{206}Pb*$ 年龄/Ma ±%
DM28-1-6.1	0.43	1085	1880	1.79	17.7	0.0458	3.1	0.12	3.3	0.0189	1.1	0.335	120.6 1.3
DM28-1-7.1	−0.05	1150	1663	1.49	18.0	0.0505	1.9	0.13	2.2	0.0182	1.1	0.495	116.4 1.2
DM28-1-8.1	0.06	1354	2497	1.91	21.7	0.0506	1.9	0.13	2.3	0.0187	1.3	0.548	119.2 1.5
DM28-1-9.1	1.52	319	481	1.56	5.3	0.0459	11.9	0.12	12.0	0.0191	1.4	0.119	122.2 1.7
DM28-1-10.1	0.38	1321	2188	1.71	21.2	0.0447	3.3	0.11	3.5	0.0186	1.1	0.312	118.7 1.3
DM28-1-11.1	0.36	1096	1832	1.73	17.6	0.0447	3.7	0.11	3.9	0.0186	1.1	0.282	119.0 1.3
DM28-1-12.1	0.41	595	1168	2.03	9.5	0.0487	4.9	0.12	5.0	0.0185	1.2	0.237	118.2 1.4

（3）断层系统。

桦甸盆地主要受辉发河断裂控制。辉发河断裂是敦化-密山断裂（敦密断裂）的一部分（Xu and Zhu，1994），从海龙向 NE 经准甸至二道甸子，其走向为 NE，长 160 km，宽 10～20 km。从地表产状看，为两条对冲逆断层（贾大成、卢炎，1991）。敦密断裂带是中国东部规模巨大的一条深断裂带，是郯庐断裂带的北延部分（崔惠文，1985）。徐嘉炜（1981）和李碧乐等（2002）认为敦密断裂主要由两条大致平行的逆断层构成的直线状地堑，按其各地段地质构造特征及生成发展时间不同，由 WS 往 EN 可分为三段（董南庭等，1982）。南段：由浑河断裂、营口-伶二堡断裂组成。浑河断裂长 120 多公里，总体走向 NE 6°～70°，由两条至三条主干断裂构成，北西侧断裂产状 330°～340°∠40°～60°，南侧断裂产状 150°～160°∠50°～60°，其主干断裂被横向断裂切割和错开。主干断裂带最宽处大于 30 m，断裂带两侧分布地层以太古宇鞍山群为主，其次有侏罗系上统、白垩系下统及古近纪地层。营口-伶二堡断裂为下辽河地堑的东部边缘断裂，控制中、新生代断陷盆地古近纪、新近纪油田的形成（崔惠文，1985）。

中段：从二道甸子向西南经桦甸至海龙一带，称辉发河断裂，断层南侧为前寒武纪结晶基底；北侧为古生代地层和岩浆系。辉发河断裂控制了桦甸-辉南地堑的形成和发展，地堑内的基底为古生代沉积和海西期花岗岩，中生代沉积以陆相含煤火山-碎屑建造为主，厚达 3000 余米。新生代沉积较局限，为一套含油页岩的红色碎屑沉积，厚度 1500 m，有玄武岩浆喷发。带内构造较复杂，中生代的地层受到较强烈的褶皱作用，断裂构造也很发育，以 NE 走向的 NW 向倾逆断层及 NW 走向横断层为主，由于晚期不均匀的升降运动，形成许多次级断陷。断裂带的磁场特征表现为在稳定的线性负磁场的背景上包含着串珠状的正异常，这可能与堑内的侵入岩和差异性的升降运动有关。重力场形成极为醒目的梯度带。两侧地壳厚度有明显的差异，推算莫霍面错动达 3.5 km，南侧地壳厚度比北侧厚 1～2 km（董南庭等，1982）。

北段：位于敦化—密山一线，向北延至俄罗斯境内，全长约 600 km，走向 NE50°，断裂带多为第四系及新生代玄武岩覆盖。古生代至中、新生代时期，敦密断裂带对两侧沉积建造类型及其分布有着明显的控制作用，在断裂带的北段和中段见有古生代超基性岩体及新生代玄武岩体，说明断裂带影响深度大，从晚古生代、中生代至新生代古近纪、新近纪均有活动（崔惠文，1985）。

辉发河断裂的形成和演化与敦密断裂密切相关，而敦密断裂的形成和演化又与郯庐断裂的活动密切相连。郯庐断裂带的形成时间可能在中生代，因为它错开了中生代早期的地层相带而没有控制这些相带（徐嘉炜，1981，1985）。断裂带内被错开的岩体，绝大部分属燕山早期或印支期，而沿断裂带侵入未错动的岩体，主要属燕山晚期。白垩纪以来，例如，王氏组、浦口组及赤山组等地层，其沉积明显受断裂带控制，说明平移运动基本停止。郯庐断裂带的发展演化概括为三个阶段，即强大的左行平移、张裂、挤压（徐嘉炜，1981，1985；徐嘉炜、马国锋，1992）。敦密断裂带演化特点与郯庐断裂带是基本一致（李碧乐等，2002），整个敦密断裂大规模左行平移是从早侏罗世后期开始，主要发生在晚侏罗世，早白垩世开始表现为拉张作用（李碧乐等，2002）。作为敦密断裂中段的辉发河断裂沉积了古生代地层，至少在早古生代就开始活动，是敦密断裂继承改造的结果（李碧乐等，2002）。

辉发河断裂以及整个包括敦密断裂带和郯庐平移断裂系之所以形成巨大的左行平移运动，可能是太平洋板块向欧亚板块做相对运动所致。区域构造应力来源于原始太平洋板块在中生代的高速斜向俯冲（Maruyama et al.，1986），其 NE 向构造分量造成中国东部的左行走滑运动，并使一系列先存基底构造重新活动和发展壮大（周建波、胡克，1998；李碧乐等，2002）

随着太平洋俯冲，白垩纪由于日本海开始拉张扩展，西太平洋岛弧逐渐形成，辉发河断裂区亦逐渐向弧后拉张区转化，早期的平移断裂系转化为裂谷系，沿敦密断裂形成一系列地堑式断陷盆地，控制了诸如抚顺、鸡西、桦甸等含煤、油页岩等断陷盆地的形成（葛肖虹，1990）。

2. 断层动力学分析和滑动矢量反演

一个区域的应力场在一定的时间内是稳定的，因此，一个区域的构造演化可以通过构造应力场的变化特征来重建（Zhang et al.，2003b）。利用数学方法，通过分析断层面上滑动矢量特征，可以反演古应力场方向（Carey，1979；Angelier，1984；Gapais et al.，2000）。桦甸盆地具有良好的地层序列，通过分析桦甸盆地内不同时代地层内断层面上滑动矢量的特征，反演古应力场，建立各期古应力场的时代次序。断层的滑动方向由动力学指示物来确定，如地层错动，拉伸矿物（一般为石英和方解石），里德尔剪切面等。由于在判断断层滑动方向时有误差，会对反演的应力场方向有影（Ratschbacher et al.，2000），因此，需要有断层数据的可靠性参数，本书通过应力方向箭头颜色深浅来表示，黑色代表可靠性较高，白色代表可靠性偏低。擦痕的切割关系是用来判断断层形成先后和构造变形先后的重要依据。Sperner 和 Zweigel（2010）对这种方法做了更详细的介绍。本书运用的为斯诺维尼亚（Jure Žalohar 和 Marko Vrabec）开发的应力场反演软件，如表 4.6 ～ 表 4.9 所示，建立了四期应力场，如图 4.60 ～ 图 4.63 所示，断层滑动矢量数据利用吴氏网半球赤平投影（断层面：大圆；擦痕：箭头，指示上盘运动方向）。赤平投影图旁的柱状图代表了实际测量和理论计算之间的角度差，纵坐标的数值代表滑动矢量数量。

表 4.6　NE-SW 挤压应力场的滑动矢量数据及主应力轴方向

点号	纬度（N）	经度（E）	岩性	矢量数	σ_1 (az/pl)	σ_2 (az/pl)	σ_3 (az/pl)	$\sigma_1:\sigma_2:\sigma_3$	构造特征
db10	42°38′7″	126°16′32″	K_1h 砂岩	3	223/2	115/84	314/6	1.05 : 0.37 : 0.08	
db12b	42°42′58″	126°21′24″	K_1d 砾岩	4	57/7	147/5	272/81	0.78 : 0.64 : 0.06	
db12-1a	42°42′58″	126°21′24″	J_2 花岗岩	8	248/2	152/72	339/18	1.04 : 0.17 : 0.07	
db19	42°47′26″	126°31′46″	J_2 花岗岩	9	194/17	65/64	290/19	1.03 : 0.17 : 0.07	
db25c	42°59′39″	126°53′7″	K_1d 砂岩	3	255/17	164/5	59/72	0.91 : 0.49 : 0.07	
db28b	42°55′13″	126°51′55″	K_1h 砾岩	5	44/13	198/76	313/6	0.87 : 0.63 : 0.06	
db50a	42°55′18″	126°53′02″	K_1d 砂岩	6	43/2	134/10	302/80	0.82 : 0.59 : 0.06	
db51a	42°56′51″	126°41′42″	P 凝灰岩	7	40/7	131/2	263/83	1.08 : 0.18 : 0.08	
db55a	42°52′52″	126°36′30″	K_1s 安山岩	9	38/2	128/2	263/87	1.03 : 0.27 : 0.07	NE-SW 向挤压
db56b	42°52′42″	126°36′11″	K_1s 安山岩	12	211/2	307/72	120/18	1.09 : 0.08 : 0.08	NW-SE 向拉伸
db57a	42°57′32″	126°47′54″	K_1s 安山岩	21	43/2	134/10	302/80	0.82 : 0.59 : 0.06	
db58d	42°56′15″	126°45′58″	K_1s 安山岩	11	233/12	328/20	144/67	0.76 : 0.69 : 0.05	
db59a	42°52′40″	126°43′18″	K_1s 安山岩	13	69/2	159/2	294/87	0.93 : 0.41 : 0.07	
db60	42°51′51″	126°42′45″	K_1s 安山岩	8	58/12	182/68	324/18	0.95 : 0.51 : 0.07	
db61b	42°51′22″	126°42′36″	K_1h 砂岩	8	57/7	326/2	221/83	1.1 : 0.08 : 0.08	
db69b	42°37′37″	126°17′36″	K_1h 砂岩	4	228/23	33/66	136/6	1.13 : 0.19 : 0.08	
db70a	42°41′29″	126°32′16″	Ar 混合岩	4	30/7	120/5	245/81	0.86 : 0.54 : 0.06	
db71a	42°47′30″	126°24′42″	K_1s 安山岩	29	199/2	90/84	289/6	1.03 : 0.17 : 0.07	
db72b	42°40′50″	126°00′6″	K_1s 安山岩	19	54/2	151/75	323/15	1.09 : 0.18 : 0.08	

　　注：σ_1、σ_2、σ_3. 最大、中间、最小主应力轴；az. 倾伏向；pl. 倾伏角；$\sigma_1:\sigma_2:\sigma_3$. 应力比；Ar. 太古宇；P. 二叠系；$J_2$. 中侏罗统；$K_1$. 下白垩统；$K_2$. 上白垩系。

表 4.7　NW-SE 挤压应力场的滑动矢量数据及主应力轴方向

点号	纬度（N）	经度（E）	岩性	矢量数	σ_1 (az/pl)	σ_2 (az/pl)	σ_3 (az/pl)	$\sigma_1:\sigma_2:\sigma_3$	构造特征
db28a	42°55′13″	126°51′55″	K_1h 砾岩	9	128/13	223/23	12/63	1.09 : 0.18 : 0.08	
db30	42°59′33″	126°53′46″	K_1d 砂岩	7	150/2	41/84	240/6	1.02 : 0.36 : 0.07	
db33	42°58′35″	126°58′18″	K_1d 砂岩	9	150/2	246/72	59/18	1.05 : 0.27 : 0.08	
db35	42°59′19″	127°3′52″	K_2l 砾岩	14	153/27	333/63	243/0	0.94 : 0.5 : 0.07	
db46b	42°54′57″	126°51′29″	K_1s 安山岩	8	148/23	48/22	279/57	0.77 : 0.7 : 0.06	
db48	42°54′7″	126°52′52″	Ar 混合岩	6	328/7	238/2	132/83	1.1 : 0.08 : 0.08	
db49a	42°54′45″	126°53′2″	K_1h 砂岩	4	133/7	224/10	8/78	0.91 : 0.49 : 0.06	
db50b	42°55′18″	126°53′02″	K_1h 砂岩	4	295/7	27/10	171/78	0.78 : 0.64 : 0.06	
db55b	42°52′52″	126°36′30″	K_1s 安山岩	8	323/13	169/76	54/6	1.1 : 0.18 : 0.08	
db56a	42°52′42″	126°36′11″	K_1s 安山岩	12	135/2	226/2	0/87	1.12 : 0.08 : 0.08	
db57c	42°57′32″	126°47′54″	K_1s 安山岩	10	141/2	50/2	276/87	1.12 : 0.08 : 0.08	
db58b	42°56′15″	126°45′58″	K_1s 安山岩	14	143/7	234/2	339/83	1.11 : 0.08 : 0.08	NW-SE 向挤压
db59c	42°52′40″	126°43′18″	K_1s 安山岩	4	322/2	225/72	52/18	1.1 : 0.18 : 0.08	NE-SW 向拉伸
db61a	42°51′22″	126°42′36″	K_1h 砂岩	13	335/2	223/85	65/5	0.93 : 0.5 : 0.07	
db61c	42°51′22″	126°42′36″	K_1h 砂岩	4	115/2	20/20	206/20	0.93 : 0.5 : 0.07	
db62b	42°50′46″	126°42′0″	K_1h 砂岩	12	309/23	214/11	100/64	1.03 : 0.36 : 0.07	
db63a	42°48′34″	126°41′28″	Ar 混合岩	7	115/2	21/65	206/25	0.75 : 0.75 : 0.05	
db66a	42°48′46″	126°21′59″	P 凝灰岩	7	120/2	27/55	212/35	1.07 : 0.18 : 0.08	
db67a	42°40′30″	126°20′34″	K_1h 砂岩	14	125/2	35/12	225/78	0.9 : 0.48 : 0.06	
db68b	42°38′7″	126°16′31″	K_1h 砂岩	12	114/12	238/68	20/18	0.92 : 0.49 : 0.07	
db69a	42°37′37″	126°17′36″	K_1h 砂岩	8	156/13	60/23	272/63	1.05 : 0.17 : 0.08	
db70b	42°41′29″	126°32′16″	Ar 混合岩	3	160/7	340/83	250/0	0.72 : 0.72 : 0.05	
db71b	42°47′30″	126°24′42″	K_1s 安山岩	18	128/13	334/76	219/6	1.08 : 0.28 : 0.08	
db72a	42°40′50″	126°00′6″	K_1s 安山岩	7	120/2	28/45	212/45	1.01 : 0.35 : 0.07	

　　注：表注同表 4.6。

表 4.8 NW-SE 引张应力场的滑动矢量数据及主应力轴方向

点号	纬度（N）	经度（E）	岩性	矢量数	σ_1 (az/pl)	σ_2 (az/pl)	σ_3 (az/pl)	$\sigma_1:\sigma_2:\sigma_3$	构造特征
db12c	42°42′58″	126°21′24″	K_1d 砾岩	25	176/77	46/8	315/10	1.02 : 0.07 : 0.07	
db12-1b	42°42′58″	126°21′24″	J_2 花岗岩	5	219/65	71/21	336/12	0.95 : 0.42 : 0.07	
db13	42°44′44″	126°18′55″	K_1s 安山岩	17	226/76	40/14	130/1	1.01 : 0.17 : 0.07	
db14	42°43′01″	126°23′37″	K_1d 砂岩	13	303/87	211/0	120/3	1 : 0.07 : 0.07	
db15	42°43′25″	126°23′56″	K_1d 砂岩	11	273/86	38/2	129/3	0.9 : 0.48 : 0.06	
db21	42°49′41″	126°29′59″	K_1d 砂岩	5	38/2	305/60	129/30	1 : 0.07 : 0.07	
db25b	42°59′39″	126°53′7″	K_1d 砂岩	8	300/76	66/8	157/12	0.93 : 0.41 : 0.07	
db28c	42°55′13″	126°51′55″	K_1h 砾岩	3	303/87	211/0	120/3	1 : 0.07 : 0.07	
db41	42°58′15″	127°01′47″	Ar 混合岩	10	303/87	211/0	120/3	1 : 0.07 : 0.07	
db46a	42°54′57″	126°51′29″	K_1s 安山岩	12	305/65	68/14	164/20	0.95 : 0.42 : 0.07	
db49b	42°54′45″	126°53′2″	K_1h 砂岩	8	303/87	211/0	120/3	1 : 0.07 : 0.07	NW–SE 向拉伸
db55c	42°52′52″	126°36′30″	K_1s 安山岩	5	42/67	254/20	160/11	0.87 : 0.55 : 0.06	
db56c	42°52′42″	126°36′11″	K_1s 安山岩	3	132/65	233/5	325/24	0.93 : 0.5 : 0.07	
db57d	42°57′32″	126°47′54″	K_1s 安山岩	18	262/65	62/24	155/8	1.01 : 0.26 : 0.07	
db58f	42°56′15″	126°45′58″	K_1s 安山岩	4	35/23	254/61	132/17	0.87 : 0.63 : 0.06	
db59b	42°52′40″	126°43′18″	K_1s 安山岩	8	284/82	53/5	144/6	0.99 : 0.16 : 0.07	
db61d	42°51′22″	126°42′36″	K_1h 砂岩	3	151/76	60/1	329/14	0.99 : 0.26 : 0.07	
db62a	42°50′46″	126°42′0″	K_1h 砂岩	12	151/76	38/6	307/13	0.94 : 0.42 : 0.07	
db66b	42°48′46″	126°21′59″	P 凝龙岩	10	46/7	226/83	136/0	0.75 : 0.75 : 0.05	
db67b	42°40′30″	126°20′34″	K_1h 砂岩	7	151/75	38/6	307/13	0.97 : 0.34 : 0.07	
db68a	42°38′7″	126°16′31″	K_1h 砂岩	25	55/22	184/57	316/23	0.96 : 0.52 : 0.07	
db72c	42°40′50″	126°00′6″	K_1s 安山岩	10	54/2	165/85	323/5	0.82 : 0.67 : 0.06	

注：表注同表 4.6。

表 4.9 S-N 挤压应力场的滑动矢量数据及主应力轴方向

点号	纬度（N）	经度（E）	岩性	矢量数	σ_1 (az/pl)	σ_2 (az/pl)	σ_3 (az/pl)	$\sigma_1:\sigma_2:\sigma_3$	构造特征
dm08	42°19′06″	125°47′33″	J_2 砂岩	5	19/25	118/22	247/57	1 : 0.35 : 0.07	
dm13	42°18′35″	125°16′50″	T 花岗岩	9	19/23	113/11	227/64	1.07 : 0.18 : 0.08	
dm29	42°48′08″	125°15′05″	J_1 安山岩	4	357/23	192/66	89/6	0.97 : 0.34 : 0.07	
dm33	42°07′23″	124°57′54″	Ar	4	8/2	98/15	270/75	0.72 : 0.72 : 0.05	
dm34	42°05′14″	124°49′35″	Ar	17	180/23	80/22	311/57	0.99 : 0.35 : 0.07	
dm57	42°17′41″	125°39′35″	J_2 砂岩	15	355/7	262/25	100/64	0.83 : 0.6 : 0.06	
dm68	42°53′00″	126°08′29″	C 灰岩	8	355/3	97/80	265/10	0.99 : 0.16 : 0.07	
dm69	42°50′33″	126°21′26″	T 花岗岩	6	8/3	256/85	95/5	0.85 : 0.53 : 0.06	
dm74	42°54′18″	127°20′27″	Ar	8	350/2	83/55	259/35	0.93 : 0.41 : 0.07	S–N 向挤压
dm76	42°59′30″	127°11′29″	Ar	13	350/4	80/2	215/87	0.92 : 0.41 : 0.07	E–W 向拉抻
dm82	43°00′40″	126°42′24″	T 花岗岩	8	351/13	86/23	235/63	1.02 : 0.07 : 0.07	
dm83	43°07′50″	126°35′49″	T 花岗岩	4	350/5	257/60	81/30	0.77 : 0.7 : 0.06	
dm132	42°25′24″	124°47′57″	Ar	3	180/25	320/61	83/17	0.86 : 0.54 : 0.06	
dm133	42°26′37″	124°42′48″	Ar	11	196/23	31/66	288/6	0.83 : 0.6 : 0.06	
dm142	42°23′56″	124°16′29″	Ar	7	8/5	276/35	100/55	0.93 : 0.41 : 0.07	
dm144	42°23′29″	124°14′48″	Ar	4	180/28	40/61	277/17	0.97 : 0.34 : 0.07	
dm146	42°22′28″	124°19′40″	Ar	6	2/2	93/12	263/78	0.81 : 0.59 : 0.06	
dm147	42°22′03″	124°17′46″	Ar	7	355/2	262/60	86/30	0.95 : 0.33 : 0.07	

注：表注同表 4.6。

（1）影响古近纪的应力场：桦甸盆地内（Eh）。桦甸组主要分布在盆地东北段桦甸市附近的，地层总体产状平缓。NE-SW 挤压应力场在及更老地层中主要表现为一系列 NW 走向低角度逆冲断层和近 SN 走向高角度共轭平移断层。收集桦甸盆地内 E 及更老地层内 19 个地质点断层滑动矢量数据。反演的古构造应力个应力场最大主应力场轴平均方向为 46°∠7°，中间主应力轴和最小应力轴接近水平或垂直（图 4.60）。可能反映了印度-亚洲板块陆-陆碰撞远程效应对东北地块较弱的影响。这种远程效应在中国大陆中新生代盆地内广泛存在。Li 等（2012）认为江汉盆地早新生代地层，也受到了该期应力场的影响。

（2）影响晚白垩世的应力场：NW-SE 向挤压应力场影响的最新地层为晚白垩世龙井组（K_2l）。K_2 在盆地内出露面积较小，仅在盆地东北段红石镇一带有出露，地层发生了明显褶皱变形，皱褶枢纽走向 NE，反映了 NW-SE 向挤压。该期应力作用在 K_2 和及更老地层主要表现为一系列高角度逆冲断层及共轭平移断层，逆冲断层具有继承老断层再活化的特性，具有较陡的特性。收集 K_2 及更老地层内 24 个地质点断层滑动矢量数据，分析得出最大主应力轴平均产状为 316°∠8°，中间主应力轴和最小主应力轴产状近垂直或水平（图 4.61）。这可能反映了 K_2 时期，盆地受到了一期较强的 NW-SE 向挤压运动，导致 K_2 的大量剥蚀，盆地内花岗岩的抬升剥蚀出露，以及 K_1 与 E 之间不整合面的形成（K）。同时在盆地北西边界以及盆地内岩体与 K_1 地层间形成明显的推覆构造。

（3）影响早白垩世的应力场：NW-SE 向引张应力场影响的最新地层为早白垩世（K_1）。K_1 在盆地内出面面积大，是盆地的主要组成部分。该期应力作用在 K_1 和及更老地层主要表现为一系列 NE 走向的正断层和少量平移断层。正断层的组合往往在盆地内形成小型地堑式构造。收集 K_1 和及更老地层内 22 个地质点的断层滑动矢量数据，反演的古应力场最小主应力轴平均产状为 318°∠11°，中间主应力轴和最小主应力轴产状近垂直或水平（图 4.62）。

（4）白垩纪以前的应力场：SN 向挤压应力场影响的最新地层为 J_1—J_2e。此期应力作用在桦甸盆地外侧的前白垩地层内普遍发育，而在盆地内部发育。应力场作用主要表现为一系列高角度 NE 走向平移断层或 NE 走向和 NW 走向的共轭平移断层。收集 18 个地质点断层滑动矢量数据，反演的最大主应力轴产状为 1°∠12°，中间主应力近直立，最小主应力轴近水平。这期应力场最可能对应了中—晚侏罗世中国东部最强的构造挤压事件。在这期挤压作用下，密山-敦化断裂发育大规模左行平移运动，同时其派生了具有引张性的柳河-磐石断裂。柳河-磐石断裂与敦密断裂公共构造了一个统一的应力系统（图 4.63），揭示了统一的动力学背景（郝建民等，1992）。

3. 讨论与构造意义

（1）应力场可能的时代关系。

由于缺少岩浆年代学约束，本书探讨桦甸盆地内应力场期次主要是通过地层剥皮法及断层间切割关系来逐步确定。所谓地层剥皮发是指，构造应力场只会影响较之更早的地层，而对之后的地层则不会有影响。因此在反演古应力场时，往往从最新的地层开始，逐步往老的地层里研究。如果在老的地层里反演出的古应力场在新地层里没有体现，则说明该期应力场至少是在新地层之前（Zhang et al.，2003）。

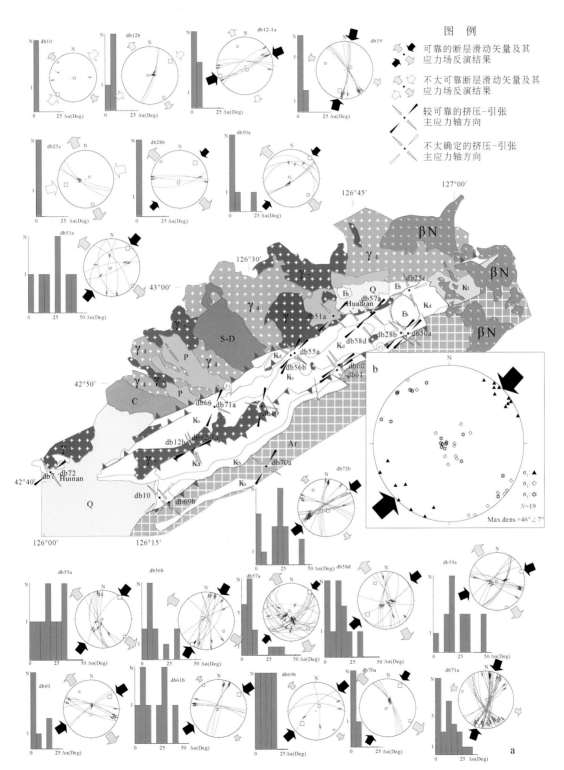

图 4.60 NE-SW 向挤压应力场反演图

图例同图 4.55 （a）和（b）主应力轴方向统计图

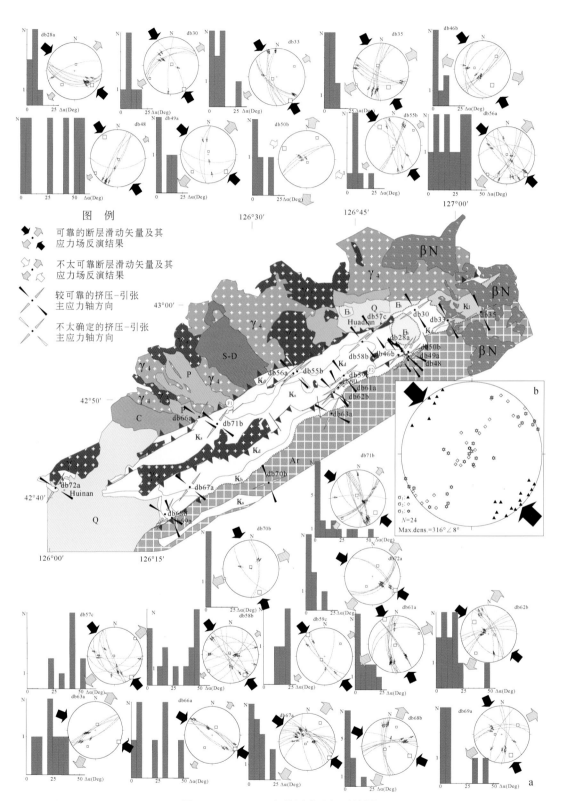

图 4.61 NW-SE 向挤压应力场反演图

图例同图 4.55 (a) 和 (b) 主应力轴方向统计图

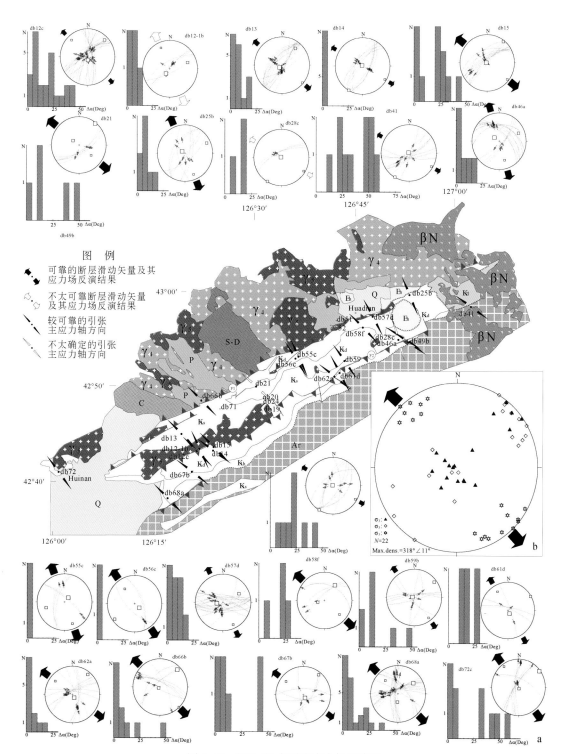

图 4.62 NW-SE 向引张应力场反演图

图例同图 4.55 (a) 和 (b) 主应力轴方向统计图

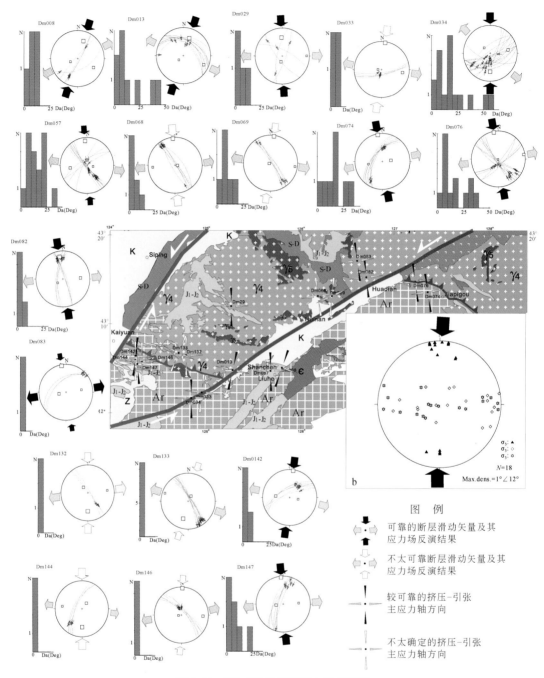

图 4.63 NE-SW 向挤压应力场反演图

图例同图 4.55（a）和（b）主应力轴方向统计图

　　盆地内 NE-SW 向挤压应力场影响的最新地层为在桦甸市北东大勃吉附近古近系桦甸组，因此，该期应力场应该是发育在古近纪之后。这期应力场在中国中部盆地内也有体现（刘景彦等，2009；Li *et al.*，2012）。断层切割关系显示，其形成时间晚于 NE-SW 向挤压

[图4.64（e）]。NW-SE向挤压应力场影响的最新地层为桦甸盆地东北侧红石镇附近的K_2龙井组，使K_2发生明显褶皱变形，而E并未受此应力场作用，地层普遍较平缓，由此推测该期应力作用时间应为晚白垩世时期（孙平昌等，2011，2012）。在此应力作用下盆地内早期断层活化，发生逆冲推覆运动，导致地层抬升剥蚀，盆地内下伏花岗岩出露地表，盆地内大量K_2剥蚀，留下了面积较大的K_1，并使得K_1和E之间形成明显的角度不整合（图4.57）。不整合面上部为Eh下部含黄铁矿矿段，黄铁矿风化后成赤红色，为典型的标志层，地层产状为$60°\angle7°$，下部为灰白色K_1d砂岩。断层切割关明该期应力作用时间应早于NE-SW向挤压，而晚于NW-SE向引张（图4.64）。

NW-SE向引张应力场作用的最新地层为K_1，K_2未受此影响，说明该期古应力作用发生时间应为早白垩世。在此张构造应力作用下，在此引张应力作用下，盆地发生拉长，大量白垩纪安山岩喷出（K_1s）。断层切割关系显示，该期应力场早于NW-SE向挤压[图4.64（a）~（d）]。

SN挤压应力场作用的最新地层为$J_1—J_2e$，而对盆地内K_1并未受此影响，由此推测此应力作用时间为中侏罗世—早白垩世。中国东部普遍缺失J_3，说明此时中国东部地区受到强烈的挤压抬升而缺失沉积。此SN向挤压应力作用，很可能对应了J_3这次构造事件，因此推测其作用时间可能为晚侏罗世。

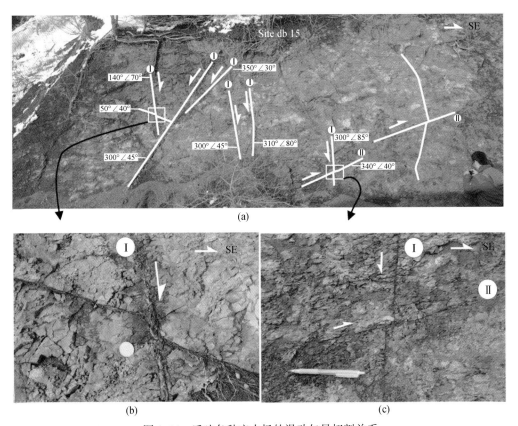

图4.64 反映各种应力场的滑动矢量切割关系

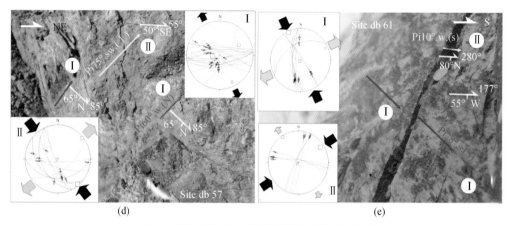

图 4.64 反映各种应力场的滑动矢量切割关系（续）

（a）~（c）位于点 db15 ［位置见图 4.55（a）］；（d）位于桦甸盆地东侧 db57；（e）位于桦甸盆地东南侧 db61

（2）晚中生代—早新生代桦甸盆地构造演化。

从盆地的形成之间的构造背景到盆地形成后得演化总体可以分为四个阶段 ［图 4.65 （a）~（d）］。SN 向挤压应力场作用对盆地内白垩纪地层没有影响，对盆地外作业的最新地层为 J_1—J_2e 推测盆地形成时间在中侏罗世之后。晚侏罗世时期，受燕山运动影响，中国东部地区普遍抬升剥蚀，不利于盆地的形成（董树文等，2000，2007，2008）。早白垩世 NW-SE 向引张构造应力场作用，沿着两条敦密断裂分支，桦甸盆地区域开始裂开，伴随大量岩浆活动，盆地内发育大量 K_1s 安山岩，可能对应了盆地的初始形成时间。同时，盆地内 K_1 内发育 NE 走向的正断层和 NNW 和 NWW 向的共轭平移断层，错开了先期断层系统。晚白垩世强烈的 NW-SE 向挤压作用下，盆地内白垩纪地层发生了褶皱变形并沿着先期断层发生逆冲推覆作用，K_2 大量剥蚀，导致盆地内下伏花岗岩的剥蚀出露以及 K_1 和 Eh 之间不整合面的形成。古近纪的 NE-SW 向挤压作用，对盆地的影响相对较弱，E 并未发生明显褶皱变形。受太平洋板块俯冲影响，此时期，盆地内倾入大量新生代橄榄玄武岩。

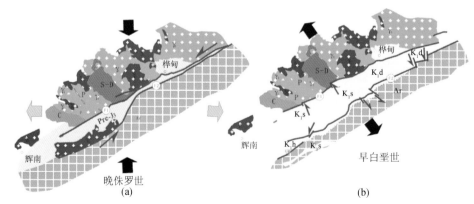

图 4.65 桦甸盆地的构造演化阶段

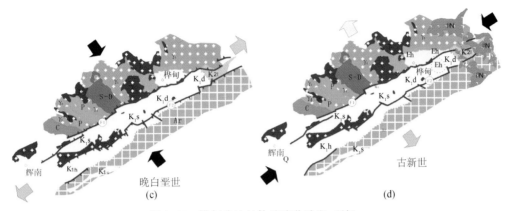

图 4.65　桦甸盆地的构造演化阶段（续）

（3）地球动力学意义。

燕山运动对中国东部造成了广泛的影响，这是一个普遍认识（Li and Li，2007；Lin W. *et al.*，2008；张岳桥等，2009）。但其作用时间认识并未统一，有的学者认为这次运动发生在中—晚侏罗世到晚白垩世（Yan D. P. *et al.*，2003），有的学者认为发生在二叠纪到早侏罗世（Li and Li，2007），还有的学者认为发生在认为发生在晚侏罗世到早白垩世（Lin W. *et al.*，2008），也有学者认为发生在中—晚侏罗世（张岳桥等，2009，2012；Shu *et al.*，2009）。董树文等（2000，2007，2008）认为发生在中—晚侏罗世的燕山运动是一个多板块向东亚汇聚的动力学过程，即北侧的西伯利亚板块，东部的太平洋板块，南西的印度板块在中—晚侏罗世都向亚洲东部俯冲或碰撞。西伯利亚板块与华北板块在二叠纪—三叠纪沿着索伦–西拉木伦一带发生碰撞缝合（Li *et al.*，2006；Zhou *et al.*，2013），而古亚洲洋东侧残留部分蒙古–鄂霍次克洋还没有完全消亡，仍处在俯冲阶段，晚侏罗世可能达到高峰期（董树文等，2000，2007，2008）。晚侏罗世蒙古–鄂霍次克洋往东北地块的俯冲方向大致由北往南，并发生顺时针旋转（Schettino and Scotese，2005），由此对东北地块产生强烈由北往南的构造压扭作用。同时，古太平洋板块在在晚侏罗世时期向东亚地区发生强烈俯冲（Van der Voo *et al.*，1999；Richards，1999）。二者联合作用下，中国东北前白垩纪地层内普遍记录一期晚侏罗世 SN 向挤压应力场。

中国东部地区在在经历了中—晚侏罗世燕山运动强烈的构造挤压作用后，随之在白垩纪发生构造反转，发生一期强烈 NW–SE 向构造引张作用，在此引张动力学背景下，亚洲东部普遍发育早白垩世盆地，如日本海，渤海盆地、江汉盆地和沅麻盆地，以及大量的岩浆岩省（图 4.66；Faure *et al.*，1996；Li，2000；Lin *et al.*，2000；Zhou and Li，2000；Shu L. S. *et al.*，2007，2009）。受此区域动力背景影响，早白垩世桦甸地区处于弧后后拉张区域，早期的郯庐平移断裂系转化为裂谷系，沿敦密山断裂形成一系列地堑式断陷盆地（葛肖虹，1990）。桦甸盆地在此动力背景下初步形成的。

晚白垩世，西太平洋以 45 km/Ma 的速度再次往欧亚大陆俯冲，俯冲方向为 NW–SE，具体时间约 70 Ma B. P.（Zhu，2010），为晚白垩世末期，同时北侧的蒙古–鄂霍次克洋最终在晚白垩世期向 SE 俯冲关闭（Zorin，1999；Davis et al.，2001；莫申国等，2005）。二者的联合俯冲作用对东北地块产生了强烈影响，白垩纪地层发生明显的构造挤压皱褶变形，区域上形成一期 NW-SE 向挤压应力场。

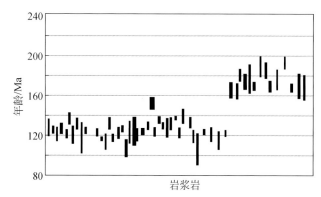

图 4.66 东北地块中生代岩浆岩年龄分布（据吴福元等，2004）

晚古近纪印度板块向欧亚板块的俯冲碰撞（Yin，2010），对整个亚洲大陆都产生了远程效应，普遍发生了 NE-SW 向挤压变形。中国东部地区许多盆地受此作用的远程影响，古近纪及更老地层内记录了一期 NE-SW 向挤压构造应力场（Li J. H. *et al.*，2012）。桦甸盆地内反演的 NE-SW 向挤压应力场，很可能对应了印度-亚洲板块碰撞作用的远程效应。

通过统计中国东北桦甸盆地及周边内不同时代地层的内断层滑动矢量，从晚中生代到早新生代一共反演出四期古构造应力场。晚侏罗世的 SN 向挤压、早白垩世的 NW-SE 向引张、晚白垩世时期的 NW-SE 向引张以及 E 时期的 NE-SW 向挤压应力作用。其中晚中生代应力作用主要受古太平洋板块和西伯利亚板块影响，而早新生代应力作用可能与印度板块与欧亚大陆碰撞的远程效应有关。

第六节　高温高压实验及其对东北深部过程的制约

东北的地幔与岩石圈结构和地壳的盆山构造受控于西太平洋俯冲带的深部过程，在未提到以方辉橄榄高温高压相变实现，模拟俯冲板块水平层状滞留板块产生的速度异常，以及所代表的地球动力学过程。

一、实验样品装置及压力标定

本次实验主要使用了三套样品装置：18/12、10/5 和 8/3 装置，此处 18（或 10 或 8）表示八面体传压介质的边长为 18 mm，12（或 5 或 3）表示碳化钨立方体截角的边长为 12 mm。18/12 装置常用氧化镁八面体作为传压介质，可实现的最高压力约为 8 GPa，若用石墨作为加热元件，则最高温度可达 2000℃左右。10/5 装置常用尖晶石八面体作为传压介质，可实现的最高压力约为 20 GPa，由于在高压下石墨会相变为金刚石，因此该装置中常用金属铼作为加热元件，金属铼的外围常放置铬酸镧或氧化锆套管以防热量散失，样品两侧放置氧化镁柱或氧化锆柱作为压力介质。8/3 装置同样使用尖晶石八面体作为传压介质，可实现的最高压力约为 25 GPa，该装置和 10/5 装置一样使用金属铼和铬酸镧（或氧化锆）套管分别作为加热和绝热材料，不同的是样品两侧均使用氧化铝柱作为压力介质。不同的装置样品大小不一，18/12 和 10/5 装置的样品套直径为 2.0 mm，8/3 装置的样品套直径为 1.15 mm。不同的装置温度梯度一般不同，若假定温度变化不超过 25 ℃ 为恒温区，则 18/12 装置的恒温区约为 2.5 mm，10/5 装置的恒温区约为 1.5 mm，8/3 装置的恒温区约为 0.8 ~ 1.0 mm。为了能够获得高质量的实验结果，样品长度一般不超过 1.5 ~ 2.5 mm。

18/12 装置压力标定：对于多面砧压机，常用的压力标定方法主要有两种：利用特定物质的状态方程通过原位 X 光实验进行压力标定，通过某些矿物或金属材料的相变或物性变化进行压力标定。相比较而言，前一种压力标定方法的精度较高，但是需要和同步辐射相结合，因此后一种方法在多面砧压机中应用更加广泛。对于 18/12 装置，采用金属铋（Bi）在 2.55 GPa（Bi I–II）和 7.7 GPa（Bi III–V）的结构相变（Yoneda and Endo，1980）进行室温压力标定。图 4.67 为室温压力标定的样品装置示意图以及金属 Bi 的电阻随压力的变化曲线，由图可见 Bi 的电阻随着负载的增加而降低，且在 A、B 两点存在电阻的突变，电阻变化量（$\Delta R/R$）分别约为 0.6% 和 0.12%，其比例为 1：0.2。通过与前人的实验结果相对比，可知金属铋在 A、B 点的电阻变化是由 Bi I–II 和 Bi III–V 引起的，据此可推断相应负载所对应的压力。

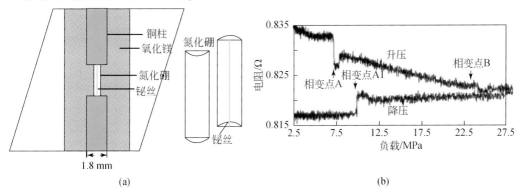

图 4.67　18/12 装置室温压力标定装置示意图（a）以及记录到的金属铋的电阻随负载的变化曲线（b）

高温条件下采用石英–柯石英在 3.2 GPa 和 1200℃ 的相变（Bose and Ganguly，1995）进行标定，图 4.68（a）表示实验产物的拉曼光谱鉴定结果，据此可知，1200℃ 条件下石英向柯石英转变的压力在 8.3 ~ 8.9 MPa（120 ~ 130 t）。将室温和高温压力标定结果相结合，可以得到如图 4.68（b）所示的压力标定曲线。由图可见，高温标定点与室温标定曲线基本吻合，这意味着在低压条件下由温度引起的压力松弛效应较小。压力标定结果的精度较难估计，一般低压下的标定结果相对准确一些，尤其是在压力标定点附近；本次压力标定结果的精度约为 ±0.1 ~ ±0.5 GPa。

10/5 和 8/3 装置压力标定：对于 10/5 和 8/3 装置，采用硅酸盐 $MgSiO_3$，$(Mg, Fe)_2SiO_4$ 和 SiO_2 在高温高压下的相变进行压力标定。采用拉曼光谱和扫面电镜对回收的样品进行鉴定和显微结构分析。实验产物瓦兹利石的拉曼光谱主峰为 923 cm^{-1} 和 726 cm^{-1}；林伍德石

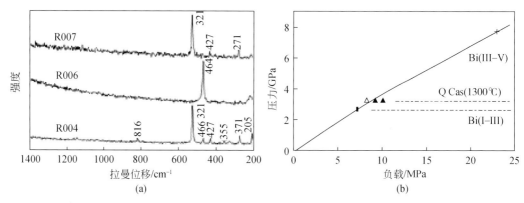

图 4.68　石英、柯石英拉曼光谱鉴定结果（a）及 18/12 装置压力标定曲线（b）

和秋本石均在 802 cm^{-1} 位置具有拉曼主峰，但除此之外林伍德石还有 838 cm^{-1} 位置的主峰，秋本石在 483 cm^{-1}，622 cm^{-1} 和 682 cm^{-1} 位置也存在一些较弱的峰，这些谱峰可以用来区分林伍德石和秋本石；钙钛矿的拉曼主峰为 378 cm^{-1} 和 495～497 cm^{-1}，除此之外在 250～251 cm^{-1} 和 279～280 cm^{-1} 位置观测到两个较弱的谱峰。图 4.69 为典型实验产物的背散射照片，部分实验矿物中三联点结构发育完好，可见实验结果已经基本达到平衡。

　　本次研究使用如下相变点对 10/5 和 8/3 装置进行压力标定：柯石英–斯石英（无定型 SiO$_2$）：9.2 GPa、1200℃（Zhang et al.，1996），橄榄石–瓦兹利石（Mg$_2$SiO$_4$）：14.6 GPa、1400℃（Katsura and Ito，1989；Fei and Bertka，1999；Katsura et al.，2004），瓦兹利石–林伍德石（Mg$_2$SiO$_4$）：20 GPa、1400℃（Katsura and Ito，1989；Suzuki et al.，2000），瓦兹利石–林伍德石（Mg$_2$SiO$_4$）：21.3 GPa、1600℃（Suzuki et al.，2000），秋本石–钙钛矿（MgSiO$_3$）：22.3 GPa、1600℃（Hirose et al.，2001；Fei et al.，2004），林伍德石–钙钛矿+方镁石（Mg$_2$SiO$_4$）：23.1 GPa、1600℃（Fei et al.，2004）。图 4.70 表示对 10/5 和 8/3 装置的压力标定结果，由图可见不同温度之间的标定结果基本吻合，这表明在本次实验的温度变化范围内，由温度引起的压力松弛效应不明显。对于 10/5 和 8/3 装置，本次压力标定的误差分别约为±0.3 GPa 和±0.5 GPa。

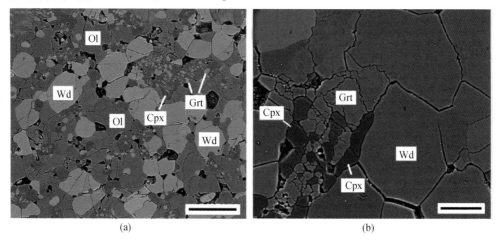

图 4.69　俯冲方辉橄榄岩在地幔转换带中的矿物组合

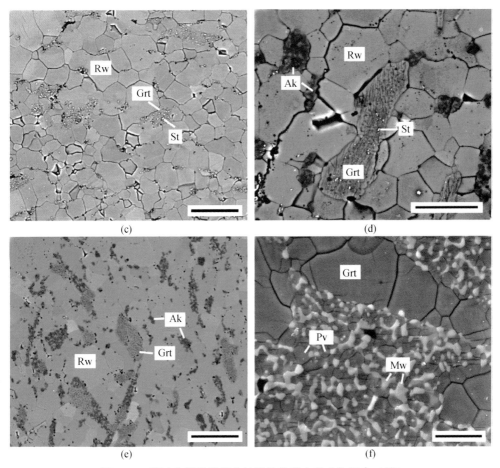

图 4.69 俯冲方辉橄榄岩在地幔转换带中的矿物组合（续）

（a）～（f）压力分别为 14.1 GPa、16.1 GPa、20 GPa、22 GPa、23 GPa、24.2 GPa。矿物代号：Ol. 橄榄石；Wd. 瓦兹利石；Rw. 林伍德石；Cpx. 单斜辉石；Grt. 石榴子石；St. 斯石英；Ak. 钛铁矿结构的（Mg，Fe）SiO_3；Pv. 钙钛矿结构的（Mg，Fe）SiO_3；Mw. 铁方镁石

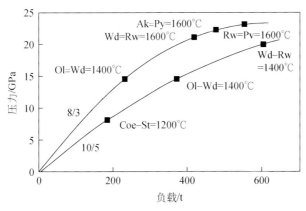

图 4.70 10/5 和 8/3 装置压力标定曲线

二、俯冲方辉橄榄岩高温高压相变

对方辉橄榄岩的高温高压相变实验研究，初步确定了方辉橄榄岩在地幔转换带条件下的矿物组成，在此基础上，初步建立了俯冲方辉橄榄岩的密度和速度剖面（图 4.71）。1400℃时：在约 14～16 GPa 条件下，方辉橄榄岩的主要矿物组成为瓦兹利石、石榴子石和高压单斜辉石，其中石榴子石的含量随着压力的升高而增加，高压单斜辉石的含量随着压力的升高而减少；至约 19 GPa 时，高压单斜辉石消失，石榴子石的含量达到最多；随着压力的继续升高（～20 GPa），瓦兹利石相变为林伍德石，部分石榴子石相变为斯石英+林伍德石，这导致林伍德石含量增加和石榴子石含量的减少；在 22 GPa 时，斯石英与林伍德石反应生成秋本石，造成林伍德石含量的减少和石榴子石含量的增加；随着压力的升高，秋本石的含量逐渐减少，在约 24 GPa 时，剩余的秋本石相变为钙钛矿，林伍德石也分解为富镁钙钛矿和铁方镁石，部分石榴子石也逐渐相变为钙钛矿。1200℃时：在 18～20 GPa 条件下，方辉橄榄岩主要由林伍德石、斯石英和石榴子石组成，且斯石英和石榴子石密切共生；当压力升高至 22 GPa 时，部分斯石英和林伍德石反应生成秋本石，但仍有部分斯石英和石榴子石共生；在约 24 GPa 时，秋本石消失，林伍德石开始分解为钙钛矿和铁方镁石。

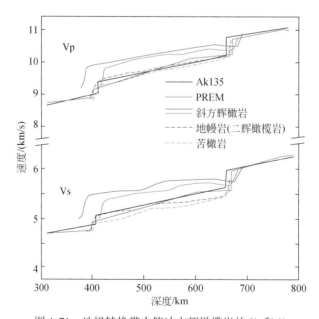

图 4.71　地幔转换带中俯冲方辉橄榄岩的 V_p 和 V_s

与理论地幔岩（pyrolite）和苦橄岩（piclogite）比较，方辉橄榄岩具有最高的 V_p 和 V_s

在高温高压相变实验的基础上，我们利用三阶 Birch-Murnaghan 状态方程计算了方辉橄榄岩沿典型俯冲带地温曲线的密度剖面。结果表明，在约 420～650 km 深度范围内，俯冲方辉橄榄岩的密度比正常地幔岩的密度要高约 0.1 g/cm^3；在约 650～680 km 深度范围内，方辉橄榄岩的密度约比周围地幔低 0.2 g/cm³，这意味着密度是大洋板块深俯冲的重要驱动力；在地幔转换带底部，由于方辉橄榄岩温度较低，后尖晶石相变的压力偏高，导致方辉橄榄岩的密度低于周围地幔岩，这为俯冲板块在转换带中的滞留提供了浮力作用；方辉橄榄岩在转换带底部所受浮力随着滞留板块厚度的增加而减小，当方辉橄榄岩层的厚度达到一定程度时（大于 ~70~80 km），浮力逐渐小于重力，此时方辉橄榄岩将在自身重力的拖动下进入下地幔。

我们利用 Voigt-Reuss-Hill（V-R-H）公式计算了方辉橄榄岩沿典型俯冲带地温曲线的速度剖面。结果表明，在地幔转换带中俯冲方辉橄榄岩的速度比正常地幔岩高。在转换带上部，方辉橄榄岩 P 波速度约比地幔岩（二辉橄榄岩）高 5%~6%，S 波速度比地幔岩（二辉橄榄岩）高 6%~8%；在转换带下部，方辉橄榄岩 P 波速度比地震学模型高约 3%~4%，S 波速度比地震学模型高约 4%~5%；这意味着俯冲方辉橄榄岩是地幔深部高速异常的重要来源。结果还表明，方辉橄榄岩相变难以在转换带下部形成地震波速度不连续面，这意味着转换带下部与俯冲板块相关的复杂地震波不连续面（如中国东北地区地幔转换带）可能并非是方辉橄榄岩相变造成的。

三、滞留板块的速度和密度特征

我们主要考虑两种类型的滞留板块，一种是水平层状滞留板块模型，另一种是弯曲波浪形的滞留板块模型，在这两种模型中滞留板块的水平长度均为 1500 km，这与最近地震波层析成像的结果是一致的（Huang and Zhao, 2006; Li and van der Hilst, 2010）。我们利用有限差分热传导算法 TEMSPOL 计算俯冲板块的温度模型（Negredo et al., 2004），由于该程序只适用于正在俯冲的板块，为了研究滞留板块部分的温度特征，Bina 和 Kawakatsu（2010）对该程序进行了一定的改进；但改进后的程序只能用来计算水平层状滞留板块的温度分布，为了研究弯曲波浪形滞留板块的温度，我们对该成程序进行了进一步的改进，改进后的程序不仅适用于水平层状滞留板块模型，还可以计算不同周期波浪形滞留板块的温度。

模型 I 为水平层状滞留板块模型如图 4.72（a）所示，白色方框表示滞留板块的位置。在该模型中，假定俯冲板块在进入地幔转换带后发生弯曲变形，并沿着 660 km 地震不连续面水平横向延伸约 1500 km，这与 Bina 和 Kawakatsu（2010）所用的模型相似，但滞留板块的横向延伸距离较大。考虑到板块俯冲过程中剪切变形对其厚度的影响，假定滞留板块的厚度为 120 km，上覆玄武质洋壳 15 km，中间方辉橄榄岩层厚度为 60 km，下伏亏损二辉橄榄岩厚度为 45 km。为了使计算结果能够表示中国东部转换带滞留板块的温度结构，在计算该模型温度的过程中，我们使用了中国东部西太平洋俯冲板块的相关参数：假定俯冲岩石圈的年龄为 130 Ma，平均俯冲速率保持 8.5 cm/a 不变（Zang et al., 2002; Miller et al., 2006），平均板块俯冲角度为 35°（Chen D. F. et al., 2004），平均热导率为 3.2 W/(m·K)。最终计算结果如图 4.72（a）所示。

模型 II 为弯曲波浪形滞留板块模型，如图 4.72（b）所示，图中白色波浪形框表示滞留板块的位置。目前已有越来越多的证据表明，由于俯冲板块和周围地幔之间的强度差异

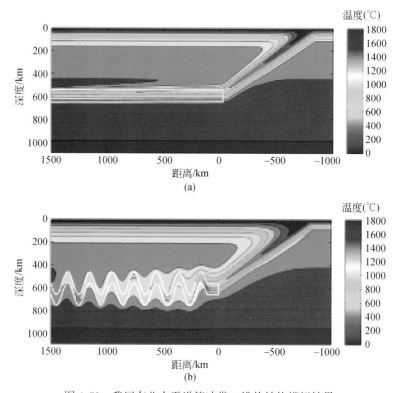

图 4.72　我国东北太平洋俯冲带二维热结构模拟结果

（a）俯冲板块呈水平板状插入转换带中；（b）考虑滞留板块变形后的热结构模型。数值模拟过程中均假设俯冲板块
由上部厚 45 km 的方辉橄榄岩和下部厚 50 km 的亏损二辉橄榄岩层组成，俯冲角度为 35°，俯冲速度 8.5 cm/a；年龄
130 Ma，热导率取常数为 4 W/(m·K)

以及俯冲板块后退（"trench retreat"或"trench backward migrate"）等因素的影响，进入
地幔深部的俯冲板块可以发生弯曲变形，并呈近似性波浪形变化（Christensen，2001；
Schmid et al.，2002；Ribe et al.，2007；Yoshioka and Naganoda，2010；Lee and King，2011；
Li and Ribe，2012）。为了使计算过程简化，假定滞留板块的形态以正弦函数规律变化，
通过调节正弦函数的周期和振幅，即可研究不同形状滞留板块模型的温度分布。最近的研
究表明，只有当俯冲板块的形态随时间以近似正弦规律变化时，才能更加合理的解释众多
与俯冲板块相关的地质和地球物理观测结果（Lee and King，2011），因此可以认为简化的
滞留板块模型是合理的。在构建模型的过程中，假定滞留板块最初的 100 km 依然保持水
平状态，接着按照周期为 200 km、振幅为 100 km 的正弦规律变化。该模型厚度为 95 km，
上部方辉橄榄岩层厚度为 45 km，下伏亏损二辉橄榄岩层厚 50 km。考虑到当俯冲板块进
入地幔转换带底部时，由于洋壳物质和周围地幔之间存在流变学强度的差异，俯冲板块小
尺度的弯曲变形将导致上覆洋壳物质和下伏方辉橄榄岩层发生分离（Karato，1997）；最
近针对具有 MORB 成分的石榴子石的超声波速度测量实验也表明，在地幔转换带中很可能
不存在滞留的洋壳物质（Kono et al.，2012），因此在该模型中我们假定滞留板块仅由方辉
橄榄岩和二辉橄榄岩组成。在计算该模型温度分布的过程中，使用了与模型 I 一致的参

数，包括俯冲角度为 35°，俯冲速率为 8.5 cm/a，俯冲岩石圈年龄为 130 Ma，热导率为 4 W/(m·K)。最终计算结果如图 4.72 (b) 所示。

在二维俯冲板块热动力学模型的基础上，将方辉橄榄岩高温高压相变实验结果和矿物物理参数相结合，建立了中国东部地幔转换带滞留板块的矿物物理模型。①滞留板块的矿物学模型表明，在水平层状模型中（模型Ⅰ），滞留板块的主要矿物组成为林伍德石、斯石英、石榴子石。波浪形滞留板块模型（模型Ⅱ）相对复杂一些，在转换带上部主要有瓦兹利石、石榴子石和高压单斜辉石组成，在转换带底部主要由伍德石、斯石英、石榴子石和部分秋本石组成。②密度模型结果表明，在模型Ⅰ中，玄武质洋壳的密度比周围地幔高约 5% ~ 8%，方辉橄榄岩由于具有较低的温度，因此其密度比正常地幔高约 1% ~ 3%，而下部二辉橄榄岩层的密度仅比正常地幔高约 0 ~ 1%。对于模型Ⅱ，在转换带中上部，滞留板块的密度比正常地幔高约 4% ~ 6%，这主要是由于方辉橄榄岩中含有较多的瓦兹利石，在转换带底部，由于方辉橄榄岩具有较低的温度以及较高的林伍德石含量，因此其密度比正常地幔高约 0% ~ 2%。③速度模型结果表明，在模型Ⅰ中，玄武质洋壳的 P 和 S 波速度比正常地幔岩低约 2% ~ 3%，中部方辉橄榄岩的 P 和 S 波速度分别比正常地幔岩高约 3% ~ 5% 和 4.5% ~ 7.5%，这主要是因为方辉橄榄岩的温度相对较低，且含有较多的林伍德石以及部分斯石英。在模型Ⅱ中，方辉橄榄岩部分 P 和 S 波速度分别比正常地幔高约 2% ~ 3.5% 和 3% ~ 5%，二辉橄榄岩的速度和密度和周围地幔比较接近。

为了把根据矿物物理模型计算的结果和地震波层析结果相对比，我们分别对模型Ⅰ和模型Ⅰ中的 P 波速度异常数据进行高斯滤波，以消除高频信号的影响。结果表明，模型Ⅰ中玄武质洋壳产生的低速异常消失，方辉橄榄岩层产生的高速异常约为 1.5% ~ 3.5%，比滤波之前降低至原来的 1/2，但从整体上看，滤波之后的结果依然明显高于地震波层析成像的结果，因此作者认为模型Ⅰ难以代表中国东部地幔转换带滞留板块的真实赋存形态。在模型Ⅱ中，滤波之后由波浪形滞留板块产生的比较尖锐的速度异常特征消失了，P 波异常在整体上也呈近似水平的形态，最大异常值约为 1% ~ 2%（俯冲板块刚进入转换带的部分除外）；与模型Ⅰ相比，模型Ⅱ的 P 波异常幅度大大减小，与中国东部地震波层析成像的最新研究结果十分接近。从整体上看，模型Ⅱ比模型Ⅰ更接近地震波层析成像的结果，这意味着中国东部地幔转换带的滞留板块很可能也经历了一定程度的弯曲变形（图 4.73）。

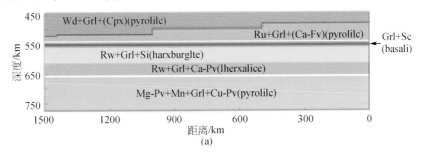

图 4.73　水平层状滞留板块模型（模型Ⅰ）的矿物学模型以及 P、S 波速度异常和密度异常

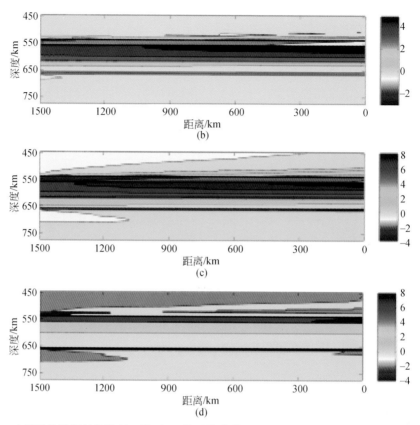

图 4.73 水平层状滞留板块模型（模型 I）的矿物学模型以及 P、S 波速度异常和密度异常（续）
(a) 矿物学模型；(b) P 波速度异常特征；(c) S 波速度异常；(d) 密度异常特征

四、与地震波层析成像结果对比

在矿物物理模型的计算过程中，一般假设所有矿物或岩石均是完全弹性的，忽略了非弹性因素对地震波速度的影响；然而在真实的地球深部，物质非弹性性质对地震波的影响也很重要（Karato，1993），特别是在品质因子 Q 比较低的区域。但以现在的技术手段，要准确确定地球深部的品质因子 Q 是比较困难的，并且在实验室条件下也很难估计非弹性性质对矿物波速的影响。在我们的矿物物理模型中，为了定量估算 Q 对波速异常的影响，作为一级近似，我们采用 Dziewonski 和 Anderson（1981）在地球参考模型中对地球深部 Q 值的计算结果；在地幔转换带条件下，Q 约为 400。若已知地幔深处的温度，则根据 Karato（1993）对 $\partial \ln V_{\mathrm{p}} / \partial T$ 随深度变化的研究结果，可以估算岩石在高温条件下非弹性性质对波速异常（$-\Delta V_{\mathrm{p}} / V_{\mathrm{p}}$）的影响。在矿物物理模型中，若假定滞留板块中的温度约为 1000℃，相同深度条件下正常地幔的温度为 1500℃，则相应的 $-\Delta V_{\mathrm{p}} / V_{\mathrm{p}}$ 分别约为 0.01 ~ 0.02 和 0.01 ~ 0.03。这意味着，在地幔转换带条件下，岩石非弹性性质会使滞留板块和正常地幔的速度分别降低约 1% ~ 2% 和 1% ~ 3%，二者的改变量十分接近。由此可见，

在本研究中 Q 值对速度本身有一定的影响，但是对地震波速度异常的影响则很小（不超过1%），因此在将模型 I 和模型 II 与地震波层析成像结果作对比时，我们忽略了矿物或岩石的非弹性性质对速度异常的影响（图4.74）。

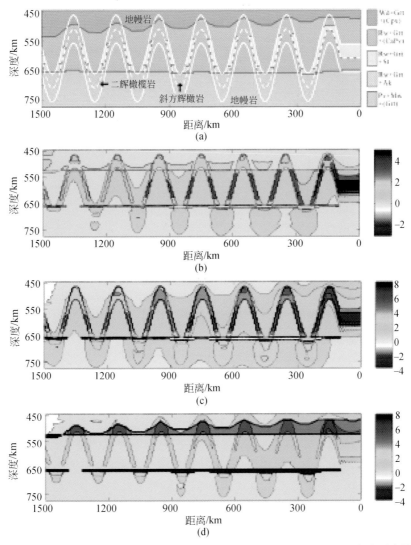

图4.74　弯曲波浪形滞留板块模型（模型 II）的矿物学模型以及速度和密度异常特征
（a）矿物学模型；（b）P波速度异常特征；（c）S波速度异常特征；（d）密度异常特征

目前的地震波层析成像结果主要依据P波的数据。在中国东部地区，层析成像研究表明滞留板块引起的P波速度异常约为1%～2%（Huang and Zhao，2006；Li and van der Hilst，2010；Pei and Chen，2010），这一数值明显低于根据矿物物理数据计算的结果（模型 I 和模型 II），这主要是由以下两点原因导致的：第一，层析成像计算中的"正则化"过程会使速度异常的幅度减小，从而使最终得到的速度异常小于真实值；第二，由于层析成研究中所用的地震波周期较长，分辨率相对较低，这会造成层析成像结果在纵向和横向上存在一定的"平均效应"（相当于进行低通滤波），从而使最终计算结果中难以反映地幔深部的细节特征（相当于高频部分），同时这种"平均效应"还会扩大速度异常区域的范围（包括横向和纵向上）。对于第一种影响因素，目前尚无法在矿物物理模型中予以考虑；但对于第二种影响因素，可以通过对矿物物理模型进行高斯滤波来实现。高斯滤波实际上是基于高斯分布（即正态分布）的一种线性平滑滤波器，主要用来消除高频噪音，即相当于一个低通滤波器，如下所示为二维高斯分布公式：

$$G\ (x,\ y) = \frac{1}{2\pi\sigma^2} e^{-(x^2+y^2)/(2\sigma^2)}$$

式中，x 和 y 表示坐标轴的方向；σ 表示高斯分布的标准差，在二维空间中此公式可以生成一个呈正态分布的曲面。若用此公式对二维矩阵进行平滑处理，则相当于对二者做卷积，每一个新生成的数据点都是其周围若干数据点的加权平均值，距离中心越远，权重越小；距离中心 6σ 之外的数据点，由于权重太小，一般忽略不计，因此 6σ 可近似作为此公式的分辨率。在本研究中，拟使用二维高斯滤波器来模拟地震波层析成像研究中的"平均效应"，从而使矿物物理模型可以直接和层析成像的结果作对比。由于层析成像研究中所使用的地震波数据是多频的，无法具体给出不同位置的数据分辨率；作为近似，在实际操作过程中，假定层析成像结果具有均一的空间分辨率（平均分辨率）。

对于中国东部地区地幔转换带，基于最近的 P 波层析成像研究结果（Li and van der Hilst, 2010），假定横向平均分辨率为 300 km，纵向平均分辨率为 100 km；即在横向上 $6\sigma = 300\ \text{km}$，在纵向上 $6\sigma = 100\ \text{km}$。由于层析成像研究中主要使用 P 波数据，因此在本研究中只对 P 波异常数据进行高斯滤波。图 4.75（a）、（b）分别表示对模型 I 和模型 II 的 P 波异常进行高斯滤波之后的结果。对于模型 I，由图 4.76 可见，经过高斯滤波之后上覆玄武质洋壳产生的低速区域消失了；方辉橄榄岩层产生的高速异常约为 1.5% ~ 3.5%，比滤波之前降低至原来的 1/2，从整体上看，滤波之后的 P 波异常依然明显高于地震波层析成像的结果，因此作者认为模型 I 难以代表中国东部地幔转换带滞留板块的真实赋存形态。对于模型 II，可见滤波之后由波浪形滞留板块产生的比较尖锐的速度异常特征消失了，P 波异常在整体上也呈近似水平的形态，最大异常值约为 1% ~ 2%（俯冲板块刚进入转换带的部分除外）；与模型 I 相比，模型 II 的 P 波异常幅度大大减小，与中国东部地震波层析成像的最新研究结果十分接近（Huang and Zhao, 2006；Li and van der Hilst, 2010）。从整体上看，模型 II 比模型 I 更接近地震波层析成像的结果，这意味着中国东部地幔转换带的滞留板块很可能也经历了一定程度的弯曲变形。

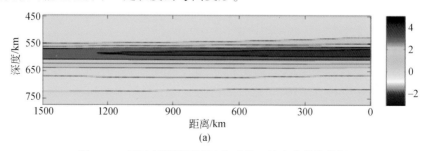

(a)

图 4.75　经过高斯低通滤波之后的 P 波速度异常特征

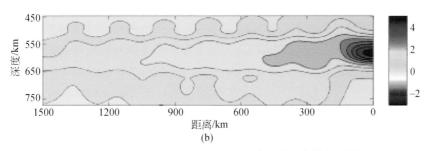

图 4.75　经过高斯低通滤波之后的 P 波速度异常特征（续）

（a）表示模型Ⅰ［图 4.72（b）］经过高斯滤波之后的结果；（b）表示模型Ⅱ［图 4.73（b）］经过高斯滤波之后的结果

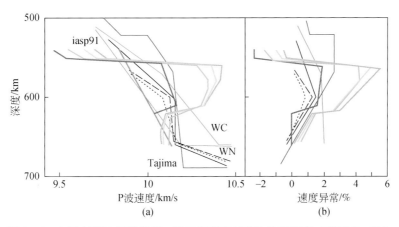

图 4.76　中国东部地幔转换带一维速度剖面与矿物物理模型（模型Ⅰ）对比

（a）表示根据地震波三重震相数据和矿物物理模型（模型Ⅰ）得到的一维速度剖面，粉色区域表示 pyrolite 模型沿正常地温曲线（Katsura et al.，2010）的速度剖面，黄色、绿色和蓝色曲线表示模型Ⅰ中 0 km、750 km 和 1500 km 位置的速度剖面，灰色曲线表示模型Ⅰ与周围地幔达到温度平衡之后的速度剖面，iasp91 表示由地震学方法得到的全球平均速度剖面（Kennett and Engdahl，1991），"Tajima"、"WC" 和 "WN" 表示中国东部地区转换带的速度剖面（Tajima et al.，2009；Wang and Chen，2009；Wang and Niu，2010）；（b）表示与（a）图中相应的 P 波速度异常，其中由地震学方法获得的速度异常是相对于 iasp91 模型，岩石学模型的速度异常是相对于 pyrolite 模型而言。上述各曲线宽度表示矿物物理计算过程中存在的不确定性；低速边界使用了 Irifune 等（2008）对超硅石榴子石弹性参数的研究结果

五、与地震波一维速度剖面对比

分析地震波三重震相数据可以获得一维地震波速度剖面，这种方法的缺点是很难定量约束速度不连续面的深度和幅度的误差（Kennett and Engdahl，1991），这主要是由于不连续面的性质（包括厚度和形态等）和不连续面附近的速度存在一定的耦合导致的；优点是通过分析三重震相数据可以获得速度随深度的变化曲线，特别是对转换带和下地幔顶部区域。

对中国东部地区的研究表明，该地区转换带底部存在高速异常（约 1% ~ 2.5%）；在约 600 km 深度以上，速度异常的梯度为正，约 600 km 以下，速度异常的梯度接近 0 或者为负值；由于这些异常区域靠近西太平洋俯冲带，因此被认为是滞留在转换带中的俯冲大洋板块（Tajima *et al.*，2009；Wang and Chen，2009；Wang and Niu，2010）。图4.76对比了由地震波三重震相数据得到的一维速度剖面和根据矿物物理模型（模型 I）计算的结果（已考虑矿物非弹性性质对波速的影响），可见水平层状滞留板块引起的速度异常明显高于地震波观测的结果，再次表明，水平层状滞留板块模型难以解释中国东部地幔转换带底部的高速异常。另一方面，要研究俯冲板块的弯曲变形对地震波三重震相数据的影响比较困难，也超过了本书的讨论范围，因此我们未把模型 II 中的速度剖面列入图4.76中。一般而言，滞留板块的弯曲会增大速度异常的不确定性并减小最大速度异常值。若地震波信号的波长与弯曲滞留板块的波长相当，或者比滞留板块的波长短时，地震波信号会产生一定程度的"扭曲"，但由于缺乏对滞留板块形态的直接约束资料，因此难以直接对比地震学速度剖面和模型 II 的计算结果。

图4.77表示中国东部地区和伊豆-小笠原（Izu-Bonin）俯冲带地震波射线路径以及相应的速度剖面。由图可见，当地震波射线只经过一个高速异常区时［图4.77（b）］，在计算得到的速度剖面中，速度异常特征比较明显，即在约600 km以上速度梯度较大，在此深度以下，速度梯度较小或接近为0。当地震波射线经过两个独立的高速异常区域时［图4.77（a）］，计算得到的速度异常变的比较宽缓，且最大异常值偏小，在这种情况下地震波三重震相数据更多的是反映整个区域的地震波速度平均值，难以准确反映某一特定地点的速度结构特征。这意味着，若俯冲板块以弯曲的波浪形滞留在转换带底部，则很难用地震波三重震相

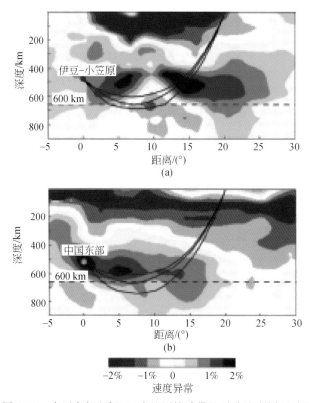

图4.77　中国东部和伊豆-小笠原俯冲带地震波速度剖面对比

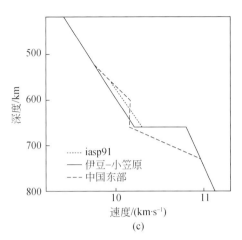

图 4.77 中国东部和伊豆–小笠原俯冲带地震波速度剖面对比（据 Wang and Niu，2010）（续）
（a）和（b）表示两个地区地震波射线路径剖面图；（c）表示根据（a）和（b）中的射线数据获得的一维速度
剖面，其中 iasp91 表示全球平均 P 波速度剖面（据 Kennett and Engdahl，1991）

数据反演地幔转换带的精细结构。虽然根据地震波三重震相数据探索转换带滞留板块的精细结构存在上述不确定性，但这些数据依然可以为我们提供一些有用的信息。例如，中国东部地幔转换带底部存在高波速异常现象，这种现象很难用均一的 pyrolite 模型解释，却与俯冲板块密切相关。

六、初步结论和进一步思考

在高温高压实验和二维俯冲板块热动力学模型的基础上，我们研究了中国东部滞留板块的速度和密度特征。在热动力学模型中，板块俯冲速度和角度对滞留板块的热状态影响较小，因此在构建矿物物理模型的过程中，没有考虑这些因素对滞留板块速度和密度特征的影响。计算结果表明，水平层状滞留板块模型（模型 I）产生的速度异常明显高于地震波层析成像的结果，而简化的波浪形滞留板块（模型 II）产生的速度异常却与地震波层析成像结果一致。对地震三重震相数据的研究结果为我们认识转换带滞留板块模型提供了更多的约束资料，但是目前还很难通过这些数据来约束滞留板块在地幔深部的赋存状态（水平层状还是弯曲波浪形？）。

弯曲波浪形滞留板块模型已经在众多数字模拟和实验室模拟研究中观测到（Christensen，2001；Schmid *et al.*，2002；Bellahsen *et al.*，2005；Ribe *et al.*，2007）。地震波层析成像结果发现滞留板块产生的高速异常可延伸至整个地幔转换带范围内，而数字模拟实验表明，板块在俯冲过程中的"剪切变形"最多只能使俯冲板块的厚度增加两倍左右，这无法解释地震波层析成像中观测到的板块加厚现象（高速异常）；然而，若板块在俯冲的过程中发生了弯曲变形，则在层析成像结果中观测到的高速异常的厚度会大大增加（Ribe *et al.*，2007），这可以很好的解释层析成像观测结果和板块厚度之间的矛盾。最近的模拟研究表明，弯曲波浪形变化的俯冲板块模型可以更好的解释众多与俯冲板块相关的地质和地球物理观测现象，特别是当俯冲板块后退速度较慢和附近黏度变化较大时（Lee and King，2011；Čížková and Bina，2012）。在本书相关项目研究中，我们通过实验和热力学模型相结合的方法为认识地幔转换带滞留板块的赋存形式提供了更多的约束资料。虽然仅分析了两个简化的端元模型的速度和密度分布特征，但我们的计算结果却明确显示水平层状滞留板块模型无法解释中国东部地幔转换带的高速异常，只有当滞留板块发生一定程度的弯曲变形之后，矿物物理模型的预测结果才能和层析成像的观测结果一致，这意味着中国东部地幔转换带的滞留板块必然存在一定程度的弯曲变形。

在研究中我们针对方辉橄榄岩开展了高温高压相变实验研究、矿物物理计算以及超声波速度测量实验，为了解滞留大洋板块的矿物组成和物理性质提供了约束资料；然而板块俯冲是一个极其复杂的地球动力学过程，要想厘清俯冲板块对地幔深部成分和结构的影响尚有许多工作要做。从高温高压实验的角度来看，作者认为如下几个研究方向值得我们进一步思考：

（1）水对方辉橄榄岩相变的影响：水对矿物和岩石的相变有重要的影响（Litasov et al.，2006），目前对于地幔转换带中是否有水尚存在较大争议（Green et al.，2010；Karato，2011）。从当前地球物理的数据来看，转换带中很可能很有一部分水（Karato，2011），俯冲带是把地表水带入地幔深部的一个重要途径。目前对含水体系的相变实验研究主要集中在地幔岩（pyrolite）和玄武岩方面（Litasov et al.，2006），还没有针对含水方辉橄榄岩体系的相变实验研究，由于化学成分和矿物组成的不同，针对地幔岩的实验结果很难直接应用到方辉橄榄岩体系中。因此，开展不同水含量条件下方辉橄榄岩的高温高压相变实验研究是必要的，这对于进一步解俯冲过程中物质和水的循环很有意义。

（2）水对方辉橄榄岩地震波速度的影响：矿物物理实验研究表明，少量的水对矿物的弹性性质和地震波速度特征有重要的影响（Mao et al.，2008a，2008b，2012），若俯冲方辉橄榄岩中含有少量的水，则其地震波速度特征将不同于我们本次实验和计算的结果。因此，研究不同水含量条件下方辉橄榄岩的地震波速度特征，对于进一步认识滞留板块的性质比较有意义；同时，若将这一结果与地球物理数据相结合可以为我们探测地幔转换带中的水含量提供约束资料。

（3）"亚稳态辉石"对方辉橄榄岩密度和速度的影响：矿物相变动力学研究表明，在较低温条件下辉石-石榴子石相变速率很低，即使在板块俯冲的时间范围内该相变也无法完全进行，这导致辉石可以随俯冲板块进入转换带底部（已超出其稳定域，故称"亚稳态辉石"），由于辉石的密度低于石榴子石，因此"亚稳态辉石"的出现对俯冲板块的密度有重要影响，可以为俯冲板块在转换带底部的滞留提供浮力作用（Nishi et al.，2013），然而上述研究主要是针对 MORB 和 pyrolite 中的辉石和石榴子石进行的，目前尚无针对方辉橄榄岩中斜方辉石的实验研究。最近针对（$Mg_{0.82}$，$Fe_{0.16}Al_{0.01}Ca_{0.01}$）$SiO_3$ 斜方辉石的相变研究表明，斜方辉石在室温和高压条件下相变为 γ-斜方辉石而非高压单斜辉石（Dera et al.，未发表数据），若低温条件下方辉橄榄岩中的辉石能够以 γ-斜方辉石的形式稳定至转换带底部，则必然会对俯冲板块的密度和速度特征产生很大影响；但这种成分的斜方辉石与真实方辉橄榄岩中的斜方辉石［成分约为（$Mg_{0.9}$，$Fe_{0.1}$）SiO_3］不一致，因此目前尚不清楚这一研究成果能否直接应用于俯冲带条件下。

第七节　小　　结

在中国东北地区及蒙古-鄂霍次克构造带取得以下认识和成果：

（1）确认了蒙古-鄂霍次克碰撞带属于向南作大规模逆掩的缝合带，碰撞作用发生的时代在中侏罗世（~160 Ma B. P.）；大兴安岭北部中生代大规模变形作用包括伊勒呼里变形带、新林蛇绿岩（181 Ma B. P.）、加格达奇蛇绿岩（177 Ma B. P.）等均应与该碰撞带引起的大规模推覆构造有关；中侏罗世漠河盆地具有前陆盆地的典型特点，大兴安岭北部在晚中生代时期属于蒙古-鄂霍次克碰撞带南侧的前陆变形区。

（2）华北北缘西段西拉木伦缝合带属于晚古生代的增生带和中生代缝合带，这一结果对于理解其南侧燕山构造带的中生代陆内变形背景具有一定意义。

（3）华北东北缘松江河蛇绿岩是晚古生代末期—早中生代蛇绿岩（260~247 Ma B. P.），形成于弧后盆地构造背景，大体在早中生代印支期末（205~190 Ma B. P.）发生闭合；华北地块东北缘构造带具有典型的燕山期碰撞带的特征，以强烈的韧性变形为特征，发育韧性推覆构造，碰撞变形的主要时间集中在侏罗纪。

（4）牡丹江构造带既是早古生代缝合带也是中生代陆内变形带，在中生代时期经历了强烈的陆内造山过程。

（5）通过对那丹哈达增生杂岩的年代构造单元的肢解，发现原认为侏罗纪增生杂岩具有较长的增生历史，从二叠纪演化到白垩纪。这一结论与布列亚-佳木斯-兴凯地块东缘发育有二叠纪以来的岩浆弧一致，表明西太平洋对欧亚大陆东缘的俯冲历史比较长，暗示了东北亚大陆的增生历史远比过去的认识要复杂得多。

（6）确认松辽盆地这一大型陆内盆地的基底具有复合基底性质。前白垩纪构造不仅发育大型冲断带，也发育晚古生代岛弧、蛇绿岩和残留洋壳建造，更具有早前寒武纪变质基底。盆地西缘的冲断带具有清晰的晚中生代变形证据，而东缘则表现为白垩纪负反转伸展边界的特点。这一认识成果不仅对构建东北地区的平面构造轮廓与重新认识该盆地的形成、演化具有重要理论意义，而且对松辽盆地深层的油气评价及勘探具有重要现实意义。

（7）中国东北中生代构造演化在三条外围边界（华北北缘带、锡霍特带、蒙古-鄂霍次克带）的控制下进行的。它们虽然演化的起点不同，但在晚中生代尤其是侏罗纪实现了"三边"围限的挤压与收缩，体现出"东亚型"造山带的特点。

（8）中国东北中生代内部构造演化主要是通过两条内部边界（中亚造山带东段"中央分界带"、牡丹江构造带）进行的。对于侏罗纪的演化，前者表现为自三叠纪以来的继承性挤压与收缩，后者表现为大规模地壳叠置为特征的"回春型"陆内造山。

（9）整个东北地区，除南缘与华北地块之间的边界具有中生代缝合带特征外，内部变形都具有陆内变形的特征，与蒙古-鄂霍次克碰撞带和西太平洋增生带成因关系密切。

（10）造山区地壳演化具有造山带结构从"倒三角"、"倒梯形"向"正三角"和"正梯形"结构转换，是碰撞和垮塌结构并存的地区，反映造山带演化的不同状态。

（11）开展了方辉橄榄岩高温高压相变实验，矿物物理计算以及超声波速度测量实验，模拟出俯冲板块水平层状滞留板块模型（模型Ⅰ）产生的速度异常明显高于地震波层析成像的结果，而简化的波浪形滞留板块（模型Ⅱ）产生的速度异常却与地震波层析成像结果一致。然而板块俯冲是一个极其复杂的地球动力学过程，要想厘清俯冲板块对地幔深部成分和结构的影响尚有许多工作要做。

第五章　中国西部大陆新生代构造格局与演化

第一节　概　述

根据岩石圈构造性质，以贺兰山–六盘山和龙门山–川滇南北构造带可以较清楚地将中国大陆划分为东、西两个部分。中国西部地区从南向北分别由印度板块（含我国境内喜马拉雅地块）、拉萨地块、羌塘地块、昆仑褶皱带、松潘–甘孜褶皱带、柴达木地块、祁连山褶皱带、阿拉善地块、塔里木地块、天山褶皱带、伊犁地块、准噶尔地块以及阿尔泰褶皱带组成。中国西部是个地道的由地块和褶皱带组成的镶嵌的地块群，这些地块逐渐向西伯利亚板块的拼贴过程，正是古、新特提斯洋不断消亡和封闭的过程。西部地块在最后一个冈瓦纳地块（印度板块）碰撞之前，在前新生代时期，已构成了古亚洲的一部分。然而，由于印度板块新生代初与西部地块群的碰撞过程，则极大地改变了这一地区的岩石圈结构构造，也打破原有的地壳和岩石圈的均衡，并逐步形成了新的均衡。

中国西部地区作为一个由多个地块镶嵌拼合而成的复杂构造单元，始新世以来在印度大陆的碰撞和推挤下，表现出相当复杂的变形格局。古地磁学作为一门新兴的交叉学科，在诸多地球科学研究手段中具有其独特的优势，是研究大地构造演化和进行地层划分和对比等的重要手段，在地质学领域有着广泛的应用和广阔的发展前景，已引起国内外地球科学界的普遍重视。准噶尔、塔里木和柴达木地块以及青藏高原多个地块中生代以来的古地磁研究，经过国内外众多学者的努力，已经获得了一些较可靠的数据，对于认识喜马拉雅造山带、拉萨地块、羌塘地块以及昆仑地体从冈瓦纳大陆的裂离和后期的会聚拼合过程等有明显的成效，给青藏高原多个地块的早期构造演化提供了重要的运动学依据。

喜马拉雅造山带、拉萨地块和羌塘地块作为青藏高原的重要组成部分，其古地磁研究尤其获得国内外学者的重视，经过中、外学者 20 余年来的努力，已获得了很多数据（朱志文等，1982。中国–法国联合考察项目：Achache et al.，1984；Besse et al.，1984；叶祥华等，1987；Chen et al.，1993；Halim et al.，1998。中国–英国联合考察项目：Lin and Watts，1988。中国地学大断面项目，董学斌等，1991。中国–德国联合考察项目：Patzelt et al.，1996；Tong et al.，2008）。其中前白垩纪数据约 46.2%，白垩纪数据为 31.2%，新生代数据仅为 22.6%（统计包括塔里木地块古地磁结果）。这些结果初步说明了昆仑地体是晚三叠世印支期增生到古亚洲大陆上的，羌塘地块在晚三叠世—早侏罗世与昆仑地体拼合以及拉萨地块与羌塘地块于晚侏罗世—早白垩世的拼合，形成了白垩纪末印度板块碰撞前统一的欧亚大陆南缘。

印度洋海底磁异常条带的研究（Patriet and Achache，1984）、印度板块和拉萨地块白垩纪—古近纪古地磁研究（Besse et al.，1984；Klootwijk et al.，1985）、雅鲁藏布江缝合带西部沉积相研究（Beck et al.，1995）和古生物学研究均初步说明了印度板块与欧亚大陆的碰撞始于 65～49 Ma B. P.，印度板块与欧亚大陆南缘拉萨地块拼合完毕。近年来，印度板块与欧亚大陆的碰撞拼合时限受到了以香港大学为首的学者的挑战，他们提出了印-欧（亚）大陆的碰撞可能涉及多岛弧的碰撞过程，拼合的时间可能推迟到渐新世（Ali and Aitchison，2005；Aitchison et al.，2007）。从拉萨地块和印度板块详细的古地磁研究（Patriat and Achache，1984；Besse et al.，1984；Lin and Watts，1988；Patzelt et al.，1996；Toug et al.，2008），可以发现印度板块与稳定的欧亚大陆（西伯利亚南缘）的岩石圈缩短量约为 2500 km。喜马拉雅地体晚白垩世—古近纪古地磁研究说明了印度板块沿着主冲断带下插俯冲到欧亚大陆（或青藏高原）之下，估计约有 400～1000 km 的印度板块在俯冲过程中的消减（Besse et al.，1984；Patzelt et al.，1996；Toug et al.，2008）。这一研究得到了深反射地震数据的证实［中美合作计划，International Deep Profiling of Tibet and the Himalya，INDEPTH；Zhao et al.，1993］。构造地质研究揭示了印度北缘喜马拉雅中央主断裂的构造缩短约 100～250 km（Lyon-Caen and Molnar，1983）。从这些分析可以看出新生代时仍有约 1900 km 的地壳缩短发生在西伯利亚南缘与拉萨地块之间。

新生代青藏高原的地壳演化是继特提斯洋闭合后一个重要的构造演化阶段，对此中外学者提出了许多模式，如大陆岩石圈均匀增厚说（England and Houseman，1986；Dewey et al.，1989）、板内或板间多重俯冲说（常承法等，1976；Mattauer，1986）、岩石圈侧向挤出逃逸说（Tapponnier et al.，1982）、地幔底辟隆起说（许志琴等，1999）等。显然，这些青藏高原构造演化动力学模型的建立，离不开其运动学等基础研究。

对青藏高原 1993 年和 1995 年地壳运动与形变的 GPS 监测结果分析表明，青藏高原各主要块体目前仍以年均 2.3～4.4 cm 的速度向 NE 至 NEE 移动，各主要块体的移动速率自南到北依次降低，运动方向由 NE 逐渐变为 NEE。这一结果表明青藏高原的地壳缩短除了地壳加厚、高原隆升之外，沿各主要块体间的深大断裂或俯冲带的左旋平移（向东推挤）及俯冲消减至今仍在继续。最新的全球定位系统（GPS）揭示的中国大陆现今运动场清晰地表现了以活动地块为单元的分块运动特征，不同的活动地块具有不同的运动和变形方式，其结果均不支持青藏高原北部沿主要走滑断裂向东大规模挤出的假说（Wang Q. et al.，2001；Zhang et al.，2001），而最新的昆仑地震断裂的研究则表明，2001 年昆仑地震造成昆仑断裂的最大左行走滑位移量达 16 m 之多，其构造运动形式在某种程度上与青藏高原北部沿主要走滑断裂向东大规模挤出的假说相吻合（Lin et al.，2002）。

从一些地球物理研究成果可以发现，在昆仑山北部，塔里木地块向南下插到青藏高原之下（Jin et al.，1996）。结合全球构造研究，可以看出北大西洋的张开是晚白垩世以来的另一重要事件。北大西洋的裂开同时造成了欧亚大陆的顺时针旋转运动，在我国西部则可能表现为塔里木地块新生代的显著南移现象（杨振宇等，1998）。如果这一推测得到将来塔里木地块古地磁数据的证实，青藏高原的构造演化和隆升过程则应同时考虑塔里木地块南移和印度板块北移这种双向挤压性质。

尽管喜马拉雅地块、拉萨地块、羌塘地块以及昆仑地体初步的古地磁结果可以大致说明这些地块均来自冈瓦纳大陆，在不同时期的裂离和后期的会聚拼合过程等，但详细的数据分析可以发现青藏高原各地块晚古生代以来的古地磁数据仍十分有限，这些数据远远不能满足建立一个较客观的运动学模型，同时也滞后于近几年国内外对特提斯洋构造演化、青藏高原多块体的聚合过程、青藏高原隆升及其动力学的研究，如新一轮中国、美国、德国、加拿大 INDEPTH 合作计划的实施（1992 年至今），法国–尼泊尔 IDYLHIM 计划。国家科技部实施的国家重点基础研究发展规划（973）项目先后对青藏高原的资源和构造演化作为重点进行研究。美国国家自然科学基金会的大陆动力学计划也把青藏高原作为重点的研究区。这些研究项目将对青藏高原的构造演化和环境地球物理特征提供更可靠的资料。然而，由于研究侧重点不同，这些计划一般并未注重青藏高原晚中生代以来各个地块（各自）的运动学特征。显然，对于青藏高原晚中生代以来各个地块（各自）的运动学特征认识的局限，极大地限制了人们对青藏高原多块体拼合过程和特提斯洋构造演化的认识，同时也制约了对印度板块和欧亚大陆古近纪碰撞以来地壳、岩石圈变形特征的理解。

新生代以来青藏高原多块体碰撞的构造过程和演化给地球科学提供了一个研究古板块构造的一个范例，自然成为当代地球科学最前缘的研究课题，这些研究涉及地块间的陆–陆碰撞、造山带的形成与演化等重要的大地构造研究问题。该研究不仅涉及特提斯洋的多次封闭过程及其造山运动，而且包含青藏高原晚新生代隆升等重大地质事件。青藏高原的隆升还极大地影响了全球大气循环系统，造成了东亚和西南季风的形成。印度板块始新世以来以 5 cm/a 的速度推挤着亚洲大陆，其影响范围已完全超越了青藏高原的岩石圈变形，并波及中国东部，叠加在滨太平洋构造域之上，所以研究青藏高原多块体碰撞前的构造格局、碰撞过程与演化，不仅可以深入了解碰撞过程的动力学特征和机制，而且对于进一步认识碰撞过程的岩浆活动及其成矿等具有重大意义；其次，青藏高原晚新生代隆升过程的研究对研究我国的（古）气候演化、（古）环境变迁、资源的开发以及活动构造和地质灾害的发生、发展和防治等均具有重大的科学意义。

本研究还涉及中国东、西部地块的关系问题，即长期以来我国地质学家认为中朝–塔里木地块是我国北方一个完整的克拉通，然而，古地磁研究结果显示，在石炭纪和二叠纪—三叠纪时期，华北地块和塔里木地块的古纬度有着显著的不同（Li et al. , 1990；Enkin et al. , 1992）。塔里木地块在石炭纪末、二叠纪初与哈萨克斯坦–西伯利亚板块拼合，而华北地块当是则还远离西伯利亚地块，越来越多的古地磁研究揭示，华北和塔里木板块直到侏罗纪仍然是各自独立的板块，然而他们之间的地质界线尚不明朗。走廊–阿拉善地块是一个独立的稳定块体，有着巨厚的志留系和泥盆系的陆相沉积，是联结蒙古、塔里木、柴达木及华北地块的枢纽地带。对该块体开展晚古生代古地磁和泥盆纪前陆盆地碎屑锆石的研究，可进一步约束华北和塔里木板块的构造位置关系，为进一步理解东亚中生代的构造演化提供依据。

第二节 印度-亚洲碰撞的沉积记录与初始碰撞时间

精确厘定印度-亚洲大陆碰撞的时间是我们理解特提斯海关闭和喜马拉雅造山过程的关键。尽管大量学者运用不同的手段对印度-亚洲大陆碰撞时间进行了研究（Jaeger *et al.*，1989；Beck *et al.*，1995；Rowley，1996；Mo *et al.*，2003；Zhu B. *et al.*，2005；Leech *et al.*，2005），但是关于初始碰撞的时间仍有很大争议。Aitchison 等（2007）提出印度-亚洲大陆碰撞的时间为 34 Ma B. P.，大大晚于普遍认为的 65～50 Ma B. P.。即印度被动大陆边缘最早出现的包含拉萨地体碎屑物质的地层可以为印度-亚洲大陆碰撞提供最小年龄约束，也即碰撞必发生在该地层出现之前。

在喜马拉雅造山带中，准确地区分印度和亚洲大陆（拉萨地体）物源区是研究特提斯海关闭过程和印度-亚洲大陆碰撞时期盆地演化的前提。为了寻找能准确判别印度或拉萨地体物源区的有效指标，在传统的物源区分析方法（如重矿物组合、碎屑模式和全岩地球化学分析）基础上，我们进行了多种尝试，主要包括碎屑锆石 U-Pb 年代学、碎屑铬尖晶石地球化学、全岩 Sm-Nd 同位素分析。研究表明，Sm-Nd 同位素不能有效地区分来自印度和拉萨地体的碎屑物质。萨嘎晚白垩世—始新世地层物源区分析结果显示大体在 50 Ma B. P. 时期，印度大陆北缘开始出现源自拉萨地体的碎屑物质，这表明印度-亚洲大陆的碰撞至少发生在 50 Ma B. P. 之前。

拉萨地体南缘主要为侏罗纪—古近纪钙碱性侵入岩及古近纪林子宗火山岩（65～40 Ma B. P.），其南侧为白垩纪（阿普特阶—坎潘阶）深水浊积岩组成的日喀则弧前盆地。其中，林周盆地发育中—晚白垩世浅海-陆相的弧背前陆盆地。印度-雅鲁藏布缝合带代表了亚洲和印度板块的界线，由蛇绿岩套、含蛇绿岩的增生楔及早始新世之后的磨拉石沉积组成。缝合带南侧印度板块依次为特提斯喜马拉雅、高喜马拉雅、低喜马拉雅，其界线分别为藏南拆离系、主中央断裂、主边界断裂。特提斯喜马拉雅以吉隆-康马断裂为界，可分为南北两亚带。南亚带（定日-岗巴地区）以印度被动大陆边缘古生代—始新世陆棚相碳酸盐和陆源沉积岩为主，之上覆盖同碰撞的始新世恩巴组和扎果组碎屑沉积岩。北亚带（江孜-萨嘎地区）主要为中生代—古近纪外陆棚、陆坡、陆隆深水沉积物。

一、全岩 Sm-Nd 同位素区分印度-拉萨地体物源区的有效性

近年来，陆源碎屑岩的全岩 Sm-Nd 同位素分析成为了物源区分析重要而有效的手段。在喜马拉雅造山带，前陆盆地沉积物的 Sm-Nd 同位素被成功用于反演造山带的隆升剥蚀历史（Robinson *et al.*，2001；DeCelles *et al.*，2004；Martin *et al.*，2005）。但是，Sm-Nd 同位素能否有效区分印度大陆和拉萨地体物源区并进一步约束印度-亚洲大陆的碰撞时间呢？不同的研究者对此有不同认识。例如，Hennderson 等（2010）根据碎屑磷灰石 Nd 同位素的研究，认为印度和拉萨具有不同的 Nd 同位素组成，可以用来约束碰撞事件。针对这一问题，我们对缝合带两侧代表性的碎屑岩进行了 Nd 同位素分析和对比（Hu，2012）。

特提斯喜马拉雅的样品主要来自定日曲密巴剖面（恩巴组、扎果组）、定日古错剖面（古错组、卧龙组）和江孜床得剖面（甲不拉组、床得组、宗卓组；图5.1）。拉萨地体的样品则来自林周地区的典中剖面（设兴组；图5.2）。Sm-Nd 同位素数据通过热电离质谱仪（TIMS）测试获得。

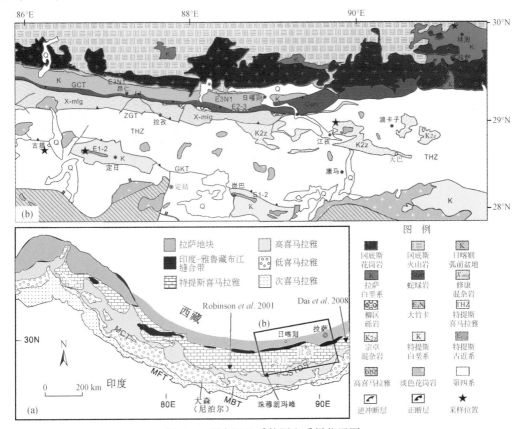

图5.1　研究区地质简图和采样位置图

研究显示，根据 $\varepsilon_{Nd}(0)$ 的不同，特提斯喜马拉雅的碎屑岩可分为两组，一组为前白垩纪地层，$\varepsilon_{Nd}(0)$ 值为-18.0 ~ -13.9，另一组为白垩系地层，$\varepsilon_{Nd}(0)$ 值为-8.9 ~ -5.1。二者之间的变化可归结为早白垩世冈瓦纳裂解时期印度北缘幔源岩浆活动导致碎屑岩中新生地壳物质输入的结果。拉萨地体晚白垩世设兴组 $\varepsilon_{Nd}(0)$ 值为-1.9 ~ -8.9。结合已发表的数据，拉萨地体和特提斯喜马拉雅具有非常相似的 Nd 同位素组成（图5.3）。我们认为，Sm-Nd 同位素不能有效地区分来自印度和拉萨地体的碎屑物质。始新世物源来自拉萨地体的恩巴组和扎果组与物源来自特提斯喜马拉雅的尼泊尔低喜马拉雅地体的 Bhainskati 组具有近似的 $\varepsilon_{Nd}(t)$ 值，进一步支持了这一结论（图5.3）。

二、桑单林晚白垩世—始新世砂岩物源约束印度-亚洲大陆的碰撞时间

喜马拉雅地块萨嘎桑单林剖面砂岩物源区分析可以对初始碰撞提供可靠约束

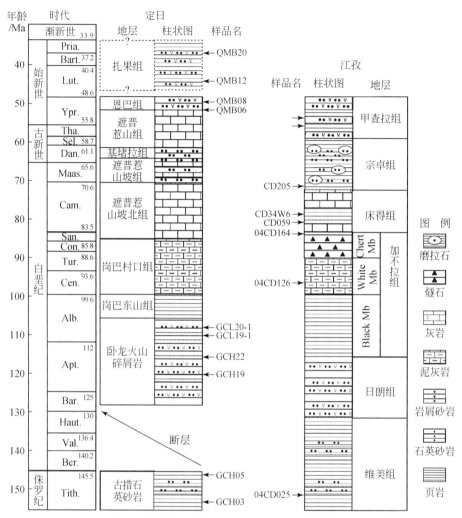

图 5.2 藏南定日和江孜采样剖面地层柱状图（据 Hu，2012）

（图 5.4），桑单林剖面的地层可划分为三个岩石地层单元，从下向上分别是蹬岗组、桑单林组和者雅组（Wang J. G. et al.，2011）。

蹬岗组可分为上下两部分，下部为一套厚约 185 m 的陆源碎屑岩，由石英砂岩、粉砂岩和粉砂质页岩组成，顶部出现 60 cm 的岩屑砂岩，上部为 45 m 的紫红色硅质岩、硅质页岩夹少量石英砂岩。硅质岩中的放射虫化石约束蹬岗组的沉积时代为晚白垩世 Campanian 期—古新世（Ding，2003；Li Y. et al.，2007）。砂岩与页岩突变接触，沉积构造包括平行层理、交错层理、正粒序和槽模等。我们解释蹬岗组的沉积环境为印度板块北缘的下斜坡，其中砂岩为浊流沉积产物。

桑单林组位于蹬岗组之上，接触界线由于受海底滑塌扰动而不清楚（图 5.4）。桑单林组由灰绿色岩屑砂岩、硅质岩、硅质页岩和少量石英砂岩组成，厚 125 m。放射虫化石（Li Y. et al.，2007）和碎屑锆石约束桑单林组的沉积时间为早始新世。者雅组整合覆盖于桑单林组之上，由大于 400 m 的岩屑砂岩、黑色页岩和少量硅质岩组成。桑单林组和者雅

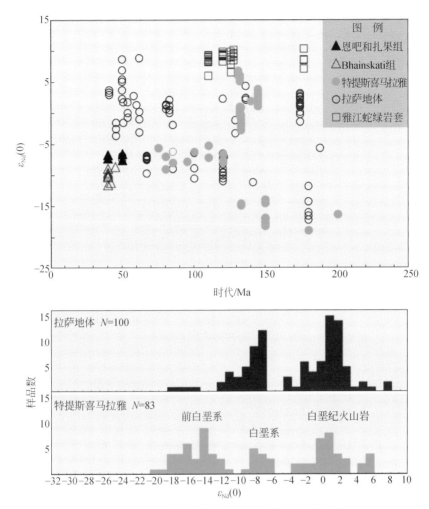

图 5.3　特提斯喜马拉雅和拉萨地体的 Sm-Nd 同位素特征（据 Hu，2012）

组砂岩层显示向上变厚、变粗的趋势，沉积构造包括正粒序、槽模和滑塌构造，形成于深海环境，为浊流沉积。

砂岩岩石学分析表明，桑单林剖面存在三种不同组成的砂岩：石英砂岩和两种岩屑砂岩。石英砂岩出现在蹬岗组和桑单林组下部，几乎全由石英组成（98%），含少量长石和岩屑。石英颗粒磨圆度较好，硅质胶结。在 QFL 构造背景判别图上，投点于"克拉通内部"区域。一种岩屑砂岩出现在蹬岗组顶部，碎屑组成为 Qm∶F∶Lt=40∶6∶54 和 Qt∶F∶L=41∶6∶53。石英为次棱角状-次圆状，岩屑全为玄武岩岩屑，长石为斜长石，含量极少。另一种岩屑砂岩大量出现在桑单林组和者雅组中，碎屑组成为 Qm∶F∶Lt=41∶9∶50 和 Qt∶F∶L=42∶9∶49。这种砂岩的碎屑组成比较复杂，石英多为磨圆度差的单晶石英，石英颗粒表面光洁，消光一致，部分具有港湾构造，指示岩浆岩来源。岩屑以火山岩屑为主，包括安山岩、粗面岩和少量的英安岩和玄武岩，另外还出现少量的沉积岩和变质岩岩屑。长石常见，钾长石和斜长石含量相当。在 QFL 构造背景判别图上，岩屑砂岩投点于"再旋回造山带"区域（图5.5）。

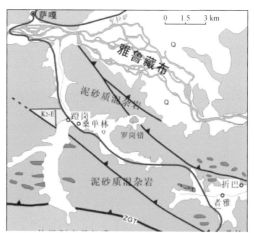

图5.4　喜马拉雅地块萨嘎桑单林地区地质图及剖面照片（据 Wang *et al*. ，2011）

蹬岗组. 晚白垩世—古新世；桑单林组. 早始新世；者雅组. 早始新世—中始新世（？）

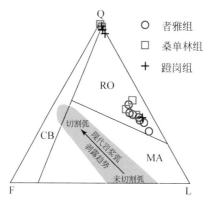

图5.5　桑单林剖面砂岩模式图

　　对桑单林剖面不同种类的砂岩进行碎屑锆石 U-Pb 年龄分析发现，石英砂岩和蹬岗组顶部的岩屑砂岩具有相同的年龄组成，其中的锆石以奥陶纪—前寒武纪为主（94%），另外包含一个中生代的年龄峰（6%）。奥陶纪—前寒武纪主要分布在 1400 ~ 450 Ma B. P.

（图5.6），在510 Ma B. P.、900 Ma B. P. 和1130 Ma B. P. 出现峰值，而中生代的年龄全分布在（117±3）Ma 和（148±3）Ma 之间，峰值为127 Ma B. P.。砂岩的锆石年龄分布与特提斯喜马拉雅早白垩世古错岩屑砂岩（Hu X. et al., 2010）的锆石年龄相同，说明其物源区为印度大陆北缘。相反，桑单林组和者雅组岩屑砂岩显示完全不同的碎屑锆石年龄分布，锆石年龄多集中在中生代和新生代（85%），少量为古生代和前寒武纪（15%）。中生代和新生代的锆石年龄主要分布在54~70 Ma、80~125 Ma 和180~196 Ma，与冈底斯弧的岩浆活动一致，指示砂岩的物源区为沉积区北侧的拉萨地体。另外，桑单林组和者雅组中还出现了大量低钛（<0.2%）的铬尖晶石，同样指示北侧物源输入（冈底斯弧或蛇绿岩套）。

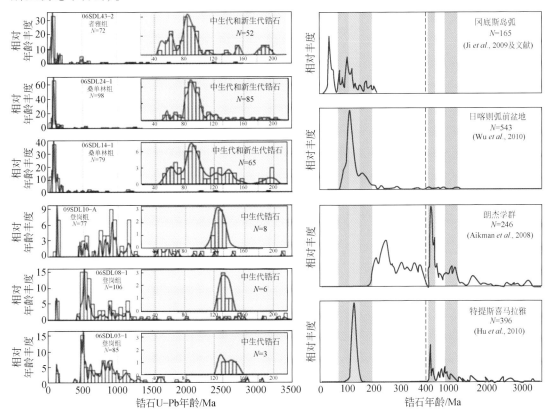

图5.6　喜马拉雅地块桑单林剖面碎屑锆石年龄分布图（据 Wang J. G. et al., 2011）

　　总之，以石英砂岩为主的蹬岗组，从其锆石年龄具特提斯喜马拉雅地层特征，且铬尖晶石 Ti 较高表明其物源区为印度被动大陆边缘。而以岩屑砂岩含大量中酸性火山岩岩屑为主的桑单林组和者雅组，其锆石年龄则与冈底斯弧相似，表现为铬尖晶石低 Ti 低 Al，指示其物源区为拉萨地体。蹬岗组和桑单林组之间突然的物源区变化（从沉积区南侧的印度大陆转变为北侧的拉萨地体）为印度-亚洲大陆初始碰撞提供了时间约束（图5.7）。桑单林组底部最年轻的碎屑锆石年龄为54 Ma，而桑单林组下部硅质岩中的放射虫归属于 *Phormocyrtis striata striata* 放射虫化石带（RP9，50.3~49 Ma B. P.；Sanfilippo and Nigrini，1998），因此约束碰撞时间早于桑单林组初始沉积时间，也早于50 Ma。

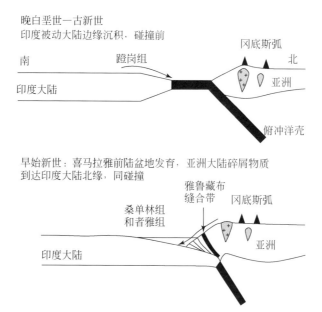

图 5.7 喜马拉雅地块萨嘎剖面蹬岗组和桑单林组物源区分析

第三节 古亚洲南缘拉萨地体白垩纪古地磁研究

青藏高原位于印度板块与欧亚大陆相互作用地带的前缘，是陆–陆碰撞研究的典范地区。新生代以来的隆升使之成为研究地壳缩短和陆内变形及其生长机制问题的重要科学前缘。前人的研究成果已揭示了由印度板块与欧亚大陆碰撞导致的地壳缩短、增厚和陆内变形对青藏高原的生长及其引起的全球气候的变化具有重要作用，关于印度板块与欧亚大陆碰撞的动力学和几何学研究可用缝合带两侧地块不同构造部位的古地磁工作来准确解答。然而，虽然已经有很多的构造古地磁的研究在青藏高原展开，然而高质量古地磁结果严重不足，为了能够深入古大陆再造研究，更多的构造古地磁工作需要展开。特别是拉萨地体中西部地区高质量的白垩纪古地磁结果更是严重不足，所以我们对拉萨地体中西部地区展开了研究工作。通过在拉萨地体中西部地区采集野外定向岩心，室内系统测试分析（常规的岩石磁学、古地磁退磁分析），获得喜马拉雅地块和拉萨地体白垩纪以来的古地磁数据，从古地磁的角度对两地块的古构造位置进行约束，并深入探讨印度板块与欧亚大陆碰撞和拼合过程及其持续挤压造成的地壳缩短。

青藏高原由南往北依次包括喜马拉雅、拉萨、羌塘、松潘–甘孜–可可西里、昆仑–祁连地块，各块体间以活动构造带相连接，从南往北依次是印度–雅鲁藏布江缝合带、班公湖–怒江缝合带、金沙江缝合带和阿尼玛卿–昆仑–木孜塔格缝合带（AKMS；图 5.8）。

在白垩纪以来直到印度–欧亚碰撞期间，拉萨地体一直位于亚洲大陆最南缘，往南以雅鲁藏布江缝合带与特提斯喜马拉雅相连，往北以班公湖–怒江缝合带与羌塘地体分界，呈中部宽约 300 km，两边变窄的长条形。由于拉萨地体所处的地理位置，使它成为印度–

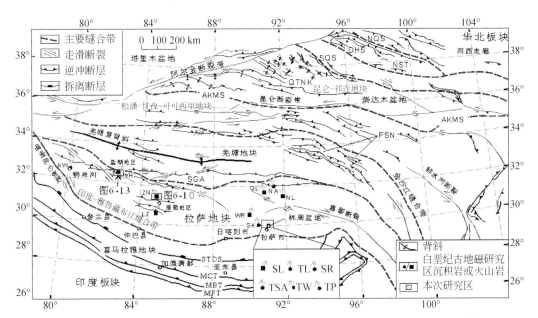

图 5.8　青藏高原及周边地区地质简图（据 Yin and Harrison，2000；Yin，2006，修改）

NQS. 北祁连缝合带；DHS. 党河南山缝合带；SQS. 南祁连缝合带；NST. 南山逆冲带；QTNK. 祁曼塔格－北昆仑逆冲系；AKMS. 阿尼玛卿－昆仑－木孜塔格缝合带；FSN. 风火山－囊谦褶皱逆冲带；SGA. 狮泉河－改则－安多逆冲系；STDS. 藏南拆离系；MCT. 主中央逆冲断裂；MBT. 主边界逆冲断裂；MFT. 主前缘逆冲断裂

欧亚大陆碰撞的前锋地带，对其构造古地磁的研究在古地理恢复和古大陆再造研究领域具有重要意义。前人对拉萨地体的古地磁研究多集中在拉萨地体东部地区，如 20 世纪 80 年代初期对拉萨地体林周盆地晚白垩世红层的古地磁研究，由于采用的设备和技术较落后、样品数量有限，且不能排除倾角偏缓现象的存在（Pozzi et al.，1982；Westphal et al.，1983；Achache et al.，1984），未能得到高质量的古地磁结果。除此之外，已有的白垩纪古地磁数据在地区分布上也极不均衡，主要集中在中东部林周盆地附近。拉萨地体西部地区仅有三个采点的古地磁数据，由于采样环境恶劣，工作难度大，采点和样品数过少，不能够用数据模拟进行 E/I 矫正，也不足以平均掉长期变化。所以，高质量的白垩纪古地磁数据仍旧严重不足。2010 年，不同学者从拉萨地体林周盆地不同岩性中所获得的古近纪数据也存在较大差异（Chen et al.，2010；Dupont-Nivet et al.，2010；Liebke et al.，2010；Sun Z. M. et al.，2010；Tan et al，2010）。这些结果都通过了古地磁的倒转或褶皱检验证明了所分离出的特征剩磁确为原生剩磁，因此差异的存在很有可能是这些火山岩的结果没有平均掉长期变化。综上所述，到目前为止，欧亚大陆南缘（拉萨地体）的古地磁数据不仅样品和采点数有限，而且很多数据来自碎屑成因的红层沉积物，既不能精确厘定年龄又难以排除因压实作用引起的倾角偏低现象的影响，而由精确年龄限制的火山岩样品推算出的古纬度的不一致则可能是无法平均掉古地磁场长期变化所致。所以只有高质量的古地磁数据才能厘清这些矛盾。最后，考虑到拉萨板块呈 EW 向的狭长块体，西部地区研究程度很低，尤其缺少可靠的古地磁数据，考虑到区域性的差异也使得拉萨地体白垩纪古地磁极的可靠性有待进一步证实。

一、研究区地质背景与采样

现今的青藏高原内部，拉萨地体位于羌塘地块和喜马拉雅地块之间，分别以班公湖-怒江缝合带和雅鲁藏布江缝合带为南北界线。中部宽约300 km，而两边变窄。该地块的基底时代为中—新元古代和寒武纪，但近来的研究成果发现其基底（念青唐古拉群、安多片麻岩）时代从新元古代到中生代不等。该地块中发现了一条表征板块边界的纳木错-嘉黎缝合带，表明拉萨地体早期有复杂的拼合历史。

喜马拉雅地块位于南部的印度地盾和北部的雅鲁藏布江缝合带之间，由北倾的晚新生代断裂系为界的三个构造岩片组成，主边界逆冲断裂、主中央逆冲断裂和藏南拆离系。喜马拉雅被动大陆边缘的寒武纪至早奥陶世花岗岩侵入可能与超级大陆的裂解和冈瓦纳的最终汇聚有关。奥陶纪至二叠纪，三个构造岩片都形成了稳定大陆地台的一部分，中生代被动陆缘序列连续发育，直到与亚洲的碰撞发生才影响到它的沉积相模式和速率（Yin and Harrison，2000）。

我们的研究区属于拉萨地体，前人的研究表明拉萨地体于晚侏罗世—早白垩世已拼接到亚洲的羌塘地块上（Chen et al.，1993；Matte et al.，1996）。中生代的拉萨地体广泛分布有岩浆活动，研究它们对于认识特提斯洋的演化和理解整个青藏高原的形成过程有着重要的启示。沿班公湖-怒江缝合带南缘的与俯冲作用有关的岛弧型火山岩可以为缝合带两侧地块提供拼合以来最直接的古地磁信息。然而，对于火山岩的古地磁研究而言，由于风化严重等因素，野外地层剖面多难以确定可靠的地层产状（Achache et al.，1984）。因此明确的火山岩的产状的获得也成了火山岩古地磁研究的一个难点。

（1）措勤地区早白垩世火山岩：白垩纪期间，拉萨地体是欧亚大陆的最南缘。它是近EW向的狭长地体。在冈底斯中北部地区广泛分布有以晚侏罗世—早白垩世（J_3—K_1）火山岩为主的地层，称为则弄群（K_1z；康志强等，2008），大规模的则弄群火山岩呈带状近东西向展布于西藏冈底斯带中北部地区。则弄群火山-沉积地层下部主要为火山熔岩夹火山碎屑岩，上部主要为沉积火山碎屑岩、火山碎屑沉积岩、正常火山质砂砾岩夹火山熔岩和火山碎屑岩，平均厚度超过1000 m（朱弟成等，2008）。岩浆岩的广泛发育不仅与北侧班公湖-怒江特提斯洋的形成、发展及消亡过程密切相关，也与雅鲁藏布新特提斯洋壳北向俯冲、碰撞紧密相联（江元生等，2009）。西部措勤地区的则弄群火山岩出露状况较好，本次研究的采样地区分别位于措勤县达雄镇北东约4 km处（31°22.2′~31°22.3′N，85°5.5′~85°5.6′E）和达雄镇WS向约25 km处（31°18.8′N，84°49.6′E）（图5.9）。研究区可见则弄群火山岩与下白垩统多尼组火山岩-沉积地层呈断层接触。朱弟成等（2008）对采样区的则弄群火山岩进行LA-ICP-MS锆石U-Pb定年，结果表明采样区则弄群火山岩年龄为110~130 Ma，这一结论与我们的锆石U-Pb定年结果（约123 Ma B. P.）一致（见年代学部分），印证了则弄群火山岩属于早白垩世。野外选取产状清晰的露头（图5.10），以磁罗盘和太阳罗盘定向（图5.11），使用轻便手提钻机取样。定向岩心用金刚砂切磨机加工成古地磁标准测试样品197块。另有一块状年龄样品采自古地磁采点DX4处。

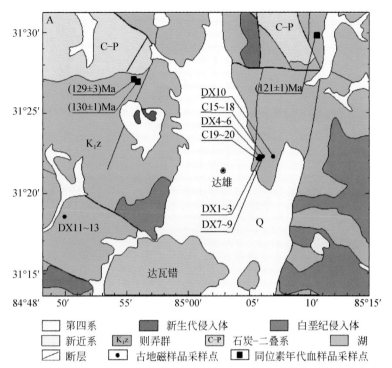

图 5.9 措勤地区采样地质图（修改自 Chen W. *et al.*，2012；年龄引自朱弟成等，2008）

图 5.10 西藏拉萨地体措勤地区野外露头照片（据自 Chen W. *et al.*，2012，修改）

（2）盐湖地区早白垩世火山岩：去申拉组沉积–火山地层出露于拉萨地体北缘，靠近班公湖–怒江缝合带，呈 EW 向断续展布，本次工作的范围主要在物玛区幅，采样区地质条件如图 5.12 所示。该套火山岩广泛分布于物玛乡政府、文布当桑乡政府及那玛隆村一带，出露面积近 1000 km²，平面展布呈东端尖窄西端膨大的楔形，去申拉组火山岩（K₁q）与下伏侏罗系日松组（J₃r）、白垩系多尼组（K₁d）等地层平行不整合或微角度不整合接

图 5.11　西藏拉萨地体措勤地区野外采样照片（据谌微微，2011）

触，其上角度不整合叠覆白垩系竟柱山组（K_2j）及古近系江巴组（E_1j）等岩石地层，该组火山岩喷发早期为浅海相环境，中晚期为陆相环境，地层厚度达 1073.92 m。岩石类型以玄武安山岩、粗面玄武安山岩、安山岩及火山碎屑岩为主，少量（橄榄）玄武岩（康志强等，2010）。

　　关于去申拉组火山岩的形成年代，根据地层接触关系，可以大致确定其形成时代为晚侏罗世—早白垩世，尽管前人已经进行了一些年代学的研究，然而，得出的结论亦不尽一致。物玛区幅区调工作于去申拉组安山岩中以 K-Ar 法获取同位素年龄为（112 ± 3.0）Ma。多巴区幅区调工作中西藏自治区地质调查院在安山岩中获得铷-锶等值线年龄为（126±2）Ma（宜昌地质矿产研究所朱家平测定），尽管存在这样的不一致，但这些年龄结果，和地层接触关系所揭示的地层层序，一致印证了去申拉组火山岩的形成时代为早白垩世。为了给我们的古地磁研究提供一个精确地时间标尺，我们还进行了同位素年代学的采样研究。此外，去申拉组火山岩最早的褶皱形成于早白垩世晚期（陈玉禄等，2005）。

　　如图 5.12 所示，两个采样剖面在地质图中用红色矩形框标出，两剖面相距约 20 km，我们在文布当桑乡西偏南方向约 30 km 的剖面 A（32°20.2′ ~ 32°20.4′N，82°33.7′ ~ 82°34′E）上采集了 38 个采点共 426 块古地磁岩心样品，在文布当桑乡以西约 12 km 的剖面 B（32°24.7′ ~ 32°24.9′N，82°45′ ~ 82°45.2′E）上钻取了 16 个采点共 173 块古地磁岩心样品，每个采点至少采集了九块岩心样品，并且在地层厚度上至少有几米的跨度或者至少跨过一个熔岩流。总共采集了 54 个采点的古地磁岩心样品。大部分样品用磁罗盘和太阳罗盘定向（有时因为天气转阴，无法进行太阳罗盘定向），两种方法的定向结果室内计算误差在2°以内，由此可知磁罗盘定向不受当地磁异常影响，或当地磁异常可以忽略不计。

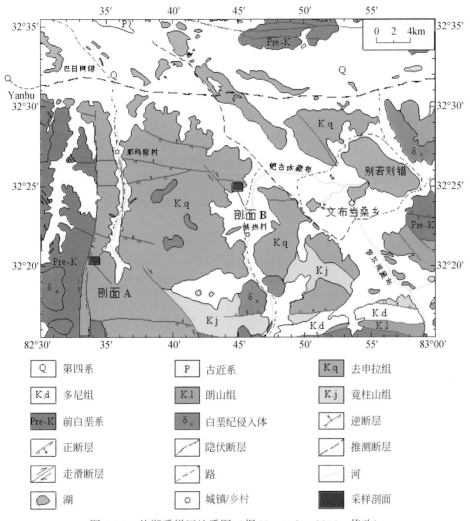

图5.12　盐湖采样区地质图（据 Ma *et al.*，2014，修改）

剖面 A、B 是产状分别为约90°∠73°和约180°∠27°的单斜地层，火山岩层由于火山岩的差异风化而显现出清晰的层理，层理还可以通过不同火山岩层或熔岩流间清晰的边界进行确定，产状不同有助于我们对古地磁结果进行褶皱检验。图5.13显示了野外采点分布和清晰的熔岩边界等产状识别标志。在两个采样剖面的地层顶底端的四个古地磁采点处还分别采集了块状火山岩年龄样品，用以进行锆石 U-Pb 同位素年代学的研究。当然，不管是采集古地磁样品还是年代学样品，我们都尽量选择新鲜、未风化的样品。采集回来的样品中，古地磁样品主要在古地磁实验室进行加工测试，年代学的样品则主要是送到其他单位进行处理和测试。

图 5.13　采样剖面照片

修改自 Ma *et al*. , 2014, 黄色实心点为古地磁采点, 红色大圆点为年龄样品采样位置

二、U-Pb 锆石同位素年代学实验结果分析

　　为了更好地限定火山岩地层形成的时间, 给古地磁结果以更准确的时间标尺, 我们对所采的火山岩年龄样品进行了同位素年代学的研究。

　　首先将块状年代学样品粉碎至 80 目, 经过用水粗淘、强磁分选、电磁分选和用酒精细淘之后, 在实体显微镜下手工挑选出锆石。将挑好的锆石送由北京锆石领航科技有限公司制靶。因为要利用激光烧蚀多接收器电感耦合等离子体质谱仪 (LA-MC-ICPMS) 对锆石进行微区原位 U-Pb 同位素测定，对锆石颗粒进行透射光、反射光、阴极发光照相。典型锆石阴极发光照相如图 5.14 所示。锆石颗粒多为自形–半自形，呈长宽比约为 2 的棱柱状，清晰的震荡环带指示了它是岩浆源锆石。

图 5.14　典型锆石阴极发光图像（据 Ma *et al*.，2014）

　　根据锆石几何形态及内部结构，我们在锆石内部环带清晰，没有裂隙，没有包裹体的位置圈点进行定年测试（图 5.14）。实验在天津地质矿产研究所同位素实验室进行，仪器配置和试验流程参见文献（李怀坤等，2010）。采用 GJ-1 作为外部锆石年龄标准进行 U-Pb 同位素分馏校正（Jackson *et al*.，2004），利用中国地质大学刘勇胜博士研发的 ICPMSDataCal 程序（Liu *et al*.，2009）和 Ludwig 的 Isoplot 程序（Ludwig，2003）进行数据处理，应用^{208}Pb 校正法对普通铅进行校正（Anderson，2002），采用 NIST612 玻璃标样作为外标计算锆石样品的 Pb、U、Th 含量。

　　年龄测试结果都显示了多组的年龄峰值，暗示了它们来自不用的岩浆源，多数锆石显示的最年轻的一组年龄被认为是火山岩形成时的锆石结晶年龄，其他较老的锆石年龄可能代表了该地区较早时期的岩浆作用，测试结果如图 5.15 所示。同位素年代学测试结果显示，盐湖地区采样剖面 A 的地层顶底端（采点 YH38 和 YH3）的年龄分别为（126.4±

1.1）Ma 和（132.0±2.0）Ma，剖面 B 的地层顶底端（采点 YH39 和 YH54）的年龄分别为（120.0±1.0）Ma 和（120.8±0.9）Ma。措勤地区古地磁采样点 DX4 处所采的年龄样品 DX4 显示的 $^{206}Pb/^{238}U$ 年龄为（123.1±0.9）Ma，与朱弟成等（2008）所报道的早白垩世则弄群火山岩形成于约 130~110 Ma B. P. 期间的结论一致。

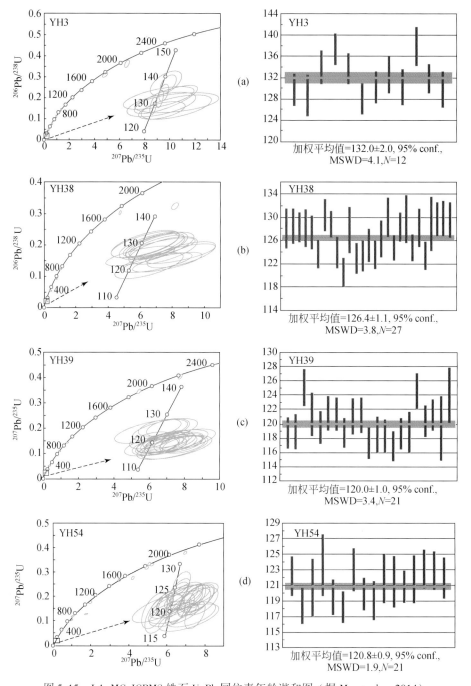

图 5.15　LA-MC-ICPMS 锆石 U-Pb 同位素年龄谐和图（据 Ma *et al.*，2014）

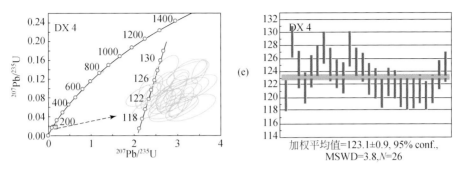

图 5.15　LA-MC-ICPMS 锆石 U-Pb 同位素年龄谐和图（据 Ma et al., 2014）（续）

右图绿色横条显示了该采点年龄样品最年轻一组锆石的平均^{206}Pb/^{238}U 年龄，红色竖条表示了单个锆石颗粒的^{206}Pb/^{238}U 年龄分析结果

三、岩石磁学实验结果分析

1. 措勤地区早白垩世火山岩

该区采集的则弄群火山岩包括六个采点共63块凝灰岩样品和13个采点共134块熔岩样品，等温剩磁获得（IRM）、饱和等温剩磁（SIRM）反向场退磁实验和三轴等温剩磁的热退磁实验用以鉴别火山岩中磁性矿物的成分以设置合理的退磁方法和步骤。则弄群火山岩的载磁矿物类型主要分为三种。

第一种类型：如图 5.16(a) 所示，等温剩磁在场强 0～400 mT 内，随着外场的增加而迅速增加，约在 500 mT 达到饱和状态，对其施加反向场，其最大矫顽力约为 65 mT，表明低矫顽力磁性矿物的存在。三轴等温剩磁的热退磁实验结果如图 5.17(a) 所示，强、中、弱场磁性分量均在 300℃ 出现较大拐点，强场磁性分量在 350℃ 解阻，中、弱场磁性分量分别在 580℃ 和 600℃ 解阻，结合该样品的 IRM 结果，表明样品中含有磁黄铁矿和磁铁矿。

第二种类型：如图 5.16(b) 所示样品的等温剩磁在场强 0～2600 mT 内，随着外场的增大而增加，远未达到饱和状态，对其施加反向场，在场强 65 mT 附近出现拐点，最大矫顽力约 650 mT。表明样品中磁性矿物以高矫顽力为主，有低矫顽力磁性矿物共存。对应的三轴等温剩磁的热退磁实验结果如图 5.17(b) 所示，三个磁场的磁性分量在 100℃ 出现较大拐点，指示了针铁矿的解阻。三种组分基本上都是在 580℃ 左右衰减到零，指示了磁铁矿的解阻。由此可推断这类火山岩的主要载磁矿物为高矫顽力的针铁矿和低矫顽力的磁铁矿。

第三种类型：该类代表性样品如图 5.16(c) 所示，等温剩磁在场强 0～1300 mT 内，随外场增加而迅速增加，1300 mT 以后随着外场增加，其 IRM 增加速率缓慢，但到 2600 mT 仍未达到完全饱和，对样品施加反向场，最大矫顽力约 500 mT，在场强 200 mT 左右出现拐点，表明高、低矫顽力磁性矿物同时存在；图 5.17(c) 为对应的三轴等温剩磁的热退磁曲线，从图中可以看出强、中、弱场磁性分量均在 580℃ 附近出现拐点，最终在

690℃ 解阻，表明可能同时存在磁铁矿和赤铁矿；IRM 实验和 Lowrie 实验（1990）一致印证了样品中低、高矫顽力磁性矿物的共存，表明磁铁矿及赤铁矿为样品的主要载磁矿物。

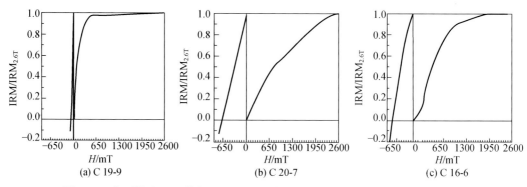

图 5.16　典型样品 IRM 获得和 SIRM 反向场退磁曲线（据谌微微，2011，修改）

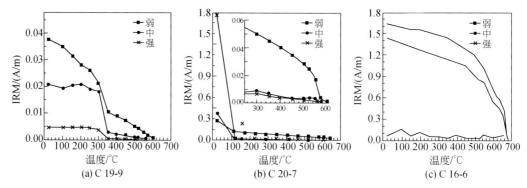

图 5.17　典型样品典型样品三轴饱和等温剩磁系统热退磁曲线（据谌微微，2011，修改）

综上所述，岩石磁学实验结果表明，样品中稳定的携磁矿物主要为赤铁矿、磁铁矿，黏滞剩磁主要由磁黄铁矿和针铁矿所携带，但具体不同采点的样品主要携磁矿物有所差异。

2. 盐湖地区早白垩世火山岩

对该地区所采火山岩进行的等温剩磁获得曲线及反向场退磁的测试显示了他们具有相似的磁性特征（图 5.18）。IRM 曲线都表现了在 200 mT 以下的剩磁获得的快速增加并达到饱和等温剩磁（SIRM）的 80%，暗示了低矫顽力磁性矿物的存在。200 mT 之后的缓慢增加直至到 2.5 T 都没有完全饱和，揭示了高矫顽力磁性矿物的存在。四块典型样品的逐步反向场退磁揭示了最大矫顽力分别约为 42 mT、50 mT、95 mT、120 mT。对应典型样品的 J-T 曲线揭示了低矫顽力的磁铁矿在 580℃ 的居里温度解阻，高矫顽力的赤铁矿在 680℃ 的居里温度解阻（图 5.19）。这些结果和退磁曲线的特征共同印证了磁铁矿和赤铁矿为盐湖地区火山岩的主要携磁矿物。

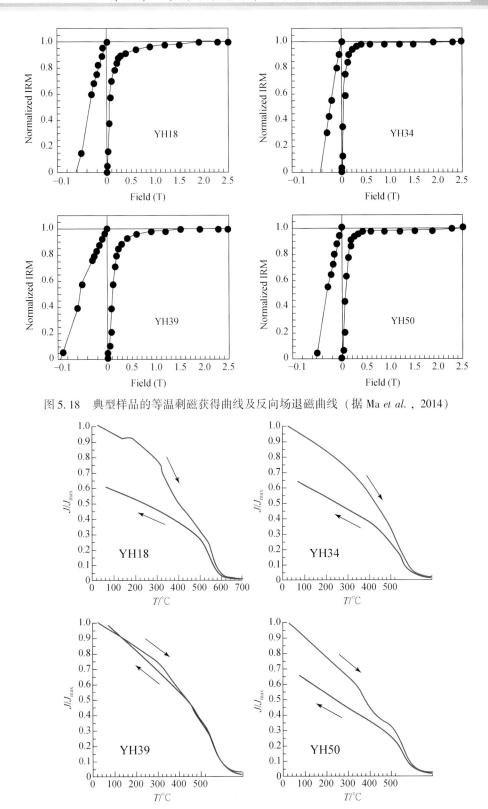

图 5.18　典型样品的等温剩磁获得曲线及反向场退磁曲线（据 Ma *et al.*，2014）

图 5.19　典型样品的 *J-T* 曲线（据 Ma *et al.*，2014）

四、古地磁学实验结果分析

1. 措勤地区早白垩世火山岩

依据典型样品的岩石磁学实验结果，我们选取热退磁技术并设定了合理的退磁步骤以分离出由磁铁矿和赤铁矿携带的特征剩磁方向。

如图 5.20 所示，凝灰岩大多数样品在 150℃ 左右退去一个不稳定的黏滞剩磁成分后，在 200~580℃（665℃）可分离出一组趋向原点的高温分量。值得注意的是，部分样品分离出了对蹠的高温分量。如图 5.21 所示，熔岩大部分样品没有稳定的接近采样区现代地磁场方向的低温分量。分析样品的高温分量可知，除了采点 DX12（$D_g = 94.4°$，$I_g = 2.2°$；$D_s = 94.3°$，$I_s = 2.5°$，$\kappa = 67.9$，$\alpha_{95} = 8.2°$），其他采点的高温分量方向一致或呈对蹠关系。大部分样品退去一个低温黏滞剩磁分量之后，在 350~570℃（680℃）温度段可分离出一组可靠的、向原点衰减的高温分量，呈现对蹠的正、反双极性。这些火山岩退磁结果显示 450℃ 之后磁铁矿和赤铁矿携带的剩磁矢量的方向是一致的，说明磁铁矿、赤铁矿基本上同时形成，整个剖面获得剩磁的机制基本相同。

表 5.1 详细列出了每个采点的高温平均方向和地层坐标下方向计算出来的极位置。分析可得，凝灰岩和熔岩样品的高温稳定分量方向极为一致，它们的高温平均方向也极为接近，因此，把所有采点（18 个）放在一起统计分析，如图 5.22 所示为 18 个采点的高温特征剩磁磁化方向立体投影图。各个采点的高温磁化方向 Fisher 统计结果见表 5.1，18 个采点的高温平均方向为：倾斜校正之前 $D_g = 318.5°$，$I_g = -2.1°$，$\kappa_g = 22.7$，$\alpha_{95} = 7.4°$；倾斜校正之后 $D_s = 327.1°$，$I_s = 35.6°$，$\kappa_s = 59.4$，$\alpha_{95} = 4.5°$，对应的古地磁极位置位于 58.3°N，342.0°E，$\alpha_{95} = 4.8°$，古纬度为 20.1°±4.8°N。倾斜校正后精度 K 值明显增大，高温特征剩磁方向在 99% 置信水平下通过 McEIhinny（1964）褶皱检验和 McFadden（1990）褶皱检验。

对 18 个采点高温特征剩磁方向进行褶皱逐步展平检验，结果表明 Fisher 统计精度参数 K 的极大值出现在 89.1% 展平状态，与 100% 展平状态时 K 值十分接近，而且显著大于 0% 展平时 K 值，表明岩石单元的特征剩磁是在褶皱变形之前获得的。另外，拉萨地体措勤地区则弄群火山岩早白垩世的高温分量具有正、反双极性（图 5.22），且呈很好的对蹠关系，分析可知高温特征剩磁方向在 95% 置信水平下通过了（C 级）倒转检验，正极性 $N_1 = 16$，$D_1 = 326.2°$，$I_1 = 35.5°$；反极性 $N_2 = 2$，$D_2 = 154.0$，$I_2 = -36.0$，$\gamma_o = 0.126 < \gamma_{critical} = 0.206$（McFadden and McElhinny，1990）。据此认为从早白垩世则弄群火山岩中获得的高温特征剩磁是在褶皱之前和地磁场发生倒转前后获得的，应代表岩石形成时的原生剩磁，并且很有可能已经平均掉了长期变化。

（1）褶皱检验 1：99% 置信水平下 McEIhinny（1964）褶皱检验为正检验，$K_s/K_g = 2.6 > F(2*(n_2-1), (n_1-1))$ at 1% point = 2.26；

（2）褶皱检验 2：99% 置信水平下 McFadden（1990）褶皱检验为正检验，critical Xi at 99% = 6.919，Xi1 IS = 7.65，Xi1 TC = 1.03；

（3）通过 C 级倒转检验（McFadden and McFadden，1990）：正极性 $N_1 = 16$，$D_1 = 326.2$，$I_1 = 35.5$；反极性 $N_2 = 2$，$D_2 = 154.0$，$I_2 = -36.0$；$\gamma_o = 0.126 < \gamma_{critical} = 0.206$。

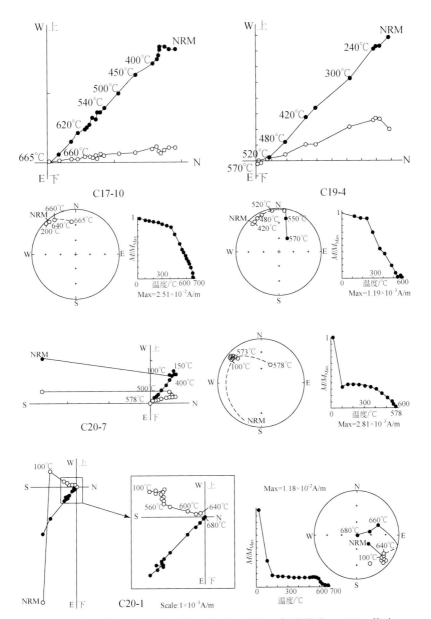

图 5.20　典型凝灰岩样品的系统热退磁矢量图（据谌微微，2011，修改）

图为地层产状校正之前，Z 视图中，实心圆表示水平投影，空心圆表示竖直投影；立体投影图中实心圆指向下球面，空心圆指向上球面

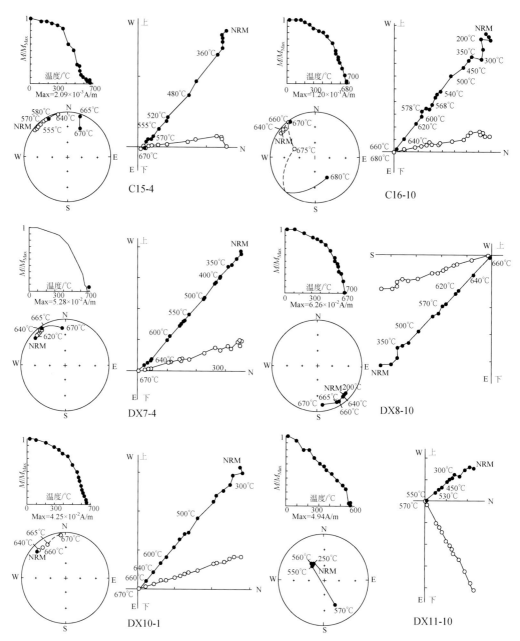

图 5.21　典型熔岩样品的系统热退磁矢量图（据谌微微，2011，修改）

图为地层产状校正之前，Z 视图中，实心圆表示水平投影，空心圆表示垂直投影；立体投影图中，实心圆指向下球面，空心圆指向上球面

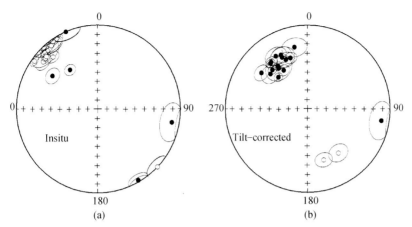

图 5.22 则弄群火山岩高温特征剩磁方向立体投影图（据 Chen *et al.*，2012）

实、空心圆分别代表下、上球面投影

表 5.1 措勤地区则弄群火山岩古地磁结果（据 Chen *et al.*，2012）

Site ID	n/N	Strike/(°)	D_g/(°)	I_g/(°)	D_s/(°)	I_s/(°)	κ	α_{95}/(°)	Plat/(°)	Plon/(°)
C15	9/9	0/48	319.2	−2.3	328.3	27.3	29.8	9.6	56.5	332.1
C16	6/6	6/55	321.5	−4.2	333.1	32	36.9	11.2	61.9	331.5
C17	7/8	6/55	323.7	−6.3	333.2	29	46.9	8.9	60.9	328.3
C18	10/11	12/49.5	337	0.3	347.7	25.9	21	10.8	69	300.4
C19	7/9	20/54	315.6	−8	323.9	39.9	24.2	12.5	56.9	348.9
C20	11/13	5/48	133.7	−0.2	145.3	−35.5	26	9.1	−56.7	162.9
DX1	9/10	20/55	312	−13.6	317.2	37.1	148.1	4.2	50.4	350.1
DX2	11/11	20/55	318.5	−18.7	321.4	29.8	70.7	5.5	51.7	340.5
DX3	7/7	20/55	307.9	−13.4	312.6	38.7	44.6	9.1	46.9	354.3
DX4	11/11	16/56	306.3	−4.3	316.6	47.2	119.1	4.2	52.5	2
DX5	8/9	14.5/55	326.7	−1.4	341	36.3	89.9	5.9	69.6	326.4
DX6	10/10	14.6/56	323.7	−4.3	335.8	36.1	38	7.9	65.5	333.4
DX7	10/12	20/53	315.5	−7.2	323.8	39.7	307.1	2.8	56.7	348.8
DX8	10/10	20/53	150.1	2.2	162.7	−35.9	40.5	7.7	−70.7	142.8
DX9	10/10	16/54	316	−8	324.7	37.6	145.5	4	56.9	345.7
DX10	12/12	10/53	314.8	−12.5	320.2	30.4	115.4	4.1	50.9	342
DX11	9/10	270/4	305.4	32.6	307.3	30.2	51	7.3	40	350
DX12	9/9	270/4	94.4	2.2	94.3	2.5	67.9	8.2	−3	171.5
DX13	6/10	3/5	325.5	41.8	329.3	44.7	145.1	6.4	62.7	352.1
Mean	164/176		318.5	−2.1	327	35.7	59.3	4.5	58.6	342.1

注：n/N：参与统计的样品数/参与测试的样品数；下标 g 为地理坐标系；下标 s 为地层坐标系；D. 偏角；I. 倾角；κ. Fisher 统计精度参数；α_{95}. 95% 置信圆锥半顶角。Plat、Plon. 古地磁极位置的经度、纬度。

2. 盐湖地区早白垩世火山岩

项目组在拉萨地体西北部盐湖乡 ES 方向上的两个层理清晰的早白垩世去申拉组火山岩剖面采集了 54 个采点的古地磁样品。经过了系统的热退磁测试、分析，典型样品的退磁曲线如图 5.23 所示。绝大部分样品是正极性的，大部分样品没有稳定的低温分量，多为单分量，并能在 400℃ 到 620～680℃ 分离出稳定的高温特征剩磁方向。个别样品呈现反极性，并与其他的正极性的样品的平均方向呈现近对蹠关系。剩磁方向按采点平均统计（高温特征剩磁方向见表 5.2），除了采点 54 以外，其他的 53 个古地磁采点均能分离并统计出稳定的高温特征剩磁方向，采点 54 表现出明显的重磁化特征，只能用重磁化大圆弧交汇求得一个方向（McFadden and McElhinny, 1988），考虑到这种方法得出的特征方向没有其他采点的特征剩磁方向可信，我们在后续的统计中将这一采点的数据舍弃。其余的 53 个采点中，有两个采点（YH40 和 YH41）的特征剩磁方向与其他 51 个采点方向明显不同，在我们仔细检查了样品的采集、定向、测试、分析各个环节过后，证实我们研究工作的各个环节均没有问题，通过 Cogné（2003）开发的古地磁分析软件分析也提示采点 YH40 和 YH41 为异常点，可能的解释是这两个相邻的采点可能记录了一次地磁漂移事件。尽管他们的剩磁倾角跟别的采点没有差别，我们还是在后来的数据统计中将他们舍弃了。最终得到 51 个采点的高温特征剩磁方向的 Fisher 平均为：地理坐标下 $D_g = 350.6°$，$I_g = 30.6°$，$\kappa_g = 14.0$，$\alpha_{95} = 5.5°$；地层坐标下 $D_s = 28.2°$，$I_s = 34.5°$，$\kappa_s = 74.3$，$\alpha_{95} = 2.3°$（图 5.24）。51 个采点的平均方向在 99% 置信水平下通过了 McElhinny（1964）褶皱检验和 McFadden（1990）褶皱检验。结合高温特征方向体现的双极性，证明了特征剩磁是褶皱之前获得的原生剩磁。

表 5.2 采点高温特征剩磁方向统计表（据 Ma *et al.*, 2014）

Site ID	n/N	Strike/(°)	$D_g/(°)$	$I_g/(°)$	$D_s/(°)$	$I_s/(°)$	κ	$\alpha_{95}/(°)$	Plat/(°)	Plon/(°)
YH1	10/11	1/65	324	24.3	11.9	42.2	87.9	5.2	76.9	206.8
YH2	10/11	1/65	331.7	25	14.8	35.5	82	5.4	71.6	212.8
YH3	10/11	11/64	344.9	32.4	33.9	34.7	33.9	8.4	56.9	187.8
YH4	10/12	3/66	345.9	31.7	27.9	26.2	78.9	5.5	58.5	202.1
YH5	7/11	2/64.5	336	27.5	19.4	33.3	57.3	8	67.5	206.9
YH6	8/11	1/65	335.8	27.4	18.8	32.4	43	8.5	67.5	209.1
YH7	10/11	1/65	335.2	27.2	18.3	33	70.7	5.8	68.1	209.2
YH8	11/13	1/65	339.2	27.5	19.7	29.6	77.3	5.2	65.7	210.6
YH9	9/11	1/65	340.9	31	24.1	29	62.7	6.6	62.4	204.5
YH10	10/10	1/65	344.1	35.8	30.1	27.4	33.6	8.5	57.3	198.5
YH11	11/12	1/65	349.1	30.8	25.9	21.8	106.1	4.5	58.2	208.1
YH12	10/11	1/65	346.5	31.3	25.8	24.4	43.9	7.4	59.3	206.2
YH13	9/11	1/65	341.1	35.1	28.7	29.7	41.5	8.1	59.2	198
YH14	6/11	5/67	346.8	23.9	21.6	24.9	133.6	5.8	62.4	211.9
YH15	10/10	360/68	339.9	31.4	25	27.8	87.9	5.2	61.3	204.4
YH16	8/10	360/68	338.4	27.8	20.7	28.5	78	6.3	64.5	210.1
YH17	7/7	5/72	339	27.2	26.5	30.8	188.6	4.4	61.3	199.5

续表

Site ID	n/N	Strike/(°)	D_g/(°)	I_g/(°)	D_s/(°)	I_s/(°)	κ	α_{95}/(°)	Plat/(°)	Plon/(°)
YH18	10/11	360/68.5	341	25.8	19.2	25.6	51.1	6.8	64.2	215.2
YH19	7/8	3/82	330.7	21.2	23.1	32.9	48.4	8.8	64.7	201.7
YH20	8/9	3/82	339.3	32.4	35.1	24.3	22.1	12.1	52.4	195.8
YH21	6/10	359/70	338.9	29.5	22.8	26.7	28.4	12.8	62.4	208.5
YH22	10/11	359/70	331	27.5	19.4	33.3	13.9	13.4	67.5	206.9
YH23	11/12	359/71	348.4	38.2	34.4	21	22.9	9.7	51.8	198.9
YH24	9/10	359/71	329.4	34	27.8	34.7	73.2	6.1	61.8	193.7
YH25	7/10	359/71	324.8	45.2	42	37.3	19.3	14.1	51	179.1
YH26	8/11	357/63	343	30.5	20.2	24.6	21	12.4	63.2	214.4
YH27	9/11	357/63	332.5	34.6	22.2	34.2	38.6	8.4	65.9	201.4
YH28	8/11	360/78	338.5	32.1	30	24.5	16.5	14	56.3	201
YH29	7/9	360/78	344	46.6	41.2	28.6	33.3	10.6	48.9	187.2
YH30	10/11	3/67	329.6	28.4	21.7	39.2	22.8	10.3	68.3	195
YH31	9/10	357/63	330.4	41.4	30	36.8	15	13.7	60.8	189
YH32	11/11	3/64	336.5	39.9	34.8	36.1	17.5	11.2	56.6	185.5
YH33	5/9	3/64	328.9	39.7	34.1	41.9	31.2	13.9	59	179.1
YH34	8/8	5/68	338.3	26.6	23.3	32.8	251.4	3.5	64.5	201.5
YH35	11/12	5/68	329.4	30.5	26.9	41	56.2	6.1	64.7	186.2
YH36	5/12	5/68	322.3	36.6	35.6	46.7	35.4	13	59	171.3
YH37	8/9	5/68	343.1	35.8	34.7	30	35.4	9.4	54.7	191.6
YH38	6/8	5/68	335.6	38.2	37	36.1	31.4	12.1	54.8	183.8
YH39	9/10	105/26	24.1	26	28.2	51.6	196.5	3.7	66.2	165.5
YH40 *	8/8	105/26	329.5	30.4	312.6	46	36.4	9.3	48.9	358.5
YH41 *	7/9	105/26	325.4	23.7	312.2	38.5	21.9	13.2	46.5	350.9
YH42	10/10	98/27	25.7	18.9	31.6	44.2	50	6.9	61.8	177.8
YH43	7/7	98/27	28.9	16.3	35	41.1	52.3	8.4	58	179.8
YH44	8/8	98/25	28.5	20.6	35	43.3	143.6	4.6	58.7	176.6
YH45	10/10	98/25	28.1	18.5	33.9	41.6	151.7	3.9	59.1	179.9
YH46	9/9	98/25	27	19.7	32.8	43	229.5	3.4	60.4	178.7
YH47	10/10	98/26	26.1	13.8	30.6	38.3	39.3	7.8	60.8	186.9
YH48	10/10	98/28	30.7	19.3	38.5	44.2	73.3	5.7	56	173.6
YH49	10/11	97/23	30.7	18.4	36.6	39.1	118.7	4.5	56.2	181.2
YH50	6/10	92/25	22.7	20.8	29.3	43.8	43.6	10.4	63.6	180
YH51	8/10	92/26	23.2	15.8	28.5	38.7	133.6	4.8	62.6	188.3
YH52	11/11	92/26	30.6	21.5	39.9	43.5	103.3	4.5	54.4	173.7
YH53	7/9	91/27	32.3	16.2	40.5	38.4	40.3	9.9	52.6	179.2
YH54 *	10/11	101/25	22.9	13.7	25.8	38	69.3	6.5	64.6	192.1
Mean	444/522 N=51 sites		350.6	30.6	28.2	34.5	74.3	2.3	61.4 κ=93.1	192.9 α_{95}=2.1

注: Site ID. 采点标号; n/N. 参与统计的样品数/参与测试的样品数; D_g/I_g. 地理坐标下的偏角/倾角; D_s/I_s. 地层坐标下的偏角/倾角; κ. Fisher 统计精度参数; $\alpha95.95\%$置信圆锥半顶角; Plat、Plon. 古地磁极位置的经度、纬度。

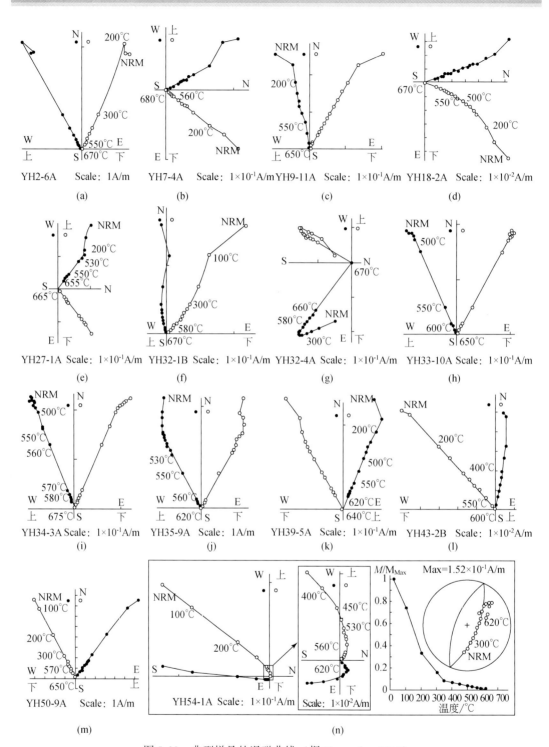

图 5.23　典型样品的退磁曲线（据 Ma *et al.*，2014）

图为地层产状校正之前，Z 视图中，实心圆表示水平投影，空心圆表示垂直投影；立体投影图中实心圆指向下球面，空心圆指向上球面

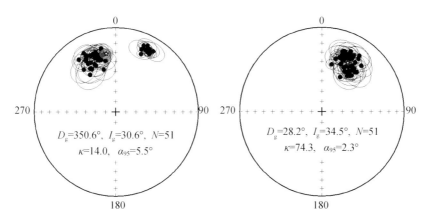

图 5.24 51 个采点的高温特征剩磁磁化方向立体投影图（据 Ma *et al.*，2014）

左右分别为地理和地层坐标系，实心圆、空心圆分别代表下、上球面投影

褶皱检验 1：99% 置信水平下 McElhinny（1964）褶皱检验为正检验，

$\kappa_s / \kappa_g = 5.30 > F(2 * (n_2 - 1), (n_1 - 1))$ at 1% point $= 1.59$

褶皱检验 2：99% 置信水平下 McFadden（1990）褶皱检验为正检验，

critical X_1 at 99% $= 11.75$，"Xi1" $I_s = 38.72$，"Xi1" $T_s = 7.26$

对于火山岩而言，能否平均掉古地磁场长期变化直接关系到数据结果的准确性。一个比较直观并被普遍接受的方法就是检测所采样品的古地磁场方向能否反映其应有的长期变化特征，即虚地磁极（VGP）散角大小是否合适。因此我们计算了每个采点对应的虚地磁极，51 个采点的平均的古地磁极，落在 61.4°N，192.9°E，$\alpha_{95} = 2.1°$，古地磁极散角为 8.3。51 个采点古地磁方向对应的古地磁极也通过了褶皱检验，求得采样点的古纬度为 19.2°N，而 VGP = 8.3 正好落在 VGP 散角的期望区间（7.0，11.3）里面，跟对应的期望的 VGP 散角（8.7）是一致的（McFadden *et al.*，1991）。这一古地磁结论，结合采样剖面的锆石 U-Pb 年代学证实的时间跨度和高温分量的双极性，并且记录了一次地磁漂移事件，揭示了早白垩世去申拉组火山岩的采点平均方向已经平均掉了长期变化。

五、结果讨论

1. 亚洲南缘的古地理位置

白垩纪期间，拉萨地体作为亚洲大陆的最南缘，其古纬度的准确约束对印度板块与亚洲大陆的碰撞时限、亚洲内部地壳缩短量和新特提斯洋的洋盆宽度等问题的研究具有非常重要的意义。前人已经做了很多的工作，下面以现有的白垩纪和古近纪的古地磁结果为基础探讨亚洲南缘的古地理位置（表 5.3、表 5.4）。

表 5.3　拉萨地体白垩纪古地磁极结果及对应于采样参考点（29°N, 87.5°E）的古纬度（据自马义明，2013，修改）

古地磁极	岩石单元、岩性	采样区	(°N, °E)	年龄/Ma	Plat (°N)	Plon (°E)	α95(dp/dm)/(°)	古纬度 (°N)	n/N	检验	参考文献
火山岩
QL	Qelico, volc.	Qelico	31.7, 91.0	~90	74.0	318.0	11.1/19.1	18.2±11.1	20/4	no	Lin and Watts, 1988
NL	Nagqu, volc.	Nagqu	31.5, 92.0	~96	78.0	282.0	4.0/6.9	17.3±4.0	33/9	no	Lin and Watts, 1988
WR	卧荣沟组, 凝灰岩	德庆	30.5, 90.1	~114	66.4	220.3	6.9/9.3	11.9±6.9	88/15	no	孙知明等，2008
SL	Shexing Fm., lava	Linzhou	29.9, 91.2	K_1-K_2	69.1	191.7	3.3/5.4	22.1±3.3	132/21	F	Tan et al., 2010
ZN	Zenong Gp., lava and tuff	Cuoqin	31.4, 85.1	~123	58.2	341.9	4.6	16.7±4.6	162/18	F, R	本书
LZ	Linzizong Gp., volc.	措勤	30.6, 85.2	99~93	65.2	222.3	5.1	10.5±5.1	82/10	F	唐祥德等，2013
QS	Qushenla Fm., lava	Yanhu	32.3, 82.6	120~132	61.4	192.9	2.1	18.3±2.1	444/51	F, D	本书
沉积岩
SR	Shexing Fm., red beds	Linzhou	29.9, 91.2	K_1-K_2	70.2	300.5	1.4/2.7	12.0±1.4	377/43	F, D	Tan et al., 2010
TP	Takena Fm., red beds	Linzhou	29.9, 91.2	K_1-K_2	68.0	340.0	6.7/11.6	20.5±6.7	68/7	F, D	Pozzi et al., 1982
TW	Takena Fm., red beds	Linzhou	29.9, 91.2	K_1-K_2	64.0	348.0	5.6/9.5	21.9±5.6	57/6	F	Westphal et al., 1983
TL	Takena Fm., red beds	Linzhou	29.9, 91.2	K_1-K_2	68.0	279.0	3.5/6.9	7.4±3.5	51/8	F	Lin and Watts, 1988
*CP1	Shexing Fm., red beds	Linzhou	29.9, 91.2	K_1-K_2	70.3	302.6	2.6	12.4±2.6	496/58	F, D	本书
NA	Takena Fm., red beds	Barda	31.7, 91.5	K_1-K_2	63.5	325.4	6.5	13.1±6.5	49/6	F	Achache et al., 1984
SA	Takena Fm., red beds	Linzhou	29.9, 91.1	K_1-K_2	71.2	288.4	7.9	11.3±7.9	61/8	F	Achache et al., 1984
SX	Shexing Fm., red beds	Maxiang	29.9, 90.7	K_1-K_2	71.9	327.2	4.5	18.9±4.5	111/17	F	Sun Z. et al., 2012
KW	Cretaceous Fm., limestone	Shiquanhe	32.7, 80.2	K	67.7	234.2	13.1/24.5	9.9±13.1	22/3	no	Chen et al., 1993

注：Plat, Plon, α95, 古地磁极的纬度（经度）和95%置信度；volc. 火山岩；Palat. 由古地磁极求得的古纬度（29°N, 87.5°E）观测到的古纬度；n/N. 古地磁研究中用于最终统计的样品和采样点点数；F. 通过褶皱检验；R. 通过倒转检验；D. 存在双极性；部分剩磁偏角在图5.8中用蓝色箭头标出指向。

表5.4　拉萨地体（古近纪）和喜马拉雅地体古地磁极结果及参考点（29°N，87.5°E）对应的古纬度（据马又明，2013，修改）

古地磁极	岩石单元，岩性	采样区	(°N, °E)	年龄/Ma	Plat (°N)	Plon (°E)	α_{95}(dp/dm)/(°)	古纬度 (°N)	n/N	检验	参考文献
					拉萨地体						
LV	Linzizong Gp., volc.	Linzhou	29.9, 91.1	~48~60	71.7	299.3	10.5	13.1±10.5	46/8	F, D	Achache et al., 1984
XM	Linzizong Gp., tuff	Mendui	30.1, 90.9	~55	73.6	274.3	7.3	12.7±7.3	99/14	F, D	Sun Z. et al., 2010
PT	Pana Fm., tuff	Linzhou	30.0, 91.2	40~43	87.1	82.6	5.7	31.9±5.7	76/9	F	Tan et al., 2010
XL	Linzizong Gp., volc., tuff and sed.	Linzhou	30.0, 91.2	44~64	69.9	267.2	4.4	8.9±4.4	148/22	F, D	Chen J. S. et al., 2010
LL	Linzizong Gp., Dykes	Linzhou	30.0, 91.1	~53	72.0	225.5	5.8	15.1±5.8	63/9	no	Liebke et al., 2010
LD	Linzizong Gp., volc.	Linzhou	30.0, 91.1	47~54	77.6	211.3	5.0	21.7±5.0	195/24	F, D	Dupont-Nivet et al., 2010
XN	Linzizong Gp., volc., tuff and sed.	Namling	29.8, 89.2	44~64	64.7	305.3	7.3	8.2±7.3	91/15	F, R	Chen J. S. et al., 2010
CJ	Cuojiangding Gp., sed.	Zhongba	29.9, 84.3	54~57	78	329	5.9	22.8±5.9	62/–	F	Meng et al., 2012
PR	Pana Fm., sed., ignimbrite, and tuff	Linzhou	30.0, 91.2	54~43	68.4	243.0	1.9	9.1±1.9	119/–	D	Huang et al., 2013
*CP2	Linzizong Gp., lava and tuff	Linzhou	30.0, 91.1	40~64	77.8	251.1	3.2	17.3±3.2	587/80	F, D	本书
					喜马拉雅地体						
ZP1	Zongpu Fm., limestone	Gamba / Duela	28.3, 88.5 / 28.0, 89.2	55~63	65.4	277.6	3.8/7.6	4.7±3.8	113/14	F	Patzelt et al., 1996
ZP2	Zongpu Fm., limestone	Gamba	28.3, 88.5	56~59	71.6	277.8	2.5	10.9±2.5	141/14	F*	Yi et al., 2011
ZP3	Zongpu Fm., limestone	Gamba	28.3, 88.5	59~62	67.3	266.3	3.5	6.3±3.5	171/18	F*	Yi et al., 2011
*CP3	Zongpu Fm., limestone	Gamba / Duela	28.3, 88.5 / 28.0, 89.2	55~63	68.2	273.1	2.5	7.3±2.5	425/46	F	Yi et al., 2011
TD	Thakkhola-Dzong Fm., Sandtone, and siltstone	Dzong	28.8, 83.8	~117	12	288.6	3.7	–44.2±3.7	95/–	F	Klootwijk and Bingham, 1980; van Hinsbergen et al., 2012

注：表注同表5.3，sed. 沉积岩。

2. 前人白垩纪的古地磁研究成果

表 5.3 和图 5.25 总结了现有的来自拉萨地体的白垩纪古地磁结果，考虑到拉萨地体东西长约 2000 km，我们以拉萨地体中部地区位于缝合带上的 GPS 点（29°N，87.5°E）为参考点来计算不同的古地磁研究观测到的古纬度。其中的七个来自于火山岩，并得出相应的期望的古纬度：18.2°±11.1°N 和 17.3°±4.0°N 分别由东拉萨地体的切里错和那曲火山岩求得，11.9°±6.9°N 和 22.1°±3.3°N 分别由拉萨地体东南部卧荣沟组和设兴组火山岩求得，16.7°±4.6°N 和 10.5°±5.1°N 分别来自拉萨地体中部的则弄群火山岩和林子宗群火山岩，还有由拉萨地体中西部北缘的去申拉组火山岩求得的 18.3°±2.1°N。这些来自不同时代不同地区的研究得出的古地磁极都投影在以参考点为圆心的小圆弧上，这暗示了拉萨地体白垩纪期间并没有经历明显的 SN 向运动，考虑到来自火山岩的古地磁结果只是提供了地磁场变化的点记录，要想获得一个准确的古纬度就必须有足够的古地磁采点以平均掉火山岩记录的长期变化。我们用所有的 128 个现有的火山岩古地磁采点，给拉萨地体南缘（参考点）求了一个平均的古纬度 17.2°±1.1°N，并认为这是白垩纪期间亚洲南缘最可信赖的古纬度估计。这和我们的两个可靠的早白垩世火山岩古地磁极观测到的古纬度的平均（17.5°±3.7°N）一致。

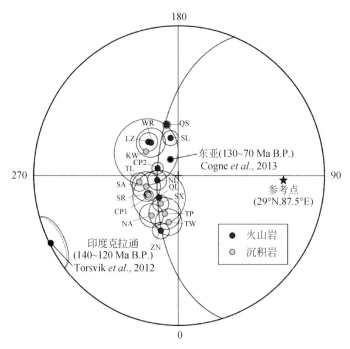

图 5.25　拉萨地体白垩纪古地磁极等面积投影图（据 Ma *et al.*，2014，修改）

在前人的拉萨地体白垩纪古地磁研究的成果中，有八个来自沉积岩，有七个来自设兴组的红层（以前被称为塔克那组的红层现也已经统一归并为设兴组红层），其中，采自同一采样位置（29.9°N，91.2°E）的四个古地磁研究对应于参考点（29°N，87.5°E）分别得到了 7.4°±3.5°N（Lin and Watts，1988）、20.5°±6.7°N（Pozzi *et al.*，1982）、21.9°±5.6°N（Westphal *et al.*，1983）和 12.0°±1.4°N（Tan *et al.*，2010）的古纬度。另外三个设兴组红层的古地磁分别观测到了 13.1°±6.5°N（Achache et al.，1984）、11.3°±7.9°N（Achache et al.，1984）和 18.9°±4.5°N（Sun et al.，2012）的古纬度。除此之外，Chen等（1993）报道了位于拉萨地体西部的狮泉河地区的灰岩的古地磁结果，该古地磁极由 22 个古地磁样品方向求得，并得到了 9.9°±13.1°N 的古纬度，尽管在误差范围内，与别的红层的古地磁结果是一致的，但是考虑到没有可靠地古地磁检验和太少的古地磁样品造成的太大的误差范围，我们在后面的分析中将它忽略。

如图 5.25 所示，所有的红岩和火山岩古地磁极都落于以参考点为圆心的小圆弧上，表明沉积岩和火山岩观测到了较一致的参考点的古纬度。暗示了红层中即使存在压实作用导致的倾角变缓现象（Gilder et al.，2001；Tan et al.，2002），也并不显著。由于可能的倾角偏缓已经成为一个制约沉积岩结果可信度的一个重要因素（Najman et al.，2010）。前人的研究论文中也纷纷暗示在定量解释用 E/I 分析矫正过的数据时要特别小心（Najman et al.，2010；Sun et al.，2012）。考虑到至今仍然争论不休的关于拉萨地体沉积岩倾角偏缓的问题，我们仅用我们可信赖的火山岩的古地磁数据作为进一步探讨亚洲南缘稳定古纬度的数据基础。

3. 前人古近纪的古地磁研究成果

近年来，关于拉萨地体古近纪的古地磁和年代学研究已有很多成果被发表（Chen et al.，2010；Dupont-Nivet et al.，2010；Liebke et al.，2010；Sun Z. et al.，2010；Tan et al.，2010；Meng et al.，2012）。这些研究成果大大提高了拉萨地体古近纪的古地磁研究程度。见表 5.4 总结了现有的古新世到始新世的古地磁结果，同样以拉萨地体中部地区位处缝合线上的 GPS 点（29°N，87.5°E）为参考点，对应的期望的古纬度已经被计算并列入表中。这些古地磁结果中，只有一个是来自于拉萨地体中西部地区的沉积岩。Meng 等（2012）的沉积岩古地磁结果得到了拉萨地体于约 55 Ma B. P. 在 22.8°±5.9°N。其它结果都是来自拉萨地体东部的林子宗群。林子宗群的火山岩的形成年龄已经被 $^{40}Ar/^{39}Ar$ 或者 U-Pb 锆石定年证明为 40~64 Ma（莫宣学等，2003）。其中三个来自东拉萨地体的林子宗群火山-沉积岩揭示了 8.2°±7.3°N、8.9°±4.4°N 和 9.1°±1.9°N 的古纬度（Chen et al.，2010；Huang et al.，2013）。此外，五个火山岩古地磁极得到的古纬度分别为 13.1°±10.5°N、12.7°±7.3°N、15.1°±5.8°N、21.7°±5.0°N 和 31.9°±5.7°N（Achache et al.，1984；Sun et al.，2010；Liebke et al.，2010；Dupont-Nivet et al.，2010；Tan et al.，2010）。因为火山岩的古地磁结果只提供地磁场信息的点记录（Tauxe，1993），而由火山岩结果推算的参考点古纬度从 8.2°N 到 31.9°N 不等，如此大幅度的变化可能反映了地磁场的长期变化。考虑到拉萨地体白垩纪以来造山带内部局部旋转和压实作用导致沉积岩的倾角偏缓问题的普遍存在（Gilder et al.，2001；Tan et al.，2003），我们计算了所有林子宗群火山岩的 80 个采点的平均方向产状校正后为 $D_s=4.4°$，$I_s=32.1°$，$\alpha_{95}=3.7°$。采点平均方向在 99% 置信水平通过了 McElhinny（1964）褶皱检验和 McFadden（1990）褶皱检验，对应的平均极位于 77.8°N，251.1°E（$\alpha_{95}=3.2°$）（表 5.3），对应的 VGP 散角为 16.1°，比 80~45 Ma B. P. 期间的期望值 11.9°大，但比 45~22.5 Ma B. P. 的期望的 VGP 散角 17.3°小。考虑到林子宗群长的时间跨度，大量的古地磁采点和双极性，说明采点平均的古地磁极已经平均掉了长期变化，因此可用于计算确切的拉萨地体的古纬度。这一平均的古地磁极求得的参考点的古纬度为 17.3°±3.2°N，这跟我们白垩纪火山岩的结果（17.2°±1.1°N）非常一致。这意味着从早白垩世到古新世，直到印度板块与欧亚大陆碰撞发生，拉萨地体一直稳定在 17.2°N。

极点投影图（图 5.26）中，我们可以看到古近纪的古地磁采点的结合极与我们高质量的早白垩古地磁极很好地落在了以（29°N，87.5°E）为圆心，以余纬度 72.5°±3.7° 为半径的圆弧上，这也暗示了亚洲南缘从白垩纪到古近纪期间，一直处于相对稳定的 17.5°±3.7°N 的古纬度。这一结论与前人的认识也很一致，例如，基于欧亚板块的稳定的极移曲线以及拉萨地体早白垩以来稳定的古地理位置，Najman 等（2010）总结了林子宗火山岩的古地磁结果并得出了拉萨地体晚白垩世到始新世以来的 SN 向地壳缩短是不显著的。Sun Z. M. 等（2012）通过对晚白垩世红层的古地磁研究得出了同样的结论。

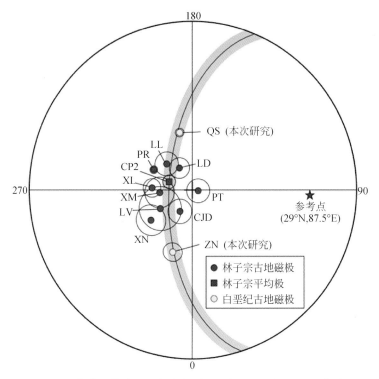

图 5.26　拉萨地体古近纪极点投影图（据马义明，2013，修改）

4. 新特提斯洋的 SN 向宽度

雅鲁藏布江被认为是印度板块与亚洲大陆碰撞发生的边界，它分开了喜马拉雅地块和拉萨地体，新特提斯洋在晚三叠世打开，在早白垩世达到它的最大宽度（Yin and Harrison，2000；Metcalfe，2013），它的最大宽度可以通过比较拉萨地体的南缘与喜马拉雅地体的最北缘的古纬度差得出。拉萨地体方面，在白垩纪稳定于 17.2°N 的位置，而喜马拉雅地体早白垩世的古地磁极很少，Klootwijk 和 Bingham（1980）对应于参考点提供了 44.2°S 的古纬度，早白垩世的喜马拉雅地体和印度板块还是连成一体的，因此，我们用印度板块早白垩世的古地磁极结果来约束印度板块北缘，印度板块 140～120 Ma B. P. 时期，对应的平均极是 $\lambda = 0.8°N$，$\varphi = 297.1°E$，$\alpha_{95} = 10.9°$，对应着位于 $48.9°\pm10.9°S$ 的喜马拉雅地体北缘，因此，这 $66.1°$ 的古纬度差就揭示了早白垩世新特提斯洋的宽度达到了 $7300~km$，如图 5.27 所示。

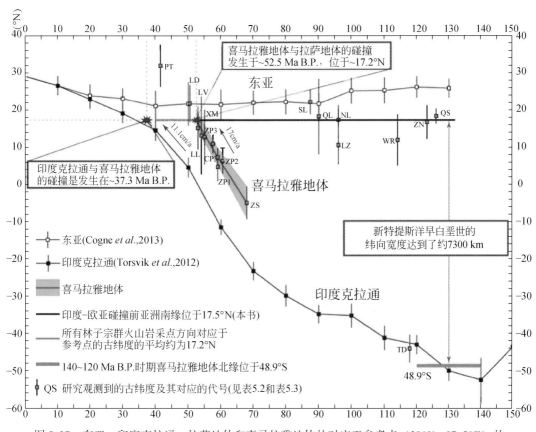

图 5.27　东亚、印度克拉通、拉萨地体和喜马拉雅地体的对应于参考点（29°N，87.5°E）的古纬度演化图（展示了印度-欧亚碰撞的两期碰撞过程）

5. 印度板块与欧亚大陆碰撞时限

在白垩纪到古近纪期间，拉萨地体作为稳定亚洲南缘，一直处于相对稳定的古纬度，因此，如 Tan 等（2010）和 Sun Z. 等（2012）以他们各自的晚白垩世的古地磁结果来限制碰撞时限一样，我们高质量的白垩纪古地磁结果也有助于约束初始碰撞时限。理论上，当印度板块北缘的喜马拉雅地块最北边与亚洲大陆南缘拉萨地体最南边重合时，即为碰撞的开始。考虑到拉萨地体自从印度板块与亚洲大陆碰撞以来，拉萨地体主要沿相对小的逆冲带发生缩短，且并不显著，不超过15%（40 km；Kapp et al.，2007）。远小于误差范围，因此可以忽略不计，即亚洲最南缘应该就位于 $17.2°\pm1.1°N$ 的古纬度。

而对于雅鲁藏布江缝合带南边的印度板块，碰撞时限取决于大印度的北向延伸量。然而，大印度的北向延伸量至今仍没有达成一致意见。正是由于"大印度"北向延伸量的不确定，由印度板块的极移曲线求得的其北缘的古纬度，不能用以代表大印度北缘的古纬度。考虑到这一至今仍存在较大争议的"大印度"的北向延伸量的不确定性，而喜马拉雅地块代表了印度板块的最北缘，所以我们只能通过喜马拉雅地块的古地磁工作来尽可能的恢复印度板块的最北缘的古地理位置。Sun Z. 等（2012）正是用喜马拉雅地块的最北缘的古纬度代替了大印度的北向延伸的规模。需要指出的是，喜马拉雅地块的古地磁结果求得的最北缘只代表了"大印度"的最少的北向延伸量，因为它忽略了俯冲到亚洲大陆以下"大印度"北缘的那部分北向延伸量，不过，喜马拉雅地块的古地磁数据至少给出了大印度北向延伸的最少的估计。

通过高分辨率磁性地层的研究，Yi 等（2011）得到了高质量的古地磁和磁性地层数据：~62 ~59 Ma B. P. 和 ~59 ~56 Ma B. P. 的古地磁极 67.3°N，266.3°E（$\alpha_{95} = 3.5°$）和 71.6°N，277.8°E（$\alpha_{95} = 2.5°$）（表5.4）。由此得到了参考点（29°N，87.5°E）对应的证实的古纬度分别为 6.3°±3.5°N 和 10.9°±2.5°N。为了得到更据统计意义的古地磁结果，我们将 Yi 等（2011）中的 ~56 ~52 Ma B. P. 的 32 个古地磁采点和 Patzelt 等（1996）的 ~59 Ma B. P. 时期的 14 个古地磁采点对应的虚地磁极求一个平均，得到一个平均的古地磁极在 ~59 Ma B. P. 时的极位置为 68.2°N，273.1°E，$\alpha_{95} = 2.5°$，对应参考点（29°N，87.5°E）的证实的古纬度为 7.3°±2.5°N（~59 Ma B. P.）应代表了当时的喜马拉雅地体的最北缘的古纬度。这一古纬度距亚洲最南缘的古纬度 17.2°±1.1°N，还存在着 ~9.9°的古纬度差。理论上，只要喜马拉雅地块在快速北向移动中走完这一古纬度差，则开始了最初的碰撞。

由 Yi 等（2011）的高质量的古地磁结果，~62 ~59 Ma B. P. 和 ~59 ~56 Ma B. P. 的古地磁极 67.3°N，266.3°E（$\alpha_{95} = 3.5°$）和 71.6°N，277.8°E（$\alpha_{95} = 2.5°$），由此得到了参考点（29°N，87.5°E）对应的观测到的古纬度分别为 6.3°±3.5°N 和 10.9°±2.5°N，这暗示了 ~17.0 cm/a 的喜马拉雅地体的北向运动速度。由此，外延这一速率，我们得到喜马拉雅地体在 ~59 Ma B. P. 时期，还需要 ~6.7 Ma B. P. 的北向运动才能与位于 ~17.2°N 的发生碰撞。约 52.5 Ma B. P. 的碰撞时限与前人的估计基本一致，与印度板块于 55 ~ 50 Ma B. P. 的突然减速也吻合（Torsvik *et al.*，2008；Molnar and Stock，2009）；与最晚的海相沉积记录和最早的蛇绿岩碎屑的出现时代相一致（Zhu B. *et al.*，2005；Green *et al.*，2008；Najman *et al.*，2010），以及与在喜马拉雅地体始新世早期的俯冲相关的超高压变质岩的出现相吻合（Guillot *et al.*，2008）。它排除了较晚的 35 Ma B. P. 和 43 Ma B. P. 的初始碰撞时限的可能。又因为这一推论是建立在大印度北向延伸量最少的估计的基础上的，如果在大印度具有更大的北向延伸（如喜马拉雅地块的最北缘可能已经下插到亚洲大陆之下），则碰撞年龄会更老。

显然，在喜马拉雅地体与亚洲南缘于 ~52.5 Ma B. P. 在 ~17.2°N 发生碰撞时，狭长的喜马拉雅地体的南缘与印度板块北缘（~0.8°N）还存在 ~16.4°的古纬度差，这暗示了一个洋盆的存在，因此，印度板块与欧亚大陆的碰撞应包含了两期碰撞，前一期是喜马拉雅地体与拉萨地体的碰撞，后一期是印度板块与喜马拉雅的碰撞。根据拉萨地体林子宗火山岩得出的在约 40 Ma B. P. 以前拉萨地体较稳定的古纬度，因此在约 52.5 Ma B. P. 到约 40 Ma B. P. 期间，作为亚洲南缘的喜马拉雅地体的古纬度是比较稳定的，直到后一期的碰撞发生。印度板块相对于喜马拉雅地体的北向移动被长期以来的洋盆的俯冲所吸收。由极移曲线可以大致推测出 50 ~ 40 Ma B. P. 期间印度板块的北向运动的速度约为 11.1 cm/a

（Torsvik *et al.*，2012），外延这一速率，得到了印度板块与喜马拉雅地体最有可能的碰撞时间是 ~37. 3 Ma B. P. （图 5. 27）。

这一结论与印度板块极移曲线所反映出来的在 ~40 Ma B. P. 时期的减速相吻合，而正是这一次碰撞不仅导致了其后稳定亚洲南缘的持续的向北挤压，并造成强烈的亚洲内部变形，特别是青藏高原的陆内变形和地壳缩短（Molnar and Tapponnier，1975；Matte *et al.*，1996；Meyer *et al.*，1998），还导致了青藏高原的快速隆升。

6. 亚洲内部陆内缩短总量

由证实的白垩纪的古地磁结果求得的对应参考点（29°N，87. 5°E）的古纬度（17. 2°±1. 1°），和东亚极移曲线上 70 Ma B. P. 和 130 Ma B. P. 的平均极求得的该参考点期望的古纬度做比较，得到了一个明显的古纬度差为 6. 8°±2. 0°，对应了 SN 向缩短了约（750±220）km。

显然，异常低的古纬度在整个中亚和西藏地区的很多白垩纪和古近纪普遍存在，并被归因为几种最重要的假说，压实作用导致的倾角变缓，长期的非偶极子场，构造缩短，不完善的欧亚极移曲线，非刚性的欧亚板块。由于压实作用造成的倾角偏缓只存在于沉积岩之中，因此这一解释不适用于现在对火山岩的解释。

Westphal（1993）和 Chauvin 等（1996）首次提出了长期的非偶极子场的存在是中亚地区古近纪期间证实的异常低的古纬度的可能原因。然而，很多前人的研究表明，主要的非偶极子场是不超过地磁场总量 4% ~ 5% 的四极子场或八极子场（Besse and Courtillot，1991；Johnson *et al.*，2008；Cogné *et al.*，2013）。而且，Gilder 等（2003）得到的早白垩世火山岩的古地磁数据证实了塔里木盆地观测到的古纬度与由 Besse 和 Courtillot（2002，2003）构建的欧亚参考极极移曲线求得的期望的古纬度一致，因此否决了该地区存在一个长期的非偶极子场的可能。而该时期的白垩纪，正好对应了则弄群和去申拉组的形成时期。因此也没有清晰的证据证明异常低的古纬度是由于长期的非偶极子场的存在。

Besse 和 Courtillot（2002，2003）构建的欧亚极移曲线是中新生代亚洲古地磁研究中被应用最多的极移曲线。值得注意的是，构建该极移曲线的数据主要来自于欧洲西北部地区，只有少数来自西伯利亚和东亚地区，然而，最近的地质与地球物理证据表明欧亚大陆西部（欧洲）与东部（西伯利亚）之间的相对运动直到新生代仍旧存在（Bergerat *et al.*，2007）。Cogné 等（2013）认为 Besse 和 Courtillot（2002，2003）中的欧亚极移曲线不适用于西伯利亚，因此，Cogné 等（2013）基于西伯利亚克拉通、华南、华北板块和朝鲜半岛的古地磁数据，专门构建了一个适用于东亚的古地磁极移曲线。因为异常低的古纬度是与东亚的参考极比较而得的，因此排除了误用欧亚板块参考极导致偏低的可能。

排除了上述可能，拉萨地体白垩纪可靠的古地磁极证实的参考点古纬度（17. 2°）与同时期的东亚参考极期望的参考点的古纬度差异（6. 8°±2. 0°），被认为是由新生代印度板块–亚洲大陆陆–陆碰撞汇聚造成的拉萨地体与稳定亚洲的 SN 向的陆内缩短造成的，如图 5. 8 所示。几个主要的褶皱逆冲带吸收了由印度板块挤入而造成的陆内缩短。值得注意的是，由白垩纪火山岩古地磁数据约束的约（750±220）km 的 SN 向缩短量，正好与新生代的褶皱逆冲带的吸收量一致（Yin and Harrison，2000；Spurlin *et al.*，2005；Lippert *et al.*，2011；van Hinsbergen *et al.*，2011），包括采样区和河西走廊之间的狮泉河–改则–安多逆冲系（120~250 km）、风火山–囊谦褶皱逆冲带（70~110 km）、祁曼塔格–北昆仑逆冲系（70~270 km）以及南山逆冲带（~360 km）。

第四节　缅泰地块与印支地块白垩纪以来
构造运动的古地磁研究

　　古近纪时期印度板块和欧亚板块的碰撞及随后印度板块持续向欧亚板块内部的楔入挤压作用导致亚洲大陆内部发生了强烈的构造变形，不仅形成了喜马拉雅山脉及中亚内部众多山系，还在青藏高原内部周缘地区形成了一系列规模巨大的走滑断裂系（Molnar and Tapponnier，1975；Klootwijk *et al.*，1985；Jaeger *et al.*，1989；Beck *et al.*，1995；Aitchison *et al.*，2007；Tong *et al.*，2008；Van Hinsbergen *et al.*，2012）。多年来的地质学和古地磁学研究表明自古新世以来印度板块与欧亚大陆之间至少发生了约 2500 km 的 SN 向收缩量（Molnar *et al.*，2009；Copley *et al*，2010；Canda *et al.*，2011；Van Hinsbergen *et al.*，2011），最近 Cogné（2013）等通过重新计算的东亚大陆视极移曲线（EA-APWP）并估算了印度板块与西伯利亚稳定区之间的 SN 向收敛量，提出在去除亚州新生代红层地层磁倾角偏低的影响后，计算得出的印度板块与西伯利亚板块之间的 SN 向缩短也达到了 2080±603 km。

　　自 1980 年以来，地质学研究建立了多个构造模型重塑印度板块–欧亚板块碰撞带的形成过程，并试图解释青藏高原隆升的机制以及自印亚碰撞以来印度板块与欧亚大陆间巨大的 SN 向缩短量的形成原因。其中欧亚大陆陆内地壳连续挤压缩短变形和地壳增厚模型（England *et al.*，1986，1989；Houseman，1993；Holt *et al.*，2000），欧亚大陆南缘镶嵌地块沿大型走滑断裂带的侧向挤出逃逸模型（Tapponnier *et al.*，1982；Peltzer and Tapponnier，1988）以及欧亚大陆南缘下地壳黏性流沿狭窄通道 E 向或 ES 向流出模型（Royden *et al.*，1997，2008）占据主导地位。Shen 等（2001）提出了青藏高原分步式隆升模型，认为青藏高原南缘首先发生了地壳增厚和高原抬升，之后这一构造作用逐渐向 NE 向逐步发展，最终形成了现今的高原，这一过程中地块的侧向挤出作用、地壳挤压缩短增厚作用以及下地壳黏性通道流作用在青藏高原不同演化阶段以及不同区域内起到了主导作用。Tapponnier 研究团队通过近几年来的研究结果确认了青藏高原的分阶段隆升模式，提出在青藏高原的多阶段构造演化历史中，地壳块体的侧向挤出运动以及地壳的变形增厚作用在不同构造时期中分别起到了主导作用（Royden *et al.*，1997，2008；Replumaz and Tapponnier，2003）。十多年来在青藏高原南部和中国西南部进行的 GPS 监测研究提出青藏高原地壳的刚性旋转作用造成了地壳东向挤出作用，导致了印度板块与欧亚大陆间至少 50% 的 NE 向逆冲缩短量（Gan *et al.*，2007），而以东喜马拉雅构造为中心，青藏高原地壳物质自高原中部和西部开始，以鲜水河小江断裂带为走滑边界发生了顺时针旋转变形作用，这一地壳变形特征在青藏高原东南缘尤为凸出，这种地壳变形特征暗示高原内部高塑性上地壳在下地壳黏性通道流的驱动下发生了东南侧向逃逸运动（Shen *et al.*，2001；Gan *et al.*，2007）。可见东南亚地区镶嵌地块的侧向顺时针旋转挤出运动以及挤出地壳块体的陆内变形特征对于深入剖析青藏高原隆升机制以及印亚碰撞以来印度板块与欧亚大陆间巨大 SN 向收敛量的形成原因有着重要的意义。

　　磁性构造学对于地壳块体间的相对旋转运动以及 SN 纬向运动的研究有着非常有效和独特的作用。过去 20 多的，众多学者针对青藏高原镶嵌地块沿大型走滑断裂带的侧向挤出逃逸模型在滇缅泰地块和印度支那地块白垩纪以来红层地层中开展了大量的古地磁学研究，都证实滇缅泰地块和印度支那地块自印亚碰撞以来沿其边界走滑断裂带发生了约 1000 km 的南向滑移运动，同时还伴随着顺时针旋转运动（Funahara *et al.*，1992，1993；Huang *et al.*，1993；Yang *et al.*，1993，2001；杨振宇等，1998；Sato *et al.*，1999，2001，2007；Tanaka *et al.*，2008；Otofuji *et al.*，2012）。然而随着古地磁研究区域的逐渐扩展，越来越多的古地磁数据显示滇缅泰地块东北部思茅地相对华南板块发生了明显的差异性顺时针旋转变形，甚至思茅地体东部江城地区发生了逆时针旋转运动（杨振宇等，2001；张海峰等，2012），表明思茅地体在东南侧向旋转挤出运动的过程中经历了强烈的地壳差异性变形作用。Tanaka 等（2008）总结了当前思茅地体上可靠的古地磁数据，提出思茅地体陆内差异性旋转变形运动与思茅地体内部广泛分布的弧形兰坪–思茅褶皱带的发展演化有关联。根据这一构造模型，思茅地体中部蜂腰部位以东景谷、镇沅地区发生较大角度的顺时针旋转变形，正对蜂腰部位的景东至南涧之间的区域可能发生了较为混乱的旋转变形运动，而进一步推测思茅地体中部蜂腰部位以北的临近区域则可能发生了较小角度的顺时针旋转变形甚至逆时针旋转变形作用。因此，思茅地体中部蜂腰部位地壳的旋转变形特征与褶皱轴向间的关系是这一构造模型建立的关键所在。

　　前人得到的古地磁数据集中于思茅地体北部的兰坪、云龙、永平地块，思茅地体中部的景谷、镇沅以及普洱地区以及地体东南部江城和勐腊地区（Funahara *et al.*，1993；Huang *et al.*，1993；Sato *et al.*，1999，2001，2007；Yang *et al.*，2001；Tanaka *et al.*，2008；张海峰等，2012）。但是，由于前人研究成果大都局限的古地磁学研究或地质学研究，并没有过多考虑古地磁学研究结果与实际地质实情之前的联系，因此更为详细和符合青藏高原东南缘走滑断裂体系以及新生代褶皱系的形成和演化过程的运动学模型现在还并没有很好的建立以起来，这严重影响了我们对于青藏高原东南缘缅泰地块，印度支那地块新生代以来的地壳变形特征、构造演化过程以及其动力学背景的认识和了解，这极大地阻碍了青藏高原周缘新生代地壳变形特征以及青藏高原隆升机制的研究。因此，我们在青藏高原东南缘缅泰地块最北缘思茅地体内部多个重要构造部位白垩纪和古近纪地层中进行了大量的古地磁学研究，获得了大量可靠的一手定量数据资料，建立了青藏高原东南缘各拼贴地体新生代以来自印亚碰撞以及二者间持续近 SN 向挤压作用下而发生的东南侧向旋转挤出运动的运动学模型，并解释地壳内部地壳变形特征和陆内旋转变形发展演化过程。

一、地质背景

　　青藏高原的东南部由滇缅泰马地块，印支地块，川滇微地块等多个次级块体拼贴组成，其间被金沙江–哀牢山–红河走滑断裂带以及奠边府走滑断裂带分割（图5.28），自古近纪以来由于印度板块持续楔入欧亚板块导致这些地块发生了持续的东南侧向旋转挤出逃逸运动（Funahara *et al.*, 1993; Huang *et al.*, 1993; Sato *et al.*, 1999, 2001, 2007; Yang *et al.*, 2001; Tanaka *et al.*, 2008）。思茅地体位于滇缅泰马地块东北部，其北东缘和西南缘分别以哀牢山-红河走滑断裂带和崇山断裂带为边界，在构造位置上紧邻东喜马拉雅构造结东侧（图5.28）。同位素年代学研究认为红河断裂带自渐新世时期（约32 Ma B. P.）开始发生大规模左旋走滑运动，并一直持续到了约17 Ma B. P.，之后自上新世时期（约5 Ma B. P.）开始转变为右旋走滑运动（Leloup *et al.*, 1995, 2001; Wang E. *et al.*, 1998; Gilley *et al.*, 2003）。而崇山断裂带是一条新生代左旋走滑断裂带，其构成了思茅地体和保山地体的块体边界（Wang X. F. *et al.*, 2000），其初始走滑运动开始于32 Ma B. P. 左右，晚期走滑运动约在29~27 Ma B. P.（Wang Y. J. *et al.*, 2006）。

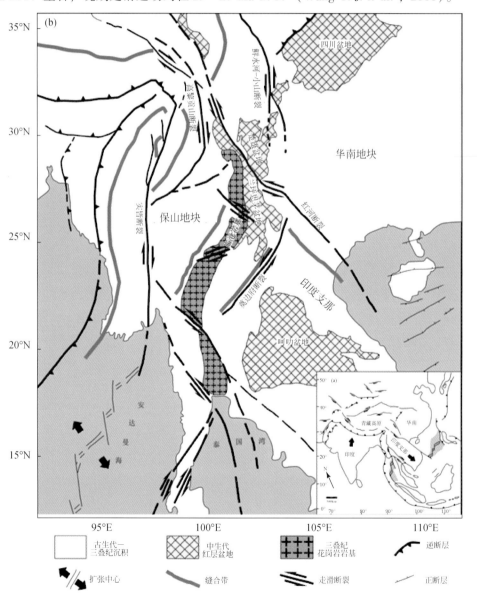

图5.28　东南亚大地构造简图

由于受到印度板块与欧亚大陆间的碰撞和持续挤压作用，思茅地体内部形成了一套与金沙江–红河–哀牢山走滑断裂带近平行展布的逆冲断裂系和近 NE–SW 走向的走滑断裂系，同时自思茅地体北缘兰坪地区开始直至思茅地体南部景洪地区普遍发育轴向近 NW 或 NNW 向的褶皱带，思茅地体外部则发育多条近 SN 向或 NNE 向展布的大规模左旋走滑断裂带（Wang E. *et al.*，1998；Gilley *et al.*，2003；图 5.28）。思茅地体中部巍山至景东地区处于澜沧江断裂带和无量山–营盘山断裂带之间，思茅地体褶皱带的宽度在本区域迅速减小形成明显的蜂腰地貌，该区是思茅地体内部构造变形最为强烈的地区，主要表现为白垩纪以来红层地层的褶皱和断裂，构造线行迹明显。总体上本区一系列褶皱和断裂组成了反 S 形状的弧形构造带形式，在蜂腰部位以北区域构造带线迹方向大体呈 NWW–NW 向，在蜂腰部位内部构造线迹方向转变为近 NW–SE 向，而在蜂腰部位以东区域构造线迹方向又转变为近 SN 向甚至 NNE 向，其构造线行迹延伸方向基本平行于澜沧江断裂带展布（云南省地质矿产局，1990）。而在思茅地体中部蜂腰部位北侧和南侧，近 SN 走向的程海–鱼泡江断裂带和近 NE 向的南汀河左旋走滑断裂带分别与红河走滑断裂和澜沧江断裂带相交。地体内部和地体周缘的断裂构造体系的发展演化严格控制了地体内部地壳变形特征。

缅泰地块最北缘思茅地体中部的巍山、南涧地区是兰坪–思茅弧形褶皱带构造线迹发生明显突然转折的重点部分，思茅地体东缘的江城地区同样也是构造线行迹由近 NW 向转变为近 EW 向的重要构造转折部位，而思茅地体东南部勐腊地区责是整个思茅地体同部相对稳定的区域。为了分析缅泰地块和印度支那地块新生代以来整体的顺时针旋转挤出运动以及各地块的陆内差异性旋转变形支动，我们在缅泰地块最北缘思茅地体中部的巍山、南涧地区，思茅地体东部的勐腊、勐仑地区以及思茅地体东部的江城地区设置了多条构造古地磁剖面。通过这些重要构造部位的构造古地磁研究，并收集缅泰地块内部及印度支那地块内部所有可信的白垩纪和新生代古地磁学数据，再结合青藏高原东南缘区域新生代大型走滑断裂带的活动和演化历史，从而建立合理的青藏高原东南缘拼贴地体东南侧向旋转挤出运动的运动学模型，并分析其动力学机制。

二、思茅地体景东、镇沅、及江城地区白垩纪地层古地磁学研究

1. 地质背景及古地磁采样

思茅地区位于兰坪–思茅盆地南部，印度支那地块的北部，东侧以 NW 向红河断裂为界和华南地块相邻，红河断裂向北可与金沙江缝合带相接（Wang K. F. *et al.*，2000），前人研究认为印度支那地块在古近纪、新近纪发生过大规模的左行走滑运动（Leloup *et al.*，1995，2001；Chung *et al.*，1997；Gilley *et al.*，2003），上新世以后则发生右行走滑活动，并一直延续至今（Replumaz *et al.*，2001；向宏发等，2006）。思茅地区西侧与保山地块相接，两者以昌宁–孟连缝合带为界，在缝合带东侧分布着临沧花岗岩，是洋壳俯冲碰撞过程中形成的碰撞型花岗岩（钟大赉等，1998），临沧花岗岩东界为近 SN 走向的澜沧江断裂。思茅地区东南部，奠边府断裂从我国境内沿 SN 向延伸至越南西北部，转向 NW–SE 向直至老挝境内（图 5.28）。

尽管对兰坪–思茅盆地的形成与演化存在不同的认识（何科照等，1996；朱创业等，

1997；帅开业等，2000；李兴振，2002），但基本都认为自三叠纪以后进入了陆内演化过程，大部分地区充填陆源碎屑沉积，仅在盆地边缘沿断裂带出露前寒武变质岩基底和三叠纪火山岩。思茅地区三叠纪地层缺失下统，中统零星出露，上统发育齐全，以发育碳酸盐岩与碎屑岩的交互沉积为特征，其上假整合侏罗纪地层，主要为紫红色砂岩、粉砂岩和泥岩互层，局部可见泥灰岩。白垩纪地层平行不整合覆盖在侏罗纪之上，由下至上依次为下白垩统景星组、下白垩统曼岗组、下白垩统虎头寺组和上白垩统曼宽河组，之间均为整合接触，其中上白垩统曼宽河组仅见于江城和勐腊一带，其他地区缺失（图5.29）。下白垩统景星组按岩性可分为上、下两部分，下部岩性较粗，以灰白、灰黄色砂岩为主，富含双壳类（如 *Koreanaia yunnanensis*、*Nakamuranaia mojiangensis*）和介形类（如 *Darwinula contracta*、*Mantelliana hepingxiangensis*）化石，时代为早白垩世早期；上部岩性较细，以紫红色砂岩、粉砂岩和泥岩为主，生物化石少见；下白垩统曼岗组为一套红色碎屑沉积，向上泥质增多，以发育大套紫色块状砂岩为特征，含双壳类 *Nakamuranaia chingshanensis*、*Nippononaia carinata*；介形类 *Monosulcocypris yunlongensis*、*Cypridea dayaoensis* 以及叶肢介、轮藻、孢粉等早白垩世早期化石，在滇西部分地区与该组层位相当的一套地层亦称作南星组；下白垩统虎头寺组岩性以浅灰棕、浅灰白、浅黄绿色的块状细粒长石石英砂岩为主，夹少量泥质粉砂岩和泥岩；上白垩统曼宽河组岩性较细，以泥质岩、粉砂质泥岩为主，夹少量细粒砂岩，有时顶部夹泥灰岩，含介形类 *Cristocypridea- Cypridea- Quadracypris* 组合（云南省地质矿产局，1990；张远志等，1996）。虎头寺组或曼宽河组上覆古新世勐野井组，多以平行不整合接触，为一套红色含膏盐的砂岩、泥岩。始新世等黑（云龙）组整合于勐野井组之上，角度不整合于晚始新世—渐新世勐腊组之下，勐腊组为一套红色粗碎屑磨拉石沉积，说明思茅地区的中生代地层褶皱形成时间应在中、晚始新世之间。

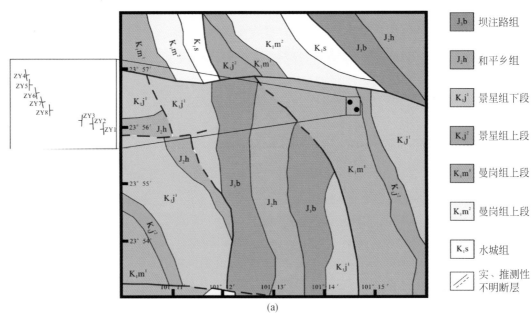

(a)

图5.29　采样区地质简图和采点分布情况

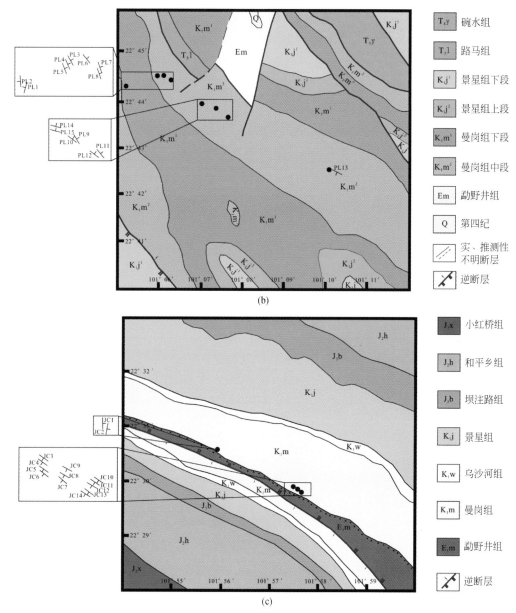

图 5.29　采样区地质简图和采点分布情况（续）

（a）镇沅剖面；（b）普洱剖面；（c）江城剖面

　　此次研究我们在思茅北部镇沅、中部普洱及南部江城地区布置三个剖面（图 5.29），用便携式汽油钻共采集 37 个采点（439 块）定向岩心样品，并用磁罗盘定向，样品均为早白垩世晚期曼岗组碎屑岩，主要为紫红色细砂岩、粉砂岩、泥岩以及泥质粉砂岩。镇沅剖面（23.94°N，101.24°E）位于镇沅县城东部镇沅至嘎洒的公路两侧，共采集八个采点 87 块，普洱剖面（22.74°N，101.11°E）位于普洱市区至江城在建新公路，沿公路开挖的新鲜露头采样，共 15 个采点 181 块，江城剖面（22.50°N，101.96°E）位于江城至老挝边境公路旁，采集 14 个采点 171 块。

2. 古地磁样品测试及结果

所有定向岩心在室内加工成 2.54 cm 长的标准样品，每个样品至少加工两个标准样，保证每个样品获得退磁结果的同时，可对部分样品进行等温剩磁（IRM）及反向场退磁和三轴等温剩磁热磁分析等岩石磁学实验。样品的剩磁组分均利用主向量法（Kirschvink，1980）分析，然后以采点为单位对样品进行 Fisher（1953）统计，获得各剖面磁化方向。岩石磁学实验及系统热退磁实验都是在南京大学古地磁实验室完成。

3. 岩石磁学结果

岩石磁学是鉴定岩石中载磁矿物的主要手段，根据岩性选取代表性样品，进行等温剩磁（IRM）及反向直流场退磁曲线、三轴等温剩磁热退曲线（所加外场分别为 1.8 T，0.4 T，0.12 T）的测量（Lowrie，1990）。灰白色细砂岩的等温剩磁获得曲线 ［图 5.30（a）］，0～100 mT 曲线斜率较大，说明有低矫顽力载磁矿物存在，但获得的强度还不达饱和强度的20%，直至 2.4 T 仍未达到完全饱和，反向场退磁曲线，明显由两个不同斜率段构成，最大矫顽力为 600～700 mT，结合其三轴等温剩磁热磁退曲线 ［图 5.30（b）］ 特征，硬磁组分、中间磁组分和软磁组分在 580℃ 出现拐点，加热至 680℃ 磁化强度完全消失，认为灰白色细砂岩载磁矿物有磁铁矿和赤铁矿两种，以赤铁矿为主。紫红色粉砂岩 IRM 获得曲线 ［图 5.30（c）］，在开始加场 0～300 mT，斜率明显缓于后面，仅获得微弱的剩磁强度，一直加至 2.4 T 才趋于饱和，反向场开始阶段 0～300 mT，斜率也明显较后面阶段平缓，意味着存在高矫顽力的针铁矿，最大矫顽力接近 1000 mT，在三轴热退曲线 ［图 5.30（d）］所示，硬磁组分和中间磁组分在 200℃ 有微弱的下降，是针铁矿在 100～120℃ 解阻的表现，到 680℃ 三种组分衰减到零，清楚显示赤铁矿的阻挡温度，说明针铁矿和赤铁矿为紫红色粉砂岩载磁矿物，但主要载磁矿物为赤铁矿。紫红色细砂岩的 IRM 获得曲线和三轴热磁退曲线 ［图 5.30（e）、（f）］，显示与紫红色粉砂岩相似的特征，其载磁矿物主要为赤铁矿，含有少量的针铁矿。紫红色泥岩的 IRM 获得曲线 ［图 5.30（g）］，等温剩磁随外场的增加而逐步增大，至 2.4 T 仍未达到饱和状态，反向退磁曲线斜率变化微弱，最大剩磁矫顽力在 600～700 mT，表明载磁矿物是可能是单一的赤铁矿，三轴热退曲线中 ［图 5.30（f）］，三种磁组分在 650～690℃ 迅速下降，亦说明载磁矿物是赤铁矿。以上岩石磁学实验分析说明，思茅地区早白垩世曼岗组碎屑岩的载磁矿物有针铁矿、磁铁矿和赤铁矿，同时各类岩石都以赤铁矿为主要载磁矿物。

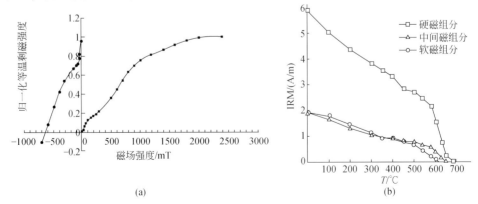

(a) 　　　　　　　　　　　　　　　　　　(b)

图 5.30　代表样品 IRM 获得曲线和反向场退磁曲线、三轴等温剩磁热退曲线

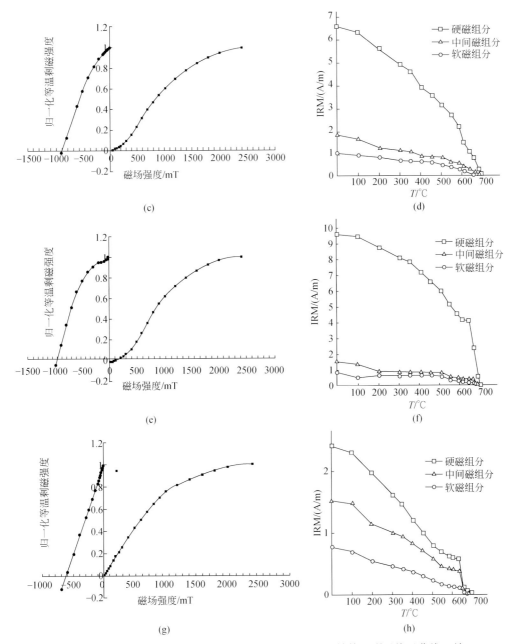

图 5.30 代表样品 IRM 获得曲线和反向场退磁曲线、三轴等温剩磁热退曲线（续）

4. 热退磁结果

剩磁测量均在美制 2G 超导磁力仪上进行，系统热退是在 TD48 热退磁上完成，采用系统逐步热退磁方法，在低温加热阶段温度间隔较大，高温段间隔变小，650~685℃以 10℃为间隔，共计 16 步系统退磁测试。三个剖面的样品 NRM 强度通常为 3~10 A/m，系统热退磁一般都在 650~685℃解阻，亦验证了岩石磁学的结果，赤铁矿为主要载磁矿物，退磁结果特征可分为以下四类。第一类集中在江城剖面的前两个采点 [图 5.31（a）]，岩性通常是灰白色细砂岩和棕色砂岩，其 NRM 强度通常比其他样品小一个数量级，大多为10^{-4} A/m，350℃以后磁化方向变的杂乱无章，没有趋于原点的趋势，故这两个采点被舍弃。第二类单分量磁组分 [图5.31（b）、（c）]，随着温度的升高剩磁成线性趋向原点，获得的剩磁方向在产状校正之间远离现代地磁场，主要表现为高倾角（60°~75°），经过校正后与其他类型所得到的高温剩磁一致，应该为特征剩磁。在镇沅和普洱剖面中有少量此类样品，江城剖面未见。第三类样品为双磁分量，该类样品具体有两种情况，大部分在 100~300℃之前分离出低温分量，高温分量在加热至 650~685℃分离 [图5.31（d）、（e）]，还有其他少量样品表现为580℃以下的低温分量和580~685℃的高温分量 [图5.31（f）]，这类样品占所有样品的大部分。第四类分离出低、中、高温三组磁分量 [图5.31（g）~（i）]，具体为 NRM300℃的低温分量，300~580℃的中温分量和 580~685℃的高温分量，仅有少量样品具有三分量，由于数量有限，中温分量不具有统计意义，很可能是磁铁矿携带的剩磁。除第一类退磁特征和岩性有关外，后面的三类在紫红色砂岩、粉砂岩和泥岩中均可见到。

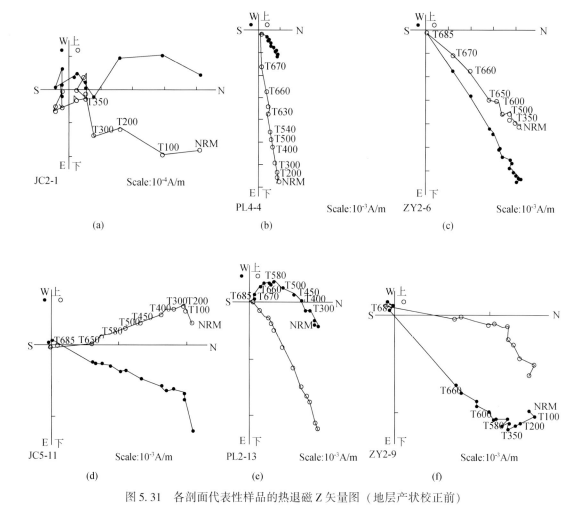

图 5.31　各剖面代表性样品的热退磁 Z 矢量图（地层产状校正前）

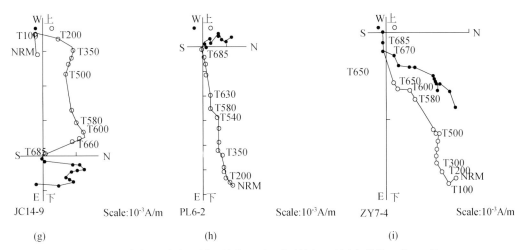

图 5.31　各剖面代表性样品的热退磁 Z 矢量图（地层产状校正前）（续）

实心和空心圆分别代表水平和垂直投影

镇沅剖面中从七个采点分离出低温剩磁分量，其平均方向在地层校正前为：$D_g = 14.5°$，$I_g = 50.1°$，$\kappa = 25.7$，$\alpha_{95} = 12.1°$，地层校正后为：$D_s = 24.2°$，$I_s = 37.2°$，$\kappa = 6.7$，$\alpha_{95} = 25.1°$，置信度为 95% 和 99% 的 McFadden（1990）褶皱检验结果都是负，说明是褶皱后获得的，很可能是近代地磁场的黏滞剩磁；八个采点的高温剩磁分量平均方向在地层校正前为 $D_g = 48.1°$，$I_g = 49.3°$，$\kappa = 7.6$，$\alpha_{95} = 21.5°$，地层校正后为 $D_s = 52.4°$，$I_s = 45.5°$，$\kappa = 77.9$，$\alpha_{95} = 6.3°$，对应的古地磁极：42.9°N，175.9°E，$\alpha_{95} = 6.4°$。在 95% 置信度下通过褶皱检验 [$\kappa_1 / \kappa_2 = 10.2413 > F$（14，14）$= 2.48$；McElhinny，1964]，在 95% 置信度下通过 McFadden（1990）褶皱检验 [ζ_1（in situ）$= 7.640$，ζ_2（tilt corrected）$= 0.6841$，$\zeta_c = 3.298$]，说明高温剩磁是褶皱前形成，很可能代表岩石沉积时获得的原生剩磁（图 5.32，表 5.5）。

普洱剖面除 PL12 采点外，从其他 14 个采点可分离出低温分量，平均方向在地层校正前为 $D_g = 13.1°$，$I_g = 51.1°$，$\kappa = 40.5$，$\alpha_{95} = 6.3°$，地层校正后为 $D_s = 22.5°$，$I_s = 34.6°$，$\kappa = 14.5$，$\alpha_{95} = 10.8°$，在 95% 和 99% 置信度下 McElhinny 和 McFadden 褶皱检验结果皆为负，表明是褶皱后获得的剩磁方向，应为近代地磁场的黏滞剩磁；由于 PL1 采点高温分量平均方向误差较大（$\alpha_{95} = 43.7°$），且在地层校正前、后与其他 14 个采点相差很大，故将该采点剔除，其余 14 个采点的高温剩磁分量平均方向在地层校正前为 $D_g = 42.5°$，$I_g = 67.8°$，$\kappa = 29.2$，$\alpha_{95} = 7.8°$，地层校正后为 $D_s = 46.2°$，$I_s = 46.6°$，$\kappa = 50.9$，$\alpha_{95} = 5.6°$，对应的古地磁极：48.2°N，174.2°E，$\alpha_{95} = 5.8°$。在 95% 置信度下通过 McFadden（1990）褶皱检验 [ζ_1（in situ）$= 6.098$，ζ_2（tilt corrected）$= 4.123$，$\zeta_c = 4.200$]，高温磁化方向在地层褶皱前获得，应代表岩石沉积时获得的原生剩磁（图 5.32，表 5.5）。

江城剖面中低温分量各采点方向凌乱，只在五个采点分离出方向较一致的低温分量，其平均方向在地层校正前为 $D_g = 357.1°$，$I_g = 34.0°$，$\kappa = 36.4$，$\alpha_{95} = 12.8°$，地层校正后为 $D_s = 340.1°$，$I_s = 58.9°$，$\kappa = 2.5$，$\alpha_{95} = 61.9°$，校正后精度系数降低且误差系数明显增大，校正前方向与当地现代地磁场方向（Dec $= -1.0°$，Inc $= 33.2°$）接近，应为近代获得的黏滞剩磁。除去被舍弃的 PL1 和 PL2 采点，剩余 12 个采点的高温剩磁分量平均方向在地层校正前为 $D_g = 13.7°$，$I_g = -21.9°$，$\kappa = 182.1$，$\alpha_{95} = 3.2°$，地层校正后为 $D_s = 8.6°$，$I_s = 42.2°$，$\kappa = 117.1$，$\alpha_{95} = 4.0°$，对应的古地磁极：$81.9°N$，$176.8°E$，$\alpha_{95} = 3.9°$。除去被舍弃的 PL1 和 PL2 采点后，其余采点的地层产状一致倾向 SW（210°～220°），为单斜地层，无法进行褶皱检验，但在产状校正前后都远离现代地磁场。前文已述及，思茅地区中生代地层褶皱形成时间应为中、晚始新世之间，如果将该剖面与前两个剖面一起进行区域性一致性检验，可以发现他们在 95% 置信度下均通过 McElhinny 和 McFadden 褶皱检验 [$\kappa_1 / \kappa_2 = 7.07474 > F(66, 66) = 1.5148$，$\zeta_1 (\text{in situ}) = 30.55$，$\zeta_2 (\text{tilt corrected}) = 1.278$，$\zeta_c = 6.882$]。说明江城剖面的高温分量应代表岩石沉积时获得的原生剩磁。另外，三个剖面分离得到的高温分量均为正极性，与白垩纪超静磁正极期相当，也说明了岩石记录了沉积时的磁化方向。综上所述，镇沅、普洱和江城剖面的高温分量代表的特征剩磁，形成于晚始新世地层褶皱之前，应代表岩石沉积形成时获得的原生剩磁（图 5.32，表 5.5）。

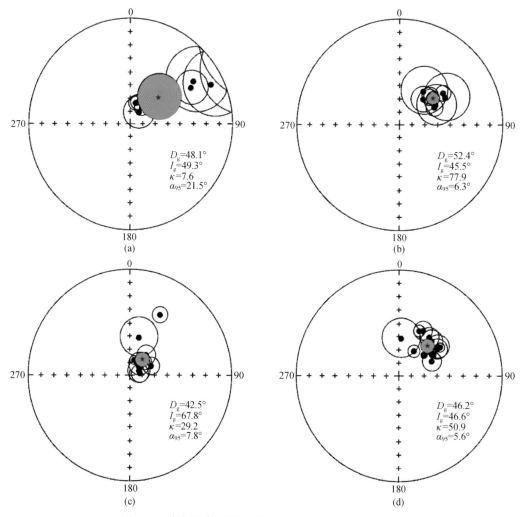

图 5.32　各剖面高温特征剩磁磁化方向的等面积投影图

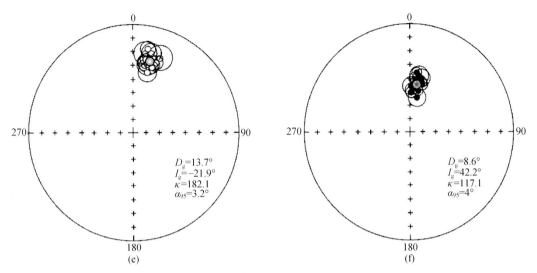

图5.32 各剖面高温特征剩磁磁化方向的等面积投影图（续）

（a）、（b）镇沅；（c）、（d）普洱；（e）、（f）江城。左侧为地理坐标下，右侧为层面坐标下，五角星代平均方向
（实心圆、空心圆分别代表上、下球面投影）

表5.5 印支地块思茅地区早白垩世古地磁数据表

采点	纬度 (°N)	经度 (°E)	倾向/倾角 /(°)	n/N	$D_g/(°)$	$I_g/(°)$	$D_s/(°)$	$I_s/(°)$	κ	α_{95}
ZY1	23.94	101.25	266/31	6/12	65	7.5	59.9	36	12.3	19.9
ZY2	23.94	101.25	266/38	7/9	60.4	21	43.7	53.2	24.5	12.4
ZY3	23.94	101.25	274/43	7/12	57.3	17	36.3	47.5	8.4	22.1
ZY4	23.94	101.24	80/28	9/11	15	67	48.5	47.3	53.5	7.6
ZY5	23.94	101.24	91/25	12/12	36.7	68.5	64.1	48.9	28.9	8.2
ZY6	23.94	101.24	80/29	11/12	35.7	59.6	54.7	35.4	47.7	6.7
ZY7	23.94	101.24	77/26	13/13	20	65.5	47	46	29.2	7.8
ZY8	23.94	101.24	87/39	6/6	38.1	74.4	62.1	47	13.6	18.8
平均	23.94	101.24		8/8	48.1	49.3			7.6	21.5
							52.4	45.5	77.9	6.3
PL2	22.74	101.09	264/7	9/13	38.5	48.8	29	53.7	41.6	8.1
PL3	22.74	101.10	59/28	11/12	49.5	75.3	55.5	47.5	164	3.6
PL4	22.74	101.10	66/29	12/12	46.0	76.2	58.6	47.9	174.3	3.3
PL5	22.74	101.10	68/21	12/12	31.2	74.2	51.4	55.1	189.6	3.2
PL6	22.74	101.10	50/21	12/12	40.8	62.1	44.3	41.2	19.5	10.1
PL7	22.74	101.11	70/30	12/12	16.5	73.1	49.6	47.9	88.6	4.6
PL8	22.74	101.11	67/29	12/12	45.2	66.5	56.1	38.5	118.2	4
PL9	22.73	101.12	58/27	10/13	80.1	78.5	66.7	51.7	27.6	9.4
PL10	22.73	101.12	36/24	12/12	67.8	64.2	55.8	41.5	24.1	9

采点	纬度 (°N)	经度 (°E)	倾向/倾角 /(°)	n/N	$D_g/(°)$	$I_g/(°)$	$D_s/(°)$	$I_s/(°)$	κ	α_{95}
PL11	22.73	101.13	50/40	13/13	65.1	78.7	53.7	40	16.2	10.2
PL12	22.73	101.13	36/34	12/12	41.5	73.7	39.2	40	22.9	8.9
PL13	22.73	101.17	206/35	11/12	27.7	24.5	32.2	59.3	55.7	6.2
PL14	22.73	101.12	14/33	12/12	41.8	71.4	25.1	39.9	67.6	5.3
PL15	22.73	101.12	14/33	12/12	48.0	68.8	28.9	38.2	28	8.3
平均	22.74	101.11		13/15	42.5	67.8			29.2	7.8
							46.2	46.6	50.9	5.6
JC3	22.50	101.96	215/64	12/13	12.4	−24.5	9.7	34.9	29.9	8.1
JC4	22.50	101.96	215/70	12/12	13.5	−16.3	3.3	48	42.3	6.8
JC5	22.50	101.96	214/65	12/12	18.8	−21.6	15.1	41.2	77.5	5
JC6	22.50	101.96	217/68	13/13	16.8	−25.8	13.9	39.3	81.7	4.6
JC7	22.50	101.96	220/61	10/12	10.4	−21.1	7	32.3	136.6	4.1
JC8	22.50	101.96	209/69	10/13	13.8	−30.6	12.7	36.3	42.4	7.5
JC9	22.50	101.96	207/67	11/12	10.5	−13.7	1.6	49.9	83.7	5
JC10	22.49	101.96	213/74	12/12	20.4	−17.7	12.2	54.1	23.9	8.7
JC11	22.49	101.96	213/74	11/12	17.8	−23.7	12.1	47.6	115.7	4.3
JC12	22.49	101.96	210/66	11/11	9.2	−17.7	1.8	44.1	33.8	8
JC13	22.49	101.96	216/68	12/12	11	−24.2	6.8	37.7	53.9	6
JC14	22.49	101.96	211/70	12/12	10.2	−25.5	6.2	40.2	109.9	4.2
平均	22.49	101.96			13.7	−21.9			182.1	3.2
							8.6	42.2	117.1	4

5. 结果讨论

（1）磁倾角偏低：红层中由赤铁矿所记录的磁倾角偏低现象时有报道，尤其是中亚地区古近纪古地磁数据（Chauvin *et al.*，1996；Gilder *et al.*，2001），普遍受磁倾角偏低的影响，华南白垩纪数据也有此类现象（Wang and Yang，2007），元谋盆地晚古近纪—第四纪地层中也发现磁倾角偏低达19°之大（Zhu R. X. *et al.*2008），为次我们采用 Tauxe 和 Kent（2004）的 E/I 校正方法，对思茅地区的白垩纪数据进行检验，是否也存在磁倾角偏低的现象？由于镇沅剖面数据有限（$n<100$），难以得到具有统计意义的结果，只将普洱与江城剖面分别进行检验，如图5.33所示，从普洱剖面用 E/I 校正方法获得的理论值为59.7°，误差范围为52.2°～67.2°，实测倾角为46.6°±6.5°，似乎在误差范围内略有偏低；江城剖面实测倾角为42.2°±3.7°，E/I 方法获得的理论值为46.5°，误差范围42.5°～54.3°，在误差范围内不存在明显的偏低现象。显然，两个结果之间存在自相矛盾之处，原则上同一地区（两地区的现纬度差为0.5°）同一时代地层的 E/I 理论值应该在误差范围内相近，但两地区的结果分别为59.7°（误差52.2°～67.2°）和46.5°（误差范围

42.5°~54.3°），普洱剖面比江城剖面磁倾角大 13.2°，表明截然不同的两者间仅可能只有一种结果较准确。江城剖面的结果与古地磁实测数据分析得到结果相近，而普洱剖面的结果很明显与地质事实不符（普洱剖面如果 $I=59.7°$，则古纬度为 40.55°N），思茅地区在白垩纪不可能在处在那么高的纬度地区，由此可见通过 E/I 校正得到的普洱剖面的理论值是不可靠的（图 5.33）。

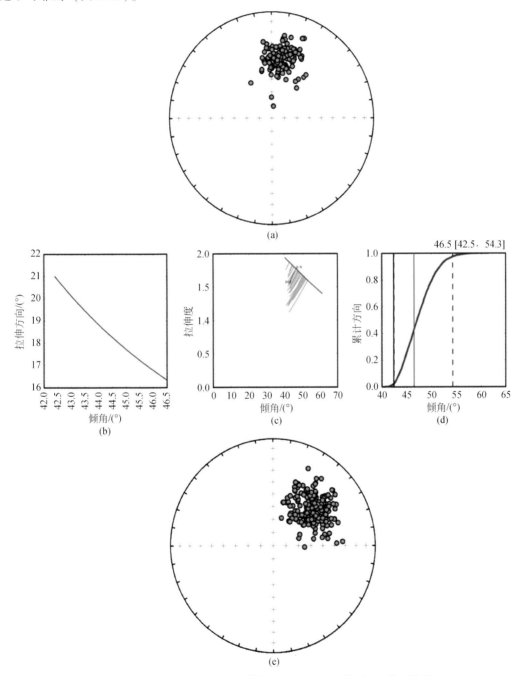

图 5.33　江城（a）~（d）和普洱（e）~（h）剖面 E/I 校正结果

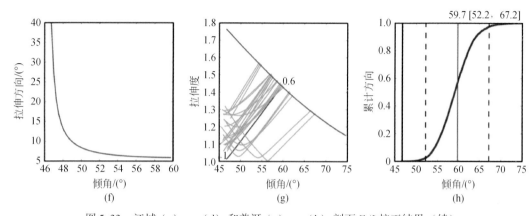

图 5.33　江城（a）～（d）和普洱（e）～（h）剖面 E/I 校正结果（续）

（a）、（e）古地磁方向；（b）、（f）伸展方向相对于倾角的变化曲线；（c）、（g）伸展率/倾角关于 f 的函数；
（d）、（h）校正倾角的累计分布

仔细分析采样剖面，可以发现普洱剖面采点分布被一条 NE-NNE 向和 NW 向的小断裂所分隔，靠近断裂的一组为 PL3—PL11，这九个连续采点平均方向在地层校正前为：$D_g = 48.0°$，$I_g = 72.9°$，$\kappa = 94.7$，$\alpha_{95} = 8.3°$，地层校正后为：$D_s = 54.5°$，$I_s = 45.8°$，$\kappa = 130.1$，$\alpha_{95} = 7.1°$；另一组由 PL2、PL12、PL3、PL14 和 PL15 五个采点组成，其平均方向在地层校正前为：$D_g = 30.5°$，$I_g = 58.6°$，$\kappa = 13.9$，$\alpha_{95} = 21.2°$，地层校正后为：$D_s = 26.3°$，$I_s = 46.3°$，$\kappa = 39.7$，$\alpha_{95} = 12.3°$。这些结果表明，靠近断裂的采点磁偏角较远离断裂采点的偏角较大，两组方向在地层校正后倾角相近，但偏角之间相差 18.2° 之多，说明两组之间经历过差异性旋转运动，靠近断裂的地区比远离断裂的地区顺时针旋转的规模要大，可能正是普洱剖面中，采点之间存在着这种差异性的旋转，导致在 E/I 校正过程中，由于偏角较分散，导致其伸展方向出现假象，理论磁倾角偏大，出现磁倾角偏低的假象。而江城剖面采点分布相对于普洱剖面集中，各采点间无局部断裂相隔，得到的古地磁方向也较为一致，在 E/I 校正过程中，也没有出现异常。因此，应用 Tauxe 和 Kent（2004）提出的 E/I 校正，在检验古地磁数据是否存在磁倾角偏低时，需要特别注意采点间是否存在其他因素导致的磁偏角出现伸展现象。

（2）印支地块的陆内变形：华南地块东部沿海浙江、福建、广东，安徽中部、江西以及西部四川盆地的白垩纪古地磁极相近，被认为自白垩纪以来华南地块是一个较稳定的块体，未遭受明显的构造变形（Morinaga and Liu，2004；Zhu et al.，2006；Tsuneki et al.，2009）。Tsuneki 等（2009）收集了 16 个华南地块上白垩纪古地磁极进行平均，得到华南地块的古地磁极：78.8°N，214.4°E，$\alpha_{95} = 2.6°$，将其作为华南地块的参考古地磁极，用以讨论思茅地区白垩纪以来相对华南发生的构造变形。通过上面的分析，我们认为在思茅地区的工作，获得了可靠的古地磁数据，其中数据之间最大的差异表现在磁偏角上，镇沅、普洱剖面磁偏角分别为 52.4° 和 46.2°，江城剖面偏角仅为 8.6°，前人在该地区所得到的白垩纪磁偏角之间也有明显的差异（杨振宇等，2001），暗示印支地块内部存在着显著的差异的块体内构造变形或旋转运动。镇沅、普洱和江城地区相对华南地块的顺时针旋转量分别为41.1°±5.6°、35.0°±5.2°和2.7°±3.7°，结合前人思茅地区白垩纪数据，不同采样区白垩纪古地磁极沿小圆弧分布，说明这些采样地区存在局部构造旋转作用不容忽视，印支地块思茅地区本身可能不是一个完整的刚性块体（图5.34，表5.6）。

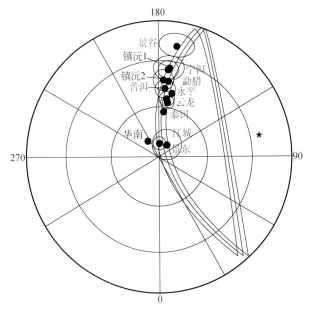

图5.34 白垩纪古地磁极位置和小圆弧拟合结果

表5.6 印支地块不同采样区白垩纪以来相对于华南板块的古纬度差和旋转量

	剖面				VGP					
地名	纬度 (°N)	经度 (°E)	时代	N	纬度 (°N)	经度 (°E)	α_{95} /(°)	纬度差/(°)	旋转/(°)	参考文献
景东	24.5	100.8	K_{1-2}	13	81.2	145.8	8.9	−11.2±6.8	4.1±7.9	Tanaka *et al.*，2008
镇沅	24.1	101.1	K_{1-2}	7	34.7	172.7	8.1	−9.3±6.2	50.8±7.1	
勐腊	21.4	101.6	K_2	14	43.6	172.1	6.1	−11.9±4.9	39.8±5.5	
云龙	25.8	99.4	K_2	20	54.6	171.3	4.4	−10.4±3.8	29.2±4.3	Sato *et al.*，1999
宁洱	23.0	101.0	K_{1-2}	25	35.8	173.1	5.6	−9.2±4.5	49.1±5.0	Sato *et al.*，2007
云龙	25.8	99.4	K_2	29	56.7	170.1	4	−11.3±3.5	26.4±4.0	Yang *et al.*，2001
永平	25.5	99.5	K_1	12	50.9	167.3	20.6	−13.5±15.2	33.1±18.2	Funahara *et al.*，1993
泰国	16.5	103.0	K_1	10	62.7	173.3	2.4	−11.6±2.6	17.1±2.7	Yang and Besse，1993
景谷	23.4	100.9	K_1	8	18.9	170	8.9	−7.6±6.8	68.3±7.5	Huang and pdyke，1993
勐腊	21.6	101.4	K_1	10	33.7	179.3	8.2	−4.8±6.3	49.8±6.8	
镇沅	23.9	101.1	K_1	8	42.9	175.9	6.4	−7.9±5.1	41.1±5.6	
普洱	22.7	101.1	K_1	13	48.2	174.2	5.8	−10.1±4.7	35.0±5.2	本书
江城	22.5	102.0	K_1	12	81.9	176.8	3.9	−6.7±4.7	2.7±3.7	
华南				16	78.8	214.4	2.6			Tsuneki *et al.*，2009

镇沅、宁洱、普洱和勐腊地区顺时针旋转相当，大约在40°，而景东和江城地区古地磁极与华南相近，在误差范围内似乎没有发生明显地旋转，而景谷地区旋转量达68.3°±7.5°，比大部分地区40°的旋转量至少大20°。思茅地区构造格局最为明显的现象就是广泛发育的 NE 向和 NW 向断裂，它们将该地区分隔成一些规模不等、形状各异的块体，这些断裂一般都具有十分明显的走滑特征（云南省区域地质志，1990），并且认为它们是一套相互共轭的走滑断裂。例如，Lacassin 等（1998）通过对湄公河、萨尔温江及其支流的流向错动研究，甄别出北东向走滑断裂如畹町断裂、勐兴断裂和南马断裂（Nam Ma）由先期的右行走滑转变为现在的左行走滑，与红河断裂走滑转变时期相当，可能发生在 ~5 Ma B. P.；唐渊等（2009）对奠边府断裂地区 ETM 遥感数据进行详细解译以及野外实地考察，得到奠边府断裂具有早期的右行走滑和后期的左行走滑特征的证据，其走滑时限可与红河断裂对比，认为与红河断裂构成共轭剪切系统。江城地区古新世勐野井组磁偏角为 $D_s =$ 339.1°（杨振宇等，2001），与白垩纪磁偏角相差 28.5°，说明该地区古新世以来发生过 28.5°的逆时针旋转，因此造成江城地区白垩系旋转与其他地区明显不同。如果校正古新世以来发生过 28.5°的逆时针旋转，则可以发现江城地区白垩系也应该发生过 37.1°的顺时针旋转，与思茅大部分其他地区的顺时针旋转量相近。江城地区采样剖面位于一系列 NW 向逆冲岩片上，由于逆冲岩片边缘发育的 NE 向剪切断裂系在上新世以来发生左行剪切，在此作用力下使得该区域发生逆时针旋转（杨振宇等，2001；表5.6）。

景东地区位于兰坪-思茅盆地蜂腰位置，夹持在无量山逆冲断裂系与哀牢山逆冲断裂系之间，且两逆冲断裂系相向逆冲，NW 向逆冲断裂又被 NE 向剪切断裂切割，断裂围限的小块体是否发生逆时针旋转，才造成白垩纪古地磁偏角只有 8.3°（Tanaka et al.，2008），景东地区是否存在与江城类似的变形过程（后期的逆时针旋转），有待进一步工作的证实。因此思茅地区可能整体发生近 40°的顺时针旋转，勐腊地区白垩纪至始新世古地磁数据磁偏角变化不大（K_1：60.8°、K_2：51.2°、E：51.7°），景谷地区也有类似现象（J_2：83.6°、K_1：79.4°、E—O：73.1°），意味着思茅地区整体顺时针旋转发生在始新世以来，是随着印度板块持续的向北挤压推进，印度支那沿红河断裂滑移的同时发生顺时针旋转的结果，与现今鲜水河-小江断裂带以西的川滇地块（川西南、滇东北）的变形类似（Yang and Besse，1993；Wang and Burchfiel，2000）。然而景谷地区整体的 60°旋转量，也可能包含后期发生的局部顺时针旋转。前文已提及，约在 5 Ma B. P. 红河断裂及其共轭断裂剪切性质发生改变，红河断裂和西侧的实皆断裂均表现为右行剪切，夹于其中间的 NE 向共轭断裂则转变为左行剪切，这种书斜式的剪切作用很可能加大了景谷地区早期的顺时针旋转（杨振宇等，2001），符合区域右旋剪切带内部次级断裂左旋走滑及其围限块体顺时针转动模型（徐锡伟等，2003）。

印度支那地块南部老挝、泰国呵叻盆地侏罗纪和白垩纪古地磁研究结果表明，印支地块南部相对于华南的旋转量约为 15°～20°（Yang and Besse，1993；Charusiri et al.，2006；Takemoto et al.，2009），显然思茅地区的旋转量大于印度支那地块南部地区的推测值。如果印支南部发生过区域性逆时针旋转，就有可能造成印支南、北旋转量的差异。但是，泰国西南部董里地区侏罗纪—白垩纪地层的古地磁研究发现（Yamashita et al.，2010），该地区在晚白垩世—上新世发生过 24.5°±11.5°逆时针旋转，与泰国北部顺时针旋转的分

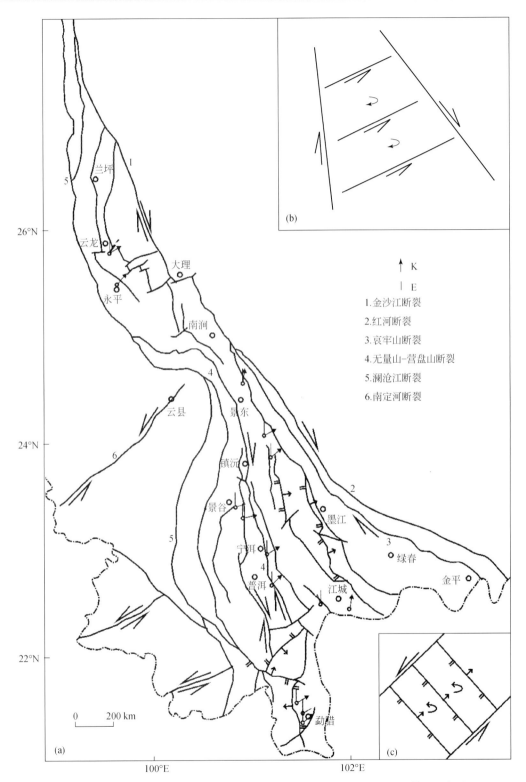

图 5.35 （a）滇西主要断裂（改自 1：200 万云南省构造地质图）及思茅地区白垩纪、
古近纪磁偏角方向与［（b）、（c）］局部旋转的构造模型图

界线位于董里地区与呵叻盆地之间，因此呵叻盆地可能未经历过逆时针旋转，同时泰国北部晚新近纪玄武岩古地磁数据（McCabe et al.，1988），也说明该地区晚新近纪以来并没有经历过逆时针旋转运动。因此，印支块体在印度-亚洲大陆碰撞拼合以来显然不是一个完整的刚性块体，其南部与北部存在差异性构造旋转（图5.35）。

由以上分析看出，思茅地区经历过相对复杂的陆内变形过程，在早期整体顺时针旋转的基础之上，被断裂所分隔的小块体后期又发生了局部的小旋转，不仅表现在旋转量上有差异，旋转的形式也不尽相同，其变形过程不仅受控于边界深大断裂，也与内部小断裂关系密切。虽然在该地区已积累大量可靠的古地磁数据，但大部分数据为晚中生代，针对新生代地层的研究相对缺乏，新生代地层的古地磁研究，将更进一步细化印度欧亚碰撞以来陆内变形过程。

（3）印支块体ES侧向滑移：为了更准确地确定思茅地区白垩纪以来相对华南的滑移距离，我们收集该地区前人白垩纪可靠的古地磁极，加上我们本次研究获得的三个古地磁极，将它们与华南地块的白垩纪古地磁极进行对比。思茅地区白垩纪古地磁极呈小圆弧分布，因此不适于通过Fisher（1953）方法直接计算得到其平均古地磁极。我们将采样剖面位置做平均为参考点（23.0°N，101.4°E），对思茅地区白垩纪古地磁极进行小圆弧拟合，由此获得思茅地区参考点的余纬度为61.5°±1.5°，即古纬度为28.5°±1.5°。如果简单地通过华南地块白垩纪古地磁极求得参考点古纬度期望值为18.3°±2.4°，两者相差10.2°±2.8°，意味着思茅地区自白垩纪以来相对华南地块向南滑移（1120±310）km。值得注意的是，Wang和Yang（2007）对华南中部的白垩纪地层进行了古地磁和磁倾角偏低研究，发现华南地块存在明显的磁倾角偏低现象（Narumoto et al.，2006；Wang and Yang，2007；Sato et al.，2011），如果以江西中部的白垩系的磁倾角偏低约10°，推测参考点的古纬度则为23.1°，则说明印支地块与华南地块白垩纪的古纬度差仅为5.2°±2.8°，则思茅地区自白垩纪以来相对华南地块向南滑移量为（570±310）km，与构造地质研究的推测值（Leloup et al.，1995）更为接近。

6. 结论

对印支地块思茅地区的镇沅、普洱和江城下白垩统红层进行古地磁研究，获得了这三个剖面的特征剩磁方向，其磁倾角较为一致，但磁偏角值略有差异，应用E-I方法对可能存在的磁倾角偏低进行检验，结果表明思茅地区早白垩世古地磁数据不存在磁倾角偏低现象，而普洱剖面的推测磁倾角偏低是由于剖面内部采点之间的相对旋转造成的。思茅地体区发生过多期次的旋转，早期的整体性旋转与块体的边界深大断裂活动相关，后期叠加的差异性旋转与块体内部的次级断裂提到动关系密切，但对于不同期次旋转发生的时间仍没有较好的约束，还需要对新生代地层开展进一步的古地磁研究。与华南白垩纪古地磁极比较得到思茅地区自白垩纪以来相对于华南地块向南滑移了约（1120±310）km，若将华南磁倾角偏低考虑在内，则向南滑移量为（570±310）km，接进构造地质研究的推测值。

三、思茅地体勐腊地区白垩纪和古近纪古地磁研究

1. 地质背景及古地磁采样

思茅地体位于青藏高原东部，扬子克拉通西南部，其东北部边界为NW-SE走向的红

河走滑断裂带，这一断裂带为扬子克拉通和印度支那地块的分界线，它向北延伸至青藏高原与后金沙江缝合带接壤。现有的研究表明红河断裂带在新生代发生大规模的左旋剪切（Tapponnier *et al.*，1990；Schärer *et al.*，1990；Schärer *et al.*，1994；Lacassin *et al.*，1996；Leloup *et al.*，2001），在上新世时期断裂性质转变为右旋性质（Leloup *et al.*，1993）。思茅地体西部边界为仓宁-勐连缝合带（Wu *et al.*，1995），这条缝合带为华夏系起源地块和冈瓦那系起源地块的分界线（Wu *et al.*，1995；图5.36）。

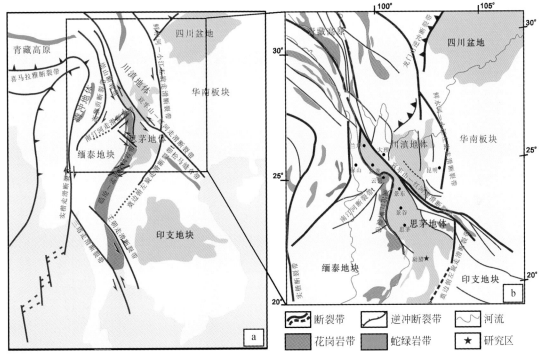

图5.36　　（a）东南亚构造地质简图；（b）思茅地体及其周缘区域构造纲要图

（据 Leloup *et al.*，1995；Shen *et al.*，2005）

勐腊县位于红河断裂西部约200 km处，北临 Pu'er 县，东、南、西三面与老挝接壤。这一地区白垩纪与早新生代的地层广泛出露，岩性特征较为一致。该区白垩纪和早新生代地层内普遍发育轴向近 SN 的褶皱。由于思茅地体在白垩纪至古近纪的地层中很可能保留了55 Ma B.P. 以来印度板块与欧亚大陆碰撞引起的印度支那地块的侧向逃逸的信息，因此我们主要把研究重点放在白垩纪红层和古近纪红层上。在勐腊县设计了三条采样剖面，分别位于其北部、中部和南部（图5.37）。

（1）勐仑剖面（21.9°N，101.2°E）。剖面位于勐仑镇西部［图5.37（b）］，主要出露地层为早白垩世景星组、乌沙河组，曼岗组以及晚白垩世曼宽河组。各组地层间均为整合接触。采样剖面横跨褶皱轴向近 NW-SE 的向斜两翼。乌沙河组岩性主要为棕红色泥质粉砂岩、粉砂质泥岩，共设三个采样点。曼岗组主要岩性为灰紫-紫色细砂岩、钙泥质粉砂岩，共设20个采样点。曼宽河组岩性为红褐色泥质、钙质粉砂岩、紫红色泥质粉砂岩、共设八个采样点（图5.37）。

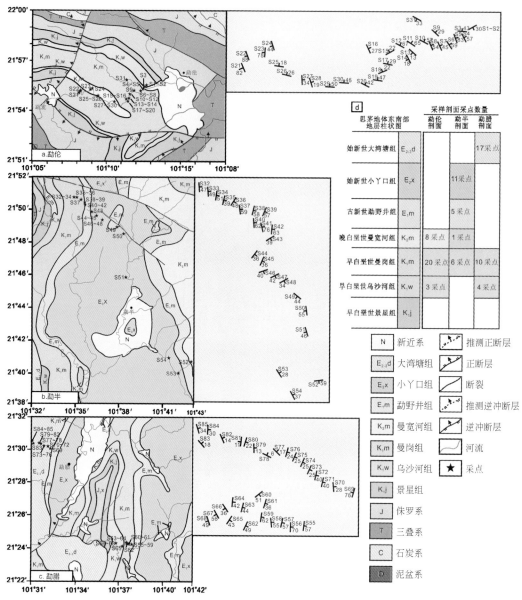

图 5.37　采样区地质图及古地磁采点分布图

（a）勐伦剖面；（b）勐伴剖面；（c）勐腊剖面

　　（2）勐伴剖面位于勐伴镇西北部［图 5.37（c）］，主要出露早白垩世景星组、乌沙河组、曼岗组，缺失晚白垩世曼宽河组，古近纪地层主要出露古新世勐野井组，始新世小丫口组。剖面横跨轴向近南向的向斜两翼。小丫口组与下伏勐野井地层成整合接触，岩性主要为褐红–灰色钙质泥岩、粉砂岩，共设采样点 11 个。勐野井岩性主要为棕红色钙泥岩粉砂岩，夹灰色砂质泥岩，共有五个采样点。曼岗组与勐野井组之间成不整合接触，之间完全缺失晚白垩世曼宽河组地层，曼岗组主要岩性为灰紫–紫红色中、细粒灰岩，紫红色泥质粉砂岩。共有采样点六个。曼岗组与下伏乌沙河组之后为整合接触，但由于乌沙河组出露较差，只采得一个采点样品（图 5.37）。

（3）勐腊剖面（21.5°N，101.5°E）。剖面位于勐腊县城的西北和东南两侧［图 5.37（d）］，横跨轴向近 SN 的背斜两翼。白垩纪主要地层为早白垩世景星组、乌沙河组、曼岗组，古近纪地层主要为古新世勐野井组、始新世小丫口组和大弯塘组。采点主要分布在大弯塘组、乌沙河组、曼岗组内部。曼岗组共设采点 10 个。整合于其下部的乌沙河地层内共有四个采点（图 5.37）。

三条剖面共有 85 个采点，样品 1104 块，都用手提式钻机取心，磁罗盘定向，所有采点都由 GPS 进行定位。并对每个采样剖面进行了现代地磁场磁偏角校正。

2. 岩石磁学实验

为了确定各剖面样品中载磁矿物的种类，我们从三条剖面中分别挑选了代表性样品：XS25-10A（勐仑剖面）、X36-6A（勐伴剖面）、XS69-4A（勐腊剖面）进行等温剩磁获得曲线实验以及三轴等温剩磁热退磁曲线实验（Lowrie，1990），这三块样品涵盖了三条剖面及不同年代的样品。所有样品的各种古地磁学实验都是在南京大学古地磁开放实验室进行的。

三条剖面样品的系统热退磁过程基本一致，都是在 695℃ 左右分离出原生剩磁，表明赤铁矿应为主要载磁矿物，岩石磁学实验也揭示了同样的结论。三个样品的岩石磁学结果完全一致（图 5.38），在等温剩磁获得曲实验中，剩磁随外部所加直流场的增大而逐步增大，至 2.2 T 时样品仍未达到饱和状态，而最大剩磁矫顽力在 500 ~ 700 mT，说明主要载磁矿物为赤铁矿（图 5.38）。在三轴等温剩磁热退磁实验中，硬磁组分和中磁组分在 600 ~ 690℃ 迅速降低为 0，清楚地揭示了赤铁矿的阻挡温度（图 5.38）。这些都充分说明了赤铁矿为主要载磁矿物。

3. 热退磁结果及剩磁分析

在室内每块样品都至少加工成两块 2.3 cm 长的标准样品。所有实验均是在南京大学古地磁开放实验室进行的，样品剩磁测量在美制 2G 超导磁力仪上进行，样品系统热退磁由英制 TD-48 大型热退磁仪完成。热退磁温度在低温段间隔为 50 ~ 100℃，高温段加密温度区间，温度间隔为 10 ~ 20℃，最高热退磁温度为 695℃。每个采样品的热退磁特征都由 Z 氏图展示（Zijderveld，1967），所有样品的剩磁组分均用主向量分析法（Kirschvink，1980）分析，最后以采点为单位对样品进行统计分析（Fisher，1953）。

（1）勐仑剖面：勐仑剖面各采样点样品热退磁过程基本一致，可分离出两个剩磁组分［图 5.39（a）~（d）］，低温分量在 450℃ 之前分离出来，共从 22 个采点中得到可信的低温磁化分量，以样品为单位对各个采点进行 Fisher 平均后，再以采点为单位进行 Fisher（1953）平均得到整个剖面的低温磁化分量平均方向在地层较正前为：$D_g = 353.3$，$I_g = 35.0$，$\kappa = 53.8$，$\alpha_{95} = 4.3$，与当地现代地磁场方向十分接近（$D = 358.8$，$I = 31.4$），在地层较正后：$D_s = 354.9$，$I_g = 11.8$，$\kappa = 6.6$，$\alpha_{95} = 13.0$，为负褶皱检验，表明为近代形成的黏滞剩磁（图 5.40）。高温分量大都在 300 ~ 695℃ 分离出来［图 5.39（a）~（d）］。

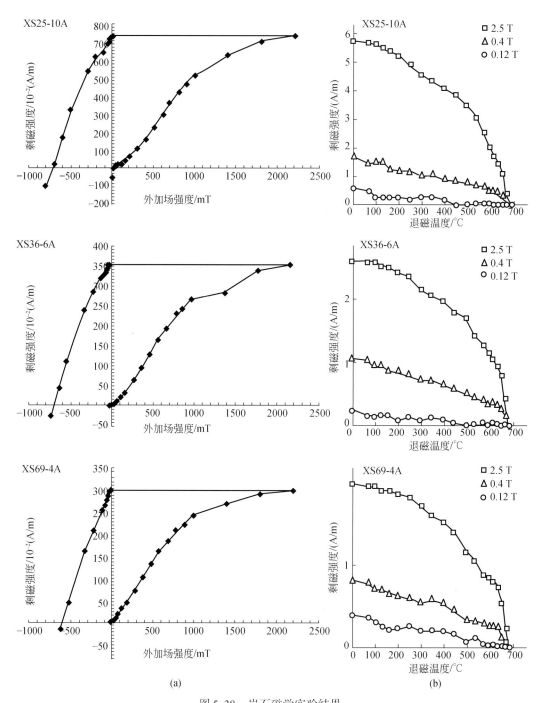

(a)　　　　　　　　　　　　　　(b)

图 5.38　岩石磁学实验结果

（a）饱和特温剩磁及反向场实验；（b）三轴等温剩磁热退磁实验

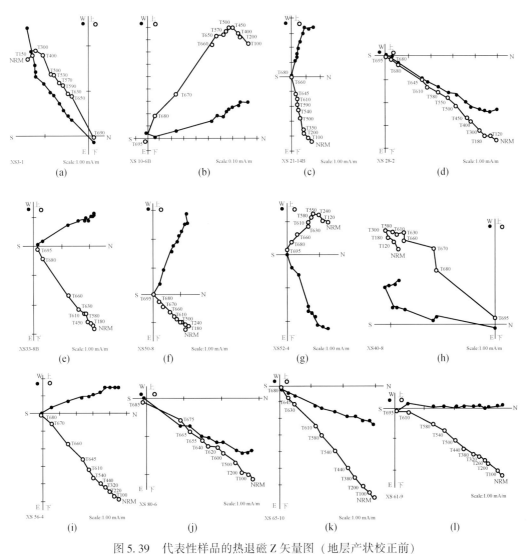

图 5.39　代表性样品的热退磁 Z 矢量图（地层产状校正前）

实心圆和空心圆分别代表水平和垂直投影；（a）～（d）代表勐伦剖面；（e）～（h）代表勐伴剖面；
（I）～（l）代表勐腊剖面

早白垩世曼岗组（K_1m）共有 19 个采点得到了高温分量（表 1），其中 18 个采点的结果近似成 180°对折，仅 XS4 采点方向在地层较正前与校正后与其他采点平均方向相差较远，因此将其舍弃。早白垩世乌沙河组（K_1w）仅有三个采点，都得到了高温分量，其中 XS3 与曼岗组样品对折，但 XS1 和 XS2 却相差很大（表 5.7），由于这两个采点是剖面的开头部分，位于村寨的边部，可能受到了后期人为因素的干扰，因此舍去。我们把曼岗组和乌沙河组 XS3 采点放在一起进行统计，19 个采点平均方向在地层较前 $D_g=65.8°$，$I_g=72.6°$，$\kappa=3.1$，$\alpha_{95}=23.1°$，地层较正后为 $D_s=45.3°$，$I_s=45.9°$，$\kappa=11.0$，$\alpha_{95}=10.6$，$\kappa_s/\kappa_g=3.58>F(36，36)=2.21$，在 99% 置信度通过了 McElhinny（1964）褶皱检验，$\xi_1(\text{in situ})=9.248$，$\xi_2(\text{tilt corrected})=4.834$，$\xi_c=7.112$，在 99% 置信度也通过了 McFadden（1990）褶皱检验。可以确定为原生特征剩磁方向（图 5.41）。

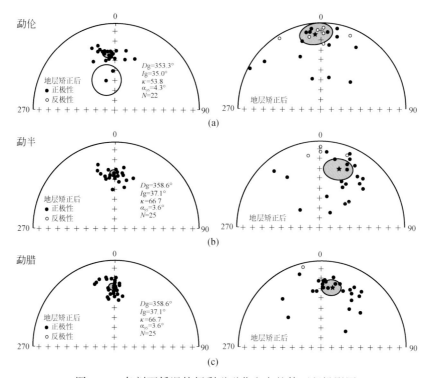

图 5.40　各剖面低温特征剩磁磁化方向的等面积投影图

左侧为地理坐标下，右侧为层面坐标下，五角星代平均方向（实心圆、空心圆分别代表上、下球面投影）

上白垩统曼宽河组（K_2m）共有八个采点分析出高温分量（表 5.7），其中六个采点为正极性，XS23 和 X24 采点为反极性，由于这两个采点在地层较正前和地层较正都偏离其他六个采点方向，因此在 Fisher 统计时删除 XS23 和 XS24 采点，其余六个采点平均方向在地层较正前为 $D_g = 44.7°$，$I_g = 58.3°$，$\kappa = 21.9$，$\alpha_{95} = 14.7°$，地层较正后为 $D_s = 33.2°$，$I_s = 30.9°$，$\kappa = 68.4$，$\alpha_{95} = 8.2°$，$\kappa_s/\kappa_g = 3.12 > F(10，10) = 2.97$，在 95% 置信度通过 McElhinny（1964）褶皱检验，平均方向逐步展平（Enkin，2003）显示在展平至 80% 时 κ 值出现最大（图 5.41），这时的平均方向与地层较正后的方向相似，可以确定这一方向为原生特征剩磁方向［图 5.41（b）］。

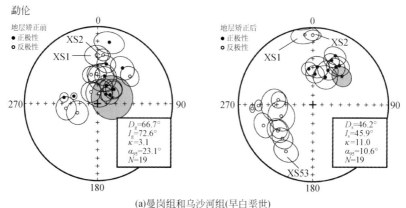

(a)曼岗组和乌沙河组(早白垩世)

图 5.41　勐仑剖面高温特征剩磁磁化方向的等面积投影图

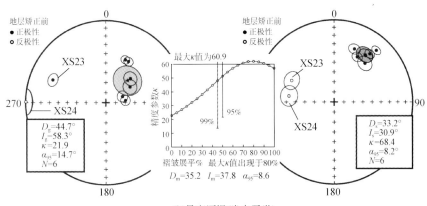

(b)曼宽河组(晚白垩世)

图5.41 勐仑剖面高温特征剩磁磁化方向的等面积投影图（续）

左侧为地理坐标下，右侧为层面坐标下，五角星代平均方向（实心圆、空心圆分别代表上、下球面投影）

表5.7 思茅地体东南部仑腊地区白垩纪、古近纪古地磁数据表

采样点	GPS位置		产状		n/N	地层校正前		地层校正后		κ	α_{95}/(°)	层位
	°N	°E	走向/(°)	倾向/(°)		Dec./(°)	Inc./(°)	Dec./(°)	Inc./(°)			
早白垩世												
*XS1	21°55′	101°12′	62	30	7/10	358.6	−37.1	353.2	−9.5	26.9	11.8	乌纱河组
*XS2	21°55′	101°12′	62	30	2/10	6.9	−36.4	359.9	−10.6	92.7	7.0	乌纱河组
XS3	21°55′	101°12′	274	43	7/11	246.6	−65.4	210.7	−30.2	24.9	12.3	乌纱河组
*XS4	21°55′	101°12′	339	50	13/16	13.2	−41.6	311.4	−40.2	13.7	11.6	曼岗组
XS5	21°55′	101°12′	337	66	11/15	50.8	−43.0	277.6	−51.3	32.1	8.2	曼岗组
XS6	21°55′	101°12′	326	59	7/9	10.5	−61.4	269.7	−46.7	15.9	15.6	曼岗组
XS7	21°55′	101°12′	327	43	6/10	9.2	−78.9	250.7	−52.8	20.3	15.2	曼岗组
XS9	21°55′	101°11′	313	29	8/9	261.6	−54.2	247.7	−29.2	23.4	11.7	曼岗组
XS10	21°55′	101°11′	297	57	16/20	329.5	−75.6	222.9	−39.8	12.1	11.1	曼岗组
XS12a	21°55′	101°11′	299	73	9/10	346.9	−58.2	235.1	−43.3	30.3	9.5	曼岗组
XS12b	21°55′	101°11′	303	74	6/10	358.2	−58.2	234.2	−41.8	31.8	12.2	曼岗组
XS13	21°54′	101°11′	131	13	8/9	13.0	46.2	4.2	57.7	33.8	9.7	曼岗组
XS14	21°54′	101°11′	152	18	8/10	36.0	42.2	24.8	57.6	20.0	12.7	曼岗组
XS15	21°54′	101°11′	281	22	10/10	47.6	67.1	24.1	49.4	22.3	10.5	曼岗组
XS16	21°54′	101°11′	334	27	9/10	14.6	59.6	34.7	38.3	25.1	10.5	曼岗组
XS17	21°54′	101°11′	281	29	7/10	49.8	66.5	31.9	41.9	40.7	9.6	曼岗组
XS18	21°54′	101°11′	228	27	14/15	26.5	68.4	353.3	51.2	28.6	7.6	曼岗组
XS19	21°54′	101°11′	296	47	10/10	55.7	73.4	25.1	30.4	22.3	10.5	曼岗组
XS20	21°54′	101°11′	296	38	9/9	42.8	76.6	23.3	37.3	44.0	7.8	曼岗组
XS21	21°54′	101°11′	156	87	13/13	279.8	57.7	269.0	−27.9	71.1	5.0	曼岗组

续表

采样点	GPS 位置		产状		n/N	地层校正前		地层校正后		κ	α₉₅/(°)	层位
	°N	°E	走向/(°)	倾向/(°)		Dec./(°)	Inc./(°)	Dec./(°)	Inc./(°)			
早白垩世												
XS22	21°54′	101°11′	159	88	12/12	286.5	62.4	266.3	−19.7	163.9	3.4	曼岗组
XS31	21°50′	101°34′	118	33	8/12	11.3	19.9	6.6	49.0	21.8	12.1	曼岗组
曼岗组与乌纱河组平均方向					19/22	66.7	72.6	—	—	3.1	23.1	
					19/22	—	—	46.2	49.9	11.0	10.6	
晚白垩世												
* XS23	21°55′	101°08′	181	78	10/10	292.8	28.9	296.3	−40.6	33.7	8.4	曼宽河组
* XS24	21°55′	101°09′	162	44	6/6	270.6	−0.3	277.5	−42.5	51.2	9.5	曼宽河组
XS25	21°54′	101°09′	284	18	9/9	46.7	54.8	35.4	31.4	58.4	6.8	曼宽河组
XS26	21°54′	101°09′	284	26	8/8	57.7	60.4	39.9	38.7	60.4	7.2	曼宽河组
XS27	21°54′	101°10′	351	34	7/8	25.4	41.8	40.6	18.5	200.0	4.3	曼宽河组
XS28	21°54′	101°10′	342	19	8/10	29.8	41.9	37.9	26.8	146.6	4.6	曼宽河组
XS29	21°54′	101°10′	269	51	10/10	70.1	71.8	21.9	31.2	78.9	5.5	曼宽河组
XS30	21°54′	101°10′	273	46	15/15	83.8	69.7	28.2	37.8	60.0	5.0	曼宽河组
曼宽河组平均方向					6/8	44.7	58.3	—	—	21.7	14.7	曼宽河组
					6/8	—	—	33.2	30.9	68.4	8.2	曼宽河组

（2）勐伴剖面：根据热退磁特点可以把勐伴剖面样品可分为两类，第一类样品为单分量，在加热至695℃得了高温磁化分量［图5.39（e）、（f）］。第二类在20~300℃分离出低温分量［图5.39（g）、（h）］，共从25个采点中分析出了低温分量，其平均方向在地层较正前为：$D_g = 358.6°$，$I_g = 37.1°$，$\kappa = 66.7$，$\alpha_{95} = 3.6°$，方向与当地现代地磁场方向相似，地层较正后为：$D_s = 17.6°$，$I_s = 27.6°$，$\kappa = 6.6$，$\alpha_{95} = 12.2$，未通过褶皱检验，应为近代形成的黏滞剩磁［图5.40（b）］。高温分量在加热至695℃左右时分离出来。

始新世小丫口组（E_2x）有11个采点得到了高温分量（表5.8），其中 XS49 和 XS51 采点地层较正前与现代地磁场方向相似，且地层较正前与较正后的方向和其他采点方向均存在很大差别，因此可能是在现代地磁场中重磁化的结果，在 Fisher 平均时舍去。XS53 和 XS54 与其他七个采点方向也有较大差异，但其方向在地层较正后与本剖面古新世地层结果相一致。另外七个采点的平均方向在地层较正前为：$D_g = 103.7°$，$I_g = 49.0°$，$\kappa = 7.1$，$\alpha_{95} = 24.4°$，地层较正后为：$D_s = 119.6°$，$I_s = 26.8°$，$\kappa = 21.3$，$\alpha = 13.4°$，七个采点对折分布，$\kappa_s / \kappa_g = 3.01 > F（12，12）= 2.69$，在95%通过了 McElhinny（1964）褶皱检验，但偏角比本剖面其他古近系、新近系特征剩磁大了近80°。这七个采点正好位于一条走滑断裂附近，很可能受到了断裂的影响。

表 5.8　思茅地体东南部勐伴地区白垩纪，古近纪古地磁数据表

采样点	GPS 位置		产状		n/N	地层校正前		地层校正后		κ	α_{95}/(°)	层位
	°N	°E	走向/(°)	倾向/(°)		Dec./(°)	Inc./(°)	Dec./(°)	Inc./(°)			
始新世												
XS43	21°49′	101°36′	58	39	5/8	301.5	−48.9	310.5	−12.4	43.1	11.8	小丫口组
XS44	21°49′	101°36′	38	36	7/10	382.8	−49.5	291.3	−15.7	20.1	13.8	小丫口组
XS45	21°49′	101°36′	24	36	9/11	302.0	−61.1	298.3	−25.3	17.7	12.6	小丫口组
XS46	21°49′	101°36′	77	40	8/11	98.9	68.4	141.1	38.6	26.8	10.9	小丫口组
XS47	21°49′	101°36′	64	42	8/11	119.9	57.6	135.4	19.3	14.0	15.3	小丫口组
XS48	21°49′	101°36′	61	34	4/10	77.3	56.4	109.2	37.1	14.2	25.3	小丫口组
*XS49	21°49′	101°38′	128	44	10/10	351.0	25.0	320.9	47.2	49	7.0	小丫口组
XS50	21°48′	101°38′	172	55	6/8	274.5	20.7	276.1	−34.0	20.8	15.0	小丫口组
*XS51	21°45′	101°38′	162	46	7/7	339.3	33.6	315.0	20.9	87.4	6.5	小丫口组
小丫口组平均方向					7/11	103.7	49.0	—	—	7.1	24.4	
					7/11	—	—	119.6	26.8	21.3	13.4	
始新世												
XS53	21°40′	101°42′	327	28	12/15	33.9	44.4	39.9	18.0	52.1	6.1	小丫口组
XS54	21°40′	101°41′	331	25	14/14	36.6	57.3	46.1	29.9	27.0	7.8	小丫口组
古新世												
XS38	21°50′	101°35′	14	58	6/8	206.3	−50.6	243.5	−17.2	10.0	22.3	勐野井组
XS39	21°50′	101°35′	24	57	10/10	179.7	−42.6	234.9	−38.4	13.4	13.7	勐野井组
XS40	21°50′	101°35′	354	67	8/11	169.2	−32.9	203.5	−16.1	24.6	11.4	勐野井组
*XS41	21°50′	101°35′	346	76	5/9	200.3	−10.1	186.6	29.7	10.1	25.3	勐野井组
XS42	21°50′	101°35′	5	63	7/10	185.9	−38.7	220.6	−15.6	15.5	15.8	勐野井组
小丫口组和勐野井组平均方向					6/7	12.9	45.8	—	—	24.7	13.7	
					6/7	—	—	43.5	23.0	26.1	13.4	
晚白垩世												
XS52	21°38′	101°44′	173	59	14/15	58.8	−22.2	56.4	31.9	29.0	7.5	曼宽河组
晚白垩世												
XS33	21°50′	101°34′	356	49	9/10	2.6	54.9	45.2	29.2	25.1	10.5	曼岗组
XS35	21°50′	101°35′	13	39	9/10	13.1	45	45.3	33.3	59.4	6.7	曼岗组
XS36	21°50′	101°35′	33	48	11/11	23.1	34.7	55.1	29.0	45.2	6.9	曼岗组
曼岗组和曼宽河组平均方向					4/4	27.5	31.4	—	—	4.3	50.5	
					4/4	—	—	50.5	31	207.6	6.4	

　　古新世勐野井组（E_1m）共有五个采点，都得到了高温磁化分量（表 5.8），由于 XS41 采点方向误差较大，且平均方向在地层较正前和地层较正后与其他四个采点相差较大，因此舍去。其他四个采点与小丫口组 XS53 和 XS54 采点方向对折（图 5.42），由于其

地层年代相差不大，且采点相距较近，因此把两组放在一起进行平均，六个采点的平均方向在地层较正前为：$D_g=12.9°$，$I_g=45.8°$，$\kappa=24.7$，$\alpha_{95}=13.7°$，地层较正后为：$D_s=43.5°$，$I_s=23.0°$，$\kappa=26.1$，$\alpha_{95}=13.4°$，由于所有采点位于褶皱一翼，且地层产状较为统一，不能通过 McElhinny（1964）和 McFadden（1990）褶皱检验。

晚白垩世曼宽河组（K_2m）只有一个采点（表 5.8），与早白垩世曼岗组分别位于褶皱两翼，早白垩世曼岗组（K_1m）有三个采点得到了高温磁化分量（表 5.8），由于两组地层采点数较少因此我们把两组样品放在一起进行平均得到白垩世勐伴地区结果，四个采点平均方向在地层较正前为：$D_g=27.5°$，$I_g=31.4°$，$\kappa=4.3$，$\alpha_{95}=50.5°$，地层较正后$D_s=50.5°$，$I_s=31.0°$，$\kappa=207.6$，$\alpha_{95}=6.4°$，$\kappa_s/\kappa_g=48.5>F(6,6)=8.47$，在 99% 通过了 McElhinny（1964）褶皱检验，同时 ξ_1（in situ）= 3.709，ξ_2（tilt corrected）= 0.819，$\xi_c=$ 3.180，在 99% 置信度通过了 McFadden（1990）褶皱检验，平均方向逐步展平（Enkin，2003）显示在展平至 100% 时 κ 值出现最大，且平均方向与地层较正后的方向相似［图 5.39（a）、（c）］。可以确定这一平均方向代表了勐伴地区白垩世原生特征剩磁［图 5.42（c）］。

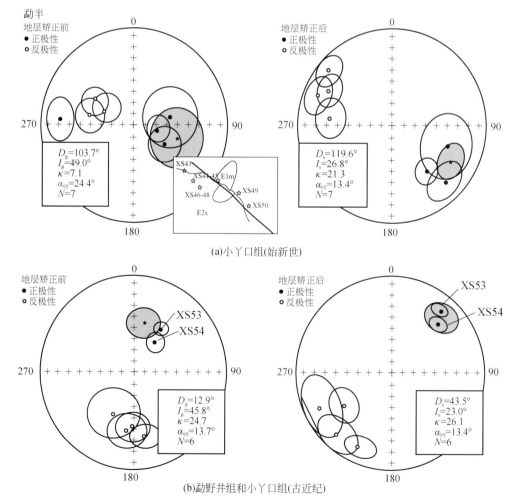

图 5.42　勐伴剖面高温特征剩磁磁化方向的等面积投影图

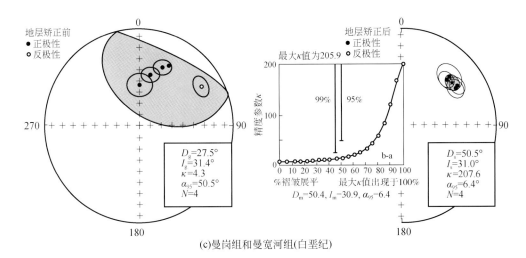

(c)曼岗组和曼宽河组(白垩纪)

图5.42 勐伴剖面高温特征剩磁磁化方向的等面积投影图（续）

左侧为地理坐标下，右侧为层面坐标下，五角星代平均方向

（实心圆、空心圆分别代表上、下球面投影）

虽然勐野井组和曼宽河组年代不一致，但采点位置相近，结果相似，因此我们把两组地层的10个采点放在一起做褶皱检验，$\kappa_s / \kappa_g = 4.21 > F(18, 18) = 3.13$，在99%通过了McElhinny（1964）褶皱检验，因为曼宽河组结果已经证明都为原生分量，因此可以确定古新世勐野井组也为原生特征剩磁。

（3）勐腊剖面：勐腊剖面样品根据热退磁特点也分为两类，第一类样品分离出两个剩磁组分［图5.39（i）、（j）］，低温分量在加热至300℃左右时分离，共从27个采点中得到了低温磁化分量，其平均方向在地层较正前为：$D_g = 355.6$，$I_g = 30.6$，$\kappa = 70.9$，$\alpha_{95} = 3.3$，与当地现代地磁场方向一致，地层较正后为：$D_s = 11.5$，$I_s = 29.9$，$\kappa = 12.1$，$a_{95} = 8.3$，未通过褶皱检验，因此应该为近代形成的黏滞剩磁［图5.40（c）］。高温分量则是在加热至695℃时才分离出来。第二种样品为单分量，在加热至695℃时得到高温磁化分量［图5.39（k）、（l）］。

晚始新世—渐新世的大弯塘组（$E_{2-3}d$）共有17个采点得到了高温磁化分量（表5.9），以采点为单位进行Fisher平均后的方向在地层较正前为：$D_g = 32.2$，$I_g = 34.0$，$\kappa = 20.0$，$\alpha_{95} = 8.2$，地层较正后为：$D_s = 41.8$，$I_s = 23.8$，$\kappa = 38.9$，$\alpha_{95} = 5.8$，$\kappa_s / \kappa_g = 1.94 > F(32, 32) = 1.80$，在95%置信度通过了McElhinny（1964）褶皱检验。另外，平均方向逐步展平（Enkin, 2003）显示在展平至85%时κ值出现最大，且平均方向与地层较正后的方向相似［图5.43（a）］，因此可以确定其为原生特征剩磁。

早白垩世曼岗组（K_1m）共有10个采点获得了高温剩磁分量（表5.9），早白垩世乌沙河组（K_1w）只有四个采点，但四个采点都得到了高温磁化分量（表5.8），且其平均方向在地层较正后与曼岗组相似，由于两个组地层时代相差不大，剖面中位置也相距较近，因此我们把曼岗组和乌沙河组采点放在一起进行Fisher平均，14个采点的平均方和在地磁较正前为：$D_g = 10.7°$，$I_g = 40.1$，$\kappa = 6.4$，$a_{95} = 17.1$，地层较正后方向为：$D_s =$

$46.9°$，$I_s = 42.2°$，$\kappa = 27.3$，$a_{95} = 7.7°$，$\kappa_s/\kappa_g = 4.27 > F$（26，26）$= 2.55$，在99%通过了 McElhinny（1964）褶皱检验，同时 ξ_1（in situ）$= 9.757$，ξ_2（tilt corrected）$= 2.3187$，$\xi_c = 2.553$，在99%置信度也通过了 McFadden（1990）褶皱检验，另外平均方向逐步展平（Enkin，2003）显示在展平至90%时 κ 值出现最大，且平均方向与地层较正后的方向相似［图5.43（a）、(b)］。可以确定这一高温磁化分量为早白垩世原生特征剩磁［图5.43 (b)］。

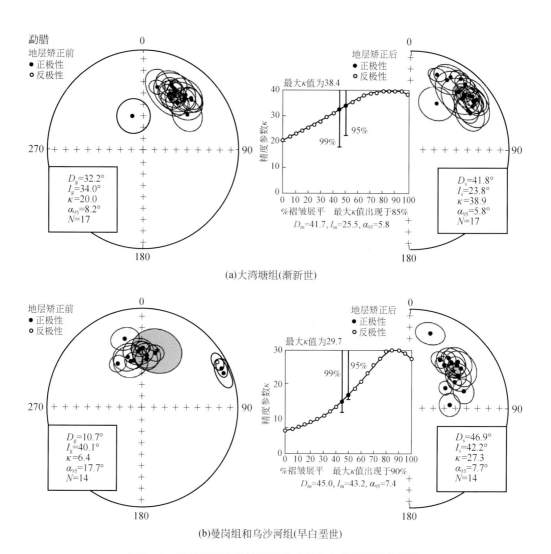

(a)大湾塘组(渐新世)

(b)曼岗组和乌沙河组(早白垩世)

图5.43 勐腊剖面高温特征剩磁磁化方向的等面积投影图

左侧为地理坐标下，右侧为层面坐标下，五角星代平均方向

（实心圆、空心圆分别代表上、下球面投影）

表 5.9 思茅地体东南部勐腊地区白垩纪，古近纪古地磁数据表

采样点	GPS 位置		产状		n/N	地层校正前		地层校正后		κ	α₉₅/(°)	层位
	°N	°E	走向/(°)	倾向/(°)		Dec./(°)	Inc./(°)	Dec./(°)	Inc./(°)		α_{95}/(°)	
晚始新世—渐新世												
XS69	21°30′	101°32′	197	76	8/13	48.2	−13.4	39.6	25.7	10.7	17.7	大弯塘组
XS70	21°30′	101°32′	355	28	9/11	25.1	30.2	34.6	13.9	49.3	7.4	大弯塘组
XS71	21°30′	101°32′	13	40	10/11	30.2	41.6	52.9	21.5	36.6	8.1	大弯塘组
XS72	21°30′	101°32′	13	42	12/13	25.6	37.4	47.0	20.8	32.3	7.8	大弯塘组
XS73	21°30′	101°31′	24	25	8/11	29.8	33.5	44.5	27.7	11.9	16.7	大弯塘组
XS74	21°30′	101°31′	23	28	7/9	41.1	35.1	54.5	34.8	16.1	15.5	大弯塘组
XS75	21°30′	101°31′	24	25	8/10	37.8	40.6	54.8	30.9	34.2	9.6	大弯塘组
XS76a	21°30′	101°31′	16	24	8/10	40.6	33.4	51.5	21.1	37.1	9.2	大弯塘组
XS76b	21°30′	101°31′	16	24	8/11	39.0	30.2	48.8	18.8	16.2	14.2	大弯塘组
XS77	21°30′	101°31′	266	17	7/12	28.7	36.6	26.8	21.9	24.0	12.6	大弯塘组
XS78	21°30′	101°31′	296	6	12/12	45.5	29.6	44.5	23.9	21.6	9.6	大弯塘组
XS79	21°30′	101°31′	358	13	11/13	52.9	41.1	58.0	30.4	12.9	13.2	大弯塘组
XS80	21°30′	101°31′	18	22	9/11	44.2	28.8	52.4	17.6	34.2	8.9	大弯塘组
XS82	21°30′	101°31′	336	14	7/10	24.3	28.4	28.1	17.7	26.6	11.9	大弯塘组
XS83	21°30′	101°31′	319	18	10/10	13.0	36.0	18.4	21.0	57.9	6.4	大弯塘组
XS84	21°30′	101°30′	2	30	15/19	27.8	31.5	39.2	15.5	25.5	7.7	大弯塘组
XS85	21°31′	101°29′	342	34	9/9	343.8	60.9	27.9	45.7	13.8	14.4	大弯塘组
大弯塘组平均方向					17/17	32.2	34.0	—	—	20.0	8.2	大弯塘组
					17/17	—	—	41.8	23.8	38.9	5.8	大弯塘组
早白垩世												
XS55	21°24′	101°37′	6	57	8/9	343.5	45.9	41.4	37.9	22.2	12.0	曼岗组
XS56	21°24′	101°37′	2	70	9/9	329.9	47.6	47.1	36.1	54.8	7.0	曼岗组
XS57	21°24′	101°37′	13	57	10/10	355.8	42.6	45.5	33.4	17.5	11.9	曼岗组
XS58	21°24′	101°37′	354	55	6/9	345.2	29.0	14.3	22.2	40.8	10.6	曼岗组
XS59	21°24′	101°37′	8	62	11/13	345.5	50.1	51.5	35.2	11.7	13.9	曼岗组
XS60	21°24′	101°37′	51	51	9/13	5.0	49.6	84.4	57.3	32.8	9.1	曼岗组
XS61	21°24′	101°37′	17	36	9/10	357.7	40.4	30.8	42.3	55.6	7.0	曼岗组
XS62	21°24′	101°37′	26	49	8/12	5.0	46.2	56.7	41.4	26.4	11.0	曼岗组
XS63	21°24′	101°37′	15	44	9/10	0.4	39.5	37.0	36.4	80.5	5.8	曼岗组
XS64	21°24′	101°37′	6	42	7/8	349.3	50.2	37.6	43.9	70.1	7.3	曼岗组
XS65	21°24′	101°37′	33	43	7/7	13.7	42.7	55.3	41.4	70.7	7.2	曼岗组
XS66	21°24′	101°36′	146	36	8/10	67.7	7.7	71.9	42.7	35.6	9.4	曼岗组
XS67	21°24′	101°36′	151	56	12/13	59.6	−9.1	59.0	46.9	55.0	5.9	曼岗组
XS68	21°24′	101°36′	161	49	10/10	64.5	8.0	59.3	56.5	77.1	5.5	曼岗组
曼岗组和乌纱河组平均方向					14/14	10.7	40.1	—	—	6.4	17.1	曼岗组
					14/14	—	—	46.9	42.2	27.3	7.7	曼岗组

4. 讨论

过去数十年，众多地质学学在思茅地体内部白垩纪和古近纪红层中取得了大量的古地磁学数据，对比这些思茅地体内部不同研究区的古地磁数据可以发现，思茅地体内部存在着极为复杂的陆内地壳变形作用。思茅地体 NW-ES 向地体宽度由窄变宽，构造作用也由及其强烈转变为较为稳定，在思茅地体东南部的古地磁学研究，可以为整个地体内地壳变形研究提供更多的数据支持。

（1）古近纪数据的磁倾角偏低及南向纬向运动：地质学及古地磁学研究结果显示缅泰地块和印度支那地块自晚古新世到早始新世开始沿大型走滑断裂带发生了约（700±200）km 的南向纬向运动（Leloup et al., 1995, 2001; Lacassin et al., 1997）。由于青藏高原东南缘主要人型边界走滑断裂带初始活动年都位于渐新世时期，因此缅泰地块和印度支那地块的南向漂移也应当发生了渐新世以后，所以这一区域白垩纪和古近纪地层古地磁研究得到古磁倾角应该是相似的。但是我们从勐腊地获得的古地磁结果显示清晰的显示古近纪地层古磁倾角要明显小于白垩纪地层。这极有可能是由于沉积压实作用所引起的来磁倾角偏低作用造成的。因此我们对这些古地磁数据进行 E/I 校正（Tauxe and Kent, 2004）校正结果显示古近纪地层古磁倾角升高为 44.1，误差范围为 38.3~49.3，校正后的结果与白垩纪红色中得到的磁倾角基本保持一致。这就证明了思茅地体内部古近纪地层中存在着明显的磁倾角偏低现象，其使磁倾角偏离正常值约 10°（图 5.44）。这一偏差会严重影响我们对青藏高原东南缘地壳块体南向挤出运动量的估算，因此在后续的研究中，我们将针对本区域磁倾角偏低现象进行更详细的实验研究。

（2）兰坪-思茅褶皱带构造特征：思茅地体内部主要出露侏罗系、白垩纪以及古近纪红层地层，这些地层普遍发育轴向近 NNW-SSE 向的褶皱系，褶皱形成年代可能为喜马拉雅期。自思茅地体北西部兰坪地区开始这一轴向近 NNW-SSE 向的褶皱系呈连续性的向 ES 延伸一直到景洪地区，总长长达 750 km，地质学上统称其为兰坪-思茅褶皱带。其北东侧为近 NW-SW 向且构造线形迹平直的金沙江-红河断裂，其西南侧边界为构造线形迹波状延伸的澜沧江断裂带。自澜沧江断鸳带中段无量山和营盘山所夹的狭窄区域开始，构造线行迹形成了反"S"状的弧形构造带，其构造线行迹延伸方向基本平行于澜沧江断裂带展布，弧形构造带的北西端，构造线行迹方向大体上呈 NWW-NW 向，向 ES 延伸构造线行迹方向转变为 NNW-NNE 向，再向 ES 在景洪及江城附近再次转向 SEE-SE 向，在弧形构造带转折部位常伴生有 NE 向或 NW 向扭性断裂，形成一种辗转曲折组合形式。兰坪-思茅褶皱带的北部平均宽为 70 km 左右，南部勐腊地区宽达 200 多 km，而在中部南涧、景东地区宽度则缩短到 40 km 以下（图 5.45），兰坪-思茅褶皱带内褶皱轴的走向随着其西南边界澜沧江断裂带的形迹而蜿蜒展布。兰坪-思茅褶皱带这种反"S"形的弧形构造形式在青藏高原周缘地区普遍存在，是一种复合扭动构造形式。前人研究结果认为本区构造形变可能主要形成于喜马拉雅期（云南省区域地质志）。

（3）区域构造旋转变形规律：对已有古地磁数据的分析和总结仍能发现地体内部粗略的区域旋转变形幅度变化特征 [图 5.45（a）]：思茅地体大部分地区白垩纪以来相对于华南板块稳定区都发生了顺时针旋转运动，其中思茅地体北部兰坪、云龙等地区顺时针旋转量小于 30°；中部景谷、景东等地区顺时针旋转量大于 65°；南部景洪、普洱和勐腊地区顺

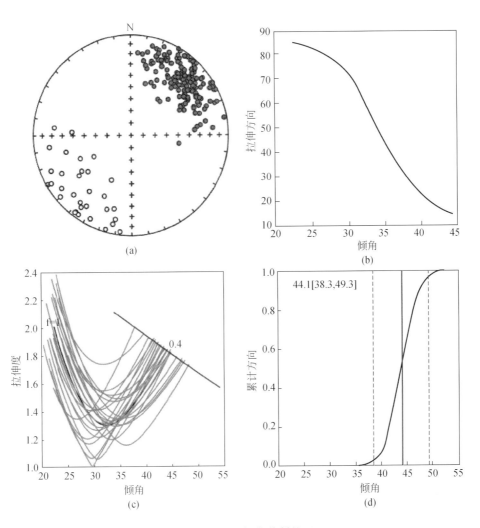

图 5.44　E/I 磁倾角偏低校正

（a）古地磁方向；（b）伸展方向相对于倾角的变化曲线；（c）伸展率/倾角关于 f 的函数；（d）校正倾角的累计分布

时针旋转量约 40°；东部江城地区则发生了逆时针旋转。思茅地体不同部位白垩系和古近系地层磁偏角大小近似的随着兰坪-思茅褶皱带内部弧形构造线行迹走向而发生改变，由此推测，思茅地体内复杂差异性旋转变形规律可能受控于弧形构造带形成演化过程，其成因则应当与弧形构造带形成机制有关。

　　通过不同古地磁采样区古磁偏角与兰坪-思茅褶皱带内反"S"形构造线形迹间的变化关系，可以定量分析思茅地体复杂陆内旋转变形作用的运动学规律和其成因，因此，我们使用线性回归分析法来分析这二者之间的关系。首先统计了各个古地采样区周缘主要的构造线形迹走向方向，并计算出每个研究区构造线形迹的平均走向（表 5.10）。由于思茅地体东南部勐腊地区褶皱和断层并不发育，不存在差异性旋转变形，这一地区澜沧江断裂带行迹与红河断裂带行迹相近，因此，假设澜沧江断裂带发生弯曲变形前的线迹与红河断

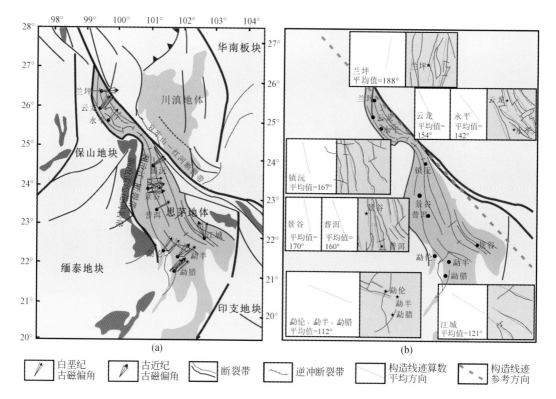

图 5.45 （a）思茅地体内部不同时代古地磁研究区古磁偏角变化图和
（b）思茅地体内部弧形构造线迹走向变化

裂带相似，以红河断裂带的构造线行迹方向作为兰坪–思茅褶皱内反"S"形弧形构造线形迹的参考形迹方向（$S_r = 145°$）。用期望磁偏角（D_e）减去实测磁偏角（D_o）得到不同古地磁研究区的磁偏角变化量，用参考构造线行迹（S_r）减去测得到构造线行迹平均方向（S_o）得到构造结行迹的变化量。在直角坐标系中，以 S_r-S_o 为横坐标，以 D_e-D_o 为纵坐标进行投影。之后进相关性分析，分析结果显示相关系数为 0.61，表明磁偏角变化与弧形构造线行迹变化间没有相关性。但是在去除思茅地体东南部勐腊地区古地磁数据后再次进行相关性分析，此时相关系数增加为 0.94，这表明思茅地体北西部、中部以及中南部地区的陆内复杂差异性旋转变形都与思茅褶皱带内部反"S"形构造线迹的形成有关（图 5.46）。正是由于思茅地体受近 NE-SW 向的挤压作用，造成其内部形成了反"S"形弧形构造，导致了思茅地体内部复杂的差异性旋转变形。而思茅地体东南部勐腊地区受 NE-SW 向挤压应力影响小，并没有发生大规模 NE-SW 向地壳缩短量，因此，这一区域并没有经历强烈的陆内旋转变形，这表明勐腊地区发生的平均约 35°的顺时针旋转量为思茅地体 ES 向侧向挤出逃逸过程中所发生的顺时针旋转，代表了思茅地体整体的旋转变形量。而思茅地体北西部和中部地区白垩纪、古近纪地层由于受到了 NE-SW 向挤压应力和陆内构造运动的影响，又叠加了陆内差异性旋转变形。

表 5.10　思茅地体内部主要构造线行迹走向方向及不同古地磁研究区主要构造线行迹平均延伸方向

名称	Location（°N/°S）	$S/(°)$	$S_o/(°)$	$S_r - S_o/(°)$
Langping	26.5°N/99.3°E	184/192/189	188	−43
Yunlong	25.8°N/99.4°E	141/149/157/168	154	−9
Yongping	25.5°N/99.5°E	158/127/134/165	142	3
Zhenyuan	24.1°N/101.1°E	173/173/169/163/171/145	167	−22
Jinggu	23.4°N/100.9°E	180/170/161/169/167/164	170	−25
Puer	23.0°N/101.0°E	166/180/168/169/160/142/135	160	−15
Menglun	21.9°N/101.22°E			
Mengban	21.8°N/101.6°E	117/111/107	112	33
Mengla	21.4°N/101.6°E			
Jiangcheng	24.1°N/101.1.1°E	113/121/129	121	24

Choosing the strike of middle segment of Red River Fault as the reference strike（$S_r = 145°$）

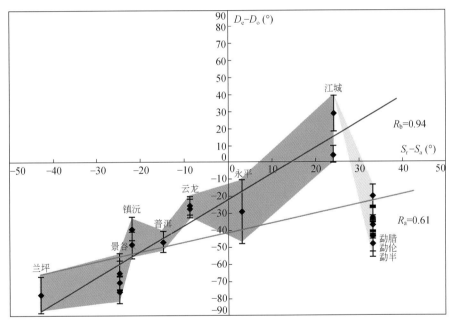

图 5.46　思茅地体不同古地磁研究区磁偏角变化量与古地磁采样区构造线迹变化量间相关系分析图

S_r-S_a 为构造线迹变化量；Rotation 为磁偏角变化量；R 为线性相关系数，直线为最佳拟和线；R_a. 思茅地体内部所有古地磁数据的相关系数；R_b. 除思茅地体东南区域之外其他区域古地磁数据的相关系数

　　江城地区由于远离澜沧江断裂带，受到兰坪-思茅褶皱带内反"S"弧形构造的影响较小，其所表现出的逆时针旋转变形很可能与蝉联的构造形态相关，江城地区发育近 NE-SW 向的走滑断裂系和近 NW-SE 向的逆冲断裂系，把这一地区切割成多个近 NW-SE 向展布的逆冲岩体，这些逆冲岩体在其边界走滑断裂带的带动下发生了逆时针旋转，造成了江城地区负磁偏角现象。

　　思茅地体的反"S"形弧形褶皱带和陆内差异性旋转变形的形成是思茅地体周缘地质

单构造作用的结果。从区域构造背景看，思茅地体东北部为相对刚性的华南板块，二者边界为较为平直的扭压性逆冲-走滑断裂带，而其南西侧为地壳均一性较差的保山地体。思茅褶皱带内部的褶皱轴形迹展布特征表明思茅地体受到了 NE-SW 向的挤压应力作用，青藏高原东南缘各拼贴地块在 ES 向挤出逃逸运动过程中，思茅地体由于受到其西南部保山地块的阻挡，导致地壳均一性较差的保山地体相对于思茅地体发生了 NE 向运移，并向北楔入了思茅地体内部，而思茅地体在其北东侧刚性华南板块以及二者之间 NW 向平直边界断裂的制约下，思茅地体内部广泛分布的相对塑性的中新生代沉积地层发生了褶皱，并造成了思茅地体西南边界澜沧江断裂带行迹的弯曲变形。目前的地质学研究表明青藏高原东南缘各拼贴块体发生东南侧向挤出运动开始于 25 Ma B.P. 左右，因此，可以推测思茅地体受到保山地块的阻挡也有可能始于 25 Ma B.P.，思茅地体在东南侧向挤出逃逸运动的过程中，在整体性发生约 35°顺时针旋转作用的同时，其北部和中南部地区还由于保山地块的阻挡挤压作用，发生了陆内差异性旋转变形，而思茅地体南部，由于受保山地块的挤压应力作用较小，没有发生明显的陆内差异性旋转变形。在 5 Ma 后，思茅地体北东边界红河断裂带及思茅地内部断裂系走滑性质的转变，又导致思茅地体东部江城地区发生了逆时针旋转。

（4）思茅地体陆内差异性旋转变形构造模型：缅泰地块和印度支那地块自 32 Ma B.P. 开始以西缘的高黎贡右旋韧性剪切带和东缘的红河-哀牢山左旋韧性剪切带为走滑边界发生向 ES 侧向旋转挤出运动，自 15 Ma B.P. 开始，西缘挤出边界转换到实楷右旋走滑断裂带。在地块东南侧向旋转挤出构造体系下，NE 走向的南汀河断裂带应发生左旋走滑运动，与实楷右旋走滑断裂带、高黎贡右旋韧性剪切带以及崇山左旋走滑韧性剪切带共同形成保山地体的顺时针旋转挤出边界。由此可以推测，南汀河断裂带早期右旋走滑运动启动时间应早于印度-支那地块和滇缅泰地块东南侧向旋转挤出运动的时间。思茅地体以南滇缅泰马地块内部存在多条与南汀河断裂带走滑性质相似并伸展方向一致的断裂带，从北向南有畹町断裂带、南汀河断裂带以及奠边府断裂带，这三条断带走向都为近似 NE 向，早期为右旋走滑运动，自上新世时期转变为左旋走滑运动。Lacassin 等推测畹町断裂带左旋走滑运动的错移量为 9.5 km 左右，而早期的右旋走滑量则至少达到了 38~58 km。通过近年来同位素年代学研究，青藏高原东南缘地壳块体边界走滑断裂带的活动年龄也得到约束，腾冲地体与保山地体的边界断裂带高黎贡韧性剪切带的右旋剪切运动约开始于 32 Ma B.P. 终止于 27 Ma B.P.；保山地体与思茅地体的南缘边界断裂崇山韧性剪切带左旋剪切活动时间与高黎贡右旋韧性剪切带一致。红河-哀牢山韧性剪切带在约 32~17 Ma B.P. 发生了左旋走滑运动；印度-支那地块南部的王朝左旋走滑断裂带和三塔左旋走滑断裂带初始运动时间约为 36~33 Ma B.P.，终止于约 29 Ma B.P.，与高黎贡右旋走滑韧性剪切带和崇山左旋走滑韧性剪切带活动时间基本一致。而作为滇缅泰马地块和印度支那地块东南侧向挤出西缘边界的实楷断裂带右旋走滑运动初始时间约为 15 Ma B.P.。依据青藏高原东南缘众多大型走滑断裂带的活动年代，结合青藏高原东南缘地块侧向旋转挤出运动，可以把缅泰地块和印度-支那地块新生代以来整体性顺时针旋转挤出运动以及陆内差异性旋转变形详细划分为四个变形阶段（图 5.47）。

第一变形阶段：早古近纪时期由于印亚的初始碰撞以及之后二者间持续近 SN 向强烈挤压作用下，青藏高原东南缘区域白垩纪地层和古近纪地层发生了强烈的褶皱作用，从而

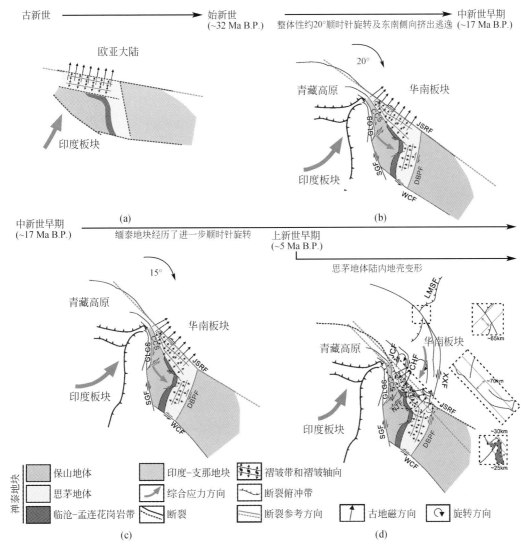

图 5.47　青藏高原东南缘缅泰地体印度支那地体中晚新生代时期旋转变形构造模型

形成思茅地体北部和中部地区中生代和新生代地层的褶皱系。在这一强烈近 SN 向挤压作用下，思茅地体北部发生了初步的顺时针旋转运动。由于东南亚大型走滑断裂带的初始活动都发生于 32 Ma B.P. 左右，因此，可以推测其初始旋转挤出运动发生于 32 Ma B.P. 左右。可以确定思茅地体内部褶皱系原生褶皱轴向方向为近 EW 向［图 5.47（a）］。

第二变形阶段：自渐新世早期到中新世早期（32～17 Ma B.P.）开始，缅泰地块和印度支那地块沿着红河左旋走滑断裂带发生了 ES 向挤出运动，这一过程中缅泰地块和印度支那地块相对于华南板块稳定区发生了约 20°的顺时针旋转变形运动。而思茅地体北部地区由于更靠近东喜马拉雅构造结，因此经历了更为强烈的顺时顺时针旋转运动。由于高黎贡断裂带和崇山断裂带的走滑运动持续时间要短于红河断裂带，因此思茅地体以南的保山地体的顺时针旋转运动极有可能大于思茅地体，保山地体更快的东南侧向旋转挤出运动对思茅地体东南部地区造成了近 EW 向的挤压作用，从而导致勐腊地区白垩纪、古近纪地层发生了新一期的褶皱作用［图 5.47（b）］。

第三期变形阶段：哀牢山–红河左旋走滑断裂带在 17～5 Ma B. P. 几乎停止了活动，保持相对静止状态（Allen et al., 1984；Cuong et al., in press；Leloup et al., 1995；Replumaz et al., 2001；Gilley et al., 2003；Zhu et al., 2009）。古地磁数据显示缅泰地块相对于华南板块稳定区发生了 35°的顺时针旋转运动，而印度支那地块则相对于华南板块稳定区发生了约 20°的顺时针旋转运动，因此可以推测在这一时期，由于印度支那地块远离东喜马拉雅构造结，因此其顺时针旋转量小于缅泰地块［图 5.47（c）］。

第四变形阶段：自 5 Ma B. P. 开始，小江左旋走滑断裂带开始了强烈的左旋走滑运动，思茅地体以北的川滇地体以鲜水河–小江左旋走滑断裂带为边界发生了南向挤出运动，其对思茅地体中部地区产生了强烈的由北向南的挤压作用，而思茅地体南部保山地体内部发育了近 NNE 走向的南汀河左旋走滑断裂带，在川滇地体和南汀河左旋走滑断裂带的运动下，思茅地体中部巍山–南涧–景东地区开始形成弧形构造，而思茅地体东部由于受到川滇地体的挤压而发生南向缩进，从而导致哀牢山–红河走滑断裂带在墨江–元江之间发生了南向偏移，从而造成江城地区的逆时针旋转变形运动［图 5.47（d）］。

四、思茅地体中部巍山地区白垩系和古近系古地磁研究

1. 地质背景与样品采集

青藏高原的东南部由滇缅泰马地块、印支地块、川滇微地块等多个次级块体拼贴组成，其间被金沙江–哀牢山–红河走滑断裂带以及奠边府走滑断裂带分分割（图 5.48），自古近纪以来由于印度板块持续楔入欧亚板块导致这些地块发生了持续的东南侧向旋转挤出逃逸运动（Funahara et al., 1993；Huang and Dpdyke, 1993；Yang and Besse, 1993；Sato et al., 1999, 2001, 2007；Yang et al., 2001；Tanaka et al., 2008）。思茅地体位于滇缅泰马地块东北部，其 NE 缘和 WS 缘分别以哀牢山–红河走滑断裂带和崇山断裂带为边界，在构造位置上紧邻东喜马拉雅构造结东侧（图 5.48）。同位素年代学研究认为红河断裂带自渐新世时期（约 32 Ma B. P.）开始发生大规模左旋走滑运动，并一直持续到了约 17 Ma B. P.，之后自上新世时期（约 5 Ma B. P.）开始转变为右旋走滑运动（Leloup et al., 1995, 2001；Wang E. et al., 1998；Gilley et al., 2003）。而崇山断裂带是一条新生代左旋走滑断裂带，其构成了思茅地体和保山地体的块体边界（Wang et al., 2000），其初始走滑运动开始于 32 Ma B. P. 左右，晚期走滑运动约在 29～27 Ma B. P.（Wang et al., 2006）。

由于受到印度板块与欧亚大陆间的碰撞和持续挤压作用，思茅地体内部形成了一套与金沙江–红河–哀牢山走滑断裂带近平行展布的逆冲断裂系和近 NE–SW 走向的走滑断裂系，同时自思茅地体北缘兰坪地区开始直至思茅地体南部景洪地区普遍发育轴向近 NW 或 NNW 向的褶皱带，思茅地体外部则发育多条近 SN 向或 NNE 向展布的大规模左旋走滑断裂带（Wang E. et al., 1998；Wang and Burchfiel, 2000）（图 5.48）。思茅地体中部巍山至景东地区处于澜沧江断裂带和无量山–营盘山断裂带之间，思茅地体褶皱带的宽度在本区

域迅速减小形成明显的蜂腰地貌，该区是思茅地体内部构造变形最为强烈的地区，主要表现为白垩纪以来红层地层的褶皱和断裂，构造线行迹明显［图5.49（a）］。总体上本区一系列褶皱和断裂组成了反"S"形状的弧形构造带，在蜂腰部位以北区域构造带线迹方向大体呈NWW-NW向，在蜂腰部位内部构造线迹方向转变为近NW-SE向，而在蜂腰部位以东区域构造线迹方向又转变为近SN向甚至NNE向，其构造线行迹延伸方向基本平行于澜沧江断裂带展布（云南省地质矿产局，1990）。而在思茅地体中部蜂腰部位北侧和南侧，近SN走向的程海-鱼泡江断裂带和近NE走向的南汀河左旋走滑断裂带分别与红河走滑断裂和澜沧江断裂带相交。由于思茅地体中部蜂腰部位复杂地质构造条件，本区域部分白垩纪以来红层地层经历了较弱的变质作用，导致多年来本区内可靠的古地磁数据非常稀少。

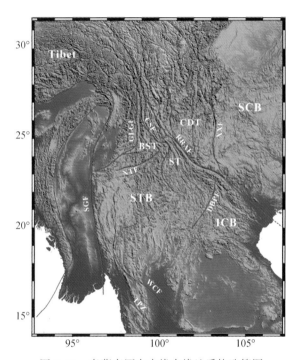

图5.48　青藏高原东南缘南缘地质构造简图

SCB. 华南板块；ICB. 印度支那地块；STB. 缅泰地块；CDT. 川滇地体；ST. 思茅地体；BST. 保山地体；
XXF. 鲜水河-小江断裂带；RRAF. 红河-哀牢山断裂带；CSF. 崇山断裂带；GLGF. 高黎贡断裂带；NTF. 南汀河断裂；
DBPF. 滇边府断裂；SGF. 实楷断裂带；WCF. 王朝断裂带；TPZ. 三塔断裂带

　　思茅地体中部蜂腰部位部分地区连续出露早白垩世到古新世的湖相沉积地层（图5.49），部分地区白垩纪以来湖相沉积地层厚度较大，地层岩性特征较统一。下白垩统景星组地层底部为灰色钙质砾岩或粗砂岩；下部以灰、灰白、浅灰色厚层块状石英砂岩、长石石英砂岩为主，夹紫红-灰绿色泥岩、粉砂岩及少量泥灰岩、含砾砂岩；上部为紫红色泥岩、泥质粉砂岩夹细砂岩，地层总厚度为340～2000 m，普遍含双壳类（*Koreanaia yunnanensis*，*Cyotrigonioides puerensis*，*Nippononaia Diana*，*Plicatounio rostratus*，*Nakamuranaia mojiangensis* 等）、介形虫（*Monosulcocypris reticulate*，*Cypridea angusticaudata*等）以及叶肢介类（*Orthestheria quadrata*，*Orthestheriopsis dajingensis* 等）化石，其与下伏上侏罗统坝注路组地层间平行不整合接触，与上覆上白垩统南新组间整合接触（云南省地质矿产局，1990）。上白垩统地层主要由南新组和虎头寺组地层组成，南新组下部岩性以紫、紫红色中至粗粒含长石石英砂岩为主，夹紫红色钙质泥岩、泥质粉砂岩、砂砾岩，上部以紫红色中至细粒砂岩为主，夹红色粉砂质泥岩、泥岩，富含双壳类（*Nippononaia carinata*，*Nakamuranaia chingshanensis*，*N. subrotunda*，*N. elongata*）、介形虫（*Monosulcocypris subovata*，*M. longa*，*M. subelliptica*，*M. gigantea*，*M. yunnanensis*）、轮藻类（*Atopochara trivolvis*，*Nodoclavator puchangheensis*）及腹足类、叶肢介、昆虫等化石，属河湖相沉积，地层总厚度约591~1961 m。虎头寺组平行整合覆盖于南新组地层之上，岩性以灰棕、浅灰白、浅黄绿色块状细粒长石石英砂岩，泥质粉砂岩为主，地层总厚度为50~400 m，其与上覆古新统云龙组地层层间呈平行不整合接触。古新统云龙组岩性以棕红色泥岩、粉砂岩，夹含盐泥砾岩为主，普遍含石膏，底部有一层浅棕红色泥砾岩，地层内含丰富生物化石，有以*Obtusochara-Peckichara-Gyrogona*为代表的轮藻植物群和*Sinocypris-Parailyocypris-Eucypris*介形类组合，另外含有叶肢介*Paraleptestheria*和腹足类化石，为咸水湖相红色砂泥岩（云南省地质矿产局，1990）。

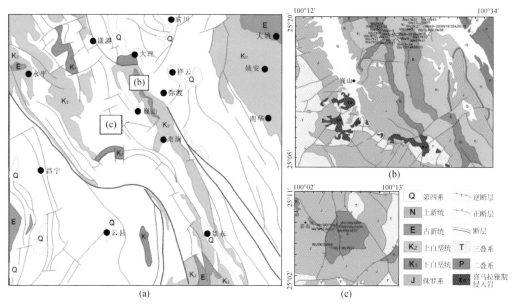

图5.49　（a）思茅地体中部构造地质简图、（b）思茅地体中部巍山剖面地质简图及古地磁采点分布情况以及（c）思茅地体中部五印剖面地质简图及古地磁采点分布情况

　　本次研究我们在思茅地体中部巍山地区布置了两条剖面（图5.49）。巍山剖面位于巍山县城北东巍山至弥度公路两侧，在上白垩统南新组/虎头寺组湖相沉积地层中设置了20个古地磁采点（Ws1—Ws20），采点均匀分存在轴向近NNW向向斜两翼，样品岩性以紫红色钙质泥岩、泥质粉砂岩为主。五印剖面位于巍山县城西南部，由于本区白垩纪以来地层出露较差，因此在下白垩统景星组湖相沉积地层中仅设置了七个古地磁采点（Wy1—Wy7），样品岩性以紫-紫红色钙质泥岩、泥质粉砂岩为主［图5.49（c）］。

　　两条剖面使用便携式古地磁专用采样钻机共采集了27个构造古地磁采点，并用磁罗盘进行岩心定向，共采得定向岩心样品约 320 块。每个采品位置的现代地层场方向都使用 2010 年国际标准参考地磁方向进行了校正（International Association of Geomagnetism and Aeronomy，Working Group V–MOD，2010）。

2. 岩石磁学实验

岩石磁学实验的目的是鉴别样品中主要载磁矿物及其组合类型。等温剩磁获得曲线（IRM）及反向直流场退磁曲线可以通过揭示磁性矿物的矫顽力来鉴别磁性矿物种类，三轴等温剩磁退磁曲线（Z 轴方向加 2.2 T，X 轴方向加 0.4 T，Y 轴方向加 0.12 T）则通过不同磁性矿物的解组温度来判别磁性矿物种类（Lowrie，1990）。为了确定本研究剖面样品主要载磁矿物组合特征，根据两条剖面各采样的分布情况以及岩性，选取了多块典型性样品进行了多类岩石磁学实验（WS3-2A，WS17-3A，WY1-2，WS5-2）。四块样品等温剩磁获得曲线以及三轴热退磁实验有着相似的结果。三轴等温剩磁热退磁曲线显示，高场磁组分、中间磁组分在加热至 580℃ 左右出现拐点，在加热温度达到 680℃ 以后高场磁组分、中间磁组分以及低温磁分量都降低至 0，显示了磁铁矿和赤铁矿存在的信息 ［图 5.50（a）］。等温剩磁获得曲线显示，在正向场强达到 200 mT 之前同磁化强度缓慢增加，当正向场强达到 2.5 T 左右时才趋于饱和，在加反向场至 50 mT 之前，磁化强度有较快速减弱，显示有少量磁铁矿的信息，反向场强在 100~400 mT，磁化强度斜率平缓，表明有可能存在高矫顽力的针铁矿。在反向场强达到 500~800 mT 时，磁化强度转变为负值，显示赤铁矿存在的信息 ［图 5.50（b）］。可以确定，巍山剖面和五印剖面样品中主要载磁矿物组合为赤铁矿和磁铁矿，并含有少量针铁矿。

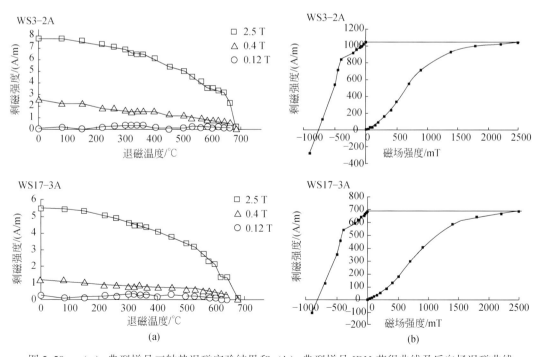

图 5.50　（a）典型样品三轴热退磁实验结果和（b）典型样品 IRM 获得曲线及反向场退磁曲线

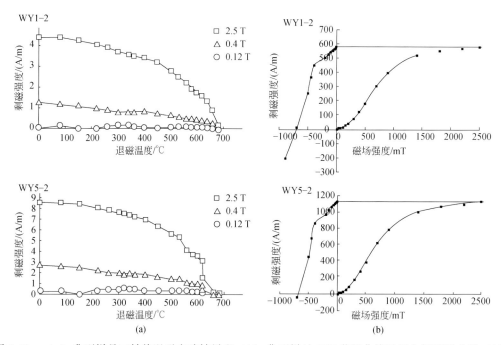

图 5.50 （a）典型样品三轴热退磁实验结果和（b）典型样品 IRM 获得曲线及反向场退磁曲线（续）

3. 古地磁样品测试及结果

所有构造古地磁定向岩心样品都在室内加工成 2.54 cm 长，直径 2.2 cm 宽的标准样品，每个岩心样品都至少加工出两个以上标准样品。所有古地磁实验都是在国土资源部古地磁与古大陆重建部重点实验室进行的。剩磁测量均在美制 2G-755 型超导磁力仪上进行，系统热退磁是在 ASC TD-48 大型热退磁炉上完成。在低温段温度间隔较大（50～100℃），高温段温度间隔逐渐变小（10～20℃）（图 5.51）。每个采样品热退磁特征都由 Z 氏图展示（Zijderveld，1967），所有样品的剩磁组分均用主向量分析法分析（Kirschvink，1980），最后以采点为单位进行统计分析（Fisher，1953）。

（1）巍山剖面：巍山剖面部分样品在 20～250℃分离出低温剩磁分量（图 5.51），以样品为单位进行 Fisher 平均后，得到剖面低温剩磁分量平均方向在地层矫正前为 $D_g = 1.2°$，$I_g = 43.9°$，$\kappa = 25.7$，$\alpha_{95} = 5.0°$，地层矫正后为 $D_s = 4.2°$，$I_s = 46.2°$，$\kappa = 7.7$，$\alpha_{95} = 9.5°$，地层矫正前平均方向与现代地磁场方向相似，表明其为现代地磁场下形成的黏滞剩磁［图 5.52（a）］。剖面绝大多数样品在 300～680℃都分离出线性较好的高温剩磁组量（图 5.51），只有两个采点（Ws19，Ws20）系统热退磁结果较差，未能分离出可靠的剩磁组分。共从 18 个采点中得到了高温剩磁分量（表 5.11），其中 Ws1—Ws14 为正极性剩磁分量，Ws15—Ws18 为反极性剩磁分量，二者之间呈现很好的对折关系。对 18 个采点高温剩磁分量进行 Fisher 平均，得到剖面高温剩磁分量平均方向在地层矫正前为 $D_g = 61.0°$，$I_g = 63.7°$，$\kappa = 6.6$，$\alpha_{95} = 14.6°$，地层矫正后为 $D_s = 64.3°$，$I_s = 48.5°$，$\kappa = 54.6$，$\alpha_{95} = 4.7°$，$\kappa_s / \kappa_g = 12.51 > F(34，34) = 7.92$，在 95% 置信度通过了 McElhinny 褶皱检验（McElhinny，1964），可以确定巍山剖面高温剩磁分量形成于本区域地层褶皱形成年代之前，同时，不同采点高温剩磁分量正反极性的对折也表明其为原生剩磁分量（图 5.53）。

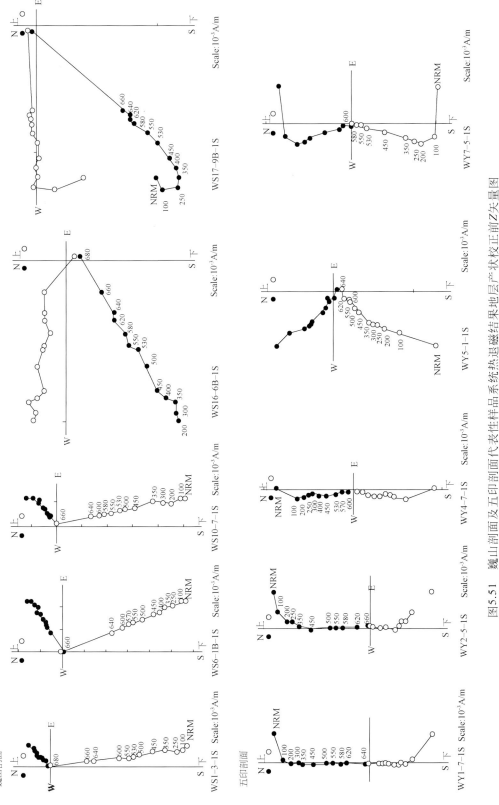

图5.51　巍山剖面及五印剖面代表性样品系统热退磁结果地层产状校正前Z矢量图

实心圆代表水平投影，空心圆代表垂直投影

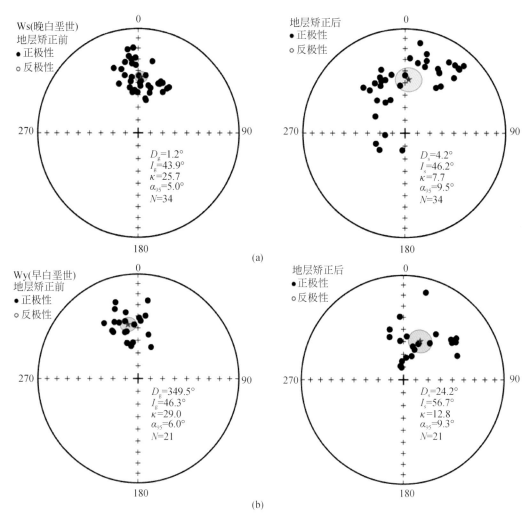

图 5.52　（a）巍山剖面低温剩磁分量等面积投影图和（b）五印剖面低温剩磁分量等面积投影图

五角星代表剖面平均古地磁方向，灰色圆圈代表剖面平均方向的 α_{95} 大小

（2）五印剖面：五印剖面分样品在 20～250℃分离出低温剩磁分量（图 5.51），以样品为单位进行 Fisher 平均后，得到剖面低温剩磁分量平均方向在地层矫正前为 $D_g =$ 349.5°，$I_g = 46.3°$，$\kappa = 29.0$，$\alpha_{95} = 6.0°$，地层矫正后为 $D_s = 24.2°$，$I_s = 56.7°$，$\kappa = 12.8$，$\alpha_{95} = 9.3°$，地层矫正前平均方向与现代地磁场方向相似，表明其为现代地磁场下形成的黏滞剩磁 [图 5.52（b）]。剖面绝大多数采样点样品在 250～660℃分离出线性较好的高温剩磁分量（图 5.53），仅有一个采点（Wy6）系统热退磁结果较差，未能分离出可靠剩磁组分。共从六个采点中分离出了高温剩磁分量（表 5.11），对所有高温剩磁分量进行 Fisher 平均后得到的剖面高温剩磁分量平均方向在地层矫正前为 $D_g = 348.6°$，$I_g = 34.8°$，$\kappa = 22.5$，$\alpha_{95} = 14.4°$，地层矫正后为 $D_s = 15.4°$，$I_s = 44.8°$，$\kappa = 212.0$，$\alpha_{95} = 4.6$，$\kappa_s/\kappa_g = 9.42 > F(34, 34) = 4.98$，在 95% 置信度通过了 McElhinny 褶皱检验（McMlhinny *et al.*，1964），表明五印剖面高温剩磁分量形成于本区域地层褶皱形成年代之前 [表 5.11，图 5.53（b）]。

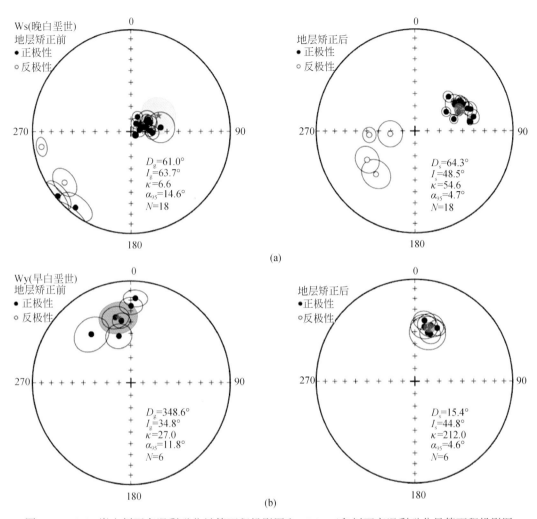

图 5.53 （a）巍山剖面高温剩磁分量等面积投影图和（b）五印剖面高温剩磁分量等面积投影图
五角星代表剖面平均古地磁方向，灰色圆圈代表剖面平均方向的 α_{95} 大小，
黑色圆代表上半球投影，空心圆代表下半球投影

表 5.11 思茅地体中部巍山地区白垩纪地层古地磁采样剖面系统热退磁高温剩磁方向平均方向统计结果

采点	位置		地层产状	n/N	地层校正前		产状校正后		κ	$\alpha_{95}/(°)$
	°N	°E	倾向/倾角 /(°)		$D_g/(°)$	$I_g/(°)$	$D_s/(°)$	$I_s/(°)$		
Ws（晚白垩世）										
Ws1	25°18′	100°23′	55/27	14/14	25.5	77.1	45.4	50.5	81.4	4.4
Ws2	25°18′	100°23′	56/32	10/12	52.5	81.3	55.3	49.3	238.4	3.1

续表

采点	位置		地层产状	n/N	地层校正前		产状校正后		κ	α₉₅/(°)
	°N	°E	倾向/倾角/(°)		D_g/(°)	I_g/(°)	D_s/(°)	I_s/(°)		
Ws（晚白垩世）										
Ws3	25°18′	100°23′	68/26	10/10	34.0	82.3	59.5	59.9	166.4	3.8
Ws4	25°18′	100°23′	75/33	9/9	56.6	74.2	67.7	41.8	105.7	5.0
Ws5	25°19′	100°23′	75/33	10/10	66.1	72.3	69.3	39.6	73.3	5.7
Ws6	25°19′	100°23′	79/23	11/12	56.8	72.4	67.2	50.0	188.5	3.3
Ws7	25°19′	100°23′	79/23	10/11	71.4	79.1	73.8	56.2	176.9	3.6
Ws8	25°19′	100°23′	60/54	13/13	72.2	76.7	61.9	44.1	69.0	5.0
Ws9	25°19′	100°23′	69/21	12/12	56.7	73.7	57.8	50.4	29.9	8.1
Ws10	25°19′	100°23′	44/37	8/12	81.5	82.8	76.9	38.9	110.2	5.3
Ws11	25°19′	100°23′	57/41	9/11	125.9	85.3	80.8	42.8	363.6	2.7
Ws12	25°19′	100°23′	40/31	12/13	82.5	65.0	59.7	45.5	136.1	3.7
Ws13	25°19′	100°23′	42/33	9/10	93.0	72.0	61.4	43.8	93.1	5.4
Ws14	25°19′	100°23′	42/33	10/10	87.5	74.1	58.0	44.5	111.9	4.6
Ws15	25°19′	100°25′	201/51	6/13	217.2	7.0	222.8	−41.5	33.9	11.7
Ws16	25°29′	100°25′	218/56	8/15	233.6	−16.7	263.5	−69.4	29.6	10.2
Ws17	25°20′	100°25′	206/51	6/12	229.8	2.3	239.7	−43.3	46.1	10.2
Ws18	25°20′	100°26′	252/43	10/10	260.7	−8.6	265.2	−51.8	71.3	5.8
Ws Fisher 统计平均方向				18/20	61.0	63.7	—	—	6.6	14.6
				18/20	—	—	64.3	48.5	54.6	4.7
Wy（早白垩世）										
Wy1	25°08′	100°07′	145/33	6/12	0.2	25.3	18.5	49.6	68.3	8.2
Wy2	25°08′	100°07′	160/24	9/11	3.3	17.9	9.2	39.5	39.5	8.3
Wy3	25°08′	100°07′	108/37	9/10	350.8	38.2	23.4	42.7	63.6	6.5
Wy4	25°08′	100°07′	103/37	7/10	346.5	34.3	16.3	42.4	37.1	10.0
Wy5	25°07′	100°06′	88/53	6/10	319.8	37.6	15.2	49.3	43.4	14.1
Wy7	25°05′	100°06′	73/23	8/11	345.0	50.8	10.1	44.8	32.9	10.4
Wy Fisher 统计平均方向				6/7	348.6	34.8	–	–	22.5	14.4
				6/7	–	–	15.4	44.8	212.0	4.6

注：n/N 为参加统计的样品数（采点数）和实测样品数（采点数）；D_g，I_g，D_s，I_s 分别为地理坐标下和地层坐标系下的磁偏角和磁倾角；κ 为 Fisher 统计精度参数；α₉₅ 为 95% 置信度下圆锥半顶角。

4. 讨论

从思茅地体中部巍山地区两条白垩纪地层古地磁研究剖面中得到了可靠的高温剩磁分量，褶皱检验表明这些高温剩磁分量都形成于地层褶皱形成年代之前。思茅地体自侏罗纪开始一直到始新世中期，普遍发育红色细砂、砂岩陆相沉积地层。在中—晚始新世时期，由于受到印度板块的持续 NE 向挤压作用，思茅地体经历了强烈的构造作用，白垩纪、古新世和始新世陆相红层地层普遍发育褶皱和断裂，在思茅地体两侧靠近红河断裂带和澜沧江断裂带的区域褶皱呈现紧密线状排列，局部出现倒转褶皱，而在思茅地体中部区域褶皱则多表现为开阔对称形态。另外由于受到喜马拉雅运动第 I 幕影响，在兰坪—景谷—勐腊一线还形成了巨厚的始新世—渐新世磨拉石建造，其与下部白垩纪、古新世以及始新世陆相红层间为不整合接触（云南省地质矿产局，1990）。通过发生褶皱的地层的年代以及地层前的接触关系，可以确定思茅地体北部和中部地区的褶皱作用主要发生在始新世—渐新世时期。因此，巍山剖面和五印剖面得到的高温剩磁分量形成于始新世—渐新世之前。

（1）思茅地体陆内差异性旋转变形：Cogné 等（2013）指出由于欧亚大陆内部存在的地壳变形，可能导致欧亚视极移曲线（Besse and Courtillot，2002）不再适合作为东亚地区古地磁研究的参考古地磁极，而华南板块自白垩纪以来是相对比较稳定的地块，因此，华南板块是古地磁研究东亚地区新生代构造变形的最佳参考体系。为了分析巍山和五印地区白垩纪以来旋转变形特征，我们选取同时代华南板块稳定区的古地磁极作为参考极（Yang et al.，2001），换算研究区不同古地磁研究剖面的期望磁偏角，从而计算其相对于华南板块稳定区的旋转变形量。根据国际标准磁极性地层柱，白垩纪有明显的三个极性段，早白垩世早期为混合极性带（145.5 ~ 125 Ma B.P.）、早白垩世中晚期至晚白垩世中期的超长正极性带（125 ~ 83.5 Ma B.P.），晚白垩世中期之后的混合极性带（83.5 ~ 65.5 Ma B.P.；图 5.54）。本研究区上白垩统巍山剖面大部分采点（Ws1—Ws14）古地磁样品都为正极性，但剖面顶部四个采样（Ws15—Ws18）古地磁样品为反极性，表明巍山剖面地层年代应该处于晚白垩世中期混合极性带时期，其详细地层年代为 83.5 ~ 65.5 Ma B.P.（图 5.54），因此我们选取 Yang 等（2001）统计的华南板块和华北板块晚白垩世古地磁极为参考古地磁极。本研究区下白垩统五印剖面所有采点古地磁样品均正极性，表明五印剖面地层年代处于早白垩世中晚期的超长正极性带时期，其详细地层年代应为 125 ~ 99.6 Ma B.P.（图 5.54），因此我们选取 Yang 等（2001）统计的华南板块和华北板块超长正极性带时期古地磁极作为早白垩世参考古地磁极。

用选取的同时代参考古地磁极分别推算巍山和五印剖面的期望古磁偏角（表 5.12）。巍山剖面期望古磁偏角为 $D_e = 17.5°$，实测古磁偏角为 $D_s = 64.3°$，表明本地区相对于华南板块稳定区发生了 $46.7° \pm 6.6°$ 的顺时针旋转运动。五印剖面期望古磁偏角为 $D_e = 14.4°$，实测古磁偏角为 $D_s = 15.4°$，表明本地区相对于华南板块稳定区只发生了 $0.8° \pm 5.4°$ 的顺时针旋转运动。Tanaka 等（2008）提出思茅地体陆内差异性旋转变形受控于兰坪–思茅弧形构造带形成，并推测思茅地体中部蜂腰部位以西的临近区域应当发生较小角度的顺时针旋转变形甚至逆时针旋转变形作用。本次研究从思茅地体蜂腰部分以北五印地区得到的顺时针旋转角度只有 $0.8° \pm 5.4°$，印证了这一推测。为了进一步探讨巍山和五印地区白垩纪以来旋转变形量与思茅地体蜂腰构造的联系以及蜂腰构造的形成机制，我们选取了蜂腰部位东西两侧已有的古地磁数据并换算其相对于华南板块稳定区的旋转变形量（Funahara et al.，1993；Huang and Opdyke，1993；Cheng et al.，1995；Sato et al.，1999；Yang et

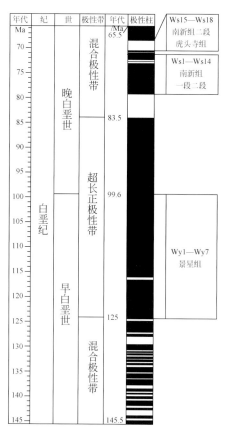

图 5.54 巍山剖面与五印剖面古地磁结果与国际标准地磁极性柱对比图（据 Gradstein *et al.*，2004）

al.，2001；Tanaka *et al.*，2008，2001，2007）（表 5.12）。对于古近纪古地磁样品，我们选取 Yang 等（2001）统计的华南板块古地磁极作为古近纪时期参考古地磁极。计算结果显示蜂腰部分两侧不同区域白垩纪以来地层古磁偏角存在明显变化［图 5.55（a）］，表明这一区域发生了复杂的地壳变形和陆内差异性旋转变形。思茅地体中部蜂腰构造西北的云龙、永平等地区顺时针旋转量小于 30°；紧邻蜂腰构造西段的五印地区只有 0.8°±5.4°顺时针旋转量；位于蜂腰构造以北的巍山地区发生了 46.7°±6.6°的顺时针旋转；以东的景东地区顺时针旋转量只有 6.2°±7.9°；而自镇沅地区开始至景谷地区之间，顺时针旋转量由 38.0°±6.5°～47.4°±7.9°逐渐曾大到 65.0°±10.5°～76.6°±8.1°，之后在普洱地区又减小到 32°±6.1°～45.6°±5.7°［表 5.12，图 5.55（a）］。

　　从思茅地体北部兰坪地区开始一直至思茅地体南部普洱地区，白垩纪和古近纪陆相沉积红层普遍发育褶皱，形成了完整的兰坪–思茅褶皱系（云南省地质矿产局，1990），同时，思茅地体内部白垩纪和古近纪地层中还普遍发育走向近平行于澜沧江断裂带的逆冲断裂系和与红河–哀牢山走滑断裂带近共轭的走滑断裂系。思茅地体中部南涧至景东地区之间的澜沧江蜂腰部位把整个兰坪–思茅褶皱系划分为两个区域［图 5.55（b）］。澜沧江蜂腰部位以西兰坪–云龙–永平–巍山地区白垩纪和古近纪红层普遍在中晚始新世时期经历了

表5.12　思茅地体北部白垩纪及古近纪古地磁数据对比结果

研究区	剖面位置 (°N/°E)	年代	N	实测结果			期望结果		平均古地磁极			旋转量 (°)	南向位移量	参考级	参考文献
				Dec./(°)	Inc./(°)	α95/(°)	Dec./(°)	Inc./(°)	纬度 (°N)	经度 (°E)	α95				
普洱	23.0/101.0	K₁₋₂	25	59.9	45.2	5.1	14.3	36.3	36.0	173.8	5.1	45.6±5.7	6.6±5.2	B	Sato et al., 2017
普洱	22.7/101.1	K₁	15	46.2	46.6	5.6	14.3	35.9	48.1	174.1	5.8	32.0±6.1	8.0±5.6	B	张海峰等, 2012
景谷	23.4/100.9	K₂	8	79.4	43.3	9.1	17.4	32.0	18.8	170.8	8.9	62.0±8.8	7.9±8.1	A	Huang et al., 1993
景谷	23.4/100.4	K₁	—	84.4	39.6	17.8	14.3	36.6	13.6	171.5	16.5	70.1±13.7	2.2±12.6	B	Cheng et al., 1995
景谷	23.5/100.8	E	—	84.7	38.9	7.6	8.1	24.4	13.2	172.3	7.0	76.6±8.1	9.2±7.7	C	Cheng et al., 1995
景谷	23.5/100.8	E	6	73.1	39.9	11.8	8.1	24.4	23.6	175.2	11.0	65.0±10.5	10.0±9.9	C	杨振宇等, 2001
镇沅	24.1/101.1	K₁₋₂	7	61.8	46.1	8.1	14.4	37.9	34.8	173.4	8.3	47.4±7.9	6.2±7.1	B	Tanaka et al., 2008
镇沅	24.0/101.2	K₁	8	52.4	45.5	6.3	14.4	37.7	42.9	175.9	6.4	38.0±6.5	5.8±5.9	B	张海峰等, 2012
景东	24.5/100.8	K₁	13	8.3	48.8	7.7	14.4	38.3	81.0	153.7	8.2	6.2±7.9	8.1±7.0	B	Sato et al., 2001
巍山 (Ws)	25.3/100.4	K₂	18	64.3	48.5	4.7	17.5	34.6	33.5	170.5	5.0	46.7±6.6	10.5±6.0	A	本次研究
五印 (Wy)	25.1/100.1	K₁	7	15.4	44.8	4.6	17.5	38.9	76.2	184.2	4.6	0.8±5.4	3.8±4.9	B	本次研究
永平	25.5/99.5	K₂	12	42.0	51.1	15.7	17.5	34.5	52.8	169.8	17.5	24.6±15.9	13.1±13.7	A	Funahara et al., 1993
云龙	25.8/99.4	K₂	20	40.2	49.9	3.9	17.5	34.9	54.4	172.0	4.3	22.8±6.2	11.5±5.7	A	Sato et al., 1999
云龙	25.8/99.4	K₂	29	38.3	50.7	3.4	17.5	34.9	56.1	170.8	3.8	20.8±6.0	12.2±5.5	A	Yang et al., 2001

华南板块稳定区古地磁极：

A: 白垩纪 83.5～65.5 Ma B.P. 平均古地磁极　　N=8　Lat.=72.6°N　Lon.=208.0°E　α₉₅=6.5

B: 白垩纪正长极性带（125～83.5 Ma B.P.）平均古地磁极　　N=5　Lat.=76.4°N　Lon.=200.4°E　α₉₅=4.9

C: 古近纪平均古地磁极　　N=5　Lat.=76.8°N　Lon.=243.9°E　α₉₅=7.8

注：E. 始新世；K₁. 早白垩世；K₂. 晚白垩世；N. 参加统计的采点数；Dec. 磁偏角；Inc. 磁倾角；Lat. 古地磁极古纬度；Lon. 古地磁极古经度；α₉₅为95%置信度下圆锥半顶角。

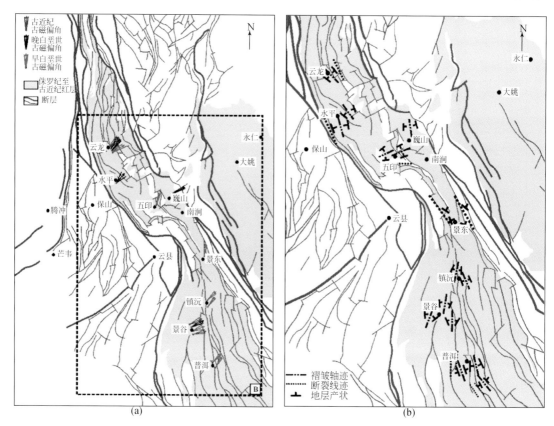

图 5.55　（a）思茅地体不同研究区古磁偏角变化图和
（b）兰坪–思茅褶皱带不同古地磁采样区构主要造线迹方向图

褶皱作用，褶皱轴向在北端兰坪地区以近 SN 向为主，之后向南延伸，在云龙地区褶皱轴向转变为 NNW 向，在永平地区转变为近 NW 向，在靠近五印及南涧地区，褶皱轴向再次转变为近 EW 向。澜沧江蜂腰部分以东景东–镇沅–景谷–普洱地区白垩纪和古近纪红层同样也在中—晚始新世经历了强烈的褶皱作用，褶皱轴向和断裂带行迹延伸方向在景东地区以近 NW 向为主，之后向南延伸，在镇沅和景谷地区逐渐转变为近 SN 向，甚至 NNE 向，再向南延伸在普洱地区又转变为近 SN 向。由此可以确定思茅地体内部一系列褶皱轴以及断裂带构造行迹延伸方向似平行于思茅地体西南缘边界澜沧江断裂带由北向南延伸，形成了明显的弧形构造带形式。

　　弧形构造带广泛发育于世界各地，是陆内挤压变形构造最为复杂的地区（Carey，1955），中国境内比较典型的地区有青藏高原东北缘、南大巴山、南天山、西昆仑–帕米尔弧形带（姜春发、朱志直，1982；曲国胜等，1996；沈军等，2001）。古地磁学研究可以定量分析地壳的旋转变形作用，众多古地磁学家已在全球不同弧形构造带中进行了古地磁学研究，得出并非所有的弧形构造都经历了后期的弯山作用（Oroclinal Bending）或构造旋转变形作用，由此把弧形构造带划分为原生弧形构造、同生弧形构造以及后生弧形构造，构造古地磁学是研究弧形构造带形成机制的重要研究手段（Van der Voo and Channel，1980；Eldredge *et al.*，1985）。

为了分析思茅地体陆内复杂差异性旋转变形的动力学机制以及兰坪–思茅弧形构造的成因，我们使用线性回归分析法（Van der Voo and Channel，1980；Schwartz *et al.*，1983，1984）来分析思茅地体内部旋转变形与弧形构造带的关系。首先，在云南 1:20 万地质图上根据不同古地磁研究区附近褶皱发育形态、主要断裂带延展形态以古地磁采样地层产状分布状况分析了古地磁研究区附近的线性构造特征。在古地磁采样区域褶皱发育良好的区域，选择褶皱轴向为弧形构造行迹参考方向；在褶皱不发育而断裂带发育的区域，选择走向相近的断裂带伸展方向为弧形构造行迹参考方向；另外，在褶皱和断裂带都不发育的区域，还选择了古地磁采样地层的产状作为参考方向［图 5.55（b）］。之后，对所选择的众多构造行迹参考方向进行平均，得到不同古地磁研究区的平均弧形构造线迹参考方向（表 5.13）。思茅地体东南缘构造边界为金沙江–红河–哀牢山韧性剪切带，其西段（大理以西）走向近 SSE 向，向南延伸至韧性剪切带中段（大理至墨江之间）走向转变为近 ES 向，之后在墨江至元江之间又转变为 SEE 向，但总体上金沙江–红河–哀牢山韧性剪切带构造线近平直，表明中新世川滇微地块以鲜水河–小江断裂带为走滑边界发生南向旋转挤出作用，对金沙江–红河–哀牢山韧性剪切带中段的近 NNE 向挤压作用造成弯曲之外（Leloup *et al.*，1993；Wang E. *et al.*，1998；Tanaka *et al.*，2008；Kondo *et al.*，2012），受到周缘构造作用的影响较小，应保持了相对平直的原生构造行迹形态。因此，我们选择红河断裂带中段构造行迹方向做为思茅地体弧形构造带原生行迹参考方向（S_r），S_r-S_a 之间差值可以获得不同古地磁研究区构造行迹的变化量（表 5.13）。以各研究区古地磁研究旋转量为纵坐标，以 S_r-S_a 为横坐标作图并进行线性回归分析，计算得到二者之间线性相关系数 $R=0.898$（图 5.56），高线性相关系数表明思茅地体内部弧形构造体系为后生弧形构造带，是受到构造带外部地体挤压作用或走滑断裂带的错动形成的，而思茅地体内部差异性旋转变形基本上受控于兰坪–思茅弧形构造体系的形成演化过程。

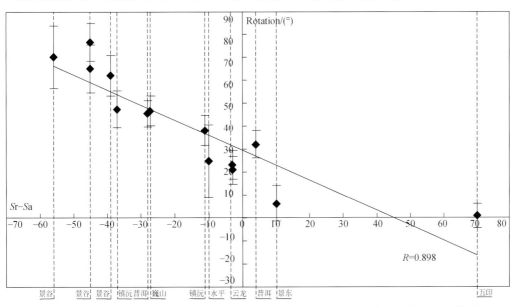

图 5.56　思茅地体不同古地磁研究区磁偏角变化量与古地磁采样区构造线迹变化量间相关系分析图
S_r-S_a. 构造线迹变化量；Rotation. 磁偏角变化量；*R*. 线性相关系数，直线为最佳拟合线

表 5.13 思茅地体古地磁研究区周缘构造线迹方向统计表

研究区	采样剖面位置 (°N/°E)	构造线迹走向/(°)	S_a/(°)	$S_r - S_a$ /(°)	旋转量/(°)	线迹类型
云龙	25.8°N /99.4°E	135/148	141	−3	22.8±6.2	褶皱轴迹、断裂线迹
云龙	25.8°N /99.4°E	135/148	141	−3	20.8±6.0	
永平	25.5°N /99.5°E	164/149/165/155/144	155	−10	24.6±15.9	褶皱轴迹、断裂线迹
五印	25.1°N /100.1°E	68/90/68	75	70	0.8±5.4	褶皱轴迹、断裂线迹
巍山	25.3°N /100.4°E	172	172	−27	46.7±6.6	褶皱轴迹
景东	24.5°N /100.8°E	122/150/140/158/129/113	135	10	6.2±7.9	地层走向、断裂线迹
镇沅	24.0°N /101.2°E	156	156	−11	38.0±6.5	褶皱轴迹
	24.1°N /101.1°E	192	192	−37	47.4±7.9	褶皱轴迹
景谷	23.4°N /100.9°E	184	184	−39	62.0±8.8	褶皱轴迹
	23.4°N /100.4°E	201	201	−56	70.1±13.7	褶皱轴迹
	23.5°N /100.8°E	190	190	−45	76.6±8.1	褶皱轴迹
	23.5°N /100.8°E	190	190	−45	65.0±10.5	褶皱轴迹
普洱	23.0°N /101.0°E	166/180/186/160	173	−28	45.6±5.7	地层走向、褶皱轴迹
	22.7°N /101.1°E	139/145/140	141	4	32.0±6.1	褶皱轴迹、断裂线迹

注：选择红河-哀牢山断带中段做为构造线迹的参考原生方向 $S_r = 145°S_a$，构造线迹平均方向；S_r 构造线迹参考原生方向。

（2）弧形构造带及差异性旋转变形形成时间：思茅地体弧形构造夹持在多个重要的构造单元之间，其中南侧的南汀河断裂带以及临沧-孟连花岗岩带，北侧川滇微地块的形成演化过程与思茅地体陆内变形密切相关。

南汀河断裂带位于思茅地体蜂腰构造部位东南，它北起思茅地体南缘边界澜沧江断裂带，向西南延伸进入缅甸并最终与近 SN 走向的实楷右旋走滑断裂带相交（图 5.48），全长超过 300 km，是青藏高原东南缘一条非常重要的断裂带（Socquet and Pubellier，2005；王晋南等，2006）。根据南汀河断裂带沿线的地貌特征可以确定南汀河断裂带是一条活动的左旋走滑断层，断裂带中段临沧-勐连缝合带被其左旋错断了约 40～50 km（Wang and Burchfiel，1997；Socquet and Pubellier，2005）。根据东亚拼贴地块东南挤出模型，南汀河断裂带在始新世时期应是一条右旋走滑断裂带，自上新世开始转变为左旋走滑运动（Tapponnier et al.，1986）。临沧-孟连花岗岩带夹于思茅地体和保山地体之间，总体呈 SN 向沿澜沧江断裂带展布，是昌宁-孟连缝合带的主要组成部分。磷灰石-裂变径迹研究显示花岗岩基南段退火时间约为 26 Ma，中段退火时间为 20 Ma 左右，而最北段退火时间为 15 Ma，表明印亚碰撞可能先影响花岗岩岩基的南部，使其抬升冷却由花岗岩体南部开始并逐渐向北发展（施小斌等，2006）。

滇缅泰马地块和印度支那地块自 32 Ma B. P. 开始以西缘的高黎贡右旋韧性剪切带和东缘的红河-哀牢山左旋韧性剪切带为走滑边界发生向东南侧向旋转挤出运动，自 15 Ma B. P. 开始，西缘挤出边界转换到实楷右旋走滑断裂带（Wang and Burchfiel，1997；Morely et al.，2007）。在地块东南侧向旋转挤出构造体系下，NE 走向的南汀河断裂带应发生左旋走滑运动，与实楷右旋走滑断裂带、高黎贡右旋韧性剪切带以及崇山左旋走滑韧性剪切带共同形成保山地体的顺时针旋转挤出边界。由此可以推测，南汀河断裂带早期右旋走滑运动启动时间应早于印度支那地块和滇缅泰地块东南侧向旋转挤出运动的时间。思茅地体以南滇缅泰马地块内部存在多条与南汀河断裂带走滑性质相似并伸展方向一致的断裂带，从北向南有畹町断裂带，南汀河断裂带以及奠边府断裂带，这三条断带走向都为近似 NE 向，早期为右旋走滑运动，自上新世时期转变为左旋走滑运动（Tapponnier et al.，1986；Socquet and Pubellier，2005；Morely et al.，2007；Lai et al.，2012）。Lacassin 等（1998）推测畹町断裂带左旋走滑运动的错移量为 9.5 km 左右，而早期的右旋走滑量则至少达到了 38～58 km。通过近年来同位素年代学研究，青藏高原东南缘地壳块体边界走滑断裂带的活动年龄也得到约束，腾冲地体与保山地体的边界断裂带高黎贡韧性剪切带的右旋剪切运动约开始于约 32 Ma B. P. 终止于约 27 Ma B. P.（Wang et al.，2006）；保山地体与思茅地体的南缘边界断裂崇山韧性剪切带左旋剪切活动时间与高黎贡右旋韧性剪切带一致（Wang et al.，2006）。红河–哀牢山韧性剪切带在约 32～17 Ma B. P. 发生了左旋走滑运动（Leloup et al.，1995，2001；Gilley et al.，2003）；印度支那地块南部的王朝左旋走滑断裂带和三塔左旋走滑断裂带初始运动时间为约 36～33 Ma B. P.，终止于约 29 Ma B. P.，与高黎贡右旋走滑韧性剪切带和崇山左旋走滑韧性剪切带活动时间基本一致（Lacassin et al.，1997）。而作为滇缅泰马地块和印度支那地块东南侧向挤出西缘边界的实楷断裂带右旋走滑运动初始时间大约为 15 Ma（Morley et al.，2001）。依据青藏高原东南缘众多大型走滑断裂带的活动年代，结合青藏高原东南缘地块侧向旋转挤出运动，本研究提出一种构造模式来解释这些 NE 向断裂带早期右旋走滑运动以及思茅地体中部蜂腰构造的变形过程。

　　古近纪时期由于印度板块与欧亚的碰撞，导致欧亚大陆南缘发生了强烈的近 SN 向挤压和地壳变形，而处于青藏高原以东的三江流域地区，由于受到东喜马拉雅构造结的形成和持续的 NNE 向挤压作用，导致思茅地体地壳发生了强烈的近 SN 向缩短，至始地体内部白垩纪至始新世的陆相红层地层发生了强烈的褶皱作用。古地磁研究结果表明思茅地体由于印度板块和欧亚大陆间的持续近 SN 向挤压作用导致滇缅泰地块发生至少 30° 的顺时针旋转挤出运动。通过复原思茅地体顺时针旋转变形前的褶皱轴方向和南汀河断裂带、畹町断裂带的伸展方向，确定思茅地体内部褶皱系初始褶皱轴向方向为近似 SEE 向，而南汀河断裂带和畹町断裂带走向近似为 NNE 向，因此，可以推测自始新世以来，由于印亚碰撞作用以及印度板块持续向欧亚大陆南部的挤压作用，导致滇缅泰马地块内部发育一系列近 NNE 向的右旋走滑断层，被这些断层切割的地壳块体受到印度板块北向运动的拖拽而强烈挤压思茅地体，导致思茅地体地壳发生强烈的近 SN 向缩短变形，由于自西向东距东喜马拉雅构造结的距离逐渐变大，因此，被近 SN 向断裂带所切割的地壳块体对思茅地体的挤压程度也由强变弱，畹町断裂带以西地壳块体向北挤压最为强烈，夹于畹町断裂带和南汀河断裂带之间的地壳块体北向挤压作用强度次之，而夹于南汀河断裂带和滇边俯断裂带之间的北向挤压作用强度最弱，由此造成思茅地体发生了类似于阶梯状的变形特征（图5.57）。同时，夹于思茅地体和保山地块之间的临沧–孟连花岗岩基内部和边缘三条巨型逆冲走滑断裂带在渐新世时期受近 NNE 向挤压作用而发生了的逆冲推覆作用（杨振德，

1996）。在这样的构造作用下，思茅地体中部正对南汀河断裂带的区域开始了第一期次的弧形变形作用。思茅地体弧形构造带蜂腰部位第二期次的弧形变形作用开始于上新世时早期（约 5 Ma B. P.）。自上新世开始，红河断裂带以北众多近 NNE 走向的断裂带开始强烈的左旋走滑运动（Leloup et al.，1995；Wang et al.，1998），其中川滇微地体以古程海–鱼泡江断裂带和鲜水河–小江左旋走滑断裂带为边界相对于华南板块发生了约 20°的顺时针旋转和南向挤出运动（Huang and Opctyke，1992；Yoshioka et al.，2003），川滇微地块的南向旋转挤出作用导致红河–哀牢山走滑断裂带转变为右旋走滑运动。思茅地体中部和东部受到川滇微地体的近 NNE 向旋转挤压作用而发生了南向缩进，造成红河–哀牢山断裂带在大理地区和元阳地区发生了南向弯曲（Leloup et al.，1993；Wang et al.，1998），而思茅地体中部由于受到临沧–孟连花岗岩基的阻挡，导致临沧–孟连花岗岩基在云县地区楔入思茅地体内部，导致思茅地体蜂腰构造部位的弧形变形作用加剧（图 5.57）。

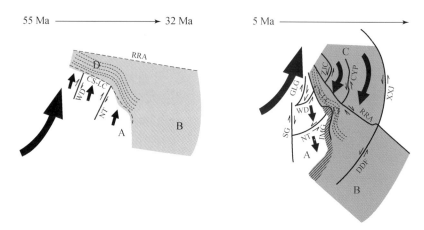

图 5.57　思茅地体中部蜂腰构造成因构造模型

55 ~ 32 Ma B. P.：印度板块碰撞导致保山地体内部形成一系列近 NNE 向右旋走滑断层，思茅地体受到近 SN 向挤压发生了地壳缩短变形作用，地体中部经历了第一期弧形变形作用；5 Ma B. P. 以来，川滇地块开始顺时针旋转南向挤出运动，思茅地体受到川滇地块的挤压而发生南向缩进，思茅地体南部临沧–孟连花岗岩楔入思茅地体中部导致中部发生进一步弧形变形。A. 保山地体；B. 印度支那地块；C. 川滇地体；D. 思茅地体；CS-LC. 崇山–澜沧江断裂带；RRA. 红河–哀牢山断裂带；WD. 畹町断裂；NT. 南汀河断裂；DDF. 滇西俯断裂；XXJ. 鲜水河–小江断裂带；ZLC. 中甸–剑川断裂；CYP. 程海–鱼泡江断裂；LMG. 临沧–孟连花岗岩带

（3）思茅地体中部 SN 向地壳缩短变形：针对思茅地体侧向挤出运动，前人已经进行了大量的古地磁学研究，得出思茅地体自印亚碰撞以来发生了约 600 ~ 1000 km 的 SN 纬向运动。本书选择华南板块同时代古地磁极作为参考古地磁极推算思茅地体古地磁数据的期望古纬度，通过与实测古纬度的对比可以确定巍山研究区发生了 10.5°±6.0°的南向纬向运动，与思茅地体其他地区古地磁研究结果相似，但是，五印研究区却只发生了 3.8°±4.9°南向纬向运动，远远小于思茅地体其他区域南向纬向运移量。由于五印研究区处于思茅地体近 SN 向挤压缩短变形最为强烈的区域，因此这一区域发生的较小的 SN 纬向运移量可能与思茅地体 ES 侧向旋转挤出过程中发生的地壳缩短变形有关。

为了探讨思茅地体中部较小的南向纬向运动量的成因，需要估算思茅地体中部区域SN 向挤压作用所造成的地体陆内缩短变形量。以往关于思茅地体旋转变形和南向纬移的古地磁研究都把参考古地磁极选择在思茅地体之外的稳定地块上，例如，华南板块或西伯利亚地区。而选择思茅地体内部相对稳定区域的古地磁作为古地磁参考极，则可以更加直观的表现思茅地体陆内地壳 SN 向缩短变形的特征。由于巍山研究区靠近思茅地体北缘边界，而普洱地区远离思茅地体中部蜂腰构造部位，靠近思茅地体南缘边界，且这两个研究区白垩纪古地磁数据较为相似，其所揭示的旋转变形和纬向运动特征基本一至，可以确定这两个地区自思茅地体发生东南侧向旋转挤出运动以来基本处于思茅地体陆内稳定区域（表 5.12），因此我们分别选取巍山和普洱地区古地磁极作为参考古地磁极，由此来分析思茅地体中部五印地区纬向运动量较小的原因。根据五印研究区古地磁采样地层年代为早白垩世，我们选取普洱地区早白垩世古地磁极为参考极，但是巍山地区只有晚白垩世数据，因此只能选取晚白垩世古地磁极为参考极。通过参考古地磁进行计算后得出：相对于巍山研究区，五印研究区发生了约 3.4°±5.0° 的北向纬向运移；相对于普洱研究区，五印研究区发生了约 3.1°±5.4° 的北向纬向运移。虽然这一北向纬向运移量较小，在古地磁研究误差范围内，但仍可以证明思茅地体中部地区发生了由南向北的地壳缩短变形，其缩短量约为 3°。在考虑五印以北地区发生了北向地壳缩短变形后，则五印地区所代表的思茅地体整体南向运移量就达到了约 6.9° ~ 7.2°，如果再考虑到五印研究区以南区域的地壳缩短变形量，则五印地区得到的南向运移量就和思茅地体其他地区由古地磁数据得到的南向纬向运移量基本一致。由此可以推测思茅中部五印地区和巍山地区之间强烈的陆内地壳缩短作用造成五印地区南向纬向运动量小于思茅地体期他地区。

5. 结论

（1）在思茅地体中部巍山地区晚白垩世地层和五印地区早白垩世地层中采集了两条构造古地磁剖面，系统热退磁获得了两个剖面的原生特征剩。测试结果显示巍山地区相对于华南板块稳定区发生了 46.7°±6.6° 的顺时针旋转运动。而五印地区华南板块稳定区只发生了 0.8°±5.4° 的顺时针旋转运动。

（2）通过对比思茅地体内部其他研究区古地磁数据，确定思茅地体内部差异性旋转变形与兰坪-思茅褶皱带内弧形构造的形成演化有关。正是由于印度板块与欧亚板块新生代早期的碰撞作用，导致思茅地体内部白垩纪和古近纪红层发生了强烈的 SN 向挤压变形作用而形成了广泛发育的褶皱系。思茅地层中部蜂腰构造的形成主要是由两期构造事件造成的，早期构造变形与受东喜马拉雅构造结 NNE 向挤压缩进而形成的近 NNE 走向的右旋走滑断裂带有关，思茅地体受到被畹町断右旋走滑裂带和南汀河右旋走滑断裂带所围的地壳块体的挤压作用，而导致其中部发生了缩短变形。之后，自上新世早期开始，由于川滇地块的南向顺时针旋转挤出运动，导致思茅地体受到川滇地块近 NNE 向的挤压作用，临沧-孟连花岗岩带楔入思茅地体中部导致这这一地区再次发生挤压缩短作用，最终形成了思茅地体蜂腰构造。

（3）五印地区相对于思茅地体其他地区白垩纪以来发生了较小的南向纬向运动-3.8°±4.9°，通过选择巍山地区和普洱地区相似时代的古地磁极为参考极，计算得出五印地区相对于巍山地区和普洱地区分别发生了 3.4°±5.0° 和 3.1°±5.4° 的北向纬向运移，表明五印和巍山之间由于印度板块与欧亚大陆的碰撞受到近 SN 向挤压作用而发生了北向地壳缩短变形作用。在考虑这一由南向北的地壳缩短变形后，五印地区古地磁数据所解释的南向运移量达到约 6.9°~7.2°。

第五节 中国西部中生代以来主要地块
构造格局的古地磁约束

从中亚地区蒙古-鄂霍次克造山带发现一些三叠纪—侏罗纪海相沉积与古地磁的推论一致，说明这个时期存在蒙古-鄂霍次克洋（图 5.58）。从欧亚大陆中生代视极移曲线可以看出，其侏罗纪至白垩纪表现为快速的南移，而华北地块侏罗纪至白垩纪则表现为相对"静止"。在侏罗纪晚期，即燕山造山运动时期，西伯利亚板块与华北、蒙古联合地块发生碰撞，正是在这一构造背景下，华北地块北缘出现了侏罗纪燕山期所谓的"陆内造山运动"，实质上这一陆内造山运动更准确地说应是在西伯利亚板块南移前提下，在华北地块北缘出现的陆缘造山作用的反映。华北和蒙古地块与西伯利亚板块白垩纪极位置的吻合，说明两者在侏罗纪末已拼合，20 世纪 90 年代在我国内蒙古许多地区发现的晚侏罗世及早白垩世初大规模的构造推覆作用，显然是反映华北地块与西伯利亚板块碰撞拼合作用的反映。

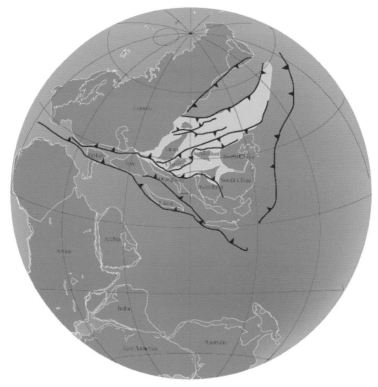

图 5.58 青藏高原及周边地块晚侏罗世古大地构造重建图（晚侏罗世，150 Ma B. P.）

欧亚大陆、华北和华南白垩纪时期两者古地磁极已部分重叠，说明两者均已接近现代地理位置（图 5.59），然而由于青藏多个地块中生代不断北移拼合至塔里木地块和欧亚大陆上，使得塔里木与华北地块白垩纪以来具有明显不同的构造应力场，造成地块的运动特征各异。

青藏高原作为印度板块与欧亚大陆碰撞和进一步构造缩短的产物已被广大地学工作者所接受。然而，许多人也认识到青藏高原是由多个陆块从冈瓦纳大陆裂解后，向北漂移增生到古亚洲板块之上的，这一过程正是古特提斯的消亡与新特提斯的张开而后又消亡的过程。青藏高原是在晚白垩世前通过多个陆块镶嵌碰撞而成，不应看成是一个刚性板块。研究青藏高原的形成，以及印度板块与欧亚大陆的碰撞过程，首先应了解欧亚大陆南缘的镶嵌形式（图5.59）。

图5.59 青藏高原及周边地块晚白垩世古大地构造重建图（晚白垩世，100 Ma B. P.）

青藏高原古地磁研究经过国内外众多学者的工作，取得大量较为可靠的古地磁数据，对喜马拉雅地块、冈底斯地块、拉萨地块、羌塘地块以及昆仑地体从冈瓦纳大陆的裂离和后期向欧亚大陆的会聚演化过程有了较深入的认识，地质研究表明昆仑地体是晚三叠世增生到古亚洲大陆上的，印度支那块体三叠纪—早侏罗世古地磁研究说明，印度支那地块很可能是昆仑地块的东延部分，并在晚三叠世—早侏罗世拼合到欧亚大陆上，同时造成松潘–甘孜褶皱带的最终"折返"。晚印支运动使羌塘地块与昆仑地体拼合以及拉萨地块与羌塘地块于晚侏罗世—早白垩世的拼合（图5.58）。青藏高原作为印度板块与欧亚大陆碰撞和进一步构造挤压缩短的产物已被广大地学工作者所接受。然而，许多人也认识到青藏高原是由多个陆块从冈瓦纳大陆裂解后，向北漂移增生到古亚洲板块之上的，这一过程正是古特提斯的消亡与新特提斯的张开而后又消亡的过程。青藏高原是在晚白垩世前通过多个陆块镶嵌碰撞而成，不应看成是一个刚性板块。研究青藏高原的形成以及印度板块与欧亚大陆的碰撞过程，首先应了解欧亚大陆南缘的镶嵌形式（图 5.59）。

我们收集了青藏及其邻区较可靠的白垩纪以来的古地磁数据（表 5.1、表 5.2），显然，华北、华南的白垩纪古地磁极位置与欧亚大陆的极位置非常吻合，而青藏及其邻区的白垩纪古地磁极位置与之则有明显差别，这些差别是由于这些块体古近纪以来在印度板块碰撞以及进一步推挤作用下，地块之间的构造滑移、缩短调整联合作用的结果。

根据这些白垩纪古地磁数据，可以重建青藏高原及邻区的古构造位置（图 5.59、图 5.60）。目前，多数人都认为印度与亚洲大陆的拼合发生在晚白垩世至古近纪。然而，对碰撞拼合的准确年龄则仍存在较大的争议，显然这一碰撞和拼合年龄的准确估计，不仅对于新特提斯海的构造演化过程，而且对于青藏高原的早期岩石圈以及造山带构造演化过程具有重要的意义。

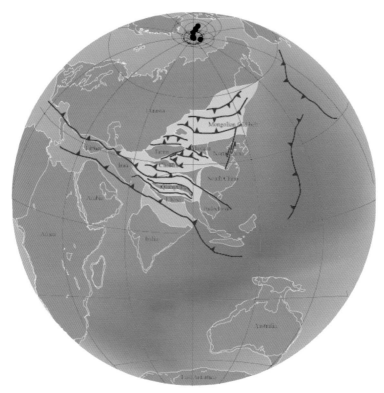

图 5.60　青藏高原及周边地块始新世古大地构造重建图（始新世，50 Ma B. P.）

从古生物、地层学、古地磁学等不同角度分析均认为印度与亚洲的碰撞应始于 65 Ma B. P. 左右，而两者的完全拼合则在 49 Ma B. P. 前。Klootwijk 等还从古地磁方法，证明约有 650 ~ 1000 km 长的印度板块前缘下插到亚洲大陆之下。这一推测，已初步得到了地球物理重力测量和深反射地震探测的证实。

从青藏高原及邻区晚白垩世构造古地理重建（图 5.59）可见，青藏高原的地块结构分布与现今的组合有明显的差异，主要表现为各微地块拼合后形成的一种较松散的块体镶嵌组合，印度板块与欧亚南缘，即青藏高原的碰撞和进一步推挤作用，造成了印度板块北缘至西伯利亚南缘大规模的约 2500 km 的构造缩短作用。考虑到印度支那地块古近纪，向

ES 的侧向滑移达 600 km 以上（Yang and Besse，1993），因此，古近纪青藏高原的构造演化则主要表现为地块之间的挤压、调整作用。这一时期印度与欧亚或青藏高原的碰撞应归属于软碰撞范畴。

红河断裂带中构造脉岩和构造变质岩的年代学反映了断裂的活动时间大约在 35 ~ 17 Ma B. P.，这一结果与中国南海的磁异常研究所获得的洋壳扩张年龄 15.5 ~ 32 Ma 不谋而合，说明了两者间可能存在的成生关系，地质构造研究表明，印度支那地块相对于华南的滑移距离达 500 ~ 600 km，与南海磁异常条带计算的南海扩张量 560 km 相吻合。印度支那地块大量的白垩纪古地磁学研究证明印度支那地块侧向向南滑移（Yang and Besse，1993；张海峰等，2012）。

地质构造研究则表明印度板块沿着拉萨地块南缘俯冲下插约 350 ~ 1000 km，印度板块北缘喜马拉雅中央主断裂（MCT）构造缩短约 100 ~ 300 km，拉萨地块内部的逆冲叠覆导致构造缩短量也达到 150 km，从古地磁及地质研究表明青藏高原北缘的昆仑山构造缩短量也可能达到 500 km（Chen et al.，1993），欧亚大陆南缘北部的天山构造缩短量也达到 100 ~ 400 km。

构造地质学和热年代学的研究表明，青藏高原的急剧隆升很可能始于晚中新世 20 Ma B. P.（图 5.61），从这一时期喜马拉雅中央主断裂的强烈活动，冈底斯火山弧曲水岩体的强烈抬升作用。巴基斯坦北部 Swat 谷的强烈下切作用以及藏北中昆仑的强烈抬升联系起来说明这是一次整体性的隆升过程。关于这一阶段整体抬升的终止年龄目前还有较大争议，Harrison 等认为隆升很可能在 18 ~ 17 Ma B. P. 先告一段落，而 Coleman 和 Hodges 则认为这一抬升可持续至 14 Ma B. P.。

中新世（15 Ma B. P.）以来青藏高原的隆升可能分为二个阶段，Amano 和 Taira 在分析孟加拉湾 17 Ma B. P. 以来的深海沉积物时发现，沉积速率在 10.9 ~ 7.5 Ma B. P. 期间有一明显的高峰期（达 150 m/Ma），说明了高喜马拉雅地区的强烈隆升。然而，钟大赉等在分析青藏高原不同地区的热年代学数据、裂陷盆地沉积物堆积速率以及高原构造应力场的变化后指出，现今高原的面貌，应是 3 Ma B. P. 以来奠定的，同时形成了东亚季风。5 Ma B. P. 以来青藏高原的隆升似乎集中在喜马拉雅、昆仑山以及祁连山区等陆-陆地块拼合带内大规模逆掩推覆带，其中东、西喜马拉雅构造结在 2 Ma B. P. 以来，抬升速率均超过了 5 mm/a，而 1 Ma B. P. 以来东喜马拉雅构造结的抬升速率达 10 ~ 30 mm/a，这一结果与根据孟加拉湾深海沉积物（0.9 Ma B. P.）以来高沉积速率 200 m/Ma 研究推测的高喜马拉雅的急剧抬升相吻合。青藏高原东北部，即夹持于昆仑山中央断裂以北，阿尔金断裂带和祁连山之间的三角形块体的隆升，似乎要晚于青藏高原（中新世）的总体隆升，而表现为局部的隆升过程。李吉均等在研究黄河上游地貌和新生代地层后指出，30 ~ 3.4 Ma B. P. 为构造较稳定、气候炎热环境下发育广泛的红色盆地，而 3.4 Ma B. P. 开始，则出现整体抬升，后造山磨拉石广布，从西部的昆仑山北麓西域砾岩，至祁连山前的玉门砾岩以及临夏盆地的积石砾岩层。

从以上地质事实可以看出，青藏高原的岩石圈构造演化，大致经历了以下几个过程，即首先印度与欧亚大陆南缘拉萨地块约 65 ~ 55 Ma B. P. 在西部发生碰撞作用，随着印度板块的快速向北运动和逆时针旋转，印度板块与拉萨地块在 49 Ma B. P. 拼合完毕。随着

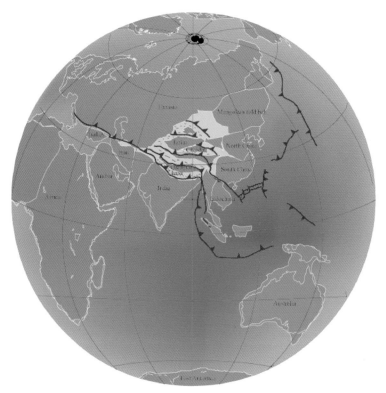

图 5.61　青藏高原及周边地块中新世古大地构造重建图（中新世，20 Ma B. P.）

印度板块以 4. 7 cm/a 的速度进一步北移和挤压，印度支那地块开始沿 Wang Chao 断裂和红河断裂带发生左行滑移，其中 Wang Chao 断裂带的构造滑移达 300 km，而沿红河断裂带滑移达 800 km 以上，这一构造滑移持续至 16 Ma B. P. 左右。从南中国海的扩张速率和扩张应力场变化可以看出，尽管 32 ~ 17 Ma B. P. 其扩张速率从 60 mm/a 逐渐减小至 35 mm/a，而在 27 Ma B. P. 洋中脊南移则表现出的扩张方向从 E-NE 变为 NE-SW。总体上，扩张速率也从 50 mm/a 减为 35 mm/a。在 27 Ma B. P. 南中国海的这一张开跳跃过程在青藏高原则表现为逆掩的开始和壳内变形的加剧。地球物理研究可以发现，在昆仑山北部，可见有塔里木地块向南下插到青藏高原以下。众所周知，北大西洋的张开是发生在晚白垩世以来的重要事件，北大西洋的开裂必然引起欧亚大陆的顺时针运动，从图 5.60 可以看出，欧亚大陆 60 ~ 27 Ma B. P. 在基本上无南移运动，而从 27 Ma B. P. 至今，则表现为较快的南移。显然，单考虑印度板块古近纪、新近纪以来向北较均匀的运动，还不足以完全理解青藏高原构造演化以及中新世以来的整体隆升过程，正是由于欧亚大陆自 27 Ma B. P. 以来较快速南移和印度板块北移，在这种双向挤压条件下使得印度支那块体进一步向 ES 滑移，同时在 24 Ma B. P. 左右开始，大规模的地体间的相互楔入、叠覆以及块体内部的逆掩、褶皱作用，使得青藏高原在中新世 24 ~ 14 Ma B. P. 发生一次重要的隆升。一些热年代学数据研究表明，青藏高原在 8 ~ 7 Ma B. P. 以及 3 Ma B. P. 以来也发生了重要的整体隆升过程，这些过程应是印度板块和欧亚大陆双向持续挤压的结果。当然，这种分阶段的、不等速的非均匀隆升过程或许可以暗示高原岩石圈经过较长时期地壳的均衡调整以及能量的逐渐积累，导致了较短时间的能量释放造成了高原脉冲式的隆升。

第六节 印度–亚洲碰撞与青藏高原的崛起

一、东昆仑地区新生代构造演化特征

理解青藏高原的演化有两方面重要意义：一方面其生长机制为大尺度大陆变形的动力学提供关键约束，另一方面其生长历史为岩石圈变形、大气循环和生物演化之间定量相互作用提供观测基础。尽管如此重要，但对青藏高原的形成机制还未取得共识，其假说包括均匀的岩石圈缩短、下地壳流动、大陆俯冲、地幔岩石圈的对流移除以及大尺度逆冲底垫作用（England and Houseman，1986，1989；Dewey et al.，1988；Royden，1996；Tapponnier et al.，2001；DeCelles et al.，2002）。而我们未能确定统一理论的一级问题在于缺少青藏高原的空间和时间演化的详细了解。这表现在两种极端观点，一种强调连续的高原扩展（England and Houseman，1986），而另一种主张高原边缘不连续的跳跃（Meyer et al.，1998）。第一种模型将大陆变形作为连续介质对待；而另一种模型将大陆变形视为由应变弱化作用来调节，这种应变弱化作用局限在并保持为大陆尺度断裂上的变形。

长约1000 km的昆仑断裂是印度–亚洲碰撞带中最大的走滑断层之一，并在如上争议中占有重要地位。此断裂北侧为柴达木盆地、南侧是可可西里盆地；柴达木盆地是青藏高原内部最大的活动盆地（图5.62）。类似连续介质的模型（Burchfiel et al.，1989a）推测一条横跨整个盆地、基底卷入的逆冲断裂带并且逐渐向北扩展（Burchfiel and Royden，1991）。不连续变形模型认为柴达木或者是位于较老古近纪昆仑压扭性断裂系统和较年轻新近纪祁连山逆冲断裂带之间的盆地（Meyer et al.，1998），或者是从帕米尔向东挤出的盆地（Wang et al.，2006），或者是从古近纪的古柴达木盆地分割出来的盆地（Yin et al.，2007，2008a，2008b）。基于先前工作（Yin et al.，2007，2008a，2008b），我们打算检验如下预测：①青藏高原由大尺度反序变形形成，其北部和南部在始新世或之前形成而中部新近纪之后形成；②青藏高原的两个最大的古近纪盆地，昆仑山系以北和以南的可可西里和柴达木盆地，曾经是古近纪时古柴达木盆地的组成部分；③青藏高原中部的反序变形由大型压剪带的侧向传播实现，此东昆仑压扭性断裂系统包括昆仑断裂、东昆仑逆冲断裂带以及祁漫塔格和巴颜喀拉逆冲断裂带（图5.63）。

从大地构造意义上讲，东昆仑地区主要受祁漫塔格断层系的影响，祁漫塔格断层系主要是N、NE倾向的逆冲断层系，与东昆仑山脊的隆起相关。逆冲断层带的倾向与昆仑山断层带的倾向相一致。左行走滑并不完全局限于东昆仑断层带，而是分布在东昆仑山的几个明显近平行的走滑断层系。一般情况下，山脊内走滑断层与逆冲断层系之间的关系都与相关造山带有关。在更广的范围内，祁漫塔格逆冲断层系占有其NW向整个东昆仑断层带附近的范围。东南部分以缩短为主，东北和西南区域以伸展为主，从而沿着昆仑断层系的整个区域都有反对称特征。目前的解释主要是由于左行走滑性质东昆仑断层带的顺时针方向旋转，但是这种旋转解释存在缺点，比如断层的动力学机制和对三叠纪缝合带的制约还不够清晰。

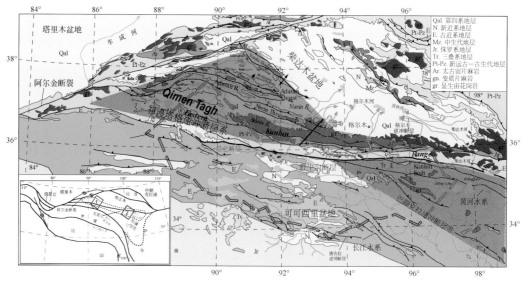

图 5.62　东昆仑、柴达木和可可西里盆地的区域构造图（据 Liu，1988，修改）

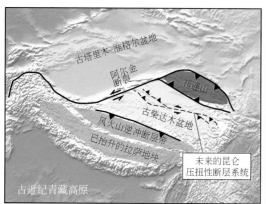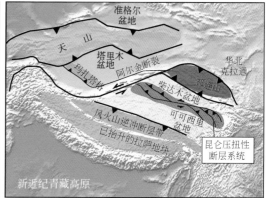

图 5.63　现今地理坐标系下青藏高原古近纪和新近纪时构造轮廓（据 Yin *et al.*，2008b）

东昆仑山与柴达木盆地边界的构造特征不是很清楚。以前的模型大家都是从盆地的形成来推测的，存在很多的问题。柴达木盆地的南缘主要受北倾的祁漫塔格逆冲断层系的影响。我们对大灶火河流阶地进行了构造观测和相关光释光的分析。大于 66000 年（至少 38000 年）的冲积扇沉寂，切口的年龄应该不晚于 8000 年。这也与构造活动特征和相关的气候研究相一致。估计东昆仑北部的缩短速率约为 $2.35 \times 10^{-16}\ \mathrm{s}^{-1}$。

1. 区域地质背景

东昆仑压扭性断裂体系位于东昆仑山系，包括前寒武纪片麻岩、奥陶纪到三叠纪弧集合体以及散布的侏罗纪到新生代陆相地层（Liu，1988；Harris *et al.*，1988；Mock *et al.*，1999；Cowgill *et al.*，2003；Robinson *et al.*，2003；Roger *et al.*，2003；Bian *et al.*，2005；

Zhu et al.，2006）。其南侧可可西里盆地包括大于 5 km 厚被褶皱了的古近纪地层，上覆平坦到略微褶皱的中新世早期湖湘沉积物，而北侧柴达木盆地包括厚层（局部大于 15 km）始新世到第四纪地层（Huang et al.，1996；Zhang，1997；Métivier et al.，1998；Liu et al.，2001；Liu and Wang，2001；Wang et al.，2002；Liu et al.，2003；Rieser et al.，2005，2006a，2006b）。构造上，此东昆仑山系形成大型压扭性断裂体系，包括 EW 走向昆仑断层及东昆仑逆冲断裂体系，其与 NWW-SEE 走向祁漫塔格和巴颜喀拉逆冲断裂带会合（图 5.62）。相对于昆仑断裂，这些断裂带表现出明显的对称，都有三角状外形并且从昆仑断层中部向外变宽（图 5.62）。此昆仑断裂在西侧消失于 NWW-SEE 走向逆冲断层和 SN 走向裂谷（Yin et al.，1999；Yin and Harrison，2000；Jolivet et al.，2003）而在东侧消失于 SN 走向的龙门山逆冲断裂带（Arne et al.，1997）。此断层大体上沿着三叠纪昆仑缝合带（图 5.62）（Dewey et al.，1988；Yin and Harrison，2000）。最大的可可西里地震（M_b = 7.8）发生在此条断裂上（Lin et al.，2002；van der Woerd et al.，2004；Tocheport et al.，2006）。昆仑断层开始于 15 ~ 7 Ma B. P.（Kidd and Molnar，1988；Jolivet et al.，2003），并且第四纪滑动速率为 11. 7 ~ 16. 4 mm/a，而总位移为约 75 km（Kidd and Molnar，1988；van der Woerd et al.，2004；Lin and Wang，2006）。分散的 ^{40}Ar/^{39}Ar 和磷灰石裂变数据揭示横跨东昆仑断裂体系缓慢的侏罗纪冷却和快速的新近纪冷却；后者归因于新生代昆仑山的抬升（Jolivet et al.，2001；Wang and Burchfiel，2004；Yuan et al.，2006）。尽管西昆仑地震发育在大于 70 km 的地幔深度（Pegler and Das，1998），在东昆仑这些地震都在中-上地壳，并有逆冲和走滑的机制（Chen，1999；Zhu et al.，2006）。

东昆仑新生代的构造模型都强调一条重要的南倾、山系界定逆冲断裂的存在（图 5.64），其与祁连山逆冲断裂带通过南倾拆离带连接起来（Bally et al.，1986；Burchfiel et al.，1989a；Tapponnier et al.，1990；Meyer et al.，1998；Zhu and Helmberger，1998；Chen，1999）。尽管存在这种无异议的一致，但是，目前的野外研究未能识别出这条构造（Liu，1988；Dewey et al.，1988；Pan et al.，2004）。两条证据被频繁引用来支持上述模型：油沙山附近小型指向北的逆冲断裂的存在（Song and Wang，1993）[图 5.65（a）]和从远震 P 波走时推测的格尔木附近 20 km 的莫霍错断。Yin 等（2007，2008a，2008b）展示指向北的逆冲断裂是大型向南汇聚褶皱体系的次级构造，并且柴达木南部地震剖面的精细分析揭示没有垂向落差大于 20 km 的上地壳逆冲断裂。

2. 数据与模型

Yin 和 Harrison（2000）提出印-亚碰撞事件约为（60±10）Ma。我们对重大全球进程需要作两点地质检验：①大尺度大陆变形的机制，板块构造对该进程提供附加的约束；②岩石圈变形与大气圈层之间的关系，对气候与生物的影响。除了了解青藏高原生长具有重大意义，还能更好地去定义与碰撞有关的青藏高原生长需要最基本的概念性问题。很多模型都是通过高原造山系统定年、大陆变形观测方面来描述青藏高原的生长历史和机制。很多基本的细节并未完善，还需要大量的地质工作来研究。在青藏高原中部，东昆仑与柴达木附近、可可西里盆地的构造地貌特征也很少受到关注，但是这些都是对青藏高原的生长有着重大的意义（图 5.66）。

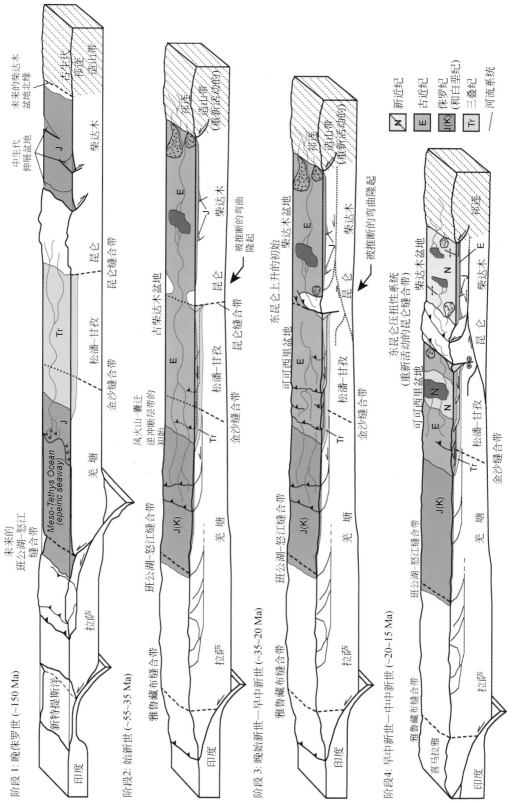

图5.64 青藏高原中部构造演化简图

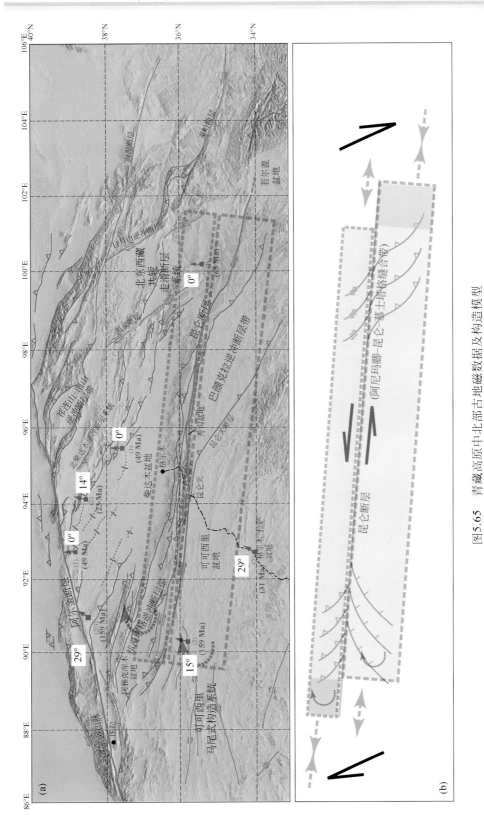

图5.65　青藏高原中北部古地磁数据及构造模型

(a)青藏高原中部和北部白垩纪古地磁数据(据Yin et al., 2008a, 2008b),古地磁数据来源于：1. Dupont-Nivet et al., 2002；2. Chen et al., 2003；3. Halim et al., 2003；4. Sun et al., 2006；5. Liu et al., 2003。(b)构造模型

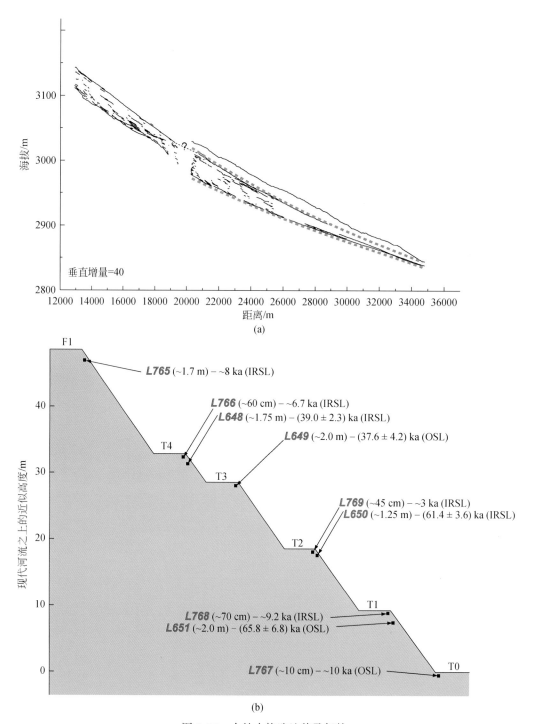

图 5.66　大灶火构造地貌及年龄

（a）沿大灶火水渠进行的地貌海拔调查结果；（b）大灶火地层地貌与地质年代的关系剖面图

图 5.67 为主要的野外与数据分析图。

图 5.67 野外照片

（a）可可西里盆地风火山群下伏白垩纪地层不整合接触，图中标记了样品 2 的采样位置；（b）正断层，上盘为白垩纪地层，下盘为三叠纪地层；（c）侏罗纪雁石坪群内复杂的冲断层组合；（d）可可西里盆地中部五道梁群地层露头，图中标记了样品 4 的采样位置；（e）柴达木盆地南侧东昆仑造山带内下甘沟组和古生代岩石的沉积接触关系；（f）晚古近纪地层露头（？），靠近东昆仑造山带内部昆仑断层，该地层位于一条活动的往北倾逆断层下盘

3. 讨论与结论

对青藏高原中北部的新生代特征的研究得到以下认识：砂岩碎屑锆石年代学数据统计发现在始新世可可西里盆地的沉积物源来自于克拉通内部环境，但中新世地层来源于循环

造山带环境。相反的是，柴达木盆地的西边在新生代时期的沉积物源均为循环造山带。这表明可可西里盆地在形成过程中发生了两次不同的沉积事件：古近纪冲积河流阶段和古近纪湖相阶段（图5.68）。我们认为沉积物的搬运条件是受到构造控制的。而柴达木西边经历了一个连续沉积过程，沉积物的组成与盆地边缘变形有关。

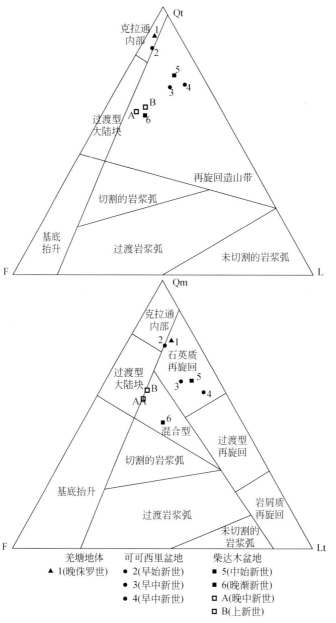

图5.68　砂岩样品1~6原始数据重新计算所得的模态丰度三元图（Qt-F-L和Qm-F-Lt）

引用Dickinson等（1983）的数据有助于对潜在源的解释；从羌塘地体侏罗纪地层内采集的样品1和可可西里盆地内始新世地层内采集的样品2在图中投影在了克拉通内部和循环造山源区边界处；而可可西里更年轻的样品和柴达木盆地内的样品则都投影在了循环造山源区和混合区，揭示了可可西里经历二期演化

　　对可可西里盆地侏罗纪地层 U-Pb 碎屑锆石的特征进行了详细的总结分析（图 5.69），认为可以分为两个阶段，分别为 290～230 Ma B. P. 和 470～430 Ma B. P. 。可可西里盆地新生代地层有比较相似的年龄群为 210～330 Ma，始新世的年龄主要集中 390～480 Ma，在

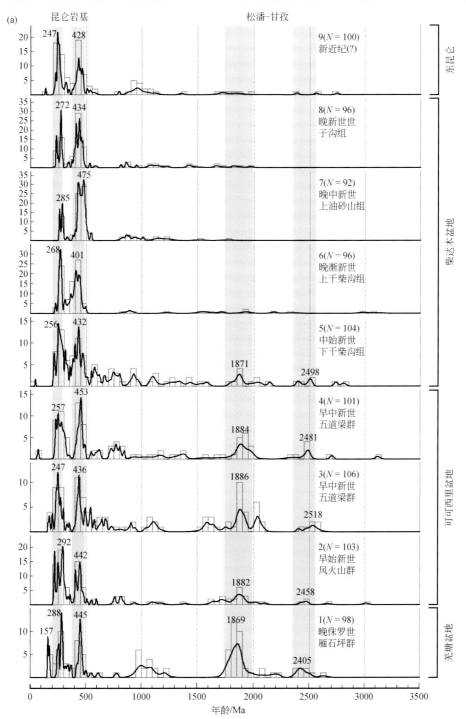

图 5.69　可可西里侏罗系碎屑锆石年龄分析结果及其与潜在源区的对照图

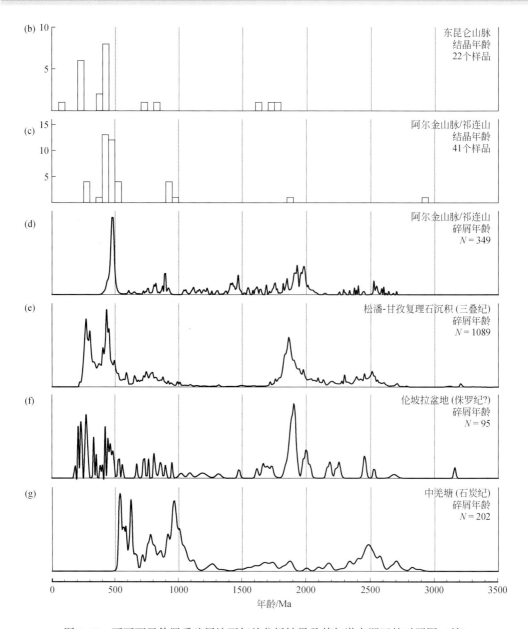

图 5.69 可可西里侏罗系碎屑锆石年龄分析结果及其与潜在源区的对照图（续）

（a）样品 1~9 为碎屑锆石年龄。（b）~（g）青藏高原中部和北部潜在源区碎屑锆石年龄统计。（b）东昆仑 U-Pb 锆石谐和年龄（Harris et al., 1988；Xu and Harris, 1990；Bian et al., 1999；Zhu et al., 2006；Chen et al., 2001, 2002；Arnaud et al., 2003；Cowgill et al., 2003；Robinson et al., 2003；Roger et al., 2003；Tan et al., 2003；Liu et al., 2004；Long et al., 2006），22 个样品中 16 个样品集中在了两组年龄：200~250 Ma 和 350~450 Ma，对应了昆仑的基底组成；（c）青藏高原北缘阿尔金山和祁连山造山带锆石 U-Pb 谐和年龄（Zhang et al., 2001, 2005a, 2005b；Chen et al., 2003；Cowgill et al., 2003；Gehrels et al., 2003a, 2003b；Mattinson et al., 2006；Shi et al., 2006；Song et al., 2006；Chen et al., 2007），41 个样品中 30 个年龄集中在 350~550 Ma，四个样品年龄集中在 250~300 Ma（Gehrels et al., 2003a）；（d）阿尔金地区和祁连山造山带碎屑锆石年龄（N=349；Gehrels et al., 2003b）；（e）三叠纪松潘甘孜复理石杂岩碎屑锆石年龄（N=1089；Bruguier et al., 1997；Weislogel et al., 2006；Enkelmann et al., 2007）；（f）羌塘地体中部石炭系碎屑锆石年龄（Pullen et al., 2008）；（g）拉萨和羌塘地体之间的班公湖–怒江缝合带内伦坡拉盆地侏罗纪（？）地层碎屑锆石年龄（N=95；Leier et al., 2007）

中新世地层的年龄有两个峰值，主要为 220～310 Ma 和 400～500 Ma。与古水流的数据对比，新生代的沉积物应该来自于昆仑岩基。在柴达木盆地，新生代地层主要的年龄峰值为：始新世是 210～290 Ma 和 370～480 Ma；渐新世为 220～280 Ma 和 350～550 Ma；中新世是 250～290 Ma 和 395～510 Ma，上新世为 225～290 Ma 和 375～480 Ma。从元古宙的碎屑锆石年龄看出，显生宙的年龄是很少的，没有什么有用的源区信息。具体来说，我们发现了一个明显的约 1870 Ma B. P. 的峰值，与东昆仑山南部的松潘甘孜地体的特征相似，这意味着可可西里盆地和柴达木盆地之间地形是从新近纪开始被阻隔的。

裂变径迹方面的研究显示直到 20 Ma B. P. 才开始快速冷却（图 5.70）。虽然可可西里盆地与柴达木盆地在沉积学意义上是互连的，但是目前柴达木南部和东昆仑山脉是缺失始新世地层，应该有一个大的沉积间断位于古柴达木盆地的中心，形成一种等厚模式。我们认为是由于在古近纪时期，沿着古柴达木盆地的北、南边缘，祁连山和风火山逆冲断层带导致的弯曲隆起。

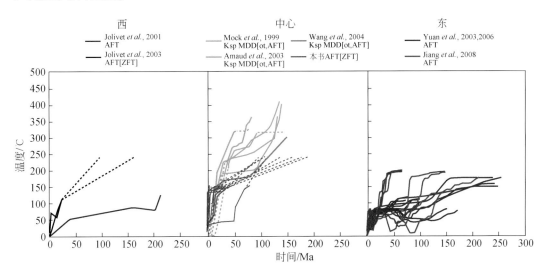

图 5.70 东昆仑西部、中部和东部冷却历史统计

中部来自本书研究结果，东昆仑地区的冷却历史研究表明古近纪后期出现快速冷，
与印度－亚洲碰撞有关的隆升（<30 Ma）是一致的

二、祁连山地区新生代缩短量估算

1. 新生代构造和变形历史

祁连山－南山逆冲断层带西临 ENE 向左行走滑断层，东临六盘山断层带。青藏高原的北部边缘最明显的特征是西边的一个活动的逆冲断层带和东部两个明显的走滑断层。新生代祁连山－南山逆冲断层带的变形开始在 50～40 Ma B. P.，紧接着 30～20 Ma B. P. 逆冲断层的广泛发育形成了许多逆冲断层为边界的山间盆地。新生代晚期，东祁连山－南山逆冲断层带发育，主要受左行的海原断层影响。海原断层的总位移备受争议，估计值 30～20 km。该地区所有新生代断层都表现为南倾的低角度滑脱特征。Gaudemer 等（1995）推测海原断层的逆冲滑脱约 20km 深。

海原断层第四纪滑动速率范围为 11～19 mm/a 至小于 4 mm/a（Zheng *et al.*，2013）。活动的逆冲断层的滑动率为 2～4 mm/a（Zheng *et al.*，2013）。前人对祁连山–南山逆冲断层新生代的总缩短量的计算过于概略和片面。Meyer 等（1998）通过解译卫星图像，并作平衡剖面提出了总缩短量为 150 km，缺乏野外的接触关系的观测使得这个估计值具有不确定性。van der Woerd 等（2001）估计党河南山逆冲断层的缩短量为 9～12 km，党河南山逆冲断层是祁连山–南山逆冲断层带最南边的一条逆冲断层，推测的是过去 8 Ma B. P. 全新世的滑移率。鉴于该逆冲断层发育时间大于 29 Ma B. P. （Yin *et al.*，2002）和滑移率会随时间变化，所以该估计值仍然是片面的。Gaudemer 等（1995）在祁连山东边横跨海原断层建了一个剖面，使用区域平衡方法，计算了原始剖面长度 100km 的基础上有 25km 的缩短，这意味着大于 25% 的缩短。应该指出的是，由于存在左滑的海原断层，他们的做法不符合基本假定的区域平衡方法。

2. 新生代缩短量的计算

我们根据区域构造历史认识，祁连山–南山区域在泥盆纪经历了一次弧-陆碰撞，随后石炭纪—侏罗纪的海相沉积，从晚侏罗世—白垩纪是陆内伸展阶段。假定在新生代之前该地区没有发生缩短，包括所有的涉及石炭纪或者更年轻的地层的缩短都是在新生代发生的。我们假设这些地层在中生代时期没有发生倾斜，我们平衡剖面的恢复计算出的缩量反应的就是新生代的变形。

我们的填图区域（图 5.71、图 5.72）位于中祁连和北祁连地区，我们解释了疏勒逆冲断层系统的缩短大约为 45%。如果这次计算的 45% 缩短代表这个祁连山–南山逆冲断层带（300 km 宽），那么祁连山–南山区域的初始宽度应该约为 580 km，推测在该区域存在 280 km 的新生代缩短。这个计算只有在所有的变形都发生在平面并且不存在物质的迁移的情况下才是有效的。具体的恢复计算过程见图 5.73。

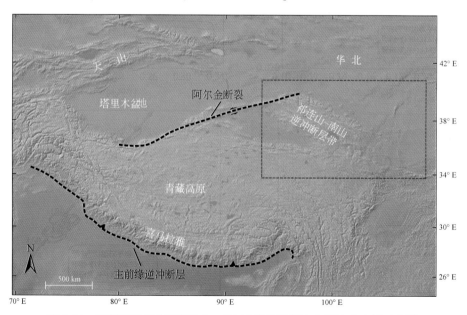

图 5.71　青藏高原东北部祁连山–南山冲断带及周边主要构造边界示意图

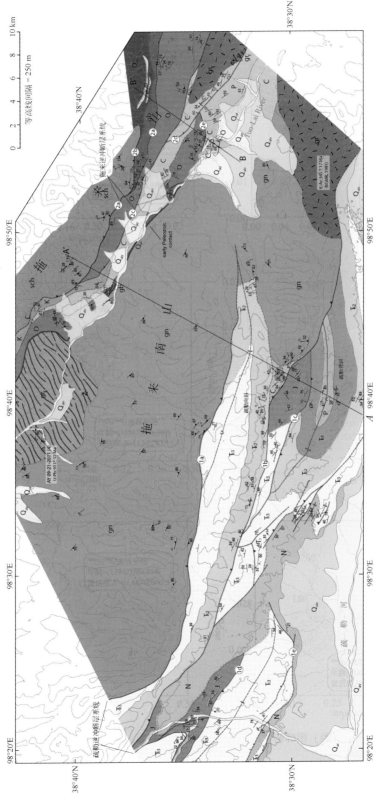

图5.72　祁连山-南山逆冲带地质简图

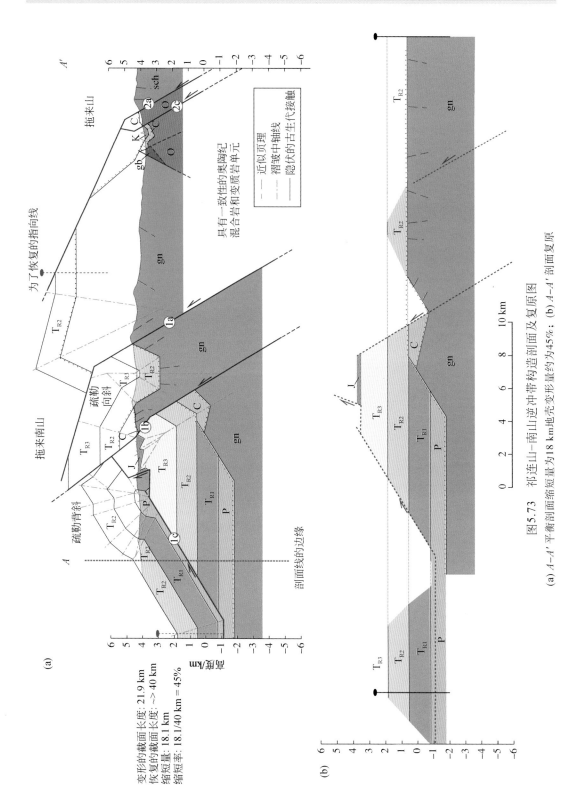

图5.73 祁连山—南山逆冲带构造剖面及复原图

(a) A-A' 平衡剖面缩短量为18 km地壳变形量约为45%; (b) A-A' 剖面复原

祁连山-南山逆冲断层带的发展是与阿尔金断层相关。假设所有的左行阿尔金断层滑移量被祁连山-南山逆冲断层带全部吸收，我们推断横跨这个逆冲断层带都是平面应变。阿尔金断层新生代的变形前人计算为 375～475 km（Gehrels et al.，2003b；Cowgill et al.，2003）。祁连山-南山逆冲断层带的 280 km 地壳缩短可以与阿尔金东边左行运动导致的 290～365 km 的缩短相对应（Yin and Harrison，2000）。这些大量的缩短都在 50% 左右，亚洲板块的分布式应变模型的缩短大于 1500 km（Dewey et al.，1989）。

第七节　小　　结

（1）新特提斯洋的消亡代表着印度-古亚洲大陆陆-陆碰撞的开始，是中国西部大陆构造的起点。从沉积物碎屑来源和拉萨地块白垩纪古地磁两方面开展研究试图制约印度-亚洲大陆的初始碰撞时间，结果表明在约 50 Ma B. P. 时，印度大陆北缘开始出现源自拉萨地体的碎屑物质，这表明印度-亚洲大陆的碰撞至少发生在 50 Ma B. P. 之前。

（2）对喜马拉雅地块和拉萨地块白垩纪的古地磁数据研究，结合前人古近纪初期的研究成果说明，拉萨地块在印度板块与拉萨地块碰撞之前，从白垩纪到古新世（55 Ma B. P.）具有较稳定的古构造位置。对比前人在喜马拉雅地块获得的 62～59 Ma B. P. 和约 59～56 Ma B. P. 古地磁数据（Patzelt et al.，1996；Tong et al.，2008；Yi et al.，2011），表明印-亚陆-陆碰撞的时间应早于 55～50 Ma B. P.。以拉萨南缘所处的古构造位置对比西伯利亚南缘同时期的古构造位置，可以看出古纬度差为 6.8°±2.0°，SN 向会聚了约（750±220）km，说明新生代印度板块-亚洲大陆陆-陆碰撞汇聚造成的拉萨地块与稳定亚洲的 SN 向的陆内缩短量。

（3）对印支地块思茅地区的镇沅、普洱和江城下白垩统红层进行古地磁研究，对比华南白垩纪古地磁极说明思茅地区自白垩纪以来相对于华南地块向南滑移了约（1120±310）km，若将华南磁倾角偏低考虑在内，则向南滑移量为（570±310）km，接近构造地质研究的推测值。古地磁数据还表明思茅地体内部存在明显的差异性旋转变形，通过不同古地磁采样区古磁偏角与兰坪-思茅褶皱带内反 "S" 形构造线形迹间的变化关系，可以定量分析思茅地体复杂陆内旋转变形作用的运动学规律。

（4）对河西走廊带东端牛首山中—晚泥盆世砂岩中碎屑锆石 U-Pb 年代学与 Hf 同位素展开了详细研究。U-Pb 年龄谱主要集中在 0.4～0.5 Ga、1.0～1.3 Ga、2.4～2.7 Ga，这些结果表明牛首山地区碎屑物源分析显示没有出现来自华北板块的碎屑物质，说明河西走廊-阿拉善地块拼合时间可能是在晚泥盆世以后。

（5）对河西走廊-阿拉善地块东部的早石炭世和晚二叠世地层开展的古地磁研究进一步证实了我们的推测，从早石炭世、晚二叠世和中三叠世构成的视极移曲线可以与华北地块同时期极移曲线进行对比。若以 44°N，84°E 为参考欧拉极，将阿拉善地块的视极移曲线旋转 32°，该曲线与华北地块同时期极移曲线重合，这说明了在中三叠世后，特别是印支运动使阿拉善地块相对于华北发生了 32° 的逆时针旋转，河西走廊-阿拉善地块最终与华北地块拼合形成了统一地块，该边界很可能位于贺兰山与桌子山之间。

第六章 我国关键地质问题新认识和中生代以来构造演化

本研究针对我国中生代以来的大地构造关键科学问题，开展了华南、华北、东北中生代和西部地区新生代构造演化与动力学分析；结合专项最新探测数据和成果，重新处理已有深部探测资料，特别是深地震反射剖面数据，在综合分析集成地表地质调查和测试分析数据的基础上，进行了深浅耦合的数据融合与结构再造，从而赋予深部地壳和岩石圈探测成果的地质构造含义；构建了我国大陆地壳-岩石圈结构框架，建立了我国大陆主要地质构造单元中生代以来构造演化及其动力学过程、东亚主要构造域转换、复合的构造动力学模型；确定了主要造山带的时间-深度剖面，初步揭示了东亚大陆构造过程的四维结构模型，同时探讨了东亚大陆构造变动的全球意义。

研究工作以板块构造理论与大陆地质学为指导，选择关键构造带和地质体，通过详细的野外地质调查和构造测量，运用构造解析学、岩石学、地质年代学和古地磁学分析技术手段，开展了构造几何关系分析、大量的同位素年代学及地球化学分析测试研究，以区域构造年代学框架和"构造等时剥离"为切入点，结合大陆地壳结构的综合地球物理探测与构造解释，探寻并恢复我国华南、华北、东北和西部地区中生代地块拼贴、碰撞造山与陆内变形（燕山运动）、大陆伸展和新生代印-亚碰撞等构造演化过程及其动力学背景，以企解决古亚洲洋、特提斯洋与太平洋等多个构造域复合与转换过程中构造变形的继承与叠加问题，以及深部与地表的时空耦合等关键科学问题。

第一节 我国大陆地壳结构的新认识

（1）首次在青藏高原羌塘盆地探测到 Moho 和下地壳地震反射，揭示高原腹地地壳厚度最薄，仅 65 km，展示了青藏高原南北两侧地壳厚度大（>70 km）、中间最薄的地壳结构，指示了羌塘盆地可能是一个独立的地块或者曾经增厚的地壳发生了拆沉（Gao et al., 2013）。

（2）建立了华南陆块的地壳结构。扬子是典型的克拉通，具有"三层地壳结构"，即：沉积盖层（0.82 Ga 以来）、新元古代裂陷-褶皱基底（0.82～1.0 Ga）和古元古代—太古宙结晶基底（1.8～>3.0 Ga）；华夏地块"四层地壳结构"，即沉积盖层（0.38 Ga 以来）、加里东褶皱基底（0.38～0.82 Ga）、新元古代裂陷-褶皱基底（0.82～1.0 Ga）和古元古代—太古宙结晶基底（1.8～>3.0 Ga）。华夏地块严格说是一个复杂的多期造山带。

（3）雪峰山之下发现隐伏的造山带。横穿华南大陆中部的深地震反射剖面揭露了川东–

武陵山–雪峰山褶皱构造带地壳结构与深部隐伏造山带，推测扬子与华夏地块碰撞时代为古元古代的哥伦比亚期（1.8~1.9 Ga），对扬子与华夏地块新元古代碰撞汇聚的主流观点提出挑战（Dong et al.，2015b）。

（4）华北克拉通北缘–古亚洲造山带地壳结构。华北克拉通北缘 Moho 处在强反射的下地壳与透明的地幔之间，起伏较大，局部出现多组 Moho 反射叠置现象；下地壳呈现一组北倾的强反射，反映了晚二叠世—三叠纪古亚洲洋闭合、鄂霍次克洋关闭和西伯利亚板块与中亚碰撞的大陆汇聚的深部过程（Zhang et al.，2014）。华北平原和中亚造山带具有相对较浅的 Moho，可能是伸展作用的结果。根据大地电磁测深结构，鄂尔多斯地块南北上地幔电性结构差异明显，大致以 38°纬度线分界，暗示了鄂尔多斯克拉通可能在正在破坏的深部过程。

（5）东北岩石圈的对冲结构。穿越东北的反射地震剖面，揭示了松辽盆地东西两侧具有对冲的岩石圈结构，即盆地西北侧大兴安岭古亚洲构造域基底内的地壳和岩石圈反射结构主体向东倾，指示了晚侏罗世鄂霍次克海关闭向东俯冲的深部结构；盆地东南侧的古太平洋构造域地壳与岩石圈结构，主要反射结构向西倾，形成对冲结构。详细的地表研究证明，这种对冲的地壳和岩石圈结构形成于晚侏罗世，说明鄂霍次克海关闭和古太平洋向亚洲俯冲几乎是同时的。确认松辽盆地具有复合基底性质和"盆下有盆"的多层结构特征，发现了大庆白垩纪盆地之下的隐伏盆地，对深层油气勘查具有指导意义。

（6）揭示陆内造山带地壳结构。我国大陆发育典型的远离板块边缘的陆内造山带，几乎全部形成于晚侏罗世，是东亚汇聚过程的远程效应。这些造山带大致以重力梯度带为界，以东为热的厚皮造山带，以西为冷的薄皮造山带。东部的燕山造山带、大兴安岭、大别山造山带的地壳结构最显著特点是整个地壳甚至上地幔卷入造山，伴有超高压变质岩石折返和大量的岩浆岩和热液变质作用。其中大别山在三叠纪超高压变质碰撞造山带之上，记录了晚侏罗世陆内造山的结构构造（Dong et al.，2004）。而大巴山造山带、阴山造山带和贺兰山造山带，表现为上地壳（部分中地壳）卷入造山，基本上没有地幔作用参与，也没有广泛的岩浆活动和热液作用（Dong et al.，2013）。由此显示了板块边缘变形向陆内传播和扩展的特征，从边缘的岩石圈（上地幔）行为，逐步转为地壳行为，再到上地壳变形。

第二节 我国重要地质问题的新见解

一、确定了鄂霍次克海关闭和碰撞的时代

本研究重要进展是，通过蒙古、俄罗斯交界的鄂霍次克缝合带艾伦达克变质蛇绿岩带研究，确定了该变质带为蒙古–鄂霍次克构造带中增生杂岩与青格勒–额尔古纳地块之间的碰撞推覆带，而不是前人认识的里菲期变质岩。

艾伦达瓦变质带中变质变形的洋壳残片（巴音乌拉蛇绿岩）年龄 295 Ma 稍小于该带

西南端的 Adatssag 蛇绿岩（325 Ma），但二者均代表了中—晚石炭世的增生产物。因此，这有可能指示蒙古–鄂霍次克洋的被动与主动陆缘的转换是发生泥盆纪之后。该变质带东南侧青格勒地块之上大规模的二叠纪—三叠纪岛弧火山岩的发育，则表明蒙古–鄂霍次克板块在二叠纪—三叠纪时期存在向 ES（现今方位）的俯冲作用。蒙–俄边界发育的辉石–辉长岩（2011MO-110）年龄 170 Ma，可能代表了蒙古–鄂霍次克洋中南段最晚期的洋壳残片。

艾伦达瓦变质带中长英质糜棱岩和混合岩的原岩年龄（170～180 Ma）说明，其变形变质作用应发生在 170 Ma B.P. 之后；而侵入于条带状片麻岩、未变形的后构造伟晶岩脉的年龄 160 Ma，则说明该变质带的峰变质–变形作用应发生在 160 Ma B.P. 之前。所以，可认为艾伦达瓦变质带的主变质变形发生在 170～160 Ma B.P. 期间，亦即蒙古–鄂霍次克碰撞带向 ES 的关闭与逆掩推覆作用主要发生在中—晚侏罗世。

根据锆石 SHRIMP U-Pb 定年结果，艾伦达瓦位变质带的年代框架归纳如下：

（1）额尔古纳地块俯冲盘基底花岗片麻岩：490～470 Ma B.P.；

（2）俯冲带拆离面内部变形蛇绿岩：295 Ma B.P. 左右；

（3）主碰撞期与同构造变形花岗片麻岩及混合岩脉体：180～170 Ma B.P.；

（4）鄂霍次克海最晚期蛇绿岩：170 Ma B.P.；

（5）后碰撞构造伟晶岩脉：160 Ma B.P. 左右。

二、确立了古太平洋板块与亚洲板块作用的边界

华南长乐–南澳陆缘造山带：构造解析与锆石 U-Pb 年代学分析，揭示了东南沿海长乐–南澳构造带晚侏罗世—早白垩世两期构造–岩浆事件：在长乐–南澳带中 147～135 Ma B.P. 的强烈混合岩化作用和深熔作用，形成片麻状花岗岩、花岗片麻岩等，在浙江遂昌发现 167 Ma B.P. 的变质事件，代表了晚侏罗世沿海造山带的起始时间（据贾东未发表资料，2009）。晚期（135～117 Ma B.P.）岩浆岩为未变形的含石榴子石花岗岩（Cui et al., 2012）。构造–岩浆事件的年代学研究，限定了早白垩世从挤压构造应力体制向伸展体制转变的时间节点。华南大陆中生代构造动力体制经历了从特提斯构造域向滨太平洋构造域的转换，形成类似安第斯型的活动大陆边缘和岩浆火山活动带。长乐–南澳构造带与西南日本、朝鲜半岛南侧、东北那丹哈达增生带构成了古太平洋陆缘造山带。

东北那丹哈达增生杂岩：饶河小南山和永新村的辉绿岩，大岱乡的辉长岩和斜长花岗岩脉年龄为，小岱南山辉绿岩（181±6）Ma，形成于早—中侏罗世；大岱乡辉长岩具粗粒堆晶结构的辉长岩，并与枕状熔岩、辉绿岩等共生，属于饶河洋岛组成单元，年龄为（156±2）Ma，形成于晚侏罗世。大岱南山斜长花岗岩脉与周围建造具明显的侵入接触关系，年龄为（87±2）Ma，表明其侵位于晚白垩世。永兴村辉绿岩脉也明显侵位 OPS 中。归纳起来，那丹哈达增生杂岩是由不同时代的增生杂岩组成的，其中的哈马通岩片主要形成于早二叠世（~285 Ma B.P.），跃进山岩片形成于晚二叠世（252 Ma B.P.），而饶河岩片则是侏罗纪（181～156 Ma B.P.）增生的产物。再次证实古太平洋（伊扎纳吉）板块在亚洲东部俯冲增生的事实。同时发现了从二叠纪到三叠纪的多个构造年代单元，华北

东北缘晚古生代—早中生代松江河蛇绿岩（260～245 Ma B. P.）与布列亚-佳木斯-兴凯地块东缘发育有二叠纪以来的岩浆弧相一致，表明西太平洋对欧亚大陆东缘的俯冲历史比较长、也比较复杂。

三、厘定了华南中生代以来的构造演化

印支运动时期的中-晚三叠世碰撞造山事件，使得华南地块在北边与华北地块拼接，在西南边与印支地块拼接，形成我国大陆地块的主体框架。湖南地区晚古生代-早中生代海相地层中发育的近 WE 向至 NWW-SEE 向褶皱构造，控制了三叠纪岩浆岩侵入体的形态，是对三叠纪华南地块南、北边缘大陆碰撞和增生作用的远程响应。印支期在扬子地块西缘发育了龙门山-锦屏山逆冲-推覆构造带及川滇前陆盆地，奠定了川-渝-黔-滇大型沉积盆地，构成四川盆地的原型。

华南燕山运动起始于中-晚侏罗世之交约 170～165 Ma B. P.，经历了早幕（170～160 Ma B. P.）强挤压和地壳增厚、中幕（160～150 Ma B. P.）大量的地壳重熔型岩浆活动和成矿作用、晚幕（150～138 Ma B. P.）弱挤压构造-岩浆-成矿作用。湖南地区 NE-NNE 向褶皱构造是对中-晚侏罗世燕山构造事件 NWW-SEE 向挤压的变形响应，强烈改造印支期褶皱。秦岭造山带的再次活动导致南部米仓山-大巴山前陆构造带的形成和发展。

白垩纪华南地区普遍发育强烈的区域性伸展构造作用。衡山低角度拆离断裂带是其典型代表；低角度伸展剪切变形起始于 136 Ma B. P.，并持续至 97 Ma B. P.。

华南的雪峰山地区沅麻盆地晚中生代—早新生代发育五期构造应力场的交替演化：中-晚侏罗世近 WE 向挤压、早白垩世 NW-SE 向伸展、早白垩世中晚期 NW-SE 向挤压、晚白垩世近 NS 向伸展、古近纪晚期 NE-SW 向挤压。构造应力场方向的变化记录了不同板缘的动力作用对该地区构造变形的影响。

四、建立了华北地区中生代岩浆岩分布的时空迁移

从华北克拉通北部及东部向其中部太行山、岩浆岩的时代有明显变年轻的趋势，反映了华北克拉通的岩石圈减薄与破坏可能是不同时的、渐进的过程：最先从其北缘及东缘开始，逐渐扩展到克拉通内部；中生代以来周缘造山带及块体的相互作用可能发挥了重要作用。在华北地区，开始于约 135 Ma B. P. 的早白垩世伸展构造及变质核杂岩普遍发育，具有近乎一致的伸展方向（NW-SE 向），成为整个东亚晚中生代伸展构造系统的一部分。

在经典的阴山-燕山造山带中段宁武-静乐盆地，分析侏罗纪沉积过程及其对造山运动的响应，从沉积学角度认为燕山运动的起始时间为中侏罗统中段云岗组（J_2yg）底部砾岩发育时期，并非其上的髫髻山组玄武-安山岩喷发时期。参照中侏罗统云岗组顶部凝灰质泥晶灰岩的锆石年龄 [（160.6±0.55）Ma]，推测中侏罗统云岗组（J_2yg）底部砾岩的发育时限约为 168 Ma B. P.，代表了燕山运动的起始时限（Li *et al.*，2013）。

五、确定华北东北缘构造带

华北地块北缘和东缘展布的强变形带既有华北地块太古宙—元古宙变质基底，也包括不同时代的增生杂岩，同时还有大量的基性–超基性岩体（如四合顺、红旗岭和璋项–长仁等）与中生代花岗岩及火山岩等。本研究首次在该构造内发现松江河蛇绿岩，而且还甄别出大规模的晚侏罗世（163 Ma B. P.）推覆构造。这些新的发现不仅对认识华北东北缘构造带本身性质与演化至关重要，而且对认识和理解整个东北地区中生代地壳与构造演化及其动力学背景也具有重大理论意义。华北东北缘西段吉林哈达晚中生代大规模推覆构造的厘定和东段松江河蛇绿岩的发现及其形成时代的确定，均清晰的表明华北克拉通北缘构造带是一条中生代的碰撞造山带，其碰撞造山的时间比原先认识的要晚的多。这些新的发现和认识，对认识和理解华北北缘边界性质及演化具有重要理论意义。

六、首次发现北方大陆古老碎屑锆石，约束古老地壳形成

在河西走廊牛首山发现的一颗碎屑锆石，U-Pb 年龄大于 4.0 Ga，与西澳 Jack Hills、华南、西藏等地冥古代锆石沉积物源区可能具有成因联系。牛首山中–晚泥盆世砂岩的碎屑锆石 U-Pb 年龄主要集中在 0.4～0.5 Ga、1.0～1.3 Ga、2.4～2.7 Ga。其中，0.4～0.7 Ga 碎屑锆石的 Hf 同位素研究表明北祁连洋壳在约 550 Ma B. P. 开始形成，碎屑物源分析显示河西走廊–阿拉善地块与华北地块的拼合时间可能是晚泥盆世之后；格林威尔期碎屑锆石与华夏地块古生代地层中的十分相似，可能来源于澳大利亚和印度北部。推测中—晚泥盆世祁连造山带与华南地块的位置相近甚至为统一整体，古地理位置可能位于印度大陆和澳大利亚大陆之间。河西走廊–阿拉善地块东部早石炭世、晚二叠世和中三叠世视极移曲线（以 44°N，84°E 为参考欧拉极）与华北地块的对比结果表明，中三叠世之后，特别是印支运动使得阿拉善地块相对华北地块发生了 32° 逆时针旋转并最终与华北地块拼合形成统一地块（拼合边界可能位于贺兰山与桌子山之间）。

七、限定印度与欧亚大陆初始碰撞时间

印度被动大陆边缘最早出现的包含拉萨地体碎屑物质的地层，可以为印–亚陆–陆碰撞提供最小年龄约束。雅鲁藏布缝合带南侧萨嘎地区晚白垩世—始新世地层的碎屑锆石年龄主要分布在 ～54～70 Ma、～80～125 Ma 和 ～180～196 Ma，与冈底斯弧岩浆活动一致，指示物源区为北侧的拉萨地块，表明印度–亚洲大陆碰撞至少发生在 50 Ma B. P. 之前。拉萨地块南缘白垩纪中期平均古纬度为 17.2°±1.1°N，从白垩纪到古新世（～55 Ma B. P.）具有较稳定的古构造位置；与前人获得的喜马拉雅地块北缘约 59 Ma B. P. 的古纬度 7.3°±2.5°N 相对比，判断印–亚碰撞早于 55～50 Ma B. P. 。

八、古地磁研究定量约束印亚碰撞的地块相对运动和地壳缩短

以西伯利亚南缘为参考点，得到拉萨地块南缘白垩纪以来的纬向位置变化为 $6.8° \pm 2.0°$，反映了 (750 ± 220) km 的 SN 向地壳缩短。白垩纪以来，印支期思茅地体相对华南地块向南滑移了 (570 ± 310) km，接近构造地质研究的推测值。缅泰地块和印支地块（思茅地体）的陆内变形可分为四个阶段：第一阶段（早古近世），印亚初始碰撞及持续挤压，思茅地体内部形成近 EW 向褶皱系；第二阶段（32~17 Ma B. P.），缅泰、印支地块沿红河左行走滑断裂带向 ES 挤出，伴有约 20° 顺时针旋转；第三阶段（17~5 Ma B. P.），缅泰地块相对华南地块稳定区发生 35° 顺时针旋转，而印支地块发生约 20° 顺时针旋转；第四阶段（5 Ma B. P. 开始），小江左行走滑断裂带开始强烈活动，思茅地体中部产生了强烈的由北向南挤压，形成一系列 NNE 走向的走滑断裂带和思茅地体中部的巍山-南涧-景东弧形构造。柴北缘骆驼泉和大红沟剖面中新世地层相对于欧亚大陆或华北地块存在小幅度的逆时针旋转（8°±4°），可能与阿尔金左行走滑断裂系及柴北缘压扭性断裂系的共同作用有关，整体受控于近 SN 向的区域挤压应力场。

第三节　晚侏罗世地球动力学分析

一、多板块汇聚与多向造山

东亚的晚侏罗世构造最突出表现为：①围绕蒙古-中朝陆块周边板块汇聚碰撞和俯冲形成三条陆缘造山带。例如，蒙古-鄂霍次克造山带、班公湖-怒江造山带、亚洲东缘的太平洋型（安第斯型）造山带以及陆缘增生杂岩带。②发育与陆缘造山同时的广泛的多方向的陆内造山带。③同期配套的盆地演化、构造变形、变质作用和岩浆作用。④发育异常宽阔（宽度>1500 km，长度>5000 km）的所谓"陆缘"构造-岩浆岩带。因此，东亚的晚侏罗世构造事件是东亚中生代演化的焦点（Li and Li，2007）。

对陆内造山的动力学机制问题讨论已久。赵越等（1994）提出，发生的中国东部中晚侏罗世构造体制是由特提斯构造域转为太平洋构造域的动力学过程。Davis 等（1996）认为，华北燕山地区的中侏罗世褶皱、逆冲构造是西伯利亚古陆与蒙古-华北克拉通碰撞的结果，而非环太平洋构造作用的产物。Wilde 等（2003）认为，华北的晚中生代多期岩浆作用与冈瓦纳古陆的多阶段裂解有关。董树文等（2000）和 Dong 等（2008a，2008b，2008c）提出"东亚汇聚"的概念，即在中—晚侏罗世发生了以南蒙古-中朝陆块为中心、来自北、东、南西等不同方向的多个板块的汇聚作用，这是早中生代小陆块拼贴成东亚大陆后的新构造体制的标志。翟明国等认为，华北东部地区自三叠纪（早中生代）以来，发生了构造活化，主要表现为多期伸展背景下的火山-岩浆活动和盆地群的发育。这些浅表层次的地质过程是对华北克拉通深部岩石圈破坏过程的响应（翟明国等，2003）。

东亚陆内造山非常特征，其动力学机制也常引起争议。其实，陆内造山是全球普遍的地质现象。例如，中—新生代欧亚大陆与印度大陆碰撞造山导致千里之外的天山发生隆升（Hendrix et al.，1994；Dyksterhuis and Müller，2008）。晚中生代—新生代法拉龙板块的俯冲，引起北美洲西部发生内华达造山（Navada orogeny：165～140 Ma B. P.）（Schweickert et al.，1984）和拉拉米造山（Laramide orogeny：K—E）（English and Johnston，2004）。陆内造山还发生在澳大利亚中部的彼得曼造山带（Petermann orogen）（Hand and Sandiford，1999；Sandiford et al.，2001）和古生代的 Alice Springs 造山带（Korsch et al.，1998）；欧洲西南部的比利牛斯造山带（Pyrenees orogen）（Sibuet et al.，2004）。因此，陆内造山的动力学机制受到地质学家的普遍关注。针对这一问题已经提出了多种不同的动力学模型，例如，①陆缘造山（挤压）的远程效应；这种动力学模型认为，陆缘造山（挤压）的应力可以通过大陆岩石圈传入陆内，引起超过 1000 km 的地方发生造山（English and Johnston，2004；Dong et al.，2008b，2008c）。②大洋板块的低角度俯冲模型（Li and Li，2007；Zhang et al.，2009）；这种动力模型认为，平俯冲大洋板块的前缘可以直接作用于陆内造山带的下部（Jordan et al.，1983），或者把挤压应力通过大陆边缘传递到内陆（Zhang et al.，2009）。③陆内俯冲模型（Faure et al.，2009），因为陆内俯冲的动力学机制尚需进一步解释，因此，准确地讲，陆内俯冲应该是陆内造山的一种表现。

东亚汇聚的时间也存在分歧。例如，在典型的华北燕山地区，一般认为侏罗系—白垩系内发育两个区域性角度不整合，分别下伏于上侏罗统髫髻山组和下白垩统张家口组之下（Wong，1927，1929）。这两个岩组底部的火山岩年龄分别为 158～161 Ma（Liu et al.，2006）和 136 Ma（Niu et al.，2004）。暗示燕山地区的地壳在早白垩世伸展（135～120 Ma B. P.）之前经历过两期收缩和增厚过程（"A 幕"和"B 幕"）。也有学者认为华北在晚中生代经历过多期（≥3）挤压事件（Deng et al.，2007）。Yang 等（2006）基于晚中生代地层的碎屑锆石年代学研究认为，华北燕山造山带的构造抬升过程主要发生在 158～137 Ma B. P.。在华南，Zhou 和 Chen（2006）根据两期岩浆作用，即早燕山期（180～140 Ma B. P.）和晚燕山期（140～90 Ma B. P.）。Zhang 等（2009）认为华南晚中生代造山主要发生在 170～135 Ma B. P.。Lapierre 等（1997）认为沿海地区的下火山岩带（140～120 Ma B. P.）和上火山岩带（100～80 Ma B. P.）之间的区域性角度不整合是菲律宾板块与华南陆缘碰撞的记录。Chen 等（2004）把沿海地区晚白垩世的岩浆岩碱性花岗岩和双峰式岩浆岩（100～80 Ma B. P.）与陆缘造山带垮塌（100 Ma B. P.）相联系。Cui 等（2013）把华南的晚中生代（165～80 Ma B. P.）构造-岩浆岩作用归结为两期陆缘造山（165～135 Ma B. P. 和 115～100 Ma B. P.）及分别对应两期的伸展过程（135～120 Ma B. P. 和 100～80 Ma B. P.）。在朝鲜半岛，Lim 和 Cho（2011）认为侏罗纪大宝造山（Daebo Orogeny）包括两期挤压：第一期挤压发生在上侏罗统 Myogog 组沉积之前，时间为中侏罗世中晚期；第二期挤压发生在该组（Myogog Formation）形成之后，时间为晚侏罗世晚期。Dong 等（2008b，2008c）通过综合分析认为，东亚的晚中生代造山可分为两个阶段，即早期造山（165±5）Ma B. P. 持续到 135 Ma B. P.，接着伸展 135～120 Ma B. P.；晚期挤压发生在白垩纪中期（120～110 Ma B. P.），指示早白垩世红层发生反转，再接着晚白垩世伸展。

　　基于已有的研究结果，把东亚的晚中生代构造-岩浆作用和动力学机制放在全球板块构造过程中给予初步分析。

　　Pangea 裂解（200 Ma B. P.）：在三叠纪末—侏罗纪初期（200 Ma B. P.），地幔柱活动揭开了 Pangea 裂解的序幕（Marzoli *et al.*，1999），也推动了地幔的全球性对流（Anderson，1982；Hoffman，1991）。在随后的多期地幔柱活动（200～80 Ma B. P.）中，南半球冈瓦纳古陆发生多阶段裂解（Larson *et al.*，1991；Wilde *et al.*，2003）。现代大洋盆地逐渐打开，并不断扩张，环太平洋活动大陆边缘演变为古大洋岩石圈返回地幔的主要通道（墓葬区）（Schweickert *et al.*，1984；Pavoni，1991）。

　　东亚汇聚与陆缘造山 [（165±5）Ma B. P.]：东亚大陆在侏罗纪的中、晚期漂移至"冷幔柱"的上方（Maruyama，1994；Wilde *et al.*，2003），成为全球板块汇聚的中心（董树文等，2000；Maruyama *et al.*，2007），来自不同方向的多个板块向中朝陆块汇聚发生汇聚碰撞（Dong *et al.*，2008b，2008c），产生了拉萨地体与羌塘地块碰撞（Audley-Charles，1984），蒙古地块-华北陆块与西伯利亚陆块之间的碰撞（Vander Voo *et al.*，1999），古太平洋板对东亚大陆的陆缘增生（Maruyama，1997）。

　　陆内多向造山与岩石圈增厚（170～135 Ma B. P.）：陆缘的挤压应力向陆内作远距离（>1000 km）传播，引发东亚陆内广泛的不同方向造山作用，表现为陆内俯冲、老造山带复活和前陆盆地发育（Davis *et al.*，2001；Dong *et al.*，2015）。在晚侏罗世造山过程中，东亚大陆普遍发生抬升，并受到强烈剥蚀，为前陆盆地提供粗碎屑（磨拉石）（Zhang Y. *et al.*，2008；Liu *et al.*，2010）。陆内造山造成岩石圈急剧增厚，产生了同构造的埃达克质火山和岩浆侵入，岩石圈加厚增加了古大洋岩石圈俯冲的难度。太平洋板块的扩张速率急剧下降（155～145 Ma B. P.；Bartolini and Larson，2001）。由于大洋岩石圈更新过程受阻，地球内部的热能开始积累。不断增强的洋中脊扩张促进了大陆岩石圈增厚和陆内造山的发育。

　　山根拆沉与岩石圈减薄（135～120 Ma B. P.）：在汇聚背景下急剧增厚的大陆岩石圈迅速垮塌，山根拆沉。减薄的岩石圈对大洋岩石圈俯冲的阻力减小，受到大洋板块的挤压应力也随即减弱。减压引起大陆岩石圈发生部分熔融和大范围拆沉（135～120 Ma B. P.）。软流圈上涌和玄武质岩浆底侵为地壳熔融提供了热能（Deng *et al.*，2007）。例如，大别山白垩纪早期（145～135 Ma B. P.）的区域性混合岩化和同构造岩浆作用（Ratschbacher *et al.*，2000；Zheng，2008）可能是山根拆沉（135 Ma）的前奏，晚期（135～120 Ma B. P.）的碱性-过碱性岩浆岩和玄武质岩浆岩可能是造山带根部垮塌和软流圈上涌的结果（Jahn *et al.*，1999）。在早白垩世中期，大陆岩石圈根部拆沉的高密度（榴辉岩相）的山根，与地幔过渡带滞留的侏罗纪大洋岩石圈一起沉没到核-幔边界（Vander Voo *et al.*，1999；Wilde *et al.*，2003）。这一重大的构造事件产生了多种地质效应，例如，①开启了东亚大陆的大规模伸展过程（135～120 Ma B. P.）。发育广泛的变质核杂岩，出现 NNE 向的白垩纪红层盆地；②导致软流圈上涌引发的后造山宽阔的岩浆-火山岩带（135～120 Ma B. P.）（Wu *et al.*，2005a）；③推动了地幔的全球性循环，激发了白垩纪中期（120～80 Ma B. P.）的超级地幔柱活动（Larson，1991）。

　　东亚晚侏罗世汇聚，奠定了东亚盆山体系的基本格局（Dong *et al.*，2008b，2008c，

2015）。广泛的造山和随后的造山带垮塌伴随着强烈的洋-陆相互作用、壳-幔相互作用和地幔对流过程，主导了地壳变形和岩浆活动，为成矿作用提供了丰富的物源和热动力。这些构造过程不仅形成了丰富的矿产资源（Hart et al.，2002；Berzina et al.，2014），也改变了古生物赖以生存的古地理、古地貌、古环境和古气候（李强等，2006；柳永清等，2009）。

二、东亚大陆汇聚与周边大洋扩张的关系

侏罗纪，主要是中侏罗世，古太平洋、大西洋、印度洋和北冰洋几乎同时扩张，这与东亚大陆的板块汇聚过程在时间和空间上是协调、甚至是一致的。但是，二者在地球动力学机制上是否有关联，是需要回答的。尽管本研究还难以回答这个问题，但是已经意识到全球性的大洋扩张，必定造成陆块的拼贴和汇聚，而且一定会存在一个或若干汇聚中心。从地球动力学成因机制探讨它们相互的关系，甚至因果关系是一个充满魅力的挑战性课题，需要在地球深部寻找信息，需要数值模拟再现。

一般认为，大陆漂移是地幔循环和洋中脊扩张的结果（Anderson，1982；Hoffman，1991）。在 Pangea 的裂解过程中（200～80 Ma B. P.），现代四大洋（太平洋、大西洋、印度洋和北冰洋）的洋中脊系统逐步形成（Bartolini and Larson，2001；Larsen et al.，2009）。这些新生洋中脊的扩张推动了多种全球性地质过程，如，①新生大洋盆地的扩张过程；②古大洋岩石圈沿环太平洋构造带的消亡过程；③大陆的全球性漂移过程（Maruyama et al.，2007）；和④以东亚为中心的板块汇聚过程（董树文等，2000；Dong et al.，2008b，2008c）。因此，东亚的晚中生代造山（J_2—K_1）的动力可以归结为地幔对流推动下的洋中脊扩张。实际上，这里需要澄清一个重要的科学问题。洋中脊扩张和大洋板块俯冲是连续过程，而东亚的晚中生代造山具有阶段性特征。也就是说，陆壳的收缩增厚与伸展减薄过程为什么会交替发生？我们认为大陆变形是构造应力平衡被打破的结果。由于大洋板块与活动性大陆边缘之间的构造应力始终处于平衡、打破平衡和建立新平衡的变化过程中。因此，大洋板块与活动陆缘之间的构造应力失衡才是陆壳变形的根本原因。例如，当大洋岩石圈的俯冲过程受阻时，大洋板块的消减速率减小，洋中脊的扩张速率也随之减慢。地球内部的热能扩散过程受到遏制。其结果是：洋中脊的扩张能力逐渐增强。大洋岩石圈对大陆岩石圈的挤压应力也会逐渐增强。当大陆岩石圈受到的挤压应力超过了他的抵抗力时，大陆岩石圈就会发生收缩和增厚变形。随着大陆岩石圈厚度的增加，其势能和抵抗外界挤压的能力不断增强，直到洋-陆之间建立新的构造应力平衡，地壳收缩和增厚过程才结束。当俯冲过程所受到的阻力减小（或被克服）时，大洋岩石圈的俯冲速度和洋中脊扩张速率加快。加厚的大陆岩石圈受到大洋板块的挤压应力也随之减小，导致陆壳发生减压熔融、伸展和减薄。地球内部积累的热能和大陆岩石圈内积累的势能开始释放，表现为地幔柱活动和猛烈的岩浆活动等（Bartolini and Larson，2001；Larsen et al.，2009）。大陆岩石圈伸展和减薄降低了势能和内应力。同时，洋中脊的快速扩张消耗了地球内部的大量热能，减弱了洋中脊的扩展能力。大洋板块与活动大陆边缘之间的构造应力平衡逐渐恢复，地壳伸展变形过程结束。由于东亚在晚中生代不仅是全球大洋岩石圈消减（Maruyama，1994）的中心，而且也是陆块汇聚的中心（Dong et al.，2008b，2008c）。多

个板块之间的构造应力平衡经常被打破。因此，陆壳变形就表现出多期性和多阶段性特征。一般认为，阻碍大洋岩石圈消减的主要因素是难俯冲地质体（陆块、岛弧、海山、大洋玄武岩高原等）被推移到俯冲带，并且与活动性大陆边缘发生碰撞。最近的研究发现，影响活动性大陆边缘构造应力体制的因素还包括：俯冲大洋板块的年龄、运动方向、消减速率；俯冲带的长度、倾角变化和位置迁移；地幔流动方向和仰冲板块的绝对运动速度等（Doglioni et al.，2007）。

值得一提的是，大陆的构造过程对周围洋中脊的扩张过程可能会产生过反作用。例如，现代太平洋板块在早—中侏罗世诞生于三个古大洋板块（Izanagi-Farallon-Phoenix）之间三叉裂谷区（RRR）（Larson and Chase，1972；Hilde et al.，1977）。其周围的大洋玄武岩高原、陆块和群岛随着太平洋板块的扩张向四周飘散，最终增生到环太平洋造山带（Pavoni，1991）。对太平洋板块扩张速率的研究发现，东亚的晚中生代构造-岩浆作用与太平洋板块的扩张速率之间存在如下相关性：①太平洋板块扩张的低谷期（155～135 Ma B. P.；Bartolini and Larson，2001）与东亚的晚中生代（165～135 Ma B. P.）造山过程（Dong et al.，2008b，2008c）基本一致；②太平洋板块的扩张峰期（135～120 Ma B. P.）（Bartolini and Larson，2001）与东亚大陆伸展背景下的大规模岩浆活动（135～120 Ma B. P.）同步发生（Wu et al.，2005a）。

三、东亚大陆汇聚与欧-美-亚超大陆的形成

东亚的侏罗纪造山及其向早白垩世伸展的转换具有深刻的全球构造背景（董树文等，2000；Dong et al.，2008b，2008c）。如果把这些构造放在全球宏观构造过程中考虑，可以看出以下几个基本特征：①Pangea 的裂解（200～80 Ma B. P.）与多期地幔柱活动有关；②Pangea 裂解的速度是个变量，有峰期，也有低谷期；③地幔柱活动峰期与构造-岩浆作用峰期基本一致；④新生的现代大洋盆地的扩张与古太平洋洋盆的消亡过程同步发生；⑤南半球冈瓦纳古陆的多阶段裂解与北半球环太平洋构造带的多阶段碰撞和造山同步；⑥从冈瓦纳古陆裂解下来的小陆块向北漂移，成为建造亚-美超大陆（Amasia）或欧-美-亚超大陆（Ameurasia）的材料；⑦东亚大陆在多阶段增生中不断"长大"（Anderson，1982；Hoffman，1991；Wilde et al.，2003；Dong et al.，2008b，2008c，2015）。

依据现代地质学理论，板块运动是地幔对流的表现（Anderson，1982；Hoffman，1991）。因此，研究板块运动（大陆漂移）可以反演地幔的运动方式（Anderson，1982；Wilde et al.，2003），甚至可以预测全球洋-陆构造格局的演化趋势（Maruyama et al.，2007）。Pangea 在侏罗纪早期的裂解（Morgan，1972；Marzoli et al.，1999）标志着原有的地幔对流系统和洋-陆构造格局开始被打破。同时，环太平洋活动陆缘和现代洋中脊的诞生标志着新的全球性大洋岩石圈更新系统开始形成（Schweickert et al.，1984；Pavoni，1991；Maruyama，1997）。晚中生代东亚以中朝陆块为中心与来自不同方向的陆块发生碰撞和拼贴，形成了东亚大陆及其汇聚构造格局（Dong et al.，2008b，2008c）。特别是，中朝陆块的古地磁证据表明，自中侏罗世以来华北和扬子等陆块的经纬度没有变化，体现了汇聚核心的特征，相形之下，西伯利亚板块向南漂移了约 2000 km，西太平洋的伊扎纳崎

板块完全消失在亚洲之下，基梅里板块中的拉萨和印度地块向北漂移了数千千米。今天，围绕东亚大陆的全球性大陆裂解与汇聚过程仍在继续进行。因此，可以预言：大约在 250 Ma 以后，亚洲大陆将与澳大利亚、北美洲大陆发生碰撞，形成一个新的超大陆——亚–美超大陆（或欧–美–亚超大陆）。如果上述预测成立，中侏罗世的东亚汇聚就应该是欧–美–亚超大陆建造过程启动的里程碑。

四、关于"燕山运动"

"燕山运动"是中国境内的晚中生代构造–岩浆作用的系统和过程统称。这一概念由翁文灏最先提出（Wong，1927，1929），是指华北燕山地区侏罗系—白垩系内部发育的构造（褶皱、逆冲和区域性角度不整合）、岩浆作用和成矿作用。同时，他还明确指出：①根据地层角度不整合接触关系，可以把燕山地区的晚中生代主要变形事件划分为"A"幕和"B"幕；②晚中生代构造不仅发生在华北，同时也发生在秦岭、北淮阳、大青山和华南；③侏罗纪晚期的构造在亚洲东部和北美洲西部具有可比性。经过地质学家数十年的研究证明，晚中生代"燕山运动"不仅广泛地影响了中国（Dong et al.，2008b，2008c），而且也影响了亚洲其他地区（Zorin，1999；Tomurtogoo et al.，2005；Lim and Cho，2011；Osozawa et al.，2012）。目前，"燕山运动"在构造波及范围、精细过程、年代学和动力学等方面不断发展和进步。"燕山运动"在中国已经家喻户晓，深入人心。

燕山运动"A 幕"（主幕），以晚侏罗世髫髻山组埃达克质火山岩之下的角度不整合或中侏罗世九龙山组砾岩为标志，代表了陆内造山变形最强烈阶段，启动时间为（165±5）Ma B. P. 前后。在燕山地区，髫髻山组底部的火山岩年龄（161 Ma）和辽西蓝旗组底部的火山岩年龄（158 Ma）最接近启动时代（Liu et al.，2006）。燕山运动的"B"幕以早白垩世张家口组火山岩底部的角度不整合为标志（Zhao et al.，2004），张家口组底部的火山岩年龄（136 Ma）最接近上限时代（Niu et al.，2004）。因此，A 幕和 B 幕的转换代表了由造山向后造山伸展转换的时间节点（136 Ma）。在华南，燕山运动分为"早燕山期（170～140 Ma）"和"晚燕山期（140～80 Ma）"（Zhou et al.，2006）。在朝鲜半岛，称为大宝造山（Daebo orogeny）（Chough et al.，2000），而且被进一步划分为两个挤压阶段（Lim and Cho，2011）。与北美的内华达造山事件相当（Schweickert et al.，1984）。

中—晚侏罗世至早白垩世构造和岩浆作用在东亚不同地区具有可比性，而且具有全球构造的动力学背景（董树文等，2000；Wilde et al.，2003；Andersun et al.，2013；Dong et al.，2015），所以，源于华北的"燕山运动"的概念，以及其经典的变形和精确的年代学记录，可以代表和反映东亚汇聚的过程。因此，根据国际惯例和地质事件命名原则，我们再次强烈建议以"燕山运动"（Yanshannian or Yanshannian Revolution）来命名中—晚侏罗世发生在东亚的这次重大构造变革事件以及全球中—晚侏罗世的构造变形过程，将"燕山运动"作为"欧–美–亚超大陆"（Ameurasia）起始的里程碑。

参 考 文 献

白云来,王新民,刘化清,李天顺.2006.鄂尔多斯盆地西部边界的确定及其地球动力学背景.地质学报,
    80(6):792~813

柏道远,黄建中,刘耀荣,伍光英,马铁球,王先辉.2005.湘东南及湘粤赣边区中生代地质构造发展框架的厘
    定.中国地质,4:557~570

郗志波,王宗秀.2004.华北地台东缘的印支运动烙印——来自大连地区的构造形变信息.地球学报,25:
    555~560

郗志波,刘文海,黄志安,张福生.2003.辽西上白垩统大兴庄组地层层序及时代.地质通报,22:351~355

蔡剑辉,阎国翰,任康绪,李凤棠,杨斌.2011.天津蓟县孙各庄碱性杂岩体年代学和岩石地球化学特征.吉林
    大学学报(地球科学版),41(6):1901~1913

蔡立国,刘和甫.1997.四川前陆褶皱-冲断带构造样式与特征.石油实验地质,19(2):115~120

蔡明海,何龙清,刘国庆,吴德成,黄惠明.2006.广西大厂锡矿田侵入岩SHRIMP锆石U-Pb年龄及其意义.
    地质论评,52(3):409~414

蔡正全,俞云文.2001.浙江白垩系上部地层的划分与对比.地层学杂志,25(4):259~266

曹珂,李祥辉,王成善,王立成,王平康.2010.四川广元地区中侏罗世—早白垩世粘土矿物与古气候.矿物岩
    石,30(1):41~46

曹圣华,邓世权,肖志坚,廖六根.2006.班公湖-怒江结合带西段中特提斯多岛弧构造演化.沉积与特提斯地
    质,26(4):25~32

陈安国,马配学,李洪阳.1996.河北省赤城县小张家口超基性岩体主要特征和时代.岩石学报,12:156~162

陈斌.1997.福建平潭-东山变质带夕线石榴云母片岩中两期变质作用的岩相学证据及其构造意义.岩石学
    报,13(3):380~394

陈斌,田伟,刘安坤.2008.冀北小张家口基性-超基性杂岩的成因:岩石学、地球化学和Nd-Sr同位素证据.
    高校地质学报,14:295~303

陈富文,李华芹,杨玉萍.2008.广西龙头山斑岩型金矿成岩成矿锆石SHRIMP U-Pb年代学研究.地质学报,
    82(7):921~926

陈刚,周鼎武.1994.华北地台东缘的印支运动烙印——来自大连地区的构造形变信息.西北大学学报(自然
    科学版),24:163~178

陈刚,孙建博,周立发,章辉若,李向平,李向东.2007.鄂尔多斯盆地西南缘构造热事件的裂变径迹年龄纪
    录.中国科学(D辑):地球科学,37(增刊):110~118

陈海泓,孙枢,李继亮,王清晨,彭海波,徐树桐,许靖华.1993.雪峰山大地构造的基本特征初探.地质科学,
    28(3):201~210

陈江峰,喻钢,杨刚,杨胜洪.2005.安徽沿江江南晚中生代岩浆-成矿年代学格架.安徽地质,15(3):127~130

陈晋镳,武铁山,张鹏远,游文澄.1997.华北区区域地层.武汉:中国地质大学出版社.1~199

陈竟志,姜能.2011.胶东晚三叠世碱性岩浆作用的岩石成因——来自锆石U-Pb年龄、Hf-O同位素的证据.
    岩石学报,27:3557~3574

陈培荣,孔兴功,王银喜,倪琦生,章邦桐,凌洪飞.1999.赣南燕山早期双峰式火山-侵入杂岩的Rb-Sr同味
    素定年及意义.高校地质学报,5(4):378~383

陈培荣,章邦桐,孔兴功,蔡笔聪,凌洪飞,倪琦生.1998.赣南寨背A型花岗岩体的地球化学特征及其构造地
    质意义.岩石学报,14(3):289~298

陈荣,邢光福,杨祝良,周宇章,余明刚,李龙明.2005.浙东早中生代火山-侵入岩地球化学特征及意义.全国
    火山学术研讨会,5,6

陈荣,邢光福,杨祝良,周宇章,余明刚,李龙明,2007.浙东南英安质火山岩早侏罗世锆石 SHRIMP 年龄的首获及其地质意义.地质论评,53(1):31~35

陈廷愚,王雪英,任纪舜,刘志刚.1986.湖南九襄山及白马山复式花岗岩体的同位素地质年代测定.地质论评,32(5):433~439

陈卫锋,陈培荣,黄宏业,丁兴,孙涛.2007.湖南白马山岩体花岗岩及其包体的年代学和地球化学研究.中国科学(D辑),37(7):873~893

陈卫锋,陈培荣,周新民,黄宏业,丁兴,孙涛.2006.湖南阳明山岩体的 LA-ICP-MS 锆石 U-Pb 定年及成因研究.地质学报,80(7):1066~1077

陈文,张彦,金贵善,张岳桥.2006.青藏高原东南缘晚新生代幕式抬升作用的 Ar-Ar 热年代学证据.岩石学报,22(4):867~872

陈小明,陆建军,刘昌实,赵连泽,王德滋,李惠民.1999.桐庐、相山火山-侵入杂岩单颗粒锆石 U-Pb 年龄.岩石学报,15:272~278

陈宣华,党玉琪,尹安,汪立群,蒋武朋,蒋荣宝,周苏平,刘明德,叶宝荣,张敏,马立协,李丽.2010.柴达木盆地及其周缘山系盆山耦合与构造演化.北京:地质出版社.1~365

陈宣华,王小凤,张青,陈柏林,陈正乐,Harrison T M,Yin A N.2000.郯庐断裂带形成演化的年代学研究.长春科技大学学报,30:215~220

陈衍景,Franco P,赖勇,李超.2004.胶东矿集区大规模成矿时间和构造环境.岩石学报,20(4):907~922

陈衍景,翟明国,蒋少涌.2009.华北大陆边缘造山过程与成矿研究的重要进展和问题.岩石学报,25(11):2695~2726

陈衍景,张成,李诺,杨永飞,邓轲.2012.中国东北钼矿床地质.吉林大学学报(地球科学版),42(5):1123~1267

陈义贤.1997.辽西及邻区中生代火山岩:年代学、地球化学及构造背景.北京:地震出版社

陈玉禄,张宽忠,勾永东,文建华.2005.中华人民共和国区域地质调查物玛幅1:250000区调报告

陈跃军,周晓东.1998.吉林延边汪清县蛤蟆塘盆地白垩纪地层划分及其演化.吉林地质,17(4):20~23,44

陈云棠,舒良树.2000.淮北夹沟-桃山集地区推覆构造研究.大地构造与成矿学,24(3):208~217

陈志刚,李献华,李武显,刘敦一.2003.赣南全南正长岩的 SHRIMP 锆石 U-Pb 年龄及其对华南燕山早期构造背景的制约.地球化学,32(3):223~229

陈志广,张连昌,卢百志,李占龙,吴华英,相鹏,黄世武.2010.内蒙古太平川铜钼矿成矿斑岩时代、地球化学及地质意义.岩石学报,26(5):1437~1449

陈志勇,温长顺,张文杰.2000.内蒙古色尔腾山的推覆构造.中国地质大学学报:地球科学,25:237~241

陈智超,陈斌,田伟.2007.太行山北段中生代岩基及其包体锆石 U-Pb 年代学和 Hf 同位素性质及其地质意义.岩石学报,23:295~306

陈竹新,贾东,张惬,魏国齐,李本亮,魏东涛,沈扬.2005.龙门山前陆褶皱冲断带的平衡剖面分析.地质学报,79(1):38~45

崔惠文.1985.浑河-密山断裂带基本特征与演化.辽宁地质,4:322~332

崔建军,张岳桥,董树文,江博明,徐先兵,马立成,李建华,苏金宝,李勇.2013.华南陆缘晚中生代造山及其地质意义.中国地质,40(1):86~104

崔盛芹.1999.论全球中-新生代陆内造山作用与造山带.地学前缘,6(4):283~293

崔盛芹,李锦蓉,孙家树,王建平,吴珍汉,朱大岗.2000.华北陆块北缘构造运动序列及区域构造格局.北京:地质出版社.1~326

崔盛芹,李锦蓉,吴珍汉,易明初,沈淑敏,尹华仁,马寅生.2002.燕山地区中新生代陆内造山作用.北京:地质出版社.1~386

崔玉荣,谢智,陈江峰,俞云文,胡力海.2010.浙东晚中生代玄武岩的锆石 SHRIMP U-Pb 年代学及其地质意义.高校地质学报,16(2):198~212

代军治,毛景文,赵财胜,李福让,王瑞廷,谢桂青,杨富全.2008.辽西兰家沟钼矿床花岗岩 SHRIMP 锆石 U-Pb 年龄及岩石化学特征.地质学报,82:1555~1564

戴贤忠,李玲俐.1990.江汉盆地地下第三系泥岩粘土矿物组合特征和沉积环境的探讨.石油实验地质,12(1):21~29

邓晋福,刘厚祥,赵海玲,罗照华,郭正府,李玉文.1996.燕辽地区燕山期火成岩与造山模型.现代地质,10(2):137~148

邓晋福,莫宣学,赵海玲,罗照华,杜杨松.1994.中国东部岩石圈根-去根作用与大陆"活化"——东亚型大陆动力学模式研究计划.现代地质,8:349~356

邓晋福,苏尚国,赵海玲,莫宣学,肖庆辉,周肃,刘翠,赵国春.2003.华北地区燕山期岩石圈减薄的深部过程.地学前缘,10(3):41~50

邓晋福,赵国春,苏尚国,刘翠,陈亦寒,李芳凝,赵兴国.2005.燕山造山带燕山期构造叠加及其大地构造背景.大地构造与成矿学,29(2):157~165

邓晋福,赵国春,赵海玲,罗照华,戴圣潜,李凯明.2000.中国东部燕山期火成岩构造组合与造山-深部过程.地质论评,46:41~48

邓希光,陈志刚,李献华,刘敦一.2004.桂东南地区大容山-十万大山花岗岩带 SHRIMP 锆石 U-Pb 定年.地质论评,50(4):426~432

丁道桂,郭彤楼,刘运黎,翟常博.2007.对江南-雪峰带构造属性的讨论.地质通报 26(7):801~809

丁丽雪,马昌前,李建威,王连训,陈玲,余振兵.2010.华北克拉通南缘蓝田和牧护关花岗岩体:LA-ICP MS 锆石 U-Pb 年龄及其构造意义.地球化学,39:401~413

丁昕,蒋少涌,倪培,顾连兴,姜耀辉.2005.江西武山和永平铜矿含矿花岗质岩体锆石 SIMS U-Pb 年代学.高校地质学报,11(3):383~389

丁兴,陈培荣,陈卫锋,黄宏业,周新民.2005.湖南沩山花岗岩中锆石 LA-ICPMS U-Pb 定年:成岩启示和意义.中国科学(D 辑):地球科学,35(7):606~616

董传万,张登荣,徐夕生,闫强,竺国强.2006.福建晋江中-基性岩墙群的锆石 SHRIMP U-Pb 定年和岩石地球化学.岩石学报,22(6):1696~1702

董南庭,吴水波.1982.密山-抚顺深断裂带及其牵引构造对成矿的控制作用.吉林地质,1:1~11

董树文,何义权,吴宣志,汤加富,高锐,曹奋扬,卢德源,侯明金,李英康,黄德志.1998.大别造山带地壳速度结构与动力学.地球物理学报,41(3):349~361

董树文,胡健民,李三忠,施炜,高锐,刘晓春,薛怀民.2005.大别山侏罗纪变形及其构造意义.岩石学报,21(4):1189~1194

董树文,胡建民,施炜,张忠义,刘刚.2006.大巴山侏罗纪叠加褶皱与侏罗纪前陆.地球学报,27(5):403~410

董树文,马立成,刘刚,薛怀民,施炜,李建华.2011.论长江中下游成矿动力学.地质学报,85(5):612~625

董树文,施炜,张岳桥,胡健民,张忠义,李建华,武红岭,田蜜,陈虹,武国利,李海龙.2010.大巴山晚中生代陆内造山构造应力场.地球学报,31(6):769~780

董树文,吴锡浩,吴珍汉,邓晋福,高锐,王成善.2000.论东亚大陆的构造翘变——燕山运动的全球意义.地质论评,46(1):8~13

董树文,张岳桥,陈宣华,龙长兴,王涛,杨振宇,胡健民.2008.晚侏罗世东亚多向汇聚构造体系的形成与变形特征.地球学报,29(3):306~317

董树文,张岳桥,龙长兴,杨振宇,季强,王涛,胡建民,陈宣华.2007.中国侏罗纪构造变革与燕山运动新诠释.地质学报,81(11):1449~1461

董云鹏,查显峰,付明庆,张茜,杨钊,张燕.2008.秦岭南缘大巴山褶皱–冲断推覆构造的特征.地质通报,27(9):1494~1508

杜建军,马寅生,赵越,王彦斌.2007.辽西医巫闾山花岗岩锆石 SHRIMP U-Pb 测年及其地质意义.中国地质,34:26~33

杜菊民,张庆龙,李洪喜,杜松金,徐士银,赵世龙,解国爱.2005.内蒙古中部大青山地区推覆构造系统及与断层相关的褶皱.地质通报,24:660~664

杜远生,徐亚军.2012.华南加里东运动初探.地质科技情报,31(5):43~49

段晓侠,刘建明,王永彬,周伶俐,李永贵,李斌,张壮,张作伦.2012.辽宁青城子铅锌多金属矿田晚三叠世岩浆岩年代学、地球化学及地质意义.岩石学报,28(2):595~606

范洪海,王德滋,沈渭洲,刘昌实,汪相,凌洪飞.2005.江西相山火山~侵入杂岩及中基性脉岩形成时代研究.地质论评,51:86~91

范蔚茗,王岳军,郭锋,彭头平.2003.湘赣地区中生代镁铁质岩浆作用与岩石圈伸展.地学前缘,10(3):159~169

范裕,周涛发,袁峰,钱存超,陆三明,Cooke D.2008.安徽庐江–枞阳地区 A 型花岗岩的 LA-ICP-MS 定年及其地质意义.岩石学报,24(8):1715~1724

丰成友,许建祥,曾载淋等.2007.赣南天门山–红桃岭钨锡矿田成岩成矿时代精细测定及其地质意义.地质学报,81(7):952~963

冯少南.1991.东吴运动的新认识.现代地质,5(4):378~384

冯艳芳,邓晋福,肖庆辉等.2011.福建东山县澳角村澳角群花岗质石榴黑云片麻岩锆石 SHRIMP U-Pb 定年及其地质意义.中国地质,38(1):103~108

付建明,马昌前,谢才富,张业明,彭松柏.2004.湖南九嶷山复式花岗岩体 SHRIMP 锆石定年及其地质意义.大地构造与成矿学,28(4):370~378

高福红,许文良,裴福萍,杨德彬,纪伟强.2007.松辽盆地南部基底花岗质岩石锆石 LA-ICP-MS U-Pb 定年:对盆地基底形成时代的制约.中国科学(D 辑),37:331~335

高金慧,许化政,周新科.2006.合肥盆地侏罗纪构造沉积特征与含油气性.石油实验地质,28:529~534

高林志,戴传固,丁孝忠,王敏,刘燕学,王雪华,陈建书.2011.侵入梵净山群白岗岩锆石 U-Pb 年龄及白岗岩底砾岩对下江群沉积的制约.中国地质,38(6):1413~1419

高林志,戴传固,刘燕学等.2010.黔东南–桂北地区四堡群凝灰岩锆石 SHRIMP U-Pb 年龄及其地层意义.地质通报,29(9):1259~1268

高锐,董树文,贺日政,刘晓春,李秋生,管烨,白金,李朋武,黄东定,钱桂华,匡朝阳.2005.莫霍面地震反射图像揭示扬子地块深俯冲过程.地学前缘,11(3):430~449

高锐,王海燕,王成善,尹安,张玉修,李秋生,郭彤楼,李文辉.2011.青藏高原东北缘岩石圈缩短变形–深地震反射剖面再处理提供的证据.地球学报,32(5):513~520

高锐,熊小松,李秋生,卢占武.2009.由地震探测揭示的青藏高原莫霍面深度.地球学报,30(6):761~773

高瑞祺,蔡希源等.1997.松辽盆地油气田形成条件与分布规律.北京:石油工业出版社.1~321

葛荣峰,张庆龙,王良书,解国爱,徐士银,陈娟,王锡勇.2010.松辽盆地构造演化与中国东部构造体制转换.地质论评,56(2):180~195

葛同明,刘坚,樊利民,钟水仙,吴能友,Vindell H,Baksi A.1994.衡阳盆地红层的磁性地层学研究.地质学报,68(4):379~388

葛文春,吴福元,周长勇,Abdel Rahman A A.2005.大兴安岭北部塔河花岗岩体的时代及对额尔古纳地块构造归属的制约.科学通报,50(12):1239~1247

葛肖虹.1990a.华北板内造山带的形成史.地质论评,35:254~261

葛肖虹.1990b.吉林省东部的大地构造环境与构造演化轮廓.现代地质,4(1):107~113

龚一鸣,吴诒,杜远生,冯庆来,刘本培.1997.华南泥盆纪海平面变化节律及圈层耦合关系.地质学报,71(3):212~226

顾知微.1982.中国侏罗纪地层对比表及说明书.北京:科学出版社.223~240

郭春丽,陈毓川,蔺志永,楼法生,曾载淋.2011.赣南印支期柯树岭花岗岩体SHRIMP锆石U-Pb年龄、地球化学、锆石Hf同位素特征及成因探讨.岩石矿物学杂志,30(4):567~580

郭春丽,吴福元,杨进辉,林景仟,孙德有.2004.中国东部早白垩世岩浆作用的伸展构造性质以辽东半岛南部饮马湾山岩体为例.岩石学报,20(5):1193~1204

郭锋,范蔚茗,林舸,林源贤.1997.湘南道县辉长岩包体的年代学研究及成因探讨.科学通报,(15):1661~1664

郭福祥.1998.中国南方中新生代大地构造属性和南华造山带褶皱过程.地质学报,72(1):25~33

郭华,吴正文,柴育成,冯明.2002a.大别山造山带中生代逆冲推覆构造系统.现代地质,16(2):121~129

郭华,吴正文,刘红旭,王润红.2002b.燕山板内造山带逆冲推覆构造格局.现代地质,16(4):339~346

郭敬辉,陈福坤,张晓曼,Siebel W,翟明国.2005.苏鲁超高压带北部中生代岩浆侵入活动与同碰撞-碰撞后构造过程:锆石U-Pb年代学.岩石学报,21:1281~1301

郭令智,施央申,马瑞士.1980.华南大地构造格架和地壳演化.见:国际交流地质学术论文集.北京:地质出版社.109~116

郭令智,施央申,马瑞士.1984.西太平洋中-新生代活动大陆边缘和岛弧构造的形成及演化.地质学报,56(1):11~21

郭正府,刘嘉麒,汪筱林.2003.辽西中生代火山喷发对古气候和古脊椎动物生存环境的影响.中国科学(D辑):地球科学,33(1):59~71

郭正吾,邓康龄,韩永辉.1996.四川盆地形成与演化.北京:地质出版社.1~200

韩宝福,加加美宽雄,李惠民.2004.河北平泉光头山碱性花岗岩的时代、Nd-Sr同位素特征及其对华北早中生代壳幔相互作用的意义.岩石学报,20:1375~1388

韩国卿,刘永江,Neubauer F,Genser J,邹运鑫,李伟梁,琛岳.2012.松辽盆地西缘边界断裂带中南段走滑性质、时间及其位移量.中国科学(D辑):地球科学,42(4):471~482

郝建民,徐嘉炜.1992.密山-抚顺断裂带西南段中、新生代构造应力场的演化规律.河北地质学院学报,15:265~276

何斌,徐义刚,王雅玫,肖龙.2005.东吴运动性质的厘定及其时空演变规律.中国地质大学学报:地球科学,30(1):89~96

何观生,戴民主,李建峰,曹寿孙,夏斌,许德如,李文铅,杨之青.2009.相山流纹英安斑岩锆石SHRIMP U-Pb年龄及地质意义.大地构造与成矿学,33:299~303

何学贤,唐索寒,朱祥坤,王进辉.2007.多接收器等离子体质谱(MC-ICP MS)高精度测定Nd同位素方法.地球学报,28(4):405~410

和政军,牛宝贵.2005."承德逆掩片"之商榷——来自燕山地区中元古代长城系的沉积地质证据.地质论评,50(2):464~470

和政军,李锦轶,牛宝贵,任纪舜.1998.燕山-阴山地区晚侏罗世强烈推覆-隆升事件及沉积响应.地质论评.44:407~418

和政军,刘宝贵,张新元.2007.晚侏罗世承德盆地砾石碎屑源区分析及构造意义.岩石学报,23(3):655~666

和政军,刘宝贵,张新元.2008.冀西北尚义盆地对晚侏罗世构造活动的沉积响应.中国地质,35(2):181~195

和钟铧,刘招君,张峰.2001.重矿物在盆地分析中的应用研究进展.地质科技情报,20(4):29~31

河北省地质矿产局.1989.河北省北京市天津市区域地质志.北京:地质出版社.1~741

贺振宇,徐夕生,陈荣等.2007.赣南正长岩-辉长岩的起源及地质意义.岩石学报,23(6):1457~1469

贺振宇,徐夕生,王孝磊,陈荣.2008.赣南橄榄安粗质火山岩的年代学与地球化学.岩石学报,24(11):2524~2536

侯可军,袁顺达.2010.宁芜盆地火山–次火山岩的锆石 U-Pb 年龄、Hf 同位素组成及其地质意义.岩石学报,26(3):888~902

侯启军,冯志强,冯子辉等.2009.松辽盆地陆相石油地质学.北京:石油工业出版社.1~654

胡健民,刘晓文,徐刚,刘健,张拴宏.2005a.辽西晚三叠世末—中侏罗世崩塌–滑坡–泥石流沉积及其构造意义.地质学报,70(4):453~464

胡健民,刘晓文,徐刚,吴海,刘健,张拴宏.2005b.冀北承德地区张营子–六沟走滑断层及其构造意义.地质论评,51(6):621~632

胡健民,刘晓文,赵越,徐刚,刘健,张拴宏.2004.燕山板内造山带早期构造变形演化——以辽西凌源太阳沟地区为例.地学前缘,11(3):256~271

胡健民,孟庆任,陈虹,武国利,渠洪杰,高卫,陈文.2011.秦岭造山带内宁陕断裂带构造演化及其意义.岩石学报,27(3):657~671

胡健民,施炜,渠洪杰,陈虹,武国利,田蜜.2009.秦岭造山带大巴山弧形构造带中生代构造变形.地学前缘,16(3):49~68

胡健民,赵越,刘晓文,石玉若,赵国春.2005c.辽西凌源地区水泉沟组辉石安山岩锆石 SHRIMP U-Pb 定年及其意义.地质通报,24:104~109

胡玲,宋鸿林,颜丹平,胡道功.2002.尚义–赤城断裂带中糜棱岩^{40}Ar/^{39}Ar 年龄记录及其地质意义.中国科学(D辑):地球科学,32(11):908~913

胡召齐,朱光,张必龙,张力.2010.雪峰隆起北部加里东事件的 K-Ar 年代学研究.地质论评,56(004):490~500

胡正国,钱壮志.1994.小秦岭地质构造新认识.地质论评,40:289~295

湖北省地质矿产局.1990.湖北省区域地质志.武汉:中国地质大学出版社.208~226

湖南省地质矿产局.1988.湖南省区域地质志.北京:地质出版社.199~254

花艳秋,孙罡,丁淑燕,彭玉鲸.2006.吉林省晚白垩世玄武岩地球动力学意义及油气成藏.世界地质,25:385~389

华仁民,陈培荣,张文兰,陆建军.2005.论华南地区中生代 3 次大规模成矿作用.矿床地质,24(2):99~107

黄岗,周锡强,王正权.2009.鄂尔多斯盆地东南部中侏罗统延安组物源分析.矿物岩石地球化学通报,28(3):252~258

黄汲清.1945.中国主要地质构造单元.北京:地质出版社.36,37

黄继钧.2000.纵弯叠加褶皱地区岩石有限应变特征——以川东北地区典型叠加褶皱为例.地质论评,46(2):178~185

黄始琪,董树文,张福勤,苗来成,朱明帅.2014.蒙古–鄂霍次克构造带中段构造变形及动力学特征.地球学报,35(4):415~424

黄宗和.1986.湖南白垩纪地层及其三分性.湖南地质,5(4):51~63

吉林省地质矿产局.1988.中华人民共和国地质矿产部地质专报:一、区域地质,第 10 号,吉林省区域地质志.北京:地质出版社.1~623

季强.2004.中国辽西中生代热河生物群.北京:地质出版社.1~375

季强,柳永清,陈文,姬书安,吕君昌,尤海鲁,袁崇喜.2005.再论道虎沟生物群的时代.地质论评,51(6):609~612

季强,柳永清,姬书安,陈文,吕君昌,尤海鲁,袁崇喜.2006.论中国陆相侏罗系—白垩系界线.地质通报,25(3):336~339

冀春雨,巫建华.2010.江西南部余田群长英质火山岩 SHRIMP 锆石 U–Pb 年龄及其地质意义.东华理工大学学报(自然科学版),33(2):131~138

贾宝华.1992.雪峰山区韧性剪切构造带.湖南地质,11(3):203~208

贾承造,魏国齐,李本亮,肖安成,冉启贵.2003.中国中西部两期前陆盆地的形成及其控气作用.石油学报,

24(2):13～17

贾承造,魏国齐,李本亮.2005.中国中西部燕山期构造特征及其油气地质意义.石油与天然气地质,26(1):9～15

贾大成,卢炎.1991.对辉发河断裂带构造运动的再认识.吉林地质,3:37～40

贾大成,胡瑞忠,李东阳,卢焱.2004.湘东南地幔柱对大规模成矿的控矿作用.地质与勘探,40(2):32～35

贾东,陈竹新,贾承造,魏国齐,李本亮,张惬,魏东涛,沈扬.2003.龙门山褶皱冲断带构造解析与川西前陆盆地的发育.高校地质学报,9(3):402～410

江思宏,聂凤军,苏永江,白大明,刘翼飞.2010.蒙古国额尔登特特大型铜-钼矿床年代学及成因研究.地球科学,31(3):289～306

江元生,徐天德,赵友年.2009.冈底斯构造岩浆带中段措勤地区中新生代岩浆岩构造组合分析.地质力学学报,15(4):336～348

姜春发,朱志直.1982.秦岭地槽马蹄型构造.见:黄汲清主编.中国及其邻区大地构造论文集.北京:地质出版社.102～114

姜杨,钱迈平,陈荣,蒋严根,张元军,邢光福.2011.浙江天台盆地白垩纪含恐龙骨骼及蛋化石地层.地层学杂志,35(3):258～267

焦建刚,袁海潮,何克,孙涛,徐刚,刘端平.2009.陕西华县八里坡钼矿床锆石U-Pb和辉钼矿Re-Os年龄及其地质意义.地质学报,83:1159～1166

颉颃强,张福勤,苗来成,李铁胜,刘敦一.2007.吉林中部漂河川镁铁-超镁铁质杂岩带的特征:对华北东北缘构造带性质和演化的约束.地质通报,26(7):810～822

康志强,许继峰,董彦辉,王保弟.2008.拉萨地块中北部白垩纪则弄群火山岩:Slainajap洋南向俯冲的产物?岩石学报,24(02):0303～0314

康志强,许继峰,王保第,陈建林.2010.拉萨地块北部去申拉组火山岩:班公湖～怒江特提斯洋南向俯冲的产物.岩石学报,26(10):3106～3116

柯昌辉,王晓霞,李金宝,杨阳,齐秋菊,周晓宁.2013.华北地块南缘黑山-木龙沟地区中-酸性岩的锆石U-Pb年龄岩石化学和Sr-Nd-Hf同位素研究.岩石学报,29(3):781～800

匡永生,庞崇进,罗震宇,洪路兵,钟玉婷,邱华宁,徐义刚.2012.胶东青山群基性火山岩的Ar-Ar年代学和地球化学特征:对华北克拉通破坏过程的启示.岩石学报,28:1073～1091

乐光禹.1998.大巴山造山带及其前陆盆地的构造特征和构造演化.矿物岩石,18(增刊):8～15

乐光禹,杜思清.1986.应力叠加和联合构造.中国科学(B辑),867～877

李碧乐,孙丰月,姚凤良.2002.中生代敦化-密山断裂大规模左旋平移及其对金矿床形成的控制作用.大地构造与成矿学,26(4):390～395

李承东,张福勤,苗来成,颉颃强,许雅雯.2007.吉林色洛河晚二叠世高镁安山岩SHRIMP锆石年代学及其地球化学特征.岩石学报,23(4):761～766

李春昱,王莹,刘雪亚等.1982.亚洲大地构造图(1:800万)说明书.北京:地质出版社.1～49

李刚,刘正宏.2009.内蒙古西部狼山区温更逆冲断裂地质特点.世界地质,28:452～459

李海龙,张长厚,邹云,邓洪菱,马君.2008.冀东马兰峪背斜南翼与西部倾伏端盖层变形特征及其构造意义.地质通报,27:1698～1708

李海龙,张宏仁,渠洪杰,蔡向民,王猛.2014.燕山运动"绪动/A幕"的本意及其锆石U-Pb年代学制约.地质论评,60(5):1026～1042

李厚民,王登红,王晓霞,张长青,李立兴.2012.华北地块南缘熊耳山早中生代正长花岗岩-SHRIMP锆石U-Pb年龄,地球化学及意义.岩石矿物学杂志,31(6):771～782

李华芹,路远发,王登红,陈毓川,杨红梅,郭敬等.2006.湖南骑田岭芙蓉矿田成岩成矿时代的厘定及其地质意义.地质论评,52(1):113～121

李怀坤,朱士兴,相振群,苏文博,陆松年,周红英,耿建珍,李生,杨锋杰.2010.北京延庆高于庄组凝灰岩的锆石 U-Pb 定年研究及其对华北北部中元古界划分新方案的进一步约束.岩石学报,26(7):2131~2140

李惠民,董传万,徐夕生,周新民.1995.泉州辉长岩中单粒锆石 U-Pb 法定年-闽东南基性岩浆岩的起源.科学通报,40(2):158~161

李继亮.1993.东南大陆岩石圈结构与地质演化.北京:冶金工业出版社

李建华,张岳桥,董树文,施炜,李海龙.2010.北大巴山凤凰山基底隆起晚中生代构造隆升历史——磷灰石裂变径迹测年约束.地质科学,45(4):969~986

李建华,张岳桥,李海龙,徐先兵,董树文,李廷栋.2013.湖南白马山龙潭超单元、瓦屋塘花岗岩锆石 SHRIMP U-Pb 年龄及地质意义.吉林大学学报(地球科学版),44(1):158~175

李建华,张岳桥,施炜,李海龙,董树文.2009.大巴山前陆带东段神农架地区构造变形研究.地质力学学报,15(2):162~177

李金冬,柏道远,伍光英,车勤建,刘耀荣,马铁球.2005.湘南郴州地区骑田岭花岗岩锆石 SHRIMP 定年及其地质意义.地质通报,24(5):411~414

李锦轶.1999.中国东北及邻区若干地质构造问题的新认识.地质论评,44(4):339~347

李锦轶,张进,杨天南,李亚萍,孙桂华,朱志新,王励嘉.2009.北亚造山区南部及其毗邻地区地壳构造分区与构造演化.吉林大学学报(地球科学版),39:584~609

李娟,舒良树.2002.松辽盆地中、新生代构造特征及其演化.南京大学学报(自然科学),38(4):525~531

李坤英,沈加林,王小平.1989.中国浙闽赣地区中生代陆相火山岩同位素年代学.地层学杂志,01:1~13

李理,钟大赉,时秀朋,唐智博,宫红波,胡秋媛.2008.鲁西地区晚中生代以来伸展构造及其控矿作用.地质论评,54:449~458

李秋生,高锐,张成科,赵金仁,管烨,张季生.2008.残余壳根与"三明治"结构——燕山造山带中段地壳结构的主要特征.地球学报,29(2):129~361

李群,郭建华,曾芳,段海亭.2006.江汉盆地白垩系沉积相与沉积演化.西南石油学院学报,28(6):5~9

李瑞玲,李真真.2010.中国东南部余江基性岩体的 SHRIMP 锆石 U-Pb 年龄及其地质意义.矿物岩石,30(2):45~49

李三忠,王涛,金宠,戴黎明,刘鑫,周小军,王岳军,张国伟.2011.雪峰山基底隆升带及其邻区印支期陆内构造特征与成因.吉林大学学报(地球科学版),41(1):93~105

李三忠,张国伟,李亚林,赖绍聪,李宗会.2002.秦岭造山带勉略缝合带构造变形与造山过程.地质学报,76(4):469~483

李思田.2000.盆地动力学与能源资源——世纪之交的回顾与展望.地学前缘,7(3):1~9

李四光.1973.地质力学概论.北京:科学出版社.1~131

李廷栋.2010.中国岩石圈的基本特征.地学前缘,17(3):1~13

李伍平.2006.辽西北票早侏罗世兴隆沟组英安岩的地球化学特征.岩石学报,22:1608~1616

李伍平.2011.辽西义县晚白垩世大兴庄组流纹岩的地球化学特征及其成因.中国地质大学学报:地球科学,36:429~439

李伍平,李献华.2004.燕山造山带中段中晚侏罗世中酸性火山岩的成因及其意义.岩石学报,20(3):501~510

李伍平,章大港,路凤香,李献华,周瑶琪,孙善平,李家振.2001.北京西山髫髻山组火山岩的地球化学特征与岩浆起源.岩石矿物学杂志,20:123~133

李伍平,赵越,李献华,路凤香,梁细荣,涂湘林.2007.燕山造山带中-晚侏罗世髫髻山期(蓝旗期)火山岩的成因及其动力学意义.岩石学报,23:557~564

李武显,周新民,李献华.2003.长乐-南澳断裂带变形火山岩的 U-Pb 和 40Ar/39Ar 年龄.地质科学,38(1):22~30

李献华.1993a.万洋山–诸广山加里东期花岗岩的形成机制——微量元素和稀土元素地球化学证据.地球化学,1:35～44

李献华.1993b.华南地壳增长和构造演化的年代学格架与同位素体系制约.矿物岩石地球化学通讯,(3):111～115

李献华,苏犁,宋彪,刘敦一.2005.金川超铁镁侵入岩SHRIMP锆石U-Pb年龄及地质意义.科学通报,49(4):401,402

李晓勇,范蔚茗,郭锋,王岳军,李超文.2004.古亚洲洋对华北陆缘岩石圈的改造作用:来自于西山南大岭组中基性火山岩的地球化学证据.岩石学报,20:557～566

李艳军,魏俊浩,姚春亮,鄢云飞,谭俊,付乐兵,潘锦勃,李伟.2009.浙东南石平川花岗岩体LA-ICP-MS锆石U-Pb年代学及构造意义.地质论评,55(5):673～684

李印,韩峰,凌明星,刘健,李献华,李秋立,孙卫东.2010.蚌埠荆山和涂山岩体的年代学、地球化学特征及其动力学意义.大地构造与成矿地质,34(1):114～124

李忠,刘少峰,张金芳,王清晨.2003.燕山典型盆地充填序列及迁移特征:对中生代构造转折的响应.中国科学(D辑):地球科学,33(10):931～940

李忠,孙枢,李任伟,江茂生.2000.合肥盆地中生代充填序列及其对大别山造山作用的指示.中国科学(D辑):地球科学,30(3):256～263

辽宁省地质矿产局.1989.中华人民共和国地质矿产部地质专报:一、区域地质,第14号,辽宁省区域地质志.北京:地质出版社.1～856

林宗满.1992.以构造地层学分析中国东部中、新生代构造–沉积特征.石油与天然气地质13(1):37～46

刘宝珺,许效松.1994.中国南方岩相古地理图集(震旦纪—三叠纪).北京:科学出版社

刘敦一,万渝生,伍家善,Wilde S A,董春艳,周红英,殷小艳.2007.华北克拉通太古宙地壳演化和最古老的岩石.地质通报,26(9):1131～1138

刘飞宇,巫建华,刘帅.2009.赣杭带早白垩世粗面岩锆石SHRIMP U-Pb年龄及其意义.东华理工大学学报(自然科学版):32(4):330～335

刘光鼎.2007.中国大陆构造格架的动力学演化.地学前缘,14(3):39～46

刘季辰,赵亚曾.1927.浙江西部之地质.地质汇报:9

刘建忠,李三忠,周立宏,高振平,郭晓玉.2004.华北板块东部中生代构造变形与盆地格局.海洋地质与第四纪地质,24(4):45～54

刘健.2006.燕山褶断带东段承德盆地及邻区燕山期构造演化.中国地质科学院博士学位论文,1～77

刘健,赵越,柳小明.2006.冀北承德盆地髫髻山组火山岩的时代.岩石学报,22(11):2617～2630

刘景彦,林畅松,卢林,蔡文杰,王必金,董伟.2009.江汉盆地白垩–新近系主要不整合面剥蚀量分布及其构造意义.地质科技情报,28(1):1～8

刘俊来,宋志杰,曹淑云,翟云峰,王安建,高兰,修群业,曹殿华.2006.印度–欧亚侧向碰撞带构造–岩浆演化的动力学背景与过程——以藏东三江地区构造演化为例.岩石学报,22(4):775～786

刘珺,周涛发,袁峰,范裕,吴明安,陆三明,钱存超.2008.安徽庐枞盆地中巴家滩岩体的岩石地球化学特征及成因.岩石学报,23(10):2615～2622

刘玲,陈斌,刘安坤.2009.北太行紫荆关基性岩体的成因:岩石学和地球化学证据.中国地质大学学报:地球科学,34:165～178

刘琼,何生,陈振林,田建锋.2007.江汉盆地西南缘白垩系渔洋组砂岩储集层成岩作用和孔隙演化.矿物岩石,27(2):78～85

刘善宝,王登红,陈毓川等.2007.南岭东段赣南地区天门山花岗岩体及花岗斑岩脉的SHRIMP定年及其意义.地质学报,81(7):972～978

刘少峰,张国伟.2005.盆山关系研究的基本思路、内容和方法.地学前缘,12(3):101~111

刘少峰,李忠,张金芳.2004a.燕山地区中生代盆地演化及构造体制.中国科学,34(增刊Ⅰ):19~31

刘少峰,张金芳,李忠,王清晨.2004b.燕山冀北承德地区晚侏罗世盆地充填纪录及对盆缘构造作用的指示. 地学前缘,11(3):245~254

刘树根,李智武,刘顺,罗玉宏,徐国强,龚昌明,雍自权.2006.大巴山前陆盆地-冲断带的形成演化.北京: 地质出版社.1~248

刘树根,赵锡奎,罗志立,徐国盛,王国芝,Wilson C J L,Dennis A.2001.龙门山造山带——川西前陆盆地系 统构造事件研究.成都理工学院学报,28(3):221~230

刘伟,杨进辉,李潮峰.2003.内蒙赤峰地区若干主干断裂带的构造热年代学.岩石学报,19:717~728

刘晓文,胡健民,赵越,吴海,张铁奎.2005.冀北地区早、中侏罗世地层划分及其区域对比.地质通报,24(9): 872~878

刘招君,孟庆涛,柳蓉.2009.抚顺盆地始新统计军屯组油页岩地球化学特征及其地质意义.岩石学报, 25(10):2340~2350

刘正宏,徐仲元.2003.阴山地区印支期地壳构造变形研究.吉林大学学报(地球科学版),33:1~6

刘正宏,徐仲元,杨振升,刘茂修,赵达,赵羽君.2004.鄂尔多斯北缘石合拉沟逆冲推覆构造的发现及意义. 地质调查与研究,27(1):24~27

刘正宏,徐仲元,杨振升.2011.华北板块北缘古生代造山带中印支期伸展变形——以赤峰解放营子变形带 为例.第四届构造地质与地球动力学学术研讨会摘要集,2011年4月11~13日,南京大学,92

柳长峰.2010.内蒙古四子王旗地区古生代—早中生代岩浆岩带及其构造意义.中国地质大学(北京)博士 学位论文

柳永清,旷红伟,姬书安等.2009.晚中生代地球表层重大地质事件的陆地环境剧变与生物群演替响应.地学 前缘,16(5):37~47

柳永清,刘燕学,李佩贤,张宏,张立君,李寅,夏浩东.2004.内蒙古宁城盆地东南缘含道虎沟生物群岩石地 层序列特征及时代归属.地质通报,23(12):1180~1187

楼法生,沈渭洲,王德滋,舒良树,吴富江,张芳荣,于津海.2005.江西武功山穹窿复式花岗岩的锆石U-Pb年 代学研究.地质学报,79(5):636~644

楼亚儿,杜杨松.2006.安徽繁昌中生代侵入岩的特征和锆石SHRIMP测年.地球化学,35(4):333~345

卢成忠,顾明光,俞云文,梁河.2006.试论浙东不同盆地塘上组的层位及时代.地层学杂志,30(1):81~86

卢华复,董火根,邓锡秧,李鹏举,吴葆青,彭德林.1989.前龙门山前陆盆地推覆构造的类型和成因.南京大 学学报(地球科学),(4):32~41

陆松年,袁桂邦.2004.阿尔金山阿克塔什塔格早前寒武纪岩浆活动的年代学证据.地质学报,77(1):61~68

吕庆田,史大年,汤井田,徐文艺,严加永,赵金花,董树文,常印佛.2011.长江中下游成矿带及典型矿集区深 部结构探测-SinoProbe-03年度进展综述.地球学报,32(3):257~268

罗来,向芳,田馨,宋见春.2010.浙江丽水老竹盆地白垩系沉积特征及沉积环境.沉积与特提斯地质, 30(02):19~25

罗以达,俞云文.2004.试论永康群时代及区域地层对比.中国地质,31(04):395~399

罗照华,魏阳,辛后田,柯珊,李文韬,李德东,黄金香.2006.太行山中生代板内造山作用与华北大陆岩石圈 巨大减薄.地学前缘,13(6):52~63

罗镇宽,苗来成,关康,裴有守,Qiu Y M,McNaughton N J,Groves D I.2003.冀东都山花岗岩基及相关花岗斑 岩脉SHRIMP锆石U-Pb法定年及其意义.地球化学,32:173~180

罗镇宽,苗来成,关康,裴有守,Qiu Y M,McNaughton N J,Groves D I.2004.辽宁凌源柏杖子金矿区花岗岩 SHRIMP锆石U-Pb年龄.地质调查与研究,27:82~85

罗志高,王岳军,张菲菲,张爱梅,张玉芝.2010.金滩和白马山印支期花岗岩体 LA-ICP MS 锆石 U-Pb 定年及其成岩启示.大地构造与成矿学,34(2):282~290

罗志立,李景明,刘树根.2005.中国板块构造和含油气盆地分析.北京:石油工业出版社.1~643

马丽艳,路远发,梅玉萍,陈希清.2006.湖南水口山矿区花岗闪长岩中的锆石 SHRIMP U-Pb 定年及其地质意义.岩石学报,22(10):2475~2482

马铁球,柏道远,邝军等.2005.湘东南茶陵地区锡田岩体锆石 SHRIMP 定年及其地质意义.地质通报,24(5):415~419

马文璞,刘昂昂.1986.北京西山——一个早中生代坳拉谷的一部分.地质科学,(1):54~63

马武平.1994.论浙江中生代晚期地层划分.地层学杂志,18(02):91~101

马武平.1997.浙江省中生代晚期地层多重划分对比新认识.中国区域地质,16(02):12~18

马杏垣,刘和甫,王维襄,汪一鹏.1983.中国东部中、新生代裂陷作用和伸展构造.地质学报,1:22~32

马寅生,崔盛芹,曾庆利,吴满路.2002.燕山地区燕山期的挤压与伸展作用.地质通报,21(4-5):218~223

马寅生,吴满路,曾庆利.2002.燕山及邻区中新生代挤压与伸展的转换和成矿作用.地球学报,23:115~122

马寅生,曾庆利,宋彪,杜建军,杨富全,赵越.2007.燕山造山带盘山花岗岩锆石 SHRIMP U-Pb 定年及其构造意义.岩石学报,23:547~556

马宗晋,李存梯,高祥林.1998.全球洋底增生构造及其演化.中国科学(D 辑),28(2):157~165

毛德宝,陈志宏,钟长汀,左义成,石森,胡小蝶.2003.冀北北岔沟门地区中生代侵入岩地质年代学和地球化学特征研究.岩石学报,19(4):661~674

毛建仁,陶奎元,李寄嵎,谢芳贵.2002.闽西南地区中生代花岗闪长质岩石的特征及其构造演化.岩石矿物学杂志,21(2):135~142

毛景文,谢桂青,郭春丽,袁顺达,程彦博,陈毓川.2007a.华南地区中生代主要金属矿床时空分布规律和成矿环境.高校地质学报,14(4):510~526

毛景文,谢桂青,郭春丽,陈毓川.2007b.南岭地区大规模钨锡多金属成矿作用:成矿时限及地球动力学背景.岩石学报,23(10):2329~2338

毛景文,谢桂青,李晓峰,张长青,梅燕雄.2004.华南地区中生代大规模成矿作用与岩石圈多阶段伸展.地学前缘,11(1):45~55

毛景文,谢桂青,张作衡,李晓峰,王义天,张长青,李永峰.2005.中国北方中生代大规模成矿作用的期次及其地球动力学背景.岩石学报,21(1):169~188

梅廉夫,刘昭茜,汤济广,沈传波,凡元芳.2010.湘鄂西-川东中生代陆内递进扩展变形:来自裂变径迹和平衡剖面的证据.中国地质大学学报:地球科学,35(2):161~174

孟凡雪,高山,柳小明.2008.辽西凌源地区义县组火山岩锆石 U-Pb 年代学和地球化学特征.地质通报,27:364~373

孟繁聪,李天福,薛怀民,刘福来,许志琴.2006.胶莱盆地晚白垩世不同地幔源区的两种基性岩浆-诸城玄武岩和胶州玄武岩的对比.岩石学报,22:1644~1656

孟庆任,于在平,梅志超.1997.北秦岭南缘弧前盆地沉积作用及盆地发展.地质科学,32(2):136~145

苗来成,范蔚茗,张福勤,刘敦一,简平,施光海,陶华,石玉若.2003.小兴安岭西北部新开岭-科洛杂岩锆石 SHRIMP 年代学研究及其意义.科学通报,48(22):2315~2323

苗来成,罗镇宽,关康,黄佳展.1998.玲珑花岗岩中锆石的离子质谱 U-Pb 年龄及其岩石学意义.岩石学报,14:198~206

莫申国,韩美莲,李锦轶.2005.蒙古-鄂霍次克造山带的组成及造山过程.山东科技大学学报(自然科学版),24(3):50~52,64

莫宣学.2011.岩浆作用与青藏高原演化.高校地质学报,17(3):351~367

莫宣学,赵志丹,邓晋福,董国臣,周肃,郭铁鹰,张双全,王亮亮.2003.印度-亚洲大陆主碰撞过程的火山作用响应.地学前缘,10(3):135~148

莫宣学,赵志丹,周肃,董国臣,廖忠礼.2007.印度-亚洲大陆碰撞的时限.地质通报,26(10):1240~1244

牟保磊,阎国翰.1992.燕辽三叠纪碱性偏碱性杂岩体地球化学特征及其意义.地质学报,66(2):108~121

牟保磊,邵济安,储著银,阎国翰,乔广生.2001.河北矾山钾质碱性超镁铁岩-正长岩杂岩体 Sm-Nd 年龄和 Sr、Nd 同位素特征.岩石学报,17:358~365

裴福萍,许文良,靳克.2004.延边地区晚三叠世火山岩的岩石地球化学特征及其构造意义.世界地质, 23(1):6~13

裴福萍,许文良,杨德彬,纪伟强,于洋,张兴洲.2008.松辽盆地南部中生代火山岩:锆石 U-Pb 年代学及其对基底性质的制约.中国地质大学学报:地球科学,33(5):603~617

裴福萍,许文良,杨德彬,赵全国,柳小明.2006.松辽盆地基底变质岩中锆石 U-Pb 年代学及其地质意义.科学通报,51:2281~2287

彭头平,王岳军,范蔚茗,愈晓冰,彭冰霞,徐政语.2006.江汉盆地早第三纪玄武质岩石^{39}Ar/^{40}Ar 年代学和地球化学特征及其成因意义.岩石学报,22(6):1617~1626

漆家福,于福生,陆克政,周建勋,王子煜,杨桥.2003.渤海湾地区的中生代盆地构造概论.地学前缘,10(特刊):199~206

钱青,钟孙霖,李通艺,温大任.2002.八达岭基性岩和高 Ba-Sr 花岗岩地球化学特征及成因探讨:华北和大别-苏鲁造山带中生代.岩石学报,18:275~292

秦建华,吴应林,颜仰基,朱忠发.1996.南盘江盆地海西—印支期沉积构造演化.地质学报,70(2):99~107

秦起荣,苏培东,李乐,刘丽萍.2005.川中低缓构造成因.新疆石油地质,26(1):108~111

丘元禧,张渝昌,马文璞.1998.雪峰山陆内造山带的构造特征与演化.高校地质学报4(4):432~443

邱检生,胡建,蒋少涌,王汝成,徐夕生.2005.鲁西中、新生代镁铁质岩浆作用与地幔化学演化.地球科学, 30:646~658

邱检生,Mclnnes B I A,徐夕生,Allen C M.2004.赣南大吉山五里亭岩体的锆石 LA-ICP-MS 定年及其与钨成矿关系的新认识.地质论评,50(2):125~133

邱检生,王德滋,罗清华,刘洪.2001.鲁东胶莱盆地青山组火山岩的^{40}Ar/^{39}Ar 定年——以五莲分岭山火山机构为例.高校地质学报,7:351~355

邱检生,肖娥,胡建,徐夕生,蒋少涌,李真.2008.福建北东沿海高分异 I 型花岗岩的成因:锆石 U-Pb 年代学、地球化学和 Nd-Hf 同位素制约.岩石学报,24(11):2468~2484

邱瑞龙,董树文.1993.安庆地区的岩浆活动及其与构造作用的关系.安徽地质,3(2):20~31

邱瑞照,李廷栋,周肃,邓晋福,肖庆辉,耿树方.2006.中国大陆岩石圈物质组成及演化.北京:地质出版社. 1~288

邱之俊,钟浚贤,詹世云.1980.祁阳山字型构造特征及形成机制.石油与天然气地质,1(1):75~81

曲国胜,王宗起,赵民.1996.造山带弧形构造——西昆仑-帕米尔弧及其预测.地质科学,31(4):313~325

曲晓明,辛洪波,杜德道,陈华.2012.西藏班公湖-怒江缝合带中段碰撞后 A 型花岗岩的时代及其对洋盆闭合时间的约束.地球化学,41(1):1~14

渠洪杰,胡健民,崔建军,武国利,田蜜,施炜,赵陕兰.2009.大巴山构造带东段秭归盆地侏罗纪沉积充填过程及其构造演化.地质学报,83(9):1255~1268

瞿泓滢,裴荣富,李进文,王永磊.2010.安徽铜陵凤凰山石英二长闪长岩和花岗闪长岩锆石 SHRIMP U-Pb 年龄及其地质意义.吉林大学学报(地球科学版),40(3):582~590

任东,高克勤,郭子光,姬书安,谭京晶,宋卓.2002.内蒙古宁城道虎沟地区侏罗纪地层划分及时代探讨.地质通报,21(8-9):584~591

任东,卢立伍,郭子光,姬书安.1995.北京与邻区侏罗–白垩纪动物群及其地层.北京:地震出版社.1~222

任纪舜.1964.中国东南部泥盆纪前几个大地构造问题的初步探讨.地质学报,44(4):418~430

任纪舜.1984.印支运动及其在中国大陆构造演化中的意义.中国地质科学院院报,9:31~42

任纪舜.1990.论中国南部的大地构造.地质学报,64(4):275~288

任纪舜.1994.中国大陆的组成、结构、演化和动力学.地球学报,15(3-4):5~13

任纪舜,陈廷愚,刘志刚.1984.中国东部构造单元划分的几个问题.地质论评,30(4):382~385

任纪舜,陈廷愚,牛宝贵,刘志刚,刘凤仁.1990.中国东部及邻区大陆岩石圈的构造演化与成矿.北京:科学出版社.1~205

任纪舜,王作勋,陈炳蔚,姜春发,牛宝贵,李锦轶,谢广连,和政军,刘志刚.1997.新一代中国大地构造图.中国区域地质,16(3):225~248

任纪舜,王作勋,陈炳蔚,姜春发,牛宝贵,李锦轶,谢广连,和政军,刘志刚.1999.中国及邻区大地构造图(1:500万)及简要说明书——从全球看中国大地构造.北京:地质出版社.1~25

任康绪,阎国翰,牟保磊,蔡剑辉,李凤棠,谭林坤,邵宏翔,李元崑,储著银,2004.辽西凌源河坎子碱性杂岩体地球化学特征及地质意义.岩石矿物学杂志,23:193~202

任康绪,阎国翰,牟保磊,蔡剑辉,童英,李凤棠,赵凤三,古丽冰,杨斌,储著银.2005.阿拉善断块富碱性侵入岩岩石地球化学和 Nd、Sr、Pb 同位素特征及其意义.地学前缘,12(2):292~302

任荣,牟保磊,韩宝福,张磊,陈家富,徐钊,宋彪.2009.河北矾山钾质碱性超镁铁岩–正长岩杂岩体的锆石 SHRIMP U-Pb 年龄.岩石学报,25:588~594

邵宏舜,黄第藩.1965.对准噶尔与鄂尔多斯盆地古湖含盐量的初步认识.地质学报,45(3):337~347

邵济安,唐克东.1995.中国东北地体与东北亚大陆边缘演化.北京:地震出版社

邵济安,刘福田,陈辉,韩庆军.2001.大兴安岭–燕山晚中生代岩浆活动与俯冲作用关系.地质学报,75:56~63

邵济安,路凤香,李伍平.2007.辽西中生代陆内底侵作用背景下形成的安山岩.岩石学报,23(4):701~708

沈传波,梅廉夫,刘昭茜,徐思煌.2009.黄陵隆起中–新生代隆升作用的裂变径迹证据.矿物岩石,29(2):54~60

沈传波,梅廉夫,徐振平,汤济广,田鹏.2007.大巴山中–新生代隆升的裂变径迹证据.岩石学报,23(11):2901~2910

沈军,汪一鹏,赵瑞斌,陈杰,曲国胜.2001.帕米尔东北缘及塔里木盆地西北部弧形色造的扩展特征.地震地质,23(3):381~389

沈渭洲,张芳荣,舒良树,王丽娟,向磊.2008.江西宁冈岩体的形成时代、地球化学特征及其构造意义.岩石学报,24(10):2244~2254

沈晓明,张海祥,张伯友.2008.华南中生代变质核杂岩构造及其与岩石圈减薄机制的关系初探.大地构造与成矿学,32(1):11~19

施炜,董树文,胡健民,张忠义,刘刚.2007.大巴山前陆西端叠加构造变形分析及其构造应力场特征.地质学报,81(10):1314~1327

施小斌,丘学林,刘海龄,储著银,夏斌.2006.滇西临沧花岗岩基新生代剥蚀冷却的裂变径迹证据.地球物理学报,49(1):135~142

石玉若,刘敦一,张旗,简平,张福勤,苗来成,张履桥.2007.内蒙古中部苏尼特左旗地区三叠纪 A 型花岗岩锆石 SHRIMP U-Pb 年龄及其区域构造意义.地质通报,26(2):183~189

时志强,韩永林,张锦泉.2001.鄂尔多斯盆地早侏罗世富县期岩相古地理特征.矿物岩石,21(3):124~127

舒良树.2006.华南前泥盆纪构造演化:从华夏地块到加里东期造山带.高校地质学报,12(4):418~431

舒良树.2012.华南构造演化的基本特征.地质通报,31(7):1035~1053

舒良树,邓平,王彬,谭正中,余心起,孙岩.2004.南雄–诸广地区晚中生代盆山演化的岩石化学、运动学与年代学制约.中国科学(D 辑):地球科学,34(1):1~12

舒良树,卢华复,贾东,夏菲,福赫.2000.华南武夷山早古生代构造事件的$^{40}Ar/^{39}Ar$同位素年龄研究.南京大学学报(自然科学版),35(6):668~674

舒良树,吴俊奇,刘道忠.1994.徐宿地区推覆构造.南京大学学报(自然科学版),30:638~647

舒良树,于津海,贾东,王博,沈渭洲,张岳桥.2008.华南东段早古生代造山带研究.地质通报,27(10):1581~1593

舒良树,周新民,邓平,余心起,王彬,祖辅平.2004.中国东南部中、新生代盆地特征与构造演化.地质通报,23(9):876~884

舒良树,周新民,邓平,余心起.2006.南岭构造带的基本地质特征.地质论评,52(2):251~265

水谷伸治郎,邵济安,张庆龙.1989.那丹哈达地体与东亚大陆边缘中生代构造的关系.地质学报,60(3):204~216

宋彪,张玉海,万渝生,简平.2002.锆石SHRIMP样品靶制作、年龄测试及有关现象讨论.地质论评,48(增刊):26~30

苏慧敏,谢桂青,孙嘉,张承帅,程彦博.2010.江西铜坑嶂钼矿和红山铜矿含矿斑岩锆石U-Pb定年及其地质意义.岩石学报,26(3):819~829

孙保平,2007.贺兰山断裂构造.长安大学硕士研究生学位论文,1~82

孙金凤,杨进辉.2009.华北东部早白垩世A型花岗岩与克拉通破坏.地球科学:中国地质大学学报,34(1):137~147

孙金凤,杨进辉.2013.华北中生代岩浆作用与去克拉通化.岩石矿物学杂志,32(5):577~592

孙立新,赵凤清,王慧初,任邦方,彭树华,滕飞.2007.燕山地区土城子组划分、时代与盆地性质探讨.地质学报,81(4):445~454

孙平昌,刘招君,李宝毅,柳蓉,孟庆涛,周人杰,姚树青,徐银波.2012.桦甸盆地桦甸组油页岩段地球化学特征及地质意义.吉林大学学报(地球科学版),42(4):948~960

孙平昌,刘招君,孟庆涛,柳蓉,贾建亮,胡晓峰.2011.桦甸盆地古近纪充填特征及对油页岩成矿的影响.煤炭学报,36(7):1110~1116

孙枢,王成善.2009."深时"(DeepTime)研究与沉积学.沉积学报,27(5):792~810

孙涛.2006.新编华南花岗岩分布图及其说明.地质通报,25(3):332~335

孙涛,周新民,陈培荣,李惠民,周红英,王志成,沈渭洲.2003.南岭东段中生代强过铝花岗岩成因及其大地构造意义.中国科学(D辑):地球科学,33(12):1209~1218

孙晓猛,吴根耀,郝福江,张梅生,刘鹏举.2004.秦岭-大别造山带北部中新生代逆冲推覆构造期次及时空迁移规律.地质科学,39:63~76

孙占亮,续世朝,李建荣,刘成如,高建平,杨耀华,闫文胜,张玉生.2004.山西五台地区系舟山逆冲推覆构造地质特征.地质调查和研究,27:28~34

谭俊,魏俊浩,李水如,王忠铭,付乐兵,张可清.2008.广西昆仑关A型花岗岩地球化学特征及构造意义.中国地质大学学报:地球科学,33(6):743~754

汤锡元,郭忠铭,王定一.1988.鄂尔多斯盆地西部逆冲推覆构造带特征及其演化与油气勘探.石油与天然气地质,9(1):1~10

唐嘉锋,刘玉琳,王启飞.2008.山东中生代火山岩年代学研究.岩石学报,24:1333~1338

陶奎元,邢光福,杨祝良,毛建仁,赵宇,许乃政.2000.浙江中生代火山岩时代厘定和问题讨论——兼评Lapierre等关于浙江中生代火山活动时代的论述.地质论评,46(1):14~65

滕吉文.2009.中国地球深部物理学和动力学研究16大重要论点、论据与科学导向.地球物理学进展,24(3):801~829

滕吉文,王夫运,赵文智,张永谦,张先康,闫雅芬,赵金仁,李明,杨辉,张洪双,阮小敏.2010.阴山造山带鄂尔多斯盆地岩石圈层、块速度结构与深层动力过程.地球物理学报,53(1):67~85

滕吉文,张洪双,孙若昧,闫雅芬,张雪梅,杨辉,田有,张永谦,阮小敏.2011.青藏高原腹地东西分区和界带

的地球物理场特征与动力学响应. 地球物理学报,54(10):2510～2527

田蜜,施炜,李建华,渠洪杰.2010.江汉盆地西北部断陷带构造变形分析与古应力场演化序列.地质学报,84(2):159～170

田伟,陈斌,刘超群,张华锋.2007.冀北小张家口超基性岩体的锆石 U-Pb 年龄和 Hf 同位素组成.岩石学报,23:583～590

万丛礼,付金华,张军.2005.鄂尔多斯西缘前陆盆地构造热事件与油气运移.地球科学与环境学报,27(2):43～47

万加亮.2012.燕山地区丰宁-隆化断裂带构造变形与时代.北京:中国科学院地质与地球物理研究所博士学位论文,1～55

万天丰.1989.中国东南六省元古代—侏罗纪构造演化.地球科学,14(1):45～50

万天丰.2004.中国大地构造学纲要.北京:地质出版社.1～387

万天丰,赵庆乐.2012.中国东部构造-岩浆作用的成因.中国科学(D辑):地球科学,42(2):155～163

万天丰,朱鸿.1996.郯庐断裂带的最大左行走滑断距及其形成时期.高校地质学报,2(1):14～27

汪庆华.2001.试论浙江建德群和磨石山群时代.火山地质与矿产,22(03):163～169

王必金,林畅松,陈莹,卢明国,刘景彦.2006.江汉盆地幕式构造运动及其演化特征.石油地球物理勘探,41(2):226～230

王彬,舒良树,杨振宇.2006.赣闽粤地区早、中侏罗世构造地层研究.地层学杂志,30(1):42～49

王春光,许文良,王枫,杨德彬.2011.太行山南段西安里早白垩世角闪辉长岩的成因:锆石 U-Pb 年龄、Hf 同位素和岩石地球化学证据.地球科学,36(3):471～482

王椿镛,张先康,陈步云,陈学波,宋松岩,郑金涵,胡鸿翔,楼海.1997.大别造山带的地壳结构研究.中国科学(D辑),27(3):221～226

王德滋,周金城.2004.华南花岗岩研究的回顾与展望.高校地质学报,10(3):305～314

王德滋,周金城,邱检生.1994.东南沿海早白垩世火山活动中的岩浆混合及壳幔作用证据.南京大学学报(地球科学版),6(4):317～325

王登红,林文蔚,杨建民,阎升好.1999.试论地幔柱对于我国两大金矿集中区的控制意义.地球学报,20(2):157～162

王东方等.1989.辽北-吉南早古生代残余洋壳的发现及台槽界线的南移.吉林地质,(1):42～45

王冬艳,许文良,冯宏,林景仟,郑常青.2002.辽西中生代晚期岩石圈地幔的性质:来自玄武岩和地幔捕房体的证据.吉林大学学报(地球科学版),32:319～324

王二七,尹纪云.2009.川西南新生代构造作用以及四川原型盆地的破坏.西北大学学报(自然科学版),39(3):359～367

王芳,陈福坤,侯振辉,彭澎,翟明国.2009.华北陆块北缘崇礼-赤城地区晚古生代花岗岩类的锆石年龄和 Sr-Nd-Hf 同位素组成.岩石学报,25:3057～3074

王非,杨列坤,王磊,沈加林,邢光福,陈荣,潘永信,朱日祥.2010.中国东南晚中生代火山沉积地层界线时代——～$^{40}Ar/^{39}Ar$ 年代学及磁性地层研究.中国科学(D辑):地球科学,11:1552～1570

王伏泉.1999.以盆地资料分析探讨湖南的造山作用.湖南地质,18(1):6～8

王桂梁,姜波,曹代勇,邹海,金维浚.1998.徐州-宿州弧形双冲-叠瓦扇逆冲断层系统.地质学报,72:228～236

王桂梁,邵震杰,彭向峰,李海玉,荆惠林.1997.中国东部中、新生代含煤盆地的构造反转.煤炭学报,22(6):561～565

王鹤年,周丽娅.2006.华南地质构造的再认识.高校地质学报,12(4):457～465

王季亮,李丙泽,周德星,姚士臣,李枝荫.1994.河北省中酸性岩体地质特征及其与成矿的关系.北京:地质出版社王剑,包超民,高永华,李忠雄,Duan T Z. 2003. 浙北富阳神功村二长花岗斑岩脉 SHRIMP 锆石 U-Pb 年龄及其地质意义. 地质通报,22(9):729~732

王金荣,宋春晖,高军平,王士政. 1995. 阿拉善北部恩格尔乌苏蛇绿混杂岩的形成机制. 兰州大学学报(自然科学版),31(2):140~147

王晋南,王洋龙,安晓文,杨向东. 2006. 南汀河西支断裂北东段最新活动性分析. 地震研究,29(3):264~268

王京彬. 1990. 衡山西缘界牌混合岩带若干问题探讨. 湖南地质,9(4):39~50

王立武,王颖,杨静,吴国庆,李国艳,盛利. 2007. 用碎屑锆石 SHRIMP 年代学方法恢复松辽盆地南部前中生代基底的源区特征. 地学前缘,14(4):151~158

王丽娟,于津海,徐夕生,谢磊,邱检生,孙涛. 2007. 闽西南古田-小陶花岗质杂岩体的形成时代和成因. 岩石学报,23(6):1470~1484

王强,赵振华,简平,熊小林,包志伟,戴橦谟,许继峰,马金龙. 2003. 华南腹地白垩纪 A 型花岗岩类或碱性侵入岩年代学及其对华南晚中生代构造演化的制约. 岩石学报,21(3):795~808

王清晨. 2009. 浅议华南陆块群的沉寂大地构造学问题. 沉积学报,27(5):811~817

王清晨,李忠. 2003. 盆山耦合与沉积盆地成因. 沉积学报,21(1):24~30

王淑英. 1988. 桦甸苏密沟组孢粉组合及时代讨论. 吉林地质,3:76~84

王涛,1997. 中国东部裂谷盆地油气藏地质. 北京:石油工业出版社. 41~47

王微,许文良,纪伟强,杨德彬,裴福萍. 2006. 辽东中生代晚期和古近纪玄武岩及深源捕房晶对岩石圈地幔性质的制约. 高校地质学报,12:30~40.

王五力,郑少林,张立君,蒲荣干,张武,吴洪章,具然弘,董国义,元红. 1987. 辽宁西部中生代地层古生物(第一册). 北京:地质出版社. 1~263

王小凤,李中坚,陈柏林,陈宣华,董树文,张青,武红岭,邢历生,张宏,董法先,邹华梅,霍光辉,林传勇,白嘉启,刘晓春. 2000. 郯庐断裂带. 北京:地质出版社. 1~374

王新社,郑亚东. 2004. 楼子店变质核杂岩韧性变形作用的 40Ar/39Ar 年代学约束. 地质论评,51:574~582

王兴光,王颖. 2007. 松辽盆地南部北带基底岩浆岩 SHRIMP 锆石 U-Pb 年龄及其地质意义. 地质科技情报,26(1):23~27

王学求,谢学锦,张本仁,张勤,迟清华,侯青叶,徐善法,聂兰仕,张必敏. 2010. 地壳全元素探测——构建"化学地球". 地质学报,84(6):854~864

王学求,徐善法,迟清华,刘雪敏,王玮. 2013. 华南陆块成矿元素巨量聚集与分布. 地球化学,42(3):229~241

王艳芬,邵毅,蒋少涌,张遵忠,胡建,肖娥,戴宝章,李海勇. 2012. 陕西老牛山印支期高 Ba-Sr 花岗岩成因及其构造指示意义. 高校地质学报,18:133~149

王颖,2005. 松辽盆地南部的前中生代复合基底:SHRIMP 锆石年代学证据. 中国科学院研究生院博士学位论文

王颖,张福勤,张大伟,苗来成,李铁胜,颉颃强,孟庆任,刘敦一. 2006. 松辽盆地南部变闪长岩 SHRIMP 锆石 U-Pb 年龄及其地质意义. 科学通报,51:1811~1816

王永,范宏瑞,胡芳芳,蓝廷广,焦鹏,王世平. 2011. 鲁西沂南铜井闪长质岩体锆石 U-Pb 年龄、元素及同位素地球化学特征. 岩石矿物学杂志,30(4):553~566

王瑜. 1996. 中国东部内蒙古-燕山造山带晚古生代晚期—中生代的造山作用过程. 北京地质出版社. 1~142

王岳军,范蔚茗,郭锋,李旭. 2001. 湘东南中生代花岗闪长质小岩体的岩石地球化学特征. 岩石学报,(1):169~175

王岳军,范蔚铭,梁新权,彭头平,石玉若. 2005. 湖南印支期花岗岩 SHRIMP 锆石 U-Pb 年龄及其成因启示. 科学通报,50(12):1259~1266

王岳军,廖超林,范蔚茗,彭头平. 2004. 赣中地区早中生代 OIB 碱性玄武岩的厘定及构造意义. 地球化学,

33(2):109~117

王岳军,Zhang Y H,范蔚茗,席先武,郭锋,林舸.2002.湖南印支期过铝质花岗岩的形成:岩浆底侵与地壳加厚热效应的数值模拟.中国科学(D辑):地球科学,32(6):491~499

王宗秀,唐哲民,杨中柱,杨晓波.2000.大连地区的中生代韧性构造变形.地震地质,22:379~386

卫彦升,谢飞跃.2007.宁武-静乐盆地永定庄组的发现及其地质意义.太原科技,6:22~23

翁文灏.1927.中国东部中生代以来之地壳运动及火山活动.中国地质学会会志,6(1):9~36

翁文灏.1929.中国东部中生代造山运动.中国地质学会会志(英文),8(1):33~44

吴福元,孙德有,李惠民,汪筱林.2000a.松辽盆地基底岩石的锆石U-Pb年龄.科学通报,45:656~660

吴福元,孙德有,张广良,任向文.2000b.论燕山运动的深部地球动力学本质.高校地质学报,6:379~388

吴福元,徐义刚,朱日祥,张国伟.2014.克拉通岩石圈减薄与破坏.中国科学(D辑):地球科学,44(11):2358~2372

吴福元,杨进辉,柳小明.2005a.辽东半岛中生代花岗质岩浆作用的年代学格架.高校地质学报,11:305~317

吴福元,杨进辉,柳小明,李铁胜,谢烈文,杨岳衡.2005b.冀东3.8Ga锆石Hf同位素特征与华北克拉通早期地壳时代.科学通报,50(18):1996~2003

吴福元,杨进辉,张艳斌,柳小明.2006.辽西东南部中生代花岗岩时代.岩石学报,22:315~325

吴淦国,张达,狄永军,臧文拴,张祥信,宋彪,张忠义.2008.铜陵矿集区侵入岩SHRIMP锆石U-Pb年龄及其深部动力学背景.中国科学(D辑):地球科学,38(5):630~645

吴根耀.2001.古深断裂活化与燕山期陆内造山运动——以川南-滇东和中扬子褶皱-冲断系为例.大地构造与成矿学,25(3):246~253

吴根耀.2002.燕山运动和中国大陆晚中生代的活化.地质科学,37(4):453~461

吴磊伯等.1959.湘南地质构造系统的初步分析.见:地质力学丛刊(第1号).北京:科学出版社.114~118

吴萍,杨振强.1980.中南区白垩纪至早第三纪地层对比及构造发展特征.地质学报,1:24~33

吴珍汉,崔盛芹,吴淦国,朱大岗,冯向阳,马寅生.2000.燕山山脉隆升过程的热年代学分析.地质论评,46(1):49~57

伍光英,马铁球,柏道远,李金冬,车勤建,王先辉.2005.湖南宝山花岗闪长质隐爆角砾岩的岩石学、地球化学特征及锆石SHRIMP定年.现代地质,19(2):198~204

武广,孙丰月,赵财胜,李之彤,赵爱琳,庞庆帮,李广远.2005.额尔古纳地块北缘早古生代后碰撞花岗岩的发现及其地质意义.科学通报,50(20):2278~2288

夏浩然,刘俊来.2011.石英结晶学优选与应用.地质通报,30(1):58~70

夏林圻.2013.超大陆构造、地幔动力学和岩浆-成矿响应.西北地质,46(3):1~38

肖娥,邱检生,徐夕生,蒋少涌,胡建,李真.2007.浙江瑶坑碱性花岗岩体的年代学、地球化学及其成因与构造指示意义.岩石学报,23(6):1431~1440

肖龙,王方正,王华,Pirajno F.2004.地幔柱构造对松辽盆地及渤海湾盆地形成的制约.地球科学,29(3):283~292

肖庆辉,刘勇,冯艳芳,邱瑞照,张昱.2010.中国东部中生代岩石圈演化与太平洋板块俯冲消减关系的讨论.中国地质,37:1092~1101

肖序常,姜枚.2008.中国西部岩石圈三维结构及演化.北京:地质出版社.1~237

谢家荣.1961.成矿理论与找矿.中国地质,(12):13~34

邢光福,卢清地,陈荣.张正义,聂童春,李龙明,黄家龙,林敏.2008.华南晚中生代构造体制转折结束时限研究——兼与华北燕山地区对比.地质学报,82(4):451~463

邢光福,卢清地,姜杨等.2010.闽东南长乐-南澳断裂带"片麻状"浆混杂岩的厘定及其地质意义.地质通报,29(1):31~43

邢光福,杨祝良,孙强辉,沈加林,陶奎元.2001.广东梅州早侏罗世层状基性-超基性岩体研究.矿物岩石地球化学通报,20(3):172~175

徐刚,赵越,高锐,李秋生,刘晓文,吴海,杨富全,张拴宏,管烨,张季生,白金,匡朝阳,王海燕.2006.燕山褶断带中生代盆地变形-板内变形过程的记录——以下板城、承德-上板城、北台盆地为例.地球学报,27(1):1~12

徐刚,赵越,胡健民,曾庆利,刘晓文,吴海,宋彪.2003.辽西牛营子地区晚三叠世逆冲构造.地质学报,77:25~34

徐刚,赵越,吴海,张拴宏.2005.辽西凌源牛营子盆地晚三叠世—中侏罗世地层层序及其区域地层对比.地球学报,26(4):299~308

徐汉林,付万德,徐嘉炜.1998.衡山界牌倾滑韧性剪切带的变形特征与应变分析.湖南地质,17(2):85~90

徐汉林,赵宗举,杨以宁,汤祖伟.2003.南华北盆地构造格局与构造样式.地球学报,24:27~33

徐嘉炜.1981.郯庐断裂的平移运动及其地质意义.国际交流地质论文集.北京:地质出版社.129~142

徐嘉炜.1985.郯庐断带北段巨大平移研究的若干进展.地质论评,6(4):83~86

徐嘉炜,马国锋.1992.郯庐断裂带研究的十年回顾.地质论评,38:316~324

徐杰,邓起东,张玉岫,殷秀华,虢顺民,牛娈芳.1991.江汉-洞庭盆地构造特征和地震活动的初步分析.地震地质,13(4):332~342

徐论勋,阎春德,俞惠隆,王宝清,余芳权,王典敷.1995.江汉盆地地下第三系火山岩年代.石油与天然气地质,16(2):132~137

徐树桐,陈冠宝,周海渊,陶正.1987.徐-淮推覆体.科学通报,46(14):1091~1095

徐树桐,陶正,陈冠宝.1993.再论徐(州)-淮(南)推覆体.地质论评,39:395~406

徐夕生,范钦成,O'Reilly S Y,蒋少涌,Griffin W L,王汝成,邱检生.2003.安徽铜官山石英闪长岩及其包体锆石 U-Pb 定年与成因探讨.科学通报,49(18):1883~1891

徐先兵.2011.武夷山地区显生宙构造变形与年代学研究.南京大学博士学位论文,1~120

徐先兵,张岳桥,贾东,舒良树,王瑞瑞.2009a.华南早中生代大地构造过程.中国地质,36(3):573~593

徐先兵,张岳桥,贾东,舒良树,王瑞瑞,许怀智.2010.锆石 LA-ICP-MS U-Pb 与白云母 40Ar/39Ar 年代学及其对中国东南部早燕山事件的制约.地质科技情报,29(2):87~94

徐先兵,张岳桥,舒良树,贾东,王瑞瑞,许怀智.2009b.闽西南玮埔岩体和赣南菖蒲混合岩锆石 La-ICP MS U-Pb 年代学:对武夷山加里东运动时代的制约.地质论评,55(2):277~285

徐晓春,陆三明,谢巧勤,柏林,储国正.2008.安徽铜陵狮子山矿田岩浆岩锆石 SHRIMP 定年及其成因意义.地质学报,82(4):500~509

徐勋胜,巫建华.2010.江西南部蔡坊盆地火山岩系层序与地质时代.东华理工大学学报(自然科学版),33(3):211~218

徐义刚.2002.地幔柱构造、大火成岩省及其地质效应.地学前缘,341~352

徐义刚,巫祥阳,罗震宇,马金龙,黄小龙,谢烈文.2007.山东中侏罗世—早白垩世侵入岩的锆石 Hf 同位素组成及其意义.岩石学报,23:307~316

徐志斌,洪流.1996.试论北京西山煤田逆冲推覆构造样式及成因.大地构造与成矿学,20:340~347

许长海,周祖翼,常远,Francois G.2010.大巴山弧形构造带形成与两侧隆起的关系:FT 和(U-Th)/He 低温热年代约束.中国科学(D 辑):地球科学,40(12):1684~1696

许长海,周祖翼,常远,Reiners P W,张沛.2009.大巴山弧形构造带形成与两侧隆起的关系:低温热年代与冷却特性约束.岩石学报,40(12):1684~1696

许文良,郑常青,王冬艳.1999.辽西中生代粗面玄武岩中地幔和下地壳捕虏体的发现及其地质意义.地质论评,45(增刊):444~449

许志琴,侯立玮,王宗秀等.1992.中国松潘-甘孜造山带的造山过程.北京:地质出版社.1~190

许志琴,李海兵,王宗秀,李典致.1991.辽南地壳的收缩作用及伸展作用.地质论评,37:193~202

许志琴,李海兵,杨经绥.2006a.造山的高原~青藏高原巨型造山拼贴体和造山类型.地学前缘,13(4):1~17

许志琴,杨经绥,李海兵,姚建新.2006b.中央造山带早古生代地体构架与高压-超高压变质带的形成.地质学报,80(12):1793~1806

许志琴,杨经绥,李海兵,嵇少丞,张泽明,刘焰.2011.印度-亚洲碰撞大地构造.地质学报,85(1):1~33

许志琴,杨经绥,李化启,王瑞瑞,蔡志慧.2012.中国大陆印支碰撞造山系及其造山机制.岩石学报,28(6):1697~1709

薛怀民,汪应庚,马芳,汪诚,王德恩,左延龙.2009.皖南太平-黄山复合岩体的SHRIMP年代学:由钙碱性向碱性转变对扬子克拉通东南部中生代岩石圈减薄时间的约束.中国科学(D辑):地球科学,39(7):979~993

鄢明才,迟清华.1997.中国东部地壳与岩石的化学组成.北京:科学出版社.156~170

闫俊,陈江峰,谢智,高天山,Foland K A,张希道,刘明伟.2005.鲁东晚白垩世玄武岩及其中幔源包体的岩石学和地球化学研究.岩石学报,21:99~112

闫俊,刘海泉,宋传中,徐夕生,安亚军,刘佳,戴立群.2009.长江中下游繁昌-宁芜火山盆地火山岩锆石U-Pb年代学及其地质意义.科学通报,54(12):1716~1724

阎国翰,蔡剑辉,任康绪,牟保磊,李凤棠,储著银.2008.郯庐断裂带晚中生代富碱侵入岩Nd、Sr、Pb同位素特征及源区性质探讨.岩石学报,24:1223~1236

阎国翰,谭林坤,许保良,牟保磊,邵宏翔,陈廷礼,童英,任康绪,杨斌.2001.阴山地区印支期碱性侵入岩岩石地球化学特征.岩石矿物学杂志,20(3):281~292

颜丹平,汪新文,刘友元.2000.川鄂湘边区褶皱构造样式及其成因机制分析.现代地质,14(1):37~43

杨德彬,许文良,裴福萍,王清海,高山.2008.徐淮地区早白垩世adakitic岩石的年代学和Pb同位素组成:对岩浆源区与华北克拉通东部构造演化的制约.岩石学报,24(8):1745~1758

杨德彬,许文良,王清海,裴福萍,纪伟强.2006.安徽蚌埠荆山晚侏罗世花岗岩岩体成因——来自地球化学和锆石Hf同位素的制约.岩石学报,22:2923~2932

杨德彬,许文良,王清海,裴福萍,纪伟强.2007.蚌埠隆起区中生代花岗岩的岩石成因:锆石Hf同位素的证据.岩石学报,23:381~392

杨进辉,吴福元,柳小明,谢烈文,杨岳衡.2007.辽东半岛小黑山岩体成因及其地质意义:锆石U-Pb年龄和铪同位素证据.矿物岩石地球化学通报,26:29~43

杨进辉,吴福元,邵济安,谢烈文,柳小明.2006.冀北张-宣地区后城组、张家口组火山岩锆石U-Pb年龄和Hf同位素.地球科学,31:71~80

杨经绥,许志琴,马昌前,吴才来,张建新,王宗起,王国灿,张宏飞,董云鹏,赖绍聪.2010.复合造山作用和中国中央造山带的科学问题.中国地质,37(1):1~11

杨绍祥,余沛然.1995.浦市-辰溪浅层叠瓦式推覆构造特征及地质找矿意义.湖南地质,14(1):31~34

杨天南,彭阳,王宗秀,李典致,杨中柱,王国桢.2002.旅顺~大连地区沉积盖层的近南北向挤压变形~苏鲁大陆深俯冲的上盘板内变形效应.地质通报,21:308~314

杨小男,徐兆文,徐夕生,凌洪飞,刘苏朋,张军,李海勇.2008.安徽铜陵狮子山矿田岩浆岩锆石U-Pb年龄意义.地质学报,82(4):510~516

杨振德.1996.云南临沧花岗岩的冲断叠瓦构造与推覆构造.地质科学,31(2):130~139

杨振宇,Jean B,孙知明,赵越.1998.印度支那地块第三纪构造滑移与青藏高原岩石圈构造演化.地质学报,72(2):112~125

杨振宇,马醒华,黄宝春,孙知明,周姚秀.1998.华北地块显生宙古地磁视极移曲线与地块运动.中国科学(D辑):地球科学,28:44~56

杨振宇,孙知明,马醒华,尹济云,Otofuji Y.2001.红河断裂两侧早第三纪古地磁研究及其地质意义.地质学

报,75(1):35～44

杨中柱,李忠臣,张国仁,张庆奎,张光珠,李全林,鲁宏峰.2000.普兰店元台逆冲推覆构造及控矿规律探讨. 辽宁地质,17:114～120

杨中柱,孟庆成,江江,韩小平.1996.辽南变质核杂岩构造.辽宁地质,13:241～250

杨遵仪,吴顺宝,殷鸿福.1991.华南二叠–三叠纪过渡期地质事件.北京:地质出版社

姚军明,华仁民,林锦富.2005.湘东南黄沙坪花岗岩 LA-ICPMS 锆石 U–Pb 定年及岩石地球化学特征.岩石 学报,21(3):688～696

叶得泉,张莹.1995.延吉盆地白垩纪介形类化石及其意义.大庆石油地质与开发,11(2):7～11

叶茂,张世红,吴福元.1994.中国满州里–绥芬河地学断面域古生代构造单元及其地质演化.长春地质学院 学报,24(4):241～245

易治宇.2011.藏南特提斯海相地层古地磁研究及其对印度与欧亚大陆碰撞过程的制约.中国科学院地质与 地球物理研究所博士学位论文

于津海,王丽娟,王孝磊,邱检生,赵蕾.2007.赣东南富城杂岩体的地球化学和年代学研究.岩石学报, 23(6):1441～1456

于津海,周新民,赵蕾,蒋少涌,王丽娟,凌洪飞.2005.壳幔作用导致武平花岗岩形成——Sr-Nd-Hf-U–Pb 同 位素证据.岩石学报,21(3):651～664

余明刚,邢光福,沈加林,陈荣,周宇章,隗合明,陶奎元.2006.雁荡山世界地质公园火山岩年代学研究.地质 学报,80(11):1683～1690

余心起,狄永军,吴淦国,张达,郑勇,代堰锫.2009.粤北存在早侏罗世的岩浆活动——来自霞岚杂岩 SHRIMP 锆石 U–Pb 年代学的证据.中国科学(D 辑):地球科学,39(6):681～693

余心起,舒良树,邓国辉,王彬,祖辅平.2005.江西吉泰盆地碱性玄武岩的地球化学特征及其构造意义.现 代地质,19(1):133～140

喻爱南,叶柏龙,彭恩生.1998.湖南桃林大云山变质核杂岩构造与成矿的关系.大地构造与成矿学,22(1): 82～88

袁洪林,吴福元,高山,柳小明,徐平,孙德有.2003.东北地区新生代侵入体的锆石激光探针 U–Pb 年龄测定 与稀土元素成分分析.科学通报,48(14):1511～1520

袁学诚.1997.秦岭造山带地壳构造与楔入成山.地质学报,71(3):227～235

曾德敏,张金鉴.1979.湖南洞庭盆地西部的恐龙蛋化石.古脊椎动物与人类,17(2):131～138

曾键年,覃永军,郭坤一,陈国光,曾勇.2010.安徽庐枞地区含矿岩浆岩锆石 U-Pb 年龄及其成矿时限的约 束.地质学报,84(4):466～478

曾融生,阚荣举,何传大,李彭年.1960.柴达木盆地低频地震探测结晶基底的工作方法.地球物理学报, 9(2):155～168

翟明国.2012.华北克拉通的形成以及早期板块构造.地质学报,86(9):1335～1349

翟明国,孟庆任,刘建明,侯泉林,胡圣标,李忠,张宏福,刘伟,邵济安,朱日祥.2004.华北东部中生代构造体 制转折峰期的主要地质效应和形成动力学探讨.地学前缘,11(3):285～297

翟明国,朱日祥,刘建明,孟庆任,侯泉林,胡圣标,李忠,张宏福,刘伟,2003.华北东部中生代构造体制转折 的的关键时限.中国科学(D 辑),33:913～920

翟伟,李兆麟,孙晓明,黄栋林,梁金龙,苗来成.2006.粤西河台金矿锆石 SHRIMP 年龄及其地质意义.地质 论评,52(5):690～699

翟伟,袁桂邦,李兆麟,黄栋林,文拥军.2005.粤西河台金矿床富硫化物含金石英脉锆石 U–Pb 测年及成矿 意义.地质论评,51(3):340～346

张长厚,宋鸿林.1997.燕山板内造山带中生代逆冲推覆构造及其与前陆褶冲带的对比研究.地质科学,

22(1):33~36

张长厚,吴正文.2002.造山带构造研究中几个重要学术概念问题的讨论.地质论评,48(4):337~344

张长厚,李程明,邓洪菱,刘阳,刘磊,魏波,李寒滨,刘孜.2011.燕山-太行山北段中生代收缩变形与华北克拉通破坏.中国科学(D辑):地球科学,41(5):593~617

张长厚,王根厚,王果胜,吴正文,张路锁,孙卫华.2002.辽西地区燕山板内造山带东段逆冲推覆构造.地质学报,76(1):64~76

张长厚,吴淦国,徐德斌,王根厚,孙卫华.2004.燕山板内造山带中段中生代构造格局与构造演化.地质通报,23(9-10):864~875

张长厚,张勇,李海龙,吴淦国,王根厚,徐德斌,肖伟峰,戴凛.2006.燕山西段及北京西山晚中生代逆冲构造格局及其地质意义.地学前缘,13:165~183

张达,吴淦国,狄永军,臧文拴,邵拥军,余心起,张祥信,汪群峰.2006.铜陵凤凰山岩体SHRIMP锆石U-Pb年龄与构造变形及其对岩体侵位动力学背景的制约.中国地质大学学报:地球科学,31(6):823~829

张德全,佘宏全,阁升好,徐文艺.2001.福建紫金山地区中生代构造环境转换的岩浆岩地球化学证据.地质论评,47(6):608~615

张国全,王勤生,俞跃平,杨超,肖娟.2012.浙江东部火山岩地区的地层时代和划分.地层学杂志,36(3):641~652

张国伟,程顺有,郭安林,董云鹏,赖绍聪,姚安平.2004.秦岭-大别中央造山系南缘勉略古缝合带的再认识——兼论中国大陆主体的拼合.地质通报,23(9-10):846~853

张国伟,董云鹏,赖绍聪,郭安林,孟庆任,刘少锋,程顺有,姚安平,张宗清,裴先治,李三忠.2003.秦岭-大别造山带南缘勉略构造带与勉略缝合带.中国科学(D辑):地球科学,33:1121~1135

张国伟,董云鹏,裴先治,姚安平.2002a.关于中新生代环西伯利亚陆内构造体系域问题.地质通报,21(4-5):198~201

张国伟,董云鹏,姚安平.2002b.关于中国大陆动力学与造山带研究的几点思考.中国地质,29(1):7~13

张国伟,郭安林,董云鹏,姚安平.2011.大陆地质与大陆构造和大陆动力学.地学前缘,18(3):1~12

张国伟,张本仁,袁学诚.2000.秦岭造山带与大陆动力学.北京:科学出版社.1~805

张海峰,全亚博,王恒,杨振宇.2012.印支地块思茅地区早白垩世古地磁结果及其构造意义.地质学报,86(6):1~17

张宏仁.2000.燕山事件.地质学报,72(2):103~111

张泓,晋香兰,李贵红,杨志远,张慧,贾建称.2008.鄂尔多斯盆地侏罗纪-白垩纪原始面貌与古地理演化.古地理学报,10(1):1~11

张华锋,李胜荣,翟明国,郭敬辉.2006.胶东半岛早白垩世地壳隆升剥蚀及其动力学意义.岩石学报,22(2):285~295

张辉煌,徐义刚,葛文春,马金龙.2006.吉林伊通-大屯地区晚中生代—新生代玄武岩的地球化学特征及其意义.岩石学报,22:1579~1596

张计东,李翔,李广栋.2002.古北口逆冲推覆构造及土城子组脆韧性变形带特征.中国地质,29(4):392~396

张进,马宗晋,任文军.2004.鄂尔多斯西缘逆冲褶皱带构造特征及其南北差异的形成机.地质学报,78:600~611

张进,马宗晋,杨健,陈必河,雷永良,王宗秀,李涛.2010.雪峰山西麓中生代盆地属性及构造意义.地质学报,84(5):631~650

张进业.1994a.衡山变质核杂岩体西缘构造特征.华东地质学院学报,17(1):18~22

张进业.1994b.衡山变质核杂岩体西缘剥离断层及其对铀成矿的控制作用.铀矿地质,10(3):144~149

张进江,戚国伟,郭磊,刘江.2009.内蒙古大青山逆冲推覆体系中生代逆冲构造活动的$^{40}Ar/^{39}Ar$定年.岩石学报,25:609~620

张进江,郑亚东,刘树文.2003.小秦岭金矿田中生代构造演化与矿床形成.地质科学,38:74~84

张珂,邹和平,刘忠厚,马占武.2009.鄂尔多斯盆地侏罗纪西界分析.地质通报,55:761~774

张乐骏,周涛发,范裕,袁峰.2008.安徽月山岩体的锆石 SHRIMP U-Pb 定年及其意义.岩石学报,24(8):1725~1732

张敏,陈培荣,黄国龙,谭正中,凌洪飞,陈卫锋.2006.南岭东段龙源坝复式岩体 La-ICP-MS 锆石 U-Pb 年龄及其地质意义.地质学报,80(7):984~994

张敏,陈培荣,张文兰,陈卫锋,李惠民,张孟群.2003.南岭中段大东山花岗岩体的地球化学特征和成因.地球化学:32(6):529~539

张沛,周祖翼,许长海.2009.苏皖下扬子区晚白垩世以来的构造–热历史:浦口组砂岩磷灰石裂变径迹证据.海洋石油,29(4):26~32

张普林,吕宝臣,李春田,孙家儒,刘爱.1986.早第三纪桦甸动物群的发现及其地质意义.吉林地质,4:1~14

张旗,王焰,钱青,杨进辉,王元龙,赵太平,郭光军.2001.中国东部燕山期埃达克岩的特征及其构造–成矿意义.岩石学报,17:236~244

张旗,王元龙,金惟俊,李承东.2008.晚中生代的中国东部高原:证据、问题和启示.地质通报,27(9):1404~1428

张师本,高琴琴,刘椿,金增信,鲁连仲.1992.江汉盆地西北缘下第三系古地磁特征及底界.石油学报,13(2):121~126

张世红,蒋干清,董进,韩以贵,吴怀春.2008.华南板溪群五强溪组 SHRIMP 锆石 U–Pb 年代学新结果及其构造地层学意义.中国科学(D辑):地球科学,38(12):1496~1503

张拴宏.2004.燕山构造带内蒙古隆起东段晚古生代—早中生代构造岩浆岩带及其地质意义.中国地质科学院博士学位论文,1~160

张拴宏,赵越,刘建民,胡健民,宋彪,刘健,吴海.2010.华北地块北缘晚古生代—早中生代岩浆活动期次、特征及构造背景.岩石矿物学杂志,29:824~842

张拴宏,赵越,宋彪,吴海.2004.冀北隆化早前寒武纪高级变质区内的晚古生代片麻状闪长岩–锆石 SHRIMP U–Pb 年龄及其构造意义.岩石学报,20(3):621~626

张田,张岳桥.2007.胶东半岛中生代侵入岩浆活动序列及其构造制约.高校地质学报,13(2):323~336

张田,张岳桥.2008.胶北隆起晚中生代构造–岩浆演化历史.地质学报,82:1210~1228

张万良.2006.赣南大富足岩体岩石地球化学特征及其构造环境判别.大地构造与成矿学,30(1):98~107

张万良,李子颖.2007.相山"流纹英安岩"单颗粒锆石 U-Pb 年龄及地质意义.岩石矿物学杂志,26(1):21~26

张文兰,华仁民,王汝成,李惠民,陈培荣.2004.江西大吉山五里亭花岗岩单颗粒锆石 U–Pb 同位素年龄及其地质意义探讨.地质学报,78(3):252~258

张文兰,华仁民,王汝成,陈培荣,李惠民.2006.赣南大吉山花岗岩成岩与钨矿成矿年龄的研究.地质学报,80(7):956~962

张文兰,华仁民,王汝成,李惠民,屈文俊,季建清.2009.赣南漂塘钨矿花岗岩成岩年龄与成矿年龄的精确测定.地质学报,83(5):659~670

张晓东.2008.丰宁–赤城韧性剪切带变形特征.中国地质大学(北京)硕士学位论文,1~62

张兴洲.1992.黑龙江岩系:古佳木斯地块加里东缝合带的证据.长春地质学院学报,22:94~101

张兴洲,Sklyarov E V.1992.中国东北及邻区蓝片岩带的构造意义.长春地质学院地质研究所文集.北京:地震出版社.199~106

张彦,陈文,陈克龙,刘新宇.2006.成岩混层(I/S)Ar-Ar 年龄谱型及 ^{39}Ar 核反冲丢失机理研究——以浙江长兴地区 P-T 界线粘土岩为例.地质论评,52(4):556~561

张艳斌,吴福元,李惠民,路孝平,孙德有,周红英.2002.吉林黄泥岭花岗岩体的单颗粒锆石 U-Pb 年龄.岩石学报,18(4):475~481

张贻侠,孙运生,张兴洲,杨宝俊.1998.中国满洲里-绥芬河地学断面.北京:地质出版社

张渝昌.1997.中国含油气盆地原型分析.南京:南京大学出版社.5~97

张岳桥,董树文.2008.郯庐断裂带中生代构造演化史:进展与新认识.地质通报,27(9):1371~1390

张岳桥,董树文,李建华,崔建军,施炜,苏金宝,李勇.2012.华南中生代大地构造研究新进展.地球学报,33(3):257~279

张岳桥,董树文,李建华,施炜.2011.中生代多向挤压构造作用与四川盆地的形成和改造.中国地质,38(2):233~250

张岳桥,董树文,赵越,张田.2007a.华北侏罗纪大地构造:综评与新认识.地质学报,81(11):1462~1480

张岳桥,廖昌珍,施炜,张田,郭芳芳.2007b.论鄂尔多斯盆地及其周缘侏罗纪变形.地学前缘,14(2):182~196

张岳桥,李金良,张田,袁嘉音.2007c.胶东半岛牟平-即墨断裂带晚中生代运动学转换历史.地质论评,53(3):289~300

张岳桥,李金良,张田,董树文,袁嘉音.2008.胶莱盆地及其邻区白垩纪—古新世沉积构造演化历史及其区域动力学意义.地质学报,82:1229~1257

张岳桥,施炜,李建华,王瑞瑞,李海龙,董树文.2010.大巴山前陆弧型构造带形成机理分析.地质学报,84(9):1300~1315

张岳桥,施炜,廖昌珍,胡博.2006.鄂尔多斯盆地周边断裂运动学分析与晚中生代构造应力体制转换.地质学报,80(5):639~647

张岳桥,徐先兵,贾东,舒良树.2009.华南早中生代从印支期碰撞构造体系向燕山期俯冲构造体系转换的形变记录.地学前缘,16(1):234~247

张招崇,简平,魏罕蓉.2007.江西三清山国家地质公园花岗岩SHRIMP年龄、地质-地球化学特征和岩石成因类型.地质论评,53:28~40

张志强.1992.衡山花岗岩体西缘韧性剪切带的特征、成因及岩体定位机制.湖南地质,11(3):198~202

张志强,朱志澄.1989.衡山复式花岗岩体西缘韧性剪切带磁性组构与变形组构比较研究.河北地质学院学报,12(3):313~324

张忠义,董树文,2009.大巴山西北缘叠加褶皱研究.地质学报,83(7):923~936

赵别全.1982.桃源上白垩统地层中的两种恐龙蛋化石.湖南地质,1(1):55~57

赵红格.2003.鄂尔多斯盆地西部构造特征及演化.西北大学博士研究生学位论文,1~133

赵俊峰,刘池洋,梁积伟,王晓梅,喻林,黄雷,刘永涛.2010.鄂尔多斯盆地直罗组—安定组沉积期原始边界恢复.地质学报,84(4):553~568

赵俊峰,刘池洋,赵建设,王晓梅.2008.鄂尔多斯盆地侏罗系直罗组沉积相及其演化.西北大学学报(自然科学版),38(3):480~486

赵俊兴,陈洪德,张锦泉.1999.鄂尔多斯盆地下侏罗统富县组沉积体系及古地理.岩相古地理,19(5):40~46

赵孟为,Ahrendt H,Wemmer K,Behr H J.1996.鄂尔多斯盆地志留-泥盆纪和侏罗纪热事件——伊利石K-Ar年龄的证据.地质学报,70(2):186~194

赵鹏,姜耀辉,廖世勇,周清,靳国栋.2010.赣东北鹅湖岩体SHRIMP锆石U-Pb年龄、Sr-Nd-Hf同位素地球化学与岩石成因.高校地质学报,16(2):218~225

赵文津.2003.岩石圈深部探测与青藏高原研究.中国工程科学,5(2):1~15

赵文津,Nelson K D,车敬凯,Brown L D,徐中信,Kuo J T.1996.深反射地震揭示喜马拉雅地区地壳上地幔的复杂结构.地球物理学报,39(5):615~628

赵文津,吴珍汉,史大年,熊嘉育,薛光琦,宿和平,胡道功,叶培盛.2008.国际合作INDEPTH项目横穿青藏高原的深部探测与综合研究.地球学报,29(3):328~342

赵越.1990.燕山地区中生代造山运动及构造演化.地质论评,36(1):1~13

赵越,陈斌,张拴宏,刘建民,胡健民,刘健,裴军令.2010.华北克拉通北缘及邻区前燕山期主要地质事件.中国地质,37(4):900~915

赵越,崔盛芹,郭涛,徐刚.2002.北京西山侏罗纪盆地演化及其构造意义.地质通报,21(4-5):211~217

赵越,宋彪,张拴宏,刘健.2006.北京西山侏罗纪南大岭组玄武岩的继承锆石年代学及其含义.地学前缘,13(2):184~190

赵越,徐刚,张拴宏,杨振宇,张岳桥,胡健民.2004a.燕山运动与东亚构造体制的转变.地学前缘,11(3):319~328

赵越,杨振宇,马醒华.1994.东亚大地构造发展的重要转折.地质科学,29(2):105~114

赵越,张拴宏,徐刚,杨振宇,胡健民.2004b.燕山板内变形带侏罗纪主要构造事件.地质通报,23(9-10):854~863

赵振华,包志伟,张伯友.1998.湘南中生代玄武岩类地球化学特征.中国科学(D辑):地球科学,28:7~14

赵振华,包志伟,张伯友,熊小林.2000.柿竹园超大型钨多金属矿床形成的壳幔相互作用背景.中国科学(D辑):地球科学,30:161~168

赵帧祥,杜晋峰.2007.晋东北地区燕山运动的基本特征——来自1:25万应县幅区域地质调查的总结.地质力学学报,13(2):150~162

浙江省地质矿产局.1989.浙江省区域地质志.北京:地质出版社.166~188

郑贵州.1998.沅麻盆地白垩系地层层序及盆地演化.湖南地质,17(2):91~95

郑基俭.1995.花岗岩单元–超单元填图的理论基础划分标志与归并原则——以湖南省花岗岩划分成果和桂东试验区为例.湖南地质,14(4):200~204

郑天发,傅宜兴.1996.江汉盆地反转构造地球物理特征及盆地演化.海相油气地质,1(4):10~12

郑天发,傅宜兴.1997.江汉盆地反转构造类型及分布特征.石油勘探与开发,24(6):36~38

郑亚东,Davis G A,王琮,Darby B J,张长厚.2000.燕山带中生代主要构造事件与板块构造背景问题.地质学报,74(4):289~302

钟福平,钟建华,王毅,由伟丰,杨伟利,郑孟林.2011.银根–额济纳旗盆地苏红图坳陷早白垩世火山岩对阿尔金断裂研究的科学意义.地学前缘,18:233~240

周建波,胡克.1998.晋宁期的构造活动及性质.地震地质,38(3):208~212

周涛发,范裕,袁峰,张乐骏,马良,钱兵,谢杰.2011.长江中下游成矿带火山岩盆地的成岩成矿作用.地质学报,85(5):712~730

周新华,张国辉,杨进辉,陈文寄,孙敏.2001.华北克拉通北缘晚中生代火山岩Sr-Nd-Pb同位素填图及其构造意义.地球化学,30:10~23

周新民.2003.对华南花岗岩研究的若干思考.高校地质学报,9(4):556~565

朱炳泉,王一先,王慧芬,陈道公,陈多福.1997.黄山–温州地球化学剖面及廊区解析.地球化学,26(2):1~13

朱弟成,莫宣学,赵志丹.2008.西藏冈底斯带措勤地区则弄群火山岩锆石U-Pb年代学格架及构造意义.岩石学报,24(03):401~412

朱光,徐佑德,刘国生,王勇生,谢成龙.2006.郯庐断裂带中–南段走滑构造特征与变形规律.地质科学,41(2):226~241

朱金初,陈骏,王汝成,陆建军,谢磊.2008.南岭中西段燕山早期北东向含锡钨A型花岗岩带.高校地质学报,14(4):474~484

朱金初,黄革非,张佩华,李福春,饶冰.2003.湘南骑田岭岩体菜岭超单元花岗岩侵位年龄和物质来源研究.地质论评,49(3):245~252

朱金初,王汝成,张佩华,谢才富,张文兰,赵葵东,谢磊,杨策,车旭东,于阿朋,王禄彬.2009.南岭中段骑田岭花岗岩基的锆石U-Pb年代学格架.中国科学(D辑):地球科学,(8):1112~1127

朱金初,张辉,谢才富,张佩华,杨策.2005.湘南骑田岭竹枧水花岗岩的锆石SHRIMP U–Pb年代学和岩石学.高校地质学报,11(3):335~342

朱清波,杨坤光,王艳.2010.庐山变质核杂岩伸展拆离和岩浆作用的年代学约束.大地构造与成矿学, 34(3):391~401

朱日祥,Kazansky A,Matasova G,郭斌,Zykina V,Petrovsky E,Jordanova N.2000.西伯利亚南部黄土沉积物的磁学意义.科学通报,45(11):1200~1205

朱日祥,徐义刚,朱光,张宏福,夏群科,郑天愉.2012.华北克拉通破坏.中国科学(D辑):地球科学,42(8): 1135~1159

朱绅玉.1997.内蒙古色尔腾山–大青山地区推覆构造.内蒙古地质,84:41~48

庄文明,黄友义,陈绍前.2000.粤中印支期花岗岩类的基本特征与成岩构造环境.广东地质,15(3):33~39

Achache J,Courtillot V,Zhou Y X.1984.Paleogeographic and tectonic evolution of southern Tibet since middle Cretaceous time:new paleomagnetic data and synthesis.Journal of Geophysical Research,89(B):10311~10339

Alfredo A,Jose L G.1999.Tectonic and geomorphic controls on the fluvial styles of the Eslida Formation Middle Triassic Eastern Spain.Tectonophysics,315:187~207

Ali J R,Aitchison J C.2005.Greater India.Earth-Science Reviews,72:169~188

Allen C R,Gillespie A R,Han Y,Sieh K E,Zang B,Zhu C.1984.Red River and associated faults Yunnan Province China Quaternary geology slip rates and seismic hazard.Geological Society of America Bulletin,95:686~700

Andersen T.2002.Correction of common lead in U-Pb analyses that do not report ^{204}Pb.Chemical Geology,192:59~79

Anderson D L.1982.Hotspots,polar wander,Mesozoic convection and the geoid.Nature,297:391~393

Andrew C,Delphine R,Charles B,et al.2001.Understanding Mesozoic accretion in Southeast Asia:Significance of Triassic thermotectonism(Indosinian orogeny)in Vietnam.Geology,29(3):211~214

Angelier J.1979.Determination of the mean principal directions of stresses for a given fault population. Tectonophysics,56(3-4):T17~T26

Angelier J.1984.Tectonic analysis of fault slip data sets.Journal of Geophysical Research,89:5835~5848

Angelier J.1989.From orientation to magnitudes in paleostress determinations using fault slip data.Journal of Structural Geology,11(1-2):37~50

Angelier J,Huchon P.1987.Tectonic record of convergence changes in a collision area:the Boso and Miura peninsulas Central Japan.Earth and Planetary Science Letters,81(4):397~408

Ao S J,Xiao W J,Han C M,Li X H,Qu J F,Zhang J E,Guo Q Q,Tian Z H.2012.Cambrian to Early Silurian accretionary process in the Beishan Collage,NW China:implications for architecture of the Altaids.Geological Magazine,149:606~625

Armstrong R L.1982.Cordilleran metamorphic core complexes-from Arizona to south Canada.Annual Review of Earth and Planetary Science,10:129~154

Arnaud N O,Tapponnier P,Roger F,Brunel M,Scharer U,Chen W,Xu Z.2003.Evidence for Mesozoic shear along the western Kunlun and Altyn-Tagh fault,northern Tibet(China).Journal of Geophysical Research,108:2053

Arne D,Worley B,Wilson C,Chen S F,Foster D,Luo Z L,Liu S G,Dirks P.1997.Differential exhumation in response to episodic thrusting along the eastern margin of the Tibetan Plateau.Tecotonophysics,280:239~256

Audley-Charles M G.1984.Cold Gondwana,warm Tethys and the Tibetan Lhasa block.Nature,310:165~166

Bally A W,Chou I M,Clayton R,Eugster H P,Kidwell S,Meckel L D,Ryder R T,Watts A B,Wilson A A.1986. Notes on Sedimentary Basins in China-Report of the American Sedimentary Basins delegation to the People's Republic of China.USGS Open File Report,86~327,108

Bambach R K.2006.Phanerozoic biodiversity mass extinctions.Annual Review of Earth and Planetary Sciences,34: 127~55

Bartolini A,Larson R L.2001.Pacific microplate and the Pangea supercontinent in the Early to Middle Jurassic.

Geology,29(8):735~738

Bathurst R G C. 1975. Carbonate sediments and their diagenesis,2nd ed. Developments in Sedimentology,12:
1~658

Beard K C,Wang B. 1991. Phylogenetic and biogeographic significance of the tarsiiform primate Asiomomys
changbaicus from the Eocene of Jilin Province,Peoples Republic of China. American Journal of Physical
Anthropology,85:159~166

Beck R A,Durbank D W,Sercombe W J,Riley G W,Barndt J K,Jurgen H,Metjle J,Cheema A,Shafique N A,
Lawrence R D,Khan M A. 1995. Stratigraphic evidence for an early collision between northwest India and Asia.
Nature,373:55~58

Bellahsen N,Faccenna C,Funiciello F. 2005. Dynamics of subduction and plate motion in laboratory experiments:
Insights into the "plate tectonics" behavior of the Earth. J Geophys Res,110:B01401. doi:10.
1029/2004jb002999

Bergerat F,Angelier J,Andreasson P G. 2007. Evolution of palaeostress field and brittle deformation of the Tornquist
Zone in Scania(Sweden)during Permo-Mesozoic and Cenozoic times. Tectonophysics,444:93~110

Berzina A P,Berzina A N,Gimon V O. 2014. Geochemical and Sr-Pb-Nd isotopic characteristics of the Shakhtama
porphyry Mo-Cu system (Eastern Transbaikalia,Russia). Journal of Asian Earth Sciences,79:655~665

Besse J,Courtillot V. 1991. Revised and synthetic polar wander paths of the African,Eurasian,North American,and
Indian plates and true polar wander since 200 Ma. Journal of Geophysical Research,96:4029~4050

Besse J,Courtillot V. 2002. Apparent and true polar wander and the geometry of the geomagnetic field over the last
200 Myr. Journal of Geophysical Research,107:1~31

Best J A. 1991. Mantle reflections beneath the Montana Great Plains on consortium for continental reflection
profiling seismic reflection data. Journal of Geophysical Research,96:4279~4288

Bian Q T,Zhu S X,Pospelov I I,Semikhatov M A,Sun S F,Chen D Z,Na C. 2005. Discovery of the Jiawengmen
stromatolite assemblage in the Southern Belt of Eastern Kunlun,NW China and its significance. Acta Geologica
Sinica(English Edition),79:471~480

Bian Q,Luo X,Chen H,Zhao D,Li D. 1999. Zircon U-Pb age of granodioritetonalite in the A'nyemaqen ophiolitic
belt and its tectonic significance. Scientia Geologica Sinica,34:420~426

Bina C R,Kawakatsu H. 2010. Buoyancy bending and seismic visibility in deep slab stagnation. Physics of the Earth
and Planetary Interiors,183:330~340

Black L P,Kamo S L,Aleinikoff J,Davis D W,Korsch R L,Foudoulis C. 2003. Temora 1:A new zircon standard for
Phanerozoic U-Pb geochronology. Chemical Geology,200:155~170

Blichert T J,Albarede F. 1998. The LU-Hf isotope geochemistry of chondrites and the evolution of the mantle—crust
system. Earth and Planetary Science Letters,148:243~258

Bose K,Ganguly J. 1995. Quartz-coesite transition revisited:reversed experimental determination at 500—1200
degrees C and retrieved thermochemical properties. American Mineralogist,80:231~238

Bouchez J L,Lister G S,Nicolas A. 1983. Fabric asymmetry and shear sense in movement zones. Geologische
Rundshau,72:401~419

Bradley D C,Kusky T M,Haeussler P,Rowley D C,Goldfarb R,Nelson S. 2003. Geologic signature of early ridge
subduction in the accretionary wedge,forearc basin,and magmatic arc of south-central Alaska. Geological Society
of America Special Paper,371:19~50

Bruguier O,Lancelot J R,Malavieille J. 1997. U-Pb dating on single detrital zircon grains from the Triassic Songpan-
Ganze flysch(Central China):provenance and tectonic correlations. Earth and Planetary Science Letters,152:217~231

Burchfiel B C, Chen Z, Liu Y, Royden L H. 1995. Tectonics of the Longmen Shan and adjacent regions central China. International Geological Review, 37(8):661 ~ 735

Burchfiel B C, Molnar P, Zhao Z, Liang K, Wang S, Huang M, Sutter J. 1989. Geology of the Ulugh Muztagh area, northern Tibet. Earth and Planetary Sciences Letters, 94:57 ~ 70

Burchfiel B C, Zhang P, Wang Y, Zhang W, Song F, Deng Q, Molnar P, Royden L. 1991. Geology of the Haiyuan Fault Zone Ningxia-Hui Autonomous Region China and its relation to the evolution of the Northeastern Margin of the Tibetan Plateau. Tectonics, 10:1091 ~ 1110

Buslov M M, Fujiwara Y, Iwata K, Semakov N N. 2004. Late Paleozoic—Early Mesozoic geodynamics of central Asia. Gondwana Research, 7:791 ~ 808

Bussien D, Gombojav N, Winkler W, Quadt A. 2011. The Mongol-Okhotsk Belt in Mongolia-an appraisal of the geodynamic development by the study of sandstone provenance and detrital zircons. Tectonophysics, 510:132 ~ 150

Cai J X. 2013. An Early Jurassic dextral strike-slip system in southern South China and its tectonic significance. Journal of Geodynamics, 63: 27 ~ 44

Cai J X, Zhang K J. 2009. A new model for the Indochina and South China collision during the Late Permian to the Middle Triassic. Tectonophysics, 467(1):35 ~ 43

Campbell S D G, Sewell R J, Davis D W, So A C T. 2007. New U-Pb age and geochemical constraints on the stratigraphy and distribution of the Lantau Volcanic Group Hong Kong. Journal of Asian Earth Sciences, 31:139 ~ 152

Canda S G, Stegman D R. 2011. Indian and African plate motions driven by the push force of the Réunion plume head. Nature, 475:47 ~ 52

Cande S C, Leslie R B. 1986. Late Cenozoic tectonics of the southern Chile Trench. Journal of Geophysical Research, 91:471 ~ 496

Carey E. 1979. Recherche des directions principales de contraintes associées au jeu d'une population de failles. Revue de géologie dynamique et de Géographie Physique, 21:57 ~ 66

Carter A, Clift P D. 2008. Was the Indosinian orogeny a Triassic mountain building or a thermotectonic reactivation event? Comptes Rendus Geoscience, 340(2):83 ~ 93

Carter A, Roques D, Bristow C, Kinny P. 2001. Understanding Mesozoic accretion in Southeast Asia: Significance of Triassic thermotectonism(Indosinian orogeny)in Vietnam. Geology, 29(3):211 ~ 214

Chang C F, Chen N S, Coward M P, et al. 1986. Preliminary conclusions of the Royal Society and Academia Sinica, 1985 geotraverse of Tibet. Nature, 323:501 ~ 507

Chang Y F, Liu X P, Wu Y C. 1991. The Copper-Iron Belt of the Lower and Middle Reaches of the Changjiang River. Beijing: Geological Publishing House. 379(in Chinese with English abstract)

Charles N, Gumiaux C, Augier R, Chen Y, Zhu R X, Lin W. 2011. Metamorphic Core Complexes vs. synkinematic plutons in continental extension setting: Insights from key structures (Shandong Province eastern China). Journal of Asian Earth Sciences, 40:261 ~ 278

Charvet J. 2013. The Neoproterozoic — Early Paleozoic tectonic evolution of the South China Block: An overview. Journal of Asian Earth Sciences, 74:198 ~ 209

Charvet J, Faure M. 1989. Some new considerations on the tectonic evolution of southern China, 4th Intern. Symp Pre-Jurassic evolution of east Asia IGCP Project. 224 Reports and Abstract, 1:19 ~ 20

Charvet J, Faure M, Xu J W, Zhu G, Tong W X, Lin S F. 1990. La zone tectonique de Changle-Nanao Chine du sud-est. Paris: Comptes Rendus de Academie Bulgare des Sciences, 310 Ser II. 1271 ~ 1278

Charvet J, Lapierre H, Yu Y. 1994. Geodynamic significance of the Mesozoic volcanism of southeastern China. Journal of Southeast Asian Earth Sciences, 68:387 ~ 396

Charvet J, Shu L S, Faure M, Choulet F, Wang B, Lu H F, Le Breton N. 2010. Structural development of the lower Paleozoic belt of South China: genesis of an intracontinental orogen. Journal of Asian Earth Sciences, 39:309～330

Charvet J, Shu L S, Shi Y S, Guo L Z, Faure M. 1996. The building of south China: collision of Yangzi and Cathaysia blocks problems and tentative answers. Journal of Southeast Asian Earth Sciences, 13(3):223～235

Chauvin A, Perroud H, Bazhenov M L. 1996. Anomalous low palaeomagnetic inclinations from Oligocene-lower Miocene red beds of south-west Tien Shan central Asia. Geophysical Journal International, 126:303～313

Chen A. 1998. Geometric and kinematic evolution of basement-cored structures: intraplate orogenesis within the Yanshan Orogen northern China. Tectonophysics, 292:17～42

Chen A. 1999. Mirror-image thrusting in the south China orogenic belt: tectonic evidence from western Fujian southeastern China. Tectonophysics, 305:497～519

Chen B, Xu B. 1996. The main characteristics and tectonic implications of two kinds of Paleozoic granitoids in Sunidzuoqi central Inner Mongolia. Acta Petrologica Sinica, 12:546～561

Chen B, Jahn B M, Wilde S, Xu B. 2000. Two contrasting Paleozoic magmatic belts in northern Inner Mongolia China: petrogenesis and tectonic implications. Tectonophysics, 328:157～182

Chen B, Jahn B M, Zhai M G. 2003. Sr-Nd isotopic characteristics of the Mesozoic magmatism in the Taihang-Yanshan orogen north China craton and implications for Archean lithosphere thinning. Journal of the Geological Society, 160:963～970

Chen B, Tian W, Jahn B M, Chen Z C. 2008. Zircon SHRIMP U-Pb ages and in-situ Hf isotopic analysis for the Mesozoic intrusions in south Taihang North China Craton: evidence for hybridization between mantle-derived magmas and crustal components. Lithos, 102:118～137

Chen C H, Heieh P S, Wang K L, Yang H, Lin W, Liang Y H, Lee C Y, Yang H C. 2010a. Zircon LA-ICP MS U-Pb ages and Hf isotopes of Huayu(Penghu Islands)volcanics in the Taiwan Strait and tectonic implication. Journal of Asian Earth Sciences, 37:17～30

Chen C H, Hsieh P S, Lee C Y, Zhou H W. 2010b. Two episodes of the Indosinian thermal event on the South China Block: Constraints from LA-ICPMS U-Pb zircon and electron microprobe monazite ages of the Darongshan S-type granitic suite. Gondwana Research, 19:1008～1023

Chen C H, Lee C Y, Lu H Y, Hsieh P S. 2008a. Generation of Late Cretaceous silicic rocks in SE China: age major element and numerical simulation constraints. Journal of Asian Earth Sciences, 31:479～498

Chen C H, Lee C Y, Shinjo R. 2008b. Was there Jurassic paleo-Pacific subduction in South China? Constraints from, $^{40}Ar/^{39}Ar$ dating elemental and Sr-Nd-Pb isotopic geochemistry of the Mesozoic basalts. Lithos, 106:83～92

Chen C H, Lin W, Lee C Y, Tien J L, Lu H Y, Lai Y H. 2000. Cretaceous fractionated I-type granitoids and metaluminous A-type granites in SE China: the Late Yanshanian post-orogenic magmatism. Transaction Royal Society of Edinburgh, Earth Science, 91:195～205

Chen D, Sun Y, Liu L. 2007. The metamorphic ages of the country rocks of the Yukahe eclogites in the northern margin of Qaidam Basin and its geological significance. Earth Science Frontiers, 108～116

Chen H H, Dobson J, Heller F, Hao J. 1995. Paleomagnetic evidence for clockwise rotation of the Simao region since the Cretaceous: a consequence of India-Asia Collision. Earth and Planetary Science Letters, 134:203～217

Chen J F, Jahn B M. 1998. Crustal evolution of southeastern China: Nd and Sr isotopic evidence. Tectonophysics, 284:101～133

Chen J F, Foland K A, Xing F M, Xu X, Zhou T X. 1991. Magmatism along the southeast margin of the Yangtze block: Precambrian collision of the Yangtze and Cathysia blocks of China. Geology, 19(8):815～818

Chen J F, Xie Z, Li H M, Zhang X D, Zhou T X, Park Y S, Ahn K S, Chen D G, Zhang X. 2003. U-Pb zircon ages for a collision-related K-rich complex at Shidao in the Sulu ultrahigh pressure terrane China. Geochemical Journal,37:35~46

Chen J F,Yan J,Xie Z,Xu X,Xing F. 2001. Nd and Sr isotopic compositions of igneous rocks from the lower Yangtze region in eastern China:constraints on sources. Physics and Chemistry of the Earth Part:Solid Earth and Geodesy,26(9-10):719~731

Chen J S,Huang B C,Sun L S. 2010. New constrains to the onset of the India-Asiacollision:Paleomagnetic reconnaissance on the Linzizong Group in the Lhsaa Block China. Tectonophysics,489:189~209

Chen L,Berntsson F,Zhang Z J,et al. 2013. Seismically constrained thermo-rheological structure of the eastern Tibetan margin:Implication for lithospheric delamination. Tectonophysics. http://dxDoiOrg/10. 1016/j. tecto. 2013. 11. 005

Chen L,Sun Y,Pei X Z,Gao M,Feng T,Zhang Z Q,Chen W. 2001. Northernmost paleo-tethyan oceanic basin in Tibet:geochronological evidence from, ^{40}Ar/^{39}Ar age dating of Dur'ngoi ophiolite. Chinese Science Bulletin,46: 1203~1205

Chen N,Sun M,He L,Zhang K,Wang G. 2002. Precise timing of the Early Paleozoic metamorphism and thrust deformation in the Eastern Kunlun orogen. Chinese Science Bulletin,47:1130~1133

Chen N,Sun M,Zhang K,Zhu Y. 2001. ^{40}Ar/^{39}Ar and U-Pb ages of metadiorite from the East Kunlun Orogenic Belt:evidence for Early-Paleozoic magmatic zone and excess argon in amphibole minerals. Chinese Science Bulletin,46:330~333

Chen P F,Bina C R,Okal E A. 2004. A global survey of stress orientations in subducting slabs as revealed by intermediate-depth earthquakes. Geophysical Journal International,159:721~733

Chen P R,Zhou X M,Zhang W L,et al. 2004. Early Yanshanian post-orogenic granitoids in the Nanling region-Petrological constraints and geodynamic settings. Science in China Series D Earth Science,45(8):755~764

Chen S,Wilson C. 1996. Emplacement of the Longmen Shan Thrust-Nappe Belt along the eastern margin of the Tibetan Plateau. Journal of Structural Geology,18:413~430

Chen W S,Yang H C,Wang X,Huang H. 2002. Tectonic setting and exhumation history of the Pingtan-Dongshan metamorphic belt along the coastal area Fujian Province Southeast China. Journal of Asian Earth Sciences. 20: 829~840

Chen W,Yang T,Zhang S,et al. 2012. Paleomagnetic results from the Early Cretaceous Zenong Group volcanic rocks Cuoqin Tibet and their paleogeographic implications. Gondwana Research,22(2):461~469

Chen X H,George G,Yin A,Li L,Jiang R B. 2012. Paleozoic and Mesozoic basement magmatisms of Eastern Qaidam Basin Northern Qinghai-Tibet Plateau:LA-ICP-MS zircon U-Pb geochronology and its geological significance. Acta Geologica Sinica,86(2):350~369

Chen X H,Yin A,Gehrels G E,et al. 2003. Two phases of Mesozoic north-south extension in the eastern Altyn Tagh range northern Tibetan Plateau. Tectonics,22(5):1053

Chen Y,Cogne J P,Courtillot V. 1993. Cretaceous paleomagnetic results from western Tibet and tectonic implications. Journal of Geophysical Research,98(B):17981~17999

Chen Y,Gilder S,Halim N,Cogné J P,Courtillot V. 2002. New paleomagnetic constraints on central Asian kinematics:Displacement along the Altyn Tagh fault and rotation of the Qaidam Basin. Tectonics,21:1042

Chen Y,Wu H N,Courtillot V,et al. 2002. Large N-S convergence at the northern edge of the Tibetan Plateau:New Early Cretaceous paleomagnetic data from Hexi Corridor NW China. Earth and Planetary Science Letters,201: 293~307

Chen Z,Burchfiel B C,Liu Y,King R W,Royden L H,Tang W,Wang E,Zhao J,Zhang X. 2000. Global positioning system measurements from eastern Tibet and their implications for India/Eurasia intercontinental deformation. Journal of Geophysical Research,105(16):215~227

Cheng C,Chen L,Yao H J,et al.2013. Distinct variations of crustal shear wave velocity structure and radial anisotropy beneath the North China Craton and tectonic implications. Gondwana Research,23:25~38

Chough S K,Sohn Y K.2010. Tectonic and sedimentary evolution of a Cretaceous continental arc-backarc system in the Korean peninsula: new view. Earth-Science Reviews,101: 225~249

Chough S K,Kwon S T,Ree J H,Choi D K.2000. Tectonic and sedimentary evolution of the Korean peninsula: a review and new view. Earth-Science Reviews,52:175~235

Christensen U.2001. Geodynamic models of deep subduction. Phys Earth Planet Inter,127:25~34. doi:10.1016/ S0031-9201(01)00219-9

Chu Y,Faure M,Lin W,Wang Q C,Ji W B.2012. Tectonics of the Middle Triassic intracontinental Xuefengshan Belt South China: new insights from structural and chronological constraints on the basal décollement zone. International Journal of Earth Sciences,101(8):2125~2150

Chung S L,Lo C H,Lee T Y,Zhang Y Q,W Y,Xie X H,Li K L,Wang P L.1998. Diachronous uplift of the Tibetan plateau starting,40 Myr ago. Nature,394:769~773

Cloetingh S,Catalano R,D'Argenio B,et al.1999. Basin dynamics and basin fill: models and constraints. Tectonophysics,315(1-4):1~13

Cluzel D.1992. Formation and tectonic evolution of Early Mesozoic intramontane basins in the Ogcheon belt(South Korea):a reappraisal of the Jurassic "Daebo orogeny". Journal of Southeast Asian Earth Sciences,7:223~235

Cogné J P,Besse J,Chen Y,et al.2013. A new Late Cretaceous to Present APWP for Asia and its implications for paleomagnetic shallow inclinations in Central Asia and Cenozoic Eurasian plate deformation. Geophysical Journal International,192(3):1000~1024

Cogné J P,Kravchinsky V A,Halim N,Hankard F.2005. Late Jurassic—Early Cretaceous closure of the Mongol-Okhotsk Ocean demonstrated by new Mesozoic palaeomagnetic results from the Trans-Baïkal area(SE Siberia). Geophysical Journal International,163:813~832

Cole R B,Stewart B W.2009. Continental margin volcanism at sites of spreading ridge subduction:examples from southern Alaska and western California. Tectonophysics,464:118~136

Collettini C.2011. The mechanical paradox of low-angle normal faults:current understanding and open questions. Tectonophysics,510:253~268

Compston W,Williams I S,Kirschvink J L,Zhang Z,Ma G.1992. Zircon U-Pb ages for the Early Cambrian time-scale. Journal of the Geological Society,149:171~184

Compston W,Williams I S,Mcyer C.1984. U-Pb geochronology of zircons from lunar breccia using a sensitive high massresolution microprobe. Journal of Geophysical Research,89:325~534

Cook F A,Vasudevan K.2003. Are there relict crustal fragments beneath the Moho? Tectonics,22(3):1026

Cooke D R,Hollings P,Walsh J L.2005. Giant porphyry deposits:Characteristics distribution tectonic controls. Economic Geology,100:801~818

Cope T D,Shultz M R,Graham S A.2007. Detrital record of Mesozoic shortening in theYanshan belt NE China: testing structural interpretations with basin analysis. Basin Research,19:253~272

Copley A,Avouac J P,Royer J Y.2010. India-Asia collision and the Cenozoic slowdown of the Indian plate: implications for the forcesdriving plate motions. Journal of Geophysical Research,115:B03410

Corfu F,Hanchar J M,Hoskin P W O,Kinny P.2003. Altas of zircon textures. Reviews in Mineralogy and Geochemistry,53:469~500

Coward M P, Butler R W H, Khan M A, Knipe R J. 1987. The tectonic history of Kohistan and its implication for Himalayan structure. Journal of the Geological Society, 144:377 ~ 391

Cowgill E, Gold R D, Xuanhua C, Xiao F W, Arrowsmith J R, Southon J. 2009. Low Quaternary slip rate reconciles geodetic and geologic rates along the Altyn Tagh fault northwestern Tibet. Geology, 37:647 ~ 650

Cowgill E, Yin A, Harrison T M, Wang X F. 2003. Reconstruction of the Altyn Tagh fault based on U-Pb geochronology: Role of back thrusts mantle sutures and heterogeneous crustal strength in forming the Tibetan plateau. Journal of Geophysical Research, 108:2346

Craddock W, Kirby E, Zhang H. 2011. Late Miocene-Pliocene range growth in the interior of the northeastern Tibetan Plateau. Lithosphere, 3:420 ~ 438

Cui J J, Liu X C, Dong S W, Hu J M. 2012. U-Pb and ^{40}Ar/^{39}Ar geochronology of the Tongbai complex central China: implications for Cretaceous exhumation and lateral extrusion of the Tongbai-Dabie HP/UHP terrane. Journal of Asian Earth Sciences, 47:155 ~ 170

Cui J J, Zhang Y Q, Dong S W, Jahn B M, Xu X B, Ma L C. 2013. Zircon U-Pb geochronology of the Mesozoic metamorphic rocks and granitoids in the coastal tectonic zone of SE China: constraints on the timing of Late Mesozoic orogeny. Journal of Asian Earth Sciences, 62:237 ~ 252

Cunningham D. 2005. Active intracontinental transpressional mountain building in the Mongolian Altai: defining a new class of orogen. Earth and Planetary Science Letters, 240:436 ~ 444

Cí Žková H, Bina C R. 2012. Time-varying subduction and rollback velocities in slab stagnation and buckling. Eos Trans AGU, 93, Fall Meet Suppl, Abst DI11A-2394

Daoudene Y, Gapais D, Ledru P, Cocherie A, Hocquet S, Donskaya T V. 2009. The Ereendavaa Range (north-eastern Mongolia): an additional argument for Mesozoic extension throughout eastern Asia. Int J Earth Sci, 98 (6):1381 ~ 1393

Daoudene Y, Ruffet G, Cocherie A, Ledru P, Gapais D. 2013. Timing of exhumation of the Ereendavaa metamorphic core complex north-eastern Mongolia U-Pb and ^{40}Ar/^{39}Ar constraints. Journal of Asian Earth Sciences, 62:98 ~ 116

Darby B J, Ritts B D. 2002. Mesozoic contractional deformation in the middle of the Asian tectonic collage: the intraplate Western Ordos fold-thrust belt China. Earth and Planetary Science Letters, 205:13 ~ 24

Darby B J, Davis G A, Zheng Y D. 2001. Structural evolution of the southwestern Daqing Shan, Yinshan belt, Inner Mongolia, China. GSA Memoirs, 194:199 ~ 214

Darby B J, Ritts B D, Yue Y, Meng Q. 2005. Did the Altyn Tagh fault extend beyond the Tibetan Plateau? Earth and Planetary Science Letters, 240:425 ~ 435

Davis D W, Sewell R J, Campbell S D G. 1997. U-Pb dating of Mesozoic igneous rocks from Hong Kong. Journal of Geological Society of London, 15:1067 ~ 1076

Davis G A. 2003. The Yanshan Belt of North China: tectonics adakitic magmatism and crustal evolution. Earth Science Frontiers, 10:373 ~ 384 (in English with Chinese abstract)

Davis G A. 2005. The Late Jurassic "Tuchengzi/Houcheng" Formation of the Yanshan fold-thrust belt: an analysis. Earth Science Frontiers, 12(4):331 ~ 345 (in English with Chinese abstract)

Davis G A, Darby B J. 2010. Early Cretaceous overprinting of the Mesozoic Daqing Shan fold-and-thrust belt by the Hohhot metamorphic core complex Inner Mongolia China. Geoscience Frontiers, 1:1 ~ 20

Davis G A, Darby B J, Zheng Y, Spell T L. 2002. Geometric and temporal evolution of an extensional detachment fault Hohhot metamorphic core complex Inner Mongolia China. Geology, 30:1003 ~ 1006

Davis G A, Meng J, Cao W, Du X. 2009. Triassic and Jurassic tectonics in the eastern Yanshan belt north China: Insights from the controversial Dengzhangzi Formation and its neighboring units. Earth Science Frontiers, 16:69 ~ 86

Davis G A, Qian X, Zheng Y, Tong H, Yu H, Gehrels G, Shafiqullah M, Fryxell J. 1996. Mesozoic deformation and plutonism in the Yunmeng Shan: A metamorphic core complex north of Beijing China. In: Yin A, Harrison T M (eds). The Tectonic Evolution of Asia. Cambridge U K: Cambridge University Press. 253 ~ 280

Davis G A, Wang C, Zheng Y, Zhang J, Zhang C, Gehrels G E. 1998. The enigmatic Yinshan fold-and-thrust belt of northern Chin: new views on its intraplate contractional styles. Geology, 26:43 ~ 46

Davis G A, Xu B, Zheng Y D, Zhang W J. 2004. Indosinian extension in the Solonker Suture Zone: the Sonid Zuoqi metamorphic core complex Inner Mongolia China. Earth Science Frontiers, 11:135 ~ 144

Davis G A, Zheng Y, Wang C, Darby B J, Zhang C, Gehrels G. 2001. Mesozoic tectonic evolution of the Yanshan fold and thrust belt with emphasis on Hebei and Liaoning provinces northern China in Paleozoic and Mesozoic Tectonic Evolution of Central Asia: from continental Assembly to Intracontinental Deformation. Geological Society of America, 194:171 ~ 197

Davis G H, Coney P J. 1979. Geologic development of the Cordilleran metamorphic core complexes. Geology, 7:120 ~ 124

Davis G H, Gardulski A F, Lister G S. 1987. Shear origin of quartzite mylonite and mylonitic pegmatite in the Coyote Mountain metamorphic core complex Arizona. Journal of Structural Geology, 9:289 ~ 297

De Grave J, Buslov M M, Van den Haute P. 2007. Distant effects of India-Eurasia convergence and Mesozoic intra-continental deformation in Central Asi: Constraints from apatite fission-track thermochronology. Journal of Asian Earth Sciences, 29:188 ~ 204

Dean W E, Arthur M A. 1998. Geochemical expressions of cyclicity in Cretaceous pelagic limestone sequences: Niobrara Formation, Western Interior Seaway. SEPM Concepts Sedimentol Paleontol, 6:227 ~ 255

DeCelles P G, Gehrels G E, Najman Y, Martin A J, Carter A, Garzanti E. 2004. Detrital geochronology and geochemistry of Cretaceous-Early Miocene strata of Nepal: implications for timing and diachroneity of initial Himalayan orogenesis. Earth and Planetary Science Letters, 227:313 ~ 330

DeCelles P G, Robinson D M, Zandt G. 2002. Implications of shortening in the Himalayan fold-thrust belt for uplift of the Tibetan Plateau. Tectonics, 21:1062

Defant M J, Drummond M S. 1990. Derivation of some modern arc magmas by melting of young subducted lithosphere. Nature, 347:662 ~ 665

Delvaux D, Sperner B. 2003. New aspects of tectonic stress inversion with reference to the TENSOR program. Geological Society London Special Publications, 212(1):75 ~ 100

Delvaux D, Kervyn F, Macheyeki A S, Temu E B. 2012. Geodynamic significance of the TRM segment in the East African Rift(W-Tanzania): Active tectonics and paleostress in the Ufipa plateau and Rukwa Basin. Journal of Structural Geology, 37(0):161 ~ 180

Delvaux D, Moeys R, Stapel G, Petit C, Levi K, Miroshnichenko A, Ruzhich V, San K V. 1997. Paleostress reconstructions and geodynamics of the Baikal region central Asia Part, 2 Cenozoic rifting. Tectonophysics, 282(1):1 ~ 38

Deng J F, Su S G, Mo X, Zhao G C, Xiao Q, Ji G, Qiu R, Zhao H, Luo Z, Wang Y, Liu C. 2004. The sequence of magmatic-tectonic events and orogenic processes of the Yanshan belt North China. Acta Geologica Sinica, 78(1): 260 ~ 266(English Edition)

Deng J F, Su S G, Niu Y L, Liu C, Zhao G C, Zhao X G, Zhou S, Wu Z X. 2007. A possible model for the lithospheric thinning of North China Craton: Evidence from the Yanshanian (Jura-Cretaceous) magmatism and tectonic deformation. Lithos, 96:22 ~ 35

Deng Y F, Zhang Z J, Badal J, et al. 2013. 3-D density structure under South China constrained by seismic velocity and gravity data. Tectonophysics. http://dx.doi.org/10.1016/j.tecto.2013.07.032

Deprat J. 1914. Etude des plissements et des zones décrasement de la moyenne et de la basse Rivière Noire. Mémoire du Service Géologique Indochine,3:1~59

Dewey J F,Cande S,Pitman W C. 1989. Tectonic evolution of the India-Eurasia collision zone. Eclogae Geologicae Helvetiae,82:717~734

Dewey J F,Shackleton R M,Chang C F,Sun Y Y. 1988. The tectonic evolution of the Tibetan Plateau Philos. Royal Society of London Series. A327:379~413

Dickinson W R. 1985. Interpreting provenance relations from detrital models of sandstones. In:Zuffa G G(ed). Provenance of Arenites. Dordrecht:Reidel. 333~361

Dickinson W R,Beard L S,Brakenridge G R,Ferguson R C,Inman K F,Knepp P A,Lindberg F A,Ryberg P T. 1983. Provenance of North American Phanerozoic sandstones in relation to tectonic setting. Geological Society of American Bulletin,94:222~235

Ding L X,Ma C Q,Li J W,Robinson P T,Deng X D,Zhang C,Xu W C. 2011. Timing and genesis of the adakitic and shoshonitic intrusions in the Laoniushan complex southern margin of the North China Craton:Implications for post-collisional magmatism associated with the Qinling Orogen. Lithos,126:212~232

Ding X,Chen P R,Chen W F. 2006. Single zircon LA-ICP MS U-Pb dating of Weishan granite(Hunan South China)and its petrogenetic significance. Science in China Series D Earth Science,49:816~827

Dinter D A,Macfarlane A,Hames W,Isachsen C,Bowring S,Royden L. 1995. U-Pb and,^{40}Ar/^{39}Ar geochronology of the Symvolon granodiorite:implications for the thermal and structural evolution of the Rhodope metamorphic core complex northeastern Greece. Tectonics,14:886~908

Doglioni C,Carminati E,Cuffaro M,Scrocca D. 2007. Subduction kinematics and dynamic constraints. Earth-Science Reviews,83:125~175

Dong S W,Gao R,Cong B,Zhao Z,Liu X C,Li S Z,Li Q,Huang D. 2004. Crustal structure of the southern Dabie ultrahigh-pressure orogen and Yangtze foreland from deep seismic reflection profiling. Terra Nova,16:319~324

Dong S W,Gao R,Yin A,Guo T L,Zhang Y Q,Hu J M,Li J H,Shi W,Li Q S. 2013. What drove continued continent-continent convergence after ocean closure? Insights from high-resolution seismic-reflection profiling across the Daba Shan in central China. Geology,41(6):671~674

Dong S W,Li Q,Gao R,Liu F,Xu P,Liu X C,Xue H,Guan Y. 2008a. Moho-mapping in the Dabie ultrahigh-pressure collisional orogen central China. American Journal of Science,308:517~528

Dong S W,Zhang Y Q,Chen X H,Long C X,Wang T,Yang Z Y,Hu J M. 2008b. The Formation and deformational characteristics of East Asia multi-direction convergent tectonic system in Late Jurassic. Acta Geoscientica Sinica,29(3):306~317

Dong S W,Zhang Y Q,Gao R,Su J B,Liu M,Li J H. 2015a. A possible buried Paleoproterozoic collisional orogen beneath central South China:Evidence from seismic-reflection profiling. Precambrian Research,264:1~10

Dong S W,Zhang Y Q,Long C X,Yang Z Y,Ji Q,Wang T,Hu J M,Chen X H. 2008c. Jurassic tectonic revolution in China and new interpretation of the"Yanshan Movement". Acta Geologica Sinica(English Edition),82:334~347

Dong S W,Zhang Y Q,Wu Z H,et al. 2008d. Surface rupture and co~seismic displacement produced by the Ms 8. 0 Wenchuan Earthquake of May,12th,2008 Sichuan China:Eastwards growth of the Qinghai-Tibet Plateau. Acta Geologica Sinica(English Edition),82(5):938~948

Dong S W,Zhang Y Q,Zhang F Q,et al. 2015. Late Jurassic-Early Cretaceous continental convergence and intracontinental orogenesis in East Asia:a synthesis of the Yanshan Revolution. Journal of Asian Earth Sciences, 114:750~770

Dong Y P,Zhang G W,Neubauer F,Liu X M,Genser J,Hauzenberger C. 2011. Tectonic evolution of the Qinling orogen, China: review and synthesis. Journal of Asian Earth Sciences, 41:213 ~ 237

Donskaya D P, Gladkochub A M, Mazukabzoy A V I. 2013. Late Paleozoic-Mesozoic subduction-related magmatism at the southern margin of the Siberian continent and the 150 million-year history of the Mongo-Okhotsk Ocean. Journal of Asian Earth Sciences, 62(30):79 ~ 97

Donskaya T V, Windley B F, Mazukabzov A M, Kröner A, Sklyarov E V, Gladkochub D P, Ponomarchuk V A, Badarch G, Reichow M K, Hegner E. 2008. Age and evolution of Late Mesozoic metamorphic core complexes in southern Siberia and northern Mongolia. Journal of the Geological Society, 165:405 ~ 421

Donskaya T V. 2013. Late Paleozoic-Mesozoic subduction-related magmatism at the southern margin of the Siberian continent and the 150 million-year history of the Mongol-Okhotsk Ocean. Journal of Asian Earth Sciences, 62:79 ~ 97

Douce A E P. 1997. Generation of metaluminous A-type granites by low-pressure melting of calc-alkaline granitoids. Geology, 25(8):743 ~ 746

Dumitru T A, Zhou D, Chang E Z, et al. 2001. Uplift exhumation, and deformation in Chinese Tian Shan. In: Hendrix M S(ed). Paleozoic and Mesozoic tectonic evolution of central Asia: from continental assembly to intra-continental deformation. Geological Society of America Memoir, 194:71 ~ 99

Dupont-Nivet G, Butler R F, Yin A, Chen X. 2002. Paleomagnetism indicates no Neogene rotation of the Qaidam Basin in northern Tibet during Indo-Asian collision. Geology, 30:263 ~ 266

Dupon-Nivet G, Lippert P C, Van Hinsbergen D J J, et al. 2010. Palaeolatitude and age of the Indo-Asia collision: palaeomagnetic constraints. Geophysical Journal International, 182:1189 ~ 1198

Dyksterhuis S, Müller R D. 2008. Cause and evolution of intraplate orogeny in Australia. Geology, 36(6):495 ~ 498

Dypvik H, Harris N B. 2001. Geochemical facies analyses of fine-grained siliciclastics using Th/U, Zr/Rb and (Zr+Rb)/Sr ratios. Chemical Geology, 181:131 ~ 146

Dziewonski A M, Anderson D L. 1981. Preliminary reference earth model. Physics of The Earth and Planetary Interiors, 25:297 ~ 356

Eaton G P. 1982. The Basin and Range Province: origin and tectonic significance. Annu Rev Earth Planet Sci, 10:409 ~ 440

Eberth D A, Brinkman D B, Chen P J, Yuan F T, Wu S Z, Li G, Cheng X S. 2001. Sequence stratigraphy, paleoclimate patterns, and vertebrate fossil preservation in Jurassic-Cretaceous strata of the Junggar Basin, Xinjiang Autonomous Region, People's Republic of China. Can J Earth Sci, 38:1627 ~ 1644

Egawa K, Lee Y I. 2009. Jurassic synorogenic basin filling in western Korea: sedimentary response to inception of the western Circum-Pacific orogeny. Basin Research, 21:407 ~ 431

Engebretson D C, Cox A, Gordon R G. 1985. Relative motions between oceanic and continental plates in the Pacific basins. Spec Pap, Geological Society of America, 206:1 ~ 59

England P, Houseman G A. 1986. Finite strain calculations of continental deformation comparison with the India Asia collision. Journal of Geophysical Research, 91:3664 ~ 3667

England P, Houseman G A. 1989. Extension during continental convergence with application to the Tibetan Plateau. Journal of Geophysical Research, 94(B12):17561 ~ 17579

English J M, Johnston S T. 2004. The Laramide Orogeny: What were the driving forces? International Geology Review, 46:833 ~ 838

Enkelmann E, Weislogel A, Ratschbacher L, Eide E, Renno A, Wooden J. 2007. How was the Triassic Songpan-Ganzi Basin filled? Tectonics, 26:TC4007

Enkin R J, Yang Z Y, Courtillot V. 1992. Paleomagnetic constraints on the geodynamic history of the major blocks of China from the Permian to the present. Journal of Geophysical Research, 97:13953 ~ 13989

Espurt N, Funiciello F, Martinod J, Guilaume B, Regard V, Faccenna C, Brusset S. 2008. Flat subduction dynamics and deformation of the South American Plate: insights from analog modeling. Tectonics, 27: TC3011

Etchecopar A, Vasseur G. 1987. A 3-D kinematic model of fabric development in polycrystalline aggregates: comparisons with experimental and natural examples. Journal of Structural Geology, 9(5-6): 705~717

Fang X, Garzione C, Van der Voo R, Li J, Fan M. 2003. Flexural subsidence by, 29 Ma on the NE edge of Tibet from the magnetostratigraphy of Linxia Basin China. Earth and Planetary Science Letters, 210: 545~560

Fang X, Yan M, Van der Voo R, Rea D K, Song C, Parés J M, Gao J, Nie J, Dai S. 2005. Late Cenozoic deformation and uplift of the NE Tibetan Plateau: Evidence from high-resolution magnetostratigraphy of the Guide Basin Qinghai Province China. Geological Society of America Bulletin, 117: 1208~1225

Fang X, Zhang W, Meng Q, Gao J, Wang X, King J, Song C, Dai S, Miao Y. 2007. High-resolution magnetostratigraphy of the Neogene Huaitoutala section in the eastern Qaidam Basin on the NE Tibetan Plateau Qinghai Province China and its implication on tectonic uplift of the NE Tibetan Plateau. Earth and Planetary Science Letters, 258: 293~306

Faure M, Pons J. 1991. Crustal thinning recorded by the shape of the Namurian-Westphalian leucogranite in the Variscan belt of the northwest Massif Central France. Geology, 19: 730~733

Faure M, Marchadier Y, Rangin C. 1989. Pre-Eocene synmetamorphic structure in the Mindoro-Romblon-Palawan Area west Philippines and implications for the history of southeast Asia. Tectonics, 8(5): 963~979

Faure M, Shu L S, Wang B, Charvet J, Choulet F, Monie P. 2009. Intracontinental subduction: a possible mechanism for the Early Paleozoic Orogen of SE China. Terra Nova, 21: 360~368

Faure M, Sun Y, Shu L, Monie P, Charvet J. 1996. Extensional tectonics within a subduction-type orogen: the case study of the Wugongshan dome(Jiangxi Province southeastern China). Tectonophysics, 263: 77~106

Fei Y, Bertka C M. 1999. Phase transitions in the Earth's mantle and mantle mineralogy. In: Fei Y, Bertka C M, Mysen B O(eds). Mantle petrology: Field observations and high pressure experimentation: A tribute to Francis R. Boyd. Geochem Soc Spec Publ, 6: 189~207

Fei Y, Van Orman J, Li J, et al. 2004. Experimentally determined postspinel transformation boundary in Mg_2SiO_4 using MgO as an internal pressure standard and its geophysical implications. Journal of Geophysical Research, 109: B02305

Feng R, Kerrich R. 1990. Geochemistry of fine grained clastic sediments in the Archean Abitibi greenstone belt, Canada: Implications for provenance and tectonic setting. Geochimca et Cosmochimica Acta, 54: 1061~1081

Fromaget J. 1932. Sur la structure des indosinides. Comptes Rendus de l'Acade'mie des Sciences, 195: 1~538

Fueten F. 1992. Tectonic interpretations of systematic variations in quartz c-axis fabrics across the Thompson belt. Journal of Structural Geology, 14(7): 775~789

Fueten F, Robin P Y, Stepthens R. 1991. A model for the development of a domainal quartz c-axis fabric in coarse-grained gneiss. Journal of Structural Geology, 13(10): 1111~1124

Funahara S, Nishiwaki N, Miki M, Murata F, Otofuji Y, Wang Y. 1992. Paleomagnetic study of Cretaceous rocks from the Yangtze Block central Yunnan China: Implications for the India-Asia collision. Earth and Planetary Science Letters, 113: 77~91

Funahara S, Nishiwaki N, Murata F, Otofuji Y, Wang Y Z. 1993. Clockwise rotation of the Red River fault inferred from paleomagnetic study of Cretaceous rocks in the Shan-Thai-Malay Block of western Yunnan China. Earth and Planetary Science Letters, 117: 29~42

Gan W, Zhang P, Shen Z K, Niu Z, Wang M, Wan Y, Zhou D, Cheng J. 2007. Presentday crustalmotion within the Tibetan Plateau inferred from GPS measurements. Journal of Geophysical Research, 112: B08416

Gao K Q,Shubin N. 2001. Late Jurassic salamanders from northern China. Nature,410:574~577

Gao L Z,Dai C G,Liu Y X,Wang M,Wang X H,Chen J S,Ding X Z,Zhang C H,Gao Q,Liu J H. 2010. Zircon SHRIMP U-Pb dating of tuff bed of the Sibao Group in southeastern GuizhoU-northern Guangxi area China and its stratigraphic implication. Geological Bulletin of China,29(9):1259~1267

Gao R,Chen C,Lu Z W,et al. 2013a. New constraints on crustal structure and Moho topography in Central Tibet revealed by SinoProbe deep seismic reflection profiling. Tectonophysics,606:160~170

Gao R,Hou H S,Cai X Y,et al. 2013b. Fine crustal structure beneath the junction of the southwest Tian Shan and Tarim Basin NW China. Lithosphere,5(4):382~392

Gao R,Wang H Y,Yin A,et al. 2013c. Tectonic development of the northeastern Tibetan Plateau as constrained by high-resolution deep seismicreflection data. Lithosphere,5(6):555~574

Gao S,Ling W L,Qiu Y M,Lian Z,Hartmann G,Simon K. 1999. Contrasting geochemical and Sm-Nd isotopic compositions of Archean metasediments from the Kongling high-grade terrain of the Yangtze craton:evidence for cratonic evolution and redistribution of REE during crustal anatexis. Geochimica et Cosmochimica Acta,63(13):2071~2088

Gao S,Luo T C,Zhang B R,Zhang H F,Han Y W,Hu Y K,Zhao Z D. 1998. Chemical composition of the continetal crust as revealed by studies in East China. Geochim Cosmochim Acta,62:1959~1975

Gao S,Rudnick R L,Yuan H L,Liu X M,Liu Y S,Xu W L,Ling W L,Ayers J,Wang X C,Wang Q H. 2004. Recycling lower continental crust in the North China craton. Nature,432:892~897

Gao Y,Santosh M,Wei R,Ma G,Chen Z,Wu J. 2013. Origin of high Sr/Y magmas from the northern Taihang Mountains:Implications for Mesozoic porphyrite copper mineralization in the North China Craton. Journal of Asian Earth Sciences(in press). doi:10. 1016/j Jseaes. 2012. 10. 040

Gapais D,Cobbodl P R,Bourgeois O,Rouby D,Urreiztieta M. 2000. Tectonic significance of fault-slip data. Journal of Structural Geology,22:881~888

Garzanti E,Le Fort P,Sciunnach D. 1999. First report of Lower Permian basalts in south Tibet:tholeiitic magmatism during break-up and incipient opening of Neotethys. Journal of Asian Earth Sciences,17:533~546

Gaudemer Y,Tapponnier P,Meyer B,Peltzer G,Shunmin G,Zhitai C,Huagung D,Cifuentes I. 1995. Partitioning of crustal slip between linked,active faults in the eastern Qilian Shan,and evidence for a major seismic gap,the "Tianzhu gap",on the western Haiyuan Fault,Gansu(China). Geophysical Journal International,120:599~645

Gautier P,Bozkurt E,Bosse V,Hallot E,Dirik K. 2008. Coeval extensional shearing and lateral underflow during Late Cretaceous core complex development in the Nigde Massif,Central Anatolia. Tectonics,27:TC1003. http://dx. doi. org/10. 1029/2006TC002089

Gebauer D A. 1996. P-T-t Path for an(Ultra~?)High-Pressure Ultramafic-Mafic Rock-Association and Its Felsic Country-Rocks Based on SHRIMP-Dating of Magmatic and Metamorphic Zircon Domains. Example:Alpe Arami (Central Swiss Alps). In:Earth Processes Reading the Isotopic Code. Geophysical Monograph,95:307~329

Gehrels G E,Yin A. Wang X F. 2003a. Detrital-zircon geochronology of the northeastern Tibetan plateau. Geological Society of America Bulletin,115:881~896

Gehrels G E,Yin A,Wang X F. 2003b. Magmatic history of the Altyn Tagh Nan Shan and Qilian Shan region of western China:ournal of Geophysical Research,108:2423

Geng H Y,Xu X S,O'Reilly S Y,Zhao M,Sun T. 2006. Cretaceous volcanic-intrusive magmatism in western Guangdong and its geological significance. Science in China Series D Earth Science,36(7):601~617

Gilder S A,Gill J,Coe R S,Zhao X X,Liu Z W,Wang G X,Yuan K R,Liu W L,Kuang G D,Wu H R. 1996. Isotopic and paleomagnetic constraints on the Mesozoic tectonic evolution of south China. Journal of Geophysical

Research,101:16137 ~ 16154

Gilder S A, Keller G R, Luo M, Goodell P C. 1991. Eastern Asia and the western pacific timing and spatial distribution of rifting in China. Tectonophysics,197:225 ~ 243

Gilder S, Chen Y, Sen S. 2001. Oligo-Miocene magnetostratigraphy and rock magnetism of the Xishuigou section Subei(Gansu Province western China) and implications for shallow inclinations in central Asia. Journal of Geophysical Research:Solid Earth,106(B12) :30505 ~ 30521

Gilder S, Courtillot V. 1997. Timing of the North-South China collision from new Middle to Late Mesozoic Paleomagnetic data from the North China Block. Journal of Geophysical Research: Solid Earth, 102: 17713 ~ 17727

Gilley L D, Harrison T M, Leloup P H, Ryerson F J, Lovera O M, Wang J H. 2003. Direct dating of left-lateral deformation along Red River shear zone China and Vietnam. Journal of Geophysical Research, 108 (B2): 2127 ~ 2127

Gleadow A J, Duddy I R. 1981. A natural long-term track annealing experiment for apatite. Nuclear Rracks and Radiation Measurement,5:169 ~ 174

Goldfarb R J, Groves D I, Gardoll S. 2001. Orogenic gold and geologic time: a global synthesis. Ore Geology Reviews,18:1 ~ 75

Gordienko I V, Bulgatov A N, Ruzhentsev S V, Minina O R, Klimuk V S, Vetluzhskikh L I, Nekrasov G E, Lastochkin N I, Sitnikova V S, Metelkin D V, Goneger T A, Lepekhina E N. 2010. The Late Riphean – Paleozoic history of the Uda-Vitim island arc system in the Transbaikalian sector of the Paleoasian ocean. Russian Geology and Geophysics,51(5):461 ~ 481

Gradstein F M, Ogg J G, Smith A G. 2004. A Geologic Time Scale 2004. Cambridge:Cambridge University Press. 1 ~ 589

Graham S A, Cope T, Johnson C L, Ritts B D. 2012. Sedimentary basins of the Late Mesozoic extensional domain of China and Mongolia. In: Roberts D G, Bally A W (eds). Regional Geology and Tectonics: Phanerozoic Rift Systems and Sedimentary Basins, Chapter 17. Amsterdam:Elsevier. 443 ~ 462

Graham S A, Hendrix M S, Johnson C L, et al. 2001. Sedimentary record and tectonic implications of Mesozoic rifting in Southeast Mongolia. Geological Society of America Bulletin,113:1560 ~ 1579

Green H W, Chen W P, Brudzinski M R. 2010. Seismic evidence of negligible water carried below 400 km depth in subducting lithosphere. Nature,467:828 ~ 831

Green O R, Searle M P, Corfield R I, Corfield R M. 2008. Cretaceous-Tertiary carbonate platform evolution and the age of the India-Asia collision along the Ladakh Himalaya (Northwest India). The Journal of Geology,116(4): 331 ~ 353

Griffin W L, Pearson N J, Belousova E, et al. 2000. The Hf isotope composition of cratonic mantle:LAM-MC-ICPMS analysis of zircon megacrysts in kimberlites. Geochim Cosmochim Acta,64:133 ~ 147

Griffin W L, Zhang A D, O'Reilly S Y, Ryan C G. 1998. Phanerozoic evolution of the lithosphere beneath the Sino-Korean craton. In:Flower M F J, Chung S L, Lo C H, Lee T Y(eds). Mantle Dynamics and Plate Interactions in East Asia. American Geophysical Union Geodynamics Series,27:107 ~ 126

Grimmer J C, Jonckheere R, Enkelmann E, Ratschbacher L, Blythe A, Wagner G A, Liu S, Dong S W. 2002. Cretaceous-Tertiary history of the southern Tan-Lu fault zone:Apatite fission-track and structural constraints from the Dabie Shan. Tectonophysics,359:225 ~ 253

Gu X X. 1994. Geochemical characteristics of the Triassic Tethys-turbidites in the northwestern Sichuan,China:Implications for provenance and interpretation of the tectonic setting. Geochimica et Cosmochimica Acta, 58:

4615 ~ 4631

Guillot S, Mahéo G, Sigoyer J D, Hattori K H, Pêcher A. 2008. Tethyan and Indian subduction viewed from the Himalayan high-to ultrahigh-pressure metamorphic rocks. Tectonophysics, 451(1): 225 ~ 241

Guo F, Fan W M, Li C W, Zhao L, Li H, Yang J. 2012. Multi-stage crust-mantle interaction in SE China: temporal thermal and compositional constraints from the Mesozoic felsic volcanic rocks in eastern Guangdong-Fujian provinces. Lithos, 150: 62 ~ 84

Guo F, Fan W M, Li X Y. Li C W. 2007. Geochemistry of Mesozoic mafic volcanic rocks from the Yanshan belt in the northern margin of North China Block: relations with post-collisional lithospheric extension. In: Zhai M, Windley B F, Kusky T M, Meng Q(eds). Mesozoic Sub-Continental Lithospheric Thinning Under Eastern Asia. London: Geological Society London Special Publications, 280. 101 ~ 130

Guo L, Wang T, Castro A, Zhang J J, Liu J, Li J. 2012a. Petrogenesis and evolution of late Mesozoic granitic magmatism in the Hohhot metamorphic core complex Daqing Shan North China. International Geology Review, 54: 1885 ~ 1905

Guo L, Wang T, Zhang J J, Liu J, Qi G, Li J. 2012b. Evolution and time of formation of the Hohhot metamorphic core complex North China: new structural and geochronologic evidence. International Geology Review, 54: 1309 ~ 1331

Guo X Y, Gao R, Keller G R, et al. 2013. Imaging the crustal structure beneath the eastern Tibetan Plateau and implications for the uplift of the Longmen Shan range. Earth and Planetary Science Letters, 379: 72 ~ 80

Guynn J H, Kapp P, Pullen A, Gehrels G, Heizler M, Ding L. 2006. Tibetan basement rocks near Amdo reveal missing Mesozoic tectonism along the Bangong suture, central Tibet. Geology, 34: 505 ~ 508

Hacker B R, Ratschbacher L, Webb L, Ireland T, Walker D, Dong S W. 1998. U-Pb zircon ages constrain the architecture of the ultrahigh-pressure Qinling-Dabie orogen China. Earth and Planetary Science Letters, 161: 215 ~ 230

Hacker B R, Wang Q C. 1995. ^{40}Ar/^{39}Ar geochronology of ultrahigh-pressure metamorphism in central China. Tectonics, 14(4): 994 ~ 1006

Hada S, Ishii K, Landis C A, Aitchison J, Yoshikura S. 2001. Kurosegawa Terrane in southwest Japan: disrupted remnants of a Gondwana-derived terrane. Gondwana Research, 4(1): 27 ~ 38

Halim N, Chen Y, Cogne J P. 2003. A first palaeomagnetic study of Jurassic formations from the Qaidam Basin, Northeastern Tibet, China-tectonic implications. Geophysical Journal International, 153: 20 ~ 26

Hallsworth C R, Morton A C, Claoue-Long J, Fanning C M. 2000. Carboniferous sand provenance in the Pennine Basin, UK: constraints from heavy mineral and detrital zircon age data. Sedimentary Geology, 137: 147 ~ 185

Hammer J, Junge F, Røsler H J, Niese S, Gleisberg B, Stiehl G. 1990. Element and isotope geochemical investigations of the Kupferschiefer in the vicinity of ARote FauleB, indicating copper mineralization ŽSagerhausen Basin. Chemical Geology, 83: 345 ~ 360

Han C M, Xiao W J, Zhao G C, Sun M, Qu W J, Du A D. 2009. A Re-Os study of molybdenites from the Lanjiagou Mo deposit of North China Craton and its geological significance. Gondwana Research, 16: 264 ~ 271

Han R, Ree J H, Cho D L, Kwon S T, Armstrong R. 2006. SHRIMP U-Pb zircon ages of pyroclastic rocks in the Bansong Group Taebaeksan Basin South Korea and their implication for the Mesozoic tectonics. Gondwana Research, 9: 106 ~ 117

Hand M, Sandiford M. 1999. Intraplate deformation in central Australia, the link between subsidence and fault reactivation. Tectonophysics, 305: 121 ~ 140

Harris N B W, Inger S, Xu R H. 1990. Cretaceous plutonism in central Tibet: an example of post-collision magmatism? J Volcanol Geotherm Res, 44: 21 ~ 32

Harris N B W, Xu R H, Lewis C L, Hawkeworth C J, Zhang Y Q. 1988. Isotope geochemistry of the 1985 Tibet Geotraverse Lhasa to Golmud. London:Philosophical Transactions of the Royal Society,327:263~285

Harrowfield M J,Wilson C J L. 2005. Indosinian deformation of the Songpan-Garze Fold Belt, northeast Tibetan Plateau. Journal of Structural Geology,27(1):101~117

Hart C J R,Goldfarb R J,Qiu Y M,Snee L,Miller L D,Miller M L. 2002. Gold deposits of the northern margin of the North China Craton: multiple Late Paleozoic-Mesozoic mineralizing events. Mineral Deposit,37:326~351

He C S,Dong S W,Chen X H,Santosh M,Niu S Y. 2013a. Seismic evidence for plume-induced rifting in the Songliao Basin of Northeast China. Tectonophysics. http://dx doi Org/10. 1016/j. tecto. 2013.07.015

He C S,Dong S W,Santosh M,Chen X H. 2013b. Seismic evidence for a geosuture between the Yangtze and Cathaysia Blocks,South China. Scientific Reports,3:2200. doi:10. 1038/srep02200

He H Y,Wang X L,Wang Q,Zhao Z K,Jiang S X,Cheng X,Zhang J L,Zhou Z H,Jiang Y G,Yu F M,Wang L L, Zhu R X. 2013. SIMS zircon U-Pb dating of the Late Cretaceous dinosaur egg-bearing red deposits in the Tiantai Basin,southeastern China. Journal of Asian Earth Sciences,62: 654~661

He H Y,Wang X L,Zhou Z H,Jin F,Wang F,Yang L K,Ding X,Boven A,Zhu R X. 2006. ^{40}Ar/^{39}Ar dating of Lujiatun Bed(Jehol Group) in Liaoning,northeastern China. Geophysical Research Letters,33,L04303. doi:10. 1029/2005GL025274

He R Z,Zhao D P,Gao R,et al. 2010. Tracing the Indian lithospheric mantle beneath central Tibetan Plateau using teleseismic tomography. Tectonophysics,491:230~243

He Z J,Li J Y,Mo S G,Sorokin A A. 2005. Geochemical discrimination of sandstones from the Mohe foreland basin Northeast China:tectonic setting and provenance. Science in China Series D Earth Science,48:613~621

He Z Y,Xu X S. 2011. Petrogenesis of the Late Yanshanian mantle-derived intrusions in southeastern China: Response to the geodynamics of paleo-Pacific plate subduction. Chemical Geology,328:208~221

He Z Y,Xu X S,Niu Y L. 2010. Petrogenesis and tectonic significance of a Mesozoic granite-syenite-gabbro association from inland South China. Lithos,119:621~641

Hendrix M S. 2000. Evolution of Mesozoic sandstone compositions southern Junggar northern Tarim and western Turpan basins northwest China:a detrital record of the ancestral Tian Shan. Journal of Sedimentary Research,70: 520~532

Hendrix M S,Dumitru T A,Graham S A. 1994. Late Oligocene-EarlyMiocene unroofing in the Chinese Tien Shan-an early effect of the India-Asian collision. Geology,22:487~490

Hendrix M S,Graham S A,Amory J Y,et al. 1996. Noyon Uul(King Mountain) Syncline southern Mongolia:Early Mesozoic sedimentary record of the tectonic amalgamation of central Asia. Geological Society of America Bulletin, 108:1256~1274

Henning D,Nicholas B H. 2001. Geochemical facies analyses of fine-grained siliciclastics using Th/U,Zr/Rb and (Zr+Rb)/Sr ratios. Chemical Geology,181:131~146

Hetzel R,Passchier C W,Ring U,Dora O O. 1995. Bivergent extension in orogenic belts:the Menderes massif (southern western Turkey). Geology,23:455~458

Heuret alallemand S. 2005. Plate motions slab dynamics and back-arc deformation Phys. Physics of the Earth and Planetary Interiors. 149:31~51

Hilde T W C,Uyeda S,Kroenke L. 1977. Evolution of the western Pacific and its margin. Tectonophysics,38(1-2): 145~165

Hirose K,Komabayashi T,Murakami M,et al. 2001. In situ measurements of the majorite-akimotoite-perovskite phase transition boundaries in MgSiO$_3$. Geophys Res Lett,28:4351~4354

Hoffman P F. 1991. Did the breakout of laurentia turn gondwanaland inside-out? Science,252(5011):1409~1412

Hollings P, Cooke D, Clark A. 2005. Regional geochemistry of tertiary igneous rocks in central Chile: Implications for the geodynamic environment of giant porphyry copper and epithermal gold mineralization. Economic Geology, 100:887~904

Holloway N H. 1982. North Palawan Block Philippines-its relation to Asian Mainland and role in evolution of South China Sea. American Association of Petroleum Geologists, 66:1355~1383

Holt W E, Chamot R N, Le Pichon X, Haines A J, Shen T B, Ren J. 2000. Velocity field in Asia inferred from Quaternary fault slip rates and Global Positioning System observation. Journal of Geophysical Research, 105:19185~19509

Hou M L, Jiang Y H, Jiang S Y, Ling H F, Zhang K D. 2007. Contrasting origins of Late Mesozoic adakitic granitoids from the northwestern Jiaodong Peninsula, east China: implications for crustal thickening to delamination. Geol Mag, 144(4):619~631

Hou Z Q, Zhang H R, Pan X F, Yang Z M. 2011. Porphyry Cu(-Mo-Au) deposits related to melting of thickened mafic lower crust: examples from the eastern Tethyanmetallogenic domain. Ore Geology Reviews, 39:21~45

Houseman G A, England P. 1993. Crustal thickening versus lateral expulsion in the India-Asian continental collision. Journal of Geophysical Research, 98(B7):12233~12249

Hsü K J, Li J L, Chen H, Wang Q C. 1990. Tectonics of South China: key to understanding west Pacific geology. Tectonophysics, 183:9~39

Hsu K J, Sun S, Li J L, et al. 1988. Mesozoic overthrust tectonics in south China. Geology, 16:418~421

Hu F F, Fan H R, Yang J H, Wan Y S, Liu D Y, Zhai M G, Jin C W. 2004. Mineralizing age of the Rushan lode gold deposit in the Jiaodong Peninsula: SHRIMP U-Pb dating on hydrothermal zircon. Chinese Science Bulletin, 49:1629~1636

Hu J M, Chen H, Qu H J, Wu G L, Yang J X, Zhang Z Y. 2012. Mesozoic deformations of the Dabashan in the southern Qinling orogen central China. Journal of Asian Earth Sciences, 47:171~184

Hu J M, Zhao Y, Liu X W, Xu G. 2010. Early Mesozoic deformations of the eastern Yanshan thrust belt northern China. International Journal of Earth Sciences, 99:785~800

Hu J, Jiang S Y, Zhao H X, Shao Y, Zhang Z Z, Xiao E, Wang Y F, Dai B Z, Li H Y. 2012. Geochemistry and petrogenesis of the Huashan granites and their implications for the Mesozoic tectonic settings in the Xiaoqinling gold mineralization belt NW China. Journal of Asian Earth Sciences, 56:276~289

Hu X M, Jansa L, Chen L, Griffin W L, O'Reilly S Y, Wang J G. 2010. Provenance of Lower Cretaceous Wölong volcaniclastics in the Tibetan Tethyan Himalaya: Implications for the final breakup of Eastern Gondwana. Sedimentary Geology, 223:193~205

Huang H, Huang Q, Ma Y. 1996. Geology of Qaidam Basin and its Petroleum Prediction. Beijing: Geological Publishing House

Huang J, Zhao D. 2006. High-resolution mantle tomography of China and surrounding regions. Journal of Geophysical Research, 111:B09305

Huang K N, Opdyke N D. 1991. Paleomagnetism of Jurassic rocks from southwestern Sichuan and the timing of the closure of the Qinling suture. Tectonophysics, 200:299~316

Huang K N, Opdyke N D. 1993. Paleomagnetic results from Cretaceous and Jurassic rocks of South and Southwest Yunnan: evidence for large clockwise rotations in the Indochina and Shan-Thai-Malay terranes. Earth and Planetary Science Letters, 117:507~524

Huang Q, Charlesworth H. 1989. A FORTRAN-77 program to separate a heterogeneous set of orientations into subsets. Computers & Geosciences, 15(1):1~7

Huang W T, Dupont-Nivet G, Lippert P C, van Hinsbergen D J J, Hallot E. 2013. Inclination shallowing in Eocene Linzizong sedimentary rocks from Southern Tibet: correction possible causes and implications for reconstructing the India-Asia collision. Geophysical Journal International, 194(3): 1390 ~ 1411

Hubbard M S, Harrison T M. 1989. ^{40}Ar/^{39}Ar age constrains on deformation and metamorphism in the main central thrust zone and Tibetan slab eastern Nepal Himalaya. Tectonics, 40(8): 865 ~ 880

Hurford A J, Green P F. 1983. The zeta calibration of fission track dating. Isotope Geosciences, 1: 285 ~ 317

Ichikawa K, Mizutani S, Hara I. 1990. Pre-Cretaceous terranes of Japan. Publ IGCP 224: Pre-Jurassic Evolution of Eastern Asia, Osaka, 413

Irifune T, Higo Y, Inoue T, Kono Y, Ohfuji H, Funakoshi K. 2008. Sound velocities of majorite garnet and the composition of the mantle transition region. Nature, 451: 814 ~ 817

Isozaki Y, Aoki K, Nakama T, Yanai S. 2010. New insight into a subduction related orogen: a reappraisal of the geotectonic framework and evolution of the Japanese Islands. Gondwana Research, 18: 82 ~ 105

Isozaki Y, Maruyama S, Furuoka I F. 1990. Accreted oceanic materials in Japan. In: Kono M, Burchfiel B C (eds). Tectonics of Eastern Asia and Western Pacific Continental Margin. Tectonophysics, 181. 179 ~ 205

Isozaki Y. 1997. Jurassic accretion tectonics of Japan. Island Arc, 6: 25 ~ 51

Jackson S E, Pearson N J, Griffin W L, Belousova E A. 2004. The application of laser ablation-inductively coupled plasma-mass spectrometry to in-situ U-Pb zircon geochronology. Chemical Geology, 211: 47 ~ 69

Jaeger J J, Courtillot V, Tapponnier P. 1989. Paleontological view of the ages of the Deccan traps the Cretaceous-Tertiary boundary and the India-Asia collision. Geology, 17: 316 ~ 319

Jahn B M. 1974. Mesozoic thermal events in Southeast China. Nature, 248: 480 ~ 483

Jahn B M, Chen P Y, Yen T P. 1976. Rb-Sr ages of granitic rocks in southeastern China and their tectonic significance. Geological Society of America Bulletin, 87(5): 763 ~ 776

Jahn B M, Martineau F, Peucat J J, Cornichet J. 1986. Geochronology of the Tananao Schist complex Taiwan and its regional tectonic significance. Tectonophysics, 125: 103 ~ 124

Jahn B M, Wu F Y, Chen B. 2000a. Granitoids of the Central Asian Orogenic Belt and continental growth in the Phanerozoic. Transactions Royal Society of Edinburgh: Earth Sciences, 91: 181 ~ 193

Jahn B M, Wu F Y, Hong D W. 2000b. Massive granitoids generation in Central Asia: Nd isotopic evidence and implication for continental growth in the Phanerozoic. Episodes, 23(2): 82 ~ 92

Jahn B M, Wu F Y, Lo C H, Tsai C H. 1999. Crustal-mantle interaction induced by deep subduction of the continental crust: geochemical and Sr-Nd isotopic evidence from post-collisional mafic-ultramafic intrusions of the northern Dabie complex, central China. Chem Geol, 157: 119 ~ 146

Jahn B M, Zhou X H, Li J L. 1990. Formation and tectonic evolution of southeastern China and Taiwan: Isotopic and geochemical constraints. Tectonophysics, 183: 145 ~ 160

Jeon H, Cho M, Kim H, Horie K, Hidaka H. 2007. Early Archean to Middle Jurassic evolution of the Korean peninsula and its correlation with Chinese cratons: SHRIMP U-Pb zircon age constraints. Journal of Geology, 115: 525 ~ 539

Jia D, Wei G Q, Chen Z X, Li B L, Zeng Q, Yang G. 2006. Longmenshan fold-thrust belt and its relation to the western Sichuan basin in central China: New insights from hydrocarbon exploration. American Association of Petroleum Geologists, 90(9): 1425 ~ 1447

Jiang G M, Zhang G B, Lü Q T, et al. 2013. 3-D velocity model beneath the Middle-Lower Yangtze River and its implication to the deep geodynamics. Tectonophysics, 606: 36 ~ 47

Jiang H, Ding Z, Xiong S. 2007. Magnetostratigraphy of the Neogene Sikouzi section at Guyuan Ningxia China.

Palaeogeography Palaeoclimatology Palaeoecology,243:223～234

Jiang N,Liu Y,Zhou W,Yang J,Zhang S. 2007. Derivation of Mesozoic adakitic magmas from ancient lower crust in the North China craton. Geochimica et Cosmochimica Acta,71:2591～2608

Jiang Y H,Jiang S Y,Dai B Z,Liao S Y,Zhao K D,Ling H F. 2009. Middle to late Jurassic felsic and mafic magmatism in southern Hunan province,southeast China:implications for a continental arc to rifting. Lithos,107 (3-4): 185～204

Jiang Y H,Zhao P,Zhou Q,Liao S Y,Jin G D. 2011. Petrogenesis and tectonic implications of Early Cretaceous S- and A-type granites in the northwest of the Gan-Hang rift SE China. Lithos,121:55～73

Johnson C L,Constable C G,et al. 2008. Recent investigations of the,0 — 5 Ma geomagnetic field recorded by lava flows. Geochemistry Geophysics Geosystems,9(1):1～30

Jokat W,Boebel T,König M,Meyer U. 2003. Timing and geometry of early Gondwana breakup. Journal of Geophysical Research,108(B9):24～28

Jolivet L,Lecomte E,Huet B,Denele Y,Lacombe O,Labrousse L,Pourhiet L L,Mehl C. 2010. The north cycladic detachment system. Earth and Planetary Science Letters,289:87～104

Jolivet M,Brunel M,Seward D,Xu Z,Yang J,Roger F,Tapponnier P,Malavieille J,Arnaud N,Wu C. 2001. Mesozoic and Cenozoic tectonics of the northern edge of the Tibetan plateau: fission-track constraints. Tectonophysics,343:111～134

Jolivet M,Brunel M,Seward D,et al. 2003. Neogene extension and volcanism in the Kunlun Fault Zone northern Tibet:new constraints on the age of the Kunlun Fault. Tectonics,22:1052～1075

Jordan T,Isacks B,Allmendinger R,Brewer J,Ando C,Ramos V A. 1983. Andean tectonics related to geometry of subducted plates. Geological Society of America Bulletin,94 (3):341～361

Kapp P A,Yin A,Manning C,Murphy M A,Harrison T M,Din L,Deng X G,Wu C M. 2000. Blueschist-bearing metamorphic core complexes in the Qiangtang block reveal deep crustal structure of northern Tibet. Geology,28: 19～22

Kapp P,DeCelles P G,Gehrels G E,et al. 2007. Geological records of the Lhasa-Qiangtang and Indo-Asian collisions in the Nima area of central Tibet. Geological Society of America Bulletin,119(7-8):917～933

Karato S. 1993. Importance of anelasticity in the interpretation of seismic tomography. Geophys Res Lett,20: 1623～1626

Karato S. 1997. On the separation of crustal component from subducted oceanic lithosphere near the 660 km discontinuity. Phys Earth Planet Inter,99:103～111

Karato S. 2011. Water distribution across the mantle transition zone and its implications for global material circulation. Earth and Planetary Science Letters,301:413～423

Katsura T,Ito E. 1989. The system Mg_2SiO_4-Fe_2SiO_4 at high pressures and temperatures:precise determination of stabilities of olivine modified spinel and spinel. Journal of Geophysical Research,94:15663～15670

Katsura T,Yamada H,Nishikawa O,et al. 2004. Olivine-wadsleyite transition in the system (Mg,Fe)Si_2O_4. Journal of Geophysical Research,109:B02209

Katsura T,Yoneda A,Yamazaki D,Yoshino T,Ito E. 2010. Adiabatic temperature profile in the mantle. Phys Earth Planet Inter,183:212～218

Kay S M,Ramos V A,Marquez M. 1993. Evidence in Cerro-Pampa volcanic rocks for slab-melting prior to ridge-trench collision in southern South America. Journal of Geology,101:703～714

Kee W S,Kim S W,Jeong Y J,Kwon S. 2010. Characteristics of Jurassic continental arc magmatism in South Korea. Tectonic Implications:The Journal of Geology,118:305～323

Kennett B L N,Engdahl E R. 1991. Traveltimes for global earthquake location and phase identification. Geophysical Journal International,105:429~465

Ketcham R A. 2005. Forward and inverse modeling of low temperature thermochronometry data. Reviews in Mineralogy and Geochemistry,58:275~314

Khain E V,Bibikova E V,Kröner A,Zhuravlev D Z,Sklyarov E V,Fedotova A A,Kravchenko-Berezhnoy I R. 2002. The most ancient ophiolite of Central Asian fold belt:U-Pb and Pb-Pb zircon ages for the Dunzhungur Complex Eastern Sayan Siberia and geodynamic implications. Earth and Planetary Science Letters,199:311~325

Kidd W S F,Molnar P. 1988. Quaternary and active faulting observed on the,1985 Academia Sinica-Royal Society Geotraverse of Tibet. London:Philosophical Transactions of the Royal Society,327. 363

Kim J H,Koh H J. 1992. Structural analysis of the Danyang area Danyang coalfield Korea. Journal of the Korean Institute of Mining Geology,25:61~72

Kim J H,Lee J Y,Nam K H. 1992. Geological structures of the Yeongchun area Danyang coalfield Korea. Journal of the Korean Institute of Mining Geology,25:179~190

Kim J,Yi K,Jeong Y J,Cheong C S. 2011. Geochronological and geochemical constraints on the petrogenesis of Mesozoic high-K granitoids in the central Korean peninsula. Gondwana Research,20:608~620

Kim S W,Kwon S,Ryu I C. 2009. Geochronological constraints on multiple deformations of the Honam Shear Zone, South Korea. Gondwana Research,16:82~89

Kim S W,Kwon S,Santosh M,Williams I S,Yi K. 2011. A Paleozoic subduction complex in Korea:SHRIMP zircon U-Pb ages and tectonic implications. Gondwana Research,20:890~903

Kirby E,Reiners P W,Krol M A,Whipple K X,Hodges K V,Farley K A,Tang W,Chen Z. 2002. Late Cenozoic evolution of the eastern margin of the Tibetan Plateau:Inferences from, $^{40}Ar/^{39}Ar$ and (U-Th)/He thermochronology. Tectonics,21:1001

Kirschvink J L. 1980. The least-aquares line and plane and the analysis of paleomagnetic data. Geophysical Journal of the Royal Astronomical Society,62:699~718

Klootwijk C T, Bingham D K. 1980. The extent of Greater India Ⅲ. Palaeomagnetic data from the Tibetan sedimentary series Thakkhola region Nepal Himalaya. Earth And Planetary Science Letters,51:381~405

Klootwijk C T,Conaghan P J,Powell C M. 1985. The Himalayan Arc:large-scale continental subduction oroclinal bending and back-arc spreading. Earth and Planetary Science Letters,75:167~183

Kondo K,Mu C L,Yamamoto T,Zaman H,Miura D,Yokoyama M,Ahn H S,Otofuji Y. 2012. Oroclinal origin of the Simao Arc in the Shan-Thai Block inferred from the Cretaceous palaeomagnetic data. Geophysica Journal International,190:201~216

Kono Y,Irifune T,Ohfuji H,et al. 2012. Sound velocities of MORB and absence of a basaltic layer in the mantle transition region. Geophysical Research Letters,39:L24306

Korsch R J,Goleby B R,Leven J H,Drummond B J. 1998. Crustal architecture of central Australia based on deep seismic reflection profiling. Tectonophysics,288:57~69

Kravchinsky V A, Cogné J P, Harbert W, Kuzmin M I. 2002. Evolution of the Mongol-Okhotsk Ocean with paleomagnetic data from the suture zone. Geophysical Journal International,148:34~57

Kuang Y S,Wei X,Hong L B,Ma J L,Pang C J,Zhong Y T,Zhao J X,Xu Y G. 2012. Petrogenetic evaluation of the Laohutai basalts from North China Craton:melting of a two component source during lithospheric thinning in the late Cretaceous-early Cenozoic. Lithos,154:68~82

Kusky T M,Bradley D C,Donley D T,Rowley D,Haeussler P. 2003. Controls on intrusion of near-trench magmas of the Sanak-Baranof belt Alaska during Paleogene ridge subduction and consequences for forearc evolution.

Geological Society of America Special Paper,371:269~292

Kutty T S, Joy S. 1997. Sternet-a computer program for stereo-graphic projection: with a new algorithm for contouring. Journal of the Geological Society of India,50:649~653

Lacassin R, Maluski H, Leloup P H, Tapponnier P, Hinthong C, Siribhakdi K, Chuaviroj S, Charoenravat A. 1997. Tertiary diachronic extrusion and deformation of western Indochina: structural and, $^{40}Ar/^{39}Ar$ evidence from NW Thailand. Journal of Geophysical Research,102(B5):10013~10037

Lacassin R, Schärer U, Leloup P H, Arnaud N, Tapponnier P, Liu X H, Zhang L S. 1996. Tertiary deformation and metamorphicsm SE of Tibet: the folded Tiger-leap décollement of NW Yunnan China. Tectonics,15:605~622

Lai K Y, Chen Y G, Lam D D. 2012. Pliocene-to-present morphotectonics of the Dien Bien Phu fault in northwest Vietnam. Geomorphology,173:52~68

Lan C Y, Lee C S, Yui T F, Chu H T, Jahn B M. 2008. The tectono-thermal events of Taiwan and their relationship with SE China. Terrestrial Atmospheric and Oceanic Sciences,19:257~278

Lan T G, Fan H R, Hu F F, Tomkins A G, Yang K F, Liu Y S. 2011. Multiple crust-mantle interactions for the destruction of the North China Craton: Geochemical and Sr-Nd-Pb-Hf isotopic evidence from the Longbaoshan alkaline complex. Lithos,122:87~106

Lan T G, Fan H R, Santosh M, Hu F F, Yang K F, Yang Y H, Liu Y S. 2012. Early Jurassic high-K calc-alkaline and shoshonitic rocks from the Tongshi intrusive complex eastern North China Craton: Implication for crust-mantle interaction and post-collisional magmatism. Lithos,140-141:183~199

Lanphere M A, Reed B L. 1985. The McKinley sequence of granitic rocks: a key element in the accretionary history of southern Alaska. Journal of Geophysical Research,90:11413~11430

Lapierre H, Jahn B M, Charvet J, Yu Y W. 1997. Mesozoic felsic arc magmatism and continental olivine tholeiites in Zhejiang province and their relationship with the tectonic activity in Southeastern China. Tectonophysics,274:321~338

Larsen L M, Heaman L M, Creaser R A, Duncan R A, Frei R, Hutchison M. 2009. Tectonomagmatic events during streching and basin formation in the Labrador Sea and the Davis Starit: evidence from age and composition of Mesozoic to Palaeogene dyke swarms in West Greenland. Journal of the Geological Society,166:999~1012

Larson R L. 1991. Geological consequences of superplumes. Geology,19:963~966

Larson R L, Chase C G. 1972. Late Mesozoic evolution of the Western Pacific. Geological Society of America Bulletin 83:3627~3644

Laurent-Charvet S, Charvet J, Shu L S, Ma R S, Lu H F. 2002. Paleozoic late collisional strike-slip deformations in Tianshan and Altay, Eastern Xinjiang, NW China. Terra Nova,14: 249~256

Law R O. 1990. Crystallographic fabrics: A selective review of their applications to research in structural geology in Deformation Mechanism Rheology and Tectonics. In: Knipe R J, Rutter E H(eds). Geological Society. London Special Publications, Publ,54:335~352

Lease R O, Burbank D W, Clark M K, Farley K A, Zheng D, Zhang H. 2011. Middle Miocene reorganization of deformation along the northeastern Tibetan Plateau. Geology,39:359~362

Lee C, King S D. 2011. Dynamic buckling of subducting slabs reconciles geological and geophysical observations. Earth Planet Sci Lett,312:360~370

Leech M L, Webb L E. 2012. Is the HP-UHP Hong'an-Dabie-Sulu orogen a piercing point for offset on the Tan-Lu fault? Journal of Asian Earth Sciences,63:112~129

Leeder M R, Smith A B, Yin J. 1988. Sedimentology palaeoecology and palaeoenvironmental evolution of the,1985 Lhasa to Golmud geotraverse. Philosophical Transactions of the Royal Society,327:107~143

Leier A L, Kapp P, Gehrels G E, DeCelles P G. 2007. Detrital zircon geochronology of Carboniferous-Cretaceous strata in the Lhasa terrane Southern Tibet. Basin Research,19:361 ~ 378

Leloup P H,Amaud N,Lacassin R,Kienast J R,Harrison T M,Phan Trong T T,Replumaz A,Tapponnier P. 2001. New constraints on the structure thermochronology and timing of the Ailao Shan-Red River shear zone SE Asin. Journal of Geophysical Research,106:6683 ~ 6732

Leloup P H,Harrison T M,Ryerson F J,Wenji C,Qi L,Tapponnier P,Lacassin R. 1993. Structural Petrological and thermal evolution of a Tertiary ductile strike-slip shear zone Diancang Shan Yunnan. Journal of Geophysical Research,98:6715 ~ 6743

Leloup P H,Lacassin R,Tapponnier P,Schärer U,Zhong D L,Liu X H,Zhang L S,Ji S C,Trong T P. 1995. The Ailao Shan-Red River shear zone(Yunnan China)Tertiary transform boundary of Indochina. Tectonophysics,251: 3 ~ 84

Lepvrier C,Maluski H,Van T V,Leyreloup A,Truong T P,Van V N. 2004. The early Triassic Indosinian orogeny in Vietnam(Truong Son Belt and Kontum Massif);implications for the geodynamic evolution of Indochina. Tectonophysics,393(1):87 ~ 118

Lepvrier C,Maluski H,Vuong N V,Roques D,Axente V,Rangin C. 1997. Indosinian NW-trending shear zones within the Truong Son belt (Vietnam):^{40}Ar/^{39}Ar Triassic ages and Cretaceous to Cenozoic overprints. Tectonophysics,283:105 ~ 127

Li B L,Sun F Y,Yu X F,Qian Y,Wang G,Yang Y Q. 2012. U-Pb dating and geochemistry of diorite in the eastern section from eastern Kunlun middle uplifted basement and granitic belt. Acta Petrologica Sinica,28:1163 ~ 1172

Li C,Zheng A. 1993 Paleozoic stratigraphy in the Qiangtang region of Tibet:Relations of the Gondwana and Yangtze continents and ocean closure near the end of the Carboniferous. International Geology Review,35:797 ~ 804

Li C,van der Hilst R D. 2010. Structure of the upper mantle and transition zone beneath Southeast Asia from traveltime tomography. J Geophys Res,115:B07308. doi:10.1029/2009jb006882

Li D P,Luo Z H,Chen Y L,et al.2014. Deciphering the origin of the Tengchong block west Yunnan:evidence from detrital zircon U-Pb ages and Hf isotopes of Carboniferous strata. Tectonophysics. doi:10.1016/j. tecto. 2013. 12.023

Li F Q,Liu W,Geng Q R. 2010. Zircon LA-ICP-MS U-Pb ages of the Meosozoic volcanic rocks in Nagqu area of Gangdise in Tibet and their geological significance. Acta Geoscientica Sinica,31:781 ~ 790

Li G W,Liu X H,Pullen A,Wei L J,Liu X B,Huang F X,Zhou X J. 2010. In-situ detrital zircon geochronology and Hf isotopic analyses from Upper Triassic Tethys sequence strata. Earth and Planetary Science Letter,297:461 ~ 470

Li H L,Zhang Y Q. 2013. Zircon U-Pb geochronology of the Konggar granitoid and migmatite:Constraints on the Oligo-Miocene tectono-thermal evolution of the Xianshuihe fault zone East Tibet. Tectonophysics,606:127 ~ 139

Li H,Ling M X,Li C Y,Zhang H,Ding X,Yang X Y,Fan W M,Li Y L,Sun W D. 2012. A-type granite belts of two chemical subgroups in central eastern China:indication of ridge subduction. Lithos,150:26 ~ 36

Li J H,Ma Z L,Zhang Y Q,Dong S W,Li Y,Lu M A. 2014a. Tectonic evolution of Cretaceous extensional basins in Zhejiang Province,eastern South China: structural and geochronological constraints. Int Geol Rev,56 (13): 1602 ~ 1629

Li J H,Zhang Y Q,Dong S W,Johnston S T. 2014. Cretaceous tectonic evolution of South China:A preliminary synthesis. Earth-Science Reviews,134:98 ~ 136

Li J H,Zhang Y Q,Dong S W,Li H L. 2012. Late Mesozoic-Early Cenozoic deformation history of the Yuanma Basin central South China. Tectonophysics,570-571:163 ~ 183

Li J H,Zhang Y Q,Dong S W,Shi W. 2013a. Structural and geochronological constraints on the Mesozoic tectonic evolution of the North Dabashan zone,South Qinling,central China. Journal of Asian Earth Sciences,64:99 ~ 114

Li J H,Zhang Y Q,Dong S W,Su J B,Li Y,Cui J J,Shi W. 2013. The Hengshan low-angle normal fault zone: structural and geochronological constraints on the Late Mesozoic crustal extension in South China. Tectonophysics,606:97~105

Li J W,Deng X D,Zhou M F,Liu Y S,Zhao X F,Guo J L. 2010. Laser ablation ICP-MS titanite U-TH-Pb dating of hydrothermal ore deposits:A case study of the Tonglushan CU-Fe-Au skarn deposit SE Hubei Province China. Chemical Geology,270:56~67

Li J W,Li X H,Pei R F,Mei Y X,Wang Y L,Qu W J,Huang X B,Zang W S. 2007. Re-Os age of molybdenite from the southern ore zone of the Wushan copper deposit Jiangxi Province and its geological significance. Acta Geologica Sinica,81:801~807

Li J W,Zhao X F,Zhou M F,Vasconcelos P,Ma C Q,Deng X D,de Souza Z S,Zhao Y X,Wu G. 2008. Origin of the Tongshankou porphyry-skarn Cu-Mo deposit, eastern Yangtze craton, Eastern China: geochronological, geochemical,and Sr-Nd-Hf isotopic constraints. Mineralium Deposita,43:315~336

Li J W,Zhao X F,Zhou M F,Ma C Q,De Souza Z S,Vasconcelos P. 2009. Late Mesozoic magmatism from the Daye region eastern China:U-Pb ages petrogenesis and geodynamic implications. Contributions to Mineralogy and Petrology,157:383~409

Li J W,Zhou M F,Li X F,et al. 2001. The Hunan-Jiangxi strike-slip extension of the Tan-Lu fault. Journal of Geodynamics,32:333~354

Li J Y. 2005. Permian geodynamic setting of Northeast China and adjacent regions. In:Jackson S,Pearson N,Griffin W,et al(eds). The application of laser ablation-inductively coupled plasma-mass spectrometry to in-situ U-Pb zircon geochronology. Chemical Geology,211:47~69

Li J Y. 2006. Permian geodynamic setting of Northeast China and adjacent regions:closure of the Paleo-Asian Ocean and subduction of the Paleo-Pacific Plate. Journal of Asian Earth Sciences,26:207~224

Li J Y,Qu J F,Zhang J,et al. 2013. New developments on the reconstruction of phanerozoic geological history and research of metallogenic geological settings of the northern China orogenic region. Geological Bulletin of China,32(2-3):207~219

Li J Y,Zhang J,Yang T N,et al. 2009. Crustal tectonic division and evolution of the southern part of the north Asian orogenic region and its adjacent areas. Journal of Jilin University(Earth Science Edition),39(4):584~605

Li L M,Sun M,Wang Y J,Xing G F,Zhao G C,Lin S F,Xia X P,Chan L S,Zhang F F,Wong J. 2010. U-Pb and Hf isotopic study of zircons from migmatised amphibolites in the Cathaysia Block:implications for the early Paleozoic peak tectonothermal event in Southeastern China. Gondwana Research,19:191~201

Li L M,Sun M,Xing G F,Zhao G C,Zhou M F,Wong J,Chen R. 2009. Two late Mesozoic volcanic events in Fujian Province:constraints on the tectonic evolution of southeastern China. International Geology Review,51(3):216~251

Li L,Jiang S Y. 2009. Petrogenesis and geochemistry of the Dengjiashan porphyritic granodiorite Jiujiang-Ruichang metallogenic district of the Middle-Lower Reaches of the Yangtze River. Acta Petrologica Sinica,25:2877~2888

Li P W,Rui G,Cui J W,Ye G. 2004. Paleomagnetic analysis of eastern Tibet:implications for the collisional and amalgamation history of the Three Rivers Region SW China. Journal of Asian Earth Sciences,24(3):291~310

Li Q S,Gao R,Wu F T,et al. 2013. Seismic structure in the southeastern China using teleseismic receiver functions. Tectonophysics,606:24~35

Li S G,Li H M,Chen Y Z,et al. 1997. Chronology of ultrahigh pressure metamorphism of the Dabieshan-Sulu terrain-zircon U-Pb isotopic system. Science in China Series D Earth Science,27(3):200~206

Li S G,Xiao Y L,Liou D L,Chen Y Z,Ge N J,Zhang Z Q,Sun S S,Cong B L,Zhang R Y,Hart S R,Wang S S. 1993. Collision of the North China and Yangtse Blocks and formation of coesite-bearing eclogites:timing and processes. Chemical Geology,109(1-4):89~111

Li S R,Santosh M. 2013. Metallogeny and craton destruction:Records from the North China Craton. Ore Geology Review(in press). doi:10. 1016/j Oregeorev. 2013. 03. 002

Li S R,Santosh M,Zhang H F,Shen J F,Dong G C,Wang J Z,Zhang J Q. 2013. Inhomogeneous lithospheric thinning in the central North China Craton:zircon U-Pb and S-He-Ar isotopic record from magmatism and metallogeny in the Taihang Mountains. Gondwana Researchearch,23:141~160

Li S Z,Kusky T M,Zhao G,Wu F,Liu J Z,Sun M,Wang L. 2007. Mesozoic tectonics in the Eastern Block of the North China Craton:implications for subduction of the Pacific plate beneath the Eurasian plate. In:Zhai M G, Windley B F,Kusky T M,Meng Q R(eds). Mesozoic Sub-Continental Lithospheric Thinning Under Eastern Asia. Geological Society London Special Publications,280. 171~178

Li S Z,Zhao G C,Dai L M,Liu X,Zhou L L,Santosh M,Suo Y H. 2012. Mesozoic basins in eastern China and their bearing on the deconstruction of the North China Craton. Journal of Asian Earth Sciences,47:64~79

Li S Z,Zhao G C,Sun M,Wu F Y,Liu J Z,Hao D F,Han Z Z,Luo Y. 2004. Mesozoic not Paleoproterozoic SHRIMP U-Pb zircon ages of two Liaoji granites eastern block North China Craton. International Geology Review, 46:162~176

Li S Z,Zhao G C,Zhang G W,Liu X C,Dong S W,Wang J,Liu X,Suo Y H,Dai L M,Jin C,Liu L P,Dong S W, Wang Y J,Liu X,Wang T. 2010. Not all folds and thrusts in the Yangtze foreland belt are related to the Dabie-Sulu Orogen:insights from Mesozoic deformation south of the Yangtze River. Geological Journal,45:650~663

Li S,Santosh M,Jahn B M. 2012. Evolution of the Asian continent and its continental margins. Journal of Asian Earth Sciences,47(1):1~4

Li S,Yang S,Wu C,Huang J,Cheng S,Xia W,Zhao G. 1988. Late Mesozoic rifting in northeast China and northeast Asia fault basin system. Scientia Sinica(B),31:246~256

Li T D. 2010. The principal characteristics of the lithosphere of China. Geoscience Frontiers,1:45~56

Li W H,Keller G R,Gao R,et al. 2013. Crustal structure of the northern margin of the North China Craton and adjacent region from SinoProbe02 North China seismic WAR/R experiment. Tectonophysics,606:116~126

Li W X,Li X H,Li Z X. 2005. Neoproterozoic bimodal magmatism in the Cathaysia Block of South China and its tectonic significance. Precambrian Research,136:51~66

Li X C,Fan H R,Santosh M,Hu F F,Yang K F,Lan T G,Liu Y S,Yang Y H. 2012. an evolving magma chamber within extending lithosphere:an integrated geochemical isotopic and zircon U-Pb geochronological study of the Gushan granite eastern North China Craton. Journal of Asian Earth Science,50:27~43

Li X H. 1997. Timing of the Cathaysia Block formation:constraints from SHRIMP U-Pb zircon geochronology. Episodes,20:188~192

Li X H. 2000. Cretaceous magmatism and lithosphere extension in southeast China. Journal of Asian Earth Sciences, 18:293~305

Li X H,Chen Z G,Liu D Y,et al. 2003a. Jurassic gabbro-granite-syenite suites from southern Jiangxi province SE China:age origin and tectonic significance. International. Geology Revview,45:898~921

Li X H,Chung S L,Zhou H W,Lo C H,Liu Y,Chen C H. 2004. Jurassic intraplate magmatism in southern Hunan-eastern Guangxi:^{40}Ar/^{39}Ar dating geochemistry Sr-Nd isotopes and implications for tectonic evolution of SE China. Geological Society London Special Publications,226:193~216

Li X H,Li W X,Li Q L,Wang X C,Liu Y,Yang Y H. 2010a. Petrogenesis and tectonic significance of the,850 Ma Gangbian alkaline complex in South China:Evidence from in-situ zircon U-Pb dating Hf-O isotopes and whole-rock geochemistry. Lithos,114:1~15

Li X H, Li W X, Li Z X, Liu Y. 2008. 850-790 Ma bimodal volcanic and intrusive rocks in northern Zhejiang South China: a major episode of continental rift magmatism during the breakup of Rodinia. Lithos, 102: 341 ~ 357

Li X H, Li W X, Li Z X, Lo C H, Wang J, Ye M F, Yang Y H. 2009. Amalgamation between the Yangtze and Cathaysia Blocks in south China: constraints from SHRIMP U-Pb zircon ages geochemistry and Nd-Hf isotopes of the Shuangxiwu volcanic rocks. Precambrian Research, 174(1-2): 117 ~ 128

Li X H, Li W X, Wang X C, Li Q L, Liu Y, Tang G Q, Gao Y Y, Wu F Y. 2010b. SIMS U-Pb zircon geochronology of porphyry Cu-Au-(Mo) deposits in the Yangtze River Metallogenic Belt eastern China: magmatic response to early Cretaceous lithospheric extension. Lithos, 119(3): 427 ~ 438

Li X H, Li Z X, Ge W, Zhou H, Li W, Liu Y, Wingate M T D. 2003b. Neoproterozoic granitoids in South China: crustal melting above a mantle plume at ca. 825 Ma? Precambrian Research, 122: 45 ~ 83

Li X H, Li Z X, Li W X, Liu Y, Yuan C, Wei G J, Qi C S. 2007. U-Pb zircon geochemical and Sr-Nd-Hf isotopic constraints on age and origin of Jurassic I-and A-type granites from central Guangdong SE China: a major igneous event in response to foundering of a subducted flat-slab? Lithos, 96: 186 ~ 204

Li X H, Li Z X, Sinclair J A, Li W, Carter G. 2006. Revisiting the "Yanbian Terrane": implications for Neoproterozoic tectonic evolution of the western Yangtze Block South China. Precambrian Research, 151: 14 ~ 30

Li X H, Liu Y, Li Q L, Guo C, Chamberlain K R. 2009. Precise determination of Phanerozoic zircon Pb/Pb age by multicollector SIMS without external standardization. Geochem Geophys Geosyst, 10: Q04010

Li Y H, Wu Q J, Pan J T, et al. 2012. S-wave velocity structure of northeastern China from joint inversion of Rayleigh wave phase and group velocities. Geophysical Journal International, 190: 105 ~ 115

Li Y, Zhai M, Yang J, Miao L, Guan H. 2004. Gold mineralization age of the Anjiayingzi Gold Deposit in Chifeng County Inner Mongolia and implications for Mesozoic metallogenic explosion in North China. Science in China Series D Earth Science, 47(2): 115 ~ 121

Li Z H, Ribe N M. 2012. Dynamics of free subduction from 3-D boundary element modeling. J Geophys Res, 117: B06408. doi: 10. 1029/2012jb009165

Li Z H, Dong S W, Qu H J. 2013. Timing of the initiation of the Jurassic Yanshan movement on the North China Craton: evidence from sedimentary cycles heavy minerals geochemistry and zircon U-Pb geochronology. International Geology Review. http://dx, Doi Org/, 10. 1080/00206814. 2013. 855013

Li Z X. 1994. Collision between the north and south China blocks: a crust-detachment model for suturing in the region east of the Tan-Lu fault. Geology, 22: 739 ~ 742

Li Z X, Li X H. 2007. Formation of the, 1300-km-wide intracontinental orogen and postorogenic magmatic province in Mesozoic South China: A flat-slab subduction model. Geology, 35: 179 ~ 182

Li Z X, Bogdanova S V, Collins A S, Davidson A, De Waele B, Ernst R E, Fitzsimons I C W, Fuck R A, Gladkochub D P, Jacobs J, Karlstrom K E, Lu S, Natapov L M, Pease V, Pisarevsky S A, Thrane K, Vernikovsky V. 2008. Assembly configuration and break-up history of Rodinia: a synthesis. Precambrian Research, 160: 179 ~ 210

Li Z X, Li X H, Chuag S L, Lo C H, Xu X S, Li W X. 2012. Magmatic switch-on and switch-off along the South China continental margin since the Permian: Transition from an Andean-type to a Western Pacific-type plate boundary. Tectonophysics, 532-535: 271 ~ 290

Li Z X, Li X H, Kinny P D, Wang J, Zhang S, Zhou H. 2003. Geochronology of Neoproterozoic syn-rift magmatism in the Yangtze Craton South China and correlations with other continents: evidence for a mantle superplume that broke up Rodinia. Precambrian Research, 122: 85 ~ 109

Li Z X, Li X H, Wartho J A, Clark C, Li W X, Zhang C L, Bao C. 2010. Magmatic and metamorphic events during the Early Paleozoic Wuyi-Yunkai Orogeny southeastern South China: new age constraints and *P-T* conditions. The

Geological Society of America Bulletin,122:772 ~ 793

Li Z X,Li X H,Zhou H W,Kinny P D. 2002. Grevillian continental collision in south China:new SHRIMP U-Pb zircon results and implications for the configuration of Rodinia. Geology,30:163 ~ 166

Li Z X,Qiu J S,Zhou J C. 2010. Geochronology geochemistry and Nd-Hf isotopes of Early Palaeozoic-Early Mesozoic I-type granites from the Hufang composite pluton Fujian South China:crust-mantle interactions and tectonic implications. International Geology Review,54:15 ~ 32

Li Z X,Wartho J A,Occhipinti S,Zhang C L,Li X H,Wang J,Bao C M. 2007. Early history of the eastern Sibao orogen(South China) during the assembly of Rodinia:new mica,^{40}Ar/^{39}Ar dating and SHRIMP U-Pb detrital zircon provenance constraints. Precambrian Research,159:79 ~ 94

Li Z X,Zhang L H,Powell C M. 1995. South China in Rodinia:part of the missing link between Australia-East Antarctica and Laurentia? Geology,23:407 ~ 410

Li Z,Qiu J,Jiang S,Xu X,Hu J. 2009. Petrogenesis of the jinshan granitic composite pluton in fujian province: constraints from elemental and isotopic geochemistry. Acta Geologica Sinica,83(4):515 ~ 527

Liebke U,Appel E,Ding L,et al. 2010. Position of theLhasa terrane prior to India-Asia collision derived frompalaeomagnetic inclinations of,53 Ma old dykes of the Linzhou Basin:constraints on the age of collision and post-collisional shortenigwithin the Tibetan Plateau. Geophysical Journal International,l182:1199 ~ 1215

Lim C,Cho M. 2011. Two-phase contractional deformation of the Jurassic Daebo Orogeny Chungnam Basin Korea and its correlation with the early Yanshanian movement of China. Tectonics,31:TC1004

Lin A M,Fu B H,Guo J M,Zeng Q L,Dang G M,He W G,Zhao Y. 2002. Co-seismic strike-slip and rupture length produced by the 2001 MS 8. 1 Central Kunlun. Science,296:2015 ~ 2017

Lin I J,Chung S L,Chu C H,Lee H Y,Gallet S,Wu G Y,Ji J Q,Zhang Y Q. 2012. Geochemical and Sr-Nd isotopic characteristics of Cretaceous to Paleocene granitoids and volcanic rocks,Petrogenesis and tectonic implications. Journal of Asian Earth Sciences,53(7):131 ~ 150

Lin J L, Fuller M. 1990. Palaeomagnetism, North China and South China collision, and the Tan-Lu fault. Philosophical Transactions of the Royal Society of London(Series A) ,331:589 ~ 598

Lin J L,Watts D R. 1988. Palaeomagnetic results from the Tibet Plateau. Philosophical Transactions of the Royal Society,A327:329 ~ 262

Lin J L,Zhang W Y,Fuller M. 1985. Preliminary Phanerozoic polar wander path for the North and South China blocks. Nature,313:444 ~ 449

Lin W,Wang Q C. 2006. Late Mesozoic extensional tectonics in the North China block:a crustal response to subcontinental mantle removal? Bulletin de la Société Géologique de France,177:287 ~ 297

Lin W,Charles N,Chen Y,Chen K,Faure M,Wu L,Wang F,Li Q,Wang J,Wang Q. 2013a. Late Mesozoic compressional to extensional tectonics in the Yiwulüshan massif NE China and their bearing on the Yinshan-Yanshan orogenic belt:Part Ⅱ:Anisotropy of magnetic susceptibility and gravity modeling. Gondwana Research, 23:78 ~ 94

Lin W,Faure M,Chen Y,Ji W,Wang F,Wu L,Charles N,Wang J,Wang Q. 2013b. Late Mesozoic compressional to extensional tectonics in the Yiwulüshan massif NE China and its bearing on the evolution of the Yinshan-Yanshan orogenic belt:Part I:Structural analyses and geochronological constraints. Gondwana Research,23:54 ~ 77

Lin W,Faure M,Monie P,Scharer U,Zhang L C,Sun Y. 2000. Tectonics of SE China:new insights from the Lushan massif (Jiangxi Province). Tectonics,19(5):852 ~ 870

Lin W,Faure M,Monie P,Scharer U,Panis D. 2008a. Mesozoic extensional tectonics in eastern Asia:the South Liaodong Peninsula Metamorphic Core Complex(NE China). Journal of Geology,116:134 ~ 154

Lin W, Monié P, Faure M, Scharer U, Shi Y H, Breton N L, Wang Q C. 2011. Cooling paths of the NE China crust during the Mesozoic extensional tectonics: example from the south-Liaodong peninsula metamorphic core complex. Journal of Asian Earth Sciences, 42: 1048 ~ 1065

Lin W, Wang Q C, Chen K. 2008b. Phanerozoic tectonics of south China block: New insights from the polyphase deformation in the Yunkai massif. Tectonics, 27: TC6004

Lin W, Wang Q C, Wang J, Wang F, Chu Y, Chen K. 2011. Late Mesozoic extensional tectonics of the Liaodong Peninsula massif: Response of crust to continental lithosphere destruction of the North China Craton. Science China Earth Sciences, 54: 843 ~ 857

Ling M X, Wang F Y, Ding X, Hu Y H. 2009. Cretaceous ridge subduction along the Lower Yangtze River Belt eastern China. Economic Geology, 104: 303 ~ 321

Ling M X, Wang F Y, Ding X, Zhou J B, Sun W D. 2011. Different origins of adakites from the Dabie Mountains and the Lower Yangtze River Belt eastern China: geochemical constraints. International Geology Review, 53(5-6): 727 ~ 740

Ling W L, Duan R C, Xie X J, Zhang Y Q, Zhang J B, Cheng J P, Liu X M, Yang H M. 2009. Contrasting geochemistry of the Cretaceous volcanic suites in Shandong province and its implications for the Mesozoic lower crust delamination in the eastern North China craton. Lithos, 113: 640 ~ 658

Ling W L, Xie X L, Liu X M, Cheng J P. 2007. Zircon U-Pb dating on the Mesozoic volcanic suite from the Qingshan Group stratotype section in eastern Shandong Province and its tectonic significance. Science in China Series D Earth Science, 50: 813 ~ 824

Liou J G, Ernst W G, Zhang R Y, Tsujimori T, Jahn B M. 2009. Ultrahigh-pressure minerals and metamorphic terranes-the view from China. Journal of Asian Earth Sciences, 35(3): 199 ~ 231

Lister G S. 1977. Cross-girdle c-axis fabric in quartzites plastically deformed by plane strain and progressive simple shear. Tectonophysics, 1: 51 ~ 54

Lister G S, Davis G A. 1989. The origin of metamorphic core complexes and detachment faults formed during Tertiary continental extension in the northern Colorado River region USA. Journal of Structural Geology, 11(1-2): 65 ~ 94

Lister G S, Dornsiepen U F. 1982. Fabric transitions in the Saxony granulite terrain. Journal of Structural Geology, 4: 81 ~ 92

Lister G S, Hobbs B E. 1980. The simulation of fabric development during plastic deformation and its application to quartzite: the influence of deformation history. Journal of Structural Geology, 2(3): 355 ~ 370

Lister G S, Williams P F. 1979. Fabric development in shear zone: theoretical controls and observed phenomena. Journal of Structural Geology, 1: 283 ~ 297

Litasov K D, Ohtani E, Sano A. 2006. Influence of water on major phase transitions in the Earth's mantle. In: Jacobsen S D, van der Lee S(eds). Earth's Deep Water Cycle. Washington DC: Geophys Monogr Ser, 168. 95 ~ 111

Lithgow-Bertelloni C, Richards M A. 1998. The dynamics of Cenozoic and Mesozoic plate motions. Reviews of Geophysics, 36: 27 ~ 78

Liu A K, Chen B, Suzuki K, Liu L. 2010a. Petrogenesis of the Mesozoic Zijinguan mafic pluton from the Taihang Mountains North China Craton: Petrological and Os-Nd-Sr isotopic constraints. Journal of Asian Earth Sciences, 39: 294 ~ 308

Liu B, Ma C Q, Zhang J Y, Xiong F H, Huang J, Jiang H A. 2012. Petrogenesis of Early Devonian intrusive rocks in the east part of Eastern Kunlun Orogen and implication for Early Palaeozoic orogenic processes. Acta Petrologica Sinica, 28: 1785 ~ 1807

Liu C D, Mo X X, Luo Z G, Yu X. H, Chen H W, Li S W, Zhao X. 2004. Mixing events between the crust-and mantle-derived magmas in Eastern Kunlun: evidence from zircon SHRIMP Ⅱ chronology. Chinese Science Bulletin, 49:828 ~ 834

Liu D Y, Nutman A P, Compston W, Wu J S, Shen Q H. 1992. Remnants of ≥3800 Ma crust in the Chinese part of the Sino-Korean Craton. Geology, 20:339 ~ 342

Liu F L, Xu Z Q. 2004. Fluid inclusions hidden in coesite-bearing zircons in ultrahigh-pressure metamorphic rocks from southwestern Sulu terrane in eastern China. Chinese Science Bulletin, 49(4):396 ~ 404

Liu F L, Liou J G. 2011. Zircon as the best mineral for *P-T*-time history of UHP metamorphism: a review on mineral inclusions and U-Pb SHRIMP ages of zircons from the Dabie-Sulu UHP rocks. Journal of Asian Earth Sciences, 40(1):1 ~ 39

Liu F L, Gerdes A, Liou J G, Xue H M, Liang F H. 2006. SHRIMP U-Pb zircon dating from SulU-Dabie dolomitic marble eastern China: constraints on prograde ultrahigh-pressure and retrograde metamorphic ages. Journal of metamorphic Geology, 24(7):569 ~ 589

Liu F L, Gerdes A, Robinson P T, Xue H M, Ye J G. 2007. Zoned Zircon from Eclogite Lenses in Marbles from the Dabie-Sulu UHP Terrane China: a Clear Record of Ultra-deep Subduction and Fast Exhumation. Acta Geologica Sinica(English Edition), 81(2):204 ~ 225

Liu F L, Gerdes A, Zeng L S, Xue H M. 2008. SHRIMP U-Pb dating trace elements and the LU-Hf isotope system of coesite-bearing zircon from amphibolite in the SW Sulu UHP terrane eastern China. Geochimica et Cosmochimica Acta, 72(12):2973 ~ 3000

Liu F L, Liou J G, Xu Z Q. 2005. U-Pb SHRIMP ages recorded in the coesite-bearing zircon domains of paragneisses in the southwestern Sulu terrane eastern China: new interpretation. American Mineralogist, 90(5-6):790 ~ 800

Liu F L, Xu Z Q, Liou J G, Song B. 2004. SHRIMP U-Pb ages of ultrahigh-pressure and retrograde metamorphism of gneisses south-western Sulu terrane eastern China. Journal of Metamorphic Geology, 22(4):315 ~ 326

Liu H, Li Y, Hao J. 1996. On the Banxi Group and its related tectonic problems in south China. Journal of Southeast Asian Earth Sciences, 13:191 ~ 196

Liu J L, Davis G A, Ji M, Guan H M, Bai X D. 2008. Crustal detachment and destruction of the Keel of North China Craton: constraints from Late Mesozoic extensional structures. Earth Science Frontiers, 15:72 ~ 81

Liu J L, Davis G A, Lin Z Y, Wu F Y. 2005. The Liaonan metanoprhic core complex southeastern Liaoning Province North China: a likely contributor to Cretaceous rotation of Eastern Liaoning Korea and contiguous areas. Tectonophysics, 407:65 ~ 80

Liu J L, Ji M, Shen L, Guan H, Davis G A. 2011. Early Cretaceous extensional structures in the Liaodong Peninsula: Structural associations, geochronological constraints and regional tectonic implications. Science in China Series D Earth Science, 54:823 ~ 842

Liu J L, Tran M D, Tang Y, Nguyen Q L, Tran T H, Wu W B, Chen J Fu, Zhang Z C, Zhao Z D. 2012. Permo-Triassic granitoids in the northern part of the Truong Son belt NW Vietnam: geochronology geochemistry and tectonic implications. Gondwana Research, 22(2):628 ~ 644

Liu J L, Yang Z Y, Tong Y B, *et al*. 2010. Tectonic implications of Early-Middle Triassic palaeomagnetic results from Hexi Corridor North China. Geophysical Journal International, 182(3):1216 ~ 1228

Liu J L, Zhao Y, Liu X, Wang Y, Liu X. 2012. Early Jurassic rapid exhumation of the basement rocks along the northern margin of the North China Craton: evidence from the Xiabancheng basin in the Yanshan Tectonic Belt. Basin Research, 24:544 ~ 558

Liu J M, Zhao Y, Sun Y L, Li D P, Liu J, Chen B L, Zhang S H, Sun W D. 2010. Recognition of the latest Permian to

Early Triassic Cu-Mo mineralization on the northern margin of the North China block and its geological significance. Gondwana Research,17:125 ~ 134

Liu M,Cui X J,Liu F T. 2004. Cenozoic rifting and volcanism in eastern China: a mantle dynamic link to the Indo-Asian collision? Tectonophysics,393:29 ~ 42

Liu Q,Yu J H,Su B,Wang Q,Tang H F,Xu H,Cui X. 2011. Discovery of the 187ma granite in jincheng area, fujian province:constraint on early jurassic tectonic evolution of southeastern china. Acta Petrologica Sinica, 27(12):3575 ~ 3589

Liu Q,Yu J H,Wang Q,Su B,Zhou M F,Xu H,Cui X. 2012. Ages and geochemistry of granites in the Pingtan-Dongshan Metamorphic Belt Coastal South China:new constraints on late Mesozoic magmatic evolution. Lithos, 150:268 ~ 286

Liu R,Zhou H W,Zhang L,Zhong Z Q,Zeng W,Xiang H,Jin S,Lu X Q,Li C Z. 2010. Zircon U-Pb ages and Hf isotope compositions of the Mayuan migmatite complex NW Fujian Province Southeast China:constraints on the timing and nature of a regional tectonothermal event associated with the Caledonian orogeny. Lithos,119:163 ~ 180

Liu S A,Li S G,He Y S,Huang F. 2010. Geochemical contrasts between Early Cretaceous ore bearingand ore-barren high-Mg adakites in central-eastern China:implications for petrogenesis and Cu-Au mineralization. Geochimica Et Cosmochimica Acta,74:7160 ~ 7178

Liu S A,Li S. Guo S,Hou Z,He Y. 2012. The Cretaceous adakitic-basaltic-granitic magma sequence on south-eastern margin of the North China Craton:implications for lithospheric thinning mechanism. Lithos,134-135:163 ~ 178

Liu S F,Liu W C,Dai S W,Huang S J,Lu W Y. 2001. Thrust and exhumation processes of bounding mountain belt: Constrained from sediment provenance analysis of Hefei Basin China. Acta Geologica Sinica(English Edition), 75:144 ~ 150

Liu S F,Steel R,Zhang G W. 2005. Mesozoic sedimentary basin development and tectonic implication northern South China Block eastern China:record of continent-continent collision. Journal of Asian Earth Sciences,25:9 ~ 27

Liu S F,Zhang G W,Ritts B D,Zhang H P,Gao M X,Qian C C. 2010. Tracing exhumation of the Dabie Shan ultrahigh-pressure metamorphic complex using the sedimentary record in the Hefei Basin, China. Geological Society of America Bulletin,122:198 ~ 218

Liu S F. 1998. The coupling mechanism of basin and orogen in the western Ordos basin and adjacent regions of China. Journal of Asian Earth Sciences,16:369 ~ 383

Liu S W,Zhang J J,Zheng Y D. 1998. Syn-deformation P-T paths of Xiaoqinling metamorphic core complex. Chinese Science Bulletin,43:1927 ~ 1934

Liu S,Hu R Z,Gao S,Feng C X,Qi L,Zhong H,Xiao T,Qi Y Q,Wang T,Coulson I M. 2009a. Zircon U-Pb geochronology and major trace elemental and Sr-Nd-Pb isotopic geochemistry of mafic dykes in western Shandong Province east China:constrains on their petrogenesis and geodynamic significance. Chemical Geology,255:329 ~ 345

Liu S,Hu R Z,Gao S,Feng C X,Yu B,Feng G,Qi Y Q,Wang T,Coulson I M. 2009b. Petrogenesis of Late Mesozoic mafic dykes in the Jiaodong Peninsula eastern North China Craton and implications for the foundering of lower crust. Lithos,13:621 ~ 639

Liu S,Hu R Z,Gao S,Feng C,Yu B,Qi Y,Wang T,Feng G,Coulson I M. 2009c. Zircon U-Pb age geochemistry and Sr-Nd-Pb isotopic compositions of adakitic volcanics from Jiaodong Shandong Province Eastern China: constraints on petrogenesis and implications. Journal of Asian Earth Sciences,35:445 ~ 458

Liu S,Zhao X K,Luo Z L,Xu G S,Wang G Z,Wilson C J L,Dennis A. 2001. Study on the tectonic events in the system of the Longmen mountain-west Sichuan foreland basin China. Journal of Chengdu University of Technology,28(3):221 ~ 230

Liu T K, Hsieh S, Chen Y G, et al. 2001. Thermo-kinematic evolution of the Taiwan oblique-collision mountain belt as revealed by zircon fission track dating. Earth and Planetary Science Letters, 186:45 ~ 56

Liu W, Siebel W, Li X J, Pan X F. 2005. Petrogenesis of the Linxi granitoids northern Inner Mongolia of China: constraints on basaltic underplating. Chemical Geology, 219:5 ~ 35

Liu X C, Jahn B M, Cui J J, Li S Z, Wu Y B, Li X H. 2010. Triassic retrograded eclogites and Cretaceous gneissic granites in the Tongbai Complex central China: implications for the architecture of the HP/UHP Tongbai-Dabie-Sulu collision zone. Lithos, 119:211 ~ 237

Liu X Y, Zhong C D, Zhang Y Z, Xu L S, Long T. 2004. Redefinition of the Late Cretaceous Zhoutian Formation Jiangxi Province. Geological Survey and Research, 27(4), 217 ~ 222

Liu X, Fan H R, Santosh M, Hu F F, Yang K F, Li Q L, Yang Y H, Liu Y S. 2012. Remelting of Neoproterozoic relict island arcs in the Middle Jurassic: implication for the formation of the Dexing porphyry copper deposit Southeastern China. Lithos, 150:171 ~ 187

Liu Y Q, Kuang H W, Jiang X J, Peng N, Xu H, Sun H Y. 2012 Timing of the earliest known feathered dinosaurs and transitional pterosaurs older than the Jehol Biota. Palaeogeography Palaeoclimatology Palaeoecology, 323-325:1 ~ 12

Liu Y S, Gao S, Hu Z C, et al. 2010. Continental and oceanic crust recycling-induced melt-peridotite interactions in the Trans-North China Orogen: U-Pb dating Hf isotopes and trace elements in zircons from mantle xenoliths. Journal of Petrology, 51:537 ~ 571

Liu Y S, Hu Z, Gao S, Gunther D, Xu J, Gao C, Chen H. 2008. In situ analysis of major and trace elements of anhydrous minerals by LA-ICP-MS without applying an internal standard. Chemical Geology, 257:34 ~ 43

Liu Y, Genser J, Neubauer F, Jin W, Ge X, Handler R, Takasu A. 2005. ^{40}Ar/^{39}Ar mineral ages from basement rocks in the Eastern Kunlun Mountains NW China and their tectonic implications. Tectonophysics, 398:199 ~ 224

Liu Z F, Wang C S. 2001. Facies analysis and depositional systems of Cenozoic sediments in the Hoh Xil Basin, northern Tibet. Sedimentary Geology, 140:251 ~ 270

Liu Z F, Zhao X X, Wang C S, Liu S, Yi H S. 2003. Magnetostratigraphy of Tertiary sediments from the Hoh Xil Basin: Implications for the Cenozoic tectonic history of the Tibetan Plateau. Geophysical Journal International, 154:233 ~ 252

Liu Z H, Xu Z Y, Yang Z S. 2003. ^{40}Ar/^{39}Ar dating of Daqingshan thrust. Chinese Science Bulletin, 48(24):2734 ~ 2738

Liu Z Q. 1988. Geologic Map of the Qinghai-Xizang Plateau and its Neighboring Regions(scale at 1 : 1500000). Chengdu Institute of Geology and Mineral Resources. Beijing: Geologic Publishing House

Loiselle M C, Wones D R. 1979. Characteristics of anorogenic granites. Geological Society of America Abstracts with Programs, 11:468

Long X P, Jin W, Ge W C, Yu N. 2006. Zircon U-Pb geochronology and geological implications of the granitoids in Jinshuikou, east Kunlun, NW China: Geochimica, 367 ~ 376

Longwell C R. 1945. Low-angle normal faults in the Basin and Range province. Transactions of the American Geophysical Union, 26:107 ~ 118

Lowrie W. 1990. Identification of ferromagnetic minerals in a rock coercivity and unblocking temperature properties. Geophysical Research Letters, 17(2):159 ~ 162

Lu G, Zhao L, Zheng T Y, Kaus B J P. 2014. Strong intracontinental lithospheric deformation in South China: Implications from seismic observations and geodynamic modeling. Journal of Asian Earth Sciences, 86:106 ~ 116

Lu H, Xiong S. 2009. Magnetostratigraphy of the Dahonggou section northern Qaidam Basin and its bearing on Cenozoic tectonic evolution of the Qilian Shan and Altyn Tagh Fault. Earth and Planetary Science Letters, 288:

539 ~ 550

Lu X P, Wu F Y, Zhao C B, Zhang Y B. 2003. Triassic U-Pb age for zircon from granites in the Tonghua area and its response to the Dabie-Sulu ultrahigh-pressure collisional orogenesis. Chinese Science Bulletin, 48: 1616 ~ 1623

Lu Z W, Gao R, Li Y T, et al. 2013. The upper crustal structure of the Qiangtang Basin revealed by seismic reflection data. Tectonophysics, 606: 171 ~ 177

Ludwig K R. 2003a. Mathematical-statistical treatment of data and errors for Th/U geochronology. Uranium-Series Geochemistry, 52: 631 ~ 656

Ludwig K R. 2003b. User's Manual for Isoplot/Ex Version 3.00: a Geochronological Toolkit for Microsoft Excel. Berkeley Geochronology Center Special Publication, 4.1 ~ 70

Lü Q T, Yan J Y, Shi D N, et al. 2013. Reflection seismic imaging of the Lujiang-Zongyang volcanic basin Yangtze Metallogenic Belt: an insight into the crustal structure and geodynamics of an ore district. Tectonophysics, 606: 60 ~ 77

Ma Q, Zheng J P, Griffin W L, Zhang M, Tang H, Su Y, Ping X. 2012. Triassic "adakitic" rocks in an extensional setting(North China) : Melts from the cratonic lower crust. Lithos, 149: 159 ~ 173

Ma X H, Yang Z Y, Xing L, Ren X, Xu S, Zhang J. 1991. An early Cretaceous pole from the Ordos basin and new view for eastern Chinese Late Mesozoic paleomagnetic data. Terra, 3: 326

Ma Z J, Li C T, Gao X L. 1998. Accretion tectonics of the global seafloor and its evolution. Science in China Series D Earth Science, 41(6) : 616 ~ 625

Manatschal G. 1999. Fluid-and reaction-assisted low-angle normal faulting: evidence from rift-related brittle fault rocks in the Alps(Err nappe eastern Switzerland). Journal of Structural Geology, 21: 777 ~ 793

Manchester S R, Chen Z, Geng B, Tao J. 2005. Middle Eocene flora of Huadian, Jilin Province, Northeastern China. Acta Palaeobotanica, 45: 3 ~ 26

Mancktelow N S. 1987. Atypical textures in quartz veins from the Simplon Fault Zone. Journal of Structural Geology, 9: 995 ~ 1005

Mao J R, Ye H M, Liu K, Li Z L, Takahashi Y, Zhao X L, Kee W S. 2013. The Indosinian collision-extension event between the South China Block and the Palaeo-Pacific Plate: evidence from Indosinian alkaline granitic rocks in Dashuang eastern Zhejiang South China. Lithos, 172: 81 ~ 97

Mao J R, Zeng Q, Li Z, Hu Q, Zhao X, Ye H. 2008. Precise dating and geological significance of the Caledonian Shangyou pluton in south Jiangxi province. Acta Geology Sinica, 82(2) : 399 ~ 408

Mao J W, Wang Y T, Lehmann B, Yu J J, Du A D, Mei Y X, Li Y F, Zang W S, Stein H J, Zhou T F. 2006. Molybdenite Re-Os and albite, ^{40}Ar/^{39}Ar dating of Cu-Au-Mo and magnetite porphyry systems in the Yangtze River valley and metallogenic implications. Ore Geology Reviews, 29(3-4) : 307 ~ 324

Mao J W, Xie G Q, Pirajno F, Ye H S, Wang Y B, Li Y F, Xiang J F, Zhao H J. 2010. Late Jurassic-Early Cretaceous granitoid magmatism in Eastern Qinling, central-eastern China: SHRIMP zircon U-Pb ages and tectonic implications. Australian Journal of Earth Sciences 57(1) , 51 ~ 78

Mao J, Cheng Y, Chen M, Pirajno F. 2013. Major types and time-space distribution of Mesozoic ore deposits in South China and their geodynamic settings. Mineralium Deposita, 48(3) : 267 ~ 294

Mao Z, Jacobsen S D, Jiang F M, Smyth J R, Holl C M, Frost D J, Duffy T S. 2008a. Single-crystal elasticity of wadsleyites, β-Mg$_2$SiO$_4$, containing 0.37% —1.66% H$_2$O. Earth and Planetary Science Letters, 268: 540 ~ 549

Mao Z, Jacobsen S D, Jiang F, Smyth J R, Holl C M, Duffy T S. 2008b. Elasticity of hydrous wadsleyite to 12 GPa: Implications for Earth's transition zone. Geophysical Research Letters, 35: L21305

Mao Z, Lin J F, Jacobsen S D, Duffy T S, Chang Y Y, Smyth J R, Frost D J, Hauri E H, Prakapenka C B. 2012. Sound velocities of hydrous ringwoodite to 16 GPa and 673 K. Earth and Planetary Science Letters, 331-332: 112 ~ 119

Mardin H,Bonin B,Capdevila R,Jahn B M,Lameyre J,Wang Y. 1994. The Kuiqi peralkaline granitic complex(SE China) :Petrology and geochemistry. Journal of Petrology,35:983 ~ 1015

Maruyama S. 1994. Plume tectonics. Geological Society of Japan Journal,100:24 ~ 49

Maruyama S. 1997. Pacific-type orogeny revisited:miyashiro-type orogeny proposed. Island Arc,6:91 ~ 120

Maruyama S,Send T. 1986. Orogeny and relative plate motions:example of the Japanses Island. Tectonophysics,127 (3-4) :305 ~ 329

Maruyama S,Isozaki Y,Kimura G,Terabayashi M. 1997. Paleo-geographic maps of the Japanese Islands:Plate tectonic synthesis from,750 Ma to the present. Island Arc,6:121 ~ 142

Maruyama S,Liou J G,Seno T. 1989. Mesozoic and Cenozoic evolution of Asia. In:Ben-Avraham Z (ed). The Evolution of the Pacific Ocean Margins. Oxford:Oxford University Press. 75 ~ 99

Maruyama S,Santosh M,Zhao D. 2007. Superplume super-continent and post-perovskite:mantle dynamics and ant-i plate tectonics on the Core-Mantle Boundary. Gondwana Research,11:7 ~ 37

Marzoli A,Renne P R,Piccirillo E M,Ernesto M,Bellieni G,De Min A. 1999. Extensive 200-million-year-old continental flood basalts of the Central Atlantic magmatic province. Science,284:616 ~ 618

Masatoshi S,Metcalfe I. 2008. Parallel Tethyan sutures in mainland Southeast Asia:new insights for Palaeo-Tethys closure and implications for the Indosinian orogeny. Comptes Rendus Geoscience,340(2) :166 ~ 179

Matte P,Tapponnier P,Arnaud N,Bourjot L,Avouac J P,*et al*. 1996. Tectonics of Western Tibet between the Tarim and the Indus. Earth and Planetary Science Letters,142:311 ~ 330

Mattinson C G,Wooden J L,Liou J G,Bird D K,Wu C L. 2006. Geochronology and tectonic significance of Middle Proterozoic granitic orthogneiss,North Qaidam HP/UHP terrane,western China. Mineralogy and Petrology,88: 227 ~ 241

McDougall I,Harrison M T. 1988. Geochronology and Thermochronology by the ^{40}Ar/^{39}Ar Method. New York: Oxford university Press. 26

McElhinny M W. 1964. Statistical significance of the fold test in palaeomagnetism. Geophysical Journal Royal Astro-nomical Society,8:338 ~ 340

McFadden P L. 1990. A new fold test for paleomagnetic studies. Geophysical Journal International,103:163 ~ 169

McFadden P L,McElhinny M W. 1988. The combined analysis of remagnetization circle and direct observation in palaeomagnetism. Earth and Planetary Science Letters,87:161 ~ 172

Meng Q R. 2003. What drove late Mesozoic extension of the northern China-Mongolia tract? Tectonophysics,369: 155 ~ 174

Meng Q R,Zhang G W. 2000. Geologic framework and tectonic evolution of the Qinling Orogen central China. Tec-tonophysics,323(3-4) :183 ~ 196

McFadden P L,McElhinny M W. 1990. Classification of the reversal test in palaeomagnetism. Geophys Journal Inter-national,103:725 ~ 729

Meng Q R,Hu J M,Jin J Q,Zhang Y,Xu D F. 2003. Tectonics of the Late Mesozoic wide extensional basin system in China-Mongolia border region. Basin Research,15:397 ~ 415

Meng Q R,Hu J M,Wang E Q,Qu H J. 2006. Late Cenozoic denudation by large magnitude landslides in the eastern edge of Tibetan Plateau. Earth and Planetary Science Letters,243:252 ~ 267

Meng Q R,Li S Y,Li R W. 2007. Mesozoic evolution of the Hefei basin in eastern China:Sedimentary response to deformations in the adjacent Dabieshan and along the Tanlu fault. Geological Society of America Bulletin,119(7-8) :897 ~ 916

Meng Q R,Wang E,Hu J M. 2005. Mesozoic sedimentary evolution of the northwest Sichuan Basin:implication for continued clockwise rotation of the South China block. Geological Society of America Bulletin,117:396~410

Menzies M A,Xu Y. 1998. Geodynamics of the North China Craton. In:Flower M F J,Chung S L,Lo C H,Lee T Y (eds). Mantle Dynamics and Plate Interaction in East Asia,27:155~165

Menzies M A,Fan W M,Zhang M. 1993. Palaeozoic and Cenozoic lithoprobe and the loss of >120 km of Archean lithosphere Sino-Korean craton China. In:Prichard H M,Alabaster T,Harris N B W,Neary C R(eds). Magmatic Processes and Plate Tectonic. Geological Society Special Publication,76. 71~81

Menzies M,Xu Y G,Zhang H F,Fan W M. 2007. Integration of geology geophysics and geochemistry:a key to understanding the North China Craton. Lithos,96:1~21

Mercier J L,Armijo R,Tapponnier P,Carey-Gailhardis E. 1987b. Change from late Tertiary compression to Quaternary extension in southern Tibet during the India-Asia collision. Tectonics,6(3):275~304

Mercier J L,Sorel D,Simeakis K. 1987a. Changes of the state of stress in the overriding plate of a subduction zone: the Aegean Arc from the Pliocene to the Present. Ann Tectonics,1(1):20~39

Metcalfe I. 1996. Pre-Cretaceous evolution of SE Asian terranes. In:Hall R,Blundell D(eds). Tectonic Evolution of Southeast. Geological Society London Special Publications,106:97~122

Metcalfe I. 2006. Palaeozoic and Mesozoic tectonic evolution and palaeogeography of East Asian crustal fragments: the Korean Peninsula in context. Gondwana Research,9(1):24~46

Metcalfe I. 2011. Tectonic framework and Phanerozoic evolution of Sundaland. Gondwana Research,19(1):3~21

Metcalfe I. 2013. Gondwana dispersion and Asian accretion:tectonic and palaeogeographic evolution of eastern Tethys. Journal of Asian Earth Sciences,66:1~33

Metelkin D V,Gordienko I V,Klimuk V S. 2007. Paleomagnetism of Upper Jurassic basalts from Transbaikalia:new data on the time of closure of the Mongol Okhotsk Ocean and Mesozoic intraplate tectonics of Central Asia. Russian Geology and Geophysics,48:825~834

Metelkin D V,Vernikovsky V A,Kazansky A Y,Wingate M T D. 2010. Late Mesozoic tectonics of Central Asia based on paleomagnetic evidence. Gondwana Research,18:400~419

Meyer B P,Tapponnier L,Bourjot F,Métivier Y,Gaudemer G,Peltzer S,Guo M,Chen Z T. 1998. Crustal thickening in GansU-Qinghai lithospheric mantle subduction and oblique strike-slip controlled growth of the Tibet Plateau. Geophysical Journal International,135:1~47

Miao L C,Fan W M,Liu D Y,Zhang F Q,Jian P,Guo F. 2008. Geochronology and geochemistry of the Hegenshan ophiolitic complex:implications for late-stage tectonic evolution of the Inner Mongolia-Daxinganling orogenic belt China. Journal of Asian Earth Sciences,32:348~370

Miao L C,Fan W M,Zhang F Q,Liu D Y,Jian P,Shi G H,Tao H,Shi Y R,2004. Zircon SHRIMP geochronology of the Xinkailing-Kele complex in the northwestern Lesser Xing'an Range and its geological implications. Chinese Science Bulletin,49:201~209

Miao L C,Liu D Y,Zhang F Q,Fan W M,Shi Y R,Xie H Q,2007. Zircon SHRIMP U-Pb ages of the "Xinghuadukou Group" in Hanjiayuanzi and Xinlin areas and the "Zhalantun Group" in Inner Mongolia Great Xing'an Range. Chinese Science Bulletin,52(8):1112~1124

Miao L C,Qiu Y M,Fan W M,Zhang F Q,Zhai M G,2005. Geology geochronology and tectonic setting of the Jiapigou gold deposits southern Jilin Province China. Ore Geology Reviews,26:137~165

Miao L C,Qiu Y M,McNaughton N J,Luo Z K,Groves D I,Zhai Y S,Fan W M,Zhai M G,Guan K. 2002. SHRIMP U-Pb zircon geochronology of granitoids from Dongping Area Hebei Province China:constraints on tectonic evolution and geodynamic setting for gold metallogeny. Ore Geology Reviews,19:187~204

Miao L C,Zhang F Q,Fan W M,Liu D Y. 2007. Phanerozoic evolution of the Inner Mongolia-Daxinganling orogenic belt in North China：constraints from geochronology of ophiolites and associated formations. In：Zhai M G，Windley B F，Kusky T M，Meng Q R（eds）. Mesozoic Sub-Continental Lithospheric Thinning Under Eastern Asia. Geological Society London Special Publication，280：223 ~ 237

Miao L C，Zhang F Q，Fan W M，Liu D Y，2011. Neoproterozoic zircon inheritance in eastern North China craton（China）Mesozoic igneous rocks：derivation from the Yangtze craton and tectonic implications. International Geology Review，53（13）：1464 ~ 1477

Miller M S，Kennett B L N，Toy V G. 2006. Spatial and temporal evolution of the subducting Pacific plate structure along the western Pacific margin. Journal of Geophysical Research，111：B02401

Minato M，Hunahashi M. 1985. Crustal structure of the Japanese islands Japan Sea coastal part of western Pacific and Philippine Sea. Bulletin of the Japan Sea Research Institute Kanazawa University，17：13 ~ 42

Mo X X，Hou Z Q，Niu Y L，Dong G C，Qu X M，Zhao Z D，Yang Z M. 2007. Mantle contributions to crustal thickening during continental collision：evidence from Cenozoic igneous rocks in southern Tibet. Lithos，96：225 ~ 242

Mock C，Arnaud N O，Cantagrel J M. 1999. An early unroofing in northeastern Tibet? Constraints from ^{40}Ar/^{39}Ar thermochronology on granitoids from the eastern Kunlun range（Qianghai NW China）. Earth and Planetary Science Letters，171：107 ~ 122

Molnar P，England P. 1990. Late Cenozoic uplift of mountain ranges and global climate change：chicken or egg? Nature，346：29 ~ 34

Molnar P，Stock J M. 2009. Slowing of India's convergence with Eurasia since，20 Ma and its implications for Tibetan mantle dynamics. Tectonics，28：TC3001

Molnar P，Tapponnier P. 1975. Cenozoic tectonics of Asia：effects of a continental collision. Science，189：419 ~ 426

Molnar P，Tapponnier P. 1977. Relation of the tectonics of eastern China to the India-Eurasia collision：application of slip-line field theory to large-scale continental tectonics. Geology，5：212 ~ 216

Morgan W J. 1972. Plate motions and deep mantle convection. GSA Memoir，132：7 ~ 22

Morley C K，Ampaiwan P，Thanudamrong S，Kuenphan N，Warren J. 2012. Development of the Khao Khwang Fold and Thrust Belt：Implications for the geodynamic setting of Thailand and Cambodia during the Indosinian Orogeny. Journal of Asian Earth Sciences，62：705 ~ 719

Morley C K，Woganan N，Sankumarn N，Hoon T B，Alief A，Simmons M. 2001. Late Oligocene-Recent stress evolution in rift basins of Northern and Central Thailand：implications for escape tectonics. Tectonophysics，334：115 ~ 150

Morrison G W. 1980. Characteristics and tectonic setting of the shoshonite rock association. Lithos，13：97 ~ 108

Métivier F，Gaudemer Y，Tapponnier P，Meyer B. 1998. Northeastward growth of the Tibet plateau deduced from balanced reconstruction of two depositional areas：the Qaidam and Hexi Corridor basins China. Tectonics，17：823 ~ 842

Najman Y，Appel E，Boudagher-Fadel M，*et al*. 2010. Timing of India-Asia collision：Geological biostratigraphic and palaeomagnetic constraints. Journal of Geophysical Research：Solid Earth，115：B12416

Negredo A M，Valera J L，Carminati E. 2004. TEMSPOL：A MATLAB thermal model for deep subduction zones including major phase transformations. Comput Geosci，30：249 ~ 258. doi：10. 1016/j. cageo. 2004. 01. 002

Nishi M，Kubo T，Ohfuji H，Kato T，Nishihara Y，Irifune T. 2013. Slow Si-Al interdiffusion in garnet and stagnation of subducting slabs. Earth and Planetary Science Letters，361：44 ~ 49

Niu B，He Z，Song B，Ren J，Xiao L. 2004. SHRIMP geochronology of volcanics of the Zhangjiakou and Yixian Formations northern Hebei Province with a discussion on the age of the Xing'anling Group of the Great Hinggan Mountains and volcanic strata of the southeastern coastal area of China. Acta Geologica Sinica，78（6）：1214 ~ 1228

Niu X L, Chen B, Ma X. 2011. Petrogenesis of the Dengzhazi A-type pluton from the Taihang-Yanshan Mesozoic orogenic belts North China Craton. Journal of Asian Earth Sciences, 41(2):133~146

Niu X L, Chen B, Liu A, Suzuki K, Ma X. 2012. Petrological and Sr-Nd-Os isotopic constraints on the origin of the Fanshan ultrapotassic complex from the North China Craton. Lithos, 149:146~158

Oh C W, Kim S W, Choi S G, Zhai Mingguo, Guo Jinghui, Krishnan S. 2005. First finding of eclogite facies metamorphic event in South Korea and its correlation with the Dabie-Sulu collision belt in China. Journal of Geology, 113:226~232

Okay A I, Sengor A M. 1992. Evidence for intracontinental thrust-related exhumation of the ultra-high-pressure rocks in China. Geology, 20:411~414

Okudaira T, Takeshita T, Hara I, Ando J I. 1995. A new estimate of the conditions for trasition from basal <a> to prism <c> slip in naturally deformed quartz. Tectonophysics, 250:31~46

Osozawa S, Tsai C H, Wakabayashi J. 2012. Folding of granite and Cretaceous exhumation associated with regional-scale flexural slip folding and ridge subduction, northeast Japan. Journal of Asian Earth Sciences, 59:85~98

Otofuji Y, Tung V D, Fujihara M, Tanaka M, Yokoyama M, Kitada K, Zaman H. 2012. Tectonic deformation of the southeastern tip of the Indochina Peninsula during its southward displacement in the Cenozoic time. Gondwana Research, 22(2):615~627

Oxman V S. 2003. Tectonic evolution of the Mesozoic Verkhoyansk-Kolyma belt (NE Asia). Tectonophysics, 365(1-4):45~76

Pan G, Ding J, Yao D, Wang L. 2004. Geological Map of Qinghai-Xizang(Tibet)Plateau and Adjacent Areas (with a guide book)(1:1500000). Chengdu: Chengdu Cartographic Publishing House

Pan Y M, Dong P. 1999. The Lower Changjiang (Yangzi/Yangtze River) metallogenic belt, east central China: Intrusion-and wall rock-hosted Cu-Fe-Au, Mo, Zn, Pb, Ag deposits. Ore Geology Reviews, 15:177~242

Parfenov L M, Prokopiev A V, Gaiduk V V. 1995. Cretaceous frontal thrusts of the Verkhoyansk fold belt, eastern Siberia. Tectonics, 14:342~358

Park Y S, Kim S W, Kee W S, Jeong Y J, Yi K, Kim J. 2009. Middle Jurassic tectonic-magmatic evolution in the southwestern margin of the Gyeonggi Massif South Korea. The Association of Korean Geoscience Societies and Springer, 13(3):217~231

Paterson S R, Vernon R H, Tobisch O T. 1989. A review of criteria for the identification of magmatic and tectonic foliations in granitoids. Journal of Structural Geology, 11:349~363

Patzelt A, Li H, Wang J, et al. 1996. Palaeomagnetism of Cretaceous to Tertiary sediments from southern Tibet: evidence for the extent of the northern margin of India prior to the collision with Eurasia. Tectonophysics, 259(4):259~284

Pavoni N. 1991. Bipolarity in structure and dynamics of the Earth's mantle. Eclogae Geologicae Helvetiae, 84:327~343

Pavoni N. 2003. Pacific microplate and the Pangea supercontinent in the Early to Middle Jurassic: comment and Reply. Geology 31. doi:10.1130/0091-7613-31.1.e1

Pearce J A, Harris B W, Tindle A G. 1984. Trace element discrimination diagrams for the tectonic interpretation of granitic rocks. Journal of Petrology, 25:956~983

Peccerillo R, Taylor S R. 1976. Geochemistry of Eocene calalkaline volcanic rocks from the Kastamonu area northern Turkey. Contributions to Mineralogy and Petrology, 58:63~81

Pegler G, Das S. 1998. An enhanced image of the Pamir Hindu Kush seismic zone from relocated earthquake hypocentres. Geophysical Journal International, 134:573~595

Pei F P, Xu W L, Yang D B, Zhao Q G, Liu X M, Hu Z C. 2007. Zircon U-Pb geochronology of basement metamorphic rocks in the Songliao Basin. Chinese Science Bulletin,52:942 ~ 948

Pei J L,Sun Z M,Liu J,Liu J,Wang X S,Yang Z Y,Zhao Y,Li H B. 2011. A paleomagnetic study from the Late Jurassic volcanic (155 Ma), North China:implications for the width of Mongol-Okhotsk Ocean. Tectonophysic, 510:370 ~ 380

Pei S,Chen Y. 2010. Tomographic structure of East Asia:I. No fast (slab)anomalies beneath 660 km discontinuity. Earthq Sci,23:597 ~ 611

Peltzer G,Tapponnier P. 1988. Formation and evolution of strike-slip faults rifts and basins during the India-Asia collision:an experimental approach. Journal of Geophysical Research,93:15085 ~ 15117

Peng B X,Wang Y J,Fan W M,Peng T P,Liang X Q. 2006. LA-ICPMS Zircon U-Pb Dating for Three Indosinian Granitic Plutons from Central Hunan and Western Guangdong Provinces and Its Petrogenetic Implications. Acta Geologica Sinica,80(5):660 ~ 669

Peng P,Zhai M G,Guo J H,Zhang H F,Zhang Y B. 2008. Petrogenesis of Triassic post-collisional syenite plutons in the Sino-Korean craton:an example from. North Korea. Geological Magazine,145:637 ~ 647

Pozzi J P,Westphal M,Zhou Y X,et al. 1982. Positon of the Lhasa Block South Tibet during the Late Cretaceous. Nature,297:319 ~ 321

Prokopiev A V,Toro J,Miller E L,Gehrels G E. 2008. The paleo-Lena River-200 m. y. of transcontinental zircon transport in Siberia. Geology 36,9:699 ~ 702

Pullen A P,Kapp G,Gehrels J D,Vervoort,Ding L. 2008. Triassic continental subduction in central Tibet and Mediterranean-style closure of the Paleo-Tethys. Ocean Geology,36:351 ~ 354

Qi G W,Zhang J J,Wang X S,Guo L. 2007. Mesozoic thrusts and extensional structures in the Daqingshan orogen Inner Mongolia and their temporal and spatial relationship. Progress in Natural Science,17:177 ~ 186

Qian Q,Chung S L,Lee T Y,Wen D J. 2003. Mesozoic high-Ba-Sr granitoids from North China:geochemical characteristics and geological implications. Terra Nova,15:272 ~ 278

Qin Q R,Su P D,Li L,Liu L P. 2005. Origin of low structures in central Sichuan Basin. Xinjiang Petroleum Geology,26(1):108 ~ 111

Qiu J S,Wang D Z,McInnes B I A,Jiang S Y,Wang R C,Kanisawa S. 2004. Two subgroups of A-type granites in the coastal area of Zhejiang and Fujian Provinces SE China:age and geochemical constraints on their petrogenesis. Transaction Royal Society of Edinburgh:Earth Science,95:227 ~ 236

Qiu J S,Xu X S,Lo Q H. 2002. Potash-rich volcanic rocks and lamprophyres in western Shandong Province:[40]Ar/[39]Ar dating and source tracing. Chinese Science Bulletin,47(2):91 ~ 99

Qiu Y M,Gao S,McNaughton N J,Groves D I,Ling W L. 2000. First evidence of >3. 2 Ga continental crust in the Yangtze craton of south China and its implications for Archean crustal evolution and Phanerozoic tectonics. Geology,28:11 ~ 14

Qiu Y M,Groves D I,McNaughton N J,Wang L G,Zhou T. 2002. Nature age and tectonic setting of granitoid-hosted orogenic gold deposits of the Jiaodong Peninsula eastern North China Craton China. Mineralium Deposita,37:283 ~ 305

Rapp R P,Watson E B. 1995. Dehydration melting of metabasalt at,8-32 kbar:implications for continental growth and crust-mantle recycling. Journal of Petrology,36:891 ~ 931

Rapp R P,Shimizu N,Norman M D,Applegate G S. 1999. Reaction between slab-derived melts and peridotite in the mantle wedge:experimental constraints at 3. 8 GPa. Chemical Geology,160:335 ~ 356

Rapp R P,Shimizu N,Norman M D. 2003. Growth of early continental crust by partial melting of eclogite. Nature, 425:605 ~ 609

Rapp R P,Xiao L,Shimizu N. 2002. Experimental constraints on the origin of potassium-rich adakites in eastern

China. Acta Petrologica Sinica,18:293 ~ 302(in English with Chinese abstract)

Ratschbacher L,Franz L,Enkelmann E,Jonckheere R,Pörschke A,Bradley R,Hacker B R,Zhang Y Q. 2006. The Sino-Korean-Yangtze suture, the Huwan detachment, and the Paleozoic-Tertiary exhumation of (ultra) high-pressure rocks along the Tongbai-Xinxian-Dabie Mountains. Geological Society of America Special Papers,403: 45 ~ 75

Ratschbacher L,Hacker B R,Calvert A,Webb L E,Grimmer J C,Mcwilliams M O,Ireland T,Dong S,Hu J. 2003. Tectonics of the Qinling (Central China): tectonostratigraphy geochronology and deformation history. Tectonophysics,366:1 ~ 53

Ratschbacher L,Hacker B R,Webb L E,McWilliams M,Ireland T,Dong S W,Calvert A,Chateigner D,Wenk H R. 2000. Exhumation of the ultrahigh-pressure continental crust in east central China: Cretaceous and Cenozoic unroofing and the Tanlu fault. Journal of Geophysical Research,105:13303 ~ 13338

Ree J H,Kwon S H,Park,Y,Kwon S T,Park S H. 2001 Pretectonic and posttectonic emplacements of the granitoids in the south central Okchon belt South Korea:implications for the timing of strike-slip shearing and thrusting. Tectonics,20:850 ~ 867

Reichow M K,Litvinovsky B A,Parrish R R,Saunders A D. 2010. Multi-stage emplacement of alkaline and peralkaline syenite-granite suites in the Mongolian-Transbaikalian Belt, Russia: evidence from U-Pb geochronology and whole rock geochemistry. Chem Geol,273:120 ~ 135

Ren J S,Niu B G,Wang J,Jin X C,Zhao L,Liu R Y. 2013. Advances in research of Asian geology-a summary of 1: 5M International Geological Map of Asia project. Journal of Asian Earth Sciences,72:3 ~ 11

Ren J,Kensaku T,Lim S,Zhang J. 2002. Late Mesozoic and Cenozoic rifting and its dynamic setting in eastern China and adjacent areas. Tectonophysics,344:175 ~ 205

Replumaz A,Tapponnier P. 2003. Reconstruction of the deformed collision zone between India and Asia by backward motion of lithosphereic blocks. Journal of Geophysical Research,108(B6):2285

Replumaz A,Lacassin R,tapponnier P,Leloup P H. 2001. Large river offsets and Plio-Quaternary dextral slip rate on the Red River fault (Yunnan China). Journal of Geophysical Research,106(B1):819 ~ 836

Ribe N M,Stutzmann E,Ren Y,van der Hilst R. 2007. Buckling instabilities of subducted lithosphere beneath the transition zone. Earth Planet Sci Lett,254:173 ~ 179

Richards M S. 1999. Prospecting for Jurassic slabs. Nature,397:203 ~ 204

Rieser A B,Liu Y J,Genser J,Neubauer F,Handler R,Friedl G,Ge X H. 2006a. ^{40}Ar/^{39}Ar ages of detrital white mica constrain the Cenozoic development of the intracontinental Qaidam Basin. Geological Society of America Bulletin,118:1522 ~ 1534

Rieser A B,Liu Y J,Genser J,Neubauer F,Handler R,Ge X H. 2006b. Uniform Permian ^{40}Ar/^{39}Ar detrital mica ages in the eastern Qaidam Basin(NW China):where is the source? Terra Nova,18:79 ~ 87

Rieser A B,Neubauer F,Liu Y,Ge X. 2005. Sandstone provenance of north-western sectors of the intracontinental Cenozoic Qaidam Basin western China:Tectonic vs. climatic control. Sedimentary Geology,177:1 ~ 18

Ritts B D,Biffi U. 2000. Magnitude of post-Middle Jurassic(Bajocian)displacement on the central Altyn Tagh fault system northwest China. Geological Society of America Bulletin,112:61 ~ 74

Ritts B D,Darby B J,Cope T. 2001. Early Jurassic extensional basin formation in the Daqing Shan segment of the Yinshan belt,northern North China Block,Inner Mongolia. Tectonophysics,339(3-4):239 ~ 258

Ritts B D,Hanson A D,Darby B J,Nanson L,Berry A. 2004. Sedimentary record of Triassic intraplate extension in North China:evidence from the nonmarine NW Ordos Basin Helan Shan and Zhuozi Shan. Tectonophysics,386: 177 ~ 202

Robinson A C,Yin A,Lovera O M. 2010. The role of footwall deformation and denuation in controlling cooling age patterns of detachment systems: an application to the Kongur Shan extensional system in the Eastern Pamir, China. Tectonophysics,496:28 ~ 43

Robinson A C,Yin A,Manning C E,Harrison T M,Zhang S H,Wang X F. 2004. Tectonic evolution of the northeastern Pamir: constraints from the northern portion of the Cenozoic Kongur Shan extensional system. Geological Society of America Bulletin,116:953 ~ 974

Robinson A C,Yin A,Manning C E,Harrison T M,Zhang S H,Wang X F. 2007. Cenozoic evolution of the eastern Pamir: implications for strain-accommodation mechanisms at the western end of the Himalayan-Tibetan orogen. Geological Society of America Bulletin,7-8:882 ~ 896

Robinson D M,Dupont-Nivet G,Gehrels G E,Zhang Y Q. 2003 The Tula uplift northwestern China:Evidence for regional tectonism of the northern Tibetan Plateau during Late Mesozoic-Early Cenozoic time. Geological Society of America Bulletin,115:35 ~ 47

Roger F, Arnaud N, Gilder S, Tapponnier P, Jolivet M, Brunel M, Malavieille J, Xu Z Q, Yang J S. 2003. Geochronological and geochemical constraints on Mesozoic suturing in east central Tibet. Tectonics,22:1037

Roger F,Maluski H,Leyreloup A,Lepvrier C,Thi P T. 2007. U-Pb dating of high temperature metamorphic episode in the Kon Tun Massif(Vietnam). Journal of Asian Earth Sciences,30(3-4):449 ~ 466

Rogers J J W,Santosh M. 2002. Configuration of Columbia a Mesoproterozoic Supercontinent. Gondwana Research, 5:5 ~ 22

Rowley D B. 1996. Age of initiation of collision between India and Asia:a review of stratigraphic data. Earth and Planetary Science Letters,145:1 ~ 13

Royden L H. 1996. Coupling and decoupling of crust and mantle in convergent orogens:Implications for strain partitioning in the crust. Journal of Geophysical Research,101:17679 ~ 17705.

Royden L H,Burchfiel B C,King R E,Wang E,Chen Z L,Shen F,Liu Y P. 1997. Surface deformation and lower crustal flow in eastern Tibet. Science,276:788 ~ 790

Royden L H,Burchfiel B C,Van der Hilst R D. 2008. The geological evolution of the Tibetan Plateau. Science,321: 1052 ~ 1058

Sandiford M,Hand M,McLaren S. 2001. Tectonic feedback,intraplate orogeny and the geochemical structure of the crust:a central Australian perspective. In: Miller J, Holdsworth R, Buick I, Hand M (eds). Continental reactivation and reworking. Geol Soc Spec Publ,184:195 ~ 218

Santosh M. 2010. Assembling North China Craton within the Columbia supercontinent:the role of double-sided subduction. Precambrian Research,178:149 ~ 167

Sato K, Liu Y Y, Wang Y B, Yokoyama M, Yoshioka S, Yang Z Y, Otofuji Y. 2007. Paleomagnetic study of Cretaceous rocks from Pu'er western Yunnan China:evidence of internal deformation of the Indochina Block. Earth and Planetary Science Letters,258:1 ~ 15

Sato K,Liu Y Y,Zhu Z C,Yang Z Y,Otofuji Y. 1999. Paleomagnetic study of Middle Cretaceous rocks from Yunlong Western Yunnan China:evidence of southward displacement of Indochina. Earth and Planetary Science Letters,165:1 ~ 15

Sato K,Liu Y Y,Zhu Z C,Yang Z Y,Otofuji Y. 2001. Tertiary paleomagnetic data from northwestern Yunnan China:further evidence for large clockwise rotation of the Indochina Block and its tectonic implications. Earth and Planetary Science Letters,185:185 ~ 198

Schettino A,Scotese C R. 2005. Apparent polar wander paths for the major continents (200 Ma to the present day): a palaeomagnetic reference frame for global plate tectonic reconstructions. Geophysical Journal International. 163:

727 ~ 759

Schmid C, Goes S, van der Lee S, Giardini D. 2002. Fate of the Cenozoic Farallon slab from a comparison of kinematic thermal modeling with tomographic images. Earth Planet Sci Lett, 204:17 ~ 32. doi:10. 1016/S0012-821X(02)00985-8

Schmid J C, Ratschbacher L, Hacker B, Gaitzsch I, Dong S W. 1999. How did the foreland react? Yangtze foreland fold-and-thrust belt deformation related to exhumation of the Dabie Shan ultrahigh-pressure continental crust (eastern China). Terra Nova, 11(6):266 ~ 272

Schmid S M, Casey M. 1986. Complete fabric analysis of some commonly observed quartz c-axis patterns. Mineral and rock deformation. Laboratory Studies, 36:263 ~ 286

Schwartz S Y, Van der Voo R. 1983. Paleomagnetic evaluation of the orocline hypothesis in the central and southern Appalachians: Geophysical Research Letters, 10:505 ~ 508

Schweickert R A, Harwood D S, Girty G H, Hanson R E. 1984. Tectonic development of the Northern Sierra terrane-an accreted late Paleozoic island arc and its basement, Field Trip 5. In: Lintz J (ed). Western Geological Excursions. Geol Soc America, 84th Annual Meeting, Reno, 4:1 ~ 65

Sengör A M C, Natal'in B A. 1996. Paleotectonics of Asia: Fragments of a synthesis. In: Yin A, Harrison M(eds). The Tectonic Evolution of Asia. Cambridge: Cambridge University Press. 486 ~ 640

Sengör A M C, Natal'in B A, Burtman V S. 1993. Evolution of the Altaid tectonic collage and Paleozoic crustal growth in Eurasia. Nature, 364:299 ~ 307

Sewell R J, Campbell S D G. 1997. Geochemistry of coeval Mesozoic plutonic and volcanic suites in Hong Kong. Journal of the Geological Society, 154:1053 ~ 1066

Shang Y J, Xia B D, Lin H M, Du Y J. 1997. An approach to Late Mesozoic escape tectonics in Lower Yangtze region. Oil and Gas Geology, 18(3):177 ~ 182

Sharp W D, Clague D A. 2006. 50-Ma initiation of Hawaiian-emperor bend records major change in Pacific Plate motion. Science, 313:1281 ~ 1284

Shen L, Liu J L, Hu L, Ji M, Guan H M, Davis G A. 2011. The Dayingzi detachment fault system in Liaodong Peninsula and its regional tectonic significance. Science China Earth Science, 54:1469 ~ 1483

Shen X, Mei X, Zhang Y. 2011. The Crustal and Upper-Mantle Structures beneath the Northeastern Margin of Tibet. Bulletin of the Seismological Society of America, 101:2782 ~ 2795

Shen Z K, Lu J, Wang M, Burgmann R. 2005. Contemporary crustal deformation around the southeast borderland of the Tibetan Plateau. Journal of Geophysical Research, 110:B11409

Shi D N, Lü Q T, Xu W Y, et al. 2013. Crustal structure beneath the middle-lower Yangtze metallogenic belt in east China: constraints from passive source seismic experiment on the Mesozoic intra-continental mineralization. Tectonophysics, 606:48 ~ 59

Shi R D, Yang J S, Wu C, Iizuka T, Hirata T. 2006. Island arc volcanics in the north Qaidam UHP belt, northern Tibet plateau: Evidence for ocean-continent subduction preceding continent-continent subduction. Journal of Asian Earth Sciences, 28:151 ~ 159

Shi R D, Yang J S, Xu Z Q, Qi X X. 2008. The Bangong Lake ophillite (NW Tibet) and its bearing on the tectonic evolution of the Bangong-Nujiang suture zone. Journal of Asian Earth Sciences, 32:438 ~ 457

Shi W, Dong S W, Li J H, Tian M, Wu G L. 2013a. Formation of the Moping dome in the Xuefengshan orocline central China and its tectonic significance. Acta Geologica Sinica (English Edition), 87(3):720 ~ 729

Shi W, Dong S W, Ratschbacher L, Tian M, Li J H, Wu G L. 2013b. Meso-Cenozoic tectonic evolution of the Dangyang Basin north-central Yangtze craton central China. International Geology Review, 55(3):382 ~ 396

Shi W, Li J H, Tian M, Wu G L. 2013c. Tectonic evolution of the Dabashan orocline Central China: insights from superposed folds in the eastern Dabashan foreland. Geoscience Frontiers, 4:729 ~ 741

Shi W, Zhang Y Q, Dong S W, Hu J M, Wiesinger M, Ratschbacher L, Jonckheere R, Li J H, Tian M, Chen H, Wu G L, Qu H J, Ma L C, Li H L. 2012. Intra-continental Dabashan orocline southwestern Qinling central China. Journal of Asian Earth Sciences, 46:20 ~ 38

Shinjiro M, Shao J A, Zhang Q L. 1989. The Nadanhada terrane in relation to Mesozoic tectonics on continental margins of East Asia. Acta Geologica Sinica, 60(3): 204 ~ 216

Shinn Y J, Chough S K, Hwang G I. 2010. Structural development and tectonic evolution of Gunsan Basin (Cretaceous-Tertiary) in the central Yellow Sea. Marine and Petroleum Geology, 27:500 ~ 514

Shu L S. 2012. An analysis of principal features of tectonic evolution in South China Block. Geological Bulletin of China, 31(7): 1035 ~ 1053

Shu L S, Deng P, Wang B. 2004. Lithology kinematics and geochronology related to Late Mesozoic basin-mountain evolution in the Nanxiong-Zhuguang area South China. Science in China Series D Earth Science, 47(8): 673 ~ 688

Shu L S, Faure M, Wang B, et al. 2008. Late Palaeozoic-Early Mesozoic geological features of South China: Response to the Indosinian collision events in Southeast Asia. C R Geoscience, 340:151 ~ 165

Shu L S, Sun Y, Wang D Z, Faure M, Monie P, Charvet J. 1998. Mesozoic doming extensional tectonics of Wugongshan South China. Science in China Series D Earth Science, 41(6): 601 ~ 608

Shu L S, Wang Y, Sha J G, et al. 2009a. Jurassic sedimentary features and tectonic settings of southeastern China. Science China Earth Sciences, 52(12): 1969 ~ 1978

Shu L S, Zhou X M, Deng P, Wang B, Jiang S Y, Yu J H, Zhao X X. 2009b. Mesozoic tectonic evolution of the Southeast China Block: new insights from basin analysis. Journal of Asian Earth Sciences, 34(3): 376 ~ 391

Shu L S, Zhou X M, Deng P, Zhu W B. 2007. Mesozoic-Cenozoic basin features and evolution of Southeast China. Acta Geologica Sinica, 81(4): 573 ~ 586

Sibuet J C, Srivastava S P, Spakman W. 2004. Pyrenean orogeny and plate kinematics. Journal of Geophysical Research, 109: B08104. doi: 10. 1029/2003JB002514

Sobel E R, Arnaud N. 1996. Age controls on origin and cooling of the Altyn Tagh range, NW China. Geol Soc Am Abstr Programs, 28: A67

Socquet A, Pubellier M. 2005. Cenozoic deformation in western Yunnan (China-Myanmar border). Journal of Asian Earth Sciences, 24:495 ~ 515

Song B, Nutman A P, Liu D Y, Wu J S. 1996. 3800 to 2500 Ma crustal evolution in the Anshan area of Liaoning Province northeastern China. Precambrian Research, 78:79 ~ 94

Song S, Zhang L, Niu Y, Su L, Song B, Liu D. 2006. Evolution from oceanic subduction to continental collision: a case study from the northern Tibetan plateau based on geochemical and geochronological data. Journal of Petrology, 47:435 ~ 455

Song T, Wang X. 1993. Structural styles and stratigraphic patterns of syndepositional faults in a contractional setting: examples from Qaidam Basin, northwestern China. American Association of Petroleum Geologists Bulletin, 77:102 ~ 117

Sorokin A A, Kudryashov N M, Sorokin A P. 2002. Fragments of Paleozoic active margins at the southern periphery of the Mongolia-Okhotsk foldbelt: evidence from the northeastern Argun terrane, Amur river region. Doklady Earth Sciences, 378A: 1038 ~ 1042

Sorokin A A, Sorokin A P, Ponomarchuk V A, Travin A V, Melnikova O V. 2009. Late Mesozoic volcanism of the eastern part of the Argun Superterrane (Far East): geochemistry and $^{40}Ar/^{39}Ar$ geochronology. Stratigr Geol

Correlat,17(6):645~658

Sperner B,Zweigel P. 2010. A plea for more caution in fault-slip analysis. Tectonophysics,482:29~41

Sperner B,Muller B,Heidbach O,Delvaux D,Reinecker J,Fuchs K. 2003. Tectonic stress in the Earth's crust: advances in the World Stress Map project. Special Publication-Geological Society of London,212:101~116

Spurlin M S,Yin A,Horton B K,Zhou J,Wang J. 2005. Structural evolution of the YushU-Nangqian region and its relationship to syncollisional igneous activity east-central Tibet. Geological Society of America Bulletin,117: 1293~1317

Starkey J. 1979. Petrofabric analysis of Saxony granulites by optical and X-ray diffraction methods. Tectonophysics, 58:201~219

Stewart R J,Halley B,Zeitler P K,Malloy M A,Allen C M,Trippett D. 2009. Brahmaputra sediment flux dominated by highly localized rapid erosion from the easternmost Himalaya. Geology,36:711~714

Stipp M,Stünitz H,Heilbronner R,Schmid S M. 2002. The eastern Tonale fault zone:a "natural laboratory" for crystal plastic deformation of quartz over a temperature range from,250 to 700°C. Journal of Structural Geology, 24:1861~1884

Su S,Niu Y,Deng J,Liu C,Zhao G,Zhao X. 2007. Petrology and geochronology of Xuejiashiliang igneous complex and their genetic link to the lithospheric thinning during the Yanshanian orogenesis in eastern China. Lithos,96: 90~107

Sun J F,Yang J H,Wu F Y,Li X H,Yang Y H,Xie L W,Wilde S A. 2010. Magma mixing controlling the origin of the Early Cretaceous Fangshan granitic pluton North China Craton:in situ U-Pb age and Sr-Nd-Hf-and O-isotope evidence. Lithos,120:421~438

Sun P C,Sachsenhofer R F,Liu Z J,Susanne A I,Meng Q T,Liu R,Zhen Z. 2013. Organic matter accumulation in the oil shale-and coal-bearing Huadian Basin (Eocene;NE China). International Journal of Coal Geology, 105(2013):1~15

Sun S S,McDonough W F. 1989. Chemical and isotopic systematics of oceanic basalts:Implications for mantle composition and processes. In:Sauders A D,Norry M J (eds). Magmatism in the Ocean Basins. Geological Society Special Publication,42. 313~345

Sun T,Zhou X M,Chen P R,Li H M,Zhou H Y,Wang Z C,Shen W Z. 2003. The genesis and significance of Mesozoic strong aluminium granites in eastern Nanling. Science in China Series D Earth Science,33(12):1209~1218

Sun W D,Ding X,Hu Y H,Li X H. 2007. The golden transformation of the Cretaceous plate subduction in the west Pacific. Earth and Planetary Science Letters,262(3-4):533~542

Sun W D,Ling M X,Chung S L,Ding X,Yang X Y,Liang H Y,Fan W M,Goldfarb R,Yin Q Z. 2012a. Geochemical constraints on adakites of different origins and copper mineralization. Journal of Geology,120(1): 105~120

Sun W D,Ling M X,Yang X Y,Fan W M,Ding X,Liang H Y. 2010. Ridge subduction and porphyry copper-gold mineralization:an overview. Science China Earth Sciences,53(4):475~484

Sun W D,Xie Z,Chen J F,Zhang X,Chai Z F,Du A D,Zhao J S,Zhang C H,Zhou T F. 2003. Os-Os dating of copper and molybdenum deposits along the Middle and Lower reaches of the Yangtze River China. Economical Geology,98:175~180

Sun W D,Yang X Y,Fan W M,Wu F Y. 2012b. Mesozoic large scale magmatism and mineralization in South China. Lithos,150:1~5

Sun Y,Ma C Q,Liu Y Y,She Z B. 2011. Geochronological and geochemical constraints on the petrogenesis of late Triassic aluminous A-type granites in southeast China. Journal of Asian Earth Sciences,42(6):1117~1131

Sun Y J, Dong S W, Zhang H, et al. 2013. 3D thermal structure of the continental lithosphere beneath China and adjacent regions. Journal of Asian Earth Sciences, 62: 697 ~ 704

Sun Z, Pei J, Li H, et al. 2012. Palaeomagnetism of late Cretaceous sediments from southern Tibet: evidence for the consistent palaeolatitudes of the southern margin of Eurasia prior to the collision with India. Gondwana Research, 21(1): 54 ~ 63

Sun Z, Yang Z, Pei J, Ge X, Wang X, Yang T, Li W, Yuan S. 2005. Magnetostratigraphy of Paleogene sediments from northern Qaidam Basin China: Implications for tectonic uplift and block rotation in northern Tibetan plateau. Earth and Planetary Science Letters, 237: 635 ~ 646

Sun Z, Yang Z, Pei J, Yang T, Wang X. 2006. New Early Cretaceous paleomagnetic data from volcanic and red beds of the eastern Qaidam Block and its implications for tectonics of Central Asia. Earth and Planetary Science Letters. 243: 268 ~ 281

Suzuki A, Ohtani E, Morishima H, et al. 2000. In-situ determination of the phase boundary between Wadsleyite and Ringwoodite in Mg_2SiO_4. Geophys Res Lett, 27: 803 ~ 806

Taira A. 2001. Tectonic evolution of the Japanese island arc system. Annual Review of Earth and Planetary Sciences, 29: 109 ~ 134

Tajima F, Katayama I, Nakagawa T. 2009. Variable seismic structure near the 660 km discontinuity associated with stagnant slabs and geochemical implications. Phys Earth Planet Inter, 172: 183 ~ 198

Tan J, Wei J H, Guo L L, Zhang K Q, Yao C L, Lu J P, Li H M. 2008. LA-ICP-MS zircon U-Pb dating and phenocryst EPMA of dikes Guocheng Jiaodong Peninsula: implications for North China Craton lithosphere evolution. Science in China Series D Earth Science, 51: 1483 ~ 1500

Tan S X, Bai Y S, Chang G H, Tong H K, Bao G P. 2004. Discovery and geological significance of metamorphic and intrusive rock (system) of Qimantage region in Jinning epoch. Northwestern Geology, 37: 69 ~ 73

Tan X D, Gilder S, Kodama K P, et al. 2010. New paleomagnetic results from the Lhasa block: Revised estimation of latitudinal shortening across Tibet and implications for dating the India-Asia collision. Earth and Planetary Science Letter, 293: 396 ~ 404

Tan X D, Kodama K P, Chen H L, Fang D J, Sun D J, Li Y G. 2003. Paleomagnetism and magnetic anisotropy of Cretaceous red beds from the Tarim basin northwest China: Evidence for a rock magnetic cause of anomalously shallow paleomagnetic inclinations from central Asia. Journal of Geophysical Research, 108(B2): 2107

Tan X D, Kodama K P, Fang D. 2002. Laboratory depositional and compaction-caused inclination errors carried by haematite and their implications in identifying inclination error of natural remanence in red beds. Geophysical Journal International, 151(2): 475 ~ 486

Tanaka K, Mu C L, Sato K, Takemoto K, Miura D, Liu Y Y, Zaman H, Yang Z Y, Yokoyama M, Iwamoto H, Uno K, Otofuji Y. 2008. Tectonic deformation around the eastern Himalayan syntaxis: constraints from the Cretaceous paleomagnetic data of the Shan-Thai Block. Geophysical Journal International, 175: 713 ~ 728

Tapponnier P, Molnar P. 1977. Active faulting and tectonics in China. Journal of Geophysical Research, 82(20): 2905 ~ 2930

Tapponnier P, Lacassin R, Leloup P H, Schärer U, Dalai Z, Wu, H W, Liu X H, Ji S C, Zhang L S, Zhong J Y. 1990. The Ailao Shan/Red River metamorphic belt: Tertiary left-lateral shear between Indochina and South China. Nature, 342: 431 ~ 437

Tapponnier P, Meyer B, Avouac J P, Peltzer G, Gaudemer Y, Guo S, Xiang H, Yin K, Chen Z, Cai S, Dai H. 1990. Active thrusting and folding in the Qilian Shan and decoupling between upper crust and mantle in northeastern Tibet. Earth and Planetary Science Letters, 97: 382 ~ 403

Tapponnier P,Peltzer G,Armijo R. 1986. On the mechanics of the collision between India and Asia. Geological Society London Special Publications,19:115~157

Tapponnier P,Peltzer G,Le Dain A Y,Armijo R,Cobbold P. 1982. Propagating extrusion tectonics in Asia:New insights from simple experiments with plasticine. Geology,10:611~616

Tapponnier P,Xu Z Q,Roger F,Meyer B,Amaud N,Wittlinger G,Yang J S. 2001. Geology-oblique stepwise rise and growth of the Tibet Plateau. Science,294:1671~1677

Tauxe L,Kent D V. 2004. Asimplified statistical model for the geomagnetic field and the detection of shallow bias in paleomagnetic inclinations:was the ancient magnetic field dipolar? American Geophysical Union,154:101~115

Tauxe L. 1993. Sedimentary records of relative paleointensity of the geomagnetic field:theory and practice. Reviews of Geophysics,31(3):319~354

Taylor S R. 1965. The application of trace element data toproblems in petrology. In:Ahrens L A,Press F,Runcorn S K,Urey C(eds). Physics and Chemistry of the Earth,6:135~213

Taylor S R,McLennan S M. 1985. The Continental Crust:Its Composition and Evolution. Oxford:Blackwell. 1~312

Teng J W,Deng Y F,Badal J,et al. 2013b. Moho depth seismicity and seismogenic structure in China mainland. Tectonophysics. http://dx Doi Org/10. 1016/j. tecto. 2013. 11. 008

Teng J W,Zhang Z J,Zhang X K,et al. 2013a. Investigation of the Moho discontinuity beneath the Chinese mainland using deep seismic sounding profiles. Tectonophysics,609:202~216

Thorkelson D J. 1996. Subduction of diverging plates and the principles of slab window formation. Tectonophysics,255:47~63

Ting W K. 1929. The orogenic movement in China. Bulletin of the Geological Society of China,8(1):151~170

Tirel C,Brun J P,Burov E. 2004. Thermomechanical modeling of extensional gneiss domes. In:Whitney C,Teyssier C,Siddoway C S(eds). Gneiss Domes in Orogeny:Boulder,Colorado. Geological Society of America,Special Paper,380:67~78

Tocheport A,Rivera L,Van der Woerd J. 2006. A study of the 14 November 2001 Kokoxili earthquake:history and geometry of the rupture from teleseismic data and field observations. Bulletin of Seismological Society of America,96:1729~1741

Tomurtogoo O,Windley B F,Kroner A,Badarch G,Liu D Y. 2005. Zircon age and occurrence of the Adaatsag ophiolite and Muron shear zone central Mongolia:constraints on the evolution of the Mongol-Okhotsk ocean suture and orogen. Journal of the Geological Society,162:125~134

Tong J N,Yin H F. 2002. The Lower Triassic of South China. Journal of Asian Earth Sciences,20:803~815

Tong W X,Tobisch O T. 1996. Deformation of granitoid plutons in the Dongshan area,Southeast China:constrains on the physical conditions and timing of movement along the Changle-Nanao shear zone. Tectonophysics,1996,267:303~316

Tong Y B,Yang Z Y,Zheng L D,et al. 2013. Internal crustal deformation in the northern part of Shan-Thai Block:new evidence from paleomagnetic results of Cretaceous and Paleogene redbeds. Tectonophysics,608:1138~1158

Tong Y B,Yang Z Y,Zheng L D,Yang T S,Shi L F,Sun Z M,Pei J L. 2008. Early Paleocene Paleomagnetic Results from Southern Tibet and its tectonic implication. International Geology Review,50:546~562

Toro J,Prokopiev A,Miller E L,Trunilina V A,Bakharev A G. 2007. Origin of the Main Granitoid Belt of Northeastern Russia on the basis of new U-Pb geochronology and geochemistry. Abstracts and Proceedings of the Geological Society of Norway,ICAM 2,73,74

Torsvik T H,Müller R D,et al. 2008. Global plate motion frames:toward a unified model. Reviews of Geophysics,46:RG3004

Torsvik T H, Van der Voo R, Preeden U, et al. 2012. Phanerozoic polar wander palaeogeography and dynamics. Earth-Science Reviews, 114: 325 ~ 368

Traynor J J, Sladen C. 1995. Tectonic and stratigraphic evolution of the Mongolian People's Republic and its influence on hydrocarbon geology and potential. Marine and Petroleum Geology, 12: 35 ~ 52

Tullis J. 1977. Preferred orientation of quartz produced by slip during plane strain. Tectonophysics, 39 (1-3): 87 ~ 102

Tullis J, Christie J M, Griggs D T. 1973. Microstructure and preferred orientations of experimentally deformed quartzites. Geological Society of America Bulletin, 84: 297 ~ 314

Turner S P, Foden J D, Morrison R S. 1993. Derivation of some A-Type magmas by fractionation of basaltic magma-an example from the Padthaway Ridge South Australia. Lithos, 28 (2): 151 ~ 179

Tích V V, Andrey L, Henry M, Lepvrier C, Hua L C, Vượng N V. 2012. Metamorphic evolution of pelitic-semipelitic granulites in the Kon Tum massif (south-central Vietnam). Journal of Geodynamics, 69: 148 ~ 164

Uyeda S. 1983. Comparative subductology. Episodes, 2: 19 ~ 24

van der Velden A J, Cook F A. 2005. Relict subduction zones in Canada. Journal of Geophysical Research, 110: B08403

van der Voo R, Spakman W, Bijwaard H. 1999. Mesozoic subducted slabs under Siberia. Nature, 397: 246 ~ 249

van der Woerd J, Owen L A, Tapponnier P, Xu X W, Kervyn F, Finkel R C, Barnard P L. 2004. Giant, similar to M8 earthquake-triggered ice avalanches in the eastern Kunlun Shan, northern Tibet: characteristics, nature and dynamics. Geological Society of America Bulletin, 116: 394 ~ 406

van der Woerd J, Xiwei X, Haibing L, Tapponnier P, Meyer B, Ryerson F J, Meriaux A S, Zhiqin X. 2001. Rapid active thrusting along the northwestern range front of the Tanghe Nan Shan (western Gansu China). Journal of Geophysical Research, 106: 30475 ~ 30504

van Hinsbergen D J J, Kapp P, Dupont-Nivet G, et al. 2011. Restoration of Cenozoic deformation in Asia and the size of Greater India. Tectonics, 30: TC5003

van Hinsbergen D J J, Lippert P C, Doupont-Niver G, McQuarrie N, Doubrovine P V, Spakman W, Torsvik T H. 2012. Greater India Basin Hypothesis and a two-stage Cenozoic collision between India and Asia. Proceeding of the National Academy of Sciences of the United States of America, 109 (20): 7659 ~ 7664

Vanderhaeghe O, Teyssier C. 2001. Partial melting and flow of orogens. Tectonophysics, 342: 451 ~ 472

Vanderhaeghe O, Teyssier C, McDougall I, Dunlap W J. 2003. Cooling and exhumation of the Shuswap Metamorphic Core Complex constrained by $^{40}Ar/^{39}Ar$ thermochronology. Geol Soc Am Bull, 115: 200 ~ 216

Vauchez A, Tommasi A, Mainprice D. 2012. Faults (shear zones) in the Earth's mantle. Tectonophysics, 558-559: 1 ~ 27

Veevers J J. 2004. Gondwanaland from, 650–500 Ma assembly through, 320 Ma merge in Pangea to 185–100 Ma breakup: supercontinental tectonics via stratigraphy and radiometric dating. Earth Science Reviews, 68: 1 ~ 132

Vincent S J, Allen M B. 1999. Evolution of the Minle and Chaoshui Basins, China: implications for Mesozoic strike-slip basin formation in Central Asia. Geol Soc Am Bull, 111 (5): 725 ~ 742

Wallace L M, Ellis S, Miyao K, Miura S, Beavan J, Goto J. 2009. Enigmatic highly active left-lateral shear zone in southwest Japan explained by aseismic ridge collision. Geology, 37: 143 ~ 146

Wallick B P, Steiner M B. 1992. Paleomagnetic and rock magnetic properties of Jurassic Quiet Zone Basalts hole, 801c. Proceeding of Ocean Drilling Program Scientific Results, 129: 455 ~ 470

Wallmann K. 2004. Impact of atmospheric CO_2 and galactic cosmic radiation on Phanerozoic climate change and the marine $\delta^{18}O$ record. Geochemistry Geophysics Geosystems, 5: Q06004

Wan Y S, Liu D Y, Wilde S A, Cao J J, Chen B, Dong C Y, Song B, Du L L. 2010. Evolution of the Yunkai Terrane,

South China：evidence from SHRIMP zircon U−Pb dating，geochemistry and Nd isotope. Journal of Asian Earth Sciences，37：140～153

Wang B，Niu F. 2010. A broad 660 km discontinuity beneath northeast China revealed by dense regional seismic networks in China. J Geophys Res，115：B06308. doi：10. 1029/2009jb006608

Wang B，Yang Z Y. 2007. Late Cretaceous paleomagnetic results from southeastern China and their geological implicateon. Earth and Planetary Science Letters，258：315～333

Wang C S，Gao R，Yin A，et al. 2011. A mid-crustal strain-transfer model for continental deformation：a new perspective from high-resolution deep seismic-reflection profiling across NE Tibet. Earth and Planetary Science Letters，306：279～288

Wang C S，Liu Z F，Yi H S，Liu S，Zhao X X. 2002. Tertiary crustal shortenings and peneplanation in the Hoh Xil region：implications for the tectonic history of the northern Tibetan Plateau. Journal of Asian Earth Sciences，20：211～223

Wang D Z，Shu L S. 2012. Late Mesozoic basin and range tectonics and related magmatism in Southeast China. Geoscience Frontiers，3（2）：109～124

Wang D Z，Shu L S，Faure M，Sheng W Z. 2001. Mesozoic magmatism and granitic dome in the Wugongshan Massif Jiangxi province and their genetical relationship to the tectonic events in southeast China. Tectonophysics，339：259～277

Wang E C，Burchfiel B C. 1997. Interpretation of Cenozoic tectonics in the right-lateral accommodation zone between the Ailao Shan Shear zone and the Eastern Himalayan syntaxis. International Geology Review，39：191～219

Wang E C，Burchfiel B C. 2000. Late Cenozoic to Holocene deformation in southwestern Sichuan and adjacent Yunnan China and its role in formation of the southeastern part of the Tibetan Plateau. Geological Society of America Bulletin，112：413～423

Wang E C，Burchfiel B C. 2004. Late Cenozoic right-lateral movement along the Wenquan fault and associated deformation：implications for the kinematic history of the Qaidam Basin Northeastern Tibetan Plateau. International Geology Review，46：861～879

Wang E Q，Yin J Y. 2009. Cenozoic multi-stage deformation occurred in southwest Sichuan：Cause for the dismemberment of the proto-Sichuan Basin. Journal of Northwest University（Natural Science Edition），39（3）：359～367

Wang E C，Burchfiel B C，Royden L H，Chen L Z，Li W X，Chen Z L. 1998a. Late Cenozoic Xianshuihe-Xiaojiang Red River and Dali fault systems of southwestern Sichuan and Central Yunnan China. Geological Society of America Special Paper，327：1～108

Wang E C，Burchfiel B C，Royden L H. 1998b. Late Cenozoic compressional deformations and their origin along the Xiaojiang strike-slip fault system in Central Yunnan China. Scientia Geologica Sinica，30（3）：209～219

Wang E，Xu F Y，Zhou J X，Wan J L，Burchfiel B C. 2006. Eastward migration of the Qaidam basin and its implications for Cenozoic evolution of the Altyn Tagh fault and associated river systems. Geological Society of America Bulletin，118：349～365

Wang F Y，Ling M X，Ding X，Hu Y H，Zhou J B，Yang X Y，Liang H Y，Fan W M，Sun W D. 2011. Mesozoic large magmatic events and mineralization in SE China：oblique subduction of the Pacific Plate. International Geology Review，53（5-6）：704～726

Wang H，Mo X. 1995. An outline of the tectonic evolution of China. Episodes，18：6～16

Wang J G，Hu X M，Jansa L B，et al. 2011. Provenance of the upper Cretaceous-eocene deep-water sandstones in sangdanlin southern tibet：constraints on the timing of initial India-Asia collision. The Journal of Geology，119：

293 ~ 309

Wang J H, Yin A, Harrison T. M, Grove M, Zhang Y Q, Xie G H. 2001. A tectonic model for Cenozoic igneous activities in the eastern Indo-Asian collision zone. Earth and Planetary Science Letters, 188:123 ~ 133

Wang J, Li Z X. 2003. History of Neoproterozoic rift basins in South China: implications for Rodinia break-up. Precambrian Research, 122(1-4):141 ~ 158

Wang L G, Qiu Y M, McNaughton N J, Groves D I, Luo Z K, Huang J Z, Miao L C, Liu Y K. 1998. Constraints on crustal evolution and gold metallogeny in the northwestern Jiaodong Peninsula China from SHRIMP U-Pb zircon studies of granitoids. Ore Geology Review, 13:275 ~ 291

Wang L J, Griffin W L, Yu J H, O'Reilly S Y. 2010. Precambrian crustal evolution of the Yangtze Block tracked by detrital zircons from Neoproterozoic sedimentary rocks. Precambrian Research, 177:131 ~ 144

Wang L X, Ma C Q, Zhang J Y, Chen L, Zhang C. 2006. Petrological and geochemical characteristics and petrogenesis of the Early Cretaceous Taohuashan-Xiaomoshan granites in northeastern Hunan province. Geological Journal of China Universitys, 14(3):334 ~ 349

Wang P J, Liu Z J, Wang S X, Song W H. 2002. ^{40}Ar/^{39}Ar and K/Ar dating on the volcanic in the Songliao basin NE China: constraints on stratigraphy and basin dynamics. International Journal of Earth Sciences, 91:331 ~ 340

Wang Q, Wyman D A, Xu J F, Zhao Z H, Jian P, Xiong X L, Bao Z W, Li C F, Bai Z H. 2006. Petrogenesis of Cretaceous adakitic and shoshonitic igneous rocks in the Luzong area Anhui province (eastern China): implications for geodynamics and Cu-Au mineralization. Lithos, 89:424 ~ 446

Wang Q, Wyman D A, Xu J F, Zhao Z H, Jian P, Zi F. 2007. Partial melting of thickened or delaminated lower crust in the middle of eastern China: implications for Cu-Au mineralization. Journal of Geology, 115:149 ~ 161

Wang Q, Xu J F, Zhao Z H, Bao Z W, Xu W, Xiong X L. 2004a. Cretaceous high-potassium intrusive rocks in the Yueshan-Hongzhen area of east China: Adakites in an extensional tectonic regime within a continent. Geochemical Journal, 38:417 ~ 434

Wang Q, Zhang P Z, Freymueller J T, Bilham R, Larson K M, Lai X, You X Z, Niu Z J, Wu J C, Li Y X, Liu J N, Yang Z Q, chen Q Z. 2001. Present-day crustal deformation in China constrained by Global Positioning System (GPS) measurements. Science, 294:574 ~ 577

Wang Q, Zhao Z H, Bao Z W, Xu J F, Liu W, Li C F, Bai Z H, Xiong X L. 2004b. Geochemistry and petrogenesis of the Tongshankou and Yinzu adakitic intrusive rocks and the associated porphyry copper-molybdenum mineralization in southeast Hubei, east China. Resource Geology, 54:137 ~ 152

Wang Q, Zhao Z H, Jian P, Xiong X L, Bao Z W, Dai T M, Xu J F, Ma J L. 2005. Geochronology of Cretaceous A-type granitoids or alkaline intrusive rocks in the hinterland, South China: constraints for Late-Mesozoic tectonic evolution. Acta Petrologica Sinica, 21(3):795 ~ 808 (in Chinese with English abstract)

Wang S, Wang Y, Hu H, Li H. 2001. The existing time of Sihetun vertebrate in western Liaoning China: Evidence from U-Pb dating of zircon. Chinese Science Bulletin, 46:779 ~ 782

Wang T, Chen L. 2009. Distinct velocity variations around the base of the upper mantle beneath northeast Asia. Phys Earth Planet Inter, 172:241 ~ 256

Wang T, Guo L, Zheng Y, Donskaya T, Gladkochub D, Zeng L, Li J, Wang Y, Mazukabzov A. 2012. Timing and processes of late Mesozoic mid-lower-crustal extension in continental NE Asia and implications for the tectonic setting of the destruction of the North China Craton: mainly constrained by zircon U-Pb ages from metamorphic core complexes. Lithos, 154:315 ~ 345

Wang T, Zheng Y D, Li T, Gao Y. 2004. Mesozoic granitic magmatism in extensional tectonics near the Mongolian border in China and its implications for crustal growth. Journal of Asian Earth Sciences, 23:715 ~ 729

Wang T,Zheng Y D,Zhang J J,Zeng L S,Donskaya T,Guo L,Li J B. 2011. Pattern and kinematic polarity of Late Mesozoic extension in continental NE Asia:Perspectives from metamorphic core complexes. Tectonlics,30: TC6007. doi:10,1029/2011TC002896,2011

Wang X C,Li X H,Li W X,Li Z X. 2007. Ca. 825 Ma komatiitic basalts in South China:first evidence for >1500℃ mantle melts by a Rodinian mantle plume. Geology,35:1103 ~ 1106

Wang X C,Liu Y S,Liu X M. 2006. Mesozoic adakites in the Lingqiu Basin of the central North China Craton: Partial melting of underplated basaltic lower crust. Geochemical Journal,40:447 ~ 461

Wang X L,Zhao G C,Zhou J C,Liu Y S,Hu J. 2008. Geochronology and Hf isotopes of zircon from volcanic rocks of the Shuangqiaoshan Group South China:Implications for the Neoproterozoic tectonic evolution of the eastern Jiangnan orogen. Gondwana Research,14:355 ~ 367

Wang X L,Zhou J C,Qiu J S,Gao J F. 2004. Geochemistry of the Meso-to Neoproterozoic basic-acid rocks from Hunan Province South China:implications for the evolution of the western Jiangnanorogen. Precambrian Research,135:79 ~ 103

Wang X L,Zhou J C,Qiu J S,Zhang W L,Liu X M,Zhang G L. 2006. LA-ICP-MS U-Pb zircon geochronology of the Neoproterozoic igneous rocks from Northern Guangxi South China

Wang X L,Zhou J,Griffin W,Wang R,Qiu J,O'Reilly S,Xu X,Liu X,Zhang G. 2007. Detrital zircon geochronology of Precambrian basement sequences in the Jiangnan orogrn:dating the assembly of the Yangtze and Cathaysian Blocks. Precambrian Research,159:117 ~ 131

Wang X S,Zheng Y D,Jia W. 2004. Extensional stages of Louzidian metamorphic core complex and development of the supradetachment basin south of Chifeng Inner Mongolia,China. Acta Geologica Sinica (English Edition),78: 237 ~ 245

Wang X X,Hu N G,Wang T,Sun Y G,Ju S C,Lu X X,Li S,Qi Q J. 2012. Late Ordovician Wanbaogou granitoid pluton from the southern margin of the Qaidam Basin:zircon SHRIMP U-Pb age Hf isotope and geochemistry. Acta Petrologica Sinica,28(9):2950 ~ 2962

Wang X,Zattin M,Li J,Song C,Peng T,Liu S,Liu B. 2011. Eocene to Pliocene exhumation history of the Tianshui-Huicheng region determined by Apatite fission track thermochronology:implications for evolution of the northeastern Tibetan Plateau margin. Journal of Asian Earth Sciences,42:97 ~ 110

Wang Y C,Zhang Q,Qian Q,et al. 2005. Geochemistry of the Early Paleozoic Baiyin Volcanic Rocks (NW China): implications for the tectonic evolution of the North Qilian Orogenic Belt. The Journal of Geology,113(1):83 ~ 94

Wang Y J,Fan W M,Cawood P A,Ji S C,Peng T P,Chen X Y. 2007a. Indosinian high-strain deformation for the Yun-kaidashan tectonic belt south China:kinematics and,^{40}Ar/^{39}Ar geochronological constraints. Tectonics,26(6)

Wang Y J,Fan W M,Liang X Q,Peng T P,Shi Y R. 2005a. SHRIMP zircon U-Pb geochronology of Indosinian granites in Hunan Province and its petrogenetic implications. Chinese Science Bulletin,50(13):1395 ~ 1403

Wang Y J,Fan W M,Sun M,et al. 2007b. Geochronological geochemical and geothermal constraints on petrogenesis of the Indosinian peraluminous granites in the South China Block:a case study in the Hunan Province. Lithos,96: 475 ~ 502

Wang Y J,Fan W M,Zhang G W,Zhang Y H. 2013. Phanerozoic tectonics of the South China Block:key observations and controversies. Gondwana Research,23(4):1273 ~ 1305

Wang Y J,Fan W M,Zhang Y H,Peng T P,Cheng X Y,Xu Y G. 2006. Kinematics and,^{40}Ar/^{39}Ar geochronology of the Gaoligong and Chongshan shear systems western Yunnan China:implications for early Oligocene tectonic extrusion of SE Asia. Tectonophysics,418:235 ~ 254

Wang Y J,Fan W M,Zhao G,et al. 2007c. Zircon U-Pb geochronology of gneissic rocks in the Yunkai massif and its implications on the Caledonian event in the South China Block. Gondwana Research,12:404~416

Wang Y J,Zhang Y H,Fan W M,et al. 2005. Structural signatures and,^{40}Ar/^{39}Ar geochronology of the Indosinian Xuefengshan tectonic belt South China Block. Journal of Structual Geology,27:985~998

Wang Y J,Zhang Y H,Fan W M,Xi X W,Guo F,Lin G. 2002. Numerical modeling of the formation of Indo-Sinian peraluminous granitoids in Hunan Province:basaltic underplating versus tectonic thickening. Science in China (Series D-Earth Sciences),45(11):1042~1056

Wang Y J. Fan W M,Guo F,et al. 2003. Geochemistry of Mesozoic mafic rocks around the ChenzhoU-Linwu fault in South China:implications for the Lithospheric Boundary between the Yangtze and Cathaysia Blocks. International Geology Review,45:263~286

Wang Y. 2006. The onset of the Tan-Lu fault movement in eastern China:constraints from zircon (SHRIMP) and ^{40}Ar/^{39}Ar dating. Terra Nova,18:423~431

Wang Y,Jin Y. 2000. Permian palaeogeographic evolution of the Jiangnan Basin,South China. Palaeogeography Palaeoclimatology Palaeoecology,160:35~44

Wang Y,Li H M. 2008. Initial formation and Mesozoic tectonic exhumation of an intracontinental tectonic belt of the northern part of the Taihang Mountain Belt,eastern Asia. The Journal of Geology,116:155~172

Wang Y,Fan W,Zhang H,Peng T. 2006. Early Cretaceous gabbroic rocks from the Taihang Mountains:Implications for a paleosubduction-related lithospheric mantle beneath the central North China Craton. Lithos,86:281~302

Wang Y,Zhang F Q,Zhang D W,et al. 2006. Zircon SHRIMP U-Pb dating of meta-diorite from the basement of the Songliao Basin and its geological significance. Chinese Science Bulletin,51(15):1877~1883

Wang Y,Zhang X M,Wang E,Zhang J F,Li Q,Sun G H. 2005. ^{40}Ar/^{39}Ar thermochronological evidence for formation and Mesozoic evolution of the northern-central segment of the Altyn Tagh fault system in the northern Tibetan Plateau. Geol Soc Am Bull,117(9-10):1336~1346

Wang Y,Zhou L,Li J. 2011. Intracontinental superimposed tectonics-a case study in the Western Hills of Beijing, eastern China. Geological Society of America Bulletin,123(5-6):1033~1055

Wang Z H,Lu H F. 1997. Evidence and dynamics for the change of strike-slip direction of the Changle-Nanao ductile shear zone southeastern China. Journal of Asian Earth Sciences,15(6):507~515

Wang Z H,Lu H F. 2000. Ductile deformation and,^{40}Ar/^{39}Ar dating of the Changle-Nanao ductile shear zone southeastern China. Journal of Structural Geology,22:561~570

Wang Z H,Wan J L. 2014. Collision-induced Late Permian-Early Triassic transpressional deformation in the Yanshan Tectonic Belt,North China. The Journal of Geology,122:705~716

Wang Z H,Zhao Y,Zou H,Li W,Liu X,Wu H,Xu G,Zhang S. 2007. The Early Jurassic Nandaling flood basalts in the Yanshan belt North China craton:the origin and geodynamic implications. Lithos,96:543~566

Wang Z Q,Yan Q R,Yan Z,Wang T,Jiang C F,Gao L D,Li Q G,Chen J L,Zhang Y L,Liu P,Xie C L,Xiang Z J. 2009a. New division of the main tectonic units of the Qinling orogenic belt central China. Acta Geologica Sinica, 83:1527~1546

Wang Z Q,Yan Z,Gao L D,Yan Q R,Chen J L,Li Q G,Jiang C F,Liu P,Zhang Y L,Xie C L,Xiang Z J. 2009b. New advances in the study on ages of metamorphic strata in the Qinling orogenic belt. Acta Geoscientica Sinica, 30:561~570

Webb L E,Graham S A,Johnson C L,Badarch G,Hendrix M S. 1999. Occurrence,age and implications of the Yagan-Onch Hayrhan metamorphic core complex,Southern Mongolia. Geology,27:143~146

Weislogel A L,Graham S A,Chang E Z,Wooden J L,Gehrels G E,Yang H. 2006. Detrital zircon provenance of the Late Triassic Songpan-Ganzi complex:sedimentary record of collision of the North and South China blocks.

Geology,34:97 ~ 100

Weissert H, Mohr H. 1996. Late Jurassic climate and its impact on carbon cycling. Palaeogeog Palaeoclimatol Palaeoecol,122:27 ~ 43

Wernicke B. 1981. Low-angle faults in the Basin and Range Province: nappe tectonics in an extending orogen. Nature,291:645 ~ 648

Westphal M. 1993. Did a large departure from the geocentric axial dipole occur during the Eocene? Evidence from the magnetic polar wander path of Eurasia. Earth And Planetary Science Letters,117:15 ~ 28

Westphal M, Pozzi J P, Zhou Y X. 1983. Paleomagnetic data about southern Tibet (Xizang)-the Cretaceous formation of the Lhasa block. Geophysical Journal Royal Astronomical Society,73:507 ~ 521

Wilde S A, Wu F Y, Zhang X Z,2003. Late Pan-African magmatism in Northeastern China: SHRIMP U-Pb zircon evidence for igneous ages from the Mashan Complex. Precambrian Research,122:311 ~ 327

Wilde S A, Zhang X Z, Wu F Y,2000. Extension of a newly-identified,500 Ma metamorphic terrain in Northeast China: further U-Pb SHRIMP dating of the Mashan Complex Heilongjiang Province, China. Tectonophysics,328: 115 ~ 130

Wilde S A, Zhou X H, Nemchin A A, Sun M. 2003. Mesozoic crust-mantle interaction beneath the North China craton: a consequence of the dispersal of Gondwanaland and accretion of Asia. Geology,31:817 ~ 820

Williams I S, Claesson S. 1987. Isotopic evidence for the Precambrian provenance and Caledonian metamorphism of high grade paragneisses from the Seve Nappes Scandinavian Caledonides: 2. Ion microprobe zircon U-Th-Pb. contrib Mineral Petrol,97:205 ~ 217

Wong J, Sun M, Xing G F, et al. 2009. Geochemical and zircon U-Pb and Hf isotopic study of the Baijuhuajian metaluminous A-type granite: extension at 125 – 100 Ma and its tectonic significance for South China. Lithos,112: 289 ~ 305

Wong J, Sun M, Xing G F, Li X H, Zhao G C, Wong K, Wu F Y. 2011. Zircon U-Pb and Hf isotopic study of Mesozoic felsic rocks from eastern Zhejiang, South China: geochemical contrast between the Yangtze and Cathaysia blocks. Gondwana Research,19(1):244 ~ 259

Wong W H. 1926. Crust movement in eastern China. Tokyo: Proceedings of 3th Pan-Pacific Science Congress, 642 ~ 685

Wong W H. 1927. Crustal movement and ignous activities in eastern China since Mesozoic time. Bulletin of Geological Society of China,6(1):9 ~ 36

Wong W H. 1929. The Mesozoic orogenic movement in eastern China. Bulletin of Geological Society of China,8:33 ~ 44

Wu C L, Gao Y H, Frost B R, et al. 2011. An early Palaeozoic double-subduction model for the North Qilian oceanicplate: evidence from zircon SHRIMP dating of granites. International Geology Review,53(2):157 ~ 181

Wu C, Yang J, Wooden J L, Shi R, Chen S, Meibom A, Mattinson C. 2004. Zircon U-Pb SHRIMP dating of the Yematan Batholith in Dulan north Qaidam NW China. Chinese Science Bulletin,49:1736 ~ 1740

Wu F Y, Clift P, Yang J H. 2007a. Zircon Hf isotopic constraints on the sources of the Indus Molasse Ladakh Himalaya India. Tectonics,26:TC2014

Wu F Y, Han R H, Yang J H, Wilde S A, Zhai M G. 2007b. Initial constraints on the timing of granitic magmatism in North Korea using U-Pb zircon geochronology. Chemical Geology,238:232 ~ 248

Wu F Y, Ji W Q, Sun D H, Yang Y H, Li X H. 2012. Zircon U-Pb geochronology and Hf isotopic compositions of the Mesozoic granites in southern Anhui Province China. Lithos,150:6 ~ 25

Wu F Y, Lin J Q, Wilde S A, Sun D Y, Yang J H. 2005a. Nature and significance of the Early Cretaceous giant igneous event in eastern China. Earth and Planetary Science Letters,233:103 ~ 119

Wu F Y,Sun D Y,Ge W C,Zhang Y B,Grant M L,Wilde S A,Jahn B M. 2011. Geochronology of the Phanerozoic granitoids in northeastern China. Journal of Asian Earth Sciences,41:1~30

Wu F Y,Sun D Y,Li H M,Jahn B M,Wilde S A. 2002. A-type granites in northeastern China:age and geochemical constraints on their petrogenesis. Chemical Geology,187:143~173

Wu F Y,Sun D Y,Li H M,Wang X L. 2001. The nature of basement beneath the Songliao Basin in NE China: geochemical and isotopic constraints. Phys. Chem Earth,26 (9-10):783~803

Wu F Y,Wilde S A,Zhang G L,Sun D Y. 2004. Geochronology and petrogenesis of the post-orogenic Cu-Ni sulfide-bearing mafic-ultramafic complexes in Jilin Province NE China. Journal of Asian Earth Sciences,23:781~797

Wu F Y,Yang J H,Liu X M,et al. 2005b. Hf isotopes of the 3.8 Ga zircons in eastern Hebei Province China:implications for early crustal evolution of the North China Craton. Chinese Science Bulletin,50(21):2 473~2480

Wu F Y,Yang J H,Lo C H,Wilde S A,Sun D Y,Jahn B M. 2007c. The Heilongjiang Group:a Jurassic accretionary complex in the Jiamusi Massif at the western Pacific margin of northeastern China. Island Arc,16:156~172

Wu F Y,Yang J H,Wilde S A,Zhang X O. 2005c. Geochronology petrogenesis and tectonic implications of Jurassic granites in the Liaodong Peninsula NE China. Chemical Geology,221:127~156

Wu G Y,Liang X,Ma L. 2009 Time-spatial developing features of co-existed inherited and neogenic structures and their guidance to marine origin oil-gas exploration in the Yangtze craton. Petroleum Geology Experiment,31(1):1~11

Wu Y B,Zheng Y F. 2004. Genesis of zircon and its constraints on interpretation of U-Pb age. Chinese Science Bulletin,49(15):1554~1569

Wu Y B,Hanchar J M,Gao S,Sylvester P J,Tubrett M,Qiu H N,Wijbrans J R,Brouwer F M,Yang S,Yang Q,Liu Y S,Yuan H. 2009. Age and nature of eclogites in the Huwan shear zone and the multi-stage evolution of the Qinling-Dabie-Sulu orogen central China. Earth Planet Sci Lett,277:345~354

Wu Y B,Zheng Y F,Zhang S,Zhao Z F,Wu F,Liu X M. 2007. Zircon U-Pb ages and Hf isotope compositions of migmatites from the North Dabie terrane in China:constraints on partial melting. Journal of Metamorphic Geology,25:991~1009

Xia L,Li X,Ma Z,Xu X,Xia Z. 2011. Cenozoic volcanism and tectonic evolution of the Tibetan Plateau. Gondwana Research,19:850~866

Xia W,Zhang N,Yuan X,Fan L,Zhang B. 2001. Cenozoic Qaidam Basin China:a stronger tectonic inversed extensional rifted basin. American Association of Petroleum Geologists,85:715~736

Xiang H,Zhang L,Zhou H W,Zhong Z Q,Zeng W. 2008. Geochronology and Hf isotopes of zircon from mafic-ultramafic basement rocks of southwestern Zhejiang:response to the Indosinian orogeny of the metamorphic basement of the Cathaysia Block. Science in China (Series D-Earth Sciences),51: 788~800

Xiao W J,He H Q. 2005. Early Mesozoic thrust tectonics of the Northwest Zhejiang region (Southeast China). Geological Society of America Bulletin,117:1~17

Xiao W J,Han C M,Yuan C,Sun M,Lin S F,Chen H L,Li Z L,Li J L,Sun S. 2008. Middle Cambrian to Permian subduction — related accretionary orogenesis of Northern Xinjiang NW China:implications for the tectonic evolution of central Asia. Journal of Asian Earth Sciences,32:102~117

Xiao W J,Huang B,Han C,Sun S,Li J. 2010. A review of the western part of the Altaids:a key to understanding the architecture of the accretionary orogens. Gondwana Research,18:253~273

Xiao W J,Windley B F,Badarch G,Sun S,Li J,Qin K,Wang Z. 2004. Palaeozoic accretionary and convergent tectonics of the southern Altaids:implications for the lateral growth of Central Asia. Journal of the Geological Society,161:339~342

Xiao W J,Windley B F,Han C M,Huang B C,Yuan C,Chen H L,Sun S,Sun M,Li J L. 2009a. End Permian to mid-Triassic termination of the southern Central Asian Orogenic Belt. International Journal of Earth Sciences,98: 1189 ~ 1217

Xiao W J,Windley B F,Hao J,Zhai M G. 2003. Accretion leading to collision and the Permian Solonker suture Inner Mongolia China. Tectonics,22(6):1069

Xiao W J,Windley B F,Liu D Y,et al. 2005. Paleozoic accretionary tectonics of the Western Kunlun Range China: new SHRIMP zircon ages from the Kudi ophiolite and associated granites and implications for the crustal growth of Central Asia. Journal of Geology,113:687 ~ 705

Xiao W J,Windley B F,Yong Y,et al. 2009b. Early Paleozoic to Devonian multiple-accretionary model for the Qilian Shan,NW China. Journal of Asian Earth Sciences,35:323 ~ 333

Xiao W J,Windley B F,Yuan C,Sun M,Han C M,Lin S F,Chen H L,Yan Q R,Liu D Y,Qin K Z,Li J L,Sun S. 2009c. Paleozoic multiple subduction-accretion processes of the southern Altaids. American Journal of Sciences, 309:221 ~ 270

Xie J C,Yang X Y,Sun W D,Du J G. 2012. Early Cretaceous dioritic rocks in the Tongling region eastern China: implications for the tectonic settings. Lithos,150:49 ~ 61

Xie Z,Zheng Y F,Zhao Z F,Wu Y B,Wang Z,Chen J,Liu X M,Wu F Y. 2006. Mineral isotope evidence for the contemporaneous process of Mesozoic granite emplacement and gneiss metamorphism in the Dabie orogen. Chemical Geology,231:214 ~ 235

Xu B,Grove M,Wang C,Zhang L,Liu S. 2000. ^{40}Ar/^{39}Ar thermochronology from the northwestern Dabie Shan: constraints on the evolution of Qinling-Dabie orogenic belt east-central China. Tectonophysics,322:279 ~ 301

Xu G,Kamp P J J. 2000. Tectonics and denudation adjacent to the Xianshuihe Fault eastern Tibetan Plateau: Constraints from fission track thermochronology. Journal of Geophysical Research,105:19231 ~ 19251

Xu H M,Liu S,Qu G S,Li Y F,Sun G,Liu K. 2009. Structural characteristics and formation mechanism in the Micangshan foreland South China. Acta geologica Sinica (English Edition),83(1):81 ~ 91

Xu H,Liu Y Q,Kuang H W,et al. 2012. U-Pb SHRIMP age for the Tuchengzi Formation northern China and its implications for biotic evolution during the Jurassic-Cretaceous transition. Palaeoword,21:222 ~ 234

Xu H,Ma C,Ye K. 2007. Early Cretaceous granitoids and their implications for the collapse of the Dabie orogen eastern China:SHRIMP zircon U-Pb dating and geochemistry. Chemical Geology,240:238 ~ 259

Xu J F,Shinjo R,Defant M J,Wang Q,Rapp R P. 2002. Origin of Mesozoic adakitic intrusive rocks in the Ningzhen area of east China:partial melting of delaminated lower continental crust? Geology,30:1111 ~ 1114

Xu J W,Zhu G. 1994. Tectonic models of the Tan-Lu fault zone eastern China. International Geology Review,36: 771 ~ 784

Xu J W,Zhu G,Tong W. X,Cui K. R,Liu Q. 1987. Formation and evolution of the Tancheng-Lujiang wrench fault system:a major shear system to the northwest of the Pacific Ocean. Tectonophysics,134:273 ~ 310

Xu R,Harris N B W. 1990. Isotope Geochemistry of the 1985 Tibet Geotraverse,Lhasa to Golmud,in the geological Evolution of Tibet. Beijing:Science Press. 282 ~ 302

Xu T,Wu Z B,Zhang Z J,et al. 2013. Crustal structure across the Kunlun fault from passive source seismic profiling in East Tibet. Tectonophysics. http://dx Doi Org/10. 1016/j. tecto. 2013. 11.010

Xu W C. 2010. Spatial variation of zircon U-Pb ages and Hf isotopic compositions of the Gangdese granitoids and its geologic implications. PHD Thesis China University of Geosciences (Wuhan):1 ~ 185

Xu W L,Wang Q H,Wang D Y,Guo J H,Pei F P. 2006. Mesozoic adakitic rocks from the XuzhoU-Suzhou area eastern China: evidence for partial melting of delaminated lower continental crust. Journal of Asian Earth Sciences,27:230 ~ 240

Xu W L, Wang Q H, Yang D B, Liu X C, Guo J H. 2005. SHRIMP zircon U-Pb dating in Jingshan "migmatitic granite" Bengbu and its geological significance. Science in China Series D Earth Science, 48:185 ~ 191

Xu W L, Yang D B, Gao S, Pei F P, Yu Y. 2010. Geochemistry of peridotite xenoliths in Early Cretaceous high-Mg diorites from the Central Orogenic Block of the North China Craton: the nature of Mesozoic lithospheric mantle and constraints on lithospheric thinning. Chemical Geology, 270:257 ~ 273

Xu W, Wang Q, Liu X, Wang D, Guo J. 2004. Chronology and sources of Mesozoic intrusive complexes in the XuzhoU-Huainan region central China: constraints from SHRIMP zircon U-Pb dating. Acta Geologica Sinica, 78 (1):96 ~ 106

Xu X B. 2011. Research on Phanerozoic structural deformation and geochronology in Wuyishan, South China. PHD thesis, 1 ~ 120 (in Chinese with English abstract)

Xu X B, Zhang Y Q, Shu L S, Jia D. 2011. LA-ICP-MS U – Pb and ^{40}Ar/^{39}Ar geochronology of the sheared metamorphic rocks in the Wuyishan: constraints on the timing of early Paleozoic and early Mesozoic tectono-thermal events in SE China. Tectonophysics, 501(1-4):71 ~ 86

Xu X S, Deng P, O'Reilly S Y, et al. 2003. Single zircon LAM-ICPMS U–Pb dating of Guidong complex (SE China) and its petrogenetic significance. China Sci Bull, 48(17):1892 ~ 1899

Xu X S, Dong C W, Li W X, Zhou X M. 1999. Late Mesozoic intrusive complexes in the coastal area of Fujian SE China: the significance of the gabbro-diorite-granite association. Lithos, 46:299 ~ 315

Xu X S, O'Reilly S Y, Griffin W L, Wang X L, Pearson N J, He Z Y. 2007. The crust of Cathaysia: Age assembly and reworking of two terranes. Precambrian Research, 158:51 ~ 78

Xu X S, Suzuki K, Liu L, Wang D Z. 2010. Petrogenesis and tectonic implications of Late Mesozoic granites in the NE Yangtze Block China: further insights from the Jiuhuashan-Qingyang complex. Geological Magazine, 147(2): 219 ~ 232

Xu X, Harbert W, Dril S, Kravchinsky V. 1997. New paleomagnetic data from the Mongol-Okhotsk collision zone Chita region southcentral Russia: implications for Paleozoic paleogeography of the Mongol-Okhotsk Ocean. Tectonophysics, 269:113 ~ 129

Xu Y G. 2002. Mantle plumes large igneous provinces and their geologic consequences. Earth Science Frontier, 9: 341 ~ 352

Xu Y G. 2007. Diachronous lithospheric thinning of the North China Craton and formation of the Daxin'anling-Taihangshan gravity lineament. Lithos, 96:281 ~ 298

Xu Y G, He B, Chung S L, Menzies M A, Frey F A. 2004. The geologic geochemical and geophysical consequences of plume involvement in the Emeishan flood basalt province. Geology, 30(10):917 ~ 920

Xu Y G, Li H Y, Pang C J, He B. 2009. On the timing and duration of the destruction of the North China Craton. Chinese Science Bulletin, 54:3379 ~ 3396

Xu Y G, Ma J L, Huang X L, Iizuka Y, Chung S L, Wang Y B, Wu X Y. 2004. Early Cretaceous gabbroic complex from Yinan Shandong Province: petrogenesis and mantle domains beneath the North China Craton. International Journal of Earth Sciences, 93:1025 ~ 1041

Xu Y J, Du Y S, Cawood P A, et al. 2010a. Detrital zircon record of continental collision: assembly of the Qilian Orogen China. Sedimentary, 230:35 ~ 45

Xu Y J, Du Y S, Cawood P A, et al. 2010b. Provenance record of a foreland basin: Detrital zircon U-Pb ages from Devonianstrata in the North Qilian Orogen, China. Tectonophysic, 495:337 ~ 347

Xu Y J, Du Y S, Cawood P A, Zhu Y H, Li W C, Yu W C. 2012. Detrital zircon provenance of Upper Ordovician and Silurian strata in the northeastern Yangtze Block: response to orogenesis in South China. Sedimentary Geology,

267-268:63 ~ 72

Xue H M, Wang Y G, Ma F, Wang C, Wang D, Zuo Y L. 2009. The Huangshan A-type granites with tetrad REE: constraints on Mesozoic lithospheric thinning of the southeastern Yangtze craton? Acta Geologica Sinica,83(2): 247 ~ 259

Yakubchuk A S. 2002. The Baikalide-Altaid Transbaikal-Mongolian and North Pacific orogenic collages: similarity and diversity of structural patterns and metallogenic zoning. In: Blundell D, Neubauer F, von Quadt A (eds). The Timing and Location of Major Ore Deposits in an Evolving Orogen. Geological Society London Special Publication,206. 273 ~ 297

Yakubchuk A S. 2004. Architecture and mineral deposit settings of the Altaid orogenic collage: a revised model. Journal of Asian Earth Sciences,23:761 ~ 779

Yakubchuk A S, Edwards A C. 1999. Auriferous Palaeozoic accretionary terranes within the Mongol-Okhotsk suture zone Russian Far East. In: Weber G (ed). Proceedings Pacrim' 99. Australasian Institute of Mining and Metallurgy Publications Series,4. 347 ~ 358

Yan D P, Zhang B, Zhou M F, Wei G Q, Song H L, Liu S F. 2009. Constraints on the depth geometry and kinematics of blind detachment faults provided by fault-propogation folds: an example from the Mesozoic fold belt of South China. Journal of Structural Geology,31:150 ~ 162

Yan D P, Zhou M F, Song H L, Wang X W, Malpas J. 2003. Origin and tectonic significance of a Mesozoic multi-layer over-thrust system within the Yangtze block (South China). Tectonophysics,361:239 ~ 254

Yan D P, Zhou M F, Yan C Y, Xia B. 2006. Structural and geochronological constraints on the tectonic evolution of the Dulong-Song Chay tectonic dome in Yunnan province,SW China. Journal of Asian Earth Science,28:332 ~ 353

Yan G H, Mu B L, Xu B L, He G Q, Tan L K, Zhao H, He Z F, Zhang R G, Qiao G S. 1999. Triassic alkaline intrusives in the Yanliao-Yinshan area: their chronology, Sr, Nd, Pb isotopic characteristics and their implications. Science in China Series D Earth Science,42:582 ~ 587

Yan J, Chen J F, Xie Z, Zhou T. 2003. Mantle xenoliths from Late Cretaceous basalt in eastern Shandong Province: new constraint on the timing of lithospheric thinning in eastern China. Chinese Science Bulletin,48:2139 ~ 2144

Yan M, VanderVoo R, Fang X m, Parés J M, Rea D K. 2006. Paleomagnetic evidence for a mid-Miocene clockwise rotation of about 25°of the Guide Basin area in NE Tibet. Earth and Planetary Science Letters,241:234 ~ 247

Yan Y, Hu X Q, Lin G, Santosh M, Chan L S. 2011. Sedimentary provenance of the Hengyang and Mayang basins SE China and implications for the Mesozoic topographic change in South China Craton: evidence from detrital zircon geochronology. Journal of Asian Earth Sciences,41:494 ~ 503

Yang C H, Xu W L, Yang D B, Wang W, Wang W D, Liu J M. 2008. Petrogenesis of Shangyu gabbro-doirites in western Shandong: geochronological and geochemical evidence. Science in China Series D Earth Science,51:481 ~ 492

Yang D B, Xu W L, Pei F P, Yang C H, Wang Q H. 2012. Spatial extent of the influence of the deeply subducted South China Block on the southeastern North China Block: constraints from Sr-Nd-Pb isotopes in Mesozoic mafic igneous rocks. Lithos,136-139:246 ~ 260

Yang D B, Xu W L, Wang Q H, Pei F P. 2010. Chronology and geochemistry of Mesozoic granitoids in the Bengbu area central China: Constraints on the tectonic evolution of the eastern North China Craton. Lithos,114:200 ~ 216

Yang D S, Li X H, Li W X, Liang X Q, Long W G, Xiong X L. 2010. U-Pb and, ^{40}Ar/^{39}Ar geochronology of the Baiyunshan gneiss (central Guangdong South China): constraints on the timing of Early Paleozoic and Mesozoic tectonothermal events in the Wuyun (Wuyi-Yunkai) Orogen. Geological Magazine,147:481 ~ 496

Yang F, Wu H, Pirajno F, Ma B, Xia H, Deng H, Liu X, Xu G, Zhao Y. 2007. The Jiashan syenite in northern Hebei: a record of lithospheric thinning in the Yanshan Intracontinental Orogenic Belt. Journal of Asian Earth

Sciences,29:619~636

Yang J H,Wu F Y. 2009. Triassic magmatism and its relation to decratonization in the eastern North China Craton. Science in China Series D Earth Science,52(9):1319~1330

Yang J H,Chung S L,Wilde S A,Wu F Y,Chu M F,Lo C H,Fan H R. 2005. Petrogenesis of post-orogenic syenites in the Sulu Orogenic Belt East China: geochronological geochemical and Nd-Sr isotopic evidence. Chemical Geology,214:99~125

Yang J H,Chung S L,Zhai M G,Zhou X H. 2004. Geochemical and Sr-Nd-Pb isotopic compositions of mafic dikes from the Jiaodong Peninsula China: evidence for vein-plus-peridotite melting in the lithospheric mantle. Lithos,73:145~160

Yang J H,Du Y S,Cawood P A,et al. 2009. Silurian collisional suturing onto the southern margin of the North China craton: detrital zircon geochronology constraints from the Qilian Orogen. Sedimentary Geology,220:95~104.

Yang J H,O'Reilly S,Walker R J,Griffin W,Wu F Y,Zhang M,Pearson N. 2010. Diachronous decratonization of the Sino-Korean craton: geochemistry of mantle xenoliths from North Korea. Geology,38:799~802

Yang J H,Sun J F,Chen F K,Wilde S A,Wu F Y. 2007a. Sources and petrogenesis of Late Triassic dolerite dikes in the Liaodong Peninsula: implications for post-collisional lithosphere thinning of the eastern North China Craton. Journal of Petrology,48:1973~1997

Yang J H,Sun J F,Zhang J H,Wilde S A. 2012b. Petrogenesis of Late Triassic intrusive rocks in the northern Liaodong Peninsula related to decratonization of the North China Craton: zircon U-Pb age and Hf-O isotope evidence. Lithos,153:108~128

Yang J H,Sun J F,Zhang M,Wu F Y,Wilde S A. 2012a. Petrogenesis of silica-saturated and silica-undersaturated syenites in the northern North China Craton related to post-collisional and intraplate extension. Chemical Geology,328:149~167

Yang J H,Wu F Y,Chuang S L,Lo C H,Wilde S A,Davis G A. 2007b. Rapid exhumation and cooling of the Liaonan metamorphic core complex: inferences from, ^{40}Ar/^{39}Ar thermochronology and implications for Late Mesozoic extension in the eastern North China Craton. Geological Society of America Bulletin,119:1405~1414

Yang J H,Wu F Y,Shao J A,Wilde S A,Xie L W,Liu X M. 2006. Constraints on the timing of uplift of the Yanshan Fold and Thrust Belt North China. Earth and Planetary Science Letters,246:336~352

Yang J H,Wu F Y,Wilde S A. 2003. Geodynamic setting of large-scale Late Mesozoic gold mineralization in the North China Craton: an association with lithospheric thinning. Ore Geology Reviews,23:125~152

Yang J H,Wu F Y,Wilde S A,Belousova E,Griffin W L. 2008a. Mesozoic decratonization of the North China Block. Geology,36:467~470

Yang J H,Wu F Y,Wilde S A,Chen F,Liu X M,Xie L W. 2008b. Petrogenesis of an alkali syenite-granite-rhyolite suite in the Yanshan Fold and Thrust Belt eastern North China Craton: geochronological geochemical and Nd-Sr-Hf isotopic evidence for lithospheric thinning. Journal of Petrology,49:315~351

Yang J H,Wu F Y,Wilde S A,Liu X M. 2007c. Petrogenesis of Late Triassic granitoids and their enclaves with implications for post-collisional lithospheric thinning of the Liaodong Peninsula North China Craton. Chemical Geology,242:155~175

Yang J H,Wu F Y,Wilde S A,et al. 2007d. Tracing magma mixing in granite genesis: in-situ U-Pb dating and Hf-isotope analysis of zircons. Contrib Mineral Petrol,153:177~190

Yang J,Xu Z,Zhang J,et al. 2001 Tectonic significance of Early Paleozoic high-pressure rocks in Altun-Qaidam-Qilian Mountains northwest China in paleozoic and mesozoic tectonic evolution of Central Asia. In: Hendrix M S,Davis G A (eds). Continental Assembly to Intracontinental Deformation. Geological Society of America,194. 151 ~ 170

Yang P,Yang Y Q,Ma L X,Dong N,Yuan X J. 2007. Evolution of the Jurassic sedimentary environment in northern margin of Qaidam Basin and its significance in petroleum geology. Petrol Explor Develop,34(2):160 ~ 164

Yang S Y. 1984. Paleontological study on the molluscan fauna from Myogog Formation Korea (pt. 2). Geological Society of Korea,20:15 ~ 27

Yang S Y,Jiang S Y,Jiang Y H,et al. 2010. Zircon U-Pb geochronology Hf isotopic composition and geological implications of the rhyodacite and rhyodacitic porphyry in the Xiangshan uranium ore field Jiangxi Province China. Science China Earth Sciences,53:1411 ~ 1426

Yang S Y,Jiang S Y,Jiang Y H,Zhao K D,Fan H H. 2011. Geochemical zircon U-Pb dating and Sr-Nd-Hf isotopic constraints on the age and petrogenesis of an Early Cretaceous volcanic-intrusive complex at Xiangshan Southeast China. Mineralogy and Petrology,101:21 ~ 48

Yang S Y,Jiang S Y,Zhao K D,Jiang Y H,Ling H F,Luo L. 2012. Geochronology geochemistry and tectonic significance of two Early Cretaceous A-type granites in the Gan-Hang Belt Southeast China. Lithos,150:155 ~ 170

Yang T N,Peng Y,Leech M L,Lin H Y. 2011. Fold patterns indicating Triassic constrictional deformation on the Liaodong peninsula eastern China and tectonic implications. Journal of Asian Earth Sciences,40:72 ~ 83

Yang W,Li S. 2008. Geochronology and geochemistry of the Mesozoic volcanic rocks in Western Liaoning: Implications for lithospheric thinning of the North China Craton. Lithos,102:88 ~ 117

Yang W,Zhang H F. 2012. Zircon geochronology and Hf isotopic composition of Mesozoic magmatic rocks from Chizhou the Lower Yangtze Region:constraints on their relationship with Cu-Au mineralization. Lithos,150:37 ~ 48

Yang X,Chao H,Volkova I N,Zheng M,Yao W. 2009. Geochemistry and SHRIMP geochronology of alkaline rocks of the Zijinshan massif in the eastern Ordos Basin China. Russian Geology and Geophysics,50(9):751 ~ 762

Yang Y Q, Liu M A. 2013. The indo-Asian continental collision: a 3-D viscous model. Tectonophysics,606:198 ~ 211

Yang Z Y,Besse J. 1993. Paleomagnetic study of Permian and Mesozoic sedimentary rocks from Northern Thailand supports the extrusion model for Indochina. Earth and Planetary Science Letters,117:525 ~ 552

Yang Z Y,Besse J. 2001. New Mesozoic apparent polar wander path for south China:tectonic consequences. Journal of Geophysical Research,106(B5):8493 ~ 8520

Yang Z Y,Courtillot V,Besse J,et al. 1992. New paleomagnetic constraints on the relative motions and collision of the North and South China blocks. Geophysical Research Letters,19:577 ~ 580

Yang Z Y,Sun Z M,Yang T S,Pei J L. 2004. A long connection (750 – 380 Ma) between South China and Australia:paleomagnetic constraints. Earth and Planetary Science Letters,220:423 ~ 434

Yang Z Y,Yin J Y,Sun Z M,Otofuji Y,Sato K. 2001. Discrepant Cretaceous paleomagnetic poles between Eastern China and Indochina:a consequence of the extrusion of Indochina. Tectonophysics,334:101 ~ 113

Yang Z,Ratschbacher L,Jonckheere R,Enkelmann E,Dong Y P,Shen C B,Wiesinger M,Zhang Q. 2013. Late-stage foreland growth of China's largest orogens (Qinling Tibet):evidence from the Hannan-micang crystalline massifs and the northern Sichuan Basin central China. Lithosphere. doi:10. 1130/L260. 1

Yarmolyuk V V,Kovalenko V I,Kuz'min M I. 2000. North Asian superplume activity in the Phanerozoic:magmatism and geodynamics. Geotectonics,5: 343 ~ 366

Yarmolyuk V V,Kovalenko V I,Sal'nikova E B,Budnikov S V,Kovach V P,Kotov A B,Ponomarchuk V A. 2002. Tectono-magmatic zoning, magma sources, and geodynamics of the Early Mesozoic Mongolia – Transbaikal province. Geotectonics,36(4):293 ~ 311

Ye H, Zhang S H, Zhao Y. 2014. Origin of two contrasting Latest Permian-Triassic volcanic rock suites in the northern North China Craton: implications for Early Mesozoic lithosphere thinning. International Geology Review, 56(13):1630 ~ 1657

Yi Z, Huang B, Chen J, et al. 2011. Paleomagnetism of early Paleogene marine sediments in southern Tibet China: implications to onset of the India-Asia collision and size of Greater India. Earth and Planetary Science Letters, 309(1):154 ~ 165

Yin A, Nie S. 1993. An indentation model for the North and South China collision and the development of the Tan-Lu and Honam fault systems eastern Asia. Tectonics,12;801 ~ 813

Yin A, Harrison T M. 2000. Geologic evolution of the Himalayan-Tibetan orogen. Annual Review of Earth and Planetary Sciences,28;211 ~ 280

Yin A, Dang Y Q, Zhang M, McRivette M W, Burgess W P, Chen X H. 2007. Cenozoic tectonic evolution of Qaidam basin and its surrounding regions (part,2): wedge tectonics in southern Qaidam Basin and the Eastern Kunlun Range. Geological Society of America Special Papers,433;369 ~ 390

Yin A. 2010. Cenozoic tectonic evolution of Asia: a preliminary synthesis. Tectonophysics,488;293 ~ 325

Yin A, Dang Y Q, Zhang M, Chen X H, McRivette M W. 2008a. Cenozoic tectonic evolution of the Qaidam basin and its surrounding regions (part,3): Structural geology sedimentation and regional tectonic reconstruction. Geological Society of America Bulletin,120;847 ~ 876

Yin A, Dubey C S, Kelty T K, Webb A A G, Harrison T M, Chou C Y. and Célérier J. 2010a. Geological correlation of the Himalayan orogen and Indian craton: Part,2. Structural geology geochronology and tectonic evolution of the eastern Himalaya. Geological Society of America Bulletin,122;360 ~ 395

Yin A, Harrison T M, Murphy M A, Grove M, Nei S, Ryerson F J, Wang X F, Chen Z L. 1999. Tertiary deformation history of southeastern and southwestern Tibet during the Indo-Asian collision. Geological Society of America Bulletin,111;1644 ~ 1664

Yin A, Harrison T M, Ryerson F J, Chen W J, Kidd W S F, Copeland P. 1994. Tertiary structural evolution of the Gangdese thrust system southeastern Tibet. Journal of Geophysical Research Solid Earth,99;18175 ~ 18201

Yin A, Manning C E, Lovera O, Menold C, Chen X, Gehrels G E. 2008b. Early Paleozoic tectonic and thermomechanical evolution of ultrahigh-pressure (UHP) metamorphic rocks in the northern Tibetan Plateau of NW China. International Geology Review,49;681 ~ 716

Yin A, Nie S, Craig P, Harrison T M, Ryerson F, Qian X L, Yang G. 1998. Late Cenozoic tectonic evolution of the southern Chinese Tian Shan. Tectonics,17(1):1 ~ 27

Yin A, Rumelhart P E, Butler R, Cowgill E, Harrison T M, Foster D A, Ingersoll R V, Zhang Q, Zhou X Q, Wang X F, Hanson A, Raza A. 2002. Tectonic history of the Altyn Tagh fault system in northern Tibet inferred from Cenozoic sedimentation. Geological Society of America Bulletin,114;1257 ~ 1295

Yin C Y, Liu D Y, Gao L Z, Wang Z Q, Xing Y S, Jian P, Shi Y R. 2003. Lower boundary age of the Nanhua system and the Gucheng glacial stage: evidence from SHRIMP II dating. Chinese Science Bulletin,48(16):1657 ~ 1662

Yin J, Xu J, Liu C, Li H. 1988. The Tibetan plateau: regional stratigraphic context and previous work. Philosophical Transactions of the Royal Society, A327;5 ~ 52

Ying J F, Zhang H F, Sun M, Tang Y J, Zhou X H, Liu X M. 2007. Petrology and geochemistry of Zijinshan alkaline intrusive complex in Shanxi Province western North China Craton: implication for magma mixing of different sources in an extensional regime. Lithos,98;45 ~ 66

Ying J F, Zhang H F, Tang Y J. 2011. Crust-mantle interaction in the central North China Craton during the Mesozoic: evidence from zircon U-Pb chronology Hf isotope and geochemistry of syenitic-monzonitic intrusions from Shanxi province. Lithos,125:449~462

Yokoyama M,Liu Y Y,Halim N,et al. 2001. Paleomagnetic study of Upper Jurassic rocks from the Sichuan basin: tectonic aspects for the collision between the Yangtze Block and the North China Block. Earth and Planetary Science Letters,193:273~285

Yoneda A,Endo S. 1980. Phase transitions in barium and bismuth under high pressure. Jounal of Applied Physics, 51,3216~3221

Yoshioka S,Naganoda A. 2010. Effects of trench migration on fall of stagnant slabs into the lower mantle. Phys Earth Planet Inter,183:321~329

Yoshioka S,Liu Y,Sato K,Inokuchic H,Su L,Zamana H H,Otofujia Y. 2003. Paleomagnetic evidence for post-Cretaceous internal deformation of the Chuan Dan Fragment in the Yangtze Block:a consequence of indentation of India into Asia. Tectonohysics,376:61~74

Yu G,Chen J,Xue C,Chen Y,Chen F,Du X. 2009. Geochronological framework and Pb Sr isotope geochemistry of the Qingchengzi Pb-Zn-Ag-Au orefield northeastern China. Ore Geology Reviews,35(3-4):367~382

Yu H. 1994. Structural stratigraphy and basin subsidence of Tertiary basins along the Chinese southeastern continental margin. Tectonophysics,235:63~76

Yu J H,O'Reilly Y S,Wang L J,Griffin W L,Jiang S Y,Wang R C,Xu X S. 2007. Finding of ancient materials in Cathaysia and implication for the formation of Precambrian crust. Chinese Science Bulletin,52:13~22

Yu J H,O'Reilly Y S,Wang L J,Griffin W L,Zhou M F,Zhang M,Shu L S. 2010. Components and episodic growth of Precambrian crust in the Cathaysia Block South China:evidence from U-Pb ages and Hf isotopes of zircons in Neoproterozoic sediments. Precambrian Research,181(1):97~114

Yu J H,Wang L J,O'Reilly S Y,Griffin,W L,Zhang M,Li C Z,Shu L S. 2009. A Paleoproterozoic orogeny recorded in a long-lived cratonic remnant (Wuyishan terrane)eastern Cathaysia Block China. Precambrian Research,174 (3-4):347~363

Yu J H,Wei Z Y,Wang L J,Shu L S,Sun T. 2006. Cathaysia block:a young continent composed of ancient materials. Geological Journal of China Universities,12:440~447

Yu J H,Zhou X M,O'Reilly S Y,Zhao L,Griffin W L,Wang R C,Wang L J,Chen X M. 2005. Formation history and protolith characteristics of granulite facies metamorphic rock in Central Cathaysia deduced from U-Pb and Lu-Hf isotopic studies of single zircon grains. Chinese Science Bulletin,50(18):2080~2089

Yu X Q,Hou M J,Wang D E. 2005. No evidence for a large Mesozoic overthrust in the Lantian area of Anhui Province south China. Journal of Asian Earth Sciences,25(4):601~609

Yu X Q,Wu G G,Zhang D,et al. 2006. Progress in researching into the Mesozoic tectonic regime transformation in southeast China. Progress in Natural Science,16(6):563~572

Yu X Q,Wu G G,Zhao X X,Gao J F,Di Y J,Zheng Y,Dai Y P,Li C L,Qiu J T. 2010. The Early Jurassic tectono-magmatic events in southern Jiangxi and northern Guangdong provinces SE China:constraints from the SHRIMP zircon U-Pb dating. Journal of Asian Earth Sciences,39:408~422

Yuan H L,Liu X M,Liu Y S,Gao S,Ling W L. 2006. Geochemistry and U-Pb zircon geochronology of Late-Mesozoic lavas from Xishan Beijing. Science in China Series D Earth Sciences,49:50~67

Yue Y,Liou J G. 1999. Two-stage evolution model for the Altyn Tagh fault China. Geology,27:227~230

Yue Y,Ritts B D,Graham S A,Wooden J L,Gehrels G E,Zhang Z. 2004. Slowing extrusion tectonics:lowered estimate of post-Early Miocene slip rate for the Altyn Tagh fault. Earth and Planetary Science Letters,217:111~122

Yui T F,Okamoto K,Usuki T,Lan C Y,Chu H T,Liou J G. 2009. Late Triassic-Late Cretaceous accretion/subduction in the Taiwan region along the eastern margin of South China-evidence from zircon SHRIMP dating.

International Geology Review,51:304 ~ 328

Zang S X,Chen Q Y,Ning J Y,Shen Z K,Liu Y G. 2002. Motion of the Philippine Sea plate consistent with the NUVEL-1A model. Geophysical Jounal of Intenatinal,150:809 ~ 819

Zhai M G,Santosh M. 2011. The Precambrian odyssey of North China Craton: a synoptic overview. Gondwana Research,20(1):6 ~ 25

Zhai M G,Brian F,Windley,Jane D S. 1990. Archaean Gneisses Amphibolites and Banded Iron-Formations from the Anshan Area of Liaoning Province NE China: their Geochemistry Metamorphism and Petrogenesis. Precambrian Research,46:195 ~ 216

Zhai M G,Fan Q C,Zhang H F,Sui J L,Shao J A. 2007. Lower crustal processes leading to Mesozoic lithospheric thinning beneath eastern North China:underplating replacement and delamination. Lithos,96:36 ~ 54

Zhai M G,Windley B F,Kusky T M,Meng Q R. 2007. Mesozoic Subcontinental Lithospheric Thinning Under Eastern Asia. London:Geological Society (Special Publications 280)

Zhai M,Guo J,Li Z,et al. 2007. Linking the Sulu UHP belt to the Korean Peninsula:evidence from eclo-gite Precambrian basement and Paleozoic sedimentary basins. Gondwana Research,12:388 ~ 403

Zhang B L,Zhu G,Chen Y,Piao X F,Ju L X,Wang H Q. 2012. Deformation characteristics and genesis of the Waziyu metamorphic core complex in western Liaoning of China. Science in China Series D Earth Science,55:1764 ~ 1781

Zhang C H,Li C M,Deng H L,Liu Y,Liu L,Wei B,Li H B,Liu Z. 2011. Mesozoic contraction deformation in the Yanshan and northern Taihang mountains and its implications to the destruction of the North China Craton. Science China Earth Science,54:798 ~ 822

Zhang C,Ma C Q,Liao Q A,Zhang J Y,She Z B. 2011. Implications of subduction and subduction zone migration of the Paleo-Pacific Plate beneath eastern North China based on distribution geochronology and geochemistry of Late Mesozoic volcanic. International Journal of Earth Sciences,100:1665 ~ 1684

Zhang F F,Wang Y J,Chen X Y,Fan W M,Zhang Y H,Zhang G W,Zhang A M. 2010. Triassic high-strain shear zones in Hainan Island (South China)and their implications on the amalgamation of the Indochina and South China Blocks:kinematic and,$^{40}Ar/^{39}Ar$ geochronological constraints. Gondwana Research,19:901 ~ 925

Zhang H F. 2005. Transformation of lithospheric mantle through peridotite-melt reaction:A case of Sino-Korean craton. Earth and Planetary Science Letters,237:768 ~ 780

Zhang H F,Gao S,Zhong Z,Zhang B,Zhang L,Hu S. 2002a. Geochemical and Sr-Nd-Pb isotopic compositions of Cretaceous granitoids:constraints on tectonic framework and crustal structure of the Dabieshan ultrahigh pressure metamorphic belt China. Chemical Geology,186:281 ~ 299

Zhang H F,Sun M,Zhou X H,Fan W M,Zhai M G,Yin J F. 2002b. Mesozoic lithosphere destruction beneath the North China Craton:evidence from major trace element and Sr-Nd-Pb isotope studies of Fangcheng basalts. Contributions to Mineralogy and Petrology,144:241 ~ 253

Zhang H F,Sun M,Zhou M F,Fan W M,Zhou X H,Zhai M G. 2004. Highly heterogeneous late Mesozoic lithospheric mantle beneath the North China Craton:Evidence from Sr-Nd-Pb isotopic systematics of mafic igneous rocks. Geological Magazine,141:55 ~ 62

Zhang H F,Sun M,Zhou X H,Ying J F. 2005. Geochemical constraints on the origin of Mesozoic alkaline intrusive complexes from the North China Craton and tectonic implications. Lithos,81:297 ~ 317

Zhang H S,Teng J W,Tian X B,et al. 2012. Lithospheric thickness and upper-mantle deformation beneath the NE Tibetan Plateau inferred from S receiver functions and SKS splitting measurements. Geophysical Journal International,191:1285 ~ 1294

Zhang H Y, Hou Q L, Cao D Y. 2007. Study of thrust and nappe tectonics in the eastern Jiaodong Peninsula, China. Science in China Series D Earth Sciences, 50:161 ~ 171

Zhang H, Guo W, Liu X. 2008a. Constraints on the late Mesozic regional angular unconformity in West Liaoning-North Hebei by LA-ICP-MS dating. Progress in Natural Science, 18:1395 ~ 1402

Zhang H, Wang M, Liu X. 2008b. LA-ICP-MS dating of Zhangjiakou formation volcanic in the Zhangjiakou region and its geological significance. Progress in Natural Science, 18:975 ~ 981

Zhang H, Wei Z L, Liu X M, Li D. 2009. Constraints on the age of the Tuchengzi Formation by LA-ICP-MS dating in northern Hebei-Liaoxi China. Science in China Series D Earth Science, 52(4):461 ~ 470

Zhang H, Zhao D P, Zhao J M, et al. 2012. Convergence of the Indian and Eurasian plates under eastern Tibet revealed by seismic tomography. Geochemistry Geophysics Geosystems, 13:Q06W14

Zhang J D, Chen X H, Li Q L, Liu C Z, Li B, Li J, Liu G, Ren F L. 2012. Mesozoic "red beds" and its evolution in the Hefei Basin. Acta Geologica Sinica (English Edition), 86:1060 ~ 1076

Zhang J E, Xiao W J, Han C M, Ao S J, Yuan C, Sun M, Geng H Y, Zhao G C, Guo Q Q, Ma C. 2011. Kinematics and age constraints of deformation in a Late Carboniferous accretionary complex in Western Junggar NW China. Gondwana Research, 19:958 ~ 974

Zhang J H, Gao S, Ge W C, Wu F Y, Yang J H, Wilde S A, Li M. 2010. Geochronology of the Mesozoic volcanic rocks in the Great Xing'an Range northeastern China: implications for subduction-induced delamination. Chemical Geology, 276:144 ~ 165

Zhang J H, Ge W C, Wu F Y, Wilde S A, Yang J H, Liu X M. 2008. Large-scale Early Cretaceous volcanic events in the northern Great Xing'an, Range, Northeastern China. Lithos, 102:138 ~ 157

Zhang J Q, Shi G H, Tong G S, Zhang Z Y, Liu H, Wu R T, Chen L. 2009. Geochemistry and Geochronology of copper and polymetal-bearing volcanic rocks of the Erhuling formation in Xujiadun Zhejiang Province. Acta Geologica Sinica, 83(6):791 ~ 799

Zhang J S, Gao R, Zeng L S, et al. 2010. Relationship between characteristics of gravity and magnetic anomalies and the earthquakes in the Longmenshan range and adjacent areas. Tectonophysics, 491:218 ~ 229

Zhang J X, Mattinson C G, Meng F C, Wan Y S. 2005b. An Early Palaeozoic HP/HT granulite-garnet peridotite association in the south Altyn Tagh, NW China: P-T history and U-Pb geochronology. Journal of Metamorphic Geology, 23:491 ~ 510

Zhang J X, Yang J S, Mattinson C G, Xu Z Q, Meng F C, Shi R D. 2005a. Two contrasting eclogite cooling histories, North Qaidam HP/UHP terrane, western China: petrological and isotopic constraints. Lithos, 84:51 ~ 76

Zhang J Y, Ma C Q, Xiong F H, Liu B. 2012. Petrogenesis and tectonic significance of the Late Permian-Middle Triassic calc-alkaline granites in the Balong region eastern Kunlun Orogen China. Geological Magazine, 149:892 ~ 908

Zhang J, Li B, Utsumi W, et al. 1996. In situ X-ray observations of coesite-stishovite transition: Reversed phase boundary and kinetics. Phys Chem Mineral, 23:1 ~ 10

Zhang J, Li J Y, Liu J F, et al. 2011. Detrital zircon U-Pb ages of Middle Ordovician flysch sandstones in the western ordos margin: new constraints on their provenances and tectonic implications. Journal of Asian Earth Sciences, 42(5):1030 ~ 1047

Zhang J, Santosh M, Wang X, Guo L, Yang X, Zhang B. 2012. Tectonics of the northern Himalaya since the India-Asia collision. Gondwana Research, 21:939 ~ 960

Zhang J, Zhang Z, Xu Z, Yang J, Cui J. 2001. Petrology and geochronology of eclogites from the western segment of the Altyn Tagh, northwestern China. Lithos, 56:187 ~ 206

Zhang J, Zhao Z F, Zheng Y F, Dai M. 2010. Postcollisional magmatism: geochemical constraints on the petrogenesis of Mesozoic granitoids in the Sulu Orogen China. Lithos,119:512 ~ 536

Zhang K J. 2012. Destruction of the North China Craton: Lithosphere folding- induced removal of lithospheric mantle? Journal of Geodynamics,53:8 ~ 17

Zhang K J,Cai J X. 2009. NE-SW-trending HepU-Hetai dextral shear zone in southern China: penetration of the Yunkai Promontory of South China into Indochina. Journal of Structural Geology,31:737 ~ 748

Zhang K J,Tang X C. 2009. Eclogites in the interior of the Tibetan Plateau and their geodynamic implications. Chinese Science Bulletin,54:2556 ~ 2567

Zhang L C,Wu H Y,Wan B,Chen Z G. 2009. Ages and geodynamic settings of Xilamulun Mo-Cu metallogenic belt in the northern part of the North China Craton. Gondwana Research,16:243 ~ 254

Zhang P Z,Shen Z,Wang M,Gan W,Bürgmann R,Molnar P,Wang Q,Niu Z,Sun J,Wu J,Hanrong S,Xinzhao Y. 2004. Continuous deformation of the Tibetan Plateau from global positioning system data. Geology,32:809 ~ 812

Zhang P,Burchfiel B C,Molnar P,Zhang W,Jiao D,Deng Q,Wang Y,Royden L,Song F. 1991. Amount and style of Late Cenozoic Deformation in the Liupan Shan Area Ningxia Autonomous Region China. Tectonics,10:1111 ~ 1129

Zhang R Y,Liou J G,Ernst W G. 2009. The Dabie-Sulu continental collision zone: a comprehensive review. Gondwana Research,16:1 ~ 26

Zhang R Y,Liou J G,Tsai C H. 1996. Petrogenesis of a high-temperature metamorphic terrane: a new tectonic interpretation for the north Dabieshan central China. Journal of Metamorphic Geology,14:319 ~ 333

Zhang S B,Zheng Y F,Wu Y B,Zhao Z F,Gao S,Wu F Y. 2006. Zircon isotope evidence for ≥3. 5 Ga continental crust in the Yangtze craton of China. Precambrian Research,146(1):16 ~ 34

Zhang S H,Gao R,Li H Y,et al. 2014. Crustal structures revealed from a deep seismic reflection profile across the Solonker suture zone of the Central Asian Orogenic Belt northern China: an integrated interpretation. Tectonophysics,612-613:26 ~ 39

Zhang S H,Jiang G Q,Zhang J M,Song B,Kennedy M J,Nicholas C B. 2005. U-Pb sensitive high-resolution ion microprobe ages from the Doushantuo Formation in south China: constraints on late Neoproterozoic glaciations. Geology,33(6):473 ~ 476

Zhang S H,Zhao Y,Davis G A,et al. 2013. Temporal and spatial variations of Mesozoic magmatism and deformation in the North China Craton: implications for lithospheric thinning and decratonization. Earth Science Reviews. doi: 10. 1016/j Earscirev. 2013. 12. 004

Zhang S H,Zhao Y,Kröner A,Liu X M,Xie L W,Chen F K. 2009a. Early Permian plutons from the northern North China Block: constraints on continental arc evolution and convergent margin magmatism related to the Central Asian Orogenic Belt. International Journal of Earth Sciences,98:1441 ~ 1467

Zhang S H,Zhao Y,Liu X C,Liu D Y,Chen F,Xie L W,Chen H H. 2009b. Late Paleozoic to Early Mesozoic mafic-ultramafic complexes from the northern North China Block: constraints on the composition and evolution of the lithospheric mantle. Lithos,110:229 ~ 246

Zhang S H,Zhao Y,Santosh M. 2012a. Mid-Mesoproterozoic bimodal magmatic rocks in the northern North China Craton: implications for magmatism related to breakup of the Columbia supercontinent. Precambrian Research, 222-223:339 ~ 367

Zhang S H,Zhao Y,Song B,Hu J M,Liu S W,Yang Y H,Chen F K,Liu X M,Liu J. 2009c. Contrasting Late Carboniferous and Late Permian-Middle Triassic intrusive suites from the northern margin of the North China craton: geochronology petrogenesis and tectonic implications. Geological Society of America Bulletin,121:181 ~ 200

Zhang S H,Zhao Y,Song B,Yang Y H. 2007a. Zircon SHRIMP U-Pb and in-situ Lu-Hf isotope analyses of a tuff from Western Beijing: evidence for missing late Paleozoic arc volcano eruptions at the northern margin of the

North China block. Gondwana Research,12:157 ~ 165

Zhang S H,Zhao Y,Song B,Yang Z Y,Hu J M,Wu H. 2007b. Carboniferous granitic plutons from the northern margin of the North China block:implications for a Late Paleozoic active continental margin. Journal of the Geological Society,London:164:451~463

Zhang S H,Zhao Y,Ye H,Hou K J,Li C F. 2012b. Early Mesozoic alkaline complexes in the northern North China Craton:implications for cratonic lithospheric destruction. Lithos,155:1 ~ 18

Zhang X H,Mao Q,Zhang H F,Wilde S A. 2008. A Jurassic peraluminous leucogranite from Yiwulüshan western Liaoning North China Craton:age origin and tectonic significance. Geological Magazine,145:305 ~ 320

Zhang X H, Wang H, Li T S. 2005. ^{40} Ar/^{39} Ar geochronology of the Faku tectonites: implications for the tectonothermal evolution of the Faku block Northern Liaoning. Science in China Series D Earth Sciences,48:601 ~ 612

Zhang X H,Zhang H F,Jiang N,Wilde S A. 2010a. Contrasting Middle Jurassic and Early Cretaceous mafic intrusive rocks from western Liaoning North China craton:petrogenesis and tectonic implications. Geological Magazine,147:844 ~ 859

Zhang X H,Zhang H F,Wilde S A,Yang Y H,Chen H H. 2010b. Late Permian to Early Triassic mafic to felsic intrusive rocks from North Liaoning North China:petrogenesis and implications for Phanerozoic continental crustal growth. Lithos,117:283 ~ 306

Zhang X H,Zhang H F,Zhai M G,Wilde S A,Xie L W. 2009. Geochemistry of middle Triassic gabbros from northern Liaoning North China:origin and tectonic implications. Geological Magazine,146:540 ~ 551

Zhang X,Cawood P A,Wilde S A,Liu R,Song H,Li W,Snee L W. 2003. Geology and timing of mineralization at the Cangshang gold deposit north-western Jiaodong Peninsula China. Mineralium Deposita,38:141 ~ 153

Zhang X,Yuan L,Xue F,Zhang Y. 2012. Contrasting Triassic ferroan granitoids from northwestern Liaoning North China:magmatic monitor of Mesozoic decratonization and a craton-orogen boundary. Lithos,144-145:12 ~ 23

Zhang Y C. 1997. Prototype of Analysis of Petroliferous Basins in China. Nanjing:Nanjing University Press. 434

Zhang Y Q,Dong S W,Li J H,Cui J J,Shi W,Su J B,Li Y. 2013. The new progress in the study of Mesozoic tectonics of South China. Acta Geoscientica Sinica,33(3):257 ~ 279

Zhang Y Q,Dong S W,Shi W. 2003a. Cretaceous deformation history of the middle Tan-Lu fault zone in Shandong Province,eastern China. Tectonophysics,363(3-4):243 ~ 258

Zhang Y Q,Dong S W,Zhao Y,Zhang T. 2008. Jurassic tectonics of North China:a synthetic view. Acta Geologica Sinica (English Edition),82:310 ~ 326

Zhang Y Q,Liao C Z,Shi W,Zhang T,Guo F F. 2007. Jurassic deformation in and around the Ordos Basin North China. Earth Science Frontiers,14:182 ~ 196

Zhang Y Q, Ma Y S, Yang N, Shi W, Dong S W. 2003b. Cenozoic extensional stress evolution in North China. Journal of Geodynamics,36:591 ~ 613

Zhang Y Q,Shi W,Dong S W. 2011. Changes in Late Mesozoic tectonic regimes around the Ordos Basin (North China) and their geodynamic implications. Acta Geologica Sinica (English Edition),85:1254 ~ 1276

Zhang Y Q,Xu X B,Jia D,Shu L S. 2009. Deformation record of the change from Indosinian related tectonic system to Yanshanian subduction related tectonic system in South China during the Early Mesozoic. Earth Science Frontiers (China University of Geosciences Beijing),16:234 ~ 247

Zhang Y,Wu F,Wilde S A,Zhai M,Lu X,Sun D. 2004. Zircon U-Pb ages and tectonic implications of Early Paleozoic granitoids at Yanbian Jilin Province northeast China. Island Arc,13:484 ~ 505

Zhang Z J,Bai Z M,Klemperer S L,et al. 2013a. Crustal structure across northeastern Tibet from wide-angle seismic profiling:constraints on the Caledonian Qilian orogeny and its reactivation. Tectonophysics,606:140～159

Zhang Z J,Chen Q F,Bai Z M,et al. 2011a. Crustal structure and extensional deformation of thinned lithosphere in Northern China. Tectonophysics,508:62～72

Zhang Z J,Chen Y,Yuan X H,et al. 2013b. Normal faulting from simple shear rifting in South Tibet using evidence from passive seismic profiling across the Yadong-Gulu Rift. Tectonophysics,606:178～186

Zhang Z J,Teng J W,Romanelli F,et al. 2013c. Geophysical constraints on the link between cratonization and orogeny:evidence from the Tibetan Plateau and the North China Craton. Earth Science Reviews. doi:10. 1016/j Earscirev. 2013. 12. 005

Zhang Z J,Xu T,Zhao B,et al. 2013d. Systematic variations in seismic velocity and reflection in the crust of Cathaysia:New constraints on intraplate orogeny in the South China continent. Gondwana Research,24:902～917

Zhang Z J,Yang L Q,Teng J W,et al. 2011b. An overview of the earth crust under China. Earth-Science Reviews, 104:143～166

Zhang Z M,Dong X,Santosh M,Zhao G C. 2014. Metamorphism and tectonic evolution of the Lhasa terrane,Central Tibet. Gondwana Research,25:170～189

Zhang Z,Zhang H,Shao J,Ying J,Yang Y,Santosh M. 2012. Guangtoushan granites and their enclaves:implications for Triassic mantle upwelling in the northern margin of the North China Craton. Lithos,149:174～187

Zhang Z,Zhang H,Shao J,Ying J,Yang Y,Santosh M. 2014. Mantle upwelling during Permian to Triassic in the northern margin of the North China Craton:constraints from southern Inner Mongolia. Journal of Asian Earth Sciences,79:112～129

Zhao G C,Cao L,Wilde S A,Sun M,Choe W J,Li S. 2006. Impli-cations based on the first SHRIMP U-Pb zircon dating on Precambrian granitoid rocks in North Korea. Earth and Planetary Science Letters,251:365～379

Zhao G C,Cawood P A,Wilde S A,Sun M. 2002. Review of global,2. 1-1. 8 Ga orogens:implications for a pre-Rodinia supercontinent. Earth Science Reviews,59:125～162

Zhao G C,He Y,Sun M. 2009. The Xiong'er volcanic belt at the southern margin of the North China Craton: Petrographic and geochemical evidence for its outboard position in the Paleo-Mesoproterozoic Columbia Supercontinent. Gondwana Research,16:170～181

Zhao G C,Sun M,Wilde S A,Li S Z. 2005. Late Archean to Paleoproterozoic evolution of the North China Craton: key issues revisited. Precambrian Research,26:177～202

Zhao G C,Wilde S A,Cawood P A,Sun M. 2001. Archean blocks and their boundaries in the North China Craton: Lithological,geochemical,structural and *P-T* path constraints and tectonic evolution. Precambrian Research,107: 45～73

Zhao J H,Zhou M F,Yan D P,et al. 2011. Reappraisal of the ages of Neoproterozoic strata in South China:no connection with the Grenvillian orogeny. Geology,39(4):299～302

Zhao J M,Murodov D,Huang Y,et al. 2013. Upper mantle deformation beneath central-southern Tibet revealed by shear wave splitting measurements. Tectonophysics. http://dx Doi Org/10. 1016/j. tecto. 2013. 11. 003

Zhao K D,Jiang S Y,Chen W F,Chen P R,Ling H F. 2013. Zircon U-Pb chronology and elemental and Sr-Nd-Hf isotope geochemistry of two Triassic A-type granites in South China:implication for petrogenesis and Indosinian transtensional tectonism. Lithos,160:292～306

Zhao L,Allen R M,Zheng T,Zhu R. 2012. High-resolution body-wave tomography models of the upper mantle beneath eastern China and the adjacent areas. Geochem Geophys Geosyst,13: Q06007

Zhao L,Zheng T Y,Lu G. 2013. Distinct upper mantle deformation of cratons in response to subduction:constraints from SKS wave splitting measurements in eastern China. Gondwana Research,23:39～53

Zhao X X, Coe R. 1987. Paleomagnetic constraints on the collision and rotation of north and south China. Nature, 327:141~144

Zhao X X, Coe R, Liu C. 1992. New Cambrian and Ordovician paleomagnetic poles for the north China block and their paleogeographic implication. Journal of Geophysical Research, 97:1767~1788

Zhao X X, Coe R, Zhou Y X, Wu H, Wang J. 1990. New paleomagnetic results from northern China, collision and suturing with Siberia and Kazakhstan. Tectonophysics, 181:43~81

Zhao X X. Coe R, Wu H N, et al. 1993. Silurian and Devonian paleomagnetic poles from North China and implications for Gondwana. Earth and Planetary Science Letters, 117:497~506

Zhao Y, Chen B, Zhang S H, Liu J M, Hu J M, Liu J, Pei J L. 2010. Pre-Yanshanian geological events in the northern margin of the North China Craton and its adjacent areas. Geology in China, 37(4):900~915

Zhao Y, Liu J, Zhang S, Liu J, An M, Hu J. 2010. Timing of inception of Paleo-Pacific subduction along the East Asia margin. Eos Trans AGU, 91(26):2010, Western Pacific Geophysics Meeting Suppl, Abstract T41D-05

Zhao Y, Xu G, Zhang S H, Yang Z Y, Zhang Y Q, Hu J M. 2004. Yanshanian movement and conversion of tectonic regimes in East Asia. Earth Sci Front, 11(3): 319~328

Zheng D, Clark M K, Zhang P, Zheng W, Farley K A. 2010. Erosion fault initiation and topographic growth of the North Qilian Shan(northern Tibetan Plateau). Geosphere, 6:937~941

Zheng D, Zhang P Z, Wan J, Yuan D, Li C, Yin G, Zhang G, Wang Z, Min W, Chen J. 2006. Rapid exhumation at ~8 Ma on the Liupan Shan thrust fault from apatite fission-track thermochronology: implications for growth of the northeastern Tibetan Plateau margin. Earth and Planetary Science Letters, 248:198~208

Zheng H W, Gao R, Li T G, et al. 2013. Collisional tectonics between the Eurasian and Philippine Sea plates from tomography evidences in Southeast China. Tectonophysics, 606:14~23

Zheng J P, Griffin W L O, Reilly S Y, et al. 2004. 3. 6 Ga lower crust in central China: New evidence on the assembly of the North China craton. Geology, 32:229~232

Zheng J P, Griffin W L O, Reilly S Y, et al. 2006. Widespread Archean basement beneath the Yangtze craton. Geology, 34(6):417~420

Zheng W, Zhang P, He W, et al. 2013. Transformation of displacement between strike-slip and crustal shortening in the northern margin of the Tibetan plateau: Evidence from decadal GPS measurements and late Quaternary slip rates on faults. Tectonophysics, 584: 267~280

Zheng Y D, Davis G A, Wang C, Darby B J, Hua Y G. 1998. Major thrust sheet in the Daqingshan Mountains Inner Mongolia China. Science in China Series D Earth Science, 41:553~560

Zheng Y D, Zhang Q, Wang Y, Lkaasuren B, Badarch G, Badamgalav Z. 1996. Great Jurassic thrust sheets in Beishan (North Mountain)-Gobi areas of China and southern Mongolia. Journal of Structural Geology, 18:1111~1126

Zheng Y F. 2008. A perspective view on ultrahigh-pressure metamorphism and continental collision in the Dabie-Sulu orogenic belt. Chinese Science Bulletin, 53:3081~3104

Zheng Y F, Wang T. 2005. Kinematics and dynamics of the Mesozoic orogeny and late-orogenic extensional collapse in the Sino-Mongolian border areas. Science in China Series D Earth Science, 48:849~862

Zheng Y F, Wu Y B, Chen F K, Gong B, Zhao Z F. 2004. Zircon U-Pb and oxygen isotope evidence for a large-scale, 18O depletion event in igneous rocks during the Neoproterozoic. Geochim Cosmochim Acta, 68: 4145~4165

Zheng Y F, Wu Y B, Zhao Z F. 2005. Metamorphic effect on zircon Lu-Hf and U-Pb isotope systems in ultrahigh-pressure eclogite-facies metagranite and metabasite. Earth And Planetary Science Letters, 240:378~400

Zheng Y F, Xiao W J, Zhao G C. 2013. Introduction to tectonics of China. Gondwana Research, 23:1189~1206

Zhou J B,Simon A W. The crustal accretion history and tectonic evolution of the NE China segment of the Central Asian Orogenic Belt. Gondwana Research,23:1365 ~ 1377

Zhou J B,Wilde S A,Zhang X Z,Zhao G C,Zheng C Q,Wang Y J,Zhang X H. 2009. The onset of Pacific margin accretion in NE China:evidence from the Heilongjiang high-pressure metamorphic belt. Tectonophysics,478:230 ~ 246

Zhou J B,Wilde S A,Zhang X Z,Ren S M,Zheng C Q. 2011. Early Paleozoic metamorphic rocks of the Erguna block in the Great Xing'an Range NE China:evidence for the timing of magmatic and metamorphic events and their tectonic implications. Tectonophysics,499:105 ~ 117

Zhou J C,Jiang S Y,Wang X L,Yang J H,Zhang M Q. 2005. Re-os isochron age of fankeng basalts from fujian of se china and its geological significance. Geochemical Journal,39(6):497 ~ 502

Zhou J C,Wang X L,Qiu J S. 2009. Geochronology of Neoproterozoic mafic rocks and sandstones from northeastern Guizhou South China:coeval arc magmatism and sedimentation. Precambrian Research,170:27 ~ 42

Zhou L,Chen B. 2006. Petrogenesis and significance of the Hongshan syenitic pluton South Taihang:zircon SHRIMP U-Pb age chemical compositions and Sr-Nd isotopes. Progress in Natural Science,116:192 ~ 200

Zhou X M,Li W X. 2000. Origin of Late Mesozoic igneous rocks in southeastern China:implications for lithosphere subduction and underplating of mafic magmas. Tectonophysics,326:269 ~ 287

Zhou X M,Sun T,Shen W Z,Shu L S,Niu Y L. 2006. Petrogenesis of Mesozoic granitoids and volcanic rocks in South China:a response to tectonic evolution. Episodes,29:26 ~ 33

Zhou Z,Barrett P M,Hilton J. 2003. An exceptionally preserved Lower Cretaceous ecosystem. Nature,421:807 ~ 814

Zhu B,Kidd W S F,Rowley D B,et al. 2005. Age of initiation of the India-Asia collision in the east-central Himalaya. Journal of Geology,113(3):265 ~ 285

Zhu D C,Zhao Z D,Niu Y L,Mo X X,Chung S L,Hou Z Q,Wang L Q,Wu F Y. 2011. The Lhasa terrane:record of a microcontinent and its histories of drift and growth. Earth and Planetary Science Letters,301:241 ~ 255

Zhu G Z,Shi Y L,Tackley P. 2010. Subduction of the Western Pacific Plate underneath Northeast China:implications of numerical studies. Physics of the Earth and Planetary Interiors,178(2010):92 ~ 99

Zhu G,Jiang D,Zhang B,Chen Y. 2012. Destruction of the eastern North China Craton in a backarc setting:Evidence from crustal deformation kinematics. Gondwana Research,22:86 ~ 103

Zhu G,Liu G S,Dunlap W J,Teyssier C,Wang Y S,Niu M L. 2004. ^{40}Ar/^{39}Ar geochronological constraints on syn-orogenic strike-slip movement of Tan-Lu fault zone. Chinese Science Bulletin,49(5):499 ~ 508

Zhu G,Liu G S,Niu M L,Xie C L,Wang Y S,Xiang B W. 2009. Syn-collisional transform faulting of the Tan-Lu fault zone east China. International Journal of Earth Sciences,98:135 ~ 155

Zhu G,Niu M,Xie C,Wang Y. 2010. Sinistral to normal faulting along the Tan-Lu fault zone:evidence for geodynamic switching of the East China continental margin. The Journal of Geology,118:277 ~ 293

Zhu G,Wang Y S,Liu G S,Niu M L,Xie C L,Li C C. 2005. ^{40}Ar/^{39}Ar dating of strike-slip motion on the Tan-Lu fault zone East China. Journal of Structural Geology,27(8):1379 ~ 1398

Zhu G,Xie C L,Chen W,Xiang B W,Hu Z Q. 2010. Evolution of the Hongzhen metamorphic core complex:Evidence for Early Cretaceous extension in the eastern Yangtze carton eastern China. Geological Society of America Bulletin,122:506 ~ 516

Zhu J C,Wang R C,Zhang P H,et al. 2009. Zircon U-Pb geochronological framework of Qitianling granite batholith middle part of Nanling Range South China. Science in China Series D Earth Science,52:1279 ~ 1294

Zhu L P,Helmberger D V. 1998. Moho offset across the northern margin of the Tibetan Plateau. Science,281:1170 ~ 1172

Zhu L P,Tan Y,Helmberger D V,Saikia C K. 2006. Calibration of the Tibetan Plateau using regional seismic waveforms. Pure and Applied Geophysics,163:1193 ~ 1213

Zhu M Z, Graham S, McHargue T. 2009. The Red River Fault zone in the Yinggehai Basin South China Sea. Tectonophysics, 476:397~417

Zhu R X, Chen L, Wu F Y, Liu J L. 2011. Timing scale and mechanism of the destruction of the North China Craton. Science China Earth Science, 54:789~797

Zhu R X, Yang J H, Wu F Y. 2012. Timing of destruction of the North China Craton. Lithos, 149:51~60

Zhu W G, Zhong H, Li X H, et al. 2010. The early Jurassic mafic-ultramafic intrusion and A-type granite from northeastern Guangdong SE China: age origin and tectonic significance. Lithos, 119:313~329

Zhu Y H, Lin Q X, Jia C X, Wang G C. 2006. SHRIMP zircon U-Pb age and significance of Early Paleozoic volcanic rocks in East Kunlun orogenic belt, Qinghai Province. Science in China Series D Earth Science, 49:88~96

Zhu Z M, Morinaga H, Gui R J, Xu S Q, Liu Y Y. 2006. Paleomagnetic constraints on the extent of the stable body of the South China Block since the Cretaceous: new data from the Yuanma Basin China. Earth and Planetary Science Letters, 248:533~544

Zijderveld J D A. 1967. Ac demagnetization of rocks: analysis of results. In: Collinson D W, Creer K M, Runcorn S K (eds). Methods in Paleomagnetism Elsevier Amsterdam. 254~286

Zonenshain L P, Kuzmin M I, Natapov L M. 1990. Geology of the USSR: a plate tectonics synthesis. American Geophysical Union Geodynamic Monograph, 21:242

Zorin Y A. 1999. Geodynamics of the western part of the Mongolia-Okhotsk collisional belt Trans-Baikal region (Russia) and Mongolia. Tectonophysics, 306:33~56